Wolfgang Eifler | Eberhard Schlücker | Ulrich Spicher | Gotthard Will

Küttner Kolbenmaschinen

Wolfgang Eifler | Eberhard Schlücker |
Ulrich Spicher | Gotthard Will

Küttner
Kolbenmaschinen

Mit 408 Abbildungen, 40 Tabellen sowie zahlreichen Übungen und Beispielen mit Lösungen.

7., neu bearbeitete Auflage

STUDIUM

Bibliografische Information der Deutschen Nationalbibliothek
Die Deutsche Nationalbibliothek verzeichnet diese Publikation in der
Deutschen Nationalbibliografie; detaillierte bibliografische Daten sind im Internet über
<http://dnb.d-nb.de> abrufbar.

Prof. Dr.-Ing. Wolfgang Eifler, Jahrgang 1957, studierte an der Universität Kaiserslautern Kraft- und Arbeitsmaschinen. Nach der Promotion war er von 1990 bis September 2003 bei der Adam Opel AG in Rüsselsheim in den Bereichen Basismotorenentwicklung und Motorsteuerungssysteme – Entwicklung und Applikation tätig. Seither ist er an der Ruhr-Universität in Bochum für den Aufbau des neu gegründeten Lehrstuhles für Verbrennungsmotoren verantwortlich.

Prof. Dr.-Ing. Eberhard Schlücker, Jahrgang 1956, studierte Maschinenbau an der Fachhochschule Heilbronn und promovierte 1993 an der Universität Erlangen-Nürnberg. Als Abteilungsleiter Forchung und Entwicklung sowie als Prokurist und Leiter des Bereiches Technik arbeitete er bis 2000 bei der Firma LEWA, Leonberg. Seither ist er Professor und Lehrstuhlinhaber „Prozessmaschinen und Anlagentechnik" an der Universität Erlangen-Nürnberg.

Prof. Dr.-Ing. Ulrich Spicher, geboren 1947; Dipl.-Ing. RWTH Aachen 1975; Dr.-Ing. RWTH Aachen 1982; 1975 bis 1987 wissenschaftlicher Mitarbeiter, wissenschaftlicher Assistent, Oberingenieur RWTH Aachen; 1987 bis 1988 Abteilungsleiter „Motorische Verbrennung und Optische Verbrennungsanalysen" FEV Motorentechnik Aachen; 1988 bis 1993 Bereichsleiter „Motorische Brennverfahren und Sonderbrennverfahren" FEV Motorentechnik Aachen; 1993 bis 1994 Professor (C3) Universität Paderborn (Thermodynamik und Verbrennungsmotoren); seit 01.08.1994 Professor (C4) Universität Karlsruhe (Institut für Kolbenmaschinen); 01.10.2002 – 30.09.2004 Dekan der Fakultät Maschinenbau der Universität Karlsruhe (TH); seit 2007 Vorsitzender der Wissenschaftlichen Gesellschaft für Kraftfahrzeug- und Motorentechnik e.V. (WKM).

Prof. Dr.-Ing. Gotthard Will, Jg. 1939, Studium Maschinenbau TU Dresden, Promotion 1970, Habilitation 1989, Tätigkeit für Kombinat Pumpen und Verdichter Halle, Oberassistent an Sektion Energieumwandlung der TU Dresden, 1994 bis 2005 ordentl. Professor für Pumpen, Verdichter und Apparate an TU Dresden, Mitbegründer und erster Vorsitzender des European Forum for Reciprocating Compressors.

1. Auflage 1967
2. Auflage 1972
3. Auflage 1974
4. Auflage 1978
5. Auflage 1984
6. Auflage 1993
7., neu bearbeitete Auflage 2009

Alle Rechte vorbehalten
© Vieweg+Teubner | GWV Fachverlage GmbH, Wiesbaden 2009

Lektorat: Harald Wollstadt | Ellen Klabunde

Vieweg+Teubner ist Teil der Fachverlagsgruppe Springer Science+Business Media.
www.viewegteubner.de

Das Werk einschließlich aller seiner Teile ist urheberrechtlich geschützt. Jede Verwertung außerhalb der engen Grenzen des Urheberrechtsgesetzes ist ohne Zustimmung des Verlags unzulässig und strafbar. Das gilt insbesondere für Vervielfältigungen, Übersetzungen, Mikroverfilmungen und die Einspeicherung und Verarbeitung in elektronischen Systemen.

Die Wiedergabe von Gebrauchsnamen, Handelsnamen, Warenbezeichnungen usw. in diesem Werk berechtigt auch ohne besondere Kennzeichnung nicht zu der Annahme, dass solche Namen im Sinne der Warenzeichen- und Markenschutz-Gesetzgebung als frei zu betrachten wären und daher von jedermann benutzt werden dürften.

Umschlaggestaltung: KünkelLopka Medienentwicklung, Heidelberg
Druck und buchbinderische Verarbeitung: STRAUSS GMBH, Mörlenbach
Gedruckt auf säurefreiem und chlorfrei gebleichtem Papier.

ISBN 978-3-8351-0062-6

Vorwort

Kolbenmaschinen sind in hohem Maße energieeffizient, vielfältigst einsetzbar und daher aus dem Leben zivilisierter Menschen nicht weg zu denken. Wir nutzen sie als Verbrennungsmotoren zum Antrieb von Fahrzeugen aller Art, wir bemerken ihre Mitwirkung als Einspritzpumpe am Dieselmotor oder als Kältemittelverdichter in einer Klimaanlage oder einem Haushaltkühlschrank aber vielleicht schon weniger. Und bei der Verwendung chemischer oder pharmazeutischer Produkte denken wir in der Regel nicht mehr daran, welche Pumpen oder Verdichter zu ihrer Erzeugung erforderlich waren.

Die gemeinsame Aufgabe von Kolbenmaschinen ist, die verschiedenen Energieformen in einander umzuwandeln. Aus der latenten Energie des Brennstoffs erzeugen Verbrennungsmotoren mechanische Arbeit. Pumpen und Verdichter benötigen die Zufuhr mechanischer Arbeit, um den Druck von Flüssigkeiten oder Gasen zu erhöhen. Darin unterscheiden sie sich nicht von anderen Fluidenergiemaschinen, wie z. B. den Turbomaschinen.

Gemeinsam ist ihnen auch das volumetrische Prinzip der Energieübertragung. Dem gasförmigen oder flüssigen Arbeitsstoff wird im Zylinder der Maschine bei einem periodischen Arbeitsspiel über den bewegten Kolben mechanische Arbeit zugeführt oder abgenommen. Das Triebwerk der Maschine realisiert die Wandlung zwischen der oszillierenden Bewegung des Kolbens und der rotierenden Bewegung der Kurbelwelle in beiden Richtungen. Diese Merkmale grenzen die Kolbenmaschine gegenüber anderen Energiemaschinen ab.

Zielstellung dieses Lehrbuchs ist es, Studierenden des Maschinenbaus und der Verfahrenstechnik, die gemeinsamen theoretischen Grundlagen der Kolbenmaschinen zu erschließen und ihre vielfältigen Ausführungsformen zu veranschaulichen. Anliegen des Buches ist es aber auch, die Studierenden auf die aktuellen Aufgaben der Forschung und Entwicklung für Kolbenmaschinen aufmerksam zu machen. Diese beziehen sich vor allem auf die Erhöhung der Energieeffizienz, der Zuverlässigkeit und der Umweltverträglichkeit solcher Maschinen.

Im Gegensatz zu den früheren Auflagen dieses Buches, die aus der Feder von Karl-Heinz Küttner, dem langjährigen Professor für Kolbenmaschinen an der FH Berlin stammten, ist die Neuauflage das Werk eines Autorenkollektivs von Hochschullehrern, die an verschiedenen Universitäten für Lehre und Forschung an speziellen Kolbenmaschinen Verantwortung tragen bzw. trugen. Der Verlag und die Autoren waren sich der schwierigen Aufgabe bewusst, ein pädagogisch bewährtes Lehrbuch durch etwas Neues zu ersetzen. Sie hoffen, dass dieses Buch im Sinne des Namensgebers einen guten Überblick über das klassische Stoffgebiet liefert, aber auch die Dynamik seiner ständigen Weiterentwicklung widerspiegelt. Sie sind für alle Hinweise zu seiner weiteren Verbesserung dankbar.

Bochum/Erlangen-Nürnberg/
Karlsruhe/Dresden
im November 2008

Wolfgang Eifler
Eberhard Schlücker
Ulrich Spicher
Gotthard Will

Inhaltsverzeichnis

Vorwort			V
1	**Gemeinsame Grundlagen der Kolbenmaschinen**		**1**
1.1	Wirkungsweise, Bauarten und Grundbegriffe		1
	1.1.1	Das volumetrische Prinzip der Energieübertragung	1
	1.1.2	Bauarten und ihre historische Entwicklung	4
	1.1.3	Aufbau und Kenngrößen von Hubkolbenmaschinen	6
1.2	Die thermodynamische Funktion von Kolbenmaschinen		9
	1.2.1	Die „vollkommene Maschine" als Modellvorstellung	9
	1.2.2	Idealisierte Arbeitsspiele	10
	1.2.3	Die verlustbehafteten Zustandsänderungen im Arbeitsraum einer Kolbenmaschine	17
1.3	Kurbeltrieb		22
	1.3.1	Kinematik der Hubkolbenmaschine	23
	1.3.2	Kräfte und Momente im Triebwerk	27
	1.3.3	Massenausgleich	34
	1.3.4	Ungleichförmigkeitsgrad und Drehmomentausgleich	43
	1.3.5	Übungsaufgaben	46
1.4	Antriebsstränge für Kolbenmaschinen		50
	1.4.1	Elektromotoren für Kolbenmaschinen	50
	1.4.2	Antriebsformen für leckfreie Kolbenmaschinen	51
	1.4.3	Getriebe für Kolbenmaschinen	52
	1.4.4	Kupplungen für Kolbenmaschinenantriebe	53
	1.4.5	Frequenzumrichter	53
	1.4.6	Auswahl der Motor- und Getriebegrößen	53
2	**Oszillierende Verdrängerpumpen**		**57**
2.1	Einsatzgebiete		58
2.2	Einteilung und Merkmale		58
2.3	Arbeitsweise		61
	2.3.1	Funktion	61
	2.3.2	Kinematik der Verdrängerbewegung	62
	2.3.3	Massenstrom und Förderleistung	65
	2.3.4	Volumetrischer Wirkungsgrad	65
	2.3.5	Kennlinien und Einfluss der Stellgrößen	68
	2.3.6	Dosiergenauigkeit	70
	2.3.7	Wirkungsweise und Einfluss der Pumpenventile	71
	2.3.8	Wirkungsweise von Mehrfachpumpen	77
	2.3.9	Beispiele	78
2.4	Technische Ausführung oszillierender Pumpenantriebe		80
	2.4.1	Baukonzepte	80
	2.4.2	Linearantriebe	82
	2.4.3	Maschinen mit Geradschubkurbeltrieb	87
	2.4.4	Federnockentriebwerke	90
	2.4.5	Axialkolben-, Kurvenscheiben- und Schrägscheibenantriebe	90

		2.4.6	Steuerkolbenantriebe	91
		2.4.7	Hydraulische Membranpumpen mit hydraulischem Phasenanschnitt	92
	2.5	Technische Ausführungen von Kolbenpumpenköpfen		93
		2.5.1	Klassische Bauformen	93
		2.5.2	Hochdruckpumpenköpfe	95
		2.5.3	Pumpenköpfe für die Hygienetechnik	96
		2.5.4	Pumpen für die Motorentechnik	97
		2.5.5	Mikrodosierpumpen	99
	2.6	Technische Ausführungen von Membranpumpenköpfen		100
		2.6.1	Membranpumpen mit mechanischem Membranantrieb	100
		2.6.2	Membranpumpen mit hydraulischem Membranantrieb	101
		2.6.3	Schlauchmembranpumpen	107
	2.7	Konstruktive Gestaltung ausgewählter Baugruppen		108
		2.7.1	Kolben	108
		2.7.2	Kolbenabdichtung	109
		2.7.3	Flüssigkeitsgesteuerte Ventile	111
		2.7.4	Membranen	114
		2.7.5	Hydraulikventile	115
	2.8	Das Pumpensystem		117
		2.8.1	Druckverluste	117
		2.8.2	Saugfähigkeit oszillierender Pumpen	118
		2.8.3	Schwingungstechnische Betrachtung von Pumpensystemen mit oszillierenden Verdrängerpumpen	122
		2.8.4	Pulsationsdämpfung mit Absorptionsdämpfern	125
		2.8.5	Pulsationsdämpfung mit Resonatoren und Blenden	126
		2.8.6	Druckpulsationen in Einspritzsystemen der Motorentechnik	128
		2.8.7	Beispiele	128
	2.9	Überwachung und Diagnose		131
	2.10	Stelleingriffe und Regelungen		134
	2.11	Ausgewählte Rotierende Verdrängerpumpen		135
		2.11.1	Gemeinsame Grundlagen	135
		2.11.2	Drehkolbenpumpen	136
		2.11.3	Zahnradpumpen	137
		2.11.4	Flügelzellenpumpen	138
		2.11.5	Peristaltische Schlauchpumpen	139
		2.11.6	Exzenterschneckenpumpen	141
	2.12	Vergleichende Betrachtungen		142
3	**Kolbenverdichter**			147
	3.1	Bestandteile, Förderparameter und Einsatzbedingungen		147
	3.2	Funktionsweise		150
		3.2.1	Vorgänge im Arbeitsraum	150
		3.2.2	Vorgänge in der Verdichterstufe	152
		3.2.3	Massebilanz und Förderstrom	155
		3.2.4	Energiebilanz und Leistungsbedarf	157
	3.3	Konzeption und Gestaltung des Verdichters		161
		3.3.1	Stufenzahl	161
		3.3.2	Hauptparameter und Bauform	163
		3.3.3	Ausführungsbeispiele	165

3.4	Konstruktion und Berechnung von Baugruppen		175
	3.4.1	Zylinder und Ventile	175
	3.4.2	Kolben und Dichtelemente	187
	3.4.3	Kühler, Abscheider und Trockner	194
	3.4.4	Pulsationskontrolle im Zwischenstufensystem	198
3.5	Betrieb von Kolbenverdichter-Anlagen		200
	3.5.1	Förderverhalten	200
	3.5.2	Stelleingriffe und Regelungen	206
	3.5.3	Überwachung und Diagnose	212
3.6	Drehkolbenverdichter		216
	3.6.1	Einteilung, Eigenschaften und Grundbegriffe	216
	3.6.2	Zellenverdichter	218
	3.6.3	Scrollverdichter	219
	3.6.4	Rootsgebläse	220
	3.6.5	Schraubenverdichter	223

4 Brennkraftmaschinen ... 231

4.1	Mechanische Bauteile		231
	4.1.1	Kurbeltrieb	231
	4.1.2	Kurbelgehäuse, Zylinder	239
	4.1.3	Zylinderkopf und Ventiltrieb	240
	4.1.4	Übungsaufgaben	247
4.2	Kraftstoffe des Verbrennungsmotors		248
	4.2.1	Herkunft und Herstellungsprozess	248
	4.2.2	Der chemische Aufbau der Kraftstoffe	250
	4.2.3	Physikalisch-chemische Eigenschaften der Kraftstoffe	252
	4.2.4	Normtabellen der Kraftstoffkennwerte	262
	4.2.5	Kraftstoffadditive [4.2-1]	262
	4.2.6	Stöchiometrischer Luftbedarf, Lambda und Gemischheizwert	264
	4.2.7	Die Rußbildungsneigung von Kraftstoffen	266
	4.2.8	Die laminare Brenngeschwindigkeit und die Zündgrenzen	267
	4.2.9	Der Gemischheizwert	267
	4.2.10	Alternative Kraftstoffe	269
	4.2.11	Übungsaufgaben	282
4.3	Thermodynamik des Verbrennungsmotors		285
	4.3.1	Einführung	285
	4.3.2	Geschlossene Kreisprozesse	285
	4.3.3	Offene Vergleichsprozesse – das Modell des „Vollkommenen Motors"	296
	4.3.4	Korrektur der Verbrennungsberechnung und Auswirkung der Dissoziation	309
	4.3.5	Der reale Motorprozess (Verlustteilung)	311
	4.3.6	Der Wärmestrom im Verbrennungsmotor	318
	4.3.7	Energiebilanz und -umwandlung	330
4.4	Motor- und Betriebskenngrößen		334
	4.4.1	Hubvolumen und Verdichtungsverhältnis	334
	4.4.2	Die mittlere Kolbengeschwindigkeit	336
	4.4.3	Effektive Leistung und Drehmoment	337
	4.4.4	Innere Leistung und Mitteldruck	338

	4.4.5	Wirkungsgrade und Kraftstoffverbrauch	341
	4.4.6	Die Zylinderfüllung – Kenngrößen des Ladungswechsels	342
	4.4.7	Die Motorenkennfelder	346
4.5	Ladungswechsel		352
	4.5.1	Allgemeines	352
	4.5.2	4-Takt-Hubkolbenmotor	353
	4.5.3	2-Takt-Hubkolbenmotor	368
	4.5.4	Übungsaufgaben	373
4.6	Der Prozessverlauf im Ottomotor		375
	4.6.1	Grundlagen der Gemischbildung	376
	4.6.2	Gemischbildungsverfahren	379
	4.6.3	Zündung	398
	4.6.4	Verbrennung	404
4.7	Dieselmotor		416
	4.7.1	Grundlagen	416
	4.7.2	Einspritzverfahren	418
	4.7.3	Einspritzsysteme	421
	4.7.4	Strahlausbreitung und Gemischbildung	431
	4.7.5	Zündung und Verbrennung	433
	4.7.6	Schadstoffentstehung	439
	4.7.7	Übungsaufgaben	443
4.8	Entwicklungsschwerpunkte		445
	4.8.1	Variabler Ventiltrieb (VVT)	445
	4.8.2	Benzin-Direkteinspritzung (BDE)	452
		4.8.2.1 Direkteinspritzung mit homogenem Gemisch	454
		4.8.2.2 Direkteinspritzung mit geschichtetem Gemisch	456
		4.8.2.3 Serienkonzepte	465
	4.8.3	Aufladung	471
		4.8.3.1 Mechanische Aufladung	472
		4.8.3.2 Abgasturboaufladung	476
	4.8.4	Downsizing und Downspeeding	479
		4.8.4.1 Downsizing	480
		4.8.4.2 Downspeeding	482
	4.8.5	Moderne Konzepte bei Dieselmotoren	484
		4.8.5.1 Mehrfacheinspritzung und Einspritzverlaufsformung	486
		4.8.5.2 Piezo-Injektor und variable Einspritzdüsen	488
	4.8.6	Homogeneous Charged Compression Ignition (HCCI)	489
	4.8.7	Übungsfragen	493
4.9	Sonderverfahren		495
	4.9.1	Wankelmotor	495
	4.9.2	Stirling-Motor	498
	4.9.3	Dampfmotor	501
	4.9.4	Gasmotor	502
	4.9.5	Wasserstoffantrieb	508
	4.9.6	Atkinson-Zyklus und Miller-Verfahren	513
Anhang: Stoffwerte zur Thermodynamik			516

Sachwortverzeichnis ... 523

1 Gemeinsame Grundlagen der Kolbenmaschinen

1.1 Wirkungsweise, Bauarten und Grundbegriffe

1.1.1 Das volumetrische Prinzip der Energieübertragung

Die Gewinnung mechanischer Arbeit aus der Arbeitsfähigkeit von Fluiden für Antriebe aller Art mit **Kraftmaschinen** und die Förderung von Fluiden durch Zufuhr mechanischer Arbeit in **Arbeitsmaschinen** gehören zu den Grundbedürfnissen des Menschen.

Kraft- und Arbeitsmaschinen werden gemeinsam als **Fluidenergiemaschinen** bezeichnet. Das in der Maschine durchgesetzte Fluid (**Arbeitsstoff**) kann eine Flüssigkeit oder ein Gas sein, evtl. auch innerhalb der Maschine seinen Aggregatzustand ändern. **Hydraulische Maschinen** haben als Arbeitsstoff eine Flüssigkeit. Ein gasförmiger Arbeitsstoff ändert bei der Arbeitsübertragung seine Temperatur. Man spricht deshalb von **thermischen Maschinen**.

Die Übertragung mechanischer Arbeit von einem oder auf ein Fluid erfordert die Kraftwirkung zwischen einem bewegten Maschinenteil und dem Fluid.

Die zugeführte **Maschinenleistung** beträgt

$$P_M = \vec{F} \cdot \vec{c} = \vec{M} \cdot \vec{\omega}, \tag{1.1}$$

wobei $\vec{F}, \vec{M}$ die auf das Fluid wirkende Kraft bzw. Moment und $\vec{c}, \vec{\omega}$ die Geschwindigkeit bzw. Winkelgeschwindigkeit des Maschinenteils sind.

Im Idealfall ist der Vorgang umkehrbar und die zugeführte **Fluidleistung** (Änderung der Arbeitsfähigkeit einer Fluidmasse in der Zeiteinheit) gleich der Maschinenleistung

$$P_F = \dot{m} \cdot Y = P_M, \tag{1.2}$$

wobei $\dot{m}$ der Fluidmassestrom (Durchsatz) durch die Maschine und Y die Änderung der massespezifischen Arbeitsfähigkeit des Fluids bei dessen Zustandsänderung in der Maschine sind.

Die **Arbeitsfähigkeit** eines Fluids beruht auf Druck-, Temperatur-, Höhen- und Geschwindigkeitsdifferenzen gegenüber einem Bezugszustand (meist dem Umgebungszustand) und wird durch seinen thermodynamischen Gesamtzustand bestimmt. Für Flüssigkeiten ist die Arbeitsfähigkeit gleich der Bernoulli-Konstanten. Bei Gasen ist die Exergie ein Maß für die Arbeitsfähigkeit. In Verbrennungsmotoren, die nicht nur eine Zustandsänderung, sondern einen kompletten Kreisprozess realisieren, ergibt sich Y als spezifische Kreisprozessarbeit, die über den thermischen Wirkungsgrad mit der im Brennstoff zugeführten latenten Wärme zusammenhängt.

Massestrom $\dot{m}$ bzw. Volumenstrom $\dot{V}$ und spezifische Arbeit Y sind zusammen mit der Arbeitsfrequenz bzw. Drehzahl n die wichtigsten Parameter einer Fluidenergiemaschine.

Fluidenergiemaschinen realisieren die Arbeitsübertragung entweder nach dem volumetrischen Prinzip (**Kolbenmaschinen**) oder dem Strömungsprinzip (**Turbomaschinen**).

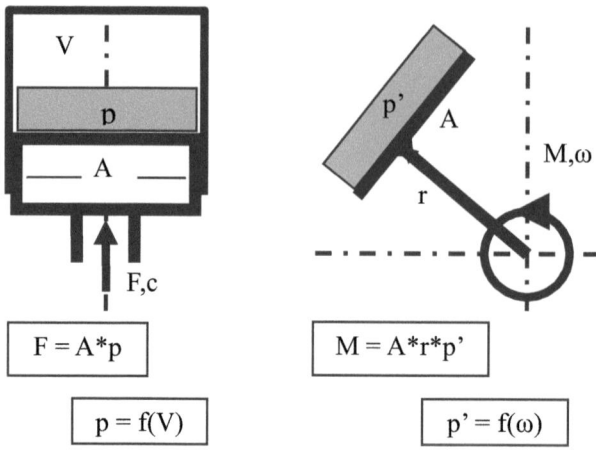

Bild 1-1 Energieübertragung in Kolben- und Turbomaschinen

Beide Prinzipien sind sehr alt, haben Vor- und Nachteile. Sie werden deshalb heute und zukünftig parallel angewendet. Die nachstehende Tabelle fasst die wichtigsten Merkmale beider Prinzipien zusammen.

Tabelle 1.1 Vergleich der Energieübertragungsprinzipien

Volumetrisches Prinzip (Kolbenmaschine)	Strömungsprinzip (Turbomaschine)
In einem abgeschlossenen Arbeitsraum ist der Druck und damit die Kraft auf den begrenzenden Verdränger nur von dessen Lage und nicht von dessen Geschwindigkeit abhängig. → Statische Arbeitsübertragung	In einem beidseitig offenen koaxialen Schaufelgitter ist die Druckverteilung und damit das Drehmoment auf den Rotor von dessen Winkelgeschwindigkeit abhängig. → dynamische Arbeitsübertragung
Die Arbeitsübertragung erfolgt periodisch	Die Arbeitsübertragung erfolgt konstant
Große Druckdifferenzen und hohe spezifische Energieübertragungen sind auch bei kleinen und langsam drehenden Maschinen möglich.	Große Druckdifferenzen und hohe spezifische Energieübertragungen erfordern große und/oder schnell drehende Maschinen.
Der Durchsatz ist von der Größe des Arbeitsraumes und der Arbeitsfrequenz abhängig. Da letztere relativ eng begrenzt ist, steigt der Bauaufwand stark mit dem Durchsatz.	Der Durchsatz ist von den Abmessungen und den Geschwindigkeiten abhängig. Da die zulässigen Geschwindigkeiten relativ hoch liegen, steigt der Bauaufwand weniger schnell.

Wird das volumetrische Prinzip der Energieübertragung mit einem Verdränger (Kolben) realisiert, der sich geradlinig bewegt, so spricht man von **Hubkolbenmaschinen**. Die Verdrängung kann – insbesondere bei Arbeitsmaschinen – auch durch eine schwingende Membran erfolgen. Hubkolben- und Membranmaschinen bilden gemeinsam die Gruppe der **oszillierenden Verdrängermaschinen**.

1.1 Wirkungsweise, Bauarten und Grundbegriffe

Daneben gibt es eine sehr vielfältige Gruppe von Maschinen mit rotierenden oder umlaufenden Verdrängern (Rotoren oder Drehkolben), die als **Drehkolbenmaschinen** bezeichnet werden.

Aus den unterschiedlichen Eigenschaften von Kolben- und Turbomaschinen ergeben sich praktische Konsequenzen für ihren Einsatz:

Als Kraftmaschinen zum Antrieb von Straßen- Schienen- und Wasserfahrzeugen, bei denen keine extremen Anforderungen an Leistung und Leichtbau gestellt werden, sind fast ausschließlich Verbrennungsmotoren im Einsatz, während mittlere und große Flugzeuge Strahltriebwerke mit hoher Leistungsdichte erfordern. In Großkraftwerken werden ausschließlich Turbomaschinen als Dampf-, Gas- oder Wasserturbinen eingesetzt. Kleinere Blockkraftwerke werden auch mit Verbrennungsmotoren ausgeführt, die sich durch hohe Wirtschaftlichkeit auszeichnen.

Welches Energieübertragungsprinzip bei der Förderung von Flüssigkeiten und Gasen zu bevorzugen ist, hängt von der spezifischen Arbeitsübertragung, dem Durchsatz und der Drehzahl der Maschine ab. Nach [1-1] werden diese Größen zu einer dimensionslosen Kennzahl – der **allgemeinen spezifischen Drehzahl** n_q verbunden (Gl. (1.3)).

$$n_q = n \frac{\dot{V}^{1/2}}{Y^{3/4}} \tag{1.3}$$

Den Pumpen- und Verdichterbauformen mit verschiedenen Energieübertragungsprinzipien können erfahrungsgemäß Wertebereiche dieser Kennzahl zugeordnet werden (Bild 1-2).

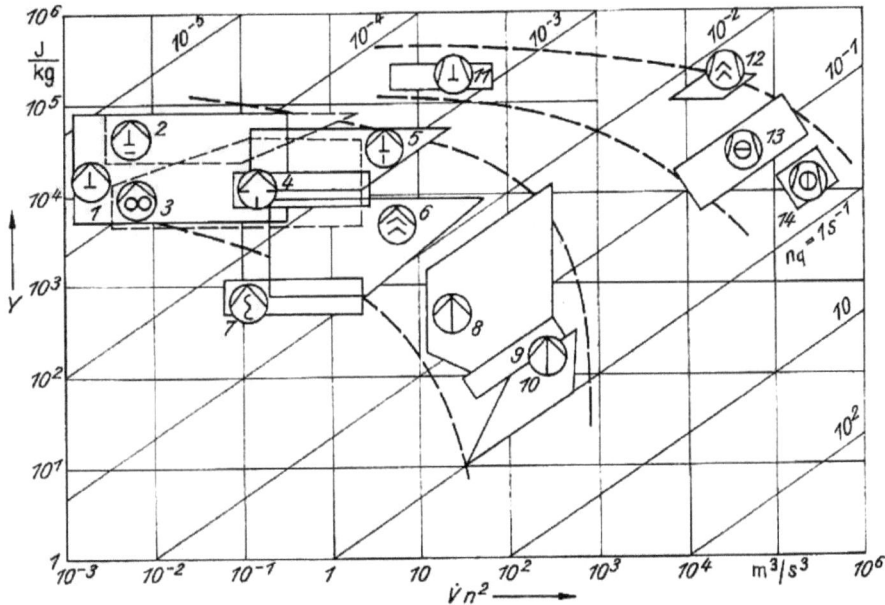

Bild 1-2 Arbeitsgebiete der Bauarten von Pumpen und Verdichtern in Abhängigkeit von der allgemeinen spezifischen Kennzahl nach BLAHA [1-1]
1 Hubkolben-, 2 Radialkolben-, 3 Zahnrad-, 4 Zellen-, 5 Axialkolben-, 6 Schrauben-, 7 Exzenterschnecken-Pumpen, 8 radiale, 9 diagonale, 10 radiale Kreiselpumpen, 11 Kolbenverdichter, 12 Schraubenverdichter, 13 radiale, 14 axiale Turboverdichter

Aus dem Bild erkennt man, dass Hubkolbenmaschinen für kleine spezifische Drehzahlen und große Förderarbeiten (entspricht großen Druckerhöhungen) eingesetzt werden. Das Einsatzgebiet der Drehkolbenmaschinen liegt zwischen dem der Hubkolben- und dem der Turbomaschinen. Dem Bild ist auch zu entnehmen, dass die spezifische Arbeitsübertragung in Verdichtern um ein bis zwei Größenordnungen höher liegt, was auf die geringere Dichte bei Druckdifferenzen der gleichen Größenordnung zurückzuführen ist.

1.1.2 Bauarten und ihre historische Entwicklung

Kolbenpumpen waren die ersten Kolbenmaschinen. Die Erfindung einer Feuerlöschpumpe von Atsebius in Alexandrien geht auf das Jahr 2200 v. d. Z. zurück. Mit der Entwicklung der Strömungsmaschinen wurde die Kolbenpumpe, die vor allem für hohe Drucksteigerungen günstig ist, aus dem Gebiet großer Förderströme durch die Kreiselpumpen verdrängt. Für mittlere und hohe Drücke (im Extremfall bis 2000 MPa) sind Kolbenpumpen für die Volkswirtschaft unentbehrlich, so z. B. als Prozess- und Dosierpumpen in der chemischen Industrie oder als Press- und Hydraulikpumpen in den verschiedensten Industriezweigen.

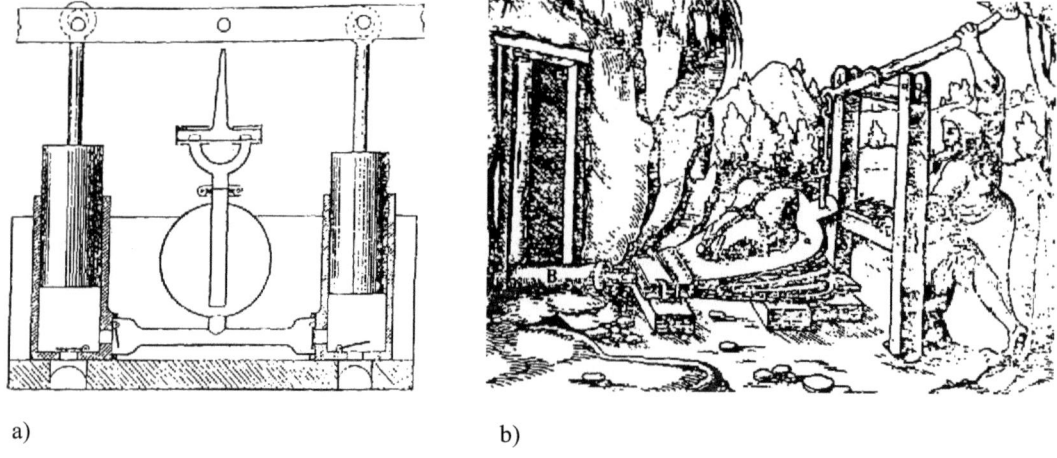

Bild 1-3 Älteste Pumpen und Verdichter: a) Feuerlöschpumpe; b) Blasebalg

Kolbenverdichter sind wichtige Ausrüstungskomponenten in vielen Wirtschaftszweigen. Nach dem bereits im frühen Mittelalter beim Metallschmelzen eingesetzten Blasebalg war die Luftpumpe von Otto von Guericke zur Vakuumerzeugung (1641) ein wichtiger Schritt in der Verdichterentwicklung. Im Zusammenhang mit der Dampfmaschinenentwicklung machte auch der Kolbenverdichterbau Fortschritte. Mehrstufige Verdichter für höhere Drücke wurden Ende des 19. Jahrhunderts für die Gewinnung und Verflüssigung technischer Gase benötigt. Die Verfahrensentwicklung der chemischen Industrie erforderte Verdichter mit immer höheren Förderströmen und Enddrücken.

Hauptanwendungsgebiet für Kolbenverdichter ist die stoffumwandelnde Industrie, wo der Einsatz als Prozessverdichter z. B. in Erdölverarbeitungswerken oder bei Syntheseverfahren erfolgt. Es wird eine hohe Verfügbarkeit der Maschinen gefordert, da mit Ausfall des Prozessverdichters die Produktion zum Erliegen kommt. Weitere Anwendungen ergeben sich als Gasverdichter in Gastrennanlagen, als Druckluferzeuger für Mechanisierungsmittel und für mess- und regelungstechnische Anlagen, für lufttechnische Anlagen und pneumatischen Transport. Kältemittelverdichter haben einen breiten Einsatz in der gesamten Kälte- und Klimatechnik. In der Druckluft- und Kältetechnik ist ein zunehmender Einsatz von Umlaufkolbenverdichtern insbesondere von Schraubenverdichtern zu erkennen.

Die **Dampfmaschine** wurde als erste unabhängig von Orts- und Wetterbedingungen zu betreibende Kraftmaschine entwickelt (James Watt, 1765 erste Volldruckmaschine). Diese Kolbenmaschine beeinflusste entscheidend die technische Entwicklung des 19. Jahrhunderts. Zur industriellen Energieerzeugung, zum Antrieb ortsfester Arbeitsmaschinen sowie als Fahrzeugantrieb (Lokomotiven, Schiffe) war die Dampfmaschine auch in der ersten Hälfte des 20. Jahrhunderts unentbehrlich. Mit der verstärkten Elektroenergie-Erzeugung wurde sie weitgehend durch Turbinen in Großkraftwerken und elektromotorische Antriebe ersetzt.

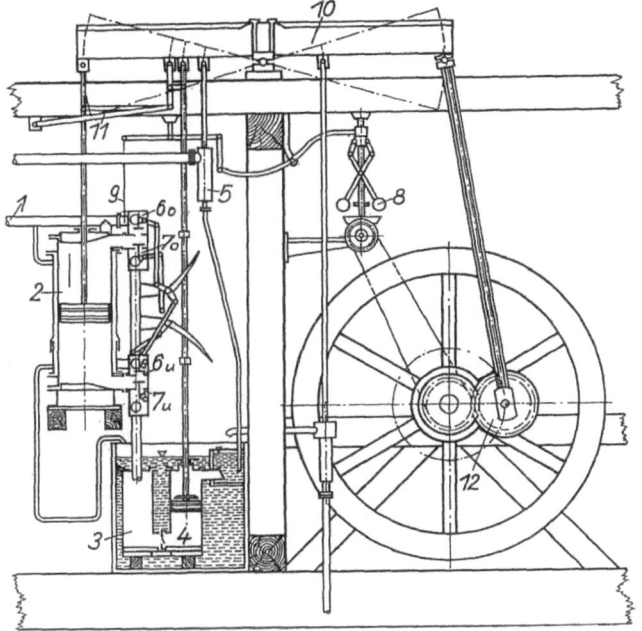

Bild 1-4 Watt'sche Dampfmaschine (1787)
1 Zudampfleitung,
2 Zylinder mit Dampfmantel,
3 Kondensator,
4 Kondensat-Luftpumpe,
5 Kesselspeisepumpe,
6 Einlassventile,
7 Auslassventile,
8 Fliehkraftregler,
9 Drosselschieber,
10 Balancier,
11 Lenkerführung,
12 Planetenradgetriebe

In Gaszerlegungs- und Verflüssigungsanlagen werden auch heute noch den Dampfmaschinen ähnliche **Expansionsmaschinen** zur Arbeit leistenden Entspannung des verdichteten Gases eingesetzt, wobei eine hohe Temperaturabsenkung und nicht die abgegebene Leistung im Vordergrund steht.

Die potentielle Energie von Flüssigkeiten oder Gasen, die unter einem hohen Druck stehen, wird über **Hydraulik-** bzw. **Pneumatikmotoren** zum Antrieb von Werkzeugen und Mechanisierungsmitteln verwendet.

Mit dem **Verbrennungsmotor** gelang es erstmalig, die latente Energie des Kraftstoffes im abgeschlossenen Arbeitsraum der Hubkolbenmaschine in Wärmeenergie umzuwandeln und unmittelbar als mechanische Arbeit an den Kolben abzugeben (Nikolaus Otto, 1876 erster

Viertaktmotor mit Kompression; Rudolf Diesel, 1897 erster Verbrennungsmotor mit Kraftstoffeinspritzung). Durch die wachsende Bereitstellung von flüssigen und gasförmigen Kraftstoffen wurde der Einsatz der Verbrennungsmotoren gefördert. Ihre Verwendung erfolgt vor allem zum Antrieb von Straßen- und Schienenfahrzeugen, Schiffen, Flugzeugen, Landmaschinen sowie von Arbeitsmaschinen, z. B. Pumpen, Verdichtern und Elektroenergieerzeugern. Das Arbeitsmittel Luft wird beim Verbrennungsprozess der Umwelt entnommen und verändert wieder zugeführt. Die umweltschädlichen Einflüsse der Abgase von Verbrennungsmotoren werden durch intensive Forschung zur besseren Kontrolle des Verbrennungsvorganges so gering wie möglich gehalten.

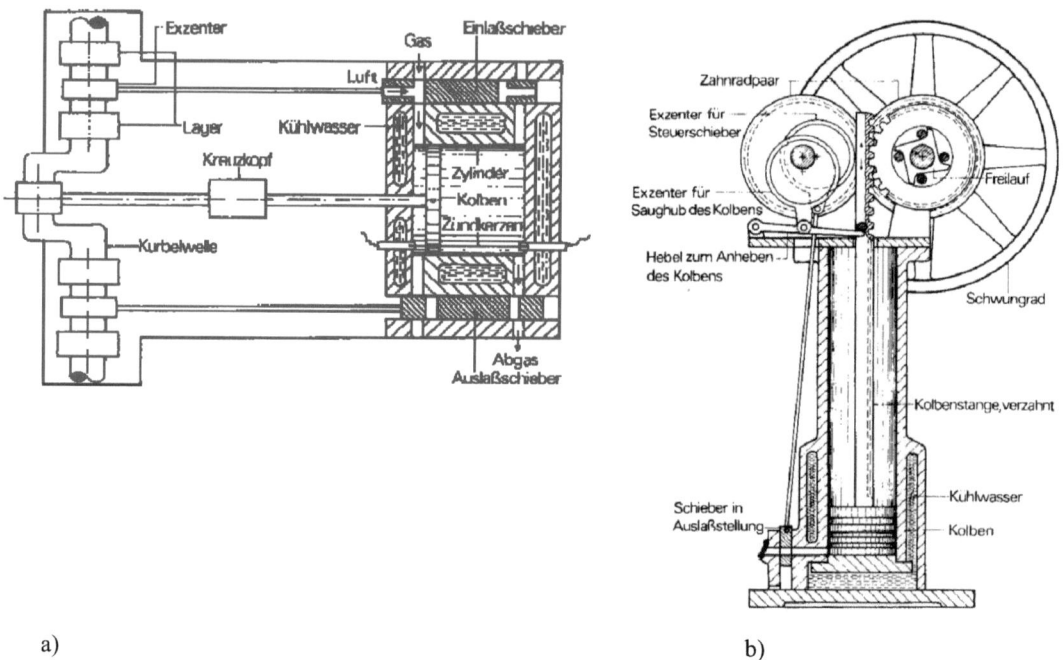

Bild 1-5 Erste Verbrennungsmotoren: a) Lenoir-Motor; b) Atmosphärischer Otto-Gasmotor

1.1.3 Aufbau und Kenngrößen von Hubkolbenmaschinen

In Hubkolbenmaschinen bewegt sich der der zylindrische Verdränger 2 (**Kolben**) oszillierend in einem zylindrischen Gehäuse (**Zylinder**) zwischen zwei Endlagen, die auch als **Totlagen** bezeichnet werden.

Zur Energieübertragung zwischen dem oszillierenden Kolben und der rotierenden Welle, an der die Maschine die mechanische Arbeit aufnimmt bzw. abgibt, dient das **Triebwerk** (hier bestehend aus Kolbenstange 3, Kreuzkopf 4, Schubstange 5 und Kurbel 6).

1.1 Wirkungsweise, Bauarten und Grundbegriffe

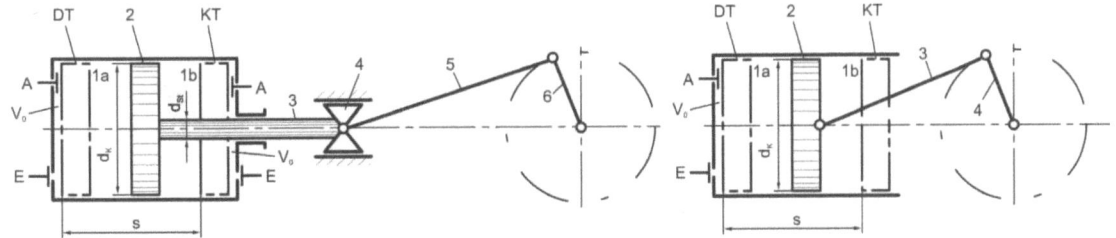

Bild 1-6 Prinzipieller Aufbau einer Hubkolbenmaschine

Liegen auf beiden Seiten des Kolbens Arbeitsräume (1a, 1b) vor, so spricht man von einer **doppeltwirkenden** Maschine im Gegensatz zur **einfachwirkenden**. Die dem Triebwerk zugewandte Seite des Kolbens wird als Kurbelseite, die gegenüberliegende als Deckelseite bezeichnet.

Der Arbeitsstoff tritt durch das Einlasssteuerorgan E in den Arbeitsraum und verlässt ihn nach der Zustandsänderung (in Verbrennungsmotoren nach einer Folge von Zustandsänderungen, die einen Kreisprozess realisieren) durch das Auslasssteuerorgan A.

Die Differenz zwischen dem Größt- und dem Kleinstwert des veränderlichen Arbeitsraumes von Hubkolbenmaschinen wird als **Hubvolumen** (Hubraum) bezeichnet und nach Gl. (1.4) berechnet

$$V_h = A_k * s \tag{1.4}$$

Die **wirksame Kolbenfläche** A_k ergibt sich aus dem Zylinderdurchmesser mit einer evtl. Verminderung durch die Kolbenstange

$$A_k = \pi/4 \, d_k^2 \cdot \delta \quad \text{mit} \quad \delta = 1 - (d_{st}/d_k)^2 \tag{1.5}$$

Der **Kolbenhub** s ist der Weg des Kolbens zwischen Deckel- und Kurbeltotlage (DT, KT) oder oberer und unterer Totlage (OT, UT).

Aus dem bei einer Umdrehung des Triebwerks zurückgelegten Kolbenweg und der zugeordneten Zeit ergibt sich die **mittlere Kolbengeschwindigkeit**, die ein Maß für die Schnellläufigkeit der Maschine ist.

$$c_m = 2 \cdot s \cdot n \tag{1.6}$$

Das Produkt von Hubvolumen und Drehzahl bzw. Hubfrequenz ergibt den **Hubvolumenstrom**

$$\dot{V}_h = V_h \, n = A_k \cdot c_m / 2 \tag{1.7}$$

Der Kleinstwert des Arbeitsraumes resultiert aus dem Hubspiel (notwendiger Abstand zwischen Kolben und Zylinderdeckel) sowie den Zuführungskanälen zu den Steuerorganen und wird als **Schadraum** V_0 bezeichnet. Bei Verbrennungsmotoren wird dieser Raum **Kompressionsraum** V_c genannt und muss so gestaltet werden, dass die Verbrennung optimal gestartet werden kann.

Als bezogene Größen werden das Schadraumverhältnis ε_O und bei Verbrennungsmotoren das Verdichtungsverhältnis ε verwendet:

$$\varepsilon_O = V_0 / V_h \tag{1.8a}$$

$$\varepsilon = (V_h + V_c) / V_c \tag{1.8b}$$

Die Bauformen der Hubkolbenmaschinen werden durch die Ausführung des Triebwerks sowie durch die Anordnung und Ausführung der Zylinder gekennzeichnet.

Das Triebwerk arbeitet in der Regel nach dem kinematischen Prinzip der **Schubkurbel** (= Gelenkviereck mit einer Geradführung durch unendlich lange Schwinge). Das Verbindungsglied zwischen Kurbel(welle) und Geradführung (Koppel) heißt Schubstange bzw. Pleuel und kann direkt am geradführenden Kolben (**Tauchkolbenmaschine**) oder an einem speziellen Bauteil zur Geradführung (**Kreuzkopfmaschine**) angelenkt sein. Bei kleinen Arbeitsmaschinen wird für das Triebwerk auch das kinematische Prinzip der **Kreuzschleife** (Gelenkviereck mit zwei Geradführungen durch unendlich lange Schwinge und Koppel) angewendet. In beiden Fällen ist das ruhende Maschinengehäuse das Gestell des Gelenkvierecks.

In **Radial- und Axialkolbenmaschinen** bewegen sich mehrere Kolben senkrecht bzw. parallel zur Antriebsachse der Maschine, was durch Rotation des Gehäuses oder eines exzentrischen bzw. geneigten Antriebselementes erreicht wird.

Mit der Kombination von Kraft- und Arbeitsmaschine in einer Einheit ist auch eine **triebwerklose Kolbenmaschine** möglich.

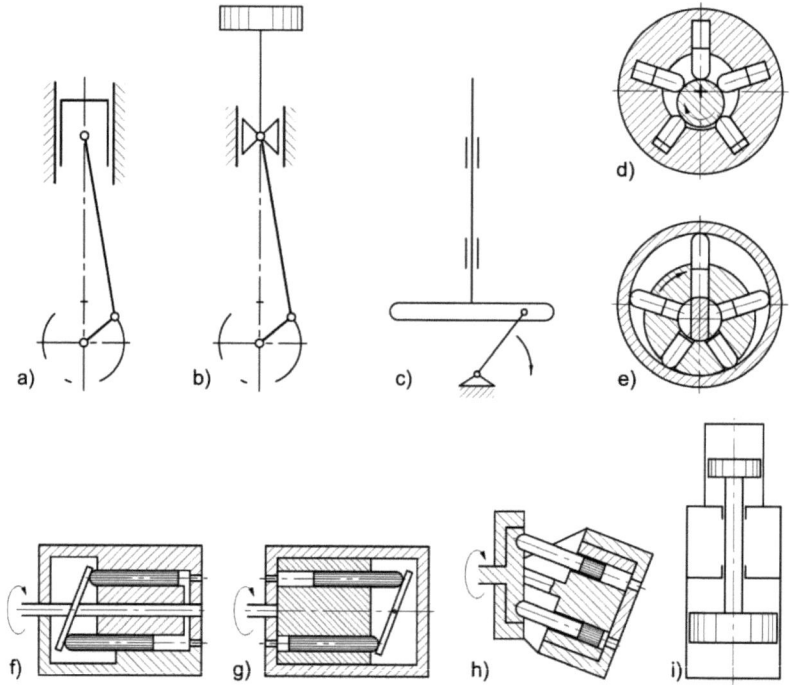

Bild 1-7 Kolbenmaschinen mit verschiedenen Triebwerkformen: a) Schubkurbel mit Tauchkolben; b) Schubkurbel mit Kreuzkopf; c) Kreuzschleife; d) und e) Radialkolben-Bauarten; f) bis h) Axialkolben-Bauarten; i) triebwerklose Kolbenmaschine

Die Anordnung der Zylinder und die Form der Kurbelwelle (Bild 1-8) sind für die thermodynamische Funktion und mechanische Beanspruchung der Kolbenmaschine von großer Bedeutung. Werden alle Zylinder mit parallelen Achsen, die senkrecht zur Maschinenachse liegen ausgeführt, so spricht man von einer **Reihenmaschine**. Sind die Zylinder in zwei gegenüberliegenden Gruppen angeordnet, so spricht man von **Boxermaschinen**. Befinden sich die Zylinderachsen exakt oder näherungsweise in einer Ebene senkrecht zur Maschinenachse, so handelt es sich im allgemeinsten Sinne um eine **Sternmaschine**. Sonderfälle der Sternmaschine sind die **V- bzw. W-Maschine** (auch als **Fächermaschine** bezeichnet) mit zwei bzw. drei Zylinderachsen.

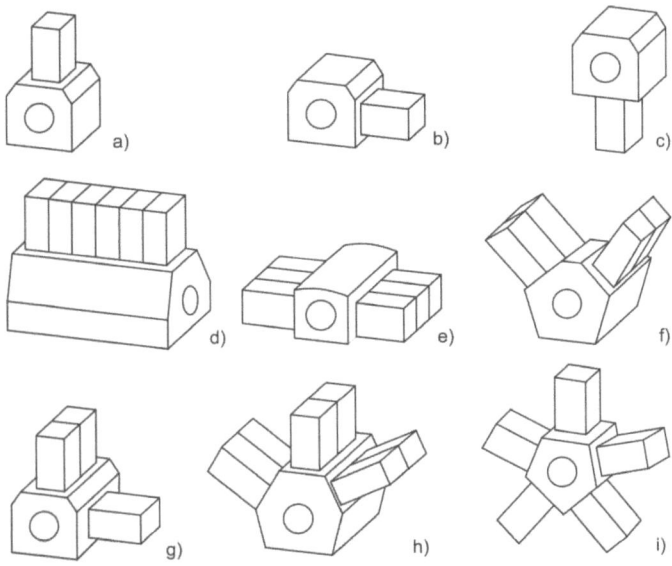

Bild 1-8 Zylinderanordnungen von Kolbenmaschinen: a), b), c) Einzylindermaschine (stehend, liegend, hängend); d) Reihenmaschine (stehend); e) Boxermaschine (liegend); f) Fächerbauweise (60°-V-Maschine); g) Winkelbauweise (stehend/liegend); h) Fächerbauweise (W-Maschine); i) Sternmaschine (im engeren Sinn)

1.2   Die thermodynamische Funktion von Kolbenmaschinen

1.2.1   Die „vollkommene Maschine" als Modellvorstellung

Wenn der Übergang zwischen zwei thermodynamischen Zuständen eines Fluids in beiden Richtungen über gleiche Zwischenzustände verläuft, so spricht man von einer **reversiblen (umkehrbaren) Zustandsänderung**. Die reversible Zustandsänderung ist der nicht erreichbare Grenzfall einer verlustfreien Energieumwandlung.

Die reversible Arbeit einer Kolbenmaschine würde voraussetzen, dass ein reibungsfreier Verdränger unter Zufuhr mechanischer Arbeit durch Verkleinerung des Arbeitsraums den Druck des Arbeitsstoffes so erhöht, dass bei umgekehrtem Bewegungsablauf das Fluid wieder seinen Ausgangszustand annimmt und die zugeführte mechanische Arbeit vollständig zurück gibt. Während des gesamten Ablaufes müsste **thermodynamisches Gleichgewicht** vorliegen. Es müsste also zu jeder Zeit möglich sein, den Vorgang zu unterbrechen und wieder in die andere Richtung zu lenken.

Das setzt voraus, dass keine von räumlichen Druck- oder Temperaturdifferenzen angetriebene Ausgleichsvorgänge statt finden. Der Arbeitsraum müsste also auch am bewegten Verdränger stoffdicht abgegrenzt sein, damit Leckströmungen in die Umgebung oder von und zu anderen Arbeitsräumen ausgeschlossen sind. In thermischen Energiemaschinen mit gasförmigem Arbeitsstoff dürften keine Wärmeströme infolge einer Temperaturdifferenz zur Arbeitsraumbegrenzung auftreten. Das würde einen unendlich großen Wärmeübergangskoeffizienten oder verschwindende Wärmeleitfähigkeit der Wand erfordern.

Das thermodydnamische Gleichgewicht schließt auch Trägheitswirkungen des Arbeitsstoffes und des Verdrängers aus. Die Zustandsänderung müsste unendlich langsam ablaufen. Weil jedes Arbeitsspiel eine Füllung des Arbeitsraumes mit neuem Arbeitsstoff (**Ladungswechsel**) erfordert und die angestrebten einzelnen thermodynamischen Zustandsänderungen bzw. ihre Folge in einem Kreisprozess in möglichst kurzer Zeit ablaufen sollen, damit bei kleinem Bauaufwand eine große Leistung übertragen werden kann, sind Strömungsvorgänge mit nicht vernachlässigbarer kinetischer Energie des Arbeitsstoffes unvermeidbar. Die Umwandlung der kinetischen Energie des Arbeitsstoffes in potentielle ist in Kolbenmaschinen nur unvollständig, oft gar nicht möglich.

Eine Maschine, in welcher der Arbeitsstoff reversible Zustandsänderungen ausführt, ist daher als Modellvorstellung anzusehen und soll im Weiteren als **vollkommene Maschine** bezeichnet werden. Eine vollkommene Maschine setzt nicht notwendiger Weise verschwindenden Schadraum voraus, sondern kann unter dessen Berücksichtigung ein besseres Modell der realen Maschine sein. Man kann in der vollkommenen Maschine auch definierte verlustbehaftete Zustandsänderungen (z. B. eine Drosselentspannung) zulassen, wenn diese für die Funktion der Maschine sinnvoll sind.

Die theoretische Arbeit mit einer vollkommenen Maschine hat vor allem folgende Gründe:

- Die Modellvorstellung erleichtert das Verständnis der Wirkungsweise und gestattet bei leichter Berechenbarkeit qualitative Aussagen zum Einfluss wichtiger Parameter.

- Die vollkommene Maschine kann als Vergleichmaßstab für die Güte ausgeführter Maschinen verwendet werden.

- Wenn der Anteil verlustbehafteter Zustandsänderungen klein bleibt, gestattet das Modell in Verbindung mit Erfahrungswerten für den Verlustanteil auch quantitativ gültige Aussagen zum Verhalten der wirklichen Maschine.

1.2.2 Idealisierte Arbeitsspiele

a) Pumpe und Verdichter

Pumpen und Verdichter sind **Arbeitsmaschinen**, in denen ein flüssiger bzw. gasförmiger Arbeitsstoff (Förderstoff) unter Arbeitsaufnahme auf einen höheren Druck gebracht wird.

Der prinzipielle Aufbau einer Pumpe bzw. eines Verdichters als Hubkolbenmaschine stimmt mit dem in Bild 1-6 dargestellten überein. Volumetrische Pumpen und Verdichter können auch als Drehkolbenmaschinen ausgeführt werden.

Das Arbeitsspiel einer vollkommenen Kolbenpumpe bzw. eines vollkommenen Verdichters setzt sich aus der Zustandsänderung zur Druckerhöhung bei konstanter Masse und den zum Ladungswechsel erforderlichen Masseänderungen bei konstantem Zustand zusammen. Die im Schadraum verbleibende Restmasse erfährt eine Umkehr der Druck erhöhenden Zustandsänderung. Die Vorgänge können mit einem p,V-Diagramm veranschaulicht werden.

NEUMAN & ESSER
Kolbenkompressoren

- bis ... 700 bar
- 15.000 kW
- 25.000 Nm³/h eff.
- geschmiert
- ungeschmiert

zuverlässig und wirtschaftlich für Einsätze in:

- Erdgasversorgung
- HDS-Anlagen
- H_2- / O_2- / CO-Verdichtung
- PE- und PP-Produktion
- CNG / LNG
- PSA- / VSA-Anlagen
- Fackelgas-Rückgewinnung
- PET Streckblasmaschinen
- CO_2 Rückverflüssigung
- und anderen ...

OEM-Ersatzteillieferant für frühere Produktlinien folgender Kolbenkompressoren-Hersteller:

   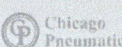

Borsig Verdichter gebaut in Berlin bis Ende 1995

NEUMAN & ESSER GROUP
Tel.: +49 24 51 481-01 ■ Fax: +49 24 51 481-100 ■ www.neuman-esser.com

1.2 Die thermodynamische Funktion von Kolbenmaschinen

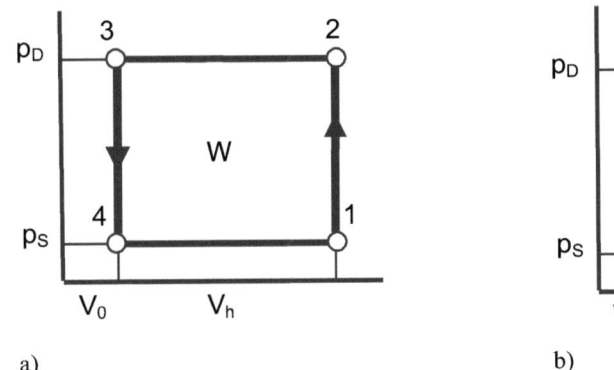
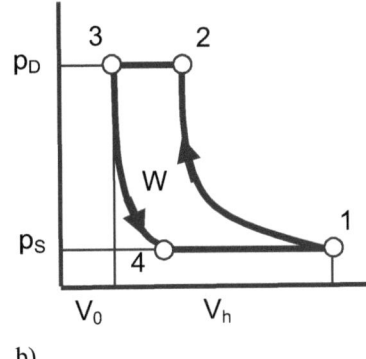

a)   b)

Bild 1-9 p,V-Diagramme volumetrischer Arbeitsmaschinen: a) Pumpe; b) Verdichter

Trotz unterschiedlicher Zustandsänderungen haben die Arbeitsspiele von Pumpe und Verdichter folgende Gemeinsamkeiten:

Im Punkt 1 (untere Totlage) ist der Arbeitsraum mit Förderstoff vom Saugzustand gefüllt und es beginnt die Druck erhöhende Zustandsänderung. Diese wird beendet, wenn der Förderdruck erreicht ist (Punkt 2). Dann öffnet das Auslasssteuerorgan und bei weiterer Verkleinerung des Volumens erfolgt das Ausschieben des Förderstoffs bis zum Punkt 3 (obere Totlage). Der Vorgang 2 → 3 ist in der vollkommenen Maschine eine Masseänderung bei konstantem Zustand.

Im Punkt 3 wechselt das Vorzeichen der Volumenänderung. Das Auslasssteuerorgan schließt. Die nicht ausgeschobene – im Schadraum verbliebene – Restmasse entspannt sich, bis der Saugdruck erreicht wird (Punkt 4).

Während der weiteren Vergrößerung des Arbeitsraumes (4 → 1) strömt neuer Förderstoff durch das Einlasssteuerorgan (Saugventil) in den Arbeitsraum. Dieser Vorgang wird als Ansaugen bezeichnet und ist unter den Voraussetzungen der vollkommenen Maschine ebenfalls eine Masseänderung bei konstantem Zustand.

Die während eines Arbeitsspiels zuzuführende Arbeit kann durch Summation der physikalischen Arbeit aller Phasen des Arbeitsspiels ermittelt werden:

$$W = \sum_{l=1,4} W_l = -\sum_{l=1,4} \int pA_k dx_k = -\oint pdV = \oint Vdp = \int_1^2 Vdp + \int_3^4 Vdp \qquad (1.9)$$

und entspricht dem Flächeninhalt des p,V-Diagramms.

Die pro Arbeitsspiel geförderte Masse beträgt

$$m = m_1 - m_4 = (V_1 - V_4) \cdot \rho_S \qquad (1.10)$$

Die massespezifische Arbeit ergibt sich als technische Arbeit der Druck erhöhenden Zustandsänderung:

$$w = \frac{W}{m} = \frac{m_1 \int_1^2 vdp - m_4 \int_3^4 vdp}{m_1 - m_4} = \int_1^2 vdp = w_{t1,2} \qquad (1.11)$$

Unter den Voraussetzungen einer vollkommenen Maschine beeinflusst der Schadraum wegen

$$\int_3^4 v\,dp = -\int_1^2 v\,dp$$

nicht die massespezifische Arbeitsübertragung.

In Pumpen erfolgt die Druckerhöhung bei nahezu unveränderlicher Dichte und Temperatur, so dass in guter Näherung (exakt bei idealen Flüssigkeiten mit $\rho, T = \text{const}$) für die spezifische technische Arbeit gilt:

$$w_t = \frac{p_D - p_S}{\rho} \tag{1.12}$$

Unter diesen Bedingungen hat der Schadraum auch keinen Einfluss auf die geförderte Masse. In Verdichtern ist das Druckverhältnis $\pi = p_D / p_S$ Hauptparameter der Zustandsänderung. Bei idealer Kühlung tritt keine Temperaturerhöhung des Förderstoffes ein, d. h. es erfolgt eine **isotherme Verdichtung** und die spezifische technische Arbeit beträgt

$$w_{tT} = \int_S^D v\,dp \Big|_{T=\text{const}} = q + \Delta h = T(s_S - s_D) + h_D - h_S \tag{1.13a}$$

Für Idealgasverhalten gilt $\rho_D = \rho_S \pi$ und $w_{tT} = RT \ln(\pi)$. $\tag{1.13b}$

Wird keine Wärme abgeführt (Modellvorstellung für den ungekühlten Verdichter), verläuft die Verdichtung reversibel adiabat, d. h. es findet eine **isentrope Verdichtung** statt und die spezifische technische Arbeit beträgt

$$w_{ts} = h_D - h_S \tag{1.14a}$$

Bei Idealgasverhalten des Förderstoffs gilt für den Zusammenhang von Ein- und Austrittszustand

$$T_D = T_S\, \pi^{\frac{\kappa-1}{\kappa}} \quad (1.14a) \quad \text{und} \quad \rho_D = \rho_S \pi^{\frac{1}{\kappa}} \tag{1.14b}$$

und die spezifische technische Arbeit ergibt sich zu

$$w_{ts} = \frac{\kappa}{\kappa-1} RT \left(\left(\frac{p_D}{p_S}\right)^{\frac{\kappa-1}{\kappa}} - 1 \right) \tag{1.15}$$

In beiden Fällen vermindert der Schadraum die bei einem Arbeitsspiel geförderte Gasmasse im Verhältnis

$$\frac{V_1 - V_4}{V_h}$$

Infolge des bei gleichem Druck größeren Volumens des ungekühlten Förderstoffs ist die spezifische Arbeit der isentropen Verdichtung größer als die der isothermen. Das Verhältnis wächst mit zunehmendem Druckverhältnis umso stärker, je größer der Isentropenexponent κ ist (vgl. Bild 1-10).

1.2 Die thermodynamische Funktion von Kolbenmaschinen

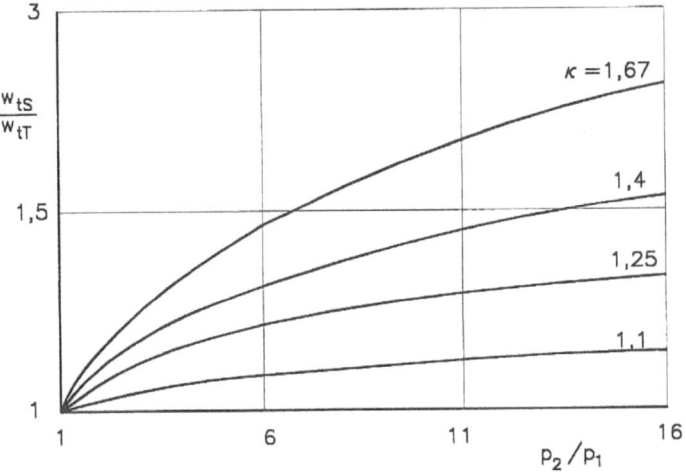

Bild 1-10 Verhältnis der isentropen zur isothermen Verdichtungsarbeit

In realen Verdichtern ist die Wärmeabfuhr aus dem Arbeitsraum stark begrenzt (vgl. Abschnitt 3.2.1), so dass die Annahme isentroper Verdichtung die Wirklichkeit besser trifft als die der isothermen. Man muss also bei größeren Druckverhältnissen mit höherer Austrittstemperatur und zunehmendem Mehraufwand gegenüber der isothermen Verdichtungsarbeit rechnen.

Wenn bei größerem Druckverhältnis die Verdichtung auf mehrere hintereinander geschaltete Arbeitsräume (Stufen) aufgeteilt und der Förderstoff nach jeder Stufe in einem externen Wärmeübertrager (Zwischenkühler) isobar zurückgekühlt wird, nähert sich der Zustandsverlauf mit wachsender Stufenzahl dem angestrebten isothermen Verlauf an (Bild 1-11).

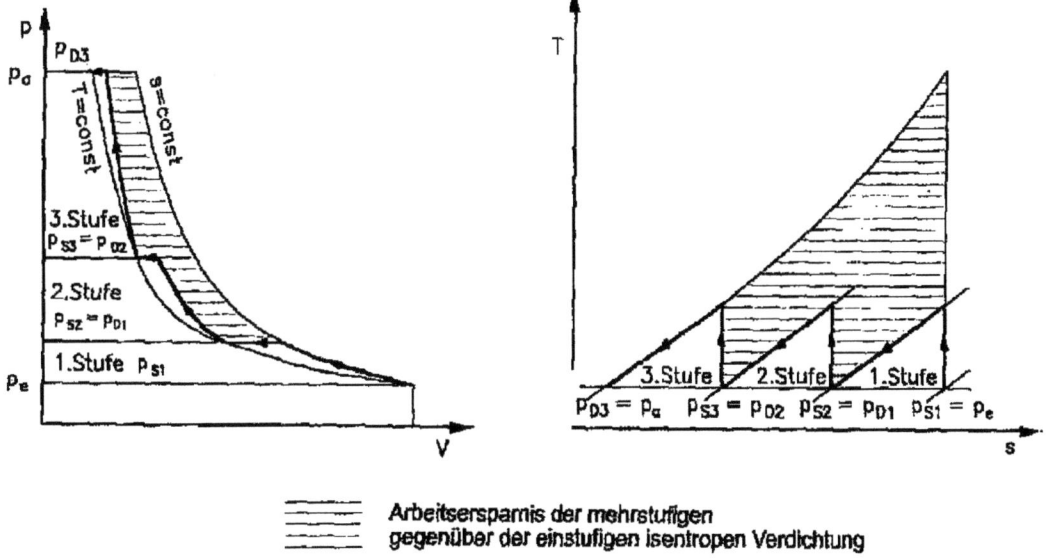

Bild 1-11 Zur Thermodynamik der mehrstufigen Verdichtung

Für vorgegebene **Stufenzahl** J und Idealgasbedingungen ergibt sich die größte Einsparung an spezifischer Arbeit, wenn alle Stufen das gleiche Druckverhältnis $\pi_j = \sqrt[J]{\pi}$ haben. Dann ist auch die Verdichtungsendtemperatur mit

$$T_{Dj} = \pi_j^{\frac{\kappa-1}{\kappa}} = \pi^{\frac{\kappa-1}{J\kappa}} \tag{1.16}$$

am niedrigsten. Für die spezifische technische Arbeit des mehrstufigen Verdichters gilt

$$w_{tsJ} = J\frac{\kappa}{\kappa-1}RT_S\left(\pi^{\frac{\kappa-1}{J\kappa}} - 1\right) \tag{1.17}$$

Wenn man von den nur noch historisch interessanten Verbunddampfmaschinen mit zweistufiger Entspannung und einigen Sonderanwendungen absieht, sind die mehrstufigen Verdichter die einzigen **mehrstufigen Kolbenmaschinen**.

b) Entspannungsmaschinen

Entspannungsmaschinen sind **Kraftmaschinen**, die die potentielle Energie eines unter erhöhtem Druck stehenden Fluids in eine abzugebende mechanische Arbeit umwandeln.

Bei gasförmigem Arbeitsstoff ist mit der Entspannung auch eine Temperaturabsenkung verbunden. Für die Dampfmaschine als Entspannungsmaschine im Dampfkraftprozess ist die Arbeitsabgabe primär. Für Entspannungsmaschinen im Kaltgasprozess ist die Temperaturabsenkung vorrangig.

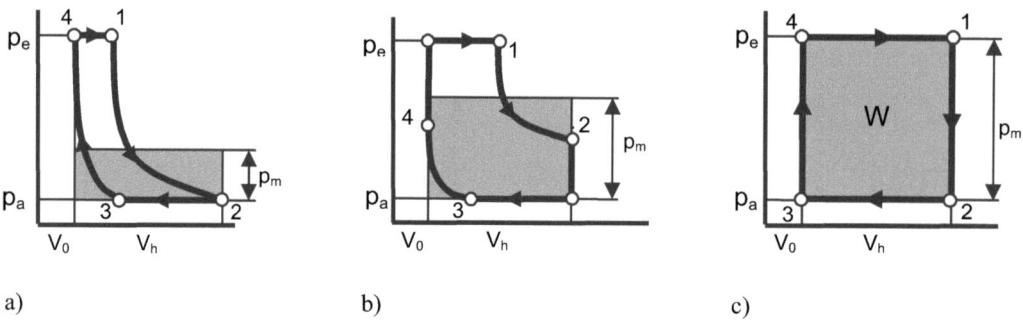

Bild 1-12 Arbeitsspiel einer Entspannungsmaschine
   a), b) thermische Maschine mit vollständiger bzw. unvollständiger Entspannung;
   c) thermische Volldruckmaschine bzw. hydraulische Maschine

Anhand des p,V-Diagramms (Bild 1-12a) kann das Arbeitsspiel einer thermischen Entspannungsmaschine im Idealfall wie folgt beschrieben werden:

Im Punkt 1 ist der Arbeitsraum mit Arbeitsstoff vom Eintrittszustand (e) gefüllt und das Einlasssteuerorgan wird geschlossen. Bis zur unteren Kolbentotlage (2) erfolgt die Entspanung des Arbeitsstoffes auf den Austrittsdruck p_a. Im Punkt 2 wird das Auslasssteuerorgan geöffnet und danach der Arbeitsstoff bei abnehmendem Volumen ausgeschoben. Nach dem Schließen des Auslasssteuerorgans (3) erfolgt bei weiterer Volumenabnahme bis zur oberen Totlage (4) eine Rückführung der im Arbeitsraum verbliebenen Masse auf den Eintrittszustand.

1.2 Die thermodynamische Funktion von Kolbenmaschinen

Die Phasen 1 → 2 und 3 → 4 sind im Idealfall isentrope Zustandsänderungen, wobei für flüssigen Arbeitsstoff Dichte und Temperatur nahezu konstant bleiben.

Das Volumenverhältnis V_1 / V_2 und damit die pro Arbeitsspiel eintretende Masse wird durch das Druckverhältnis p_1 / p_2 bestimmt. Eine Vergrößerung der Masse und der Arbeit pro Arbeitsspiel kann erreicht werden, wenn man auf die vollständige isentrope Entspannung bis zum Austrittsdruck verzichtet, d. h. eine **unvollständige Entspannung** mit $p_2 > p_a$ in der unteren Totlage zulässt (Bild 1-12b).

Nach der Öffnung des Auslasssteuerorgans wird der ausströmende Arbeitsstoff ohne Arbeitsleistung auf den Austrittsdruck entspannt. Dieser Vorgang des **Auspuffens** ist eine Drosselentspannung bei $h = \text{const}$. Gleichzeitig setzt der im Arbeitsraum verbliebene Arbeitsstoff, dessen spezifisches Volumen durch Masseabnahme wächst, die isentrope Entspannung fort. Es findet also während der unteren Totlage des Kolbens eine kombinierte Masse-Zustand-Änderung statt, an derem Ende im Arbeitsraum der gleiche Zustand wie bei vollständiger isentroper Entspannung vorliegt. Der Zustand der ausgetretenen Masse ergibt sich aus der Mischung der mit unterschiedlichem Druck ausgetretenen Teilmassen. Analog kann auch eine unvollständige Rückverdichtung der Restmasse auf $p_4 < p_e$ in Verbindung mit einem Einpuffen des einströmenden Arbeitsstoffes vorgesehen werden.

Die Expansionsmaschine mit unvollständiger Entspannung ist ein Beispiel für eine vollkommene Maschine mit nicht umkehrbaren, d. h. verlustbehafteten Zustandsänderungen. Weil damit eine bessere Annäherung an die Vorgänge in ausgeführten Entspannungsmaschinen erreicht wird und die angenommenen Masse-Zustand-Änderungen definiert und leicht berechenbar sind, ist diese Erweiterung der Modellvorstellung sinnvoll.

Wie bei allen Kolbenmaschinen entspricht der Flächeninhalt des p,V-Diagramms der bei einem Arbeitsspiel abgegebenen Arbeit und Gl. (1.9) gilt sinngemäß.

Für die Entspannung von Flüssigkeiten (Bild 1-12c) wird

$$|W| = V_h \cdot (p_e - p_a) \tag{1.18a}$$

und $$|w_t| = \frac{p_e - p_a}{\rho}, \tag{1.18b}$$

wobei die Betragszeichen dem Umstand geschuldet sind, dass im Sinne der Thermodynamik alle aus einem Prozess abgeführten Energiegrößen negativ sind.

Bei unvollständiger Expansion muss W aus der Summation der technischen Arbeiten aller Phasen des Arbeitsspieles bestimmt werden. Die spezifische technische Arbeit ergibt sich durch Bezug auf die bei einem Arbeitsspiel durchgesetzte Masse $m = m_1 - m_4$ nach der allgemeingültigen Beziehung

$$|w_t| = \frac{|W|}{m} \tag{1.19}$$

Zur Kennzeichnung der Arbeit pro Hubvolumen wird der **mittlere Kolbendruck**

$$p_m = \frac{|W|}{V_h} \tag{1.20}$$

verwendet, der bei gleichem Ein- und Austrittszustand umso größer ist, je unvollständiger die Entspannung ist. Im Grenzfall der thermischen Volldruckmaschine und für hydraulische Entspannungsmaschinen wird $p_m = p_e - p_a$.

Unter der Voraussetzung eines adiabaten Systems ist der Betrag der Enthalpieabnahme $|\Delta h|$ in der Entspannungsmaschine gleich dem der abgegebenen technischen Arbeit $|w_t|$ und bei unvollständiger Entspannung kleiner als der Betrag der Enthalpiedifferenz $|\Delta h_s|$ einer isentropen Entspannung auf den Austrittsdruck. Zur Bewertung des Verlustes kann ein Gütegrad der unvollständigen Entspannung gebildet werden;

$$\eta_{uE} = \frac{|\Delta h|}{|\Delta h_s|} \tag{1.21}$$

c) Verbrennungsmotoren

Verbrennungsmotoren sind Kraftmaschinen, die einen gesamten Kreisprozess realisieren. Bei der Modellierung von Verbrennungsmotoren als vollkommene Kolbenmaschine kann der offene Kreisprozess mit stofflicher Veränderung infolge innerer Verbrennung und Ladungswechsel durch einen geschlossenen Kreisprozess mit dem Arbeitsstoff Luft und äußerer Wärmezufuhr ersetzt werden.

Die Phasen des meist zu Grunde gelegten Seiligerprozesses, der als Grenzfälle auch den Otto- und den Dieselprozess enthält, werden üblicher Weise im massespezifischen p,v-Diagramm (a) oder T,s-Diagramm (b) dargestellt. Das p,V-Diagramm (c) ermöglicht auch die Darstellung des Ladungswechsels.

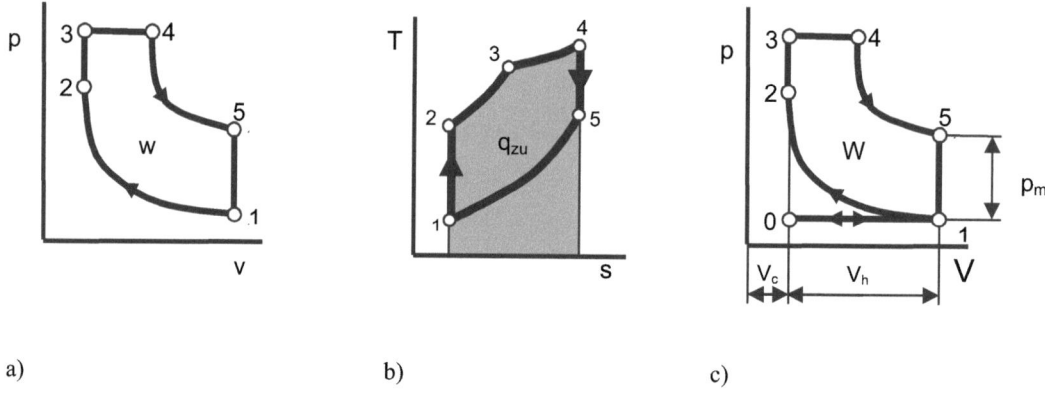

a)   b)   c)

Bild 1-13 Der Seiligerprozess im idealen Verbrennungsmotor

Ausgehend vom Zustandspunkt 1, der dem Eintrittszustand beim Ladungswechsel entspricht, erfolgt eine isentrope Verdichtung bis zum Punkt 2, das Verhältnis $\varepsilon = v_1 / v_2$ wird als Verdichtungsverhältnis bezeichnet und ist der Relation des Hub- und Kompressionsraums der modellierten Maschine nach Gl. (1.8b) bestimmt.

Die der inneren Verbrennung entsprechende Wärmezufuhr wird in zwei Phasen zerlegt, deren erster Teil als isochore Wärmezufuhr während der oberen Totlage angenommen wird und auf den Zustandspunkt (3) führt. Das Verhältnis zwischen dem Maximaldruck und dem Verdichtungsenddruck wird als Druckverhältnis $\psi = p_3 / p_2$ bezeichnet.

1.2 Die thermodynamische Funktion von Kolbenmaschinen

Der zweite Teil der Wärmezufuhr wird als isobare Zustandsänderung bis zum Punkt 4 angenommen, deren Ende durch das Volumenverhältnis $\phi = v_4/v_3$ bestimmt wird.

Im Grenzfall des Ottoprozesses erfolgt die Wärmezufuhr nur isochor ($\phi = 1$), was die schnelle Verbrennung des gezündeten Gemischs modelliert.

Der Dieselprozess spiegelt die relativ langsame Verbrennung des eingespritzten Kraftstoffs durch eine Beschränkung auf isobare Wärmezuhr ($\psi = 1$) wieder.

Nach Abschluss der Wärmezufuhr erfolgt eine isentrope Expansion bis zum Punkt 5, der dem Zustand bei Beginn des Auspuffens entspricht. Die reale Masse-Zustand-Änderung des Auspuffens während der unteren Totlage, wird durch eine isochore Wärmeabfuhr modelliert, die auf den Zustand 1 zurückführt. Im Falle des idealen Zweitakt-Prozesses ist damit der Ladungswechsel beendet. Im Falle des Viertaktprozesses wird bei der Verringerung des Arbeitsraum-Volumens (1 → 0) der alte Arbeitsstoff vollständig ausgeschoben und neuer bei der Vergrößerung (0 → 1) angesaugt.

Aus der maßstäblichen Darstellung des Prozesses im p,v-Diagramm ist über die eingeschlossene Fläche der Einfluss der Prozessparameter auf die spezifische Arbeit w zu erkennen. Im T,s-Diagramm kann die zugeführte Wärme q_{zu} veranschaulicht werden. Das Verhältnis beider Größen wird als thermischer Wirkungsgrad bezeichnet.

$$\eta_{th} = \frac{|w|}{q_{zu}} \tag{1.22}$$

Mit den Parametern ε, ψ, ϕ und dem Ausgangszustand 1 ist der Prozess eindeutig beschrieben. Demzufolge können die vorrangig interessierenden Prozessgrößen spezifische Arbeit w und thermischer Wirkungsgrad η_{th} als Funktion dieser Größen dargestellt werden.

Der formelmäßige Zusammenhang wird in Abschnitt 4.3 hergeleitet.

1.2.3 Die verlustbehafteten Zustandsänderungen im Arbeitsraum einer Kolbenmaschine

Wie in Abschnitt 1.2.1 begründet, sind den angestrebten reversiblen Zustandsänderungen in Kolbenmaschinen immer Ausgleichsvorgänge überlagert, die dazu führen, dass die Zustandsänderung irreversibel und verlustbehaftet abläuft. Aus einer Energiebilanz anhand des gemessenen Ein- und Austrittszustandes, des Durchsatzes und der an der Kupplung zu- oder abgeführten Leistung kann der Verlustanteil der Zustandsänderung bzw. des Kreisprozesses integral bestimmt werden.

Bei allen Kraftmaschinen führen die Verluste dazu, dass die abgegebene Arbeit kleiner als die der vollkommenen Maschine ist. In allen Arbeitsmaschinen ist die aufgenommene Arbeit größer als die ideale.

$$|W_{KM}| = \eta \cdot |W_{ideal}| \qquad W_{AM} = W_{ideal}/\eta \tag{1.23}$$

Dabei ist $\eta < 1$ und wird als **Wirkungsgrad** bezeichnet. $1-\eta$ kennzeichnet den Verlustanteil. Eine Zuordnung der Verlustanteile zu den verschiedenen Verlustursachen erfordert die experimentelle Untersuchung des Zustandsverlaufes im Arbeitsraum. Wichtigste Methode dafür ist die Bestimmung des p,V-Diagramms durch instationäre Druckmessung im Arbeitsraum.

Wegen der früher mit einem mechanischen Druckschreiber (Indikator) vorgenommenen Aufzeichnung wird das p,V-Diagramm auch **Indikatordiagramm** genannt und die instationäre Druckmessung als Indizieren bezeichnet.

Während der angestrebten **Zustandsänderungen** treten auch ungewollte Masseänderungen durch Leckströmungen auf. Das experimentell ermittelte p,V-Diagramm ist daher keine eindeutige Beschreibung der thermodynamischen Vorgänge. Die Trennung der Zustands- und Masseänderung im Arbeitsraum erfordert parallel zur Druckmessung eine Bestimmung der Masse im Arbeitsraum. Diese kann bei thermischen Maschinen prinzipiell durch die gleichzeitige Messung der Temperatur erfolgen. Allerdings ist die trägheitsarme Temperaturmessung im Arbeitsraum bisher nicht für alle Maschinenarten mit hinreichender Genauigkeit möglich.

Relativ leicht können die Gesamtdruckverluste in den Steuerorganen – die so genannten **Drosselverluste** – aus einer Indizierung in Verbindung mit instationären Druckmessungen in den Zu- und Abströmleitungen bestimmt werden.

Undichtheitsverluste (Druckausgleichsvorgänge durch Leckströmungen von und zu benachbarten Räumen des Arbeitsraumes) benötigen in der Regel spezielle Untersuchungen unter Modellbedingungen, da ihre Auswirkung auf den Arbeitsraumdruck relativ klein und oft gegenläufig ist.

Aussagen zum Wärmeübergang an die Arbeitsraumbegrenzung, der den Betrag der abgeführten Wärme bestimmt, der aber auch durch Speichereffekte zu den so genannten **Wandverlusten** führt, sind anhand der instationären Druckmessung nur unter der vereinfachenden Annahme konstanter Masse möglich. Die Beschreibung der Einzelverluste durch empirische Ansätze ist meist maschinenspezifisch und wird in den Abschnitten 2 bis 4 beschrieben.

Methoden zur **Berechnung verlustbehafteter Zustandsänderungen** in allen Kolbenmaschinen, die auf den Grundgleichungen der Thermodynamik beruhen und verallgemeinerungsfähige Ansätze für reibungsbedingte Druckverluste, Leckströmungen und Wärmetransport verwenden, sind ein wichtiges Instrument zur Auslegung und zum Verständnis solcher Maschinen.

In der Regel ist dafür ein **nulldimensionales Modell** ausreichend, das örtliche Unterschiede des thermodynamischen Zustands im Arbeitsraum sowie die kinetische Energie des Arbeitsstoffes vernachlässigt und Idealgasverhalten voraussetzt. Zur Bestimmung der 5 zeitabhängigen Variablen p, V, T, m, Q kann das nachstehende Gleichungssystem verwendet werden [1-2]. Für hydraulische Maschinen reduziert sich das System auf die Variablen p, V, m.

$$\frac{dp}{dt} = p \left(\frac{1}{T} \frac{dT}{dt} - \frac{1}{V} \frac{dV}{dt} + \frac{1}{m} \frac{dm}{dt} \right)$$

$$\frac{dT}{dt} = T \left(\frac{\kappa-1}{\kappa} \frac{1}{p} \frac{dp}{dt} - \frac{1}{m} \frac{dm}{dt} \right) + \frac{1}{m \cdot c_p} \frac{dQ}{dt}$$

$$\frac{dV}{dt} = A_k \cdot c_k \qquad (1.24)$$

$$\frac{dm}{dt} = \sum_j \dot{m}_j$$

$$\frac{dQ}{dt} = \dot{Q}_k + \dot{Q}_s + \dot{Q}_b + \sum \dot{m}_j \cdot c_p \cdot T_j$$

1.2 Die thermodynamische Funktion von Kolbenmaschinen

Die erste und zweite Gleichung sind durch Ableitung der Gasgleichung und des 1. Hauptsatzes nach der Zeit entstanden. Die dritte Gleichung beinhaltet die Verdrängungscharakteristik der Maschine, hier speziell die der Hubkolbenmaschine (vgl. Abschnitt 1.3, Gl. (1.34)).

Die vierte Gleichung stellt die Kontinuitätsgleichung für den Arbeitsraum dar. Zur Bestimmung der Massenströme $\dot{m}_j$ von bzw. zu den Nachbarräumen j des Arbeitsraumes kann im einfachsten Fall der Ansatz für die adiabate Düsenströmung verwendet werden.

$$\dot{m} = A \cdot c \cdot \rho = A \cdot \alpha \cdot \sqrt{p_R \cdot \rho_R} \cdot \psi \tag{1.25}$$

Dabei sind A der engste Querschnitt, α die Durchflusszahl, p_R, ρ_R die Ruhewerte des Druckes und der Dichte in dem Ausgangsraum der Strömung und ψ die Ausflussfunktion. Diese ist eine Funktion des Druckverhältnisses zwischen Ziel- und Ausgangsraum der Strömung.

$$\psi = \left(\frac{p}{p_R}\right)^{1/\kappa} \sqrt{\frac{\kappa}{\kappa-1}\left[1-\left(\frac{p}{p_R}\right)^{(\kappa-1)/\kappa}\right]} \tag{1.26a}$$

Die Ausflussfunktion erreicht ein Maximum $\psi_{\max} = \left[\dfrac{2}{\kappa+1}\right]^{1/\kappa-1} \sqrt{\dfrac{\kappa}{\kappa+1}}$

beim kritischen Druckverhältnis $\left(\dfrac{p}{p_R}\right)_{\text{krit}} = \left[\dfrac{2}{\kappa+1}\right]^{\kappa/\kappa-1}$, \hfill (1.26b)

wobei im engsten Querschnitt die kritische Schallgeschwindigkeit auftritt. Bei kleineren Druckverhältnissen wird der Druck im Zielraum erst durch Nachexpansion außerhalb der Düse erreicht. Bei flüssigem Arbeitsstoff vereinfacht sich Gleichung (1.25) zu

$$\dot{m} = \alpha \cdot A \cdot \sqrt{2 \cdot \rho \cdot (p_R - p)} \tag{1.27}$$

Für Leckströmungen durch Kolbenring-Dichtungen, Labyrinth-Dichtungen und Kolbenstangenpackungen sind spezielle Berechnungsverfahren erforderlich ([1-3]).

Die letzte Gleichung des Systems definiert den in der zweiten Gleichung enthaltenen Gesamtwärmestrom zum Arbeitsraum, der sich aus Anteilen durch Wärmeübergang und Strahlung an den Wänden des Arbeitsraumes, aus innerer Verbrennungswärme und einem mit den Masseströmen verbundenen Enthalpiestrom zusammensetzen kann.

Bei Kenntnis der räumlich und zeitlich gemittelten Wandtemperatur T_W des Arbeitsraumes und eines für den Anwendungsfall geeigneten empirischen Ansatzes zur Berechnung des Wärmeübergangskoeffizienten α_W kann der Wandwärmestrom berechnet werden:

$$\dot{Q}_k = A_W \cdot \alpha_W \cdot (T_W - T) \tag{1.28}$$

Zur Abschätzung von α_W kann z. B. der allgemeine Ansatz für die Nusseltzahl bei turbulenter Plattenströmung [1-4] verwendet werden:

$$\alpha_W = \frac{\lambda}{l} \cdot Nu = 0{,}0325 \cdot \frac{\lambda}{l} \cdot \text{Re}^{4/5} \cdot \text{Pr}^{1/3} \tag{1.29}$$

Dabei ist die Prandtlzahl $\text{Pr} = \dfrac{v}{a}$ eine arbeitsstoffspezifische zustandsabhängige Größe. In der Reynoldszahl $\text{Re} = \dfrac{l \cdot c \cdot \rho}{\eta}$ können in erster Näherung der Kolbendurchmesser und die Kolbengeschwindigkeit als charakteristische Länge und Geschwindigkeit verwendet werden.

Die Lösung des kompletten Gleichungssystems (1.24) muss durch numerische Integration über der Zeit erfolgen. Die Verwendung von geschätzten Startwerten für die Zustandsgrößen erfordert eine iterative Wiederholung für mehrere Arbeitsspiele. Die Genauigkeit der Lösung ist von der Güte der getroffenen Annahmen abhängig und muss in der Regel durch Messungen an der Maschine geprüft werden. Auch wenn im Einzelfall deutliche Abweichungen zwischen Messung und Rechnung auftreten, ist das Verfahren geeignet, den Einfluss von Maschinenparametern auf den Zustandsverlauf und damit auf das Betriebsverhalten der Maschine abzuschätzen.

■ **Beispiel 1.2.1: Simulation verlustbehafteter Zustandsänderungen**

Dieses Beispiel untersucht den Einfluss von Druck- und Temperatur-Ausgleichsvorgängen auf den Zustandsverlauf in einer Kolbenmaschine bei Verdichtung und Entspannung. Die resultierende Zustandsänderung wird mit Hilfe des Gleichungssystems (1.24) für die nachstehenden Maschinendaten berechnet.

Größe	Symbol	Dimension	Wert
Arbeitsstoff Luft			
Gaskonstante	R	Nm/kg/K	287,2
Isentropenexponent	κ		1,4
Dynamische Viscosität	η	Ns/m^2	$3{,}2 \cdot 10^{-5}$
Wärmeleitfähigkeit	λ	W/(mK)	0,05
Prandtlzahl	Pr		0,67
Betriebsbedingungen			
Anfangsdruck	p_0	Pa	$1 \cdot 10^5$
Anfangstemperatur	T_0	K	293
Wandtemperatur	T_W	K	440
Drehzahl	n	1/s	12
Maschinenparameter			
Kolbenhub	s	m	0,1
Kolbendurchmesser	d_k	m	0,1
Volumenverhältnis	V_{max}/V_{min}		7,66
Äquivalenter Düsenquerschnitt	$A^*\alpha$	m^2	$2 \cdot 10^{-6}$

1.2 Die thermodynamische Funktion von Kolbenmaschinen

Die Maschine ist mit dem Arbeitsstoff Luft gefüllt. Die Zustandsänderung beginnt in der unteren Totlage mit dem Anfangszustand p_0, T_0. Der Kolben bewegt sich von der unteren Totlage ($\alpha = 180°$) zur oberen Totlage ($\alpha = 360°$) und zurück zur unteren Totlage ($\alpha = 540°$). Es wird eine harmonische Kolbenbewegung (vgl. Abschnitt 1.3) vorausgesetzt. Ein- und Auslass-Steuerorgan sind geschlossen. Die Maschine gibt nach außen keine Wärme ab.

Zuerst wird der Zustandsverlauf nur unter Berücksichtigung der **Undichtheit** des Arbeitsraumes berechnet. In der betrachteten einfach wirkenden Tauchkolbenmaschine treten Leckströme vor allem über die Kolbenabdichtung auf. Dieser Leckstrom führt bei offenem Triebwerk in die Umgebung und vermindert die Masse im Arbeitsraum.

Der Leckmassestrom wird vereinfachend unter der Annahme einer Düsenströmung nach Gl. (1.25) berechnet, wofür eine äquivalente Düsenfläche angenommen wird, die dem zu erwartenden Stoßspalt-Querschnitt am Kolbenring entspricht.

Die Integration der Kolbenkraft über dem Volumen zur physikalischen Arbeit zeigt, dass am Ende des Gesamtvorgangs die aufgewendete Arbeit nicht vollständig zurück gegeben ist. Der verbleibende Betrag stellt die Verlustarbeit dar.

Die Leckströmung spiegelt sich im „scheinbaren" Polytropen-Exponenten wider, der aus einem p,V-Diagramm über

$$n = \frac{dp}{p} \cdot \frac{V}{dV}$$

ermittelt wird. („scheinbar", weil eine kombinierte Masse-Zustand-Änderung abläuft). Während der Verdichtung wirkt die Masseabnahme wie eine Wärmeabfuhr, vermindert also den Exponenten. Die Entspannungskurve $p(V)$ verläuft bei Masseabnahme steiler, was einem größeren Exponenten entspricht. In der Nähe der oberen Totlage geht wegen $V \approx$ const $n \to \infty$.

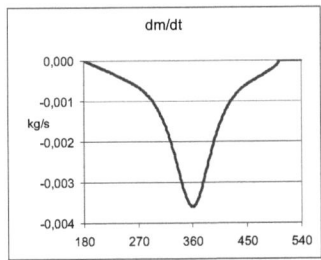
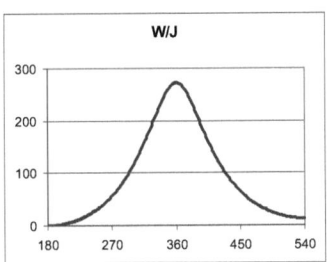
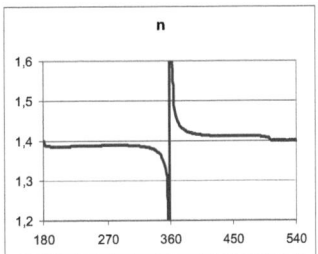

Als nächstes wird der Zustandsverlauf bei einer **Wärmeübertragung** von und zur Arbeitsraum-Wand betrachtet. Die Größe des Wärmestroms $\frac{dQ}{dt}$ ergibt sich nach Gl. (1.28). Dazu müssen die vom Kurbelwinkel abhängige Wandfläche und die vom Zustand abhängige Wärmeübergangszahl α_W (Gl. (1.29)) berechnet werden. Näherungsweise wurden dabei mittlere Werte für η, λ und Pr im betrachteten Zustandsbereich verwendet (vgl. Tabelle auf Seite 20).

Die Wandtemperatur T_w, die wegen der hohen Wärmekapazität als nahezu konstant angesehen werden kann, ergibt sich für das adiabate System aus der Bedingung, dass die während des Vorgangs insgesamt übertragene Wärmemenge gleich Null ist.

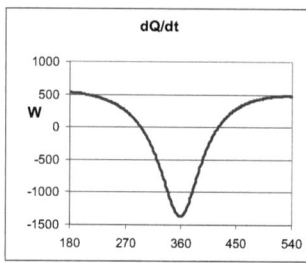 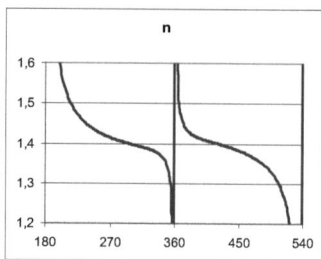 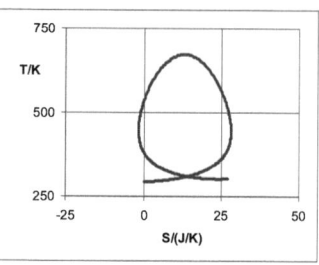

Infolge des instationären Wärmestroms weicht die Zustandsänderung etwas von der Isentropen ab und unterscheidet sich für Hin- und Rückgang des Kolbens. Auch das erkennt man am deutlichsten aus dem Verlauf des Polytropenexponenten. Für Verdichtung mit Wärmezufuhr und Entspannung mit Wärmeabfuhr ist $n > \kappa$. In Totlagen-Nähe geht wieder $n \to \infty$.

Bei der Integration der zeitlichen Entropie-Änderung

$$\frac{dS}{dt} = \frac{1}{T}\frac{dQ}{dt}$$

für den Gesamtvorgang ergibt sich eine Entropiezunahme, obwohl keine Wärmezufuhr von außen erfolgt. Der Überschuss der zugeführten Arbeit (= Verlustarbeit) gegenüber der abgegebenen entspricht einer inneren Wärmezufuhr. Eine ohne Ladungswechsel betriebene Maschine würde sich in kurzer Zeit stark aufheizen.

Das relativ allgemeine Beispiel sollte nicht der Untersuchung einer speziellen Maschine dienen, sondern die Aussagemöglichkeiten einer nulldimensionalen Simulation aufzeigen. Man erkennt an diesem Beispiel vor allem:

- Verlustbehaftete Zustandsänderungen sind nicht vollständig umkehrbar, d. h. irreversibel.
- Bei richtiger Dimensionierung bleiben die Verlustanteile aber gering (hier ca. 5 %).

1.3 Kurbeltrieb

Das Triebwerk einer Hubkolbenmaschine besteht aus dem Kolben, der Pleuelstange (auch Treibstange oder Pleuel) und der Kurbelwelle. Die Aufgabe dieser Bauteile ist die Umsetzung einer oszillierenden in eine rotierende Bewegung.

Kolben: Der Kolben führt eine hin- und hergehende Bewegung aus (oszillierende Bewegung).

Pleuelstange: Die Pleuelstange führt eine kombinierte Bewegung aus (oszillierend und rotierend). Sie dient der Verbindung von Kolben und Kurbelwelle.

Kurbelwelle: Die Kurbelwelle rotiert mit konstanter Geschwindigkeit, führt also eine rotierende Bewegung aus.

Des Weiteren wird bei großen Kolbenmaschinen häufig ein Kreuzkopf als Koppelglied zwischen der linear bewegten Kolbenstange und dem schwenkenden Pleuel eingesetzt (vgl. Abschnitt 1.1.3). Die nachfolgend vorgestellten Zusammenhänge gelten auch für Kurbeltriebe in Kreuzkopfbauweise.

1.3.1 Kinematik der Hubkolbenmaschine

Die jeweilige Entfernung des Kolbens von seiner Lage im oberen Totpunkt (OT) wird als Kolbenweg $s(\varphi)$ bezeichnet. Dieser lässt sich entsprechend Bild 1-14 als Funktion vom Kurbelwinkel φ ausdrücken, wobei für die OT-Stellung des Kolbens $\varphi = 0\,°$ gilt.

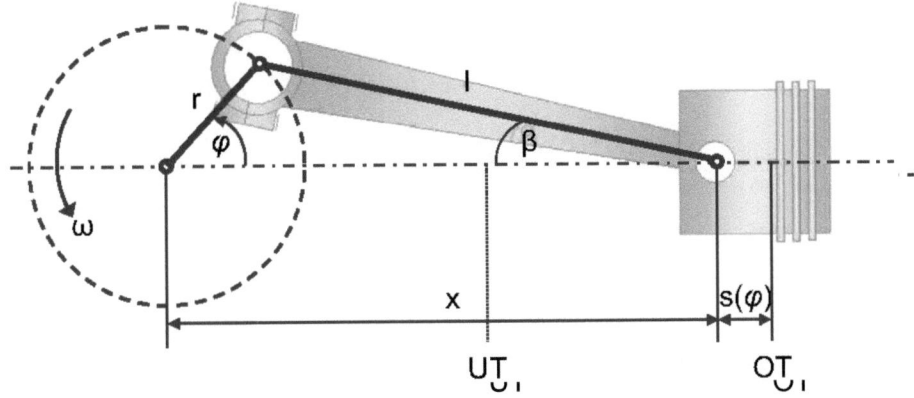

Bild 1-14 Kurbeltrieb (Schema)

Es gilt:

$$s(\varphi) = r + l - x = r + l - r \cdot \cos\varphi - l \cdot \cos\beta \qquad (1.30)$$

Zwischen dem Kurbelwinkel φ und dem Pleuelschwenkwinkel β (auch Pleuelwinkel) besteht der Zusammenhang:

$$l \cdot \sin\beta = r \cdot \sin\varphi \qquad \left(\beta = \arcsin\left(\frac{r}{l} \cdot \sin\varphi\right) \quad \beta \text{ mit Vorzeichen}\right)$$

Mit Berücksichtigung von

$$\cos\beta = \sqrt{1 - \sin^2\beta} = \sqrt{1 - \left(r/l\right)^2 \cdot \sin^2\varphi}$$

und der Einführung des Schubstangenverhältnisses (auch Pleuelverhältnis genannt)

$$\lambda_s = \frac{r}{l}$$

erhält man für den Kolbenweg die Beziehung:

$$s(\varphi) = r \cdot \left(1 + \frac{l}{r} - \cos\varphi - \frac{l}{r} \cdot \sqrt{1 - \left(r/l\right)^2 \cdot \sin^2\varphi}\right)$$

$$s(\varphi) = r \cdot \left[(1 - \cos\varphi) + \frac{1}{\lambda_s} \cdot \left(1 - \sqrt{1 - \lambda_s^2 \cdot \sin^2\varphi}\right)\right] \qquad (1.31)$$

bzw.

$$s(\varphi) = r \cdot f(\varphi) \text{ mit } f(\varphi) = \text{Hubfunktion}$$

Das Schubstangenverhältnis λ_s liegt üblicherweise im Bereich von 0,2 bis 0,35. Zur Ermittelung von Kolbengeschwindigkeit und Kolbenbeschleunigung ist es sinnvoll, die Formel für den Kolbenweg zu vereinfachen. Dazu wird der Wurzelausdruck in einer Potenzreihe entwickelt:

$$\sqrt{1 - \lambda_s^2 \cdot \sin^2 \varphi} = 1 - \frac{1}{2} \cdot \lambda_s^2 \cdot \sin^2 \varphi - \frac{1}{8} \cdot \lambda_s^4 \cdot \sin^4 \varphi - \frac{1}{16} \cdot \lambda_s^6 \cdot \sin^6 \varphi - \ldots$$

Aufgrund des Wertebereichs von $\lambda_s \approx 0{,}2$ bis 0,35 ist bereits das 3. Glied gegenüber dem 1. Glied sehr klein, so dass die Formel zu

$$\sqrt{1 - \lambda_s^2 \cdot \sin^2 \varphi} \approx 1 - \frac{1}{2} \cdot \lambda_s^2 \cdot \sin^2 \varphi$$

vereinfacht werden kann.

Mit der trigonometrischen Beziehung

$$\sin^2 \varphi = \frac{1}{2} \cdot (1 - \cos 2\varphi)$$

ergibt sich dann näherungsweise für den Kolbenweg $s(\varphi)$:

$$s(\varphi) \approx r \cdot \left[(1 - \cos \varphi) + \frac{1}{\lambda_s} \cdot \left(1 - 1 + \frac{1}{2} \cdot \lambda_s^2 \cdot \sin^2 \varphi \right) \right]$$

$$s(\varphi) \approx r \cdot \left[(1 - \cos \varphi) + \frac{1}{2} \cdot \lambda_s \cdot \frac{1}{2} \cdot (1 - \cos 2\varphi) \right]$$

$$s(\varphi) \approx r \cdot \left[(1 - \cos \varphi) + \frac{\lambda_s}{4} (1 - \cos 2\varphi) \right] \tag{1.32}$$

Mit der Formel für den Kolbenweg kann das augenblickliche Volumen des Arbeitsraums $V(\varphi)$ in Abhängigkeit vom Kurbelwinkel φ berechnet werden

$$V(\varphi) = V_c + A_K \cdot s(\varphi)$$

mit

$$V_c = \text{Kompressionsvolumen} = \frac{V_h}{\varepsilon - 1}$$

$$A_K = \text{Kolbenfläche} = \frac{\pi \cdot d_K^2}{4}$$

und es ergibt sich für das Arbeitsraumvolumen:

$$V(\varphi) = V_c + A_K \cdot r \cdot \left[(1 - \cos \varphi) + \frac{\lambda_s}{4} (1 - \cos 2\varphi) \right] \tag{1.33}$$

1.3 Kurbeltrieb

Die Kolbengeschwindigkeit entlang der Zylinderlängsachse ergibt sich aus der zeitlichen Differentiation des Kolbenweges. Sie lässt sich am besten mit der Näherungsformel für $s(\varphi)$ bestimmen, denn die Anwendung der exakten Formel für $s(\varphi)$ ist aufwendig und ergibt keine nennenswerte Abweichung.

$$\dot{s}(\varphi) = \frac{ds(\varphi)}{dt} = \frac{ds(\varphi)}{d\varphi} \cdot \frac{d\varphi}{dt}$$

Setzt man

$$\frac{d\varphi}{dt} = \omega = 2 \cdot \pi \cdot n \text{ mit } \omega = \text{Winkelgeschwindigkeit}$$

ein, so wird für die Kolbengeschwindigkeit:

$$\dot{s}(\varphi) = \omega \cdot \frac{ds(\varphi)}{d\varphi} \approx \omega \cdot r \cdot \left[\sin \varphi + \frac{1}{2} \cdot \lambda_s \cdot \sin 2\varphi \right] \qquad (1.34)$$

Für die Kolbenbeschleunigung erhält man unter der vereinfachenden Annahme, dass die Winkelgeschwindigkeit ω konstant ist (Schwungrad mit unendlich großem Massenträgheitsmoment):

$$\ddot{s}(\varphi) = \frac{d^2 s(\varphi)}{d\varphi^2} \cdot \frac{d\varphi^2}{dt^2} = \omega^2 \cdot \frac{d^2 s(\varphi)}{d\varphi^2} = \omega^2 \cdot \frac{d\dot{s}(\varphi)}{d\varphi}$$

Mit Anwendung der Näherungsformel für $s(\varphi)$ ergibt sich:

$$\ddot{s}(\varphi) \approx \omega^2 \cdot r \cdot \left[\cos \varphi + \lambda_s \cdot \cos 2\varphi \right] \qquad (1.35)$$

Beispiele für den Verlauf der relativierten Werte des Kolbenweges, der Kolbengeschwindigkeit und der Kolbenbeschleunigung als Funktion des Kurbelwinkels φ zeigt Bild 1-15. Zur Verdeutlichung des Einflusses der Pleuellänge (die wegen ihres Einflusses auf die Maschinenhöhe nicht beliebig lang gewählt werden kann) sind jeweils die Kurvenverläufe für $\lambda_s = 0$ (unendlich langes Pleuel) zusätzlich eingezeichnet.

Das Maximum des relativen Kolbenweges ist bei $\varphi = 180\,°\text{KW}$ im unteren Totpunkt. Für $\lambda_s = 0$ liegen die Werte auf der $(1 - \cos\varphi)$-Kurve, bei einem Schubstangenverhältnis größer Null entsprechend dem Kurbelwinkel darüber.

Die relative Kolbengeschwindigkeit erreicht etwa 90 °KW nach einem Totpunkt (Umkehrpunkt mit $ds(\varphi)/dt = 0$) ihr Maximum. Auch hier liegen die Werte für $\lambda_s > 0$ entsprechend dem Einfluss des ($\frac{1}{2} \lambda_s \sin 2\varphi$)-Teils des Gesamtterms über oder unterhalb der $\sin \varphi$-Kurve für $\lambda_s = 0$.

Bei der Kolbenbeschleunigung ergeben sich die größten Werte im Bereich der OT-Stellung des Kolbens. Mit zunehmendem Schubstangenverhältnis wächst der Anteil der zweiten Harmonischen. Bei unendlich langem Pleuel ist die Beschleunigung in OT und UT gleich groß.

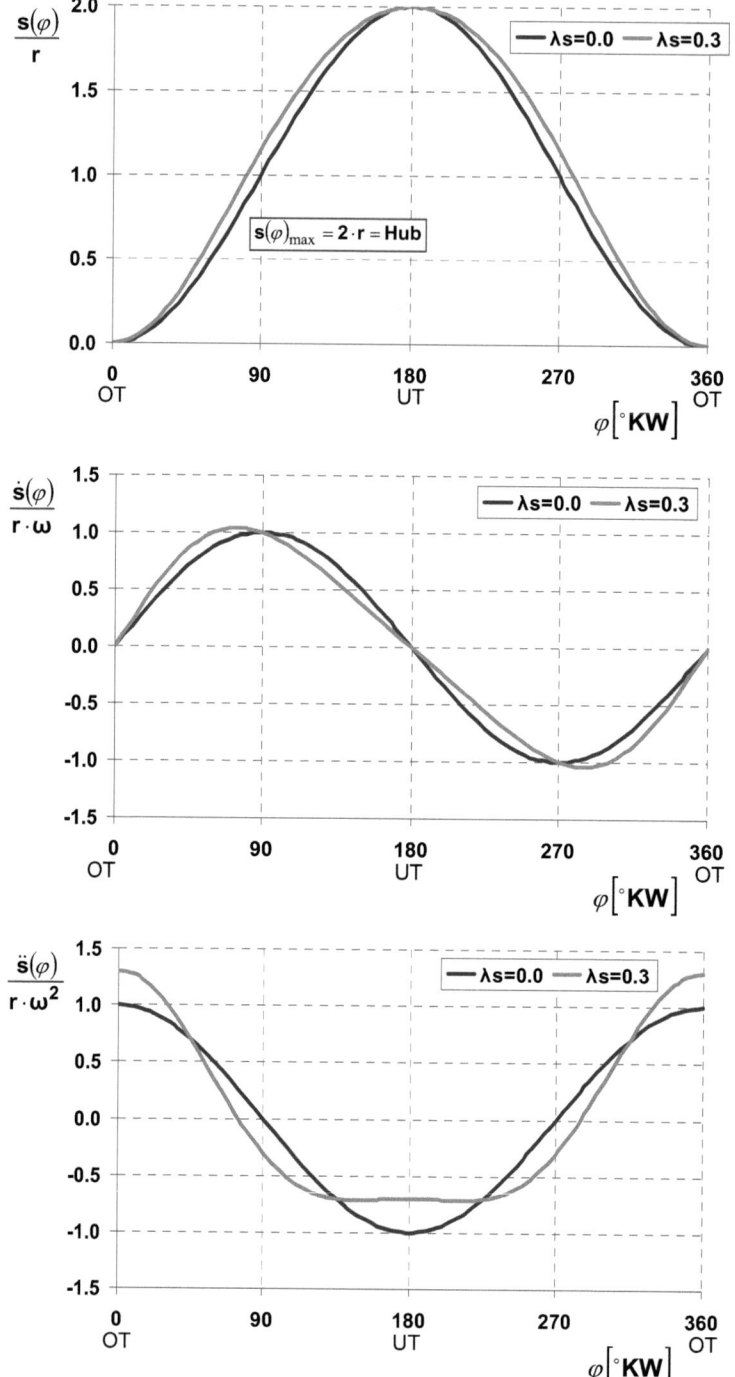

Bild 1-15 Relative Verläufe von Kolbenweg, -geschwindigkeit und -beschleunigung

1.3.2 Kräfte und Momente im Triebwerk

Gaskraft

Durch den Druck eines Fluids auf eine Fläche entstehen Fluidkräfte. Im Verbrennungsmotor ist das Arbeitsmedium Gas, bei dem der Druck durch die Verbrennung entsteht. Der Druck wirkt auf den Kolben, welcher sich infolge der Gaskraft bewegt. Bei einer Pumpe verhält es sich umgekehrt: Der angetriebene Kolben komprimiert das Medium im Arbeitsraum und erzeugt den Gasdruck. Die Gaskraft auf den Kolben beträgt:

$$F_G = p_G * \cdot A_K = (p_G - p_K) \cdot A_K \tag{1.36}$$

mit

A_K = Kolbenfläche = $\dfrac{\pi \cdot d_K^2}{4}$

p_G = Gasdruck während des Arbeitsspieles (kurbelwinkelabhängig $\approx p(\varphi)$)

p_K = Druck im Kurbelgehäuse $\approx p_o$

Höhe und Verlauf des Gasdruckes und damit der Gaskraft hängen unter anderem vom Arbeitsverfahren und der Maschinenauslegung ab. Durch die Wirkung der Gaskraft treten sowohl innere als auch äußere Kräfte und Momente im Triebwerk auf Bild 1-16.

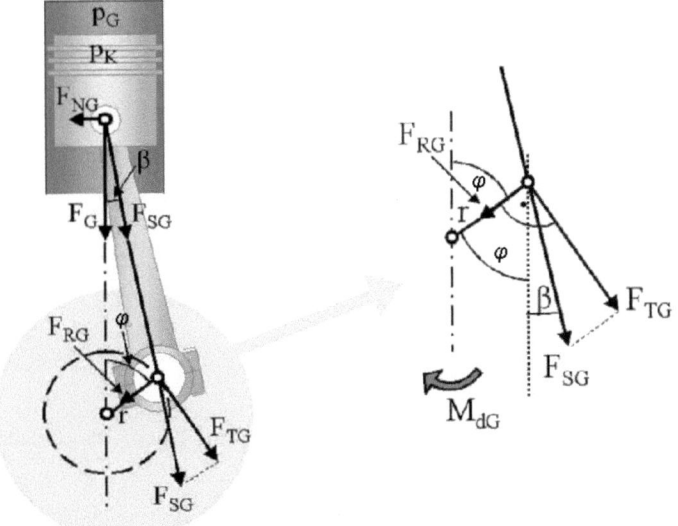

Bild 1-16 Wirkung der Gaskraft am Triebwerk (innere Kräfte und Momente)

Im Kolbenbolzen wird die Gaskraft in zwei Komponenten zerlegt: Eine Kraft, die im Pleuel wirkt (Pleuelkraft F_{SG}) und eine Kraft, die senkrecht zur Zylinderachse (Gleitbahnkraft oder Normalkraft F_{NG}) wirkt.

Die Gleitbahnkraft ergibt sich aufgrund der geometrischen Verhältnisse zu

$$F_{N_G} = F_G \cdot \frac{\sin \beta}{\cos \beta} = F_{S_G} \cdot \sin \beta$$

bzw.

$$F_{N_G} = F_{S_G} \cdot \sqrt{1 - \cos^2 \beta} = F_{S_G} \cdot \lambda_S \cdot \sin \varphi \qquad (1.37)$$

und die Pleuelkraft zu

$$F_{S_G} = \frac{F_G}{\cos \beta} = \frac{F_G}{\sqrt{1 - \lambda_s^2 \cdot \sin^2 \varphi}} \qquad (1.38)$$

Diese lässt sich im Kurbelzapfen weiter in eine „Tangentialkraft" F_{T_G} senkrecht zur Kurbel und eine „Radialkraft" F_{R_G} in Kurbelrichtung zerlegen. Für diese Kräfte gelten die Beziehungen:

$$F_{R_G} = F_{S_G} \cdot \sin\left[90° - (\varphi + \beta)\right]$$

$$F_{R_G} = F_{S_G} \cdot \cos(\varphi + \beta) = F_G \cdot \frac{\cos(\varphi + \beta)}{\cos \beta} \qquad (1.39)$$

$$F_{T_G} = F_{S_G} \cdot \cos\left[90° - (\varphi + \beta)\right]$$

$$F_{T_G} = F_{S_G} \cdot \sin(\varphi + \beta) = F_G \cdot \frac{\sin(\varphi + \beta)}{\cos \beta} \qquad (1.40)$$

Einen typischen Verlauf der Tangentialkraft zeigt Bild 1-17.

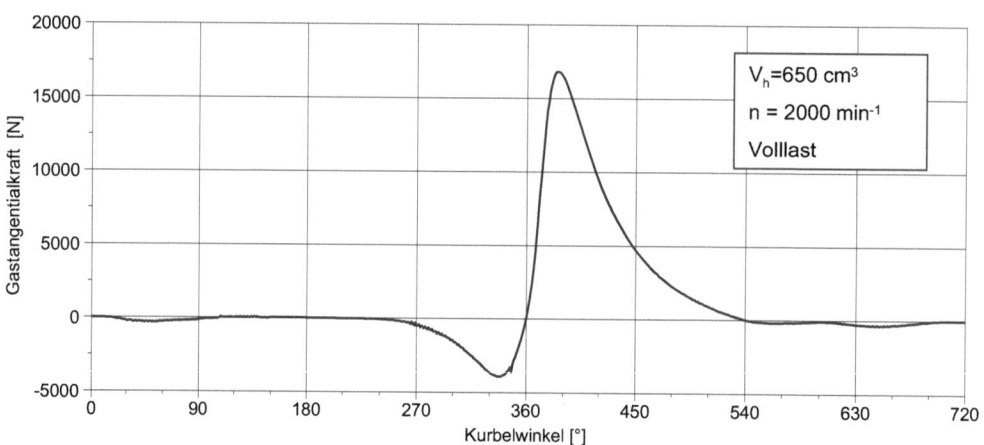

Bild 1-17 Gastangentialkraft eines 4-Takt-Motors

Das durch diese tangentiale Komponente der Gaskraft erzeugte Drehmoment an der Kurbelwelle ist somit:

$$M_{d_G} = F_{T_G} \cdot r = -F_{N_G} \cdot x = -F_{N_G} \cdot (r + l - s(\varphi)) \qquad (1.41)$$

1.3 Kurbeltrieb

Die Kräfte und Momente durch den Gasdruck am Triebwerk und am Gehäuse einer Hubkolbenmaschine zeigt zusammengefasst Bild 1-18.

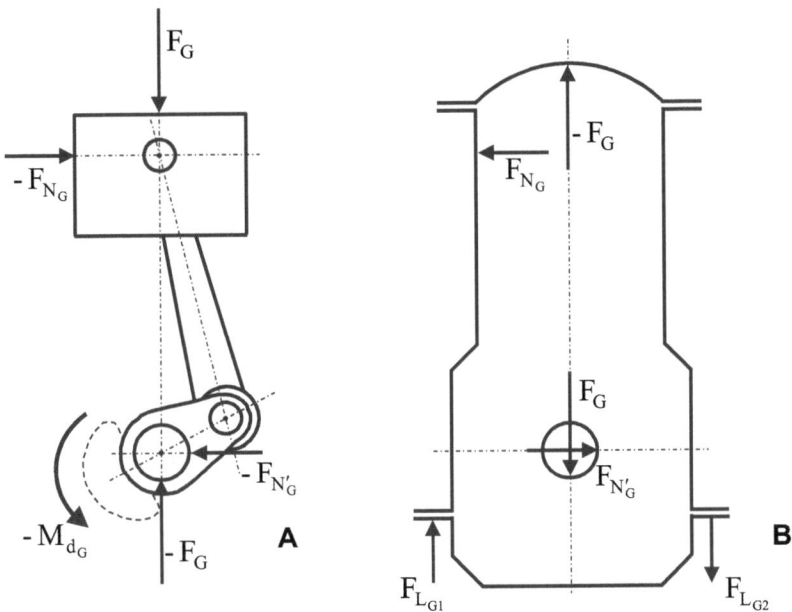

Bild 1-18 Kräfte und Momente durch Gasdruck (A: Triebwerk, B: Gehäuse)

Das Reaktionsmoment zu dem Wellendrehmoment M_{d_G} im Kurbeltrieb ist das Moment des Kräftepaares F_{N_G} und F'_{N_G} (Kippmoment). Dieses Moment wiederum ist in der Maschinelagerung des Gehäuses durch die Kräfte in den Maschinelagern ($F_{L_{G1}}$ und $F_{L_{G2}}$) aufzufangen. Der Kraftfluss der Gaskraft F_G schließt sich im Gehäuse durch Wirkung der Gegenkraft im Kurbelwellenlager. Nach außen bleibt nur die Wirkung von Kipp- und Wellendrehmoment.

Kippmoment: Aufnahme in der Maschinenlagerung

Wellendrehmoment: Antriebsmoment an der Kurbelwelle

Massenkräfte

Massenkräfte treten bei ungleichförmiger Bewegung von Massen auf. Allgemein gilt:

$F_m = m \cdot a$

a = Beschleunigung

Der Kolben führt eine oszillierende Bewegung aus, erzeugt also eine oszillierende Massenkraft $F_{m\,osz_K}$ (Bild 1-19), die der Kolbenbeschleunigung entgegenwirkt.

Die Kurbelwelle bewirkt durch ihre Drehbewegung eine rotierende Massenkraft, während das Pleuel infolge der Schwingbewegung sowohl einen rotierenden als auch einen oszillierenden Massenkraftanteil bildet.

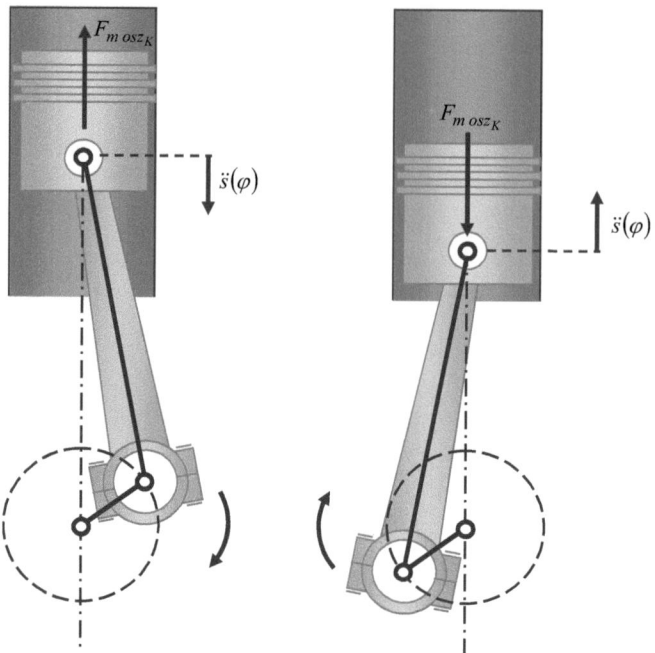

Bild 1-19 Oszillierende Massenkraft des Kolbens und Kolbenbeschleunigung

Die rotierende Massenkraft $F_{m\,rot}$ ergibt sich zu:

$$F_{m\,rot} = m_{rot} \cdot r_s \cdot \omega^2 \qquad (1.42)$$

mit

m_{rot} = Summe der rotierenden Massen. Die rotierende Masse setzt sich aus Kurbelzapfen, Kurbelwangen und dem rotierenden Anteil der Pleuelstange zusammen.

r_s = Schwerpunktabstand der rotierenden Masse von der Drehachse (Kurbelwellenlagermitte)

Um Berechnungen einfacher zu gestalten, wird häufig $r_s = r$ = Kurbelradius gewählt, d. h. die rotierende Masse wird im Kurbelzapfenlager (Pleuellager) angenommen. Für diesen Fall ist die Masse der Kurbelwange auf den Kurbelradius r zu beziehen. Rotierende Pleuelmasse und Masse des Kurbelzapfens wirken vereinfacht direkt an dieser Stelle.

$$m_{KW(r)} = \frac{r_{S_{KW}}}{r} \cdot m_{KW}$$

mit

m_{KW} = Kurbelwangenmasse

$r_{S_{KW}}$ = Schwerpunktabstand der Kurbelwange (Bild 1-20)

1.3 Kurbeltrieb

Die Berechnung des rotierenden Massenanteils $m_{S_{rot}}$ sowie des oszillierenden Massenanteils $m_{S_{osz}}$ des Pleuels erfolgt durch Betrachtung eines Ersatzsystems für das Pleuel. Bild 1-22 zeigt ein solches Ersatzsystem für eine Zylindereinheit.

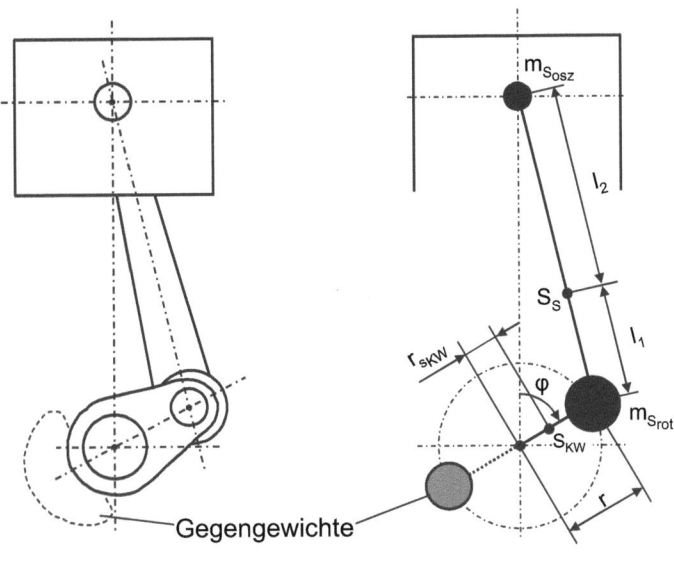

Bild 1-20 Ersatzsystem für die Massenwirkungen am Kurbeltrieb

Die Pleuelmasse m_S setzt sich zusammen aus:

$$m_S = m_{S_{rot}} + m_{S_{osz}}$$

Weiter gilt:

$$m_{S_{rot}} \cdot l_1 = m_{S_{osz}} \cdot l_2$$

mit

l_1, l_2 = Schwerpunktabstände

Bei der Betrachtung bleiben die gesamte Pleuelmasse und die Lage des Schwerpunktes erhalten. Im Allgemeinen weicht das rechnerische Massenträgheitsmoment des Ersatzsystems um den Schwerpunkt vom Massenträgheitsmoment des Pleuels ab. In der praktischen Anwendung kann der sich ergebende Fehler jedoch meistens vernachlässigt werden.

Für die mit dem Kolben hin- und hergehende Masse m_{osz} gilt:

$$m_{osz} = m_{S_{osz}} + m_K$$

mit

m_K = gesamte Kolbenmasse

(einschließlich Kolbenbolzen, Bolzensicherung, Kolbenringen, Öl in Kühlkanälen etc.)

Damit ergibt sich die rotierende Massenkraft zu

$$F_{m_{\text{rot}}} = \left(m_{KZ} + \frac{r_{S_{KW}}}{r} \cdot m_{KW} + m_{S_{\text{rot}}} \right) \cdot r \cdot \omega^2$$

$$F_{m_{\text{rot}}} = \left(m_{KZ} + \frac{r_{S_{KW}}}{r} \cdot m_{KW} + m_S \cdot \frac{l_2}{l_1 + l_2} \right) \cdot r \cdot \omega^2 \qquad (1.43)$$

und die oszillierende Massenkraft zu

$$F_{m_{\text{osz}}} = -m_{\text{osz}} \cdot \ddot{s}(\varphi) = \left| m_{\text{osz}} \cdot r \cdot \omega^2 \cdot (\cos\varphi + \lambda_S \cdot \cos 2\varphi) \right|$$

$$F_{m_{\text{osz}}} = \left| \left(m_K + m_S \cdot \frac{l_1}{l_1 + l_2} \right) \cdot r \cdot \omega^2 \cdot (\cos\varphi + \lambda_S \cdot \cos 2\varphi) \right|$$

$$F_{m_{\text{osz}}} = \left| m_{\text{osz}} \cdot r \cdot \omega^2 \cdot \cos\varphi + m_{\text{osz}} \cdot r \cdot \omega^2 \cdot \lambda_S \cdot \cos 2\varphi \right| \qquad (1.44)$$

$$F_{m_{\text{osz}}} = \left| F_{m_{\text{osz1}}} + F_{m_{\text{osz2}}} \right|$$

mit

$F_{m_{\text{osz1}}}$ = oszillierende Massenkraft 1. Ordnung

$F_{m_{\text{osz2}}}$ = oszillierende Massenkraft 2. Ordnung

Die rotierende Massenkraft lässt sich sehr einfach durch ein umlaufendes Gegengewicht vollkommen ausgleichen.

Die oszillierende Massenkraft 1. Ordnung ändert sich im Rhythmus der halben Kurbelwellenumdrehung (cos φ); die der 2. Ordnung hängt vom doppelten Kurbelwinkel (cos 2φ) ab. Insgesamt wachsen die Massenkräfte mit dem Quadrat der Winkelgeschwindigkeit bzw. der Maschinendrehzahl.

Ähnlich der Gaskraft erzeugt auch die oszillierende Massenkraft eine Tangentialkraft im Pleuel $F_{T_{\text{osz}}}$ sowie eine Normalkraft $F_{N_{\text{osz}}}$. Dadurch ergibt sich entsprechend der Wirkung der Gaskraft im Triebwerk die Beziehung:

$$F_{T_{\text{osz}}} = F_{m_{\text{osz}}} \cdot \frac{\sin(\varphi + \beta)}{\cos\beta} \qquad (1.45)$$

Die Tangentialkräfte aus Gasdruck im Zylinder und oszillierender Massenkraft überlagern sich, dabei sind die Wirkungsrichtungen der Kräfte zu berücksichtigen. Für das insgesamt an der Kurbelwelle wirkende Drehmoment (Drehmomentverlauf) gilt dann:

$$M_{di} = \left(F_{T_G} \pm F_{T_{\text{osz}}} \right) \cdot r = F_T \cdot r \qquad (1.46)$$

Bild 1-21 zeigt den aus Gas- und Massenkraft resultierenden Drehkraftverlauf (Tangentialkraftverlauf) eines 4-Takt-Einzylindermotors über ein Arbeitsspiel bei 4000 min^{-1} und Vollast. Bedingt durch die Schwankungen der Tangentialkraftamplitude ergeben sich Schwankungen in der Winkelgeschwindigkeit an der Kurbelwelle. Durch ein entsprechend dimensioniertes Schwungrad können reduziert werden.

1.3 Kurbeltrieb

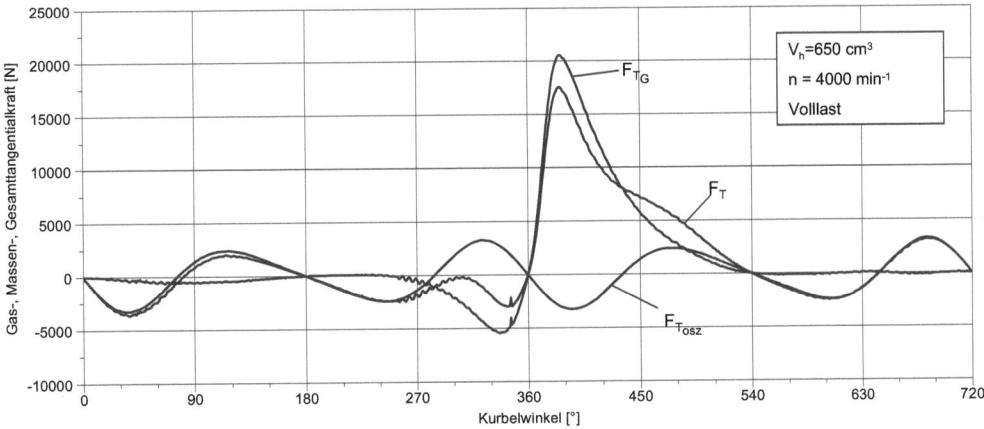

Bild 1-21 Tangentialkraftverlauf (4-Takt-Motor)

Die oszillierende Massenkraft im Kurbeltrieb wirkt gleich der Gaskraft über die Lager bzw. die Zylinderwand auf das Gehäuse (Bild 1-22). Wie bei den Gaskräften ist das Drehmoment durch die oszillierende Massenkraft das Reaktionsmoment zu dem Moment aus der Wirkung der Normalkraft F_{N_m}. Der oszillierenden Massenkraft wirkt am Gehäuse keine Gegenkraft entgegen, so dass diese zylinderaxiale Kraft zusammen mit dem Kippmoment des Normalkraftpaares (F_{N_m} und $F_{N_m''}$) am Gehäuse von der Lagerung durch die Lagerkräfte $F_{L\,osz_1}$ und $F_{L\,osz_2}$ aufgenommen werden muss. Bei elastischer Maschinenaufhängung werden die Kräfte teilweise durch die Massenkräfte der Bewegung der Maschine kompensiert.

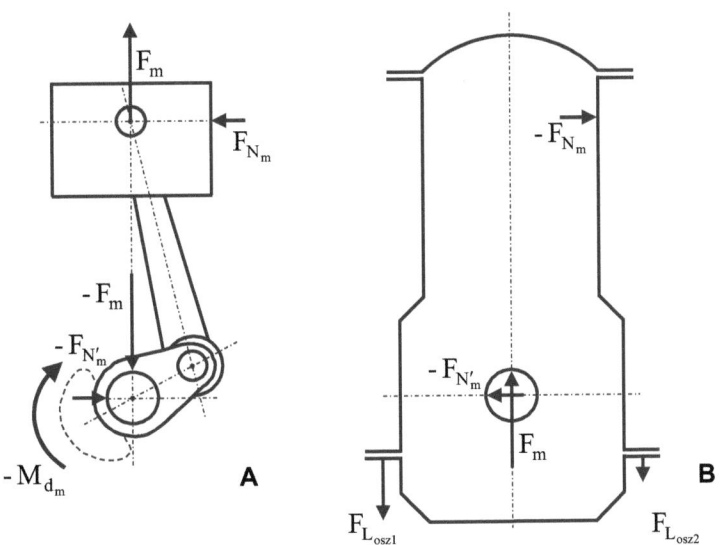

Bild 1-22 Kräfte und Momente durch oszillierende Massen (A = Triebwerk, B = Gehäuse)

Bei Mehrzylindermaschinen sind die Kraftwirkungen im Inneren und nach außen konstruktiv in erster Linie beeinflusst durch:

- Zylinderzahl z
- Zylinderanordnung, z. B. in Reihe oder V-förmig
- Kröpfungsfolge der Kurbelwelle (wegen der Zündfolge)

1.3.3 Massenausgleich

Massenkräfte stellen im Gegensatz zu den Gaskräften keine nutzbare Energie zur Verfügung. Sie erzeugen Schwingungen und stellen somit eine erhebliche Belastung für die Maschinenlagerung dar. Mit geeigneten Maßnahmen müssen diese ungünstigen Auswirkungen reduziert werden.

Ausgleich der rotierenden Massenkraft

Am einfachsten lässt sich die rotierende Massenkraft ausgleichen. Dies geschieht durch anbringen eins entsprechenden Gegengewichts an der Kurbelwange (Bild 1-23). Die Gegengewichte sind so zu dimensionieren, dass der Schwerpunkt der Gesamtanordnung in der Drehachse liegt.

$$F_{m_{\text{rot}}} = m_{\text{rot}} \cdot r_s \cdot \omega^2 = F_{GG_{\text{rot}}} = m_{GG_{\text{rot}}} \cdot r_{GG_{\text{rot}}} \cdot \omega^2 \tag{1.47}$$

mit

$m_{GG_{\text{rot}}}$ = Masse des Gegengewichts

$r_{GG_{\text{rot}}}$ = Schwerpunktsabstand des Gegengewichts

Für die Masse des Gegengewichts gilt:

$$m_{GG_{\text{rot}}} = m_{rot} \cdot \frac{r_s}{r_{GG_{\text{rot}}}} = \left(m_{KZ} + \frac{r_{SKW}}{r} \cdot m_{KW} + m_S \cdot \frac{l_2}{l_1 + l_2} \right) \cdot \frac{r_s}{r_{GG_{\text{rot}}}}$$

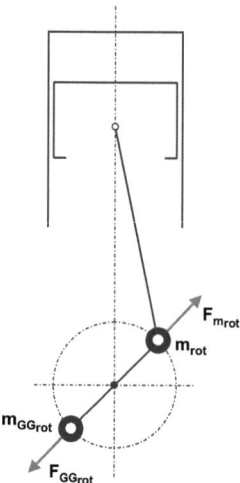

Bild 1-23 Vollständiger Ausgleich der rotierenden Massenkraft

Vektorielle Ersatzdarstellung der oszillierenden Massenkräfte

Für die Erläuterung des Ausgleichs der oszillierenden Massenkräfte ist es zweckmäßig, eine vektorielle Ersatzdarstellung einzuführen. Die oszillierende Massenkraft $F_{M_{osz}}$ wirkt nur in Richtung der Zylinderachse x (Bild 1-24). Ihre Anteile 1. und 2. Ordnung sind harmonisch ($\cos\varphi$ und $\cos 2\varphi$). Deshalb können diese Massenkräfte 1. und 2. Ordnung durch je zwei gegenläufig rotierende Kraftvektoren ($\vec{F}_{+1}$ und $\vec{F}_{-1}$ für die Massenkraft 1. Ordnung und $\vec{F}_{+2}$ und $\vec{F}_{-2}$ für die Massenkraft 2. Ordnung) bildlich dargestellt werden, die in Summe das reale Verhalten von $F_{m_{osz}}$ wiedergeben. Diese Darstellung ist nur eine Ersatzdarstellung für das tatsächliche Verhalten von $F_{m_{osz}}$!

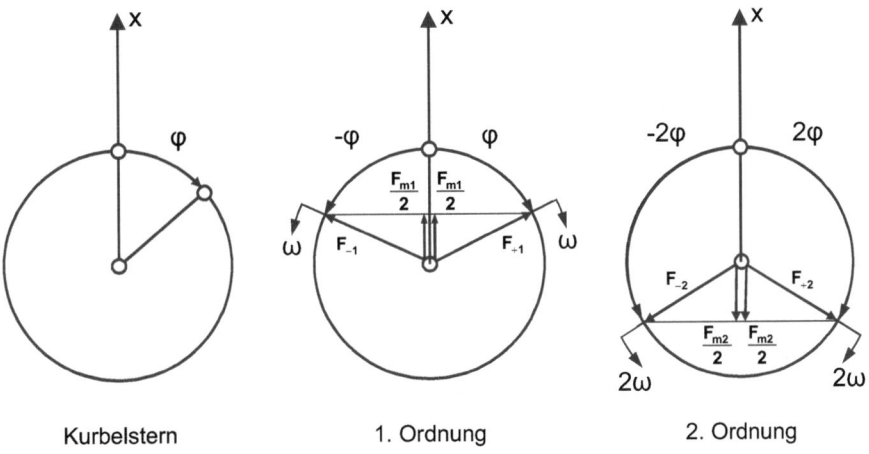

Bild 1-24 Vektordarstellung für oszillierende Massenkräfte

Der Kraftvektor 1. Ordnung $\vec{F}_{+1}$ läuft beginnend bei $\varphi = 0\ °\text{KW}$ (OT) synchron mit der Kurbel (Drehzahl ω). Der gegensinnig umlaufende Vektor $\vec{F}_{-1}$ (Drehzahl $-\omega$) steht immer symmetrisch zum Vektor $\vec{F}_{+1}$, hat also den gleichen Winkel zurückgelegt wie $\vec{F}_{+1}$ aber in umgekehrter Richtung. Bei $\varphi = 90\ °\text{KW}$ heben sich beide Vektoren auf, ihre Wirkung entspricht also genau dem Verhalten von $F_{m_{osz1}}$. Die Vektoren 2. Ordnung $\vec{F}_{+2}$ und $\vec{F}_{-2}$ ersetzen entsprechend das Verhalten von $F_{m_{osz2}}$, drehen sich allerdings entsprechend ihrer Definition mit doppelter Kurbelwellendrehzahl (Drehzahl 2ω bzw. -2ω) ebenfalls symmetrisch zueinander.

Die Länge dieser Kraftvektoren ist halb so groß wie die dazugehörige maximale Massenkraft 1. bzw. 2. Ordnung in der 0° KW-Stellung. Es gilt also:

$$|F_{+1}| = |F_{-1}| = \frac{1}{2} \cdot F_{m\,osz1\,max} = \frac{1}{2} \cdot m_{osz} \cdot r \cdot \omega^2$$

$$|F_{+2}| = |F_{-2}| = \frac{1}{2} \cdot F_{m\,osz2\,max} = \frac{1}{2} \cdot \lambda_S \cdot m_{osz} \cdot r \cdot \omega^2$$

Außerdem gilt:

$$\vec{F}_{m\,osz1} = \vec{F}_{+1} + \vec{F}_{-1}$$

$$\vec{F}_{m\,osz2} = \vec{F}_{+2} + \vec{F}_{-2}$$

In der Bild 1-24 sind die Vektoren erster und zweiter Ordnung entgegen der Realität mit gleicher Länge gezeichnet, der Maßstab für beide Diagramme ist daher unterschiedlich.

Einzylinder-Triebwerk

Bei einem Einzylinder-Triebwerk wird häufig nur die oszillierende Massenkraft 1. Ordnung durch ein zusätzliches Gegengewicht an der Kurbelwange teilweise ausgeglichen (Bild 1-25).

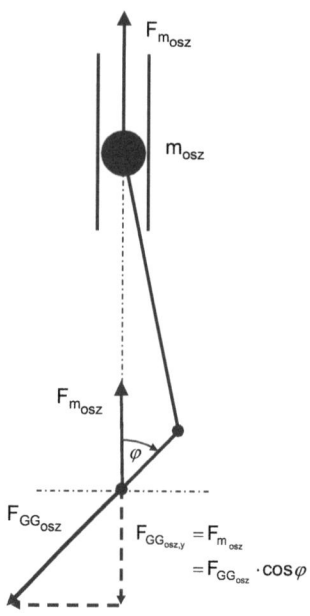

Bild 1-25 Teilausgleich der oszillierenden Massenkraft

Für die zusätzliche Gegengewichtsmasse gilt:

$$F_{GG_{osz}} = m_{GG_{osz}} \cdot r_{GG_{osz}} \cdot \omega^2 = F_{m1} = m_{osz} \cdot r \cdot \omega^2 \qquad (1.48)$$

$$m_{GG_{osz}} = m_{osz} \cdot \frac{r}{r_{GG_{osz}}}$$

Zum Massenausgleich dient jedoch nur die senkrechte Komponente der Gegengewichtskraft. Die Horizontalkomponente der Gegengewichtskraft ist eine unerwünschte „Querkraft". Um deren Einfluss auf das Triebwerk gering zu halten, gleicht man durch das Gegengewicht oft nur 50 % der Massenkraft 1. Ordnung aus, so dass sich folgender Zusammenhang ergibt:

$$m_{GG_{osz}} = \frac{1}{2} \cdot m_{osz} \cdot \frac{r}{r_{GG_{osz}}}$$

$$F_{GG_{osz,x}} = \frac{1}{2} \cdot m_{osz} \cdot r \cdot \omega^2 \cdot \cos\alpha \qquad (1.49)$$

$$F_{GG_{osz,y}} = \frac{1}{2} \cdot m_{osz} \cdot r \cdot \omega^2 \cdot \sin\alpha \qquad (1.50)$$

1.3 Kurbeltrieb

Die Gesamtmasse des Gegengewichtes setzt sich in diesem Fall zusammen aus:

$$m_{GG} = m_{GG\,\text{rot}} + m_{GG\,\text{osz}}$$

Der vollständige Ausgleich der Massenkräfte 1. Ordnung ist durch eine zusätzlich zu diesem Gegengewicht eingebaute Ausgleichswelle möglich. Diese Lösung findet häufig bei Einzylinder-Motorrädern Verwendung.

Ein vollständiger und fehlerfreier Ausgleich aller Massenkräfte ist aufwendig, da die Massenkraft 2. Ordnung nicht durch Gegengewichte an der Kurbelwelle kompensiert werden kann. Er ist nur möglich durch zwei Paare rotierender Ausgleichsmassen, die so angeordnet werden, dass die resultierenden harmonischen Wechselkräfte F_I und F_{II} in der Zylindermittellinie x wirken und entgegengesetzt gleich den Massenkräften F_{m1} und F_{m2} sind (Bild 1-26). Hierfür müssen die großen Ausgleichswellen gegen die Massenkraft 1. Ordnung mit der Drehzahl ω bzw. $-\omega$ rotieren und die kleineren Ausgleichswellen gegen die Massenkräfte 2. Ordnung mit 2ω bzw. -2ω.

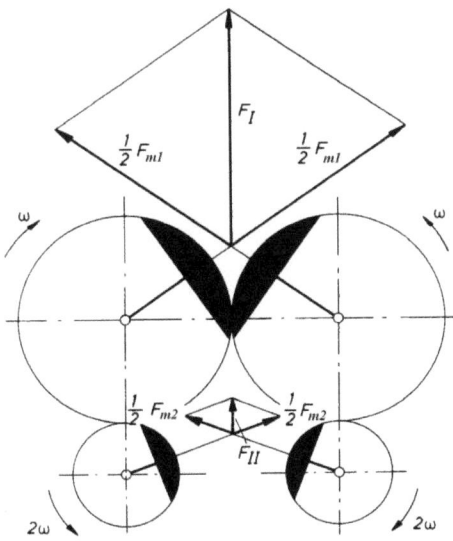

Bild 1-26 Vollständiger Massenausgleich 1. und 2. Ordnung durch vier rotierende Ausgleichsmassen

Mehrzylindermaschinen

Bei Mehrzylindermaschinen ist die Gesamtmassenkraft aus der Summe der Massenkräfte der einzelnen Zylinder zu ermitteln, da sich die Einzelkräfte kompensieren können. Auch wenn die Maschine in einem solchen Fall nach außen hin ausgeglichen erscheint, wirken im innern Kräfte mit denen die Bauteile belastet werden. Durch die Wirkung entgegengesetzter Massenkräfte in unterschiedlichen Zylinderachsen können Massenmomente entstehen.

Bei Reihenmotoren, deren Kurbelwellenkröpfungen in einer Ebene liegen, ist es zur Beurteilung des Massenausgleichs ausreichend, die Massenkraftvektoren in der 0° oder 180° Position der Kurbelwelle zu betrachten. Hier befinden sich die Kolben in OT oder UT und die Vektoren liegen in einer Ebene (Projektion auf x-Achse). Für jede Ordnung können direkt die Resultierenden der Kräfte gebildet werden.

$$\vec{F}_{+1} = \sum_{k=1}^{z} \vec{F}_{+1_k} \qquad \vec{F}_{+2} = \sum_{k=1}^{z} \vec{F}_{+2_k} \qquad z = \text{Zylinderzahl}$$

Zur Ermittlung der Massenmomente sind die Wirkungen der Massenkräfte um einen Punkt, z. B. die Maschinenmittelachse (Kurbelwellenschwerpunkt), zu betrachten.

$$\vec{M}_{+1_k} = \vec{a}_k \cdot \vec{F}_{1_k}$$

$$\vec{M}_{+2_k} = \vec{a}_k \cdot \vec{F}_{2_k}$$

$\vec{a}_k$ ist der jeweilige Abstandsvektor zum Kurbelwellenschwerpunkt.

Auch hier lässt sich anschließend die Summe der Momente durch einfache Summation ermitteln.

$$\vec{M}_{+1} = \sum_{k=11}^{2} \vec{M}_{+1_k} \qquad \vec{M}_{+2} = \sum_{k=11}^{2} \vec{M}_{+2_k}$$

Bild 1-27 zeigt als Beispiel die Aufteilung der Massenkräfte der einzelnen Zylinder einer 2- und einer 4-Zylinder-Reihenmaschine. Die Pfeile „1" kennzeichnen die mit der Drehzahl der Kurbelwelle umlaufenden Kräfte 1. Ordnung, die Pfeile „2" die mit doppelter Kurbelwellendrehzahl umlaufenden Vektoren 2. Ordnung.

Für die Summe der Kräfte an der 2-Zylinder-Anordnung gilt:

$$F_{+1} = F_{+1_1} - F_{+1_2} = 0 \qquad \text{(Massenkräfte 1. Ordnung ausgeglichen)}$$

$$F_{+2} = F_{+2_1} + F_{+2_2} \qquad \text{(Massenkräfte 2. Ordnung nicht ausgeglichen)}$$

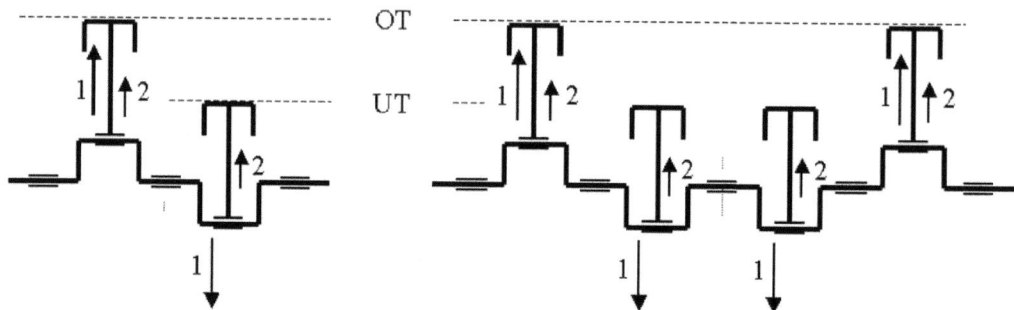

Bild 1-27 Massenkräfte 1. und 2. Ordnung am 2- und 4-Zylinder-Maschine

Für die 4-Zylinder-Anordnung ergibt die Summe der Kräfte:

$$F_{+1} = F_{+1_1} - F_{+1_2} - F_{+1_3} + F_{+1_4} = 0 \qquad \text{(Massenkräfte 1. Ordnung ausgeglichen)}$$

$$F_{+2} = F_{+2_1} + F_{+2_2} + F_{+2_3} + F_{+2_4} \qquad \text{(Massenkräfte 2. Ordnung nicht ausgeglichen)}$$

1.3 Kurbeltrieb

Beim 2-Zylindermaschine ergeben sich die Massenmomente zu:

$$M_{+1} = F_{+1_1} \cdot a_1 + F_{+1_2} \cdot a_2 \quad a_1 = a_2 \quad \text{(Massenmoment 1. Ordnung ist nicht ausgeglichen)}$$

$$M_{+2} = F_{+2_1} \cdot a_1 - F_{+2_2} \cdot a_2 = 0 \quad \text{(Massenmoment 2. Ordnung ist ausgeglichen)}$$

Für den 4-Zylindermaschine gilt:

$$M_{+1} = F_{+1_1} \cdot a_1 - F_{+1_2} \cdot a_2 + F_{+1_3} \cdot a_3 - F_{+1_4} \cdot a_4 = 0 \quad a_1 = a_4 \quad a_2 = a_3$$

(Massenmoment 1. Ordnung ist ausgeglichen)

$$M_{+2} = F_{+2_1} \cdot a_1 + F_{+2_2} \cdot a_2 - F_{+2_3} \cdot a_3 - F_{+2_4} \cdot a_4 = 0$$

(Massenmoment 2. Ordnung ist ausgeglichen)

Bei Maschinen mit nicht parallelen Zylinderachsen, wie z. B. V-Motoren oder Motoren mit von 180° abweichenden Kurbelkröpfungen ist die Betrachtung mittels Kurbelstern (Bild 1-24) sinnvoll.

In Bild 1-28 ist als Beispiel das Triebwerk eines 6-Zylinder-Reihenmotors in verschiedenen Ansichten gezeigt. Die Kurbelkröpfungen haben einen Winkel von 120° zueinander und sind spiegelsymmetrisch zu einem Querschnitt in der Mitte des Motors. Daraus ergibt sich für diese Kurbelwelle die Zündfolge 1-5-3-6-2-4. Zylinder 1 und 6 befinden sich in OT, Zylinder 2, 3, 4 und 5 aber nicht in UT, sondern 120° nach bzw. vor OT.

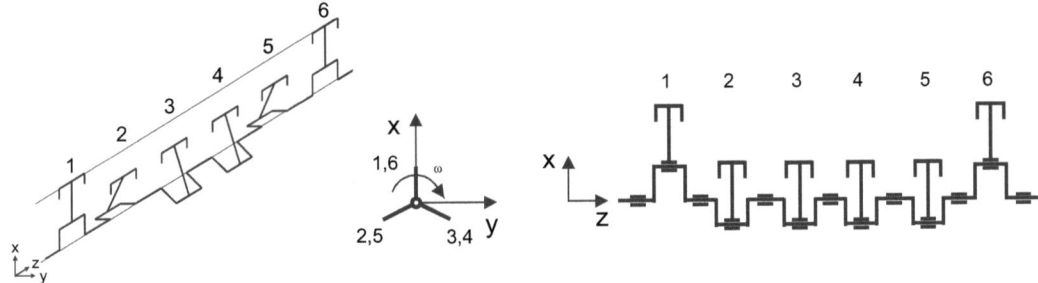

Bild 1-28 Triebwerk des 6-Zylinder-Reihenmotors

Die Bestimmung der Massenkraft erfolgt zunächst für jeden Kolben separat, wie in Bild 1-24 gezeigt. Eine Massenkraft wird dabei ersatzweise durch zwei Vektoren mit den Indizes + und – dargestellt, die entgegengesetzt zueinander rotieren. Betrachtet sei zunächst die Massenkraft 1. Ordnung:

Der Kolben des ersten Zylinders befindet sich in OT, also in Kurbelwinkelstellung 0°. Seine beiden Massenkraftvektoren (schwarze Pfeile in Bild 1-29) zeigen nach oben (positive x-Richtung). Die resultierende Massenkraft (grauer Pfeil) weist dementsprechend in die gleiche Richtung und kann als Summe der Beträge ermittelt werden.

Die Kurbelkröpfung des zweiten Zylinders steht 240° nach OT (= 120 vor OT). Der Vektor ist deshalb um 240° von der OT-Lage aus verdreht (in Drehrichtung der Kurbelwelle). Der entgegengesetzt umlaufende Vektor ist um 240° in entgegengesetzter Richtung aus der OT-Lage verdreht. Aus beiden Vektoren wird auch hier eine Resultierende F_{1_2} gebildet (grauer Pfeil), die allerdings aus einem Kräfteparallelogramm ermittelt werden muss.

An der Kurbelkröpfung des dritten Zylinders liegen ganz ähnliche Verhältnisse vor. Diese Kröpfung hat aber nur 120° gegenüber der OT-Lage zurückgelegt und dementsprechend sind die Vektoren um 120° in Drehrichtung der Kurbelwelle bzw. im Gegensinn umgelaufen. Auch hier wird die Summe F_{1_3} über ein Kräfteparallelogramm bestimmt.

Die Massenkräfte an den Kolben 4, 5 und 6 verhalten sich wie die der Kolben 3, 2 und 1, weil die Kurbelwelle spiegelsymmetrisch aufgebaut ist. Wie die untenstehende Gleichung zeigt, ist die Summe aller Massenkraftvektoren F_{1_1} bis F_{1_6} null, d. h. alle Massenkräfte 1. Ordnung sind ausgeglichen.

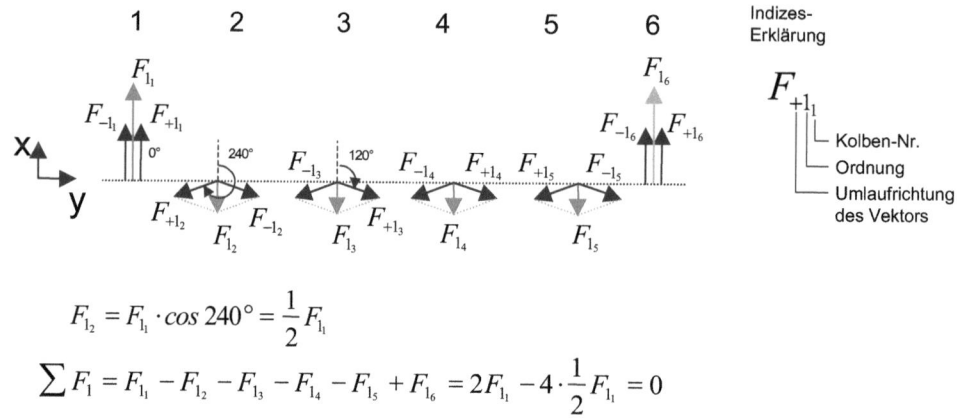

$$F_{1_2} = F_{1_1} \cdot \cos 240° = \frac{1}{2} F_{1_1}$$

$$\sum F_1 = F_{1_1} - F_{1_2} - F_{1_3} - F_{1_4} - F_{1_5} + F_{1_6} = 2F_{1_1} - 4 \cdot \frac{1}{2} F_{1_1} = 0$$

Bild 1-29 Massenkräfte 1. Ordnung am 6-Zylinder-Reihenmotor

Für die Bestimmung der Massenmomente 1. Ordnung sind in Bild 1-30 alle Summenvektoren aus Bild 1-29 nochmals aufgezeichnet. Der Abstand zwischen zwei Zylinderachsen ist das Stichmaß a. Die Summe der Momente wird im hier gezeigten Fall um den Mittelpunkt der Kurbelwelle gebildet und ist ebenfalls null. Daraus folgt, alle Massenmomente 1. Ordnung sind ausgeglichen.

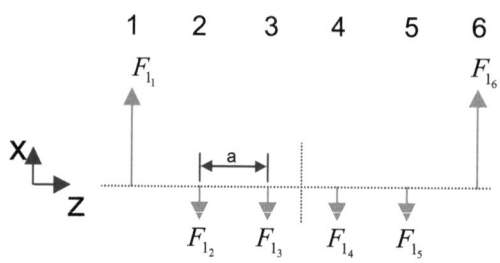

$$\sum M_{1,x} = 2{,}5a \cdot F_{1_1} - 1{,}5a \cdot F_{1_2} - 0{,}5a \cdot F_{1_3} + 0{,}5a \cdot F_{1_4} + 1{,}5a \cdot F_{1_5} - 2{,}5a \cdot F_{1_6}$$

$$\sum M_{1,x} = 0$$

Bild 1-30 Massenmomente 1. Ordnung am 6-Zylinder-Reihenmotor

1.3 Kurbeltrieb

Die Massenkräfte 2. Ordnung sind analog denen der 1. Ordnung in das Bild 1-31 eingezeichnet. Weil die Massenkraft 2. Ordnung mit doppelter Geschwindigkeit der Kurbelwelle umläuft, haben die Vektoren mit „+" Index den doppelten Drehwinkel der Kurbelkröpfung zurückgelegt, die Vektoren mit „–" Index entsprechend den doppelten Drehwinkel in entgegengesetzter Richtung. Auch hier verschwindet die Summe alle Massenkräfte.

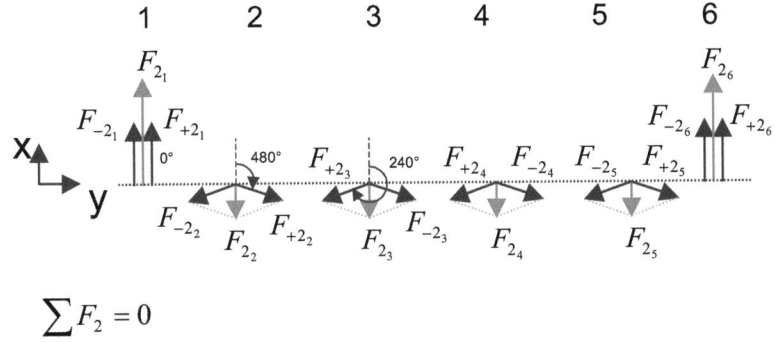

$\sum F_2 = 0$

Bild 1-31 Massenkräfte 2. Ordnung am 6-Zylinder-Reihenmotor

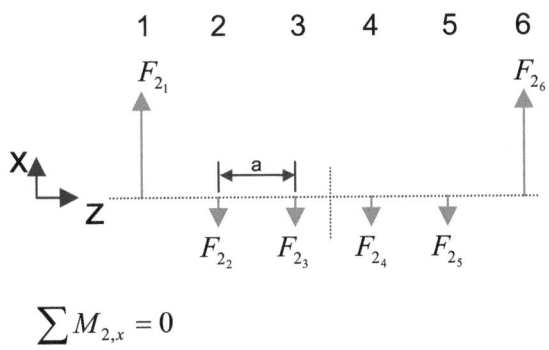

$\sum M_{2,x} = 0$

Bild 1-32 Massenmomente 2. Ordnung am 6-Zylinder-Reihenmotor

Die Summierung der Massenmomente 2. Ordnung in Bild 1-32 weist ebenfalls die Summe Null aus.

Alle Betrachtungen der Bild 1-31 und eventuelle weitere Betrachtungen mit anderen Stellungen der Kurbelwelle gemeinsam zeigen, dass der 6-Zylinder-Reihenmotor hinsichtlich der Massenkräfte und -momente immer vollkommen ausgeglichen ist. Gemeinsam mit dem geringen Zündabstand liegt hierin der Grund für die enorme Laufruhe, die ein solcher Motor besitzt.

Bild 1-33 zeigt als weiteres Beispiel die Ermittlung der Massenkräfte und -momente für einen 2-Zylinder-V-Motor mit 90 ° V-Winkel.

Bei der Untersuchung der Massenkräfte und –momente ist in diesem Fall auf die unterschiedliche Bewegungsrichtung der beiden Zylinder zu achten. Der Zylinder 1 befindet sich in der Stellung 45 °KW nach OT und somit in einer Abwärtsbewegung. Entsprechend des Kurbelsterns (vgl. Bild 1-24) sind für Zylinder 1 in positiver Drehrichtung (im Uhrzeigersinn) die Kräfte F_{+1_1} und F_{+2_1} sowie in negativer Drehrichtung (gegen der Uhrzeigersinn) F_{-1_1} und F_{-2_1} eingezeichnet. Zylinder 2 dagegen steht 45 °KW vor OT und ist in einer Aufwärtsbewegung. F_{+1_2} und F_{+2_2} drehen sich in positiver, F_{-1_2} und F_{-2_2} in negativer Drehrichtung.

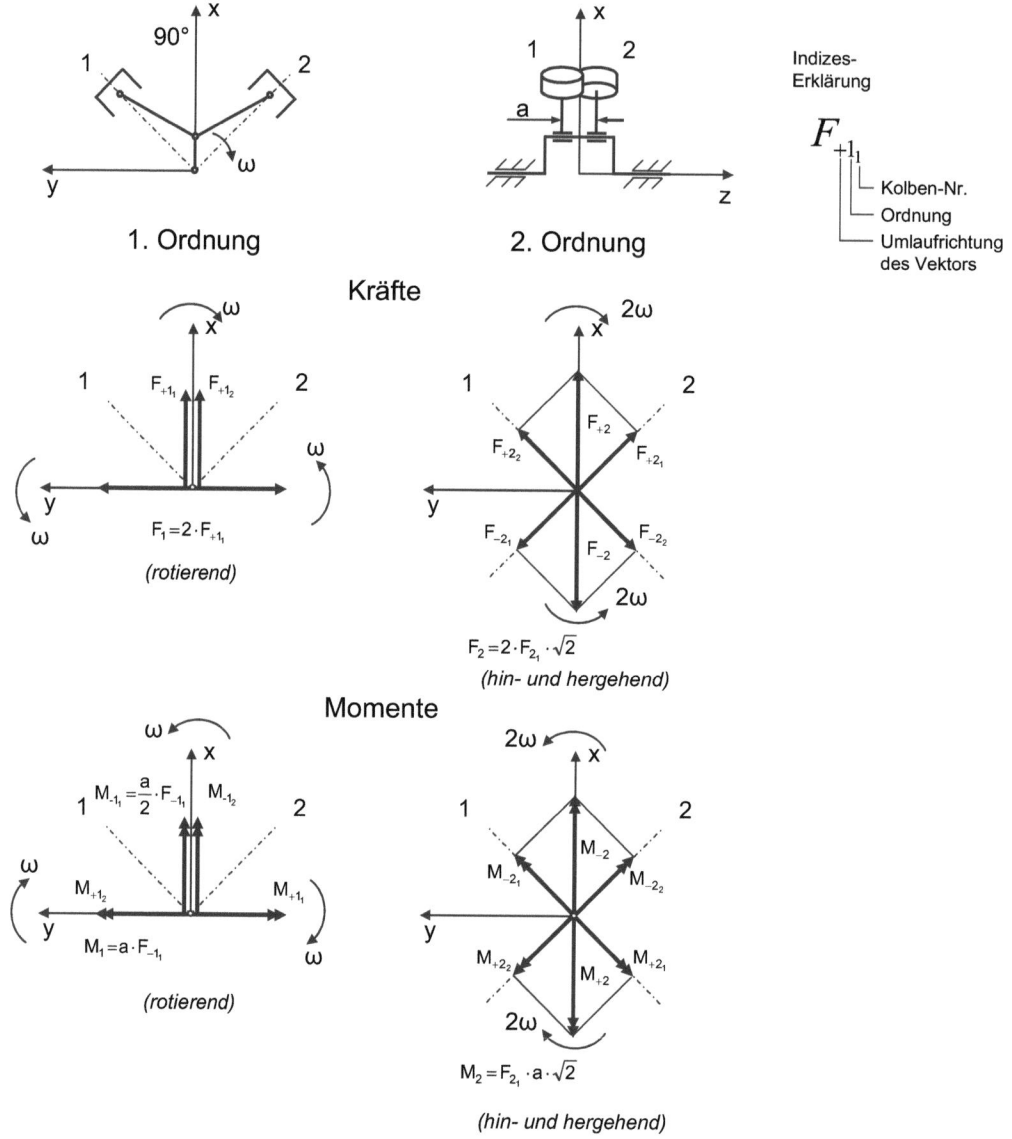

Bild 1-33 Massenkräfte und -momente beim 2-Zylinder-90 °-V-Motor

Die Vektoren der Massenkraft 1. Ordnung laufen mit ω um die der 2. Ordnung mit 2ω. Für die gezeichnete Stellung der Kurbelwelle sind die Massenkräfte 1. Ordnung deshalb 45°, die Massenkräfte 2. Ordnung 90° von der Zylinderachse entfernt.

1.3 Kurbeltrieb

Für die Summe der Kräfte für die gezeichnete Stellung ergibt sich:

1. Ordnung, x-Richtung:

$F_1 = F_{+1_1} + F_{+1_2} = 2 \cdot F_{+1_1}$, da F_{+1_1} und F_{+1_2} gleich groß sind

1. Ordnung, y-Richtung:

F_{-1_1} und F_{-1_2} stehen sich bei der gewählten Kolbenstellung gegenüber und gleichen sich somit gegenseitig aus.

2. Ordnung: Alle Kräfte sind ausgeglichen.

Die Massenmomente werden in Bild 1-33 als Doppelpfeil vereinfacht dargestellt. Dieser ist entsprechend der „Linken-Hand-Regel" zu verstehen: Zeigt der Daumen der linken Hand in Richtung des Doppelpfeils, dann zeigen die Finger in Richtung des wirkenden Momentes. Der Doppelpfeil, der ein Massenmoment darstellt, steht immer senkrecht auf der Massenkraft, die ihn verursacht. Lediglich die Richtung hängt vom Kraftangriffspunkt ab. Somit gilt für die gezeichnete Stellung: In der 1. Ordnung gleicht M_{+1_2} M_{+1_1} aus, dagegen addieren sich M_{-1_1} und M_{-1_2}. Die Massenmomente 2. Ordnung heben sich gegenseitig auf.

Bei anderen Kurbelwinkelstellungen des Triebwerkes liegen andere Verhältnisse vor. Werden weitere Stellungen dieses Triebwerkes untersucht, so ergibt sich folgendes Endergebnis für den 2-Zylinder-V-Motor mit 90° V-Winkel: Die resultierende Massenkraft 1. Ordnung läuft mit ω um. Die resultierende Massenkraft 2. Ordnung wirkt oszillierend in y-Richtung, für die Kurbelwellenstellungen 45° und 225° (aus Sicht von Zyl. 1) ist sie null. Die aus den Massenkräften resultierenden Massenmomente 1. Ordnung rotieren im Gegensinn zur Kurbelwelle, die Massenmomente 2. Ordnung oszillieren in y-Richtung.

1.3.4 Ungleichförmigkeitsgrad und Drehmomentausgleich

Gas- und Massenkraft erzeugen die Drehkraft (Tangentialkraft), die am Kurbelzapfen jedes einzelnen Zylinders wirksam ist. Da sich diese Kräfte bei einer Kolbenmaschine entsprechend der ungleichförmigen Bewegung des Kurbeltriebs in Abhängigkeit vom Kurbelwinkel ständig ändern (Bild 1-21), treten notwendigerweise auch Schwankungen des Drehmomentes und der Winkelgeschwindigkeit der Kurbelwelle auf.

$$M_{d\varphi} = F_{T,\varphi} \cdot r = \left[F_G \cdot \frac{\sin(\varphi+\beta)}{\cos\beta} + F_{m_{osz}} \cdot \frac{\sin(\varphi+\beta)}{\cos\beta} \right] \cdot r$$

Ein von einem Motor angetriebenes Gerät (z. B. Kraftfahrzeug, Generator, Kreiselpumpe) erfordert ein konstantes Drehmoment. Wird dessen Mittelwert überschritten, so wird im Triebwerk eine Beschleunigung und bei Unterschreiten eine Verzögerung erzeugt.

$M_{d\varphi} > M_{di}$ → Winkelgeschwindigkeit ω steigt

$M_{d\varphi} < M_{di}$ → Winkelgeschwindigkeit ω sinkt

Bild 1-34 zeigt als Beispiel den Arbeitsüberschuss bei einem Zweizylindermotor mit ungleichmäßiger Zündfolge.

Dargestellt ist oben die Drehkraft $F_{T,\varphi}$ über dem Kurbelwinkel. Die Linie für $\overline{F}_T$ stellt die für das geforderte konstante Drehmoment über dem gesamten Arbeitsspiel notwendige mittlere Drehkraft dar.

$$M_{di} = \overline{F}_T \cdot r$$

Ist die tatsächliche Drehkraft $F_{T,\varphi}$ größer als $\overline{F}_T$, so gibt der Motor mehr Energie ab, als von der angetriebenen Einheit benötigt wird. Das bedeutet, dass positive Energie (Fläche = +) zur Verfügung steht und die Winkelgeschwindigkeit der Kurbelwelle zunimmt.

Bei kleinerer Drehkraft $F_{T,\varphi}$ gegenüber $\overline{F}_T$ ist die vom Motor abgegebene Energie entsprechend kleiner (negative Energie: Fläche = −), die Winkelgeschwindigkeit der Kurbelwelle nimmt ab.

Insgesamt schwankt die Winkelgeschwindigkeit während der beiden Arbeitsspiele (je Zylinder ein Arbeitsspiel) zwischen ω_{max} und ω_{min} (Bildmitte).

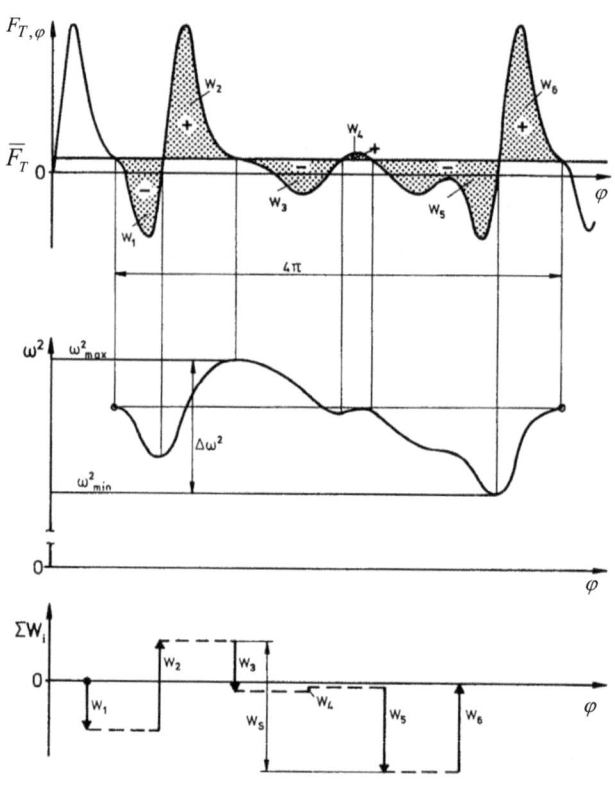

Bild 1-34 Arbeitsüberschuss bei einem Zweizylindermotor (ungleichmäßige Zündfolge) [1-1]

Die mittlere Winkelgeschwindigkeit ω_m ergibt sich zu

$$\omega_m = \frac{\omega_{max} + \omega_{min}}{2} \qquad (1.51)$$

und die daraus abgegebene Motorleistung

$$P_i = M_{di} \cdot \omega_m = \overline{F}_T \cdot r \cdot \omega_m$$

1.3 Kurbeltrieb

bzw. die abgegebene effektive Motorleistung

$$P_e = P_i \cdot \eta_m = M_{di} \cdot \omega_m \cdot \eta_m = \overline{F}_T \cdot r \cdot \omega_m \cdot \eta_m \tag{1.52}$$

mit

$$\omega = \omega_m$$

$$M_d = M_{di} \cdot \eta_m$$

η_m = mechanischer Wirkungsgrad (Reibungsverluste)

Wird ein Körper von einer Geschwindigkeit v_1 auf eine Geschwindigkeit v_2 beschleunigt, muss Energie bzw. Arbeit zugeführt werden. Es gilt dann:

$$E = W = \frac{1}{2} \cdot m \cdot v_2^2 - \frac{1}{2} \cdot m \cdot v_1^2 = \frac{1}{2} \cdot m \cdot \left(v_2^2 - v_1^2\right)$$

Bei Rotationsbewegung ist statt v die Winkelgeschwindigkeit ω und für die Masse m das polare Massenträgheitsmoment J einzusetzen.

$$W_S = \frac{1}{2} \cdot J \cdot \omega^2_{max} - \frac{1}{2} \cdot J \cdot \omega^2_{min}$$

$$W_S = \frac{1}{2} \cdot J \cdot \left(\omega^2_{max} - \omega^2_{min}\right) = \frac{1}{2} \cdot J \cdot \left(\omega_{max} + \omega_{min}\right) \cdot \left(\omega_{max} - \omega_{min}\right)$$

$$W_S = \frac{1}{2} \cdot J \cdot 2 \cdot \omega_m \cdot \left(\omega_{max} - \omega_{min}\right) \tag{1.53}$$

Mit Einführung des Ungleichförmigkeitsgrades

$$\delta = \frac{\omega_{max} - \omega_{min}}{\omega_m} \tag{1.54}$$

(Ungleichförmigkeit ist die auf ω_m bezogene Schwankungsbreite von ω) ergibt sich für die Arbeit (Überschuss):

$$W_S = J \cdot \omega_m \cdot \omega_m \cdot \delta = J \cdot \omega_m^2 \cdot \delta \tag{1.55}$$

Damit lässt sich der Ungleichförmigkeitsgrad aus der mittleren Winkelgeschwindigkeit, dem Arbeitsüberschuss und dem polaren Massenträgheitsmoment berechnen:

$$\delta = \frac{W_S}{J \cdot \omega_m^2} \tag{1.56}$$

Dieser Ungleichförmigkeitsgrad der Kurbelwellendrehungen darf bestimmte Werte nicht überschreiten. In Tabelle 1.2 sind Anhaltswerte für den zulässigen Ungleichförmigkeitsgrade bei verschiedenen Maschinen dargestellt.

Hieraus lässt sich umgekehrt das für nicht zu große Ungleichförmigkeit der Kurbelwellenumdrehung erforderliche Massenträgheitsmoment berechnen:

$$J_{erf} \geq \frac{W_S}{\delta_{max} \cdot \omega_m^2} \tag{1.57}$$

Tabelle 1.2 Zulässige Ungleichförmigkeitsgrade für verschiedene Maschinenarten

Maschinenart	δ
Pumpen und Verdichter	1/20 bis 1/30
Verarbeitungsmaschinen	1/40 bis 1/100
Dynamomaschinen (Krafterzeugung)	1/70 bis 1/100
Dynamomaschinen Lichtbetrieb (Gleichstrom)	1/150 bis 1/200
Drehstromgeneratoren	1/300
Fahrzeugmotoren	1/100 bis 1/300
Flugzeugmotoren	bis 1/1000

Ist das Massenträgheitsmoment der Kurbelwelle nicht groß genug, so kann dieses durch den Einbau eines Schwungrades auf den erforderlichen Wert J_{erf} erhöht werden.

$$J_{erf} \leq J_{KW} + J_S \quad \text{bzw.} \quad J_S \geq J_{erf} - J_{KW}$$

mit

J_{KW} = Massenträgheitsmoment der Kurbelwelle (einschließlich Anbauteile)
J_S = Massenträgheitsmoment der Schwungscheibe

Bei vielzylindrigen Maschinen wird oft schon mit dem Massenträgheitsmoment der Kurbelwelle ein für die Laufruhe ausreichend kleiner Ungleichförmigkeitsgrad erreicht.

Für die Überschussarbeit W_S ist die maximale Differenz der vektoriellen Summe aus den einzelnen Anteilen W_i zu berücksichtigen (Bild 1-34, unten). Für den vorliegenden Fall ergibt sich:

$$W_S = |W_3| - |W_4| + |W_5| \quad \text{oder} \quad W_S = |W_6| - |W_1| + |W_2|$$

mit

$$W_i = F_{Ti} \cdot r \cdot \alpha_i$$

1.3.5 Übungsaufgaben

Aufgabe 1:

1. Wie groß ist das Drehmoment einer Kolbenmaschine in den Totlagen?
2. Wie wirken sich die rotierenden und oszillierenden Massenkräfte auf den Drehmomentverlauf der Kolbenmaschine aus?
3. Wie ändern sich die Massenkräfte einer Kolbenmaschine mit der Drehzahl?

Aufgabe 2:

In der nachfolgenden Tabelle sind die bekannten Daten einer 1-Zylinder-Kolbenmaschine aufgeführt.

1.3 Kurbeltrieb

Kolbenmasse inkl. Ringe m_{Kolben} [g]	490	Masse Kurbelwangen m_{Wangen} [g]	1100
Masse Kurbelzapfen m_{Zapfen} [g]	1000	Drehzahl n [1/min]	3000
oszillierender Massenanteil der Pleuelstange $m_{\text{Pleuel, osz}}$ [g]	288	Kurbelradius r [mm]	40
Masse des Kolbenbolzens m_{Bolzen} [g]	210	Schubstangenverhältnis λ_s	0,3
rotierender Massenanteil der Pleuelstange $m_{\text{Pleuel, rot}}$ [g]	532	Schwerpunktabstand von der Drehachse (Grundlagermitte)	$r_s = r$

1. Berechnen Sie die oszillierende und die rotierende Masse der Maschine.
2. Warum wird die oszillierende Massenkraft in der Praxis meist nur zur Hälfte ausgeglichen?
3. Berechnen Sie die oszillierende und die rotierende Massenkraft in der oberen Totpunktlage ($\varphi = 0$ °KW). Skizzieren Sie qualitativ den Verlauf der oszillierenden und der rotierenden Massenkraft während einer Umdrehung (360 °KW) in ein Kraft-Kurbelwinkel-Diagramm.

Aufgabe 3:

Von einem 4-Takt-Ottomotor sind folgende Daten bekannt:

Oszillierende Masse: $m_{osz} = 480$ g
Drehzahl: $n = 5000$ 1/min
Verhältnis von Hub zu Bohrung: $s/d = 1$
Zünddruck im OT: $p_{Z,OT} = 51$ bar
Umgebungsdruck: $p_U = 1$ bar
Oszillierende Massenkraft
   im UT: $F_{m,osz,UT} = -3500$ N
   im OT: $F_{m,osz,OT} = 6500$ N

1. Mit welchem Schubstangenverhältnis λ_s wurde der Motor ausgeführt?
2. Bestimmen Sie die Gaskraft $F_{\text{Gas,OT}}$ im Zünd-OT in [N].

Lösung zu Aufgabe 1:

1. In den Totpunkten liegen Kurbel und Pleuel in der Zylinderachse ($\beta = 0$, $\varphi = 0, 180, 360...$), somit hat die Pleuelkraft nur eine radiale und keine tangentiale Komponente. Das Drehmoment ist null.

$$F_{T_G} = F_G \cdot \frac{\sin(\varphi + \beta)}{\cos \beta} = F_G \cdot 0 = 0$$

2. Die rotierenden Massenkräfte sind radial nach außen gerichtet. Sie erzeugen also kein Drehmoment bezüglich der Kurbenwellenachse. Die oszillierenden Massenkräfte wirken wie die Druckkräfte des Arbeitsmediums in Richtung der Zylinderachse. Sie führen entsprechend der Kräftezerlegung am Kurbeltrieb zu einer Tangentialkraft und damit zu einem Drehmoment. Allerdings beeinflussen die oszillierenden Massenkräfte infolge ihres symmetrischen Verlaufs zu den Totpunkten das mittlere Drehmoment nicht.

3. Die Massenkräfte sind als Trägheitskräfte proportional zur Beschleunigung, wobei die Beschleunigung mit dem Quadrat der Drehzahl ansteigt. Gemäß

$$F_{m_{rot}} = \left(m_{KZ} + \frac{r_{S_{KW}}}{r} \cdot m_{KW} + m_{S_{rot}} \right) \cdot r \cdot \omega^2$$

und

$$F_{m_{osz}} = -m_{osz} \cdot \ddot{s}_\varphi = \left| m_{osz} \cdot r \cdot \omega^2 \cdot (\cos\varphi + \lambda_S \cdot \cos 2\varphi) \right|$$

wachsen die rotierenden und oszillierenden Massenkräfte quadratisch mit der Drehzahl.

Lösung zu Aufgabe 2:

1. Für die oszillierenden und rotierenden Massen ergibt sich:
   $m_{osz} = m_{Kolben} + m_{Pleuel,osz} + m_{Bolzen} = 490g + 60g + 288g + 210g = 988g$
   $m_{rot} = m_{Zapfen} + m_{Pleuel, rot} + m_{Wangen} = 1000g + 532g + 1100g = 2632g$

2. Beim Ausgleich der oszillierenden Massenkraft entsteht eine unerwünschte Querkraft, wodurch der Massenausgleich gestört wird.

Für die oszillierende Massenkraft ergibt sich:

$$F_{m,osz} = m_{osz} \cdot \ddot{s}(\varphi)$$

$$= m_{osz} \cdot (2 \cdot \pi \cdot n)^2 \cdot r \cdot (\cos\varphi + \lambda_s \cdot \cos(2\varphi))$$

$$= 0{,}988 \, kg \cdot \left(2 \cdot \pi \frac{3000}{60} \frac{1}{s} \right)^2 \cdot 0{,}04 \, m \cdot (\cos 0° + 0{,}3 \cdot \cos(2 \cdot 0°))$$

$$= 5071{,}9 \, N$$

Für die rotierende Massenkraft ergibt sich:

$$F_{m,rot} = m_{rot} \cdot r_s \cdot (2 \cdot \pi \cdot n)^2$$

$$= 1{,}432 \, kg \cdot 0{,}04 \, m \cdot \left(2 \cdot \pi \frac{3000}{60} \frac{1}{s} \right)^2$$

$$= 10393{,}4 \, N$$

1.3 Kurbeltrieb

Das folgende Bild zeigt den Verlauf der oszillierenden und rotierenden Massenkraft.

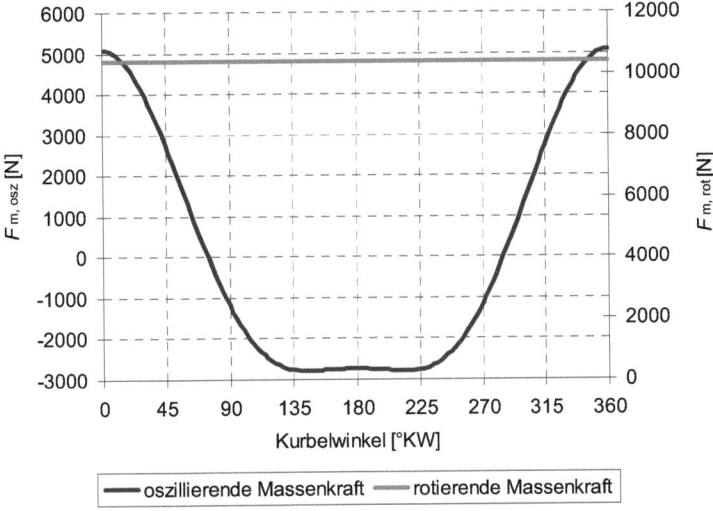

Verlauf der oszillierenden und rotierenden Massenkraft

Lösung zu Aufgabe 3:

1. $F_{m,osz} = m_{osz} \cdot r \cdot \omega^2 \cdot (\cos\varphi + \lambda_s \cdot \cos(2\varphi))$

   Für die oszillierende Massenkraft im unteren und oberen Totpunkt gilt:
   $F_{m,osz,UT} = m_{osz} \cdot r \cdot \omega^2 \cdot (\lambda_s - 1)$
   $F_{m,osz,OT} = m_{osz} \cdot r \cdot \omega^2 \cdot (1 + \lambda_s)$

   Wenn man $F_{m,osz,OT}$ und $F_{m,osz,UT}$ ins Verhältnis setzt ergibt sich:
   $$\frac{F_{m,osz,OT}}{F_{m,osz,UT}} = \frac{\lambda_s + 1}{\lambda_s - 1}$$

   Damit ergibt sich für das Schubstangenverhältnis:
   $$\lambda_s = \frac{F_{m,osz,OT} + F_{m,osz,UT}}{F_{m,osz,OT} - F_{m,osz,UT}} = 0,3$$

2. Für die Gaskraft gilt:
   $$F_{Gas} = (p_G - p_0) \cdot A_K = (p_G - p_0) \cdot \frac{\pi}{4} d_K^2$$

Für den Kolbendurchmesser d_K gilt:
$$d_K = s = 2 \cdot r$$
$$= 2 \frac{F_{m,osz,OT}}{m_{osz} \cdot (2 \cdot \pi \cdot n^2)^2 \cdot (1 + \lambda_s)} = 0,076 \, \text{m}$$

Somit ergibt sich die Gaskraft im oberen Totpunkt zu:

$$F_{\text{Gas,OT}} = 50 \cdot 10^5 \, \frac{\text{N}}{\text{m}^2} \frac{\pi}{4} (0,076)^2 = 22682 \, \text{N}$$

1.4 Antriebsstränge für Kolbenmaschinen

Kolbenmaschinen mit oszillierenden und rotierenden Kolben sind in der Lage nahezu alle Flüssigkeiten, Gase, Suspensionen und Gas-Flüssigkeitsgemische von niedrigsten Ansaugdrücken von 10^{-4} bar bis etwa 20000 bar und Förderströmen von wenigen Millilitern pro Minute bis 2000 m³/h zu fördern (vgl. Kapitel 2 und 3). Ihre Palette der Fördergüter beinhaltet nahezu alle Stoffe der chemischen, petrochemischen, pharmazeutischen und biologischen Verfahrenstechnik. Diese Vielfalt fordert Pumpendrehzahlen von etwa 1 min^{-1} für spezielle Kolben- oder peristaltische Schlauchpumpen, bis zu Drehzahlen äquivalent zu den Netzfrequenzen der Stromnetze für einige Schraubenmaschinenanwendungen. Die dafür nötigen Antriebssysteme bestehen meist aus Elektromotoren, die je nach Anforderung durch Getriebe, Kupplungen und für Regelbetriebe mit Frequenzumrichter ergänzt werden. Antriebe, wie Verbrennungsmotoren oder Turbinen, findet man nur sehr selten.

1.4.1 Elektromotoren für Kolbenmaschinen

Aufgrund ihrer Robustheit und des damit leicht realisierbaren Explosionsschutzes sind Drehstromasynchronmotoren die Standardantriebslösung. Darüber hinaus kommen für leistungsschwache Maschinen oft Wechselstrommotoren unterschiedlicher Bauarten und in Sonderfällen, aus regelungstechnischen Gründen oder wegen des großen Anzugsdrehmomentes, auch Gleichstrommotoren zum Einsatz. Alle Motoren sind, mit Ausnahme weniger Sonderausführungen, in genormten Bauformen und -größen nahezu weltweit verfügbar. Genormt sind der Durchmesser und die Länge der Motoranschlusswelle, deren Abstand zur Standfläche, sowie die Hauptabmessungen und Leistungsgrößen.

Die Robustheit und Sicherheit von Asynchronmotoren [1-6] beruht darauf, dass sie auf der Basis magnetischer Induktion ohne Schleifkontakte und damit verschleißfrei und ohne Funkenbildung arbeiten. Der Stator besteht aus mindestens 3 Wicklungen, die um jeweils 120° zueinander versetzt am Umfang verteilt sind. Wird diesen Wicklungen Wechselstrom zugeleitet, so wechselt deren magnetische Polarität mit der Netzfrequenz. Da die drei Wechselstromphasen des Drehstroms ebenfalls 120° Phasenversatz zueinander aufweisen, entsteht dadurch und durch die räumliche Anordnung der Wicklungen ein magnetisches Drehfeld, das den auch mit Wicklungen ausgestatteten Rotor in Drehung versetzt.

Typisch für das Induktionsprinzip ist jedoch, dass nur Induktion und damit eine Drehmomentwirkung entstehen kann, wenn eine Geschwindigkeitsdifferenz zwischen dem umlaufenden magnetischen Drehfeld und dem Rotor besteht. Der Rotor eilt daher in genormten Motoren dem Drehfeld um bis zu 3 % Drehzahlunterschied nach. Diese Differenz wird als Schlupf bezeichnet. Die Drehzahl drehmomentbelasteter Drehstromasynchronmotoren entspricht also nicht exakt der Netzfrequenz von f = 50 oder 60 Hz (3000 oder 3600 1/min (z. B. USA)), sondern liegt bei den Nenndrehmomenten der Motoren bei etwa 48,5 oder 58,2 Hz (2910 oder 3492 1/min). Dies muss bei der Pumpenauslegung berücksichtigt werden.

Darüber hinaus gibt es auch genormte Motorausführungen mit 3 x n Wicklungen (n = 1,2,3,... Wicklungssätze). Dadurch reduziert sich der Winkelabstand der Wicklungen auf 90°, 60°, 45°... und damit die maximale Drehzahl des Motors auf 1500, 1000, 750 .... 1/min. So hat beispielsweise ein mit Nenndrehmoment belasteter Motor mit 2 Wicklungssätzen (6 Wicklungen, f = 50 Hz) eine Drehzahl von etwa 1460 1/min (24,33 Hz).

Kolbenmaschinen, deren Drehzahlen oder Hubfrequenzen über die Variation der Polsatzzahl erreicht werden können, können daher direkt mit dem Motor gekoppelt werden.

Sonderausführungen mit polumschaltbaren Motoren oder mit Motoren mit Dalanderschaltungen [1-6] werden in der Kolbenpumpentechnik nur sehr selten eingesetzt

1.4.2 Antriebsformen für leckfreie Kolbenmaschinen

Ist die Antriebswelle einer Maschine zusammen mit Wellendichtungen, wie Lippenringen oder einer Stopfbuchspackung, gleichzeitig Teil des Dichtungssystems für den Pumpenarbeitsraum, so muss man davon ausgehen, dass diese dynamische Dichtung mit hoher Wahrscheinlichkeit nicht absolut dicht ist. Für viele toxische oder empfindliche Fördergüter ist dies aus Umweltschutz- oder Sicherheitsgründen nicht akzeptabel. Für solche Anwendungen stehen leckfreie Spaltrohrmotor- oder Magnetantriebe zur Verfügung. Typisch für diese Antriebsformen ist der dünnwandige Spalttopf aus nicht magnetisierbarem Werkstoff, der den Rotor umschließt und mit dem Pumpenarbeitsraumgehäuse zusammen eine hermetische, leckfreie Einheit bildet (Bild 1-35).

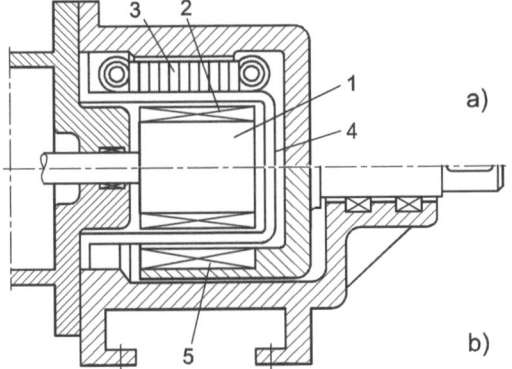

Bild 1-35 Leckfreie Antriebsformen:
a) Spaltrohrmotor: 1 Rotor, 2 Rotorwicklung, 3 Statorwicklungen, 4 Spalttopf;
b) Magnetantrieb: 2 Dauermagnete Rotor, 5 Dauermagnete Stator

Das umlaufende und antreibende magnetische Feld wird entweder nach dem Prinzip des Drehstromasynchronmotors für den Spaltrohrmotor (a) oder durch einen mit Magneten besetzten außen liegenden Rotor für den Magnetantrieb (b) erzeugt. Das Magnetfeld wirkt also durch die Spalttopfwand auf den Rotor und versetzt diesen in Drehung. Je größer die Wanddicke und die Spaltweiten zwischen Rotor und Spalttopf, desto schlechter ist aber der erreichte Wirkungsgrad. Aus diesem Grund sind die Spalte schmal und die Spalttöpfe sehr dünn und vielfach aus hochfesten, mit Aramidfasern verstärkten Kunststoffen gefertigt, um den maximal möglichen Förderdruck nicht zu sehr zu limitieren.

Der Spaltrohrmotor verspricht kompaktere Bauformen, hat aber den Nachteil, dass ein Teil der durch elektromagnetische Verluste erzeugten Motorwärme auf das Fördergut übertragen wird. Außerdem dringt bei einem Spalttopfschaden Fördergut in den mit elektrischen Wicklungen ausgestatteten Stator ein.

1.4.3 Getriebe für Kolbenmaschinen

In der Vielfalt der Anwendungen findet sich nahezu jede Getriebebauform [1-6]. In speziellen Anwendungen werden aber aus technischen Gründen oft bestimmte Typen oder Ausführungen bevorzugt (Tabelle 1.3). Grundsätzlich gilt: Je größer die Getriebebaugröße und -leistung, desto größer ist der erreichbare Wirkungsgrad.

Sofern kein oder nur ein gering schwankendes Drehmoment überwunden werden muss (z. B. Schaubenpumpen und Schraubenkompressoren), kommen grundsätzlich alle Getriebearten in Frage. Ausschlaggebend sind in diesen Fällen der Preis, der Wirkungsgrad, die Geräuschentwicklung und die Haltbarkeit. Bevorzugte Bauformen sind Riemengetriebe, schräg verzahnte Stirnradgetriebe und seltener Kegelradgetriebe.

Ist die Kolbenmaschinendrehzahl oder -hubfrequenz sehr klein und das Drehmoment groß, oder soll unerwünschter Turbinenbetrieb (Rücklauf) vermieden werden, so kommen vielfach, wegen ihres hohen Übersetzungsverhältnisses und selbsthemmender Eigenschaft, Schneckengetriebe zum Einsatz. Der Getriebeeingriff geschieht hier schleifend, verbunden mit oft hohen Flächenpressungen. Schlechtere Wirkungsgrade als bei den Riemen- und Zahnradgetrieben sind daher die unvermeidliche Folge. Außerdem wirkt der schleifende Eingriff verschleißend.

Besondere Herausforderungen an Getriebe stellen aber große oszillierend oder peristaltisch agierende Fördermaschinen. Bei solchen Maschinen schwanken die Drehmomentverläufe und zeigen gegebenenfalls zwischen Druckhub zum Saughub einen Vorzeichenwechsel (Ausnahme: hohe Saugdrücke). Getriebe mit Spiel im Eingriffsbereich werden dadurch laut (Getriebeumschläge) und zeigen Verschleiß. Ähnliches gilt für große Elastizitäten (Riementrieb). Hier drohen Schwingungen, Lärm und hohe Beanspruchungen. Spielfreie und verformungssteife Bauformen sind daher für solche Anwendungen eine Grundvoraussetzung.

Tabelle 1.3 Getriebearten [1-6], maximales Übersetzungsverhältnis i_{max} pro Stufe, leistungsabhängige Wirkungsgrade η pro Getriebestufe und spezielle Eigenschaften.

Getriebeart	i_{max}	η (10 W – 1 MW)	Spezielle Eigenschaften
Stirnradgetriebe	1:8	90 – 98 %	Schrägverzahnung erzeugt Axialkräfte, Geradverzahnung kaum spielfrei.
Kegelstirnradgetriebe	1:8	90 – 98 %	Wie bei Stirnradgetrieben, Antrieb zu Abtrieb um 90 ° versetzt.
Riemengetriebe	1:6	92 – 97 %	Sehr leise, häufigste Ausführung: Keilriemen, Zahnriemen agieren formschlüssig.
Schneckengetriebe	1:80	60 – 94 %	Antrieb zu Abtrieb um 90° versetzt, selbsthemmend.

1.4.4 Kupplungen für Kolbenmaschinenantriebe

Da viele Kolbenmaschinen Druckstöße verarbeiten müssen, diese aber nicht ungedämpft auf das Getriebe oder den Elektromotor übertragen werden sollen, sind elastische Wellenkupplungen, wie Klauenkupplungen, Bogenzahnkupplungen oder vergleichbare Arten als Standardausrüstung anzusehen. Darüber hinaus werden bei intermittierendem Betrieb von Kompressoren mit häufiger Umschaltung Schaltkupplungen verwendet.

1.4.5 Frequenzumrichter

Viele verfahrenstechnische Prozesse müssen hinsichtlich der zu verarbeitenden Fördergutmengen regelbar sein. Bei Kolbenmaschinen gelingt dies durch maschineninterne Mechanismen, wie die Hubverstellung bei oszillierenden Verdrängerpumpen (Kapitel 2) oder durch Verstellung des Übersetzungsverhältnisses mit speziellen Riemengetriebebauformen. Außerdem stehen für alle Maschinen, zur Verstellung der Drehzahl oder Hubfrequenz, Frequenzumrichter (FU) zur Verfügung. Moderne FU [1-6] habe hohe Wirkungsgrade, sind preisgünstig und robust, als Einzelgeräte mittlerweile bis in höchste Leistungsbereiche hinein verfügbar und damit oft fester Bestandteil moderner Kolbenpumpensysteme. Außerdem werden Motore für kleine Leistungen oft als Kompakteinheit mit FU angeboten. Leider hat diese elegante Lösung auch einige Nachteile die nicht übersehen werden dürfen. Die disharmonischen Stromverläufe der FU „verschmutzen" das Stromnetz, belasten die Elektromotoren durch Magnetfeldschwingungen stärker und erzeugen dadurch störende Geräusche. Trotzdem sind FU meist äußerst wirtschaftliche Lösungen für geregelte verfahrentechnische Prozesse.

1.4.6 Auswahl der Motor- und Getriebegrößen

Bei einer Anordnung bestehend aus Motor, Kupplung, Getriebe, usw. spricht man von einem Antriebsstrang. Jede Komponente in Antriebssträngen hat einen gewissen Energieverbrauch und liefert damit einen Beitrag zum Wirkungsgradverlust. Für die leistungsorientierte Motor-, Kupplungs- und Getriebeauswahl mit Hilfe von Herstellerkatalogen werden die erforderlichen Leistungen wie folgt berechnet:

$$P_W = \frac{P_F}{\eta_K \cdot \eta_G \cdot \eta_K \cdot \eta_{KM} \cdots} ; \quad P_G = \frac{P_F}{\eta_K \cdot \eta_{KM} \cdots} \quad (1.59)$$

P_W: Wellenleistung Motor; P_F: Förderleistung; P_G: erforderliche Getriebeleistung; Indizes: K Kupplung; G Getriebe, KM Kolbenmaschine.

Die erforderliche elektrische Leistung für den Elektromotor folgt aus Gl. (1.58).

$$P_W = \sqrt{3} \cdot U \cdot I \cdot \eta_M \cdot \cos\varphi \quad (1.60)$$

Ist die Netzspannung U sowie der Motorwirkungsgrad, die Leistungszahl $\cos\varphi$ und die Wellenleistung bekannt, kann die für einen Drehstrommotor erforderliche Stromstärke I berechnet werden.

Diese leistungsorientierte Form der Auslegung kann für alle Maschinen angewandt werden, die keine oder nur eine geringe Drehmomentschwankung und eine Mindestdrehzahl zur Sicherung einer ausreichenden internen Schmierung aufweisen.

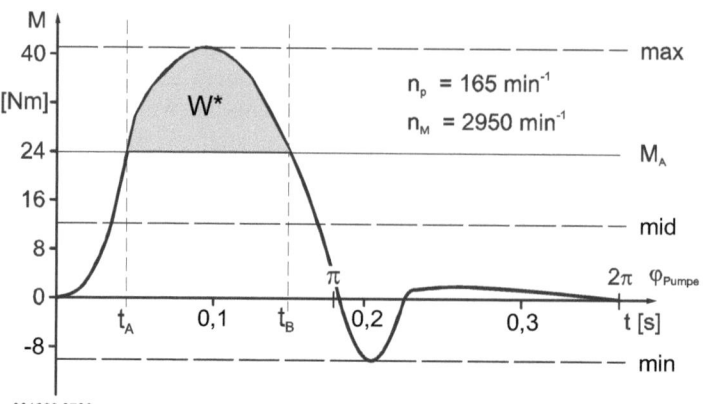

Bild 1-36 Typischer Drehmomentverlauf am Antriebsmotor einer oszillierende Verdrängerpumpe. *M*: Drehmoment durch die Kolbenkraft; n_P: Hubfrequenz; n_M: Drehzahl Antriebsmotor; M_A: Alternatives Antriebsmoment, φ: Drehwinkel der Pumpe

Bei oszillierenden Kolbenmaschinen oder großen peristaltischen Schlauchpumpen schwankt das Drehmoment allerdings meist so stark, dass eine drehmomentorientierte Auslegung nötig ist. Bild 1-36 zeigt eine typische Drehmomentkurve einer oszillierenden Verdrängerpumpe mit einem ausgeprägten Maximum. Für kleine Hubfrequenzen muss dieses Maximum entsprechend (Gl. (1.59)) zur Motor- und Getriebeauslegung herangezogen werden.

$$P_W = P_{W\max} = M_{\max} \cdot \omega \tag{1.61}$$

Für größere Hubfrequenzen ist diese Auslegungsform jedoch unwirtschaftlich. Die Antriebsmotoren werden unnötig groß. Eine mögliche Optimierung beruht darauf, dass jedes rotierende System mechanische Energie in Form von Rotationsenergie $W_{\rm rot}$ (Gl. (1.60)) durch vorhandene Massenträgheitsmomente J der rotierenden Massen gespeichert hat.

$$W_{\rm rot} = \frac{1}{2} J \omega^2 \quad \text{mit} \quad J_{\rm Zylinder} = \frac{1}{2} \cdot m \cdot r^2 \quad (1\ldots) \tag{1.62}$$

Wird ein Teil dieser Energie dazu verwendet, über das Drehmomentmaximum zu gelangen, so kann M_A kleiner $M_{\max}$ sein (Bild 1-36). Allerdings führt dieser Energieverbrauch zwischen t_A und t_B zu einer Reduktion der Winkelgeschwindigkeit und damit zu einer kurzeitigen Verkleinerung der Hubfrequenz. Die Pumpe würde also etwas weniger fördern (vgl. Kapitel 2). Allerdings ist dieser Verlust bei moderater Nutzung dieser Möglichkeit sehr klein und daher meist tolerabel (vgl. Beispiel). Außerdem gilt: Je größer die Hubfrequenz, desto mehr Potential steht für die Überwindung des Maximums zur Verfügung (ω^2) und desto geringer ist die Drehzahlerniedrigung. Selbstverständlich darf M_A nie kleiner $M_{\rm mid}$ werden.

Ist die Energieinhalt $W_{\rm rot}$ bekannt, so kann mit:

$$W^* = \int_{t_A}^{t_B} (M \cdot \omega)\, dt - M_A \cdot \omega \cdot (t_B - t_A) \tag{1.63}$$

und

$$W_{\rm rot,B} = W_{\rm rot} - W^* \quad (W_{\rm rot} = W_{\rm rot,A}) \tag{1.64}$$

die verbleibende Hubfrequenz ω am Punkt t_B berechnet werden (siehe Beispiel).

1.4 Antriebsstränge für Kolbenmaschinen

Soll die Schwankung der Hubfrequenz gesenkt und ein gleichmäßigerer Maschinenbetrieb erreicht werden, so gelingt dies sehr effektiv durch die Steigerung der Massenträgheit J mit Hilfe von Schwungrädern (vgl. Kapitel 1.3.4).

■ **Beispiel 1.4.1: Motorauslegung**

An der Welle des Antriebsmotors einer oszillierenden Pumpe wurde der im Bild 1-36 dargestellte Drehmomentverlauf gemessen.

a) Wie groß ist die Motorleistung, wenn M_A als Auslegungsgröße gewählt werden kann?
b) Welchen Motor wählen Sie (Bitte an Katalogen von Motorherstellern orientieren)?
c) Wie groß ist der Drehzahlverlust durch das überhöhte Drehmoment zwischen t_A und t_B, wenn durch graphische Integration für $W^* = 212$ Nm ermittelt wurden?

Lösung:

a) Mit $P = M_A \cdot \omega$ folgt: $P = 7{,}415$ KW.

b) Die typische Motorgröße laut Katalog ist: $P = 7{,}5$ KW

c) Die im Motor gespeicherte Trägheitsenergie ist: $W_{\text{rot}} = \frac{1}{2} J \cdot \omega^2 = 577{,}37$ Nm, mit beispielsweise $J = 0{,}0121$ Kg m². Nimmt man an, dass der Motor die Energie für die Überlast komplett aus der Trägheitsenergie zieht (real nicht zutreffend), so sind nach der Überwindung des Bereiches t_A bis t_B noch

$$W_{\text{rot},t_B} = W_{\text{rot}} - W^* = 364{,}9 \text{ Nm}$$

übrig. Die Drehzahl zum Zeitpunkt t_B beträgt somit:

$$n_{t_B} = \frac{1}{2\pi} \sqrt{\frac{2 \cdot W_{\text{rot},t_B}}{J}} = 39{,}07 \text{ 1/s}$$

und damit etwa 20 % weniger als die Nenndrehzahl. Dies ist in der Regel nicht akzeptabel.

Variante 1: Der Motor muss stärker werden. Die nächste Motorgröße hat laut Katalog folgende Daten: $P = 11$ KW und $J = 0{,}037$ Kg m². Damit würde die Drehzahl nur noch auf 46 1/s ($\Delta n = 3{,}16$ 1/s) sinken. Da diese Absenkung nur im Zeitraum t_A bis t_B entsteht und sofort nach t_B wieder ausgeglichen wird, ist die durchschnittliche Absenkung pro Hubzyklus deutlich kleiner. Näherungsweise ist die mittlere Absenkung zwischen t_A und t_B etwa $\Delta n/2$ und der Anteil dieser Phase an der Hubzeit beträgt etwa 30 %. Damit beträgt die mittlere Absenkung nur etwa 0,5 1/s und ist damit im akzeptablen Bereich von < 1 %.

Variante 2: Das fehlende Massenträgheitsmoment wird durch Schwungmassen ausgeglichen. Da der Radius eines Schwungrades quadratisch in das Massenträgheitsmoment eingeht (Gl. (1.60)), ist diese Methode vielfach sehr effizient.

Literatur

[1-1] Blaha, J.; Smid, V.: Allgemeine Klassifikation der Anwendungsgebiete von Pumpen und Verdichtern. Maschinenmarkt, Würzburg 87 (1981) 69, S. 1419–1420

[1-2] Kleinert, H.-J.; Wächter, K.: Abschnitt 1.1 Grundlagen der Kolbenmaschinen in: Taschenbuch Maschinenbau, Band 5, Kolbenmaschinen, Strömungsmaschinen, Berlin 1989, Verlag Technik

[1-3] Trutnovski, K.: Berührungsdichtungen an ruhenden und bewegten Maschinenteilen. Berlin/Göttingen/Heidelberg: Springer-Verlag 1958

[1-4] Dittrich, E. u. a.: Technische Thermodynamik in Taschenbuch Maschinenbau, Band 2, Berlin 1985, Verlag Technik

[1-5] Urlaub, A.: Verbrennungsmotoren: Grundlagen, Verfahrenstheorie, Konstruktion. Berlin; Heidelberg; New York: Springer, 1995

[1-6] Brosch, P. F.: Moderne Stromrichterantriebe, Vogel Verlag, 5. Auflage, 2008, ISBN 978-3-8343-3109-0

2 Oszillierende Verdrängerpumpen

Kolbenpumpen, Membrankolbenpumpen und Membranpumpen bilden die Gruppe der oszillierenden Verdrängerpumpen. Mit ihrem Wirkprinzip folgen diese Pumpenarten dem Vorbild des menschlichen oder auch tierischen Herzens, dessen Fördercharakteristik durch Vergrößern und Verkleinern der Herzkammern, durch Ansaugen und Verdrängen – also durch einen Saug- und einen Druckhub – bestimmt ist. Die Förderung ist daher pulsierend und nicht kontinuierlich, wie für viele industrielle Prozesse gewünscht. Man darf sich fragen, warum die Natur solche Wirkprinzipien benutzt. Die Antwort darauf ist einfach und nahe liegend. Die Natur verwendet nur effiziente Systeme. Wer unsere belebte Welt genau beobachtet, wird feststellen, dass man nirgendwo ein rotierendes Fördersystem und nur ein rotierendes Beförderungssystem, die Flagellen von Bakterien, findet. Alle Fördermechanismen in der Natur beruhen auf dem oszillierenden Prinzip. Oszillierende Pumpen sind also effizient. Und genau dies und die daraus ableitbaren Eigenschaften sind die Gründe für die große Anwendungsbreite dieser Pumpentechnik in allen Teilen der chemischen, petrochemischen, biologischen und pharmazeutischen Prozesstechnik sowie in der auf hohe Effizienz angewiesenen Hochdrucktechnik.

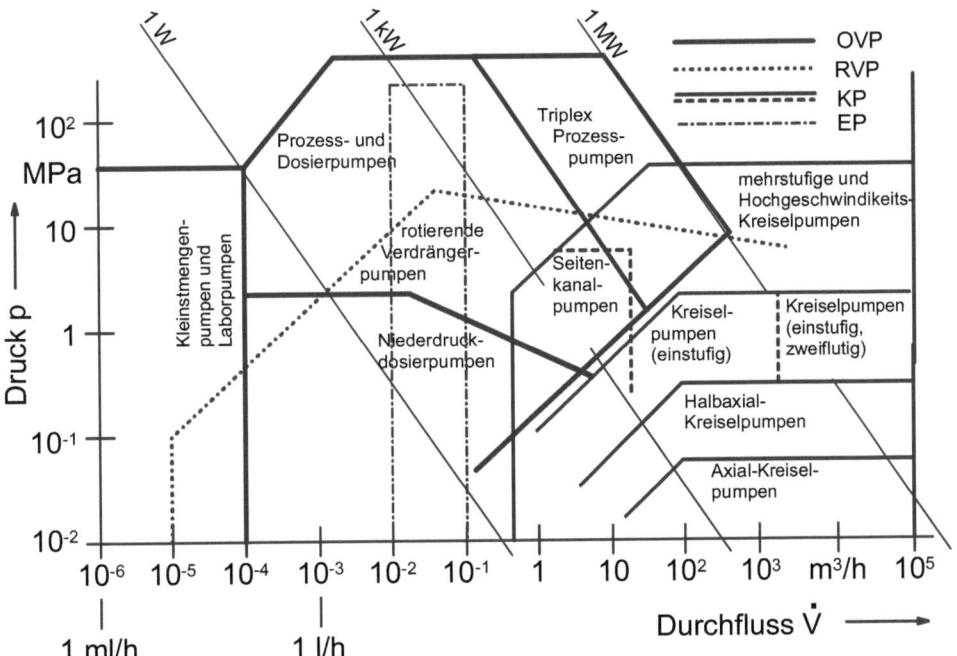

Bild 2-1 Vergleich der Leistungsparameter der Pumpenhauptgruppen: oszillierende Verdrängerpumpen (OVP), rotierende Verdrängerpumpen (RVP), Einspritzpumpen für die Motorentechnik (EP) und Kreiselpumpen (KP)

Der aktuelle Leistungsbereich erstreckt sich von kleinsten Dosiermengen von < 20 ml/h bis auf etwa 700 m^3/h und Förderdrücken von Atmosphärendruck bis etwa 1000 MPa und mehr (Bild 2-1). Im Vergleich dazu liegt der Einsatzbereich von Kreiselpumpen bei größeren Förderströmen und niedrigeren Förderdrücken. Der Einsatzbereich der aus sehr vielen verschiedenen Wirkprinzipien bestehenden dritten Pumpengruppe, der rotierenden Verdrängerpumpe, deckt sich dagegen in weiten Bereichen mit den beiden anderen, erreicht aber größere Förderströme und kleinere Förderdrücke als die oszillierenden Pumpen und im Kleinstmengenbereich minimal 100 ml/h. Beispielsweise werden mit Schraubenspindelpumpen Förderströme bis etwa 2000 m^3/h erreicht und mit Zahnradpumpen Drücke bis maximal 40 MPa, während die kleinen Förderströme, mit etwas weniger Dosiergenauigkeit, mit Mikrodosier-Zahnradpumpen oder Kleinstmengenschlauchpumpen erreicht werden.

2.1 Einsatzgebiete

Die große Anwendungsbreite oszillierender Pumpen erstreckt sich von der einfachen Wasserförderung bis zu Prozessen mit extremen Anforderungen hinsichtlich Fördergenauigkeit, Druck, chemischer Beständigkeit gegen nahezu jede Chemikalie, schonender Förderung, Abrasionsfestigkeit, Zuverlässigkeit und langer Lebensdauer. Immer öfter enthalten die Fördergüter auch Partikel. Beispiele dafür sind Katalysatorpartikel zur Unterstützung chemischer Reaktionen, keramische Füllstoffe oder Glaskugeln in Klebstoffen oder abrasive Schleifpartikel in höher viskosen Trägerflüssigkeiten für das Polieren von Diesel-Einspritzdüsen für die Common-Rail-Technik. Niedrig viskose Flüssiggase, wie Kohlendioxid für Extraktionsprozesse oder auch Benzin in der Motorentechnik, gehören ebenso zum Anwendungsbereich wie die hygienische Förderung von Lebensmitteln oder bioverfahrenstechnisch relevanten Biostoffen unter absolut keimfreien Bedingungen und mit zwischengeschalteten Sterilisations- und Clean-in-Place Phasen. Größere Maschinen, oft auch Prozessmaschinen genannt, die auch bei hohen Drücken arbeiten, werden meist als Mehrfachpumpen in vielen Bereichen der Prozesstechnik, in der Ölförderung als Injektionspumpen gegen das Vereisen der Bohrlochanschlussdüse, als Spülpumpen zur Unterstützung des Bohrprozesses, als Mud-Pumpen zur Austreibung sekundärer Ölquellen oder als große Prozessmaschinen zur Sequestrierung des Klimagases Kohlendioxid in ausgedienten Ölkavernen oder ausgewählten Deponiefeldern eingesetzt. Pumpen für noch höhere Drücke werden für Dieseleinspritzsysteme, Hochdruckreinigung, Wasserstrahlschneiden, Hydroforming, Autofrettage, Hochdrucksterilisation oder die Hochdruckkristallzüchtung benötigt.

2.2 Einteilung und Merkmale

Kleinstmengen und Mikrodosierpumpen sind typische Laborpumpen für besondere Anforderungen an die Dosier- und Fördergenauigkeit. Die in Laboren geförderten Flüssigkeiten sind oft korrosiv, selten abrasiv und auch selten hochviskos. Die Förderdruckniveaus liegen meist unter 10 MPa, nur in Ausnahmefällen werden 40 MPa erreicht. Benzineinspritzpumpen arbeiten unter ähnlichen Drücken, während mit Dieseleinspritzpumpen mittlerweile 200 MPa erreicht werden. Dosierpumpen werden dagegen in Produktionsprozessen zur Dosierung verschiedenster Flüssigkeiten, überkritischer Gase und Suspensionen, zur Herstellung exakter

2.2 Einteilung und Merkmale

Rezepturen, Einstellung exakter Mischungsverhältnisse für chemische Reaktionen und Hochdruckanwendungen eingesetzt. Dies kann sowohl einzelne Pumpen, aber auch Kombinationen verschiedener Pumpengrößen und auch -arten oder zur Reduzierung der Förderstrompulsation bzw. zur Erhöhung des Förderstromes auch Mehrfachpumpen erfordern. Über diesem Leistungsbereich liegt der Bereich der Triplex- und Multiplexpumpen. Diese gemeinhin auch als Prozesspumpen bezeichnete Gruppe arbeitet in Prozessen mit großer Anwendungsvielfalt und in der Regel immer verbunden mit hohem Druck, hoher Fördergenauigkeit, bei schwierigen Förderflüssigkeiten oder hohen Ansprüchen an ein zuverlässiges Regelverhalten und wenn Robustheit gefordert wird.

Eine oszillierende Verdrängerpumpe besteht aus den beiden Hauptbaugruppen Pumpenkopf und Pumpentriebwerk. Die exakte Benennung orientiert sich jedoch an der auf Anwendungen abzielende Bauart der Pumpenköpfe. Die wichtigsten Bauarten sind die einfach- und doppelt wirkende Kolbenpumpe (Bild 2-2 a und b), die Steuerkolbenpumpe (c) sowie die Membrankolbenpumpe mit hydraulischem und mechanischem Membranantrieb (e und d) und die Schlauchmembranpumpe (f).

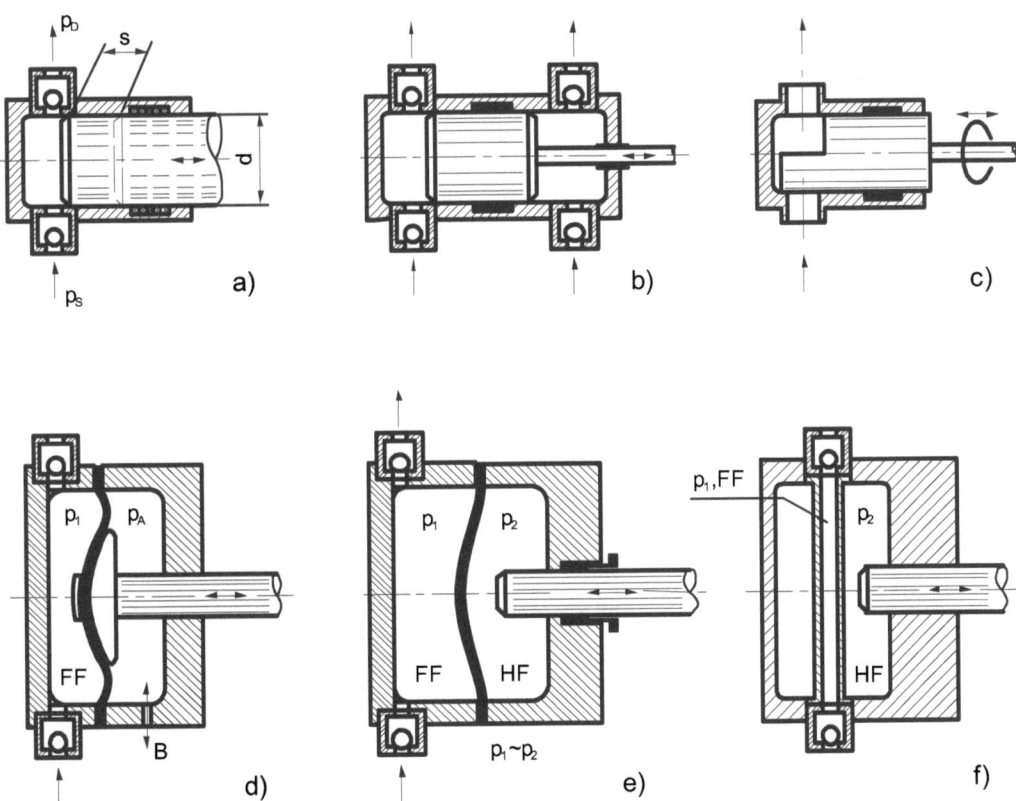

Bild 2-2 Bauarten oszillierender Verdrängerpumpen (Prinzipielle Darstellung). FF: Förderflüssigkeit, HF: Hydraulikflüssigkeit, B: Verbindung zur Atmosphäre

An den Kolben der Kolbenpumpen in (a) legt sich in der Regel eine nachstellbare Kolbenabdichtung an und hält damit die Förderflüssigkeit von der Umgebung getrennt, während Membranpumpen Membranen oder Schlauchmembranen zur Abtrennung benutzen, indem Kolben die Membranen direkt oder indirekt über die Verdrängung von Hydraulikflüssigkeiten bewegen. Diese über die Deformation der Membran oder Schlauchmembran erzeugte Verdrängerwirkung wird dann an die Förderflüssigkeit weitergeben. Statt der dynamisch arbeitenden Kolbenabdichtung wirkt hier nun eine statische Flüssigkeitsabdichtung an der Membraneinspannung (E). Der wesentliche Vorteil dieser Technik ist, dass die niemals absolut dichte, dynamisch arbeitende Kolbenabdichtung (Grundregel der Dichtungstechnik) durch eine statische und damit absolut dichte Dichtungsform, die Membraneinspannung ersetzt und damit hermetische Dichtheit erreicht wird. Dies ist eine wichtige Voraussetzung für die Förderung toxischer, aggressiver und auch empfindlicher Stoffe. Für mechanisch angetriebene Membranpumpen (Bild 2-2 d) kann daher die Kolbenabdichtung komplett entfallen und die Kolbenabdichtung in hydraulischen Membranpumpen muss nur noch die Hydraulikflüssigkeit abdichten und wird dabei gut geschmiert.

Der Kolben einer Kolbenpumpe saugt über das aus Entlüftungsgründen immer unten eingebaute Saugventil je nach Kolbenquerschnittsfläche A_K und Kolbenhub s das Hubvolumen V_h ein und verdrängt es zur Druckseite. Hubvolumen und Hubfrequenz n ergeben den theoretischen Förderstrom (Gl. (2.1)).

$$\dot{V}_{th} = V_h \cdot n = \frac{\pi \cdot d^2}{4} \cdot s \cdot n \qquad (2.1)$$

Diese Verdrängungsart wird als volumetrisch bezeichnet und ist die präziseste Methode, Flüssigkeiten zu fördern. Daher sind oszillierende Verdrängerpumpen die klassischen und am häufigsten verwendeten Dosierpumpen mit der höchsten Fördergenauigkeit von <±0,5 % Abweichung von Sollwert, selbst bei Fördermengen von weniger als 20 cm³/h. Andererseits werden abrasive Erzschlämme mit Membranpumpen mit bis zu 700 m³/h gefördert und damit extrem Robustheit unter Beweis gestellt. Wegen der volumetrischen Verdrängung und der guten Abdichtungsmöglichkeit am Kolben ist dies die einzige Pumpentechnik, mit der Drücke größer als 40 MPa realisiert werden können.

Speziell gestaltete hydraulische Membranpumpen werden bis 300 MPa und Kolbenpumpen sogar bis 2000 MPa eingesetzt. Pumpen mit mechanischem Membranantrieb erreichen dagegen nur etwa 2 MPa, da bei dieser Pumpenart die Membran den Förderdruck abstützen muss. Dies führt auch zu einer Größenlimitierung auf wenige Kubikmeter pro Stunde.

Eine Besonderheit in dieser Sammlung stellt die ventillose Steuerkolbenpumpe dar. Durch die gleichzeitige synchrone Rotation und Oszillation des Kolbens verbunden mit einer speziellen einseitig zurückgesetzten Kolbenform wird beim Druckhub der Saugkanal und bei Saughub der Druckkanal geschlossen. Aufgrund der komplexen Bewegungs- und Abdichtungssituation können am Kolben aber nur Spaltdichtungen angewandt werden. Daraus folgen relativ große innere Leckageverluste, die mit zunehmenden Drücken zu unregelmäßigem Förderverhalten führen. Aus diesem Grund sind die Leistungsparameter auf etwa 1 MPa und einige wenige Kubikmeter pro Stunde begrenzt.

2.3 Arbeitsweise

2.3.1 Funktion

Jede Pumpe hat die Aufgabe, eine bestimmte Menge Flüssigkeit vom Saugdruckniveau $p_1 = p_S$ anzusaugen, im Arbeitsraum der Pumpe auf den Förderdruck $p_2 = p_D$ zu erhöhen und in die Druckleitung abzugeben. Oszillierende Verdrängerpumpen vollziehen diesen Vorgang in einem zeitlichen Wechsel zwischen Ansaugen und Ausstoßen. Ist die zu überwindende Druckhöhe Δp vernachlässigbar und sind die angeschlossenen Rohrleitungen sehr kurz, so folgen die Geschwindigkeit $v_{R,D}$ in der druckseitigen Rohrleitung während des Druckhubverlaufes (Bild 2-3, 1-2-3) und $v_{R,S}$ in der saugseitigen Rohrleitung während des Saughubverlaufes (3-4-1) nahezu exakt der Kolbenbewegung v_K gemäß Gl. (2.2).

$$v_R(t) = v_K(t) \frac{A_K}{A_R} \tag{2.2}$$

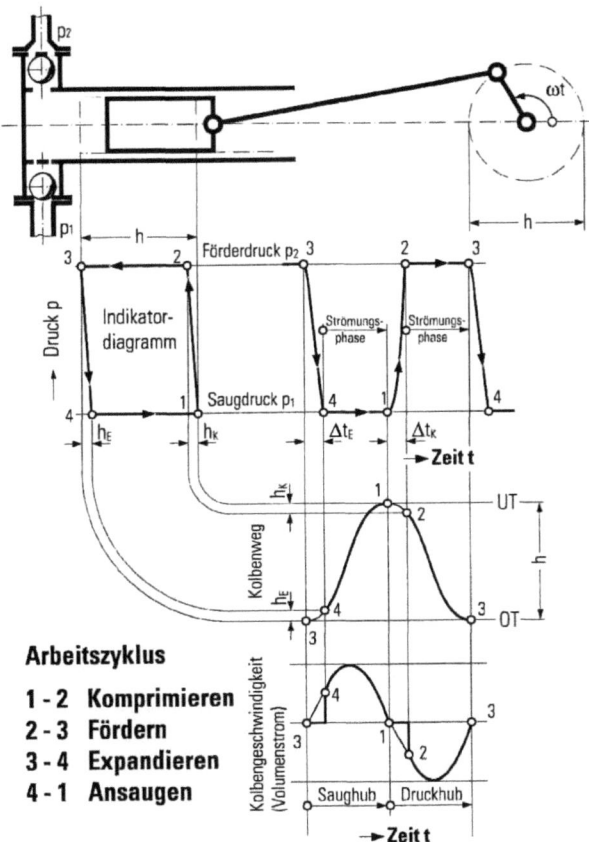

Bild 2-3 Arbeitsweise von Kolbenpumpen

Arbeitszyklus
- 1 - 2 **Komprimieren**
- 2 - 3 **Fördern**
- 3 - 4 **Expandieren**
- 4 - 1 **Ansaugen**

Im Regelfall müssen Pumpen jedoch eine gewisse Druckhöhe überwinden und dies ist, da Flüssigkeiten immer kompressibel sind, mit einer mit dem Druck steigenden Kompression der Flüssigkeiten gemäß Gl. (2.3) verbunden.

$$\Delta \rho \approx \frac{\Delta p}{c^2} \tag{2.3}$$

Bewegt sich der Kolben ausgehend von der hinteren Endlage (unterer Totpunkt: UT, 1) nach vorne, so muss daher zuerst der gesamte Flüssigkeitsinhalt im Arbeitsraum der Pumpe komprimiert (1-2) und die Elastizität der umgebenden Bauteile überwunden werden, bevor das Druckventil öffnet (2) und die Förderung (Strömungsphase, 2-3) in die Druckleitung stattfindet. Der effektive Druckhub ist also um diesen Betrag kleiner als der Kolbenhub. Hat der Kolben den Druckhub abgeschlossen (3, oberer Totpunkt, OT), so befindet sich konstruktionsbedingt immer noch ein gewisses Restvolumen Förderflüssigkeit (V_S) in komprimiertem Zustand im Arbeitsraum. Diese Flüssigkeitsmenge muss zu Beginn des Saughubes zuerst wieder entspannt werden (3-4), bevor der Ansaugprozess stattfinden kann (4-1). Der effektive Saughub ist somit um den Expansionsanteil kleiner als der Kolbenhub. Stellt man den Druckverlauf im Arbeitsraum der Pumpe über dem Kolbenhub h dar, so entsteht das von der Fachwelt für die Indikation der Fördereigenschaften, Kompressibilität, Rückexpansion und grobe Störungen üblicherweise verwendete Indikatordiagramm (Bild 2-3).

Sobald eine Flüssigkeitskompression und -expansion in der Pumpe stattfindet, ist der Pumpenarbeitsraum in den Phasen 1-2 und 3-4 völlig vom angeschlossenen Rohrleitungssystem entkoppelt und die Flüssigkeit in den Rohrleitungen ruht. Erst an den Punkten 2 und 4 findet wieder eine Ankopplung statt. Da aber der Kolben sich dort bereits mit der Geschwindigkeit $v(t_{2/4})$ bewegt, erfahren die Rohrleitungsinhalte eine theoretisch unendlich große Beschleunigung von $v_R = 0$ auf $v_{R,2}$ oder $v_{R,4}$. Die Konsequenz dieses Geschwindigkeitssprungs ist kein hydraulischer sondern ein akustischer Druckstoß, der Joukowsky-Stoß (physikalisches Maximum, Gl. (2.4)), und auf der Saugseite eine extrem kurzzeitige Kavitationsphase (vgl. 2.8.2).

$$\Delta p_J = c \cdot \rho \cdot \Delta v \tag{2.4}$$

2.3.2 Kinematik der Verdrängerbewegung

Die Bewegung der Fördergüter in den Rohrleitungen resultiert, mit Ausnahme der Phasen 1-2 und 3-4 aus der Bewegung des Kolbens und damit aus der Kinematik des Pumpenantriebs. Die klassischen Antriebsarten sind der für die Beschreibung der Funktion herangezogene Geradschubkurbeltrieb (Kapitel 1.2 und 1.3, Bild 1-14 und Bild 2-4 a), der Feder-Nocken-Antrieb und die Gruppe der Linearantriebe. Für Dosierprozesse werden diese Antriebe auch vielfach mit Hubverstellung ausgestattet. Bild 2-4 zeigt die zeitlichen Verläufe des Kolbenhubes $s(t)$, der Kolbengeschwindigkeit $v_K(t)$ und der Kolbenbeschleunigung $a(t)$ für Vollhub und Teilhub jeweils beginnend mit dem Druckhub.

Tabelle 2.1 Gleichungen zur Kinematik von Geradschubkurbeltrieben mit: $\lambda = r / l$

Zeitfunktionen		Maximalwerte	
$s(\phi) = s(\omega t) = \dfrac{s}{2}(1 - \cos \omega t + \dfrac{\lambda}{2} \cdot \sin^2 \omega t)$	(1)	$s_{\max} = s$	(4)
$v_k(\phi) = \dfrac{ds}{dt} = \dfrac{s}{2}\omega(\sin \omega t + \dfrac{\lambda}{2} \cdot \sin 2\omega t)$	(2)	$v_{k,\max} = \dfrac{s}{2}\omega$	(5)
$a_k(\phi) = \dfrac{dv}{dt} = \dfrac{s}{2}\omega^2 (\cos \omega t + \lambda \cdot \cos 2\omega t)$	(3)	$a_{k,\max} = \dfrac{s}{2}\omega^2 \cdot (\pm 1 + \lambda)$	

Kundenspezifische Lösungen für die Dosier- und Prozesstechnik

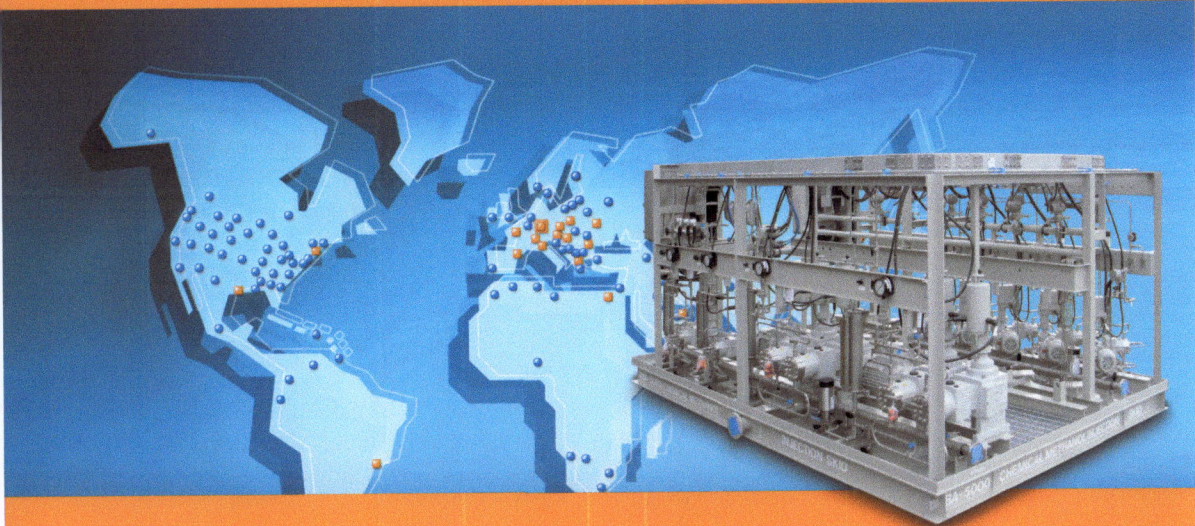

Die Firma LEWA GmbH mit Hauptsitz in Leonberg ist der führende Anbieter von präzisen Dosierpumpen, Prozessmembranpumpen sowie branchenspezifischen Komplettlösungen.

- Dosierpumpen & Dosiersysteme
- Prozessmembranpumpen
- Kundenspezifische Dosieranlagen
- Internationales Projektmanagement
- Weltweiter Service

bis 40 l/h   bis 560 bar   bis 1.500 l/h   bis 20 bar   bis 10 m³/h   bis 1.200 bar   bis 180 m³/h   bis 1.200 bar

Kleinstmengendosierpumpen mit hydraullisch angetriebener Metallmembran | Membrandosierpumpen der Baureihe LEWA ecodos für den Niederdruckbereich | Dosierpumpen der Baureihe LEWA ecoflow mit Membran- oder Kolbenpumpenkopf | Prozessmembranpumpen in 3- oder 4-fach Ausführung z.B. Typ G4T quadruplex

www.lewa.com

LEWA GmbH · Ulmer Str. 10 · 71229 Leonberg · Deutschland · Telefon: +49 7152 14-0 · lewa@lewa.de

2.3 Arbeitsweise

2.3.2.1 Geradschubkurbeltrieb

Die für Geradschubkurbeltriebe typische Kombination von Kurbelwellen und Pleuel (Kapitel 1.3) sorgt für eine nahezu harmonische Kolbenbewegung, die sich auch durch Hubverstellung über den Exzenterradius r in ihren Eigenschaften nicht ändert (Bild 2-4 a). Die Bewegungsformen folgen den Gleichungen in Tabelle 2-1 und sind grundsätzlich abhängig vom Kurbelstangenverhältnis $\lambda = r/l$, das mit zunehmender Größe eine zunehmende Abweichung vom harmonischen Verlauf erzeugt (Bild 1-15 und 2-4 a).

Der Geschwindigkeits- und Beschleunigungsverlauf resultieren aus der ersten und zweiten Ableitung von $h(t)$ mit jeweils zu unterschiedlichen Zeitpunkten stattfindenden Extrema.

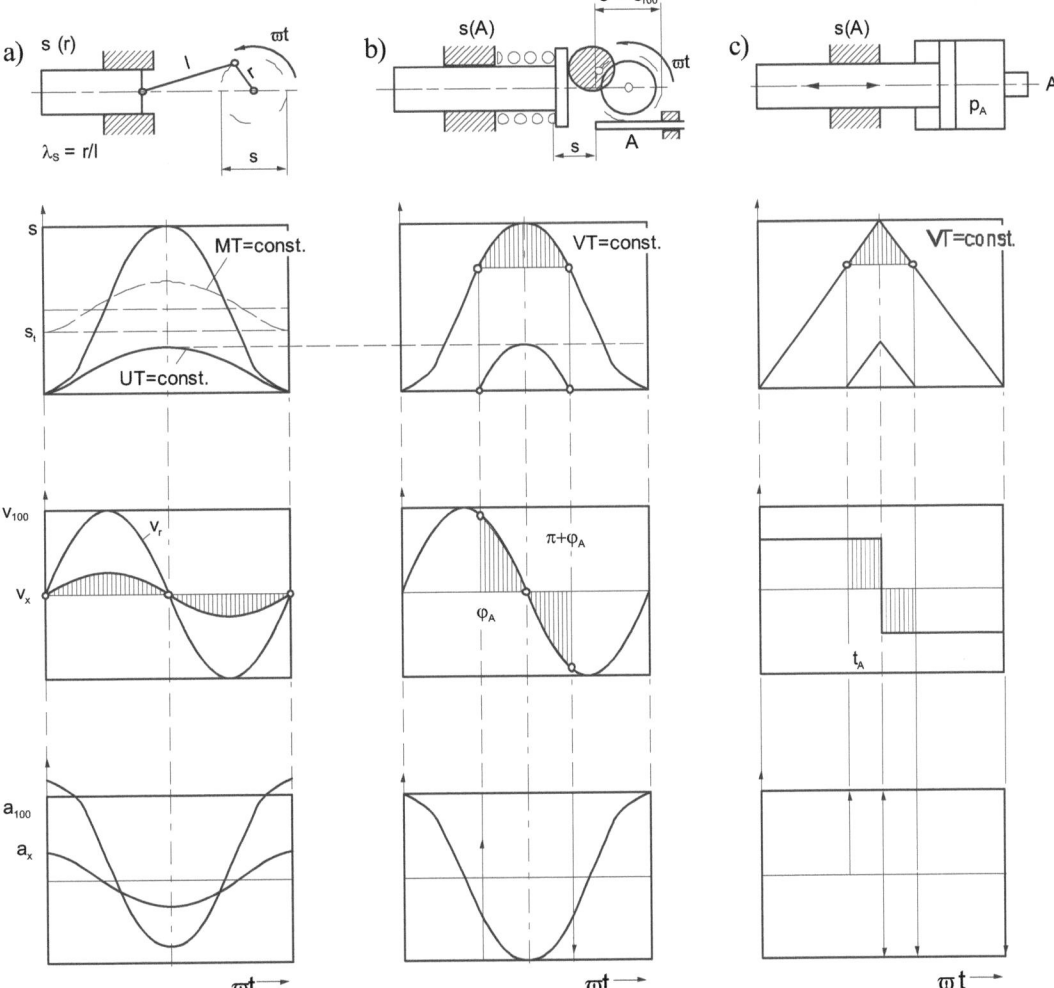

Bild 2-4 Hubkinematik verschiedener Antriebsarten bei Vollhub s und Teilhub s_t: a) Geradschubkurbeltrieb; b) Feder-Nocken-Antrieb; c) Linearantrieb, A: Anschlag, p_A: Antriebsdruck

Wird die Hubfrequenz n oder durch Veränderung der Exzentrizität r der Hub verstellt, so bleibt die Charakteristik der Kolbenbewegung und natürlich auch die Förderwirkung auf die Rohrinhalte grundsätzlich ähnlich und periodisch (Bild 2-4).

Der Punkt, den der Kolben bei allen Hubeinstellungen überfährt und bei Nullhub erreicht ist, der konstante Totpunkt. Je nach Triebwerkskonstruktion kann dieser mit dem oberen Totpunkt (OT) oder dem unteren (UT) oder auch der Mitte der beiden (MT) zusammenfallen. Ein Triebwerk nach Bild 2-23 verfügt über eine Hubeinstellung mit mittlerem Totpunkt.

Feder-Nocken-Antrieb

Dieser auch als Kreisnockengetriebe bezeichnete Antrieb (Bild 2-4 b) bewegt sich harmonisch ($\lambda \approx 0$) und hat einen konstanten oberen Totpunkt. Ein auf der Antriebswelle exzentrisch rotierender Kreisnocken schiebt den Kolben gegen die Rückstellkraft einer Feder. Der harmonische Bewegungsverlauf geht aber verloren, sobald Teilhub eingestellt wird. Dies geschieht durch einen Phasenanschnitt φ_A beginnend von UT über einen in Hubrichtung verstellbaren Anschlag A. Der Saughub wird dadurch abrupt an $\varphi_A + \pi$ gestoppt, während der Nocken sich weiter bewegt und den Kolben an φ_A ebenso abrupt wieder zum Druckhub zwingt. Die Folge davon sind mechanisch erzwungene Joukowsky-Stöße und daraus resultierende hohe Beanspruchungen des gesamten Pumpensystems. Aus diesem Grund werden Feder-Nocken-Antriebe nur bis zu wenigen KW Antriebsleistung eingesetzt.

Tabelle 2.2 Gleichungen zur Kinematik von Federnockentriebwerken mit: $\lambda = r / L$

Zeitfunktionen		Maximalwerte	
$s(\phi) = \frac{s}{2}(1 - \cos \omega t) - h(\phi_A)$	(2.5)	$s_{\max} = s$	(2.8)
$v_k(\phi) = \frac{s}{2} \omega \sin \omega t$	(2.6)	$v_{k,\max} = \frac{s}{2} \omega$	(2.9)
$a_k(\phi) = \frac{s}{2} \omega^2 \cos \omega t$	(2.7)	$a_{k,\max} = \frac{s}{2} \omega^2 \cdot \cos \omega t$	(2.10)

Linearantrieb

Ideal starre formschlüssige, beispielsweise durch Gewindespindeln angetriebene Linearantriebe, sind in der Förderphase linear (Bild 2-4 c) und haben meist einen konstanten oberen Totpunkt. Beim Starten und Stoppen sind aber Beschleunigungs- und Verzögerungsspitzen unvermeidbar und führen wie beim Feder-Nocken-Antrieb zu Joukowsky-Stößen, die jedoch durch gedämpfte Anfahr- und Abbremstechniken stark abgemindert werden können. Die Hubverstellung erfolgt sowohl über präzise Fahrweisen als auch mit Federrückstellung und Anschlag.

$$v_k(t) = s \cdot 2 \cdot n = \text{const.} \tag{2.11}$$

$$s(t) = s \cdot n \cdot t \tag{2.12}$$

2.3.3 Massenstrom und Förderleistung

Der aus dem theoretischen Förderstrom und der Flüssigkeitsdichte resultierende theoretische oder auch geometrische Massenstrom wird in der Praxis durch die Kompressibilität der Förderflüssigkeit, die nach dem Druckhub im Pumpenarbeitsraum verbleibt (V_S), die Bauteilelastizitäten (E, Kapitel 2.3.4), die auftretenden Leckagen an den Ventilen und der Kolbenabdichtung und die Unregelmäßigkeiten in der Förderflüssigkeit (z. B. Gasbläschen) auf den realen Massenstrom $\dot{m}$ reduziert. Alle diese den theoretischen Massenstrom reduzierenden Einflüsse werden im volumetrischen Wirkungsgrad η_V (Gl. (2.13)) zusammengefasst.

$$\dot{m} = \dot{m}_{th} \cdot \eta_V = V_h \cdot n \cdot \rho \cdot \eta_V \tag{2.13}$$

Die hydraulische Förderleistung P_H folgt wie bei jeder Pumpe aus den tatsächlich erreichten Förderparametern Druck und Förderstrom (Gl. (2.14))

$$P_H = \frac{\dot{m}}{\rho} \cdot \Delta p \tag{2.14}$$

und die Antriebsleistung P aus dieser hydraulischen Leistung und dem Pumpenwirkungsgrad η_P, der alle Leistungsverluste im Pumpenkopf (η_V) und Antrieb (η_A) sowie die eines gegebenenfalls integrierten Getriebes (η_g) berücksichtigt und meist nur experimentell exakt ermittelt werden kann (Gl. (2.15), Kapitel 1.4).

$$P = \frac{P_H}{\eta_P} = \frac{P_H}{\eta_V \cdot \eta_A \cdot \eta_g} \tag{2.15}$$

2.3.4 Volumetrischer Wirkungsgrad

Betrachtet man die Liste der Verlustgründe die den volumetrischen Wirkungsgrad η_V verursachen (Bild 2-5), so fällt auf, dass es unvermeidliche und vermeidliche und damit die Qualität der Pumpe betreffende Gründe gibt. Unvermeidlich sind alle Elastizitäten, sofern sie nicht durch konstruktive Fehler (zu geringe Bauteilfestigkeiten) oder Handhabungsfehler (Kolbenabdichtung nicht gespannt oder Gas in der Förderflüssigkeit) verursacht sind. Diese werden durch den Elastizitätsgrad η_E, während alle Qualitätsfaktoren durch Gütegrad η_G ausgedrückt (Gl. (2.16)). Es gilt:

$$\eta_V = \eta_E \cdot \eta_G = \frac{\dot{m}}{\dot{m}_{th}} \tag{2.16}$$

Der volumetrische Wirkungsgrad η_V stellt ein für Anwender und Hersteller wichtiges Qualitätsmaß dar. Erfahrene Fachleute können durch Analyse der verschiedenen darauf einwirkenden Einflussfaktoren und gegebenenfalls mit Hilfe eines Indikatordiagrammes erkennen, ob die technischen Möglichkeiten einer Pumpe ausgeschöpft sind oder ob Schwachstellen, Konstruktionsfehler oder Störungen vorliegen.

Nahezu jede oszillierende Pumpe, deren Zuverlässigkeit und Dosiergenauigkeit für den jeweiligen Prozess wichtig ist, wird daher vor der Auslieferung einem Qualitätstest unterzogen, der in der Regel die Ermittlung des volumetrischen Wirkungsgrades beinhaltet.

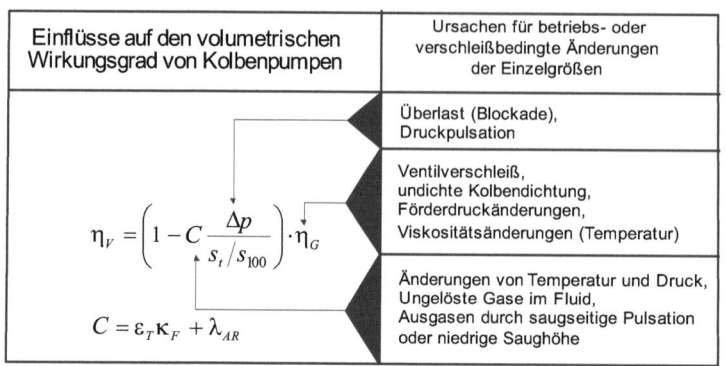

Bild 2-5 Einflussfaktoren auf den volumetrischen Fördergrad [2-21]

Elastizitätseinflüsse

Bei üblichen Kolbenpumpen überwiegt die Flüssigkeitskompressibilität. Die Arbeitsraumwände können daher bei diesen Maschinen näherungsweise als starr angenommen werden. Mit zunehmendem Druck und von Kolbenpumpen abweichenden Bauformen, wie Membranpumpen (vgl. Kapitel 2.6), ist dies jedoch nicht mehr zulässig. Gleiches gilt für Membranpumpen mit mechanisch angetriebener Membran in denen die Membranelastizität einen beträchtlichen Anteil an der Gesamtelastizität verursacht (vgl. Kapitel 2.6.1).

Tabelle 2.3 Elastizitätseinflüsse verschiedener Totpunktlagen des Triebwerks. F: Förderflüssigkeit, H: Hydraulikflüssigkeit, MT: mittlerer Totpunkt, OT: Oberer Totpunkt. Für Kolbenpumpen gilt: $\left(\kappa_F = \kappa_H = \kappa; \quad \varepsilon_0 = \varepsilon_{0F} + \varepsilon_{0H}\right)$

Triebwerk-system	Pumpenart	
	Kolbenpumpe	**Hydraulische Membranpumpe**
konstanter OT	$A = \varepsilon_0 \cdot \kappa + \lambda_A; \quad B = 0$	$A = \varepsilon_{0F} \cdot \kappa_F + \varepsilon_{0H} \cdot \kappa_H + \lambda_A; \quad B = \kappa_F - \kappa_H$
konstanter MT	$A = \left(\varepsilon_0 + \dfrac{1}{2}\right) + \lambda_A,$ $B = \dfrac{\kappa}{2}$	$A = \varepsilon_{0F} \cdot \kappa_F + \left(\varepsilon_{0H} + \dfrac{1}{2}\right) \cdot \kappa_H - \lambda_A$ $B = \kappa_F - \dfrac{\kappa_H}{2}$

Über diese werkstofflichen Elastizitäten hinaus ist aber für die Bestimmung des Elastizitätsgrades einer Maschine, über ihren gesamten Anwendungsbereich, noch wichtig ob sie mit einem Hubverstellmechanismus ausgestattet ist. Je nach Lage des Totpunktes bei Nullhub ergeben sich andere Verhältnisse die durch die Faktoren A und B (Gl. (2.17), Tabelle 2.3) ausgedrückt werden.

$$\eta_E = 1 - \left(A \cdot \frac{s}{s_t} - B\right) \cdot \Delta p \tag{2.17}$$

Die konstruktiv beeinflussbaren Anteile des Elastizitätsgrades liegen in der Festigkeitsauslegung der Pumpenbauteile und der Größe des Schadraumvolumens V_0, das sich am Ende des

2.3 Arbeitsweise

Druckhubes noch im Arbeitsraum der Pumpe befindet. Entscheidend sind hier das Schadraumverhältnis ε_0 (Kapitel 1.1.3, Gl. (2.18)) und der die Elastizität des Arbeitsraumes darstellende Elastizitätsfaktor λ_A (Gl. (2.19)), der hauptsächlich aus Dichtungs- und Membranelastizitäten resultiert.

$$\varepsilon_0 = \frac{V_0}{V_h} \qquad (2.18)$$

$$\lambda_A = \frac{1}{\Delta p} \cdot \frac{\Delta V_E}{V_h} \qquad (2.19)$$

Die Flüssigkeitskompressibilität κ (Gl. (2.20)) hingegen folgt gewissermaßen aus dem Elastizitätsmodul der Flüssigkeit.

$$\kappa = \left|\frac{\Delta V_E}{V}\right| \cdot \frac{1}{\Delta p} = \frac{1}{E_F} \qquad (2.20)$$

Eine hochwertige Pumpe hat folglich möglichst starre Arbeitsräume, kleine Schadräume und im Falle hydraulischer Membranpumpen zusätzlich geringe Kompressibilitäten der Hydraulikflüssigkeiten und möglichst keine Gasblasen im Hydraulikraum. Eine Berücksichtigung dieser Faktoren ist besonderes bei Pumpen für kleine Fördermengen unerlässlich.

Aus diesen Überlegungen wird deutlich, dass bei vernachlässigbaren Druckhöhen mit der Kolbenpumpentechnik eichfähige Messfüllvorrichtungen möglich sind.

Leckageeinflüsse

Während des Verdrängungsvorganges entstehen in der Regel geringe Leckstromverluste in allen Pumpenventilen und der Kolbenabdichtung (Spaltleckagen) sowie Rückströmverluste V_R in den flüssigkeitsgesteuerten Pumpenventilen durch Schließverzögerung (siehe unten), die alle durch den Gütegrad η_G (Gl. (2.21)) ausgedrückt werden.

$$\eta_G = 1 - \frac{s^3 \cdot \pi \cdot t_{h/2}}{24 \cdot L \cdot V_h} \cdot \frac{\Delta p}{\eta} \left(\frac{s \cdot n}{s_t \cdot n_z}\right) - \frac{V_R}{V_t} \qquad (2.21)$$

Der zweite Term dieser Gleichung beschreibt den Spaltverlust in den Kolbenabdichtungen während des Druckhubes ($t_{h/2}$) in Anlehnung an die Hagen-Poiseuille-Gleichung (laminare Strömung, Näherungslösung). Bei intakten Stopfbuchspackungen ist dieser Term vernachlässigbar klein ($s \to 0$), während Spaltdichtungen, besonders bei hohen Drücken, einen merklichen Leckagebeitrag liefern. Die Rückströmverluste sind eine Folge der Qualität der Ventilfunktion.

Ventile schließen völlig entkoppelt von der Kolbenbewegung durch Schwerkraft und gegebenenfalls Federkraft und müssen dabei die Flüssigkeit zwischen dem Schließkörper und dem Ventilsitz verdrängen. Je größer die Viskosität, desto länger dauert dieser Vorgang und umso mehr Flüssigkeit wird wieder zurück in den Arbeitsraum oder die Saugseite gedrückt. Es handelt sich also um Rückströmung durch Schließverzögerung um den meist nur empirisch bestimmbaren Winkel φ_S. Bild 2-6 zeigt den Gütegrad für ein Ventil bei verschiedenen Hubfrequenzen und Ventilfederraten in Abhängigkeit von der Viskosität des Fördergutes. Je größer die Ventilfederrate, desto schneller schließt ein Ventil.

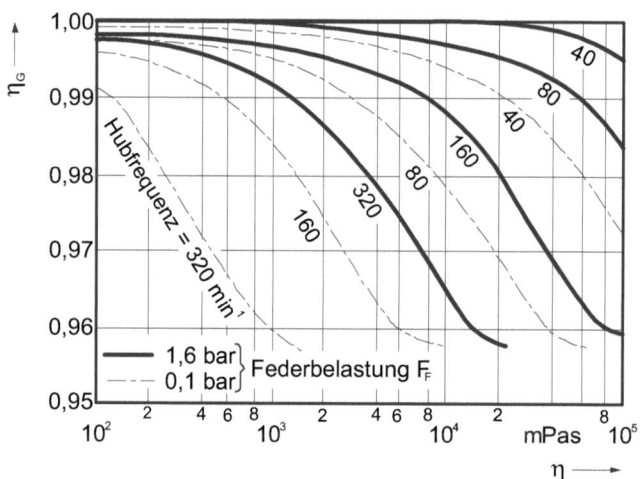

Bild 2-6 Empirisch ermittelte Gütegrade eines Ventils in Abhängigkeit von der Flüssigkeitsviskosität bei zwei verschiedenen Federraten und Hubfrequenzen

2.3.5 Kennlinien und Einfluss der Stellgrößen

Je größer die Druckhöhe, desto größer ist also der Wirkungsgradverlust durch Elastizitäten und Leckströme. In der Darstellung $p = f(\dot{V})$ führt dies mit oszillierenden Verdrängerpumpen zu den typischen drucksteifen, jedoch niemals vertikalen Kennlinien. Die Kreiselpumpenkennlinien dagegen sind „weich" während die Kennlinien der rotierenden Verdrängerpumpen auch drucksteif sind, aber aufgrund der üblicherweise größeren inneren Leckströme dazwischen liegen.

Kreiselpumpen akzeptieren nach Bild 2-7 auch kurzzeitig geschlossene Druckleitungen ($\dot{V} = 0$, Energieeintrag!). Eine geschlossene Druckleitung bei Verdrängerpumpen würde zu deren Überlastung führen, da dies die nicht mögliche völlige Aufnahme der Verdrängervolumen durch Kompressibilität, Leckverluste und Bauteilelastizität bedeuten würde.

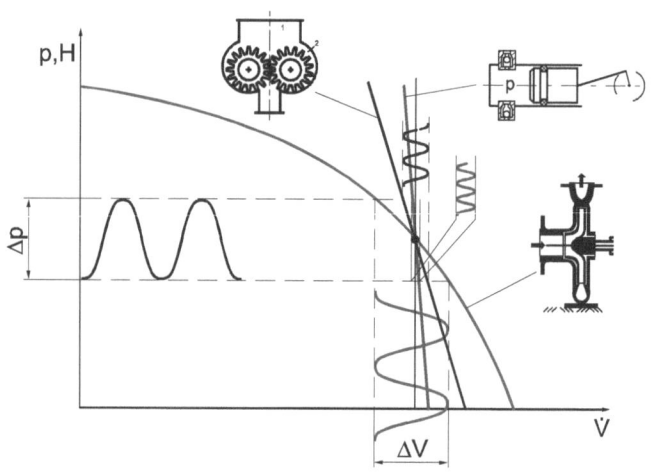

Bild 2-7 Qualitativer Kennlinienvergleich von oszillierenden und rotierenden Verdrängerpumpen sowie Kreiselpumpen und deren Auswirkung bei Förderdruckschwankungen

2.3 Arbeitsweise

Während die gebogenen Kennlinien von Kreiselpumpen nur empirisch oder mit großem numerischen Rechenaufwand ermittelt werden können, sind die weitgehend geraden Kennlinien von Verdrängerpumpen in der Darstellung $\dot{m} = f(\Delta p)$ und bei Kenntnis von ε_0, λ_A, κ, η_G und der Stellcharakteristik nach Gl. (2.21) berechenbar.

Eine drucksteife Kennlinie bedeutet, dass eine gegebenenfalls vom Prozess herrührende Druckschwankung Δp nur eine geringe Schwankung des Förderstromes $\Delta \dot{V}$ erzeugt. Im Vergleich dazu zeigen rotierende Verdrängerpumpen bei der gleichen Druckschwankung größere und Kreiselpumpen viel größere Druckabhängigkeiten des Förderstromes [2-26]. Aus diesem Grund sind oszillierende Verdrängerpumpen die Dosierpumpen mit der höchsten Genauigkeit und werden daher für Dosierprozesse mit hohen Qualitätsanforderungen bevorzugt.

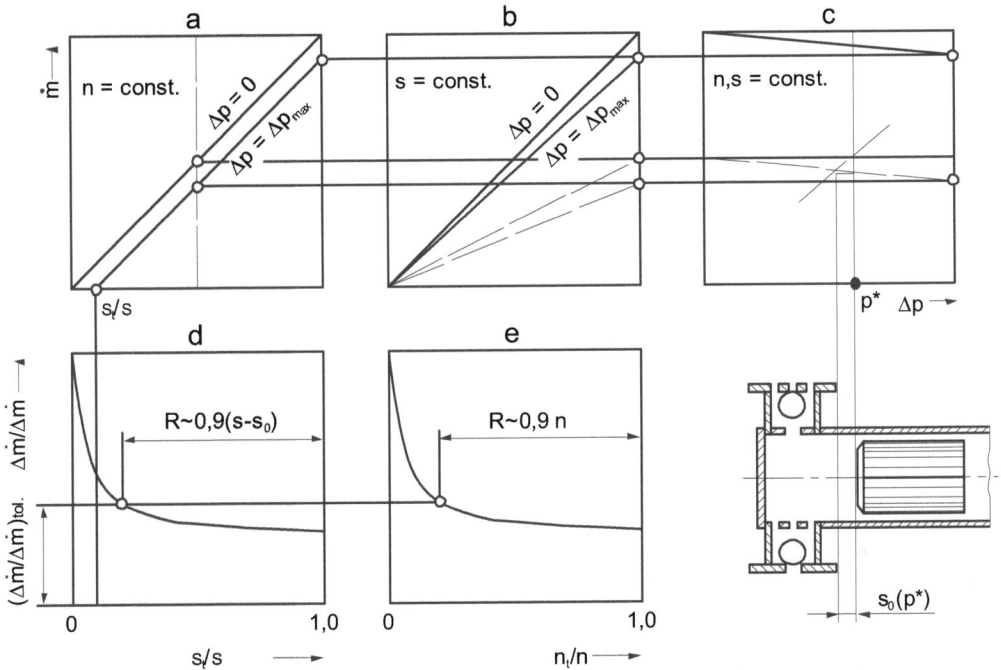

Bild 2-8 Qualitative Förderkennlinien von oszillierenden Verdrängerpumpen in Abhängigkeit von den Stellparametern s_t/s und n_t/n, dem Förderdruck p, sowie qualitative Dosierfehlerkennlinien

Außerdem ist dieses drucksteife Kennlinienverhalten die entscheidende Grundlage für hervorragende Möglichkeiten zur gezielten Förderstromverstellung und Förderstrom- oder Dosierstromregelung über die Stellparameter Kolbenhub und/oder Hubfrequenz (Bild 2-8).

Wird nur die Hubfrequenz verändert (s = konstant) so ändert sich nur die Dauer der Druck- und Saughübe bei konstantem Schadraum. Kann zusätzlich der Einfluss des Gütegrades vernachlässigt werden, so bedeutet eine solche Verstellung nur eine Veränderung der Steigung der Kennlinie $\dot{m} = f(n)$ (Bild 2-8 b). Eine vergleichbare, aber geringer ausfallende Wirkung hat die Erhöhung des Förderdruckes durch die damit steigende Kompressibilität. Treten durch die Druckerhöhung zusätzlich größere Leckagemengen auf, so entsteht eine Nullpunktsverschiebung. Die Kennlinien $\dot{m} = f(n_t / n, \Delta p)$ laufen also nur näherungsweise durch den gleichen Nullpunkt. Der Leckageeinfluss wird aber meist erst bei kleinsten Hubfrequenzen spürbar.

Die Förderstromeinstellung über den Hub kann sich ebenfalls auf eine lineare Kennlinie stützen (Bild 2-8 a), die aber durch Druckerhöhung und die daraus resultierende Kompressibilität parallel nach rechts zu kleineren Massenströmen verschoben wird. Der Blick auf die Gl. (2.19) und in Tabelle 2.3 zeigt jedoch, dass die exakte Parallelverschiebung nur mit Antrieben mit vorderem konstantem Totpunkt entsteht.

Die durch zunehmenden Druck hervorgerufene Verschiebung verursacht natürlich auch eine Verschiebung des Linienursprungs. Folglich gibt es bei hubverstellbaren Pumpen eine Grenzhublänge s_0, und eine Grenzdrehzahl n_0 ab der keine Förderung mehr stattfindet (Gl. (2.22)).

$$s_0 = \frac{A \cdot \Delta p}{1 + B \cdot \Delta p} h_{100} = \frac{4 \cdot \Delta p \cdot (V_h + V_0)}{\pi \cdot d^2} \tag{2.22}$$

Bei Hochdruckpumpen ist s_0 (für eine bestimmte Druckhöhe) konstruktiv bedingt kleiner als für Niederdruckmaschinen und bei hydraulischen Membranpumpen, durch die Kompressibilität der zusätzlich enthaltenen Hydraulikflüssigkeit, relativ groß und mechanisch angetriebene Membranpumpen zeigen je nach Membrankonstruktion und -werkstoff oft nicht lineare Kennlinien $\dot{m} = f(s_t / s)$. Zusammenfassend gilt für die Berechnung der Massenströme:

$$\dot{m} = \rho \cdot V_h \cdot n \cdot \frac{s_t}{s} \cdot \frac{n_t}{n} \cdot \left[1 - \left(A \frac{s}{s_t} - B\right) \Delta p\right] \eta_G \tag{2.23}$$

2.3.6 Dosiergenauigkeit

Viele Prozesse erfordern eine genaue Dosierung von Stoffkomponenten. Die für solche Prozesse geforderte Dosiergenauigkeit ist der Abstand, mit der der Soll- vom Istwert des Massenstromes abweicht. Dosierfehler entstehen durch Schwankungen der Einfluss- und Störgrößen. Je größer letztere sind, desto größer sind die möglichen Schwankungen. Meist werden Dosierpumpen vor dem Einsatz hinsichtlich der Sollwerteinstellungen kalibriert und der Dosierfehler respektive die Mittelwertabweichung oder die Standardabweichung vorab bestimmt. Die Parameterempfindlichkeit für eine oszillierende Verdrängerpumpe resultiert aus dem Gaußschen Fehlerfortpflanzungsgesetz gemäß Gl. (2.24).

$$\frac{\Delta \dot{m}}{\dot{m}} = \sqrt{\left(\frac{\Delta \rho}{\rho}\right)^2 + \left(\frac{\Delta n}{n}\right)^2 + \left(\frac{\Delta \eta_G}{\eta_G}\right)^2 + \left(\frac{\Delta s}{s}\right)^2 + \left(\frac{1 + B\Delta p}{N}\right) + \left(\frac{\Delta(\Delta p)}{\Delta p}\right)^2 + \frac{Bs_t - As}{N}}$$

(2.24 a)

$$\text{mit: } N = s_t \left(1 - A\frac{s}{s_t} - B\right)\Delta p \tag{2.24 b}$$

Aus Gl. (2.24) und den Werten A und B in Tabelle 2.3 geht hervor: Wenn $s \rightarrow s_0$, geht N gegen 0. Die Folge ist ein Zunahme des Fehlers $\Delta \dot{m} / \dot{m} \rightarrow \infty$ (Bild 2-8 c). Das Gleiche gilt für $n \rightarrow 0$. Dies bedeutet: Wird eine Pumpe exakt mit der Grenzhublänge s_0 oder Grenzdrehzahl n_0 betrieben, so kann dies bedeuten, dass beim ersten Hub ein kleiner Tropfen gefördert wird und beim zweiten Hub nicht. Damit ist der Fehlerwahrscheinlichkeit bei dieser Hubeinstellung unendlich groß. Um eine bestimmte Genauigkeit über den Verstellbereich garantieren zu können, wird daher üblicherweise der minimale Hub auf 10 % von $s - s_0$ und die minimale Drehzahl auf 10 % von $n - n_0$ beschränkt. Der zulässige Regelbereich beträgt somit $R = 0{,}9$. Reicht der

2.3 Arbeitsweise

zulässige Regelbereich nicht aus, so wird oft auch auf beide Stellgrößen gleichzeitig zurückgegriffen. Grundsätzlich gilt aber: Je besser der volumetrische Wirkungsgrad, desto genauer die Pumpe.

2.3.7 Wirkungsweise und Einfluss der Pumpenventile

Als Saug- und Druckventile werden in oszillierenden Verdrängerpumpen nahezu ausnahmslos druckgesteuerte Ventile[1] (Bild 2-9) eingesetzt. Sie öffnen und schließen beeinflusst durch die Gewichtskraft der Ventilschließkörper, die gegebenenfalls vorhandene Federkräfte und den effektiv anliegenden Differenzdruck des umgebenden Strömungsfeldes. Sie gehören damit zur Gruppe der Rückschlagventile.

Solche Ventile sind zweifellos die in einer oszillierenden Pumpe am stärksten beanspruchten Baugruppen und spielen daher hinsichtlich der sicheren Pumpenfunktion eine Schlüsselrolle. Denn sie müssen über große Betriebszeiträume zuverlässig und präzise schließen, verschleißarm arbeiten und einen möglichst geringen Druckverlust erzeugen.

Entscheidend für die sichere Funktion ist, dass der sich ständig wiederholende Schließvorgang, selbst bei hohen Differenzdrücken, mit einer sicheren Abdichtwirkung abschließt und ohne beziehungsweise nur mit geringer Kavitation im Bereich der Dichtfläche öffnet.

Kavitation im Dichtspalt ist eine unvermeidliche Folge eines dicht schließenden Ventils. Wird der Schließkörper durch die Strömungskraft geöffnet, so muss in den Spalt zwischen dem Schließkörper und dem Ventilsitz von beiden Seiten Flüssigkeit zuströmen. Je enger der Spalt, desto dichter ist ein Ventil und desto größer ist der Impulsdruckverlust, der diese Strömung begleitet. Der größte Druckverlust beim Öffnen ist folglich etwa in der Mitte der Dichtfläche, wo meist Kavitation eintritt. Je breiter und glatter die Dichtfläche, desto größer ist der von Kavitation betroffene Bereich. Eine logische Konsequenz wäre daher, die Dichtfläche so schmal wie möglich auszuführen. Leider ist sie dann sehr empfindlich. Eine gewisse Breite ist daher empfehlenswert.

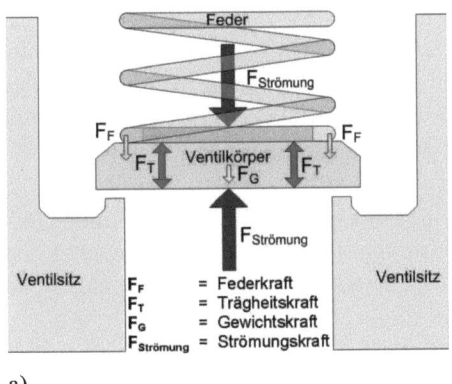
a)

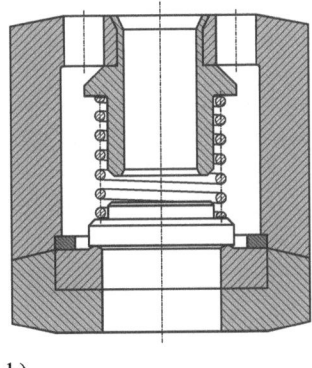
b)

Bild 2-9 Kräftegleichgewicht am Ventilschließkörper und Konstruktionsbeispiel eines Plattenventils:
1 Schließkörper, 2 Ventilsitz, 3 Ventilführung

---

1 Vielfach wird statt des Begriffes druckgesteuert auch selbsttätig oder flüssigkeitsgesteuert verwendet.

Der Schließkörper scheint während dieser kurzen Phase am Ventilsitz zu haften und damit einem aus der Dichtungsgeometrie resultierenden Haftregime zu unterliegen.

Die einfachste Möglichkeit der Auslegung der Ventilsitzfläche (A_S) gelingt über das Gleichgewicht zwischen der statischen Druckbelastung und der zulässigen Flächenpressung.

$$A_S \cdot \sigma_{zul} = (p_D - p_S) \cdot A_{SK} \tag{2-25}$$

Was aber ist hier die zulässige Spannung? Die realen Beanspruchungen eines Ventils resultieren aus den Parametern Schließenergie ($W_S = 1/2 \cdot v_{SK,0}^2 \cdot m_{SK}$), Dämpfwirkung des Flüssigkeitsfilmes in der Dichtfläche kurz vor dem Ende des Schließvorganges ($v_{SK,0}$), chemischer Einfluss und Schließverhalten (rotationssymmetrisch oder unsymmetrisch). Als Erfahrungswert kann für Austenite und Duplexstähle eine zulässige Spannung von 70 % der Dehngrenze Rp_{02} angenommen werden. Die Definition der zulässigen Beanspruchung für extreme Bedingungen (Hochdruck, hohe Hubfrequenzen, extreme chemische Einflüsse, Suspensionsförderung, Kavitation) oder für Sonderwerkstoffe fordert dagegen zusätzliche Erfahrung.

Für eine sichere Ventilfunktion sollte außerdem Kavitation durch zu hohen Druckverlust im Ventil während der Strömungsphase vermieden werden. Aus diesem Grund ist auch eine Auslegung anhand des Kräftegleichgewichtes (Gl. (2.26), Bild 2-9) nötig.

Dieses Gleichgewicht resultiert bei flüssigkeitsgesteuerter Ventilen daraus, dass die Schließkörper einer Änderung der angreifenden Kräfte immer durch Bewegung ausweichen und sich so immer in einem Kräftegleichgewicht befinden. Die Summe dieser Kräfte ist also zu jeder Zeit null. Betrachtet man nur eine reine Translationsbewegung in Ventilhubrichtung, so gilt[2]:

$$F_{Str} = F_G + F_F + F_{F0} + F_a = F_G + c_F h_V + F_{F0} + m_V a_V \tag{2.26}$$

Die Strömungskraft F_{Str} wirkt auf den Ventilkörper in Form einer Druckkraft. Dieser entgegen wirken die Gewichtskraft und die Federkraft, welche sich aus der Vorspannkraft der Feder F_{F0} und der ventilhubabhängigen Federkraft F_F zusammensetzt. Die Trägheitskraft F_a wirkt immer der Beschleunigung entgegengesetzt.

Ausgangspunkt der Ventilauslegung ist die Auswahl der für den gewünschten Einsatzzweck am besten geeigneten Ventilschließkörperart (Bild 2-9 b, 1) und des zugehörigen Ventilsitzes. Dies geschieht noch immer aufgrund erfahrungsbasierter Regeln. Mit der Festlegung der mittleren Strömungsgeschwindigkeit im Ventilsitzquerschnitt (Richtwerte: 0,6 – 1,6m/s) und des maximalen Druckverlustes im Ventil (z. B. 0,01 – 0,03 MPa) kann dann die Dimensionierung des Ventilhubs, des durchströmten Querschnitts und – falls erforderlich – der Befederung erfolgen [2-3].

Die Ventilführung dient zur Komplettierung des Ventilgehäuses, zur Führung des Schließkörpers und, falls eine Feder erforderlich ist, zu deren Fixierung. Die Ventilfeder unterstützt den Schließvorgang und dient bei meisten Plattenventilen oder entsprechenden Kegelventilen auch zur Plattenführung.

Für die Gesamtgestalt eines Ventils spielen selbstverständlich auch die technische Realisierung des Pumpenkopfes (z. B. vertikaler oder horizontaler Aufbau) und die spezielle Ausprägung der Förderflüssigkeit (reine Förderflüssigkeit oder Suspensionen) eine maßgebliche Rolle (vgl. Kapitel 2.7.3).

---

2 Der Einfluss der Festkörperreibung in der Ventilführung wird hier vernachlässigt.

2.3 Arbeitsweise

Über die reine Dimensions- und Geometrieauslegung hinaus ist es empfehlenswert, die Ventilkinematik zumindest unter der Zuhilfenahme von analytischen Näherungsformeln in die Auslegung mit einzubeziehen. Die Grundlagen dafür wurden bereits 1896 von WESTPHAL [2-3] gelegt. Die darin ausgearbeitete Rechenvorschrift geht vom Kräftegleichgewicht am Ventilkörper (Gl. (2.26)) und der Kontinuitätsgleichung aus (Gl. (2.27)).

$$\frac{dV_h}{dt} = \dot{V}_{Sp} \pm A_V v_V \qquad (2.27)$$

Der Term $A_V v_V$ darin stellt das bei einer Ventilbewegung unter dem Ventil gespeicherte bzw. verdrängte Volumen und $\dot{V}_{Sp}$ den Spaltvolumenstrom durch die Dichtstelle dar.

$\dot{V}_{Sp}$ kann unter Nutzung der empirisch ermittelten Ausflussziffer μ berechnet werden:

$$\dot{V}_{Sp} = \mu \cdot v_{Sp,th} A_{Sp} \qquad (2.28)$$

Für die dafür nötige theoretische Spaltgeschwindigkeit $v_{Sp,th}$ gilt:

$$v_{Sp,th} = \sqrt{\frac{F_G + F_{F0} + c_F v_V + m_V a_V}{A_{Si}}} \qquad (2.29)$$

Die auf den Schließkörper effektiv wirkende Strömungskraft F_{Str} (Gl. (2.30)) resultiert vereinfacht aus der am Schließkörper effektiv anliegenden Druckdifferenz Δp und dem Anströmquerschnitt A_S:

$$F_{Str} = \Delta p \cdot A_S \qquad (2.30)$$

Für die gegen die Strömungskraft wirksame Gewichtskraft F_G gilt:

$$F_G = \frac{\rho_m - \rho_f}{\rho_m} \cdot (m_V + m_F) \cdot g \qquad (2.31)$$

In dieser Betrachtung wird allerdings nur die stationäre Ventilbelastung

$$F_{stat} = c_F h_V + F_{F0} + F_G \qquad (2.32)$$

berücksichtigt, während für den Schließkörper eine vernachlässigbarer Masse angenommen wird. Damit wird hier die Trägheitskraft (Gl. (2.33)) vernachlässigt.

$$F_T = m_V a_V \qquad (2.33)$$

Um die dafür nötige Beschleunigung erfassen zu können, ist man jedoch auf die exakte Kenntnis der Ventilhubkurve $h_v(t)$ und damit der Kinematik angewiesen. Darauf aufbauend hat eine Vielzahl von Autoren die Ventilberechnung immer weiter verbessert und ausgebaut. Details hierzu finden sich in [2-1] „Kinematik und Druckverlust selbsttätiger Ventile oszillierender Verdrängerpumpen".

Bei der von JOHNSON [2-6] im Jahr 1991 vorgestellten Berechnungsmethode wird der Einfluss der Strömungskräfte durch Interpolation von empirischen Strömungs- und Kraftkoeffizienten mit einbezogen, die in einer Datenbank hinterlegt sind. Außerdem hat der Autor festgestellt, dass Kavitation einen großen Einfluss auf die Arbeitsweise von Ventilen hat. Aus diesem Grund wird im Ansatz nach [2-6] die Kavitation mit einem einfachen Modell mit berücksichtigt.

Im ebenfalls semi-empirisch arbeitenden Programm VALVE II [2-2] werden die unterschiedlichen Geometrien der Ventile durch Breite, Durchmesser und Neigungswinkel des Ventilsitzes, Außendurchmesser des Ventilkörpers und Maximalhub in die Berechnung einbezogen. Außerdem berücksichtigt man darin die Arbeitsraumgeometrie über die Verdrängerstirnfläche sowie das Hub- und das Totraumvolumen. Der Einfluss der Strömungskräfte auf die Ventilbewegung inklusiv der bei Ventilöffnung auftretenden viskosen Haftkräfte wird durch empirische Beiwerte mit berücksichtigt. Saug- und Förderdruck werden allerdings dabei als konstant angenommen und die Kavitation wird nicht berücksichtigt.

Alle genannten Berechnungsmethoden müssen zur Beschreibung der Strömungseinflüsse auf Messdaten zurückgreifen. Durch diese daraus abgeleiteten Beiwerte entstehen jeweils gewisse Gültigkeitsbereiche für die Pumpenbetriebsparameter, Pumpengröße, Pumpenform und Ventilform. Sollen Ventile beispielsweise deutlich von den Pumpenparametern abweichen, mit denen die Beiwerte erstellt wurden (z. B. höhere Drehzahlen, neue geometrische Formen, hohe Viskositäten), so müssen die empirischen Parameter wieder neu bestimmt werden.

Aktuelle Rechenprogramme, mit denen der Einfluss der Ventilgeometrie und zusätzliche auftretenden Phänomene wie die Kavitation besser erfasst werden können, arbeiten auf numerisch-iterativer Basis.

Reduzierter Ansatz

Wie aus den gezeigten Ansätzen sichtbar wird, ist man bestrebt, die gesamte Ventilkinematik zu erfassen oder zu simulieren. Für den Praktiker aber ist wichtig: Ein Ventil wird nur während des Öffnungs- oder Schließvorgangs geschädigt. Also müssen besonders diese Phasen optimal verlaufen. Für das Öffnen bedeutet dies die Optimierung des Haftregimes (siehe oben) und für die Schließphase ein gleichmäßiges schließenergiearmes Schließen. Das Schließenergie-Minimum eines vorhandenen Ventils erreicht man wenn der Schließkörper absolut parallel zum Ventilsitz aufsetzt. Leider wird dieses Ideal selten erreicht. Vielmehr trifft eine Ventilplatte mit Zentralfeder meist schräg auf den Ventilsitz auf (Bild 2-10). Ähnliches gilt auch für die anderen Ventilformen. Trifft eine Platte schräg auf, so konzentriert sich dieser erste Kontakt auf einen Punkt. Im nächsten Augenblick wird sie durch die Bauteilelastizität am Kontaktpunkt reflektiert und erfährt einen Drehimpuls, der zu einer Beschleunigung der gegenüberliegenden Seite und in der Folge zu einem weiteren Kontakt führt. Dieser zweite Kontakt findet mit wesentlich größerer Geschwindigkeit statt, hat ein hohes Schädigungspotential und sollte daher, beispielsweise durch gute Plattenführungen, vermieden werden. Wird darüber hinaus die Schließkörpermasse minimiert, der Öffnungsdruck auf etwa 0,01 MPa und die maximale Federkraft auf das Äquivalent von 0,02 – 0,03 MPa eingestellt, so hat man mit Sicherheit für Ventilnennweiten bis etwa 50 mm und moderate Hubfrequenzen bereits ein gut funktionierendes Ventil.

Numerische Ventilberechnung

Strukturmechanische FEM-Module sind heute in der Lage eindeutige Werte für die Schließenergie, die beispielsweise durch zentrale Ventilfedern erzeugte Unsymmetrie und die daraus resultierenden erhöhten lokalen Beanspruchungen zu liefern. Bild 2-10 zeigt ein vernetztes Modell eines federbelasteten Kegelventils beim Schließvorgang mit einer leichten, durch die Feder verursachten Schrägstellung. Der Schließkörper wird dadurch auf der linken Seite zuerst den Ventilsitz erreichen und dann reflektiert werden. Der Schließvorgang endet also hier in einer gewissen Taumelbewegung mit lokalen Spannungsspitzen. Der oben erläuterte Effekt konnte damit bestätigt werden: Der zweite Kontakt erzeugt etwa die fünffache Kontaktspannung gegenüber dem ersten Kontakt und kann damit durchaus schädlich wirken.

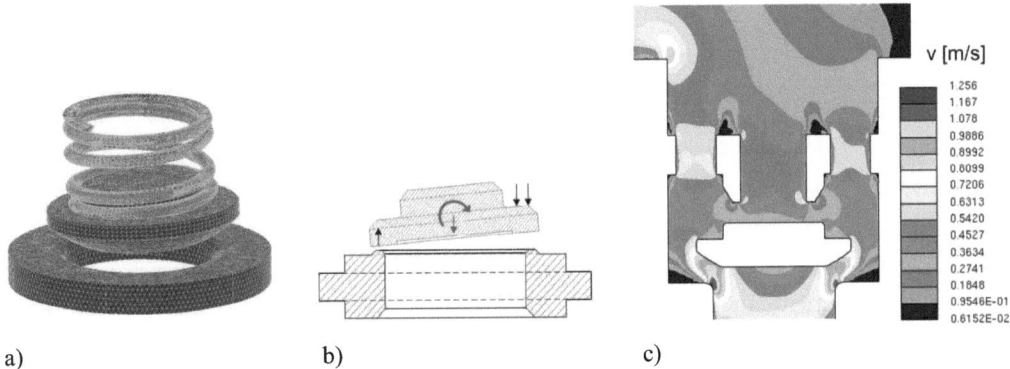

a) b) c)

Bild 2-10 Vernetztes FEM-Modell eines federbelasteten Kegelventils mit Schiefstellung, Effekte beim Auftreffen eines schräg aufsetzenden Plattenventils und CFD-Simulationsergebnis eines Druckventils

Computergestützte Simulation der Strömungsvorgänge in druckgesteuerten Ventilen

Die computergestützte Strömungssimulation (Computational Fluid Dynamics (CFD)), basierend auf dem Prinzip der finiten Volumen, ist heutzutage als Entwicklungszeit sparendes und kostengünstiges Werkzeug aus vielen Bereichen der Forschung und Entwicklung nicht mehr wegzudenken. Der mittlerweile damit erreichte Stand erlaubt nun auch realitätsnahe Berechnungen von Pumpenventilen auch unter Berücksichtigung der Fluid-Struktur-Wechselwirkung.

Darüber hinaus ist es nun auch möglich die Gesamtheit der instationären sowie turbulenten Strömungsvorgänge in der Pumpe, d. h. der Geschwindigkeits- und Druckverteilungen sowohl im Pumpenarbeitsraum als auch in den angeschlossenen Sammelleitungen, besser zu erfassen.

Die druckgesteuerte Ventilbewegung kann mit CFD durch iterative Lösung des Kräftegleichgewichts am Ventilkörper berechnet werden. In Gl. (2.34) ist dieses Kräftegleichgewicht am Ventilkörper in Hubrichtung für den Hub des nächsten Zeitschritts $n+1$ aufgelöst.

$$h_V^{n+1} = \frac{\Delta t^2 \cdot (F_G + F_{F0} + F_{str}(h_V^{n+1})) + m \cdot (-2h_V^n + h_V^{n-1})}{m - \Delta t^2 \cdot c_F} \quad (2.34)$$

Für den Fall einer reinen Ventilhubbewegung (kein Kippen und Taumeln des Ventils) ist diese Differenzialgleichung iterativ lösbar. Der iterative Prozess besteht darin den jeweils Ventilhub h_v^{n+1} abhängig von den im nächsten Zeitschritt am Ventilkörper angreifenden Strömungskräften $F_{Str}(h_V^{n+1})$ zu berechnen. Wobei diese Strömungskräfte direkt aus der mit CFD berechneten Druckverteilung am Ventilkörper resultieren.

Die Trägheitskraft ist in Form von

$$F_a = (m_V + \frac{1}{2}m_F) \cdot a \quad (2.35)$$

mit der Beschleunigung a

$$a = \frac{(h_V^{n+1} - 2h_V^n + h_V^{n-1})}{\Delta t^2} \qquad (2.36)$$

mit berücksichtigt.

Bild 2-10 c zeigt das CFD-Simulationsergebnis eines Kolbenpumpenkopfes während des Druckhubes (Druckventil wird durchströmt) [2-7]. Darin wird beispielsweise deutlich, dass die Durchströmung des Ventils räumlich optimiert werden kann, da in den Ventilführungen relativ viele Strömungsoträume vorhanden sind.

Werkstoffe

Aufgrund ihrer Anwendungsbreite und Eigenschaften fördern oszillierende Pumpen vielfach auch aggressive Chemikalien oder Suspensionen mit abrasivem Partikelinhalt. Trotz dieser erschwerenden Randbedingungen werden für solche Prozesse heute zumindest mehr als 8000 Betriebsstunden erwartet. Dies kann nur erfüllt werden, wenn neben der richtigen kinematischen Auslegung auch die richtigen Werkstoffe gewählt werden.

Grundsätzlich stehen für die Ventilkonstruktion eine große Anzahl von Kunststoffen, Stählen, Nickelbasislegierungen, Sondermetallen, Hartmetallen und Keramikwerkstoffen zur Verfügung. Die Kosten für diese Werkstoffe steigen etwa in der angegebenen Reihenfolge.

Sofern die chemische Beständigkeit mit Hilfe von Tabellenwerken [2-8] geklärt ist, stellt sich noch die Frage nach der Verschleißbeständigkeit. Während für reine Flüssigkeiten meist beständige Stähle oder bei Niederdruck Kunststoffe gewählt werden können, ist für abrasive Fördergüter die Frage nach dem richtigen verschleißfesten Werkstoff oft nur mit viel Erfahrung oder empirisch zu beantworten. Die erste Regel zur Verschleißminderung ist:

Bauteilhärte > Partikelhärte!

Eine Abschätzung der Verschleißbeständigkeit gelingt durch aufwendige Tribometerversuche, mit denen für ein bestimmtes Partikelkollektiv Werkstoffeproben in solche in der Verschleißhochlage, solche in der schmalen Übergangszone und solche in der Verschleißtieflage eingeteilt werden. Nur solche in der Verschleißtieflage sollten zur Anwendung kommen.

Leider werden häufig Suspensionen mit sehr harten Partikeln gefördert, für die kein Werkstoff in der Verschleißtieflage gefunden werden kann. Beispiele dafür sind Reaktionsflüssigkeiten mit Zeolith-Katalysatoren (Aluminium-Silikate), Erzschlämme, Schleifsuspensionen mit Bornitrit-Partikeln oder basische Schlämme zum Abdichten von Ölbohrungen.

Entweder akzeptiert man für solche Güter hohe Kosten für hochwertige sehr harte Keramiken oder Hartmetalle und akzeptiert dort auch noch weniger Haltbarkeit, oder man geht den Weg zu deutlich weicheren Werkstoffen, der natürlich auch für weniger kritische Stoffe beschritten werden kann. Große Pumpen für Erzschlämme verwenden beispielsweise als Ventilsitze eingebettete Elastomere, Pumpen für Schleifsuspensionen erreichen mit Polymerventilsitzen sehr gute Laufzeiten und Gipspumpen haben mit speziellen Elastomermischungen sehr gute Erfolge erzielt. Eine zweite Regel für sehr harte Partikel könnte also lauten:

Partikelhärte >> Bauteilhärte.

Der Grund für diese Regel ist, dass harte Partikel vom Schließkörper in den weichen Ventilsitz – oder umgekehrt – gedrückt werden können, ohne diese zu verletzen, die beim Öffnen des

Ventils wieder herausgedrückt werden. Selbstverständlich hängt dieser Effekt von der Partikelart, Form (scharfkantig?) und auch der richtigen Wahl des weichen Werkstoffes ab. Außerdem existieren für solche Lösungen Temperatur- und Druckgrenzen. Die Maximaltemperatur infrage kommender Elastomere beträgt etwa 100° C. Plastomere sind durchaus auch höhere Temperaturen einsetzbar, erweichen aber dabei meist so stark, dass bei hohen Drücken eine sichere konstruktive Kammerung dieser Dichtung nicht mehr möglich ist.

2.3.8 Wirkungsweise von Mehrfachpumpen

Werden mehrere gleiche Pumpengrößen für eine Förderaufgabe parallel geschaltet, so vervielfacht sich der Massenstrom mit der Pumpenanzahl i (Gl. (2.37)).

$$\dot{m} = \sum \dot{m}_i \qquad (2.37)$$

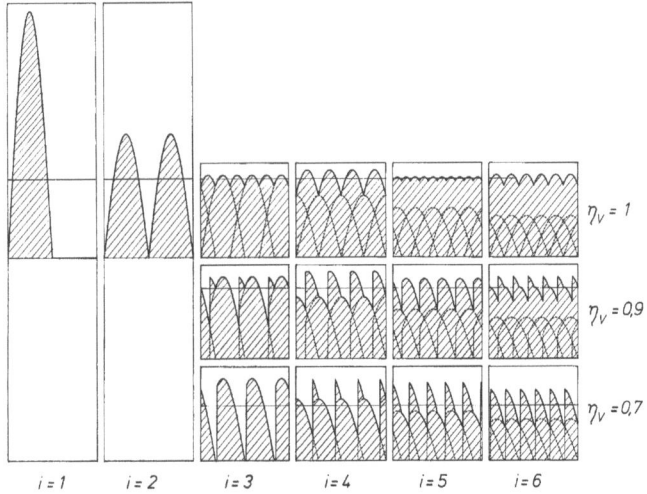

Bild 2-11 Restpulsationen des Förderstroms mit geradschubkurbelgetriebenen Mehrfachpumpen: i Anzahl Pumpenköpfe, η_V volumetrischer Wirkungsgrad

Eine Reihenschaltung ist hingegen bei Verdrängerpumpen nicht sinnvoll, da durch die individuellen volumetrischen Wirkungsgrade der Pumpen und durch den direkten Zusammenhang zwischen der Fördermenge und der exakten Verdrängerabmessung eine präzise Abstimmung mehrerer in Reihe geschalteter Pumpen nicht gelingt. Andererseits sind oszillierende Pumpen meist in der Lage, die geforderten Druckhöhen meist einstufig zu schaffen. Die einzige Ausnahme liegt vor, wenn Kolbenpumpen bei hohen Viskositäten oder höchsten Drücken durch Verdrängerpumpen beladen werden und den Hub erst ausführen, wenn der Förderraum gefüllt ist oder die zuviel geförderte Flüssigkeit in einem elastischen Druckspeicher zwischengespeichert wird. In diesem Fall ist eine Abstimmung der Fördervolumen nicht mehr nötig. Der Normalfall der Kombination ist aber die Parallelschaltung.

Die Parallelschaltung oszillierender Pumpen hat zwei positive Effekte. Neben der Förderstromvervielfachung sorgen die richtige Anzahl und die mit dem optimalen Phasenversatz gekoppelten Kolbenantriebe für eine Reduktion der Förderstrom- und damit auch der Druckpulsation. Dies ist besonders für große Förderleistungen und damit Maschinen mit Geradschubkurbeltrieben von großer Bedeutung.

Bild 2-11 zeigt den Einfluss der Pumpenanzahl *i* auf die Restpulsation in Abhängigkeit vom volumetrischen Wirkungsgrad. Die Pumpen sind jeweils so zusammengeschaltet, dass die Hubbewegungen gleichmäßig über 360° Drehwinkel verteilt sind.

Während bei Einfach- und mit 180° Phasenversatz agierenden Zweifachpumpen der Förderstrom noch zwischen den Förderhüben auf Null absinkt (100 % Pulsation), beträgt die Förderstromrestpulsation bei mit 120° Phasenversatz betriebenen Triplexmaschinen, je nach Kurbelstangenverhältnis und bei 100 % volumetrischem Wirkungsgrad etwa 3–7 %. Bei Quintuplexmaschinen liegt dieser Wert sogar bei 2-3 %, während die dazwischen liegende 4-fach-Maschine eine höhere Restpulsation als die Triplexmaschine aufweist. Daraus kann man die Regel ableiten, dass Pumpenkombinationen mit einer ungeraden Anzahl von Pumpenköpfen geringere Restpulsationen erzeugen. Dies gilt aber nur, wenn der volumetrische Wirkungsgrad über 90 % liegt.

Nimmt der volumetrische Wirkungsgrad ab, so verstärkt sich die Restpulsation bei allen Kombinationen, bis bei etwa $\eta_V = 0{,}7$ die Restpulsation einer Triplexpumpe wieder 100 % beträgt. Außerdem wird bei diesem volumetrischen Wirkungsgrad deutlich, dass der Vorteil der ungeraden Pumpenkopfanzahl verloren geht und nur noch gilt: Je mehr Pumpenköpfe, desto geringer ist die Restpulsation.

2.3.9 Beispiele

■ **Beispiel 2.3.1: Druckstoß durch Geschwindigkeitssprung am Phasenanschnitt**

Beim Auslitern einer Pumpe wurde mit Wasser ein η_V von 85 % ermittelt. Für die Auslegung des Pumpensystems ist es wichtig, den daraus resultierenden Phasenanschnitt im Geschwindigkeitsverlauf und den entstehenden Druckstoß zu kennen.

Pumpendaten: d_k = 50 mm, *s* = 50 mm, *n* = 5 Hz = 300 1/min, $\lambda = 0{,}2$. Aus η = 85 % folgt, dass 15 % des Hubes *s* für Kompression, Rückströmung durch Ventile und Leckströme erforderlich sind. Welches Δv und welches Δp_J entstehen dadurch (vgl. Bild 2-3, 1-2)?

Lösung: Aus Gl. (2.5) folgt: $s(\varphi) = 0{,}15 \cdot s$. Mit $\sin^2(\varphi) = 1 - \cos^2(\varphi)$ kann diese Gleichung in eine quadratische Gleichung umgewandelt werden. Die realistische Lösung aus dieser Gleichung ist: $\cos(\varphi) = 0{,}74456$ und damit $\varphi = 0{,}7309$. Diesen Wert in Gl. (2.6) eingesetzt folgt: $v_R(s = 7{,}5$ mm$) = 0{,}596$ m/s. Die maximale Geschwindigkeit ist: $v_{R,\max} = 0{,}785$ m/s. Der aus v_R resultierende Joukowskystoß (Gl. (2.4)) für *c* = 1480 m/s beträgt: $\Delta p_J = 0{,}88$ MPa.

■ **Beispiel 2.3.2: Auswirkung des Kurbelverhältnisses**

Ein Hersteller von oszillierenden Pumpen fragt, in welche Richtung er das Kurbelverhältnis λ entwickeln soll um die Druckstösse durch Phasenschnitte klein zu halten.

Lösung: Für $\lambda = 0$ vereinfachen sich die Gl. (2.5) und (2.6) durch Wegfall der jeweils letzten Terme in den Klammern. Die Geschwindigkeit bei *s* = 7,5 mm beträgt dann 0,560 m/s und damit etwa 6 % weniger als mit $\lambda = 0{,}2$ (siehe oben). Ihre Empfehlung muss also heißen: Je kleiner λ, desto besser (siehe auch Bild 1-17). Allerdings bedeutet dies auch, dass das Kurbelgehäuse wegen des dann länger werdenden Pleuels länger wird (größerer Herstellungsaufwand).

2.3 Arbeitsweise

- **Beispiel 2.3.3: Maximale Geschwindigkeiten in Rohrleitungen**

Für eine Pumpe mit Geradschubkurbeltrieb, mit $d = 50$ mm, $s = 50$ mm, $d_R = 30$ mm, $n = 240$ 1/min, $\lambda = 0{,}2$ ergibt sich für $v_{K,\max} = 0{,}628$ m/s. Der Rohrleitungsquerschnitt ist um das Verhältnis $30^2/50^2$ kleiner. Daraus folgt: $v_{R,\max} = 1{,}744$ m/s.

- **Beispiel 2.3.4: Pumpenkennlinie**

Für eine Kolbenpumpe mit einem mittleren Totpunkt und $d = 50$ mm, $s = 50$ mm, $n = 320$ 1/min, $\Delta p_{\max} = 50$ MPa, $\eta = 200$ mPas, Ventilfeder: $\Delta p_V = 0{,}01$ MPa, $\varepsilon_T = 0{,}5$, $\lambda_A = 0$ sowie $\kappa = 1/2000$ mm²/N und $\rho = 1000$ Kg/m³ (wasserähnlich) soll die Kennlinie $\dot{m} = f(\Delta p)$ ermittelt werden.

Lösung: Mit den Gl. (2.17) bis (2.20) und (2.23), Bild 2-6 ($\eta_G = 0{,}984$) und Tabelle 2.3 ergibt sich: $\dot{m}(50\text{ MPa}) = 0{,}513622$ Kg/s; $\dot{m}(10\text{ MPa}) = 0{,}513642$ Kg/s.

Übungsbeispiel: Ventilberechnung

Mit Hilfe von Durchströmungsversuchen soll die Ausflussziffer μ und die Mindesthubhöhe h_V eines Plattenventils abgeschätzt werden. Im ersten Schritt wird der Ventilhub auf h_V fixiert, eine 3m-Wassersäule darüber gelegt und der Volumenstrom ($\dot{V}_{Sp}$) gemessen.

Daten: $\Delta H = 3$ m; $h_V = 5$ mm; $\dot{V}_{Sp,M} = 95$ l/min; $DN_{Ventil} = 20$ mm

Lösung – Ausflussziffer: Unter der Annahme eines verlustfreien Ausströmens gilt

$$p_{dyn} = \frac{1}{2}\rho \cdot v^2 = \rho \cdot g \cdot H \rightarrow v = \sqrt{2g \cdot \Delta H} \quad \text{und damit: } \dot{V}_{Sp,th} = \sqrt{2g \cdot \Delta H} \cdot A_{Sp}$$

Mit dem Spaltquerschnitt $A_{Sp} = \pi \cdot d_{Si} \cdot h_V$ folgt daher: $\dot{V}_{Sp,th} = 144{,}6$ l/min und mit Gl. (2.34) ergibt sich dann: $\mu = 0{,}66$. (Die Ausflussziffer μ beinhaltet alle zusätzlichen Druckverluste.)

Lösung – Mindesthubhöhe:

Die Ausflussziffer kann auch als Ventilwiderstandsbeiwert ζ dargestellt werden. Aus Gl. (2.34) und (2.44) folgt:

$$p_{dyn} = \zeta \cdot \frac{1}{2}\rho \cdot v^2 = \frac{1}{2}\mu^2 \cdot v_{Sp,th} \cdot \rho, \text{ und damit:}$$

$$\zeta = \frac{1}{\mu^2}$$

Welches h_V muss das Ventil für Wasser (1000 kg/m³) mindestens haben, wenn bei einem maximalen Volumenstrom von 100 l/min ein Δp von maximal 0,2 bar entstehen darf?

Maximalgeschwindigkeit im Spalt: $v_{Sp,\max} = \mu \cdot \sqrt{\dfrac{2 \cdot \Delta p_{\max}}{\rho}} = 4{,}17$ m/s

Ventilhub: Aus $\dot{V} = v \cdot A = v \cdot \pi \cdot d_{Si} \cdot h_v$ folgt: $h_v = \dfrac{\dot{V}}{v_{Sp,\max} \cdot \pi \cdot d_{Si}} = 6{,}3$ mm.

Das Ventil muss also einen Mindest-Ventilhub von 6,3 mm haben.

2.4 Technische Ausführung oszillierender Pumpenantriebe

Die hohe Fördergenauigkeit des oszillierenden Pumpenwirkprinzips und ihre drucksteife Fördercharakteristik prädestiniert diese Technik für Dosieraufgaben. Um diese Aufgaben in umfassender Weise erfüllen zu können, müssen solche Maschinen über präzise Einstellmöglichkeiten für den Förderstrom verfügen. Aus diesem Grund sind heute noch die meisten Dosierpumpen bis etwa 50 kW Förderleistung mit Hubverstellungen ausgestattet. In zunehmendem, Maße findet man aber auch präzise Drehzahlreglungen, die teilweise die Hubverstellungen ersetzten oder in Kombination mit Hubverstellungen für noch höhere Einstellgenauigkeiten sorgen. Bild 2-12 zeigt die Effekte dieser drei Regelungsarten auf den Förderstromverlauf.

Oszillierende Verdrängerpumpen mit mehr als 50 kW Förderleistungen bezeichnet man als Prozesspumpen. Sie werden aufgrund ihrer prozesstechnischen Bedeutung für stabile Förderleistungen vielseitig eingesetzt. Der konstruktive Aufwand für Hubverstellungen bei diesen Leistungsgrößen ist jedoch sehr groß und daher unwirtschaftlich. Aus diesem Grund werden hier Drehzahlregelungen bevorzugt. Allerdings sind Pumpen, die im Produktionsprozess große Drehzahlbereiche durchfahren, auch breitbandige Schwingungserreger für das angeschlossene System und erfordern vielfach aufwendige Dämpfmethoden (vgl. Kapitel 2.8).

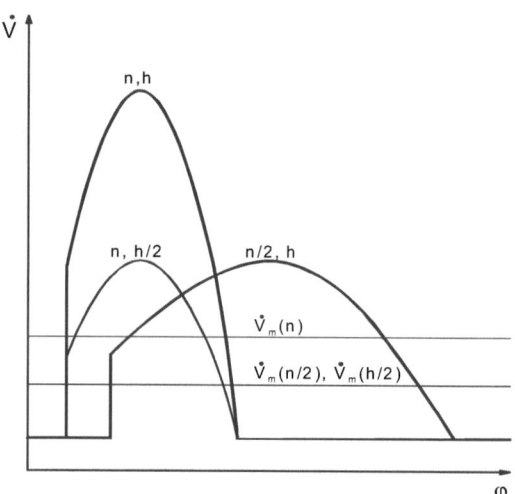

Bild 2-12 Auswirkung der Stellgrößen auf den Förderstrom

2.4.1 Baukonzepte

Für die vielfältige Anwendung von Dosierpumpen in allen Bereichen der Verfahrenstechnik, Chemietechnik, Bioverfahrenstechnik, Pharmazie und Petrochemie, in einem Parameterfeld von 1 bis etwa 35 MPa Förderdruck, von wenigen Millilitern bis zu mehreren Kubikmetern pro Stunde Förderstrom, Temperaturen von –40° C bis 300° C und Viskositäten von < 1 mPas bis > 2 Pas hat sich die Modularbauweise und bei kleinen Förderleistungen bis etwa 100 – 200 W hydraulischer Leistung auch die Kompaktbauweise durchgesetzt.

Hersteller mit Modulartechnik bieten in der Regel komplette Baukastenprogramme (Bild 2-13), bestehend aus einer Reihe nach Leistung (Stangenkraft und Kolbenhub) gestuften Triebwerken (T), die mindestens mit Handhubverstellungen (HH) oder elektrischen Stellantrieben (EH) ausgestattet sind. Darüber hinaus sind meist eine gewisse Variantenzahl an elektrischen

2.4 Technische Ausführung oszillierender Pumpenantriebe

Antriebsmotoren sowie eine Palette von Kolbenpumpenköpfen und Membranpumpenköpfen und gegebenenfalls erforderliche Zusatzgeräten wie Drehzahlgebern fester Teil eines Programms. Diese Variantenzahl wird durch die Anpassung der Pumpenköpfe, Ventilgrößen, -geometrien und -werkstoffe für spezielle Fördergüter weiter vergrößert.

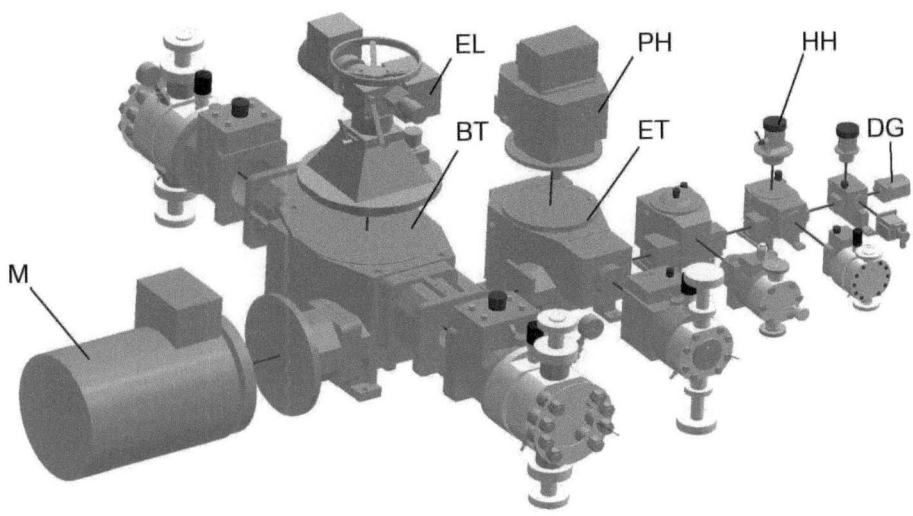

Bild 2-13 Typisches Baukastenprogramm für den Dosierpumpenmarkt (LEWA): M: Elektromotor, EL: Elektrische Hubverstellung, PH: Pneumatische Hubverstellung, HH: Handhubverstellung, BT: Boxertriebwerk, ET: Einfachtriebwerk, DG: Drehzahlgeber

Solche Maschinen werden in der Regel auf Grundplatten aufgebaut und können vielfach über elektrische Hubstellantriebe und an der Pumpenwelle angebrachte Drehzahlgeber überwacht werden.

Aus solchen Baukastenprogrammen lassen sich problemlos beliebige Kombinationen von Pumpen zusammenstellen, die alle von einem Motor angetrieben werden können. An den größten Antrieb wird der Motor angebaut und am Ende das kleinste Triebwerk. Dabei sind auch die Art und Größe der Pumpenköpfe sowie die Hubverstellungen variabel. Diese Technik erlaubt somit auch individuelle und komplette Rezepturpumpen mit speziellen Anpassungen an das jeweilige Fördergut (Bild 2-14).

Selbstverständlich kann ein Baukastenprogramm auch Feder-Nocken-Antriebe oder Linearantriebe beinhalten und damit weitere Anwendungsfelder öffnen.

Prozesspumpen hingegen sind meist kompakte leistungsstarke Maschinen in den Anordnungen gemäß Bild 1-8 a, b, d, und e. In diesem Bereich sind nicht hubverstellbare Triplexmaschinen ein guter Kompromiss zwischen dem maschinentechnischen Aufwand und dem Pulsationsverhalten, das meist mit akzeptablem Aufwand gedämpft werden kann. Sie gelten daher als wirtschaftlichste Prozesspumpen-Bauform. Möglichkeiten, die Wirtschaftlichkeit zu erhöhen, bestehen in der Steigerung der Hubfrequenz, selbstverständlich immer verbunden mit einem verstärkten Potential für Schwingungserregungen. Die drei nötigen Geradschubkurbeltriebe sind in einem Gehäuse untergebracht, das mit Füssen ausgestattet ohne Grundplatte ausreichende Standfestigkeit bietet. Das Triplexkonzept wird nur verlassen, wenn der Förderstrom nicht ausreicht oder konstruktive Ziele und Zuverlässigkeitsaspekte, Pulsationsaspekte oder Regelungsanforderungen dafür sprechen. In solchen Fällen werden Quintuplexmaschinen, selten Septuplexmaschinen und für spezielle Regelungsanforderungen bis etwa 80 KW auch hubverstellbare Typen eingesetzt.

Bild 2-14 Rezepturpumpe mit verschiedenen, der Größe nach aneinander gekoppelten Triebwerken und verschiedenen Pumpenkopfgrößen und -arten (LEWA)

Pumpenkombination über Steuerelektronik

Die moderne Elektronik öffnet Möglichkeiten mechanische Kupplungen durch elektronische Synchronisation zu ersetzen. Beispielsweise wurde für eine Hochdruck-Dispergieranlage für 80 MPa und etwa 2 m^3/h zur Sicherung des Produktionsergebnisses ein möglichst kontinuierlicher Förderstrom gefordert. Die Berechnungen ergaben, dass eine Sechsfachpumpe mit einer Leistung von etwa 70 kW diese Forderung erfüllen kann. Leider gab es keine Sechsfachmaschine, sondern nur Triplexmaschinen. Die elektronische und synchrone Kopplung nach dem Master-Slave-Prinzip gelang mit einer Genauigkeit, dass kein Unterschied zu einer mechanischen Kopplung sichtbar, ja diese sogar übertroffen wurde. Diese Technik ist selbstverständlich auf alle Triebwerkstypen und Baugrößen übertragbar.

2.4.2 Linearantriebe

Linearantriebe auf der Basis pneumatischer, hydraulischer oder elektromagnetischer Technik sind typische Antriebe für Kompakt- (siehe oben) oder Sonderbauformen und in der Regel mit Rückholfeder für die Ausführung des Saughubes ausgestattet. Der Kolbenhub wird durch die Lage der beiden Endanschläge definiert. Durch die Verstellung des hinteren Endanschlags ist außerdem eine präzise und spielfreie Hubeinstellung, bei konstantem Schadraum, durch Stellschrauben möglich. Leider folgen aus der Kinematik dieser Technik klassischerweise sprungartige Änderungen der Kolbengeschwindigkeit an den Anschlagpunkten, die im Fördersystem Druckstöße erzeugen (vgl. Kapitel 2.3.2). Aus diesem Grund wurden selten größere Antriebsleistungen als etwa 1 kW realisiert.

2.4 Technische Ausführung oszillierender Pumpenantriebe

Kompaktbauweise mit magnetischem Linearantrieb

Die vorherrschende Kompaktbauform ist die Membrandosierpumpe mit elektromagnetischem Linearantrieb für den mechanischen Membranantrieb (Bild 2-15). Solche Maschinen haben meist flexible für die Systemeinbettung mit internationalen Standards kompatible BUS-Schnittstellen und ein Bedienfeld mit Hubverstellung und Display, die eine einfache Bedienung, Hubeinstellung, digitale Mengenabfrage und die Abfrage von Störungsgründen erlauben.

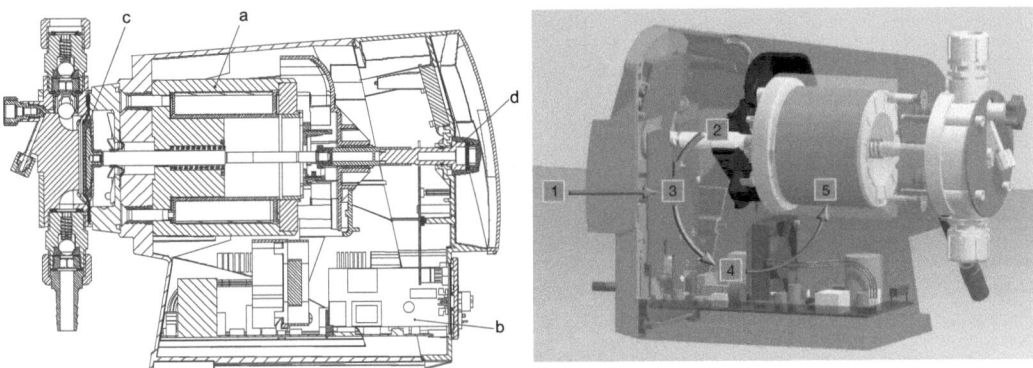

Bild 2-15 Kompaktmembrandosierpumpe mit magnetischem Linearantrieb (PROMINENT):
Links konstruktiver Aufbau: a Hubmagnet, b Steuerung, c Membran, d Hubverstellung.
Rechts Funktionsprinzip: 1 Bedienermenü zur Festlegung der Dosier-Charakteristik
2 Weg-Sensor zur Messung der Membranposition, 3 Mikroprozessor zur Regelung der Membranbewegung, 4 Leistungselektronik, 5 Magnetspule

Der über das Display angegebene Förderstrom folgt aus der Hubfrequenz und einem gespeicherten Zusammenhang zwischen Hubvolumen und Kolbenhub. Der Förderstrom wird also nur indirekt gemessen und ist daher mit etwas größeren, aber meist gut tolerierbaren Fehlern behaftet.

Viele Maschinen verfügen darüber hinaus über ein durchaus intelligentes Störungsfrüherkennungssystem, das die Pumpenparameter, Systemparameter und das Indikatordiagramm auswertet und daraus Schlüsse zieht. Außerdem können solche Maschinen leicht in ein Regelsystem mit Durchflussmesser oder anderen mit den Leistungsparametern der Pumpe in Zusammenhang stehenden Sensoren oder Aktoren eingebettet werden.

Die Magnetantriebe werden elektronisch getaktet und erreichen eine Hubfrequenz von maximal 2 Hz. Sofern man nicht elektronisch eingreift, entsteht eine pulsierende Förderung, resultierend aus den minimalen Hubzeiten $t_D + t_S$ (Bild 2-16a). Soll der Förderstrom geregelt werden, so wird in Standardausführungen eine Unterbrechung der Förderung über die Ruhezeit t_R realisiert (b). Die stark pulsierende Fördercharakteristik der Pumpe bleibt dabei aber erhalten. Mit Mikroprozessor gesteuerten Magneten kann dagegen der Druckhub ausgedehnt und linearisiert und so die Druckpulsation zumindest auf der Druckseite deutlich vermindert sowie die Dosierstromunterbrechung auf die Saughubzeit t_S reduziert werden (c).

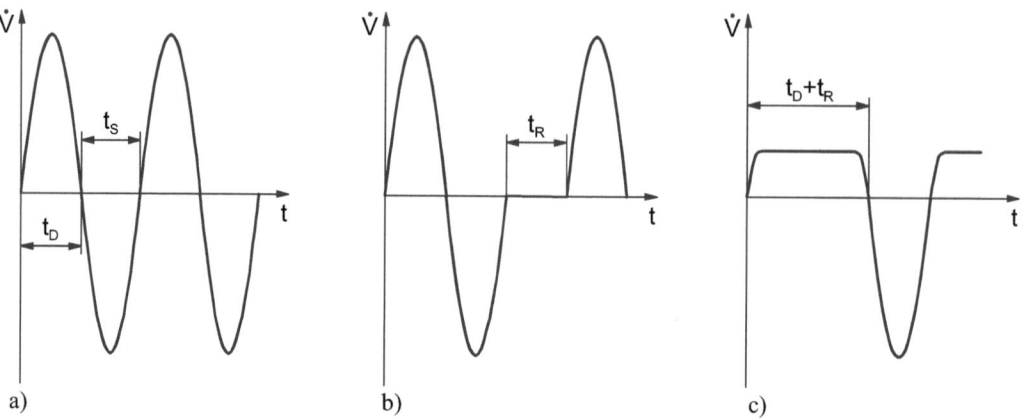

Bild 2-16 Förderstromfunktionen einer Linearpumpe mit Elektromagnetantrieb bei maximaler Hubfrequenz und Förderleitung (links), bei reduziertem Förderstrom (Mitte) bei linearer Magnetbewegung durch Mikroprozessorunterstützung (rechts); t_S: Saughubzeit, t_D: Druckhubzeit, t_R: Ruhezeit

Kompaktbauweise mit Feder-Nocken- oder Exzenterantrieben

Kompaktantriebe auf der Basis von Nocken- oder Exzenterantrieben in Kombination mit drehzahlregelbaren Einbaumotoren oder integrierten Servomotoren werden nur sehr selten eingesetzt. Mit Servomotoren besteht dabei jedoch die Möglichkeit, die klassische Sinusbewegung des mechanischen Antriebs mit Hilfe der Mikroprozessortechnik so zu manipulieren, dass ähnlich Bild 2-16 c über einen großen Teil des Hubes eine konstante Hubgeschwindigkeit erreicht wird.

Pneumatisch angetriebene Pumpen

Die Grundlage hierfür ist die Versorgung mit Druckluft oder komprimiertem Gas, das mit bis zu etwa 1 MPa auf einen Verdränger wirkt und abhängig von Zustrom, Druckniveau und Förderdruck den Kolben bewegt. Die Druckluft wird nahezu ausschließlich mit elektrisch angetriebenen Kompressoren erzeugt. In die Wirkungsgradberechnung solcher Linearmaschinen muss daher der Kompressorwirkungsgrad einbezogen werden.

Luft- oder gasgetriebene Kolbenpumpen werden bevorzugt in Nischenbranchen eingesetzt. Beispiele dafür sind die Anwendung in explosionsgefährdeter Umgebung wie auf Gasfeldern oder in entlegenen Gegenden, in denen Treibgas vorhanden ist. Das gewonnene Gas dient hier für den Antrieb und sorgt beispielsweise dafür, Odormittel in Gasleitungen zu injizieren. Die Hubcharakteristik kann mit Gassteuerventilen, ähnlich wie bei Hubmagneten, jedoch wegen der Gaskompressibilität nicht in der gleichen Genauigkeit eingestellt werden. Sauergasanteile oder sonstige korrosive Inhaltsstoffe fordern oft beständige Werkstoffe.

Die häufigste Form der druckluftgetriebenen Pumpen ist die doppelt wirkende Druckluftmembranpumpe (Bild 2-17), die ohne Rückholfedern auskommt. Diese Pumpenart, in der sich die Vorteile wie geringes Gewicht und große Leistungsdichte vereinigen, liefert bis zu 30 m³/h. Der Hauptnachteil ist der geringe Gesamtwirkungsgrad. Die beiden Membranpumpenköpfe befinden sich grundsätzlich in Boxeranordnung und sind dem mechanischen Membranantrieb ähnlich (Kapitel 2.6.1). Die Membranen darin werden an zentralen Metalltellern und den Membraneinspannungen im Gehäuse abgestützt. Die beiden Metallteller (3) sind mit einer

2.4 Technische Ausführung oszillierender Pumpenantriebe

Zugstange (4) starr verbunden. Unterhalb der Zugstange befindet sich ein pneumatisches Umschaltventil (1) mit einem Schaltstift (2), dessen eine Seite in eine der beiden Druckkammern ragt, während die andere mit der Stirnfläche plan mit der Kammerrückwand abschließt. Sobald die Membran beim von der gegenüber liegende Seite erzwungenen Saughub, über den Metallteller den Stift zur anderen Seite hin verschiebt, wird der zugehörige Raum hinter der Membran mit Druckluft versorgt und schaltet so auf Druckhub um. Die zweite Membran wird dadurch zurückgezogen (Saughub), bis deren Metallplatte nun ihrerseits den Stift verschiebt und den Prozess umkehrt. Typische Membranwerkstoffe sind PTFE und Elastomere. Die Gehäuse sind meist aus stabilem Polymer, PTFE, Aluminium-Druckguß oder Edelstahl. Die maximalen Temperaturen liegen bei 200° C.

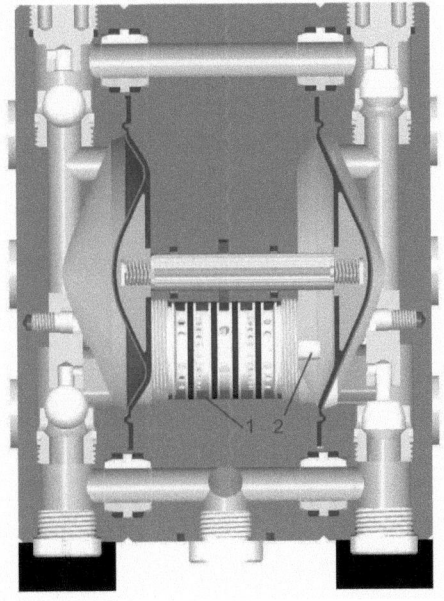

Bild 2-17 Druckluftmembranpumpe (ALMATEC):
1 Steuerventil,
2 Betätigungsstift für die Umschaltung des Steuerventils,
3 Membranstützteller,
4 Zugstange

Der Betrieb einer solchen Pumpe fordert große Luftmengen und ist wegen der lautstarken Druckluftverpuffung nach jedem Druckhub meist mit erheblichem Lärm verbunden. Der Einbau von Schalldämpfern am Druckluftauslass oder Vollkapselung ist daher oft unerlässlich. Allerdings darf der Dämpfeffekt nicht zu weit getrieben werden, da zu starke Drosselwirkungen die Hubfrequenz reduzieren. Insgesamt ist die Druckluftmembranpumpe eine robuste, flexible, leicht zu transportierende Maschine, die immer dann eingesetzt wird, wenn kurze Förderaufgaben wie das Entleeren von Tanklastern erfüllt werden sollen, die energetische Seite vernachlässigbar ist, der geringe Platzbedarf vorteilhaft ist und die Pulsation und Lärmbelästigung nicht stören oder durch Vollkapselung unterdrückt werden können.

Neben der klassischen Ausführung gibt es auch Typen mit innerer Druckübersetzung für Förderdrücke bis 1,6 MPa sowie Hubzählgeräte mit Mengenberechnung sowie elektronische Hubfrequenzsteuerungen. Versuche, die Förderbewegung zu linearisieren, führten zu aufwendigen Pneumatik-Schaltkreisen die auch nur kleine Hubfrequenzen erlaubten. Aus diesen Gründen wurde bisher auf eine Weiterentwicklung verzichtet.

Eine Besonderheit der Druckluftmembranpumpentechnik ist, dass durch die stark turbulente Strömung in der Pumpe auch fluidisierte Stäube und Schüttgüter gefördert werden können.

Druckübersetzer für Hochdruck

Der Begriff Druckübersetzer bedeutet, dass ein niedriger Druck, der auf eine große Kolbenfläche wirkt, über einen Stufenkolben auf einen Druck übersetzt wird, der auf eine kleine Kolbenfläche wirkt (Bild 2-18). Zum Antrieb werden sowohl ölhydraulische Systeme als auch Druckluft und Druckgase verwendet, wobei die hydraulisch angetriebenen Pumpen aufgrund der geringeren Durchsätze geringere Hubfrequenzen erreichen.

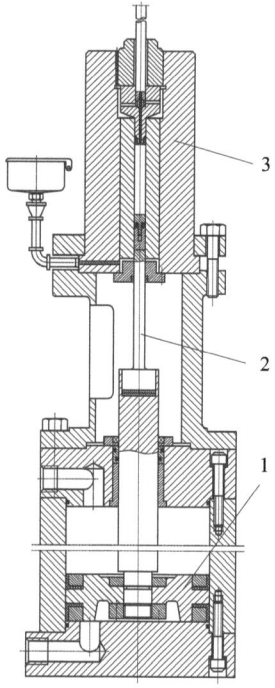

Bild 2-18 Druckübersetzter für die Verdichtung auf 1400 MPa:
1 Hydraulikkolben,
2 Kolben,
3 Pumpenkopf in geschrumpfter Ausführung

Typische Einsatzgebiete hydraulischer Pumpen liegen dort, wo lange konstante Hübe und große Kräfte nötig sind. Beispielsweise werden Linear-Hochdruckpumpen mit gesteuerten Ventilen (vgl. Kapitel 2.7.3) und optischer Hubüberwachung mit bis zu 21 Bit Auflösung in der Klebstoff- oder Dichtungsmassenverarbeitung eingesetzt. Sie erfüllen dort die oft vorhandene Forderung nach extrem kontinuierlicher Dosierung in den Applikationsphasen, wie beispielsweise die Applikation von Dichtungsmaterialien an Rahmen für PKW-Windschutzscheiben. Der hohe Druck ist hier wegen den viskositätsbedingten hohen Druckverlusten nötig (Bild 2-19).

Druckluft- und druckgasgetriebene Maschinen sind wegen des nicht nötigen Hydraulikaggregats preiswerter und daher vielfältiger im Einsatz und erreichen Drücke bis etwa 400 MPa während hydraulische Linearantriebe, mit einem großen Flächenverhältnissen am Kolben, Gase und Flüssigkeiten auf Drücke bis zu 1500 MPa und mehr verdichten (Bild 2-18). Die Hauptschwierigkeiten bei solchen Maschinen bestehen in der Dauerfestigkeit der meist in Schrumpfkonstruktion hergestellten Pumpenköpfe, den Ventilen und der Kolbenabdichtung. Daher kommen hier bevorzugt hochfeste Stähle und komplexe Dichtungskombinationen, bestehend aus V-Ringen, Stützringen, Anti-Extrusionsringen aus Metall und hochfesten Kunststoffen zum Einsatz (vgl. Kapitel 2.7.2).

2.4 Technische Ausführung oszillierender Pumpenantriebe

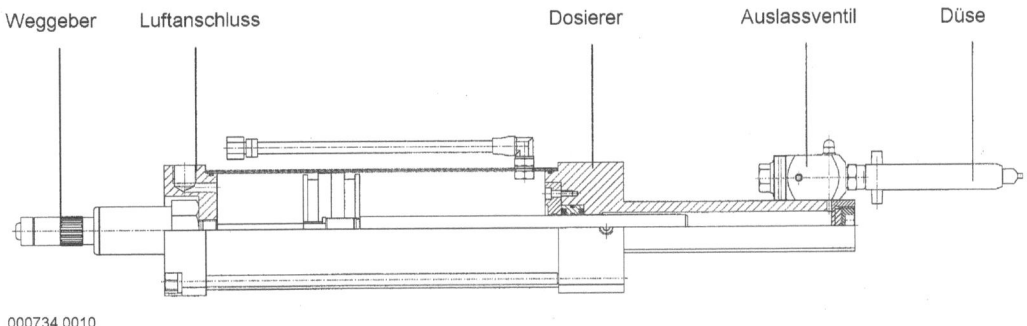

Bild 2-19 Hydraulisch angetriebene Pumpe für die Klebstofftechnik mit digitaler Hublängenüberwachung und hydraulisch gesteuerten Dosierventil (INTEC-Bielenberg)

Spindelantriebe

Mit vertikal agierenden langhubigen spindelgetriebenen Kolben werden höchste Fördergenauigkeiten von ± 0,05 % für 1 ml/h Förderstrom garantiert. Anwendungsgebiete dafür liegen in der Mikrodosiertechnik für Modellprozesse in Chemie- oder Pharmazie-Laboren. Die Genauigkeit beruht auf extrem genauen Spindeln und langsamen Drehgeschwindigkeiten. Sollen Prozesse über einen längeren Zeitraum betrieben werden, so arbeiten zwei Pumpen alternierend. Während die eine fördert, saugt die andere an. Allerdings geht die Fördergenauigkeit beim Umschalten auf die jeweils andere Pumpe für kurze Zeit verloren, da es nicht gelingt, alle Einflussparameter auf den Kompressionshub absolut zuverlässig vorab zu eliminieren.

Eine vergleichbare Technik wird in der Klebstofftechnik bei größeren Förderströmen angewandt. Zwei lange Spindeln mit Kettengetrieben treiben Kolben und führen, überwacht durch Drehgeber, abwechselnd ihre Förderhübe durch.

2.4.3 Maschinen mit Geradschubkurbeltrieb

Geht es nur um kleine Fördermengen von wenigen Millilitern bis Litern und niedrige Förderdrücke so sind einfachste mechanische Membranantriebe möglich, in denen eine Elastomermembran mit dem Pleuel eines Geradschubkurbeltriebs direkt verbunden ist (Bild 2-20). Für die Flüssigkeitsabgrenzung sorgen meist Elastomer-Membranventile. Der Verlust der rotationssymmetrischen Bewegung der Membran und die zeitliche Veränderung des Förderstromes durch geringe Ventilveränderungen sind für viele Anwendungen mit geringen Ansprüchen an die Genauigkeit akzeptabel.

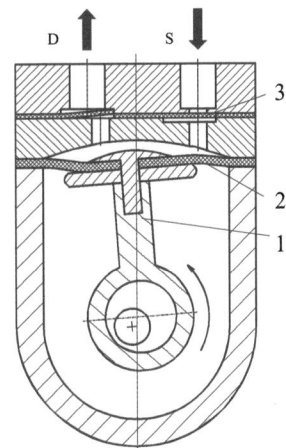

Bild 2-20 Kleinstmengen-Membranpumpe mit Membrandirektantrieb. D: Druckseite, S: Saugseite, 1 Kurbeltrieb, 2 Membran, 3 Membranventile

Der dagegen bei großen Maschinen (Bild 2-21) fast ausschließlich verwendete Kolbenantrieb ist der Geradschubkurbeltrieb (Kapitel 1, Bild 1-6) mit Kreuzkopf. Nur in wenigen Ausnahmen wird bei hydraulischen Membranpumpen auf den Kreuzkopf verzichtet, und der Pumpenkolben direkt mit dem Pleuel verbunden. Der Nachteil dieser Anordnung ist, dass im Falle eines Membranschadens die Förderflüssigkeit direkt in das Triebwerk gelangt.

Geradschubkurbelantriebe gelten in der Pumpentechnik als robust und langlebig. Aus wirtschaftlichen Gründen strebt man danach das Kurbelstangenverhältnis λ möglichst groß zu machen (kurze Triebwerke). Dagegen spricht aber die Zunahme der Axialkräfte am Kreuzkopf, die bei besonders großen Maschinen eher klein sein sollten (Bild 1-14). Üblich sind Werte um $\lambda = 0{,}2$ oder kleiner. Die Pleuellager sind vielfach als Gleitlager ausgeführt und fordern daher eine Minimaldrehzahl, während die maximale Drehzahl, respektive Hubfrequenz, maschinentechnisch betrachtet kaum an ihre Grenze stößt. In Maschinen mit Drehzahlregelungen und Regelbereichen bis zu sehr kleinen Drehzahlen erreichen jedoch Gleitlager vielfach ihr Mischreibungsgebiet. Aus diesem Grund sollten für solche Anwendungen Wälzlager bevorzugt werden. Die Kurbelwellen sind je nach Minimaldrehzahl ebenfalls gleit- als auch wälzgelagert! Aus Sicherheitsgründen werden große Maschinen und selbstverständlich auch die Mehrfachtriebwerke (Bild 2-21) über externe oder integrierte Ölversorgungssysteme druckgeschmiert, während kleine Maschinen und Dosierpumpen mit Hubverstellung bis etwa 50 kW meist mit Tauchschmierung auskommen.

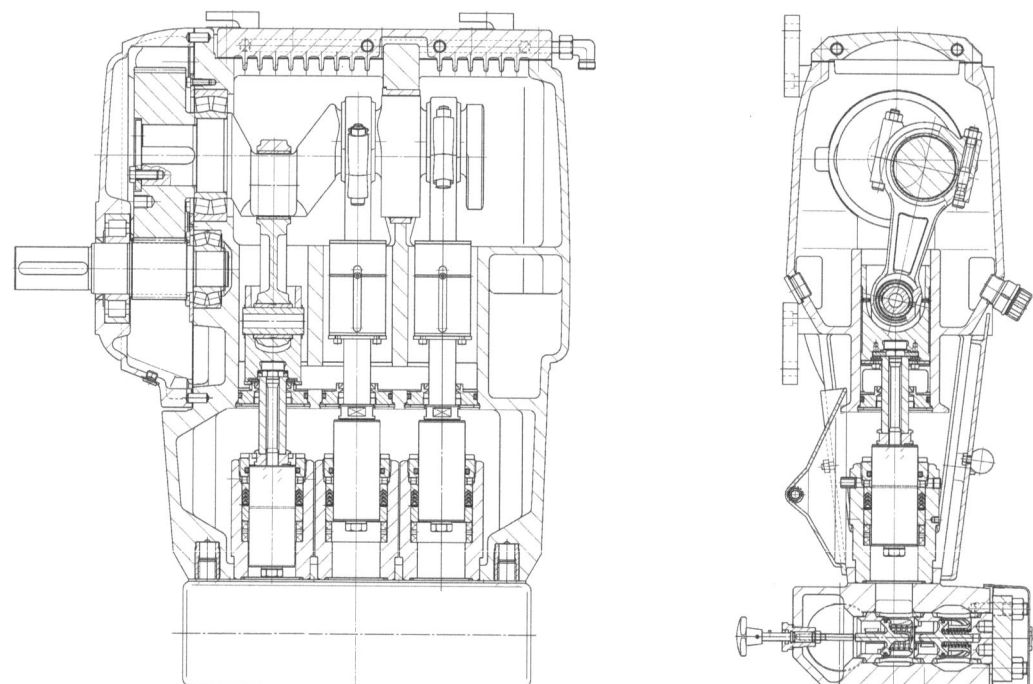

Bild 2-21 Nicht hubverstellbare Triplex-Pumpe mit integriertem Zahnradgetriebe, Saugventilanhebung und Kurbelwellenzwischenlagerung zur Kurbelwellen- und Baugrößenoptimierung (URACA)

2.4 Technische Ausführung oszillierender Pumpenantriebe

Als Primärantriebe werden fast ausschließlich Drehstromasynchronmotoren, selten und nur bei sehr kleinen Maschinen Wechselstrommotoren und noch seltener, jedoch mit wachsender Tendenz, Schrittmotoren oder Servomotoren eingesetzt. Da die meisten realisierten Hubfrequenzen deutlich unter denen üblicher Motordrehzahlen von Drehstromasynchronmotoren liegen, kommen in der Regel zwischen Motor und Pumpe Getriebe zum Einsatz (Kapitel 1.4). Hier findet man nahezu die ganze Palette der Getriebearten, von den Scheckengetrieben über die Varianten der Zahngetriebe bis zu Riementrieben.

Ein modernes hubeinstellbares Dosierpumpentriebwerk auf der Basis des Geradschubkurbelprinzips (Bild 2-22 a) hat unabhängig von der Hubeinstellung eine nahezu harmonische Kinematik und einen linearen Hubverstellmechanismus. Das Antriebsmoment wird beispielsweise über ein Schneckengetriebe (1) auf die Hohlwelle (2) und von dort auf die Exzenterscheibe (3) übertragen. Hohlwelle und Exzenterscheibe bilden gewissermaßen eine Kurbelwelle. Die wirksame Exzentrizität wird von der Position des Gleitsteins in der schrägen Nut der Schiebewelle bestimmt. Der Gleitstein ist über einen Stift mit der Exzenterscheibe verbunden. Wird die Schiebewelle in Achsrichtung verschoben, so ändert sich die eingestellte Exzentrizität. Die Verstellung der Schiebewelle in axialer Richtung kann durch Handkraft sowie durch elektrische oder pneumatische Stellantriebe erfolgen.

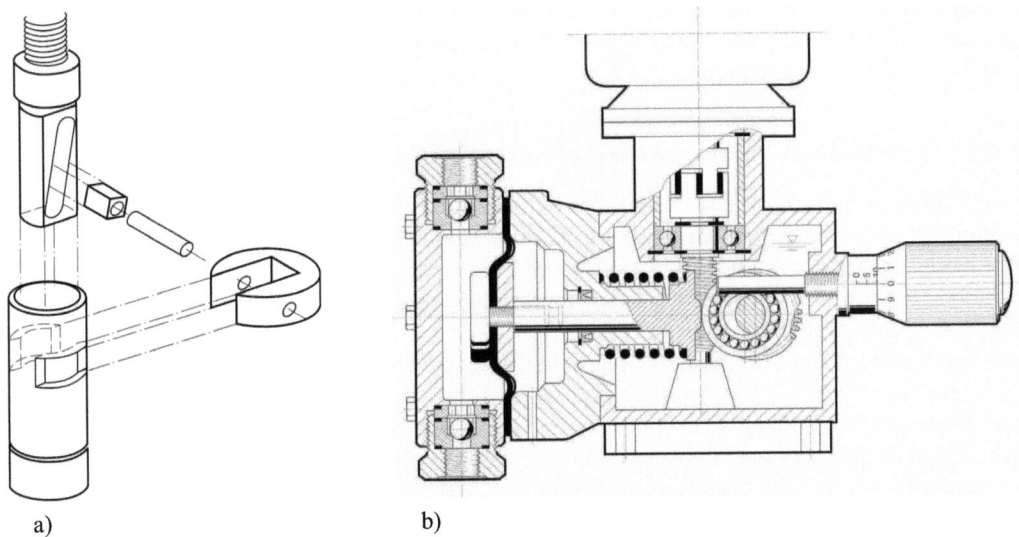

a)   b)

Bild 2-22 Hubverstellmechanismen: a) Verstellexzentertriebwerk: 1 Hohlwelle; 2 Exzenterscheibe; 3 Schiebewelle (LEWA); b) Feder-Nocken-Antrieb einer Membranpumpe: 1 Schneckengetriebe, 2 Nockenwelle, 3 Wälzlager, 4 Stift für die Hubeinstellung

Neuere Techniken bieten Kombinationen mit Servo- oder Schrittmotoren und Mikroprozessorsteuerungen. Damit können die typischen harmonischen Geschwindigkeitsverläufe kleiner leistungsschwacher Geradschubkurbeltriebe linearisiert werden. Das heißt, der sinusförmige Geschwindigkeitsverlauf wird derart deformiert, dass der größte Teil des Druckhubes mit konstanter Geschwindigkeit stattfindet. Üblicherweise wird bei solchen Techniken die Saughubzeit gegenüber der Druckhubzeit deutlich reduziert. So entsteht stromaufwärts eine so genannte quasi-kontinuierliche Strömung, jedoch nur bei niedrigen Hubfrequenzen und problemlosen Ansaugbedingungen (vgl. Kapitel 2.8.2).

2.4.4 Federnockentriebwerke

Die Dosierung kleinster Förderströme erfordert spielfreie Triebwerksprinzipien, die eine genaue Einstellung kleinster Kolbenhübe kleiner 1/10 mm erlaubt. Hier zeigen der Geradschubkurbeltrieb durch seine Lagerspiele und der Linearantrieb, sofern er nicht zwischen Hubanschlägen arbeitet, eine Schwäche. Das spielfreie Feder-Nocken-Triebwerk mit Rückholfeder erfüllt diese Forderungen dagegen in hervorragender Weise und erreicht dabei höhere Hubfrequenzen als die Linearantriebe. Der typische Aufbau eines Feder-Nocken-Triebwerks benutzt eine Nockenwelle, auf die beispielsweise an der kreisförmigen Nocke ein Wälzlager aufgezogen ist. Dieses Wälzlager stellt so gewissermaßen einen Kreisnocken dar, der bei Rotation der Nockenwelle den Kolben über eine Kontaktfläche gegen eine Druckfeder exakt sinusförmig bewegt (Bild 2-22 b). Die Hubverstellung erfolgt über einen Stift, der je nach Position den Rückhub früher (kleiner Hub), später (großer Hub) oder gar nicht aufhält (Vollhub). Diese Hubverstellmethode ist absolut spielfrei und daher hervorragend für Kleinstmengendosierprozesse geeignet, bei denen das Spiel in den Pleuellagern bereits schädlich ist.

Feder-Nocken-Triebwerke sind in der Regel tauchgeschmiert, in Modulartechnik als Teil eines Baukastenprogramms verfügbar und elektrisch, pneumatisch oder von Hand hubverstellbar. Ihr wesentlicher Nachteil ist jedoch, dass bei Teilhub die Ankopplung des Kolbens stoßbehaftet erfolgt und über ihn auf das Fördergut übertragen wird. Dies erzeugt bei größeren Maschinen prozesstechnische Nachteile (Druckstöße). Aus diesem Grund werden hydraulische Leistungen von 2 kW selten überschritten.

2.4.5 Axialkolben-, Kurvenscheiben- und Schrägscheibenantriebe

Axialkolbenantriebe und ihre Varianten treiben grundsätzlich mehr als einen Kolben. Ein Grundprinzip beruht darauf, dass die mit Gleitschuh ausgestatteten Kolben in einem rotierenden Kolbenträger durch Ladedrücke oder Federn gegen eine schräg zur Kolbenachse gestellte Scheibe (Bild 2-23 a) gedrückt werden und dadurch relativ zum Kolbenträger oszillierende Bewegungen durchführen. Eine weitere Möglichkeit ist, die Kolben mit der schräg stehenden Scheibe über Gelenke zu verbinden, die Scheibe anzutreiben und den Kolbenträger mitrotieren zu lassen (Bild 2-23 b). Ein- und Auslass werden über Steuerscheiben geöffnet und geschlossen. Diese Konstruktionen sind ventillos, nur für kleine Kolbenkräfte realisierbar und werden daher nur für kleine Pumpenleistungen bis etwa 5 kW eingesetzt. Die Kolben großer Baugrößen sind dagegen mit Rollen ausgestattet (Bild 2-23 c).

Kleine Antriebe dienen als klassische Pumpenantriebe für Hydrauliksysteme oder Kraftstoffpumpen in Injektionssystemen der Kraftfahrzeugtechnik, während leistungsstärkere Antriebe auch in der Prozesstechnik eingesetzt werden.

Vorteilhaft an diesen Konstruktionen sind die einfache Platz sparende Antriebsform sowie die Tatsache, dass damit auf einfach kleine Mehrfachpumpen hergestellt werden können, verbunden mit dem Vorteil der pulsationsarmen Förderung. Außerdem besteht die Möglichkeit, die Topographie der Schrägscheibe als Kurvenscheibe auszubilden und so die Förderstrompulsation weiter zu reduzieren. Diese Vorteile werden beispielsweise für den Antrieb von 6-8 hydraulischen Membranpumpenköpfen angewendet, die in einem Pumpendeckel integriert sind. Die Kolben werden dort ähnlich dem Feder-Nocken-Prinzip durch Federn an die Taumelscheibe gepresst und erreichen Förderströme von mehreren m^3/h und bis zu 30 MPa.

2.4 Technische Ausführung oszillierender Pumpenantriebe

Trotz dieser Vorteile sind große Antriebe dieser Bauform wegen des dann vorhandenen maschinellen Aufwandes und des nicht durch die Triebwerksmechanik erzwungenen Saughubes eher selten. Eine relative neue Konstruktion verwendet diese Technik nun trotzdem auch für Maschinen bis etwa 1,7 MW hydraulische Leistung, bevorzugt wegen der Möglichkeiten zur pulsationsarmen Förderung. Eine oben liegende, für eine pulsationsarme Förderung mit spezieller Topographie gestaltete Kurvenscheibe treibt bis zu 8 mit Rollen ausgestattete Kolben, mit einem Kolbenhub von 300 mm und erzeugt Drücke bis 51 MPa (Bild 2-23 c).

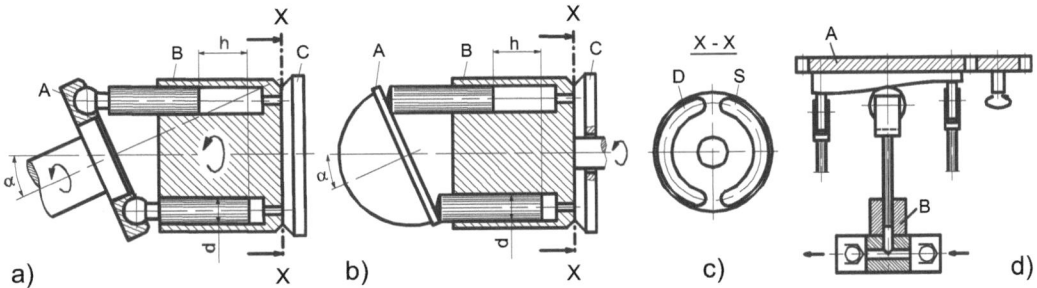

Bild 2-23 a) Axialkolbenpumpen; b) Schrägachsenpumpe; c) Schrägscheibepumpe; d) Kurvenscheibenpumpe mit Rollen. A: Antrieb, B: Gehäuse, C: feststehende Steuerscheibe

2.4.6 Steuerkolbenantriebe

Steuerkolbenpumpen ersetzten durch ihre Kinematik der gleichzeitigen Rotation und Oszillation in einfacher Weise Kolbenpumpenköpfe mit zwangsgesteuerten Ventilen. Diese Kinematik wird bei größeren Maschinen bis etwa 5 kW durch eine Getriebemechanik erreicht, bei der auf einer zur Kolbenachse geneigten rotierenden Scheibe eine in Achsrichtung neigbare und gegen Ausbiegung aus der Achsrichtung steife Pleuelstange mit rotiert, die am anderen Ende den Kolben zur Mitrotation und aufgrund der Scheibenneigung zur Oszillation zwingt (Bild 2-24 a). Kleinstmengenpumpen mit diesem Wirkprinzip benutzen stattdessen einen in Achsrichtung federnd auf einer Kurvenscheibe abgestützten Kolben mit Gleitschuh (Bild 2-24 b, c, d).

Die Wirkung der Ventile wird hier durch einen Ausschnitt am Kolben ersetzt, der durch die Rotation und Oszillation die saugseitigen und druckseitigen Bohrungen im Pumpenkopfgehäuse wechselnd öffnet und schließt. Im Druckhub zeigt der Kolbenausschnitt nach oben und fördert zur Druckseite, während die andere Seite den Saugkanal geschlossen hält. Gegen Ende des Druckhubes hat sich der Kolben soviel weitergedreht, dass der druckseitige Kanal geschlossen und der Saugkanal danach geöffnet wird. Anschließend folgt der Saughub. Der Kolbenausschnitt und die Kanäle müssen so gestaltet sein, dass es zwischen Saug- und Druckhub und umgekehrt kurze Phasen gibt, in denen beide Kanäle durch den Kolben geschlossen sind. Da sich aber der Kolben auch in dieser Phase in Achsrichtung bewegt, entsteht kurzzeitig eine Unterdruck- oder Überdruckspitze, die nur durch kurze Spalte zu den Anschlussbohrungen und damit durch Leckströme limitiert werden können. Das Förderverhalten ist dadurch aber stark viskositäts- und druckabhängig. Aus diesen Gründen sind für anspruchsvolle Dosieraufgaben die Drücke auf maximal 1 MPa und 4 m^3/h beschränkt. Für weniger anspruchsvolle Aufgaben sind jedoch Drücke über 600 bar möglich.

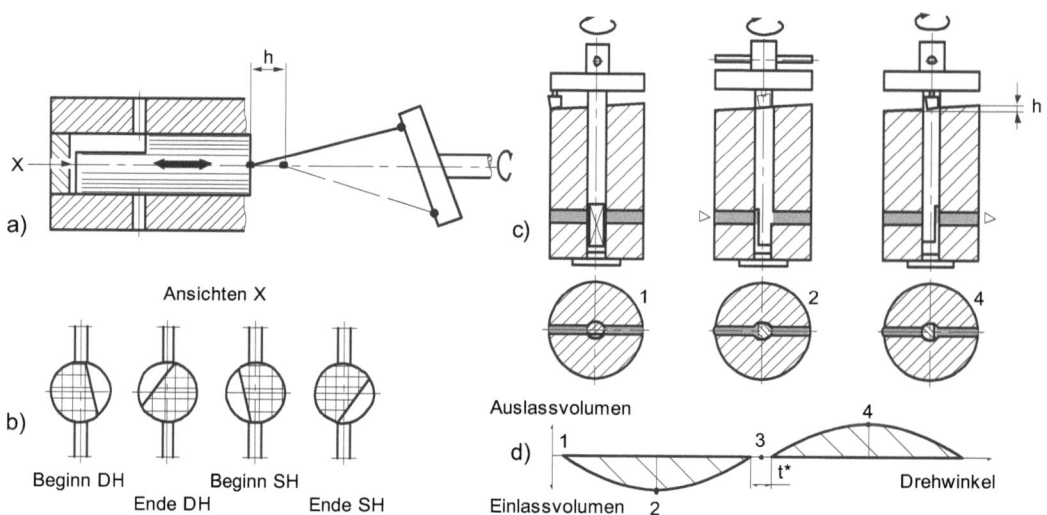

Bild 2-24 Steuerkolbenantriebe: a) Getriebe; b) Kolbenpositionen; c) befederter Kolben mit Gleitschuh; d) Förderstromkurve: t^* entkoppelte Phase trotz Kolbenbewegung

Steuerkolbenpumpen sind besonders vorteilhaft für hochviskose Flüssigkeiten ohne Füllstoffe, Werden Suspensionen gefördert so erzeugen diese einen starken Verschleiß an den Steuerkanten (Kanten an den Kanälen und dem Kolbenausschnitt), mit nachhaltigen Folgen für die Fördergenauigkeit, Fördercharakteristik und Förderleistung.

2.4.7 Hydraulische Membranpumpen mit hydraulischem Phasenanschnitt

Die Auswirkung des hydraulischen Phasenanschnitts (Bild 2-25) ist vergleichbar mit dem Feder-Nocken-Antrieb. Ein Teil des fest eingestellten Kolbenhubes wird dazu benutzt das damit verdrängte Öl durch einen Kanal (L) zum Vorratsraum zu pumpen, bis der Kolben selbst an einer Muffe (5) oder einem mit dem Kolben verbundenen Schieber diesen Kanal verschließt und die Pumpe Druck aufbauen kann. Die Position, bei der die Verbindung gesperrt wird, ist in der Regel über positionierbare Steuerkolben oder Schiebemuffen einstellbar (S), so dass damit eine für hydraulische Membranpumpen nutzbare einfache Förderstromverstellung möglich ist. Selbstverständlich resultieren aus dem Phasenanschnitt, wie vom Feder-Nocken-Prinzip, Druckstöße. Aus diesem Grund werden damit auch nur kleinere Förderleistungen bis zu einigen Kilowatt realisiert.

2.5 Technische Ausführungen von Kolbenpumpenköpfen 93

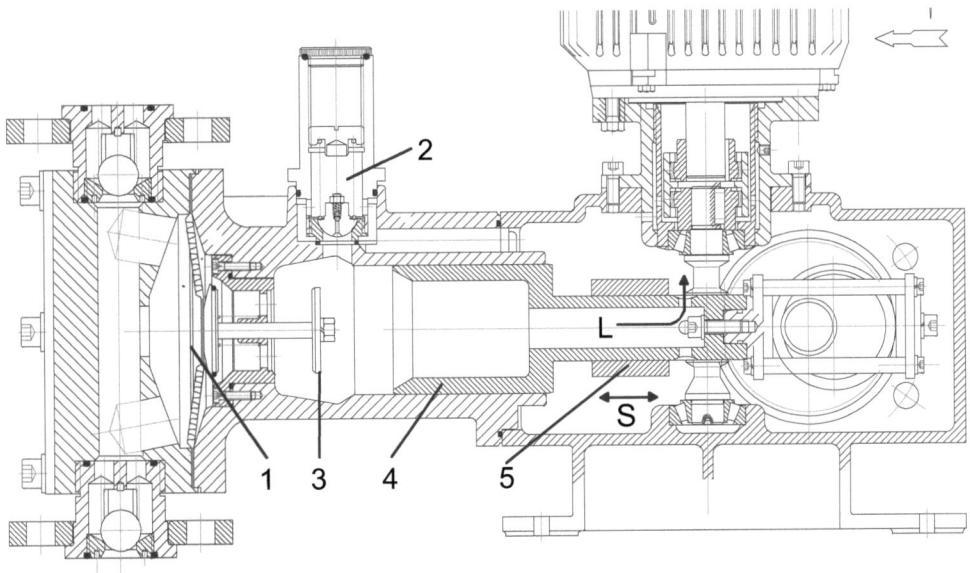

Bild 2-25 Hydraulische Phasenanschnittsteuerung (ALLDOS): 1 Membran, 2 Druckbegrenzungsventil, 3 Membranschutzventil, 4 Kolben, 5 Schiebemuffe zur Effektivhubeinstellung, S, L: Rückstrom, solange die Schiebmuffe die Bohrung nicht verschließt

2.5 Technische Ausführungen von Kolbenpumpenköpfen

2.5.1 Klassische Bauformen

Klassische Kolbenpumpenköpfe bestehen aus dem Kolbengehäuse, den beiden Arbeitsventilen, der Kolbenabdichtung und der Pumpenkopfhalterung, die als Verbindung zum Antrieb dient (Bild 2-26 a). Das Kolbengehäuse wird für kleine Baugrößen grundsätzlich als Vollmaterial gefertigt. Erst ab einer bestimmten Größe sind auch Gussgehäuse zu finden. Deren Vorteil besteht aus der guten Annäherung des Rohteils an das Fertigteil und den daraus resultierenden geringeren Materialkosten, der geringen Zerspanungsleistung und der optimalen Wanddicke. Diesen Vorteilen steht aber oft der Nachteil entgegen, dass die Vielfalt der Chemikalien verschiedene Werkstoffe fordert und daher Gussteile in unterschiedlicher werkstofflicher Ausführung beschafft werden müssen. Der Vorteil einer Gussausführung geht dadurch schnell verloren. Die meisten Firmen fertigen daher auch größere Pumpengehäuse aus Vollmaterial oder bei geringen Stückzahlen und niedrigen Drücken in geschweißter Ausführung.

Bei kleinen Baugrößen aus metallischen Werkstoffen werden die Ventile mit Schraubnippeln verspannt. Mit zunehmendem Druck (>20 MPa) und zunehmender Größe sollten jedoch, zur Erhaltung der Oberflächenqualität, drehend verspannte Ventildichtungen vermieden und stattdessen Flanschverspannungen eingesetzt werden (Bild 2-26 b). Typische Werkstoffe sind die Austentite 1.4571, 1.4405, 1.4301.

Pumpenköpfe aus Kunststoffen sind ähnlich Bild 2-26 a gestaltet und ausschließlich für sehr niedrige Drücke bis maximal 0,5 MPa geeignet, beinhalten dann aber alle Vorteile der günstigen Herstellung beziehungsweise der guten Beständigkeit durch die Verwendung von PTFE. Kunststoffpumpen für höhere Drücke werden nur noch aus Beständigkeitsgründen realisiert. Im Falle von PTFE, aber auch anderer hochbeständiger Kunststoffe ist dann aber eine besondere Stützung und Armierung (Bild 2-26 c) des Kunststoffes erforderlich und die Ventile sind ausschließlich flanschverspannt.

Sollen die Ventile ohne Demontage von Rohrleitungsteilen demontiert werden können, so sind Versionen mit Rohrbögen eine gute und wirtschaftliche Lösung. Bild 2-26 d zeigt eine solche Ausführung in Kombination mit einer Elastomerauskleidung gegen abrasive Fördergüter.

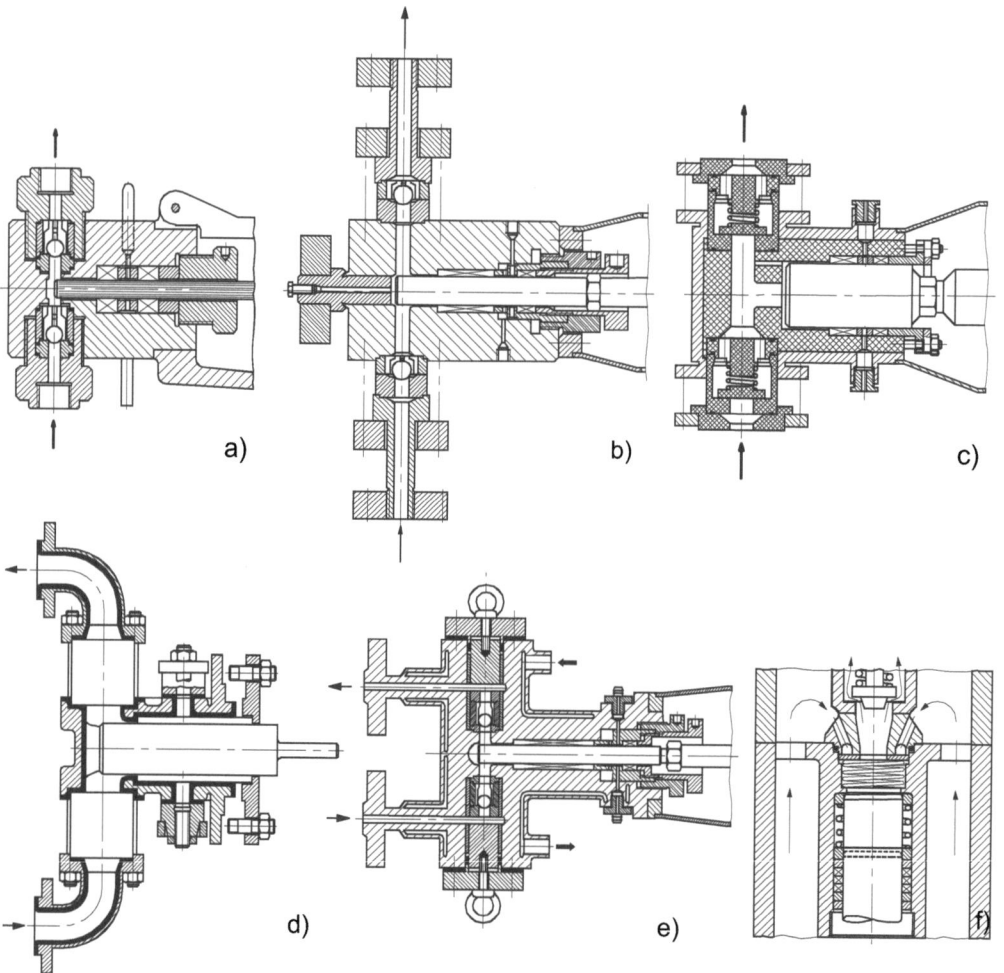

Bild 2-26 Kolbenpumpenköpfe: a) Kolbenpumpenkopf aus Vollmaterial mit Schraubnippel verspannten Ventilen; b) Kolbenpumpenkopf für höhere Drücke mit flanschverspannten Ventilen und doppelt verspannter Stopfbuchse; c) Kolbenpumpenkopf mit Kunststoffauskleidung; d) Kolbenpumpenkopf in Gußausführung mit Krümmeranschlüssen zur leichteren Ventildemontage, e) beheizter Kolbenpumpenkopf in Querhauptausführung; f) Ausschnitt aus Kolbenpumpenkopf in Vertikalausführung mit Ringplatten-Saugventil

2.5 Technische Ausführungen von Kolbenpumpenköpfen

Für höhere Prozesstemperaturen können die Querhauptpumpenköpfe komplett beheizt werden (Bild 2-26 e). Als Heizmedium dient meist Dampf (bis 121° C) oder seltener Wärmeträgeröl (bis 300° C). Die erreichbaren Temperaturen hängen von den verarbeiteten Werkstoffen ab. Meist ist die Kolbenabdichtung das limitierende Bauteil. Aber Stopfbuchspackungsringe sind bis etwa 300° C erhältlich.

Bild 2-26 f zeigt die kompakte Konstruktion eines vertikal agierenden Pumpenkopfes mit einem einflutigen, außen geführten Ringplattenventil als Saugventil. Vorteilhaft an dieser Bauform ist, dass die Kolben- und Kreuzkopfgewichtskräfte nicht auf die Dichtung wirken und die Einachsigkeit in der Förderaumgestaltung gewisse Kostenvorteile aufweist. Nachteilig bei größeren Maschinen ist die schlechtere Zugänglichkeit der dann relativ weit oben befindlichen Anschlussrohrleitungen.

2.5.2 Hochdruckpumpenköpfe

Hochdruckpumpen haben bevorzugt flanschverspannte Ventile, polierte oder zumidest sehr glatte Arbeitsraumflächen, möglichst wenige aber gerundete Kanten und vergleichsweise lange, oft doppelt gespannte Kolbenabdichtungen. Je größer der Druck, desto kleiner wird außerdem das Verhältnis d/s, desto dicker die Kolbengehäusewände und desto kleiner die Schadräume. Für Hochdruckpumpen gelten darüber hinaus noch folgende Gestaltungsregeln:

- Schadraumoptimierung durch als Patrone in den Pumpenkopf integrierte Ventile,
- Schadraumoptimierung durch Druckventil kleiner als das Saugventil,
- Schadraumoptimierung mit vertikal agierenden Pumpen, deren Saugventile als Ringplattenventile ausgeführt sind und deren Kolben durch den Innendurchmesser des Saugventils durchtaucht,
- Schadraumoptimierung dadurch, dass der Kolben sehr nah an die stirnseitige Gehäusewand heranfährt,
- Elastizitätsreduktion durch Kolbenabdichtungen die wenig elastisch sind.

Da Kolbenpumpen pulsierende Drücke erzeugen, unterliegen alle Pumpenbauteile einer dynamischen Beanspruchung. Ihre Festigkeitsbewertung orientiert sich daher an den Wöhlerkurven der in Frage kommenden Werkstoffe sowie den die Ermüdungsfestigkeit mindernden chemischen Einflüsse durch Schwingungsrisskorrosion [2-10]. Besonders gefährdet sind dadurch alle Kerben und Kanten die mit Kerbfaktoren bis etwa 3 die Beanspruchung verstärken, oder die zulässige dynamische Druckbelastung bis auf ein Drittel reduzieren.

Reichen die Festigkeitswerte nicht mehr aus, so werden die Pumpenköpfe autofrettiert oder als zwei- oder dreischichtige Schrumpfgehäuse aufgebaut. Beide Verfahren erzeugen im entlasteten Zustand an der Innenschicht eine Druckspannung und damit eine reduzierte Zugspannung im belasteten Fall [2-11].

Bei sehr hohen Drücken (>200 MPa) müssen schließlich alle Kerbwirkungen konsequent minimiert werden. Eine erste Maßnahme ist, die kritischen Verschneidungsgeometrien aus dem Pumpengehäuse nach außen zu verlegen (Bild 2-18), oder im Pumpenkopf auf ein kleines zentrales Teil zu konzentrieren, und so Ersatzteilkosten zu sparen. Typische Konstruktionen hierfür sind Verzweigung in die beiden Ventilkanäle über ein Y-Stück, das im kritischen Bereich druckausgeglichen belastet wird (Bild 2-27), oder die Trennung der Kanäle in einem stirnseitigen Teil und einer Kanalführung durch erodierte gebogene Bohrungen.

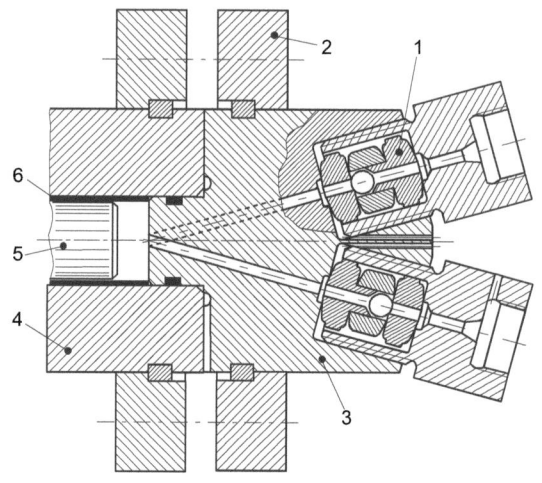

Bild 2-27 Hochdruckpumpenkopf für etwa 400 MPa mit Y-Stück:
1 Ventilhalterung,
2 Halteflansch,
3 Y-Stück,
4 Gehäuse (meist geschrumpft),
5 Kolben,
6 Laufflächenbeschichtung

Während bei Drücken bis etwa 100 MPa noch Austenite eingesetzt werden können, werden für Drücke darüber Duplexstähle und ab 300 MPa nur hochfeste Werkstoff wie einige Duplexstähle, meist jedoch ferritische Stähle wie Weichmartensite oder auch Werkzeugstähle eingesetzt.

2.5.3 Pumpenköpfe für die Hygienetechnik

Das Wachstum in den Brachen der Bioverfahrenstechnik und Life-Science-Industrie fordert immer mehr auch hygienegerechte Ausführungen (Bild 2-28) nach folgenden Kriterien [2-12]:

a) Verwendung hygienegerechter Werkstoffe wie die Austenite DIN 1.4301, 1.4405 oder Werkstoffe der US-Norm 316L,

b) leicht und schnell demontierbar und mechanisch reinigbar durch die Verwendung von Klemmen oder Lebensmittelverschraubungen,

c) Oberflächen mit Ra < 0,8 µm (meist durch Elektropolieren herzustellen),

d) keine scharfen Kanten und Ecken sowie keine Strömungstoträume,

e) CIP (Clean in Place)-Reinigbarkeit, ohne jegliche Demontage, allein durch turbulente Durchströmung mit CIP-Flüssigkeiten (z. B. verdünnte Natronlauge, Peroxid, …),

f) Sterilisierbarkeit mit überhitztem Dampf im montierten Zustand (SIP – Sterilisation in Place),

g) Wärmedehnung durch SIP darf in den Dichtungen nicht zu Undichtigkeit führen,

h) keine Kontamination von außen durch absolut dichte Dichtungen.

Die einzigen Schnittstellen zur Umgebung sind die statischen Dichtungen an den Ventilen und die dynamisch wirkende Kolbenabdichtung. Während statische Dichtungen zuverlässig dicht gestaltet werden können, ist dies bei dynamischen Dichtungen unmöglich. Die einzige Lösung für Kolbenpumpen hierfür sind Sterilschnittstellen. Die Kolbenabdichtung wird dazu zweigeteilt und die zwei Teile im Abstand größer als der Kolbenhub eingebaut und dazwischen Heißdampf oder Sterilflüssigkeit durchgeleitet. Aus Gründen guter Reinigungsfähigkeit und weniger Toträume kommen als Dichtungselemente Dachmanschetten oder V-Ringe zum Einsatz.

2.5 Technische Ausführungen von Kolbenpumpenköpfen

Bild 2-28 zeigt typische, nach den Regeln der Hygienetechnik aufgebaute Kolbenpumpenköpfe aus dem in der Lebensmitteltechnik zugelassenen Werkstoff DIN 1.4435. Die Ventile und der Pumpenkopf selbst sind mit Klemmen befestigt (a) und daher leicht und schnell demontierbar, um die Reinigung von Hand zu erlauben. Daneben sind alle Oberflächen elektropoliert, alle Ecken und Kanten mit Mindestradien nach den Regeln des EHEDG oder A3 abgerundet und Strömungstoträume weitgehend vermieden. Als Dichtungen kommen Packungen von Dachmanschetten aus PTFE zum Einsatz. Diese können sowohl fest eingebaut oder zur besseren Demontage und kontrollieren Dichtwirkung federgespannt sein und enthalten grundsätzlich Sterilschnittstellen. Der Zwischenraum wird über den Kanal SS mit sterilisierendem Dampf oder einer desinfizierenden Flüssigkeit durchströmt.

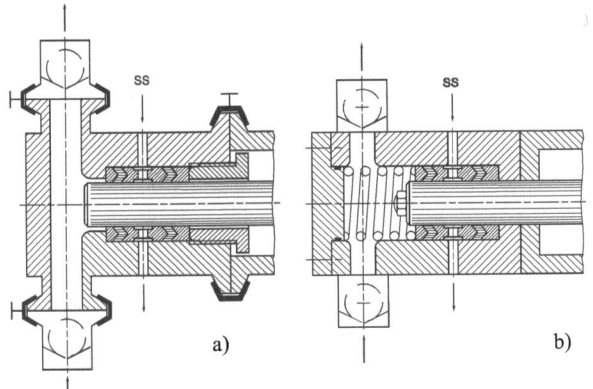

Bild 2-28 Nach den Richtlinien der Hygienetechnik gestaltete Kolbenpumpenköpfe mit Sterilschnittstellen SS, Formdichtringen und mit Klemmen befestigte Ventile:
a) klassisch gespannte Kolbenabdichtung und leichte Demontierbarkeit des gesamten Pumpenkopfes;
b) komplett im montierten Zustand mechanisch reinigbar

Neben den hygienetechnischen Anforderungen gibt es auch immer mehr Forderungen nach schonenden Förderprozessen. Die größte Flüssigkeitsbeanspruchung tritt in oszillierenden Verdrängerpumpen im Ventilspalt auf. Der dadurch beanspruchte Flüssigkeitsanteil ist < 5 %. Sind die Ventile offen, so verbleiben nur der Druckverlust und die Scherung an der Kolbenabdichtung als schädigende Kriterien. Diese sind ist im Vergleich zu den Vorgängen in anderen Pumpenarten wenig schädigend. Die oszillierende Pumpentechnik bietet damit grundsätzlich die Möglichkeit schonend zur Fördern.

2.5.4 Pumpen für die Motorentechnik

Einspritzpumpen und Pumpen für die Kraftstoffzufuhr in der Common-Rail-Technik (Kapitel 4) arbeiten in Ottomotoren bei etwa 20 MPa und in Dieselmotoren bei etwa 200 MPa. Aufgrund des hohen Wirkungsgrades und der Eignung für Hochdruck werden bevorzugt Kolbenpumpen oder auch Axialkolbenpumpen (bis 30 MPa) verwendet. Da in der Kraftfahrbranche die kostengünstige Herstellung von zentraler Bedeutung ist, werden ausschließlich Spaltdichtungen und Feder-Nocken-Antriebe verwendet. Je gilt: Je größer der Druck, desto kleiner die erforderliche Spaltweite. Typisch sind Spalte im Bereich um 1 µm. Solche Spalte erfordern grundsätzlich Partikelfreiheit und damit eine Kraftstofffilterung mit hoher Filterfeinheit. Da kaum Beständigkeitsprobleme bestehen, werden dafür ausschließlich ferritische Stähle und Gusswerkstoffe und für die Kolben-Buchsen-Paarung gehärtete Stähle und in Ausnahmefällen Hartstoffe verwendet.

Bild 2-29 a zeigt eine Triplexpumpe mit einer exzentrisch rotierenden, mit drei Kontaktflächen ausgestatteten Kulisse. Diese erzwingt pro Umdrehung für jeden der drei Kolben, jeweils 120° versetzt nacheinander, einen Förderhub. Die Kraftstoffversorgung erfolgt mit Hilfe einer Zahnradpumpe, die den Kraftstoff über den Kulissenraum und von Magnetventilen gedrosselten Kanäle in die Arbeitsräume der Kolben fördert und so die Saughubbewegung unterstützt.

Die Kraftstoffpumpe in Bild 2-29 b hingegen ist für die direkte Versorgung von vier Einspritzventilen. Ihre Funktion entspricht einer mit hydraulischer Phasenanschnittsteuerung arbeitenden erweiterten Form des Steuerkolbenprinzips. Der Kolben (1) wird durch ein Getriebe (2) in Rotation und durch eine mit dem Kolben fest verbundene Nockenscheibe (3), die sich mit Hilfe einer Feder auf vier Rollen (4) abstützt, in Oszillation versetzt. Dadurch entstehen pro Kolbenumdrehung vier Hübe. Das Pumpengehäuse (5) enthält, gleichmäßig auf den Umfang verteilt, vier Kanäle zu den Druckventilen (6) und einen Saugkanal (7). Im Kolben sind jeweils 45° versetzt dazu vier Nuten (8) eingefräst, über die angesaugt werden kann. Außerdem ist dort eine Zentralbohrung (9) eingebracht, die sich zu den Auslasskanälen und dem Vorratsraum (10) verzweigt. Der Kanal zum Vorratsraum ist durch eine verstellbare Steuermuffe (11) abgedeckt. Beim Druckhub hat die Zentralbohrung Verbindung zu einem der vier Auslasskanäle und im Saughub sind die Nuten jeweils mit dem Einlasskanal verbunden. Die Fördermenge wird über die Position der Steuermuffe eingestellt. Je früher die Querbohrung unter der Muffe hervortaucht, desto mehr Hubvolumen wird in den Vorratsraum zurückgefördert. Der Vorratsraum wird durch eine Flügelzellenpumpe gespeist und auf einem leicht erhöhten Druckniveau gehalten, das zur sicheren Beladung des Kolbenarbeitsraumes ausreicht.

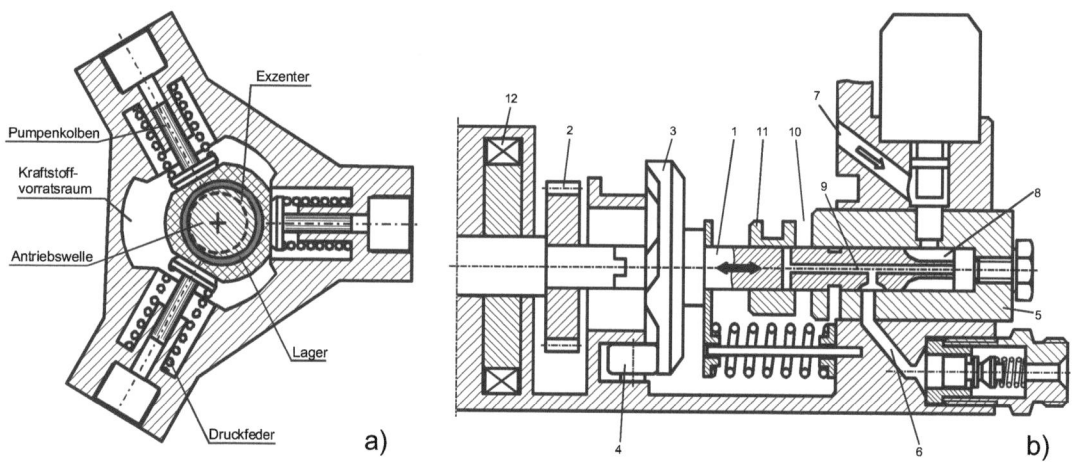

Bild 2-29 Einspritzpumpen: a) Common-Rail-Kraftstoffpumpe für 160 MPa mit Feder-Nocken-Antrieb (AUDI); b) Benzin-Steuerkolbenpumpe für die Versorgung von vier Zylindern (BOSCH)

Die detaillierte Betrachtung dieses Aufbaus zeigt, dass die Druckdifferenz teilweise mit sehr kurzen Spaltlängen abgedichtet wird (z. B. zwischen den Kolbennuten und dem Saugkanal oder an der Steuermuffe). Daher wären bei üblichen Hubfrequenzen von oszillierenden Pumpen relativ große Leckagen zu befürchten. Außerdem entsteht dadurch beim Saughub, wegen des Leckverlustes, Kavitation. Da aber Einspritzpumpen mit sehr großer Hubfrequenz (Hier: Hubfrequenz = 4 x Motordrehzahl) und mit sehr engen Spaltweiten arbeiten, ist die absolute

2.5 Technische Ausführungen von Kolbenpumpenköpfen

Leckstrommenge pro Hub trotzdem relativ klein. Außerdem wird der Saughub durch die Vordruckpumpe unterstützt und so trotz Kavitation für eine gute Förderraumfüllung gesorgt.

Selbstverständlich reagiert eine solche Pumpe sehr empfindlich auf Verschleiß. Bereits kleine Spaltweitenänderungen bewirken merkliche Leistungsverluste ($\dot{V}_L \approx f(s_s^3)$). Daher ist ein Feinfilter vor der Kolbenpumpe unerlässlich.

Dieseleinspritzpumpen für LKW und auch manche PKW werden zur Vergrößerung der abdichtenden Spaltlängen als Reihenkolbenpumpen ausgeführt. Die Regelung erfolgt dort ebenfalls mit Steuermuffe und hydraulischem Phasenanschnitt, indem die mit in Umfangsrichtung ansteigender Steuerkante ausgestattete Steuermuffe durch Drehung, beispielsweise mit Hilfe einer Zahnstange, die Auslassbohrung zum Vorratsraum früher oder später freigibt. Kurze Spalte treten hier nur im Bereich der Steuerkante auf. Daher sind die Leckverluste und die Erwärmung des Kraftstoffs in der Pumpe kleiner.

2.5.5 Mikrodosierpumpen

Mit der zunehmenden Ausbreitung und Nutzung der Mikrosystemtechnik wurden auch oszillierende Mikropumpen entwickelt. Die dafür verwendete Technik nutzt die auch für andere Elemente der Mikrosystemtechnik angewandte Technik sowie die dort gebräuchlichen Werkstoffe wie Piezoquarze, Halbleiterwerkstoffe, Keramiken und Kristalle. Bild 2-30 a zeigt eine Microdroppumpe bei der durch schelle Kontraktion des Piezoquarzröhrchens (Kolbenwirkung) eine Druckwelle auf den Inhalt eines Glasröhrchens erzeugt wird und dadurch sich ein Tropfen aus der Düse löst. Bild 2-30 b zeigt hingegen eine aus Chips aufgebaute Membranpumpe mit Membranventilen. Wird die Antriebsmembran mit elektrischer Energie versorgt, so wird durch die unsymmetrische Befestigung der Membran die obere Hälfte der Membran anders als die Untere (fixiert) kontrahieren oder expandieren und die Membran sich in Folge dessen biegen. Dies wird als Verdrängerbewegung ausgenutzt. Zwei Membranventile sorgen für die Flüssigkeitsabtrennung. Die damit erreichbaren Förderleistungen liegen bei Piko- bis Nanolitern pro Hub und wenigen hPa Förderdruck.

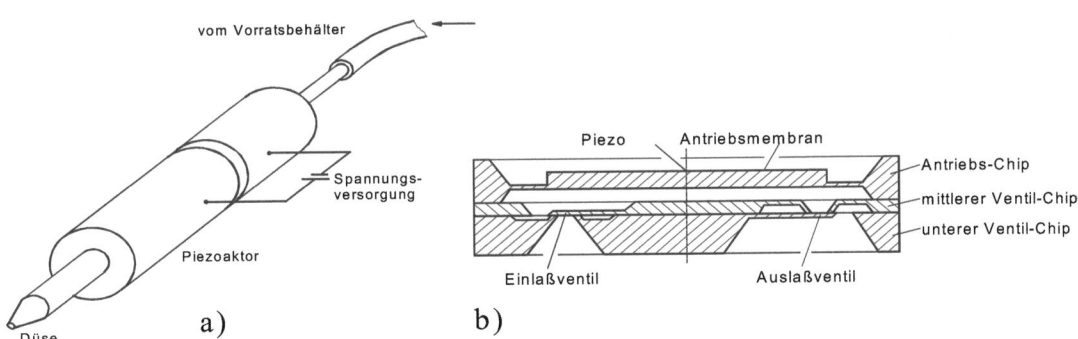

Bild 2-30 Mikropumpen: a) Microdrop-Pumpe (MICRODROP); b) Mikromembranpumpe (IZM-FhG München)

2.6 Technische Ausführungen von Membranpumpenköpfen

Dynamisch arbeitende Dichtungen werden immer durch das abzudichtende Fluid geschmiert und unterwandert. Daher sind dynamische Dichtungen von Kolbenpumpen niemals absolut dicht. Zum Schutz der Umwelt müssen jedoch menschen- oder umweltgefährdende oder empfindliche Flüssigkeiten leckfrei und damit hermetisch gefördert werden. Membranpumpen mit hydraulischem oder mechanischem Membranantrieb bieten diese Möglichkeit, da hier die Trennfunktion zur Umgebung durch die statisch dichtende Membraneinspannung erreicht wird. Außerdem erfüllt man mit solchen Konstruktionen leicht hygienetechnische Anforderungen. Der mit Flüssigkeit berührte Raum ist sehr klein, kann leicht poliert werden und hat keine merklichen Toträume und Spalte.

2.6.1 Membranpumpen mit mechanischem Membranantrieb

Beim mechanischen Membranantrieb handelt es sich um eine einfache und kostengünstige Membranpumpenbauform. Sie entsteht durch eine elastische Membran die zwischen den Pumpendeckel und das Antriebsteil eingespannt und direkt vom Kolben angetrieben wird. Aufgrund der geforderten Wirtschaftlichkeit durch gute Verformbarkeit möglichst große Hubvolumen zu erreichen, ist zwischen den die Membran stützenden pilzförmigen Zentralbauteilen und der Membranaußeneinspannung ein verformbarer Bereich nötig (Bild 2-31). In diesem Bereich müssen die Membranen den Förderdruck selbstständig tragen, da die Räume hinter den Membranen mit der Atmosphäre in Verbindung stehen.

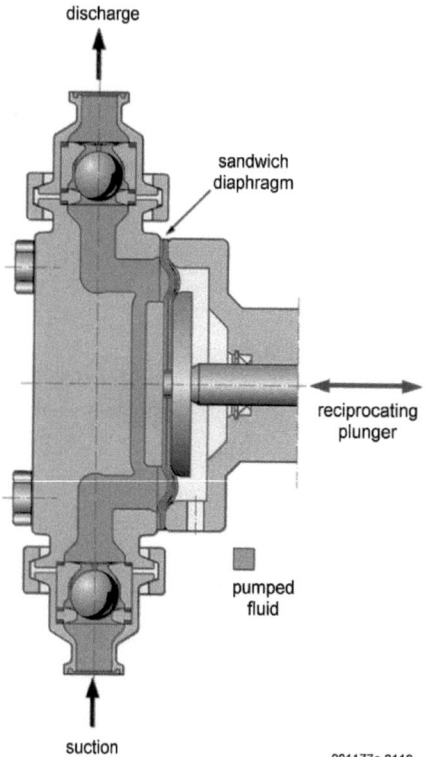

Typische Membranwerkstoffe die diese Anforderungen erfüllen sind das relativ gut verformungsfähige PTFE, verstärkte hochelastische Elastomere und ultrahochmolekulares PE. In der Regel wird das Verformungspotential über eine einwellige Form vorgegeben. Werden Membranen aus diesen Werkstoffen belastet, so reagieren sie elastisch oder auch mit Nachgiebigkeit und in der Nähe der zulässigen Spannung gegebenenfalls mit lokaler Kerbung, Plastifizierung, Kriechen oder Relaxation. Der falsche Umgang mit diesen Werkstoffen zieht daher nicht selten Membranbrüche nach sich. Deshalb ist hier besondere Sorgfalt geboten. Die Konstruktion einer Membran für diesen Pumpentyp ist daher immer ein Kompromiss zwischen erreichbarem Förderdruck und dem für das erforderliche Hubvolumen nötigen Pumpenkopfdurchmesser.

Bild 2-31 Membranpumpenkopf mit mechanischem Membranantrieb; p: Flüssigkeitsdruck, A: Verbindung zur Atmosphäre (LEWA)

2.6 Technische Ausführungen von Membranpumpenköpfen

Eine mehrschichtige Membran löst dieses Problem zumindest teilweise. Beispielsweise nutzt eine realisierte Pumpe vier Membranschichten und steigert so die Tragfähigkeit ohne Verformungsfähigkeit zu verlieren. Trotzdem werden nur Drücke bis etwa 2 MPa und Förderströme bis maximal 1 m³/h erreicht und die Fördergenauigkeit liegt aufgrund der Nachgiebigkeit der Membranwerkstoffe und deren Langzeiteffekte wie Kriechen und Relaxation, etwas unter der von Kolbenpumpen.

2.6.2 Membranpumpen mit hydraulischem Membranantrieb

Membranpumpen mit hydraulischem Membranantrieb vermeiden die Nachteile der Schwingfähigkeit und Weichheit der mechanisch angetrieben Membran, da ihre Membranen zu jedem Zeitpunkt vollständig und lückenlos vom Hydraulikfluid abstützt werden. Die Belastungsgrenze ist daher nicht durch den Arbeitsbereich der Membran, sondern durch die Dichtfähigkeit in der Membraneinspannung bestimmt. Damit sind, je nach Membranwerkstoff, Drücke bis 300 MPa und Förderströme bis etwa 100 m³/h erreichbar. Leider sind die funktionellen Zusammenhänge einer solchen Pumpe wesentlich komplizierter. Zum besseren Verständnis werden daher nachfolgend in fünf Schritten aus einem Kolbenpumpenkopf (Bild 2-32) – mit aus didaktischen Gründen zuviel Schadraum – aktuell erhältliche Membranpumpenköpfe entwickelt. Im Wesentlichen geht es bei allen Maßnahmen um eine funktionsfähige Membran.

Erster Schritt

Das Pumpengehäuse ist nun in ein Hydraulikteil und einen Pumpendeckel (Bild 2-32 b) aufgeteilt, zwischen denen eine elastische Membran eingespannt ist. Die Verdrängerbewegung wird nun vom Kolben über die Hydraulikflüssigkeit und die Membran auf die Förderflüssigkeit übertragen. Die Membran ist biegeweich, so dass vor und hinter der Membran nahezu der gleiche Druck herrscht. Leider ist diese Konstruktion nicht funktionsfähig. Durch die Kolbenabdichtung, die jetzt Öl abdichtet und dadurch sehr gut geschmiert ist, wird eine mit steigendem Druck zunehmende Leckage $\dot{V}_L$ aus dem Druckraum in den unter Atmosphärendruck stehenden Vorratsbehälter stattfinden. Das Hydraulikvolumen wird dadurch immer weniger und die Membran immer weiter nach hinten ausgelenkt, bis sie schließlich überdehnt und damit beschädigt wird.

Zweiter Schritt

Dies kann verhindert werden, indem eine Lochplatte eingebaut wird, welche die Deformation der Membran auf ihr zulässiges Maß begrenzt. Die Strömungskanäle in der Lochplatte müssen aber so klein sein, dass beispielsweise bei einem undichten Druckventil der Förderdruck die Membran nicht an der Lochplatte perforiert. Die zulässige Größe der Bohrungen ist daher abhängig vom Förderdruck, der Membrandicke und dem Membranwerkstoff.

Aufgrund des druckbedingten Leckstromes kann hier die Membran bereits an der Lochplatte anliegen und keine Förderflüssigkeit mehr angesaugt werden, während der Kolben den Saughub noch nicht abgeschlossen hat und daher weiter ansaugt. Um zu vermeiden, dass dadurch im Hydrauliköl grundsätzlich gelöstes Gas (Luft, Gaskavitation) herausgelöst wird und durch die dann entstandene Kompressibilität Dosierstromschwankungen entstehen, muss das fehlende Volumen über druckgesteuerte und auf einen bestimmten Öffnungsdruck eingestellte Leckergänzungsventile (LV) aus dem Vorratsraum ausgeglichen werden. Da in Flüssigkeiten das Lösen von Gasen wesentlich länger dauert als das Herauslösen, wäre sonst mit der Akkumulation von Gas im Druckraum und folglich mit ständig abnehmenden volumetrischen Wirkungsgraden zu rechnen. Da aber Gasblasen nach dem Henry-Gesetz bereits bei kleinsten Abweichungen vom Sättigungsdruck (hier Atmosphärendruck) herausgelöst werden, kann diese Ausführung also nicht mit Saugdrücken unter dem Sättigungsdruck der Hydraulikflüssigkeit arbeiten. Kann sichergestellt werden, dass keine Gasblasen im Hydraulikraum entstehen und die Membran immer die Lochplatte erreicht, so ist diese Konstruktion bereits eine taugliche Pumpenkopfvariante, die in leicht abgewandelter Form besonders bei sehr hohen Förderdrücken und Saugdrücken > 0,1 MPa eingesetzt wird.

Wurde jedoch vergessen, ein in der Saugleitung befindliches Ventil zu öffnen, das Saugventil klemmt, oder die Saugleitung ist verstopft, so kann nicht angesaugt werden. Sofern die Förderflüssigkeit nicht verdampft (meistens der Fall), wird bei Erreichen des Einstelldruckes das Leckergänzungsventil dann gewissermaßen als „Ersatzsaugventil" agieren, und Öl in den Hydraulikraum strömen lassen. Die Membran würde folglich während des Saughubes einfach stehen bleiben und während des Druckhubes, wegen Überfüllung des Hydraulikraumes, nun zu weit nach vorne ausgedehnt und spätestens nach dem zweiten Hub zerstört.

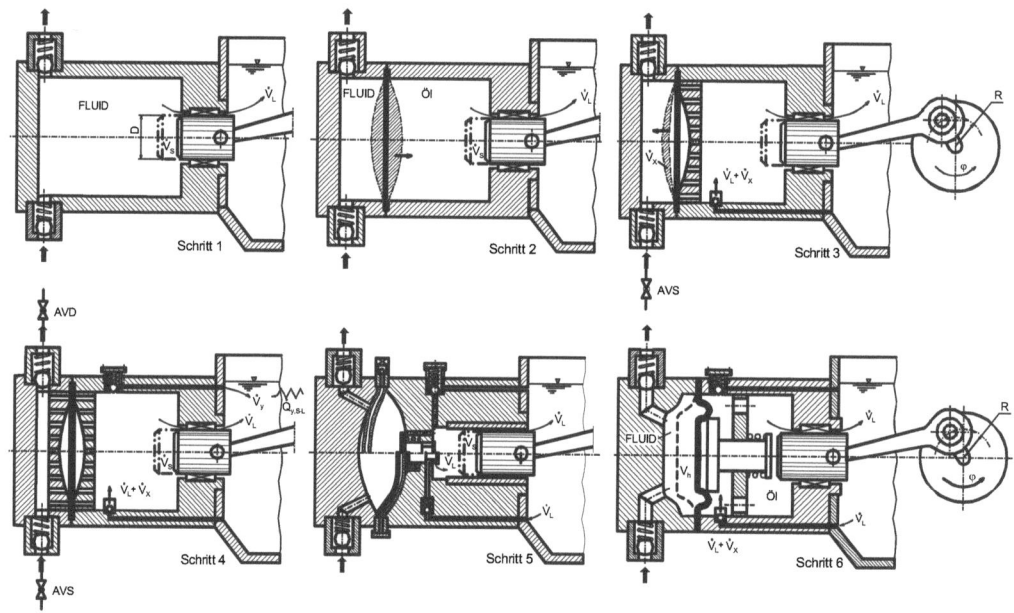

Bild 2-32 Evolution von einer Kolbenpumpe zur hydraulischen Membranpumpe. AVS: Absperrventil Saugseite, AVD: Absperrventil Druckseite, DBV: Druckbegrenzungsventil, LE: Leckergänzungsventil

Dritter Schritt

Um solche Membranschäden zur vermeiden und eine gewisse Saugfähigkeit der Pumpe zu gewährleisten, muss die Membran quasi in einen Käfig gesperrt werden. Eine weitere Lochplatte vor der Membran begrenzt nun die Bewegung nach vorne. Bewegt sich jedoch der Kolben nach vorne, während die Membran bereits an der Lochplatte anliegt (vgl. Schritt 3), so findet das Verdrängervolumen des Kolbens keinen Ausweg und der Druck im Hydraulikraum steigt, bis die Membran nun an dieser Lochplatte perforiert wird. Aus diesem Grund ist ein weiteres Ventil, das Druckbegrenzungsventil (DBV) nötig. Dieses Ventil wird üblicherweise so

2.6 Technische Ausführungen von Membranpumpenköpfen

eingestellt, dass der Öffnungsdruck 10 % über dem Förderdruck liegt. Geschieht das oben Beschriebene, so öffnet sich dieses Ventil und entlässt das überflüssige Ölvolumen in das Reservoir. Der Pumpenkopf ist so gegen jede Form von Überdruck geschützt. Das nun fehlende Ölvolumen muss aber beim Saughub durch das Leckergänzungsventil mit einem gewissen Druckverlust angesaugt werden. Dadurch entstehen aber Gasblasen die den volumetrischen Wirkungsgrad senken. Eine gute Saugfähigkeit daher erst erreicht, wenn an der geodätisch höchsten Stelle ein Entlüftungsventil (EV) eingebaut wird. Dieses Ventil fördert jeweils zu Beginn des Druckhubes ein kleines Volumen (<< 1 % von V_h), und damit die an dieser Stelle gesammelten Gasblasen zurück in den Vorratsraum. Je niedriger der Saugdruck, desto mehr Gasblasen entstehen und desto mehr Volumen muss das Entlüftungsventil austragen um Blasenfreiheit zu ereichen. Die Austragsmenge und der Einstelldruck des Leckergänzungsventils sollten also in einem Gleichgewicht stehen. Gleichzeitig spielt aber auch noch die Entlüftungsfähigkeit des Hydraulikraumes – also die Zeit, in der eine herausgelöste Gasblase zum Entlüftungsventil gelangt – eine wichtige Rolle. Je schlechter die Entlüftbarkeit, desto geringer ist der zulässige Abstand zwischen Sättigungsdruck und Einstelldruck am Leckergänzungsventil. Üblicherweise wird ein Einstelldruck von $\Delta p_{LV}=0{,}04\ MPa$ gewählt. Die Saugfähigkeit dieser Ausführung ist also schlechter als die von Kolbenpumpen, sofern der Dampfdruck der Förderflüssigkeit nicht größer 0,04 MPa ist. Die klassische Bauform für diese Technik zeigt Bild 2-33 d und eine Besonderheit in dieser Technik zeigt (Bild 2-33 c). Diese noch immer erfolgreich existierenden Kleinstmengenpumpen sind wegen der kleinen Räume schwer entlüftbar. Die Lösung war ein Spülsystem in Form eines Kreislaufsystems. Der Kolben saugt über Ventil R die Membran zurück. Im Druckhub nimmt das Öl den Weg über Ventil V und führt so eventuell vorhandene Gasblasen direkt zur geodätisch höchsten Stelle. Der vorgeschriebene Saudruck ist > 0,1 MPa und es wird manuell nur beim Anfahren entlüftet.

Diese Bauformen sind seit langem Standard. Jedoch müssen kritische Saugbedingungen, wegen des sonst ständigen Ansprechens des Druckbegrenzungsventils, verbunden mit Konsequenzen für die Dosiergenauigkeit und Zuverlässigkeit, vermieden werden. Außerdem limitiert die Größe der Bohrungen in den Lochplatten den maximalen Förderdruck. Je höher der Druck, desto kleiner sind die Bohrungsdurchmesser und desto größer ist, wegen des erforderlichen Strömungsquerschnittes, die Bohrungsanzahl. Kleine Bohrungen sind aber empfindlicher gegen Verstopfungen durch Partikel, was besonders bei Suspensionsförderung problematisch ist. Aus diesem Grund wurde nach einer Lösung gesucht, die beide Nachteile vermeidet.

Vierter Schritt

Lässt man Leckergänzung nur zu wenn die Membran nahe ihrer hinteren Totlage ist, so kann die vordere Lochplatte entfallen und der Förderraum ist frei druchströmbar (Suspensionförderung). Dies gelingt durch den Einbau einer Membranlagensteuerung über ein zentral eingebautes Steuerventil. Hat die Membran keinen Kontakt zu diesem Ventil, so ist der Schieber mit Frontplatte in seiner vorderen Anschlagposition. Der Kanal zum Leckergänzungsventil ist geschlossen und Leckergänzung nicht möglich (oben). Drückt aber die Membran gegen Ende des Saughubes den Schieber gegen die Feder nach hinten und erreicht damit eine sichere Position, dann öffnet die Verbindung zum Leckergänzungsventil und Leckergänzung kann stattfinden (unten). Die Saugfähigkeit ist hier natürlich auch durch das Δp_{LV} des Leckergänzungsventils bestimmt. Mit üblicherweise $\Delta p_{LV} = 0{,}04$ MPa wird meist ein sicherer Saugbetrieb erreicht.

Diese oder vergleichbare Konstruktionen (Bild 2-33 b) waren über etwa zwei Jahrzehnte marktbeherrschend und sind es auch noch heute. Jede Flüssigkeit, ob hochviskos, extrem niedrigviskos oder auch partikelhaltig (Suspensionen), kann damit gefördert werden. Jedoch hat auch diese Technik noch einen Schwachpunkt. Stellen wir uns vor, eine Pumpe ist in einigen Metern Höhe in einem Prozess eingesetzt und außer Betrieb und die Saugleitung, die zu einem tiefer liegenden Behälter führt wird im Betriebsstillstand nicht entleert. In diesem Fall „hängt" die Flüssigkeit in der Saugleitung an der Membran und erzeugt damit im Hydraulikraum einen Unterdruck. Dieser Unterdruck sorgt dafür, dass eine Leckageströmung durch die Kolbenabdichtung in den Hydraulikraum stattfindet und der Hydraulikraum dadurch überfüllt wird, beziehungsweise die Membran nach vorne wandern kann, ohne dass sich der Kolben bewegt. Dauert diese Stillstandsphase einige Stunden, so kann die Membran in eine Position gelangen, die beim Hinzufügen eines Hubvolumens durch den Kolben beim Pumpenstart die Membran überdehnt und schädigt. Eine ähnliche Wirkung liegt vor, wenn erhöhte Betriebstemperatur vorliegt und die Pumpe abgeschaltet wird, ohne ein mechanisches Ventil nahe dem Saugventil zu schließen. Kühlt der Rohrinhalt ab, so schrumpft dieser und saugt die Membran ebenfalls nach vorne. Die Pumpe ist also in solchen Fällen nicht stillstandssicher.

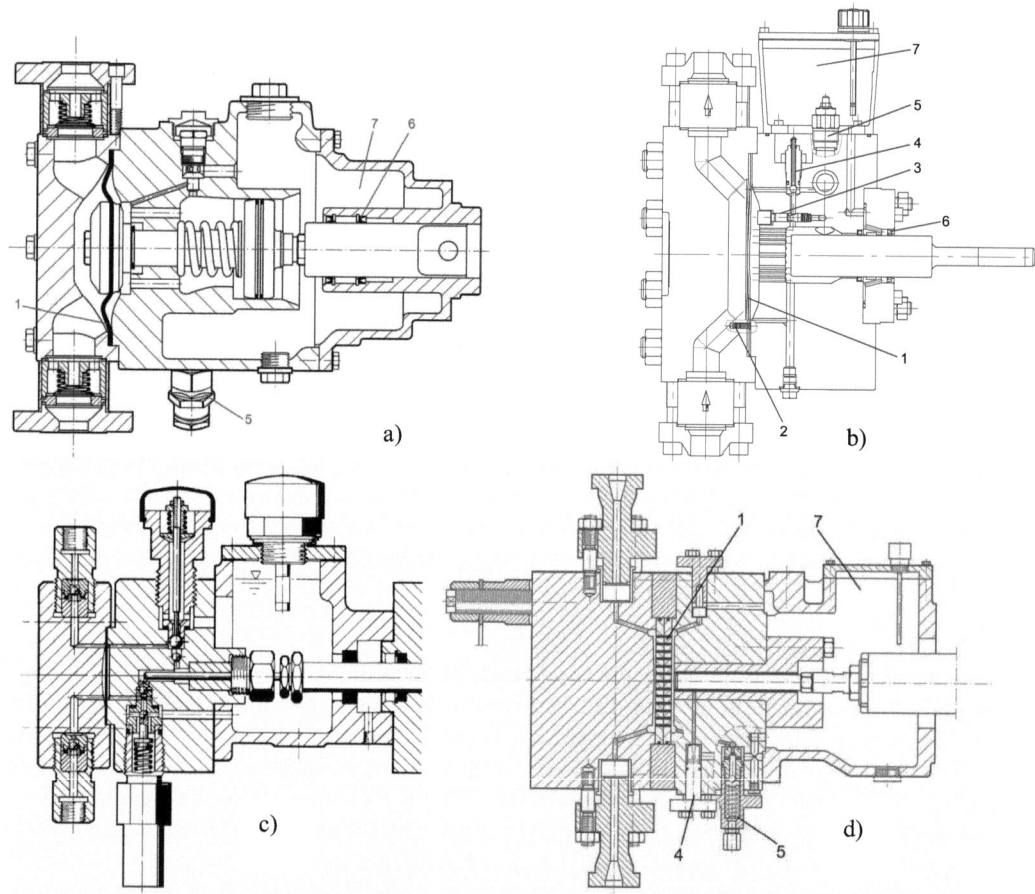

Bild 2-33 Hydraulische Membranpumpenköpfe: a) mit Federrückholung nach Bild 2-32 Schritt 5, LEWA); b) mit Membranlagensteuerung mit Leckergänzungsventilverriegelung (2.32, Schritt 4, BRAN und LÜBBE); c) Mikrodosierpumpe mit hydraulische Spülung (LEWA); d) mit Metallmembran (für 100 MPa, Bild 2-32 Schritt 3, LEWA). 1 Membran, 2 Kanal zur Membranbruchanzeige, 3 Membranlagensteuerung (Steuerstift), 4 Leckergänzungsventil, 5 Druckbegrenzungsventil, 6 Abdichtung zum Triebwerk, 7 Öl-Reservoir

2.6 Technische Ausführungen von Membranpumpenköpfen

Fünfter Schritt

Der Gedanke, die Membran mit dem Schieber zu verbinden, der durch eine Feder zurückgezogen wird, scheint sehr nahe liegend und wurde auch schon früh realisiert. Allerdings gelang es erst vor kurzem, die Feder so stark zu machen, dass gegen Vakuum gesaugt werden kann. Dies war der endgültige Durchbruch (Bild 2-33 a) um die gleiche Saugfähigkeit wie Kolbenpumpen zu erreichen. Für diesen Schritt waren jedoch umfangreiche Untersuchungen zur Membrangestalt und der Belastungsfähigkeit der Membraneinspannränder innen und außen notwendig. Wird gegen Vakuum gesaugt, so wirken nahezu 0,1 MPa auf die Membranfläche und die Einspannränder müssen in der Lage sein, die daraus resultierende Kraft dauerhaft aufzunehmen, ohne die Verformungsfähigkeit und die Form der Membran zu beeinträchtigen.

Sandwichmembran und Membranbruchsignalisierung

Eine Beanspruchungsanalyse von Pumpenmembranen zeigt, dass es sich dabei um komplexe und extrem beanspruchte Bauteile handelt. Aus diesem Grund war man bei der Einführung der Membranpumpentechnik vor etwa 50 Jahren zu Recht etwas skeptisch. Erst als Membranen in Sandwichbauweise angeboten werden konnten, waren die Zweifel an dieser Technik überwunden und der Markterfolg gesichert. Die Sandwichmembrantechnik beinhaltet gewissermaßen die erste Störungsfrüherkennungsmethode in der Pumpenindustrie. Bricht eine Membran, so gelangt Förderflüssigkeit oder Hydraulikflüssigkeit zwischen die Membranen, wird von dort über eine durchlässige Membranzwischenlage und Kanäle nach außen geleitet und betätigt dort einen elektrischen Kontakt oder einen Druckschalter (Bild 2-34). Statistisch bewertet brechen höchst selten beide Membranen gleichzeitig. Vielmehr ist die vordere Membran, aufgrund der chemischen Belastung durch die Förderflüssigkeit deutlich mehr bruchgefährdet. Wird ein Membranbruch signalisiert, so kann die Pumpe auch mit einer geschädigten Membran eine bestimmte Zeit ungestört weiter arbeiten, bis Ersatz beschafft werden konnte oder ein geplanter Betriebsstillstand stattfindet. Dies ist ein großer Vorteil für die Anlageauslastung.

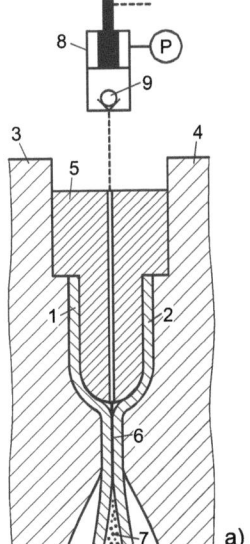
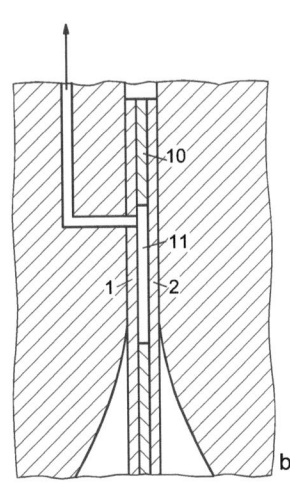

Bild 2-34 Aufbau von Sandwichmembranbaugruppen: a) Kunststoffmembranen; b) Metallmembranen:
1, 2 Arbeitsmembranen,
3 Pumpendeckel,
4 Hydraulikgehäuse,
5 Membranzwischenring mit Leckstromkanal,
6 Membranzwischenlage zur Sicherstellung der Durchströmbarkeit,
7 Koppelflüssigkeit,
8, 9 Bruchsignalgeber,
10 Membranzwischenlage mit Schlitzkanälen (11) für die Bruchsignalisierung

Membranwerkstoffe und ihre Eigenschaften

Typische Membranhalbzeuge sind hochwertige, durch Kreuzwalztechnik möglichst isotrop hergestellte Metallbleche, geschälte oder gepresste Folien aus Polytetrafluorethylen (PTFE) oder Elastomerfertigformen oder -platten. Da die Verformbarkeit der Membranwerkstoffe über das Volumenaufnahmevermögen der daraus hergestellten Membranen entscheidet, sind die Biegedurchmesser von Elastomermembranen und damit auch die Pumpenkopfdurchmesser bei gleichen Verdrängervolumen kleiner als die mit PTFE-Membranen und deutlich kleiner als die mit Stahlblechmembranen. Tabelle 2.4 zeigt diese Verhältnisse ($w_0/2r_0$) und macht deutlich, dass Elastomermembranen den beiden anderen Werkstoffvarianten hinsichtlich Verdrängungsintensität deutlich überlegen sind. Was läge also näher, als alle Membranen aus Elastomer herzustellen. Aber leider sind Elastomere nicht beständig gegen viele Chemikalien. Edelstähle oder gar noch hochwertigere Metalle wie Hasteloy, aber auch PTFE gelten dagegen als nahezu universell beständig. Aus diesem Grund ist PTFE der am häufigsten eingesetzte Membranwerkstoff. Metalle decken den hohen Druck- und Temperaturbereich ab, den PTFE nicht erfüllen kann und Elastomermembranen werden nur für Anwendungen eingesetzt, die kein Beständigkeitsproblem befürchten lassen.

Tabelle 2.4 Vergleich der Eigenschaften von Membranwerkstoffen. w_0/d: Verformungsfähigkeit, P: Permeationsdichtheit

Werkstoff	chemische Beständigkeit	T [°C]	p_{max} [MPa]	$w_0/2r_0$	P
Metall	+++	−10 – 300°C	300	1,5 %	+++
PTFE	+++	−20 – 150°C	80	6–8 %	+
Elastomere	+	10 – 120°C	80	bis 15 %	++

Der geringe Diffusionswiderstand des PTFE beruht auf der Tatsache, dass PTFE ein aus Linearmolekülen aufgebauter Sinterwerkstoff ist und daher Flüssiggase oder kleinmolekulare Säuren wie die Chlorsäure relativ leicht durch die Membranen diffundieren. Dies kann dazu führen, dass nach einigen Wochen Betriebszeit ein Membranbruch vorgetäuscht wird oder gar die unedleren Werkstoffe auf der Hydraulikseite korrodiert werden. Der bessere Diffusionswiderstand der Elastomere darf aber nicht darüber hinwegtäuschen, dass mit Flüssiggasen ebenfalls Schwierigkeiten auftauchen können. Wird mit Elastomermembranen Flüssiggas gefördert, so diffundiert dieses selbstverständlich in und teilweise auch durch die Membran. Die Membran wird also gewissermaßen mit Gas beladen. Die maximale Ladung ist nach relativ kurzer Betriebszeit erreicht. In der Entlastungsphase ist das Gas bestrebt, wieder herauszudiffundieren. Dies gelingt durch den Diffusionswiderstand oft nicht schnell genug und die Membran kann durch den gespeicherten Druck explodieren (decompressive explosion). Da der Pumpenzyklus aus Druckentlastung und -belastung besteht, findet eine zyklische Be- und Entladung statt, die meist schon für eine Schädigung ausreicht. Aus diesem Grund dürfen Flüssiggase nur mit speziell dafür ausgewählten Elastomermembranen gefördert werden.

2.6 Technische Ausführungen von Membranpumpenköpfen

2.6.3 Schlauchmembranpumpen

Schlauchmembranpumpen arbeiten nach dem gleichen Prinzip wie hydraulische Membranpumpen, jedoch ist hier zumindest die fluidseitige Membran als Schlauch ausgebildet. In einer etablierten Konstruktion bewirkt der Kolben über das Hydraulikfluid, eine Kreismembran, ein Zwischenfluid und die Schlauchmembran, die Verdrängung. Bricht die Schlauchmembran, gelangt Fluid in den Zwischenraum und kann dort beispielsweise über Leitwertänderung dedektiert werden. Neue Konstruktionen verzichten auf Kreismembranen und verwenden stattdessen Doppelschläuche (Bild 2-35). Sofern Elastomere als Membranwerkstoffe verwendet werden, ist diese Technik relativ einfach realisierbar. Mit viskoelastischen Werkstoffen wie PTFE hingegen besteht die Schwierigkeit, eine optimale Schlauchform zu finden, die während der Verformung keine Knicke ausbildet und somit Sollbruchstellen vermeidet.

Der Vorteil dieser Technik liegt darin, dass der Förderraum eine Schlauchform hat und die Förderflüssigkeit, mit Ausnahme der Anschlussstellen komplett von diesem Schlauch umgeben ist. Daraus ergeben sich, sofern die Anschlüsse hygienegerecht gestaltet sind, Vorteile in der Hygienetechnik und bei der Förderung von Suspensionen. Nachteilig wirkt, dass die hydraulische Kraftübertragung auf den Schlauch keine rotationssymmetrische Verformung des Schlauches erzwingt. Viskoelastische Werkstoffe dürfen daher auch an den Beanpruchungsmaxima nur elastisch beansprucht werden. Denn eine lokale Plastifizierung kann nicht mehr rückgängig gemacht werden und wird mittelfristig zur Membranermüdung führen.

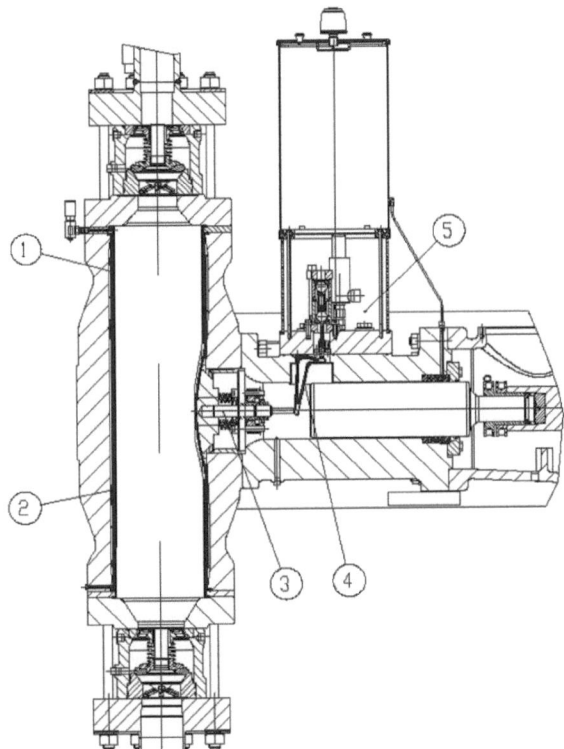

Bild 2-35 Schlauchmembranpumpenkopf mit Doppelschlauch (FELUWA) und Schlauchlagensteuerung:
1 doppelwandiger Schlauch,
2 Profilelement zur Beeinflussung der Schlauchdeformation,
3 Membransteuerventil, Verriegelung des Leckergänzungsventils,
5 Öl-Reservoir.
Ventilwächter (Kapitel 2.9) integriert

2.7 Konstruktive Gestaltung ausgewählter Baugruppen

2.7.1 Kolben

Grundsätzlich unterscheidet man zwischen Kolben, die die Dichtung (z. B. Kolbenringe) tragen und solchen, die quasi durch das im Pumpengehäuse untergebrachte Dichtungspaket durchtauchen und daher als Tauchkolben (Bild 2-36 a) bezeichnet werden.

Kolbenpumpen arbeiten in der Regel mit Tauchkolben, an deren Mantelfläche sich Stopfbuchspackungen oder Formringpackungen anlegen (Kapitel 2.7.2). Neben ihrer chemischen Beständigkeit, ist je nach Abrasivität des Dichtungswerkstoffes, des Stopfbuchsgewebes oder vorhandener Partikel im Fördergut auch noch eine hohe Verschleißbeständigkeit gefordert. Aus diesem Grund sind die meisten Tauchkolben aus gehärtetem Edelstahl und für höhere Verschleißbeständigkeit hartverchromt oder mit Hartstoff plattiert (z. B. sprengplattiert, PVD- oder CVD-beschichtet). Reicht die chemische Beständigkeit dieser Ausführungen nicht aus, so fällt die Wahl meist auf keramische Werkstoffe wie Aluminiumoxid, das meist in Form von Hülsen auf metallische Kolbenkerne geklebt wird.

Da das tribologische System Kolben/Dichtung möglichst verschleißfrei arbeiten soll, darf der Mittenrauhwert der Kolbenoberfläche 1 µm nicht überschreiten (Schleifbearbeitung). Je höher der Druck, desto glatter sollte die Oberfläche sein (Feilenwirkung der Oberfläche auf die Dichtung). Oft ist aber dieser Wert nicht aussagekräftig genug. Denn einige keramische Oberflächen weisen trotz geringer Rauhtiefe, je nach Werkstoffqualität, mikroskopische Poren mit scharfkantigen Rändern auf, die für die Dichtung als Feile wirken. Eine sorgfältige Werkstoffwahl ist daher unerlässlich.

Kolbenringe (b), beispielsweise aus Gusswerkstoffen (aus der Motorentechnik) oder aus Kunststoff, kommen in Kolbenpumpen nur selten zum Einsatz. Vielmehr sind dies bewährte Lösungen für Kolben in hydraulischen Membranpumpen. Die gute Schmierung durch die Hydraulikflüssigkeit sorgt für einen nahezu verschleißfreien Betrieb. Allerdings sorgt die unterbrochene Ringform des klassischen Kolbenrings für Leckagen, die nur durch geschickte Kombination mehrerer Ringe, überlappende Ausführungen, gebaute Kolben oder mit endlosen oder mehrteiligen Ringen mit Überlappungen minimiert werden können.

Für stark abrasive Fördergüter, wie beispielsweise solche von Schlammpumpen (mud pumps), werden auch massive lippenförmige Vorbaudichtungen mit großer Verschleißreserve aus abrasionsfesten Kunststoffen wie Polyurethan angewandt. Solche Dichtungen haben sich besonders in Pumpen für die Erdölexploration durchgesetzt.

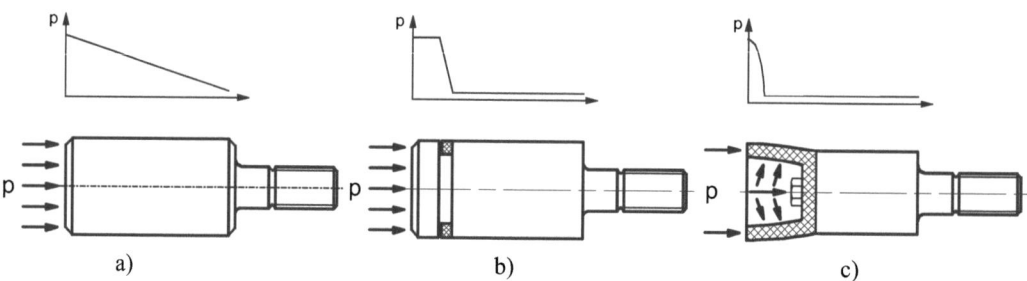

Bild 2-36 Kolbenbauformen mit Druckabbau durch Dichtwirkung: a) Tauchkolben; b) Kolben mit Kolbenring; c) Kolben mit Vorbaudichtung aus abrasionsfestem Kunststoff

2.7.2 Kolbenabdichtung

Kolbenabdichtungen sind die einzigen dynamischen Dichtungen in oszillierenden Verdrängerpumpen. Sie trennen den Druckraum von der Atmosphäre und bedürfen immer einer gewissen Schmierung durch die abzudichtende Flüssigkeit. Sie sind daher niemals absolut dicht. Soll der dadurch entstehende Leckagestrom nicht an die Atmosphäre gelangen oder vermieden werden, so müssen Lösungen gewählt werden, mit denen die Leckage tolerierbar ist, sich zeitlich nicht verändert oder mit leckfreien Membranpumpen ganz vermieden wird.

Andererseits sollen Kolbenabdichtungen eine extreme Anwendungsvielfalt mit oft aggressiven oder abrasiven Fördergütern abdecken, dabei möglichst dicht und langlebig sein, den volumetrischen Wirkungsgrad erhalten, trotz geringer Elastizität nachstellbar sein und den Gesamtwirkungsgrad der Pumpe möglichst wenig beeinflussen. Aus diesem Grund ist diese Baugruppe neben den Ventilen eine der Sensibelsten und von viel Erfahrung geprägt. Die Folge ist eine große Vielfalt von Form-, Packungs- und Werkstoffvarianten.

Spaltdichtungen können aufgrund der Leckage nur bei höherviskosen und schmierenden Flüssigkeiten eingesetzt werden. Typische Anwendungen dafür sind Kolbenabdichtungen in hydraulischen Membranpumpen und aus Preisgründen in Einspritzpumpen mit Spalten von < 5µm und in Verbindung mit verschleißfesten Werkstoffen wie Hartstoffe und Bronze.

Klassische Kolbenpumpen für die Prozesstechnik sind daher mit Weichstoffdichtelementen ausgestattet. Deren Funktion beruht darauf, durch Druckwirkung oder durch Spannkräfte (Bild 2-37) eine radiale Dichtpressung zu erzeugen, die über dem abzudichtenden Druck liegt.

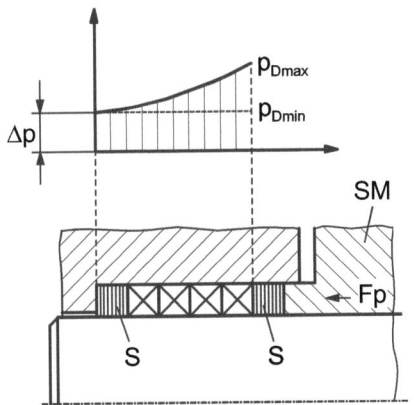
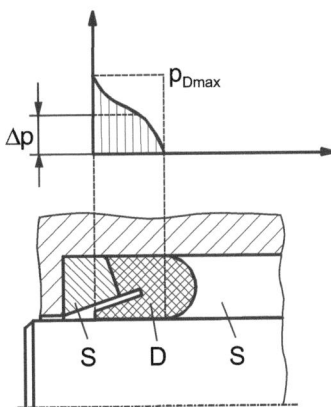

Bild 2-37 Dichtwirkung von Stopfbuchspackungen und Formringen. S: Stützringe, SM: Spannmutter

Packungsringe

Packungsringe für Stopfbuchspackungen (Bild 2-37) werden aus Packungsschnüren (Gewebeschnüre) auf das Einbaumaß vorgepresst, zu mindestens 3-4 Ringen plus 2 Stützringen (S) gebündelt und mit der Stopfbuchsmutter (SM) soweit vorgespannt bis die radiale Pressung über dem Pumpendruck liegt. Die Elastizität des Dichtungspaketes, das Dichtungsvolumen und der unvermeidbare Abrieb bestimmen die Wartungssequenz. Je öfter nachgespannt wird, desto mehr verhärtet die Dichtung und desto kürzer sind die Wartungsintervalle, bis schließlich die radiale Pressung nicht mehr erreicht die Dichtung ausgetauscht werden muss.

Packungsringe sind universell einsetzbar, robust, für Temperaturen bis 300° C verfügbar, für viele Chemikalien erhältlich und preiswert, erzeugen aber eine größere Dichtungsreibung als Formringe und tragen daher zu einer Verschlechterung des Pumpenwirkungsgrades bei.

Aus Gründen optimaler Festigkeiten und Gleiteigenschaften werden Geflechtarten aus PTFE-, Graphit- oder Aramitfasern mit Füllstoffen oder Überzügen verwendet. Der damit erreichbaren Robustheit steht entgegen, dass Geflechte die Fähigkeit zur Partikelaufnahme besitzen und damit Verschleiß fördernd wirken können. Außerdem entsteht bei schlechter Schmierung, wie mit Flüssiggasen, Reibungswärme und dadurch vermehrter Verschleiß.

Zur Verbesserung der Schmierung, Verhinderung von Verdampfung oder Trockenlauf, zur Leckageabsperrung und -ableitung oder zum Spülen werden zweigeteilte Packungen (Bild 2-38) mit einer Trennung durch einen metallischen Laternenring verwendet. Der Zwischenraum am Laternenring kann über zwei Gehäusebohrungen mit dem jeweils erforderlichen Schmierstoff, Spülfluid, Heißwasser oder Dampf (z. B. 121 °C) durchströmt werden.

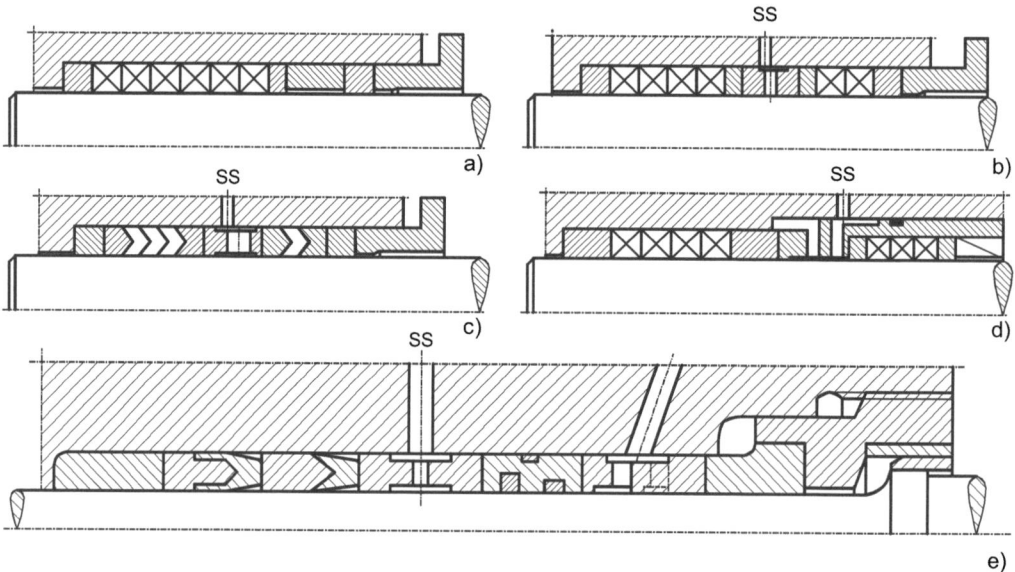

Bild 2-38 Varianten von Stopfbuchspackungen und Formringsätzen: a) Packungsringe; b) Packungsringe mit Spüllaterne; c) Formringpackung mit Spüllaterne; d) Packungsringe mit separat gespannter Spüllaternedichtung; e) Hochdruckdichtungssatz für 400 MPa mit Formringen und Stützringen. SS: Spül- und Schmierkanal

Formringe und V-Manschetten

Formringe aus homogenen oder faserverstärkten Elastomeren oder Plastomeren sind ebenfalls auf eine gewisse Schmierwirkung der Förderflüssigkeit angewiesen. Sie haben ein Abstreifwirkung für Partikel (V-Manschetten), sind kürzer als Geflechtpackungen, erzeugen weniger Kolbenreibung, erfahren ihre radiale Dichtpressung durch den abzudichtenden Druck und sind mit Spüllaternen als Sterilschnittstelle die bevorzugte Form für Hygieneanwendungen. Außerdem können mit Freispülungseffekten Partikel durch aus der Dichtung fern gehalten werden.

2.7 Konstruktive Gestaltung ausgewählter Baugruppen

Im Hochdruckbereich bestimmen stark erfahrungsbasierte und oft individuell gestaltete Dichtungskombinationen (Bild 2-38 e), bestehend aus verschiedenen Form-, Kammerungs- und Stützringen aus vielfach auch verschiedenen Werkstoffen die Ausführungen. Die Schwierigkeit besteht hier darin, einen verschleißfesten Werkstoff zu finden, der so gekammert werden kann, dass keine Extrusion durch die Spalte an den Stütz- und Kammerungsringen stattfindet. Typische Werkstoffe dafür sind Bronze oder Messing und harte Plastomere mit guten Notlaufeigenschaften für die Dichtungen (z. B. ECTFE).

2.7.3 Flüssigkeitsgesteuerte Ventile

Bild 2-39 zeigt eine repräsentative Auswahl heute üblicher Ventilgeometrien. Der Name der jeweiligen Konstruktion orientiert sich an der Form des Ventilschließkörpers.

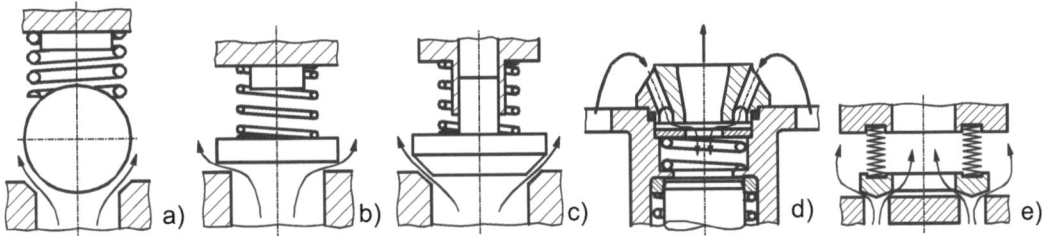

Bild 2-39 Ventilbauarten: a) Kugelventil; b) Plattenventil; c) Kegelventil; d) geführtes Plattenventil (einflutig); e) Ringkörperventil (2-flutig)

Der klassische Aufbau besteht aus den in Kapitel 2.3.7 beschriebenen Teilen sowie gegebenenfalls einer Ventilfeder und zwischen den Teilen angeordneten, meist voll gekammerten O-Ringdichtungen oder flachen Polymerdichtungen. Schließkörper und Ventilsitz bilden gewissermaßen ein tribologisches System, das im Wesentlichen durch die Werkstoffpaarung, das Haftregime, die Schließenergie und die Parallelität des Schließvorganges bestimmt ist. Hinzu kommt die für Dosieranwendungen wichtige geringe Schließverzögerung (vgl. Kapitel 2.3.7).

Damit gelten für die Ventilauslegung folgende Regeln:

1. Je schwerer ein Schließkörper, desto größer die Schließenergie und die Schließverzögerung (Gütegrad) und desto geringer ist die zulässige maximale Hubfrequenz.
2. Je weicher die Ventilwerkstoffe, desto geringer die Schließenergie.
3. Je gleichmäßiger und rotationssymmetrischer der Schließvorgang, desto geringer ist die Gefahr der lokalen Überbelastung.
4. Je geringer die vom Haftregime ausgehende Wirkung und damit die Ventilsitzbreite, desto geringer ist die Gefahr der Schädigung durch Spaltkavitation.

Neben der Gestaltung der Dichtgeometrie und der Wahl der Ventilwerkstoffe kommt damit auch der Führungseigenschaft des Führungsteils eine große Bedeutung zu. Kugeln werden beispielsweise zwischen durch aufwendige Fräsarbeiten hergestellten Rippen geführt. Das Führungsspiel beträgt je nach Kugeldurchmesser 0,1 bis 0,3 mm. Wegen der relativ großen Kugelmasse sind damit aber nur relativ kleine Hubfrequenzen möglich (z. B. d_{Kugel} = 10 mm, n_{max} ca. 220 1/min; d_{Kugel} = 50 mm, n_{max} ca. 100 1/min). Vorteilhaft ist jedoch, dass sich die

Kugel durch die kleinen Variationen im Schließvorgang immer etwas weiterdreht, so dass die gesamte Kugeloberfläche als Verschleißfläche betrachtet werden kann. Dies eröffnet gewisse Chancen hinsichtlich der Gestaltung des Tribosystems (Suspensionsförderung).

Werden Kugeln mit Federn unterstützt, so wird der Schließvorgang beschleunigt, wodurch die maximale Hubfrequenz sowie die Schließenergie zunehmen und die Drehfähigkeit der Kugel vermindert oder verhindert wird.

Die Plattenführung erfüllt in Bild 2-39 b eine zentrale Feder und erlaubt Schrägstellung und lokale Belastungsspitzen (Kapitel 2.3.7). Trotzdem ist das Plattenventil in dieser oder vergleichbarer Ausführungen die kostengünstigste und für höchste Hubfrequenzen (1500 1/min) geeignete und damit die am häufigsten eingesetzte Bauform.

Eine Variante der Plattenführung durch eine Feder sind starre Führungen am Außendurchmesser der Platte (wenig effektiv gegen Schrägstellung) oder über in der Ventilsitzbohrung agierende an der Platte befestigte Führungsflügel (Bild 2-40 c). Letztere Ausführung hat den Vorteil, dass Führung und Dichtgeometrie in einem Bauteil untergebracht sind und diese daher präziser schließt. Gleichzeitig nimmt aber wegen der Masse die Schließenergie zu.

Das Kegelventil, meist mit balliger bis kugelförmiger Kontur (Pilzventil) am Dichtbereich, hat den Vorteil des – im Vergleich zur Kugel – geringeren Gewichts, unter Beibehaltung der Selbstzentrierfähigkeit. Es existieren sowohl Ausführungen mit Zentralfederführung sowie oben liegender Führung über Zentralschäfte und unten liegender Führung über Führungsflügel. Da bei nicht präzisem Schließvorgang der Schießkörper gewissermaßen in die Endposition rutscht, benötigen Kegelventile zweifellos bessere Führungen als Plattenventile, sind aber dadurch auch für größere Durchmesser und hohe Drücke geeignet.

Eine interessante Design-Variante ist das Ringplattenventil. Der Schließkörper wird in der Regel von mehreren Federn gestützt und bewegt sich daher weitgehend rotationssymmetrisch. Gleichzeitig kann der Ventilhub kleiner ausfallen, da nach zwei Seiten abgeströmt werden kann. Die Folge ist eine geringere Schließenergie bei etwas größerem und meist etwas komplizierterem Einbauraum.

Einfluss der Förderflüssigkeit

Die vielfältige Anwendung oszillierender Verdrängerpumpen bedeutet sowohl vielfältige chemische als auch abrasive Angriffe auf die Ventile oder den Umgang mit extrem niedrigen und hohen Viskositäten. Im Falle chemischer Aggressivität verbleibt meist nur die „Flucht" zu den hochbeständigen, aber meist teureren Werkstoffen, während gegen abrasive Partikel Hartstoffe wie Hartmetalle oder Keramiken eingesetzt werden.

Die größten Probleme entstehen jedoch mit extrem niedrigviskosen Flüssigkeiten und hoher Verdampfungsenergie (z. B. Methanol) und Suspensionen mit abrasiven oder großen Partikeln. Je größer der Druck, desto schwieriger sind solche Fördergüter zu beherrschen. Niedrigviskose Flüssigkeiten haben kaum dämpfende Wirkung auf den Schließvorgang und die hohe Verdampfungsenergie steigert die Erosion durch Kavitation. Wünschenswert wären daher kavitationsunempfindliche Werkstoffe. Ein Optimum wurde jedoch noch nicht gefunden.

Die Förderung von Suspensionen hat Wirkungen auf die Gesamtkonstruktion. Einerseits muss für den Dichtbereich ein Tribosystem gewählt werden, das den Verschleiß im erträglichen Rahmen hält und andererseits müssen die Partikel das Ventil ungehindert und ohne sich abzulagern durchströmen können. Zur Verschleißminderung werden sowohl im Schließkörper als

2.7 Konstruktive Gestaltung ausgewählter Baugruppen

auch im Ventilsitz oft Hartstoffe eingesetzt. Da solche Werkstoff teuer sind und möglichst nur druckbelastet werden sollen, empfehlen sich eingeschrumpfte Ringe oder Platten (Bild 2-40 a) oder komplett aus Hartstoff gefertigte Schließkörper. Weichstoffe müssen dagegen gekammert werden, damit, je nach Werkstoff, geringe Setz- oder Quellvorgänge sowie größere plastische und elastische Verformungen toleriert werden können.

Um die Ablagerung von Partikeln zu vermeiden müssen Toträume und Führungsspalte vermieden werden. Der Schließvorgang von Suspensionsventilen ist also zwangsläufig unpräzise. Gleichzeitig empfehlen sich eine deutlich geringere Hubfrequenz und eine die mangelnde Präzision tolerierende Konstruktion. Dies ist ein Grund für die Empfehlung von Weichstoffen (Kapitel 2.3.7) oder Kugelventilen ohne Zentralfeder (siehe oben). Dafür liegen Erfahrungen mit verblüffend gleichmäßigem Verschleiß an Kugeln vor. Führungsansprüche müssen jedoch dabei minimiert werden und eine irgendwie geartete Hubbegrenzung mit minimalem Totraum, in Form eines quer gelegter Zylinderstift ist schon eine befriedigende Lösung (Bild 2-40 a).

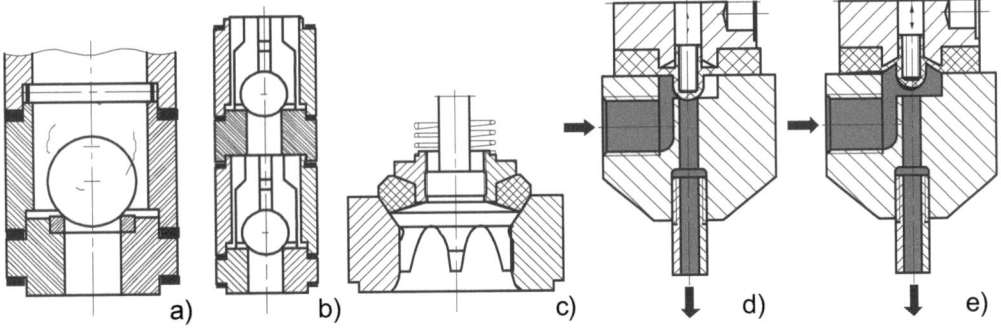

Bild 2-40 Ventilsonderbauformen: a) Suspensionsventil mit Hartstoffeinsatz in Ventilsitz; b) Mit Weichstoffeinsatz; c) Suspensionsventil; d) Doppelkugelventil für die Mikrodosierung; e) zwangsgesteuertes Ventil aus der Klebstoffdosiertechnik

Mehrkugelventile

Für anspruchsvolle Dosieraufgaben, besonders im Mikrodosierbereich, reicht vielfach die Zuverlässigkeit der Dichtungsqualität selbst gut geführter Ventile nicht aus. Die einfachste Form, die Zuverlässigkeit zu steigern und damit die Fehlerbandbreite zu reduzieren, ist, mindestens zwei, manchmal sogar drei Ventile gleicher Bauart in Reihe zu schalten. Reicht dies nicht aus, so wird auch noch die Rundheit (Sphärizität) der Ventilkugeln optimiert, indem man statt Metallkugeln Einkristall-Saphirkugeln einsetzt (Bild 2-40 b).

Zwangsgesteuerte Ventile

Eine kleine Ausnahme unter den Pumpenventilen bilden mechanisch, pneumatisch oder hydraulisch an den Pumpenantrieb gekoppelte zwangsgesteuerte Ventile. Zu dieser Technik wird ausschließlich nur gegriffen, wenn Federkräfte und Eigengewichte von Schließkörpern ein zuverlässiges Schließen bei vertretbarer Schließverzögerung nicht mehr garantieren können. Typische Anwendungen liegen daher in der Klebstoffverarbeitungsindustrie. Die Bilder 2-40 d und e zeigen ein Ventil mit pneumatischer Ansteuerung. Bei solchen Ventilen ist unter anderem wichtig, dass durch das Schließen keine Nachförderung (Nachtropfen) entsteht. Dies wird dadurch ereicht, dass beim Schließen direkt oberhalb der Dichtstelle das durch das Schließen verdrängte Volumen durch eine Raumvergrößerung, beispielsweise über zurückgezogene Membranen, zurückgehalten werden kann (ohne Abbildung).

2.7.4 Membranen

Pumpenmembranen sind komplex und hoch beanspruchte Bauteile, die einerseits für die Verdrängung des Förderguts und anderseits für eine sichere Abdichtung in der Membraneinspannung sorgen sollen. Während im Arbeitsbereich möglichst große Flexibilität vorteilhaft ist, benötigen gute Dichtungen Druckfestigkeit und begrenzte Nachgiebigkeit. Ideal wären also Membranen mit Bereichen unterschiedlicher Eigenschaften, die im Einspannrand ideal ineinander übergehen. Dies gilt allerdings noch als Zukunftsvision.

Membranarbeitsbereich

Das Verdrängungspotential, respektive die Verdrängungsintensität $VI = V_V / d_M$ von Membranen, steht im direkten Zusammenhang mit dem Außendurchmesser und damit der Größe des Pumpenkopfes und ist damit ein bedeutender Wirtschaftlichkeitsfaktor. Daher ist man bestrebt, so nah wie möglich an die Belastungsgrenzen der Membranen heranzugehen.

Metallmembranen sind nur im elastischen Bereich verformbare, ebene, planparallele Edelstahlblechplatten mit etwa 0,3 – 0,5 mm Dicke, die durch Kreuzwalztechnik weitgehend isotrop gemacht wurden. Knicke und Wellen in der Membranfläche fördern die frühe Ermüdung. Zur Auslegung kann die Kirchhoffsche Plattentheorie herangezogen werden [2-13]. Versuche, die aus dieser Theorie resultierende Verformbarkeit deutlich zu übertreffen, scheiterten. Die in Tabelle 2.4 angegebene Verformbarkeit zeigt etwa das gültige Potential.

Polytetrafluorethylen (PTFE) ist deutlich dehnfähiger und weicher als Stahl, teilkristallin und viskoelastisch. Diese Eigenschaften erlauben einerseits, die in Tabelle 2.4 vermerkte größere Verformbarkeit planparalleler Grundformen. Andererseits sind aber aufgrund der Viskoelastizität die zulässigen Spannungen nur näherungsweise definierbar, da sich solche Membranen ihre Grundform (Ruheform) im Pumpenbetrieb selbst suchen und dabei eine gegebenenfalls vorhandene geringe lokale Überbelastung auf Kosten der umgebenden Bereiche oder anderer Spannungsrichtungen abbauen. Entscheidend ist die zweidimensionale Schalenspannung. In dieser Eigenschaft ruht ein großes Optimierungspotential, das zu nutzen jedoch sehr viel Erfahrung erfordert. Wird hingegen stark lokal überlastet, so entstehen dort Knicke und große Energieeinträge durch Verformungshysteresen, die nach kurzer Laufzeit zum Membranbruch führen. Für eine PTFE-Membran, die nah an ihrer Verformungsgrenze belastet werden soll, muss daher die Viskoelastiziät fester Bestandteil der Betrachtungen sein.

Wird beispielsweise eine planparallele PTFE-Membran einer Plus-Minus-Verformung mit viskoelastischen Anteilen unterworfen, so wird sich die Grundform innerhalb weniger Hübe weg von der planparallelen zu einer kugelabschnittsförmigen Form entwickeln und beim Nulldurchgang auch nicht mehr die ebene Form erreichen. Stattdessen wird sie dem Prinzip des kleinsten Zwanges folgend nun unsymmetrisch, also S-förmig, die Nulllage passieren. Voraussetzung für diese Bewegungsform ist ausgehend von der Betriebsform ein außerhalb der Membranmitte stattfindendes Einbeulen, das an den Beulrändern viskoplastische Verformungen erzeugt und damit den Verformungsverlauf immer von der gleichen Stelle ausgehen lässt. Ist dieser Beuleffekt zu stark oder die viskoplastische Verformung zu groß, besteht Ermüdungsgefahr. Aus diesem Grund werden heute bevorzugt Membranen mit Mittenführung und einwelliger Form verwendet (Bild 2-33), die sich durch die mittige Zwangsführung weitgehend rotationssymmetrisch verformen.

Die Handhabung von Elastomermembranen ist im Vergleich zu solchen aus PTFE relativ einfach. Durch die nahezu hyperelastischen Eigenschaften ist eine viskoplastische Verformung kaum möglich und die Verformbarkeit ist deutlich größer. Aus diesem Grund sind mittengeführte einwellige Elastomermembranen, meist mit Gewebeverstärkung, die Standardlösung für unkritische Chemikalien und Temperaturen unter 80° C.

Membraneinspannbereich

Da das Prinzip der hydraulischen Membranpumpe einen druckausgeglichenen Membranarbeitsbereich bedeutet, die Membran also quasi nur eine Trennfolie zwischen Hydraulik- und Förderflüssigkeit darstellt, ist dem Förderdruck nur dadurch eine Grenze gesetzt, dass PTFE und Elastomere mit steigendem Druck ihre Elastizität verlieren. Der Förderdruck wird aber weit vorher durch die Membraneinspannung, die die Trennung zwischen Umgebung und Druckraum darstellt, limitiert. Selbstverständlich wird versucht, diese Grenze durch konstruktive Maßnahmen weit hinauszudrängen.

Für Elastomere gelingt dies durch O-Ring-ähnliche Randgestaltung. Der Förderdruck erzwingt mit Hilfe der Elastomerelastizität bei solchen Formen quasi eine Selbstdichtwirkung, die nur durch das Atmen der Gehäusebauteile und dadurch bedingte Pressungsverluste und Reibeffekte begrenzt ist. Bisher wurden etwa 100 MPa erreicht.

PTFE hingegen benötigt eine gewisse Einspannbreite mit Geometrien zur Fließbehinderung. Als vorteilhaft hat sich die Verzahnung der beteiligen Bauteile erwiesen. Die Zahnabstände und -tiefen sollten bei etwa 50 % der Membrandicke liegen. PTFE kann im Vergleich zu Elastomeren aber deutlich weniger Bauteilatmung puffern. Bereits bei Drücken über 35 MPa sind konstruktive Maßnahmen nötig, die das Bauteilatmen klein halten sollen. Bisher wurden mit Sonderkonstruktionen 80 MPa Förderdruck erreicht.

2.7.5 Hydraulikventile

Druckbegrenzungsventile

Hydraulische Membranpumpen enthalten einen anlagentechnischen Vorteil. Sofern die Pumpe der alleinige Druckerzeuger in einer Anlage ist und das Druckbegrenzungsventil (DBV) baumustergeprüft ist (TÜV-Abnahme), darf dieses Ventil zur Anlagenabsicherung benutzt werden. Da das Druckbegrenzungsventil immer in Öl und dadurch relativ schonend arbeitet, ist, entgegen den Bestimmungen für Sicherheitsventile im Kontakt mit der Förderflüssigkeit, kein Ausbau nach einmaligem Ansprechen nötig. Druckbegrenzungsventile sind also eine kostengünstige Alternative zu den klassischen Sicherheitsventilen. Selbstverständlich müssen sie so konstruiert sein, dass sie auch so zuverlässig wie Sicherheitsventile ansprechen.

Der Ansprechdruck wird durch verspannte Druckfedern eingestellt und der Ventilsitzbereich entspricht in einfachen Varianten exakt dem von Sicherheitsventilen. Der Nachteil dieser Ausführungen ist jedoch, dass der Druckverlust des geöffneten Ventils vom Volumenstrom abhängt. Soll der Druckverlust aber innerhalb der gewünschten Grenzen bleiben, so müsste die Ventilnennweite dem größten Volumenstrom angepasst werden. Da oszillierende Pumpen pulsierend fördern und $\Delta p = f(v^2)$ ist, würde dies zu sehr großen Ventilen führen. Stattdessen greift man zur Technik des Hochhubventils (Bild 2-41 a). Wird der Schließkörper ein klein wenig angehoben, so wirkt der Druck p sofort auf eine deutlich größere Fläche (D_p) als im geschlossenen Zustand. Die Druckkraft steigt dadurch sprunghaft und sorgt für ein schnelles Öffnen des Ventils, bis das Öl über die Querbohrungen zum Vorratsraum abströmen kann.

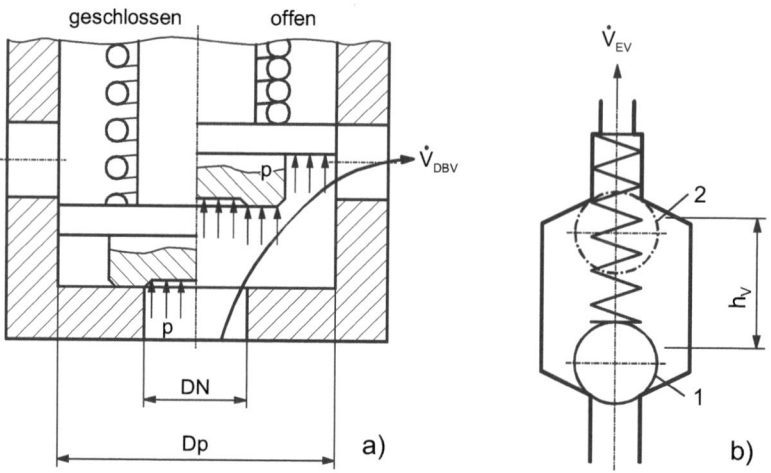

Bild 2-41 Hydraulikventile: a) Hochhub-Druckbegrenzungsventil; b) Doppelsitz-Entlüftungsventil

Leckergänzungsventile

Leckergänzungsventile sind einfache federbelastete und im Vergleich zum Saug- und Druckventil deutlich kleinere Ventile, die meist als Kugelventile ausgeführt sind. Die Federkraft entspricht etwa 0,06 MPa x A_{DN}. Da möglichst frei von Gasblasen aus dem Vorratsraum angesaugt werden soll, sind sie bevorzugt im Hydraulikteil unten eingebaut.

Entlüftungsventile

Entlüftungsventile müssen an der geodätisch höchsten Stelle einbaut sein, da sich in der Hydraulikflüssigkeit enthaltene Gasblasen dort sammeln und dann ausgetragen werden können. Sie sollen bereits auf sehr kleine Druckerhöhungen reagieren, ein bestimmtes, möglichst immer gleiches Volumen << 1 % von V_h zu Beginn der Druckhubes aus dem Druckraum entfernen und dann wieder schließen. Es existieren sowohl Kugel- als auch Kolbenversionen. Die einfachste Form stellt ein Ventil dar, das eine federbelastete Kugel zwischen zwei Ventilsitzen enthält (Bild 2-41 b). Nach einem kurzen Öffnungshub erreicht die Kugel den oberen Sitz und dichtet so den Druckraum wieder ab. Die pro Hub zum Vorratsraum geförderte Menge überholt die Kugel auf dem Weg zum oberen Sitz. Je größer die Federkraft, desto langsamer bewegt sich die Kugel nach oben und desto größer ist die ausgetragene Menge.

2.8 Das Pumpensystem

2.8.1 Druckverluste

Eine Strömung in einem Rohr erzeugt immer einen von der Wandschubspannung und damit von der Wandrauhigkeit und der Strömungsgeschwindigkeit abhängigen Impulsverlust p_r (Reibungsdruckverlust), der durch den Druckverlustbeiwert λ charakterisiert wird [2-15], während lokale Verluste über ζ-Werte definiert sind [2-14]. Es gilt:

$$\Delta p_r(t) = \left(\lambda_r \frac{L_R}{D_R} + \sum \zeta \right) \frac{\rho}{2} v_R^2(t) \qquad (2.38)$$

Der Druckverlustverlauf während eines Saughubes entspricht damit dem Verlauf $\Delta p_r(t) \approx v_k^2(t)$ in Bild 2-42 mit einem Maximum in der Mitte des Saughubes.

Zusätzlich zu diesem Verlust müssen innerhalb eines jeden Hubzyklus auch die Flüssigkeitsmassen im Arbeitsraum sowie in der Saug- und Druckleitung bis zur maximalen Strömungsgeschwindigkeit beschleunigt und wieder abgebremst werden. Dadurch entstehen trägheitsbedingte und von der Beschleunigung des Verdrängers abhängige Druckabfälle Δp_m (Bild 2-43 a). Diese Verluste können für wenig kompressible Flüssigkeiten und kurze Rohrleitungen in guter Näherung mit Gl. (2-39) für inkompressible Flüssigkeiten berechnet werden. Das Maximum von Δp_m befindet sich also am Beginn des Saughubes, während sich gegen Ende trägheitsbedingt (negative Beschleunigung) ein positiver Druck einstellt.

$$\Delta p_m(t) = \rho \cdot L_R \cdot a_R(t) \qquad (2.39)$$

Aus der Summe beider Druckverlustarten resultieren die Druckverläufe Δp (Bild 2-42 a, b).

Je größer Δp_r gegenüber Δp_m desto näher rückt das Druckminimum im Δp-Verlauf zur Mitte des Saughubes. Für die meisten Anwendungen gilt aber: $\Delta p_m >> \Delta p_r$ und, dass die Flüssigkeitsmassen im Pumpenkopf deutlich keiner sind als die in den Saugleitungen.

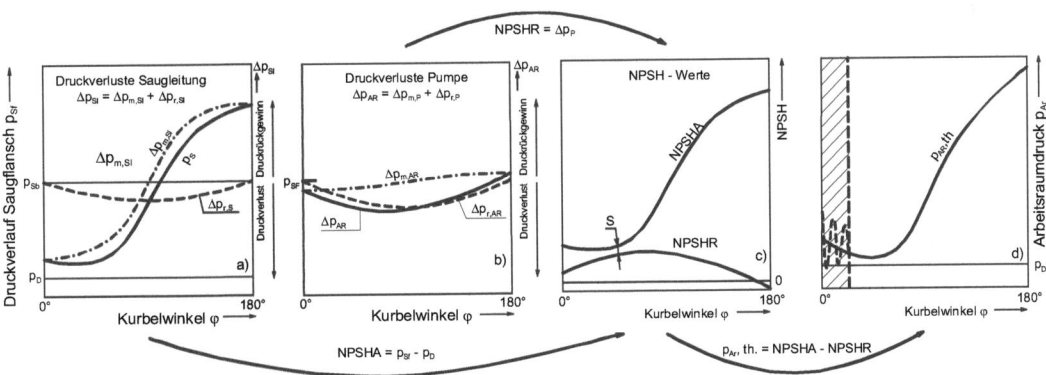

Bild 2-42 Druck- und NPIP-Verläufe während des Saughubes: a) Druckverluste in der Saugleitung (p_S); b) Druckverluste in der Pumpe (p_{AR}); c) daraus resultierende NPIP-Verläufe; d) resultierender theoretischer Druckverlauf $p_{AR,th}$ im Pumpenarbeitsraum. Schraffierter Bereich: realer Verlauf mit Schwingungen durch Flüssigkeitsankopplung. AR: Arbeitsraum

2.8.2 Saugfähigkeit oszillierender Pumpen

Die Bewertung der Saugfähigkeit von Pumpen geschieht anhand des für eine sichere Funktion der Pumpe erforderlichen Druckes am Saugflansch (Bild 2-43, p_s). Dieser Wert wird für kontinuierlich fördernde Pumpen traditionsgemäß in der nötigen Netto-Saughöhe (NPSH – Net Positve Suction Head [m Wassersäule]) angegeben. Für oszillierende Verdrängerpumpen gilt nach [2-24] dagegen die Netto Eintrittsdruckverlusthöhe (NPIP – Net Positive Inlet Pressure [Pa]). In den nachfolgenden Gleichungen sind beide Betrachtungsweisen berücksichtigt.

Oszillierende Pumpen, deren innerer Druckverlust bevorzugt von den Reibungsdruckverlusten (Bild 2-42 b) in den Ventilen abhängt, haben also zum Zeitpunkt der größten Kolbengeschwindigkeit den größten Druckbedarf vom Saugsystem. Die Druckhöhe, welche die Pumpe dort fordert, ist der Wert NPIPR (Gl. (2.40), R: required), der beschreibt, welcher Eintrittdruckverlust Δp_i in der Pumpe mindestens überwunden werden muss.

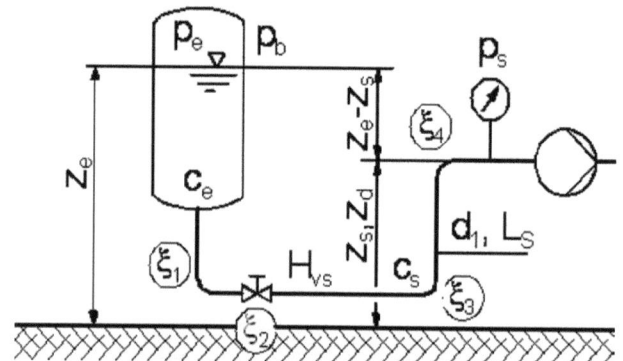

Bild 2-43 Saugseite eines Pumpensystems

$$NPIPR = \Delta p_i = NPSHR \cdot \rho \cdot g \tag{2.40}$$

Damit diese Druckhöhe aber ohne Kavitation überwunden werden kann, muss das Saugsystem den *NPIPA (*A: available*)* inklusive einer gewissen Sicherheit S, am Saugflansch der Pumpe zur Verfügung stellen (Bild 2-42 c). Daher gilt grundsätzlich:

$$NPSHA > NPSHR \quad bzw. \quad NPIPA = NPIPR + S \tag{2.41}$$

Die minimale Sicherheit S beträgt nach [2-24] 10 % des maximalen Dampfdruckes. Der NPIPA (Gl. (2.42)) berücksichtigt das Maximum der Summe aller Druckverluste im System, den zu überwindenden Höhenunterschied ($z_e - z_s$), den barometrischen Druck (p_b), den Dampfdruck p_d sowie den Behälterüberdruck p_e und die Strömungsgeschwindigkeit v_B im Saugbehälter.

$$NPIPA = NPSHA \cdot \rho \cdot g = p_e + p_b + \frac{(z_e - z_s)}{\rho \cdot g} - p_D - \frac{1}{2} v_B^2 \cdot \rho - (\Delta p_r^* + \Delta p_m)_{max} \tag{2.42}$$

mit: $\quad \Delta p_r^* = \left(\lambda_r \frac{L_R}{d_R} + \sum \zeta + 1 \right) \cdot \frac{\rho}{2} (v_R^2)^*$ \hfill (2.43)

Bemerkung: Im Abweichung zu Gl. (2.38) enthält Gl. (2.43) zusätzlich die Zahl 1. Diese folgt aus der Bernoulli-Gleichung, wonach die Summe des dynamischen und statischen Druckes in einer Strömung konstant, jedoch nur der statische Druck für die Kavitation verantwortlich ist

2.8 Das Pumpensystem

und der dynamische Druck daher als Verlustbeitrag gewertet wird. Dies muss in Saugsystemen berücksichtigt werden.

Da v_k und a_k in oszillierenden Pumpen Funktionen der Zeit sind, gilt dies auch für die Verläufe NPIPR und NPIPA (Bild 2-42 c). Während NPIPR sich analog zu $\Delta p_i(t)$ verhält, steigt NPIPA, aufgrund der Massendruckwirkung, gegen Ende des Saughubes an und die Sicherheit S nimmt zu. Wird keine Kavitation zugelassen, so muss das Maximum der Summe $\Delta p_{\Sigma,max}$ der Druckverluste im Rohr ($\Delta p_r(t) + \Delta p_m(t)$) (Minimum im NPIPA-Verlauf) mindestens den Sicherheitsabstand S vom NPIPR-Verlauf haben. Das Maximum aus beiden Druckverlustarten kann näherungsweise nach Gl. (2.44) oder über Addition der beiden Kurven und Extremwertsuche ermittelt werden.

$$\Delta p_{\Sigma,max} = \sqrt{\Delta p_{r,max}^2 + \Delta p_{m,max}^2} \qquad (2.44)$$

Wird der statische Druck p_e verändert, so verändert sich damit die Sicherheit S. Ein leerer werdender Saugbehälter würde daher den Verlauf des NPIPA parallel nach unten verschieben. Wird der Druck zu sehr verändert so fällt beispielsweise der erste Teil der NPIPA-Kurve unter die NPIPR-Kurve, so entsteht in diesem Bereich Kavitation. Die Festlegung der Position und Form des NPIPA-Verlaufes beinhaltet also die Möglichkeit der Optimierung der Saugsystems aber auch die Gefahr Randbedingungen für Kavitation zu schaffen. In diesem Zusammenhang muss aber erwähnt werden, dass Kavitation in oszillierenden Verdrängerpumpen noch nicht als grundsätzlich schädlich erkannt wurde und viele Pumpen mit einer gewissen Kavitation arbeiten. Eine Bewertung dieser Situation erfordert die Kenntnis der verschiedenen in oszillierenden Verdrängerpumpen auftretenden Kavitationseffekte.

Vorübergehende Kavitation

In der allgemeinen Beschreibung des NPIP wird vernachlässigt, dass es durch sprunghafte Ankopplungen der Flüssigkeitsmasse in der Rohrleitung (vgl. Kapitel 2.3) zu Beginn der Förder- und Ansaugphase zu hochfrequenten Druckspitzen und Joukowsky-Stößen kommt. Jedoch zeigten sich bei Messungen eindeutige Trägheitseffekte die eine merkliche Minderung des Joukowsky-Stoßes bewirken. Auf der Saugseite führen diese Druckspitzen in der Regel zur so genannten „vorübergehenden Kavitation" (extrem kurze Unterdruckspitze), die für Kolbenpumpen in Fachkreisen als unschädlich eingestuft wird. Der Grund für die Unschädlichkeit resultiert daraus, dass diese Kavitation meist nicht in Wandnähe auftritt und daher kaum Schädigungspotential besitzt.

Diese Meinung hat auch in die einzige weltweit anerkannte und als konservativ geltende Richtlinie DIN EN ISO 13710 [2-24] für die Sauganforderung Kolbenpumpen Eingang gefunden. Darin wird kavitationsfreier Betrieb gefordert, gleichzeitig aber die vorübergehende Kavitation ignoriert.

Dies gilt jedoch nicht für die in dieser Richtlinie nicht erwähnten hydraulischen Membranpumpen. Dort kann die vorübergehende Kavitation (kurze Unterdruckspitze) bereits Gas aus dem Hydrauliköl herauslösen. Ist die Entlüftungsfähigkeit dafür nicht ausreichend (vgl. Kapitel 2.6.2), so kann allein dadurch Blasenakkumulation und damit ein Förderstromverlust oder gar -ausfall entstehen. Die NPIPR-Auslegung einer hydraulischen Membranpumpe erfordert daher immer die Sicherstellung der ausreichenden Entlüftung, was in der Regel nur durch einen Prototyp-Probebetrieb über einen gewissen Zeitraum ohne Förderstromveränderung durch Blasenakkumulation nachgewiesen werden kann.

Teilkavitation und Vollkavitation

Wird der Saugdruck (NPIPA) erniedrigt, bis eine Kavitationsphase entsteht, die spätestens bis Ende des Saughubes durch die Druckerhöhung durch Massendruck rückgebildet ist, so spricht man von Teilkavitation (Bild 2-44 b). Liegt keine Gaskavitation, sondern nur Dampfkavitation vor, so entsteht dadurch aber keinerlei Förderstromverlust. Die Pumpe fördert nach wie vor ihr Sollvolumen und diese Kavitation bleibt von außen oft unentdeckt.

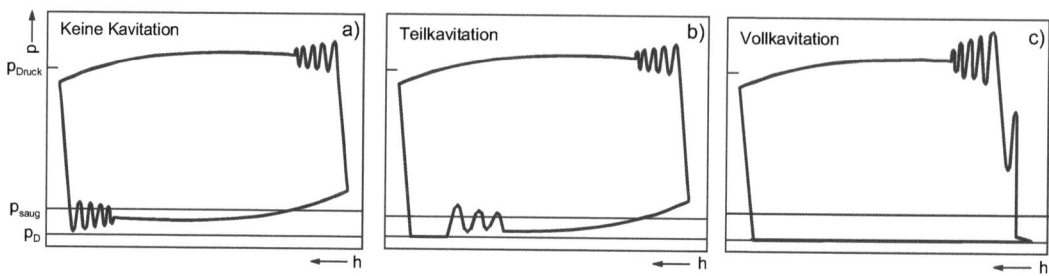

Bild 2-44 Qualitative Form von Kavitationszuständen im Indikatordiagramm mit leichter Überzeichnung der Druckverlustwirkungen: a) Keine Kavitation; b) Teilkavitation; c) Vollkavitation. P_D: Dampfdruck [2-20]

Bild 2-45 zeigt den gemessenen Druckverlauf und die zugehörige Kolbenbewegung sowie die Kolben- und Strömungsgeschwindigkeit in einer oszillierenden Pumpe mit ausgeprägter Teilkavitation. Bei 280 ms wird der Dampfdruck erreicht und bis etwa 464 ms erhalten. Zwischen Kolben und Flüssigkeitsfront im Rohr befindet sich in dieser Phase verdampfte Flüssigkeit. Zum Zeitpunkt 464 ms wird die Dampfblase wieder zurückgebildet. Hier holt die Flüssigkeit im Rohr, gezogen durch den Dampfdruck zwischen Kolben und Flüssigkeit, den Kolben wieder ein, stößt mit einer Geschwindigkeit größerer als v_k auf den Kolben und wird so auf v_k abgebremst. Die Folge ist ein Massendruckstoß oder Joukowsky-Stoß von 80 bar (8MPa), der aufgrund der Elastizität der Flüssigkeit mit der Eigenfrequenz des Flüssigkeitsinhaltes der Saugleitung und der dort verwendeten Einbauten in mehreren Schwingungen ausschwingt.

Je später im Saughub die Zurückbildung stattfindet, desto stärker ist dieser Rückbildungsstoß. Findet die Rückbildung erst zu Beginn des Druckhubes statt, so spricht man von Vollkavitation (Bild 2-44 c). Die Flüssigkeit trifft dann auf einen bereits im Druckhub befindlichen Kolben. Die Geschwindigkeitsdifferenz und der Druckstoß werden dadurch noch größer und gleichzeitig geht der für die Rückbildung nötige Teil des Druckhubes für den volumetrischen Wirkungsgrad verloren. Vollkavitation ist daher nur in extremen Ausnahmefällen tolerierbarer Betriebzustand, der aber auf jeden Fall mit einem Förderstromverlust verbunden ist.

Erfahrungen zeigen, dass viele Pumpen unbemerkt und ohne Schaden zu nehmen mit einer gewissen Teilkavitation lange Zeit arbeiten. Dies legt den Schluss nahe, dass eine solche Kavitationsform unschädlich ist. Dauerversuche mit einer bestimmten Pumpengröße und Bauform bei Drücken bis etwa 2 MPa bestätigten dies in [2-18]. Vor einer kritiklosen Übertragung dieser Ergebnisse auf alle Maschinen und besonders solchen mit hohen Förderdrücken und hohen Hubfrequenzen wird jedoch gewarnt.

Umfassende Untersuchungen auch mit Hochgeschwindigkeitskameras zeigten, dass die Rückbildung meist wandfern stattfand. Außerdem konnte der Eindruck gewonnen werden, dass

2.8 Das Pumpensystem

Kavitationsblasen in Strömungen nicht unbedingt wandnah auftreten müssen (statistische Keimverteilung). Schädigung ist nur zu befürchten, wenn der Ort der Blasenrückbildung in der Nähe funktioneller Oberflächen liegt [2-20]. Solche Stellen gibt es bei oszillierenden Pumpen nur im Bereich des Haftregimes, an Ventilen mit tragflügelähnlicher Umströmung und bei bestimmten Geometrien am Austritt des Kolbens aus der Kolbenabdichtung (Kolbenmantelflächenerosion). Außerdem ist das Erosionspotential der Kavitation vom Druckgradienten bei der Blasenimplosion abhängig. Damit ist die Frage, ob eine Pumpe mit Teilkavitation oder gar Vollkavitation arbeiten kann, eine Frage des detaillierten konstruktiven Aufbaus, der Hubfrequenz und wie die entstehenden Druckstöße verarbeitet werden können. Grundregeln für einen sicheren Aufbau wurden bisher noch nicht erarbeitet.

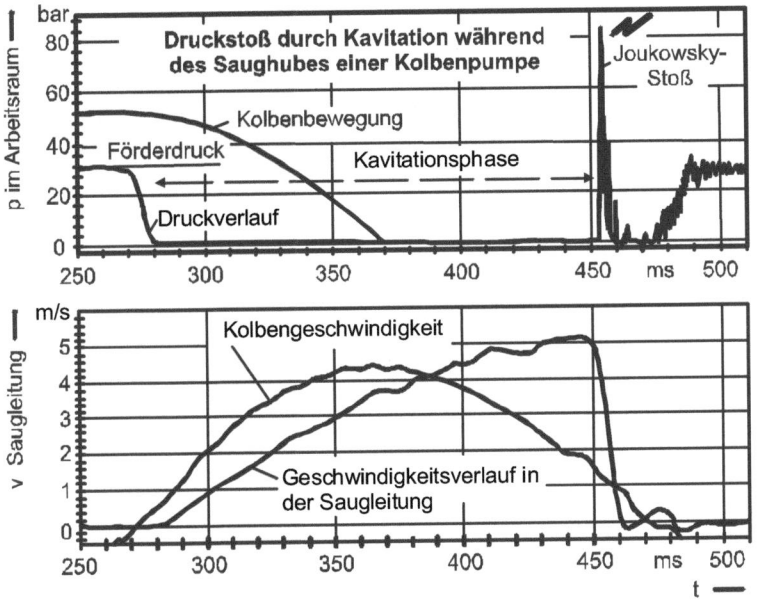

Bild 2-45 Signalverläufe aus einer Pumpe mit ausgeprägter Teilkavitation

Regeln und Kriterien für die Saugseite oszillierender Pumpen

Die DIN EN ISO 13710 [2-24] fordert einen Sicherheitsabstand der Druckminimums zum Dampfdruck p_D von 10 % des Dampfdruckmaximums. Damit ausgelegte Pumpen arbeiten mit Ausnahme der vorübergehenden Kavitation kavitationsfrei. Oszillierende Pumpen stehen bezüglich ihrer zugelassenen Saugfähigkeit dadurch immer deutlich hinter anderen Pumpenarten. Aus diesem Grund wird darüber nachgedacht, ob ein Zugewinn an Wirtschaftlichkeit mit der noch nicht offiziell akzeptierten Teilkavitation doch tolerierbar wäre. Ein Blick auf Kreiselpumpen und mittlerweile auch auf die meisten rotierenden Verdrängerpumpen zeigt, dass man hier einen Verlust akzeptiert. Für die Grenze der zulässigen Saugfähigkeit wurde ein 3-%-Kriterium definiert. Dieses dient zur Bestimmung des NPSHR und bedeutet bei Kreiselpumpen einen maximal zulässigen Förderhöhenverlust von 3 % durch Kavitation gegenüber dem Normalbetrieb. Für oszillierende, aber auch rotierende Verdrängerpumpen ist dieses Kriterium jedoch nicht anwendbar, da auch bei nicht vollständiger Füllung des Arbeitsraumes und akzeptabler Kompressibilität, der Förderdruck immer erreicht wird. Nahe liegend ist daher ein Förderstromverlust von 3 %. Dies würde aber für oszillierende Pumpen Vollkavitation bedeuten.

Diese ist grundsätzlich verbunden mit heftigen Druckstößen, System- und Strukturschwingungen (vgl. Kapitel 2.8.3) und stellt daher eine nachhaltige Gefährdung der Maschine dar. Bei leistungsstarken Maschinen > 50 kW muss dies unbedingt vermieden werden.

Teilkavitation ist im Vergleich dazu deutlich weniger kritisch und daher eine Option der Zukunft für mehr Wirtschaftlichkeit. Dabei muss allerdings berücksichtigt werden, dass ihre Schädlichkeit (Erosion und Druckstoß) mit zunehmender Ausdehnung in den Saughub zunimmt.

Für leistungsschwache und robuste kleine Maschinen hingegen, die nicht für Dosierzwecke eingesetzt werden, ist Vollkavitation manchmal akzeptabel. Ein Beispiel dafür sind Kraftstoffe in denen vielfach Gas gelöst ist und deren Kompressibilität größer als die von Wasser. Dadurch läuft die Kavitationsrückbildung deutlich moderater ab. Wird zusätzlich mit einer Ladepumpe für einen bestimmten Ladezustand gesorgt, so werden durchaus verlässliche Förderkennlinien erreicht. Eine Besonderheit in der Kraftstoffförderung und Regelung stellt aber eine Technik dar, in der die Regelung der Arbeitsraumfüllung für die Einspritzpumpen (Kapitel 2.5.3) über Saugdrosseln erfolgt. Die Kavitations-Rückbildung findet dabei eindeutig und oft weit im Druckhub statt, verbunden mit allen draus resultieren Druckstößen. Trotzdem berichteten die Betreiber von hoher Zuverlässigkeit bei den eingesetzten Systemen.

2.8.3 Schwingungstechnische Betrachtung von Pumpensystemen mit oszillierenden Verdrängerpumpen

Pumpensysteme mit oszillierenden Verdrängerpumpen sind schwingungstechnisch betrachtet komplexe Systeme, in denen Pumpen als Erreger, die Flüssigkeiten als hydraulisch und hydroakustisch anregbare Kontinua und Rohrsysteme als mechanisch anregbare Strukturen gelten (Bild 2-46).

Die oszillierende Pumpe als Schwingungserreger

Oszillierende Pumpen fördern instationär und sind damit bereits dadurch potentielle Schwingungserreger. Hinzu kommt, dass durch Phasenanschnitte oder durch Kavitationsrückbildung Druckstöße entstehen. Werden solche, im Idealfall durch sprunghafte Geschwindigkeitsänderungen verursachte Druckstöße über Fouriertransformationen analysiert, so zeigen sich Frequenzspektren mit breitbandigen Anregungspotentialen. Je größer der Phasenanschnitt, desto höher sind die Amplituden des Spektrums und damit der Betrag der Erregerenergie in den einzelnen Frequenzen. Aus diesen Überlegungen kann abgeleitet werden, dass jede zusätzliche Elastizität in Pumpen, wie Schadraum, Gasblasen im Pumpenkopf, Leckstrom durch das Saugventil oder die Kolbenabdichtung, die Anregung verstärken kann. Je schlechter also der volumetrische Wirkungsgrad, desto größer ist das Erregerpotential und die Gefahr großer Druckamplituden.

Hydraulische Schwingungen des Systems

Die in den Rohren stattfindende Überlagerung von Reibungsdruckverlusten der strömenden Flüssigkeit und ihrer Massenträgheit führt, angeregt durch die Pumpe, zwangsläufig zu hydraulischen Schwingungen, die sich zu bemerkenswerten Druckpulsationen entwickeln können. Je länger eine Rohrleitung, je größer die Strömungsgeschwindigkeiten und je größer die Druckverluste, desto energiereicher können diese Pulsationen werden (vgl. Bild 2-49). Außerdem wirken verzweigte und komplexe Systeme oft verstärkend. Liegen diese Schwingungen in der Nähe oder auf Resonanzfrequenzen des hydraulischen Systems, so sind auch resonante Systemschwingungen mit großem Schädigungspotential möglich.

Maßnahmen zur Minimierung solcher Schwingungen sind die Verwendung von Pumpen mit optimalem volumetrischem Wirkungsgrad, eine richtige saugseitige Auslegung sowie möglichst niedrige Hubfrequenzen, kurze Rohrleitungen und große Rohrleitungsdurchmesser. Solche Maßnahmen werden auch als passive Dämpfmaßnahmen bezeichnet. Ist dies nicht ausreichend oder nicht möglich, so sind aktive Maßnahmen in Form von zusätzlich zu installierenden Pulsationsdämpfer nötig (vgl. Kapitel 2.8.4).

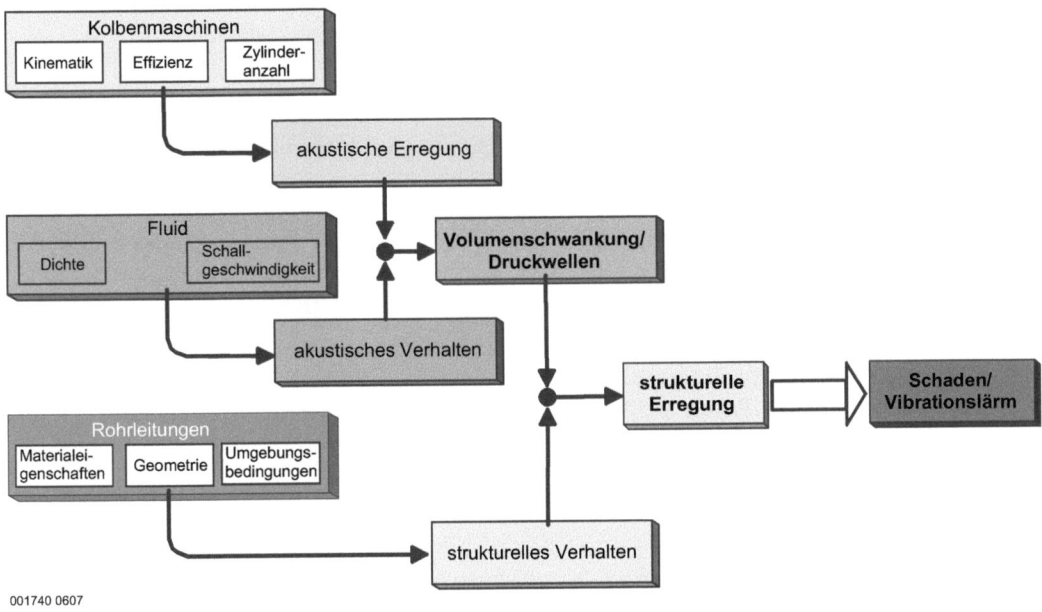

Bild 2-46 Interaktionen und Einflüsse auf die hydraulische, hydroakustische und strukturelle Erregung von Rohrleitungssystemen

Hydroakustische Schwingungen des Systems

Darüber hinaus sind die massenbehafteten Flüssigkeiten in Rohrleitungen kompressibel und damit hydroakustisch schwingfähige Feder-Masse-Systeme mit ebenfalls auf das jeweilige System bezogenen eindeutigen Eigenfrequenzen der ersten bis n-ten Ordnung. Je höher die Ordnung, desto geringer ist meist der Energieinhalt. Ihre Erregung kann sowohl durch die hydraulischen Schwingungen, jedoch bevorzugt durch die Druckstöße geschehen. Sie eilen als akustische Welle mit Schallgeschwindigkeit durch das Leitungssystem, können an Blenden, Rohrbögen oder sonstigen Einbauten reflektiert und durch Interferenz ausgelöscht werden. Auch diese Schwingungen enthalten Potential zu schädlicher oder resonanter Erregung eines Systems und müssen durch geeignete Maßnahmen wie Resonatoren oder Blenden (siehe unten) gedämpft werden.

In diesem Zusammenhang ist noch wichtig, dass Rohrleitungen gemäß Gl. (2.45) durch ihre Elastizität (E_R) für eine Reduktion der Schallgeschwindigkeit sorgen.

$$c_{Rohr} = \frac{c}{\sqrt{1 + \frac{E_{Fl} \cdot d_{i,R}}{E_R \cdot s}}} \qquad (2.45)$$

Da der Joukowsky-Stoß (Gl. (2.4)) von der Schallgeschwindigkeit abhängt, sind also weichelastische Rohre, Schläuche oder auch Systemkomponenten in der Lage Druckstöße zu dämpfen. Für Hochdruckrohre (E_R groß) hingegen ist dieser Dämpfeffekt oft vernachlässigbar (vgl. auch Beispiele Kapitel 2.8.7).

Strukturmechanische Schwingungen

Rohre verhalten sich wie Biegebalken oder Saiten und sind damit schwingungsfähige Strukturen mit je nach Masse, Biegesteifigkeit und Abstützung oder Befestigung typischen Eigenfrequenzen. Sie können daher auch durch hydraulische und hydroakustische Schwingungen angeregt werden. Liegt eine Erregung in einem kritischen Ausmaß, vor so können falsch ausgelegte Rohrstrecken Ermüdungsbrüche erleiden. Um solche Schäden zu vermeiden müssen die Abstände der Rohrstützen so gewählt werden, dass die Eigenfrequenzen der dadurch entstehenden Rohrabschnitte mindestens 1,5-mal größer als die kritische Erregerfrequenz ist.

Die Eigenfrequenz eines ungefüllten Rohrabschnittes kann nach Gl. (2.46) aus den Werkstoff- und Formdaten sowie dem Frequenzfaktor λ_F berechnet werden. Für einseitig eingespannte Rohrabschnitte ist dieser Faktor 3,52 und für beidseitig aufliegende 9,87. Werte für weitere Formen finden sich in [2-16] und die Grundlagen der Schwingungslehre in [2-25].

$$f_E = \frac{\lambda_F}{2\pi \cdot L^2} \sqrt{\frac{E \cdot I}{\rho \cdot A}} \qquad (2.46)$$

Da das gefüllte Rohr aufgrund seiner größeren Masse eine niedrigere Eigenfrequenz hat, ist es wichtig, auch diesen Wert zu kennen und ebenfalls damit eine Eigenfrequenz 1,5-mal der Erregerfrequenz anzustreben. Für die Berechnung dieser Frequenz muss in Gl. (2.46) nur die Dichte als Summe aus Rohrwerkstoff und Füllung eingesetzt werden, ohne die Steifigkeit des Rohres zu verändern (vgl. auch Beispiele Kapitel 2.8.7).

Numerische Berechnung

Je größer eine Maschine und je länger und komplizierter ein Rohrleitungssystem, desto größer ist das Erregerpotential und die Gefahr großer Interaktionen und Druckamplituden. Gleichzeitig ist eine analytische Lösung immer weniger möglich. Aus diesem Grund wird empfohlen, Systeme mit Pumpenleistungen größer als 50 kW oder verzweigte Systeme einer numerischen Schwingungsanalyse beispielsweise nach dem eindimensionalen Charakteristikenverfahren zu unterziehen [2-17] und damit auch die dafür nötigen Dämpfmaßnahmen zu ermitteln.

2.8.4 Pulsationsdämpfung mit Absorptionsdämpfern

Die einfachste, leicht nachrüstbare Möglichkeit zur Dämpfung von Druckpulsationen auf eine akzeptable Restpulsation ist der Einbau von Absorptions-Pulsationsdämpfern (Bild 2-47).

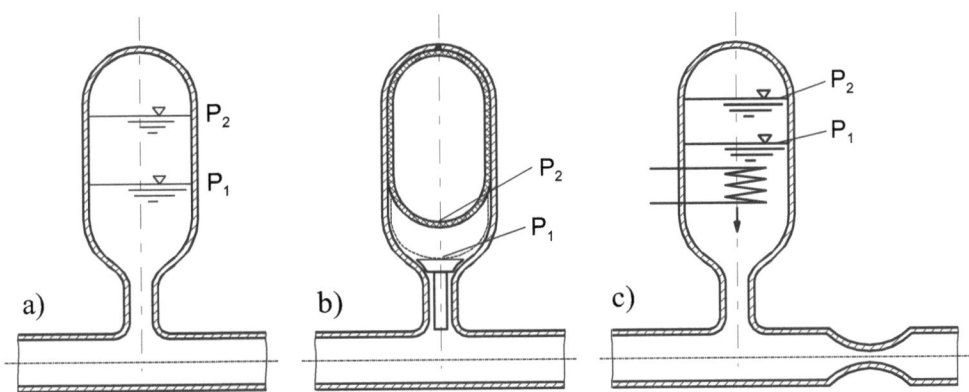

Bild 2-47 Absorptions-Pulsationsdämpfer: a) Windkessel; b) Blasenspeicher; c) Saugstromstabilsator; $P_2 \rightarrow P_1$: Volumenabgabe, $P_1 \rightarrow P_2$: Volumenaufnahme.

Solche Dämpfer sind mit Gas gefüllte und in die Rohrleitung integrierte Volumina. Die einfachste Form sind vertikal auf dem Hauptrohr stehende mit Gas befüllte *Windkessel*. Diese sind jedoch nur sinnvoll, solange sich das Gas nicht in der Prozessflüssigkeit löst. Da dies selten der Fall ist, gelten *Membran- oder Blasenspeicher* als Stand der Technik. Bei extremen Sauganforderungen stößt jedoch diese Technik, wegen der Verformungssteifigkeit von Bälgen oder Membranen, an ihre Grenzen. In solchen Fällen werden so genannte Saugstromstabilisatoren eingesetzt, die durch definierte Kopfbeheizung einen kleinen Teil der Prozessflüssigkeit verdampfen und damit ein konstantes Dämpfervolumen schaffen.

Wirkungsweisen

Rohrsysteme mit Absorptionsdämpfern stellen schwingungsfähige Feder–Masse-Systeme dar. Ein Dämpfer darin entspricht der Feder und der Rohrleitungsinhalt der Masse. Verbunden mit den Annahmen:

a) ideales Gas im Dämpfer,
b) große Volumenänderungen führen nur zu kleinen Druckänderungen im Dämpfer und
c) im Dämpfer finden nur adiabate Kompressionen mit statt: $p \cdot V^\kappa = const$, gilt für die Eigenfrequenz (f_E) des Rohrleitungssystems mit Dämpfer näherungsweise:

$$f_E = \frac{1}{2 \cdot \pi} \cdot \sqrt{\frac{\kappa \cdot A_R \cdot p_m}{V_0 \cdot L \cdot \rho}} \qquad (2.47)$$

Die Eigenfrequenz eines Rohrleitungssystems mit Pulsationsdämpfer wird also umso kleiner, je kleiner der Förderdruck und der Rohrquerschnitt und je größer das Gasvolumen und die Rohrlänge sind. Grundsätzlich soll für die richtige Funktion eines Absorptionsdämpfers die Erregerfrequenz $f > 1{,}5 f_E$ sein (Eigenwertregel).

Mit dieser die Flüssigkeitsreibung vernachlässigenden Gleichung können nahezu alle Dämpferauslegungen durchgeführt werden. Ausnahme sind nur Kolbendämpfer mit starker Feder und/oder hoher Massenträgheit.

Auslegung

Die korrekte analytische Berechnung von V_0 für oszillierende Pumpen mit allen Eigenschaften im Fördervorgang ist sehr aufwendig. In der Praxis hat sich jedoch gezeigt, dass die Annahme eines harmonischen Förderverhaltens grundsätzlich zulässig ist. Damit ist die Dämpferauslegung für rotierende und oszillierende Pumpen weitgehend identisch. Lediglich ein Pumpenfaktor x, der die Anzahl der Pulsationsamplituden pro Pumpenumdrehung darstellt, und ein Amplitudenfaktor y, der die Kinematik des Pumpenantriebs berücksichtigt, sind noch nötig. Für eine Anzahl i oszillierender Pumpen mit einem Kurbelstangenverhältnis $\lambda = 0{,}2$ gilt: $y = 0{,}55$ für $i = 1$ ($x = 1$), $y = 0{,}21$ für $i = 2$ ($x = 2$) und $y = 0{,}07$ für $i = 3$ ($x = 6$!) [2-19].

Unter der Annahme, dass die Dämpfung $D = \sum \varsigma \cdot v_m / (2 \cdot f_E \cdot L_R)$ der Rohrleitung linear abhängig von v hinter dem Dämpfer ist, gilt für die Restpulsation des Förderstromes:

$$\Delta \dot{V} = \dot{V}_m \cdot \frac{x \cdot y \cdot \pi / i}{\sqrt{[1-(x \cdot f / f_E)^2 + (2D \cdot x \cdot f / f_E)]}} \qquad (2.48)$$

Wird f_E gegenüber $f = x \cdot n$ sehr groß (z. B. kleines L_R), so geht der Nenner gegen 1. Die Strömung ist ungedämpft. Baut man zusätzlich eine Drossel ein, wirkt diese dämpfend (ς-Wert) und der Nenner wird schnell > 1 [2-19].

Für die Restpulsation des Druckes Δp gilt dann für einen Windkessel:

$$\Delta p = p_m \cdot \kappa \cdot y \cdot V_h / V_0 \qquad (2.49)$$

Gl. (2-49) ist das Ergebnis vereinfachender Annahmen und zeigt nur einen linearen Zusammenhang $\Delta p = f(V_0)$. Der Anstieg von Δp nahe der Resonanz ist jedoch nicht linear. Δp-Werte nahe f_E (Resonanz) werden daher zu klein errechnet! Ein Dämpfer ist somit, unter Verwendung von Gl. (2.49) nur sicher und richtig ausgelegt, wenn gilt: $f \geq 1{,}5 f_E$.

2.8.5 Pulsationsdämpfung mit Resonatoren und Blenden

Aus Phasenanschnitten können extrem kurze Druckstöße mit einem Potential für eine breitbandige hochfrequente Anregung resultieren, die mit Absorptionsdämpfern nicht mehr beherrscht werden kann. Neben der Dämpfung niedriger Erregerfrequenzen durch Absorptionsspeicher müssen daher vielfach auch hohe Erregerfrequenzen gedämpft werden. Dazu sind andere Dämpferkonzepte erforderlich.

Dämpfung durch Druckwellenreflexion-Blende

Eine Alternative zur Druckwellenabsorption mit Absorptionsdämpfern ist die besonders für hohe Frequenzen, aber durchaus auch für Pumpenfrequenzen geeignete Druckwellenreflexion. Diese wird beispielsweise beim Einbau von Blenden in Rohrleitungssysteme erreicht. Querschnittsänderungen die durch Blenden hervorgerufen werden, sind für ankommende Druckwellen, aufgrund der Impedanzwirkung, Reflexionsstellen. Ein Teil einer Druckwelle passiert

2.8 Das Pumpensystem

diese „Engstelle" Blende und der andere Teil wird reflektiert. Der zurückgeworfene Anteil läuft zurück zum Erreger (Pumpe) und wird hier vollständig reflektiert (Pumpe wirkt als geschlossenes Ende). Dieser erneut reflektierte Teil interferiert nun mit der neu von der Pumpe erzeugten Druckwelle. Treffen „Druckberg" und „Drucktal" zusammen, löschen sich die beiden Druckwellen gleicher Frequenz aus (Interferenz!). Für die Auslöschung muss jedoch präzise der Abstand L (Gl. (2.50)) zwischen Pumpe und Blende eingehalten werden.

$$L = (2n+1) \cdot \frac{c}{4 \cdot f} \quad n = 0,1,2,3,.. \quad (2.50)$$

Mit einer akustisch geschlossen wirkenden Blende (Durchmesserverhältnis 1:5 ($\zeta \approx 2000$)) im Abstand L (Gl. (2.50)) von der Pumpe wird aber nur ausschließlich eine Frequenz f gedämpft. Bild 2-48 zeigt unter anderem eine nicht optimale Dämpfung von $f = 3$ Hz (Pumpenfrequenz) allein mit einer Blende. Der Grund dafür liegt am falschen Einbauort. Ein Abschätzung mit Gl. (2.42), mit $c = 1380$ m/s und $n = 0$ (Schwingungsordnung) ergibt $L = 115$ m (je höher f, desto kürzer ist L). Die Rohrleitung besitzt aber nur eine Länge von 108 m. Dies zeigt, wie kritisch eine solche Auslegung ist. Die sichere Wirkung von Blenden kann daher nur mit numerischen Methoden zweifelsfrei nachgewiesen werden. Neben der Dämpfung erhöhen Blenden auch die Systemfrequenzen und können daher zu Manipulation von f_E eingesetzt werden.

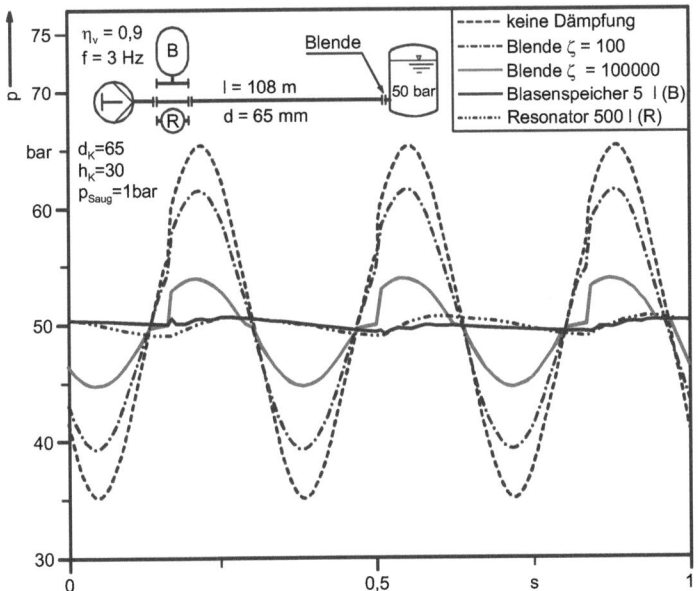

Bild 2-48 Dämpfeffekte von Absorptionsdämpfern, Resonatoren und Blenden: Volumenangaben in Liter (l)

Dämpfung mit Resonatoren

Resonatoren sind durchströmte großvolumige, mit Förderfluid befüllte Rohrstücke oder Druckbehälter mit den Eigenschaften zur Druckwellenabsorption, -reflexion und Interferenz. Die Absorptionswirkung resultiert aus den großen Flüssigkeitsvolumen die ähnlich wie gasgefüllte Absorptionsdämpfer (Bild 2-47 (vgl. auch Beispiele Kapitel 2.8.7)) wirken. Interferenzeffekte innerhalb des Resonators entstehen, ähnlich wie mit Blenden, aufgrund der Impedanzsprünge durch die Unstetigkeitsstellen am Ein- und Auslass. Sie können daher auch als „frequenzverstimmende Tiefpassfilter" bezeichnet werden. Wegen ihrer Größe sind Resonatoren jedoch selten die einzige Dämpfmaßnahme. Meist übernehmen sie, in Kombination mit anderen Dämpfelementen, die Dämpfung hoher Frequenzen.

2.8.6 Druckpulsationen in Einspritzsystemen der Motorentechnik

Einspritzsysteme oder auch Common-Rail-Systeme bestehen aus einer Einspritzpumpe (Kapitel 2.5.3), dem Leitungssystem, gegebenenfalls dem Rail und den Einspritzventilen. Aus Effizienzgründen und auch wegen der hohen Einspritzdrücke kommen nur oszillierende Pumpen, meist mit feststehenden Ladebohrungen, zum Einsatz. Solche Pumpen erzeugen pro Hub einen merklichen Phasenanschnitt und wirken daher als Pulsationserreger. Außerdem werden die Einspritzsysteme vielfach nach räumlichen Gesichtspunkten und Kosten geplant und aufgebaut und stellen mit den Verzweigungen zu den Ventilen bereits schwingungstechnisch komplexe Strukturen dar. Außerdem zweigen die Verbindungen zu den Ventilen an verschiedenen Stellen ab, und die Ventile erzeugen durch die Einspritzprozesse Druckentlastungsstöße. Einspritzsysteme sind dadurch schwingungstechnisch hoch komplex und es kann vermutet werden, dass dadurch vielfach Unregelmäßigkeiten im Einspritzsystem auftreten. Diese betreffen im Wesentlichen die Einspitzvorgänge die je nach Schwingungsszenario zu ungleichmäßiger Abgabe von Einspritzmengen führen. Ein geringerer Motorwirkungsgrad könnte die Folge sein.

Da bei Drücken von etwa 20 MPa bei der Benzintechnik und 200 MPa bei der Dieseltechnik Absorptionsspeicher mit Gasinhalt als nicht zuverlässig erachtet werden oder nicht mehr realisiert werden können, stellen flüssigkeitsgefüllte Behälter und Räume mit hydraulischen und hydroakustischen Dämpfeigenschaften (Resonatorprinzip) die bisher ergriffenen Dämpfmaßnahmen dar. Dies gilt besonders für die Dämpfung der Erregerauswirkung von der Pumpe. Für die Wirkung der Ventile gibt es allerdings noch keine befriedigende Lösung und Blenden oder vergleichbare Einbauten werden noch nicht systematisch eingesetzt.

2.8.7 Beispiele

■ **Beispiel 2.8.1: Saugfähigkeit oszillierender Verdrängerpumpen**

Für ein vorhandenes Pumpensystem für Wasser (p_d = 0,003 MPa) soll ermittelt werden, wie weit das Flüssigkeitsniveau im nach oben offenen Saugbehälter absinken darf. Für die Pumpe wird gefordert: *NPIPR* = 0,04 MPa. Es herrscht seit Tagen Tiefdruck: p_{amb} = 950 mbar.

Pumpendaten: d_k = 100 mm, s = 100 mm, n = 4 Hz, d_R = 70 mm, L_R = 3 m. λ = 0,2. Die Geschwindigkeit v_B ist vernachlässigbar klein.

Durch Labormessungen wurde festgestellt, dass das Druckverlustmaximum bei φ^* = 72° (Bogenmaß: 1,1309) und im Saugventil ein Druckverlust von 0,01 MPa auftritt.

Die Kolbengeschwindigkeit bei φ^* beträgt nach GL. 2.6: $v_k(\varphi^*)$ = 1,2 m/s. Mit Gl. (2.2) ergibt sich daraus für die Rohrströmung: $v_R(\varphi^*)$ = 2,448 m/s.

Die Kolbenbeschleunigung bei φ^* beträgt nach Gl. (2.7): a_k = 9,4286 m/s und in der Rohrleitung gilt analog zu Gl. (2.2): a_R = 19,242 m/s².

2.8 Das Pumpensystem

Der Druckverlust Δp_r (Gl. (2.44)) durch Impulsaustausch der Flüssigkeit mit der Rohrwand und einem Rohrreibungsbeiwert von $\lambda_R = 0{,}011$ (aus [2-15], $Re = 170000$) beträgt folglich: $\Delta p_r = 0{,}0104$ MPa. Der Massenträgheitsdruckverlust (Gl. (2.45)) dagegen ist: $\Delta p_m = 0{,}057725$ MPa.

Laut [2-24] soll der Sicherheitsabstand zum Dampfdruck 10 % betragen. Diese Sicherheit wird in den Dampfdruck einberechnet. Der zu berücksichtigende Dampfdruck beträgt also 0,0033 MPa. Damit gilt für den $NPIPA$-Wert (Gl. (2.42)):

$$NPIPA = 0 + 0{,}95 \cdot 10^5 - 0{,}033 \cdot 10^5 + \Delta z \cdot \rho \cdot g - (0{,}0104 + 0{,}0577) \cdot 10^6$$

Für die sichere Funktion der Pumpensystems muss gelten: $NPIPA > NPIPR = 0{,}04$ MPa. Damit gilt: $NPIPA = 0{,}04 = \Delta z \cdot 0{,}0236$. Daraus folgt: $\Delta z = 1{,}671$ m.

Das Flüssigkeitsniveau im Saugbehälter sollte also mindestens $\Delta z = 1{,}671$ m über dem Saugflansch der Pumpe liegen.

■ **Beispiel 2.8.2: Joukowsky-Stoß**

Bild 2.45 zeigt während des Saughubes einen Kavitationsrückbildungsstoß von etwa 83 bar verursacht durch eine sprunghafte Änderung der Strömungsgeschwindigkeit um etwa 5m/s. Stimmt dieser Druckstoß mit dem der Theorie nach Joukowsky überein?

Nach Formel 2.4 mit $c_{wasser} = 1480$ m/s ergibt sich:

$$\Delta p_J = 1480 \,[\text{m/s}] \cdot 5 \,[\text{m/s}] \cdot 1000 \,[\text{Kg/m}^3] = 7400000 \,[\text{N/m}^2] = 74 \text{ bar}$$

Die Kavitationsrückbildung verläuft also nahezu ungedämpft als Joukowsky-Stoß!

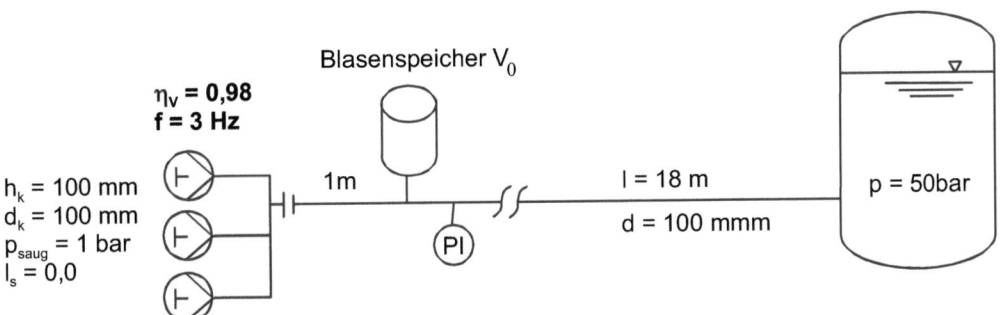

Bild 2-49 Pumpenanlage

■ **Beispiel 2.8.3: Pulsationsberechnung eines Rohrleitungssystems**

Bild 2-50 zeigt Ergebnisse der Nachrechnung für eine Anlage gemäß Bild 2-49 mit verschiedenen Gasvolumina (Luft, $\kappa = 1{,}4$). Die Eigenfrequenzen der Systeme (f_E) wurden dafür nach Gl. (2-47) berechnet. Für $V_0 = 5$ l trifft die Eigenwertregel zu ($\Delta p \sim 0{,}07$ MPa). Dagegen wird mit $V_0 = 0{,}85$ l Resonanz erreicht ($\Delta p \approx 2$ MPa, vergleichbar ohne Dämpfer). Gl. (2.49) liefert jedoch nur $\approx 0{,}45$ MPa, während für $V_0 = 2$ l die berechneten $\Delta p \approx 0{,}19$ MPa mit den Daten im

Bild 2-50 übereinstimmen. Damit wird deutlich, dass die vielen Annahmen, die für die Ableitung der Formeln gemacht wurden, für die praktische Anwendung zulässig sind.

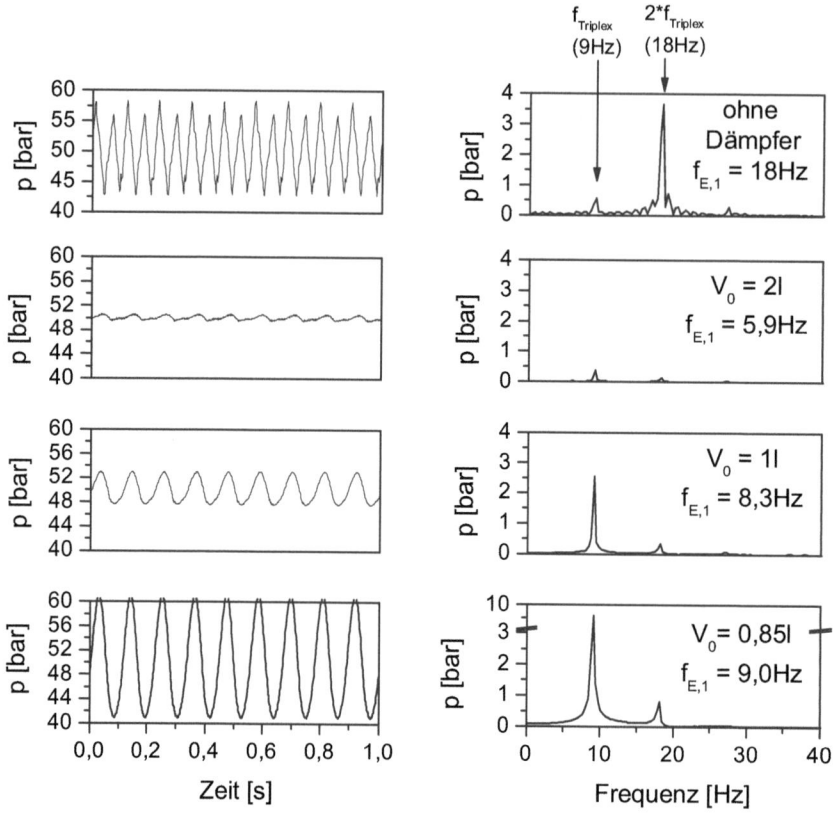

Bild 2-50 Restpulsation und Systemeigenfrequenzen des Systems aus Bild 2-48 bei verschiedenen Dämpferauslegungen

■ **Beispiel 2.8.4: Reduzierung der Schallgeschwindigkeit durch die Rohrwandelastizität**

Für die schwingungstechnische Berechnung eines Rohrsystems ist die tatsächlich im Rohr auftretende Schallgeschwindigkeit erforderlich. Die Angabe für die Kompressibilität der Förderflüssigkeit (Wasser) ist: 0,5 % pro 10 MPa und $c_{Wasser} = c = 1480$ m/s. Weiter gilt: $d_{i,R} = 100$ mm und $s_R = 5$ mm. Gl. (2.45) fordert einen E-Modul für die Förderflüssigkeit.

In Anlehnung an die Festigkeitslehre gilt:

$$E = \frac{\sigma}{\varepsilon}; \quad E_{Fl} = \frac{p}{\kappa} = \frac{10[\text{MPa}]}{0,005[-]} = 2 \cdot 10^9 \frac{\text{N}}{\text{m}^2} = 2000 \frac{\text{N}}{\text{mm}^2}$$

$$E_R = E_{Stahl} = 210000 \text{ N/mm}^2$$

Mit Gl. (2.45) ergibt sich daraus eine durch die Elastizität der Rohrleitung reduzierte Schallgeschwindigkeit von $c_{Rohr} = 1356,4$ m/s.

Beispiel 2.8.5: Resonanzfrequenz gefüllter Rohre

Für ein Rohrsystem soll für den geraden Abschnitt die Resonanzfrequenz berechnet werden. Das Rohr liegt beidseitig auf. Es gelten folgende Daten: d_i = 100 mm; s_R = 5 mm, Abstützweite L = 3 m; λ_F = 9,82 (nach [2-16]), $E = 2{,}1 \cdot 10^{11}$ N/m², ρ_{Stahl} = 7850 Kg/m³; ρ_{Wasser} = 1000 Kg/m³

Vorüberlegung: Die Schwingungskennwerte aus [2-16] beziehen sich ausschließlich auf leere Rohre. Da aber die Resonanzfrequenzen immer auch von der Masse abhängen (siehe Gitarrensaiten – tiefe Ton dicke Saite, hoher Ton dünne Saite) muss eine gefüllte Rohrleitung eine tiefere Eigenfrequenz aufweisen als das ungefüllte Rohr.

Die Rohrgeometrie und der Rohrwerkstoff sind verantwortlich für die Steifigkeit eines Rohres. Wenn ein Rohr mit Flüssigkeit gefüllt wird, so ändert sich damit nur die Masse aber nicht die Steifigkeit. Damit müssen wir für Gl. (2.46) eine Größe finden, die nur die Masse nicht aber die Steifigkeit beeinflusst. Diese Größe ist reale Linienlast des gefüllten Rohres.

Lösung: Die Linienlast eines Rohres durch sein Eigengewicht ist: $q_R \left[Kg / m \right] = A_R \cdot \rho_R \cdot 1 \left[m \right]$ = 12,94 Kg/m. Die Linienlast durch die Wasserfüllung ist:

$q_W \left[Kg / m \right] = A_{Ri} \cdot \rho_W \cdot 1 \left[m \right]$ = 7,85 Kg/m. Die Gesamtlinienlast beträgt also: $q_{NEU} = q_R + q_W$ = 20,79 Kg/m.

Mit dieser Linienlast suchen wir eine Ersatzdichte um weiterhin Gl. (2.46) anwenden zu können. Diese ist: $\rho_{NEU} = q_{NEU}/A_R$ = 12600 Kg/m³

Das Flächenträgheitsmoment für ein Rohr ist: $I = \pi / 64 \cdot (D^4 - d^4)$ = 0,000002278 m⁴ und für die Querschnittsfläche gilt: $A = A_R$ = 0,0016485 m².

Damit ist die Eigenfrequenz des leeren Rohres $f_{N,Leer}$ = 33,38 Hz und die Eigenfrequenz des gefüllten Rohres $f_{N,gefüllt}$ = 26,35 Hz.

Die Rohrfüllung erniedrigt also die Eigenfrequenz merklich. Daher ist die Berücksichtigung der Rohrfüllung unbedingt nötig!

2.9 Überwachung und Diagnose

Die Fähigkeit, Störungen in Pumpen automatisch zu erkennen, bevor sie nachhaltige Schäden erleiden oder teure Produktions- oder Funktionsausfälle verursachen, gewinnt zunehmend an wirtschaftlicher Bedeutung. Für oszillierende Verdrängerpumpen im Mittelpunkt des Interesses stehen die sichere Antriebs- und Pumpenkopffunktion und die am meisten gefährdeten Bauteile und Baugruppen. Am meisten gefährdet sind zweifellos die Pumpenventile, die Kolben und Kolbenabdichtungen und bei Membranpumpen zusätzlich die Membran und Hydraulikventile.

Überwachungskonzepte

Wirtschaftliche Pumpenanwendungen benötigten wirtschaftliche und damit an die durch Störungen zu erwartenden Schäden angepasste Überwachungs- und Diagnosetechniken. Für einfache Anwendungen genügt vielfach nur eine Ja/Nein Aussage hinsichtlich des Maschinenzustandes, während bei kritischen Prozessen, zur Minimierung von Ausfallzeiten und Lebenszykluskosten (LCC), detaillierte Aussagen bezüglich des Maschinenzustandes und der noch verbleibenden Haltbarkeit einiger Bauteile nötig sind. Die dafür bevorzugte Sensortechnik sind mit mindestens 10 kHz Abtastfrequenz arbeitende Druck- und/oder Körperaufnehmer.

Grundsätzlich unterscheidet man signalbasierte und modellbasierte Auswertemethoden. Die modellbasierte Methode bildet aus Messsignalen, mit Hilfe der im Kapitel 2.3 dargelegten Gleichungen sowie den geometrischen und prozesstechnischen Pumpenparametern (z. B. Kompressibilität), die Fördercharakteristiken nach, legt die ab und vergleicht diese anschließend mit den gemessenen Werten und leitet gegebenenfalls Korrekturen oder Alarme ein [2-22]. Der Vorteil dieser Technik liegt in der einfachen Übertragbarkeit auf andere Pumpen. Leider sind einige Vorgänge in den Pumpen und hier im besonderen die der Ventile von besonderer Sensibilität. Bereits 0,1 % Leckageverlust durch ein Ventil kann bei hohen Förderdrücken zu massivem Strahlverschleiß in den Ventildichtstellen und zu Totalausfällen führen. Modellbasiert kann ein solch kleiner aber schädlicher Effekt nicht erfasst werden.

Die signalbasierte Methode benutzt dagegen nur gemessene Signale und leitet aus diesen Merkmale ab, die mit schadenstypischen Kriterien verglichen werden. Damit können selbst kleinste Veränderungen in der Pumpenfunktion und Fördercharakteristik erkannt werden [2-21].

Einfache signalbasierte Überwachungstechniken

Störungsfreie oszillierende Pumpen fördern, sofern die Kompressibilität des Fördergutes nicht schwankt, mit hoher Konstanz. Abweichungen vom Förderstrom lassen daher auf Störungen schließen. Pumpen in Kombination mit hochwertigen Durchflussmessern (Vorsicht: pulsierender Förderstrom) lassen daher bereits Globalaussagen zum Maschinenzustand zu. Wird parallel dazu der Trend der Veränderungen beobachtet, so sind weitere Aussagen möglich.

Eine andere einfache Möglichkeit ist, den Körperschall an der Mitte der Pumpenkopfstirnseite zu erfassen und über jeweils mehrere Pumpenzyklen den Effektivwert zu erfassen. Eine Veränderung der Schallintensität ist in der Regel ein Hinweis auf eine Schadensentwicklung.

Membranpumpen verfügen heutzutage meist über eine Membranbruchanzeige. Diese ist das wohl älteste Störungserkennungssystem der Pumpentechnik. Bricht eine Membran (vgl. Kapitel 2.6.2), so kann in der Regel die Pumpe weiter betrieben werden, bis ein günstiger Zeitpunkt für die Reparatur erreicht wird.

Tiefendiagnostische Informationen aus Druckverlauf und Indikatordiagramm

Der Vorteil der oszillierenden Technik ist ihr „Herzschlagrhythmus". Den tiefsten Blick in das Pumpengeschehen liefert daher das Drucksignal *p(t)* (Bild 2-51) aus dem Pumpenarbeitraum oder Hydraulikraum von Membranpumpen, oder das darauf aufbauende, wegen des zusätzlichen Wegsensors kaum mehr verwendete Indikatordiagramm *p(h(t))*. Fachleute erkennen alleine damit nahezu alle Störungen sowohl in der Pumpe als auch in der saug- und druckseitigen Rohrleitung. Beispiele dafür sind:

- Saugventilschaden: Steigung der Kompressionskurve nimmt ab und die Förderphase wird kürzer.
- Druckventilschaden: Steigung der Kompressionskurve nimmt zu und Förderphase scheint länger. Steigung der Expansionskurve nimmt ab.
- Gas in der Förderflüssigkeit: Geringe Anfangssteigung der Kompressionskurve.
- Ventilfunktionsproblem: Große Ventilöffnungsdruckspitze.

2.9 Überwachung und Diagnose

- Druckverlust in den Rohrleitungen und Dämpferprobleme: Druckverlauf während der Förderphase oder Saugphase, Druckverlust $\Delta p(v_R^2)$, Druckabfall durch Beschleunigung.
- Kavitation: Keine Schwingungen am Saughubbeginn, bei Teilkavitation konstanter schwingungsarmer Teil des Saughubes auf Dampfdruckniveau, Druckstoß im Saughubverlauf, Massendruckwirkung von der Saugleitung erzeugt Schwingungen.
- Hydrauliköl-Leckage in hydraulischen Membranpumpen: lange Öffnungsphase des Leckergänzungsventils.

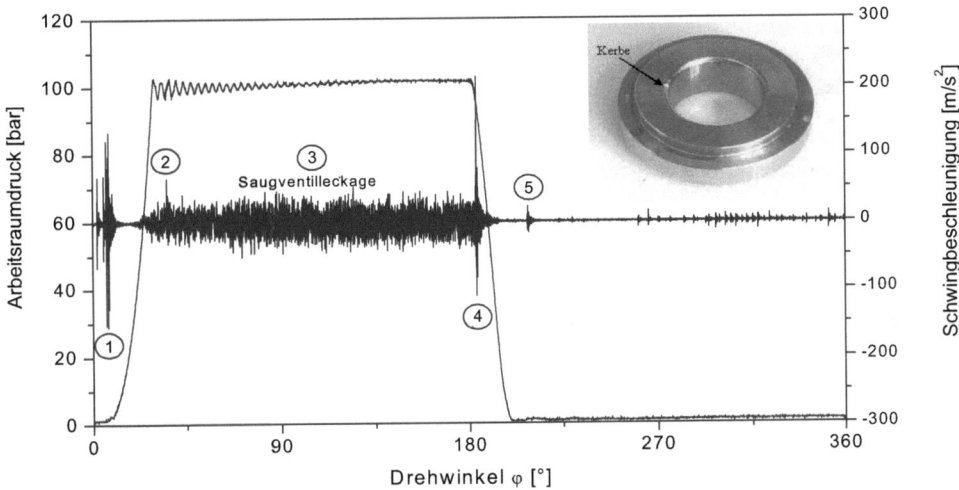

Bild 2-51 Arbeitsraumdruck $p(t)$ und Körperschallsignal einer Kolbenpumpe mit undichtem Saugventil [2-21]

Zusätzlich werden bei Mehrfachpumpen, die aus einer gemeinsamen Rohrleitung saugen und in eine gemeinsame Rohrleitung fördern, in den Druckverläufen die Ventilaktionen öffnen und Schließen der jeweils anderen Pumpenköpfe sowie die gemeinsam erzeugten Druckverlustwirkungen sichtbar. Ungleichmäßigkeiten in diesen Signalen sind ebenfalls sehr aussagekräftig.

Auswertung von Körperschallsignalen

Körperschallsignale gewinnt man mit nicht invasiver Sensortechnik. Das heißt, dass diese Technik leicht nachrüstbar ist, dafür aber nur indirekte Signale liefert, die direkt von der an der Sensorbefestigung gültigen Übertragungsfunktion abhängen. Außerdem werden damit alle Geräusche aus dem System miterfasst und es fällt oft schwer, die Systemsignale von den Pumpensignalen zu trennen. Aus diesem Grund ist die Auswahl der Befestigungsstelle (z. B. durch Kleben) von großer Bedeutung. Die umfassendste Aussage bekommt man, wenn der Sensor in der Mitte der Stirnseite montiert ist.

Die besondere Stärke dieser Technik ist jedoch die hohe Sensibilität für Ventilleckagen und falsches Ventilverhalten. Je nach Förderdruck werden damit Ventilleckagen $< 0,2\,\%$ von V_h sichtbar. Ist ein Ventil undicht, so entsteht durch die Ventildichtung eine Düsenströmung, die auf der Niederdruckseite zur lokalen Kavitation führt. Bild 2-51 zeigt das Schallsignal eines undichten Saugventils während des Druckhubes. Ein undichtes Druckventil würde sich während des Saughubes in ähnlicher Weise bemerkbar machen. Außerdem können die Wirkung des Haftregimes und die Schließenergie der Ventile qualitativ sehr gut erfasst und im Falle der Vergleichbarkeit mit früheren Signalen für Störungshinweise ausgenutzt werden. Erlaubt gleichzeitig ein Triggersignal eine zeitliche Zuordnung, so sind über den Schaltzeitpunkt der Ventile weitere Informationen und Zusammenhänge erkennbar. Beispielsweise bedeutet ein spätes Ventilöffnen eine Zunahme der Kompressibilität und ein heftiges Öffnungsgeräusch eine Zunahme des Haftregimes durch Einglättung der Dichtflächen.

Störungsfrüherkennungs- und Diagnosesysteme

Ziel der heutigen Technik ist die automatische und frühzeitige Erkennung von Störungen. Mit Hilfe der Mess- und Auswertetechnik müssen daher Merkmale gebildet werden, die eindeutige Aussagen auf die jeweilige Schädigung zulassen. Grundsätzlich sind folgende Strategien denkbar und teilweise auch schon realisiert:

a) Mit Hilfe von Druck- und Wegsensoren wird in regelmäßigen Abständen von wenigen Sekunden oder Stunden ein Indikatordiagramm erzeugt, die Fläche darin ausintegriert und der Steigungswinkel in der Kompressionsphase durch Differentiation bestimmt. Diese beiden Merkmale werden als Zahlenwerte in eine Liste geschrieben, die für Trendaussagen herangezogen werden kann. Für beide Werte werden Schwellen definiert, bei deren Überschreiten Alarme ausgegeben werden.

b) Mit dem einem „Ventilwächter" werden auf der Basis von zeitlich zuordenbaren Körperschallsignalen kritische Signalhöhen (Merkmalschwellen) aus den Ventilen überwacht und gegebenenfalls mit Hilfe einer Ampelschaltung angezeigt.

c) Mit Hilfe von Körperschall-Effektivwerten aus zeitlich zuordenbaren Signalfenstern und in Kombination mit einem Drucksignal $p(t)$ (UND/ODER-Logik) werden sehr sensibel Merkmale für Ventilschäden gewonnen. Bei hydraulischen Membranpumpen gelingt es außerdem, damit Hydraulikventilschäden zu diagnostizieren sowie die Länge des Leckventilfensters und damit die interne Leckagemenge quantitativ gut zu bestimmen.

2.10 Stelleingriffe und Regelungen

Die volumetrische Fördereigenschaft, die drucksteifen Kennlinien sowie die Stellgrößen Hub und Hubfrequenz in Dosierpumpen beziehungsweise Hubfrequenz in Prozesspumpen erlauben relativ einfache Förderstromregelungen. Die Grundfunktion ist ein Soll/Ist-Vergleich beispielsweise mit Hilfe von Durchflussmessern, Entnahmewaagen, Druckaufnehmern bei druckgeregelten Prozessen und Konzentrationssensoren bei Reaktionsprozessen. Tritt eine damit erkannte nicht tolerierbare Förderstromschwankung auf, so kann mit elektrischer, pneumatischer oder hydraulischer Hubverstellungen der Hub oder die Hubfrequenz mit einem Frequenzregler so zielgenau verändert werden, dass in kurzer Reaktionszeit der Sollwert wieder erreicht werden kann.

Die häufigste Form ist die Kombination von Dosierpumpen mit Durchflussmessern. Mit Hilfe von dialogfähigen Regelprozessoren können die Kennlinien der ungestörten Pumpen gespeichert und mit dem Durchflussmesssignal abgeglichen werden. Die Auswertung der Diskrepanz wird zum Regeln verwendet. Allerdings steht man dabei oft vor der Frage, welches Gerät (Pumpe oder Durchflussmesser) gegebenenfalls fehlerhaft ist. Eine endgültige Klärung ist vielfach nur über eine Kalibrierung und einen so genannter Plausibilitätsabgleich möglich.

2.11 Ausgewählte Rotierende Verdrängerpumpen

Eine große Anzahl verschiedener rotierender Verdrängerpumpen erfüllt die verschiedensten Förderaufgaben mit Fördergütern mit niedrigen bis zu höchsten Viskositäten, abrasiven Partikeln, hygienetechnischen Ansprüchen, biologischer Sensibilität sowie chemischer Aggressivität. Ein Teil dieser Typen, in denen ein Rotorteil in eine Lücke eines zweiten Rotors oder des Gehäuses eintaucht und so Flüssigkeit verdrängt, wird vielfach auch als Rotations- oder Drehkolbenmaschinen bezeichnet, soll hier auch kurz behandelt werden. Typische Beispiele dafür sind Drehkolbenpumpen, Zahnradpumpen, Flügelzellenpumpen, peristaltische Schlauchpumpen und Exzenterschneckenpumpen.

All diese Typen zeigen im Vergleich zu den oszillierenden Verdrängerpumpen etwas weniger drucksteife, aber trotzdem weitgehend gerade Kennlinien. Der Grund für den Unterschied sind mit dem Förderdruck zunehmende innere Leckströme durch oft breite und vielfach auch umlaufende Dichtspalte, die jedoch durch Zunahme der Viskosität der Förderflüssigkeit wieder reduziert werden können. Jede Pumpeart hat dadurch sowie durch ihre speziellen Ausprägungen ihre speziellen Einsatzbereiche.

2.11.1 Gemeinsame Grundlagen

Drehkolbenpumpen fördern pro Umdrehung aus der jeweiligen Geometrie resultierende Umdrehungsvolumen V_U. Der reale Förderstrom resultiert damit aus den im volumetrischen Wirkungsgrad zusammengefassten inneren Leckgagen (Li) und dem geometrischen Umdrehungsvolumen V_{geo} (Gl. (2.51)).

$$\dot{V} = V_{geo} \cdot n - \sum \dot{V}_{Li} = V_{geo} \cdot n \cdot \eta_V \qquad (2.51)$$

Je nach Rotorgeometrie, Eingriffsverhalten und innerem Leckagestrom erzeugen rotierende Verdrängerpumpen auch drehwinkelabhängige und damit pulsierende Förderströme. Für eine Rotorumdrehung gilt damit:

$$V_U = \int_0^{2\pi} \dot{V}(\phi) \cdot d\phi = \int_0^{2\pi} (\dot{V}_{geo}(\phi) - \dot{V}_L) d\phi \qquad (2.52)$$

Insbesondere alle verzahnten Bauformen wie Drehkolbenpumpen, Zahnradpumpen, Flügelzellenpumpen und Schlauchpumpen zeigen geometrisch verursachte Pulsation, während Schraubenmaschinen geometrisch weitgehend pulsationsfrei sind. Der innere Leckagestrom ist allerdings bei beiden Arten abhängig von der jeweiligen Rotorposition und damit drehwinkelabhängig. Mit steigendem Druck wirkt sich dieser zunehmend aus und sorgt für pulsierende Förderung. Da Pulsationen in den meisten Prozessen stören, ist der Pulsations- oder Ungleichförmigkeitsgrad $\delta_U = (\dot{V}_{max} - \dot{V}_{min})/\dot{V}_m$ gegebenenfalls ein wichtiges Bewertungskriterium für den Anwender.

2.11.2 Drehkolbenpumpen

Zu diesem Typ zählen Pumpen mit zwei ineinander greifenden, jedoch nicht kämmenden Drehkolben oder Kreiskolben unterschiedlicher Rotorgestalt mit definierten Abstandsspalten (Bild 2-52). Ihr besonders Kennzeichen sind die außen liegenden Getriebe, die den berührungsfreien Betrieb der Drehkolben garantieren.

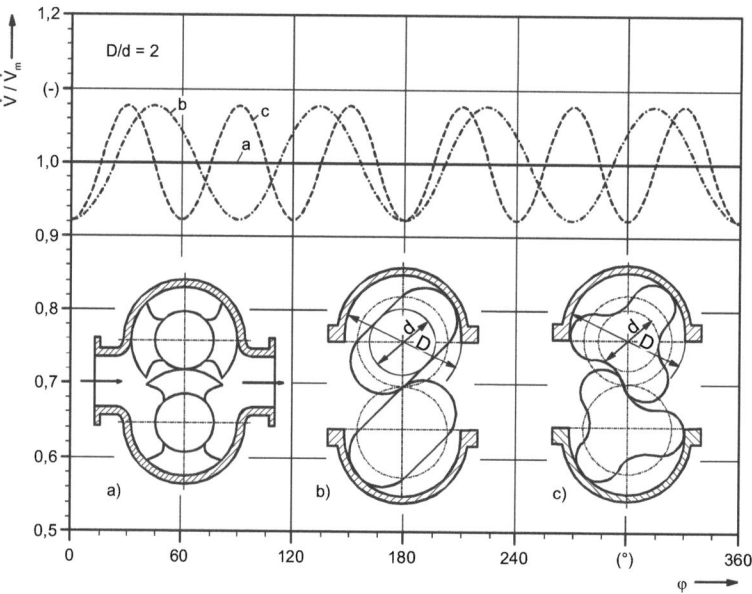

Bild 2-52 Drehkolbenpumpen (b, c) und Kreiskolbenpumpen (a) und die daraus resultierenden Volumenstrompulsationen

Bei den meist mit Evolventengeometrien gestalteten Drehkolben wandern die Dichtstellen (meist Sichelspalte) mit dem Drehwinkel. Der Fördervorgang entsteht durch das Verdrängen der Flüssigkeit aus der Kolbensenke durch den anderen Drehkolben auf der Druckseite und das Nachsaugen durch Freigabe dieser Geometrie.

Für die häufig verwendeten zwei- und dreiflügeligen Drehkolben ergibt sich näherungsweise das Umdrehungsvolumen aus:

$$V_U = \frac{\pi \cdot b}{4}(D^2 + 2 \cdot D \cdot I_A - 3 \cdot I_A^2) \quad \text{mit:} \quad I_A = \frac{D+d}{2} = \text{Achsabstand} \tag{2.53}$$

Der in Bild 2-52 sichtbare Ungleichförmigkeitsgrad folgt aus:

$$\delta_U = \frac{2(D-I_A)^2}{D_2 + 2 \cdot D \cdot I_A - 3 \cdot I_A^2} \tag{2.54}$$

und kann durch Schrägverzahnung der Rotoren deutlich reduziert werden [2-23].

Echte Kreiskolbenpumpen (Bild 2-52 a) hingegen fördern theoretisch pulsationsfrei. Die Dichtstellen bleiben bei solchen Maschinen immer an derselben radialen Position und immer geometrisch gleich (konstanter Leckstrom). Die Pulsationsfreiheit wird dadurch erreicht, dass sich die verdrängenden Flächen immer gegenseitig so ausgleichen, dass eine kontinuierliche Verdrängung entsteht. Vergleichen Sie dazu auch Kapitel 3.6.1.

2.11 Ausgewählte Rotierende Verdrängerpumpen

Leistungsbereich und Anwendung

Aufgrund der oft realisierten fliegenden Lagerung der Rotoren und der relativ großen Leckraten werden selten mehr als 2 MPa und maximal 3,5 MPa Förderdruck und Förderströme bis etwa 600 m³/h erreicht. Die Temperaturgrenze liegt bei 200° C (Sonderausführung 350° C) und für Elastomerrotoren bei < 100° C.

Zur Anwendung kommen Drehkobenpumpen für mittel- bis hochviskosen Fördergüter, Pasten, Breie, Slurries, Emulsionen, Dispersionen, abrasive und nicht abrasive Suspensionen, großstückige Feststoffe (bis zur geometrischen Beschränkung am Einlass) sowie empfindliche Stoffe aus dem Lebensmittel- und Biobereich.

2.11.3 Zahnradpumpen

Zahnradpumpen werden sowohl mit evolventischer Außen- als auch mit Innenverzahnung (geringe Restpulsation) ausgeführt (Bild 2-53). Ein Zahnrad wird von außen angetrieben und treibt das jeweils Andere (treibender Eingriff). Die Förderung entsteht dadurch, dass das Fördergut in den Zahnlücken auf die Druckseite gelangt und durch das Kämmen der Zähne aus der Zahnlücke des jeweils anderen Rades gequetscht wird (Kolbenwirkung). Der Zahnkontakt und dieses miteinander kämmen verhindert den Rückstrom. Da aber die Zahnlücke geschlossen wird bevor der gesamte Inhalt herausgequetscht ist, verfügen die meisten Zahnradpumpen über Quetschnuten an den Stirnseiten, über die das Restvolumen zur Saug- oder zur Druckseite gefördert wird.

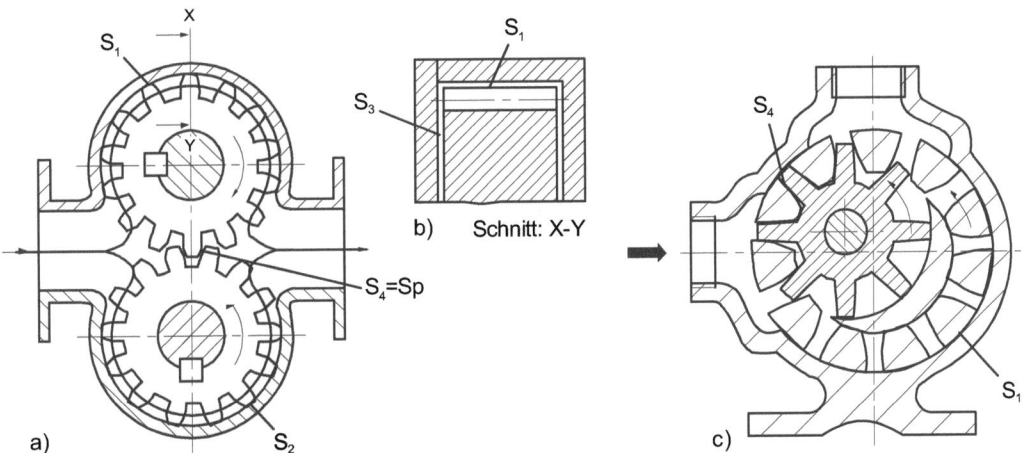

Bild 2-53 Grundprinzip außenverzahnter (a) und innenverzahnter (c) Zahnradpumpen sowie die den inneren Leckstrom beeinflussende Spaltsituation (b). S: Spalte

Welche Umdrehungsvolumen (Gl. (2.55)) erreicht werden, hängt damit, neben der Geometrie (α_E: Eingriffswinkel, m Modul, b Zahnbreite), auch von diesem Detail ab sowie ob die Maschine spielfrei ($X = 48$) oder mit Flankenspiel ($X = 12$) ausgeführt ist.

$$V_U = 2 \cdot \pi \cdot m^2 \cdot b \left[z + 1 - \frac{\pi^2 \cdot \cos^2 \alpha_E}{X} \right] \quad (2.55)$$

Der Förderprozess verläuft aufgrund der drehwinkelabhängigen Verdrängung auch pulsierend. Der Ungleichförmigkeitsgrad drückt sich in einer Aneinanderreihung von parabelförmigen Kurvenstücken aus und kann für spielfreie Ausführungen ($Y = 12$) und ohne Flankenspiel ($Y = 3$) nach Gl. 2.56 berechnet werden.

$$\delta_U = \frac{1}{4\left(\frac{4z+4}{\pi^2 \cos^2 \alpha} - \frac{1}{Y}\right)} \quad (2.56)$$

Durch Schrägverzahnung der Zahnräder kann diese Pulsation deutlich reduziert werden. Außerdem gilt: Je größer die Zähnezahl, desto geringer ist die Restpulsation.

Leistungsbereich und Anwendung

Durch die bevorzugt beidseitige Lagerung werden Drücke bis 40 MPa und Förderströme bis etwa 100 m³/h erreicht. Außerdem eignen sich Zahnradpumpen aufgrund ihrer drucksteifen Kennlinien auch für Dosierzwecke bis zu kleinsten Förderströmen von 0,1 l/h.

Mit Zahnrädern und Gehäusen aus Edelstahl, Kunststoffen, gefüllten Kunststoffen oder Graphit stehen Lösungen für ein breites Anwendungsspektrum zur Verfügung. Einerseits sind Zahnradpumpen die typischen Schmierpumpen, andererseits aber auch die typischen und zuverlässigen Förderorgane für viele höher viskose Chemikalien, Fette, Öle, Säuren, Laugen, Farben und Lacke, Schmelzen und nicht zuletzt, in mit Hartstoff ausgekleideter Form, für gefüllte Klebstoffe.

2.11.4 Flügelzellenpumpen

Ein exzentrisch gelagerter Rotor trägt mindestens vier radial oder auch leicht schräg dazu verschiebliche oder biegsame Flügel die durch Federkraft, Fliehkraft oder Eigenelastizität an die Wand des kreisrunden Gehäuses gedrückt werden (Bild 2-54). Zwischen den Flügeln befinden sich Zellen, deren Volumen durch Rotation zyklisch vom Minimum (Beginn Saugphase) zum Maximum (Ende Saugphase) und zurück zu Minimum (Ende Druckphase) verändert werden. Angesaugt und ausgestoßen wird über stirnseitig angebrachte Sichelkanäle oder radial einmündende Schlitze. Die Dichtung erfolgt durch die am Gehäuse schleifenden Flügel und die den Hauptteil der inneren Leckage erzeugenden Stirnspalte. Die schleifende Dichtung erfordert eine gewisse Schmierfähigkeit des Fördergutes.

Im Gegensatz zu Zahnradpumpen und Drehkolbenpumpen verfügen die Flügel über eine Verschleißreserve. Sie können bis zu einem bestimmten Betrag radial abgetragen werden, ohne dass die Förderleistung davon negativ beeinflusst wird.

Das Umdrehungsvolumen für starre Flügel resultiert näherungsweise aus den Abmessungen der Flügel (Dicke s) und ihrer Anzahl z sowie der Rotorbreite b, der Exzentrizität e und dem mittlere Durchmesser (D_m) (Gl. (2.56)).

$$V_U = 2 \cdot e \cdot b \cdot (\pi \cdot D_m - z \cdot s) \quad (2.57)$$

Das Umdrehungsvolumen mit elastischen Rotoren hängt hingegen überwiegend von den sich ausprägenden stark herstelleranhängigen Zellvolumina ab. Aus diesem Grund kann das Umdrehungsvolumen dafür nur aus den individuellen Veränderungen des Zellenvolumens der Zellenzahl und der Rotorbreite und damit am besten über Messungen ermittelt werden.

2.11 Ausgewählte Rotierende Verdrängerpumpen

Aus diesen Wirkprinzipien resultiert eine Ungleichförmigkeit, die näherungsweise für Maschinen mit starren und unendlich dünnen Flügeln und $z > 6$, nach Gl. (2.57) berechnet werden kann.

$$\delta_U \approx 1 - 0{,}5\left(1 + \cos\frac{\pi}{z}\right) \tag{2.58}$$

Der Ungleichförmigkeitsgrad drückt sich auch hier in einer Aneinanderreihung von parabelförmigen Kurvenstücken aus, kann jedoch nicht durch eine der Schrägverzahnung vergleichbare Technik gemindert werden. Lediglich die Anzahl der Zellen wirkt in vergleichbarer Weise pulsationsmindernd wie bei Zahnradpumpen (vgl. auch Kapitel 3.6.2).

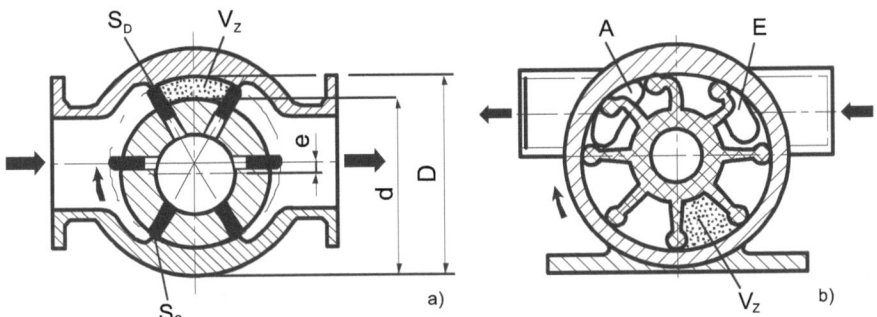

Bild 2-54 Flügelzellenpumpen mit starren und elastischen Flügeln: S_D, S_S: Steuerkanten, V_Z: Zellenvolumen, A: Auslass, E: Einlass

Leistungsbereich und Anwendung

Durch die schleifende Beanspruchung an den Stirnseiten der Flügel (Metall oder Kunststoff) und deren schlanke Form sind die Förderdrücke auf 1,5 MPa begrenzt. Die maximalen Förderströme betragen etwa 500 m³/h bei Temperaturen bis etwa 250° C und Viskositäten bis 75000 mPas und in Sonderfällen sogar 500 000 mPas.

Mit Flügeln und Gehäusen aus ferritischen, austenitischen oder härtbaren Stählen, Grauguss, Bronze und für Niederdruckanwendungen auch aus Kunststoffen stehen ebenfalls Techniken für ein breites Anwendungsspektrum zur Verfügung. Typische Anwendungsbereiche sind auch hier Schmierstoffe, partikelfreie Klebstoffe sowie eine Reihe viskoser Chemikalien, Farben, Lacke und Schmelzen.

2.11.5 Peristaltische Schlauchpumpen

Peristaltische Schlauchpumpen bilden mit dem flexiblen Schlauch und festen Anschlüssen an die umgebende Rohrleitung ein hermetische Einheit. Der Schlauch ist in ein rundes Gehäuse eingelegt und wird dort von einem umlaufenden Rotor mit mindestens 2 Nocken oder Rollen durch periodisches und umlaufendes Abquetschen zum Förderorgan (Bild 2-55). Mindestens eine Nocke oder Rolle muss immer im Eingriff stehen, um die Rückströmung zu verhindern.

Das Ansaugen erfolgt bei diesen Maschinen durch die Rückfederung des Schlauches. Wird über eine längere Betriebszeit die Rückformungsfähigkeit des Schlauches geringer, oder sinkt der Saugdruck, so sinkt damit auch der Förderstrom.

Das Umdrehungsvolumen resultiert daher näherungsweise aus dem Schlauchquerschnitt (A_S), der Bogenlänge des Schlauches, die in die Förderung einbezogen ist ($\pi\, D_S$), und dem Volumenverlust V_R durch den Quetschvorgang (Gl. (2.58)).

$$V_U = A_S \cdot \pi \cdot D_S - z \cdot V_R \tag{2.59}$$

Aus diesen Wirkprinzipien resultiert eine Ungleichförmigkeit, die näherungsweise für Maschine mit starren und unendlich dünnen Flügeln und $z > 6$ nach Gl. (2.60) berechnet werden kann.

$$\delta_U \approx 1 - 0{,}5\left(1 + \cos\frac{\pi}{z}\right) \tag{2.60}$$

Der Rotor quetscht den Schlauch periodisch und erzeugt so eine pulsierende Förderung, die bei zwei Nocken oder Rollen zu einem Ungleichförmigkeitsgrad von 100 % führen kann. Je größer die Anzahl der Nocken oder Rollen, desto geringer ist auch hier die Pulsation. Allerdings ist der Förderstromverlauf stark unstetig und enthält dadurch ein relativ großes Potential für Schwingungserregung. Die schwächste Stelle am Schlauch ist, wo der Rotornocken auf der Druckseite die Kammer öffnet. Dadurch wird das nicht komprimierte Kammervolumen durch Rückströmung komprimiert und der die Kammer bildende Schlauchteil durch den Förderdruck gespannt. Dies bedeutet oft merkliche Rückströmung die selbstverständlich mit einem Druckstoß verbunden ist. Dadurch wird besonders der Bereich des Schlauches beansprucht, der bereits durch den Nocken geöffnet ist, aber noch nicht seine runde Form erreicht hat. Die Schlauchgestaltung mit Gewebeverstärkung spielt hierbei eine wichtige Rolle für die Schlauchstabilität.

Leistungsbereich und Anwendung

Trotz geringer Drehfrequenz von maximal 100 1/min werden Förderströme bis zu 100 m³/h gegen Drücke von maximal 1,5 MPa unter hermetischen und vielfach auch hygienischen Bedingen gefördert. Andererseits kann mit dieser Technik auch in Mikrodosierbereiche vorgedrungen werden. Mit Schlauchinnendurchmesser << 1 mm werden Förderströme um 1 ml/h erreicht.

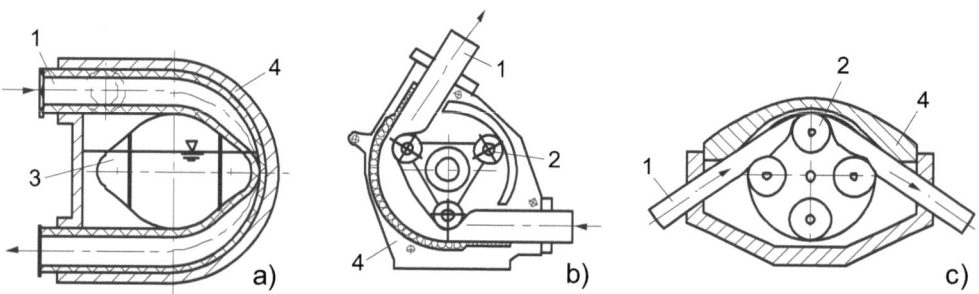

Bild 2-55 Schlauchpumpe mit Nockenrotor (a, mit Ölfüllung) und Rollenrotor (b, c): 1 Schlauch, 2 Rolle, 3 Nocke, 4 Gehäuse

Entscheidend für die Anwendung ist jedoch der Schlauchwerkstoff. Um die Grundforderung nach Hyperelastizität zu erfüllen, kommen aus Beständigkeitsgründen nur wenige Elastomerwerkstoffe in Betracht. Außerdem ist die Quetschbeanspruchung eine extreme Werkstoff- und Bauteilbeanspruchung. Die Lebensdauer der Schläuche liegt daher bei 1000 – 5000 Stunden.

Große Maschinen sind meist mit Nocken und ölgefüllten Gehäuse ausgestattet, während in einfachen Anwendungen (z. B. in der Medizintechnik) trocken und mit Rollen gearbeitet wird. Um zuverlässige Saugphasen und möglichst lange Lebensdauern zu garantieren, sind Industrieschlauchpumpen mit gewebeverstärkten Schläuchen ausgestattet. Die Gestaltung dieser Verstärkung spielt hierbei eine entscheidende Rolle und ist in der Regel Firmen-Know-How.

Schlauchpumpen haben ein gutes Ansaugvermögen, sind CIP/SIP-fähig, trockenlauffähig und hermetisch und stehen damit ebenfalls für ein breites Anwendungsspektrum zur Verfügung. Im Gegensatz zu den anderen rotierenden Pumpen liegt hier die Anwendung im Bereich der Spezialchemie, Pharma, Lebensmitteltechnik, Medizintechnik sowie der Umwelt- und Biotechnologie. Außerdem sind sie für besonders heterogene Stoffe wie Lebensmittelreste und Ähnliches geeignet.

2.11.6 Exzenterschneckenpumpen

Exzenterschneckenpumpen sind einspindelige, einseitig außengelagerte und innen geführte schraubenartige Verdrängerpumpen, welche durch ihre exzentrische Rotation und die Geometrie von Stator und Rotor Flüssigkeit in Kammern gewissermaßen wendelförmig zur Druckseite befördern (Bild 2-56). Wie viele Umdrehungen beziehungsweise Stufen von der Saugseite bis zur Druckseite nötig sind, hängt vom Förderdruck ab. Pro aktive Kammer können durch die Überdeckung (Dichtpressung) zwischen Stator und Rotor maximal 0,4–0,6 MPa abgedichtet werden. Je mehr Stufen eine Pumpe hat, desto höher ist der damit erreichbare Förderdruck.

Das geometrische Umdrehungsvolumen resultiert aus dem Durchmesser D und der Exzentrizität E des Rotors sowie der Statorsteigung P_S (Gl. (2.61)).

$$V_U = 4E \cdot D \cdot P_S \tag{2.61}$$

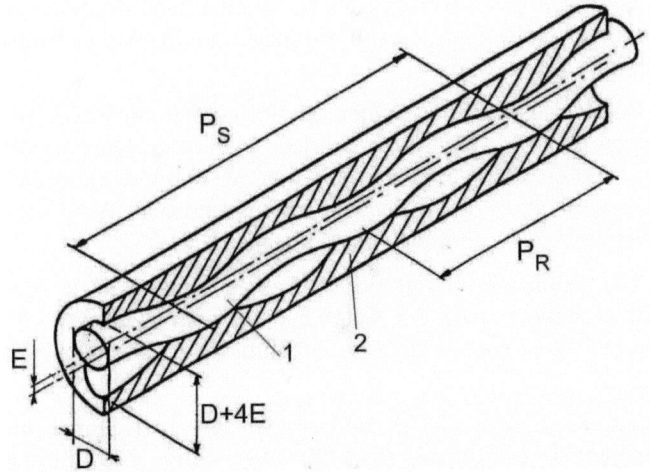

Bild 2-56 Exzenterschneckenpumpe und typische Querschnittsprofile:
1 Rotor,
2 Stator aus Elastomer,
P_R Rotorsteigung

Ist die Überdeckung > 0, so gilt diese Gleichung nur noch in grober Näherung. Für entsprechend Informationen wird auf [2-23] verwiesen.

Aus dem geometrischen Förderstrom resultiert keine Pulsation. Aufgrund der drehwinkelabhängigen inneren Leckage und der daraus resultierenden Rotorverlagerungen ist in der Realität aber eine pumpenindividuelle Ungleichförmigkeit zu erwarten.

Leistungsbereich und Anwendung

Der Leistungsbereich erstreckt sich von etwa 100 l/h bis zu etwa 500 m$_3$/h und, je nach Stufenzahl, bis etwa 20 MPa. Jeder Hersteller verfügt üblicherweise über eine große Anzahl von Statorelastomeren, um für möglichst viele Anwendungen maßgeschneiderte Lösungen anbieten zu können.

Aufgrund ihrer hohen Wirtschaftlichkeit und Robustheit haben Exzenterschneckenpumpen Eingang in nahezu alle Bereich der chemischen, pharmazeutischen und biologischen Verfahrenstechnik sowie der Lebensmitteltechnik gefunden. Ihre besondere Eignung liegt in der Förderung von hochviskosen Flüssigkeiten, Suspensionen mit abrasivem oder grobkörnigem Inhalt wie Beton und korrosiven Chemikalien. Eine Besonderheit stellt die Verwendung als Deep-Hole-Pump zur sekundären Ölförderung dar. Dort spielt nicht nur die Robustheit, sondern auch die typische schlanke zylindrische Form eine große Rolle. Dadurch können Exzenterschneckenpumpen sehr einfach in Bohrlöcher bis 2000 m Tiefe abgesenkt werden.

2.12 Vergleichende Betrachtungen

Bild 2-57 zeigt maximal mögliche Wirkungsgrade verschiedener Verdrängerpumpen in Abhängigkeit vom Förderstrom für eine Viskosität von 100 mPas. Dies ist ein Ergebnis aus einer Umfrage an der etwa 20 deutsche Pumpenhersteller beteiligt waren. Diese Darstellung wurde gewählt um im Hinblick auf die Energiediskussion das Potential jeder Pumpenart zu zeigen und gleichzeitig eine Auswahlhilfe zu schaffen.

Die unterschiedlichen Verläufe resultieren aus den Unterschieden im internen Leckstrom sowie der internen mechanischen und hydraulischen Reibung (Impulsaustausch) und gewisser baulicher und prozesstechnischer Unterschiede. Diese sind:

- Die Plunger-Pumpen (PP) und Hochdruckmembranpumpen (HDP) wurden mit Einbaugetriebe, die Mehrfachkolbenpumpen (MPP) jedoch ohne Getriebe betrachtet. Dies erklärt den grundsätzlichen Unterschied. Die Zunahme der Kurven PP und MDP mit dem Förderstrom resultiert aus dem Reibungsverlust an der Kolbenabdichtung und dem Wirkungsgradverlust im Getriebe, die mit zunehmender Größe deutlich abnehmen.

- Die meisten Kurven zeigen mit zunehmender Baugröße auch einen zunehmenden Wirkungsgrad, da mit der Baugröße verbunden auch der Anteil für die innere Leckage und Reibung, aufgrund der günstigeren Volumen/Oberflächenverhältnisse, immer günstiger wird.

- Die Kurven für die Druckluftmembranpumpen (ADP) sind einmal ohne und einmal mit Kompressorwirkungsgrad dargestellt. Im Normalfall muss für eine richtige energetische Betrachtung der Kompressorwirkungsgrad mit berücksichtig werden.

2.12 Vergleichende Betrachtungen

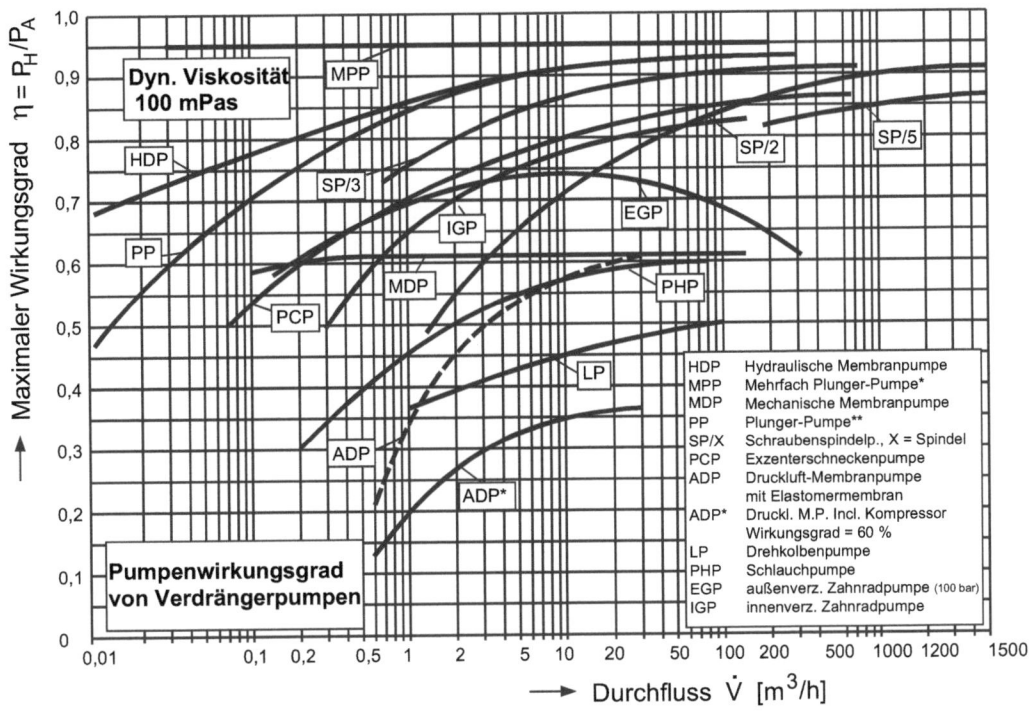

Bild 2-57 Wirkungsgrade von Verdrängerpumpen in Abhängigkeit vom Förderstrom bei 100 mPa Viskosität

Neben diesen Betrachtungen soll auch die Frage nach dem energetisch optimalen Betriebspunkt beantwortet werden. Bild 2-58 zeigt links den qualitativen Zusammenhang zwischen Wirkungsgrad und Viskosität bei verschiedenen Druckniveaus. Während bei oszillierenden Pumpen, aufgrund wenig zunehmender innerer Reibung, der Wirkungsgrad unabhängig vom Druck, mit zunehmender Viskosität nur wenig abfällt, ist wegen der etwa konstant bleibenden Quetscharbeit bei Schlauchpumpen, eine deutliche Abhängigkeit vom Druck und Viskosität zu beobachten. Je höher der Förderdruck desto günstiger ist dabei das Verhältnis Förderarbeit zu Quetschverlust. Bei zunehmender Viskosität hingegen nimmt die innere Reibung zu und das Ansagvolumen, durch das erschwerte Ansaugen durch die Schlauchelastizität, ab.

Bei rotierenden Verdrängerpumpen zeigt sich, je nach Wirkprinzip, besonders bei kleinen Viskositäten ein Wirkungsgradunterschied. Während Schraubenspindelpumpen [2-23] über einen langen Dichtspalt verfügen und daher bei niedrigen Viskositäten geringe interne Leckagen aufweisen, sind Zahnradpumpen eindeutig weniger effizient. Bei beiden zeigt sich aber mit dem Druck eine Effizienzzunahme, da die innere Reibung weitgehend druckunabhängig ist. Aus diesen Überlegungen wurde das rechte Bild entwickelt, das im Wesentlichen aussagt, dass die innere Reibung (IR) mit der Viskosität zu-, die innere Leckage (IL) jedoch abnimmt. Es gibt also für jede Pumpeart und -größe ein Minimum der Summenkurve $S(\eta) = IL(\eta)+IR(\eta)$ und damit ein von der Viskosität abhängiger optimaler energetischer Punkt. Eine Pumpenbauart im optimalen Punkt zu betreiben bedeutet ein Maximum an Zuverlässigkeit, Wirtschaftlichkeit und eine gute Möglichkeit einen kleinen Beitrag zur Reduktion des Energieverbrauchs zu liefern.

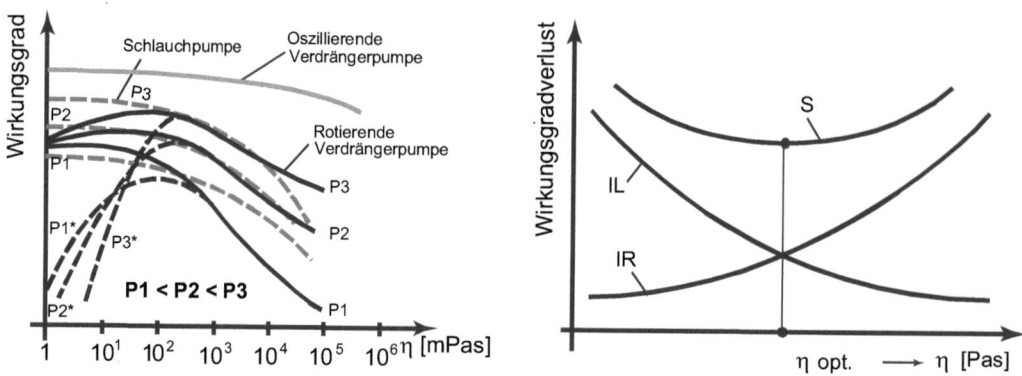

Bild 2-58 Viskositätseinfluss auf den Wirkungsgrad von Verdrängerpumpen. IL: Innere Leckage, IR: innere Reibung, S: Summe aus IL und IR

Literatur

[2-1] Thiel, E.: Kinematik und Druckverlust selbsttätiger Ventile oszillierender Verdrängerpumpen, Dissertation, Friedrich-Alexander-Universität Erlangen-Nürnberg, 1990

[2-2] VALVE II, Software zur Ventilberechnung, Lehrstuhl für Prozessmaschinen und Anlagentechnik, Universität Erlangen-Nürnberg.

[2-3] Westphal, M.: Beitrag zur Größenbesimmung von Pumpenventilen, Z.d.V.D.l., 1896, Band 30, Nr. 14.

[2-4] Grau, U.: Haftkräfte und deren Einfluss auf die Kinematik selbsttätiger Ventile oszillierender Verdrängerpumpen, Dissertation, Friedrich-Alexander-Universität Erlangen-Nürnberg, 1996

[2-5] Krause G.: Hubkolbenpumpen in Verdrängermaschinen (Hrsg. Bohn T.)., Technischer Verlag Resch, Köln, 1985

[2-6] Johnson D.N.: Numerical modelling of reciprocating pumps with self acting valves, Proceedings of the Institution of mechanical Engineers: Journal of System & Control Engineering, Volume 205, 1991

[2-7] Blendinger S., Schade O., Schlücker E.: CFD-Berechnung oszillierender Verdrängerpumpen, Industriepumpen + Kompressoren, Vulkan-Verlag, Essen, Ausgabe 3, 2004

[2-8] Pinat, T.: Werkstofftabellen der Metalle, Karl Wellinger und Paul Gimmel 8, 2000, Alfred Kröner Verlag, ISBN: 3520902087

[2-9] Wendler-Kalsch, E.; Gräfen, H.: Korrosionsschadenskunde, Springer-Verlag Berlin Heidelberg (1998)

[2-10] Berger, C.; Ellermeier, J.; Schlücker, E.; Depmeier, L.: Schwingungsrisskorrosion hochlegierter Stähle, Abschlussbericht Vorhaben Nr. 230, FKM, 2002, Frankfurt a. M.

[2-11] Fryer, D.M.; Harvey, J.F.: High Pressure Vessels, Chapman & Hall, 1998

[2-12] EHEDG Doc. 17, Hygienic design of pumps, homogenisers and dampening devices, Edition 2, 2004

2.12 Vergleichende Betrachtungen

[2-13] Georgiadis, S.: Beitrag zur Berechnung der Beanspruchung kreisrunder Metallmembranen mit großer Auslenkung, Dissertation, Erlangen, 1988.

[2-14] Idlechik, I.E.: Handbook of Hydraulic Resistance – Coefficients of Local Resistance and of Fristion, 1960

[2-15] Bohl, W., Elmendorf, Technische Strömungslehre, Auflage: 13, W.Vogel Verlag Und Druck, 2005, ISBN: 3834330299

[2-16] Wachel, J.C.; Morton, S.J., et.al: Piping Vibration Analysis Proceedings 19th Turbomachinery Symposium, Houston, Texas, USA 1990

[2-17] Schweinfurther, F.: Beitrag zu rechnerischen Bestimmung von Druckschwingungen in Rohrleitungssystemen bei Erregung durch ein- und mehrzylindrige oszillierende Verdrängerpumpen, Dissertation, Erlangen, 1988

[2-18] Klapp, U.-E., Schlücker, E.: Kavitationsphänomene in oszillierenden Verdrängerpumpen, 2002, VDMA, Frankfurt

[2-19] Fritsch, H.: Auslegung von Pulsationsdämpfern für oszillierend, Chemie-Ing.-Tech. 42. Jahrgang 1970 /Nr. 9/10

[2-20] Schade, O.: Kavitationseffekte in oszillierenden Verdrängerpumpen, Dissertation, Universität Erlangen 2007

[2-21] Klapp, U.-E.: Überwachung und Fehlerdiagnose an oszillierenden Verdrängerpumpen, Dissertation, Universität Erlangen 2005, Shaker Verlag, ISBN 3-8322-3584-1

[2-22] Haus, F.: Methoden zur Störungsfrüherkennung an oszillierenden Verdrängerpumpen, Dissertation, Berichte aus dem Institut für Automatisierungstechnik der TU Darmstadt, 2006, Fortschritts-Berichte VDI, Reihe 8, Nr. 1109, ISBN 3-18-510908-2

[2-23] Vetter, G.: Rotierende Verdrängerpumpen für die Prozesstechnik, 2006, Vulkan-Verlag, Essen ISBN 978-3-8027-2173-1

[2-24] N.N.: DIN EN ISO 13710, Erdöl-, petrochemische und Erdgasindustrie – Oszillierende Verdrängerpumpen (ISO 13710:2004)

[2-25] Knaebel, M.; Jäger, H.; Mastel, R.: Technische Schwingungslehre, 6. Auflage, Teubner Verlag, Wiesbaden, 2006

[2-26] Menny, K.: Strömungsmaschinen, 5. Auflage, Teubner Verlag, Wiesbaden, 2006

Hoch druck...

Weltweit führende Hochdrucktechnik aus dem Hause URACA:

- Hochdruck-Plungerpumpen
- Prozess-Membranpumpen
- Hochdruck-Pumpenaggregate
- Hochdruck-Reinigungssysteme
- Automatisierte Teilereinigungsanlagen
- Prüfpumpen für Hand- und Motorbetrieb.

URACA GmbH + Co. KG
Postfach 1260
D-72563 Bad Urach
Tel. (07125) 133-0
Fax (07125) 133-202
www.uraca.de

ZUVERLÄSSIG · WIRTSCHAFTLIC

3 Kolbenverdichter

3.1 Bestandteile, Förderparameter und Einsatzbedingungen

Kolbenverdichter sind **Arbeitsmaschinen**, die den Druck eines gasförmigen Förderstoffs nach dem volumetrischen Prinzip erhöhen. Sie sind den Kolbenpumpen für Flüssigkeiten (Abschnitt 2) verwandt, die nach dem gleichen Wirkprinzip den Druck von Flüssigkeiten erhöhen. Die Gemeinsamkeiten beruhen auf der gleichen Wirkungsweise (vgl. Abschnitt 1.2.2a). Unterschiede ergeben sich aus den unterschiedlichen physikalischen Eigenschaften von Flüssigkeiten und Gasen. Mit der Druckerhöhung von Gasen steigen auch ihre Temperatur und Dichte. Man spricht deshalb bei den Verdichtern von **thermischen Maschinen** im Gegensatz zu den Pumpen als hydraulischen Maschinen.

Bei der Verkleinerung des Arbeitsraumes führt der **Verdränger** dem Gas im thermodynamischen Sinne Arbeit zu. Gleichzeitig gibt das Gas Wärme an die Umgebung des Arbeitsraumes ab. Je besser die Kühlwirkung ist, desto weniger steigt die Temperatur des Gases bei der Verdichtung und desto geringer ist die erforderliche massespezifische Arbeit. Im nicht erreichbaren Grenzfall idealer Kühlung wäre die Verdichtung eine isotherme Zustandsänderung mit minimaler spezifischer Arbeit.

In **Hubkolbenverdichtern** bewegen sich die Verdränger (Kolben) geradlinig zwischen zwei Totlagen. Ein Sonderfall ist die Verdrängung durch deformierbare Membranen.

Verdichter, bei denen die Verdränger (Rotoren) um eine feste Achse rotieren bzw. auf einer Bahn umlaufen, werden als **Drehkolbenverdichter** bezeichnet.

Zur Erhöhung des Förderstroms kann die Verdichtung auf mehrere parallel geschaltete Arbeitsräume aufgeteilt werden. Große Druckerhöhungen realisiert man in mehreren hintereinander geschalteten Arbeitsräumen, wobei der Förderstoff nach jeder Stufe einen Kühler durchströmt (**mehrstufige Verdichtung mit Zwischenkühlung,** siehe Bild 3-1).

Der Verdichter und die zu seinem Betrieb notwendigen Komponenten bilden die **Verdichteranlage**. Unmittelbar mit dem **Verdichter V** verbunden ist sein **Antriebsmotor M,** in der Regel ein Elektromotor. Verdichter und Motor bilden das **Verdichteraggregat**, das auf einem gemeinsamen **Fundament F** steht. Es ist im **maschinendynamischen** Sinn, d. h. in Bezug auf Drehzahlschwankungen, Fundamentbelastung und Schwingungsverhalten als Einheit zu betrachten.

Im **thermodynamischen** Sinne bilden die Arbeitsräume aller Stufen mit den zugehörigen **Zwischenstufensystemen ZS** eine Einheit. Neben dem **Kühler KÜ** und den verbindenden **Rohrleitungen RL** gehören meist **Dämpfungsbehälter DB** zur Verringerung der Gaspulsationen sowie ein **Tropfenabscheider TA** für kondensierte Feuchtigkeit und mitgeführtes Schmieröl zum Zwischenstufensystem.

Zur Verdichteranlage gehören in der Regel auch ein **Kühlwassersystem KWS** für Arbeitsraum- und Zwischenkühlung, ein **Ölsystem ÖS** für Triebwerk- und Zylinderschmierung sowie ein **Leitsystem LS**, das die In- oder Außerbetriebnahme sowie die Anpassung an veränderte Betriebsbedingungen realisiert und die Anlage zur Vermeidung von Havarien und zur Einleitung von zustandabhängigen Instandsetzungen überwacht.

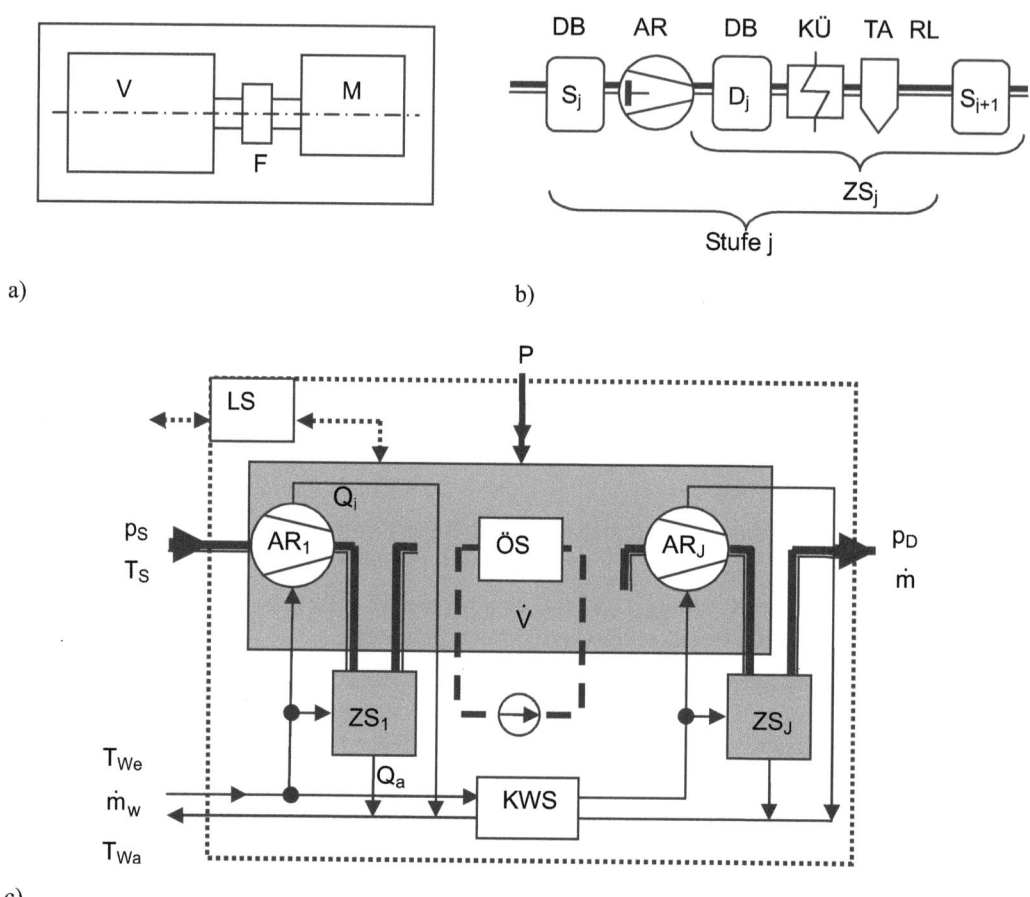

Bild 3-1 Mehrstufige Verdichtung (schematisch): a) Verdichteraggregat; b) Verdichterstufe; c) Verdichteranlage

Die Leistungsfähigkeit eines Verdichters wird durch seine **Förderparameter** (Förderstrom und Förderdruck bzw. spezifische Förderarbeit) gekennzeichnet.

Es ist üblich, den **Förderstrom** als Volumenstrom $\dot{V}$ beim Saugzustand (p_S, T_S) anzugeben.

Weil sich mit der Verdichtung das Volumen stark ändert, wäre zur Kennzeichnung des Förderstroms der Massestrom gegenüber dem Volumenstrom zu bevorzugen. Allerdings ist diese Größe für Gase weniger anschaulich. Die Förderstromangabe beim Normzustand (p_N = 0,101325 MPa, T_N = 273,15 K) ermöglicht den direkten Vergleich der Masseströme.

3.1 Bestandteile, Förderparameter und Einsatzbedingungen

Der **Förderdruck** ist als Druck p_D am Anlagenaustritt direkt messbar und wird zur Einteilung der Verdichter verwendet (Tabelle 3.1). Die **Förderarbeit** Y ist als massespezifische Arbeit bei idealer (reversibler) Verdichtung des Förderstoffs auf den Förderdruck eine rechnerische Bezugsgröße (vgl. Abschnitt 3.2.4).

Ferner sind die **Drehzahl** n und der **Leistungsbedarf** P wesentliche Parameter zur Kennzeichnung des Verdichters.

Tabelle 3.1 Einteilung der Verdichter nach Förderdruck

Förderdruck in MPa	Bezeichnung	Anwendungsbeispiele
≤ 0,1	Vakuumverdichter	Vakuumtechnik, Entlüftung von Pumpenanlagen
< 0,25	Gebläse	Pneumatischer Transport, Motorenaufladung
< 1	Niederdruckverdichter	Drucklufterzeugung, Kältetechnik
< 10	Mitteldruckverdichter	Gaszerlegung und -transport, Biogasanlagen
< 50	Hochdruckverdichter	Gasverflüssigung, Erdgasspeicherung, Druckvergasung
> 50	Höchstdruckverdichter	Ammoniaksynthese, HD-Polymerisation, Erdgas-Reinjektion

Die für eine Förderaufgabe zweckmäßige Verdichterbauart ergibt sich aus der dimensionslosen Verbindung der **Förderparameter** $\dot{V}, Y$ (bezogen auf einen Arbeitsraum) und der Drehzahl n (vgl. Abschnitt 1.1.1). Aus Bild 1-2 erkennt man, dass Hubkolbenverdichter für kleinste spezifische Drehzahlen und größte Förderarbeiten (entspricht großen Druckerhöhungen) eingesetzt werden. Als wichtigster Vertreter der Drehkolbenverdichter ist der Schraubenverdichter eingezeichnet. Sein Einsatzgebiet liegt zwischen dem der Hubkolbenverdichter und dem der Turboverdichter.

Neben den Verdichterparametern bestimmt der **Förderstoff** die konstruktive Gestaltung der Verdichter. Wenn der Förderstoff aufgrund seiner chemischen oder physikalischen Eigenschaften gefährlich (z. B. giftig, brennbar, explosiv, korrosiv, radioaktiv, ozonschädigend) ist, müssen die Verdichter ohne äußere Leckagen (z. B. als **Hermetikverdichter**) ausgeführt werden.

Darf der Förderstoff aus sicherheitstechnischen oder hygienischen Gründen nicht mit Öl in Verbindung gebracht werden, sind schmierungsfreie Verdichter (**Trockenlaufverdichter**) erforderlich. Manche Drehkolbenverdichter werden aber auch mit extrem hohen Ölanteil im Förderstoff betrieben, um bessere innere Dichtheit und Kühlung zu erreichen (z. B. **ölüberfluteter Schraubenverdichter**).

3.2 Funktionsweise

3.2.1 Vorgänge im Arbeitsraum

Die Gesamtheit der Vorgänge in einem Arbeitsraum des Verdichters, die den Ladungswechsel (Masseänderung) und die Energieübertragung (Zustandsänderung) umfassen, wird als **Arbeitsspiel** bezeichnet.

Trotz der Strömungsvorgänge beim Ein- und Austritt des Förderstoffs kann in guter Näherung von einem für den gesamten Arbeitsraum einheitlichen, nur zeitabhängigen thermodynamischen Zustand mit vernachlässigbarer kinetischer Energie ausgegangen werden, bei dem man nicht zwischen statischem Druck und Ruhedruck unterscheiden muss.

Der zeitabhängige Druck p im Arbeitsraum kann experimentell leicht ermittelt werden und ergibt bei seiner Auftragung über dem zeitabhängigen Volumen des Arbeitsraumes V (linear korreliert mit dem Kolbenweg x) als **p,V-Digramm (Indikatordiagramm)** eine anschauliche Beschreibung der Vorgänge im Arbeitsraum. (Bild 3-2 a).

Die Zustandsänderungen können auch im massespezifischen **T,s-Diagramm (Wärmeschaubild)** dargestellt werden (Bild 3-2 b).

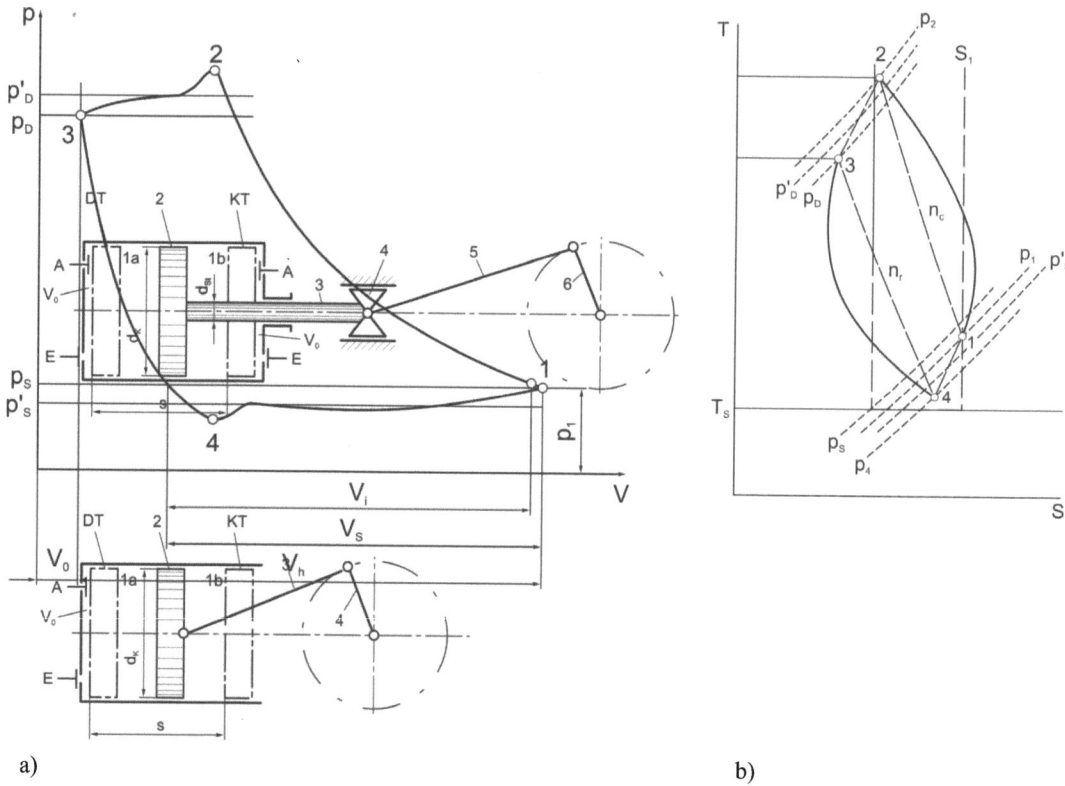

Bild 3-2 a) Arbeitsspiel im Indikatordiagramm; b) Zustandsänderungen im Wärmeschaubild

Dem gedachten Arbeitsspiel eines verlustfrei arbeitenden idealen Verdichters mit reiner Masseänderung beim Ladungswechsel und reversibler Zustandsänderung (Abschnitt 1.2.2 a) sind im

3.2 Funktionsweise

realen Verdichter unvermeidbare **verlustbehaftete (irreversible) Vorgänge** (vgl. Abschnitt 1.2.3) überlagert, die sich – mehr oder weniger – im p,V-Diagramm widerspiegeln.

Die **Verdichtung** (Kompression) des Arbeitsstoffs beginnt mit dem Schließen (1) des Saugventils etwa in der unteren Totlage des Kolbens und endet mit dem Öffnen (2) des Druckventils. Der Druck p_1 unterscheidet sich infolge gasdynamischer Vorgänge vom mittleren Druck p_S im saugseitigen Behälter, wobei die Druckdifferenz positiv oder negativ sein kann. Der Druck p_2 muss größer als der Druck im druckseitigen Behälter p_D sein, damit die Federbelastung und Massenträgheit des Druckventils beim Öffnen überwunden werden können. (In Bild 3-3 sind die Drücke in den saug- und druckseitigen Behältern vereinfachend als konstante Werte dargestellt, was nur bei pulsationsarmen Betrieb (vgl. Abschnitt 3.4.4) in guter Näherung gilt.

Der gemessene p,V-Verlauf während der Verdichtung kann rechnerisch in das T,s-Diagramm übertragen werden, wenn man Dichtheit des Arbeitsraumes voraussetzt und die Anfangstemperatur der Verdichtung kennt.

Die Verdichtungslinie 1 – 2 weicht infolge eines zeitveränderlichen Wärmestrom zwischen Förderstoff und Arbeitsraumumgebung von der Polytropen mit dem Exponenten $n_c = \ln(p_2/p_1)/\ln(V_1/V_2)$ ab.

Im ersten Teil der Verdichtung wird dem Förderstoff Wärme zugeführt $(n > \kappa)$, so dass die Entropie wächst. Nachdem die Gastemperatur die nahezu konstante Temperatur der Zylinderwand erreicht hat, kehrt sich die Wärmestromrichtung um $(n < \kappa)$.

Der Polytropenexponent n_c ist im Verhältnis zum Isentropenexponenten umso kleiner, je intensiver die Kühlung des Arbeitsraumes ist. Mit steigender Drehzahl wird die Zeit für die Wärmeübertragung kleiner und die tatsächliche Zustandsänderung nähert sich der Isentropen.

Das **Ausschieben** des Förderstoffs beginnt mit dem Öffnen (2) und endet mit dem Schließen (3) des Druckventils etwa in der oberen Totlage. Während des Ausschiebens ist der Druck im Arbeitsraum (im Mittel p'_D) höher als im druckseitigen Behälter. Nach dem Öffnen ist der Druckverlust im Ventil etwa proportional zum Quadrat der Kolbengeschwindigkeit. Das Verhältnis $\pi_D = p'_D / p_D$ charakterisiert den Arbeitsmehraufwand infolge der Strömungsreibung (**Drosselverlust**) im Druckventil und seinen Zu- und Abführungskanälen.

Während des Ausschiebens wird die Wärmeabgabe des Förderstoffs an die Arbeitsraumbegrenzung und die durchströmten Bauteile fortgesetzt, so dass die Temperatur T_D deutlich unter der Verdichtungsendtemperatur T_2 liegt. Die Temperatur der im Zylinder verbleibenden Restgasmasse unterscheidet sich wenig von der Temperatur im druckseitigen Behälter ($T_3 \approx T_D$).

Die **Rückexpansion** des im Schadraum verbliebenen Gases setzt mit dem Schließen (3) des Druckventils ein und wird beendet, wenn der Druck im Arbeitsraum den Saugdruck so weit unterschreitet, dass das Saugventil öffnet (4). Durch die Punkte (3) und (4) wird der mittlere Polytropenexponent der Rückexpansion $n_r = \ln(p_3/p_4)/\ln(V_4/V_3)$ bestimmt. Der Zustandsverlauf der Rückexpansion weicht aus analogen Gründen wie bei der Verdichtung von der Polytropen ab. Wegen der günstigeren Wärmeübergangsbedingungen – die Oberfläche pro Masse ist größer – wird $n_r < n_c$ und die Abweichung von der Polytropen wächst.

In beiden Phasen wird durch den Wärmeaustausch mit der Zylinderwand die eingeschlossene Fläche des Indikatordiagramms vergrößert, welche ein Maß für die zugeführte Arbeit ist, so dass man von **Wandverlusten** spricht.

Das **Ansaugen** beginnt mit dem Öffnen (4) und endet etwa in der unteren Totlage mit dem Schließen (1) des Saugventils. Während des Ansaugens ist der Druck im Arbeitsraum (im Mittel p'_S) wegen der Drosselung im Saugventil niedriger als der Druck p_S. Das Verhältnis $\pi_S = p_S / p'_S$ charakterisiert den Arbeitsmehraufwand infolge der Strömungsreibung (**Drosselverlust**) im Saugventil und seinen Zu- und Abführungskanälen.

Der Förderstoff heizt sich längs seines Strömungsweges, insbesondere im Saugventil, aber auch noch im Arbeitsraum auf, so dass die Anfangstemperatur der Verdichtung deutlich über der Temperatur im saugseitigen Behälter liegt. Die durch das Temperaturverhältnis T_S / T_1 gekennzeichnete **Aufheizung** ist eine wesentliche Verlustursache, denn sie verringert im gleichen Maße die angesaugte Masse und erhöht entsprechend den massespezifischen Arbeitsaufwand der Verdichtung.

Neben den Drosselverlusten durch Strömungsreibung beim Ladungswechsel und den Wandverlusten durch Temperaturausgleichsvorgänge entstehen weitere Verluste durch Druckausgleichsvorgänge in Form von Leckströmungen. Der Arbeitsraum ist auch bei geschlossenen Ventilen nicht vollständig gegenüber der Saug- und Druckseite abgedichtet. Ebenso können über die Kolbenringe bzw. Stopfbuchspackung (vgl. Abschnitt 3.4.2) Leckströme zu einem angrenzenden Arbeitsraum oder zur Umgebung auftreten. Der mit der Leckströmung verbundene Verlust an Arbeitsfähigkeit wird als **Undichtheitsverlust** bezeichnet.

Der relative energetische Verlust durch Undichtheit ist kleiner als die relative Abnahme des Förderstroms, weil das antreibende Druckgefälle im Mittel kleiner als die im Verdichter erzeugte Druckdifferenz ist.

Die Leckströmung hat Auswirkungen auf den Zustandsverlauf im Arbeitsraum und verändert das Indikatordiagramm. Sie führt aber nicht notwendiger Weise zu einer Vergrößerung der eingeschlossenen Fläche. Ihr Verlustcharakter kann auch dadurch zum Ausdruck kommen, dass bei gleicher absoluter Arbeit weniger Masse gefördert wird. Auf eine Diskussion der Leckverluste anhand des Indikatordiagramms wird deshalb verzichtet.

3.2.2 Vorgänge in der Verdichterstufe

Während die Vorgänge im Inneren des Arbeitsraumes eines Hubkolbenverdichters eine periodische Funktion der Zeit sind, kann der Zustand des Förderstoffs außerhalb des Arbeitsraumes im Wesentlichen als Funktion seines Aufenthaltsortes aufgefasst werden.

Voraussetzung dafür ist eine näherungsweise stationäre Durchströmung des Zwischenstufensystems. Eine stationäre Strömung im Zwischenstufensystem wird zwar angestrebt, kann aber nie vollständig erreicht werden. Der periodische Ladungswechsel in den angrenzenden Arbeitsräumen bedingt veränderliche Geschwindigkeiten und verursacht quasistatische Druckschwankungen im Zwischenstufensystem. Diese sind umso kleiner, je geringer der Unterschied im Zu- und Abströmverlauf und je größer das Volumen des Zwischenstufensystems ist. Infolge der Kompressibilität des Förderstoffs stellt das Zwischenstufensystem ein schwingungsfähiges System dar, das vom Ladungswechsel der angrenzenden Arbeitsräume erregt wird. Weil sich bei Verdichtern mit veränderlicher Drehzahl Resonanzen nicht generell vermeiden lassen, sind ausreichend große druck- und saugseitige Behälter die beste Voraussetzung zur Begrenzung der Gaspulsationen. Verfahren zur Abschätzung von Druckschwankungen in Verdichteranlagen werden in Abschnitt 3.4.4 besprochen.

3.2 Funktionsweise

Die Zustandsänderungen beim Durchgang durch die Verdichterstufe j, die Bestandteil eines mehrstufigen Verdichters ist oder auch einen einstufigen Verdichter repräsentiert, werden in Bild 3-3 anhand des T,s-Diagramms veranschaulicht.

Der Förderstoff tritt mit dem Zustand S_j ($p_{S\,j}, T_{S\,j}$) aus dem saugseitigen Behälter in den Arbeitsraum ein. Beim Einströmen in den Arbeitsraum tritt eine Drosselung und Aufheizung des Förderstoffs ein.

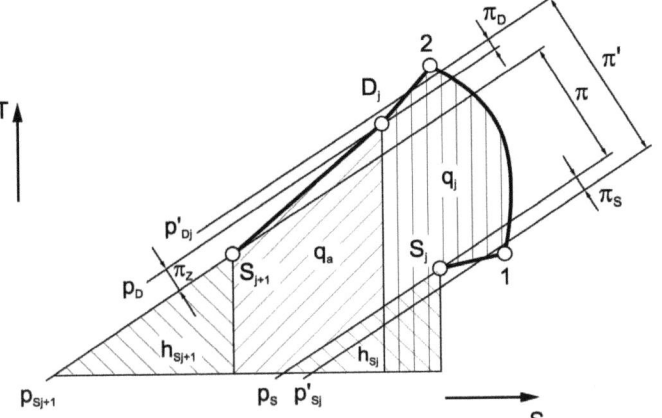

Bild 3-3 Zustandsänderungen in einer Verdichterstufe (Darstellung im T,s-Diagramm)

Die Zustandsänderung im Arbeitsraum (vgl. Abschnitt 3.2.1) wird durch die Zustandspunkte 1 und 2 am Anfang und Ende der Verdichtung begrenzt. Für die Verdichtungsarbeit (vgl. Abschnitt 3.2.4) sind die mittleren Drücke p'_S, p'_D beim Ansaugen und Ausschieben maßgebend.

Das Ausströmen aus dem Arbeitsraum ist mit einem Druckverlust und einer Abkühlung des Förderstoffs verbunden, der im druckseitigen Behälter den Zustand D_j (p_D, T_D) hat. Danach durchströmt der Förderstoff den Wärmeübertrager (Kühler), in dem er auf die Ansaugtemperatur $T_{S\,j+1}$ der nächsten Stufe zurückgekühlt wird.

Von Stufe zu Stufe verringert sich die Aufnahmefähigkeit des Förderstoffs für Wasserdampf. Für die absolute Feuchte x_f (Masseverhältnis von dampfförmigem Wasser und trockenem Förderstoff) am Eintritt der Stufe j gilt der Grenzwert

$$x_{f,j} = \frac{m_{f,j}}{m_{tr}} \leq \frac{p_v \cdot R_{tr}}{(p_{S\,j} - p_v) R_f}, \qquad (3.2)$$

mit dem Dampfbildungsdruck für die Saugtemperatur der Stufe $p_v = f(T_{S\,j})$. Der darüber hinaus gehende Wasseranteil kondensiert. Das tropfenförmige Kondensat muss aus dem Förderstoff entfernt werden, da eine Wasseransammlung in der nächsten Stufe zu Schäden führt („Wasserschlag", Korrosion).

Die Kondensatabscheidung kann in einem separaten Apparat (Abscheider) erfolgen, aber auch teilweise oder vollständig in den Kühler integriert werden. Bei Verdichtern mit Ölschmierung im Arbeitsraum ist auch eine weitgehende Ölabscheidung anzustreben. Bauarten und überschlägige Auslegung von Kühlern und Abscheidern werden in Abschnitt 3.4.3 behandelt.

Während der Durchströmung aller Bauteile des Zwischenstufensystems sinkt infolge der Strömungsreibung der Druck von $p_{D\,j}$ auf $p_{S\,j+1}$. Das wird auch durch das **Verlustdruckverhältnis** $\pi_{Z\,j} = p_{D\,j} / p_{S\,j+1}$ beschrieben.

Für die Funktion der Stufe j sind

das **nutzbare Stufendruckverhältnis** $\quad \pi_j = p_{S\,j+1}/p_{S\,j}$ und $\qquad$ (3.3)

das **innere Stufendruckverhältnis** $\quad \pi'_j = p'_{D\,j}/p'_{S\,j}$ charakteristisch. $\qquad$ (3.4)

Die beiden Druckverhältnisse hängen über das Verlustdruckverhältnis der Stufe bzw. die einzelnen Druckverlustverhältnisse der wesentlichen Drosselstellen nach Gl. (3.5) zusammen.

$$\pi_j = p_{S\,j+1}/p_{S\,j} = \pi'_j / \pi_{V,j} = \frac{\pi'_j}{\pi_{S\,j}\,\pi_{D\,j}\,\pi_{Z\,j}} \qquad (3.5)$$

Zur Abschätzung der einzelnen Druckverlustverhältnisse kann ein empirischer Zusammenhang zwischen dem Druckniveau p und dem jeweiligen Druckverlustverhältnis π_e des Elementes (Saugventil, Druckventil, Zwischenstufensystem) verwendet werden (Bild 3-4).

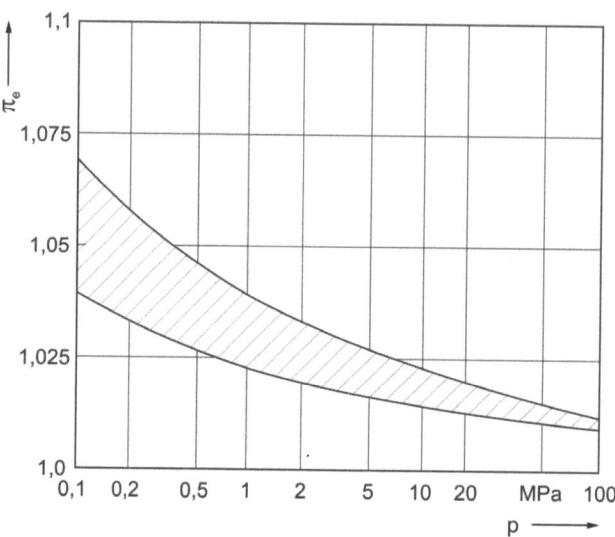

Bild 3-4 Erwartungsbereich für das Druckverlustverhältnis von Ventilen und Zwischenstufensystemen [3-1]

Erfahrungsgemäß sind etwa gleiche Druckverluste in allen Elementen zu erwarten. Weil in Niederdruckstufen mit relativ großen Volumenströmen ausreichende Strömungsquerschnitte schwer zu realisieren sind, ergeben sich dort in der Regel größere Drosselverluste.

Wegen der logarithmischen Abhängigkeit der Entropie vom Druck können alle **Druckverhältnisse** im T,s-Diagramm durch Strecken veranschaulicht werden.

Nach dem ersten Hauptsatz gilt für die spezifische Energiebilanz der Stufe:

$$w_{t\,j} = \Delta h_j - q_j = h_{S\,j+1} - h_{S\,j} - q_{i\,j} - q_{a\,j} \qquad (3.6)$$

Die im rechten Teil der Gleichung aufgeführten Größen können im Wärmeschaubild der Stufe (Bild 3-3) dargestellt werden. Der Enthalpie $h_{S\,j}$ bzw. $h_{S\,j+1}$ entsprechen die Flächen unterhalb der Isobaren $p_{S\,j}$ bzw. $p_{S\,j+1}$. Die während des Arbeitsspiels aus dem Inneren des Arbeitsraumes abgeführte Wärme $-q_{i\,j}$ wird durch die Fläche unter der Kurve $S_j - 1 - 2 - D_j$ repräsentiert. Die Fläche unterhalb der Kurve $D_j - S_{j+1}$ stellt die außerhalb des Arbeitsraumes – vor allem im Kühler – abgeführte Wärme $-q_{a\,j}$ dar.

3.2.3 Massebilanz und Förderstrom

Obwohl die Masse- und Energiebilanz jeweils für eine Stufe gilt, soll zur Vereinfachung der Schreibweise im Folgenden auf die Kennzeichnung des Stufenbezugs durch den Index j verzichtet werden.

Die bei einem Arbeitsspiel (vgl. Bild 3-2 a) geförderte Masse m ist stets kleiner als die unter idealen Bedingungen beim Hubraum V_h erwartete, die als Hubraummasse m_h bezeichnet wird. Im Idealfall wäre das minimale Volumen V_0 des Arbeitsraumes (**Schadraum**) vernachlässigbar klein, d. h. das **Schadraumverhältnis** $\varepsilon_0 = V_0/V_h = 0$ und das gesamte **Hubvolumen** V_h könnte zum Ansaugen verwendet werden. Der Arbeitsraum wäre am Ende des Ansaugens mit Förderstoff vom Ansaugzustand p_S, T_S gefüllt, so dass für die ideale Masse gilt

$$m_h = V_h \, \rho_S \tag{3.7}$$

Das Verhältnis der real geförderten zur idealen Masse pro Arbeitsspiel bzw. der entsprechenden Masseströme wird als **Ausnutzungsgrad** λ_h bezeichnet.

$$\lambda_h = m/m_h = \dot{m}/\dot{m}_h \tag{3.8}$$

Diese Kennzahl bewertet die Ausnutzung des Hubraums zur Förderung. Sie beinhaltet keine direkte Aussage zur energetischen Effektivität des Verdichters.

Ist der Ausnutzungsgrad eines Verdichters bekannt, ergibt sich sein **Förderstrom** (Volumenstrom beim Ansaugzustand) nach Gl. (3.9)

$$\dot{V} = V_h \, n \, \lambda_h \tag{3.9}$$

Die Reduzierung der pro Arbeitsspiel geförderten Masse gegenüber der idealen hat verschiedene Ursachen und kann mit einem multiplikativen Ansatz für den Ausnutzungsgrad quantifiziert werden (Gl. (3.10)).

$$\lambda_h = \lambda_V \, \lambda_p \, \lambda_T \, \lambda_f \, \lambda_m \tag{3.10}$$

Den größten Anteil an der Reduzierung hat die Rückexpansion aus dem Schadraum, die das zum Ansaugen beim Saugdruck p_S nutzbare Volumen V_S (vgl. Bild 3-2 a) gegenüber dem Hubvolumen vermindert und deren relativer Einfluss durch den **Volumenfaktor** λ_V (Gl. (3.11)) beschrieben wird.

$$\lambda_V = V_S/V_h = 1 - \varepsilon_0 \left[(p_D/p_S)^{1/n_r} - 1 \right] \tag{3.11}$$

In Gl. (3.11) wird oft $n_r = \kappa$ gesetzt und mit dem inneren Druckverhältnis p'_D/p'_S gearbeitet. Übliche Werte des Schadraumverhältnisses siehe Abschnitt 3.3.2.

Der **Druckfaktor** λ_p und der **Temperaturfaktor** λ_T (auch **Aufheizungsgrad** genannt) erfassen den Einfluss der am Ende des Ansaugens vorliegenden Zustandswerte p_1, T_1 auf die Dichte und damit die Masse im Volumen V_S gemäß Gl. (3.12).

$$\lambda_p = p_1/p_S \qquad \lambda_T = T_S/T_1 \tag{3.12}$$

Während der Druckfaktor je nach Betriebsbedingungen Werte größer oder kleiner eins annehmen kann und nur aus Messungen oder genaueren Simulationen des Arbeitsspieles zu bestimmen ist, wird infolge der unvermeidlichen Aufheizung beim Ansaugen stets der Temperaturfaktor $\lambda_T < 1$. Sein Wert ist umso niedriger, je höher das Druckverhältnis ist. Bild 3-5 zeigt neben berechneten Werten für den Volumenfaktor den Erwartungsbereich für den Temperaturfaktor. Die unteren Werte gelten für kleine Arbeitsraumabmessungen und Gase mit hohen Isentropenexponenten.

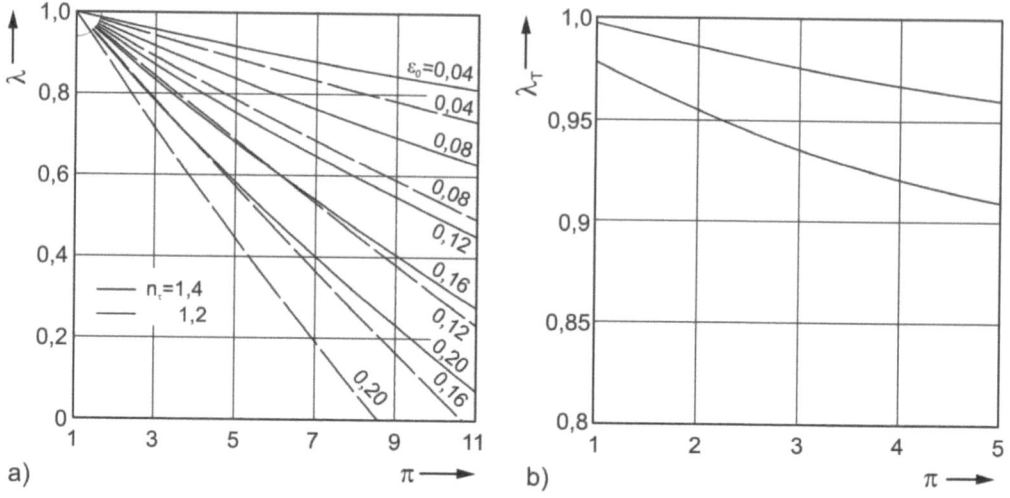

Bild 3-5 Faktoren des Ausnutzungsgrades als Funktion des Druckverhältnisses

Anstelle des Volumen- und Druckfaktors kann auch der aus dem Indikatordiagramm ablesbare indizierte Liefergrad $\lambda_i = V_i / V_h \approx \lambda_V \lambda_p$ verwendet werden (vgl. Bild 3-2 a).

Der **Feuchtigkeitsgrad** λ_f berücksichtigt die Minderung des Förderstroms durch Kondensation des Wasserdampfanteils im Förderstoff nach der Verdichtung und ergibt sich näherungsweise aus dem Verhältnis der Partialdrücke des trockenen und des feuchten Gases auf der Saugseite der Stufe

$$\lambda_f = \frac{p_S - \phi\, p_v}{p_S}, \tag{3.13}$$

wobei im ungünstigsten Fall die relative Feuchte $\phi = 1$ ist. Falls der Förderstoff andere kondensierbare Bestandteile enthält, ist für diese analog zu verfahren.

Gl. (3.14) definiert den **Massefaktor (Dichtheitsgrad)** als Verhältnis der geförderten Masse m zu der ohne Undichtheiten förderbaren Masse $m_d = \lambda_V \lambda_p \lambda_T \lambda_f V_h \rho_S$.

$$\lambda_m = m / m_d = 1 - \frac{m_{zu,3-1} + m_{ab,1-3}}{m_d} \tag{3.14}$$

Die während der Vergrößerung des Arbeitsraums zugeströmte Masse $m_{zu,3-1}$ vermindert die angesaugte Masse, die Leckage aus dem Arbeitsraum während seiner Verkleinerung $m_{ab,1-3}$ vermindert die in die Druckleitung ausgeschobene Masse.

Der Massefaktor kann auch mit dem Ansatz $\lambda_m = \lambda_{ma} \lambda_{mi}$ in einen äußeren und einen inneren Anteil unterteilt werden, wobei sich der äußere Anteil aus dem Verhältnis des druck- und saugseitigen Massestromes ergibt.

Erfahrungsgemäß ist $\lambda_{ma} = 0{,}995\ldots 0{,}95$ und $\lambda_{mi} = 0{,}98\ldots 0{,}85$. In manchen Fällen ist es möglich, den Dichtheitsgrad eines neuwertigen Verdichters näherungsweise gleich eins zu setzen. Für trocken laufende Verdichter ist der Einfluss der Leckage über die Kolbenringe und die Kolbenstangenpackung nicht zu vernachlässigen.

3.2.4 Energiebilanz und Leistungsbedarf

Die vom Kolben auf das Gas im Arbeitsraum bei einem Arbeitsspiel übertragene Arbeit W_i ergibt sich gemäß Gl. (3.15) aus dem Integral der Kolbenkraft über dem Kolbenweg bzw. des Druckes über dem Volumen des Arbeitsraumes.

$$W_i = \oint_x F\, dx = \oint_x p\, A_k\, dx = -\oint_V p\, dV = \oint_p V\, dp \tag{3.15}$$

Da sich das Arbeitsspiel zyklisch wiederholt, handelt es sich um ein Umlaufintegral, bei dem die abhängige und unabhängige Variable vertauscht werden können und dessen Wert durch die eingeschlossene Fläche im p,V-Diagramm veranschaulicht wird. Die **Innenarbeit** W_i beinhaltet auch alle verlustbedingten Arbeitsanteile.

Durch Bezug auf die pro Arbeitsspiel geförderte Masse m bzw. auf die Zeit eines Arbeitsspiels $1/n$ ergeben sich nach Gl. (3.16) bzw. (3.17)

die **spezifische innere Arbeit** $\quad w_i = W_i/m \tag{3.16}$

die **Innenleistung** der Stufe $\quad P_i = W_i\, n = \dot{m}\, w_i \tag{3.17}$

Die absolute Innenarbeit ist unmittelbar aus dem experimentellen p,V-Diagramm zu bestimmen. Die Vorausberechnung der Innenleistung ist über eine realitätsnahe Simulation des Arbeitsspiels (vgl. Abschnitt 1.2.3) möglich. Unter Voraussetzung von idealem Gasverhalten und gleicher Polytropenexponenten für Kompression und Expansion, sowie unter Vernachlässigung der Wandverluste gilt näherungsweise für die Innenleistung

$$P_i \approx n \cdot V_h \cdot \lambda_V \frac{n_c}{n_c - 1} p_S \left[\pi'^{\frac{n_c - 1}{n_c}} - 1 \right] \tag{3.18}$$

Mit zusätzlicher Vernachlässigung von Undichtheiten ergibt sich die massespezifische Innenarbeit

$$w_i \approx \frac{n_c}{n_c - 1} R \frac{T_S}{\lambda_T} \left[\pi'^{\frac{n_c - 1}{n_c}} - 1 \right] \tag{3.19}$$

Ist auch – wie oft bei schnell laufenden Maschinen – der Einfluss der Arbeitsraumkühlung zu vernachlässigen, geht in Gl. (3.18) und (3.19) $n_c \to \kappa$ über.

Die **Kupplungsleistung** P_K (auch als **Leistungsbedarf** bezeichnet) enthält neben der summarischen Innenleistung aller Arbeitsräume auch die **mechanische Verlustleistung** P_m des Verdichters, die durch mechanische Reibung im Triebwerk und an den Dichtelementen entsteht und auch die Antriebsleistung von Hilfsaggregaten einschließt.

$$P_K = \sum P_i + P_m \tag{3.20}$$

Die energetische Effektivität des Verdichters wird durch seinen **Wirkungsgrad** η nach Gl. (3.21) beschrieben, der die ideale mit der realen Leistungsaufnahme vergleicht und auch als Produkt eines inneren Wirkungsgrades und eines mechanischen Wirkungsgrades aufgefasst werden kann.

$$\eta = \frac{\dot{m}Y}{P_K} = \frac{\dot{m}Y}{\sum P_i} \frac{\sum P_i}{P_K} = \eta_i \, \eta_m \qquad (3.21)$$

Als **spezifische Förderarbeit** Y wird für alle gekühlten Verdichter die spezifische Arbeit bei idealer Kühlung, d. h. bei isothermer Zustandsänderung $Y_T = w_{tT}$ verwendet.

Für einstufige Verdichter – insbesondere solche, bei denen eine Kühlung nicht möglich oder aus Prozessgründen nicht sinnvoll ist (z. B. Kältemittelverdichter), kann auch eine ideale Verdichtung ohne Wärmeabfuhr (Isentrope) mit $Y_s = w_{ts}$ angenommen werden (vgl. Abschnitt 1.2.2a und Gl. (1.13), (1.15)).

Entsprechend unterscheidet man zwischen dem **isothermen Wirkungsgrad** und dem **isentropen Wirkungsgrad** des Verdichters:

$$\eta_T = \dot{m}Y_T / P_K \qquad \eta_s = \dot{m}Y_s / P_K \qquad (3.22)$$

Die Voraussetzungen für die Anwendung des Idealgas-Modells sind bei vielen Einsatzfällen von Kolbenverdichtern – beispielsweise in der chemischen Verfahrenstechnik oder in der Kälte- und Kryotechnik – nicht gegeben.

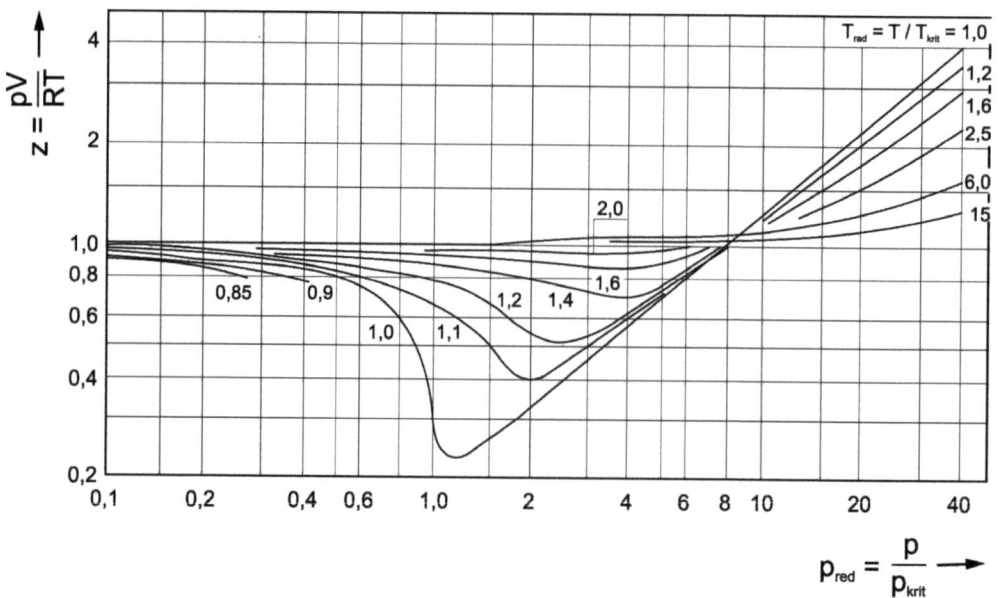

Bild 3-6 Verallgemeinerte Darstellung des Realgasfaktors

Wenn man die Abweichung vom Idealgasverhalten formal durch einen Realgasfaktor z beschreibt

$$p\,v = z\,R\,T \,, \qquad (3.23)$$

3.2 Funktionsweise

und diesen als Funktion von reduzierten Werten der Temperatur und des Druckes darstellt (Bild 3-6), so erkennt man die Zustandsbereiche, in denen das Realgasverhalten berücksichtigt werden muss. Insbesondere bei Annäherung an das Zweiphasengebiet ($T_{red} = T/T_{krit} \rightarrow 1$) treten stark von 1 abweichende z-Werte auf, wobei für $p_{red} \approx 10$ der Realgasfaktor von $z \leq 1$ zu $z \geq 1$ wechselt.

Das **Realgasverhalten** kann mit Hilfe von **Zustandsdiagrammen** oder **Stoffwert-Programmen** (z. B. [3-2]), die auf erweiterten und relativ genauen Zustandsgleichungen beruhen, erfasst verwenden.

- **Beispiel 3.2.1: Auswertung von Messergebnissen zur Analyse des Arbeitsspiels**

Der untersuchte einstufige einzylindrige Verdichter hat folgende Parameter:

Hubvolumen	$V_h = 0,304 \cdot 10^{-3}$ m³
Schadraumvolumen	$V_0 = 0,010 \cdot 10^{-3}$ m³
Schubstangenverhältnis	$\lambda = 0,29$
Drehzahl	$n = 1000$ min^{-1}

Aus dem gemessenen zeitlichen Druckverlauf im Arbeitsraum können das p,V-Diagramm und die Innenleistung des Verdichters ermittelt werden (vgl. Tabelle auf der folgenden Seite).

Parameter des p,V-Diagramms:

Die Tabelle enthält neben den Messwerten des Druckes die berechneten Werte des Arbeitsraumvolumens (Gl. (1.30) und folgende) $V = V_0 + A_K \cdot s(\phi)$

Mit den markierten Zustandswerten am Anfang und Ende der Rückexpansion bzw. Kompression können nach den Gleichungen in Abschnitt 3.2.1 die mittleren Polytropenexponenten dieser Zustandsänderungen berechnet werden.

$$n_r = \ln(5,90)/\ln(4,17) = 1,24 \qquad n_c = \ln(5,70)/\ln(4,03) = 1,25$$

Im logarithmisch geteilten Diagramm sieht man, dass die Abweichung der Zustandsänderungen von den Polytropen (im Diagramm geradlinig) nur gering ist.

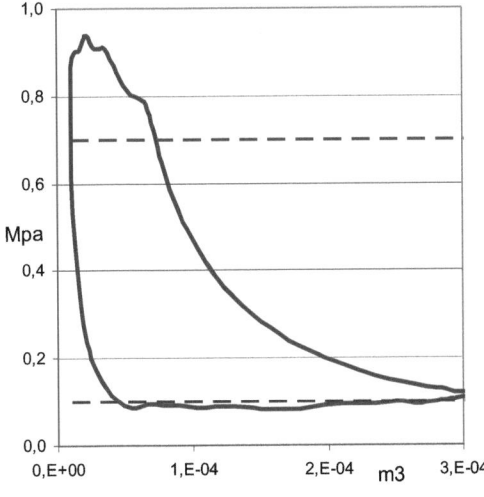
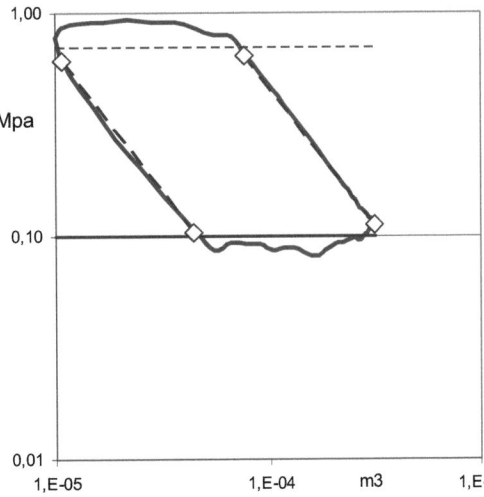

φ/grd	p/MPa	V/m³	W_t/Nm	φ/grd	p/MPa	V/m³	W_t/Nm
0	0,780	1,00E-05	0,00E+00	185	0,113	3,14E-04	-3,30E+01
5	**0,615**	**1,07E-05**	-5,12E-01	190	**0,113**	**3,12E-04**	-3,29E+01
10	0,457	1,30E-05	-1,71E+00	195	0,115	3,10E-04	-3,27E+01
15	0,326	1,67E-05	-3,15E+00	200	0,117	3,07E-04	-3,23E+01
20	0,235	2,18E-05	-4,58E+00	205	0,118	3,04E-04	-3,19E+01
25	0,175	2,82E-05	-5,90E+00	210	0,120	2,99E-04	-3,13E+01
30	0,132	3,59E-05	-7,08E+00	215	0,122	2,94E-04	-3,07E+01
35	**0,104**	**4,48E-05**	-8,13E+00	220	0,125	2,88E-04	-2,99E+01
40	0,087	5,47E-05	-9,08E+00	225	0,129	2,81E-04	-2,90E+01
45	0,094	6,57E-05	-1,01E+01	230	0,132	2,73E-04	-2,80E+01
50	0,092	7,74E-05	-1,12E+01	235	0,138	2,64E-04	-2,69E+01
55	0,092	8,98E-05	-1,23E+01	240	0,145	2,55E-04	-2,55E+01
60	0,087	1,03E-04	-1,35E+01	245	0,152	2,45E-04	-2,40E+01
65	0,088	1,16E-04	-1,46E+01	250	0,161	2,34E-04	-2,23E+01
70	0,088	1,30E-04	-1,58E+01	255	0,171	2,22E-04	-2,04E+01
75	0,085	1,44E-04	-1,70E+01	260	0,185	2,10E-04	-1,83E+01
80	0,081	1,57E-04	-1,82E+01	265	0,199	1,98E-04	-1,58E+01
85	0,081	1,71E-04	-1,93E+01	270	0,219	1,85E-04	-1,31E+01
90	0,087	1,85E-04	-2,04E+01	275	0,240	1,71E-04	-1,00E+01
95	0,090	1,98E-04	-2,16E+01	280	0,268	1,57E-04	-6,55E+00
100	0,094	2,10E-04	-2,27E+01	285	0,300	1,44E-04	-2,63E+00
105	0,094	2,22E-04	-2,39E+01	290	0,339	1,30E-04	1,77E+00
110	0,095	2,34E-04	-2,50E+01	295	0,390	1,16E-04	6,75E+00
115	0,097	2,45E-04	-2,60E+01	300	0,457	1,03E-04	1,24E+01
120	0,099	2,55E-04	-2,70E+01	305	0,538	8,98E-05	1,89E+01
125	0,095	2,64E-04	-2,79E+01	310	**0,645**	**7,74E-05**	2,62E+01
130	0,097	2,73E-04	-2,87E+01	315	0,783	6,57E-05	3,46E+01
135	0,101	2,81E-04	-2,95E+01	320	0,802	5,48E-05	4,32E+01
140	0,103	2,88E-04	-3,02E+01	325	0,857	4,48E-05	5,15E+01
145	0,106	2,94E-04	-3,09E+01	330	0,908	3,59E-05	5,94E+01
150	0,108	2,99E-04	-3,14E+01	335	0,908	2,82E-05	6,64E+01
155	0,110	3,04E-04	-3,19E+01	340	0,938	2,18E-05	7,23E+01
160	0,110	3,07E-04	-3,23E+01	345	0,906	1,67E-05	7,70E+01
165	0,110	3,10E-04	-3,27E+01	350	0,899	1,30E-05	8,03E+01
170	0,110	3,12E-04	-3,29E+01	355	0,867	1,07E-05	8,23E+01
175	0,110	3,14E-04	-3,30E+01	360	0,780	1,00E-05	8,29E+01
180	0,111	3,14E-04	-3,31E+01				

Aus dem p,V-Diagramm können auch die mittleren Drücke im Arbeitsraum während des Ansaugens und des Ausschiebens bestimmt werden. Es ergeben sich $p'_S = 0,093\,\text{MPa}$ und $p'_D = 0,868\,\text{MPa}$. Mit den gemessenen Drücken $p_S = 0,1\,\text{MPa}$ und $p_D = 0,7\,\text{MPa}$ betragen die Verlustdruckverhältnisse der Ventile $\pi_S = 1,07$ und $\pi_D = 1,24$.

Der letztere Wert ist höher als nach den Erfahrungswerten in Bild 3-4 zu erwarten. Die zusätzlich vorgenommene Messung des Druckverlaufes in der Druckventilkammer weist darauf hin, dass ein großer Teil der Druckverluste erst nach dem Druckventil entsteht, was auf einen zu engen Strömungsweg zwischen Druckventil und Druckbehälter zurück zu führen ist (vgl. Abschnitt 3.5.1).

Massestrom und Ausnutzungsgrad:

Es wurde ein Volumenstrom beim Saugzustand von $\dot{V} = 5,05 \cdot 10^{-3}\,\text{m}^3/\text{min}$ gemessen. Mit der Temperatur $T_S = 300\,K$ wird die Dichte beim Saugzustand $\rho_S = 1,16\,\text{kg/m}^3$ und der Massestrom

$$\dot{m} = \dot{V} \cdot \rho_S = 5,05\,\text{l/min} \cdot \frac{\text{min}}{60\,s} \cdot 1,16\,\text{kg/m}^3 = 0,00434\,\text{kg/s}$$

Die ideale Hubraummasse ergibt sich nach Gl. (3.7) zu $m_h = 0,356\,g$. Der Ausnutzungsgrad beträgt nach Gl. (3.8) $\lambda_h = 0,735$.

Leistung und Wirkungsgrad:

Die Integration von Gl. (3.15) über das gesamte Arbeitsspiel (Tabelle Spalte 4) ergibt die Innenarbeit $W_i = 82,9\,\text{Nm}$. Daraus folgen nach Gl. (3.16) bzw. (3.17) die spezifische innere Arbeit $w_i = 329,9\,\text{kJ/kg}$ und die Innenleistung $P_i = 1,382\,\text{kW}$.

Bei idealer isothermer bzw. isentroper Verdichtung beträgt die spezifische Förderarbeit nach den Gl. (1.13a) und (1.15) $Y_T = 167,7\,\text{kJ/kg}$ bzw. $Y_s = 224,3\,\text{kJ/kg}$.

Daraus ergibt sich nach Gl. (3.21) ein isentroper bzw. isothermer Innenwirkungsgrad von $\eta_{iT} = 0,524$ und $\eta_{is} = 0,701$. Der höhere isentrope Wirkungsgrad darf nur zum Vergleich mit anderen einstufigen – streng genommen ungekühlten – Verdichtern verwendet werden.

3.3 Konzeption und Gestaltung des Verdichters

3.3.1 Stufenzahl

Bei der Konzeption eines Kolbenverdichters für eine vorgegebene **Verdichtungsaufgabe** (gekennzeichnet durch die Zusammensetzung des Förderstoffs, den Ansaugzustand sowie den benötigten Förderstrom und Förderdruck) ist die Festlegung der Stufenzahl J die erste und wichtigste Entscheidung.

Aus der Betrachtung des vollkommenen Verdichters (Abschnitt 1.22a) geht hervor, dass die mehrstufige Verdichtung mit Zwischenkühlung thermodynamisch vorteilhaft ist. Insbesondere verringern sich mit wachsender Stufenzahl die bei isentroper Verdichtung zu erwartenden Werte der **Austrittstemperatur** und der **spezifischen Förderarbeit** (Gl. (1.16) und (1.17)). Die zulässige Austrittstemperatur ist aus verschiedenen Gründen begrenzt.

Bei ölgeschmierten Luftverdichtern können durch Ölansammlungen und Ölkoksansatz in nachgeschalteten Anlagenteilen Brände oder Explosionen entstehen. In Gasverdichtern begrenzen unerwünschte chemische Reaktionen oder Schmierungsprobleme die Temperatur. Bei trocken laufenden Verdichtern mit selbst schmierenden Dichtelementen steigt die Verschleißrate mit zunehmender Temperatur auf nicht akzeptable Werte. Für Luftverdichter, die mit normalen Kompressorenölen geschmiert sind, wird die zulässige Temperatur in [3-3] wie folgt festgelegt:

Tabelle 3.2 Zulässige Austrittstemperatur von Luftverdichtern [3-3]

Förderdruck	einstufig	mehrstufig
<= 1 MPa	220 °C	180 °C
> 1 MPa	200 °C	160 °C

Nach [3-4] soll die Austrittstemperatur generell 150 °C nicht übersteigen, für Förderstoffe mit hohem Wasserstoffanteil unter 135 °C bleiben. Eine mehrstufige Verdichtung mit Zwischenkühlung ist zwingend erforderlich, wenn sonst die **zulässige Austrittstemperatur** überschritten würde.

Bei der mehrstufigen Verdichtung verbessert sich auch der **Ausnutzungsgrad** des Hubraums aller Stufen, vor allem weil der Volumenfaktor (Gl. (3.11) und Bild 3-5 a) entscheidend vom Druckverhältnis abhängt. Wenn dieses einen Grenzwert erreicht, fallen Verdichtungs- und Rückexpansionslinie zusammen, so dass der Volumenfaktor gegen Null geht. Der Übergang zur mehrstufigen Verdichtung kann bei Förderstoffen mit kleinem Isentropenexponenten deshalb auch im Hinblick auf den Ausnutzungsgrad erforderlich sein, wenn es nicht gelingt, den Schadraum hinreichend klein zu halten.

Mit dem Übergang zur mehrstufigen Verdichtung verkleinert sich in allen Stufen die **Gaskraft** auf den Kolben, die der Kolbenfläche und dem Stufendruck proportional ist. Entsprechend verringern sich die aus der Gaskraft folgenden Belastungen der Triebwerkbauteile (vgl. Abschnitt 1.3 und Übungsbeispiel 3.3).

Mit der Stufenzahl wachsen aber auch die **Baukosten** des Verdichters und die Summe der **Druckverluste** in den Steuerorganen und Zwischenstufensystemen. Bild 3-7, das sich auf Luftverdichtung mit dem Saugdruck 0,1 MPa bezieht, zeigt exemplarisch, dass für jedes vorgegebene Druckverhältnis eine **energetisch optimale Stufenzahl** existiert.

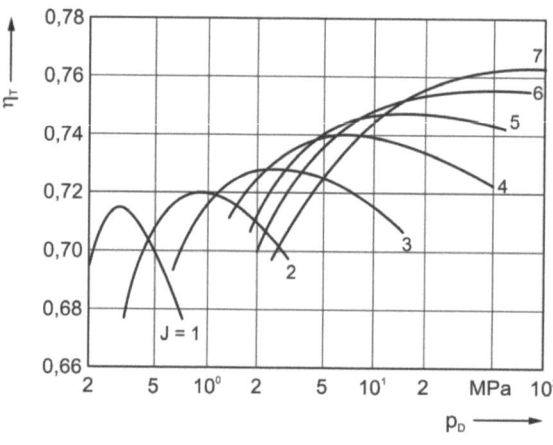

Bild 3-7 Erwartungswerte des isothermen Wirkungsgrades mehrstufiger Luftverdichter bei verschiedenen Stufenzahlen [3-1]

3.3 Konzeption und Gestaltung des Verdichters

Die Stufenzahl muss mindestens so groß sein, dass die zulässige Temperatur in allen Stufen nicht überschritten wird und sollte nur so groß gewählt werden, dass man dem energetischen Optimum nahe kommt.

Um diese Bedingungen zu erfüllen, ermittelt man zunächst für sinnvolle Stufenzahlen J mit Gl. (3.24) das mittlere nutzbare Stufendruckverhältnis.

$$\pi_j(J) = \sqrt[J]{p_D/p_S} \tag{3.24}$$

Die gleichmäßige Aufteilung des Gesamtdruckverhältnisses auf alle Stufen ist nicht zwingend und nicht optimal. Aufgrund unterschiedlicher Bedingungen in den Stufen (Schadraumverhältnis, Druckverluste, Kühlung) und mit Rücksicht auf die Verschiebung der Stufendrücke bei Abweichung vom Auslegungspunkt des Verdichters (vgl. Abschnitt 3.5.1) kann eine ungleichmäßige Aufteilung vorteilhaft sein.

Anschließend bestimmt man unter Beachtung der Druckverlustverhältnisse π_e (vgl. Abschnitt 3.2.2) für diese Stufenzahlen die Ein- und Austrittszustände, sowie die spezifischen inneren Arbeiten (Gl. (3.19)) aller Stufen. Die Austrittstemperaturen der Stufen können folgendermaßen abgeschätzt werden:

$$T_{Dj} = T_{2j} - \Delta T_D = \frac{T_{Sj}}{\lambda_T} \pi_j'^{\frac{n_c-1}{n_c}} - \Delta T_D \tag{3.25}$$

Die Temperaturabnahme des Förderstoffs zwischen Arbeitsraum und druckseitigem Behälter beträgt erfahrungsgemäß ΔT_D = 20 bis 50 K.

3.3.2 Hauptparameter und Bauform

Bei der Konzeption eines Verdichters können sehr unterschiedliche Nebenbedingungen vorliegen. Relativ selten ist eine vollständig Neukonzeption des Verdichters für die gestellte Förderaufgabe möglich. Häufig ist die Verdichtungsaufgabe durch Anpassung eines vorhandenen Verdichters zu lösen oder man kann zumindest auf eine Baureihe von Triebwerken zurückgreifen. Da aber nur bei der Neukonzeption alle Freiheitsgrade mit den zugehörigen Entscheidungskriterien zum Tragen kommen, soll im Weiteren dieser Fall betrachtet werden.

Im Rahmen der **Neukonzeption** eines Verdichters sind nach der Stufenzahl die Drehzahl und der Hub festzulegen, sowie die Bauform zu wählen.

Im Hinblick auf kleine Abmessungen ist eine möglichst hohe **Drehzahl** des Verdichters anzustreben. Jedoch sind folgende Grenzbedingungen zu beachten:

Mit Rücksicht auf Lebensdauer und Wirkungsgrad darf die **mittlere Kolbengeschwindigkeit** $c_m = 2sn$ einen Grenzwert nicht übersteigen, der zwischen 2 und 8 m/s liegt. Die kleinsten Werte gelten für Trockenlauf und für Höchstdruck, die größten für kleine Tauchkolbenmaschinen mit intermittierendem Betrieb.

Die **zulässige Arbeitsfrequenz** der selbsttätigen Ventile (25 bis 60 Hz) darf nicht überschritten werden (vgl. Abschnitt 3.4.1).

Die **oszillierende Massenkraft** an einer Zylinderachse sollte im Interesse der Triebwerkfestigkeit deutlich unter der maximalen Gaskraft auf den Kolben bleiben.

Im Zusammenhang mit der Drehzahl ist auch der **Hub** der Maschine zu wählen. Dabei sollte erfahrungsgemäß die nachstehende Relation zur maximalen Kolbenkraft eingehalten werden:

$$\frac{s}{mm} = \sqrt{0,6....1,0 \frac{F}{N}} \quad (3.26)$$

Oft werden die Hübe einer Triebwerkbaureihe nach der Reihe R10 gewählt.

Nach der Festlegung der Hauptparameter Stufenzahl, Drehzahl und Hub können die zur Realisierung des Massestrom $\dot{m}$ erforderlichen Hubräume der einzelnen Stufen berechnet werden.

Aus Gl. (3.9) folgt für das Hubvolumen bzw. für die erforderliche Kolbenfläche der Stufe j

$$V_{h\,j} = \frac{\dot{m}/n}{\rho_{S\,j} \lambda_{h\,j}} \qquad A_{k\,j} = \frac{2\dot{m}/c_m}{\rho_{S\,j} \lambda_{h\,j}} \quad (3.27)$$

Das Hubvolumen einer Stufe kann auf mehrere Arbeitsräume aufgeteilt werden. Aufgrund der notwendigen – in der Konzeptionsphase noch relativ unsicheren – Annahmen führt das geschilderte Vorgehen nicht unbedingt zu einem endgültigen Ergebnis. Im Rahmen der konstruktiven Gestaltung des Verdichters kann es erforderlich sein, die gewählten Hauptparameter zu verändern.

Die **Bauformen** von Hubkolbenverdichtern unterscheiden sich bei gleicher Stufenzahl durch die Grundform des Triebwerks und die Anordnung der Arbeitsräume.

Für kleine Förderströme und geringe Enddrücke werden schnell laufende **Tauchkolbenmaschinen** wegen ihres geringen Bauaufwandes bevorzugt. **Kreuzkopfmaschinen** haben bei geringeren mechanischen Verlusten und kleineren Undichtheiten eine höhere Betriebsicherheit und sind bei größeren Leistungen wirtschaftlich überlegen.

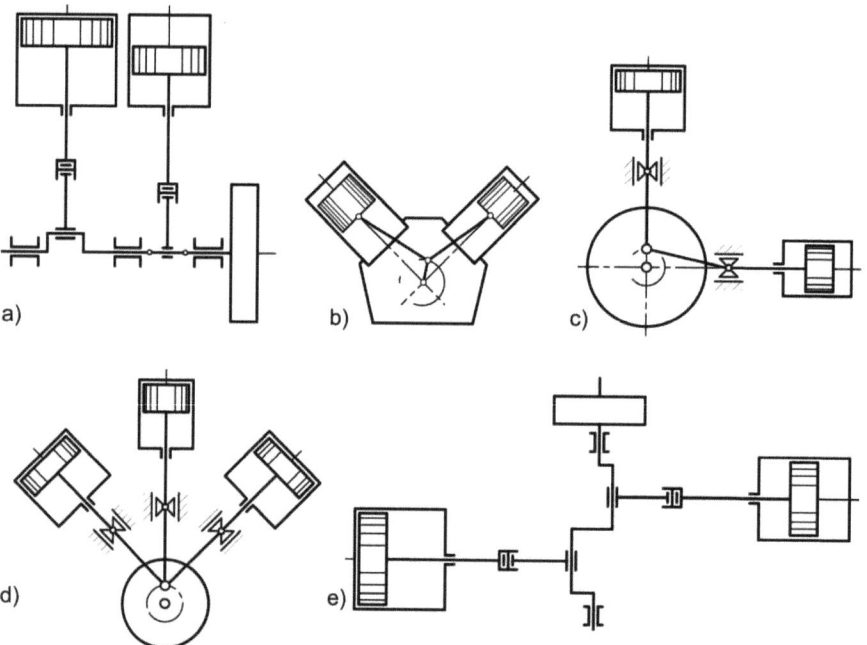

Bild 3-8 Bauformen zweistufiger Verdichter: a) stehende Reihenmaschine; b) Fächermaschine (90°-V); c) stehend/liegende Maschine; d) Fächermaschine (60°-W); e) liegende Boxermaschine

3.3 Konzeption und Gestaltung des Verdichters   165

Die **Anordnung der Arbeitsräume** sollte grundsätzlich so erfolgen, dass ein guter **Massen- und Leistungsausgleich** (vgl. Abschnitt 1.3) möglich wird.

Damit die **Druckschwankungen** in den Zwischenstufensystemen klein bleiben, sollten aufeinander folgende Stufen möglichst mit einer Phasenversetzung von 180 Grad arbeiten.

Zur Minimierung der **Undichtheitsverluste** sollte die Druckdifferenz zwischen benachbarten Arbeitsräumen möglichst klein sein. Abdichtungen von Hochdruckstufen nach außen sollten vermieden werden.

Günstige Bauformen sind unter anderem der stehende **Reihenverdichter** und der liegende **Boxerverdichter** sowie der stehend/liegende **Winkelverdichter**. Bild 3-8 zeigt Varianten der Arbeitsraumanordnung bei zweistufigen Verdichtern.

3.3.3 Ausführungsbeispiele

Die nachfolgenden Beispiele sollen sowohl für die Wirtschaftszweige, in denen die Kolbenverdichter eingesetzt werden, als auch für die unterschiedlichen Bauformen der Kolbenverdichter charakteristisch sein. Mit Rücksicht auf den vorgegebenen Umfang des Buches werden nur zwei Einsatzbereiche exemplarisch besprochen: Verdichtung von Kältemitteln in der thermischen Verfahrenstechnik und Verdichtung von Prozessgasen in der chemischen Verfahrenstechnik. Die Ausführungsbeispiele repräsentieren naturgemäß nicht die breite Palette der Hersteller solcher Maschinen und sind auch nicht das Ergebnis eines Qualitätsrankings.

a) Einstufige halbhermetische Kältemittelverdichter in Fächerbauweise

Einen hohen Anteil an der Produktion von Hubkolbenverdichtern – insbesondere in Bezug auf Stückzahl, aber auch auf installierte Leistung – haben die **Kältemittelverdichter**. Zur Gewährleistung der notwendigen Dichtheit der geschlossenen Kälteanlage und zum Schutz der Umwelt vor dem Treibhauspotential des Förderstoffs werden sie vorwiegend in **hermetischer Bauweise** ausgeführt. Durch die Anordnung des Verdichters und des E-Motors in einem Gehäuse kann die Wellendurchführung nach außen und die im Allgemeinen mit Leckagen verbundene dynamische Abdichtung vermieden werden, so dass der Leckstrom über die Kolbenringe in das Kurbelgehäuse nicht in die Umgebung gelangt. Bei diesem Konstruktionsprinzip liegt es nahe, einen großen Teil der Verlustwärme des Motors über den Förderstoff (**Sauggaskühlung**) abzuführen. Dessen Aufheizung kann sich jedoch negativ auf Förderstrom und Leistungsbedarf des Verdichters auswirken.

Man unterscheidet zwischen der **vollhermetischen Bauweise**, die durch ein verschweißtes Aggregatgehäuse gekennzeichnet ist und bei den kleinen Kompressoren für Haushalt-Kühlschränke angewandt wird, und der **halbhermetischen Bauweise**, die verschraubte Gehäuse mit statischen Dichtungen verwendet und für die größeren Verdichter der gewerblichen Kälteerzeugung zum Einsatz kommt.

Aufgrund der thermodynamischen Gegebenheiten des Dampfkälteprozesses ist eine mehrstufige Verdichtung meistens nicht sinnvoll. Wegen der großen Stückzahlen sind eine Konstruktion mit geringem Fertigungsaufwand und wegen dem vom Einsatzfall abhängenden Förderstrom ein Baukastensystem mit breit variierendem Hubvolumen anzustreben.

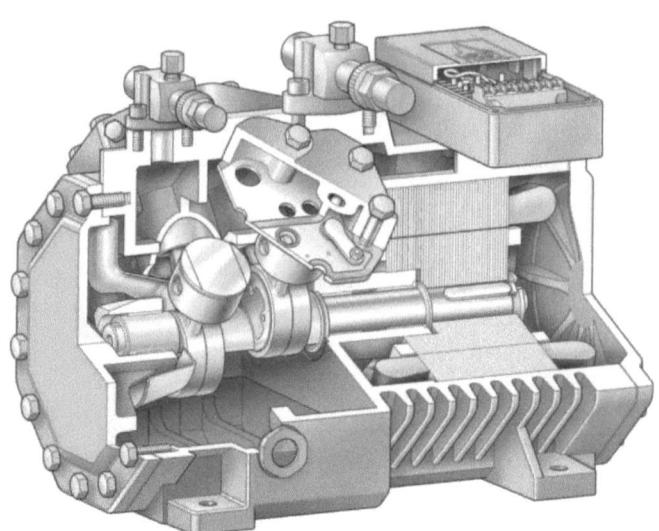

Bild 3-9 Halbhermetischer Kältemittelverdichter Typ 4FC aus der Octagon-Baureihe der Fa. Bitzer in 4-Zylinder-V-Ausführung

Die Octagon-Baureihe der Fa. Bitzer ermöglicht mit Zylinderzahlen von 2 bis 8 und einer Drehzahl von 1450 min^{-1} eine Variation des Hubvolumenstroms von 4 bis 221 m^3/h. Bei einem Hub von 26 bis 60 mm liegen die Zylinderdurchmesser zwischen 41 und 82 mm.

Das Gehäuse ist ein Gussteil mit zwei stirnseitigen, innen durch Rippen versteiften Deckeln, das im Motorbereich zur besseren Wärmeabfuhr mit Kühlrippen versehen ist. Der achteckige Querschnitt des Gehäuses im Verdichterbereich ist nicht nur ein formgestalterisches Element, sondern erleichtert auch die variable Anordnung von ein bis vier Doppelzylindern, die mit dem Gehäuse verschraubt werden. (Fächerbauweise). Die dargestellte Baugröße hat zwei um 80° versetzte Doppelzylinder. Mit einer Kurbelversetzung von 180° ergibt sich bei jedem Zylinderwinkel ein vollständiger Ausgleich der oszillierenden Massenkraft 1. Ordnung.

Die gemeinsame Welle von Motor und Verdichter ist zweifach gelagert, wobei die Gleitlager relativ große Breite und geringen Abstand haben. Die Kurbelwelle ist als Exzenterwelle ausgeführt. Die Kurbelzapfen sind so groß, dass die ungeteilten Pleuel bei der Montage übergestreift werden können.

Bei der Schmierung der Kältemittelverdichter ist die zustandsabhängige Löslichkeit des Förderstoffs im Öl zu beachten. Das erfordert eine geeignete Ölwahl und unter Umständen eine Ölsumpfheizung. Im vorliegenden Fall fördert eine Zentrifuge das Öl aus dem Kurbelgehäuse in die geschlossenen Hauptlager. Der Ölrücklauf ist so gestaltet, dass die Gasaufnahme minimiert wird.

Das zu fördernde Kältemittel – häufig R134a oder R404A – tritt durch den zentral angeordneten Saugstutzen in das Gehäuse ein und kann je nach Einbaulage des Saugfilters entweder über den Motor oder auf direktem Wege den Saugkammern beider Doppelzylinder zugeführt werden. Die Verlustwärme des Motors wird im ersten Fall zum großen Teil vom Sauggas aufgenommen, dass sich entsprechend aufheizt, im zweiten Fall über die Kühlrippen weitgehend nach außen abgeführt. Die Druckkammern beider Doppelzylinder sind im linken Teil des Verdichtergehäuses mit dem gemeinsamen Druckstutzen verbunden.

3.3 Konzeption und Gestaltung des Verdichters

Die Steuerung des Ladungswechsels erfolgt durch mehrere Lamellenventile, von denen ein Druckventil exemplarisch dargestellt ist. Wegen ihrer geringen bewegten Masse sind diese Ventile für hohe Arbeitsfrequenzen geeignet und ermöglichen die kleinen Schadraumverhältnisse, die für hohe Stufendruckverhältnisse benötigt werden.

Die reichlich dimensionierten Ventilkammern dienen auch als interne Pulsationsdämpfer.

Zur Förderstromreduzierung bei Teillastbetrieb der Anlage kann der Sauggasstrom für einzelne Doppelzylinder durch ein elektromagnetisch gesteuertes Ventil blockiert werden, wodurch die Leistungsaufnahme in diesen Arbeitsräumen stark reduziert wird. Im vorliegenden Fall ist damit eine Senkung des Förderstroms auf 50 % möglich.

b) Mehrstufige Prozessgasverdichter in Reihen- und Boxerausführung

Die Bilder 3-10 und 3-11 zeigen schematisch die wichtigsten Grundvarianten von Prozessgasverdichtern mit der zugehörigen Anlagenstruktur, wie sie etwa in einem Förderstrombereich von 200 bis 100000 m^3/h (bezogen auf Normzustand) für Drücke bis 100 MPa – für spezielle Anwendungen auch bis 360 MPa – zum Einsatz kommen. Dabei werden trocken laufende Varianten für Drücke bis 25 MPa ausgeführt. Die dargestellten Bauweisen entsprechen den Vorgaben einer speziellen Norm für Verdichter in der Erdöl und Erdgas verarbeitenden Industrie [3-4], deren Erfüllung von Verdichterbetreibern oft auch außerhalb dieses Bereiches gewünscht wird.

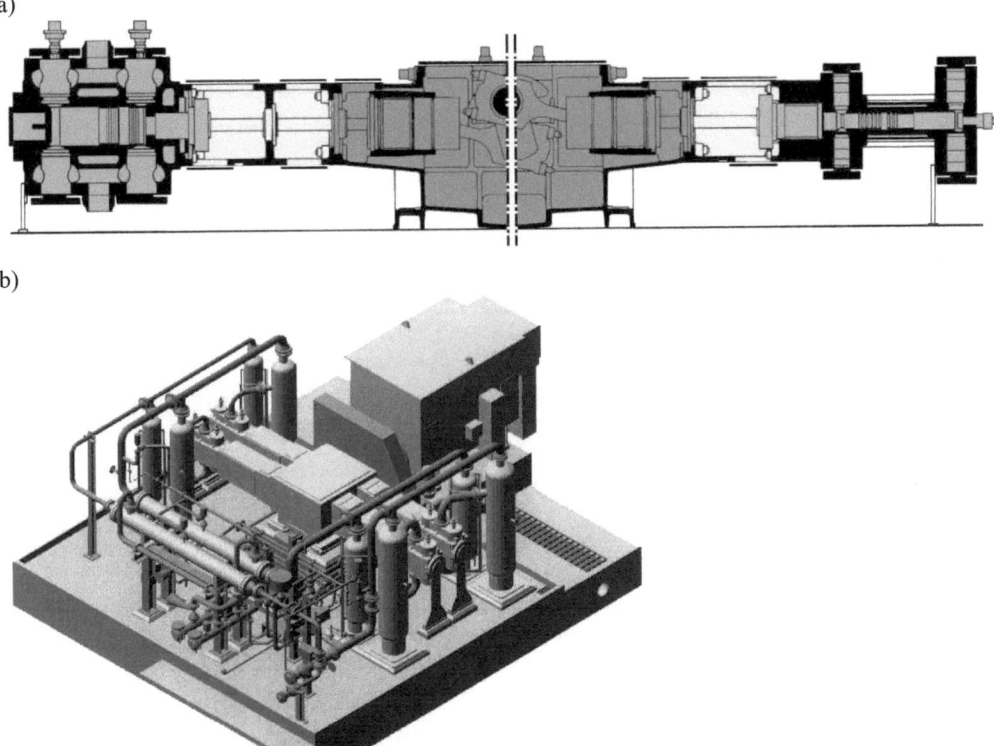

Bild 3-10 Prozessgasverdichter in Boxerbauweise, schematisch nach Fa. Burckhardt Compression: a) Verdichter; b) Anlage

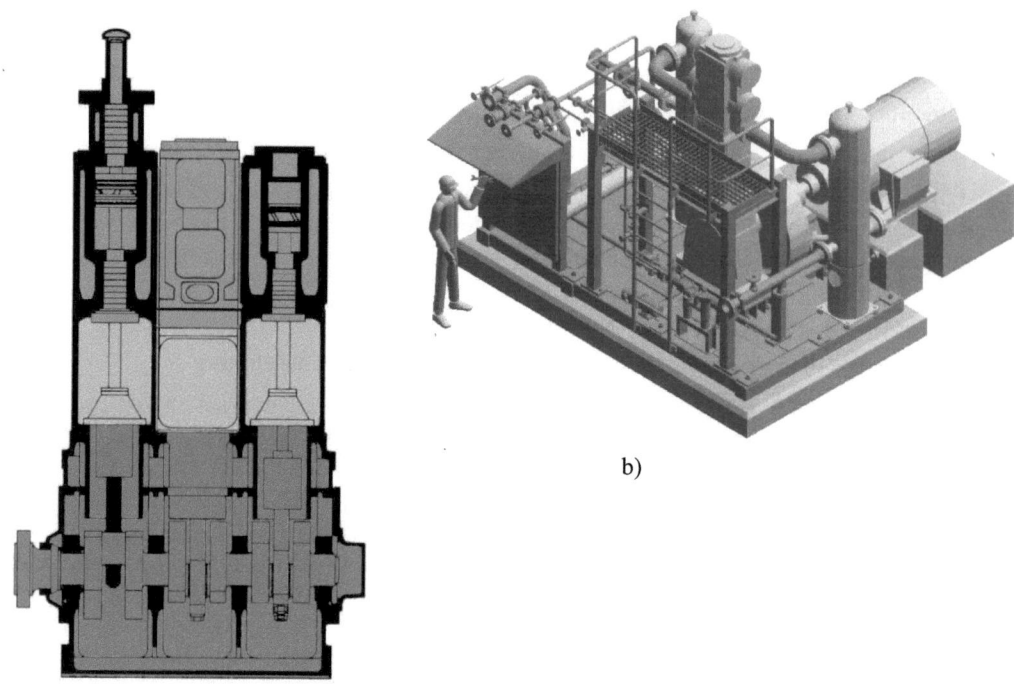

Bild 3-11 Prozessgasverdichter in Reihenbauweise schematisch nach Fa. Burckhardt Compression: a) Verdichter; b) Anlage

Das **Triebwerk** wird in verschiedenen Baugrößen – gekennzeichnet durch den Hub (bei Reihenmaschinen s = 125, 160, 200 mm, bei Boxermaschinen auch 270, 320, 450 mm) und mit verschiedenen Kurbelzahlen (bei Reihenmaschinen 1, 2, 3, bei Boxermaschinen 2, 4, 6 Kurbeln) ausgeführt. Die maximalen Drehzahlen liegen so, dass die mittlere Kolbengeschwindigkeit nicht mehr als 6 m/s beträgt. Die Triebwerke sind formsteif mit möglichst kleinem Zylinderachsenabstand ausgeführt. Die aus Montagegründen oben offenen Gehäuse der Boxertriebwerke benötigen zur Kraftübertragung Zuganker. Die Durchmesser der Kreuzköpfe liegen teilweise über denen der Kolben.

Die Boxerbauweise kann einen vollständigen Ausgleich der Massenkräfte erreichen, wenn die oszillierenden Massen gegenüber liegender Zylinder gleich sind. Aufgrund der axialen Versetzung der Zylinder entsteht ein Massenmoment, das erst bei mehreren Kurbelpaaren ausgleichbar ist.

Die Zylinder sind doppelt wirkend und mit Wasserkühlung ausgestattet. Insbesondere in Niederdruckstufen sind große Ventile mit ausreichendem Kammervolumen erforderlich. Das lässt sich bei der Boxerausführung besser realisieren. Die kurbelseitigen Durchführungen der Kolbenstangen werden durch Packungen abgedichtet, die ebenfalls wassergekühlt sind. In Sonderfällen wird die Kolbenstange auch deckelseitig durchgesteckt und abgedichtet, um ihre Führung zu verbessern oder ihre Belastung zu reduzieren.

3.3 Konzeption und Gestaltung des Verdichters

Die Verbindung der Zylinder mit dem Triebwerkgehäuse erfolgt über die so genannte Laterne. Dieses Bauteil muss die Kraftübertragung und die Zentrierung gewährleisten. Die Laterne kann – wie in Bild 3-10 links – auch eine weitere Führung für die Kolbenstange enthalten. Triebwerk und Zylinder werden gegenüber dem belüfteten Laternenraum öl- bzw. gasdicht ausgeführt.

Anhand der schematischen Anlagendarstellung erkennt man Vor- und Nachteile der Reihen- bzw. Boxerbauweise. Die Reihenmaschine hat eine kleinere Grundfläche, benötigt aber eine Montagebühne für die Zylinder. In beiden Fällen sind nahe zu den Zylindern vertikale Dämpfungsbehälter aufgestellt. Bei der Boxeranordnung sind die Kühler horizontal parallel zum Verdichter auf der Fundamentplatte angeordnet, während die Kühler bei der Reihenmaschine extern aufgestellt werden.

Bild 3-12 zeigt als konkretes Beispiel einen Erdgasverdichter. Die Maschine ist einstufig und zweikurbelig in Boxerbauweise ausgeführt. Die Verbindungstücke sind zusammen mit dem Triebwerkgehäuse als ein Gussstück realisiert, enthalten aber eine Trennwand zwischen Triebwerk- und Zylinderbereich. Zur Vermeidung von Gasaustritt werden die Stopfbuchsen mit Sperrgas beaufschlagt.

Das Gewicht der wassergekühlten und ölgeschmierten Zylinder wird teilweise über eine Pendelstütze aufgenommen. Die Steuerung des Ladungswechsels erfolgt mit Plattenventilen, die am Zylinderumfang angeordnet sind, wobei die Saugventile (oben) mit Vorrichtungen zur Förderstromreduzierung (vgl. Abschnitt 3.5.2) ausgestattet sind.

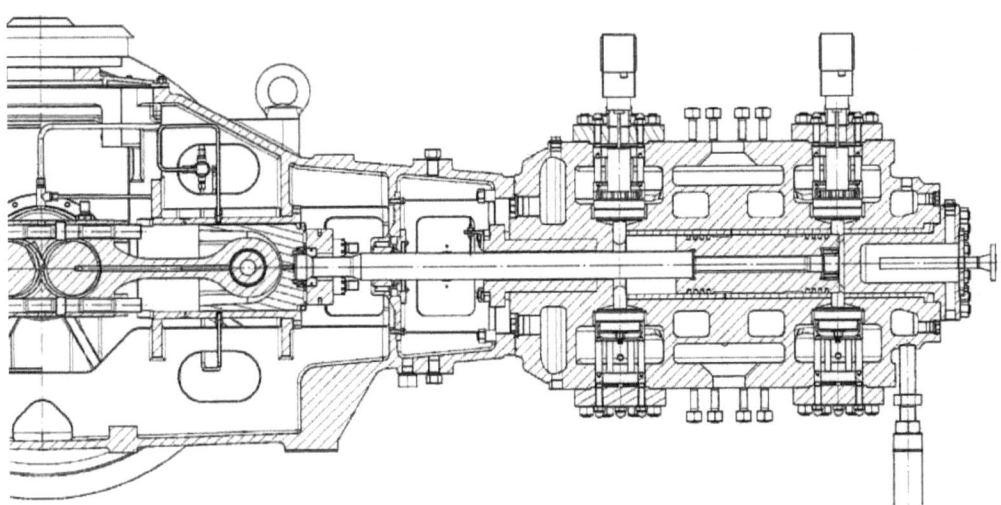

Bild 3-12 Einstufiger Erdgasverdichter der Fa. NEA in Boxerbauweise (Halbschnitt): Hub 200 mm, Drehzahl 592 min^{-1}, Saugdruck 2 MPa, Förderdruck 7,6 MPa, Förderstrom 6145 m^3/h bei Normzustand

Eine besondere Bauweise für trocken laufende Verdichter ist in Bild 3-13 dargestellt. Bei der vertikalen Reihenmaschine werden die Kolben über eine zusätzliche Führung am unteren Ende der Laterne so gut zentriert, dass sie berührungsfrei und mit geringem Spiel laufen können. Die am Kolbenumfang und am Stopfbuchsgehäuse angeordneten Labyrinthe erlauben nach einer kurzen verschleißbehafteten Einfahrphase eine ölfreie Verdichtung mit minimierter Leckage über den Kolben. Diese Bauart wird für Förderströme bis 10000 m³/h dreistufig für Drücke bis 3,6 MPa (in Sonderfällen vierstufig bis 21 MPa) eingesetzt. Um einen Austritt des Förderstoffs in die Umgebung zu verhindern, kann das Triebwerkgehäuse gasdicht mit einer doppelt wirkenden Gleitringdichtung ausgeführt werden.

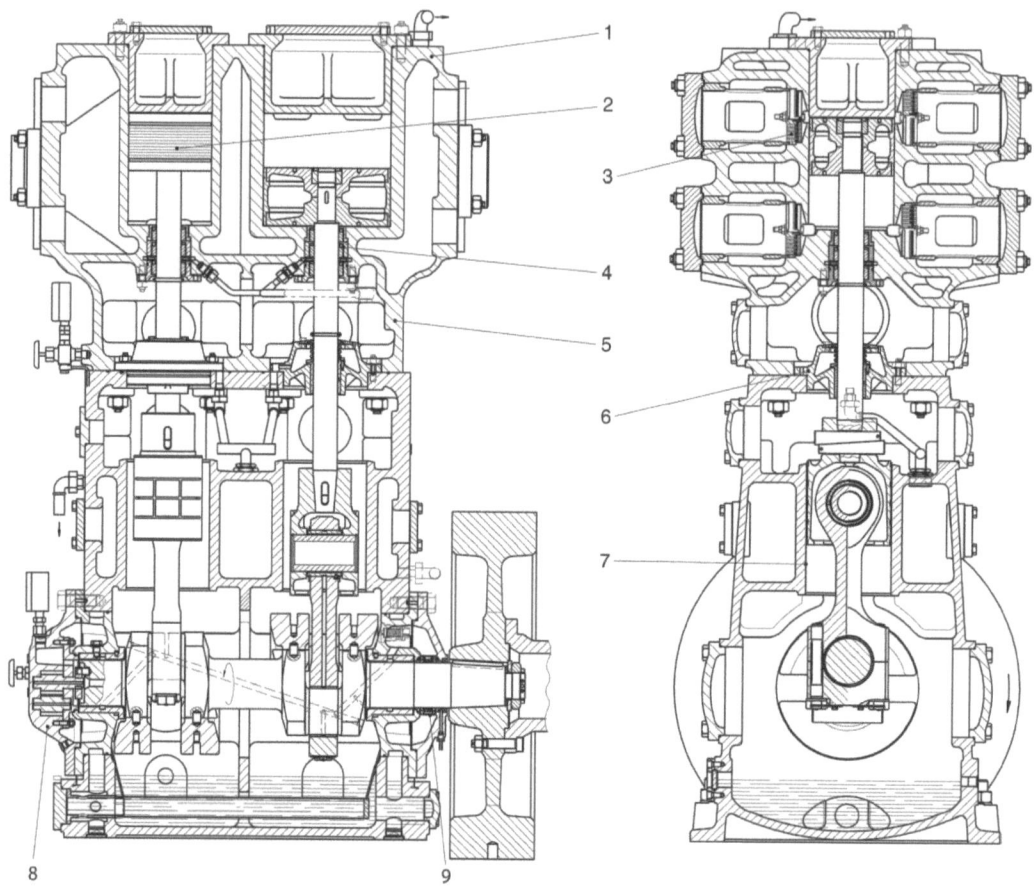

Bild 3-13 Zweistufiger Labyrinth-Kolbenverdichter der Fa. Burckhardt Compression mit gasdichtem und druckfestem Kurbelgehäuse
1 wassergekühlter Zylindermantel
2 Labyrinthkolben
3 Ringplattenventil
4 Labyrinth-Kolbenstangendichtung
5 Langes Distanzstück zur Trennung des ölgeschmierten Triebwerks vom ölfreien Zylinder
6 Ölgeschmierte Führung mit Abstreifern
7 Wassergekühlte Kreuzkopflaufbahn
8 Von Kurbelwelle angetriebene Ölpumpe für Druckölschmierung der Lager und Kreuzköpfe
9 Kurbelwellendichtung (Gleitringdichtung)

Zur Erzeugung von Polyethylen mit niedriger Dichte (ldPE) ist eine Verdichtung des Äthylens auf Drücke bis zu 350 MPa erforderlich. Im dargestellten Sekundärverdichter einer Polyethylen-Anlage (Bild 3-14) erfolgt zweistufig die Verdichtung von 27 auf 320 MPa. Der vierkurbe-

3.3 Konzeption und Gestaltung des Verdichters

lig ausgeführte horizontale Verdichter hat bei einem Massestrom von ca. 15 kg/s und einer Drehzahl von 200 min^{-1} eine Antriebsleistung von 11,7 MW.

Das Triebwerk ist gekennzeichnet durch einen rahmenförmigen Kreuzkopf, der die Schubstange umschließt und die koaxial gegenüberliegenden Kolben über zusätzliche Rundkreuzköpfe in den Zwischengehäusen antreibt (Bild 3-14 a). Die Schubstange ist gegabelt und hat beidseitig einen Lagerdurchmesser von 710 mm (Bild 3-14 c).

Bei einem Durchmesser der zweiten Stufe von d_k = 86 mm entsteht während des Druckhubs eine Stangenkraft von 1,86 MN (186 t). Zur Aufnahme der zugehörigen Normalkraft wird eine ebene Geradführung verwendet werden, die fundamentnah angeordnet und reichlich dimensioniert ist (Bild 3-14 b).

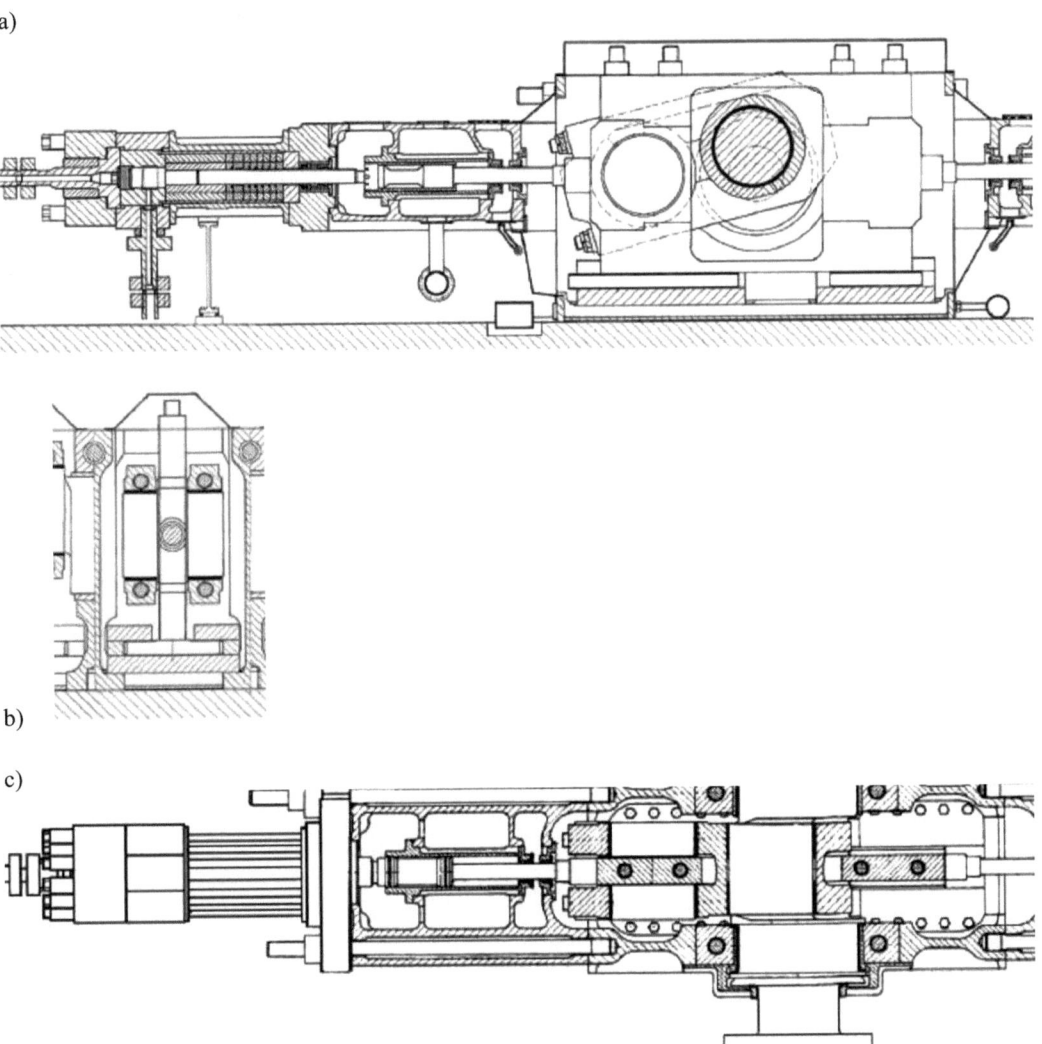

Bild 3-14 Höchstdruckverdichter der Fa. Burckhardt Compression für die ldPE-Erzeugung: a) Längsschnitt durch Triebwerk und Zylinder 2. Stufe; b) Querschnitt durch rahmenförmigen Kreuzkopf mit Gabelpleuel; c) Horizontalschnitt durch Triebwerk und Draufsicht Zylinder 2. Stufe

Die Zylinder sind aus geometrisch einfachen Bauteilen mit kerbwirkungsfreier Formgebung und polierten Oberflächen zusammengesetzt, die durch Schrumpfen vorgespannt sind. Saug- und Druckventil sind als Poppetventil ausgeführt und in dem axialen bzw. radialen Stutzen zentrisch angeordnet. Die Abdichtung der Arbeitsräume erfolgt mit einer Packung, deren Ringe aus Bronze auf einem Hartmetall-Plunger laufen. Die Schmierung erfolgt über drei Pumpen pro Zylinder, die Weißöl oder PAG (ISO VG68) mit einem Druck von 100 bzw. 300 MPa einspritzen.

- **Beispiel 3.3.1: Konzeption eines mehrstufigen Verdichters**

Es soll ein Kolbenverdichter zur Förderung von 1000 m³/h Wasserstoff vom Zustand p_S = 0,1 MPa, T_S = 293 K auf einen Förderdruck p_D = 30 MPa konzipiert werden.

Festlegung der Stufenzahl

Zunächst wird unter der Annahme idealen Gases (R = 4125 J/kg/K, κ = 1,4) gleicher Druckverhältnisse und gleicher Saugtemperaturen in allen Stufen abgeschätzt, welche Austrittstemperaturen und welche summarische spezifische innere Arbeit bei verschiedenen Stufenzahlen (J = 3, 4, 5) zu erwarten sind.

Dazu werden das Nutzdruckverhältnis nach Gl. (3.24) und das innere Druckverhältnis nach Gl. (3.5) berechnet, wobei für die Elementdruckverlustverhältnisse mittlere Werte nach Bild 3-4 verwendet und mit der Beziehung $\pi_e(p) = 1,032 - 0,00434 * \ln(p/\text{MPa})$ approximiert werden.

Zur Berechnung der spezifischen Arbeit wird die Näherung nach Gl. (3.19) verwendet. Bei der Bestimmung der Austrittstemperatur werden λ_T = 0,94, n_c = 1,3 und ΔT_D = 20 K angenommen.

J	Dim.	3	4	5
$j = 1$				
π		6,6943E+00	4,1618E+00	3,1291E+00
$p_S(j)$	Pa	1,0000E+05	1,0000E+05	1,0000E+05
π_S		1,0420E+00	1,0420E+00	1,0420E+00
p_S'	Pa	9,5970E+04	9,5970E+04	9,5970E+04
$p_S(j+1)$	Pa	6,6943E+05	4,1618E+05	3,1291E+05
$\pi_D = \pi_Z$		1,0337E+00	1,0358E+00	1,0370E+00
p_D'	Pa	7,1537E+05	4,4651E+05	3,3652E+05
Π'		7,4541E+00	4,6527E+00	3,5066E+00
w_i	J/kg	3,4697E+06	2,4686E+06	1,9296E+06
T_D	K	4,7281E+02	4,2202E+02	3,9410E+02
$j = 2$				
π		6,6943E+00	4,1618E+00	3,1291E+00
$p_S(j)$	Pa	6,6943E+05	4,1618E+05	3,1291E+05
π_S		1,0337E+00	1,0358E+00	1,0370E+00
p_S'	Pa	6,4758E+05	4,0179E+05	3,0174E+05
$p_S(j+1)$	Pa	4,4814E+06	1,7321E+06	9,7915E+05
$\pi_D = \pi_Z$		1,0255E+00	1,0296E+00	1,0321E+00

3.3 Konzeption und Gestaltung des Verdichters

p_D'	Pa	4,7128E+06	1,8362E+06	1,0430E+06
π'		7,2775E+00	4,5699E+00	3,4567E+00
w_i	J/kg	3,4154E+06	2,4331E+06	1,9034E+06
T_D	K	4,7010E+02	4,2020E+02	3,9273E+02
$j=3$				
π		6,6943E+00	4,1618E+00	3,1291E+00
$p_S(j)$	Pa	4,4814E+06	1,7321E+06	9,7915E+05
π_S		1,0255E+00	1,0296E+00	1,0321E+00
p_S'	Pa	4,3700E+06	1,6822E+06	9,4870E+05
$p_S(j+1)$	Pa	3,0000E+07	7,2084E+06	3,0639E+06
$\pi_D = \pi_Z$		1,0172E+00	1,0234E+00	1,0271E+00
p_D'	Pa	3,1043E+07	7,5501E+06	3,2325E+06
π'		7,1037E+00	4,4882E+00	3,4072E+00
w_i	J/kg	3,3611E+06	2,3976E+06	1,8772E+06
T_D	K	4,6737E+02	4,1837E+02	3,9136E+02
$j=4$				
π			4,1618E+00	3,1291E+00
$p_S(j)$	Pa		7,2084E+06	3,0639E+06
π_S			1,0234E+00	1,0271E+00
p_S'	Pa		7,0434E+06	2,9829E+06
$p_S(j+1)$	Pa		3,0000E+07	9,5873E+06
$\pi_D = \pi_Z$			1,0172E+00	1,0222E+00
p_D'	Pa		3,1043E+07	1,0018E+07
π'			4,4074E+00	3,3583E+00
w_i	J/kg		2,3620E+06	1,8510E+06
T_D	K		4,1654E+02	3,8999E+02
$j=5$				
π				3,1291E+00
$p_S(j)$	Pa			9,5873E+06
π_S				1,0222E+00
p_S'	Pa			9,3792E+06
$p_S(j+1)$	Pa			3,0000E+07
$\pi_D = \pi_Z$				1,0172E+00
p_D'	Pa			3,1043E+07
π'				3,3098E+00
w_i	Nm/kg			1,8248E+06
T_D	K			3,8862E+02
Summe w_s	Nm/kg	1,0246E+07	9,6613E+06	9,3860E+06

Als erstes ist festzustellen, dass bei $J = 3$ die Austrittstemperatur mit 472 K, d. h. 199 °C über zulässigen von 160 °C (vgl. Tabelle 3.2) liegt, so dass eine dreistufige Ausführung nicht möglich ist.

Ferner erkennt man, dass die summarische spezifische Innenarbeit, die proportional zum Leistungsbedarf ist, beim Übergang von $J = 4$ auf $J = 5$ nur um 275 kJ/kg, d. h. um weniger als 3 % abnimmt. Deshalb ist eine vierstufige Ausführung sinnvoll.

Festlegung der Arbeitsraumgrößen

Die erforderliche Kolbenfläche jeder Stufe kann nach Gl. (3.27) berechnet werden.

Weil es sich um eine ölgeschmierte Maschine handelt, wird für die mittlere Kolbengeschwindigkeit mit $c_m = 6\,\text{m/s}$ ein Wert in der oberen Hälfte des in 3.3.2 angegebenen Intervalls gewählt.

Der Ausnutzungsgrad wird nach Gl. (3.8) mit $\lambda_T = 0{,}94$ (ein mittlerer Wert für $\pi = 0{,}16$ nach Bild 3-5 b) und $\lambda_p = 1$ $\lambda_f = 1$ $\lambda_m = 1$, d. h. unter Vernachlässigung von gasdynamischen Vorgängen, Feuchtigkeitsausfall und Undichtheiten berechnet und ergibt sich zu $\lambda_h = 0{,}601 \cdot 1 \cdot 0{,}94 \cdot 1 \cdot 1 = 0{,}565$.

Der Volumenfaktor wurde dabei nach Gl. (3.11) unter der Annahme von $\varepsilon_0 = 0{,}20$ (Ventile am Umfang des Zylinders angeordnet, vgl. Abschnitt 3.4.1) $\lambda_V = 1 - 0{,}2(4{,}16^{1/1{,}3} - 1) = 0{,}601$ berechnet. Die Dichten beim Saugzustand jeder Stufe ergeben sich unter der Annahme von Idealgasverhalten aus den Druck- und Temperaturwerten.

j	1	2	3	4
ρ_S in kg/m³	0,0782	0,3250	1,354	5,637
A_k in m²	0,164	0,0394	0,00946	0,00227

Hauptabmessungen und Anordnung der Arbeitsräume

Der Verdichter soll als stehende Reihenmaschine unter Verwendung eines dreikurbligen Triebwerks mit einem Hub von 250 mm, einem Kolbenstangendurchmesser von 75 mm und einer zulässigen Kolbenkraft von 85 kN ausgeführt werden. Aus der gewählten Kolbengeschwindigkeit folgt die Drehzahl

$$n = \frac{c_m}{2s} = \frac{6\,\text{m/s}}{2 \cdot 0{,}25\,\text{m}} = 12\,\text{s}^{-1} = 720\,\text{min}^{-1}$$

Es bietet sich an, je eine Zylinderachse für die 1. und 2. Stufe zu verwenden und diese doppelt wirkend auszuführen. An der verbleibenden Zylinderachse können die 3. Stufe (kurbelseitig) und die 4. Stufe (deckelseitig) angeordnet werden. Dazwischen wird ein ventilloser Raum – eine so genannte Ausgleichstufe angeordnet, die mit dem Saugdruck der 3. Stufe beaufschlagt wird. Unter Verwendung von Gl. (1.5) ergeben sich nachstehenden Werte für die Kolbendurchmesser (mit Rundung auf Normmaße für Kolbenringe). Die maximalen Gaskräfte können anhand der minimalen und maximalen Drücke in gegenüberliegenden Arbeitsräumen (bei 3. und 4. Stufe auch des Druckes in der Ausgleichsstufe) berechnet werden, wobei die Kraftwirkung des Atmosphärendruckes auf den Kolbenstangenquerschnitt zu vernachlässigen ist.

3.4 Konstruktion und Berechnung von Baugruppen

Vor- und Nachteile der gewählten Maschinenkonzeption:

- Bei gleichen oszillierenden Massen an allen Zylinderachsen ist vollständiger Ausgleich der oszillierenden Massenkräfte I. und II. Ordnung möglich. Es bleiben aber freie oszillierende Massenmomente.
- Der Ausschub der 1. und 2. Stufe in das Zwischenstufensystem ist relativ gleichmäßig. Die 4. Stufe saugt an, wenn die 3. Stufe ausschiebt, so dass auch das Zwischenstufensystem nach der 3. Stufe geringe Druckänderungen hat.
- Die Anordnung der 3. und 4. Stufe an der mittleren Zylinderachse ermöglicht bei vorgegebenem Kurbelabstand die größten Aussenabmessungen des Zylinders der 1. Stufe.

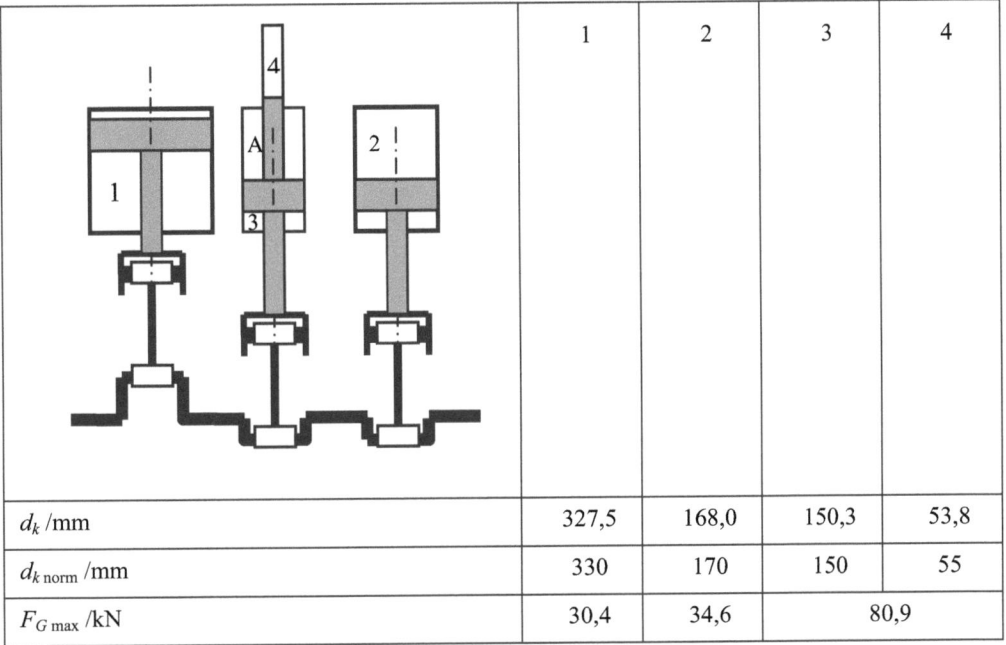

	1	2	3	4
d_k /mm	327,5	168,0	150,3	53,8
$d_{k\,norm}$ /mm	330	170	150	55
$F_{G\,max}$ /kN	30,4	34,6	80,9	

3.4 Konstruktion und Berechnung von Baugruppen

3.4.1 Zylinder und Ventile

In einem Zylinder können je nach Maschinenkonzeption ein oder mehrere Arbeitsräume untergebracht werden (vgl. Bild 3-8). Die Gestaltung des Zylinders hängt stark von der Art und Anordnung der Ventile ab, so dass diese in einem Zuge mit dem Zylinder betrachtet werden müssen. Ebenso beeinflussen Kühlung und Schmierung sowie das Druckniveau die Zylindergestaltung.

Bild 3-15 zeigt einen wassergekühlten Zylinder, wie er für Prozessgasverdichter mit Kreuzkopftriebwerk und doppelt wirkenden Scheibenkolben im mittleren Druckbereich verwendet wird.

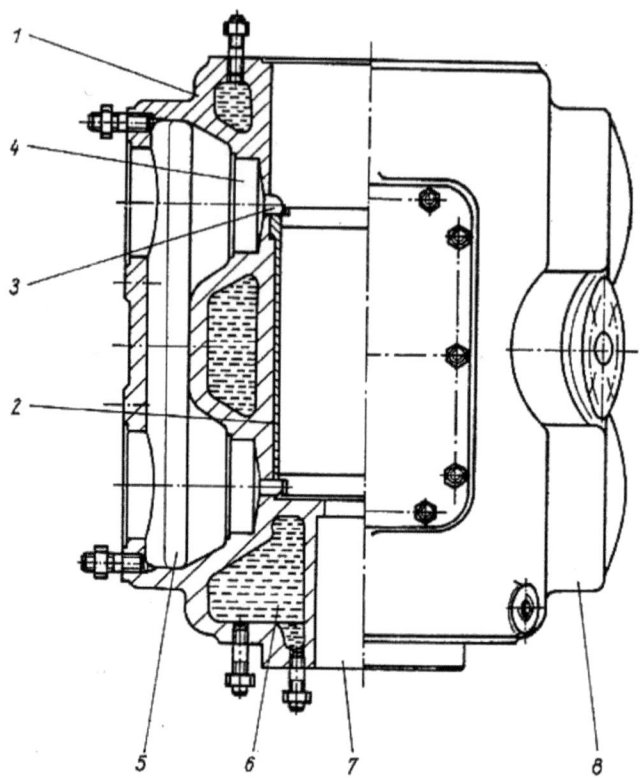

Bild 3-15 Wassergekühlter Zylinder für doppelt wirkenden Hubkolbenverdichter

Der Zylinder (1) ist zum Zweck der **Wasserkühlung** doppelwandig ausgeführt. Das Kühlwasser wird unten zu- und oben abgeführt. In dem Bereich der inneren Zylinderwand, der vom Kolben überstrichen wird, ist eine Laufbuchse (2) eingesetzt. Der deckelseitige Arbeitsraum wird durch den Zylinderdeckel, der kurbelseitige Arbeitsraum mit einer im Raum (7) angeordnete Packung abgeschlossen.

Am Umfang der inneren Zylinderwand sind Ventilnester (4) zur Aufnahme von Plattenventilen angeordnet. Oberhalb und unterhalb der Laufbuchse sind Schlitze (3) zur Verbindung zwischen dem deckel- bzw. kurbelseitigem Arbeitsraum und den Ventilnestern zu erkennen. Im Bereich der Ventile ist die äußere Zylinderwand unterbrochen, um den Zugang zu den Ventilen zu ermöglichen. Die Saugventile beider Arbeitsräume sind auf der Zuströmseite (5), die Druckventile auf der Abströmseite (8) mit einer gemeinsamen Ventilkammer verbunden, in die die Saug- bzw. Druckleitung der Stufe einmündet. Saug- und Druckleitung sind so anzuordnen, dass ihre Wärmedehnung nicht zur Deformation der Zylinder führt und die Zugänglichkeit der Ventile nicht beeinträchtigt wird.

Der Zylinderdeckel wird ebenfalls gekühlt und ist mit Dehnschrauben befestigt. Die Abdichtung erfolgt im Niederdruckbereich mit Flachdichtungen aus einem Verbund von Fasern, Füllstoffen und Bindemitteln oder leicht deformierbaren Metalldichtungen. Hochdruckzylinder werden mit geschliffenen Flächen metallisch abgedichtet.

Das Verbindungsstück des Zylinders mit dem Triebwerk (**Laterne**) muss die Zugänglichkeit zur Stopfbuchse gewährleisten. Bei liegenden Zylindern ist eine Abstützung erforderlich (vgl. Bild 3-10). Mehrere hintereinander liegende Zylinder sind unter Berücksichtigung der Kolbendurchbiegung auszurichten.

Bei kleineren luftgekühlten Verdichtern kann der Zylinder auch einwandig mit Kühlrippen ausgeführt werden. Im Bereich der Laufbuchse kann die innere Zylinderwand unterbrochen werden (nasse Laufbuchse), wodurch die Zylinderkühlung intensiviert wird. Die Temperatur der Lauffläche darf aber bei allen Betriebsbedingungen nicht unter der Taupunkttemperatur des Förderstoffs liegen. Bei geeignetem Zylinderwerkstoff ist es möglich, die Laufbuchse wegzulassen.

Bevorzugte Werkstoffe für Zylinder sind im Nieder- und Mitteldruck-Bereich perlitisches Gusseisen, für höhere Drücke sphärisches Gusseisen, Kugelgraphitguss, Stahlguss oder Schmiedestahl. Die Wandstärke δ der inneren Zylinderwand kann überschlägig wie für ein zylindrisches Rohr unter Innendruckbelastung ermittelt werden:

$$\delta = \frac{d_i p}{2\sigma_{zul}} + \delta_1 \tag{3.28}$$

wobei d_i der Innendurchmesser, p der maximale Zylinderdruck, σ_{zul} die zulässige Spannung (20 MPa für Grauguss, 100 MPa für Schmiedestahl) und δ_1 ein mit dem Druck steigender Zuschlag (3 bis 8 mm) sind.

Der Zylinder sollte so gestaltet werden, dass ein möglichst geradliniger Kraftfluss zwischen Deckel und Laterne erreicht wird. Auch ist eine weitgehend rotationssymmetrische Form anzustreben, damit unter Druck- und Temperaturbelastung die Unrundheit der Zylinderlauffläche gering bleibt. Bei komplizierten Zylinderformen sollte die Verformung und Spannungsverteilung mit FEM kontrolliert werden.

In Hochdruckzylindern müssen Kerbwirkungen durch einfache Formgebung vermieden werden. Bei Höchstdruckverdichtern kann der Zylinder aus mehreren Schichten kerbunempfindlichen legierten Stahls in Schrumpfverbindung ausgeführt werden (Bild 3-16).

Die innerste Schicht hat die Funktion einer verschleißfesten Laufbuchse und besteht aus Ck45 mit einer Wolframkarbidbeschichtung. Die mittlere und die äußere Schicht stellen Schrumpfbuchsen dar, die eine Druckvorspannung erzeugen, um der Zugbelastung durch den hohen Innendruck entgegen zu wirken. Die Anpressung der Ventile auf geschliffenen Auflageflächen in der mittleren Schicht erfolgt mit sehr formsteifen Deckeln, die gleichzeitig Stutzen-Funktion haben. Die Gaskanäle in der mittleren und inneren Schicht haben eine kerbunempfindliche Form und höchste Oberflächengüte.

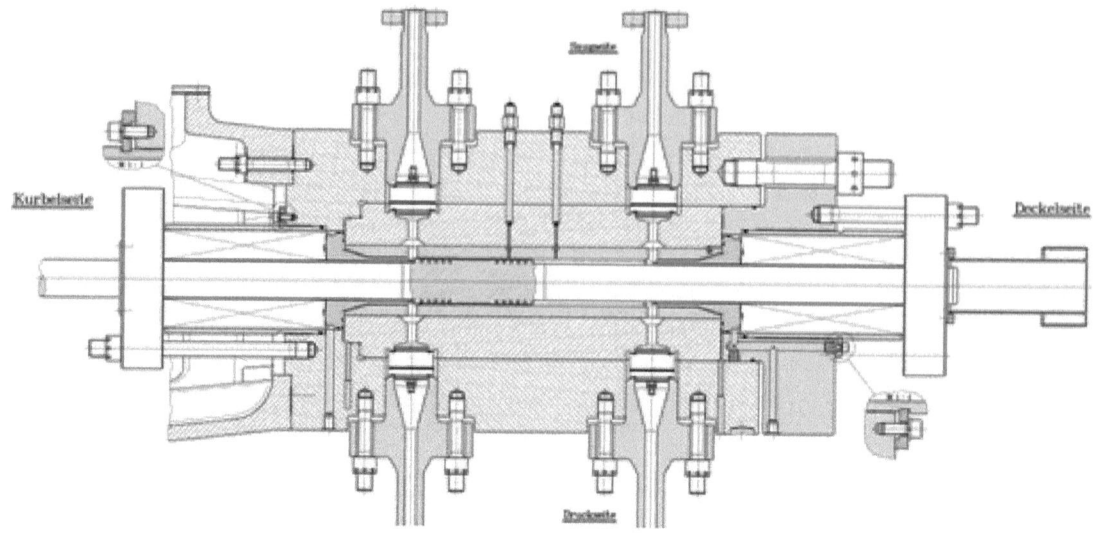

Bild 3-16 Zylinder eines einstufigen Nachverdichters für CO in Schrumpfbauweise
$p_S = 30$ MPa, $p_D = 70$ MPa, $d_K = 92$ mm [3-5]

In Kreuzkopfmaschinen erfolgt die **Zylinderschmierung** dosiert durch Schmierapparate (verstellbare Hubkolbenpumpen) über ein bis drei Anschlüsse mit Verdichterölen, deren Viskosität nach der Verdichtungsendtemperatur zu wählen ist. Nach [3-1] beträgt die empfohlene Ölmenge pro Hub:

$$\frac{m_{Öl}}{g} = \frac{\Delta p}{\text{MPa}} \frac{\pi(s+l_K)d_K n}{1000 \text{ m}^2/\text{h}} \tag{3.29}$$

Dabei sind l_K und Δp die Kolbenlänge bzw. die Druckdifferenz über dem Kolben. Die Formel ist auch auf geschmierte Stopfbuchsen anwendbar. Bei der Spritzölschmierung von Tauchkolbenmaschinen ist die Ölmenge schwer zu dosieren. Überschmierung führt zu Brandgefahr infolge Ölkohlebildung.

Die **Steuerung des Ladungswechsels** erfolgt in mittleren und großen Hubkolbenverdichtern fast ausschließlich mit selbsttätigen, d. h. druckgesteuerten **Ring- oder Plattenventilen** [3-6]. Bild 3-17 zeigt den typischen, weitgehend rotationssymmetrischen Aufbau eines Ringventils.

Der Ventilsitz (1) ist eine Platte mit Schlitzen, die die Grundform konzentrischer Kreisringe haben, aber notwendigerweise durch Stege unterbrochen sind. Die freie Querschnittsfläche im Ventilsitz (**Sitzfläche** A_{Si}) wird mit einzelnen Kunststoffringen (3) verschlossen, die von ummantelten Schraubenfedern (4,5) auf den Sitz gedrückt werden. Nach Aufbau der hinreichenden Druckdifferenz über den Ventilringen erfolgt die Öffnung in relativ kurzer Zeit. Der Ventilhub wird durch den Hubfänger (2) begrenzt, der wie der Ventilsitz geschlitzt ist. Sitz und Fänger sind durch eine zentrale Schraube (6) miteinander verbunden. Saug- und Druckventile haben prinzipiell gleichen Aufbau und unterscheiden sich nur durch die Anordnung des Fängers bzw. des Sitzes am Arbeitsraum.

3.4 Konstruktion und Berechnung von Baugruppen

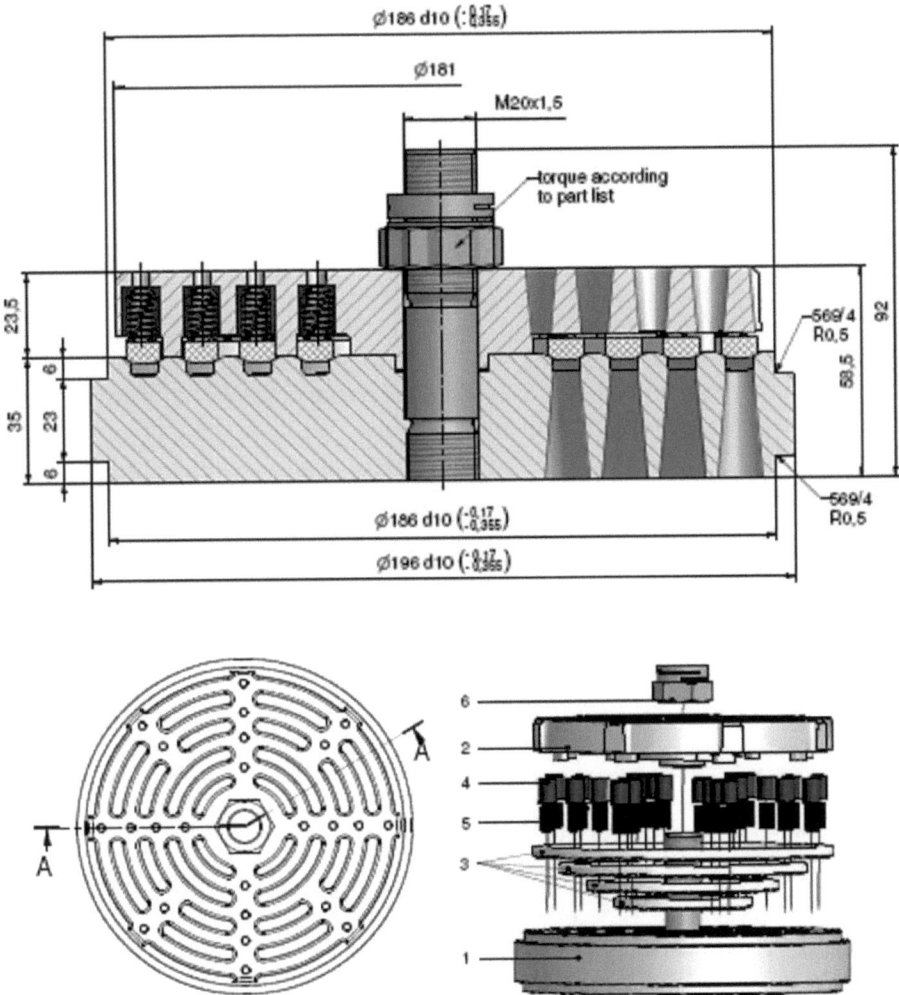

Bild 3-17 Selbsttätiges Arbeitsventil als Ringventil [3-41]

Bei **Plattenventilen** wird die Sitzöffnung durch eine gemeinsame, ebenfalls geschlitzte Ventilplatte aus Stahl oder Kunststoff verschlossen, die von Schraubenfedern oder einer gemeinsamen Federplatte mit mehreren Biegearmen angedrückt wird. Zwischen Ventilplatte und Federn wird häufig eine Dämpferplatte angeordnet.

Die **Spaltfläche** A_{Sp}, die bei geöffnetem Ventil zwischen Sitz und Ringen bzw. Platte frei gegeben wird, ist der summarischen Umfangslänge aller Öffnungen im Ventilsitz l_{Sp} und dem **maximalen Ventilhub** h_{max} proportional.

$$A_{Sp} = l_{Sp} h_{max} \tag{3.30}$$

Letzterer ist mit Rücksicht auf die Ventildynamik und das Öffnungsverhältnis begrenzt. Gl. (3.31) gibt eine Empfehlung für den maximalen Ventilhub:

$$\lg\left(\frac{h_{max}}{mm}\right) = 0,92 - 0,185 \lg\left(\frac{p}{bar}\right) - \left(0,66 - 0,0478 \lg\left(\frac{p}{bar}\right)\right) \lg\left(\frac{n}{100 \ min^{-1}}\right) \quad (3.31)$$

Der Quotient der Spaltfläche A_{Sp} und der Sitzfläche A_{Si} wird als **Öffnungsverhältnis** x_V des Ventils bezeichnet.

Der Vorteil der Ring- bzw. Plattenventile besteht darin, dass sie bei einer vorgegebenen Ventilgrundfläche A_G eine relativ große Spaltfläche A_{Sp} realisieren. Jedoch muss wegen dem notwendigen radialen Versatz der Schlitze in Sitz und Fänger die Strömung zweimal nahezu rechtwinklig umgelenkt werden, so dass der auf die Spaltgeschwindigkeit bezogene Druckverlustbeiwert ζ relativ hoch wird. Mit profilierten Ringventilen können eine bessere Strömungsführung und kleinere Widerstandsbeiwerte erreicht werden.

Ein verlustarmer Ladungswechsel erfordert den strömungsgünstigen **Einbau der Ventile**. Gleichzeitig soll der durch den Ventileinbau verursachte Schadraumanteil klein bleiben, damit der Ausnutzungsgrad des Hubraums (vgl. Abschnitt 3.2.3) möglichst wenig vermindert wird. Auch muss der Einbau so erfolgen, dass die Ventile an ihre kreisringförmigen Auflageflächen ausreichend angepresst werden und zur Wartung leicht zugänglich sind.

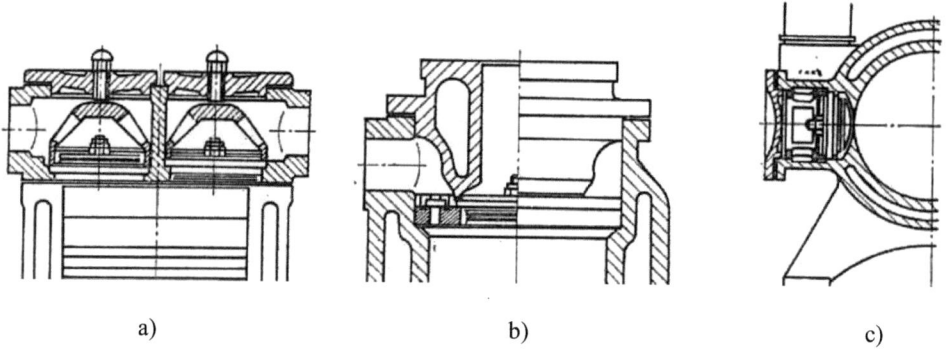

a) b) c)

Bild 3-18 Einbauvarianten von Ring- bzw. Plattenventilen. a) Anordnung im Deckel; b) konzentrische Anordnung; c) Anordnung am Umfang

Bei Variante a) sind Saug- und Druckventil neben einander in der Stirnfläche des Zylinders angeordnet. Dabei bleibt der Schadraumzuwachs gering. Die unterzubringende Grundfläche des Ventils ist aber stark begrenzt. Die Anpressung der Ventile erfolgt über Ventilglocken durch Schrauben in ausreichend steifen Deckeln des Zylinderkopfes. Diese Konstruktion gewährleistet eine leichte Wartung der Ventile.

Die vollständige Ausnutzung der Zylinderstirnfläche wird durch eine konzentrische Kombination von Saug- und Druckventil (Variante b) ermöglicht, wobei die Zuströmung meist außen und die Abströmung innen erfolgt. Zur Vermeidung eines größeren Wärmestroms vom warmen Druckgas zum anzusaugenden Gas, der die Aufheizung vergrößert, sind die beiden Ventilkammern durch einen gekühlten Raum getrennt.

3.4 Konstruktion und Berechnung von Baugruppen 181

Die Einbauvarianten a) und b) sind im Wesentlichen auf einfach wirkende Tauchkolbenmaschinen beschränkt. Im Falle doppelt wirkender Kreuzkopfmaschinen werden die Ventile bevorzugt am Zylinderumfang angeordnet (Variante c), wodurch größere Ventilquerschnitte realisierbar werden, aber auch höhere Strömungsverluste und größerer Schadraum zu erwarten sind.
In kleineren einfach wirkenden Verdichtern mit relativ hoher Drehzahl werden bevorzugt **Lamellenventile** eingesetzt, bei denen der Verschluss der Sitzöffnung durch ein selbst federndes oder federbelastetes Blech – die Lamelle – erfolgt. Der Vorteil dieser Ventilbauart besteht neben dem einfachen konstruktiven Aufbau in der sehr geringen bewegten Ventilmasse. Da die Eigenfrequenz des Feder-Masse-Sytems unter der Arbeitsfrequenz der Ventile (= Drehzahl des Verdichters) liegen muss, ist diese Bauart für schnell laufende Verdichter besonders geeignet.

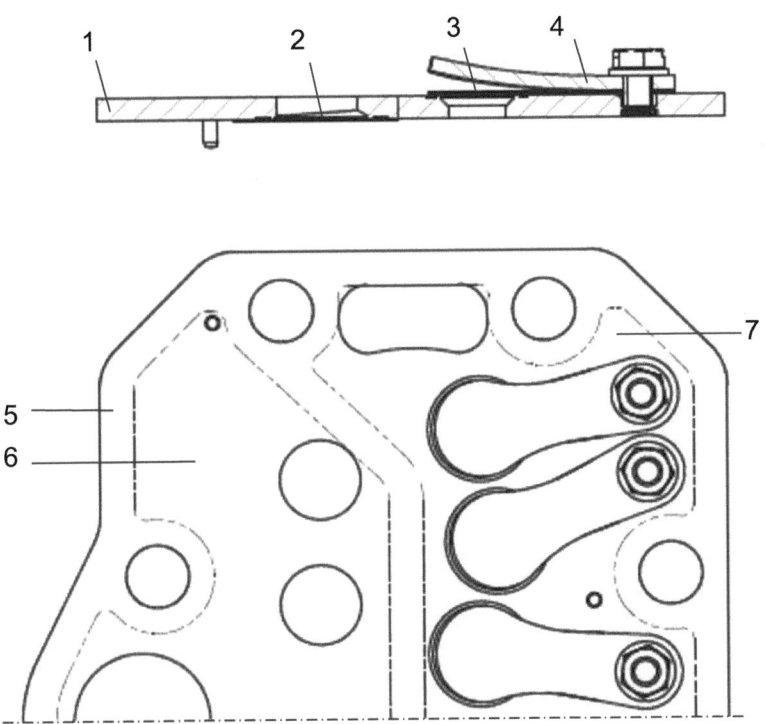

Bild 3-19 Lamellenventil (kombiniert für Saug- und Druckseite) [3-41]

Bild 3-19 zeigt eine typische Ausführung von Lamellenventilen. Der gemeinsame Zylinderblock (5) eines zweizylindrigen Verdichters wird durch eine ausreichend steife Ventilsitzplatte (1) abgeschlossen, die mit dem Block verschraubt und über Stifte lagefixiert ist. Die Saugventil-Lamellen (2) öffnen in den Arbeitsraum und können mit einem Anschlag am Zylinderumfang in ihrem Hub begrenzt werden. Die Druckventil-Lamellen (3) haben einen Fänger (4). Im Gegensatz zu dem Einbau seriennmäßiger Ring- oder Plattenventile erfordert die Verwendung von Lamellenventilen eine maschinenspezifische Komplettlösung. Der Zylinderkopf ist der Ventilanordnung anzupassen und so zu gestalten, dass ausreichend große Ventilkammern (6,7) realisiert werden.

Weitere Ventilbauarten sind das **Poppetventil** [3-6], bei dem der Ventilsitz eine Vielzahl von Bohrungen enthält, die durch einzelne pilzförmige Ventilkörper gesteuert werden, und das **Geradstromventil** [3-7], das als eine Kombination vieler parallel geschalteter Lamellenventile mit geringer Strömungsumlenkung aufgefasst werden kann.

Die **Ventilbaugröße** wird anhand einer Abschätzung der **Druckverluste** festgelegt. Dabei wird vereinfachend trägheitsloses Öffnen und trägheitsloses Schließen des Ventils vorausgesetzt.

Der mittlere Gesamtdruckverlust $\Delta p_S = p_S - p'_S$ bzw. $\Delta p_D = p'_D - p_D$ im Saug- bzw. Druckventil (vgl. Abschnitt 3.2.1) kann über den allgemeinen Ansatz für Durchflusswiderstände abgeschätzt werden.

$$\Delta p = \rho/2 \, \overline{c}_{sp}^{\,2} \zeta_{sp} = \rho/2 \, \overline{c}_\Phi^{\,2} \tag{3.32}$$

Dabei sind $\overline{c}_{sp}, \overline{c}_\Phi$ Mittelwerte der Gasgeschwindigkeit im Ventilspalt, die für den Massestrom bzw. die kinetische Energie repräsentativ sind. Im zweiten Teil der Gleichung wird angenommen, dass die kinetische Energie nach der Ventildurchströmung vollständig dissipiert. Die Größe

$$\Phi = A_{sp} \cdot \alpha_{sp} = A_{sp} / \sqrt{\zeta_{sp}}$$

wird als **äquivalente Düsenfläche** des Ventils bezeichnet und muss experimentell oder mit CFD bestimmt werden.

Wenn man die Dichteänderung des Förderstoffs während der beiden Phasen des Ladungswechsels vernachlässigt, kann man die Spaltgeschwindigkeit c_Φ mit Gl. (3.33) auf die Kolbengeschwindigkeit zurückführen.

$$c_\Phi = c_k \frac{A_K}{\Phi} \tag{3.33}$$

Der für die Druckverlustberechnung relevante quadratische Mittelwert $\overline{c}_{kV}$ der Kolbengeschwindigkeit über dem Kolbenweg kann nach Gl. (3.34) berechnet werden.

$$\overline{c}_{kV}^{\,2} = \frac{\int c_k^2 \, dx}{x_V} = \frac{\int r^2 \omega^2 \sin^2 \varphi * r \sin \varphi \, d\varphi}{\int r \sin \varphi \, d\varphi} = r^2 \omega^2 \frac{\left[\frac{1}{3} \cos \varphi^3 - \cos \varphi \right]_0^{\varphi_V}}{\left[-\cos \varphi \right]_0^{\varphi_V}} \tag{3.34}$$

Dabei sind φ_V der Kurbelwinkel beim Öffnen des Saug- bzw. Druckventils und x_V der Kolbenweg während der Ventilöffnungszeit. Näherungsweise werden Ventilschluss in der jeweiligen Totlage und harmonische Kolbenbewegung ($\lambda = 0$) vorausgesetzt. Die Auswertung von Gl. (3.34) ist in Bild 3-20 a in Abhängigkeit vom relativen Kolbenweg x/s dargestellt.

Bild 3-20 b zeigt Erwartungswerte für die Ventileffizienz VE (Verhältnis der äquivalenten Düsenfläche Φ zur Grundfläche A_G des Ventils), die von der Ventilbauart und dem Ventilhub abhängt. Da der auf die Spaltgeschwindigkeit bezogene Widerstandsbeiwert mit zunehmendem Öffnungsverhältnis infolge der höheren Geschwindigkeit im Ventilsitz steigt, wächst die Ventileffizienz nicht linear mit dem Ventilhub.

3.4 Konstruktion und Berechnung von Baugruppen

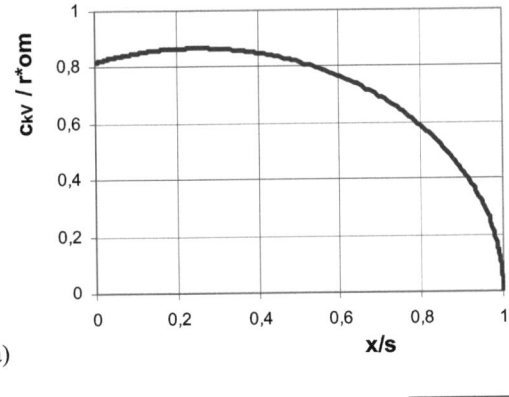

a)

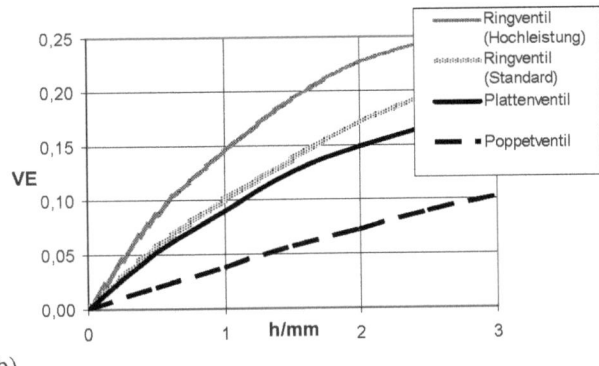

b)

Bild 3-20 Zur Abschätzung des Druckverlustes in Kolbenverdichterventilen: a) mittlere Kolbengeschwindigkeit während der Ventildurchströmung; b) Erwartungswerte für die Ventileffizienz

Zur Gewährleistung einer ausreichenden Lebensdauer der Ventile muss ihr Öffnungs- und Schließverhalten (**Ventildynamik**) folgende Kriterien erfüllen:

Die Auftreffgeschwindigkeit der Ventilplatte auf dem Fänger darf einen werkstoff- und konstruktionsabhängigen Grenzwert nicht übersteigen, der in der Größenordnung von 3 bis 4 m/s liegt. Das Ventilschließen soll möglichst ohne Bewegungsumkehr (Ventilflattern) erfolgen und mit geringer Verzögerung gegenüber der Totlage (Spätschluss) beendet sein.

Der Hubverlauf der Ventilplatte hängt stark von der Befederung und dem Betriebspunkt ab. Angestrebt wird ein Verlauf, wie er in Bild 3-21 durch die Kurve a (ABCD) dargestellt ist. Der Minimalwert des Öffnungswinkels $\Delta\phi_A$ ergibt sich aus der zulässigen Auftreffgeschwindigkeit. Die Schließverspätung $\Delta\phi_D$ wird zu groß (Kurve c), wenn die Befederung zu schwach ist. Bei zu starker Befederung tritt Ventilflattern auf (Kurve b).

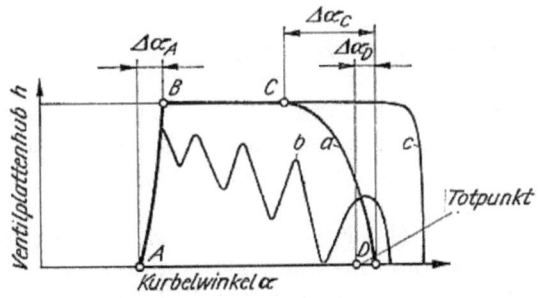

Bild 3-21 Ventilhubkurven, schematisch

Der Hubverlauf der Ventilplatte $h = f(\varphi = \omega t)$ und der Druckverlauf im Arbeitsraum können in guter Näherung vorausbestimmt werden, wenn die Gleichung für das Kräftegleichgewicht an der Ventilplatte (Gl. (3.35)) simultan mit dem mehr oder weniger vereinfachten Gleichungssystem (1.24) für den Zustand im Arbeitsraum gelöst wird.

$$F_S - F_F - m_V \ddot{h} = 0 \qquad (3.35)$$

F_S und F_F sind die Strömungs- bzw. Federkraft auf die Ventilplatte, m_V und $\ddot{h}$ die Masse bzw. die Beschleunigung der bewegten Ventilteile. Während sich die Federkraft aus der bekannten, meist näherungsweise linearen Federcharakteristik und dem Hub ergibt, benötigt man zur Lösung der Gleichung einen praktikablen Ansatz für die hubabhängige Strömungskraft. Dazu führt man die Strömungskraft auf einen durch den so genannten Kraftbeiwert ψ bestimmten Anteil der Kraft zurück, die sich bei voller Wirksamkeit der Druckdifferenz auf die Sitzfläche ergeben würde.

$$F_S = \psi \, \Delta p \, A_{Si} \qquad (3.36)$$

Der von der Ventilgeometrie und dem Ventilhub abhängige zeitveränderliche Kraftbeiwert lässt sich mit hinreichender Genauigkeit experimentell aus statischen Durchströmversuchen oder theoretisch mit Hilfe der CFD bestimmen.

Durch den extrem hohen Strömungswiderstand des rauhigkeitsbedingten Anfangsspaltes entsteht ein Klebeeffekt, der insbesondere bei ölgeschmierten Verdichtern als so genanntes „Ölkleben" zu einer Verzögerungszeit führen kann, innerhalb derer die Druckdifferenz über dem noch geschlossenen Ventil anwächst, so dass beim Öffnen eine höhere Strömungskraft eine stärkere Beschleunigung und höhere Auftreffgeschwindigkeit der Ventilplatte bewirkt.

Eine weiterführende Behandlung der Ventilprobleme enthalten die Monographien [3-7, 3-8, 3-9] und viele Einzelpublikationen, z. B. [3-10, 3-11, 3-12].

■ **Beispiel 3.4.1 : Ventilauslegung und Nachrechnung**

Für den Arbeitsraum eines Wasserstoff-Verdichters (R = 4125 Nm/kg/K; κ = 1,4) mit folgenden Daten sollen die Ventile ausgewählt werden:

Hub	s = 254 mm
Kolbendurchmesser	d_k = 216 mm
Drehzahl	n = 508 min^{-1}
Schadraumverhältnis	ε_0 = 0,242
Schubstangenverhältnis	λ = 0,2032
Druck im Saugstutzen	p_S = 2,88 MPa
Druck im Druckstutzen	p_D = 5,88 MPa
Temperatur im Saugstutzen	T_S = 309 K

Ventilauswahl anhand der statischen Druckverlust-Abschätzung

Aus Bild 3-4 können mit den Ein- und Austrittsdrücken Erfahrungswerte für die Verlustdruckverhältnisse der Ventile abgelesen werden:

π_S = 0,025 und π_D = 0,020

Damit ergeben sich folgende mittlere Druckdifferenzen über den Ventilen:

$\Delta p_S = (\pi_S - 1)p_S = 0,072\,\text{MPa}$ und $\Delta p_D = (\pi_D - 1)p_D = 0,118\,\text{MPa}$

3.4 Konstruktion und Berechnung von Baugruppen

Aus der umgestellten Gl. (3.32) $c_\Phi = \sqrt{\dfrac{2\Delta p}{\rho}}$

können die zulässigen Geschwindigkeiten in den Ventilen berechnet werden:

$$c_{\Phi S} = \sqrt{\dfrac{2 \cdot 0,072\,\text{MPa}}{2,259\,\text{kg/m}^3}} = 252,5\,\text{m/s} \qquad c_{\Phi D} = \sqrt{\dfrac{2 \cdot 0,118\,\text{MPa}}{3,762\,\text{kg/m}^3}} = 250,0\,\text{m/s}$$

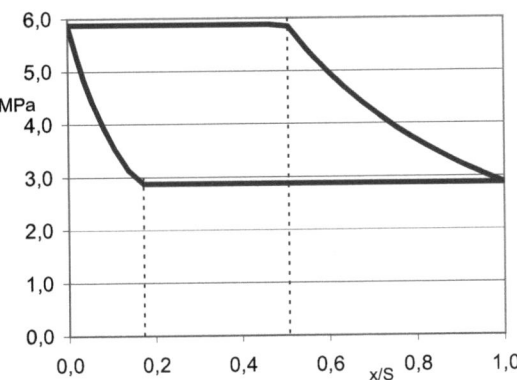

Die erforderlichen äquivalente Düsenflächen ergeben sich über die Kontinuitätsgleichung zwischen der Verdrängung des Kolbens und der Ventildurchströmung (Gl. (3.33)). Zur Auswertung müssen die mittleren Werte der Kolbengeschwindigkeit während der Ventilöffnungsdauer bestimmt werden. Mit den relativen Kolbenwegen beim Öffnen der Ventile $(x/s)_S = 0,17$ und $(x/s)_D = 0,51$ die aus einem idealisierten p,V-Diagramm mit hinreichender Genauigkeit entnommen werden können, sind aus Bild 3-20 a die bezogenen Werte der Kolbengeschwindigkeit im Öffnungsintervall abzulesen und damit die zugehörigen Absolutwerte zu bestimmen:

$$\overline{c}_{kV} = \left(\dfrac{\overline{c}_{kV}}{r \cdot \omega}\right) r \cdot \omega$$

$\overline{c}_{kV,S} = 0,85 \cdot 6,76\,\text{m/s} = 5,74\,\text{m/s} \qquad \overline{c}_{kV,D} = 0,80 \cdot 6,76\,\text{m/s} = 5,40\,\text{m/s}$

Daraus ergeben sich durch Umstellung von Gl. (3.33) die erforderlichen äquivalenten Düsenflächen der Ventile

$$\Phi = \dfrac{A_k}{c_\Phi} \overline{c}_{kV}$$

$$\Phi_S = \dfrac{36643\,\text{mm}^2}{252,5\,\text{m/s}} 5,74\,\text{m/s} = 834\,\text{mm}^2 \qquad \Phi_D = \dfrac{36643\,\text{mm}^2}{250,0\,\text{m/s}} 5,40\,\text{m/s} = 992\,\text{mm}^2$$

Mit einer Ventileffizienz $VE = 0,09$ bei dem vorgesehenen Ventilhub von 1 mm (vgl. Bild 3-20 b) ergeben sich bei kreisförmiger Grundfläche Ventildurchmesser von ca. 90 mm, die in dem Zylinderdeckel unterzubringen sind.

Aus einer vorhandenen Ventilbaureihe werden zwei gleiche Ventile mit folgenden Parametern ausgewählt:

Sitzfläche	$A_{si} = 5170$ mm^2
Spaltlänge	$l_{sp} = 1705$ mm
maximaler Ventilhub	$h_{max} = 1{,}0$ mm (nach Gl. (3.33) $h_{max} \leq 1{,}7$ bzw. $1{,}5$ mm)
Masse der Ventilplatte	$m_V = 50$ g (Material: Peek)
Federkonstante	$c_F = 16{,}8$ N/mm
Vorspannweg	$h_{vor} = 5{,}5$ mm

Dynamische Ventilnachrechnung

Im Folgenden werden informativ die Ergebnisse einer dynamischen Ventilberechnung am Beispiel der Öffnungsphase (Phase AB in Bild 3-21) des Saugventils dargestellt. Grundlage dafür ist die Kräftebilanz an der Ventilplatte (3.35) und die Gl. (1.24) zur Simulation des Arbeitsspieles.

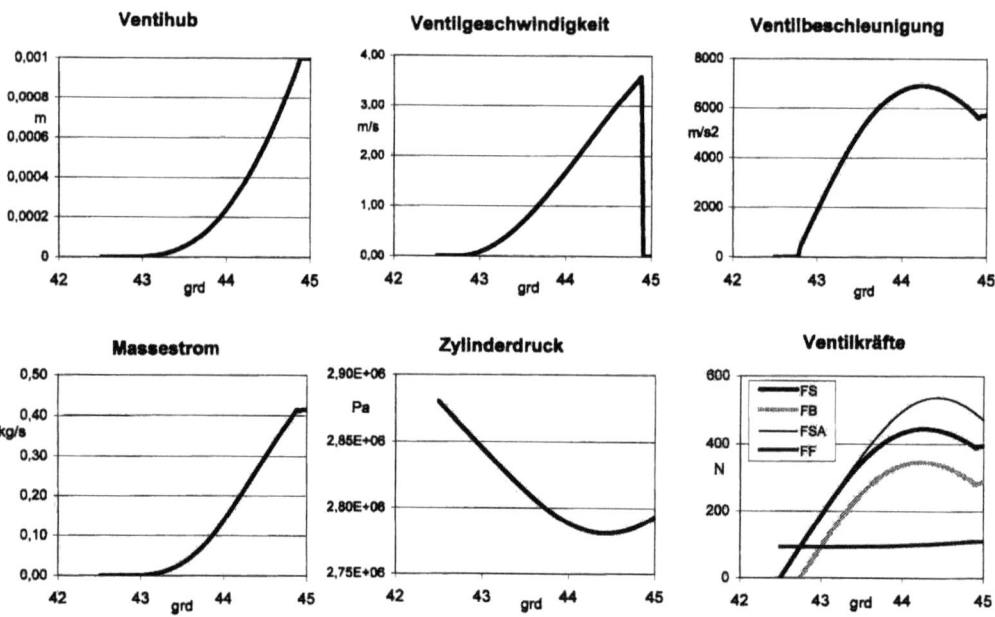

Die Ventilbeschleunigung ergibt sich aus der resultierenden Kraft $F_B = m_V \cdot \ddot{h}$ Ventilgeschwindigkeit und Ventilhub folgen daraus durch Integration über der Zeit. Der Zylinderdruck wird von der Zunahme des Arbeitsraumvolumens und den durch das Saugventil eintretenden Massestrom bestimmt. Im Einzelnen erkennt man folgenden Ablauf:

Die Rückexpansion der Restgasmasse führt dazu, dass beim Kurbelwinkel $\varphi = 42{,}5°$ im Arbeitsraum der Saugdruck erreicht wird. Beim Kurbelwinkel $\varphi = 42{,}7°$ gleicht die mit der Druckdifferenz über dem Ventil wachsende Strömungskraft die Federkraft aus. Der messbare Ventilhub beginnt aber erst nach Abschluss der Haftphase ($\varphi = 43{,}3°$), weil beim Abheben der Ventilplatte sehr hohe Reibungsverluste das Auffüllen des sich öffnenden Spaltes verzögern

("Ventilkleben"). Die wachsende Strömungskraft führt zu einer raschen Beschleunigung der Platte, die beim Maximalhub eine Geschwindigkeit von 3,6 m/s erreicht.

Während des Öffnungsvorgangs erreicht der Arbeitsraumdruck ein Minimum (p_{min} = 2,78 MPa). Zu diesem Zeitpunkt (φ = 44,4°) ist der wachsende Massestrom durch das Ventil der Volumenzunahme des Arbeitsraumes äquivalent.

Bei der dynamischen Ventilberechnung muss beachtet werden, dass die Druckdifferenz über der Ventilplatte infolge der gasdynamischen Vorgänge im Raum zwischen Saugstutzen und Kolben kleiner ist als die Druckdifferenz zwischen diesen Orten [3-11, 3-12]. Das drückt sich bei der Berechnung darin aus, dass sich die Strömungskraft von F_{SA} auf F_S reduziert.

3.4.2 Kolben und Dichtelemente

Die Grundform der Kolben ergibt sich aus der Maschinenkonzeption (vgl. Abschnitt 3.3.2).

Der Kolben wird durch die Druckdifferenz zwischen den angrenzenden deckel- und kurbelseitigen Arbeitsräumen und die aus seiner Beschleunigung resultierenden Massenkräfte belastet.

Bei Tauchkolbenmaschinen hat der Kolben auch die Funktion der **Geradführung** im Triebwerk. Die daraus resultierende **Normalkraft** kann durch die flächige Auflage des Kolbens (bei Auslegung mit Weißmetall $p_{zul} = 0,15...0,35 \text{ MPa}$) oder bei Trockenlauf durch **Führungsringe** auf die Zylinderlaufbahn übertragen werden. In liegenden Kreuzkopfmaschinen entstehen durch das Eigengewicht des Kolbens Normalkräfte. In mittleren und größeren Verdichtern mit Kreuzkopf-Triebwerk ist der Kolben bei stehender Anordnung weitgehend frei von Normalkräften.

Die **Abdichtung des Kolbens** gegenüber der ruhenden Zylinderwand erfolgt in der Regel berührend mit **Kolbenringen**, die ölgeschmiert oder trocken laufend sein können (Bild 3-22). Geschmierte Kolbenringe werden aus einem speziellen Gusseisen hergestellt. Für trocken laufende Kolbenringe werden Fluorpolymere (z. B. PTFE), Polymerblends (Legierungen verschiedener Polymere) und Hochtemperaturpolymere (z. B. PEEK) eingesetzt.

Die notwendige Anzahl z der Dichtringe beeinflusst entscheidend die Kolbenlänge. Bei ölgeschmierten Verdichtern kann in erster Näherung der Erfahrungswert

$$z = 2,5...3\sqrt{\Delta p/\text{MPa}} \tag{3.37}$$

verwendet werden. Normen für Kolbenringe enthält [3-13]. In Spritzöl geschmierten Tauchkolbenmaschinen werden unter den Dichtringen ein bis zwei Ölabstreifringe angeordnet.

Da der Verschleiß von trocken laufenden Kolbenringen zu einer Vergrößerung des Stoßspaltes führt, wurden für diese Stoßformen entwickelt, die möglichst geringe Leckage ergeben. Insbesondere der zweifach überlappte (gasdichte) Stoß und das Twin-Ring-System sind in dieser Beziehung vorteilhaft. Jedoch muss – insbesondere bei sprödem Ringmaterial – darauf geachtet werden, dass der Stoß nicht bruchgefährdet ist.

In Sonderfällen werden berührungsfreie **Labyrinthdichtungen** (vgl. Bild 3-13) ausgeführt.

Für trocken laufende Verdichter ist eine näherungsweise Vorausberechnung des radialen Ringverschleißes Δr über den Ansatz (3.38) möglich.

$$\Delta r = L\,\overline{p}_r\,K \tag{3.38}$$

Dabei ist L der in der betrachteten Zeit zurück gelegte Laufweg des Kolbens.

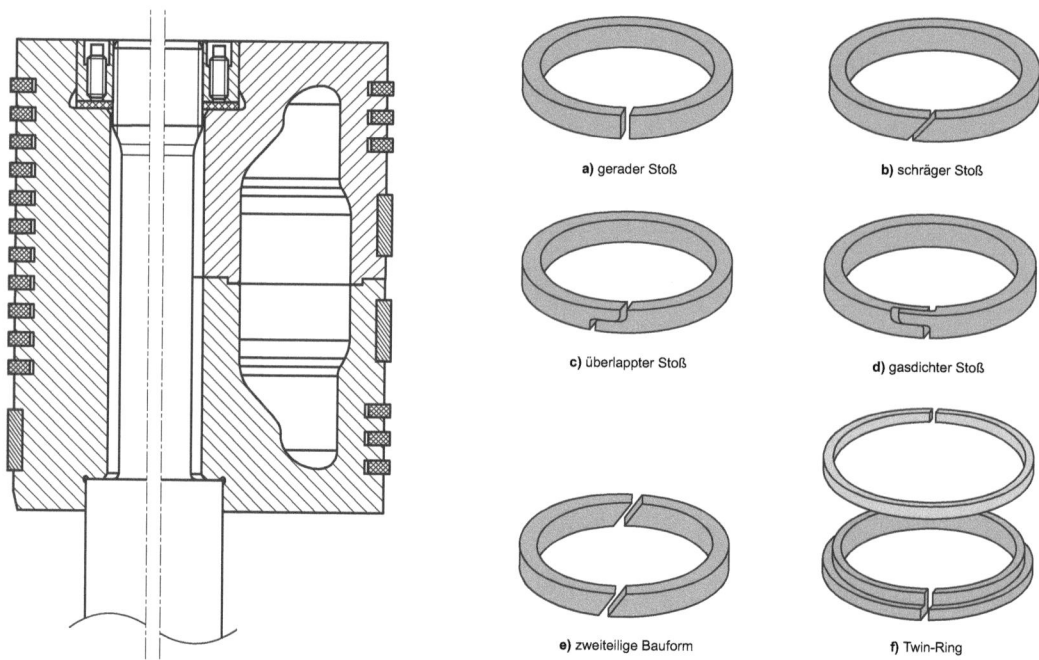

Bild 3-22 Dicht- und Führungselemente an trocken laufenden Kolben. Links: einfach wirkender Kolben; rechts: doppelt wirkender Kolben mit verschiedenen Ausführungsformen von Kolbenringen

Der mittlere radiale Anpressdruck für den am stärksten belasteten ersten Ring (bei doppelt wirkenden Kolben für den ersten und letzten Ring) ergibt sich näherungsweise zu

$$\bar{p}_r \approx (0{,}15...0{,}20)\, \Delta p_{\text{Kolben,max}} \qquad (3.39)$$

Eine genauere Bestimmung erfordert die zeitabhängige Berechnung der Ringkammerdrücke und die Kenntnis der Druckverteilung in der Umfangsfläche des Ringes [3-15].

Der Verschleißfaktor K hängt vom Werkstoff, aber auch von den Einsatzbedingungen des Ringes ab und kann mit so genannten Tribometern bestimmt werden. Das sind Vorrichtungen, die den Verschleißvorgang unter definierten – mehr oder weniger verdichterähnlichen – Bedingungen nachbilden. Für Ringwerkstoffe auf PTFE (Teflon)-Basis hat sich ein Ansatz (3.40) nach Kriegel [3-16] bewährt.

$$K = K_0 \cdot K_T \cdot K_c \cdot K_R \cdot K_\varphi \qquad (3.40)$$

Dabei ist K_0 ein für den Werkstoff bei Bezugsbedingungen charakteristischer Wert. Für die von den Betriebsbedingungen abhängigen Faktoren K_f mit $f = T, c, R, \varphi$ kann der Ansatz

$$K_f = 1 + a_f \cdot (f - f_0) \qquad (3.41)$$

Verwendet werden. Für eine PTFE-Komposition ergaben sich aus den Messungen [3-16] die in Tabelle 3.3 zusammengefassten Werte.

3.4 Konstruktion und Berechnung von Baugruppen

Tabelle 3.3 Zum Abschätzung des Verschleißfaktors einer PTFE-Komposition

K_0	Werkstoffkennwert beim Bezugszustand		$\dfrac{0,5 \text{ mm}}{10^3 \text{ km MPa}}$	
f	Einflussgröße	Bezugswert f_0	a_f für $f < f_0$	a_f für $f > f_0$
T_G	Temperatur der Gleitbahn	373 K	0,008 / K	0,014 / K
c_m	Mittl. Kolbengeschwindigkeit	3,2 m/s	0,23 / (m/s)	
R_z	Rauhigkeit der Gleitbahn	1 µm	0,2 / µm	0,4 / µm
T_φ	Taupunkt-Temp. Förderstoffs	243 K	0,02 / K	0

Zur Verringerung des Ringverschleißes sind bei trocken laufenden Verdichtern niedrige Gleitbahntemperaturen durch relativ kleine Druckverhältnisse und niedrige Kolbengeschwindigkeiten anzustreben. Die Gleitbahn sollte eine sehr geringe Rauhigkeit aufweisen, der Förderstoff nicht zu trocken sein.

Neben dem Werkstoff des Ringes spielen für den Verschleiß auch chemische Reaktionen des Förderstoffs mit dem Ringmaterial eine Rolle [3-17].

Eine Vergrößerung der Ringzahl mindert den Verschleiß des ersten Ringes nicht wesentlich, senkt aber die verschleißbedingte Zunahme der Undichtheit.

In doppelt wirkenden Kreuzkopfmaschinen ist die Durchführung der Kolbenstange am Zylinderboden – bei durchgängiger Kolbenstange auch am Zylinderdeckel – abzudichten. Die dazu im Zylinderboden oder -deckel angeordneten **Kolbenstangen-Packungen** bestehen aus einzelnen Kammern mit geteilten Dichtelementen (Bild 3-23), die bei Trockenlauf im Mitteldruckbereich gekühlt werden müssen. Das Packungsprinzip wird bei Höchstdruck-Verdichtern auch zur Kolbenabdichtung verwendet. Den Stand der Technik bei trocken laufenden Kolbenstangenpackungen spiegelt [3-14] wieder.

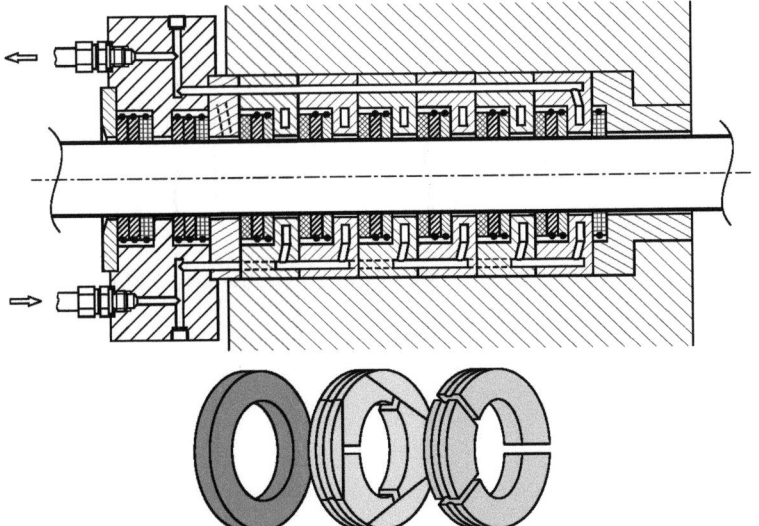

Bild 3-23 Trocken laufendes Kolbenstangen-Dichtsystem (Packung) mit gekühlten Kammerringen. In den Kammern jeweils einteiliger Stützring und ein 3-/6-teiliges Dichtringpaar

Die konstruktive Gestaltung des Kolbens muss auch die Forderungen des Massenausgleichs beachten. Zur Angleichung der oszillierenden Massen verschiedener Stufen (→ „homogene Maschine") werden die großen Niederdruck-Kolben oft nach Leichtbauprinzipien gestaltet, und die kleineren Hochdruck-Kolben massiv ausgeführt.

Bild 3-24 zeigt als Beispiel einen Niederdruck-Kolben in Schweißkonstruktion [3-18].

Zur Kontrolle der Dauerfestigkeit wurde seine Deformations- und Beanspruchungsverteilung unter Druck- und Beschleunigungsbelastung mit FEM berechnet. Beide Belastungen sind stark vom Kurbelwinkel abhängig. Im vorliegenden Fall liegen die Extremwerte der resultierenden Belastung ca. 45° vor den Totlagen. Man erkennt eine parallele Durchbiegung beider Platten. Die Spannungsmaxima liegen im Übergangsbereich zwischen der steifen inneren Struktur und den weicheren Platten. Auch bei genauer Beanspruchungsanalyse sollte der Sicherheitsfaktor der maximalen Ausschlagspannung gegenüber der zulässigen mindestens 1,5 betragen.

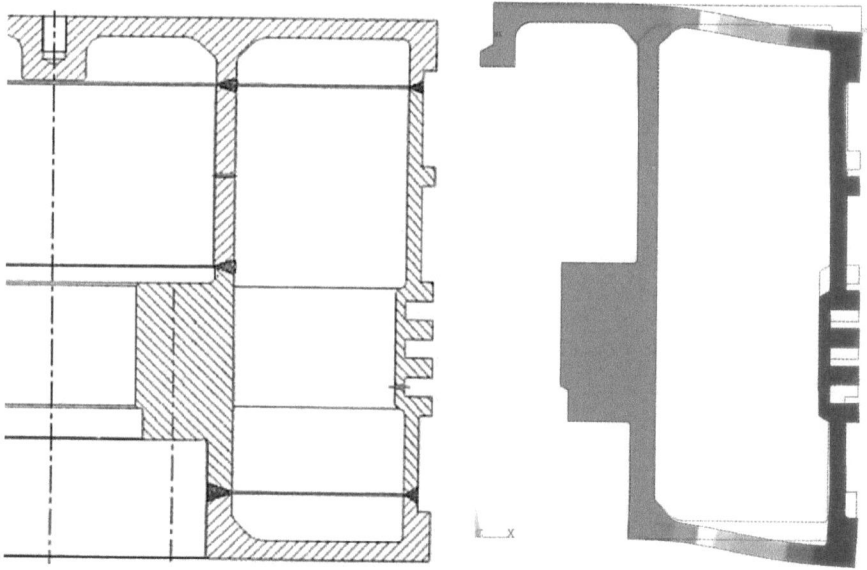

Bild 3-24 Niederdruckkolben in Schweißkonstruktion mit Ergebnissen einer FEM-Analyse [3-18] (Deformation überhöht, Vergleichspannung als Grauwert)

■ **Beispiel 3.4.2: Verschleiß-Abschätzung für trocken laufende Dicht- und Führungsringe**

Ein einzylindriger Luftverdichter hat folgende Parameter:

Hub	$s = 50$ mm
Kolbendurchmesser	$d_k = 88$ mm
Drehzahl	$n = 1000$ min^{-1}
Schadraumverhältnis	$\varepsilon_0 = 0{,}03$
Schubstangenverhältnis	$\lambda = 0{,}29$
Druck im Saugstutzen	$p_S = 0{,}1$ MPa
Druck im Druckstutzen	$p_D = 0{,}7$ MPa
Temperatur im Saugstutzen	$T_S = 300$ K

3.4 Konstruktion und Berechnung von Baugruppen

Der Kolben trägt zwei Dichtringe und einen Führungsring aus einer Teflonkomposition. Gesucht ist deren radialer Verschleiß nach einer Laufzeit von 2500 Stunden. Der radiale Verschleiß wächst nach Gl. (3.38) linear mit dem Laufweg und dem mittleren Anpressdruck.

Laufweg und Verschleißfaktor

Die mittlere Kolbengeschwindigkeit beträgt nach Gl. (1.6)

$$c_m = 2 \cdot 0{,}05 \cdot 1000 / 60 \, \text{m/s} = 1{,}67 \, \text{m/s}$$

Daraus folgt ein Laufweg von

$$L = c_m \cdot \tau = 1{,}67 \text{ m/s} \cdot 2500 \, \text{h} \cdot 3600 \, \text{s/h} \approx 15000 \, \text{km}$$

Nach Tabelle 3.3 ergeben sich die Einflussfaktoren für Gleitbahn-Temperatur und Kolbengeschwindigkeit zu

$$K_T = 1 + (413 - 373) \cdot 0{,}014 = 1{,}55$$

für

$$T_G \approx \frac{T_1 + T_2}{2} \approx \frac{T_S / \lambda_T \cdot (1 + (p_D/p_S)^{n_c-1/n_c})}{2} = \frac{300 \, K / 0{,}9 \cdot (1 + 7^{0{,}25/1{,}25})}{2} = 413 \, K$$

und

$$K_c = 1 + (1{,}67 - 3{,}2) \cdot 0{,}23 = 0{,}65$$

Man erkennt, dass sich das hohe Druckverhältnis negativ und die kleine Kolbengeschwindigkeit positiv auf den Verschleiß auswirken. Für hinreichend kleine Rauhigkeit und ausreichend Feuchtigkeit kann man annehmen:

$$K_R = K_\varphi = 1$$

Insgesamt ergibt sich damit ein Verschleißfaktor, der sich nur unwesentlich von dem Bezugswert unterscheidet:

$$K = \frac{0{,}5 \, \text{mm}}{10^3 \, \text{km MPa}} 1{,}55 \cdot 0{,}65 \cdot 1 \cdot 1 = \frac{0{,}503 \, \text{mm}}{10^3 \, \text{km MPa}}$$

Belastung und Verschleiß des ersten Dichtrings

Als Grundlage zur Abschätzung der mittleren Anpressdrücke von Dichtringen und Führungsring benötigt man den Druckverlauf im Arbeitsraum als Funktion des Kolbenwegs (→ p,V-Diagramm). Dieser kann näherungsweise für verlustfreie isentrope Verdichtung berechnet werden (vgl. Tabelle und Bild).

Aus der Mittelung des Druckes im Arbeitsraum über dem Kolbenweg (für Hin- und Rückgang des Kolbens) erhält man zunächst einen mittleren Druck auf der Kolbenoberseite.

$$\overline{p}_o = \frac{\int_x |p \, dx|}{2s} = 0{,}332 \, \text{MPa}$$

In erster Näherung können Speichereffekte in den Räumen zwischen den Kolbenringen vernachlässigt und für die Drosselentspannung gleiche Druckverhältnisse über beiden Dichtringen angenommen werden.

φ/grd	x/mm	p/MPa	F/N	FN/N	φ/grd	x/mm	p/MPa	F/N	FN/N
0	0,00	0,700	3649	0	185	49,93	0,100	1	0
5	0,12	0,627	3206	81	190	49,73	0,101	4	0
10	0,49	0,472	2259	114	195	49,39	0,102	10	1
15	1,09	0,325	1368	103	200	48,92	0,103	18	2
20	1,93	0,220	728	73	205	48,31	0,105	29	4
25	2,99	0,151	309	38	210	47,56	0,107	43	6
30	4,26	0,106	39	6	215	46,68	0,110	59	10
35	5,72	0,100	0	0	220	45,66	0,113	80	15
40	7,36	0,100	0	0	225	44,51	0,117	104	22
45	9,15	0,100	0	0	230	43,23	0,122	133	30
50	11,08	0,100	0	0	235	41,81	0,127	167	41
55	13,13	0,100	0	0	240	40,27	0,134	207	54
60	15,26	0,100	0	0	245	38,60	0,142	255	70
65	17,46	0,100	0	0	250	36,82	0,151	312	88
70	19,71	0,100	0	0	255	34,92	0,162	379	111
75	21,98	0,100	0	0	260	32,93	0,176	460	137
80	24,25	0,100	0	0	265	30,86	0,192	558	168
85	26,50	0,100	0	0	270	28,71	0,211	675	205
90	28,70	0,100	0	0	275	26,50	0,235	819	247
95	30,85	0,100	0	0	280	24,25	0,264	997	297
100	32,93	0,100	0	0	285	21,98	0,300	1218	355
105	34,92	0,100	0	0	290	19,72	0,346	1497	424
110	36,81	0,100	0	0	295	17,47	0,405	1854	505
115	38,60	0,100	0	0	300	15,27	0,481	2318	602
120	40,26	0,100	0	0	305	13,13	0,582	2933	717
125	41,81	0,100	0	0	310	11,09	0,700	3649	832
130	43,22	0,100	0	0	315	9,16	0,700	3649	765
135	44,51	0,100	0	0	320	7,36	0,700	3649	693
140	45,66	0,100	0	0	325	5,73	0,700	3649	616
145	46,68	0,100	0	0	330	4,26	0,700	3649	535
150	47,56	0,100	0	0	335	2,99	0,700	3649	451
155	48,31	0,100	0	0	340	1,93	0,700	3649	364
160	48,92	0,100	0	0	345	1,10	0,700	3649	275
165	49,39	0,100	0	0	350	0,49	0,700	3649	184
170	49,73	0,100	0	0	355	0,12	0,700	3649	92
175	49,93	0,100	0	0	360	0,00	0,700	3649	0
180	50,00	0,100	0	0					

3.4 Konstruktion und Berechnung von Baugruppen

Der mittlere Druck zwischen den beiden Dichtringen ergibt sich mit dem konstanten Wert des Druckes auf der Kolbenunterseite von $p_u = 0,1\,\text{MPa}$ (= Atmosphärendruck) dann zu

$$\overline{p}_z = \sqrt{\overline{p}_o \cdot \overline{p}_u} = 0,182\,\text{MPa}$$

Damit beträgt die mittlere Druckdifferenz über dem ersten Ring

$$\Delta p_1 = \overline{p}_o - \overline{p}_z = (0,332 - 0,182)\,\text{MPa} = 0,150\,\text{MPa}$$

Unter der Annahme linearen Druckabfalls in der Berührungsfläche des Ringes wird dessen mittlerer Anpressdruck

$$p_r = \frac{\Delta p_1}{2} = 0,075\,\text{MPa}$$

(Aus der Näherungsbeziehung (3.40) erhält man $\overline{p}_r = 0,15 * 0,605\,\text{MPa} = 0,091\,\text{MPa}$. Der Unterschied zwischen beiden Werten kann in Anbetracht der vereinfachenden Annahmen beider Wege und der Unsicherheit des Verschleißfaktors akzeptiert werden.)

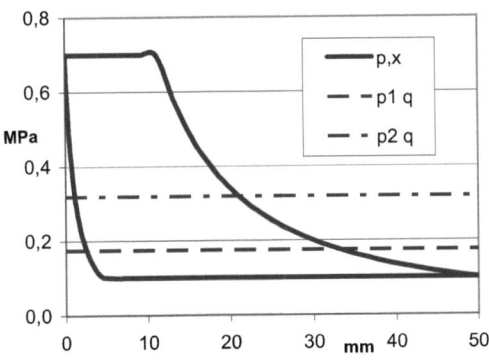
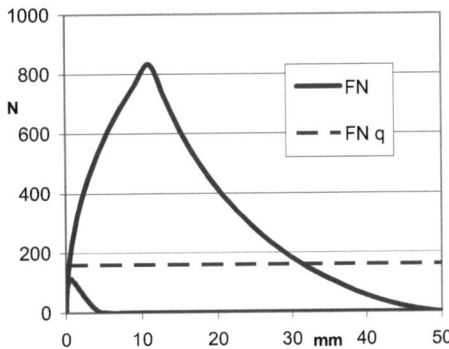

Der rechnerische radiale Verschleiß des ersten Dichtrings folgt daraus zu

$$\Delta r = 15000\,\text{km} \cdot 0,075\,\text{MPa} \cdot \frac{0,503\,\text{mm}}{10^3\,\text{km MPa}} = 0,56\,\text{mm}$$

Belastung und Verschleiß des Führungsringes

Für den nicht vom Gasdruck, sondern von der Normalkraft auf den Kolben (Tauchkolbenbauart) belasteten Führungsring kann der über dem Kolbenweg gemittelte Anpressdruck aus der gemittelten Normalkraft und der tragenden Fläche des Ringes, der eine Höhe von $h_f = 36\,\text{mm}$ hat, berechnet werden:

$$\overline{p}_r = \frac{\overline{F}_N}{A_f} = \frac{\oint_x |F_N dx|}{2 s A_f} = \frac{\oint_x (p-p_b)\frac{\pi}{4}d_k^2 |\tan\beta \cdot dx|}{2 s d_k h_f} = \frac{16049\,\text{N mm}}{2 \cdot 50 \cdot 88 \cdot 36\,\text{mm}^3} = 0,051\,\text{MPa}$$

Der radiale Verschleiß des Führungsringes ergibt sich damit zu

$$\Delta r = 15000\,\text{km} * 0,051\,\text{MPa} \cdot \frac{0,5\,\text{mm}}{10^3\,\text{km MPa}} = 0,38\,\text{mm}$$

Einschätzung der Ergebnisse

Bei einer Ringbreite von 4 mm für Dicht- und Führungsringe sind die berechneten Verschleißwerte noch zulässig.

Wenn das radiale Spiel zwischen Zylinder und Kolben $\Delta s_r = 0,2$ mm beträgt und das Stoßspiel im verschleißfreien Zustand des Ringes zu vernachlässigen war, so liegt nach der betrachteten Laufzeit eine Leckfläche im Stoßspalt von

$$A_{sp} = \Delta s_r \cdot 2 \cdot \pi \cdot \Delta r = 0,2 \cdot 2 \cdot \pi \cdot 0,54 \text{ mm}^2 = 0,68 \text{ mm}^2 \text{ vor.}$$

Zur Abschätzung der Größenordnung des Leckstroms durch den Stoßspalt setzen wir stark vereinfachend voraus, dass am Austritt der Saugzustand vorliegt und sich Schallgeschwindigkeit einstellt, so dass näherungsweise gilt:

$$\dot{m}_{sp} \approx A_{sp} \cdot a \cdot \rho_S = 0,68 \cdot 10^{-6} \text{ m}^2 \cdot 347 \text{ m/s} \cdot 1,16 \text{ kg/m}^3 = 0,234 \cdot 10^{-3} \text{ kg/s}$$

Der geförderte Massestrom des Verdichters kann nach Gl. (3.7) mit einem geschätzten Ausnutzungsgrad berechnet werden:

$$\dot{m} = V_h \cdot n \cdot \rho_S \cdot \lambda_h = 0,304 \cdot 10^{-3} \text{ m}^3 \cdot \frac{1000 \text{ min}^{-1}}{60 \, s \cdot \text{min}^{-1}} \cdot 1,16 \text{ kg/m}^3 \cdot 0,7 = 4,11 \cdot 10^{-3} \text{ kg/s}$$

Der Leckstrom durch den Kolbenringstoß liegt also in der Größenordnung von 6 % des Förderstroms.

3.4.3 Kühler, Abscheider und Trockner

Für die in Kolbenverdichteranlagen eingesetzten Wärmeübertrager sind neben den allgemeinen thermodynamischen, strömungstechnischen und konstruktiven Grundlagen (siehe dazu z. B. [3-19], [3-20]) auch folgende Gesichtspunkte zu beachten:

- Hohe Temperaturen, mögliche Flüssigkeitsanteile und chemische Reaktionsfähigkeit des Förderstoffs beschleunigen Korrosion und Erosion.
- Durch Überhitzung der Rohr-Enden und hohe Geschwindigkeiten infolge Verschmutzung kann auf der Kühlwasserseite Kavitation auftreten.
- Die pulsierende Gasströmung induziert mechanische Schwingungen und beeinflusst den Wärmeübergang.
- Im Kühler kann es zur Abscheidung von Kondensat und Öl aus dem Förderstoff kommen.

Die Werkstoffwahl der Kühler wird bei Prozessgasverdichtern durch die Zusammensetzung des Förderstoffs, bei Luftverdichtern durch die Kühlwasserqualität bestimmt. Es kommen Chromstähle, Cu-Ni-Fe-Legierungen, aber auch Kunststoffe zum Einsatz.

Die Kühlerkonstruktion soll möglichst große Wärmeübertragungsflächen, variable Stutzenanordnung und gute Wartungsmöglichkeit gewährleisten.

Folgende Bauarten der Wärmeübertrager werden in Kolbenverdichter-Anlagen bevorzugt eingesetzt:

Luftgekühlte Rohrregisterkühler werden vor allem im Niederdruckbereich verwendet. Sie haben bei starker Verrippung bzw. Profilierung der Rohre eine gedrängte Bauweise.

3.4 Konstruktion und Berechnung von Baugruppen

Die wichtigste Bauart für den Nieder- und Mitteldruckbereich sind **Rohrbündel-Wärmeübertrager** (Bild 3-25). Sie bestehen im Wesentlichen aus dem zylindrischen Mantelrohr (1), das mit zwei Hauben (8) abgeschlossen wird und dem Rohrbündel (3), das in der Regel von zwei ebenen Böden (2) begrenzt wird. Wenn durch die unterschiedliche Wärmedehnung des beidseitig eingespannten Rohrbündels und des Mantelrohrs eine unzulässige Knickbelastung entsteht, sind besondere konstruktive Maßnahmen erforderlich (z. B. Dehnungsausgleicher im Mantelrohr, axial verschiebbarer Boden (Schwimmender Kopf 12) oder Haarnadelrohre mit nur einem Boden). Meist wird das Kühlwasser in den Rohren und der Gasstrom – von Schikaneblechen (4) zum Kreuzgegenstrom gezwungen – um die Rohre geführt.

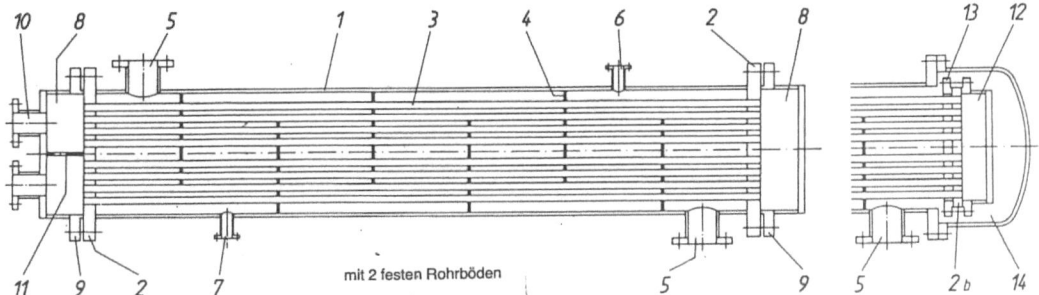

Bild 3-25 Rohrbündel-Wärmeübertrager, schematisch

Im Hochdruckbereich werden **Doppelrohrkühler** mit innerer Gasführung bevorzugt. Eine technologisch einfache Bauform ist der **Schlangenrohrkühler**, bei dem das Gas in einer Rohrschlange (evtl. auch parallel für mehrere Stufen) durch das wenig bewegte Kühlwasser geführt wird. Die Bauform ist für kleine Volumenströme und hohe Drücke im Einsatz. Nachteilig sind der schlechte Wärmeübergang auf der Wasserseite und die schwierige Innenreinigung der Rohre.

Für den im Kühler abzuführenden Wärmestrom stellt die Innenleistung eine obere Grenze dar, der man sich umso mehr annähert, je schlechter die Zylinderkühlung ist. Die benötigte Wärmeübertragungsfläche kann dann überschlägig mit einem Erfahrungswert für die Wärmedurchgangszahl (Bild 3-26) über Gl. (3.42) bestimmt werden.

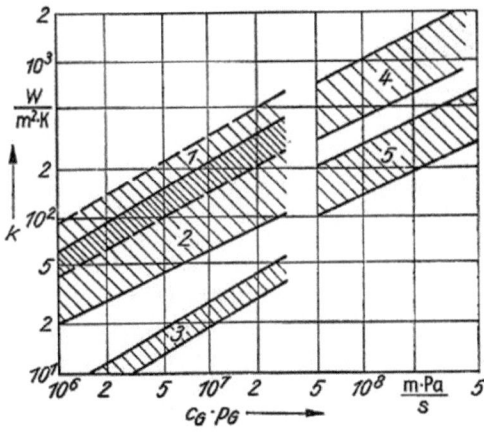

Bild 3-26 Erfahrungswerte für die Wärmedurchgangszahl für verschiedene Bauarten von Verdichter-Kühlern nach [3-8]
1 Rohrbündelkühler (Gegenstrom)
2 Rohrbündelkühler (Kreuzstrom)
3 Rohrregisterkühler (luftgekühlt)
4 Doppelrohrkühler (Gegenstrom)
5 Schlangenrohrkühler

Dem Diagramm liegt die Annahme zu Grunde, dass der Wärmedurchgang vor allem von dem Wärmeübergang auf der Gasseite abhängt, der für eine Kühlerbauart näherungsweise als Funktion des Produktes von Druck und Geschwindigkeit darstellbar ist.

Die notwendige Kühlerfläche ist der Wärmekapazität des Gasstromes proportional (3.42). Sie hängt nicht unmittelbar vom Druckverhältnis der Stufe, aber stark von der Differenz der Gasaustrittstemperatur gegenüber der Kühlwassereintrittstemperatur ab (Grädigkeit des Kühlers $\sim (1-\tau)$).

$$A_j = \frac{P_{i,j}}{k \, \Delta t_m} = \frac{\dot{m}_G \, c_{pG}}{1-\mu} \ln\left[\frac{1-\tau \mu}{1-\tau}\right] \qquad (3.42)$$

mit $\quad \mu = \dfrac{\dot{m}_G c_{pG}}{\dot{m}_W c_{pW}} \quad$ und $\quad \tau = \dfrac{T_{D,j} - T_{S,j+1}}{T_{D,j} - T_{We}}$

Die benötigte Wärmeübertragungsfläche kann in einem Rohrbündel-Wärmeübertrager durch Variation der Rohrzahl- und –abmessungen eingestellt werden. Über die Anordnung der Rohre im Boden (Rohrspiegel) ergibt sich der Durchmesser des Mantelrohres. Falls das Gas in den Rohren geführt wird, können bei entsprechender Unterteilung der Hauben auch mehrere Teile des Rohrbündels hintereinander geschaltet werden.

Nach der Dimensionierung des Kühlers ist eine detaillierte Nachrechnung des Wärmedurchgangs und der Strömungsverluste vorzunehmen. Die Festigkeitsberechnung eines Rohrbündel-Wärmeübertragers umfasst mindestens die Beanspruchung des Mantels, der Hauben und Rohre durch inneren Überdruck, sowie die Biegebeanspruchung der Rohrböden. Wenn das Rohrbündel beidseitig eingespannt ist, muss auch die Knicksicherheit der Rohre nachgewiesen werden. Ferner muss geprüft werden, ob die mechanische Eigenfrequenz der Rohre hinreichend über der höchsten Wirbelablösefrequenz der Gasströmung quer zu den Rohren liegt [3-21, 3-22].

Um die Betriebsicherheit der Anlage zu gewährleisten, benötigt jedes Zwischenstufensystem einen **Tropfenabscheider**. Dieser wird nach dem Kühler angeordnet. Es können aber auch Abscheider-Elemente in den Kühler integriert werden.

Der nach einer Verdichterstufe j abzuscheidende Feuchtigkeitsstrom ergibt sich aus dem Gasmassestrom des Verdichters und der Differenz der maximalen absoluten Feuchte am Eintritt der aufeinander folgenden Stufen (Gl. (3.2)):

$$\dot{m}_{f,j} = \dot{m}_G \left(x_{f,j} - x_{f,j+1}\right) \qquad (3.43)$$

Die Ölkonzentration nach einer geschmierten Kolbenverdichter-Stufe liegt in der Größenordnung von 10 mg Öl/ kg Gas. Der Durchmesser der Öltropfen liegt im Bereich von 0,1 bis 10 µm mit einem Häufigkeitsmaximum bei ca. 1 µm. Da die Tropfen auch durch das strömungsbedingte Abreisen des Wandölfilms im Zwischenstufensystem entstehen, sind genauere allgemeingültige Aussagen kaum möglich. Die experimentelle Größenbestimmung der durch Kondensation entstehenden Wassertropfen ist schwierig.

Die Tropfenabscheidung kann nach dem Trägheits- oder dem Diffusionsprinzip erfolgen. Ein typisches Beispiel für einen **Tropfenabscheider**, der nach dem **Trägheitsprinzip** arbeitet, ist der **Zyklon** (Bild 3-27 a). In dem Gehäuse des Zyklons wird durch einen tangentialen Eintrittsstutzen oder ein axial angeordnetes Schaufelgitter eine Drallströmung des Gasstroms erzeugt, der auch eine abwärtsgerichtete Geschwindigkeitskomponente hat und von unten durch das zentrale Tauchrohr austritt.

3.4 Konstruktion und Berechnung von Baugruppen

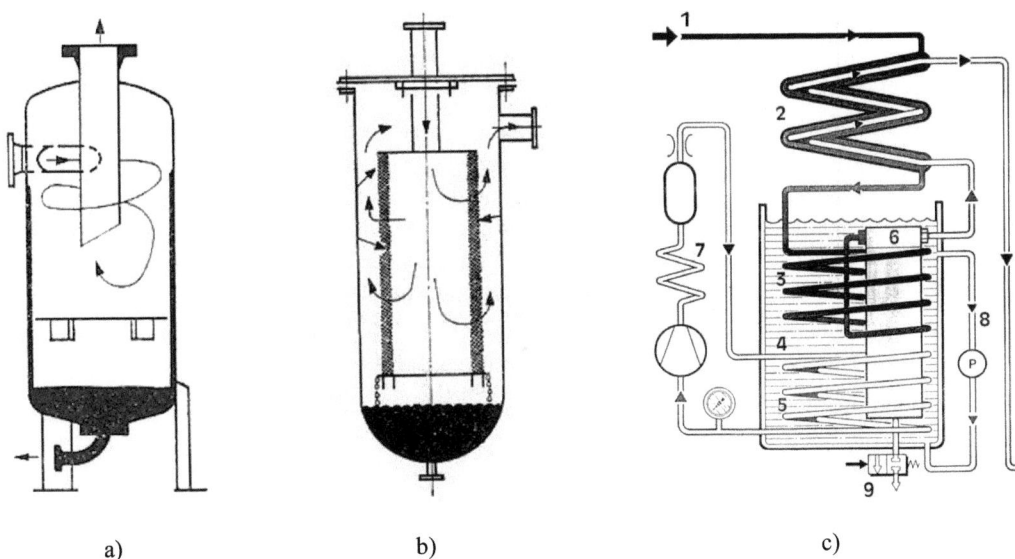

a)　　　　　　　　　　b)　　　　　　　　　　c)

Bild 3-27 Apparate zur Reinigung des Förderstoffs: a) Grobabscheider als Zyklon; b) Feinabscheider als Faserfilter; c) Kältetrockner

Die radialen Trägheitswirkungen sind für die Tropfen aufgrund ihrer höheren Dichte wesentlich stärker, so dass eine nach außen gerichtete Differenzgeschwindigkeit entsteht. Der radialen Relativbewegung wirkt eine Reibungskraft entgegen, die bezogen auf die Tropfenmasse umso größer wird, je kleiner der Tropfendurchmesser ist. Die nach außengerichtete Trägheitskraft auf die Tropfen ist umso größer, je kleiner der Bahnradius ist. Die Tropfengröße, bei der auf dem Radius des Tauchrohres ein Gleichgewicht zwischen Trägheitskraft und Reibungskraft vorliegt, wird als Grenztropfendurchmesser bezeichnet. Tropfen mit größerem Durchmesser werden am Umfang des Zyklons abgeschieden, von wo aus sie als Filmströmung zum Flüssigkeitsaustritt am Boden des Zyklons gelangen (Drainage). Pulsationen im Zwischenstufensystem beeinflussen die Tropfenabscheidung [3-23].

Eine Abscheidung nach dem **Diffusionsprinzip** wird in **Faserfiltern** (Bild 3-27 b) realisiert. Der Gasstrom tritt zentral und achsparallel in das zylindrische Faserpaket ein, das er radial nach außen durchströmt. Charakteristisch für das Faserpaket sind vor allem der Durchmesser und die Packungsdichte der Fasern, die meist in Form fliesartiger Lagen in einem Metallgitter eingebracht werden. Zum Zwecke der Drainage wird außen am Gitter ein Schaumgummi-Mantel angeordnet. Infolge der molekularen Schwankungsbewegung (Diffusion) wird ein höherer Tropfenanteil abgeschieden, als dem Verhältnis der durch die Fasern gesperrten Fläche zur Gesamtfläche des Filtereinsatzes entspricht. Die Diffusionswirkung ist umso stärker, je größer die Verweildauer der Tropfen im Faserpaket ist.

Zur quantitativen Bewertung der Abscheideleistung wird der **Abscheidegrad** ε verwendet, der den abgeschiedenen mit dem eintretenden Flüssigkeitsmassestrom vergleicht.

$$\varepsilon = \frac{\dot{m}_{ab}}{\dot{m}_{ein}} \qquad (3.44)$$

Zur Bewertung der integralen Wirkung des Abscheiders in einem konkreten Anwendungsfall dient sein **Gesamtabscheidegrad**, der sich auf das gesamte Tropfenspektrum bezieht und von diesem abhängig ist. Dagegen bezieht sich der **Fraktionsabscheidegrad** auf die Abscheidung von Tropfen in einem bestimmten Durchmesserintervall (Fraktion). Er steigt mit zunehmendem Tropfendurchmesser und beträgt beim Grenztropfendurchmesser definitionsgemäß 50 %.

Der Abscheidegrad von Zyklonen und anderen Trägheitsabscheidern (z. B. Drahtgestricken oder Umlenkgittern) wächst mit dem Gasvolumenstrom degressiv, der Gesamtdruckverlust steigt dagegen progressiv. Der Abscheidegrad und der Gesamtdruckverlust eines Faserfilters werden mit abnehmenden Volumenstrom günstiger. Die Grenztropfendurchmesser von Faserfiltern liegen deutlich unter denen von Trägheitsabscheidern. Erstere werden daher bevorzugt zur Feinabscheidung, letztere zur Grobabscheidung eingesetzt.

Die Auswahl bzw. Auslegung eines Abscheiders ist ein Optimierungsproblem zwischen notwendigem Abscheidegrad, akzeptablem Gesamtdruckverlust und erforderlichem Bauaufwand.

Für Verdichteranlagen mit hohen Anforderungen an die Gasreinheit (z. B. spezielle Druckluftanlagen, Anlagen zur Zerlegung und Verflüssigung von Gasen) werden nach der letzten Stufe effektive Gasreinigungssysteme installiert, die nicht nur eine weitgehende Abscheidung aller Tropfen, sondern auch die Reduzierung des dampfförmigen Wasser- und Ölanteils realisieren.

Zur Reduzierung des Wasserdampfgehaltes dienen Trockner. In **Kältetrocknern** (Bild 3-27 c) wird das Gas in einer Rohrleitung durch ein Solebad (4) geleitet, das von einem Kühlaggregat (7) gekühlt wird. Dabei sinkt die Aufnahmefähigkeit des Gases für Feuchtigkeit, so dass ein Anteil der mitgeführten Feuchtigkeit in Tropfenform ausfällt und in dem integrierten Zyklon (6) abgeschieden werden kann. Das aus dem Trockner austretende Gas kühlt das eintretende im Gegenstrom (2) vor. Die Temperatur der Sole bestimmt zusammen mit dem Druckniveau des Gases den verbleibenden Restanteil des Wasserdampfes.

In **Adsorptionstrocknern** wird das zu trocknende Gas durch Säulen geleitet, die mit porösen Materialien gefüllt sind und an deren großer Oberfläche sich die Wassermoleküle anlagern. Wenn die Adsorper gesättigt sind, werden sie im Gegentakt mit einem Teilstrom des getrockneten Gases regeneriert.

3.4.4 Pulsationskontrolle im Zwischenstufensystem

Die periodische Arbeitsweise der Kolbenverdichter hat eine Anregung der schwingungsfähigen Gassäule in den Zwischenstufensystemen zur Folge. Die Druckamplituden können – insbesondere bei Erregerfrequenzen in Nähe der Systemeigenfrequenzen – so groß werden, dass die Festigkeit der Anlage gefährdet ist.

In [3-4] sind Maximalwerte der zulässigen Druckschwankungen (peak-to-peak-Werte) und der mechanischen Schwingungen (Schwingweg, -geschwindigkeit und -beschleunigung) für Verdichter in Anlagen der Erdöl verarbeitenden Industrie festgelegt.

Bereits im Projektstadium müssen die zu erwartenden Gaspulsationen und die damit verbundenen mechanischen Beanspruchungen der Zwischenstufensysteme abgeschätzt (**Pulsationsstudie**) und gegebenenfalls Veränderungen vorgesehen werden, die die Erregung verringern, die Eigenfrequenz verschieben und die Dämpfung erhöhen (**primäre Dämpfungsmaßnahmen**).

Werden bei Inbetriebnahme einer Verdichteranlage unzulässige Schwingungen festgestellt, so müssen diese durch nachträgliche Änderungen (**sekundäre Dämpfungsmaßnahmen**) beseitigt werden. Zur Verstimmung des Systems können dann noch Blenden (Dämpfungsplatten) in die Rohrleitungen, z. B. an den Stutzen der Zylinder, eingebracht werden. Ebenso können

3.4 Konstruktion und Berechnung von Baugruppen

vergrößerte oder zusätzliche Behälter installiert werden, die relativ unabhängig von den Erregerfrequenzen die Pulsationen dämpfen. Mit Resonatoren können gezielt Schwingungen bestimmter Frequenzen gedämpft werden. Nachteile dieser Maßnahmen sind höhere Druckverluste mit der Folge verminderter Förder- oder erhöhter Antriebsleistung des Verdichters bzw. erhöhter Platz- und Finanzbedarf. Die mechanische Beanspruchung der Rohrleitungen kann evtl. durch eine veränderte Halterung gesenkt werden.

Pulsationsstudien werden in der Regel von Spezialisten mit bewährter Software zur gasdynamischen (akustischen) und strukturmechanischen Modellierung von Verdichteranlagen ausgeführt. Die Anforderungen an die gasdynamische Modellierung sind sehr hoch, da es zwischen den Vorgängen in den Arbeitsräumen, die die Schwingungserregung bestimmen, und der Reaktion des schwingungsfähigen Zwischenstufensystems eine oft nicht zu vernachlässigende Rückwirkung gibt [3-24]. Der Vorteil einer realitätsnahen und komplexen Modellierung des Schwingungsverhaltens aller Teilsysteme einer Verdichteranlage besteht darin, dass mit ihrer Hilfe die kostenintensiven sekundären Maßnahmen zur Schwingungsdämpfung minimiert werden können [3-25].

Allerdings ist es oft nicht möglich, alle später auftretenden Betriebsregime zu erfassen und evtl. Wechselwirkungen zwischen verschiedenen Verdichteranlagen zu berücksichtigen.

Untersuchungen zur weiteren Verbesserung des Schwingungszustandes der Anlage mit Höchstdruckverdichter nach Bild 3-14 werden in [3-26] vorgestellt.

Eine anwenderfreundliche Software zur gasdynamischen Berechnung für Teilsysteme von Verdichteranlagen wird in [3-27] beschrieben. Über Separationsansätze für die linearisierte Wellengleichung ergibt sich eine geschlossene Lösung jedes Wellenvorgangs. Die Überlagerung aller Teilvorgänge zu einem Gesamtvorgang ist möglich. Die Linearisierung der gasdynamischen Vorgänge beschränkt das Verfahren auf Dichteänderungen von ca. 10 %. Reibungseffekte werden für eine periodische turbulente Rohrströmung modelliert.

Die Struktur des Teilsystems kann im grafischen Dialog aus Grundelementen mit variablen Parametern zusammengesetzt werden. Die Erregung des betrachteten Teilsystems ergibt sich aus der harmonischen Analyse des vereinfacht modellierten Ansaug- bzw. Ausschubverhaltens der angrenzenden Verdichterarbeitsräume. Ergebnis der Berechnung ist der zeitliche Druckverlauf an den Schnittstellen der Anlagenelemente. Damit können für den betrachteten Betriebszustand die maximalen Druckschwankungen im System abgeschätzt werden.

Bild 3-28 zeigt die Anwendung auf den druckseitigen Anlagenteil eines Bremsluftverdichters. Grundlage der Berechnung ist die modellierte Anlagenstruktur (a), die auch die Druckventilkammer (als Speicherelement 1-2) des Verdichters einschließt. Zur Berücksichtigung des Temperaturverlaufs, der über die Schallgeschwindigkeit das Schwingungsverhalten beeinflusst, wird die 6 m lange Druckleitung in die Leitungselemente 3-4 bis 15-16 aufgeteilt. Im Element 16-17-18 verzweigt sich die Anlage in einen Teil, der den zentralen Druckluftbehälter (Element 19-20) enthält und über das Element 20-21 zu Druckluftverbrauchern führt. Der abgeschlossene Anlagenteil mit dem relativ kleinen Speichervolumen (Element 22-23) dient der Regeneration der Trocknerpatrone.

Die Pulsationserregung wird vom Ausschubverlauf des Verdichters bestimmt. Die für zwei Verdichter-Drehzahlen berechnete kurbelwinkelabhängige Abweichung (b, c) des Druckes in der Ventilkammer gegenüber dem konstanten Systemdruck in Element 19-20 (ca. 10,5 bar) zeigt die Rückwirkung des druckseitigen Anlagenteils auf den Verdichter. Bei der höheren Drehzahl ist der Druckanstieg während der Ausschubphase (ab 45° vor OT) besonders ausgeprägt und vergrößert die vom Verdichter zu überwindende Druckdifferenz um ca. 3 bar.

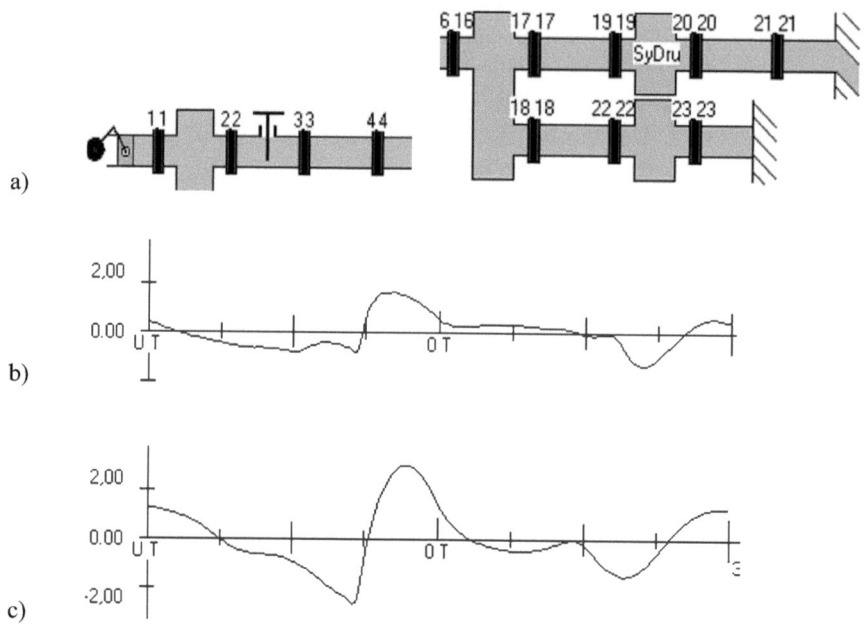

Bild 3-28 Pulsationen nach einem Bremsluftverdichter: a) Anlagenmodell; b) Druckschwankungen Δp/bar der Druckventilkammer bei n = 750 min^{-1}; c) Druckschwankungen Δp/bar der Druckventilkammer bei n = 2430 min^{-1}

3.5 Betrieb von Kolbenverdichter-Anlagen

3.5.1 Förderverhalten

Verdichter werden oft in Anlagen mit veränderlichen Betriebsbedingungen eingesetzt.

Beispielsweise müssen Drucklufterzeuger für Nutzkraftfahrzeuge in einen Behälter mit veränderlichem Druck fördern und arbeiten bei Antrieb durch den Fahrzeugmotor auch mit veränderlicher Drehzahl. Ebenso wird sich der Eintrittszustand in Abhängigkeit von Fahrt- und Klimabedingungen ändern. Für den Fahrzeugkonstrukteur sind zuverlässige Aussagen zum Förderstrom und Leistungsbedarf des Verdichters sowie zum Austrittszustand der Druckluft notwendige Grundlagen seiner Arbeit.

Deshalb soll in diesem Abschnitt besprochen werden, wie der Verdichter seinen Förderstrom und seinen Leistungsbedarf ändert, wenn Ein- und Austrittsdruck oder Drehzahl variieren. Entsprechende Zusammenhänge (Kennlinien) können experimentell bestimmt, aber auch mit Hilfe der in Abschnitt 3.2 zur Beschreibung der Wirkungsweise des Verdichters abgeleiteten Beziehungen näherungsweise vorausberechnet werden.

Die Darstellung der **Kennlinien** kann mit den absoluten Werten von Förderstrom, Austrittsdruck, Leistungsaufnahme und Drehzahl erfolgen. Alternativ können auf die Parameter im Nennpunkt bezogene Größen oder dimensionslosen Kenngrößen wie Ausnutzungsgrad, Druck-

3.5 Betrieb von Kolbenverdichter-Anlagen

verhältnis und Wirkungsgrad verwendet werden. Absolute Darstellungen sind für den konkreten Anwendungsfall erforderlich, bezogene erleichtern die Beurteilung des Betriebsverhaltens im Vergleich zum Auslegungszustand und im Vergleich zu anderen Maschinen.

Als Beispiel wird das **Förderverhalten** eines **einstufigen Verdichters** bei **Änderung** des **Gegendruckes** und der **Drehzahl** betrachtet. In Bild 3-29 sind gemessene Werte des Förderstroms, der Innenleistung und der Austrittstemperatur des Verdichters in Abhängigkeit von der Drehzahl mit dem Druckverhältnis als Parameter dargestellt. Parallel dazu zeigt das Bild die Verläufe des Ausnutzungsgrades und des isentropen Innenwirkungsgrades. Zur Veranschaulichung der Veränderungen im Arbeitsspiel des Verdichters dienen gemessene p,V-Diagramme für charakteristische Betriebspunkte (Bild 3-30).

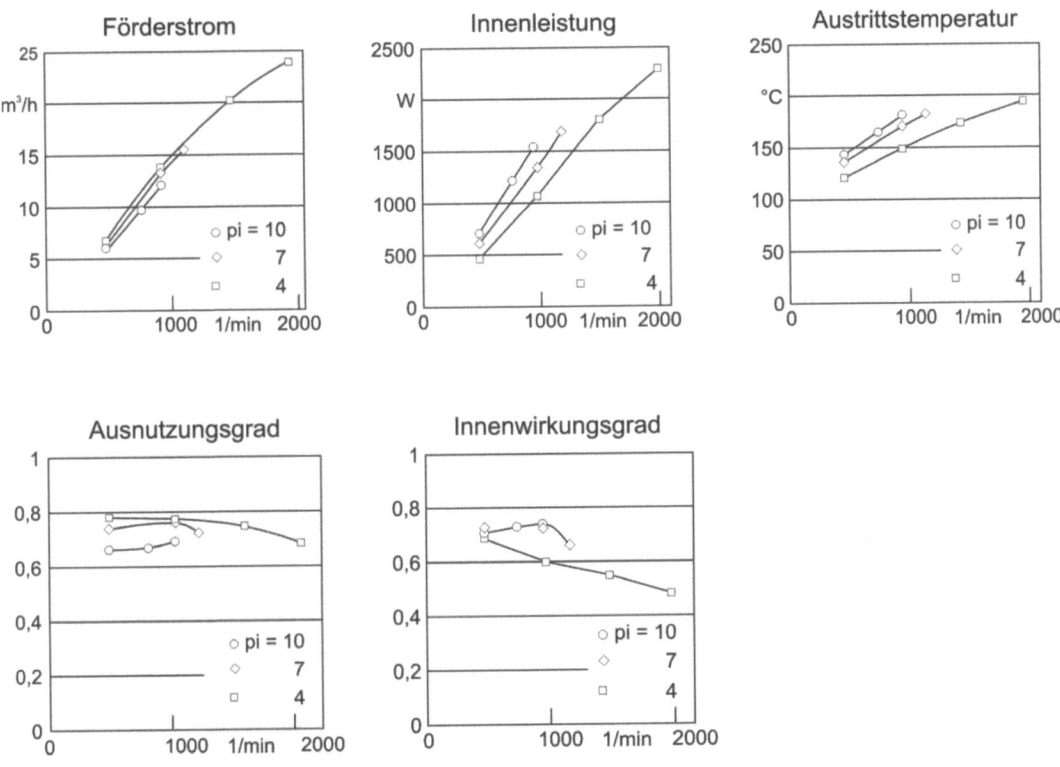

Bild 3-29 Gemessene Kennlinien eines einstufigen Luftverdichters

Aus den Bildern erkennt man vor allem folgende Zusammenhänge:

Förderstrom und Innenleistung sind bei konstantem Austrittsdruck näherungsweise proportional zur Drehzahl. Infolge der wachsenden Drosselverluste nimmt der Anstieg bei höheren Drehzahlen jedoch ab. Für höhere Druckverhältnisse liegen der Förderstrom niedriger und die Innenleistung höher. Die Austrittstemperatur steigt bei konstantem Nutzdruckverhältnis mit der Drehzahl, was auf schlechtere Kühlbedingungen, aber auch auf das steigende innere Druckverhältnis zurückzuführen ist.

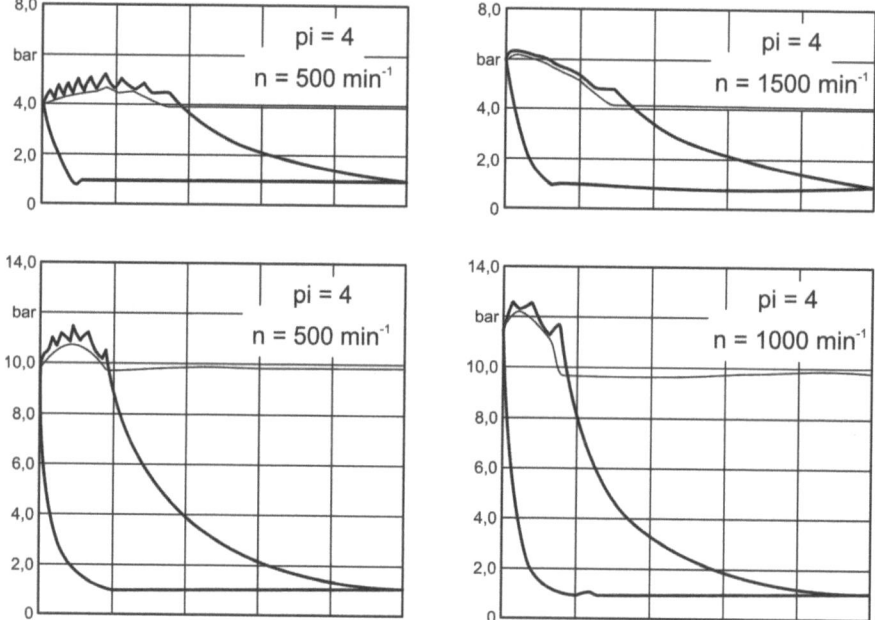

Bild 3-30 Zugeordnete p,V-Diagramme

Ausnutzungsgrad und Wirkungsgrad haben bei höheren Druckverhältnissen ein schwach ausgeprägtes Maximum über der Drehzahl. Bei niedrigem Druckverhältnis fallen beide Kennzahlen mit der Drehzahl. Steigendes Druckverhältnis vermindert wegen der zunehmenden Rückexpansion den Ausnutzungsgrad, reduziert aber die Abnahme des Innenwirkungsgrades mit der Drehzahl.

Aus den p,V-Diagrammen ist zu entnehmen, dass das Druckventil für niedrige Drehzahlen zu stark befedert ist, wodurch Flattern auftritt. Bei hohen Drehzahlen steigen die Drosselverluste. Das wird beim Druckventil besonders deutlich. Ein großer Teil der Drosselverluste tritt erst nach dem Druckventil auf, was auf eine zu enge Gestaltung der Druckkammer und eine lange Leitung bis zum Druckbehälter zurückzuführen ist.

Das **Förderverhalten eines mehrstufigen Verdichters** unterscheidet sich – je höher die Stufenzahl, desto mehr – von dem des einstufigen Verdichters. Ursache dafür ist die ungleichmäßige Änderung der Stufendruckverhältnisse bei zunehmendem Förderdruck.

Bild 3-31 zeigt das schematisch am Beispiel eines dreistufigen Verdichters. Man erkennt aus der auf die Parameter im Nennpunkt bezogenen Darstellung, dass sich das Druckverhältnis der ersten Stufe kaum ändert. Deshalb ändern sich auch ihr Ausnutzungsgrad und der Förderstrom des Verdichters nur unwesentlich. Die Vergrößerung des Druckverhältnisses führt zwar zu einer Verkleinerung des Ausnutzungsgrades der höheren Stufen. Die höhere Dichte im Saugstutzen der jeweiligen Stufe kompensiert aber diesen Effekt, so dass der von der ersten Stufe vorgegebene Massestrom durchgesetzt werden kann.

3.5 Betrieb von Kolbenverdichter-Anlagen

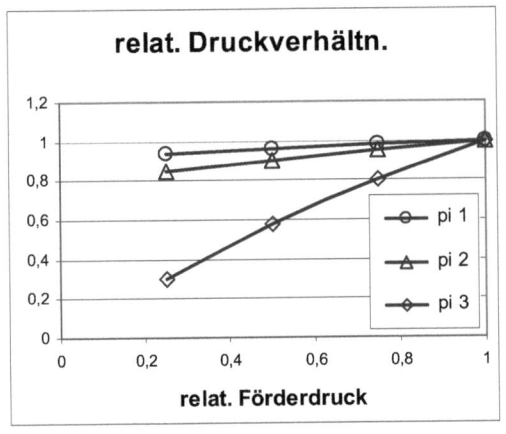
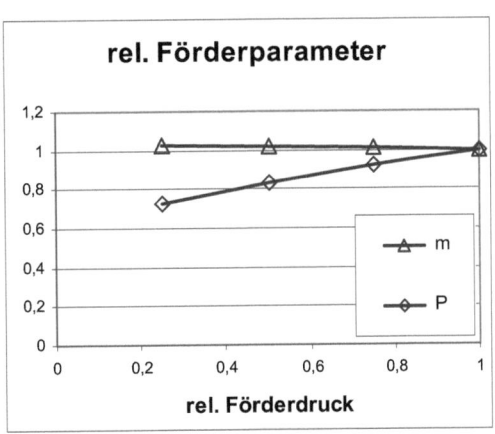

Bild 3-31 Relative Änderung der Stufendruckverhältnisse, des Massestroms und des Leistungsbedarfs mit dem Förderdruck in einem dreistufigen Verdichter

Dieses Verhalten mehrstufiger Verdichter hat verschiedene praktische Konsequenzen:

- Es macht es unmöglich, den Förderstrom mehrstufiger Verdichter durch Änderung des Austrittsdruckes zu beeinflussen.
- Wegen der stärkeren Belastung der höheren Stufen bei Zunahme des Verdichterdruckverhältnisses wird deren Stufendruckverhältnis bei der Auslegung, insbesondere mit Rücksicht auf die zulässige Austrittstemperatur, oft niedriger angesetzt (vgl. Abschnitt 3.3.2).
- Eine Veränderung der Stufendrücke kann auch bei konstantem Austrittsdruck durch ungleichmäßige Zunahme der Undichtheit einzelner Arbeitsräume eintreten. Die Überwachung der Stufendrücke hat deshalb auch für die Diagnose des Verschleißzustandes Bedeutung (vgl. Abschnitt 3.5.3).
- Die mögliche Verschiebung der Stufendrücke muss bei der festigkeitsmäßigen Dimensionierung des Verdichters berücksichtigt werden.

Wie sich eine **Änderung des Ansaugzustands** bei gleich bleibendem Druckverhältnis auf Förderstrom und Leistungsbedarf von ein- und mehrstufigen Verdichtern auswirkt, kann unter der Voraussetzung von Idealgasverhalten wie folgt abgeschätzt werden:

Aus den Gl. (3.7) und (3.8) ergibt sich bei gleich bleibendem Ausnutzungsgrad eine der Saugdichte proportionale Änderung des geförderten Massestroms.

$$\dot{m} = \dot{m}_h \lambda_h = \dot{V}_h \rho_S \lambda_h = \text{const } \rho_S \tag{3.44}$$

Für den Leistungsbedarf folgt aus den Gl. (3.18) bis (3.21) bei gleich bleibendem Wirkungsgrad und Druckverhältnis eine dem Saugdruck proportionale Zunahme. Die spezifische Förderarbeit wächst dabei proportional zur Saugtemperatur.

$$P_K = \frac{\dot{m} Y}{\eta} = \text{const } \rho_S T_S = \text{const } p_S \tag{3.45}$$

■ Beispiel 3.5.1: Betriebsverhalten eines einstufigen Erdgasverdichters

Für den in Bild 3.12 dargestellten Erdgasverdichter wird dem Betreiber vom Hersteller das nachstehende Diagramm (panhandle-Diagramm) zur Verfügung gestellt, aus dem die Änderung von Förderstrom und Leistungsbedarf in Abhängigkeit von den Drücken am Saug- und Druckstutzen sowie die Grenzen des zulässigen Betriebsbereiches abzulesen sind.

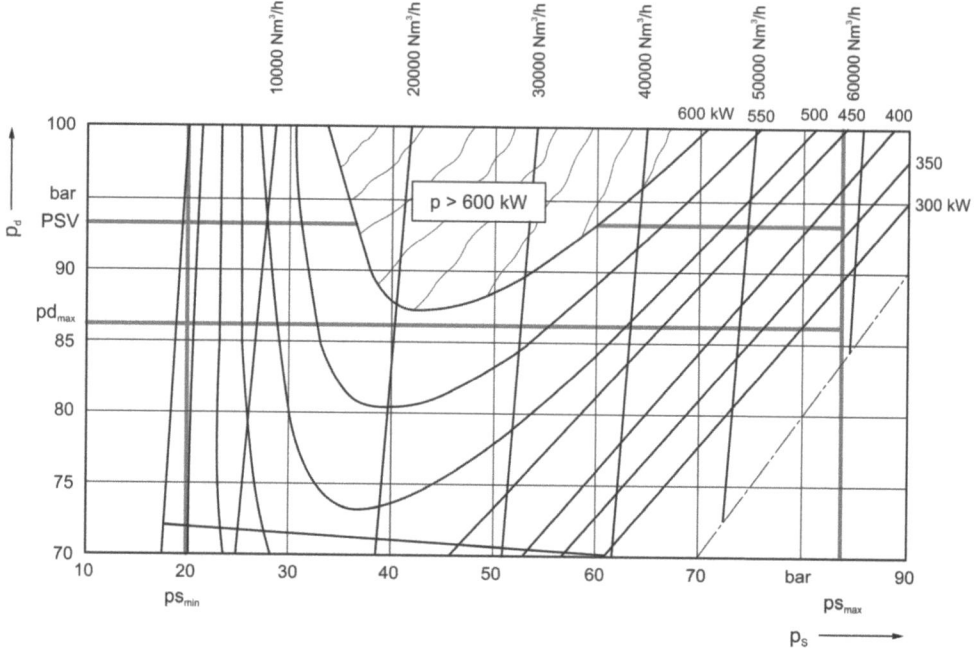

Das Diagramm wurde anhand der Maschinendaten und der Zusammensetzung des Förderstoffs berechnet. Im Folgenden soll das Diagramm mit einer Überschlagsrechnung kontrolliert werden.

Die wichtigsten Parameter des Verdichters und des Förderstoffs sind:

Hub	s/m	0,20
Kolbendurchmesser	d_k/m	0,18
Stangendurchmesser	d_{st}/m	0,08
Drehzahl	n/s^{-1}	9,87
Zylinderzahl	z	2
Schadraum-Verhältnis	ε_0	0,25
Saugtemperatur	T_S/K	293,15
Förderdruck	p_D/Pa	8000000
Kolbenfläche	A_k/m^2	0,025
Kolbenstangenverhältnis	φ	0,802
Hubvolumen	V_h/m^3	0,018
Gaskonstante	R/(Nm^3/kg/K)	354,542
Isentropenexponent	κ	1,270
Normdichte	kg/m^3	1,046

3.5 Betrieb von Kolbenverdichter-Anlagen

Die Rechnung wird für den Förderdruck $p_D = 80$ bar ausgeführt. Der geförderte Massestrom kann nach Gl. (3.7) berechnet werden, wobei vereinfachend angenommen wird, dass der Ausnutzungsgrad näherungsweise durch den Volumenfaktor ersetzbar ist. Bei der Berechnung der Saugdichte wird das Realgasverhalten durch den Faktor z berücksichtigt. Der so berechnete Förderstrom liegt nur knapp über den Werten des Diagramms, das auf einer genaueren Rechnung beruht.

Die Innenleistung ergibt sich über Gl. (3.18), wobei näherungsweise $n_c = \kappa$ gesetzt wird und ein Verlustdruckverhältnis $\pi_V = 1{,}15$ angenommen wird. Die Abweichungen zum Diagramm sind damit zu erklären, dass die mechanischen Verluste und die Änderung des Verlustdruckverhältnis mit dem Betriebszustand vernachlässigt wurden.

p_S /MPa	z	rho_S/(kg/m³)	λ_V	m/(kg/s)	V/(Nm³/h)	P_i/kW
2,00	0,944	20,38	0,452	1,666	5733	292
2,50	0,929	25,88	0,580	2,717	9347	390
3,00	0,915	31,55	0,669	3,822	13151	455
3,50	0,900	37,41	0,735	4,980	17133	494
4,00	0,886	43,45	0,787	6,187	21287	513
4,50	0,871	49,70	0,827	7,445	25615	513
5,00	0,857	56,17	0,861	8,753	30117	499
5,50	0,842	62,86	0,889	10,114	34798	472
6,00	0,827	69,78	0,913	11,529	39665	434
6,50	0,813	76,95	0,933	12,999	44723	385
7,00	0,798	84,39	0,951	14,527	49982	327
7,50	0,784	92,10	0,967	16,117	55451	262
8,00	0,769	100,10	0,981	17,770	61139	188

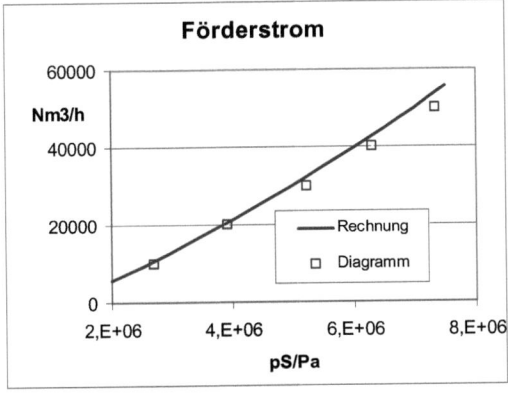

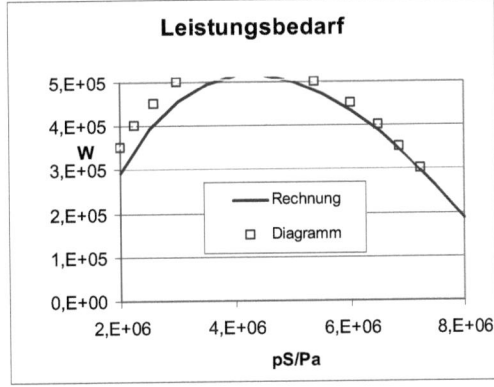

3.5.2 Stelleingriffe und Regelungen

Der gewünschte Betriebspunkt eines Verdichters ergibt sich aus der Struktur und den Anforderungen an die Anlage, in die er eingebunden ist. Generell hat der Planer bzw. Betreiber einer Verdichteranlage die Möglichkeit, zur Einstellung des gewünschten Betriebspunktes **Stelleingriffe** an der Anlage, dem Antrieb oder dem Verdichter selbst vorzusehen bzw. vorzunehmen.

Wenn der Stelleingriff automatisch so erfolgt, dass ein oder mehrere Betriebsparameter einen zeitabhängig vorgegebenen (meist konstanten) Wert annehmen, so spricht man von einer **Regelung** der entsprechenden Größen. Beispielsweise kann bei einer Regelung des Förderdruckes durch Drehzahlstellung der Förderstrom des Verdichters so eingestellt werden, dass der Druck im austrittsseitigen Behälter trotz schwankender Entnahme den vorgegebenen Wert innerhalb einer technisch sinnvollen Toleranz beibehält. Tabelle 3.4 gibt einen Überblick über die wichtigsten Stelleingriffe.

Tabelle 3.4 Stelleingriffe zur Förderstromverstellung

Stelleingriff an	Variante	Merkmal
Anlage	Drosseln in der Saugleitung	Erhöhung der spezifischen Arbeit
	Äußeres Rückströmen über Bypass zum Verdichter	spezifische Arbeit des rückgeführten Teilstroms dissipiert
Antrieb	Zeitweiliges Stillsetzen	energetisch günstig
	Drehzahlstellung	geeigneter Antrieb erforderlich
Verdichter	Offenhalten des Saugventils	vom Staudruck gesteuert oder elektronisch gesteuert, mit hydraulischer Betätigung
	Vergrößerung des Schadraums	stufenweise oder kontinuierlich
	Inneres Rückströmen über Bypass zu einem Arbeitsraum	spezifische Arbeit im stillgelegten Arbeitsraum wird stark reduziert

Die Auswahl des Stelleingriffs im konkreten Anwendungsfall sollte so erfolgen, dass mit minimalem Bau- und Energieaufwand eine zuverlässige Betriebsführung der Anlage gewährleistet ist. Nachfolgend werden einige charakteristische Beispiele vorgestellt:

a) Zeitweiliges Stillsetzen des Verdichters
(auch als „Aussetzregelung" bezeichnet)

Eine solche Lösung wird oft für kleine Druckluft-Anlagen zur Regelung des Förderdruckes verwendet. Sie erfordert neben einem Druckbehälter mit ausreichendem Volumen nur zwei Druckwächter, die das Ein- und Ausschalten des Antriebsmotors steuern. Für die Dimensionierung des Behältervolumens V_B sind neben dem Förderstrom $\dot{V}$ des Verdichters die zulässige Druckschwankung Δp im Behälter und die zulässige Schaltfrequenz f des Antriebsmotors zu beachten.

3.5 Betrieb von Kolbenverdichter-Anlagen

Der Druckverlauf im Behälter hat prinzipiell die in Bild 3-32 dargestellte Form und kann durch Ableitung der Gasgleichung nach der Zeit berechnet werden:

$$\frac{d p_B}{d t} = \frac{\dot{m}_B R T_B}{V_B} = \frac{\dot{V} \rho_S R T_S}{2 V_B} = \frac{\dot{V} p_S}{2 V_B} \leq 2 f \, \Delta p \tag{3.46}$$

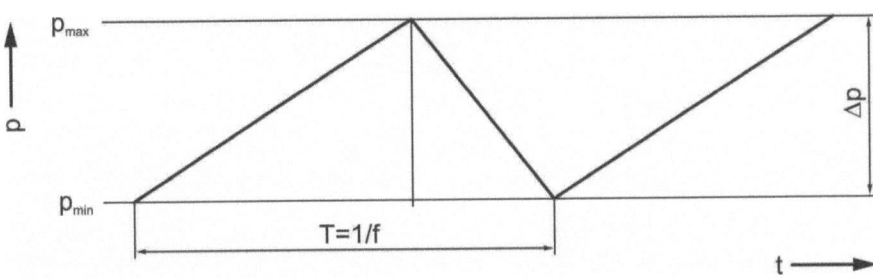

Bild 3-32 Druckverlauf im Speicherbehälter bei „Aussetz-Regelung" (schematisch)

Die zeitliche Änderung der Masse im Behälter $\dot{m}_B$ ergibt sich aus der Differenz des vom Verdichter geförderten und des von der Anlage abgenommenen Massestroms. Der für die Regelung ungünstigste Fall tritt ein, wenn die Anlage gerade den halben Förderstrom des Verdichters benötigt, so dass die Lauf- und die Stillstandszeit des Verdichteraggregates gleich sind. Die weiteren Umformungen beruhen darauf, dass sich die Förderstromangabe des Verdichters definitionsgemäß auf den Saugzustand bezieht und die Temperatur im Behälter näherungsweise der Saugtemperatur gleichgesetzt werden kann.

Die erforderliche Behältergröße ergibt sich damit zu

$$V_B \geq \frac{\dot{V} p_S}{4 f \, \Delta p} \tag{3.47}$$

Während der Energieaufwand dieser Regelung als optimal anzusehen ist, kann der Bauaufwand für den Behälter unwirtschaftlich werden, wenn die Anlage einen großen Förderstrom bei geringer zulässiger Druckschwankung benötigt und die zulässige Schaltfrequenz bei großer Motorleistung relativ niedrig ist.

b) Stelleingriff zum Offenhalten des Saugventils
 (auch „Staudruck- oder Rückström-Regelung" genannt)

Dieser Stelleingriff wird bei größeren mehrstufigen Verdichtern mit Ring- oder Plattenventilen bevorzugt, wenn eine Drehzahlstellung aufgrund der Antriebsart nicht möglich oder für den benötigten Stellbereich des Förderstroms nicht ausreichend ist. Der Stelleingriff wird im einfachsten Fall durch einen federbelasteten Abhebegreifer vorgenommen (Bild 3-33 a).

Wie in Abschnitt 3.4.1 beschrieben und über die Kräftebilanz (Gl. (3.37)) an der Ventilplatte zu berechnen, schließt das Saugventil ohne Stelleingriff in der Nähe des unteren Totpunktes. Der Abhebegreifer (1) wirkt der Schließbewegung der Ventilplatte mit einer Kraft entgegen, die über seine Federvorspannung einstellbar ist. Das Ventil schließt erst, wenn bei der Volumenverkleinerung des Arbeitsraumes die vom Ausschieben des Gases verursachte Strömungskraft in Schließrichtung überwiegt. Diese wächst etwa quadratisch mit der Kolbengeschwindigkeit.

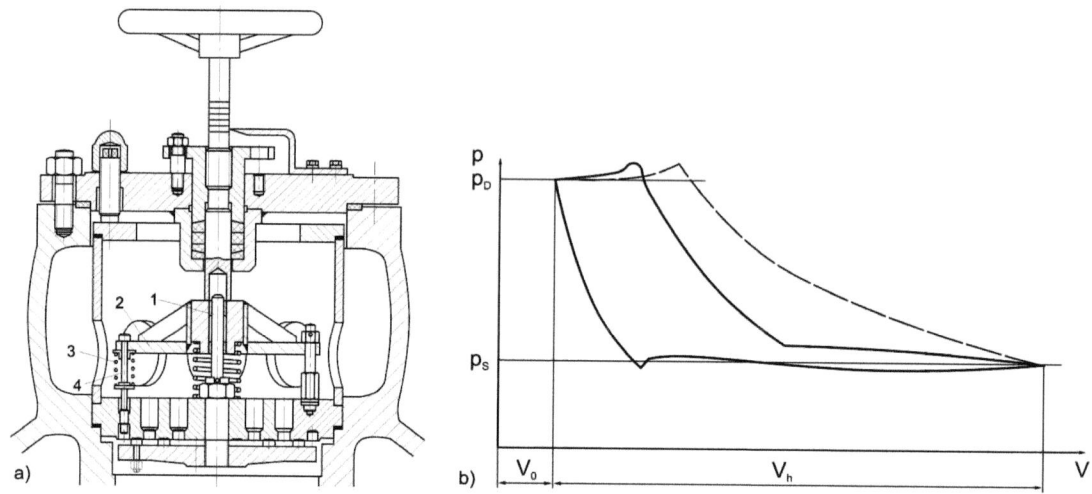

Bild 3-33 Stelleingriff am Saugventil: a) Feder belasteter Greifer zum Offenhalten des Saugventils; b) p,V-Diagramm für Betrieb mit Saugventil-Offenhaltung

In Bild 3-33 b ist die Änderung des Arbeitsspiels durch diesen Stelleingriff dargestellt. Das nutzbare Ansaugvolumen V_S nimmt dabei deutlich ab. Jedoch darf der Ventilschließpunkt mit Rücksicht auf das notwendige Kräftegleichgewicht nur begrenzt verschoben werden, so dass der Förderstrom des Verdichters nicht wesentlich unter die Hälfte seines Maximalwertes abgesenkt werden kann. Mit diesem Stelleingriff ist eine Zunahme der spezifischen Förderarbeit verbunden, die aus dem Druckunterschied zwischen Ansaugen und Ausschieben bei offen gehaltenem Saugventil resultiert.

Eine Regelung des Austrittsdruckes mit pneumatischen Bauelementen ist möglich, wenn der Greifer nicht durch eine Feder sondern durch einen von der Regelabweichung abhängigen Druck belastet wird. Im Verdichterbetrieb hat sich aber eine hydraulische Beeinflussung des Saugventils mit elektronischer Steuerung [3-28] durchgesetzt. Der hydraulische Aktuator besteht im Wesentlichen aus einem mit dem Abhebegreifer verbundenen Hydraulikzylinder, der über ein Magnetventil gesteuert wird. Der Steuerimpuls des Magnetventils kommt aus einer Elektronikeinheit (Compressor Interface Unit), die anhand eines Totpunktsensors über die aktuelle Kolbenlage und vom Leitsystem der Anlage über den benötigten Massestrom informiert ist. Der Vorteil dieser kombinierten Steuerung besteht in der schnellen und weitgehend frei programmierbaren Reaktion des Abhebegreifers bei allen Betriebszuständen. Sie ermöglicht koordinierte Eingriffe bei allen zu beeinflussenden Saugventilen, so dass auch im Teillastfall die gewünschte Stufendruckverteilung eingestellt werden kann. Ebenso kann die Steuerung zur Entlastung des Antriebs beim Anfahren verwendet werden.

3.5 Betrieb von Kolbenverdichter-Anlagen

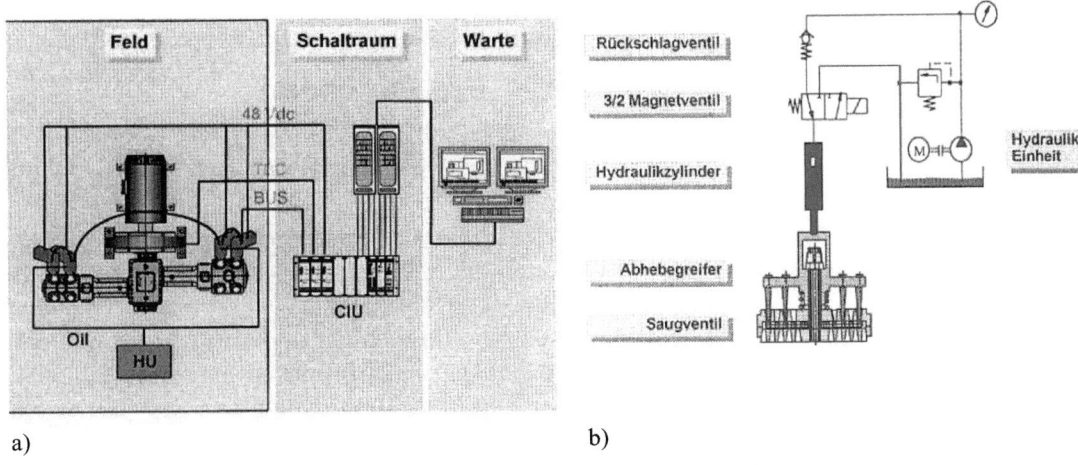

a)   b)

Bild 3-34 Hydraulische Beeinflussung des Saugventils: a) Beeinflussungsebenen; b) Hydraulischer Eingriff

c) Stelleingriff zur Vergrößerung des Schadraums

Wie in Abschnitt 3.2.3 erläutert, beeinflusst das Schadraumverhältnis über die Dauer der Rückexpansion der Restgasmasse das zum Ansaugen nutzbare Volumen und damit den Ausnutzungsgrad des Hubraums. Da sich der Schadraum nur indirekt über Wand- und Undichtheitsverluste auf die spezifische Arbeit des Verdichters auswirkt, ist über seine Vergrößerung eine Absenkung des Förderstroms mit akzeptablem energetischem Aufwand möglich (Bild 3-35).

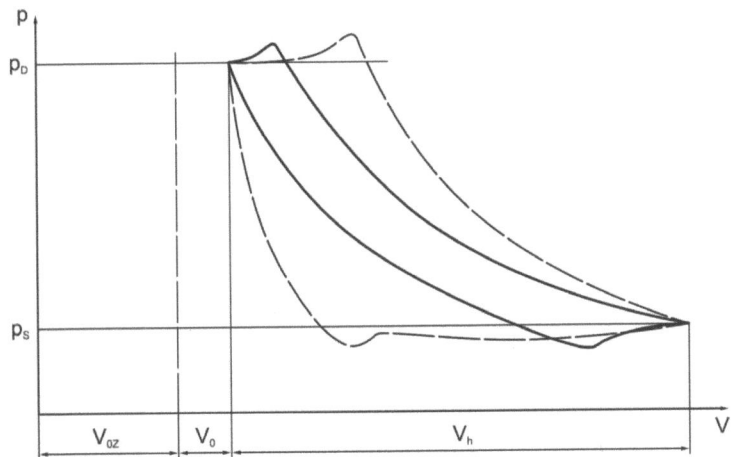

Bild 3-35 p,V-Diagramm bei Betrieb mit vergrößertem Schadraum

Die Vergrößerung des Schadraums kann mit verschiedenen konstruktiven Varianten gelöst werden. Beispielsweise wird in [3-29] eine Lösung mit stufenloser Verstellung beschrieben. Der Zusatzschadraum ist auf der Deckelseite eines doppelt wirkenden Zylinders angeordnet und für die größte benötigte Förderstrom-Reduzierung dimensioniert. Der gewünschte Förderstrom kann über die Verschiebung eines hydraulisch betätigten konischen Begrenzungskolbens des Schadraums eingestellt werden.

a)   b)

Bild 3-36 Verdichterzylinder mit variablem Schadraum: a) Anordnung des Zuschaltschadraums links am Zylinder; b) Hydraulisch betätigter Begrenzungskolben

■ **Beispiel 3.5.2: Stelleingriffe zur Druckregelung bei einem zweistufigen Verdichter**

Der Verdichter hat folgende Parameter:

Hubvolumen 1. Stufe	$V_{h1} = 14{,}23$ l
Hubvolumen 2. Stufe	$V_{h2} = 5{,}03$ l
Schadraumverhältnis	$\varepsilon_{01} = \varepsilon_{02} = 0{,}2$
Drehzahl	$n = 600 \text{ min}^{-1}$
Druck im Saugstutzen	$p_S = 0{,}1$ MPa
Druck im Druckstutzen	$p_D = 0{,}8$ MPa
Temperatur im Saugstutzen	$T_S = 300$ K

Der Verdichter ist für gleiches Stufendruckverhältnis in beiden Stufen ausgelegt ($\pi_1 = \pi_2 = \sqrt{\pi} = \sqrt{8} = 2{,}828$). Der Polytropenexponent der Verdichtung liegt bei $n_c \approx 1{,}3$. Ohne Stelleingriff beträgt der Förderstrom $\dot{V} = 360 \text{ m}^3/\text{h}$ bzw. $\dot{m} = 0{,}116 \text{ kg/s}$.

Es sollen verschiedene Stelleingriffe zur Reduzierung des Förderstroms auf 50 % verglichen werden.

Zeitweiliges Stillsetzen des Verdichters

Dabei soll der Förderdruck nicht mehr als 0,03 MPa schwanken. Die zulässige Schaltfrequenz des Antriebsmotors beträgt 12/h. Die Größe des druckseitigen Speicherbehälters kann ohne Kenntnis der interen Daten des Verdichters mit Gl. (3.47) bestimmt werden:

$$V_B = \frac{360 \text{ m}^3/\text{h} \cdot 0{,}1 \text{ MPa}}{4 \cdot 12/\text{h} \cdot 0{,}03 \text{ MPa}} = 25 \text{ m}^3$$

3.5 Betrieb von Kolbenverdichter-Anlagen

Offenhalten des Saugventils

Der Ausnutzungsgrad der 1. Stufe ohne Stelleingriff ergibt sich nach Gl. (3.7):

$$\lambda_{h1} = \frac{\dot{V}}{V_{h1} \cdot n} = \frac{0,1\,\mathrm{m^3/s}}{14,23 \cdot 10^{-3}\,\mathrm{m^3} \cdot 10/\mathrm{s}} = 0,703$$

Um den relativen Kolbenweg x/s zu bestimmen, bei dem das offen gehaltene Saugventil schließen soll, berechnet man zunächst mit Gl. (3.9) den Volumenfaktor ohne Stelleingriff:

$$\lambda_V = 1 - 0,2 * (2,828^{1/1,3} - 1) = 0,755$$

Wenn man annimmt, dass sich die anderen Faktoren des Ausnutzungsgrades beim Stelleingriff nicht ändern, muss der Volumenfaktor auf 50 % dieses Wertes reduziert werden, d. h. das Saugventil muss bis zum Kolbenweg $x/s = \lambda_V/2 = 0,378$ (gerechnet von der unteren Totlage) offen gehalten werden.

Schadraum-Vergrößerung

Auch in diesem Fall muss der Volumenfaktor auf die Hälfte reduziert werden. Der erforderliche Gesamtschadraum ergibt sich aus Gl. (3.9) zu

$$\varepsilon_{0\,ges} = \frac{1-\lambda_V}{\pi^{1/n_r}-1} = \frac{1-0,378}{2,828^{1/1,3}} = 0,508$$

Drosseln in der Saugleitung

Dieser Stelleingriff bewirkt bei einem mehrstufigen Verdichter in erster Linie eine Absenkung des Massestroms durch Abnahme der Dichte im Saugzustand. Man kann also in erster Näherung gemäß Gl. (3.44) den Saugdruck und damit die Saugdichte entsprechend dem Massestromverhältnis auf 50 % reduzieren, d. h. auf $p_S = 0,05\,\mathrm{MPa}$ eindrosseln.

Die mit den Stelleingriffen verbundene Änderung des Arbeitsspiels kann man im Wesentlichen auch unter Vernachlässigung der Verluste abschätzen (bildliche Darstellung für 1. Stufe).

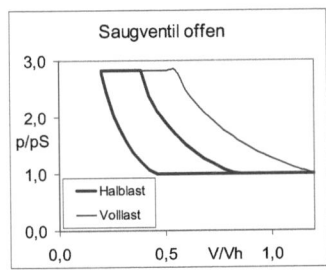
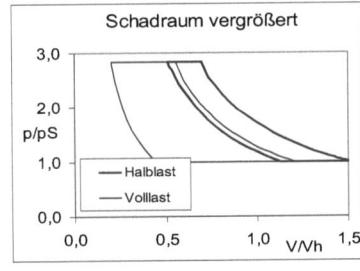
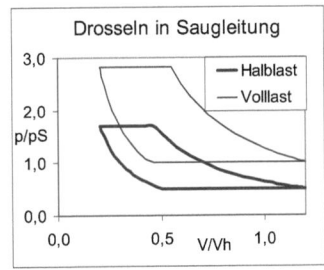

Durch das Drosseln in der Saugleitung erhöhen sich die Stufendruckverhältnisse. Das für den Förderstrom ausschlaggebende Druckverhältnis der 1. Stufe wird dabei weniger erhöht. Das Kriterium zur Einstellung des Zwischendrucks $p_{D1} = p_{S2}$ – die Übereinstimmung der Masseströme in beiden Stufen – ist nur iterativ auszuwerten. Das Ergebnis der Iteration ist in der Tabelle zusammengefasst.

Größe	Dimension	Bemerkungen	ohne Stelleingr.	Saugdrosseln
p_{S1}			0,10	0,05
ρ_{S1}	kg/m³	Gasgleichung	1,16	0,51
π_1		iterativ ermittelt	2,83	3,48
$p_{D1} = p_{S2}$	MPa	$p_{S1} * \pi_1$	0,28	0,17
λ_{V1}		Gl. (3.11)	0,75	0,68
λ_{h1}		Gl. (3.10)	0,70	0,63
m_1	kg/s	Gl. (3.8)	0,12	0,05
T_{D1}	K	Polytropengleichung	381	400
w_{t1}	kJ/kg	Gl. (3.23)	101,2	124,4
π_2		p_{D2}/p_{S2}	2,83	4,60
ρ_{2S}	kg/m3	Gasgleichung	3,29	2,02
λ_{V2}		Gl. (3.11)	0,75	0,55
λ_{h2}		Gl. (3.10)	0,70	0,51
m_2	kg/s	Gl. (3.8)	0,12	0,05
T_{D2}	K	Polytropenbeziehung	381	427
w_{t2}	kJ/kg	Gl. (3.23)	101,2	157
m/m_0			1,00	0,45
Y_s/Y_{s0}			1,00	1,39

Beim Drosseln in der Saugleitung erhöht sich der spezifische Arbeitsbedarf auf 139 % und die Austrittstemperatur der zweiten Stufe steigt auf 427 K (154 °C).

3.5.3 Überwachung und Diagnose

Kolbenverdichter unterliegen aufgrund ihres Arbeitsprinzips einem unvermeidbaren Verschleiß funktionswichtiger Bauteile, der zur Minderung der Förderleistung und sogar zum Ausfall der Maschine führen kann.

Aus wirtschaftlichen Gründen werden Kolbenverdichter auch in großen Anlagen ohne Redundanz (Einstrang-Anlagen) eingesetzt werden. Ihr Ausfall führt dann zum Stillstand der Anlage und verursacht eine Unterbrechung der Produktion mit hohen Folgekosten.

Um diesem Nachteil entgegen zu wirken, muss der Hersteller die verschleißintensiven Bauteile – insbesondere die Arbeitsventile, die Kolben- und Packungsringe – so auslegen, dass im Normalfall eine wartungsfreie Betriebszeit von ein bis drei Jahren (8000 bis 25000 Betriebsstunden) gewährleistet ist.

Der Betreiber muss ständig die ordnungsgemäße Funktion des Verdichters überwachen, um Havarien mit Sach- und Personenschaden auszuschließen. Darüber hinaus ist er stark daran interessiert, den augenblicklichen Verschleißzustand und dessen Trend zu bestimmen, um notwendige Wartungsarbeiten in geplante Stillstandszeiten der Anlage einzuordnen.

3.5 Betrieb von Kolbenverdichter-Anlagen

Der Steuerungsteil einer Verdichteranlage muss mindestens ein **Überwachungssystem** beinhalten, das anhand vorgegebener Grenzwerte für die gemessenen Drücke und Temperaturen am Austritt der Verdichterstufe, evtl. auch für Leistungsaufnahme und mechanische Schwingungen, im Bedarfsfall eine Notabschaltung vornehmen kann.

Wichtige Verdichteranlagen mit hohem Gefährdungspotential werden in zunehmendem Maße mit einem **umfassenden Leitsystem** ausgestattet. Das System [3-30] besteht aus mehreren Komponenten (Bild 3-37 a), die auf einer gemeinsamen Datenbasis aus Messwerten und Konstruktionsdaten des Verdichters aufbauen und über eine gemeinsame nutzerfreundliche Oberfläche mit dem Betreiber kommunizieren. Die Komponente *Protection* hat die Funktion des oben beschriebenen Überwachungssystems. Die Komponente *Condition Monitoring* realisiert die Aufzeichnung und Auswertung wichtiger Betriebsparameter. Sie soll auch die Fehlerfrüherkennung realisieren, den Verschleiß-Fortschritt und das Schmiersystem kontrollieren. Mit den Komponenten *Performance Monitoring* und *Asset Control System* sollen der energetisch optimale Betrieb des Verdichters abgesichert bzw. seine vorbeugende Instandhaltung geplant werden.

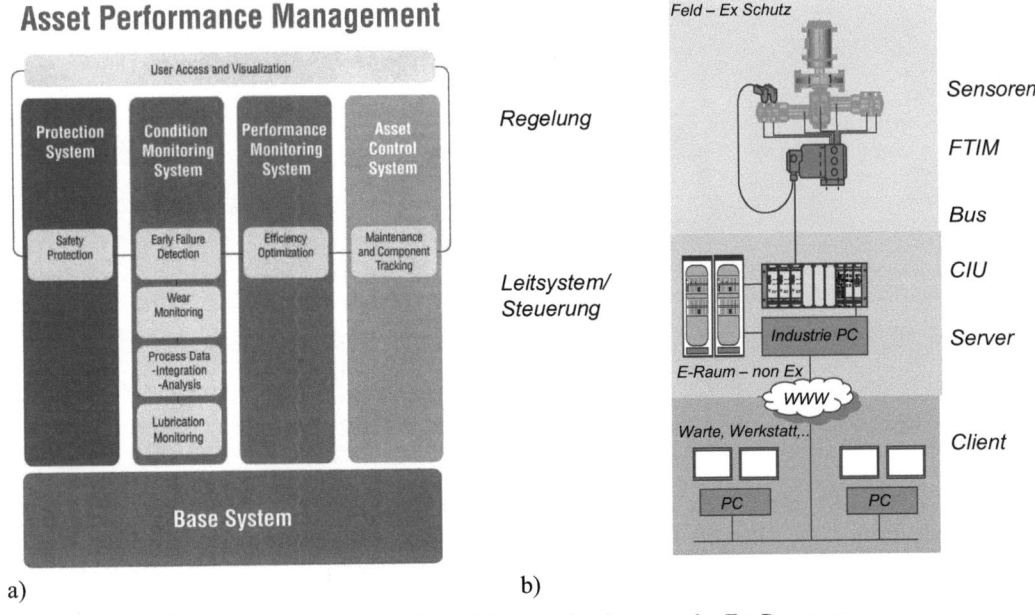

Bild 3-37 Verdichter-Leitsysteme: a) logische Struktur des Systems der Fa. Prognost; b) technische Struktur des Systems der Fa. Hoerbiger

Das System RecipCOM der Fa. Hörbiger [3-33] wird in drei Bereichen realisiert. Im exgeschützten Feldbereich sind neben der Druckregelung HydroCOM zur stufenlosen Förderstromverstellung (vgl. Abschnitt 3.5.2) Sensoren angeordnet, die Drücke, Temperaturen und Schwingungen in elektrische Signale umsetzen. Diese werden vom **F**ast **T**ransmitter **I**nterface **M**odule in digitale Informationen umgewandelt und über den HydroCOM Bus in den nicht exgeschützten Steuerungsbereich zur **C**ompressor **I**nterface **U**nit übertragen, welche die Buskommunikation steuert und Schnittstellen zum Server und Regler realisiert. Der Server ist ein Industrie-PC, der Messwerte liest, diese auf Kompressorfehlfunktionen analysiert und bei Grenzwertüberschreitungen den Bediener oder die Kompressorsteuerung alarmiert. Das Leitsystem visualisiert die Mess- und Analysenergebnisse, informiert über Warnungen und dient zur Systemkonfiguration. Über Internetverbindungen können Clients in einem dritten räumlich entfernten Bereich ebenfalls die Ergebnisse visualisieren und zur Systemkonfiguration verwendet werden.

Für Verdichterstationen von Erdgasfernleitungen, die in ihrer Struktur weitgehend übereinstimmen, hat sich auch eine regelmäßige off-line-Diagnose unter Einsatz mobiler Spezialmesstechnik und Nutzung von Expertenwissen bewährt.

Schwierigste Aufgabe eines Leitsystems ist die **Fehlerfrüherkennung**. Eine sichere Diagnose spezieller Schadensfälle ist möglich, wenn diese eine charakteristische Änderung zuordenbarer Messgröße hervorrufen. Zum Beispiel steigt die Saugkammertemperatur beim Bruch der Ventilplatte deutlich an. Eine gebrochene Ventilplatte kann auch mit einer Schwingungs- bzw. Geräuschüberwachung am Zylinder erkannt werden. Der Verschleiß von Führungsringen in liegenden Kolben kann über die relative Verschiebung des Kolbens gegenüber einem Geber im Zylinderdeckel gemessen werden (Bild 3-38).

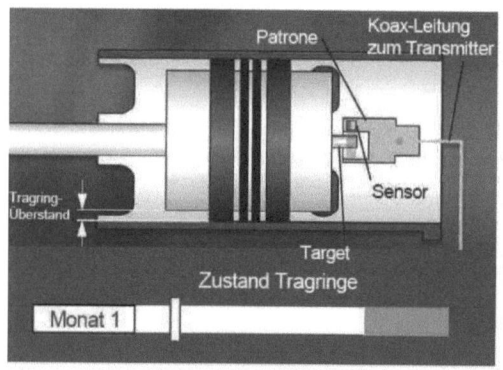 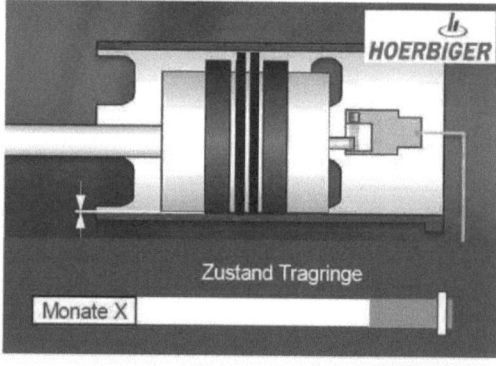

Bild 3-38 Direkte Messung des Führungsring-Verschleißes nach [3-32]

Leider stehen noch nicht ausreichend zuverlässige und wirtschaftlich einsetzbare Geber für die direkte Messung aller Verschleiß- und Belastungsgrößen an bewegten Bauteilen zur Verfügung. Deshalb benötigt man ein **Diagnosesystem**, das aus der Analyse der ohnehin überwachten Stufendrücke und –temperaturen und möglichst weniger zusätzlicher Messgrößen (z. B. Ventilkammertemperaturen, Arbeitsraumdruck, Querbewegung der Kolbenstange) eine Aussage zum Verschleißzustand der Maschine ableiten kann.

Zur Lösung dieser Aufgabe können allgemeine Methoden der technischen Diagnostik – z. B. die unscharfe Klassifizierung (fussy logic) [3-34] – herangezogen werden. Dabei wird aus der Gesamtheit der Messwerte ein Merkmalsvektor gebildet, der mit den Merkmalsvektoren verschiedener Schadensklassen (Verschleißzustände) verglichen und mit einer mehr oder weniger großen Wahrscheinlichkeit einer von diesen zugeordnet werden kann [3-35].

Die praktische Anwendung dieser Methode setzt eine Möglichkeit voraus, die Merkmalsvektoren aller relevanten Schadensklassen (evtl. auch ihrer Abstufungen und Kombinationen) zu bestimmen (Anlernphase des Klassifikators).

Das kann für kleinere Serienmaschinen auf dem Prüffeld des Herstellers erfolgen. Für größere anlagenspezifische Verdichter ist diese Aufgabe auf experimentellem Wege erst bei längerem

3.5 Betrieb von Kolbenverdichter-Anlagen

Betrieb lösbar. Für Verdichter mit mehreren Arbeitsräumen, zugeordneten Ventilen und Dichtelementen ist auch dann keine umfassende Lösung zu erwarten.

Meist können nur Experten (häufig über Tele-Monitoring beim Hersteller) anhand des zeitlichen Verlaufs aller Messgrößen (darunter auch mechanische Schwingungswerte und p,V-Diagramme) Aussagen zum Maschinenzustand machen. Erst bei der Wiederholung von Schadensbildern wird eine automatische Fehlererkennung möglich [3-33].

Eine allgemein anwendbare Lösung der Diagnoseaufgabe setzt die theoretische Nachbildung (**Simulation**) des Betriebsverhaltens von Verdichteranlagen mit beliebiger Struktur voraus, die auch alle Verschleißauswirkungen modellieren kann. In [3-36] wird eine Toolbox zur modularen Nachbildung des Gas führenden Teils von Verdichteranlagen beschrieben, die eine realitätsnahe Wiedergabe der zeitabhängigen thermodynamischen Vorgänge in mehrstufigen Kolbenverdichtern realisiert und als Hilfsmittel für das – durch ergänzende Messungen abgesicherte – theoretische Anlernen von Klassifikatoren verwendet werden kann.

Bild 3-39 zeigt am Beispiel eines zweistufigen zweizylindrigen Luftverdichters mit doppelt wirkenden Kolben, wie sich die häufigsten – theoretisch simulierten – Schadensklassen in geeigneten Kennzahl-Diagrammen von einander abheben. Man erkennt, dass ausgehend von einem gemeinsamen Punkt, der den „Gutzustand" des Verdichters kennzeichnet, bei Schadensfällen eine Punktverschiebung auftritt, deren Richtung für die Schadensklasse und deren Betrag für die Schadensausprägung charakteristisch sind.

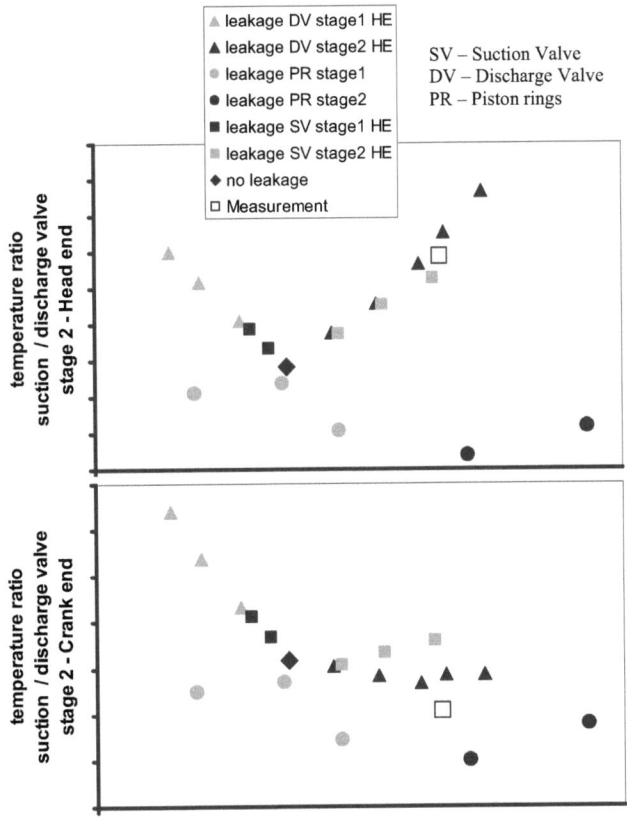

Bild 3-39 Korrelation von Kennzahlen zur Klassifikation von Schäden nach [3-36]

3.6 Drehkolbenverdichter

3.6.1 Einteilung, Eigenschaften und Grundbegriffe

Die Einteilung der vielfältigen Bauformen von Drehkolbenverdichtern erfolgt vorrangig nach der Zahl der sich drehenden Verdränger in **ein- und mehrwellige Verdichter** und nach der zeitlichen Volumenänderung des abgeschlossenen Arbeitsraums in Verdichter **mit** und **ohne innere Verdichtung**. Ferner unterscheidet man zwischen einer reinen Rotation der Verdränger (**Drehkolbenmaschine im engeren Sinn**) und dem Orbitieren der Verdränger auf einer geschlossenen Bahn (**Umlaufkolbenmaschine**), die in der Regel mit einer Rotation um die eigene Achse verbunden ist.

Ebenso ist zu unterscheiden, ob die Verdränger **mit** oder **ohne Steigung** ausgeführt werden, d. h. einen allgemeinen Zylinder darstellen oder eine Schraubenform haben (Tabelle 3.5).

Tabelle 3.5 Einteilung der Drehkolbenverdichter

Wellenzahl	einwellig		zweiwellig	
Kinematik Geometrie	rotierend	orbitierend	rotierend	
			ohne Steigung	mit Steigung
Innere Verdichtung	fest	fest	ohne	fest oder verstellbar
Beispiele	Zellenverdichter	Scrollverdichter	Rootsgebläse	Schraubenverdichter

Trotz dieser Unterschiede haben Drehkolbenverdichter viele **gemeinsame Eigenschaften**, die sie von den Hubkolbenmaschinen unterscheiden:

Sie werden in der Regel mit einer **höheren Drehzahl** betrieben, was wegen des Fehlens bzw. vollständigen Ausgleichs von Massenkräften möglich und wegen der meist berührungsfreien Abdichtung der Arbeitsräume im Hinblick auf ausreichende Dichtheit notwendig ist.

Daraus folgt ihre Eignung zur Förderung **größerer Volumenströme** gegen **kleine** bis **mittlere Förderdrücke**.

Die Steuerung des Ladungswechsels erfolgt in der Regel **zwangsläufig** nach dem **Schieberprinzip**, wobei Öffnungen im Gehäuse durch die Verdränger geöffnet oder geschlossen werden. Das von der Gehäuse- und Verdränger-Geometrie abhängige **Volumenverhältnis** Φ zwischen Ansaugende und Ausschubbeginn bestimmt die innere Verdichtung. Über den von Gasart und Kühlbedingungen abhängigen Polytropenexponenten der Verdichtung n_c ergibt sich das **Druckverhältnis** Π der inneren Verdichtung.

$$\Phi = \frac{V_{\max}}{V_{\min}} \qquad \Pi = \Phi^{n_c} \qquad (3.48)$$

Φ und Π werden als eingebautes oder inneres Volumen- bzw. Druckverhältnis bezeichnet. Die Realisierung des geometrischen Volumenverhältnisses ist bauartspezifisch. Es gibt auch Bauarten ohne innere Verdichtung ($\Phi = \Pi = 1$).

Stimmt das in der Anlage erforderliche Druckverhältnis mit dem volumetrisch bedingten überein, so erfolgt die Verdichtung ähnlich wie beim Hubkolbenverdichter näherungsweise reversibel. Bei abweichenden Betriebszuständen tritt zu Ausschubbeginn ein irreversibler Druckaus-

3.6 Drehkolbenverdichter

gleich auf, der erhöhten spezifischen Arbeitsbedarf und starke Geräuschentwicklung zur Folge hat. Deshalb werden auch Bauarten mit Verstellung des inneren Volumenverhältnisses ausgeführt.

Die innere spezifische Arbeit eines Drehkolbenverdichters ergibt sich näherungsweise zu

$$w_i = \frac{RT_S}{\lambda_T} \left(\frac{n_c}{n_c - 1} \cdot \left(\Pi^{\frac{n_c-1}{n_c}} - 1 \right) + \frac{p_D' / p_S' - \Pi}{\Phi} \right) \qquad (3.49)$$

Die Beziehung erfasst die Aufheizung beim Einströmen und die Drosselverluste beim Ansaugen und Ausschieben. Sie geht für $\pi' = p_D' / p_S' = \Pi$ in die für Hubkolbenverdichter gültige Gl. (3.19) über.

Das bei einer Umdrehung der Antriebswelle durch die Verdränger von der Saug- auf die Druckseite verdrängte Volumen wird als **Umlaufvolumen** V_u des Verdichters bezeichnet und ist analog zum Hubvolumen Bezugsgröße für seinen Förderstrom.

Das Umlaufvolumen eines einwelligen Drehkolbenverdichters ergibt sich unabhängig von der konkreten Bauform als Differenz zwischen den durch die Querschnitte A-A und B-B (Bild 3-40 a) während einer Umdrehung verdrängten Volumen. Bei zweiwelligen Drehkolbenverdichtern bestimmt das Produkt aus der wirksamen axialen Länge und der Summe aller Lückenvolumen A_1, A_2 das Umlaufvolumen (Bild 3-40 b).

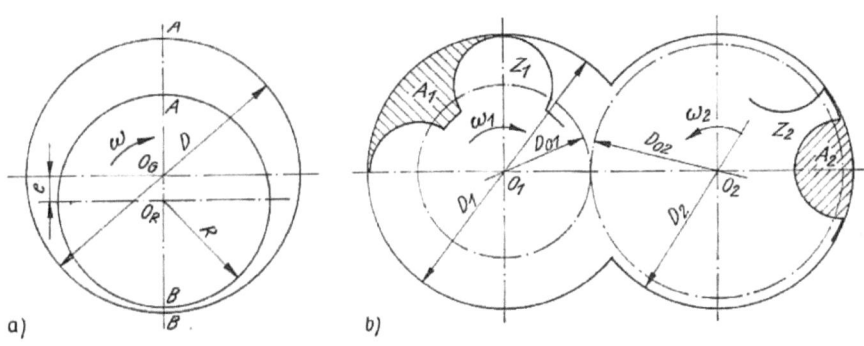

Bild 3-40 Zur Bestimmung des Umlaufvolumens: a) für einwellige Verdichter; b) für zweiwellige Verdichter

Analog zum Vorgehen bei Hubkolbenverdichtern wird der Förderstrom über den Ansatz

$$\dot{V} = V_u \, n \, \lambda_u \qquad (3.50)$$

berechnet, wobei der auf das Umlaufvolumen bezogene Ausnutzungsgrad λ_u in erster Linie von der Undichtheit (λ_m) bestimmt wird. Aber auch die wenig beeinflussbare Drosselung (λ_p) und Aufheizung (λ_T) beim Füllen der Kammern geht in den Ausnutzungsgrad ein. Die Rückexpansion einer Restgasmasse tritt bei Drehkolbenverdichtern wegen des nahezu vollständigen Ausschiebens nicht auf.

$$\lambda_u = \lambda_m \cdot \lambda_T \cdot \lambda_p \approx \lambda_m$$

Die Bestimmung von Leistungsbedarf und Wirkungsgrad erfolgt wie beim Hubkolbenverdichter mit den Gl. (3.17) und (3.21).

3.6.2 Zellenverdichter

Der Zellenverdichter ist eine **einwellige Drehkolbenmaschine** (Bild 3-41 a), die mit einem eingebauten Volumenverhältnis eine **innere Verdichtung** realisiert. Im zylindrischen Gehäuse (1) (Durchmesser D) läuft außermittig gelagert (Exzentrizität e) der ebenfalls zylindrische Rotor (2) (Länge $L = 1,6...3\,D$). Dieser trägt z in achsparallelen Schlitzen geführte ebene Schieber (3) mit der Stärke $s = 1,5....2,5$ mm und der Neigung $\gamma \leq 30°$ gegenüber der radialen Richtung. Diese werden durch die Fliehkraft an den Gehäuseumfang angedrückt, wo zur Verminderung der Reibung mitrotierende Ringe angeordnet sein können. Zwischen Gehäuse, Rotor und zwei benachbarten Schiebern werden z einzelne Kammern gebildet, deren Volumen bei einer Rotorumdrehung zwischen $V = V_{\max}$ und $V \approx 0$ schwankt.

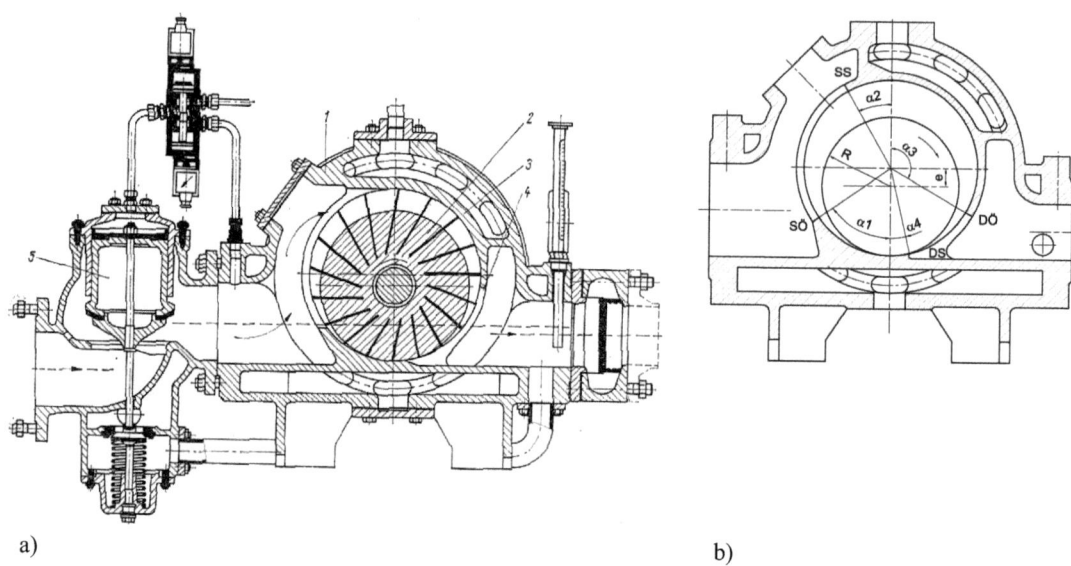

Bild 3-41 Zellenverdichter: a) Gesamtdarstellung; b) Steuerungswinkel

Das Ansaugen wird durch die Steuerkanten SÖ und SS am Gehäuseumfang (Bild 3-41 b) begrenzt. Die Verbindung zur Druckleitung wird mit den Steuerkanten DÖ und DS geöffnet bzw. geschlossen. (Der Ladungswechsel kann auch über Öffnungen an den Gehäusestirnflächen erfolgen.)

Für die zugeordneten Steuerwinkel gelten mit der Schieberteilung $\Theta = 2\pi / z$ folgende Empfehlungen [3-8]:

$$\alpha_1 = 1...2\,\Theta \qquad \alpha_2 = \Theta / 2 \qquad \alpha_3 = arc\cos\left(\frac{2}{\Phi} - 1\right) \qquad \alpha_4 = 5...6° \qquad (3.51)$$

Für zweiatomige Förderstoffe mit $\kappa \approx 1,4$ ist ein Verdichtungsexponent von $n_c \approx 1,6$ zu erwarten und es werden innere Druckverhältnisse $\Pi \leq 2,5$ realisiert.

Unter Vernachlässigung des minimalen Spaltes zwischen Rotor und Gehäuse sowie der Schieberstärke s ergibt sich das Umlaufvolumen

$$V_u \approx 2\pi\,D\,L\,e \qquad (3.52)$$

3.6 Drehkolbenverdichter

Der Förderstrom kann nach der für alle Drehkolbenverdichter gültigen Gl. (3.50) berechnet werden. Zellenverdichter werden mit Wasser oder Luft gekühlt und ölgeschmiert oder trocken laufend ausgeführt. Der Einsatz erfolgt vorwiegend zur Luftverdichtung in pneumatischen Transportanlagen sowie in Verpackungs- und polygraphischen Anlagen, wobei auch Vakuumbetrieb möglich ist.

3.6.3 Scrollverdichter

Der Scrollverdichter ist ein einwelliger Drehkolbenverdichter mit einem Rotor, der ohne Drehung um die eigene Achse auf einer Kreisbahn umläuft (kinematisch: Kreisschiebung). Der ebene Rotor trägt eine Spirale mit z Umschlingungen, deren Radius linear mit dem Winkel wächst.

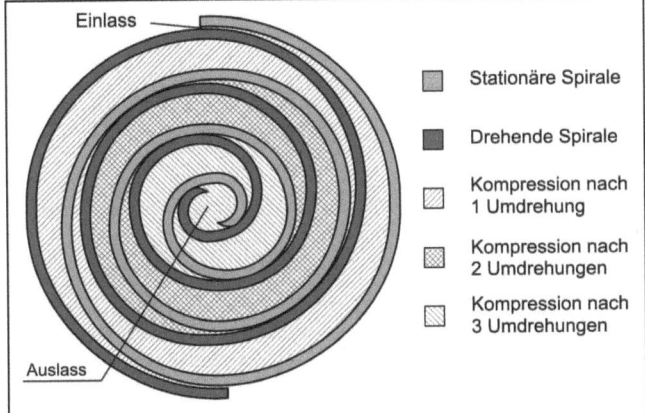

Die Rotorspirale berührt die kongruente Spirale im Gehäuse an z umlaufenden Stellen. Zwischen auf einander folgenden Berührungspunkten bilden sich abgeschlossene Kammern, die beim Umlauf ihren Radius und damit ihr Volumen verkleinern.

Bild 3-42 Zur Kinematik des Scrollverdichters

Die Räume vor der ersten und nach der letzten Berührungsstelle sind mit der Saug- bzw. Druckseite des Verdichters verbunden. Durch das Radienverhältnis der ersten und letzten Berührungsstelle wird das geometrische Volumenverhältnis bestimmt, das relativ hohe Werte erreichen kann.

$$\Phi = {r_e}/{r_a} \qquad (3.53)$$

Das Umlaufvolumen des Scrollverdichters ergibt sich näherungsweise zu

$$V_u \approx 2\pi r_e (h-s) L \,, \qquad (3.54)$$

wobei h, s, L Ganghöhe, Wandstärke und axiale Erstreckung der Spirale sind.

Konstruktiv wird die Kreisschiebung der Rotorebene durch zwei parallele Kurbeln realisiert, die mit ihren Ausgleichsmassen einen vollständigen Massenausgleich ermöglichen. Hinreichende Werte des Ausnutzungs- und Wirkungsgrades erfordern sehr kleine Spalte zwischen Rotor- und Gehäusekonturen. Voraussetzung dafür sind geringe Fertigungstoleranzen, Lagerspiele und thermische Dehnungen.

Der Scrollverdichter wird wegen der gedrungenen Bauweise und des hohen inneren Druckverhältnis häufig als hermetischer Kältemittelverdichter in der Raum – und Fahrzeugklimatisierung eingesetzt.

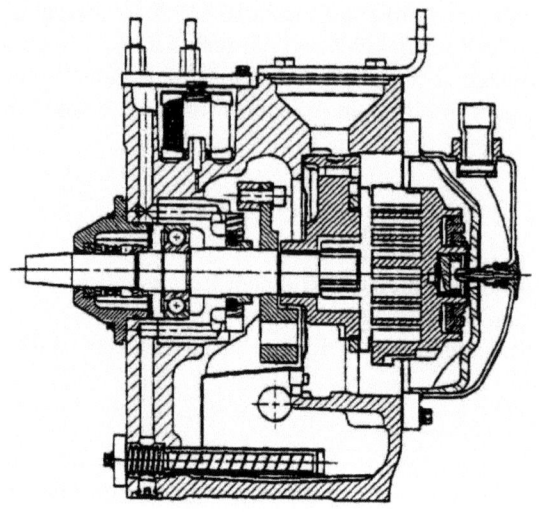

Bild 3-43 Längsschnitt eines Scrollverdichters

3.6.4 Rootsgebläse

Das Rootsgebläse (Bild 3-44) ist eine **zweiwellige** Drehkolbenmaschine. Es arbeitet **ohne innere Verdichtung**, weil die zwischen den Drehkolben und dem Gehäuse eingeschlossenen Kammervolumen bei der Drehung konstant bleiben. Das innere Druckverhältnis beträgt $\Pi = 1$. Die Druckerhöhung erfolgt im Augenblick der Verbindung jeder Kammer mit dem Druckstutzen durch Rückströmen von der Druckseite. Die Abweichung vom reversiblen Verlauf ist umso stärker, je höher die zu überwindende Druckdifferenz ist. Die von der plötzlichen Rückströmung angeregte Druckpulsation und damit verbundene **Schallemission** können verringert werden, wenn durch konstruktive Maßnahmen (z. B. Überströmschlitze) ein langsamerer Druckausgleich erreicht wird.

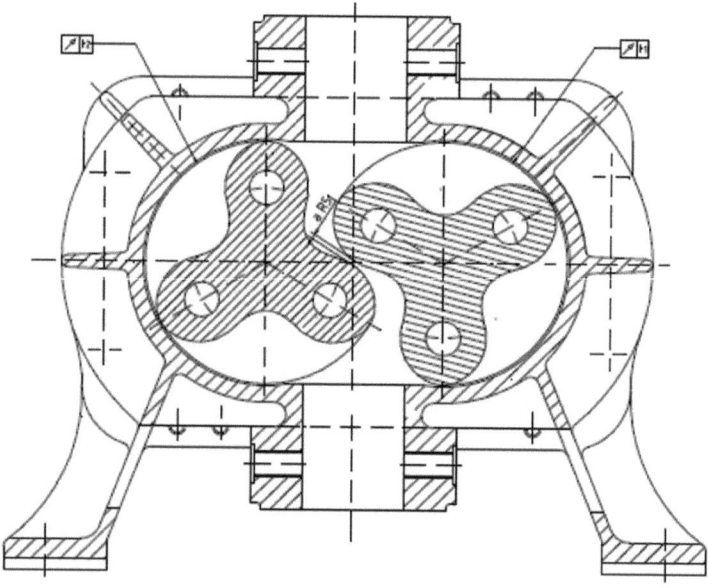

Bild 3-44 Querschnitt durch ein dreiflügliges Rootsgebläse der Fa. Borsig Compression ZM

3.6 Drehkolbenverdichter

Die Geometrie der beiden kongruenten Drehkolben kann bei Vorgabe des äußeren oder inneren Profilteils (z. B. durch Kreisbögen, Evolventen, Bezierpolynome) nach dem Verzahnungsgesetz bestimmt. Dieses verlangt, dass die Profilkonturen beider Kolben im jeweiligen Berührungspunkt eine gemeinsame Profiltangente haben. Bild 3-45 erklärt eine daraus abgeleitete graphische Konstruktionsvorschrift für zweiflüglige Drehkolben.

Es werden auch dreiflüglige Kolben ausgeführt, wofür die Kolbenkonstruktion analog erfolgt.

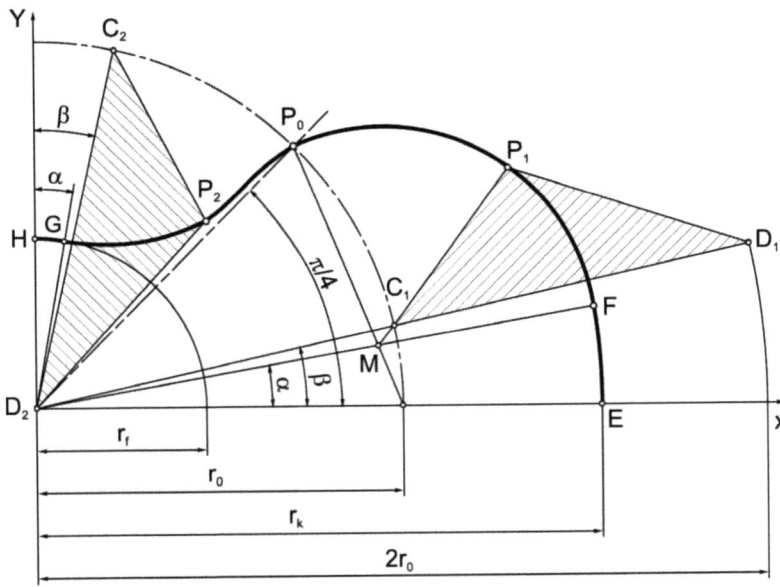

Bild 3-45 Zur Profilkonstruktion eines Rootsgebläses

Zu einem Punkt P_1 in der vorgegebenen Quadrantenhälfte wird der zugehörige Punkt P_2 in der zu konstruierenden zweiten Quadrantenhälfte wie folgt gefunden:

Der Punkt C_1 ergibt sich aus dem Schnittpunkt der Profilnormalen in P_1 (Gerade $P_1 M$) mit dem Wälzkreis (Radius r_0). Der Punkt D_1 liegt auf dem Radius $2 \cdot r_0$ und hat den gleichen Winkelabstand β zur x-Achse wie C_1. Der Punkt C_2 liegt mit dem Winkelabstand β zur y-Achse ebenfalls auf dem Wälzkreis. Der gesuchte Punkt P_2 ergibt sich aus der Konstruktion des Dreiecks $D_2 P_2 C_2$ als kongruentes Dreieck zum Dreieck $D_1 P_1 C_1$.

Die innere Gehäusegeometrie entsteht aus zwei zylindrischen Bohrungen mit dem Durchmesser D und dem Abstand $2 \cdot r_0$. Mit der Länge L und der Querschnittsfläche A_k der zylindrischen Kolben ergibt sich das Umlaufvolumen aus der Summe der bei einer Umdrehung auftretenden Kammervolumen zu

$$V_u = 2L \left(\frac{\pi D^2}{4} - A_k \right) \tag{3.55}$$

Bei vorgegebenen Hauptabmessungen wird das Umlaufvolumen umso größer, je schlanker die Flügel sind.

Ein hoher Ausnutzungsgrad setzt die Realisierung möglichst kleiner Spaltweiten am Umfang und an der Stirnseite sowie zwischen den abwälzenden Kolben voraus. Zu ihrer Festlegung müssen außer den Fertigungstoleranzen auch die druck- und temperaturbedingten Verformungen berücksichtigt werden. Bei der Montage wird die relative Winkellage beider Drehkolben über ein einstellbares Zahnrad des Synchronisierungsgetriebes genau abgestimmt.

Das **Betriebsverhalten** der Rootsgebläse kann z. B. anhand von Kennlinien bei konstanter Druckdifferenz (Bild 3-46) beschrieben werden. Förderstrom und Leistungsbedarf wachsen näherungsweise linear mit der Drehzahl. Wegen des höheren Leckstroms liegt der Förderstrom bei der größeren Druckdifferenz niedriger. Mit der Drehzahl ändert sich der absolute Leckstrom kaum, so dass er relativ zum Förderstrom abnimmt. Das spiegelt der Verlauf des Ausnutzungsgrades wider. Der isentrope Wirkungsgrad ist aufgrund des Wirkprinzips umso niedriger, je höher die Druckdifferenz bzw. das Druckverhältnis ist. Er erreicht sein Maximum, wenn die Zunahme der Drosselverluste mit der Drehzahl gerade die Abnahme der Leckverluste ausgleicht.

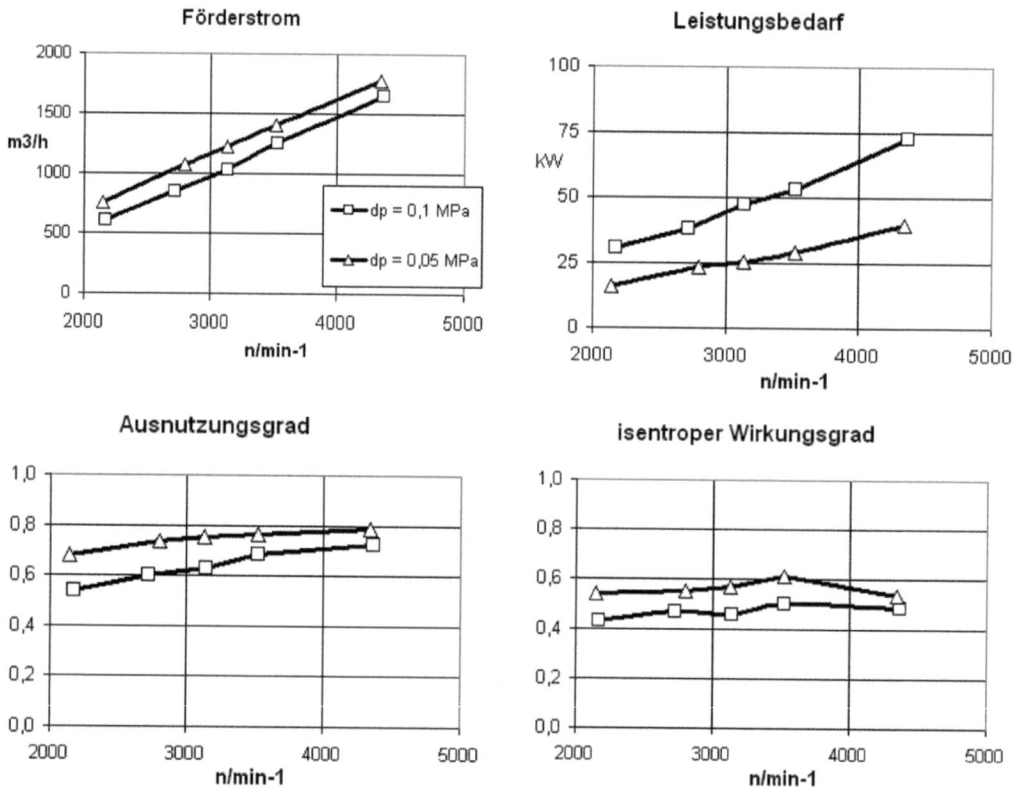

Bild 3-46 Kennlinien eines Rootsgebläses

Der **Einsatz** von Rootsgebläsen erfolgt auf Grund ihrer einfachen Bauweise mit hoher Leistungsdichte bevorzugt dort, wo ihre Nachteile (begrenzte Druckdifferenz, relativ niedriger

3.6 Drehkolbenverdichter

Wirkungsgrad und hohe Schallemission) in Kauf genommen werden können, beispielsweise zur Belüftung kleinerer Klärbecken und zum Antrieb pneumatischer Transportanlagen.

Rootsgebläse werden auch in der Vakuumtechnik eingesetzt, weil bei sehr niedrigen Drücken ihre Undichtheit stark zurück geht.

Oft werden Rootsgebläse in Form transportabler Komplettanlagen geliefert. Durch geeignete Dämpfungsbehälter auf Saug- und Druckseite sowie Kapselung des Gebläses können dabei akzeptable Schallleistungspegel erreicht werden.

3.6.5 Schraubenverdichter

Der Schraubenverdichter ist ein zweiwelliger Drehkolbenverdichter mit zwei ungleichen Verdrängern (Hauptrotor 1 und Nebenrotor 2). Die Außendurchmesser, die Teilkreisdurchmesser und Steigungen der Rotoren unterscheiden sich entsprechend ihrer Zähnezahl. Die gebräuchlichsten Zähnezahlverhältnisse von Hauptrotor zu Nebenrotor sind 4:6, 5:6 oder 5:7.

Das Zähnezahlverhältnis 5:6 setzt sich auf Grund der geringeren Leckrate zwischen benachbarten Zahnlücken, der ausgeglichenen Radiallagerbelastung bei Neuentwicklungen mehr und mehr durch.

Die den Verzahnungsgesetzen gehorchenden Profile werden mit Rücksicht auf unterschiedliche Anforderungen im Bereich der Zahnlückenvergrößerung (Ansaugen) und im Bereich der Zahnlückenverkleinerung asymmetrisch ausgeführt. Sie unterscheiden sich deutlich für Haupt- und Nebenrotor (Bild 3-47, [3-1]).

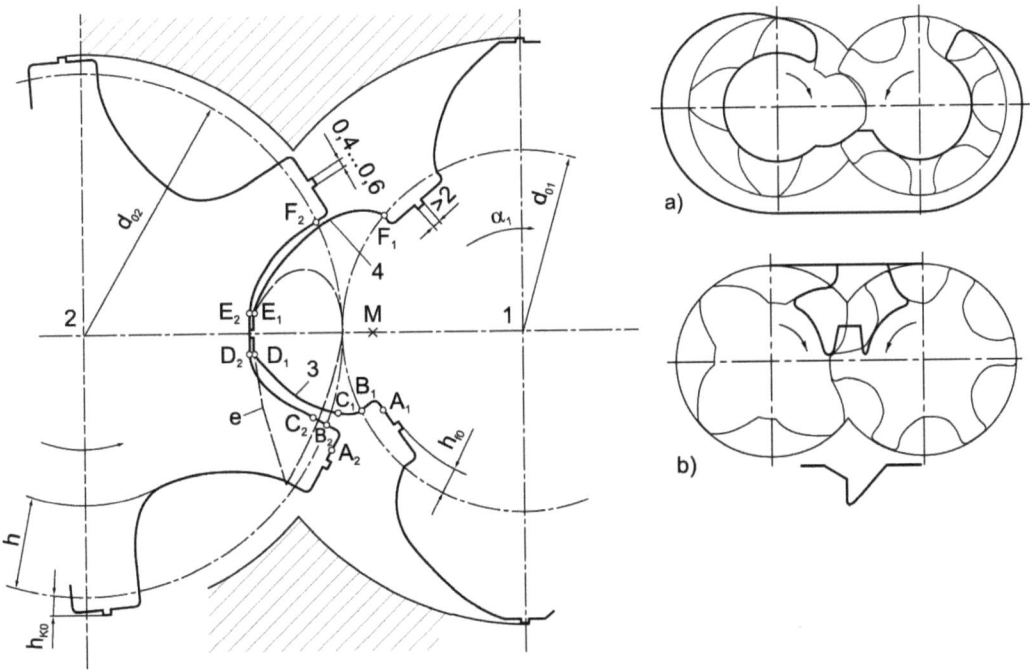

Bild 3-47 Rotor- und Gehäusegeometrie eines Schraubenverdichters: Asymmetrische Rotorprofile.
a) und b) Steuerquerschnitte im Gehäuse

Der Begrenzung des Ölverbrauchs kommt gerade in der heutigen Zeit außerordentliche Bedeutung zu (HC-Emissionen). Die Kolbenringe sind die Motorteile, über die der Ölverbrauch am stärksten beeinflusst werden kann. Entscheidend ist hierbei, dass mittels Gestaltung der Profile, Kanten und Abmessungen der Kolbenringe die vom Kurbelraum nach oben gelangende Schmiermenge so gesteuert und verteilt wird, dass der oberste Ring nur die zur Eigenschmierung gerade noch ausreichende Menge Schmieröl erhält.

Der Kolbenbolzen überträgt die Gas- und Massenkräfte am Kolben auf die Pleuelstange. Er wird als dickwandiges Rohr ausgeführt und ist beansprucht durch Abplattung (Ovalverformung) und Durchbiegung. Die Passung im Bolzenauge des Kolbens wird so gewählt, dass sich der Bolzen im Betrieb drehen kann. Die axiale Sicherung des Kolbenbolzens geschieht meist durch radial federnde Ringe, z. B. Seegerring. Alternativ sitzt der Kolbenbolzen mit Übermaß im Pleuelauge und ist dadurch axial gesichert.

Pleuel

Das Verbindungsglied zwischen Kolben und Kurbelwelle ist die Pleuelstange, auch Pleuel genannt. Sie überträgt die, in den Kolbenbolzen eingeleiteten, Gas- und Massenkräfte auf den Hubzapfen der Kurbelwelle. Bild 4.1-9 zeigt den Aufbau einer Pleuelstange mit den entsprechenden Bezeichnungen.

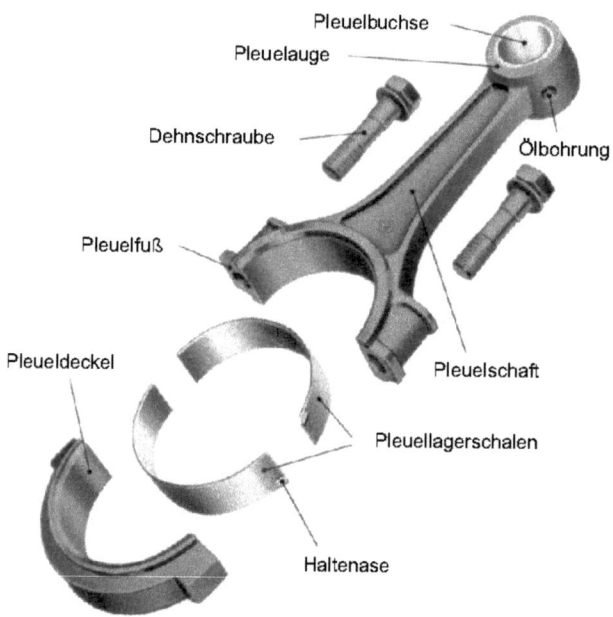

Bild 4.1-9 Aufbau des Pleuels

Das stets geschlossen ausgeführte obere Pleuelauge, durch das der Kolbenbolzen gesteckt wird, ist über den Pleuelschaft mit dem Pleuelkopf (Pleuelfuß + Pleueldeckel) verbunden. Der Pleuelkopf ist in der Regel geteilt, so dass eine Montage auf einer ungeteilten Kurbelwelle möglich ist.

3.6 Drehkolbenverdichter

Für das Umlaufvolumen (vgl. Bild 3-40 b) gilt bezogen auf eine Umdrehung des angetriebenen Haupt- bzw. Nebenrotors

$$V_{u1} = z_1(A_1 + A_2)L\varphi \quad \text{bzw.} \quad V_{u2} = z_2(A_1 + A_2)L\varphi \,, \tag{3.56}$$

wobei A_1, A_2 die Querschnittsfläche einer Zahnlücke, L die geometrische Länge der Rotoren und φ deren wirksamer Anteil sind.

Schraubenverdichter werden bevorzugt **ölüberflutet** ausgeführt, d. h. es wird ein Ölmassestrom eingespritzt, der das fünf- bis zehnfache des geförderten Gasmassestroms beträgt. Die Ölzufuhr bringt drei Vorteile mit sich:

- Mit dem Ölstrom wird ein großer Teil der Verdichtungswärme abgeführt (Öleinspritzkühlung). Dadurch sind höhere Druckverhältnisse als in einer Hubkolbenverdichterstufe möglich.

- Das eingespritzte Öl gelangt infolge der Fliehkraft an den Gehäuseumfang, wo es den Umfangsspalt ausfüllt und dessen Leckage stark vermindert. Auch die Dichtheit der Stirn- und Abwälzspalte wird verbessert. Damit sind höhere Ausnutzungsgrade und Wirkungsgrade als bei anderen Drehkolbenverdichtern möglich.

- Die intensive Ölschmierung der Rotoren erlaubt den Verzicht auf ein Synchronisierungsgetriebe der Rotoren. Dadurch vereinfacht sich die Konstruktion gegenüber einer trocken laufenden Ausführung entscheidend. Es braucht nur eine Wellendurchführung nach außen abgedichtet zu werden.

Ölüberflutete Schraubenverdichter werden mit Umfangsgeschwindigkeiten der Rotoren von etwa 15 bis 70 m/s ausgeführt. Trocken laufende Schraubenverdichter benötigen für hinreichende Dichtheit Umfangsgeschwindigkeiten über 100 m/s.

Bild 3-49 zeigt den Längsschnitt durch einen Öl überfluteten Schraubenverdichter für Kältemittel. Der Förderstoff tritt über den Saugstutzen (1) ein und verlässt den Verdichter über den Druckstutzen (6). Die Antriebswelle wird mit einer Gleitringdichtung (11) öldicht abgedichtet.

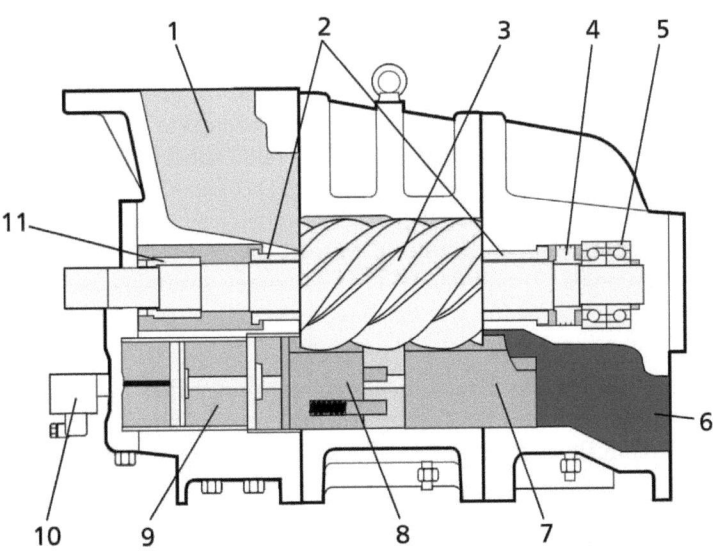

Bild 3-49 Ölüberfluteter Schraubenverdichter für Kältemittel der Fa. Grasso Berlin

Die Rotoren (3) laufen in hydrodynamischen Gleitlagern (2). Die aus dem Druckunterschied auf beiden Seiten resultierende Axialkraft wird von Schrägkugellagern (5) aufgenommen.

Der Förderstrom kann bei konstanter Drehzahl durch eine schiebergesteuerte innere Rückströmung (7) vermindert werden. Der Sekundärschieber (8) gleicht das innere Druckverhältnis den Betriebsbedingungen an. Zum Antrieb der Schieber dient das Hydrauliksystem (9) mit dem Positionssensor (10).

(In Schraubenverdichtern mit festen Auslassfenstern sollte das innere Druckverhältnis dem Einsatzfall angepasst sein.)

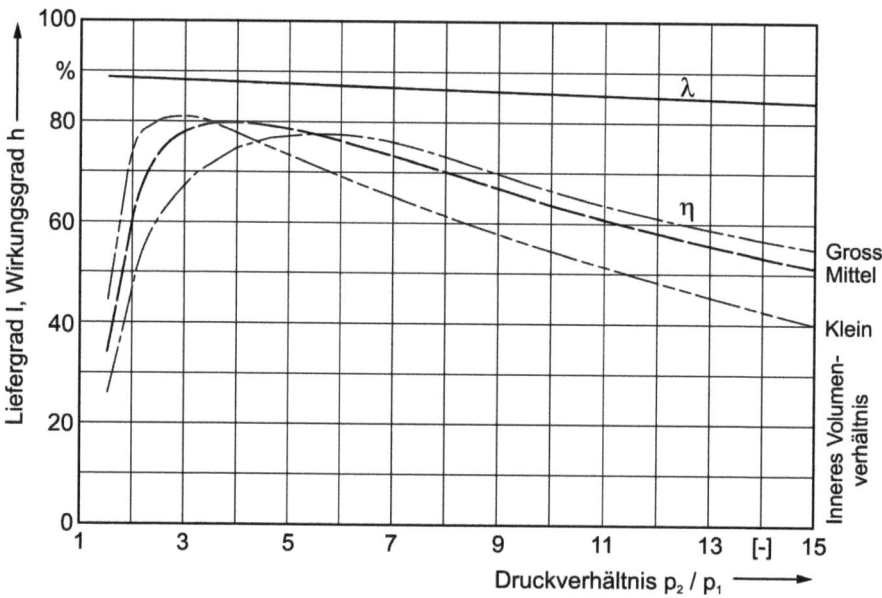

Bild 3-50 Wirkungsgrad und Ausnutzungsgrad eines Schraubenverdichters als Funktion des Druckverhältnisses bei verschiedenen inneren Volumenverhältnissen

Kleinere Schraubenverdichter werden in der Regel als kompakte Komplettanlagen angeboten, die neben dem Antrieb die Kühlung, Schalldämmung und Ölabscheidung realisieren. Bild 3-51 zeigt schematisch den Aufbau einer solchen Anlage. Das Gas-Öl-Gemisch gelangt nach dem Verdichter zunächst in einen Druckbehälter (6), der eine Grobabscheidung durch Schwerkraft und eine Feinabscheidung über Faserfilter (7) realisiert. Ein luftgekühlter Wärmeübertrager kühlt parallel das Fördergas (9) und das Öl (12). Letzteres wird ohne weitere Druckerhöhung im vorderen Drittel des Rotors (5) wieder eingespritzt. Gas- und Ölstrom werden vor dem Eintritt in den Verdichter durch Filter (1,13) gereinigt.

Schraubenverdichter werden zur Druckluft-Erzeugung eingesetzt, wenn die Volumenströme für Kolbenverdichter zu groß und für Turboverdichter zu klein sind. Sie finden Anwendung in mittleren und größeren Kälteanlagen und in vielen verfahrenstechnischen Anlagen.

Der Schraubenverdichter ist der am weitesten verbreitete Drehkolbenverdichter. Die mit seiner Berechnung, Konstruktion und Fertigung verbundenen Probleme wurden in den letzten Jahrzehnten mit hohem Aufwand bearbeitet und weitgehend gelöst. Übersichten zu den Grundlagen und zum Entwicklungstand des Schraubenverdichters geben [3-37, 3-38, 3-39].

3.6 Drehkolbenverdichter

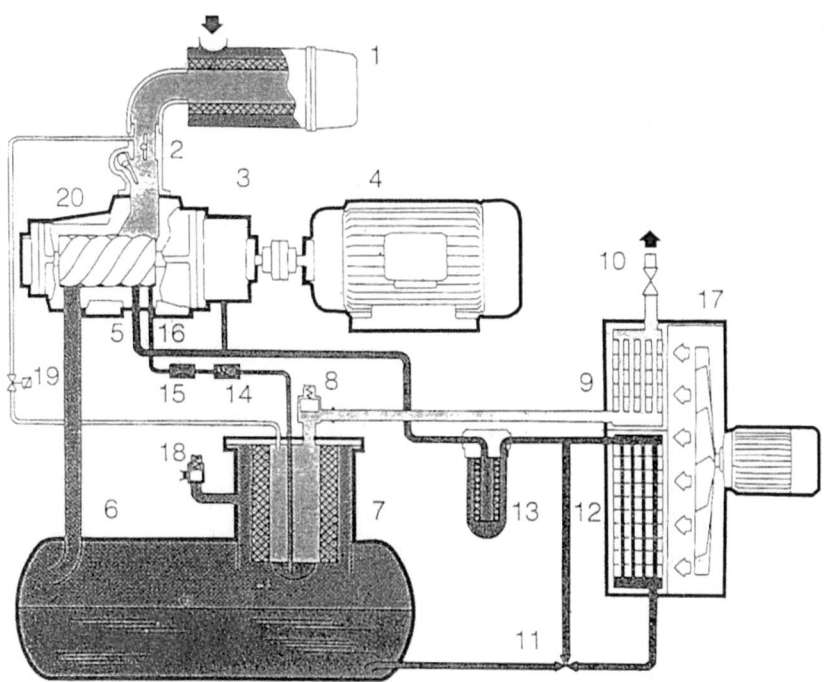

Bild 3-51 Schraubenverdichter-Kompaktanlage der Fa. Kaeser (schematisch)

■ **Beispiel 3.6.1: Überschlägige Auslegung eines Rootsgebläses**

Ein Rootsgebläse mit zweiflügligen Kolben hat folgende Hauptparameter:

Kolbendurchmesser $D = 96$ mm
Kolbenlänge $L = 152$ mm
Teilkreisradius $r_0 = 31$ mm
Drehzahl $n = 4600$ min^{-1}

Zur Konstruktion der Kolbenform wird der innere Teil der Flanke als Kreisbogen vorgegeben. Der äußere Teil der Flanke wird nach dem Verzahnungsgesetz konstruiert (vgl. Bild 3-45).

Die Querschnittsfläche des doppelt symmetrischen Kolbens beträgt ca. 3480 mm². Damit ergibt sich nach Gl. (3.55) das Umfangsvolumen

$$V_u = 2 \cdot 152 \, \text{mm} \cdot (\frac{\pi \cdot 96^2 \, \text{mm}^2}{4} - 3480 \, \text{mm}^2) = 1{,}14 \cdot 10^6 \, \text{mm}^3 = 1{,}14 \cdot 10^{-3} \, \text{m}^3$$

Im Idealfall ($\lambda_u = 1$) wird nach Gl. (3.50) der Förderstrom

$$\dot{V}_{\text{ideal}} = 1{,}14 \cdot 10^{-3} \, \text{m}^3 \cdot 4600 \, \text{min}^{-1} \frac{60 \, \text{min}}{h} = 315 \, \text{m}^3/\text{h}$$

Die spezifische innere Arbeit kann nach Gl. (3.49) abgeschätzt werden, die sich unter Vernachlässigung der Drosselverluste und mit $\Phi = \Pi = 1$ stark vereinfacht:

$$w_i = R \cdot T_S \cdot (p_D / p_S - 1)$$

Sie wächst bei der im Rootsgebläse stattfindenden „Volldruck-Verdichtung" (der gesamte Volumenstrom wird gegen die volle Druckdifferenz ausgeschoben) linear mit dem Förderdruck. Auch das Verhältnis zur spezifischen isentropen Förderarbeit (Gl. (1.15)) wächst.

Wenn man die Wärmeabgabe des ungekühlten Gebläses vernachlässigt, kann man aus der spezifischen Förderarbeit auf die Austrittstemperatur schließen:

$$T_D = T_S + w_i / c_p$$

Die Innenleistung kann nach der allgemeingültigen Gl. (3.17) berechnet werden:

$$P_i = \dot{m} \cdot w_i = \dot{V} \frac{p_S}{R \cdot T_S} R \cdot T_S \frac{p_D - p_S}{p_S} = \dot{V} \cdot (p_D - p_S)$$

p_D / Pa	110000	150000	190000
w_i / (J/kg)	8409	42046	75682
P_i / W	876	4378	7880
w_i / Y_s	1,03	1,16	1,28
T_D /°C	28	62	95

Literatur

[3-1] Kleinert, H. J.; Will, G.: Kolbenverdichter, Abschnitt 1.5 in: Taschenbuch Maschinenbau, Band 5, Kolbenmaschinen, Strömungsmaschinen, Berlin 1989, Verlag Technik

[3-2] Poling, E.P.; Prausnitz, J.M.; O'Conell, J.P.: The Properties of Gases and Liquids. Mcgraw-Hill Professional, 2000, ISBN-10:00701168225

[3-3] DIN EN 1012-1 Kompressoren und Vakuumpumpen, Sicherheitsanforderungen, Teil1: Kompressoren, Juli 1996

[3-4] American Petroleum Institute: Reciprocating Compressors for Petroleum, Chemical, and Gas Industry Services. API Standard 618, Fourth Edition, Washington, D.C. 20 005, June 1995

[3-5] Nickol, J.; Hefele, H.: Neuer Zylinder für CO-Hochdruck 700 bar in geschrumpfter Ausführung. 1. EFRC-Conference, Dresden 1999, Verlag und Bildarchiv W.H. Faragallah, Sulzbach

[3-6] Samland, G.; Kolbenkompressorventile aus der Sicht eines Kompressor- und Ventilherstellers. In Industriepumpen und Kompressoren, Vulkanverlag Essen, 2002, Heft 1, S. 19–23

[3-7] Frenkel, M. I.: Kolbenverdichter, VEB Verlag Technik, Berlin 1969

[3-8] Pohlenz, W.: Bauteile für Pumpen, VEB Verlag Technik, Berlin 1983

[3-9] Böswirth, L.: Strömung und Ventilplattenbewegung in Kolbenverdichterventilen, Eigenverlag, Mödling 2003

[3-10]	Pirumov, I. B.: Ausarbeitung einer Methode für die strömungstechnische, dynamische und festigkeitsmäßige Berechnung, die mathematische Modellierung und Optimierung von selbsttätigen Ventilen für Kolbenverdichter (russisch) . Habilitation, Polytechnisches Institut Leningrad, 1984
[3-11]	Machu, G.: Calculating reliable impact valve velocity by mapping instantaneous flow in a reciprocating compressor. Paper Gas Machinery Conference GMRC USA, 2004
[3-12]	Flade, G.: Weiterentwicklung der Berechnungsmethoden für Kolbenverdichterventile auf der Basis zweidimensionaler Strömungssimulation. Dissertation Technische Universität Dresden, 2006
[3-13]	DIN ISO 6621 Kolbenringe
[3-14]	Feistel, N. : Beitrag zum Betriebsverhalten trocken laufender Dichtsysteme zur Abdichtung der Arbeitsräume von Kreuzkopfkompressoren, Dissertation Universität Erlangen, 2002
[3-15]	Kleinert, H. J.; Will, G.: Zur Abschätzung des Dichtringverschleißes und dessen Auswirkungen auf die Betriebsparameter eines Kolbenverdichters. 1. EFRC-Conference, Dresden 1999, Verlag und Bildarchiv W.H. Faragallah, Sulzbach
[3-16]	Kriegel, G.: Beitrag zur Berechnung des Radialverschleißes von Trockenlaufkolbenringen. Dissertation Technische Universität Dresden, 1977
[3-17]	Vetter, G.: Tribological Phenomena with Dry-Running Seal Elemennts of Reciprocating Compressors. 1. EFRC-Conference, Dresden 1999, Verlag und Bildarchiv W.H. Faragallah, Sulzbach
[3-18]	Nickol, J.; Will, G.: On the Strength of built Pistons. 2. EFRC-Conference, Den Haag 2001
[3-19]	Wärmeaustauscher, Vulkanverlag, 2. Ausgabe 1994
[3-20]	Standards of the tubular exchanger manufactures association, New York 1988 (7. Auflage)
[3-21]	Schwaigerer, S.: Festigkeitsberechnung im Dampfkessel-, Behälter- und Rohrleitungsbau. Springer-Verlag, Berlin, 4. Auflage 1990
[3-22]	AD-Merkblätter. Hrsg.: VdTÜV e.V. Essen, Beuth-Verlag GmbH, Berlin, Wien, Zürich
[3-23]	Alberts, G.; Belfroid, S.P.C.: Effect of Pulsation on Separator Efficiency. 4. EFRC-Conference, Antwerp, 2005
[3-24]	Eijk, A. u. a.: Improvments and Extensions to API 618 related to Pulsation an Mechanical Responce Studies. 1. EFRC-Conference, Dresden 1999, Verlag und Bildarchiv W.H. Faragallah, Sulzbach
[3-25]	Eijk, A.; Egas, G.: Effective Combination of On-Site Mesurements and Similation for a Reciprocating Compressor System. 2. EFRC-Conference, Den Haag 2001, S. 275 ff.
[3-26]	Samland, G.; Retz, N.: Further Improvement of Pulsation and Vibration Studies for Reciprocating Compressors. 5. EFRC-Conference, Prague 2007
[3-27]	Stehr, H.: Das Simulationssystem PURO99 – pulsierende Strömung in fluidischen Netzwerken. 1. EFRC-Conference, Dresden 1999, Verlag und Bildarchiv W.H. Faragallah, Sulzbach
[3-28]	Rumpold, A.: Mechatronics in Kompressorventilen – Betriebserfahrungen mit HydroCOM. 1. EFRC-Conference, Dresden 1999, Verlag und Bildarchiv W.H. Faragallah, Sulzbach
[3.29]	Schutte, R.J.M.: Capacity Control by Means of Hydraulic operated Variable Clearance Pocket. 2. EFRC-Conference, Den Haag 2001
[3-30]	Asset Performance Managment for reciprocating compressors. Firmenschrift der PROGNOST Systems GmbH, Rheine
[3-31]	RecipCOM. Firmenschrift Hoerbiger Ventilwerke, Wien

[3-32] Spiegel, B.; Artner, D.; Steinrück, P.: System for direct wear monitoring of rider rings in reciprocating compressors. 3.EFRC-Conference, Wien 2003

[3-33] Hastings, M.; Schrijver, J.: Improved monitoring strategy developed in close cooperation between the machine manufacturer, instrument supplier and end-user gives positive results. 3.EFRC-Conference, Wien 2003

[3-34] Meltzer, G.: Einführung in die technische Diagnostik. www.mlu.mw.tu-dresden.de

[3-35] Leupold, P.: Aufbau und Erprobung von FCT-Klassifikatoren. Diplomarbeit DA 433, V 222 TU Dresden, Institut f. Energiemaschinen, 1996

[3-36] Huschenbett, M., Will, G.: Thermodynamic Simulation of Reciprocating Compressors to enable Diagnostic based on Measured Temperaturs and Pressors. 4. EFRC-Conference, Antwerp, 2005

[3-37] Sakun, I. A.: Schraubenkompressoren (russisch). Leningrad 1970

[3-38] Rinder, L.; Schraubenverdichter. Springer Verlag Wien New York, 1978

[3-39] Kauder, K. (Hrsg.): Schraubenmaschinen. Forschungsberichte des FG Fluidenergiemaschinen. Universität Dortmund

[3-40] Will, G.: Reciprocating Compressors (Kolbenverdichter). In: www.recip.org

4 Brennkraftmaschinen

4.1 Mechanische Bauteile

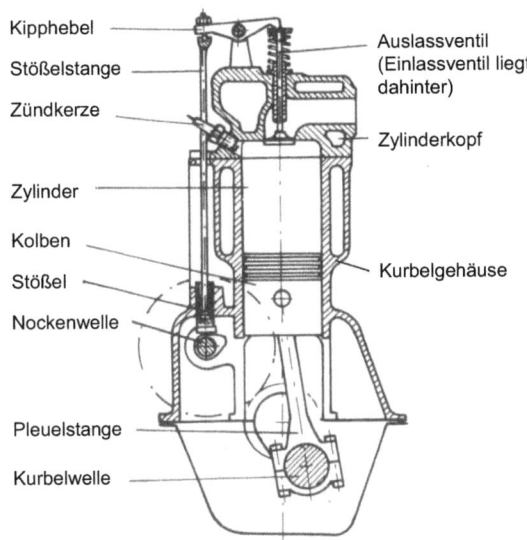

Die Hauptbauteile des Motors sind:

- Kolben
- Pleuelstange
- Kurbelwelle
- Kurbelgehäuse
- Zylinderkopf
- Ventiltrieb

Bild 4.1-1 Übersicht

Aufgaben der Hauptbauteile des Motors sind die Steuerung des Ladungswechsels, die Realisierung der Verbrennung, die Aufnahme der entstehenden Gaskräfte und die Umwandlung dieser Kräfte in ein nutzbares Drehmoment. Zylinderkopf und Kurbelgehäuse dienen dabei als Lagerung und Führung der bewegten Bauteile des Kurbel- und Ventiltriebes.

4.1.1 Kurbeltrieb

Der Kurbeltrieb des Verbrennungsmotors besteht aus Kolben, Pleuel und Kurbelwelle. Seine Aufgabe ist die Umsetzung des Gasdrucks im Brennraum in ein Drehmoment an der Kurbelwelle. Der Kolben überträgt die durch Gasdruck entstehenden Kräfte über den Kolbenbolzen in das Pleuel. Das Pleuel leitet die Kräfte auf die Kurbelwelle weiter und wandelt die oszillierende Bewegung des Kolbens in eine rotierende Bewegung der Kurbelwelle um. Die Kurbelwelle überträgt ein nutzbares Drehmoment.

Kolben

Das erste Glied in der Kette der kraftübertragenden, bewegten Teile ist der Kolben. Er ist eines der thermisch und mechanisch am höchsten beanspruchten Bauelemente des Verbrennungsmotors. Bild 4.1-2 zeigt wichtige Begriffe und Bezeichnungen des Kolbens.

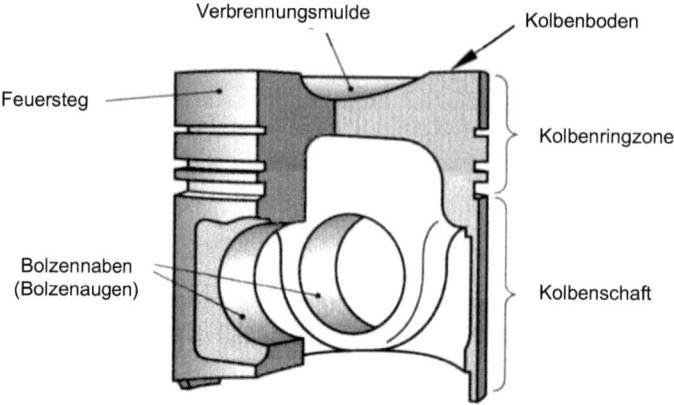

Bild 4.1-2 Wichtige Begriffe des Kolbens

Die wesentlichen Bestandteile des Kolbens sind der Kolbenboden, die Ringpartie mit dem Feuersteg, die Bolzennabe und der Schaft. Während die meisten Kolben einteilig aus einer hochentwickelten Aluminiumlegierung ausgeführt sind, finden in einigen Großmotoren „gebaute Kolben" Anwendung. Sie bestehen aus zwei Teilen. Der Schaft ist in diesem Fall meist aus Leichtmetall; für den Kolbenboden haben sich Stahl und legierter hochfester Grauguss bewährt.

Neben dem Kolbendurchmesser ist die Kompressionshöhe, d. h. der Abstand zwischen Bolzenmitte und Feuerstegoberkante, ein wichtiges Maß. Sie beeinflusst entscheidend die Bauhöhe des Motors und das Gewicht des Kolbens (wichtig bei hohen Drehzahlen).

Der Schaft, die den unteren Teil des Kolbens mehr oder weniger (je nach Bauform) umhüllende Partie, führt den Kolben im Zylinderrohr. Dabei ist die Länge des Schafts so zu bemessen, dass die zulässige Reibung und Flächenpressung nicht überschritten wird.

Im Laufe eines Arbeitszyklus wechselt der Kolben mehrmals seine Anlageseite. Den Verlauf der Gleitbahnkraft für ein 4-Takt-Arbeitsspiel zeigt Bild 4.1-3. Sie lässt sich aus den Komponenten der Gas- und Massenkräfte ermitteln.

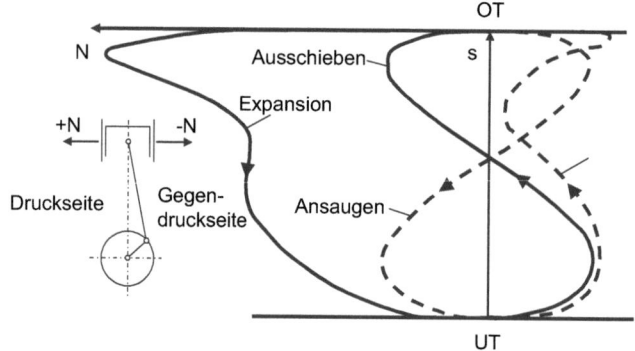

Bild 4.1-3 Gleitbahnkraft des Kolbens, 4-Takt-Motor

4.1 Mechanische Bauteile

Die höchsten Seitenkräfte treten während des Expansionstaktes kurz nach dem oberen Totpunkt (OT) auf und führen zu einem heftigen Anlagewechsel von der „Gegendruckseite" auf die „Druckseite". Die Folgen sind mechanische Geräusche sowie erhöhter Verschleiß von Kolben, Kolbenringen und Lauffläche.

Durch eine Versetzung der Bolzenachse (Desachsierung) kann ein zusätzliches Moment am Kolben erzeugt werden. Dies führt zu einem veränderten Verlauf der Gleitbahnkraft. Bei einer Versetzung zur Druckseite um 0,5 bis 2 % vom Kolbendurchmesser wird das Anlegen des unteren Schaftendes auf der Druckseite des Kolbens schon vor dem oberen Totpunkt erzwungen und somit das Kolbenkippgeräusch vermindert, siehe Bild 4.1-4. Man spricht dann von einem Kippen in „Raten".

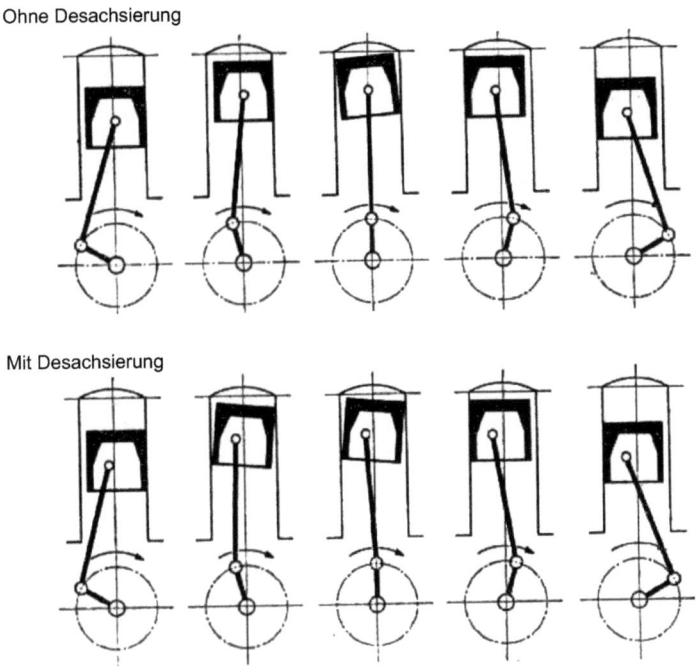

Bild 4.1-4 Auswirkungen der Desachsierung des Kolbenbolzens

Als Teil des Brennraums wird der Kolbenboden direkt von den heißen Verbrennungsgasen beaufschlagt. Die im Brennraum auftretenden Spitzentemperaturen der Gase können zwischen 1800 °C und 2700 °C betragen. Sie werden im Wesentlichen beeinflusst von dem Arbeits- und Brennverfahren (Otto- oder Diesel bzw. Kammer- oder Direkteinspritz-Verfahren), der Motorgröße, der Motorlast und der Kühlung. Die durch den Arbeitsprozess hervorgerufenen starken periodischen Schwankungen der Gastemperaturen im Brennraum führen zu großen Temperaturschwankungen von einigen hundert Grad in der obersten Schicht des Kolbenbodens.

Ein großer Teil der vom Kolbenboden während des Arbeitstaktes aufgenommenen Wärme wird durch die Kolbenringe an die Zylinderwand übertragen. Das Schmier- bzw. Kühlöl an der Zylinderwand übernimmt einen weiteren Teil der Wärmeabfuhr. Charakteristische Temperaturverläufe am Kolben von Diesel und Ottomotoren für Kraftfahrzeuge bei Volllast sind schematisch in Bild 4.1-5 dargestellt.

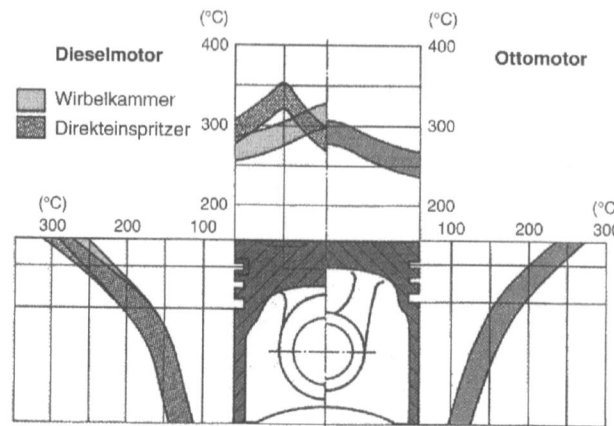

Bild 4.1-5 Temperaturen der Kolbenoberfläche

Die höchsten Temperaturen treten bei Ottomotoren in der Mitte des Kolbenbodens auf. Vom Boden zum Schaft liegt ein starkes Temperaturgefälle vor, da ein großer Teil der Wärme bereits über den Feuersteg und die Kolbenringe abgeführt wird. Die Temperatur an der obersten Ringnut sollte zur Vermeidung von Schmierölverkokung einen Wert von 240 °C nicht wesentlich überschreiten. Im Betrieb deformiert sich ein zylindrischer Kolben durch die Temperaturausdehnung und die Druckbelastung. Zum Ausgleich dieser Deformationen wird der Kolben in Längsrichtung leicht ballig bzw. konisch bearbeitet, siehe Bild 4.1-6. Um ein Reiben und Klemmen des Kolbens am Zylinderrohr im Bereich des Bolzenauges zu vermeiden, wird der Kolbenschaft außerdem oval ausgeführt. Das Schaftspiel des kalten Kolbens muss auch Funktionssicherheit bei unterschiedlicher Wärmedehnung von Kolben und Zylinderrohr im Betrieb gewährleisten.

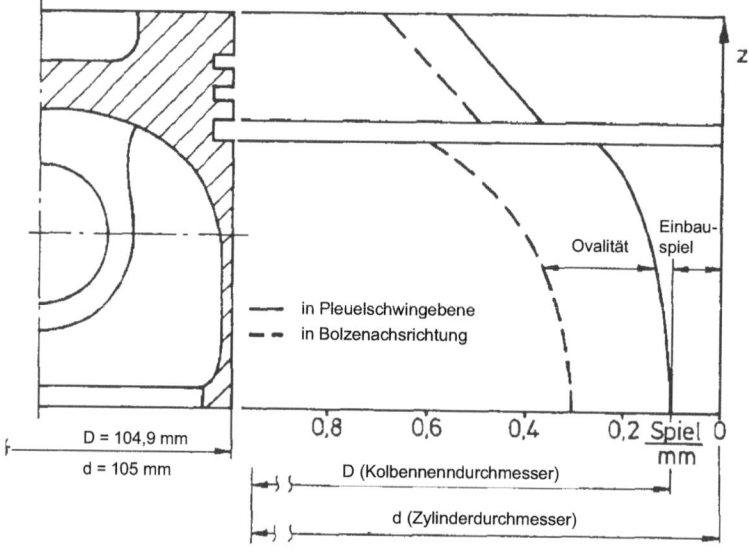

Bild 4.1-6 Kolbenform (stark vergrößert)

4.1 Mechanische Bauteile

Das Kolbenringpaket, bestehend aus Kompressionsringen und Ölabstreifringen, hat die Aufgabe den Brennraum gegen Gasaustritt ins Kurbelgehäuse abzudichten, einen Teil der Wärme aus dem Kolben an die gekühlte Zylinderwand abzuführen und einen zu großen Öleintrag in den Brennraum zu verhindern. Während die Kolbenringe durch ihre Vorspannung nur an der Zylinderoberfläche gehalten werden, wird die eigentliche Dichtwirkung der Kompressionsringe im Betrieb durch den Gasdruck erzeugt. Bild 4.1-7 zeigt die Beaufschlagung der Kolbenringe durch die Gaskraft.

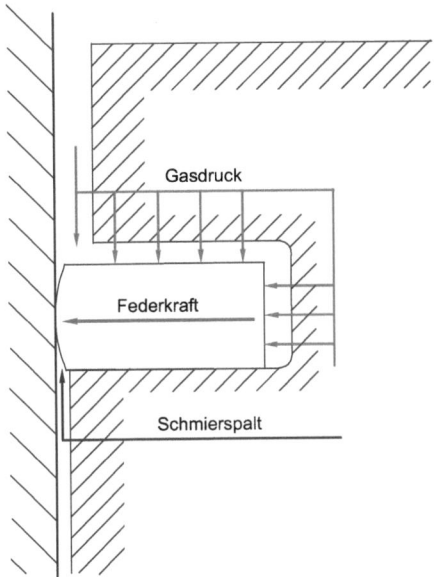

Bild 4.1-7 Gasdruckbeaufschlagung des Kolbenringes

Kolbenringe müssen, um sich dem Zylinderdurchmesser exakt anpassen zu können, immer an einer Stelle, dem Ringstoß, aufgetrennt sein. Das Stoßspiel des eingebauten Ringes soll klein sein (Leckstelle → Blow-by), darf aber nie zu Null werden (Klemmen). Bild 4.1-8 zeigt die drei möglichen Wege, die das Gas in der Kolbenringpartie nehmen kann.

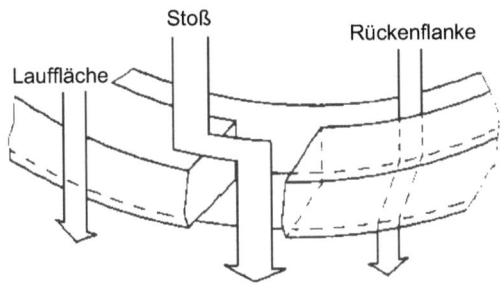

Bild 4.1-8 „Blow-by" am Kolbenring

In 4-Takt-Motoren sind die Kolbenringe in ihrer Nut frei drehbar. Durch die Bewegung des Kolbens tritt eine stochastische Rotationsbewegung der Ringe auf. Diese Bewegung gewährleistet einen gleichmäßigen Verschleiß an der Zylinderwand, und ist deshalb gewünscht. Die Kolbenringe in 2-Takt-Motoren müssen gegen Verdrehen gesichert sein, da sonst die Gefahr besteht, dass sich die Ringenden in den Spülschlitzen verhaken.

Der Begrenzung des Ölverbrauchs kommt gerade in der heutigen Zeit außerordentliche Bedeutung zu (HC-Emissionen). Die Kolbenringe sind die Motorteile, über die der Ölverbrauch am stärksten beeinflusst werden kann. Entscheidend ist hierbei, dass mittels Gestaltung der Profile, Kanten und Abmessungen der Kolbenringe die vom Kurbelraum nach oben gelangende Schmiermenge so gesteuert und verteilt wird, dass der oberste Ring nur die zur Eigenschmierung gerade noch ausreichende Menge Schmieröl erhält.

Der Kolbenbolzen überträgt die Gas- und Massenkräfte am Kolben auf die Pleuelstange. Er wird als dickwandiges Rohr ausgeführt und ist beansprucht durch Abplattung (Ovalverformung) und Durchbiegung. Die Passung im Bolzenauge des Kolbens wird so gewählt, dass sich der Bolzen im Betrieb drehen kann. Die axiale Sicherung des Kolbenbolzens geschieht meist durch radial federnde Ringe, z. B. Seegerring. Alternativ sitzt der Kolbenbolzen mit Übermaß im Pleuelauge und ist dadurch axial gesichert.

Pleuel

Das Verbindungsglied zwischen Kolben und Kurbelwelle ist die Pleuelstange, auch Pleuel genannt. Sie überträgt die, in den Kolbenbolzen eingeleiteten, Gas- und Massenkräfte auf den Hubzapfen der Kurbelwelle. Bild 4.1-9 zeigt den Aufbau einer Pleuelstange mit den entsprechenden Bezeichnungen.

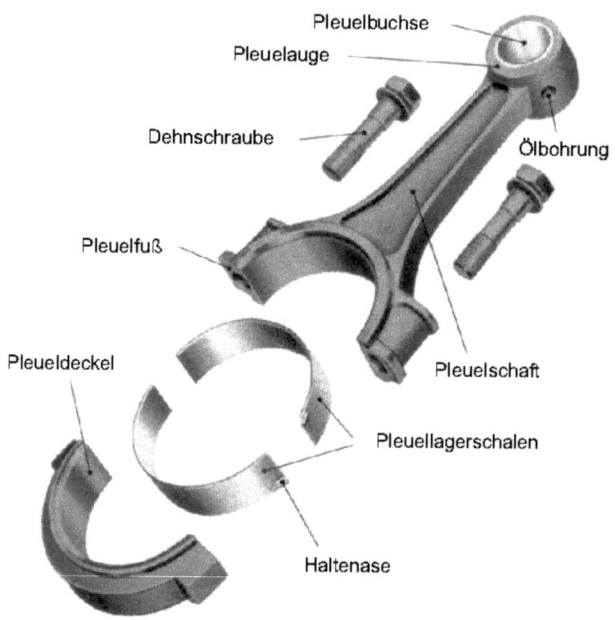

Bild 4.1-9 Aufbau des Pleuels

Das stets geschlossen ausgeführte obere Pleuelauge, durch das der Kolbenbolzen gesteckt wird, ist über den Pleuelschaft mit dem Pleuelkopf (Pleuelfuß + Pleueldeckel) verbunden. Der Pleuelkopf ist in der Regel geteilt, so dass eine Montage auf einer ungeteilten Kurbelwelle möglich ist.

4.1 Mechanische Bauteile

Der Pleuelkopf wird nach Möglichkeit gerade geteilt, wodurch sich einfache Beanspruchungsverhältnisse ergeben. Eine schräge Teilung kann nötig sein, um auch bei großen Kurbelzapfendurchmessern den Ausbau nach oben durch den Zylinder zu ermöglichen.

Die Schrauben liegen möglichst nahe am Lager. Sie sind als Durchsteck- oder Kopfschrauben ausgeführt und werden als Dehnungsschrauben nicht mit einer „Sicherung" versehen. Zur Entlastung der Pleuelschrauben von Querkräften werden die Flanschflächen von Pleuelfuß und Pleueldeckel häufig mit einer Verzahnung versehen. Die gleiche Wirkung lässt sich kostengünstiger herstellen, in dem diese Kontaktflächen durch Brechen (Cracken) des fertig bearbeiteten Pleuels hergestellt werden. Die hierbei entstehenden Bruchoberflächen wirken dabei wie eine Verzahnung, sind einzigartig und passen exakt zueinander.

In V-Motoren befinden sich in der Regel zwei Pleuel auf einem Kurbelzapfen (Pleuel-neben-Pleuel). Dies führt zu einem Versatz der Zylinderreihen, da Pleuelkopf und Pleuelauge nur in geringem Maße versetzt sein dürfen. Um bei V-Motoren einen Versatz der einander gegenüberliegender Zylinder im Gehäuse zu verhindern, werden die Pleuelstangen bei einigen besonders anspruchvollen Konstruktionen als Gabelpleuelstangen oder als Anlenkpleuel ausgeführt, siehe Bild 4.1-10.

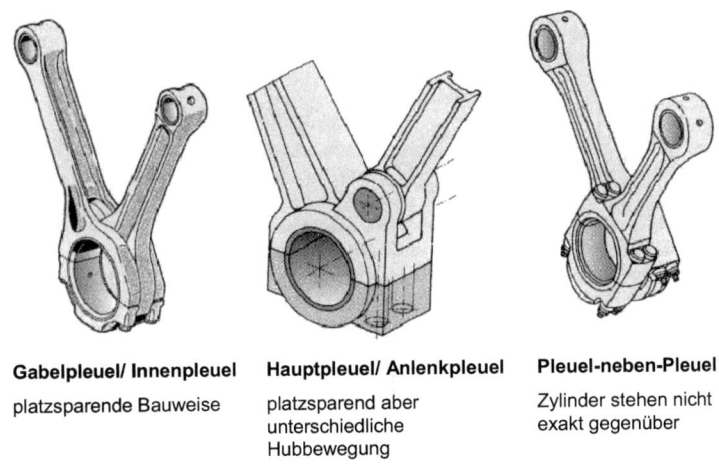

Gabelpleuel/ Innenpleuel
platzsparende Bauweise

Hauptpleuel/ Anlenkpleuel
platzsparend aber unterschiedliche Hubbewegung

Pleuel-neben-Pleuel
Zylinder stehen nicht exakt gegenüber

Bild 4.1-10 Pleuelstangen für V-Motoren

Kurbelwelle

Die Kurbelwelle nimmt die Kräfte des Pleuels auf und wandelt diese in ein Drehmoment. Sie ist im Kurbelgehäuse mehrfach gelagert. Bei Mehrzylindermotoren besteht die Kurbelwelle aus einer Aneinanderreihung der Kurbelkröpfungen der einzelnen Zylinder (Kurbelkröpfung: radialer Versatz und Winkelversatz des Kurbelzapfens). Bild 4.1-11 zeigt den Aufbau einer Kurbelwelle mit und deren üblichen Bezeichnungen.

Bei Festlegung der Kröpfungsfolge ist auf eine möglichst gleichmäßige Zündfolge, auf den Massenausgleich und auf die Drehschwingungen zu achten. Niedrig belastete Motoren sind nach jeder zweiten Kröpfung mit einem Lager (Kurbelwellenlager) versehen, Motoren mit höherer Belastung werden nach jeder Kröpfung gelagert. Bild 4.1-12 zeigt verschiedene Bauarten von Kurbelwellen.

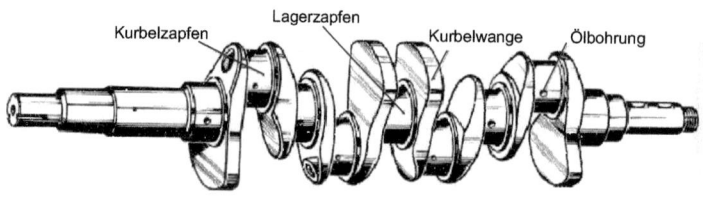

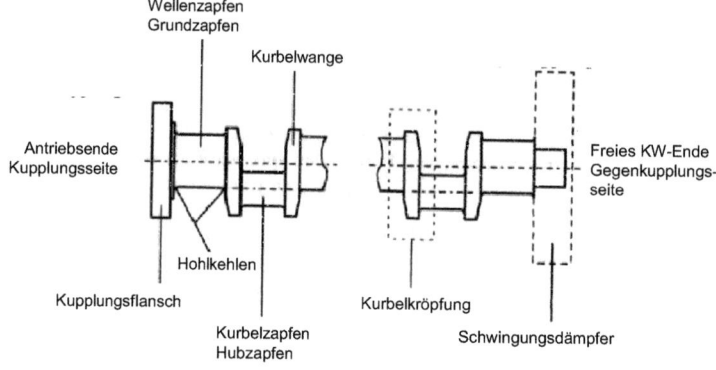

Bild 4.1-11 Bezeichnungen der Kurbelwelle

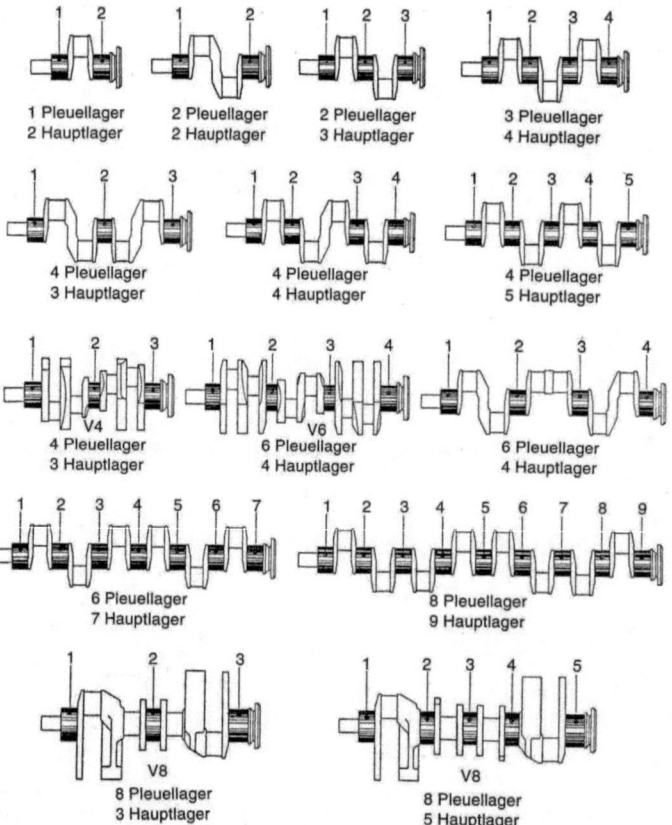

Bild 4.1-12 Verschiedene Bauarten von Kurbelwellen

4.1 Mechanische Bauteile

4.1.2 Kurbelgehäuse, Zylinder

Das Kurbelgehäuse, auch Motorblock genannt, ist das zentrale Bauteil des Motors. Seine Aufgaben sind unter anderem:

- Aufnahme der Gas- und Massenkräfte
- Aufnahme der Zylinderrohre bzw. Führung des Kolbens
- Lagerung bewegter Komponenten, vor allem der Kurbelwelle und evtl. Nockenwelle
- Kühlung des Triebwerkes
- Sicherstellung des Schmieröltransportes
- Halterung für diverse Nebenaggregate, wie Wasser- und Ölpumpe, Generator etc.

Durch die vielfältigen Aufgaben des Kurbelgehäuses entsteht ein komplexes Bauteil mit vielen Verstärkungsrippen, Wasser- und Ölkanälen, Bohrungen und Halterungen (Bild 4.1-13).

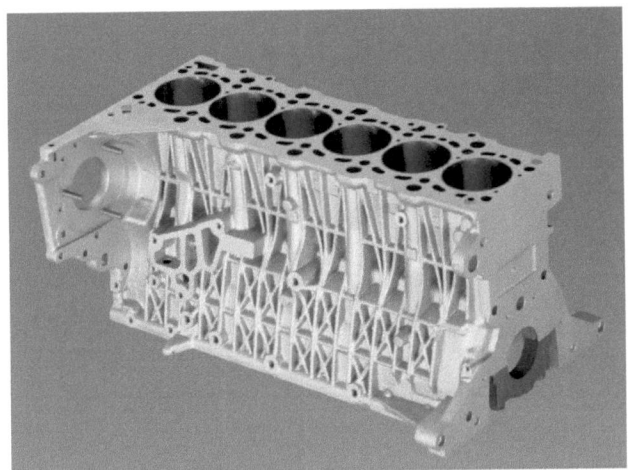

Bild 4.1-13 Kurbelgehäuse
[Quelle: BMW]

Ein wesentliches Merkmal des Kurbelgehäuses ist seine Oberseite, die so genannte Deckplatte. Die Deckplatte wird in zwei verschiedenen Varianten ausgeführt, als Open-Deck und als Closed-Deck, Bild 4.1-14. Die Open-Deck-Konstruktion erlaubt eine besser Kühlung des oberen Zylinderbereiches, die Closed-Deck-Ausführung ist im Bereich der Deckplatte steifer und lässt geringere Zylinderverformungen zu.

Bild 4.1-15 zeigt die drei Grundformen von Zylinderrohren in wassergekühlten Motoren. Bei der integralen Bauweise reicht der Wasserraum bis an die Kurbelgehäusedeckplatte heran und sorgt dabei für eine gute Kühlung der thermisch am höchsten beanspruchten oberen Zylinderpartie. Zudem können mit dieser Ausführung kleine Zylinderabstände realisiert werden.

Beim trockenen Zylinderrohr werden aus Schleuderguss gefertigte Laufbuchsen mit einer Wandstärke von 2 bis 3 mm eingesetzt. Bezüglich Formstabilität des Kurbelgehäuses und Zylinderabstand sind diese den integrierten Zylinderrohren nahezu gleichwertig. Sie bieten den Vorteil, dass sie im Schadensfall einfacher ausgetauscht werden können. Nasse Zylinderrohre kommen dagegen vor allem bei großen Dieselmotoren zum Einsatz.

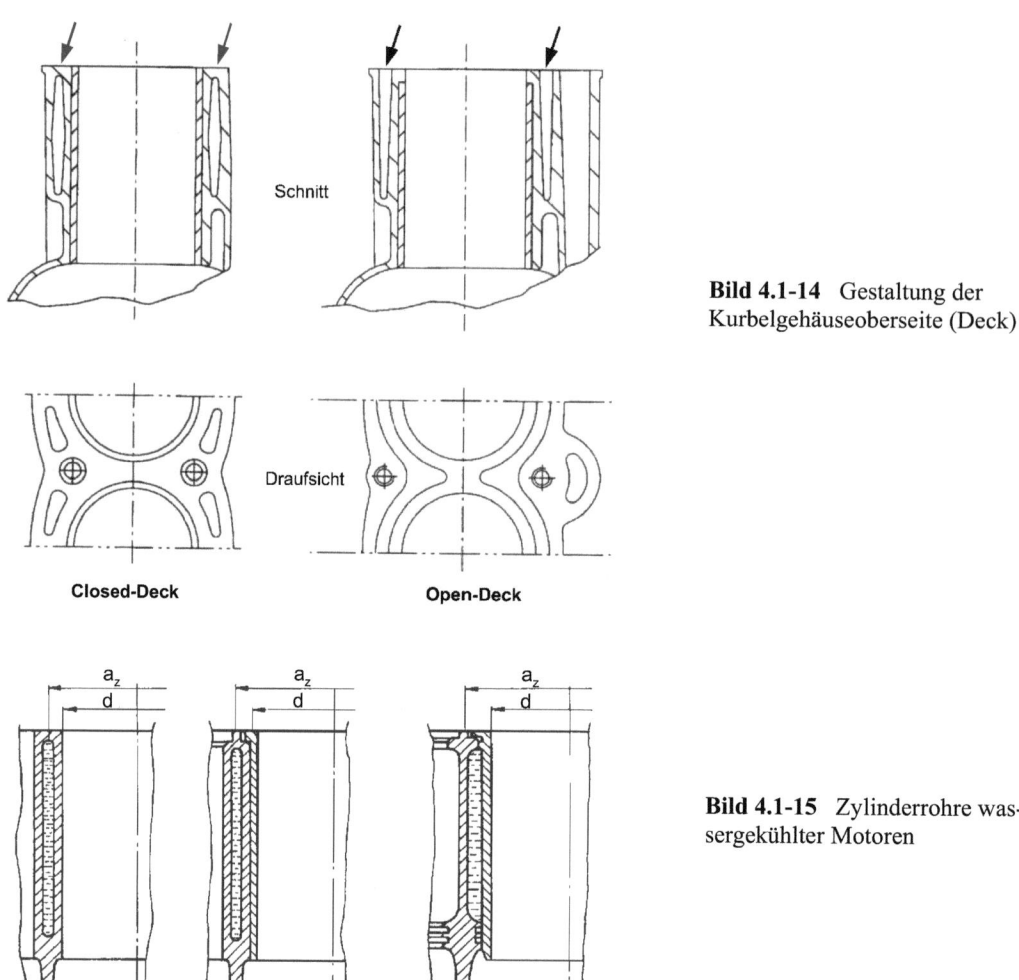

Bild 4.1-14 Gestaltung der Kurbelgehäuseoberseite (Deck)

Bild 4.1-15 Zylinderrohre wassergekühlter Motoren

4.1.3 Zylinderkopf und Ventiltrieb

Zylinderkopf

Der Zylinderkopf (Bild 4.1-16) ist das konstruktiv komplexeste Bauteil eines Motors. Seine Aufgaben sind unter anderem:

- Aufnahme der Ein- und Auslasskanäle
- Gestaltung des Brennraumdaches
- Lagerung und Führung des Ventiltriebs
- Aufnahme der Gaskräfte
- Aufnahme von Einspritzventilen und/oder Zündkerzen
- Kühlung von Brennraum, Zündkerze, Einspritzdüse, Ventile
- Schmierung des Ventiltriebes

4.1 Mechanische Bauteile

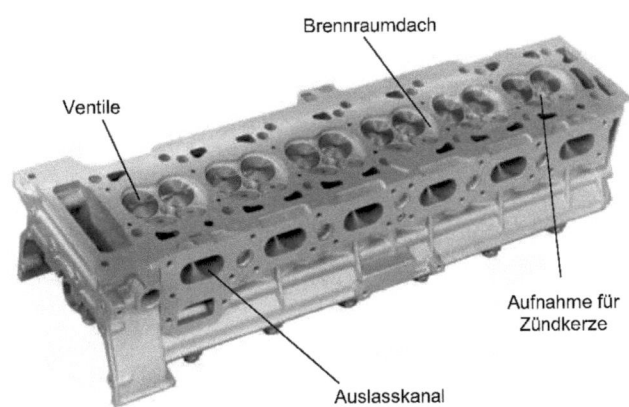

Bild 4.1-16 Zylinderkopf

Ventiltrieb

Der Mechanismus zur Steuerung des Ladungswechsels wird als Ventiltrieb bezeichnet. Dazu zählen Ventile und Nockenwelle(n), sowie je nach Ausführung Kipp- und Schlepphebel, Tassenstößel, Stößelstangen und weitere Bauteile.

In allen heutigen Motoren werden die Ventilöffnungszeiten durch mindestens eine Nockenwelle, die bei 4-Takt-Motoren mit halber Kurbelwellendrehzahl dreht, bestimmt. Bild 4.1-17 zeigt den Aufbau einer Nockenwelle. Die Welle besitzt mehrere Nocken, die meistens nur ein Ventil steuern. Es wird zwischen Ventiltrieben mit untenliegender und Ventiltrieben mit obenliegender Nockenwelle unterschieden.

Bild 4.1-17 Nockenwelle

In der Frühzeit des Motorenbaus gab es überwiegend Motoren mit seitlich neben dem Zylinder stehenden Ventilen (SV-Motor). Heute verwendet man fast ausschließlich im Zylinderkopf hängend angeordnete Ventile. Bild 4.1-18 zeigt die verschiedenen Ventiltriebanordnungen.

1. OHC-Motoren (Overhead camshaft; obenliegende Nockenwelle): Bei OHC-Motoren liegt die Nockenwelle oberhalb der Trennlinie Zylinderkopf/Kurbelgehäuse. Die Nocken der Nockenwelle öffnen über Schwinghebel oder Tassenstößel die Ein- und Auslassventile.

2. DOHC-Motoren (D = double): DOHC-Motoren besitzen zwei obenliegende Nockenwellen. Während eine Nockenwelle die Einlassventile steuert, werden die Auslassventile über die zweite gesteuert. Dadurch ergeben sich mehr Freiheitsgrade in der Anordnung und Ansteuerung der Ventile.

3. CIH-Motoren (Camshaft in head; im Kopf liegende Nockenwelle): Bei CIH-Motoren liegt die Nockenwelle ebenfalls oberhalb der Trennlinie Zylinderkopf/Kurbelgehäuse. Bei CIH-Motoren liegt die Nockenwelle unterhalb der Kipphebel, die die Ventile öffnen.

4. OHV-Motoren (Overhead valve; nur obenliegende Ventile): OHV-Motoren haben eine untenliegende Nockenwelle. Die Betätigung der Ventile erfolgt von der Nockenwelle über Stößelstangen und Kipphebel.

5. SV-Motoren (Side valve; seitliche Ventile): Motoren mit seitlichen Ventilen haben zwar einen einfachen Ventiltrieb, jedoch erhebliche Nachteile in der Gestalt des Brennraumes und der Ein- und Auslasskanäle.

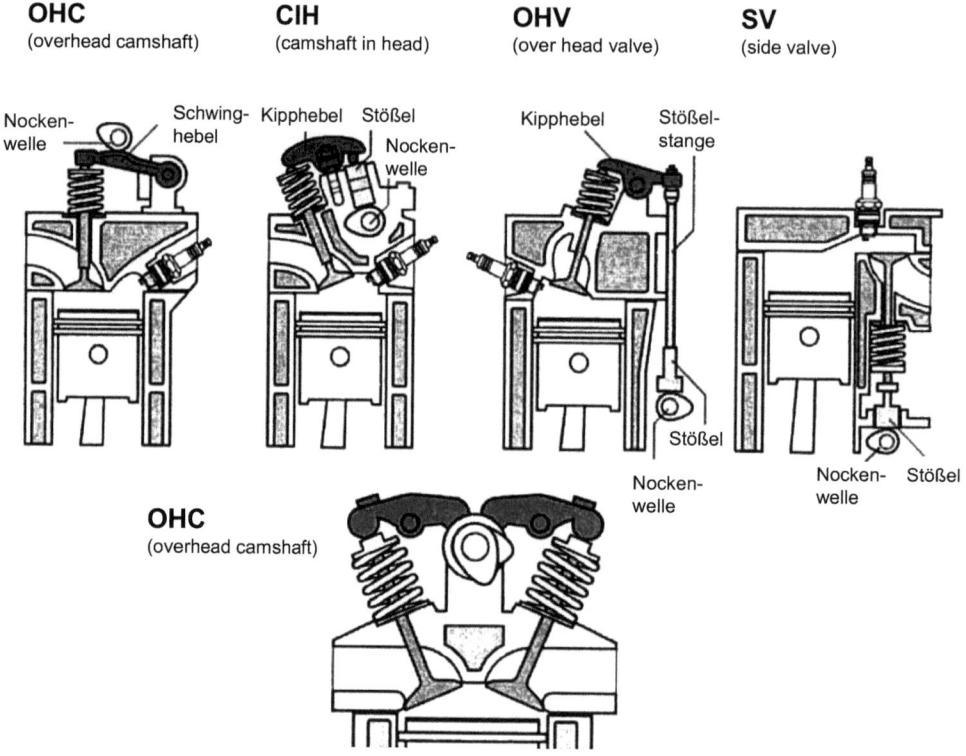

Bild 4.1-18 Ventiltriebanordnungen

Ein Vorteil der obenliegenden Nockenwelle ist, dass Stoßstange und eventuell Kipp- oder Schwinghebel entfallen. Damit verringert sich die Masse der ungleichförmig bewegten Teile und die Steifigkeit des Ventiltriebs nimmt zu. Dadurch werden höhere Drehzahlen möglich.

Der Antrieb der Nockenwelle wird heutzutage durch Zahnräder, Zahnriemen oder Ketten realisiert. Zahnräder werden hauptsächlich zum Antrieb der Nockenwelle in Nutzfahrzeugmotoren eingesetzt (meist untenliegend). Obenliegende Nockenwellen werden meist über Kette oder Zahnriemen angetrieben, siehe Bild 4.1-19. Bei beiden letztern Antrieben ist eine Spannvorrichtung erforderlich. Zahnriemen aus Kunststoff mit Längsfasern sind leiser und billiger als Kettentriebe. Diese wiederum sind zuverlässiger, wartungsfrei steifer und beanspruchen weniger Bauraum. Während die Kette geschmiert werden muss, erfordert der Zahnriemen einen ölfreien Lauf. Beide Antriebe müssen zum Schutz bzw. zur Vermeidung von Schmierverlusten gekapselt werden.

4.1 Mechanische Bauteile

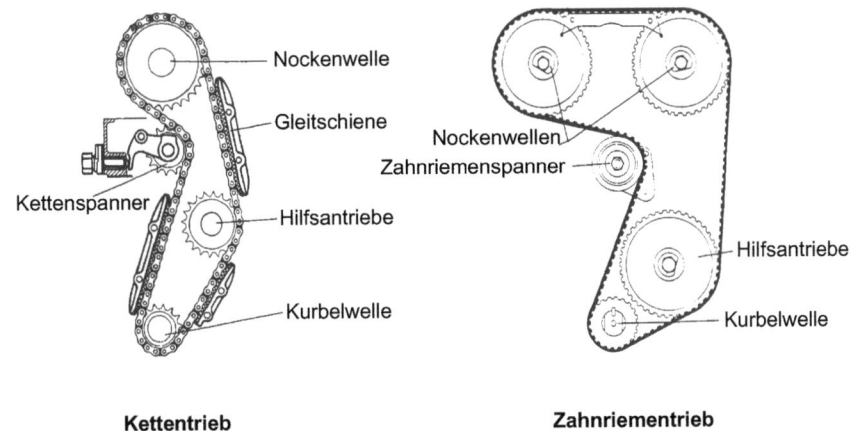

Kettentrieb **Zahnriementrieb**

Bild 4.1-19 Nockenwellenabtriebe

Heutige Ventiltriebe weisen häufig mehr als ein Einlass- und ein Auslassventil (Mehrventilmotoren) auf. Die häufigste Variante ist heute der 4-Ventil-Zylinderkopf mit 2 Einlass- und 2 Auslassventilen. Daneben findet man noch folgende Anordnungen:

- 2 Einlass- und 1 Auslassventil (z. B. Peugeot, Mercedes)
- 3 Einlass- und 2 Auslassventile (z. B. Audi)
- 3 Einlass- und 3 Auslassventile (Großmotoren)
- 2 Einlass- und 3 Auslassventile (selten)
- 1 Einlass- und 2 Auslassventile (selten)

Ein guter Ladungswechsel erfordert ein schnelles Öffnen und Schließen der Ventile. Dabei sind jedoch die Massenkräfte des Ventiltriebs bei der Auslegung zu beachten. Bild 4.1-20 zeigt den typischen Verlauf des Nockenhubes, der Nockengeschwindigkeit und der Hubbeschleunigung über dem Nockenwinkel.

Der Nockenhub oder auch die Nockenkontur setzt sich aus dem Vornocken und dem Hauptnocken zusammen. Im Bereich des Vornockens ist die Hubgeschwindigkeit klein, damit durch das Aufsetzen des Nockens keine starken Stoßimpulse entstehen (Überwindung des Ventilspieles). Der Hauptnocken bestimmt den Öffnungsquerschnitt für den Ladungswechsel. Den Abschluss bildet ein dem Vornocken entsprechender Auslauf.

Der Hubverlauf ist eine Funktion des Nockenwellenwinkels φ_{NW}. Somit gilt für die Hubgeschwindigkeit:

$$\dot{h} = \frac{dh}{dt} = \frac{dh}{d\varphi_{NW}} \cdot \frac{d\varphi_{NW}}{dt} = h' \cdot \omega_{NW} \tag{4.1.1}$$

mit ω_{NW} = Winkelgeschwindigkeit der Nockenwelle

Bei konstanter Winkelgeschwindigkeit der Nockenwelle ergibt sich für die Hubbeschleunigung:

$$\ddot{h} = \frac{d^2h}{dt^2} = \frac{d^2h}{d\varphi_{NW}^2} \cdot \frac{d\varphi_{NW}^2}{dt^2} = h'' \cdot \omega_{NW}^2 \tag{4.1.2}$$

Ventilhub

$h = h(\varphi_{NW})$

Geschwindigkeit

$\dot{h} = h' \omega_{NW}$

Beschleunigung

$\ddot{h} = h'' \omega_{NW}^2$

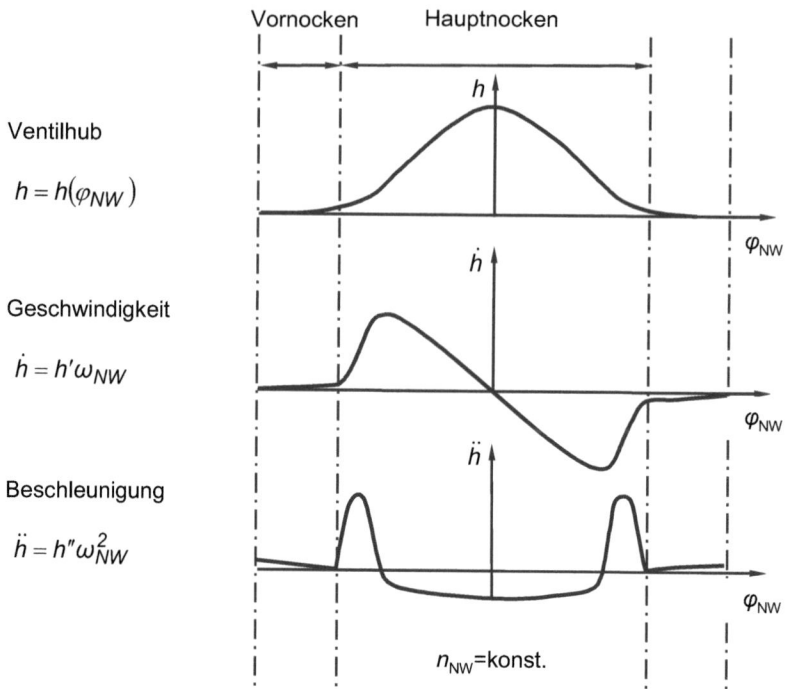

Bild 4.1-20 Kinematik des Nockens

In diesen Beziehungen sind h′ und h′′ drehzahlunabhängige Funktionen, die nur von der Geometrie des Nockens bestimmt werden. Die Nockenform ist also maßgebend für den Verlauf der Ventilbewegung. Üblicherweise besteht der Nocken aus mehreren Zylindermantelflächen, nämlich aus einem Vornockenabschnitt (ruckfreier Nocken) und z. B. zwei oder mehr Hauptnockenabschnitten (Bild 4.1-21).

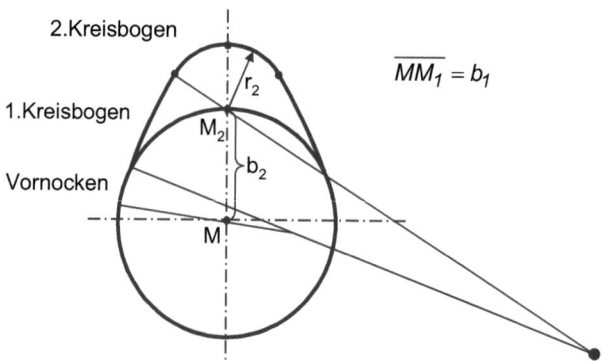

Bild 4.1-21 Ruckfreier Nocken

4.1 Mechanische Bauteile

Um Stöße auf Triebwerkskomponenten zu vermeiden, sollte ein Kraftschluss zwischen Nocken und Stößel bzw. Kipp- oder Schlepphebel herrschen. Des weiteren muss ein Kraftschluss zwischen Ventil und Stößel bzw. Kipp- oder Schlepphebel entstehen, wenn das Ventil geöffnet wird. Der Ventilhub ist gegebenenfalls entsprechend dem Kipphebel- oder dem Schwinghebelverhältnis umzurechnen. Zur Überprüfung des Kraftschlusses muss die Kraft zwischen Nocken und Stößel ermittelt werden. Die Massen- und Federkräfte sind zu ermitteln.

Für einen Ventiltrieb entsprechend Bild 4.1-22 ergibt sich für die Kraft auf den Nocken F_N:

$$F_N = F_F \cdot \frac{l_2}{l_1} + \left[m_{St\ddot{o}} + m_{St} + \frac{J_K}{l_1^2} + m_V \cdot \left(\frac{l_2}{l_1}\right)^2 + \frac{m_F}{2} \cdot \left(\frac{l_2}{l_1}\right)^2 \right] \cdot \ddot{h} \qquad (4.1.3)$$

mit

F_F	Ventilfederkraft	m_F	Masser der Ventilfeder (geht nur zur Hälfte ein, das sie sich einseitig am Zylinderkopf abstützt)
J_K	Trägheitsmoment Kipphebel		
$m_{St\ddot{o}}$	Stößelmasse		
m_{St}	Stoßstangenmasse		
m_V	Masse des Ventils	m_{red}	red. Masse
F_{red}	red. Federkraft		

Ersetzt man alle Größen auf der Nockenseite, durch die „reduzierten" Größen, dann lautet die Gleichung für die Nockenkraft:

$$F_N = F_{red} + m_{red} \cdot \ddot{h} \qquad (4.1.4)$$

Dieser Gleichung entspricht das Ersatzsystem in Bild 4.1-22. Für den Kraftschluss muss die Bedingung

$$F_N > 0$$

erfüllt sein oder anders geschrieben:

$$\ddot{h} > -\frac{F_{red}}{m_{red}} \qquad (4.1.5)$$

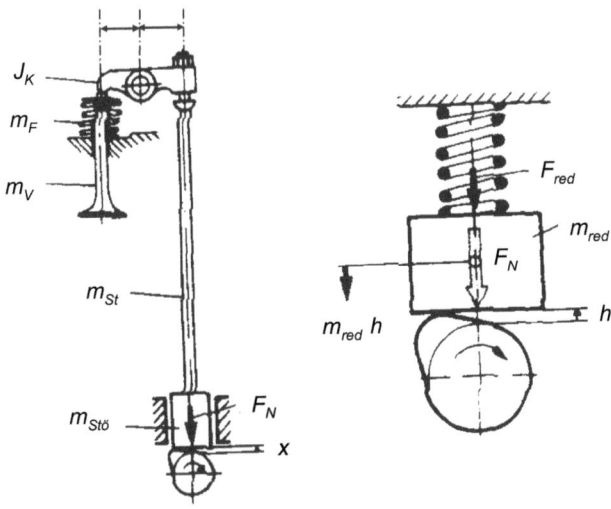

Bild 4.1-22 Starrer Ventiltrieb

Vom Verlauf der Stößelbeschleunigung hängt es ab, ob Abheben auftritt oder nicht. Bild 4.1-23 zeigt die Beschleunigung des Nockenhubes über dem Nockenwinkel für zwei Nockenwellendrehzahlen n_{NW1} und n_{NW2}. Schneidet der Verlauf der Nockenbeschleunigung die Kurve

$$-\frac{F_{red}}{m_{red}},$$

dann ist der Kraftschluss unterbrochen. Dies kann nur in der Verzögerungsperiode des Hauptnockens auftreten. Es gibt immer eine Drehzahl, oberhalb der ein Abheben auftritt. Die Auslegung des Ventiltriebs hat so zu erfolgen, dass bei maximaler Nockenwellendrehzahl (= ½ Kurbelwellendrehzahl) noch kein Abheben einsetzt. Dies wird durch kleine bewegte Massen (m_{red}) und hohe Federkraft (F_0 und k_F) erreicht.

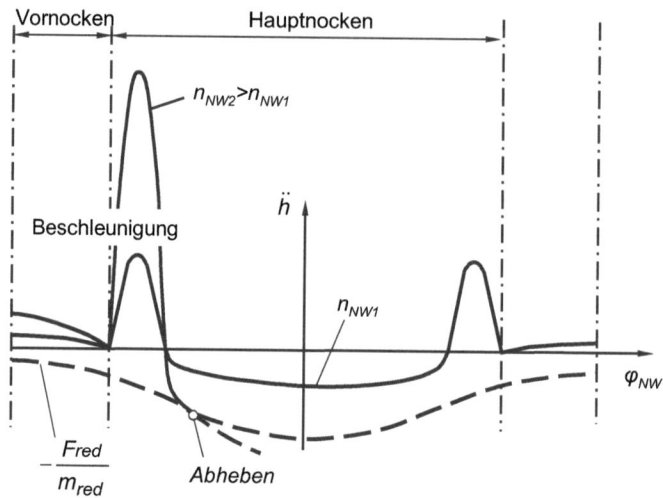

Bild 4.1-23 Abhebbedingung beim Ventiltrieb

Neben den Ventiltrieben mit festen Steuerzeiten und Ventilhüben sind in den letzten Jahren eine Reihe von Ventiltrieben entwickelt worden, bei denen durch zusätzliche Variabilitäten die Ventilhubkurven verändert werden können, z. B. Nockenwellenversteller – BMW Valvetronic, INA/Porsche VarioCam oder Honda VTEC. Dabei werden um gute Ladungswechsel zu erzielen, die Ventilbewegungskurven je nach Betriebspunkt (Teillast, Volllast, Drehzahl) in Phasenlage und Ventilhubhöhe angepasst. Voll variable Ventiltriebe, bei denen eine völlig freie Definition der Ventilbewegung möglich ist, befanden sich in der Forschung und sind mittlerweile mit der BMW Valvetronic am Markt erhältlich. Solche Systeme sind nur bei einem hohen Teillastanteil der Fahrgewohnheiten sinnvoll. Hohe Toleranzanforderungen an die Bauteile und der große Gesamtaufwand machen einen solchen Ventiltrieb teuer.

Die Entwicklungstendenz geht von den heutigen rein mechanischen Ventiltrieben vermehrt zu alternativen Aktuatorprinzipien, wie z. B. elektro-mechanische oder elektro-hydraulische Antriebe.

4.1.4 Übungsaufgaben

1. Wie wird die Ausdehnung des Kolbens bei Erwärmung ausgeglichen?
2. Welche unerwünschten Effekte können durch die Gleitbahnkraft hervorgerufen werden?
3. Was kann passieren, wenn ein Motor „überdreht" wird?

Lösungen

1. Zum Ausgleich der Wärmeausdehnung wird der Kolben leicht ballig bzw. konnische bearbeitet. Um ein Reiben des Bolzenauges am Zylinderrohr zu verhindern, wird der Kolbenschaft leicht oval ausgeführt.
2. Kolben brauchen ein gewisses Laufspiel. Bei Vorzeichenwechsel der Gleitbahnkraft legt sich der Kolben von der einen an die andere Seite der Laufbahn. Je größer das Spiel ist, desto heftiger legt sich der Kolben an die andere Seite an. Es kommt zum so genannten Kolbenklappern. Des Weiteren verursacht die Gleitbahnkraft Reibungsverluste und es kommt zu einem einseitigen Verschleiß der Zylinderlaufbuchsen.
3. Die Nockenwelle eines Motors läuft mit doppelter Kurbelwellendrehzahl. Bei Drehzahlen, die oberhalb der maximalen Drehzahl eines Motors liegen („überdrehen", z. B. durch schalten in einen zu niedrigen Gang), besteht die Gefahr, dass der Stößel durch die Wirkung der Massenkräfte von der Nockenwelle abhebt und es zu einer Kollision zwischen Ventil und Kolben kommt.

4.2 Kraftstoffe des Verbrennungsmotors

4.2.1 Herkunft und Herstellungsprozess

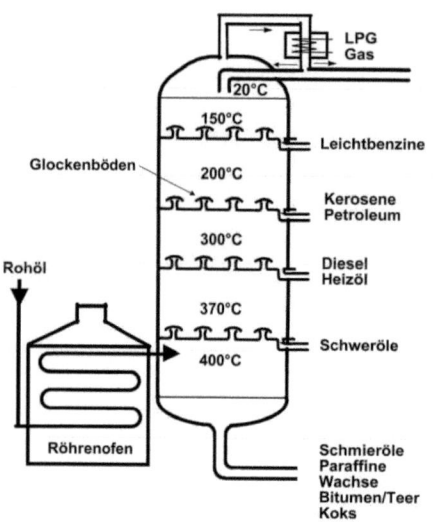

Brennstoffe für Verbrennungskraftmaschinen werden in der Regel als „Kraftstoffe" bezeichnet. Nur bei Schiffs- und Großmotoren spricht man von Brennstoffen. Der größte Anteil an Kraftstoffen wird aus natürlichem Mineralöl (Erdöl) hergestellt. Weltweit nimmt zur Zeit der Verbrauch an Kraftstoffen aufgrund der wirtschaftlichen Entwicklung in Fernost stark zu

Die Herstellung von Kraftstoffsorten erfolgt aus Rohöl (Erdöl) in Raffinerien durch einfaches Erhitzen (Destillieren Bild 4.2-1) und nachfolgende Zusatzverfahren.

Bild 4.2-1 Destillierkolonne (Fraktionierturm) für Erdölprodukte

Bei der Destillation wird das Rohöl durch Erhitzen in seine Bestandteile aufgetrennt:

leicht siedende Komponenten:	Leichtbenzin	0	100 °C
	Schwerbenzin	100 …	150 °C
	Petroleum	150 …	250 °C
	Düsentreibstoff	150 …	250 °C
	Gasöle	250 …	400 °C
schwer siedende Komponenten:	Schmieröle	350 …	550 °C
nicht siedende Komponenten:	Schweres Heizöl		
	Bitumen		

Je nach Explorationsort des Rohöls ist die chemische Zusammensetzung unterschiedlich, jedoch können folgende Massenprozente als Anhaltswerte genannt werden:

Kohlenstoff	82 – 87 %
Wasserstoff	10 – 15 %
Sauerstoff	0 – 2 %
Stickstoff	0,01 – 0,8 %
Schwefel	0,01 – 7 %
Metalle	0 – 0,1 %

Ein hoher Schwefelanteil ist unerwünscht, da er die weitere Verarbeitung erschwert.

4.2 Kraftstoffe des Verbrennungsmotors

Die gewonnenen Komponentengruppen werden in nachgeschalteten Verfahren umgeformt. Auftrennung und Umformung zielen auf Brennstoffsorten hin, die den jeweiligen Anforderungen genügen. Bild 4.2-2 zeigt ein solches Raffinerie-Schema.

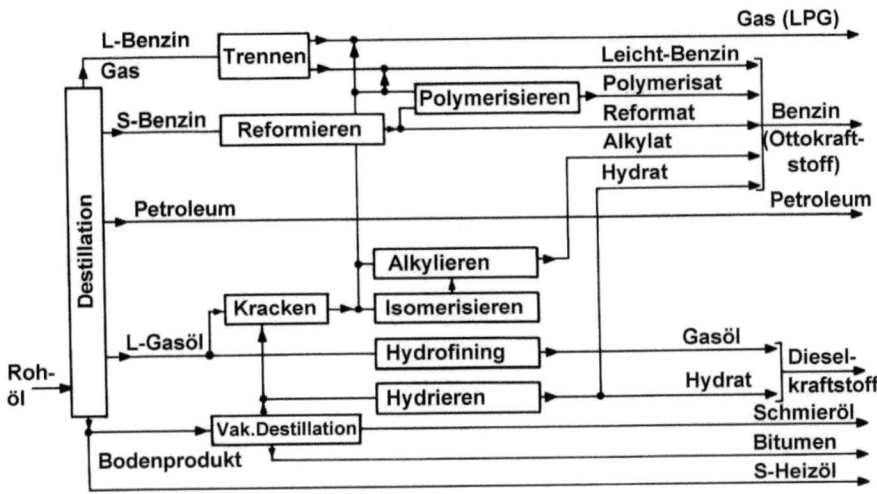

Bild 4.2-2 Raffinerie-Schema [4.2-1]

Aus dem Schema sind die Einbindung der im Folgenden näher beschriebenen Raffinerienachverarbeitungsverfahren und die Zuordnung zu den Mineralöl-Produkten ersichtlich.

- **Kracken:** Zerbrechen großer Moleküle in kleinere, weniger zündwillige Moleküle durch Aufspaltung der C-C- oder C-H-Bindungen. Man unterscheidet das thermische und das katalytische Kracken.
- **Reformieren:** Katalytische Umwandlung von paraffinischen Kohlenwasserstoffen des Schwerbenzins und von Naphtenen in klopffeste Aromaten.
- **Hydrieren:** Anlagerung von Wasserstoff an Schwefel und Sauerstoff zur Reinigung bzw. an ungesättigten Verbindungen zur Verminderung der Verharzungsneigung.
- **Alkylieren:** Umwandlung von gasförmigen Olefinen und gasförmigen Iso-Paraffinen in größere, wenig zündwillige flüssige Iso-Paraffine.
- **Isomerisieren:** Umformung von geradkettigen Paraffinen in weniger zündwillige Iso-Paraffine.
- **Polymerisieren:** Zusammenballen von gasförmigen Olefinen zu größeren Molekülen zur Erhöhung der Ausbeute an flüssigen Komponenten.
- **Hydrofinierung:** Entschwefelung vor allem des Dieselkraftstoffes durch Verbindung von Schwefel mit Wasserstoff und Abtrennung dieser Verbindung.

4.2.2 Der chemische Aufbau der Kraftstoffe

Mineralölkraftstoffe sind Mischungen aus vielen verschiedenen Kohlenwasserstoffen. Kraftstoffe für Ottomotoren (Benzin) und Dieselmotoren (Diesel) bestehen z. B. aus über 200 verschiedenen Kohlenwasserstoffverbindungen. Der Anteil der einzelnen Komponenten bestimmt ganz wesentlich die motorischen Eigenschaften der Kraftstoffe.

Bezüglich des chemischen Aufbaus können die Kraftstoffe verschiedenen Gruppen zugeordnet werden:

a) Paraffine (Alkane)

Paraffine sind kettenförmig aufgebaute Kohlenwasserstoffe mit einfacher Bindung. Man bezeichnet diese auch als „gesättigt". Es wird zwischen den Normal-Paraffinen – geradförmige Kohlenwasserstoffe mit der Summenformel C_nH_{2n+2} – und Iso-Paraffinen – verzweigte Kohlenwasserstoffe mit der Summenformel C_nH_{2n+2} – unterschieden.

b) Olefine (Alkene)

Olefine sind kettenförmig aufgebaute Kohlenwasserstoffe mit Doppelbindung. Man bezeichnet diese als „ungesättigt". Der Aufbau kann unverzweigt („n-") oder verzweigt („iso-") sein. Es wird zwischen den Monoolefinen (Alkene) – kettenförmigen Kohlenwasserstoffen mit einer C=C-Bindung (Doppelbindung) und der Summenformel C_nH_{2n} – und Diolefinen (Alkadiene) – ungesättigten Kohlenwasserstoffen mit zwei Doppelbindungen und der Summenformel C_nH_{2n-2} unterschieden. Olefine sind dadurch gekennzeichnet, dass die Lagerstabilität eingeschränkt ist. Sie neigen zum Verharzen durch Anoxidieren.

c) Naphtene (Zyklo-Alkane)

Naphtene sind ringförmige Kohlenwasserstoffe mit Einfachbindungen. Die Summenformel lautet: C_nH_{2n}. Beispiele: Zyklopropan (C_3H_6); Zyklohexan (C_6H_{12})

d) Aromaten

Aromaten sind ringförmige Kohlenwasserstoffe mit Doppelbindungen. Grundbaustein ist der Benzolring mit 6 C-Atomen und drei Doppelbindungen. Am Ring können verschiedene Gruppen angehängt sein.

e) Sauerstoffhaltige Kohlenwasserstoffverbindungen

Sauerstoffhaltige Kohlenwasserstoffverbindungen sind kettenförmig aufgebaut. Sie werden in Alkohole, Ether, Ketone und Aldehyde unterschieden.

Alkohole enthalten eine Hydroxylgruppe (-OH). Die wichtigsten Alkohole sind Methanol (CH_3OH) und Ethanol (C_2H_5OH).

Ether bestehen aus zwei Kohlenwasserstoffketten, die durch eine Sauerstoff-Brücke miteinander verbunden sind (R-O-R).

Ketone (z. B. Aceton) sind zwei durch eine Carbonylgruppe (CO) miteinander verbundene Kohlenwasserstoffketten (R-CO-R).

Aldehyde enthalten eine CHO-Gruppe mit einer Doppelbindung.

4.2 Kraftstoffe des Verbrennungsmotors

Tabelle 4.2.1 Chemische Struktur von wichtigen Kraftstoffkomponenten

Normalparaffine C_nH_{2n+2}	iso-Paraffine C_nH_{2n+2}
Methan CH_4	iso-Pentan C_5H_{12}
n-Heptan C_7H_{16}	iso-Oktan C_8H_{18}

Monoolefine (Alkene) C_nH_{2n}	Diolefine (Alkadiene) C_nH_{2n-2}
Äthen C_2H_4	Propadien C_3H_4
1-Hexen C_6H_{12}	3-Methylbutadien 1,3 C_5H_8

Naphtene (Zyklo-Alkane) C_nH_{2n}	Aromaten C_nH_{2n-6}
Zyklopropan C_3H_6	Benzol C_6H_6
Zyklohexan C_6H_{12}	1-Methylnaphtalin $C_{11}H_{10}$

Alkohole	Ether
Methanol (CH_3OH)	Diethylether (R-O-R)
Ethanol (C_2H_5OH)	

Aldehyde	Ketone
Formaldehyd (HCHO)	Aceton (R-CO-R)

4.2.3 Physikalisch-chemische Eigenschaften der Kraftstoffe

Das Siedeverhalten

Bei den Reinkomponenten der Kraftstoffe gibt es eine definierte Siedetemperatur. Diese ist im Wesentlichen von der Anzahl der C-Atome in den Molekülen und von der Struktur der Bindungen abhängig (Bild 4.2-3).

Im Gegensatz zu reinen Stoffen, sind die aus mehreren Komponenten bestehenden Kraftstoffe dadurch gekennzeichnet, dass die verschiedenen Bestandteile bei unterschiedlichen Temperaturen verdampfen. Das Siede- bzw. Verdampfungsverhalten von Kraftstoffen wird daher durch eine Siedekurve charakterisiert. In DIN 51751 sind die Bedingungen zur Ermittlung der Siedekurven von Kraftstoffen festgelegt. Ein vorgeschriebenes Probenvolumen wird entsprechend eines vorgegebenen Zeit- und Temperaturverlaufs destilliert. Die abgedampften Kraftstoffanteile kennzeichnen die dem Kraftstoff zugehörige Siedekurve.

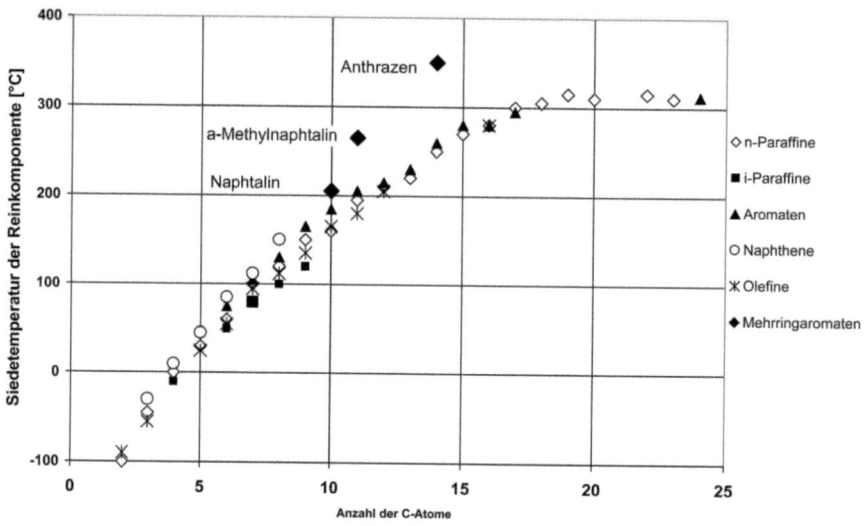

Bild 4.2-3 Siedetemperaturen von Kraftstoffreinkomponenten

Ottokraftstoff muss für eine gute Gemischbildung schnell und ohne feste Rückstände verdampfen. Zur Beurteilung der Eignung von Ottokraftstoff werden drei Temperaturbereiche, bei denen 10 %, 50 % und 90 % des Kraftstoffes verdampft sind, herangezogen.

Der 10 %-Punkt dient zur Beurteilung des Kaltstartverhaltens, der 50 %-Punkt lässt eine Aussage über das Verhalten bei instationären Vorgängen (Beschleunigungsverhalten) zu und der 90 %-Punkt kennzeichnet die Neigung des Kraftstoffes zur Rückstandsbildung im Brennraum. Damit lässt sich folgendes Verhalten ableiten:

    10 %-Punkt zu hoch   → schlechter Kaltstart des Motors.

    10 %-Punkt zu niedrig → Dampfblasenbildung im Brennstoffsystem bei heißem Motor, z. B. Heißstart. Weiterhin ergeben sich Verdampfungsverluste aus dem Tank.

4.2 Kraftstoffe des Verbrennungsmotors

50 %-Punkt zu hoch → schlechtes Übergangsverhalten bei Beschleunigung, insbesondere bei kaltem Motor.

90 %-Punkt zu hoch → Rückstandsbildung im Brennraum (z. B. Verkokungen); Motorölverdünnung infolge Rückkondensation des Kraftstoffes an der Zylinderwand, insbesondere bei kaltem Motor.

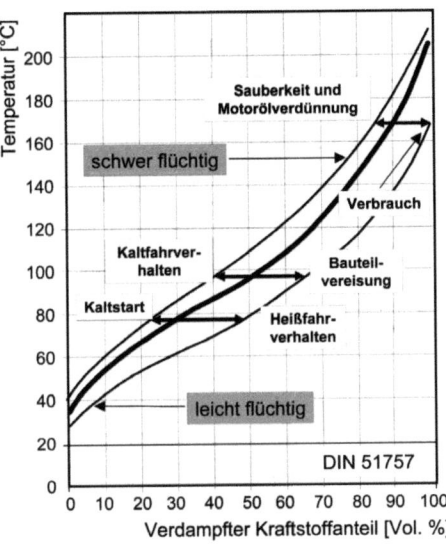

Beim Dieselkraftstoff ist nicht die Lage der Siedelinie, sondern die Höhe des Siedeendes von Bedeutung, da der Dieselkraftstoff in hochverdichtete heiße Luft eingespritzt wird. Die Lufttemperatur muss die Temperatur bei Siedeende übersteigen. Ein zu hohes Siedeende hat den entscheidenden Nachteil, dass die hochsiedenden Komponenten im Dieselkraftstoff nicht richtig verbrannt werden, was zu einer Zunahme der Rußbildung und der Motorölverdünnung führt.

Bild 4.2-4
Siedekurven für Ottokraftstoff mit Sommer- und Winterqualität

Die Verdampfungsenthalpie

Da nur gasförmige Kraftstoffe zünden und verbrennen können, müssen die bei Normalbedingungen vorliegenden Kraftstoffe in einen gasförmigen Zustand übergeführt werden. Die zum vollständigen Verdampfen erforderliche Wärmemenge ist die Verdampfungswärme (Verdampfungsenthalpie). Diese Verdampfungswärme wird beim Sieden des Kraftstoffes aufgenommen und verursacht eine Abkühlung des Kraftstoff-Luft-Gemisches.

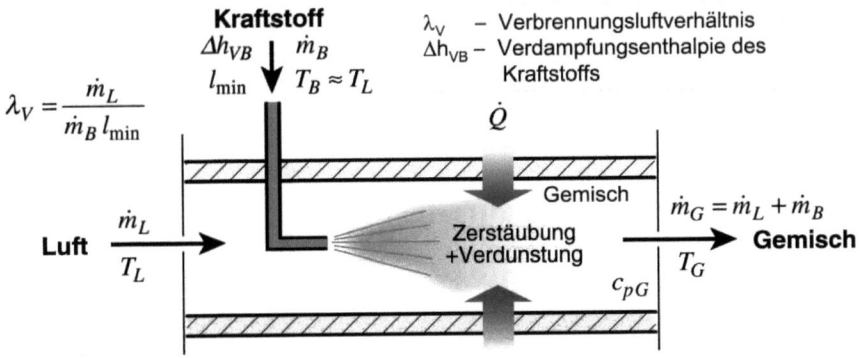

Bild 4.2-5 Verdampfung und Temperaturabsenkung – schematisch

Die Berechnung der Temperaturabsenkung kann über die Erstellung einer Energiebilanz durchgeführt werden. Es gilt:

$$\Delta T = T_G - T_L = \frac{\dot{Q}/\dot{m}_B - \Delta h_{VB}}{c_{pG} \cdot (1 + \lambda_V \cdot l_{\min})} \tag{4.2.1}$$

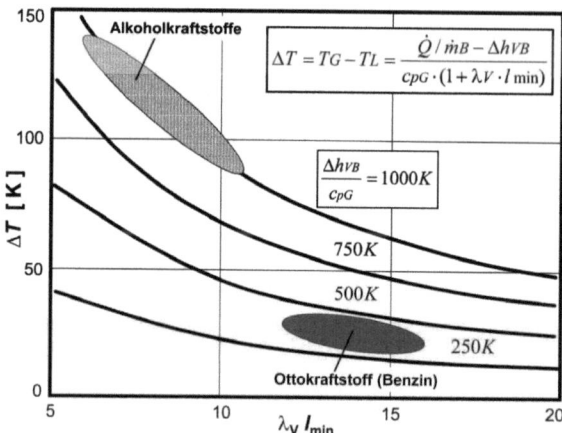

Bild 4.2-6 Temperaturabsenkung bei der Kraftstoffverdampfung im Motor

Eine besonders hohe Verdampfungsenthalpie bewirkt durch eine größere Temperatursenkung eine Zunahme der Dichte und damit eine Verbesserung der Zylinderfüllung; bei Kaltstarts ergeben sich dann aber Schwierigkeiten (z. B. mit Alkoholkraftstoffen). In Bild 4.2-6 sind für die bei der Verdampfung relevanten Kenngrößen (Quotient aus Verdampfungsenthalpie und Wärmekapazität des Gemischs) die Temperaturabsenkungen bei Verdampfung berechnet. Die Bereiche für Otto- und Alkoholkraftstoffe sind eingetragen.

Der Heizwert

Die im Kraftstoff enthaltene Energie wird durch den Heizwert H_u beschrieben. Die Bestimmung des Heizwertes eines Kraftstoffes erfolgt durch kalorische Messungen bei der Verbrennung unter genau festgelegten Bedingungen (DIN 5499). Dabei werden die Verbrennungsprodukte (Abgas) auf die Anfangstemperatur (25 °C) abgekühlt und das Verbrennungswasser als dampfförmig vorausgesetzt.

Es wird zwischen zwei Prozessverläufen unterschieden:

a) konstantes Volumen während der Verbrennung

$$H_{u,V} = \frac{U' - U''}{m_K} = \frac{-\Delta U_R}{m_K} \tag{4.2.2}$$

Hierbei bedeuten:

U'	= innere Energie des Kraftstoff-Sauerstoff-Gemisches bei 25 °C	[J]
U''	= innere Energie des Abgases bei 25 °C	[J]
ΔU_R	= Reaktionsenergie = $U'' - U'$	[J]
m_k	= Kraftstoffmasse	[kg]

4.2 Kraftstoffe des Verbrennungsmotors

b) konstanter Druck während der Verbrennung

$$Hu,p = \frac{H' - H''}{mK} = \frac{-\Delta H_R}{mK} \quad (4.2.3)$$

Hierbei bedeuten:

- H' = Enthalpie des Kraftstoff-Sauerstoff-Gemisches bei 25 °C [J]
- H'' = Enthalpie des Abgases bei 25 °C [J]
- ΔH_R = Reaktionsenthalpie = $H'' - H'$ [J]

Der Heizwert kann auch aus einer Energiebilanz am Kühlwasserstrom des Versuchsaufbaus abgeleitet werden. In diesem Fall gilt:

$$\dot{Q} = \dot{m}_W \cdot (h_{W2} - h_{W1}) = \dot{m}_W \cdot c_W \cdot (T_{W2} - T_{W1}) \quad (4.2.4)$$

Hierin bedeuten:

- $\dot{Q}$ = in das Kühlwasser abgeführter Wärmestrom in [J]
- $\dot{m}_W$ = Kühlwassermassenstrom [kg/s]
- h_{W1}, h_{W2} = spezifische Enthalpien des Wassers am Zustand 1 und 2
- c_W = spezifische Wärmekapazität des Wassers [J/kg K]
- T_{W1}, T_{W2} = Temperaturen des Kühlwassers am Zustand 1 und 2

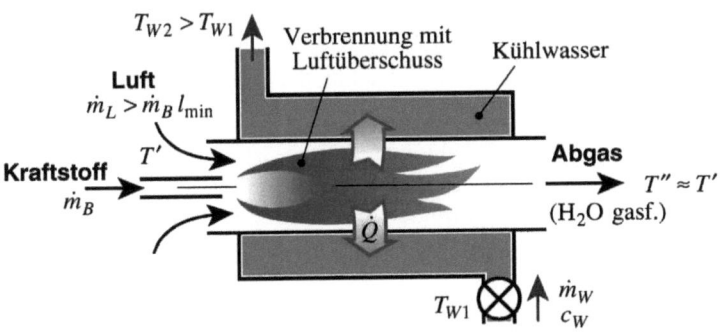

Bild 4.2-7 Bestimmung des Heizwertes Hu von Kraftstoffen bei konstantem Druck – schematisch

Der spezifische Heizwert ergibt sich aus dem Wärmestrom und dem Brennstoffmassenstrom:

$$Hu = \frac{\dot{Q}}{\dot{m}K} \quad (4.2.5)$$

Bei üblichen im Motorenbau eingesetzten Kraftstoffen ergeben sich nur sehr geringe Unterschiede zwischen diesen beiden Größen, sodass man vereinfachend mit:

$$Hu,V = Hu,p = Hu \quad (4.2.6)$$

rechnet. Dieser Heizwert Hu wurde früher auch als unterer Heizwert bezeichnet. Daneben wird noch der Brennwert (früher oberer Heizwert H_O) bei Brennstoffen benutzt. Dieser unterscheidet sich vom Heizwert dadurch, dass das Verbrennungswasser als auskondensiert vorausgesetzt wird, also die Verdampfungswärme des Wassers noch hinzugerechnet wird.

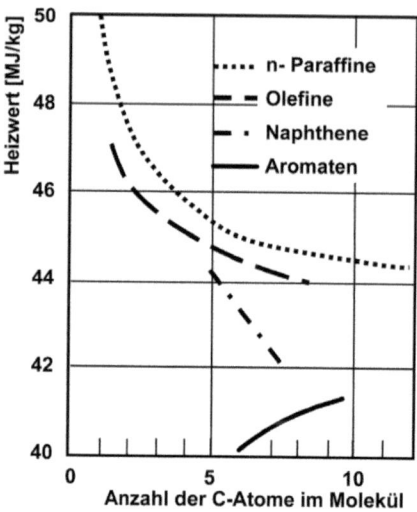

Bild 4.2-8 Heizwerte H_u von Kohlenwasserstoffreinkomponenten

Die Dichte der Kraftstoffe

Die Dichte ist eine wesentliche Kenngröße, da mit zunehmender Dichte der Energiegehalt je Volumeneinheit steigt. So steigt beispielsweise der Heizwert von Dieselkraftstoffen im normseitig zulässigen Dichtebereich von 34,8 bis 36,5 MJ/Liter. Bei gleicher Einspritzmenge steigt also mit zunehmender Dichte die dem Motor zugeführte Energie, wodurch der Motor mehr Leistung abgibt. Andererseits steigt mit abnehmender Dichte der volumetrische Kraftstoffverbrauch.

Mit steigendem Kohlenstoffgehalt der Kraftstoffkomponenten, d. h. zunehmender Kettenlänge der paraffinischen Moleküle und zunehmendem Anteil von Doppelbindungen (Aromaten, Olefine), nimmt die Dichte zu. Entsprechend vermindert ein ansteigender Wasserstoffgehalt (Isoparaffine, Normalparaffine) die Dichte.

Der Bereich der Dichten ist bei Ottomotoren für alle drei Kraftstoffqualitäten Normal, Super und Super Plus einheitlich in der DIN EN 228 auf 720 bis 775 kg/m^3 festgelegt. Ottomotoren-Superkraftstoffe haben höhere Dichten als Normalbenzin. Bei Dieselkraftstoffen legt die Norm EN 590 den Bereich von 820 bis 840 kg/m^3 fest. Gemessen wird die Dichte von Kraftstoffen mit Senkspindeln (Aräometern) oder mit Schwingungsmessgeräten. Hierzu wird eine kleine Menge des zu prüfenden Kraftstoffs in ein schwingendes Rohr eingefüllt. Die Änderung der Schwingungsfrequenz des Rohres dient unter Benutzung von Kalibrierdaten dazu, die Dichte des Kraftstoffs zu bestimmen.

Der Flammpunkt der Kraftstoffe

Der Flammpunkt ist diejenige Temperatur, bei der sich Kraftstoffdämpfe durch Fremdzündung erstmals entflammen lassen. Er ist für die Beurteilung der Feuergefährlichkeit und der daraus abzuleitenden Sicherheitsmaßnahmen im Lager- und Verteilungssystem wichtig. In der dafür definierten Gefahrklasse ist Dieselkraftstoff als A III – also wenig gefährlich (Ottokraftstoff ist A I) – eingestuft und muss deshalb im Flammpunkt über 55 °C liegen. Schon geringe Vermischungen mit Ottokraftstoff führen zu unzulässigen Unterschreitungen dieses Grenzwertes. Bereits Beimischungen von ca. 2 % Ottokraftstoff im Dieselkraftstoff erniedrigen den Flammpunkt um rund 40 °C [4.2-1].

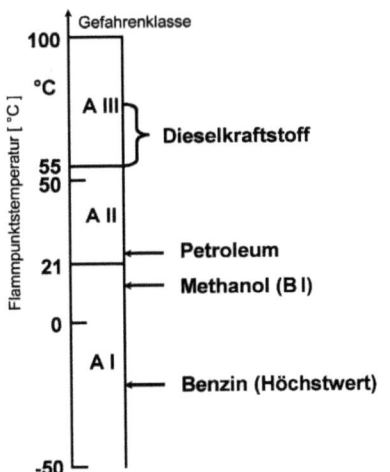

Bild 4.2-9 Flammpunkte und Gefahrklassenzuordnung von Kraftstoffen

Bei der Diesel-Kraftstoff-Herstellung begrenzt der Flammpunkt die Verwendung von leichtflüchtigen Komponenten.

Die Zündwilligkeit der Kraftstoffe

Eine wesentliche Eigenschaft zu Beurteilung der Eignung der Motorenkraftstoffe ist die Zündwilligkeit. Man versteht hierunter die Neigung eines Kraftstoff-Luftgemisches, sich selbst unter Einwirkung von Temperatur und Druck zu entzünden. Da Ottomotoren in der Regel mit Zündkerzen fremd gezündet werden, sollen die Kraftstoffe hier eine geringe Zündwilligkeit besitzen. Dementgegen wird bei Dieselmotoren eine hohe Zündwilligkeit gefordert (Selbstzündungsverfahren).

Zur Beurteilung des Selbstzündungsverhaltens von Otto- und Dieselkraftstoffen werden unterschiedliche Verfahren und Kennzahlen benutzt.

Die Zündwilligkeit von Ottomotoren-Kraftstoffen – die Oktanzahlen (OZ)

Zur Beurteilung der Zündwilligkeit von Ottokraftstoff dient die Oktanzahl (OZ). Ottokraftstoff soll eine geringe Zündwilligkeit besitzen, damit Gemischreste nicht von selbst zünden, bevor die von der Zündkerze ausgehende Flamme sie erfasst (normale Verbrennung). Die Oktanzahl kennzeichnet die Sicherheit gegen das Auftreten von unerwünschten Selbstzündungen (klopfende Verbrennung). Je höher die Oktanzahl, um so „klopffester" und damit hochwertiger ist der Kraftstoff.

Sie gibt an, wie viel Volumenprozent Iso-Oktan eine Mischung aus Iso-Oktan (C_8H_{18}; OZ = 100) und Normal-Heptan (C_7H_{16}; OZ = 0) enthält, die dieselbe Klopfintensität besitzt wie der zu prüfende Kraftstoff (siehe Tabelle 4.2.1).

Die Oktanzahl wird mit einem speziellen Einzylinderprüfmotor (CFR-Ottomotor; entwickelt vom amerikanischen Cooperative Fuel Research Commitee) bestimmt, wobei der Prüfmotor durch Veränderung des Verdichtungsverhältnisses (Zylinder mit Zylinderkopf ist gegenüber dem Kolben verschiebbar) zum Klopfen gebracht wird. Die Klopfintensität wird mit einem Klopfintensitätsmessgerät bestimmt.

Alternativ kann auch der BASF-Motor eingesetzt werden. Die konstruktive Besonderheit des Oktanzahlprüfmotors der BASF liegt in der Verstellbarkeit der geometrischen Verdichtung während des Motorlaufs. Die Kipphebelwelle ist hierfür in einem Lenkerhebel gelagert, der die Bewegung des Zylinderkopfs und des Ventiltriebs relativ zum festen Motorgehäuse mit dort angeordneter Nockenwelle ausgleicht. Steuerzeiten und Ventilspiel bleiben dadurch annähernd unverändert.

Zur Beurteilung des Ottokraftstoffes sind zwei Prüfmethoden gebräuchlich. Die Research-Oktanzahl (ROZ) soll das Kraftstoffverhalten bei Beschleunigung des Motors aus niedrigen Drehzahlen charakterisieren, die Motor-Oktanzahl (MOZ) das Verhalten bei höheren Drehzahlen und Vollast. Wegen der höheren thermischen Kraftstoffbeanspruchung bei der Prüfung liegen die MOZ-Werte beim gleichen Kraftstoff etwas niedriger als die ROZ-Werte.

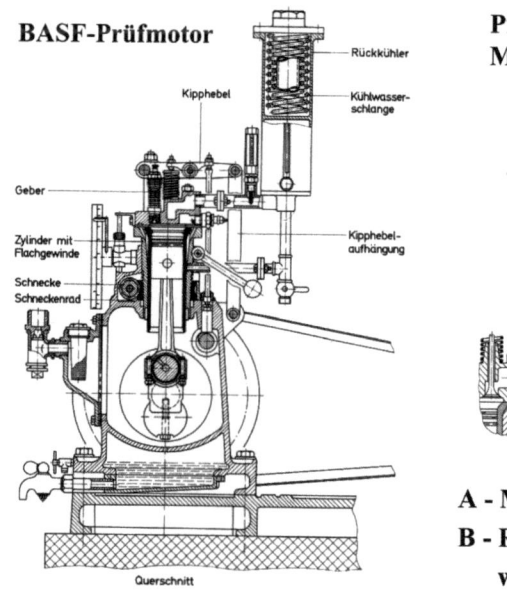
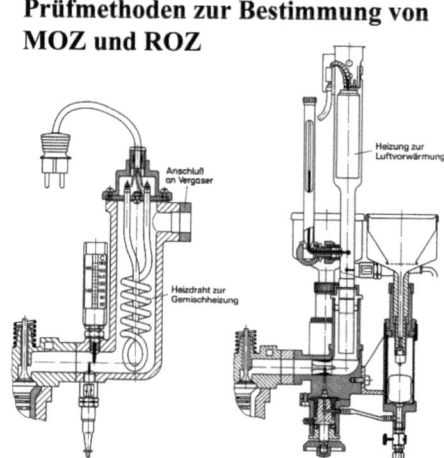

A - MOZ-Bestimmung mit Gemischheizung
B - ROZ-Bestimmung mit Ansaugluftvorwärmung

Bild 4.2-10 BASF-Prüfmotor und Prüfmethoden zur MOZ- und ROZ-Bestimmung [4.2-2]

	MOZ	*ROZ*
Drehzahl in 1/min	900	600
Zündung vor OT in °KW	26 bei $\varepsilon = 5{,}1$ 24 bei $\varepsilon = 5{,}5$ 22 bei $\varepsilon = 6{,}0$ 19 bei $\varepsilon = 7{,}2$ 17,5 bei $\varepsilon = 8{,}0$	konstant 13
Gemischtemperatur in °C	165	
Lufttemperatur in °C		52

Tabelle 4.2.2 Betriebsbedingungen für die Oktanzahlbestimmung mit dem BASF-Motor [4.2-2]

4.2 Kraftstoffe des Verbrennungsmotors

Die Testdurchführung zu Oktanzahlbestimmung läuft folgendermaßen ab [4.2-2]: Nach Motorstart erfolgt eine Stunde Warmlauf. Der Motor wird durch einen Generator belastet. Mit Kalibrierkraftstoffen wir die Messkette eingeregelt. Da der Testkraftstoff mit Referenzkraftstoffen „eingegabelt" werden muss, sollte die Klopfmesseranzeige beim Testkraftstoff annähernd mittig liegen. Hierzu bietet sich an, zunächst die veränderliche Verdichtung so einzustellen, dass die maximale Klopfintensität des Testkraftstoffs in der Skalenmitte liegt. Dieses Verdichtungsverhältnis bleibt dann unverändert. Die Oktanzahlen der Referenzkraftstoffe sollen sich um zwei Einheiten nach oben bzw. unten vom Testkraftstoff unterscheiden. Jeder Kraftstoff wird auf maximale Klopfstärke „eingeregelt". Hierzu wird das Kraftstoff/Luftverhältnis über den Kraftstoffspiegelstand im Vergaser so eingestellt, dass die relative maximale Klopfstärke abgelesen werden kann. Die Oktanzahl des Testkraftstoffs wird durch Interpolation (grafisch oder rechnerisch) bestimmt.

Für Kraftstoffreinkomponenten kann die ROZ für die Kohlenwasserstoff-Sorten in Abhängigkeit von der Anzahl der C-Atome dargestellt werden [4.2-3].

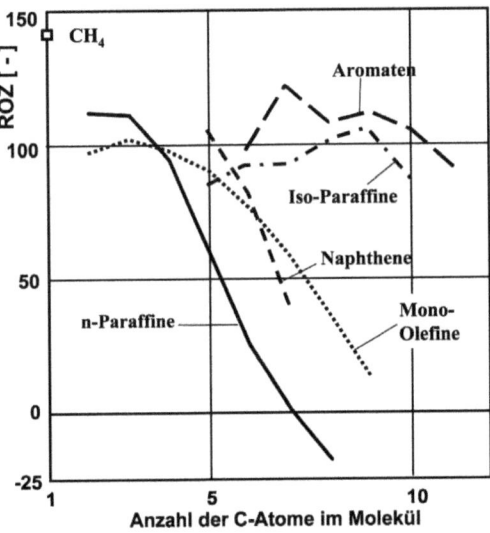

Bild 4.2-11 Research-Oktanzahlen von Kraftstoff-Reinkomponenten [4.2-3]

Die Differenz zwischen den ROZ- und MOZ-Werten heißt Sensitivität und sollte einen Wert von 10 nicht überschreiten:

$$S = ROZ - MOZ \qquad (4.2.7)$$

Je empfindlicher Kraftstoffe gegenüber thermischer Beanspruchung sind, umso größer ist auch die Sensitivität. Sie hängt stark von der chemischen Zusammensetzung der Kraftstoffe ab.

Der Oktanzahlindex ist eine weitere Kennzahl, um das Klopfverhalten von Kraftstoffen zu charakterisieren. Er setzt sich zusammen aus der Sensitivität, den ROZ-Werten und einer Größe k, die vom Betriebspunkt und den Motoreigenschaften abhängt.

$$OI = ROZ - k \cdot (ROZ - MOZ) \qquad (4.2.8)$$

Die Kraftstoffqualität kann durch Beimischen so genannter Antiklopfmittel erhöht werden. Dies sind heute meist hochoktanige Kohlenwasserstoffverbindungen bzw. sauerstoffhaltige Komponenten mit hoher Klopffestigkeit.

Die Zündwilligkeit von Dieselkraftstoffen – die Cetanzahlen (CZ)

Im Gegensatz zum Ottokraftstoff muss Dieselkraftstoff eine hohe Zündwilligkeit besitzen. Die für die Zündwilligkeit maßgebende Cetanzahl gibt an, wie viel Volumenprozent Cetan eine Mischung aus Cetan ($C_{16}H_{34}$; CZ = 100) und α-Methylnaphthalin ($C_{11}H_{10}$; CZ = 0) enthält, die in einem Prüfmotor dieselbe Zündwilligkeit (Zündverzugszeit zwischen Zündung und Beginn der Einspritzung) aufweist, wie der zu prüfende Dieselkraftstoff.

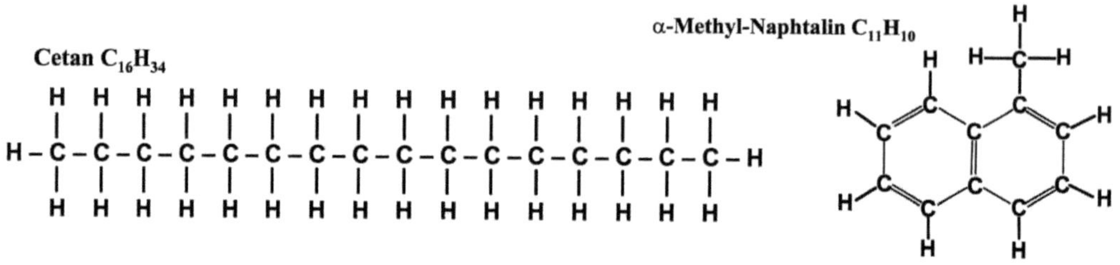

Bild 4.2-12 Bezugskraftstoffe für die Cetanzahl-Bestimmung

Die Bestimmung der Cetanzahl erfolgt im CFR-Prüfdiesel. Dabei wird der Zündverzugs-Sollwert durch verschiedene Mischungen aus Cetan und α-Methylnaphthalin ermittelt.

Nach Motorstart erfolgt eine Stunde Warmlauf, der Motor wird durch einen als Generator belastet. Der Testkraftstoff wird im Vergleich zu zwei Referenzkraftstoffen untersucht, deren bekannte Cetanzahlen oberhalb und unterhalb der gesuchten Cetanzahl liegen. Der Kraftstoffverbrauch wird an der Einspritzpumpe auf 20 cm³ in 150 s +/- 5s eingeregelt. Über eine Verstelleinrichtung wird der Einspritzbeginn auf 20 °KW v. OT eingeregelt. Der Zündverzug reagiert signifikant auf die Höhe des Zylinderdrucks bei Einspritzbeginn. Über eine ansaugseitige Drosselklappe wird der Ansaugunterdruck verändert und in der Folge der Zylinderdruck bei Einspritzbeginn so eingestellt, dass sich ein Zündverzug von 20 °KW ergibt und die Verbrennung in OT beginnt. Ausgehend von den bekannten Referenzkraftstoffen kann über die Hilfsgröße „Ansaugunterdruck" die gesuchte Cetanzahl des Testkraftstoffs durch lineare Interpolation (grafisch oder rechnerisch) ermittelt werden.

Für Kraftstoffreinkomponenten kann die CZ für die Kohlenwasserstoff-Sorten wiederum in Abhängigkeit von der Anzahl der C-Atome dargestellt werden [4.2-3].

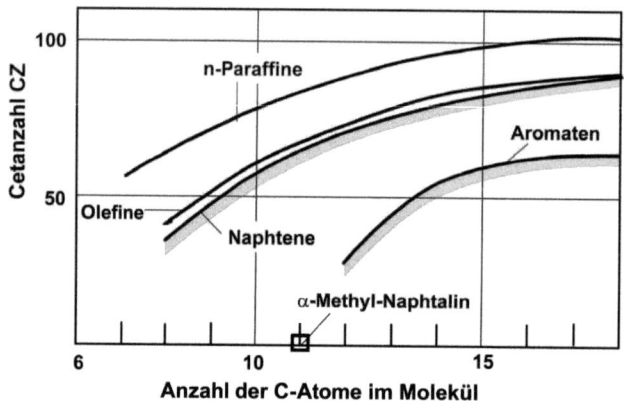

Bild 4.2-13 Cetanzahl von Kraftstoff-Reinkomponenten

4.2 Kraftstoffe des Verbrennungsmotors

Während für den Ottokraftstoff eine geringe Zündwilligkeit und somit eine hohe Klopffestigkeit gefordert wird, ist es beim Dieselmotor gerade umgekehrt. Vergleichende Untersuchungen zwischen Cetan- und Oktanzahl ergaben folgenden empirischen Zusammenhang:

$$CZ = 60 - 0,5 \cdot MOZ$$
$$CZ = 100 - ROZ \quad \text{für} \quad ROZ > 80$$
(4.2.9)

Durch gezielte Beimischungen von Ottokraftstoffen mit niedriger Oktanzahl (Normalbenzin) zum Dieselkraftstoff wurde vor Einführung der so genannten winterfesten Dieselkraftstoffen die Filtrierbarkeit bei niedrigen Temperaturen verbessert. Die Nachteile des härteren Motorlaufs und die herabgesetzte Schmierfähigkeit des Kraftstoffgemisches (Einspritzanlage) wurden dabei in Kauf genommen.

Die Zündwilligkeit von gasförmigen Kraftstoffen – die Methanzahl (MZ)

Bei gasförmigen Kraftstoffen wird zur Beurteilung des Klopfverhaltens die Methanzahl (MZ) angegeben. Die Klopfeigenschaften des zu prüfenden Kraftstoffes werden hierbei mit einem Gemisch aus Methan und Wasserstoff verglichen. Dabei gibt die Methanzahl den Methangehalt in Volumenprozent an.

Die Methanzahl ist nach vorausgegangener Definition bei Wasserstoff gleich null. Im Vergleich zu Benzin ist Wasserstoff der klopfempfindlichere Kraftstoff. Dies führt vor allem bei hohen Verdichtungsverhältnissen in Verbindung mit stöchiometrischem Motorbetrieb schon bei mittleren Lasten zum Klopfen bzw. zu Glühzündungen.

Die Methanzahl beträgt bei Reinmethan 100 und ist äquivalent einer ROZ von 120–140. Somit ist Erdgas, durch den hohen Methangehalt, der Kraftstoff mit der geringsten Klopfempfindlichkeit.

Die Zusammensetzung des natürlichen Erdgases schwankt je nach Herkunftsregion. Man bezeichnet die Gase als L-Gas oder H-Gas, je nachdem, welche Methanzahl und insbesondere welcher Heizwert durch den Methangehalt vorzufinden sind.

Tabelle 4.2.3 Stoffwerte von Erdgas und zugehörige Methanzahlen

Eigenschaften	H2-Gas (Nordsee)	H1-Gas (GUS)	L-Gas (Verbund)
Heizwert H_u [kJ/kg]	46.778	49.149	40.665
Dichte [kg/m$_3$]	0,84	0,73	0,82
Oktanzahl ROZ [-]	126	132	130
Methanzahl [-]	72	95	88
stöchiometrischer Luftbedarf [-]	16,01	16,88	13,93
Zündgrenzen λ [-]	0,7 - 2,1	0,7 - 2,1	0,7 - 2,1
CH_4-Volumenanteil [Vol. %]	86,5	98,3	84,4

Die Glüh- bzw. Frühzündungsneigung wird durch hohen Methangehalt gehemmt. Eine Erhöhung des Kompressionsverhältnisses ist bei Motoren für Erdgasbetrieb im Vergleich zu Benzinmotoren möglich und zeigt bei Anpassung auf Erdgasbetrieb eine Zunahme des inneren Wirkungsgrades und somit eine Kraftstoffverbrauchsreduzierung. Der Erdgasbetrieb eignet sich daher auch besonders zur Aufladung.

4.2.4 Normtabellen der Kraftstoffkennwerte

Die Anforderungen an Ottokraftstoffe sind seit 1993 in der europäischen DIN EN 228 und die Anforderungen an Dieselkraftstoff in der DIN EN 590 festgelegt. Insbesondere der zulässige Gehalt an im Kraftstoff gelöstem Schwefel wurde in den letzten Jahren aufgrund der Entwicklungsanforderungen bei direkt einspritzenden Ottomotoren (Stickoxid-Speicher-katalysatoren) und der Verschärfung der Partikelgrenzwerte für Dieselmotoren drastisch reduziert.

4.2.5 Kraftstoffadditive [4.2-1]

Additive sind Zusätze, die als Wirkstoffe die Eigenschaften von Kraft- und Schmierstoffen verbessern und üblicherweise in Konzentrationen im ppm-Bereich zugegeben werden. Bei ihrer Entwicklung geht es vor allem darum, bei möglichst geringer Dosierung deutliche Wirkung in der gewünschten Richtung zu erzielen, ohne unerwünschte Nebenwirkungen in Kauf nehmen zu müssen.

Additive für Ottokraftstoffe

Bei Ottomotoren müssen Additive die nachfolgenden Wirkungen im Kraftstoff entfalten:
- Reinhaltung/Reinigung von Einspritzkomponenten und Saugrohr
- Vereisungsschutz
- Reinigung der Einlassventile
- Saubere Verbrennung ermöglichen
- Schlammbildung reduzieren
- Korrosionsschutz im Kraftstoffsystem (Tank, Leitungen, Pumpe, Düsen)
- Verschleißschutz und Reibungsverminderung

Additive für Dieselkraftstoffe

Im Betrieb mit Dieselkraftstoffen wurden für die nachfolgend dargestellten Problempunkte von den Kraftstoffherstellern jeweils Additive entwickelt.
- Erhöhung der Cetanzahl zur Verbesserung des Verbrennungsablaufs durch Zündbeschleuniger
- Vermeidung der Verkokung der Einspritzdüsen durch Reinigungssubstanzen (Detergentien)
- Vermeidung von Korrosion an Gemischbildungsbauteilen durch geeignete Inhibitoren
- Verminderung des Verschleißes im Gemischbildungssystem als Gegenmaßnahme zur Schwefelreduktion im Kraftstoff
- Verhindern der Schaumbildung beim Tankvorgang durch geeignete Substanzen

Oktanzahlverbesserer

In früherer Zeit, als Abgassysteme noch ohne Katalysatoren ausgeführt waren, war das wichtigste Otto-Kraftstoff-Additiv das Metall Blei. Es wurde zur Erhöhung der Oktanzahlen als Antiklopfmittel und als Verschleißschutz für Motorventile eingesetzt. Da es die Sauerstoffsonden und die Katalysatoren deaktiviert, ist der Einsatz nicht mehr zulässig. Allerdings trat bei älteren Motoren mit weichen Ventilsitzen bei Verwendung von unverbleiten Kraftstoffen unter hoher Belastung Verschleiß auf, dem mit speziellen Additiven begegnet werden konnte. Um die Oktanzahlverluste durch den Bleientfall zu kompensieren werden die Ottokraftstoffe heute aus höheroktanigen Kraftstoffkomponenten aufgebaut oder beispielsweise mit geringen Anteilen von Alkoholen versetzt.

Vereisungsschutz

Additive gegen Vergaservereisung spielen heute kaum noch eine Rolle. Der sporadisch noch als Problem auftretenden Drosselklappenvereisung kann mit Hilfe der oberflächenaktiven Detergentien entgegengewirkt werden.

Reinigungsadditive/Detergentien

Detergents (Detergentien) sind seifenfreie, oberflächenaktive Netz- bzw. Reinigungsmittel, die die Oberflächen- bzw. Grenzflächenspannung verringern sollen. Sie haben die Fähigkeit, Fremdstoffe in einer Flüssigkeit am Zusammenballen zu hindern. Die Otto-Kraftstoff-Additivpakete bewirken primär, dass störende Ablagerungen in den Kraftstoff- und Gemischbildungssystemen, vor allem auf den Einlassventilen, verhindert werden. Dies ist zur Einhaltung der Emissionswerte über die geforderten Lebensdauern der Motoren sowie zur Sicherstellung einer guten Fahrbarkeit im KFZ notwendig.

Verschleißschutzadditive

Der Übergang auf schwefelarme Kraftstoffe verschlechtert die natürlichen Schmiereigenschaften des Kraftstoffes, da ihm bei der Entschwefelung oberflächenaktive Bestandteile entzogen werden. Dem Pumpenverschleiß kann durch spezielle Verschleißschutzadditive entgegengewirkt werden.

Lubricity-Improver

Ein Kraftstoffadditiv kann bei den direkt einspritzenden Motoren nicht mehr in die Einlasskanäle gelangen. Hinzu kommen noch hohe Einspritzdrücke zur Anwendung, wodurch die Fressneigung der Kraftstoffpumpen zunimmt. Den notwendigen Verschleißschutz müssen neuartige „Lubricity-Improver" oder „Friction-Modifier" übernehmen.

Korrosionsinhibitoren

Oxidationsinhibitoren verhindern den korrosiven Angriff des Luftsauerstoffs vor allem auf Dieselöl. Zusammen mit den Metalldeaktivatoren bilden sie mit Hilfe organischer Verbindungen einen auf der Metalloberfläche physikalisch oder chemisch haftenden, katalytisch inaktiven Schutzfilm.

Schaumverhinderer

Das lästige Schäumen des Dieselkraftstoffs beim Betanken kann durch Schaumverhinderer weitgehend unterdrückt werden. Sie verändern die Oberflächenspannung der Schaumbläschen. Es handelt sich meistens um flüssige Silikone, die in sehr geringer Menge dem Kraftstoff zugegeben werden.

Abbrennhilfen für Partikelfilter

Für die Regenerierung der eingesetzten Diesel-Partikelfilter kann zur Erleichterung des Abbrennens der im Filter gesammelten Partikel ein spezieller Additivtyp auf Basis der Eisenverbindung Ferrocen erforderlich werden.

4.2.6 Stöchiometrischer Luftbedarf, Lambda und Gemischheizwert

Zur vollständigen Verbrennung von Kraftstoff ist eine bestimmte Sauerstoff- bzw. Luftmenge (Luftbedarf) erforderlich. Diese hängt von der Zusammensetzung des Kraftstoffes ab. Unter „Luftbedarf" versteht man genau die Luftmenge, die zur vollständigen Verbrennung eines Kraftstoffes erforderlich ist. Man spricht auch von „stöchiometrischem Luftbedarf" L_{St}:

$$L_{St} = \frac{m_{LSt}}{m_K} \qquad (4.2.10)$$

mit m_{Lst} = Luftmasse bei vollständiger Verbrennung [kg]
m_K = Kraftstoffmasse [kg]

Der stöchiometrische Luftbedarf kann aus den Massenanteilen der im Kraftstoff enthaltenen chemischen Elemente ermittelt werden. Dabei sind die bei der Verbrennung entstehenden Verbrennungsprodukte (Abgase) zu berücksichtigen. Der Verbrennungsprozess selbst läuft über eine große Anzahl von Zwischenreaktionen ab, an denen zahlreiche, vor allem aber auch kurzlebige Verbindungen, so genannte Radikale, beteiligt sind. Wie kompliziert sich im einzelnen der Prozess auch abspielen mag, so sind doch die endgültigen Verbrennungsprodukte bei allen Verbrennungsvorgängen nahezu dieselben. Sie bestehen bei vollständiger Verbrennung aus Kohlendioxid (CO_2), Wasser (H_2O) und Schwefeldioxid (SO_2) sowie aus dem bei idealer Verbrennung unveränderten Luftstickstoff (N_2, Inertgas).

Für die vollständige Verbrennung eines Kraftstoffes (Reinkraftstoff) mit der Zusammensetzung $CxHySqOz$ ergibt sich die chemische Reaktionsgleichung:

$$CxHySqOz + \left(x + \frac{y}{4} + q - \frac{z}{2}\right) \cdot O_2 \Rightarrow x \cdot CO_2 + \frac{y}{2} \cdot H_2O + q \cdot SO_2 \qquad (4.2.11)$$

Im Falle von realen Kraftstoffen, mit unbekannter formelmäßiger Zusammensetzung, können die stöchiometrischen Komponenten folgendermaßen aus einer Elementaranalyse ermittelt werden:

$$x = \frac{M_K}{M_C} \cdot c \; ; \; y = \frac{M_K}{M_H} \cdot h \; ; \; q = \frac{M_K}{M_S} \cdot s \; ; \; z = \frac{M_K}{M_O} \cdot o \qquad (4.2.12)$$

Hierbei bedeuten:

c, h, s, o = Massenanteile der im Kraftstoff enthaltenen Elemente Kohlenstoff (c), Wasserstoff (h), Schwefel (s) und Sauerstoff (o)
M_C, M_H, M_S, M_O = Molmassen der Elemente C, H, S, O im Kraftstoff
M_K = Molmasse des Kraftstoffes,

Unter der Berücksichtigung des Massenanteils von Sauerstoff in Luft $\xi_{O2,L}$ ergibt sich für den stöchiometrischen Luftbedarf:

$$L_{St} = \frac{1}{\xi_{O2,L}} \cdot \frac{m_{O2,St}}{m_K} = \frac{1}{\xi_{O2,L}} \cdot \frac{M_{O2}}{M_K} \cdot \frac{n_{O2,St}}{n_K} \qquad (4.2.13)$$

mit M_{O2}; M_K = Molmassen von Sauerstoff und Kraftstoff
n_{O2}; n_K = Stoffmengen von Sauerstoff und Kraftstoff

4.2 Kraftstoffe des Verbrennungsmotors

Mit den Bezeichnungen:

$$nO2,St = x + \frac{y}{4} + q - \frac{z}{2} \quad und \quad nK = 1 \tag{4.2.14}$$

aus den chemischen Reaktionsgleichungen ergibt sich:

$$LSt = \frac{1}{\xi_{O2,L}} \cdot \left(\frac{MO2}{MC} \cdot c + \frac{1}{4} \cdot \frac{MO2}{MH} \cdot h + \frac{MO2}{MS} \cdot s - o \right) \tag{4.2.15}$$

$$LSt = \frac{1}{0,232} \cdot (2,664 \cdot c + 7,937 \cdot h + 0,988 \cdot s - o) \tag{4.2.16}$$

Die Kraftstoffzumischung beim Motorbetrieb wird durch den unterschiedlichen stöchiometrischen Luftbedarf beeinflusst. Daher muss ein Gemischbildungssystem bei verschiedenen Kraftstoffen (z. B. Euro-Super und Alkoholkraftstoff) jeweils angepasst werden.

Tabelle 4.2.4 Kraftstoffanalysedaten und Mindestluftmengenverhältnis L_{St}

Kraftstoff	C [Mas.%]	H_2 [Mas.%]	O_2 [Mas.%]	C/H [-]	L_{St} [-]
Methan	75,0	25,0	--	3,0	17,4
Propan	81,8	18,2	--	4,5	15,8
Butan	82,8	17,2	--	4,8	15,6
Cetan	85,0	15,0	--	5,67	15,1
Benzol	92,3	7,7	--	12,0	13,4
Normal	~85,5	~14,5	--	~5,9	~14,9
Super	~85,1	~13,9	~1	~6,1	~14,6
SuperPlus	~84,7	~13,3	~2	~6,5	~14,4
Diesel	~86,3	~13,7	--	~6,3	~14,8

Bei der motorischen Verbrennung weicht man oft vom stöchiometrischen Mischungsverhältnis ab. Man bezeichnet das Verhältnis aus tatsächlicher Luftmasse m_L zu stöchiometrischer Luftmasse $m_{L,St}$ als Luft-Kraftstoff-Verhältnis λ.

$$\lambda = \frac{mL}{mL,St} = \frac{mL}{mK \cdot LSt} \tag{4.2.17}$$

Ein Gemisch mit Luftüberschuss ($\lambda > 1$) bezeichnet man als „mageres Gemisch" (Magerbetrieb), ein Gemisch mit Luftmangel ($\lambda < 1$) wird als „fettes Gemisch" bezeichnet.

Ottomotoren werden heute aufgrund des Katalysators im Abgasnachbehandlungssytems meistens mit stöchiometrischem Gemisch ($\lambda = 1$) betrieben. Dieselmotoren werden immer mit Luftüberschuss ($\lambda > 1$) betrieben. Kleine Zweitaktmotoren werden im Luftmangelbereich ($\lambda < 1$) und Ottomotoren mit Direkteinspritzung können sowohl homogen mit fettem, stöchiometrischem oder geringfügig magerem Gemisch (bis $\lambda \approx 1,5$) betrieben werden. Bei kleineren Lasten werden höhere Luftverhältnisse ($\lambda \gg 1,5$) eingestellt (möglichst drosselfreier Betrieb), wobei hierzu ein Schichtladeverfahren (inhomogene Gemischverhältnisse), ähnlich wie beim Dieselmotor, erforderlich ist.

Der spezifische Heizwert eines Kraftstoffes ist eng verknüpft mit der Luftmasse, die er zur vollständigen Verbrennung benötigt. Je höher der stöchiometrische Luftbedarf ist, desto mehr Energie kann aus der Masseneinheit Kraftstoff erzeugt werden. Bild 4.2-14 gibt diesen Zusammenhang für reale Kraftstoffe wieder.

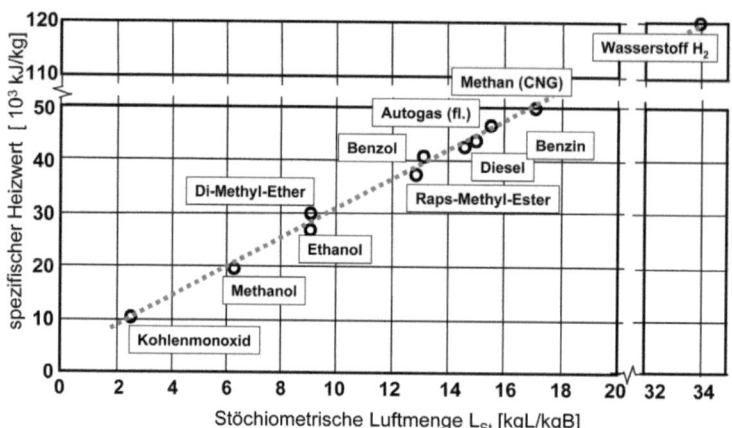

Bild 4.2-14 Spezifischer Heizwert Hu und stöchiometrische Luftmasse [4.2-3]

4.2.7 Die Rußbildungsneigung von Kraftstoffen

Ruß tritt bei Verbrennungen unter starkem Luftmangel auf und ist aufgrund des örtlich sehr inhomogenen Gemisches typisch für die Verbrennung im Dieselmotor. Die Rußbildung wird in der Regel durch thermisches Cracken der Brennstoffmoleküle unter Sauerstoffmangel eingeleitet und führt unter Abspaltung von Wasserstoff über Acetylen und Polymerisation zu kohlenstoffreichen Makromolekülen, die dann zu den endgültigen Rußpartikeln agglomerieren. Die komplexen Einzelheiten des kinetischen Vorgangs bei der Bildung der 0.01 bis 10 µm großen Rußteilchen sind noch nicht geklärt.

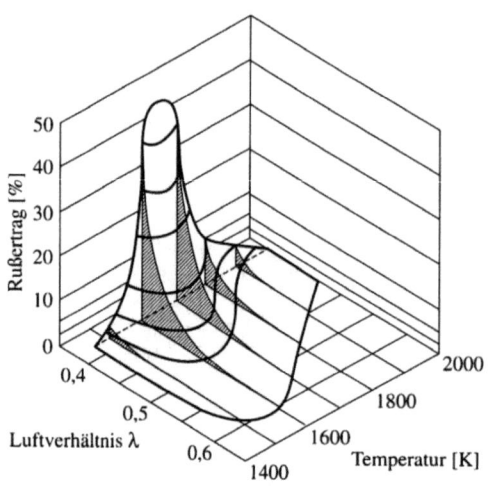

Bei der dieselmotorischen Verbrennung beginnt die Rußbildung unterhalb eines Luftverhältnisses von ca. $\lambda = 0{,}6$ und Temperaturen zwischen 1450 K bis 2000 K. Die Neigung zur Rußbildung steigt mit dem C-Anteil und zunehmender Kompaktheit der Moleküle, also von Paraffinen über Olefine zu Aromaten.

Bild 4.2-15
Rußertrag als Funktion des Luftverhältnisses und der Gastemperatur [4.2-3]

4.2.8 Die laminare Brenngeschwindigkeit und die Zündgrenzen

In Ottomotoren (homogen vorgemischt) brennt das Brenngas in Form einer Flammenfront ab, die sich von der Zündkerze ausgehend in den Brennraum hinein ausdehnt. Die laminare Brenngeschwindigkeit w_{BL} ist die Geschwindigkeit, mit der sich eine ebene Flammenfront relativ und normal zum unverbrannten, laminar strömenden Gemisch ausbreitet. Sie ist eine Funktion von Druck, Temperatur sowie Luftverhältnis und hängt relativ wenig vom Molekülaufbau und der Anzahl der C-Atome ab.

Die laminare Brenngeschwindigkeit steigt mit zunehmender Temperatur und sinkt schwach mit steigendem Druck. Sie liegt bei athmosphärischen Bedingungen für konventionelle Kraftstoffe im Bereich von 0,3 bis 0,4 m/s. Bei Temperaturen um 700K kann der Wert bei einem Luftverhältnis von λ=0,9 bis auf den 4-fachen Wert ansteigen. Lediglich Wasserstoff liegt mit ca. 230 m/s Brenngeschwindigkeit deutlich darüber.

Für die Umsatzrate des Kraftstoff-Luft-Gemisches gilt:

$$\frac{dm_V}{dt} = \rho_u \cdot A_f \cdot wBL \tag{4.2.18}$$

mit m_V = verbrannte Masse im Brennraum
ρ_U = Dichte des unverbrannten Kraftstoff-Luft-Gemisches
A_f = Fläche der Flammenfront

Für die motorische Verbrennung sind die Zündgrenzen eines Kraftstoff-Luft-Gemisches von großer Bedeutung. Kraftstoff-Dampf-Luft-Gemische können nur bei Mischungsverhältnissen innerhalb der Zündgrenzen durch Fremdzündung, z. B. Zündfunken entflammt werden. Die Zündgrenzen hängen von der Kraftstoffsorte sowie von Druck und Temperatur des Gemisches ab. Die Gemischbildungsorgane bei Ottomotoren müssen so ausgelegt sein, dass die Zusammensetzung des Kraftstoff-Luft-Gemisches mit Sicherheit innerhalb dieser Zündgrenzen liegt.

Tabelle 4.2.5 Zündgrenzen von Kraftstoffen

Brennstoff	Zündgrenze
Ottokraftstoff	$0,4 < \lambda < 1,4 ... 1,7$
Wasserstoff	$0,15 < \lambda < 10,5$
Erdgas (CNG)	$0,7 < \lambda < 2,1$
Methanol	$0,34 < \lambda < 2,0$
Ethanol	$0,3 < \lambda < 2,1$
LPG	$0,4 < \lambda < 1,7$

Nebenstehende Tabelle zeigt, dass die Zündgrenzen im Vergleich zu Ottokraftstoff für viele Kraftstoffe im deutlich mageren Bereich liegen. Wasserstoff kann noch deutlich weiter abgemagert werden und zündet bis zum Wert von $\lambda = 10,5$.

4.2.9 Der Gemischheizwert

In Hinblick auf die mit einem Gemisch aus Kraftstoff und Luft erzielbare Motorleistung ist der so genannte „Gemischheizwert H_G" von Bedeutung. Zur Berechnung des Gemischheizwertes bezieht man den Heizwert des Kraftstoffes beim Ottomotor auf das Volumen des angesaugten Gemisches, beim Dieselmotor auf das Volumen der angesaugten Luft.

Für Gemisch saugende Ottomotoren gilt somit:

$$H_G = \frac{m_K \cdot H_u}{V_G} \tag{4.2.19}$$

mit V_G = Gemischvolumen

$$V_G = \frac{m_G}{\rho_G} = \frac{1}{\rho_G} \cdot (m_L + m_K) = \frac{m_K}{\rho_G} \cdot \left(\frac{m_L}{m_K} + 1\right) = \frac{m_K}{\rho_G} \cdot (L_{St} \cdot \lambda + 1) \quad (4.2.20)$$

Es bedeuten:

m_G = Gemischmasse
ρ_G = Dichte des Gemisches
m_L = Luftmasse

Damit ergibt sich für den Ottomotor der Gemischheizwert zu:

$$H_G = \frac{H_u \cdot \rho_G}{L_{St} \cdot \lambda + 1} \quad (4.2.21)$$

Der Gemischheizwert für Dieselmotoren ($\overline{H}_G$) ergibt sich zu:

$$\overline{H}_G = \frac{m_K \cdot H_u}{V_L} \quad (4.2.22)$$

mit V_L = Luftvolumen

Das Luftvolumen ist:

$$V_L = \frac{m_L}{\rho_L} = \frac{m_K}{\rho_L} \cdot L_{St} \cdot \lambda \quad (4.2.23)$$

mit ρ_L = Luftdichte

Daraus folgt:

$$\overline{H}_G = \frac{H_u \cdot \rho_L}{L_{St} \cdot \lambda} \quad (4.2.24)$$

Der Gemischheizwert ist eine Funktion vom Luft-Kraftstoff-Verhältnis λ. Über die Dichte (ρ_G; ρ_L) hängt der Gemischheizwert vom thermodynamischen Zustand ab.

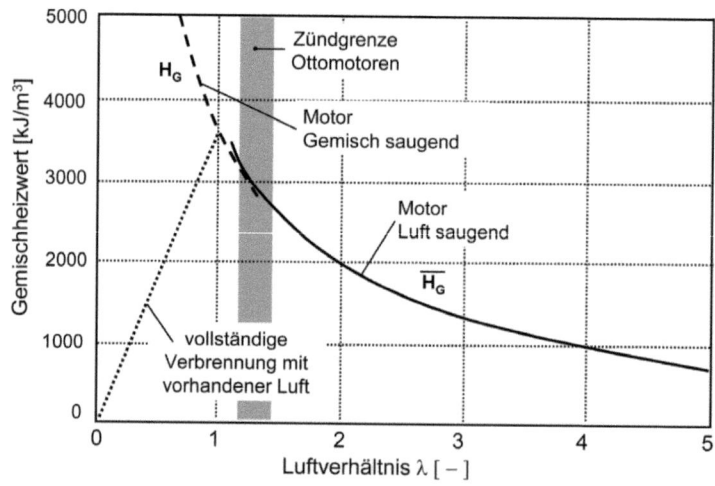

Bild 4.2-16 Gemischheizwert in Abhängigkeit vom Luft-Kraftstoff-Verhältnis [4.2-4]

4.2 Kraftstoffe des Verbrennungsmotors

Zu Vergleichswerten wird der Gemischheizwert häufig für stöchiometrische Mischungen ($\lambda = 1$) angegeben ($H_{G,1}$ bzw. $\bar{H}_{G,1}$). Für das Gemisch bzw. die Luft wird dann Normzustand ($T_0 = 273$ K ; $p_0 = 1013$ mbar) angenommen, wobei der Kraftstoff als dampfförmig betrachtet wird.

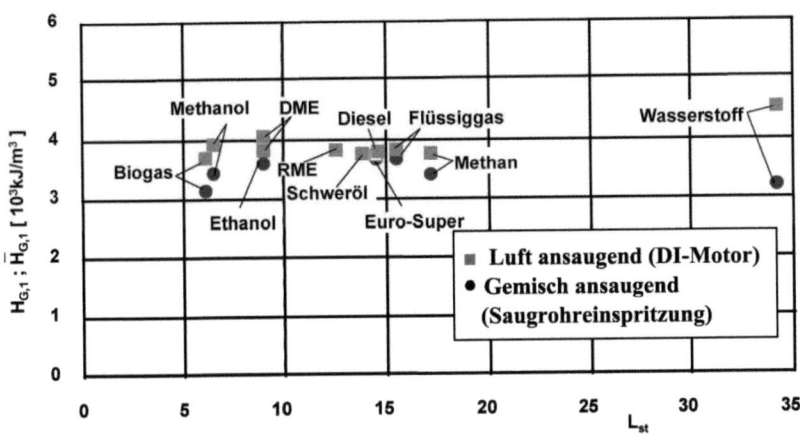

Bild 4.2-17 Gemischheizwerte für verschiedene Kraftstoffe

4.2.10 Alternative Kraftstoffe

Die auf fossilen Grundstoffen basierenden Energiequellen sind in absehbarer Zukunft erschöpft.

Tabelle 4.2.6 Abschätzung der Reichweite fossiler Kraftstoffe ab dem Jahr 2006 bei konstant angenommenem Verbrauch /BA für Geowissenschaften/

Status: Jahr 2000		Reserven (Jahre)	Resourcen (Jahre)
Erdöl			
	konventionell	43	67
	konventionell + nicht. konv. (Ölschiefer, Ölsand)	62	157
Erdgas			
	konventionell	64	149
	konventionell + nicht. konv. (Flözgas, Gashydrate, Aquifergas)	64	756
Hartkohle		207	1425
Weichbraunkohle		198	1264
Uran		42	525

Aus diesem Grund werden zurzeit erhebliche Anstrengungen erbracht, Alternativen für die Zukunft zu entwickeln. In der Energie- und Fahrzeugtechnik versucht man, mittelfristig mit einer ausgewogenen Mischung aus fossilen und nicht fossilen Alternativkraftstoffen, die Zeit bis zum Einsetzen des Wasserstoffzeitalters zu überbrücken. Die nachfolgend beschriebenen alternativen Kraftstoffformen müssen sich jedoch stets an technologischen, ökonomischen und ökologischen Kriterien messen lassen.

An Kraftstoffe stellen sich heute nicht mehr nur konventionelle Anforderungen, wie gute Eignung für den Verbrennungsprozess, hohe Speicherdichte oder Wirtschaftlichkeit, sondern zunehmend auch ökologische Aspekte. Es gibt eine große Anzahl von zusätzlichen Bewertungskriterien für alternative Kraftstoffe wie z. B.: Sicherheit, Kosten, Gesamtenergie- und Ökobilanz, Vermeidung von Umweltfolgekosten, volkswirtschaftliche Auswirkungen, Kosten-Nutzen-Analyse, Technologievorsprung für Industrie.

Erst nach Bewertung dieser Kriterien, kann der gesellschaftliche Nutzen für einen Alternativkraftstoff beurteilt werden.

Ökologischen Kriterien, wie Verfügbarkeit und Umweltverträglichkeit stehen verschiedenen wirtschaftlichen Aspekten gegenüber. Es müssen Anlagen zur Umwandlung des Primärenergieträgers in den Kraftstoff sowie eine Verteilungsinfrastruktur vorhanden sein, in die teilweise neu investiert werden muss. Ferner können alternative Kraftstoffe auch eine Modifikation der Fahrzeugtechnik erforderlich machen und nehmen außerdem Einfluss auf den Nutzen des Endverbrauchers, der sich beispielsweise in einem veränderten Aktionsradius oder Fahrkomfort äußert.

Neben den Kraftstoffen aus Mineralöl sind zur Zeit eine Reihe von Alternativkraftstoffen zum Einsatz in Verbrennungsmotoren in der Diskussion. Zu den bekanntesten Alternativkraftstoffen zählen Kohle und die nichtfossilen Kraftstoffe, wie Methanol (CH_3OH), Ethanol (C_2H_5OH), Methan (CH_4), Pflanzenöl und Wasserstoff.

Da zur Erzeugung dieser Kraftstoffe größere Energiemengen zur Produktion aufgewendet werden müssen, ist eine Bewertung der Kraftstoffe nur unter Einbeziehung des Umwandlungswirkungsgrades sinnvoll. Bild 4.2-18 stellt die thermischen Wirkungsgrade der Herstellungsprozesse für verschiedene Kraftstoffarten dar. Für die konventionellen Kraftstoffe Benzin und Diesel müssen demzufolge nur etwa 10 % des Produkt-Energiegehaltes zur Herstellung aufgewendet werden.

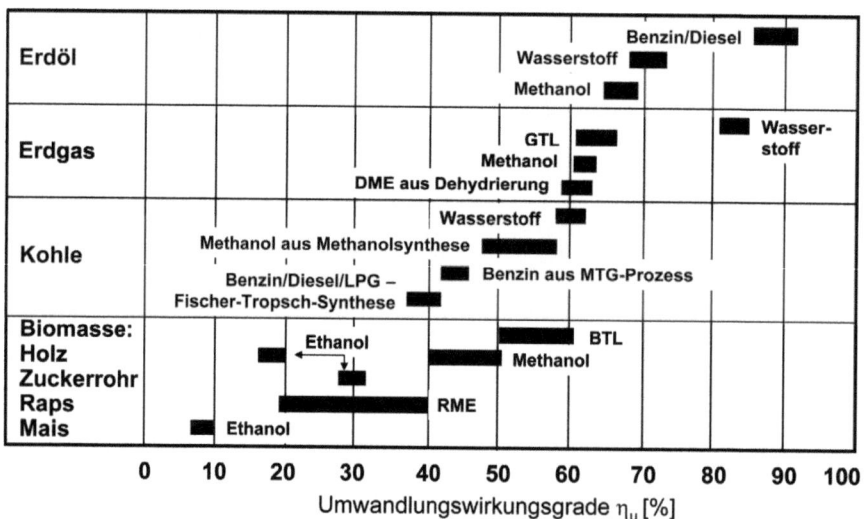

Bild 4.2-18 Thermische Wirkungsgrade der Kraftstoffherstellung

4.2 Kraftstoffe des Verbrennungsmotors

Die Gewinnung der verschiedenen Alternativkraftstoffe erfolgt häufig durch Vergasung oder durch Auspressen und Weiterverarbeiten einer Biomasse. Ihre Hauptvorteile sind der geschlossene CO_2-Kreislauf und die verbrauchsnahe Erzeugung des Energieträgers auf lokalen, teilweise ungenutzten Flächen. Die Pflanzen verbrauchen beim Wachstum das bei der Verbrennung emittierte CO_2. Sie sind demnach CO_2 neutral. Wasserstoff kann mit Hilfe von Kernenergie oder Sonnenenergie hergestellt werden.

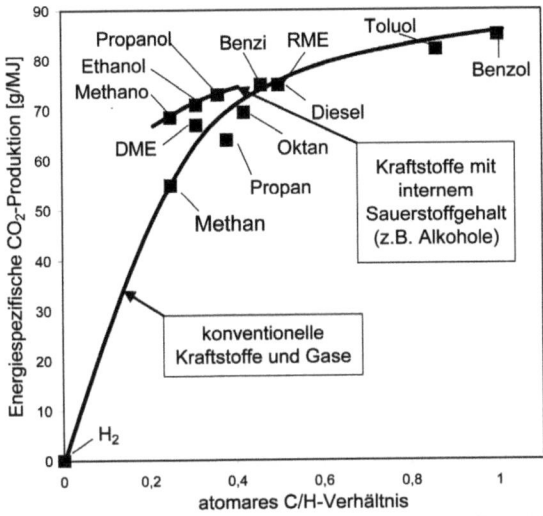

Bild 4.2-19 Energiespezifische CO_2-Produktion von Kraftstoffen

Bei der Verbrennung der Kraftstoffe wird um so mehr CO_2 erzeugt, je mehr Kohlenstoff im chemischen Aufbau des Kraftstoffs vorhanden ist. Demnach lassen sich die verschiedenen Kraftstoffe hinsichtlich Ihrer „CO_2-Trächtigkeit" unterscheiden. Bild 4.2-19 zeigt diese Klassifikation.

Alternative Kraftstoffe auf Kohlebasis

Aus Tabelle 4.2.6 ist ersichtlich, dass der Rohstoff Kohle bei konstant angenommenem Energieverbrauch der Welt, noch mindestens für 200 Jahre verfügbar sein wird. Kohle könnte daher für eine begrenzte Zeit die Ausgangsbasis für die Energieversorgung der Welt bilden. Vom technischen und ökologischen Standpunkt entstehen damit bei großtechnischer Umsetzung eine Vielzahl von Problempunkten. Kohle hat ein sehr kleines H/C-Atomverhältnis von 0,8. Damit wird bei der Verbrennung sehr viel CO_2 produziert. Zusätzlich enthält Kohle noch unerwünschte Stoffe, wie Schwefel, Stickstoff, Sauerstoff und Wasser und mineralische Stoffe.

Zur Herstellung flüssiger Kraftstoffe aus Kohle werden grundsätzlich zwei Verfahren angewendet: die Hydrierung und die Vergasung.

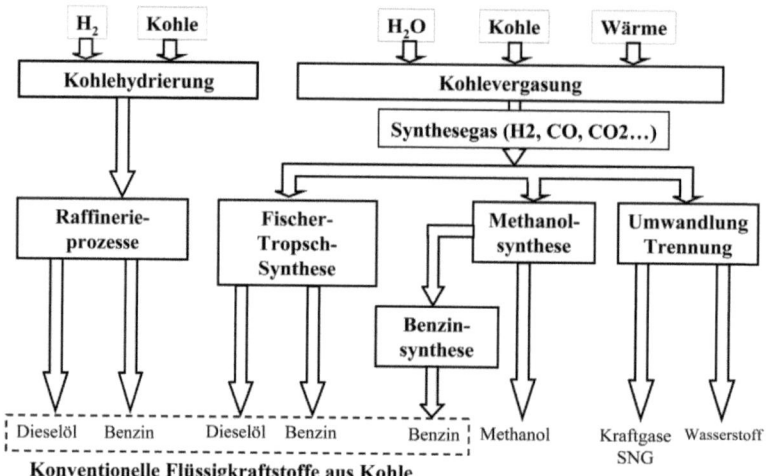

Bild 4.2-20 Synthese von Motorenkraftstoffen aus Kohle

Die Hydrierung von Kohle

Ein Verfahren zur direkten Umwandlung der Kohle in synthetisches Rohöl ist die Hydrierung, bei der eine in mehreren Stufen ablaufende Zersetzung und Spaltung der Kohle unter Wasserstoffanlagerung stattfindet. Dieser Vorgang ist exotherm, entsprechend folgender Grundreaktion:

$$n \cdot (C + H2) = CnH2n \quad -n \cdot 10{,}4 \frac{kJ}{mol} \tag{4.2.25}$$

Die molare Standardreaktionsenthalpie der Reaktion bei 298 K beträgt 10,4 kJ/mol.

Bevorzugt angewendet wird die Hochdruckhydrierung bei Drücken von ca. 200 bar und Temperaturen von ca. 450...520 °C. In einem anschließenden konventionellen Raffinerieprozess können Otto- und Dieselkraftstoffe gewonnen werden.

Die Kohlevergasung

Bei der Vegasung wird Kohle mit Wasserdampf zu Synthesegas verarbeitet. Die hauptsächlich ablaufende Reaktion ist die „heterogene Wassergasreaktion"

$$C + H2O = CO + H2 \tag{4.2.26}$$

Diese Reaktion ist stark endotherm. Die Wärmebedarfsdeckung wird beim jetzigen Stand der Technik durch Verbrennung von ca. 1/3 der eingesetzten Kohle erreicht. Die Vergasung erfolgt bei Temperaturen über 800 °C meist drucklos oder bei relativ niedrigen Drücken.

Das bei der Vergasung entstehende Synthesegas wird einer Reinigung unterzogen und dann einem der folgenden Syntheseverfahren zugeführt:

- Fischer-Tropsch-Synthese
- Methanolsynthese
- Benzinsynthese (Methano-to-Gasoline – MTG)
- Umwandlung und Trennung

4.2 Kraftstoffe des Verbrennungsmotors

Die Fischer-Tropsch-Synthese

Umwandlung des konditionierten Synthesegases (CO und H_2) an einem Eisenkatalysator zu flüssigen Kohlenwasserstoffen. Die Grundreaktion lautet:

$$n \cdot (C + H2) = CnH2n \quad -n \cdot 10,4 \frac{kJ}{mol} \tag{4.2.27}$$

Die Methanolsynthese

Umwandlung an einem Katalysator (Cu, Zn, Cr) zu Methanol. Das entstehende Methanol besitzt einen hohen Reinheitsgrad und kann entweder direkt in Verbrennungsmotoren eingesetzt oder einem Benzinsyntheseverfahren zugeführt werden. Die Grundreaktion lautet hierbei:

$$CO + 2H2 = CH3OH \quad -90,9 \frac{kJ}{mol} \tag{4.2.28}$$

Benzinsynthese: „Methanol to Gasoline (MTG)"

Unter Einsatz von Katalysatoren wird eine reversible Dehydrierung des Methanols zu Dimethylether (DME: CH_3OCH_3) vorgenommen. DME kann direkt als Kraftstoff für dieselmotorische Brennverfahren verwendet werden. Zur Benzinsynthese werden Methanol und Dimethylether zunächst zu leichten Olefinen und dann durch Kondensation, Umlagerung und Polymerisation zu Paraffinen und Aromaten umgewandelt. Die Grundreaktion lautet:

$$n \cdot (CH3OH) = CH2 + H2O \quad -n \cdot 50,9 \frac{kJ}{mol} \tag{4.2.29}$$

Umwandlung und Trennung

Hier wird das Synthesegas in Wasserstoff und Kraftgas oder SNG (Substitute-Natural-Gas, Methan) aufgetrennt bzw. umgewandelt.

Bei den Kohleverflüssigungsverfahren treten durch irreversible Umwandlungsprozesse, nicht rückgewinnbare Hilfsenergie, Abwärme bei Hochtemperaturprozessen und Verdichtungs- und Trennprozesse nicht unerhebliche Verluste auf, sodass im Vergleich zur herkömmlichen Kraftstoffherstellung aus Erdöl die verschiedenen Kohleverflüssigungsverfahren nur Umwandlungswirkungsgrade unter 60 % besitzen.

Verwendet man dagegen Erdgas als Grundstoff zur Methanolherstellung sind Wirkungsgrade von über 60 % zu erreichen.

Kraftstoffe auf Gasbasis (z. B. Erdgas)

Die Zusammensetzung des Erdgases ist je nach Herkunftsgebiet stark unterschiedlich. Im wesentlichen sind folgende Komponenten enthalten: CH_4 (Methan, 70...90 %), C_2H_6 (Ethan), C_3H_8 (Propan), C_4H_{10} (Butan), CO_2 (Kohlenmonoxid), N_2 (Stickstoff).

Erdgas kann als alternativer Kraftstoff direkt in Verbrennungskraftmaschinen eingesetzt werden oder auch als Primärenergieträger zur Synthese anderer Kraftstoffe dienen.

Gasförmige Kraftstoffe zur direkten Nutzung in Gasmotoren (CNG, LPG)

Gasmotoren arbeiten in der Regel mit dem Ottobrennverfahren. Die Verfahren werden unterschieden in CNG (Compressed Natural Gas) und LPG (Liquid Petroleum Gas). Beide Gase müssen in feuerfesten Drucktanks transportiert werden, womit eine Gewichtserhöhung und ein hoher Platzbedarf verbunden ist. Die Gemischbildung erfolgt in einem Mischer, ähnlich einem Vergaser oder Gaseinblaseventilen und die Leistungsregelung erfolgt durch eine Drosselklappe. Dadurch ergeben sich gegenüber einem Dieselmotor zusätzliche Verluste von bis zu 10 %. Bei niedriger Last und Drehzahl ist der Verbrauch um bis zu 35 % höher.

CNG besteht aus komprimiertem Erdgas. Durch eine geeignete Abgasnachbehandlung (Methan-selektive Abgaskatalysatoren) lassen sich auch hier die Emissionen im Vergleich zum Ottomotor erheblich senken.

Tabelle 4.2.7 Stoffwerte von CNG im Vergleich zu Ottokraftstoff

Stoffwert	Otto-Kraftstoff	CNG
Aggregatzustand im Tank	flüssig	gasförmig
Druck im Tank	Atmosphäre	200 bar
Dichte	751 kg/m^3	170 kg/m^3
Heizwert Hu pro Volumen	30.8 MJ/l	7,2 MJ/l
Heizwert Hu pro Masse	41.0 MJ/kg	47.7 MJ/kg

LPG ist ein Gasgemisch auf der Basis von Butan oder Propan, das unter hohem Druck verflüssigt wird und sich dadurch auch für mobile Zwecke eignet. Flüssiggas besitzt im Vergleich zum Ottokraftstoff einen höheren Heizwert und zeichnet sich außerdem durch eine höhere Klopffestigkeit und durch niedrigere Emissionen aus.

Tabelle 4.2.8 Stoffwerte von Flüssiggas

Kennwert	Einheit	Propan	Butan	50/50
Summenformel		C_3H_8	C_4H_{10}	
Dichte des Gases bei 15 °C	kg/m^3	1,81	2,38	2,06
Dichte der Flüssigkeit bei 15 °C	kg/m^3	510	580	540
Siedepunkt	°C	-42	-0,5	-20,7
Volumetrischer Heizwert	MJ/m^3	93	108,4	101,9
Massen-Heizwert	MJ/kg	46,1	45,75	45,8
ROZ		111	94	100
MOZ		96	89,6	95

Kraftstoffe auf Gasbasis (Konvertierung von Erdgas in Dimethylether [DME])

Erdgas wird bereits heute aufgrund seiner hohen Verfügbarkeit und seinen geringen Kosten als Primärenergieträger zur Methanolproduktion in der Chemie-Industrie eingesetzt.

Nach der Methanolsynthese in der Raffinerie wird dieses nochmals destilliert. Durch Dehydrierung kann das Methanol vor einer Nutzung in Verbrennungsmotoren in einem weiteren

Schritt zu Dimethylether (DME) umgewandelt werden. DME ist der einfachste Ether mit der Strukturformel CH_3-O-CH_3.

Aufgrund seiner Kraftstoffeigenschaften könnte er den Dieselkraftstoff ersetzen. Die vollständige Substitution ist bisher aufgrund unzureichender Wirkungsgrade bei der Herstellung nicht sinnvoll. Ein optimiertes Produktionsverfahren stellt die kombinierte Methanol-/DME-Synthese dar. Der Wirkungsgrad kann dabei auf ca. 90 % gesteigert werden, während er bei der konventionellen Herstellung über den Methanolzwischenschritt etwa bei 60 % liegt.

Die Motivation zur Nutzung als Motorenkraftstoff ist:

- Kostengünstige Herstellung aus Erdgas
- Sauerstoffhaltiger Kraftstoff – geringere Partikelemission
- hohe Zündwilligkeit (CZ > 55): geeignet für Diesel
- Speicherung flüssig bei niedrigem Druck möglich (3–5 bar, ähnlich LPG)

Als Nachteile sind zu benennen:

- ca. 50 % geringere Energiedichte als Diesel, damit erhöhte Einspritzmenge
- Schmierfähigkeit schlechter als Diesel
- Aggressivität gegenüber Kunststoffen

Synthetische Kraftstoffe auf Erdgasbasis

Da Erdgas zu hohem Anteil aus Methan besteht, kann es im großtechnischen Maßstab in Kraftstoffe mit Eigenschaften ähnlich denen von Ottokraftstoff oder Dieselkraftstoff umgewandelt werde. Dieser synthetische Kraftstoff (SynFuel) oder GtL-Kraftstoff (Gas to Liquid) wird aus Erdgas mittels einer Dampfreformierung in ein Synthesegas, bestehend aus Wasserstoff und Kohlenmonoxid, umgewandelt. Anschließend wird aus diesem Gas in einer Synthese ein konventioneller, qualitativ hochwertiger Kraftstoff hergestellt. Durch die künstliche Herstellung können die Kraftstoffeigenschaften besser bestimmt werden, als in einer Raffinerie durch Öldestillation. Dadurch lassen sich im Fahrzeug die Emissionen deutlich senken. Im synthetischen Kraftstoff sind keine Aromaten oder Schwefel enthalten. Mit Sauerstoff angereicherter SynFuel besitzt ein hohes Potenzial zur Verringerung der Rußemissionen.

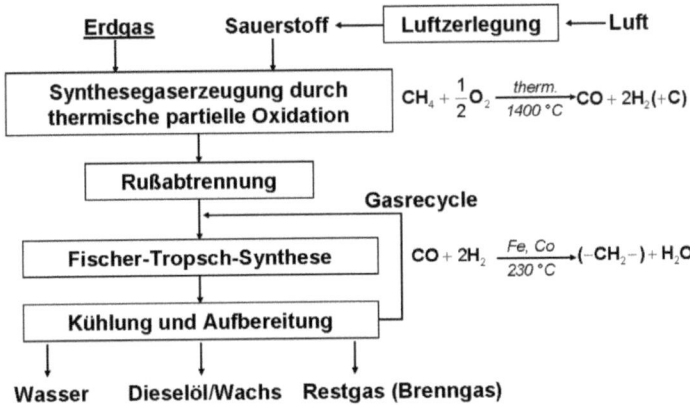

Bild 4.2-21 Herstellung von SynFuel nach dem Shell-GtL-Verfahren

Da SynFuel ähnliche physikalische Eigenschaften wie Benzin oder Diesel besitzt, müssen an den Fahrzeugen keine technischen Änderungen vorgenommen werden. Die bestehende Infrastruktur, wie das Tankstellennetz, kann weiterhin genutzt werden.

Tabelle 4.2.9 Vergleich der Eigenschaften von Diesel und SynFuel [Quelle: VW]

Eigenschaft	Dieselöl	SynFuel [Shell-GtL]
Dichte [kg/m3]	830	780
Heizwert Hu [MJ/kg]	42,5	43,99
Aromatengehalt [%-w]	20,6	0
Kohlenstoffgehalt [%-w]	86,3	84,9
Schwefelgehalt [ppm]	<10	0
Siedebeginn [°C]	220	197
Siedeende [°C]	360	358
Cetanzahl	53	80

Alternative Kraftstoffe auf nicht fossiler Basis

Neben der Herstellung von Kraftstoffen aus fossilen Stoffen wie Erdöl, Kohle und Erdgas ist es möglich, Kernenergie oder Sonnenenergie zur Kraftstofferzeugung zu nutzen.

Kernenergie

- durch Nutzung der Prozesswärme mit Mitteln der Thermochemie
- durch Umwandlung der Wärme in Strom und anschließende Elektrolyse von Wasser zu Wasserstoff

Direkte Sonnenenergie

- auf direktem Wege von der Strahlungsenergie (evtl. über Wärmeprozesse) zu elektrischem Strom und über Elektrolyse von Wasser zu Wasserstoff

Indirekte Sonnenenergie

- auf indirektem Wege durch Weiterverarbeitung der über die Photosynthese entstandene Biomasse z. B.:
  - Alkoholkraftstoffe
  - Pflanzenöle und Biodiesel
  - Biogas, Substitute Natural Gas (SNG)

Alkoholkraftstoffe

Zur Anwendung in mobilen Verbrennungsmotoren kommen im Wesentlichen die beiden Alkoholkraftstoffe Methanol – CH_3OH – und Ethanol – C_2H_5OH. Oft werden Mischungen der Alkohole mit konventionellem Ottokraftstoff in verschiedenen Massenverhältnissen angeboten. Die Bezeichnung des Kraftstoffes ist dann z. B. M30 oder E30 für eine Mischung von 30 % Methanol/Ethanol mit Ottokraftstoff (Gasohol).

Durch diese Mischungen lassen sich gezielt die Eigenschaften der Mischkraftstoff in weiten Bereichen einstellen (Tabelle 4.2.10).

4.2 Kraftstoffe des Verbrennungsmotors

Tabelle 4.2.10 Eigenschaften von Methanolkraftstoffen

	Einheit	Benzin bleifrei super	Methanol	M30	M50	M85
Dichte	kg/m3	750	795	760	771	791
Heizwert	MJ/kg	43,5	19,7	36,5	29,8	20,7
Stöchiometrischer Luftbedarf	kgLuft/kgBr	14,7	6,46	12,66	10,14	7,26
Gemischheizwert	MJ/m3	3,75	3,44	3,69	3,58	3,49
Klopffestigkeit	ROZ	98	115	101	107	>110
Siedetemperatur	°C	30...180	65	30...160	30...140	30...120
Verdampfungswärme	kJ/kg	420	1119	560	770	1014
C:H-Verhältnis	-	6,87	3,0	6,09	5,09	3,7

Die Motivation zum Einsatz von Methanol im Fahrzeug ist:

- Methanol (CH_3OH) ist ein Alkoholkraftstoff. Durch den Sauerstoffgehalt besitzt er eine geringe Rußbildungsneigung
- Ein geringerer Schadstoffausstoß im Vergleich zu Benzinmotoren
- Methanolabgaskomponenten bilden unter Sonneneinwirkung aufgrund verminderten Reaktivitätspotenzials geringere Mengen an Ozon
- Die Herstellung ist leicht aus Erdgas möglich

Die wesentlichen Defizite sind hierbei:

- Eine unsichtbare Flamme (Handling)
- Der geringe volumenbezogene Heizwert: nur ca. 50 % von Benzin (Tank, Reichweite)
- Hoher Gefrierpunkt: –5 °C → eine 15-%ige Zugabe von Benzin ist im Winter notwendig
- Sehr aggressive chemische Eigenschaften

Im motorischen Betrieb ergeben sich mit Methanol folgende Gesichtspunkte:

- Methanol ist für einen Magerbetrieb geeignet. Die Zündgrenzen liegen bei $0.34 < \lambda < 2.0$. Damit kann eine Stickoxidreduzierung mit zunehmendem λ erfolgen.
- Methanol ist mit einer ROZ /MOZ von 114,4/94,6 sehr klopffest. Der Motor kann mit hoher Verdichtung und ggf. in Kombination mit Aufladung ausgelegt werden.
- Die Verdampfungswärme ist allerdings nahezu dreimal so hoch wie bei Benzin. Hieraus resultieren Kaltstartprobleme bei äußerer Gemischbildung (Abhilfe: Direkteinspritzung oder Beimischung von Benzin (>15 %))
- Die laminare Brenngeschwindigkeit ist ca. 25–30 % höher als bei Benzin. Dadurch ergibt sich eine leichte Prozesswirkungsgraderhöhung (Annäherung an isochore Verbrennung).
- Die Zündtemperatur liegt bei niedrigen Temperaturen. Daraus ergibt sich eine hohe Glühzündungsneigung

Ethanol wird hauptsächlich aus zucker-, stärke- und cellulosehaltigen pflanzlichen Rohstoffen hergestellt. In Brasilien wird Ethanol im großtechnischen Maßstab für Automobile erzeugt. Die Kraftstoffherstellung aus nachwachsenden Energieträgern ist jedoch nur dann sinnvoll, wenn das Verhältnis von nutzbarer Energie zu aufgewendeter Energie für den Konvertierungsprozess deutlich größer als 1 ist. Bei Bioethanol ist dieses Verhältnis 1: 1,2.

Die Motivation, die Vor- und Nachteile sind den Ethanolkraftstoffen ähnlich.

Pflanzenöle und Biodiesel

Eine Reihe von Pflanzenfrüchten (Soja, Raps, Sonnenblumen, Palmen) eignen sich zur Herstellung von Ölen, die als Kraftstoff in Betracht kommen. Pflanzenöl kann in reiner Form, oder verestert als Rapsölmethylester (RME, Markenname Bio-Diesel) oder im Mischbetrieb mit herkömmlichem Dieselkraftstoff verwendet werden.

Reine Pflanzenöle (z. B. Rapsöl)

Die Gewinnung von Natur-Rapsöl aus Rapssamen erfolgt durch Kalt- oder Warmpressen. Das Kaltpressen, welches unmittelbar in den landwirtschaftlichen Betrieben möglich wäre, lässt eine geringe Ausbeute von nur ca. 30– 50 % zu. Das rohe Rapsöl ist aufgrund der hohen Bestandteile an Schleimstoffen und Wasser für den Motorbetrieb ungeeignet. Erforderlich ist ein Filtern und Absetzen der Schwebestoffe. In der industriellen Produktion wird dem Entschleimen eine weitere Stufe, das Superentschleimen, nachgeschaltet. Das Warmpressen erfordert eine erhöhte Temperatur. Das Auswaschen erfolgt mit Hexan aus dem Rapskuchen. Durch einen nachgeschalteten Prozess, dem Extrahieren, wird die Ausbeute auf 99,5 % des Ölgehaltes erhöht.

Bei der Verwendung von reinem Rapsöl in einem Dieselmotor steigen die Emissionen bei konstant gehaltener Einspritzmenge leicht an (< 3 %). Bei konstant gehaltener Leistung und angepasster Einspritzmenge kann sogar eine Wirkungsgradsteigerung erzielt werden. Aufgrund der hohen Viskosität führt die Anwendung reinen Pflanzenöls in bestehenden Systemen zu einer Veränderung des Einspritzstrahles. In Motoren mit Direkteinspritzung kann dies Verkokungen der Einspritzdüse und der Kolbenringnuten hervorrufen. Motoren mit Kammer-Brennverfahren sind dagegen wesentlich unempfindlicher.

Eine weitere Schwierigkeit ergibt sich aus der gegenüber Diesel sehr großen Abhängigkeit der Viskosität des Pflanzenöls von der Kraftstofftemperatur. Dies kann beim Kaltstart problematisch sein. Eine Kraftstoffvorwärmung ist sehr hilfreich. Daher eignet sich Pflanzenöl besonders für Motoren, die ohnehin vorgewärmt werden, wie z. B. in großen Schiffen oder Schienenfahrzeugen.

Für die Anwendung von Pflanzenöl in einem Dieselmotor muss die Motorsteuerung je nach Kraftstoff angepasst werden, um eine möglichst optimale Verbrennung zu erzielen. Wird Pflanzenöl in unveränderten Motoren verwendet, die für die Verbrennung von Dieselkraftstoff ausgelegt sind, hat das aufgrund unvollständiger Verbrennung einen höheren Kraftstoffeintrag in das Motoröl zur Folge. Da die Siedetemperatur von rohem Pflanzenöl höher ist als die maximal zulässige Temperatur des Motoröls, kann der Kraftstoff nicht abdampfen.

Pflanzenöle sind im Gegensatz zu anderen Kraftstoffen hinsichtlich des Boden- und Gewässerschutzes in keine Gefahrenklasse eingestuft. Bei der Lagerung und beim Transport müssen keine besonderen Vorkehrungen getroffen werden. Außerdem kann der Kraftstoff bedenkenlos in umweltsensiblen Bereichen eingesetzt werden. In der Regel werden Pflanzenöle in nur wenig modifizierten Standard-Dieselmotoren eingesetzt. Einige wenige Motoren wurden speziell für diesen Anwendungsfall konstruiert (z. B. von der Fa. Elsbett).

Die spezifischen Änderungen des Motors sind:

- geteilter Gelenkkolben (Pendelschaftkolben, oben Stahl und unten Aluminium)
- 1-Loch-Zapfendüse (wie Vorkammermotoren)
- Drallverfahren mit tiefer, enger Mulde („Duotherm"-Verfahren)
- Ölkühlung

4.2 Kraftstoffe des Verbrennungsmotors

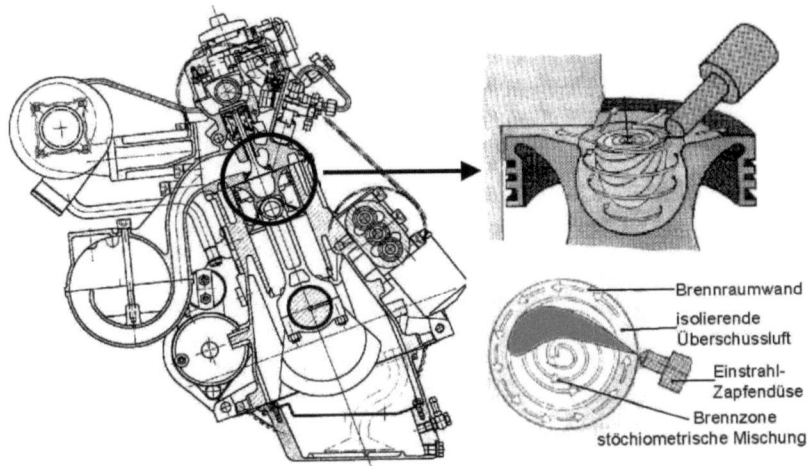

Bild 4.2-22 Pflanzenöl-DI-Dieselmotor von Elsbett nach dem Duotherm-Verfahren

Pflanzenöl-Methylester (Bio-Diesel)

Für viele Anwendungen im mobilen Bereich wird Rapsöl verestert. Hierbei wird Pflanzenöl unter Zugabe von Alkohol zu Monoalkoholester und Glycerin umgewandelt. Dadurch verringert sich die Viskosität und die thermischen Eigenschaften werden so verbessert, dass eine direkte Nutzung in Dieselmotoren möglich ist.

Da für die Umesterung zu Bio-Diesel zusätzliche Energie bereitgestellt werden muss, steigen die Herstellungskosten im Vergleich zum Dieselkraftstoff weiter an. Hinsichtlich der Partikel-, CO- und HC-Emissionen verhält sich Bio-Diesel günstiger als herkömmlicher Dieselkraftstoff. Nachteilig wirken sich die höheren NO_X-Emissionen aus.

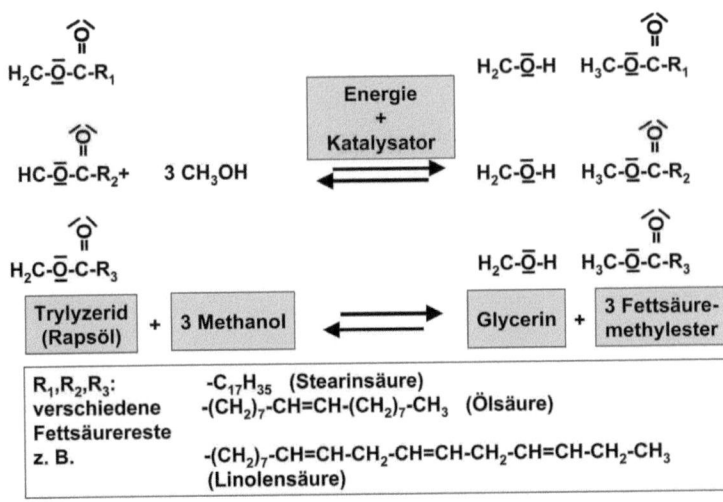

Bild 4.2-23 Umesterung eines Pflanzenöls zum Fettsäure-Methylester [4.2-5]

Im Gegensatz zu rohem Pflanzenöl ist Bio-Diesel nicht gewässerneutral und sauer, d. h. beim Tanken sind die gleichen Sicherheitsvorkehrungen erforderlich wie bei Dieselkraftstoff und Gummiteile am Motor werden angegriffen.

Obwohl Rapsöl ökologisch gesehen eine Ausweichmöglichkeit darstellt, können maximal 7 % des gesamten Dieselverbrauchs in Deutschland durch die inländische Produktion ersetzt werden. Es bleibt also Nischenanwendungen vorbehalten.

SunFuel (Biomass-to-Liquid BTL)

Um künftig den Bedarf durch erneuerbare Energiequellen decken zu können, müssen weitere Energieträger wie beispielsweise „SunFuel", ein BTL-Kraftstoff (Biomass to Liquid, BTL- der 2. Generation), untersucht werden. Für die Herstellung von SunFuel wird als Primärenergie Biomasse verwendet, wofür sich eine Vielzahl von schnell wachsenden Pflanzen eignet. Hierbei werden nicht nur die Pflanzenfrüchte verwendet, was die Auswirkungen auf die Nahrungsmittelproduktion verringert.

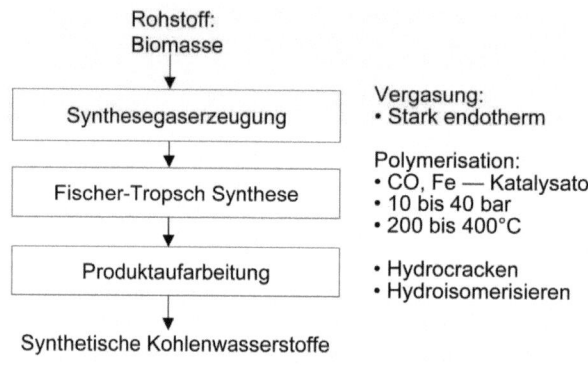

Bei der Herstellung werden die Ausgangsstoffe in einem ersten Schritt zu Biokoks verschwelt und anschließend vergast. Das Synthesegas wird nachfolgend in der Fischer-Tropsch-Synthese zu flüssigem Kraftstoff umgewandelt. Der dabei entstandene Kraftstoff besitzt ähnliche Eigenschaften wie konventioneller Kraftstoff.

Bild 4.2-24 Herstellungsverfahren für BtL

Bei der Verbrennung von SunFuel in einem Dieselmotor reduzieren sich die Schadstoffe im Abgas bei gleich bleibender Leistung deutlich. Die Partikelemissionen sind um bis zu 40 % niedriger und aufgrund der Herstellung ist kein Schwefel im Kraftstoff enthalten.

Kraftstoffe wie SunFuel oder Pflanzenöl sind CO_2 neutral und man spricht von einem geschlossenen CO_2-Kreislauf. Bei der Verbrennung entsteht genauso viel CO_2, wie der Atmosphäre zuvor durch die Pflanze entzogen wurde. Als Nachteil stehen dem die aufwendigen Herstellungsprozesse gegenüber. Diese Verfahren laufen bei sehr hohen Temperaturen ab, womit hohe Abwärmeverluste und zusätzlich benötigte Hilfsenergien verbunden sind. Der Herstellungswirkungsgrad fällt deshalb relativ niedrig aus.

Wasserstoff als Motorenkraftstoff

Wasserstoff stellt auf der Erde keine eigene Energieform, sondern nur einen Energiezwischenspeicher dar. Diese Sekundärenergie kann aus zahlreichen wasserstoffhaltigen Substanzen wie Wasser, Erdgas, Methanol oder Biomasse unter Einsatz von Energie zur „Herauslösung" des H_2 gewonnen werden. Idealerweise wird Wasserstoff regenerativ z. B. aus Wasser mit Hilfe von Sonnenenergie, Wasserkraft, Windenergie oder per Elektrolyse gewonnen.

4.2 Kraftstoffe des Verbrennungsmotors

Tabelle 4.2.11 Stoffwerte von Wasserstoff

Bezeichnung	Einheit	Stoffwert
Dichte der Flüssigkeit b. 20,3 °K	kg/m³	70,79
Dichte des Gases b. 20,3 °K	kg/m³	1,34
Dichte des Gases b. 273,15 °K	kg/m³	0,09
Verdampfungswärme	kJ/kg	445,4
unterer Heizwert Hu	MJ/kg	119,97
untere Zündgrenze in Luft	% (V/V)	4,0 - 4,1
obere Zündgrenze in Luft	%70 (V/V)	75,0 - 79,2

Bei seiner Verbrennung im Ottomotor treten außer NO_x aus der Luft praktisch weder Schadstoffe noch CO_2 auf, sondern Wasser in Dampfform, das wieder in den Kreislauf zurückkehren kann.

Flüssigwasserstoff hat massebezogen etwa den dreifachen Energiegehalt im Vergleich zu Kohlenwasserstoffen und deutlich weitere Zündgrenzen in Luft.

Für Transport und Lagerung, sowohl für das Verteilungssystem als auch für das Fahrzeug, sind theoretisch drei Möglichkeiten vorhanden: Hochdruckspeicher, Metallhydridspeicher und Flüssigspeicher.

Hochdruckspeicher sind aus Sicherheitsgründen, hohem Gewicht und hohem Kostenaufwand sowohl für den Transport großer Wasserstoffmengen als auch für den Einbau im Pkw ungeeignet, für Nfz jedoch nicht ganz auszuschließen.

Metallhydridspeicher, in denen der Wasserstoff an Metalllegierungen angelagert wird, bieten zwar einen hohen Sicherheitsstandard, sind aber in der Speichermenge, trotz des bereits erreichten Entwicklungsstandes, begrenzt. So wäre bereits für eine Pkw-Reichweite von 200 km ein Tankgewicht von mehreren hundert kg erforderlich.

Beim **Flüssigspeicher** wird der Wasserstoff auf –253 °C abgekühlt und in einem Kryotank mit Hochleistungsisoliertechnik gespeichert (LH_2). Der hohe Energieaufwand für die Tiefkühlung belastet die Energiebilanz beträchtlich. Es kommt hinzu, dass bei längerem Stillstand des Fahrzeugs Wasserstoffverluste durch Abblasen entstehen. Beim derzeitigen Entwicklungsstand muss man mit > 2 % pro Tag rechnen. Der Tankvorgang erfordert einen außergewöhnlich großen Aufwand, da neben der Beherrschung der Tieftemperatur auch eine vollständige Evakuierung von Feuchtigkeit und Luft notwendig ist. Es kommt nur eine vollautomatische Tanktechnik in Betracht.

Als Energieumwandler im Fahrzeug sind sowohl der Ottomotor als auch die Brennstoffzelle denkbar.

Für den Ottomotor mit Wasserstoffbetrieb sind die Gemischaufbereitung und Steuerung der Verbrennung neu zu entwickeln. Optimal hinsichtlich der Steuerung des Verbrennungsablaufs und der NO_x-Emission ist die Verbrennung im mageren Bereich, die allerdings mit Leistungsverlust verbunden ist. Bei geringerem Luftüberschuss ist zur Steuerung der Verbrennung unter Umständen eine zusätzliche Wassereinspritzung ins Saugrohr notwendig, weil sonst Rückzündungen ins Einlasssystem auftreten können.

Ideal ist es, den Wasserstoff flüssig direkt in den Brennraum einzuspritzen. Der Gemischheizwert dieser Konfiguration stellt ein Maximum dar. Es sei noch darauf hingewiesen, dass wegen der hohen Zündwilligkeit von Wasserstoff der Ottomotor nicht sehr hoch verdichtet werden kann, womit ein schlechterer thermodynamischer Wirkungsgrad verbunden ist.

In den letzten Jahren wurde die Entwicklung von Brennstoffzellen für mobile Antriebe weltweit vorangetrieben. Die Ergebnisse berechtigen zu der Hoffnung, dass die Brennstoffzelle mit elektromotorischem Antrieb für Kfz in fernerer Zukunft für die Wasserstoffnutzung besser geeignet ist als der Ottomotor.

Die Erzeugung von Wasserstoff auf der Basis fossiler Energieträger ist aus Sicht der Gesamtenergiebilanz relativ aufwendig. Letztendlich muss auch eine geeignete Infrastruktur für die Betankung entsprechender Fahrzeuge geschaffen werden. Die Prognosen für den Einsatz dieser Technologie sind zur Zeit noch sehr zurückhaltend.

4.2.11 Übungsaufgaben

Aufgabe 1: Aus einer Stoffanalyse eines Ottomotorenkraftstoffs ergaben sich folgende Massenanteile: c = 0,863 [kg c/ kg B], h = 0,137 [kg h/kg B]. Die mittlere Molmasse von Ottokraftstoff beträgt $M_B = 190$ kmol/kg. Berechnen Sie:

1. den stöchiometrischen Luftbedarf L_{St}
2. den Molanteil der Komponenten
3. das c/h-Verhältnis

1. $L_{St} = \dfrac{m_{O2St}}{\xi_{O2}} = \dfrac{2,664 \cdot c + 7,937 \cdot h + 0,998 \cdot s - o}{0,232} = 14,597 \, [kgL/kgB]$

$x = \dfrac{M_B}{M_c} \cdot c = \dfrac{190}{12,011} \cdot 0,863 = 13,7 \, kmol \, C/kmolB$

$y = \dfrac{M_B}{M_h} \cdot c = \dfrac{190}{1,008} \cdot 0,137 = 25,8 \, kmol \, H/kmolB$

$x/y = \dfrac{13,7}{25,8} = 0,531 \, kmol \, C/kmol \, H$

Aufgabe 2: Berechne den stöchiometrischen Luftbedarf von Methanol CH3OH.

$CH_3OH = C_1H_4O_1 \Rightarrow M_B = 12,011 + 4 \cdot 1,008 + 15,944 = 32,0368 \, kmol/kg$

$c = \dfrac{12,011}{32,0368} 0,3749 \,, \; h = \dfrac{4 \cdot 1,008}{32,0368} 0,126 \,, \; o = \dfrac{15,994}{32,0368} = 0,499 \,, \; s = 0$

$L_{St} = \dfrac{m_{O2St}}{\xi_{O2}} = \dfrac{2,664 \cdot 0,3749 + 7,937 \cdot 0,126 - 0,499}{0,232} = 6,47 \, [kgL/kgB]$

Aufgabe 3: E20 besteht zu 80 % aus Superkraftstoff und zu 20 % aus Ethanol C_2H_5OH (Massenprozente). Berechnen Sie die Massenanteile h, c, o und s und den stöchiometrischen Luftbedarf von E20, wenn stöchiometrisch verbrannt werden soll (Massenanteile Ottokraftstoff aus Aufgabe 1).

$C_2H_5OH = C_2H_6O_1 \Rightarrow M_B = 2 \cdot 12,011 + 6 \cdot 1,008 + 15,944 = 46,07 \, kmol/kg$

4.2 Kraftstoffe des Verbrennungsmotors

$$h_{ETH} = \frac{M_{H6}}{M_{ETH}} = 0,131, \quad c_{ETH} = 0,521, \quad o_{ETH} = 0,347, \quad s_{ETH} = 0$$

Einzelmassenanteile: $\xi_i = 0,8 \cdot \xi_{i,\,Ottok.} + 0,2 \cdot \xi_{i,\,ETH}$

$h_{E20} = 0,8 \cdot 0,137 + 0,2 \cdot 0,131 = 0,1358$

$c_{E20} = 0,8 \cdot 0,863 + 0,2 \cdot 0,521 = 0,7946$

$o_{E20} = 0,8 \cdot 0 + 0,2 \cdot 0,347 = 0,0694$

$s_{E20} = 0$

$$L_{St} = \frac{m_{O2St}}{\xi_{O2}} = \frac{2,664 \cdot 0,7946 + 7,937 \cdot 0,1358 + 0,998 \cdot 0 - 0,0694}{0,232} = 13,47\,[\text{kgL/kgB}]$$

Aufgabe 4: Berechnen Sie den Gemischheizwert von Ottokraftstoff (H_u = 42.000 kJ/kg) der bei stöchiometrischem Luftverhältnis bei Saurohreinspritzung verwendet wird.

Wie groß ist der Gemischheizwert von Wasserstoff H_2 (H_u = 120.000 kJ/kg), wenn er mit Saugrohreinblasung und alternativ mit Direkteinblasung mit magerem Mischungsverhältnis (λ = 1,5) eingebracht wird.

1. Benzin: Die Gaskonstanten von Luft und gasförmigem Benzin sind:

$$R_L = 0,287\,\frac{\text{kJ}}{\text{kg}\cdot\text{K}}, \quad R_B = \frac{R_M}{M_B} = \frac{8,3143}{98}\,\frac{\text{kJ}}{\text{kg}} = 0,0848\,\frac{\text{kJ}}{\text{kg}}$$

Die Gemischgaskonstante berechnet sich dann zu:

$$R_{G,B} = \xi_L \cdot R_L + \xi_B \cdot R_B = \frac{m_L}{m_B + m_L} \cdot R_L + \frac{m_B}{m_B + m_L} \cdot R_B = \frac{1}{\frac{m_B}{m_L}+1} \cdot R_L + \frac{1}{\frac{m_L}{m_B}+1} \cdot R_B$$

$$R_{G,B} = \frac{1}{\frac{1}{\lambda \cdot L_{St}}+1} \cdot R_L + \frac{1}{1+\lambda \cdot L_{St}} \cdot R_B$$

Damit wird für Ottokraftstoff: $R_{G,B} = 0,274\,\dfrac{\text{kJ}}{\text{kg}\cdot\text{K}}$.

Der Heizwert wird auf die Normdichte bei T_u=298K, p_u=1 bar bezogen:

$$\rho_{G,B} = \frac{p}{R_{G,B}\cdot T} = \frac{1\cdot 10^5}{274\cdot 298}\,\frac{\text{kg}}{\text{m}^3} = 1,225\,\frac{\text{kg}}{\text{m}^3}$$

$$H_{G,B} = \frac{\rho_{G,B}\cdot H_{u,B}}{\lambda \cdot L_{St}+1} = \frac{1,225\cdot 42000}{1,0\cdot 14,5+1} = 3319\,\frac{\text{kJ}}{\text{m}^3}$$

2. Wasserstoff bei äußerer Gemischbildung:

Mit $R_{G,H2} = \dfrac{1}{\dfrac{1}{\lambda \cdot L_{St}}+1} \cdot R_L + \dfrac{1}{1+\lambda \cdot L_{St}} \cdot R_{H2}$ und $R_{H2} = \dfrac{R_M}{M_{H2}} = \dfrac{8{,}3143}{2{,}016} \dfrac{kJ}{kg \cdot K} = 4{,}124 \dfrac{kJ}{kg \cdot K}$

folgt:

$$R_{G,H2} = 0{,}360 \dfrac{kJ}{kg \cdot K}$$

$$\rho_{G,H2} = \dfrac{p}{R_{G,H2} \cdot T} = \dfrac{1 \cdot 10^5}{360 \cdot 298} \dfrac{kg}{m^3} = 0{,}932 \dfrac{kg}{m^3}$$

$$H_{G,H2} = \dfrac{\rho_{G,H2} \cdot H_{u,H2}}{\lambda \cdot L_{St}+1} = \dfrac{0{,}932 \cdot 120000}{1{,}5 \cdot 34{,}2+1} \dfrac{kJ}{m^3} = 3123 \dfrac{kJ}{m^3}$$

3. Wasserstoff bei innerer Gemischbildung:

$$\rho_L = \dfrac{p}{R_L \cdot T} = \dfrac{1 \cdot 10^5}{287 \cdot 298} \dfrac{kg}{m^3} = 1{,}17 \dfrac{kg}{m^3}$$

$$\overline{H}_{G,H2} = \dfrac{\rho_L \cdot H_{u,H2}}{\lambda \cdot L_{St}} = \dfrac{1{,}17 \cdot 120000}{1{,}5 \cdot 34{,}2} \dfrac{kJ}{m^3} = 2736 \dfrac{kJ}{m^3}$$

Literatur

[4.2-1] Van Basshuysen, R., Schäfer, F. – Handbuch Verbrennungsmotor – 2. Auflage 2002 – Vieweg

[4.2-2] Grohe, H. – Messen an Verbrennungsmotoren – 3. Auflage – Vogel-Verlag 1986

[4.2-3] Pischinger, F. – Verbrennungsmotoren – RWTH – Aachen

[4.2-4] Pischinger, R., Klell, M., Sams, T. – Thermodynamik der Verbrennungskraftmaschine – 2. Auflage – Springer 2003

[4.2-5] Stan, Cornel – Alternative Antriebe für Automobile – Springer 2006

4.3 Thermodynamik des Verbrennungsmotors

4.3.1 Einführung

Bei Verbrennungsmotoren ist die Ausgangsenergie die chemische Energie des Kraftstoffs. Der Kraftstoff wird mit Luftsauerstoff (O_2) im Zylinder verbrannt. Im Idealfall entstehen dabei Kohlendioxid (CO_2), Wasser (H_2O) und Energie. Die freiwerdende Energie wird über Kolben, Pleuelstange und Kurbelwelle in eine Drehbewegung umgewandelt. Dabei wird ein Drehmoment erzeugt, welches im Falle eines PKW-Antriebes über ein Getriebe und die Achse auf die Antriebsräder des Fahrzeugs übertragen wird. Aus der chemischen Energie des Kraftstoffs wird auf diese Weise kinetische Energie.

Der Arbeitsprozess ist der Vorgang, nach dem sich im Verbrennungsmotor die Umwandlung der mit dem Kraftstoff zugeführten chemischen Energie in mechanische Arbeit vollzieht. Dieses soll mit einer möglichst hohen Effizienz (Wirkungsgrad) geschehen.

Das tatsächlich erreichbare Ausmaß der Umwandlung ist in erster Linie vom Ablauf des thermodynamischen Prozesses innerhalb des Motors abhängig und wird durch die Angabe des Innenwirkungsgrades η_i gekennzeichnet. Die in den einzelnen Prozessphasen ablaufenden Vorgänge (besonders die Verbrennung) sind derart komplex, dass eine detaillierte rechnerische Erfassung des Gesamtprozesses sehr große Schwierigkeiten bereitet. Zu einer vorwiegend qualitativen Beschreibung und Diskussion des Prozessablaufes ist jedoch keine detaillierte Prozessberechnung erforderlich.

Oft reichen einfache Modelle mit einem Minimum an rechnerischem Aufwand aus, um Einflüsse auf den Prozesswirkungsgrad zu erkennen. Einfachste Modelle für den Motorprozess sind innerlich reversible (umkehrbare) Kreisprozesse mit Wärmezufuhr und Wärmeabfuhr (geschlossene Wärme-Kraft-Prozesse).

Zur quantitativen Analyse der im Verlauf von realen Prozessen auftretenden Verluste müssen optimale Grenzfälle (offene Vergleichsprozesse) dieser Prozesse festgelegt werden. Die rechnerische Behandlung dieser offenen Vergleichsprozesse erfordert einen höheren theoretischen und rechnerischen Aufwand als die Kreisprozesse mit Wärmezufuhr und Wärmeabfuhr. Bei offenen Vergleichsprozessen wird die stoffliche Umwandlung des Kraftstoff-Luft-Gemisches durch die Verbrennung berücksichtigt.

Die Bestrebungen gehen dahin, den Ablauf des realen Prozesses so weit wie möglich theoretisch und rechnerisch zu erfassen. Dabei wird heute in der Motorenentwicklung meistens auf experimentell erfasste Daten (wie z. B. den Zylinderdruckverlauf als Eingabegröße für die Berechnung) zurückgegriffen. Eine vollständige Vorausberechnung des Motorprozesses ohne experimentelle Grunddaten ist heute noch nicht möglich; es wird aber für die Zukunft daran gearbeitet (mehrdimensionale Modellrechnungen mit numerischen Lösungsverfahren).

4.3.2 Geschlossene Kreisprozesse

Bei den geschlossenen Kreisprozessen wird die stoffliche Umwandlung des Arbeitsmediums durch Verbrennung vernachlässigt. Die Temperaturerhöhung des Arbeitsmediums infolge der Verbrennung wird durch entsprechende Wärmezufuhr angenommen. Eine geeignete Wärmeabfuhr (Kühlung des Arbeitsmediums) wird als Ersatz für den Ladungswechsel angesetzt. Als Arbeitsmedium wird in der Regel Luft gewählt, die als ideales Gas bewertet werden kann.

Der thermische Wirkungsgrad η_{th} eines Kreisprozesses ist gegeben durch

$$\eta_{th} = \frac{Nutzen}{Aufwand} = \frac{W_{KA}}{Q_{zu}} = \frac{Q_{zu} - Q_{ab}}{Q_{zu}} = 1 - \frac{Q_{ab}}{Q_{zu}} \tag{4.3.1}$$

mit W_{KA} = pro Arbeitsspiel vom Arbeitsmedium am Kolben geleistete Arbeit (umgesetzt in mechanische Arbeit)

Q_{zu} = dem Arbeitsmedium pro Arbeitsspiel zugeführte Wärme (durch Verbrennung)

Q_{ab} = vom Arbeitsmedium pro Arbeitsspiel abgeführte Wärme (beim Ladungswechsel)

Die vom Arbeitsmedium am Kolben geleistete Arbeit ist gleich der negativen Volumenänderungsarbeit des Kreisprozesses. Da für den Prozess innere Reversibilität angenommen wird, gilt:

$$W_{KA} = -\oint p \cdot dV = \oint T \cdot ds \tag{4.3.2}$$

W_{KA} entspricht den von den Prozesslinien im p-V- und im T-s-Diagramm eingeschlossenen Flächen. Unter Verwendung einer derartigen Modellvorstellung des geschlossenen Wärmekraftprozesses kann die Frage nach einer im Hinblick auf den Wirkungsgrad möglichst günstigen Führung des Motorkreisprozesses erörtert werden.

Der Carnot-Prozess [4.3-1]

Aus der Thermodynamik ist bekannt, dass der Carnot-Prozess als der ideale Wärmekraftprozess angesehen werden kann, da er nur bei der Prozesshöchsttemperatur Wärme aufnimmt und nur bei der tiefsten Prozesstemperatur Wärme abgibt (Bild 4.3-1). Die Wärmezufuhr erfolgt aus einem Wärmebad mit der Temperatur T_{max}, die Wärmeabfuhr an ein Wärmebad mit der Temperatur T_{min}.

Der Prozess setzt sich aus folgenden Zustandsänderung zusammen:

$1 \to 2$:   Isentrope Kompression

$2 \to 3$:   Isotherme Expansion (Wärmezufuhr)

$3 \to 4$:   Isentrope Expansion

$4 \to 1$:   Isotherme Kompression (Wärmeabfuhr)

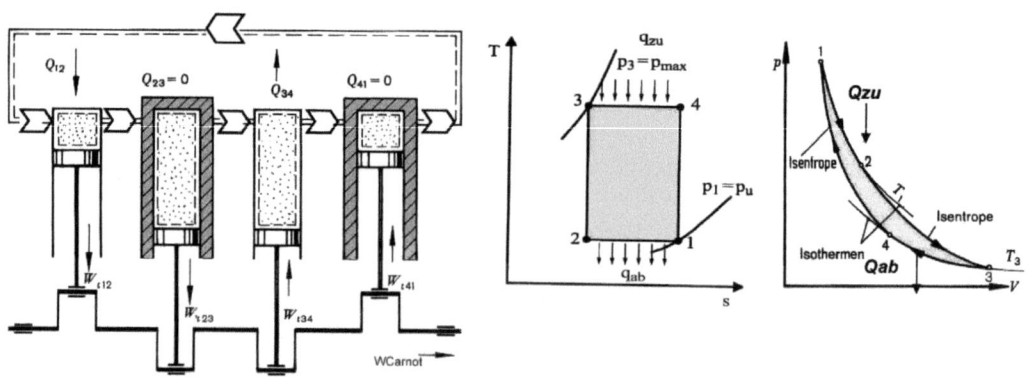

Bild 4.3-1   Der Carnot-Prozess im T-s- und p-V-Diagramm [4.3-1]

4.3 Thermodynamik des Verbrennungsmotors

Der thermische Wirkungsgrad des Carnot-Prozesses ergibt sich zu:

$$\eta_{th} = 1 - \frac{Q_{ab}}{Q_{zu}} = 1 - \frac{T_{min} \cdot \Delta s}{T_{max} \cdot \Delta s} \tag{4.3.3}$$

oder

$$\eta_{th} = 1 - \frac{T_{min}}{T_{max}} = 1 - \frac{T_1}{T_3} \tag{4.3.4}$$

Die Berechnung des thermischen Wirkungsgrades für den Carnot-Prozess lässt sich allein durch die Maximal- und Minimaltemperatur, bei denen die Wärme zu- bzw. abgeführt wird, bestimmen. Dieser Kreisprozess ist aber für den Verbrennungsmotor völlig ungeeignet und lässt sich im Verbrennungsmotor praktisch nicht durchführen.

Dieses hat folgende Gründe:

- Eine annähernd isotherme Kompression ist im Verbrennungsmotor nicht möglich, da die erforderlichen Wärmeaustauschflächen und langen Prozesszeiten nicht zu realisieren sind.
- Auch die isotherme Verbrennung ist nicht zu realisieren, da ebenfalls viel Zeit für den Prozess erforderlich ist.
- Das Druckverhältnis p_3/p_1 muss sehr hoch sein, um gute Wirkungsgrade zu erzielen. Mit im Motor einzustellenden Verdichtungsverhältnissen ist dies nicht realisierbar.
- Die Maximaltemperatur muss während der Wärmezufuhr extrem hoch sein, um gute Wirkungsgrade zu erzielen. Hiermit verbunden wären Probleme mit der Warmfestigkeit der Werkstoffe.

Für den Mitteldruck p_m des Prozesses gilt definitionsgemäß:

$$p_m = \frac{W_{KA}}{v_1 - v_3} \tag{4.3.5}$$

mit v_1, v_3 = spezifische Volumina des Prozesses im Zustand 1 bzw. 3

Für die zu- und abgeführten Wärmemengen bei isothermer Verdichtung bzw. Expansion gilt:

$$q_{zu} = q_{34} = R \cdot T \cdot \ln \frac{p_3}{p_4} \tag{4.3.6}$$

$$q_{ab} = q_{12} = R \cdot T_1 \cdot \ln \frac{p_2}{p_1} \tag{4.3.7}$$

Mit dem thermisch und kalorisch idealen Gas erhält man für die Isentrope:

$$\frac{p_3}{p_2} = \left(\frac{T_3}{T_2}\right)^{\frac{\kappa}{\kappa-1}} \quad und \quad \frac{p_4}{p_1} = \left(\frac{T_4}{T_1}\right)^{\frac{\kappa}{\kappa-1}} \tag{4.3.8}$$

woraus wegen $T_1 = T_2$ und $T_3 = T_4$ folgt:

$$\frac{p_3}{p_2} = \frac{p_4}{p_1} \quad bzw. \quad \frac{p_3}{p_4} = \frac{p_2}{p_1} \tag{4.3.9}$$

Für den Mitteldruck erhält man damit zunächst:

$$pm = \frac{R \cdot (T3 - T1) \ln \frac{p3}{p4}}{v1 - v3} \quad (4.3.10)$$

und mittels Umformung der Gleichungen schließlich:

$$\frac{pm}{p1} = \frac{\frac{p3}{p1} \cdot \left(\frac{T3}{T1} - 1\right) \cdot \left(\ln \frac{p3}{p1} - \frac{\kappa}{\kappa - 1} \ln \frac{T3}{T1}\right)}{\frac{p3}{p1} - \frac{T3}{T1}} \quad (4.3.11)$$

Die vorausgegangene Beziehung (4.3.11):

$$\frac{pm}{p1} = f\left(\frac{T3}{T1}, \frac{p3}{p1}, \kappa\right) \quad (4.3.12)$$

ist mit Nullstellen und Extremwerten ist in Bild 4.3-2 für einen Wert von $\kappa = 1{,}4$ grafisch dargestellt.

Der thermische Wirkungsgrad erreicht in einem optimal geführten Prozess bei einem Druckverhältnis von 200 mit $\eta_{th} = 0{,}6$ hohe Werte. Der erreichbare Mitteldruck ist dann aber nur $p_m = 3{,}18 \cdot p_1$. Die gewinnbare Arbeit ist also so gering, dass ein den Carnot-Prozess verwirklichender Motor bestenfalls die innere Reibung überwinden könnte und damit praktisch keine Leistung abgeben kann.

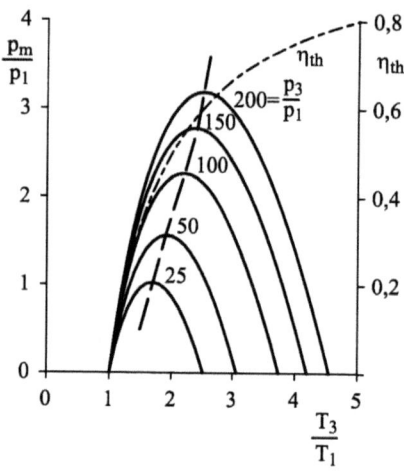

Bild 4.3-2 Mit einem Carnot-Prozess erreichbare Mitteldrücke für verschiedene Maximaldrücke und Temperaturen [4.3-1]

Die isobare Prozessführung

Im Verbrennungsmotor treten hohe Temperaturwerte nur sehr kurzzeitig auf, so dass die Brennraumwandungen, die eine wesentlich geringere mittlere Temperatur annehmen, nicht unmittelbar gefährdet sind. Mit Rücksicht auf die Bauteilbeanspruchung ist es sinnvoll, die obere Druckgrenze vorzuschreiben (zulässiger Höchstdruck). Damit kommt man zu folgender Prozeßführung (Bild 4.3-3):

4.3 Thermodynamik des Verbrennungsmotors

1 → 2 : Isentrope Kompression bis zum zulässigen Höchstdruck
2 → 4 : Isobare Wärmezufuhr (Ersatz für Verbrennung)
4 → 5 : Isentrope Expansion
5 → 1 : Isochore Wärmeabfuhr (Ersatz für Ladungswechsel)

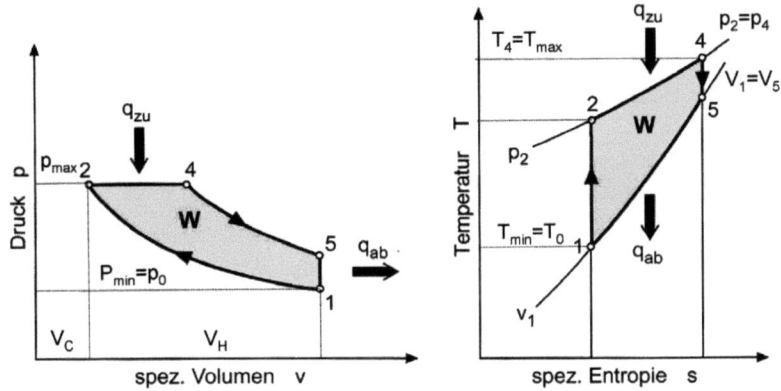

Bild 4.3-3 Motorischer Grenzprozess (Gleichdruckprozess) im p-V- und T-s-Diagramm

Dieser Prozess ist der optimale Grenzprozess für einen Verbrennungsmotor mit einem maximal möglichen Verdichtungsverhältnis ε_{max}. Die Verbrennung bzw. Wärmezufuhr muss so erfolgen, dass nach Verdichtungsende kein weiterer Druckanstieg erfolgt (p = konst.). Der thermische Wirkungsgrad dieses Gleichdruckprozesses ergibt sich zu:

$$\eta_{th,p} = 1 - \frac{Q_{ab}}{Q_{zu}} = 1 - \frac{m \cdot c_V \cdot (T_5 - T_1)}{m \cdot c_p \cdot (T_4 - T_2)} \tag{4.3.13}$$

Dabei wird vereinfachend angenommen, dass die spezifischen Wärmekapazitäten c_v und c_p konstant sind. Mit dem Isentropenexponenten $\kappa = c_p/c_V$ ergibt sich:

$$\eta_{th,p} = 1 - \frac{1}{\kappa} \cdot \frac{T_5 - T_1}{T_4 - T_2} = 1 - \frac{1}{\kappa} \cdot \frac{T_1}{T_2} \cdot \frac{T_5/T_1 - 1}{T_4/T_2 - 1} \tag{4.3.14}$$

Für die isentrope Kompression von 1 → 2 gilt:

$$\frac{T_1}{T_2} = \left(\frac{V_2}{V_1}\right)^{\kappa-1} \Rightarrow \text{mit} \quad \varepsilon = \frac{V_h + V_c}{V_c} = \frac{V_1}{V_2} \tag{4.3.15}$$

$$\frac{T_1}{T_2} = \frac{1}{\varepsilon^{\kappa-1}} \tag{4.3.16}$$

Für die isobare Zustandsänderung von 2 → 4 gilt:

$$\frac{T_4}{T_2} = \frac{V_4}{V_2} = \varphi \tag{4.3.17}$$

mit φ = Einspritzverhältnis oder Volldruckverhältnis

Für die isochore Zustandsänderung von 5 → 1 gilt:

$$\frac{T_5}{T_1} = \frac{p_5}{p_1} = \frac{p_4 \cdot \left(V_4/V_5\right)^\kappa}{p_2 \cdot \left(V_2/V_1\right)^\kappa} \quad \Rightarrow \quad \text{mit } p_4 = p_2; \; V_5 = V_1 \tag{4.3.18}$$

$$\frac{T_5}{T_1} = \left(\frac{V_4}{V_2}\right)^\kappa = \left(\frac{T_4}{T_2}\right)^\kappa = \varphi^\kappa \tag{4.3.19}$$

Durch Einsetzen der Beziehungen (4.3.16) und (4.3.19) in die Gleichung für den thermischen Wirkungsgrad ergibt sich:

$$\eta_{th,p} = 1 - \frac{1}{\kappa} \cdot \frac{1}{\varepsilon^{\kappa-1}} \cdot \frac{\varphi^\kappa - 1}{\varphi - 1} \tag{4.3.20}$$

Definiert man mit dem Ausdruck q^* eine dimensionslose Wärmezufuhr nach folgender Gleichung:

$$q^* = \frac{q_{zu}}{c_p \cdot T_1} \tag{4.3.21}$$

so kann der Wirkungsgrad nach einfachen Umformungen auch in nachfolgender Form dargestellt werden:

$$\eta_{th,p} = 1 - \left[\frac{1}{\kappa} \cdot \frac{1}{q^*}\right] \cdot \left[\left(\frac{q^*}{\varepsilon^{\kappa-1}} + 1\right)^\kappa - 1\right] \tag{4.3.22}$$

Die zugeführte Wärme q_{zu} und damit auch der dimensionslose Wert q^*_{zu} kann für einen gegebenen Brennstoff als Funktion des Luftverhältnisses und des Heizwertes berechnet werden:

$$q^* = \frac{H_u}{(\lambda \cdot L_{St} + 1) \cdot c_p \cdot T_1} \quad \text{bzw.} \quad q^* = \frac{H_u}{\lambda \cdot L_{St} \cdot c_p \cdot T_1} \tag{4.3.23}$$

(für einen Gemisch saugenden bzw. Luft saugenden Motor).

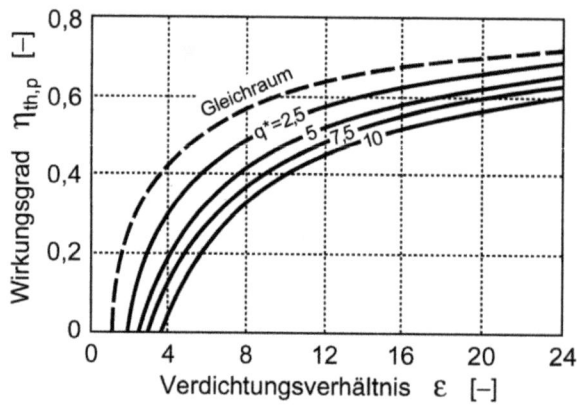

Bild 4.3-4 Thermischer Wirkungsgrad von Gleichdruckprozessen [4.3-2]

4.3 Thermodynamik des Verbrennungsmotors

Bild 4.3-4 zeigt den Verlauf von $\eta_{th,p}$ als Funktion des Verdichtungsverhältnisses ε und der dimensionslosen Wärmezufuhr q^*_{zu}. Es ist zu erkennen, dass der thermische Wirkungsgrad des Gleichdruckprozesses mit steigendem Verdichtungsverhältnis ε zunimmt. Mit zunehmender Wärmezufuhr nimmt der Wirkungsgrad des Gleichdruckprozesses ab. Bei einer gegebenen spezifischen Wärmezufuhr q_{zu} ist die Größe des Verdichtungsverhältnisses nach unten hin begrenzt. Das minimale Verdichtungsverhältnis lässt sich aus der Forderung $V_4<V_5$ ableiten. Durch den jeweils zulässigen Höchstdruck ist das Verdichtungsverhältnis ε im Maximalwert festgelegt (isentrope Verdichtung: z. B.: p_{max} = 60 bar, $\varepsilon \approx 18{,}5$).

Die isochore Prozessführung

Der Prozess mit reiner Gleichdruckverbrennung berücksichtigt jedoch noch nicht alle motorischen Randbedingungen. Im Verbrennungsmotor ergeben sich zwei prinzipielle Schwierigkeiten. Einerseits ist es nicht möglich, die Verbrennung so ablaufen zu lassen, dass keine weitere Drucksteigerung nach Verdichtungsende erfolgt, andererseits ist das Verdichtungsverhältnis je nach Brennverfahren bzw. Gemischbildung (Ottomotor, Dieselmotor) mehr oder weniger begrenzt.

So ist es beim Ottomotor unmöglich, das bereits im Zylinder vorhandene Kraftstoff-Luft-Gemisch bis auf den beanspruchungsmäßig zulässigen Druck zu verdichten, weil sonst die Verbrennung zeitlich völlig unkontrolliert durch eine Selbstzündung schon während der Kompression einsetzen würde.

In der Praxis wird die Verdichtung durch die Gefahr einer klopfenden Verbrennung (Selbstzündung innerhalb des unverbrannten Gemisches nach Einsetzen der regulären Verbrennung) noch wesentlich weiter eingeengt, so dass das Verdichtungsverhältnis ε eine zusätzliche Prozessgrenze darstellt. Hieraus ergibt sich, dass bei vorgegebener Wärmezufuhr der Verdichtungsenddruck und somit das Verdichtungsverhältnis so gewählt werden muss, dass der zulässige Höchstdruck nach Verbrennungsende nicht überschritten wird.

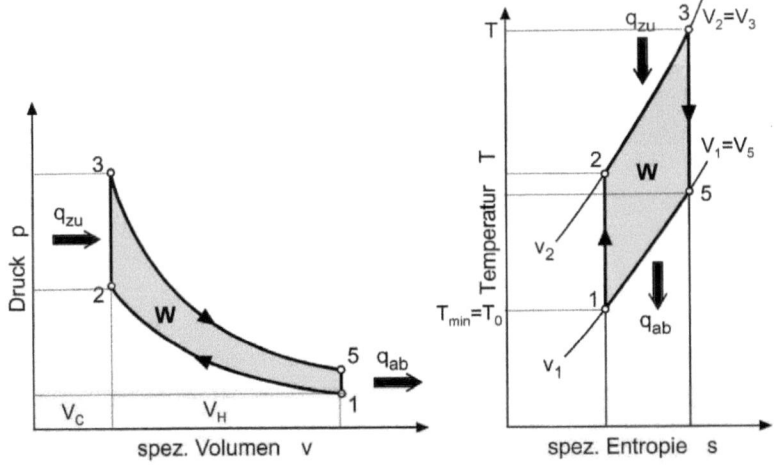

Bild 4.3-5 Motorischer Grenzprozess (Gleichraumprozess) im p-V- und T-s-Diagramm

Im wirkungsgradoptimalen Grenzfall kann die Wärmezufuhr bei konstantem Volumen erfolgen. Damit erhält man folgenden Prozessverlauf (Bild 4.3-5), der als Vergleichsprozess für den Ottomotor betrachtet wird.

$1 \rightarrow 2$: Isentrope Kompression mit vorgegebener Verdichtung

$2 \rightarrow 3$: Isochore Wärmezufuhr (Gleichraumverbrennung)

$3 \rightarrow 4$: Isentrope Expansion

$4 \rightarrow 1$: Isochore Wärmeabfuhr Dieser Prozess ist der thermodynamisch günstigste Prozess, der in einem Verbrennungsmotor mit einem fest vorgegebenen Verdichtungsverhältnis technisch verwirklicht werden kann.

Der thermische Wirkungsgrad des Gleichraumprozesses ergibt sich zu:

$$\eta_{th,V} = 1 - \frac{Q_{ab}}{Q_{zu}} = 1 - \frac{m \cdot c_V \cdot (T_5 - T_1)}{m \cdot c_V \cdot (T_3 - T_2)} \qquad (4.3.24)$$

$$\eta_{th,V} = 1 - \frac{T_5 - T_1}{T_3 - T_2} = 1 - \frac{T_1}{T_2} \cdot \frac{T_5/T_1 - 1}{T_3/T_2 - 1} \qquad (4.3.25)$$

Für die Isentropen $1 \rightarrow 2$ und $3 \rightarrow 5$ gilt ($V_2 = V_3$; $V_5 = V_1$):

$$\frac{T_1}{T_2} = \left(\frac{V_2}{V_1}\right)^{\kappa-1} = \left(\frac{V_3}{V_5}\right)^{\kappa-1} = \frac{T_5}{T_3} \qquad (4.3.26)$$

Daraus folgt mit $T_5/T_1 = T_3/T_2$ für den Wirkungsgrad:

$$\eta_{th,V} = 1 - \frac{T_1}{T_2} = 1 - \left(\frac{V_2}{V_1}\right)^{\kappa-1} = 1 - \frac{1}{\varepsilon^{\kappa-1}} \qquad (4.3.27)$$

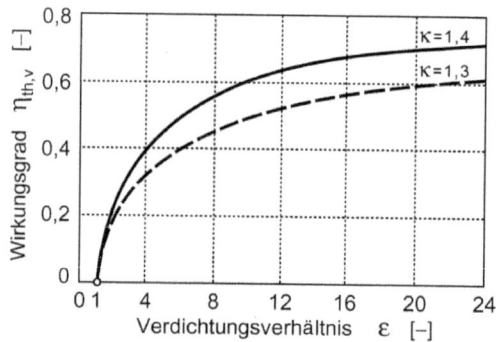

Der Wirkungsgrad des Gleichraumprozesses hängt also nur vom Verdichtungsverhältnis ε und vom Arbeitsmedium (Einfluss durch κ) ab. Mit zunehmender Verdichtung und größer werdendem Isentropenexponent κ steigt $\eta_{th,V}$.

Bild 4.3-6 Thermischer Wirkungsgrad des Gleichraumprozesses [4.3-2]

Die Größe der Wärmezufuhr im oberen Totpunkt ist ohne Einfluss auf den Wirkungsgrad. Führt man die Wärme nicht im oberen Totpunkt zu, sondern vorher oder nachher, so läuft das auf eine Verminderung des effektiven Verdichtungsverhältnisses hinaus. Das bedeutet, der thermische Wirkungsgrad wird kleiner

4.3 Thermodynamik des Verbrennungsmotors

Für einen guten thermischen Wirkungsgrad ergeben sich folgende Anforderungen an den Prozessverlauf im Ottomotor:

a) Zylinderladung (Gemisch) möglichst grenzwertig verdichten (Klopfgrenze)
b) Verbrennung in der Nähe des oberen Totpunktes
c) Zu späte bzw. zu frühe Verbrennung vermeiden

Die isochor-isobare Prozessführung (Seiliger-Prozess)

Beim luftverdichtenden Dieselmotor könnte man die Verdichtung theoretisch bis zur vorgegebenen Höchstdruckgrenze (ε_{max}) führen. Praktisch muss man aber auch hier mit einem kleineren Verdichtungsverhältnis arbeiten, da bei der anschließenden Verbrennung eine weitere Drucksteigerung nicht zu vermeiden ist. Es ist deshalb sinnvoller, beim Dieselmotor einen gemischten Gleichraum-Gleichdruckprozess (Seiliger-Prozess) als Vergleichsprozess zu verwenden. Dieser Prozess besteht damit aus folgenden Zustandsänderungen (Bild 4.3-7):

$1 \rightarrow 2$: Isentrope Kompression
$2 \rightarrow 3$: Isochore Wärmezufuhr bis zur Höchstdruckgrenze
$3 \rightarrow 4$: Isobare Wärmezufuhr
$4 \rightarrow 5$: Isentrope Expansion
$5 \rightarrow 1$: Isochore Wärmeabfuhr

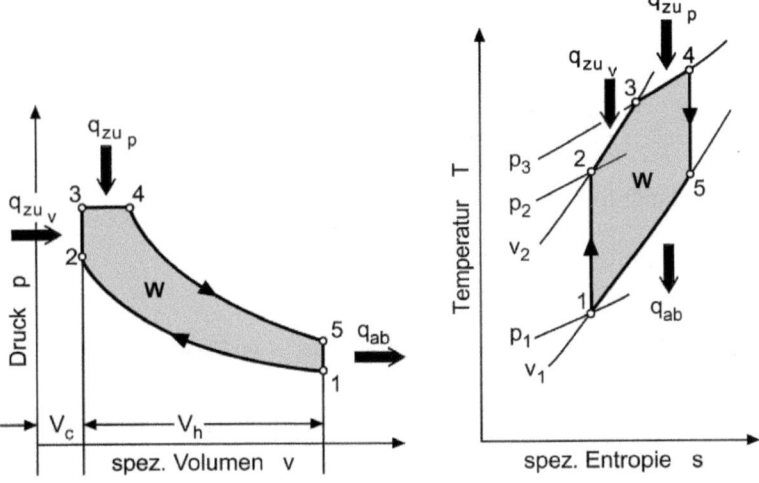

Bild 4.3-7 Gemischter Vergleichsprozess (Seiliger-Prozess) im p-V- und T-s-Diagramm [4.3-2]

Für den thermischen Wirkungsgrad dieses Kreisprozesses erhält man:

$$\eta_{th,S} = 1 - \frac{Q_{ab}}{Q_{zu}} = 1 - \frac{m \cdot c_V \cdot (T_5 - T_1)}{m \cdot c_V \cdot (T_3 - T_2) + m \cdot c_p \cdot (T_4 - T_3)} \qquad (4.3.28)$$

Mit $\kappa = c_p/c_V$ kann diese Gleichung umgestellt werden nach:

$$\eta_{th,S} = 1 - \frac{T_5 - T_1}{(T_3 - T_2) + \kappa \cdot (T_4 - T_3)} = 1 - \frac{T_1}{T_2} \cdot \frac{T_5/T_1 - 1}{(T_3/T_2 - 1) + \kappa \cdot T_3/T_2 \cdot (T_4/T_3 - 1)} \quad (4.3.29)$$

Mit den Abkürzungen bzw. Bezeichnungen:

$$\frac{T_1}{T_2} = \frac{1}{\varepsilon^\kappa} \; ; \; \pi = \frac{p_3}{p_2} = \frac{T_3}{T_2} \; ; \; \varphi = \frac{V_4}{V_3} = \frac{T_4}{T_3} \quad (4.3.30)$$

mit π = Druckverhältnis und φ = Einspritzverhältnis folgt:

$$\eta_{th,S} = 1 - \frac{1}{\varepsilon^{\kappa-1}} \cdot \frac{\pi \cdot \varphi^\kappa - 1}{(\pi - 1) + \kappa \cdot \pi \cdot (\varphi - 1)} \quad (4.3.31)$$

Das Druckverhältnis π ist ein Maß für den Anteil der Gleichdruckverbrennung: π =1-Gleichdruckprozess; das Einspritzverhältnis φ ist ein Maß für den Anteil der Gleichraumverbrennung: φ =1-Gleichraumprozess.

Für das Temperaturverhältnis T_5/T_1 ergibt sich bei isochorer Prozessführung:

$$\frac{T_5}{T_1} = \frac{p_5}{p_1} = \frac{p_5}{p_3} \cdot \frac{p_3}{p_2} \cdot \frac{p_2}{p_1} = \left(\frac{V_4}{V_5}\right)^\kappa \cdot \pi \cdot \varepsilon^\kappa \quad (4.3.32)$$

$$\Rightarrow \frac{T_5}{T_1} = \left(\frac{V_4}{V_3} \cdot \frac{V_3}{V_5}\right)^\kappa \cdot \pi \cdot \varepsilon^\kappa = \left(\varphi \cdot \frac{V_2}{V_1}\right)^\kappa \cdot \pi \cdot \varepsilon^\kappa = \left(\varphi \cdot \frac{1}{\varepsilon}\right)^\kappa \cdot \pi \cdot \varepsilon^\kappa \quad (4.3.33)$$

$$\Rightarrow \frac{T_5}{T_1} = \varphi^\kappa \cdot \pi \quad (4.3.34)$$

Eingesetzt in Gleichung für $\eta_{th,S}$ ergibt sich dann:

$$\eta_{th,S} = 1 - \frac{1}{\varepsilon^{\kappa-1}} \cdot \frac{\pi \cdot \varphi^\kappa - 1}{(\pi - 1) + \kappa \cdot \pi \cdot (\varphi - 1)} \quad (4.3.35)$$

Dieser Prozess geht für $\varphi = 1$ in den Gleichraumprozess und für $\pi = 1$ in den Gleichdruckprozess über.

In Bild 4.3-8 ist der thermische Wirkungsgrad des Seiliger-Prozesses als Funktion von Verdichtungsverhältnis ε und des Höchstdruckes $p_3 = p_4$ dargestellt. Zum Vergleich sind auch die Verläufe der thermischen Wirkungsgrade für den Gleichraum- und den Gleichdruckprozess aufgetragen. Für gleiche Werte von ε und zugeführter Wärme Q_{zu} liegt der Wirkungsgrad des Seiliger-Prozesses zwischen dem Gleichraum- und dem Gleichdruckprozess.

Mit zunehmendem Anteil der isochor zugeführten Wärme, d. h. mit ansteigendem Höchstdruck p_3, nähert sich der Wirkungsgrad des Seiliger-Prozesses dem des Gleichraumprozesses.

4.3 Thermodynamik des Verbrennungsmotors

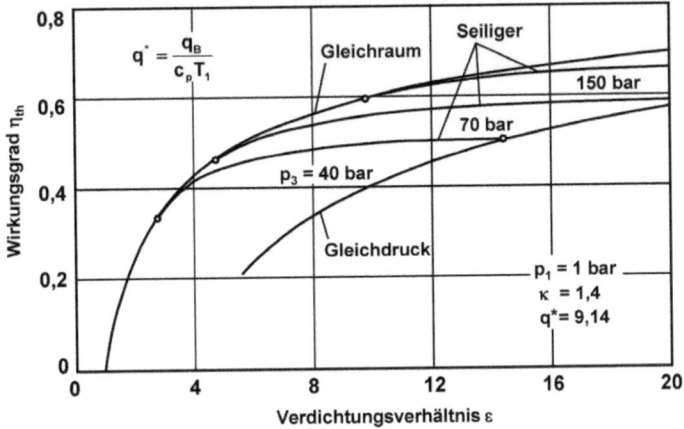

Bild 4.3-8 Kreisprozesswirkungsgrade als Funktion des Verdichtungsverhältnisses [4.3-2]

Der Vergleich der Bilder 4.3-9 und 4.3-10 veranschaulicht den unterschiedlichen Wirkungsgrad der drei Motor-Kreisprozesse im p-V- und T-s- Diagramm, je nachdem welche Prozessbegrenzungen man wählt.

Unter der Voraussetzung gleicher zugeführter Wärmemenge Q_{zu} und gleichem ε ist die abzuführende Wärmemenge Q_{ab} bei isochorer Wärmezufuhr am geringsten (Flächen im T-s-Diagamm unterterhalb der V_1=konst.-Linie). Beim Gleichdruckprozess ist Q_{ab} um die Fläche b-5'-5''-d im T-s-Diagramm größer. Das gilt in analoger Weise auch für den Seiliger-Prozess, bei dem Q_{ab} ebenfalls um die Fläche b-5'-5-c im T-s-Diagramm größer ist.

Damit lässt sich für einen gegebenen Motor bei gleicher Wärmezufuhr (Kraftstoffenergie) und gleichem ε folgende Reihenfolge für die Größe des thermischen Wirkungsgrades festlegen:

1. Gleichraumprozess
2. Seiliger-Prozess
3. Gleichdruckprozess

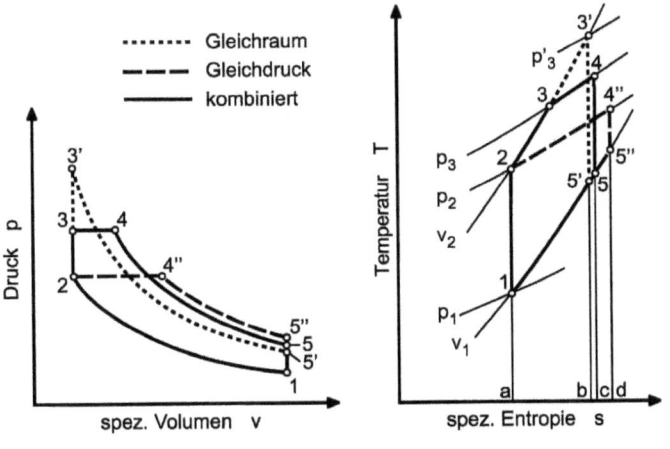

Bild 4.3-9 Vergleich der Motor-Kreisprozesse (schematisch); *Vorgabe:* gleiche Energiezufuhr und gleiches Verdichtungsverhältnis ε [4.3-2]

Das Ergebnis ist unter den Voraussetzungen, dass das Verdichtungsverhältnis nun variabel ist, (sodass gerade p_{max} erreicht wird) und die Wärmezufuhr bei den drei Prozessen wiederum gleich groß sei, ein völlig anderes. Bild 4.3-11 zeigt die Verhältnisse unter diesen Bedingungen.

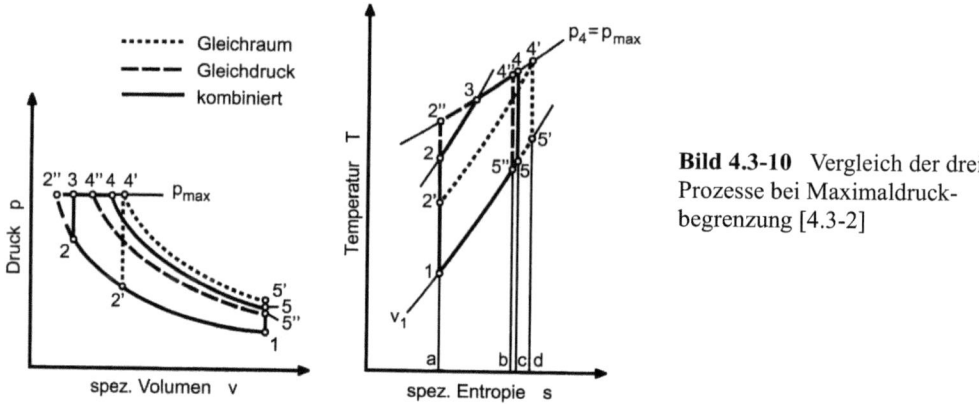

Bild 4.3-10 Vergleich der drei Prozesse bei Maximaldruckbegrenzung [4.3-2]

Die Abzuführenden Wärmen sind nun beim Gleichdruckprozess minimal (und damit der thermische Wirkungsgrad am höchsten). Als Schlussfolgerungen gelten für diese Randbedingungen:

Wenn man beim Verdichtungsverhältnis nicht begrenzt ist, dann ist das höchstmögliche Verdichtungsverhältnis anzustreben, so dass bereits durch die Verdichtung p_{max} erreicht wird. Anschließend erfolgt demzufolge eine Gleichdruckverbrennung bei p_{max}. Ist man aber beim Verdichtungsverhältnis etwa durch die Klopffestigkeit limitiert, dann sind eine Gleichraumverbrennung vom Verdichtungsenddruck bis zum zulässigen Maximaldruck und anschließend eine Gleichdruckverbrennung anzustreben.

4.3.3 Offene Vergleichsprozesse – das Modell des „Vollkommenen Motors"

Der Zusammenhang zwischen dem Wirkungsgrad einfacher Kreisprozesse mit Wärmezufuhr und dem inneren Wirkungsgrad des Motorprozesses ist nicht so weitgehend, als dass Kreisprozesse immer zur Beurteilung von Fragen, die den Ablauf und die Führung des motorischen Prozesses betreffen, herangezogen werden können.

Bei den Kreisprozessbetrachtungen wurden z. B. folgende vereinfachende Annahmen getroffen:

- Die spezifischen Wärmekapazitäten sind unabhängig vom Gaszustand.
- Die Zusammensetzung des Gasgemisches bleibt während des Arbeitsprozesses unverändert.
- Die Wärmezufuhr ersetzt die Verbrennung, die Wärmeabfuhr den Ladungswechsel.
- Die Arbeitsgasmasse bleibt während des Prozesses konstant, was für den Ottomotor zutreffend ist, für den Dieselmotor jedoch nicht.

Die sehr geringen Leckageverluste können vernachlässigt werden.

4.3 Thermodynamik des Verbrennungsmotors

Bei genaueren Prozessanalysen, die z. B. Aufschluss geben sollen über das bei einem Motor noch vorhandene Entwicklungspotenzial, reicht die idealisierte Kreisprozessberechnung nicht mehr aus. Hier ist es erforderlich, neben den motortechnischen Randbedingungen die natürlichen Gesetzmäßigkeiten während des Motorprozesses zu berücksichtigen.

Ein Vergleichsprozess, bei dem diese Bedingungen beachtet werden, der aber sonst in der bei den Kreisprozessen beschriebenen Weise als Gleichraum- oder Seiliger-Prozess abläuft und außer dem thermodynamisch unvermeidbaren Abgaswärmeverlust keine weiteren Verluste aufweist, ist der „offene Vergleichsprozess des vollkommenen Motors".

Hierbei werden folgende Randbedingungen berücksichtigt:

- offener Prozess (Massenströme über die Systemgrenzen sind zugelassen) – z. B. beim Dieselmotor erfolgt die Berücksichtigung der Massenänderung des Arbeitsmediums durch Einspritzung während des Prozesses
- isentrope Kompression und Expansion mit veränderlichen Stoffwerten (c_p und $c_v = f(T)$)
- Die Verbrennung erfolgt nach vorgegebener Gesetzmäßigkeit: isochor, isobar oder Seilger als einfache Prozesse oder aber mit beliebig definierbaren Druck- oder Brennverläufen.
- Die Verbrennungsprodukte sind bei unvollständiger Verbrennung im chemischen Gleichgewicht
- bei vollständiger Verbrennung erfolgen die Reaktionen mit oder ohne Dissoziation der Abgase
- verlustfreier Ladungswechsel im unteren Totpunkt
- wärmedichte Brennraumbegrenzungen (adiabat);
- geometrische Abmessungen des Motors gleich denen des wirklichen Motors
- keine Leckageverluste

Kreisprozessrechnung am Beispiel einer offenen isochor-isobaren Prozessführung (Seiliger-Prozess) [4.3-2]

Nachfolgend wird die Vorgehensweise bei der Ermittlung des inneren Wirkungsgrades für den offenen Vergleichsprozess eines Ottomotors mit Gleichraum-Gleichdruck-Verbrennung erläutert.

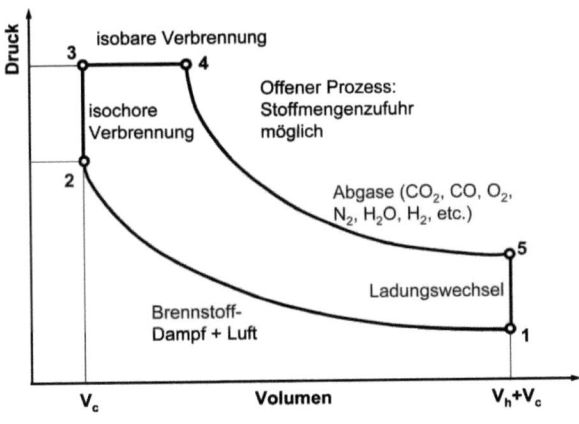

Bild 4.3-11 Vergleichsprozess des vollkommenen Motors mit Gleichraum-Gleichdruck-Verbrennung

Nach dem 1. Hauptsatz der Thermodynamik gilt für das vom Punkt 1 zum Punkt 5 geschlossene System:

$$\Delta U = U_5 - U_1 = \Delta Q - W_{KA} \qquad (4.3.36)$$

mit U_1 = innere Energie der Frischladung [kJ] – Zustandspunkt 1
  U_5 = innere Energie des Abgases [kJ] – Zustandspunkt 5
  ΔQ = Wärmestrom über die Brennraumwände [kJ]
  W_{KA} = vom Arbeitsmedium pro Arbeitsspiel am Kolben geleistete Arbeit

Mit der Annahme der wärmedichten Brennraumwände ($\Delta Q = 0$) erhält man für den inneren Wirkungsgrad des vollkommenen Motormodells:

$$\eta_V = \frac{W_{KA}}{m_K \cdot H_u} = \frac{U_1 - U_5}{m_K \cdot H_u} \qquad (4.3.37)$$

mit $Q_{zu} = m_K \cdot H_u$; Energiegehalt des zugeführten Kraftstoffes (Aufwand) [kJ]

Wird bei der Berechnung der Energiezufuhr mit dem Kraftstoff der Heizwert H_u verwendet, so ist folgendes zu beachten:

Messungen in einem Kalorimeter ergeben:

$$U_1 - U_5^* = Q_{ab} \qquad (4.3.38)$$

wobei U_5^* die innere Energie des Abgases bei Rückkühlung auf die Temperatur T_1 darstellt. $U_1 - U_5^*$ entspricht daher der mit den ausströmenden Abgasen verloren gehenden Energiemenge und ist im Kreisprozess der abgeführten Wärmemenge Q_{ab} gleich zu setzen. Daraus folgt für den inneren Wirkungsgrad des vollkomenen Motors η_V:

$$\eta_V = \frac{U_1 - U_5^* - U_5 + U_5^*}{m_K \cdot H_u} = 1 - \frac{U_5 - U_5^*}{m_K \cdot H_u} = 1 - \frac{Q_{ab}}{m_K \cdot H_u} \qquad (4.3.39)$$

Die innere Energie der Abgase ist beim Verlassen des Motors also größer, als die Energie, die sich bei vollständiger Verbrennung und Abkühlung auf die Temperatur T_1 ergibt. Der Unterschied ist die frei werdende Kondensationswärme des bei der Verbrennung entstehenden gasförmigen Wassers. Da das Abgas beim Hubkolbenmotor mit hoher Temperatur den Motor verlässt, ist dieser Energieanteil in der Regel nicht nutzbar.

Zur Berechnung des inneren Wirkungsgrades wird der Prozess vom Zustand 1 ausgehend bis zum Zustand 5 durchgerechnet. Zunächst wird die innere Energie U_1 und die Entropie S_1 aus der Temperatur und der Zusammensetzung des vom Motor angesaugten Gemisches für Ottomotoren (beim Dieselmotor für Luft) bestimmt. Danach erfolgt die Berechnung über die Zustandspunkte 2, 3 (und 4) bis zum Zustandspunkt 5.

Punkt 1: Kompressionsbeginn

Es gelten die Gleichungen:

$$p_1 \cdot v_1 = R \cdot T_1 \qquad (4.3.40)$$

$$h_1 = \int_{T_0}^{T_1} c_p(T) \cdot dT \qquad (4.3.41)$$

$$u_1 = h_1 - R \cdot T_1 \qquad (4.3.42)$$

4.3 Thermodynamik des Verbrennungsmotors

Darin ist T_0 die Temperatur, bei der die Enthalpie zu null gesetzt wird (häufig wird $T_0 = 0K$ oder $T_0 = 273{,}15$ K gewählt). Für die Stoffgrößen kann in diesem Fall gesetzt werden:

- bei **luftansaugenden Motoren** (Dieselmotoren): die Zylinderladung ist reine Luft.

    $R = R_L = 287$ J/kgK,

    $M_L = 28{,}965$ kg/kmol

    $h(T)$ oder $c_{pL}(T)$ wird aus Potenzansätzen [4.3-2] oder Tabellenwerten bestimmt.

Als Potenzansatz für c_{mp} von Luft (bei 1 bar und 298,15 K; die Temperatur T ist in Kelvin einzusetzen) ist nach [4.3-2] nachfolgender Ansatz verwendbar:

$$c_{mp}[kJ/kmol \cdot K] = A + BT + CT^2 + DT^3 + ET^4 + FT^5 + GT^6 + HT^7 + IT^8 + JT^9 \quad (4.3.43)$$

Die Konstanten des Potenzansatzes sind:

$A = 0{,}32136180 \cdot 10^2$ $B = -0{,}25451393 \cdot 10^{-1}$; $C = 0{,}70983451 \cdot 10^{-4}$

$D = -0{,}79515449 \cdot 10^{-7}$ $E = 0{,}504\text{-}15143 \cdot 10^{-10}$ $F = -0{,}19651098 \cdot 10^{-13}$

$G = 0{,}47688671 \cdot 10^{-7}$ $H = -0{,}69472592 \cdot 10^{-21}$ $I = 0{,}54551224 \cdot 10^{-25}$

$J = -0{,}7102074 \cdot 10^{-29}$

Nach Gl. (4.3-42) muss zur weiteren Berechnung die innere Energie des Zustandes 1 $u_1 = u_1(T_1)$ bestimmt werden.

Da die Stoffwerte im Gegensatz zum einfachen geschlossenen Prozess mit dem Druck und der Temperatur veränderlich sind, erfolgt die Berechnung des Verdichtungsendes iterativ über Entropiewerte (Entropiefunktionen). Aus Tabellenwert wird an dieser Stelle auch der Wert der Entropie $s_1 = s_1(p,T)$ für Luft benötigt.

- für **gemischansaugende Motoren**: es wird angenommen, dass der Kraftstoffanteil vollständig verdampft als ideales Gas vorliegt. Somit gilt für die Gaskonstante des Gemisches:

$$RG = \mu L \cdot RL + \mu B \cdot RB \quad (4.3.44)$$

mit R_G, R_L, R_B = Gaskonstanten von Gemisch, Luft und Brennstoff

   μ_L, μ_B = Massenanteile Luft und Brennstoff

Der Masseanteil μ_B des Brennstoffs kann aus dem Luftverhältnis λ und dem stöchiometrischen Luftbedarf L_{St} berechnet werden:

$$\mu B = \frac{1}{\lambda \cdot L_{St} + 1} \quad (4.3.45)$$

Für durchschnittliches Benzin ist $L_{St} = 14{,}7$ kg/kg (wegen der Zugabe von Sauerstoffträgern oft auch kleiner). Für andere Kraftstoffe kann L_{St} mit Hilfe der Reaktionsgleichung ermittelt oder Tabellen entnommen werden. Der Massenanteil der Luft ergibt sich aus:

$$\mu L = 1 - \mu B \quad (4.3.46)$$

Die Gaskonstante des Kraftstoffs ist:

$$RB = Rm / MB \quad (4.3.47)$$

Für durchschnittliches Benzin beträgt die molare Masse $M_B \approx 98$ kg/kmol.

Bei gemischansaugenden Motoren wird zur Berechnung des Kompressionsbeginns bei bekannten Kraftstoffzusammensetzungen über die Molzahlen, Molenbrüche oder Massenbrüche der Luft und der Brennstoffkomponenten die innere Energie U_1 und anschließend die Entropie S_1 des Zustandes 1 ermittelt.

$$n \cdot Um = n1 \cdot Um1 + n2 \cdot Um2 + \ldots + nN \cdot UmN = \sum_i ni \cdot Umi \qquad (4.3.48)$$

$$Um = \upsilon 1 \cdot Um1 + \upsilon 2 \cdot Um2 + \ldots + \upsilon N \cdot UmN = \sum_i \upsilon i \cdot Umi \qquad (4.3.49)$$

$$Um = cmV(T) \cdot T = \sum_i \upsilon i \cdot cmvi(T) \cdot T \qquad (4.3.50)$$

$$cmv(T) = \sum_i \upsilon i \cdot cmvi(T) \qquad (4.3.51)$$

Auf „Massenbasis" gilt auch:

$$u = \sum_i \mu i \cdot ui \qquad (4.3.52)$$

Soll die Kreisprozessrechnung mit realen Kraftstoffen (statt Reinkomponenten) durchgeführt werden (Ansatz über Molverhältnisse nicht möglich), so können die Stoffwerte ebenfalls aus Tabellen [4.3-2] entnommen werden. In der nachfolgenden Tabelle 4.3.1 sind die Stoffwerte von realem Benzindampf aufgelistet. Die innere Energie wurde hierbei so gewählt, dass die Enthalpie bei 20 °C null ist.

Tabelle 4.3.1 Stoffwerte für gasförmiges Benzin

Temperatur T [K]	Innere Energie u [J/kg]	Enthalpie h [J/kg]	spezifische Wärmekapazität cp [J/kgK]
200,00	-145588,70	-129910,70	1065,87
300,00	-20701,36	2815,64	1577,67
400,00	152137,84	183493,84	2025,85
500,00	366844,75	406039,75	2415,94
600,00	617889,94	664923,94	2753,47
700,00	900298,13	955171,13	3043,99
800,00	1209648,38	1272360,38	3293,03
900,00	1542074,50	1612625,50	3506,13
1000,00	1894264,50	1972654,50	3688,82
1100,00	2263460,50	2349689,50	3846,64
1200,00	2647459,75	2741527,75	3985,12

Für die Zustandsgrößen c_v, c_p, u und h sind die Stoffgrößen der Komponenten nur temperaturabhängig. Für die Entropie s müssen jedoch auch die Partialdrücke der Komponenten berücksichtigt werden. Die Berechnung wird hier mit molaren Größen, bezogen auf einen Standard-Druck, durchgeführt

4.3 Thermodynamik des Verbrennungsmotors

$$Sm = \sum_{i=1}^{n} v_i \cdot Smi \quad ; \quad s = \sum_{i=1}^{n} \mu_i \cdot si \quad (4.3.53)$$

$$Sm(p,T1) = \frac{1}{ngem} \cdot \left((n1 \cdot Sm1(p1,T1) + n2 \cdot Sm2(p2,T1) + ... + nN \cdot SmN(pN,T1) \right) \quad (4.3.54)$$

Punkt 2: Kompressionsende

Die Berechnung des Zustandes 2 (nach Verdichtung) erfolgt bei bekannten Gemischzusammensetzungen über die Gleichungen für den Entropieverlauf bei einem beliebigen Prozessverlauf, da die einfachen Isentropenbeziehungen für ideale Gase keine Gültigkeit mehr besitzen.

Für den Ansatz der isentropen Verdichtung gilt:

$$dS = 0 \quad (4.3.55)$$

oder:

$$S(V1,T1) = S(V2,T2); \quad Sm(Vm1,T1) = Sm(Vm2,T2) \quad (4.3.56)$$

Als Basisgleichung für chemisch reine Stoffe oder Stoffgemische mit konstanter Zusammensetzung gilt für die Veränderung der Entropie:

$$ds = cv \frac{dT}{T} + R \frac{dv}{v} \quad (4.3.57)$$

Nach Integration wird hieraus:

$$s2 - s1 = \int_{T1}^{T2} \frac{cv}{T} dT - R \cdot \ln \frac{v1}{v2} = 0 \quad (4.3.58)$$

oder auf molarer Basis:

$$Sm2(Vm2,T) = \int_{T1}^{T2} cVm \frac{dt}{T} - Rm \cdot \ln \frac{Vm1}{Vm2} + Sm1 \quad (4.3.59)$$

Darin ist:

$$\frac{v1}{v2} = \frac{V1}{V2} = \frac{Vm1}{Vm2} = \varepsilon = \text{Verdichtungsverhältnis} \quad (4.3.60)$$

Im nächsten Schritt wird der Übergang auf normierte Bedingungen p^0 und V_m^0 vollzogen, da Entropiewerte für viele Stoffe in Tabellenwerken für $p^0 = 1$ bar und $V_m^0 = 1$ m³/mol tabelliert sind! Im Anhang (am Ende des 4. Kapitels) sind die beiden temperaturabhängigen Größen $S^0m(T)$ und $cmp^0(T)$ für verschiedene Komponenten aufgelistet, die in den Berechnungen zum vollkommenen Motormodell benötigt werden.

Allgemein gilt nun für die Entropie eines beliebigen Zustandes bei Bezug auf den Referenzzustand:

$$Sm(V_m^0, T) = \int_{T1}^{T2} cVm \frac{dT}{T} + Rm \cdot \ln \frac{V_m^0}{V_{m1}} + Sm1 \quad (4.3.61)$$

Mit nachfolgender Umwandlungsgleichung

$$\ln \frac{V_m^0}{V_{m1}} + \ln \frac{V_m}{V_m^0} = \ln \frac{V_m}{V_{m1}} \tag{4.3.62}$$

läßt sich als Ergebnis folgende Gleichung formulieren:

$$Sm(V_m, T) = Sm(V_m^0, T) + Rm \cdot \ln \frac{V_m}{V_m^0} \tag{4.3.63}$$

Mit dem isentropen Ansatz: $Sm(V_{m1}, T_1) = Sm(V_{m2}, T_2)$ folgt hieraus

$$Sm(V_m^0, T_1) + Rm \cdot \ln \frac{V_{m1}}{V_m^0} = Sm(V_m^0, T_2) + Rm \cdot \ln \frac{V_{m2}}{V_m^0} \tag{4.3.64}$$

und letzendlich

$$Sm(V_m^0, T_2) = Sm(V_m^0, T_1) + Rm \cdot \ln \frac{V_{m1}}{V_{m2}} \tag{4.3.65}$$

Hiermit ist die von Druck und Temperatur abhängige molare Entropie aus den Normtabellen $Sm(V_m^0, T)$ für jeden Temperaturwert nach der Verdichtung bestimmbar. Damit kann für Einzelkomponenten und Stoffgemische die Temperatur beim Verdichtungsende iterativ bestimmt werden.

Bei **gemischansaugenden Motoren** wird über die Molzahlen der Luft und des Brennstoffes, sowie der Gesamtmolzahl des Gemisches die Entropie des Zustandes 1 ermittelt:

$$Sm(V_m^0, T_1) = \frac{nL \cdot SmL(V_m^0, T_1) + nB \cdot SmB(V_m^0, T_1)}{ngem} \tag{4.3.66}$$

Aus vorgenannter Gleichung ergibt sich danach mit dem Verdichtungsverhältnis die Entropie des Zustandes 2.

$$Sm(V_m^0, T_1) \rightarrow Sm(V_m^0, T_2) \tag{4.3.67}$$

Da die molare Mischungsentropie des Zustandes 2 wiederum die Summe aus den beiden molaren Einzelentropien darstellt, muß die Temperatur T_2 iterativ aus den Tabellen für Luft und Kraftstoff ermittelt werden. Man gibt sich ein T_2 vor, ermittelt anhand der Tabellen für die Anteile einen Entropiegesamtwert und überprüft wiederum anhand des bekannten Summenwertes der molaren Entropie Sm (V^0m, T_2).

Punkt 3: Ende der Gleichraumverbrennung

Für die Berechnung des Prozesspunktes 3 muss entweder der während der Gleichraumverbrennung zugeführte Anteil der Verbrennungswärme oder der Höchstdruck gegeben sein. Wenn die bei der Gleichraumverbrennung zugeführte Wärme Q_{23} gegeben ist, dann kann der Punkt 3 folgendermaßen berechnet werden:

Luft ansaugender Motor

Beim luftansaugenden Motor ändert sich die Masse im Zylinder durch die Einbringung des Brennstoffs. Es wird angenommen, dass der Brennstoff sofort nach der Einspritzung verbrennt, sodass sich kein flüssiger oder dampfförmiger Brennstoff im Brennraum befindet.

Zusätzlich zu Q_{23} ist die Enthalpie des zugeführten Brennstoffs (ohne Heizwert) einzusetzen (offenes System):

$$U_3 = U_2 + Q_{23} + H_{B23} \tag{4.3.68}$$

Darin ist:

$$U_3 = m_3 \cdot u_3 \quad \text{mit} \quad m_3 = m_2 + m_{B23} \tag{4.3.69}$$

In der Regel wird der Kreisprozess mit der Frischluftmasse von 1 kg gerechnet. Damit ist $m_2 = 1$ kg.

$$U_2 = m_2 \cdot u_2 \tag{4.3.70}$$

$$Q_{23} = m_{23} \cdot H_u \tag{4.3.71}$$

$$H_{B23} = m_{B23} \cdot h_B \tag{4.3.72}$$

mit h_B als Enthalpie des meist flüssig eingebrachten Brennstoffs.

Gemisch ansaugender Motor

Beim gemischansaugenden Motor bleibt die Masse während des Gesamtprozesses konstant (1 kg):

$$u_3 = u_2 + q_{23} \tag{4.3.73}$$

Aus u_3 kann T_3 und mit Hilfe von $v_3 = v_2$ auch p_3 berechnet werden.

Oft ist an Stelle der bei konstantem Volumen zugeführten Wärme Q_{23} der Höchstdruck p_3 vorgegeben (Spitzendruckbegrenzung von realen Motoren). Dann kann aus p_3 und $v_3 = v_2$ die Temperatur T_3 und weiter U_3 ermittelt werden. Daraus folgt dann anschließend Q_{23} bzw. m_{B23}.

Punkt 4: Ende der Gleichdruckverbrennung

Luft ansaugender Motor

$$H_4 = H_3 + Q_{34} + H_{B34} \tag{4.3.74}$$

Darin ist:

$$H_3 = m_3 \cdot h_3 \tag{4.3.75}$$

$$H_4 = m_4 \cdot h_4 \quad \text{mit} \quad m_4 = m_3 + m_{B34} \tag{4.3.76}$$

$$Q_{32} = m_{B34} \cdot H_u \tag{4.3.77}$$

$$H_{B34} = m_{B34} \cdot h_B \tag{4.3.78}$$

Gemisch ansaugender Motor

mit der konstant bleibenden Masse ist

$$h_4 = h_3 + q_{34} \tag{4.3.79}$$

Damit kann der Zustand 4 vollständig berechnet werden.

Punkt 5: Expansionsende

Als Prozessverlauf wird wiederum die isentrope Expansion bis zum vorgegebenen Volumen $v_5 = v_1$ angenommen. Für die isentrope Kompression gilt nun:

$$\int_{T4}^{T5} \frac{cV(T)}{T} dT - R \cdot \ln \frac{V4}{V5} = 0 \qquad (4.3.80)$$

Zur Berechnung der Entspannung kommen wieder die Entropiefunktionen unter Anwendung der normierten Tabellenwerte zum Einsatz. Wenn auf diese Weise alle 5 Punkte des vollkommenen Motors berechnet sind, können das p-v- und das T-s-Diagramm gezeichnet werden.

■ **Beispielaufgabe zu den Vergleichsprozessen:**

Gegeben:	1-Zylinder-Viertakt-Dieselmotor
Hubvolumen	$V_h = 1{,}6$ dm³
Verdichtungsverhältnis	$\varepsilon = 18{,}0$
Gaskonstante für Luft	$R_{Luft} = 287$ J/(kg K)
Isentropenexponent für Luft	$\kappa = 1{,}4$

Berechnen Sie für diesen Versuchsmotor den gemischten Kreisprozess nach Seiliger mit der Annahme, dass die Zylinderladung aus reiner Luft besteht und sich während des gesamten Prozesses nicht verändert. Bei Prüfstandsmessungen in dem gegebenen Betriebspunkt sind nachfolgende Messwerte ermittelt worden:

Drehzahl	$n = 1500$ 1/min
Drehmoment:	$M_d = 60$ Nm
Druck in Punkt 1:	$p_1 = 1$ bar
Temperatur in Punkt 1	$T_1 = 300$ K
Spitzendruck:	$p_3 = p_{3'} = 80$ bar
Kraftstoffmenge	$V_K = 0{,}070$ ml
Kraftstoffdichte	$\rho_K = 0{,}83$ kg/dm³
unterer spezifischer Heizwert	$h_u = 42{,}7$ MJ/kg

Gesucht sind folgende Größen:
1. Druck, Temperatur und Zylindervolumen in den Eckpunkten des p-V-Diagramms?
2. Arbeitsfläche des p-V-Diagramms (d. h. die Arbeit WS des Prozesses)?
3. Thermischer Wirkungsgrad des Seiliger-Kreisprozesses?

Lösung:

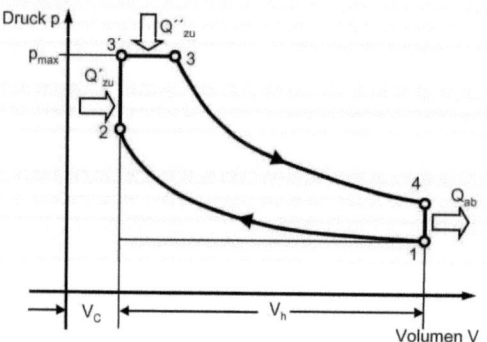

Prozessdaten an den Eckpunkten des Seiliger-Prozesses

Punkt 1:

Das Volumen in Punkt 1 ergibt sich aus Kompressions- und Hubvolumen des Zylinders:

$$V_1 = V_C + V_h$$

Das Kompressionsvolumen V_C lasst sich aus dem Verdichtungsverhältnis ε berechnen:

$$\varepsilon = \frac{V_C + V_h}{V_C} \Rightarrow V_C = \frac{V_h}{\varepsilon - 1} = \frac{1,6}{18-1} \, dm^3 = 0,0941 \, dm^3$$

Damit lasst sich das Volumen in Punkt 1 bestimmen:

$$V_1 = V_C + V_h = 0,0941 \, dm^3 + 1,6 \, dm^3 = 1,694 \, dm^3$$

Mit den für Punkt 1 gegebenen Werten für Druck und Temperatur lässt sich die Masse der Zylinderladung m_Z nach dem idealen Gasgesetz berechnen:

$$p_1 \cdot V_1 = m_Z \cdot R_Z \cdot T_1 \Rightarrow m_Z = \frac{p_1 \cdot V_1}{R_Z \cdot T_1} = \frac{1 \cdot 10^5 \, \frac{N}{m^2} \cdot 1,694 \cdot 10^{-3} \, m^3}{287 \, \frac{J}{kgK} \cdot 300 K} = 1,967 \cdot 10^{-3} \, kg$$

Punkt 2:

Das Zylindervolumen in Punkt 2 entspricht dem Kompressionsvolumen V_C.

$$V_2 = V_C = 0,941 \, dm^3$$

Die Verdichtung von Punkt 1 zu Punkt 2 verlauft isentrop und damit gilt

$$p \cdot V^\kappa = const \Rightarrow p_1 \cdot V_1^\kappa = p_2 \cdot V_2^\kappa$$

Unter Einbeziehung der idealen Gasgleichung und durch Einsetzen des Kompressionsverhältnisses ε kann man dann schreiben

$$\frac{T_2}{T_1} = \left(\frac{p_2}{p_1}\right)^{\frac{\kappa-1}{\kappa}} = \left(\frac{V_1}{V_2}\right)^{\kappa-1} = \left(\frac{V_C + V_h}{V_C}\right)^{\kappa-1} = \varepsilon^{\kappa-1}$$

Somit lässt sich die Temperatur T_2 berechnen.

$$T_2 = T_1 \cdot \varepsilon^{\kappa-1} = 300 \, K \cdot 18^{1,4-1} = 953,3 \, K$$

Der Druck p_2 lasst sich aus dem idealen Gasgesetz oder obiger Gleichung bestimmen:

$$\frac{p_2}{p_1} = \varepsilon^\kappa \Rightarrow p_2 = p_1 \cdot \varepsilon^\kappa = 1 \, bar \cdot 18^{1,4} = 57,2 \, bar$$

Punkt 3':

Das Zylindervolumen in Punkt 3' entspricht wegen der isochoren Verdichtung von 2 nach 3' ebenfalls dem Kompressionsvolumen V_C.

$$V_3' = V_C = 0,0941 \, dm^3$$

Mit dem gegebenen Spitzendruck p_3 lässt sich das ideale Gasgesetzt anwenden und so die Temperatur T_3, berechnen.

$$T_3' = \frac{p_3' \cdot V_3'}{mZ \cdot RZ} = \frac{80 \cdot 10^5 \, \frac{\text{N}}{\text{m}^2} \cdot 0{,}0941 \cdot 10^{-3} \, \text{m}^3}{1{,}967^{-3} \, \text{kg} \cdot 287 \, \frac{\text{J}}{\text{kg} \cdot \text{K}}} = 1333{,}5 \, \text{K}$$

Mit dieser Temperatur kann jetzt auch die isochor zugeführte Wärme von Punkt 2 zu 3' berechnet werden.

$$Q_{23'} = mz \cdot c_V \cdot (T_{3'} - T_2)$$

Die isochore Wärmekapazitat c_V ist gegeben durch:

$$c_V = \frac{1}{\kappa - 1} \cdot R = \frac{1}{1{,}4 - 1} \cdot 287 \, \frac{\text{J}}{\text{kg} \cdot \text{K}} = 717{,}5 \, \frac{\text{J}}{\text{kg} \cdot \text{K}}$$

Damit ist die zugeführte Wärme

$$Q_{23'} = 1{,}967 \cdot 10^{-3} \, \text{kg} \cdot 717{,}5 \, \frac{\text{J}}{\text{kg} \cdot \text{K}} \cdot (1333{,}5 - 953{,}3) \, \text{K} = 536{,}6 \, \text{J}$$

Punkt 3:

Die von Punkt 3' nach 3 isobar zugeführte Wärme lässt sich aus der insgesamt zugeführten Energie Q_{zu} bestimmen, die sich unter der Annahme vollständiger Umsetzung aus der Kraftstoffmasse m_K und dem unteren Heizwert h_u berechnen lässt.

$$Q_{zu} = m_K \cdot h_u = V_K \cdot \rho_K \cdot h_u = 0{,}07 \cdot 10^{-3} \, \text{dm}^3 \cdot 0{,}83 \, \frac{\text{kg}}{\text{dm}^3} \cdot 42{,}7 \cdot 10^6 \, \frac{\text{J}}{\text{kg}} = 2480{,}9 \, \text{J}$$

Die insgesamt zugeführte Energie teilt sich in die isochor und isobar zugeführten Anteile auf.

$$Q_{3'3} = Q_{zu} - Q_{23'} = 2480{,}9 \, \text{J} - 536{,}6 \, \text{J} = 1944{,}3 \, \text{J}$$

Die isobar zugeführte Wärme bestimmt die Temperatur T_3.

$$c_p = c_V - R_Z = (717{,}5 + 287) \, \frac{\text{J}}{\text{kg} \cdot \text{K}} = 1004{,}5 \, \frac{\text{J}}{\text{kg} \cdot \text{K}}$$

$$Q_{3'3} = m_Z \cdot c_p \cdot (T_3 - T_{3'}) \Rightarrow T_3 = T_{3'} + \frac{Q_{3'3}}{m_Z \cdot c_p} = 1333{,}5 \, \text{K} + \frac{1944{,}3 \, \text{J}}{1{,}967 \cdot 10^{-3} \, \text{kg} \cdot 1004{,}5 \, \frac{\text{J}}{\text{kg} \cdot \text{K}}} = 2317{,}5 \, \text{K}$$

Man beachte, dass die Erhöhung der Zylindermasse durch den eingespritzten Kraftstoff wie in der Aufgabenstellung angegeben vernachlässigt wird!

Für das Zylindervolumen in Punkt 3 kann wieder die ideale Gasgleichung angesetzt werden.

$$V_3 = \frac{m_Z \cdot R_Z \cdot T_3}{p_3} = \frac{1{,}967 \cdot 10^{-3} \, \text{kg} \cdot 287 \, \frac{\text{J}}{\text{kg} \cdot \text{K}} \cdot 2317{,}5 \, K}{80 \cdot 10^5 \, \frac{\text{N}}{\text{m}^2}} = 0{,}1635 \cdot 10^{-3} \, \text{m}^3$$

4.3 Thermodynamik des Verbrennungsmotors

Punkt 4:

Das Volumen in Punkt 4 entspricht dem in Punkt 1.

$$V_4 = V_1 = V_C + V_h = (0,0941 + 1,6) = 1,6941 \text{ dm}^3$$

Der Ansatz for die isentrope Expansion von 3 nach 4 führt auf die Temperatur in Punkt 4.

$$T_4 = T_3 \cdot \left(\frac{V_3}{V_4}\right)^{\kappa-1} = 2317,5 \text{ K} \cdot \left(\frac{0,1635}{1,6941}\right)^{1,4-1} = 909,6 \text{ K}$$

Der Druck p_4 ergibt sich analog aus der Isentropenbeziehung oder dem idealen Gasgesetz:

$$p_4 = \frac{m_Z \cdot R_Z \cdot T_4}{V_4} = \frac{1,967 \cdot 10^{-3} \text{kg} \cdot 287 \dfrac{\text{J}}{\text{kg} \cdot \text{K}} \cdot 909,6 \text{ K}}{1,6941 \cdot 10^{-3} \text{m}^3} = 3,031 \cdot 10^5 \frac{\text{N}}{\text{m}^2} \, 3,031 \text{ bar}$$

2) Arbeit des Vergleichsprozesses

Basis zur Berechnung von Kreisprozessen ist der erste Hauptsatz der Thermodynamik. Für ein stationares geschlossenes System ergibt sich:

$$dW_t + dQ = dU = 0$$

Für Kreisprozesse gilt somit

$$u_{\text{Anfang}} - u_{\text{Ende}} \Rightarrow \oint du = 0 \Rightarrow \sum q = -\sum w$$

d. h. die in Summe über die Systemgrenzen umgesetzte Wärme entspricht der technischen Arbeit des Kreisprozesses. Zur Berechnung der ArbeitsFläche des p-V-Diagramms gibt es drei Moglichkeiten:

- Fläche über der V-Achse: $\quad \sum W = -\sum Q = -\left(\sum U + \sum pdV\right)$
- Fläche über der p-Achse: $\quad \sum W = -\sum Q = -\left(\sum H + \sum Vdp\right)$
- Wärmebilanz: $\quad dW = -dQ = -(Q_{zu} - Q_{ab})$

Für die Fläche über der V-Achse ergibt sich somit

$$W_S = \sum_{ij} W_{ij} = W_{12} + W_{23'} + W_{33'} + W_{34} + W_{41} = -\oint pdV$$

Für die isentrope Verdichtung 1-2 entspricht die zugeführte Arbeit der Änderung der inneren Energie des Arbeitsmediums und somit ist

$$W_{12} = U_{12} = m_Z \cdot c_V \cdot (T_2 - T_1) = 1,967 \cdot 10^3 \text{kg} \cdot 717,5 \frac{\text{J}}{\text{kg} \cdot \text{K}} \cdot (953,3 - 300) \text{ K} = 922 \text{ J}$$

Die Arbeit bei der isochoren Wärmezufuhr 2-3' ist wegen des konstanten Volumens ($dV = 0$) Null.

$$W_{23'} = \int_2^{3'} pdV = 0$$

Bei der isobaren Wärmezufuhr 3'-3 verrichtet das Arbeitsmedium Arbeit, da sich das Volumen vergrößert (*dV* positiv und somit Abgabe von Arbeit).

$$W_{33'} = -\int_{3'}^{3} p dV = -\int_{3'}^{3} p_3 \cdot dV = -p_3 \cdot (V_3 - V_{3'}) = -80 \cdot 10^5 \frac{N}{m^2} \cdot (0{,}1635 - 0{,}0941) \cdot 10^{-3} m^3 = -555{,}2 \, J$$

Die isentrope Expansion 3-4 bewirkt eine Volumenvergrößerung und damit ebenfalls eine negative, also abgegebene technische Arbeit. Die abgegebene Arbeit entspricht in Analogie zur Isentropen 1-2

$$W_{34} = U_{34} = m_Z \cdot c_V \cdot (T_4 - T_3) = 1{,}967 \cdot 10^{-3} kg \cdot 717{,}5 \frac{J}{kg \cdot K} \cdot (909{,}6 - 2317{,}5) \, K = -1987 \, J$$

Beim Übergang 4-1 wird wegen $dV = 0$ keine technische Arbeit verrichtet.

$$W_{41} = 0$$

Die Summe der technischen Arbeiten W_{ij} ist demnach:

$$W_S = 922 \, J + 0 - 555{,}2 \, J - 1987 \, J + 0 = -1620{,}2 \, J$$

Das negative Vorzeichen zeigt an, dass die Arbeit als Nutzarbeit zur Verfügung steht. Die Flächenberechnung über die *p*-Achse führt analog auf gleiche Ergebnis.
Der 2. mögliche Rechenweg ist die Bestimmung der Prozessarbeit über die Wärmebilanz:

$$W_S = -\sum_{ij} Q_{ij} = -(Q_{23'} + Q_{3'3} + Q_{41})$$

Bis auf die isochore Wärmeabfuhr Q_{41} sind die einzelnen Terme bereits berechnet worden.

$$Q_{41} = m_Z \cdot c_V \cdot (T_1 - T_4) = 1{,}967 \cdot 10^{-3} kg \cdot 717{,}5 \frac{J}{kg \cdot K} \cdot (300 - 909{,}6) \, K = -860{,}3 \, J$$

Damit ergibt die Bilanzierung der ausgetauschten Wärmen das identische Ergebnis für die Kreisprozessfläche

$$W_S = -(536{,}6 + 1944{,}3 - 860{,}3) \, J = -1620{,}6 \, J$$

3) Wirkungsgrad des Kreisprozesses

Aus den bekannten zu- und abgeführten Wärmen kann der thermische Wirkungsgrad berechnet werden:

$$\eta_{th} = \frac{Q_{zu} - Q_{ab}}{Q_{zu}} = \frac{W_S}{Q_{zu}} = \frac{Q_{23'} + Q_{3'3} - Q_{41}}{Q_{23'} - Q_{3'3}} = \frac{1620{,}6 \, J}{536{,}6 + 1944{,}3 \, J} = 0{,}653 = 65{,}3 \, \%$$

Die zweite Möglichkeit zur Berechnung ist Gl. (4.3.35) (Wirkungsgradgleichung des Seiliger-Prozesses):

$$\eta_{th,S} = 1 - \frac{1}{\varepsilon^{\kappa-1}} \cdot \frac{\pi \cdot \varphi^\kappa - 1}{(\pi - 1) + \kappa \cdot \pi \cdot (\varphi - 1)}$$

mit dem Druckverhältnis π und dem Einspritzverhältnis φ:

4.3 Thermodynamik des Verbrennungsmotors

$$\pi = \frac{p_{3'}}{p_2} = \frac{80 \text{ bar}}{57,2 \text{ bar}} = 1,399 \quad \text{und} \quad \varphi = \frac{V_3}{V_{3'}} = \frac{0,1635 \text{ dm}^3}{0,0941 \text{ dm}^3} = 1,738$$

Der Prozesswirkungsgrad ergibt sich dann zu:

$$\eta_S = 1 - \frac{1}{18^{1,4-1}} \cdot \frac{1,399 \cdot 1,738^{1,4} - 1}{1,399 - 1 + 1,4 \cdot 1,399 \cdot (1,738 - 1)} = 0,653 = 65,3 \%$$

4.3.4 Korrektur der Verbrennungsberechnung und Auswirkung der Dissoziation

Das vorausgegangene Rechenschema berücksichtigt im Ansatz nicht, dass ein Teil der eingebrachten Brennstoffenergie nur unvollständig umgesetzt wird oder zur Bildung von Reaktionszwischenprodukten aufgebraucht wird. Das Modell des vollkommenen Motors kann durch Einbringen von Ansätzen zur Berücksichtigung der Abweichung von der vollständigen Verbrennung und von Dissoziationseffekten weiter verfeinert werden.

Vollständige Verbrennung

Bei vollständiger Verbrennung von Kohlenwasserstoffen entstehen nur die beiden Komponenten CO_2 und H_2O. Die Stoffmengen n_j erhält man aus der Reaktionsgleichung:

$$C_xH_y + \left(x + \frac{y}{4}\right) \cdot O_2 = x \cdot CO_2 + \frac{y}{2} \cdot H_2O \quad (4.3.81)$$

Für Luft-Kraftstoff-Verhältnisse $\lambda \geq 1$, d. h. bei Luftüberschuss, könnte der Kraftstoff theoretisch vollständig verbrennen. Die zugeführte Energie $Q_B = m_K \cdot H_u$ wird vollständig in thermische Energie umgewandelt. Die Energieproduktion aus der Verbrennung stellt dann ein Optimum dar. In der Realität läuft die Verbrennung auch bei Luftüberschuss nur bis zum chemischen Gleichgewicht, also unvollständig, ab.

Dissoziation

Aufgrund der Dissoziation (thermischer Zerfall der Produkte) enthält das Verbrennungsgas immer CO und nicht vollständig verbrannte Kohlenwasserstoffe. Das Ausmaß der Dissoziation hängt vom Druck und von der Temperatur ab. Für die Berechnung müssen zusätzliche Bedingungen für das chemische Gleichgewicht angegeben werden, die die funktionalen Zusammenhänge der Dissoziation beschreiben. Allgemein ist der Einfluss der Dissoziation relativ gering. Insgesamt wird der Wirkungsgrad mit Dissoziation kleiner, bei $\lambda = 1$ ergeben sich die größten Unterschiede ($\Delta \eta_V \approx 0,02$), da hier die Verbrennungstemperaturen näherungsweise am höchsten sind (T_{max} geringfügig im Luftmangelbereich).

Unvollständige Verbrennung

Bei Luftmangel, d. h. bei Luft-Kraftstoff-Verhältnissen $\lambda < 1$, kann der Kraftstoff nicht vollständig verbrennen und die Umsetzung der Kohlenwasserstoffe läuft maximal bis zum chemischen Gleichgewicht.

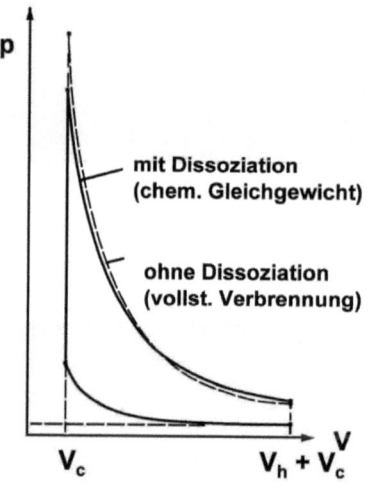

Bild 4.3-12 Einfluss der Dissoziation beim Vergleichsprozess mit Gleichraumverbrennung

Unvollkommene Verbrennung

Bei unvollkommener Verbrennung wird das chemische Gleichgewicht nicht erreicht. Bei allen Luftverhältnissen kann die Verbrennung unvollkommen ablaufen, hervorgerufen durch eine ungünstige Gemischbildung oder sehr langsam ablaufende Reaktionen (z. B. die NO-Bildung). Neben CO_2 und H_2O enthält das Abgas deshalb auch Kohlenmonoxyd CO, unverbrannte Kohlenwasserstoffe HC, Rußpartikel und Stickstoffverbindungen NO_x.

Aufgrund der unvollständigen und unvollkommenen Verbrennung muss zur Korrektur der berechneten Wirkungsgrade der Umsetzungsgrad $\eta_{u,ges}$ definiert werden:

$$\eta_{u,ges} = \eta_{u,ch} \cdot \eta_u \qquad (4.3.82)$$

mit $\eta_{u,ch}$ = Umsetzungsgrad infolge unvollständiger Verbrennung

η_u = Umsetzungsgrad infolge unvollkommener Verbrennung

Der Umsetzungsgrad ist in Bild 4.3-13 in Abhängigkeit des Luft-Kraftstoff-Verhältnisses dargestellt.

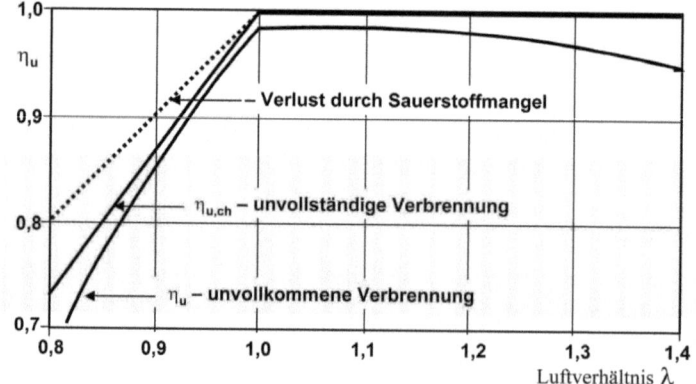

Bild 4.3-13 Umsetzungsgrad bei der Verbrennung

4.3 Thermodynamik des Verbrennungsmotors

Der Wirkungsgrad des vollkommenen Motors kann, wenn die Zusatzverluste in der beschriebenen Weise berücksichtigt werden, auch für verschiedene Gemischqualitäten λ berechnet werden. In Bild 4.3-14 ist der Wirkungsgrad eines vollkommenen Motors nach dem Gleichdruckprozess für den Kraftstoff Benzin unter Berücksichtigung von Dissoziation und verschiedenen Lambdawerten dargestellt.

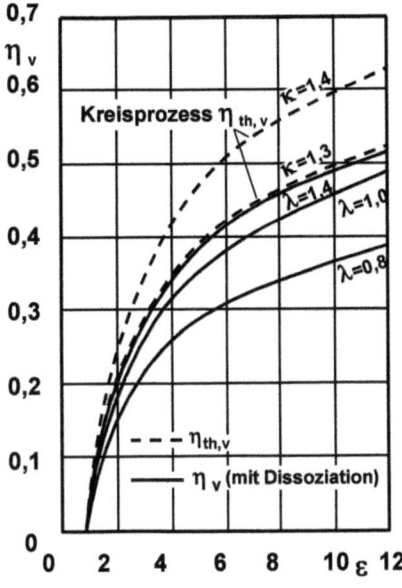

Bild 4.3-14 Innenwirkungsgrade des Vergleichsprozesses mit einer Gleichraumverbrennung

4.3.5 Der reale Motorprozess (Verlustteilung)

Reale Motorprozesse weisen gegenüber entsprechenden Vergleichsprozessen zusätzliche Verluste auf, deren genaue Analyse ein wichtiges Hilfsmittel für die Prozessverbesserung ist. Bild 4.3-15 zeigt vergleichend die p-V-Diagramme eines realen Ottomotors und des zugehörigen Vergleichsprozesses mit Gleichraumverbrennung.

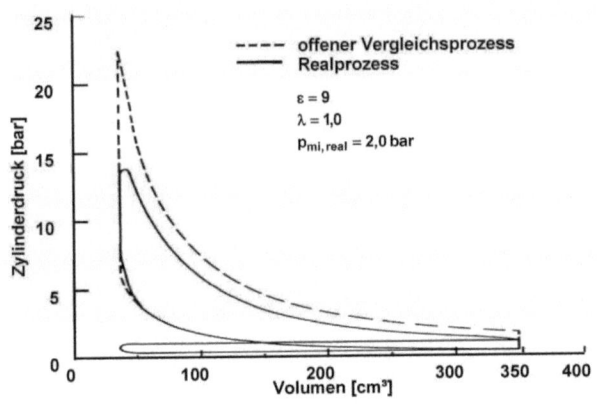

Bild 4.3-15 p-V-diagramm eines Ottomotors – Vergleichsprozess und realer Verlauf

a) Verluste beim Idealprozess

Das Modell des vollkommenen Motors wird mit vollständigem Ladungswechsel gerechnet. Der innere Wirkungsgrad η_V ist in Realität aber entsprechend der tatsächlichen Zylinderladung bei „Einlass schließt" zu berechnen. Dabei muss der Restgasanteil x_{RG} im Frischgemisch berücksichtigt werden.

Eine Berechnungsmöglichkeit (Abschätzung) für den Restgasanteil ergibt sich durch die Annahme, dass im Ladungswechsel das Kompressionsvolumen zum oberen Totpunkt mit Abgas gefüllt ist (Bild 4.3-16).

Hierbei sind:

m_A = Abgasmasse
p_α = Zylinderdruck (Abgas)
T_A = Abgastemperatur
σ_A = Zusammensetzung des Abgases (spezifische Stoffmengen)

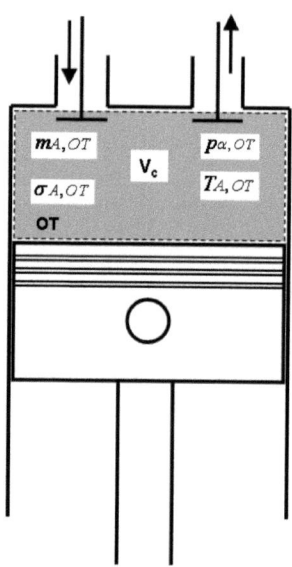

Bild 4.3-16 Abschätzung des Restgasanteils x_{RG}

Für die Stoffmengen im Zylinder gilt allgemein:

$$\sigma_i = \frac{n_i}{m_A} \tag{4.3.83}$$

Es gilt zum Zeitpunktt OT für das Abgas die allgemeine Gasgleichung:

$$p_{a,OT} \cdot V_c = m_{A,OT} \cdot R_A \cdot T_{A,OT} \tag{4.3.84}$$

mit R_A = Gaskonstante des Abgases

$$R_A = \sum_{j=1}^{k''} \xi_j \cdot R_j \tag{4.3.85}$$

$$x_{RG} = Restgasanteil = \frac{m_{A,OT}}{m_G} \tag{4.3.86}$$

$$m_G = m_{A,OT} + m_{Lzu} + m_{Kzu} \tag{4.3.87}$$

mit m_{Lzu} = zugeführte Luftmenge
m_{Kzu} = zugeführte Kraftstoffmenge

b) Verluste durch nicht ideale Verbrennung ($\Delta \eta_{BV}$)

Im realen Motor ist die ideale Gleichraum- oder Gleichdruckverbrennung nicht zu realisieren. Es liegt szets eine verschleppte Verbrennung vor.
In Bild 4.3-17 ist der Druckverlauf über dem Kurbelwinkel für einen Ottomotor dargestellt. Es ist deutlich zu erkennen, dass die Verbrennung über einen Zeitraum von mehr als 50 Grad Kurbelwinkel andauert und weit in den Zeitbereich hineinreicht, in dem der Kolben sich bereits wieder Richtung UT bewegt. Das für jeden Zeitbereich der Verbrennung wirksame effektive Verdichtungsverhältnis ist also deutlich geringer, als das unter isochorer Verbrennung angenommene geometrische Verdichtungsverhältnis ε.

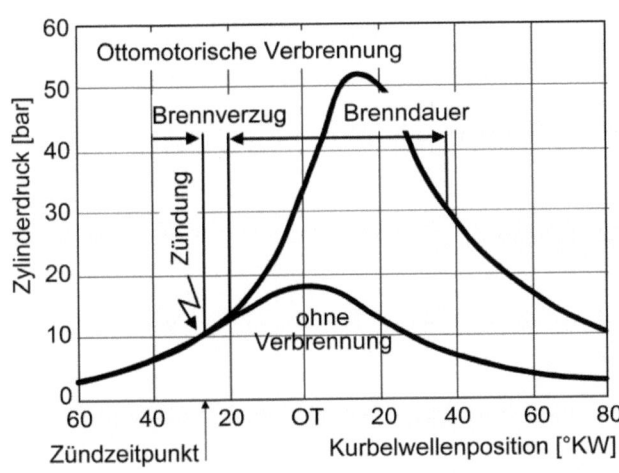

Bild 4.3-17 Zylinderdruckverlauf und Umsatzrate x bei der realen Verbrennung im Ottomotor

Hieraus resultieren Verluste im thermischen Wirkungsgrad.

$$\Delta \eta_{BV} = \frac{\Delta W_{BV}}{m_B \cdot H_u} \tag{4.3.88}$$

c) Verluste durch Undichtigkeiten ($\Delta\eta_U$)

Undichtigkeiten treten bei Verbrennungsmotoren (Hubkolben) fast ausschließlich als Durchblasverluste (Blow-by) zwischen den Kolbenringen und Zylinderwänden auf. Eine Verringerung der Durchblasverluste bedingt eine Erhöhung der Reibungsverluste.

$$\Delta\eta_{BU} = \frac{\Delta W_{BU}}{m_B \cdot H_u} \qquad (4.3.89)$$

d) Wärmeverluste ($\Delta\eta_W$)

Wärmeverluste entstehen durch Wärmeübergang an den Brennraumwänden. Diese Wärme wird mit dem Kühlmedium (Wasser, Luft) und durch Strahlung abgeführt.

$$\Delta\eta_W = \frac{\Delta W_W}{m_B \cdot H_u} \qquad (4.3.90)$$

e) Ladungswechselverluste ($\Delta\eta_{LW}$)

Ladungswechselverluste sind im Wesentlichen auf Strömungswiderstände an den Steuer- und Drosselorganen (Ventile, Drosselklappe) zurückzuführen.

Bei Ottomotoren sind die Ladungswechselverluste im Teillastbetrieb, wenn die Drosselklappen nur wenig geöffnet sind, besonders hoch.

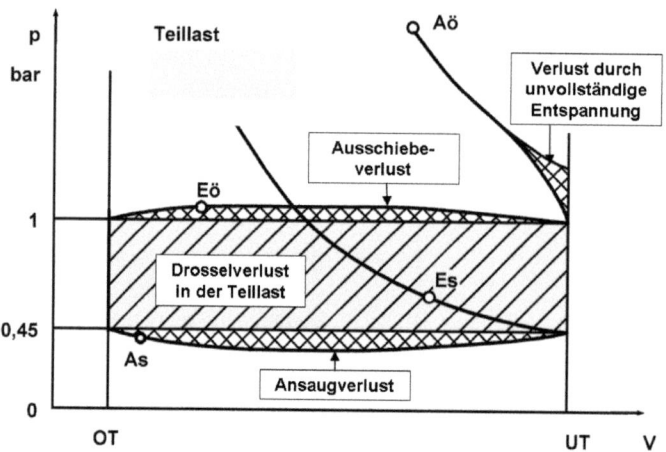

Bild 4.3-18 Schematisch Darstellung der Anteile der Ladungswechselverluste im Teillastbetrieb eines Ottomotors

$$\Delta\eta_{LW} = \frac{\Delta W_{LW}}{m_B \cdot H_u} \qquad (4.3.91)$$

4.3 Thermodynamik des Verbrennungsmotors

f) Reibungsverluste ($\Delta \eta_R$)

Unter Reibungsverluste werden alle Verluste zusammengefasst, die durch Triebwerksreibung (z. B. Kolben, Kolbenringe, Lager) und durch den Antrieb von Nebenaggregaten (z. B. Ventiltrieb, Ölpumpe, Wasserpumpe, Servopumpe, Klimakompressoren) entstehen.

$$\Delta \eta_R = \frac{\Delta W_R}{m_B \cdot H_u} \tag{4.3.92}$$

Bild 4.3-19 zeigt die Aufteilung der mechanischen Verluste (Reibungsverluste) in Abhängigkeit von der Drehzahl für einen Ottomotor.

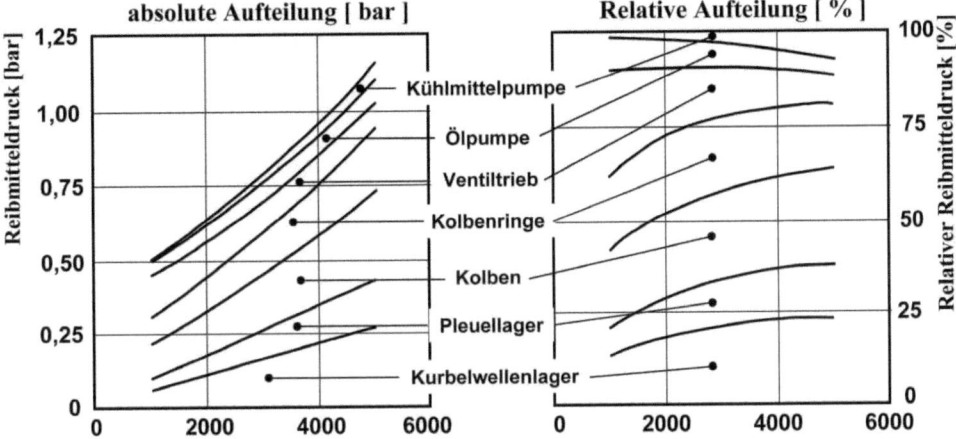

Bild 4.3-19 Aufteilung der mechanischen Verluste für einen Ottomotor

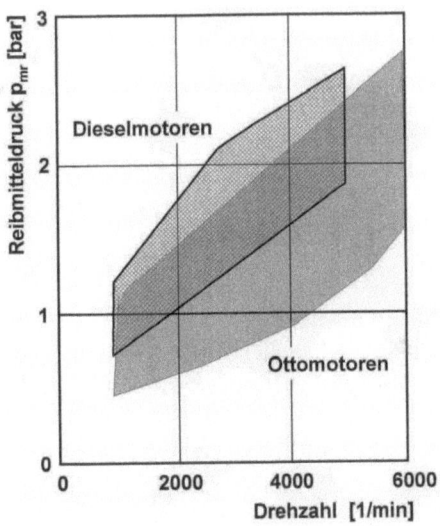

Der Streubereich der Reibmitteldrücke ausgeführter PKW-Motoren ist im Bild 4.3-20 dargestellt. Aufgrund der in der Regel schwereren Ausführung der Motoren und dem Leistungsbedarf der Hochdruckeinspritzung sind die Werte bei Dieselmotor trotz niedrigerer Drehzahlfähigkeit höher.

Bild 4.3-20 Reibmitteldrücke ausgeführter PKW-Motoren

Der effektive Wirkungsgrad η_e des realen Motorprozesses ergibt sich somit zu:

$$\eta_e = \eta_V - \Delta\eta_{BV} - \Delta\eta_U - \Delta\eta_W - \Delta\eta_{LW} - \Delta\eta_R \tag{4.3.93}$$

Dabei lassen sich die einzelnen Anteile wie folgt zusammenfassen:

$$\eta_i = \eta_{i,HD} - \Delta\eta_{LW} \tag{4.3.94}$$

$$\eta_{i,HD} = \eta_V - \Delta\eta_{BV} - \Delta\eta_U - \Delta\eta_W \tag{4.3.95}$$

$\eta_{i,HD}$ = innerer Wirkungsgrad des realen Motorprozesses für den Hochdruckprozess von „Einlass schließt" bis „Auslass öffnet"

η_i = innerer Wirkungsgrad des realen Motorprozesses

In Bild 4.3-21 sind die Nutzarbeit und die einzelnen Verluste für einen PKW-Ottomotor und für einen PKW-Dieselmotor mit Direkteinspritzung als %-Anteile der zugeführten Kraftstoffenergie dargestellt.

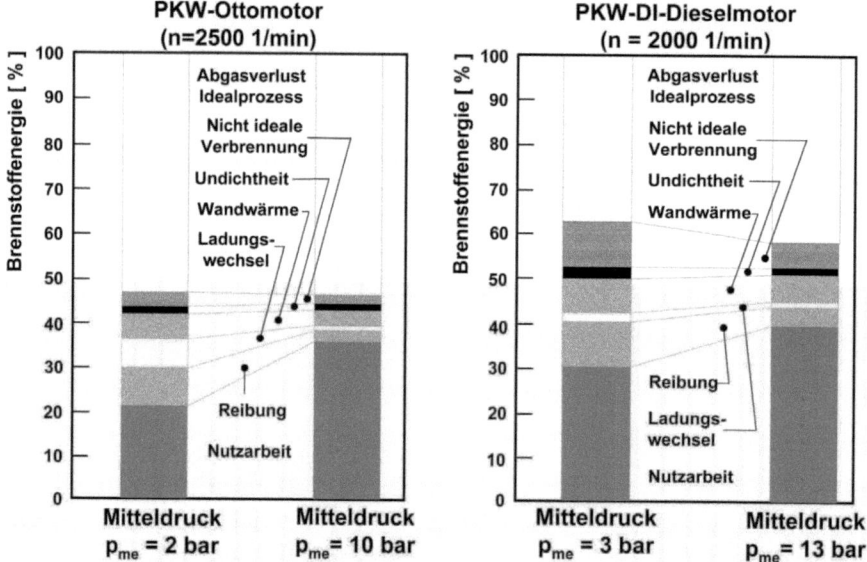

Bild 4.3-21 Nutzarbeit und Verluste beim PKW-Ottomotor und beim PKW-Dieselmotor mit Direkteinspritzung [4.3-3]

Dargestellt sind die Werte jeweils bei niedriger und bei hoher Last. Der Motorbetrieb in Volllastnähe ist beim Ottomotor mit besonders großen Verlusten bei der Reibung, bei der Kühlung und bei der nicht idealen Verbrennung verbunden. Bei niedriger Last nehmen die Reibungsverluste anteilsmäßig zu, da der Reibmitteldruck bei gleicher Motordrehzahl konstant bleibt, der innere Mitteldruck hingegen abnimmt. Die größeren Ladungswechselverluste sind auf die anwachsenden Strömungsverluste an der Drosselklappe zurückzuführen. Die Nutzarbeit beträgt lediglich ca. 20 % der eingebrachten Kraftstoffenergie beim Niederlastpunkt und ca. 35 % bei etwa 90 % der möglichen Last.

Beim Dieselmotor ist der innere Wirkungsgrad des offenen Vergleichsprozesses aufgrund der höheren Verdichtung und des Magerbetriebs deutlich höher als beim Ottomotor. Dies gilt besonders mit abnehmender Last. Als Hauptverlustquellen sind auch beim Dieselmotor die Reibungs- und Kühlverluste zu nennen. Zusätzlich ist hier der Einfluss der nicht idealen Verbrennung vor allem bei niedriger Last deutlich erkennbar. Die Nutzarbeit ist in der Teillast mit ca. 30 % deutlich größer als beim Ottomotor und bei höherer Last annähernd gleich groß.

Die heutigen Konzepte zur Verbesserung des Motorwirkungsgrades gehen aufgrund dieser Verhältnisse von zwei Ansatzpunkten aus: Zum einen wird der Idealprozess soweit wie möglich optimiert. Das bedeutet allgemein eine Erhöhung des Verdichtungsverhältnisses und ein Betrieb mit höherem Luftüberschuss. Beide Maßnahmen sind vor allem für den Ottomotor wirksam. Für den Dieselmotor scheiden diese Möglichkeiten aus, da er bereits mit sehr hohem Verdichtungsverhältnis und im Bereich höheren Luftüberschusses arbeitet. Zum anderen versucht man bei beiden Motortypen die zusätzlichen Verluste zu mindern. Dabei besteht die Schwierigkeit darin, dass Maßnahmen zur Verminderung eines bestimmten Verlustes negative Auswirkungen auf andere Verlustarten haben können.

Der Gütegrad des Prozesses

Eine wichtige Kenngröße zur Beurteilung des Motorprozesses ist der Gütegrad η_G. Dieser ist definiert als das Verhältnis des tatsächlichen inneren Wirkungsgrades des Motorprozesses zum Wirkungsgrad des Vergleichsprozesses des vollkommenen Motors (Gleichraumprozess beim Ottomotor und Seiliger-Prozess beim Dieselmotor).

$$\eta_G = \frac{\eta_i}{\eta_V} \text{(Ottomotor)} \quad \text{bzw.} \quad \eta_G = \frac{\eta_i}{\eta_{VS}} \text{(Dieselmotor)} \quad (4.3.96)$$

Bei realen Motorprozessen wird der Innenwirkungsgrad wesentlich von der Art des Arbeitsverfahrens (Ottomotor, Dieselmotor) und den jeweils eingestellten Betriebsgrößen beeinflusst. Eine besonders wichtige Einflussgröße ist das Luft-Kraftstoff-Verhältnis λ. Bild 4.3-22 zeigt die charakteristischen Verläufe des Gütegrades für einen Ottomotor und einen Dieselmotor.

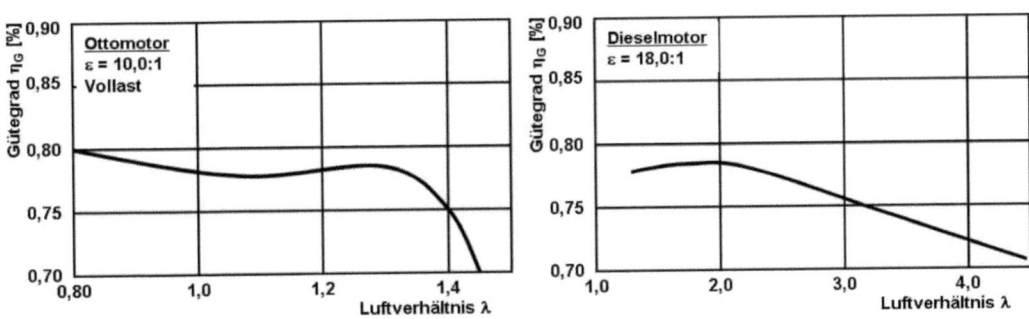

Bild 4.3-22 Gütegrad η_G für einen Ottomotor und einen Dieselmotor

Beim Ottomotor ergibt sich im Bereich des Luftüberschusses zwischen $\lambda = 1{,}1$ und $1{,}3$ ein schwaches Maximum. Mit weiterer Abmagerung fällt der Gütegrad deutlich ab, da einerseits der Wirkungsgrad η_V des vollkommenen Motors steigt, andererseits der Innenwirkungsgrad des realen Motors η_i wegen ungünstiger Verbrennungsbedingungen stark abnimmt.

Mit im unterstöchiometrischen Bereich fetter werdendem Gemisch nimmt der Gütegrad zu. Dies liegt an dem sich verringernden Wirkungsgrad des vollkommenen Motors bei Anfettung des Gemisches sowie an dem im Verhältnis nicht so stark abfallenden Innenwirkungsgrad des realen Prozesses.

Beim Dieselmotor liegt das Luft-Kraftstoff-Verhältnis immer oberhalb $\lambda=1$ und erreicht im Teillastbereich sehr hohe Werte (Qualitätsregelung). Im „fetten" Bereich ist das Lambda-Minimum durch zunehmende Rußemission begrenzt. Bei sehr mageren Gemischen nähert sich der innere Wirkungsgrad des realen Dieselmotors asymptotisch einem Maximalwert, der Wirkungsgrad des vollkommenen Motors dagegen steigt weiter an. Dadurch fällt der Gütegrad mit zunehmendem Luft-Kraftstoff-Verhältnis ab. Das Maximum im Gütegrad liegt geringfügig oberhalb der Rußgrenze. Hier verhalten sich Ideal- und Realprozess qualitativ ähnlich.

4.3.6 Der Wärmestrom im Verbrennungsmotor

Einführung

Der Wärmestrom vom Arbeitsgas an das Kühlmedium beeinflusst den Druck- und Temperaturverlauf im Zylinder, den Kraftstoffverbrauch, die Schadstoffemission, das Energieangebot im Abgas und bestimmt die thermische Belastung der Bauteile.

Für den Arbeitsprozess des Verbrennungsmotors stellt der Wandwärmeübergang einen erheblichen Verlust dar, dessen Bestimmung seit vielen Jahren zahlreiche Untersuchungen in der Motorenforschung gelten.

Je nach Betriebszustand des Motors beträgt die Wärme, die dem Arbeitsgas durch die im Allgemeinen notwendige Kühlung der Bauteile entzogen wird, zwischen etwa 10 % und 30 % der eingebrachten Kraftstoffenergie.

Bild 4.3-23 zeigt die Verhältnisse am Beispiel eines wassergekühlten Vierzylinder-PKW-Ottomotors.

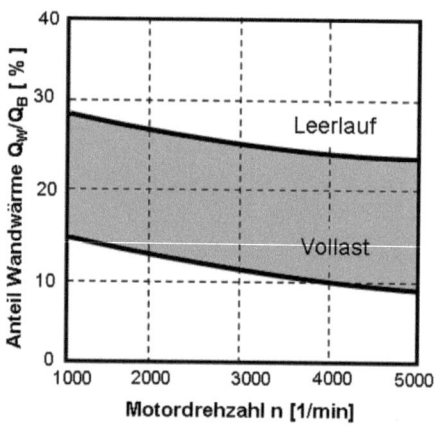

Bild 4.3-23 Anteil der Wandwärme an umgesetzter Kraftstoffenergie (Ottomotor) [4.3-2]

Da es thermodynamisch günstiger wäre, die aus Festigkeitsgründen erforderliche Absenkung der Bauteiltemperatur nicht durch Kühlung, sondern durch brennraumseitige Isolierung zu erreichen, gab es Bestrebungen, den Wärmeübergang durch Aufbringen keramischer Isolierschichten zu verringern oder durch die Ausführung einzelner Bauteile oder des ganzen Motors aus keramischem Material weitgehend zu verhindern. Man erhoffte sich dadurch folgende positive Effekte:

- Verbesserung des Wirkungsgrads des Arbeitsprozesses durch Verringerung der Wandwärmeverluste
- Verkleinerung des Kühlsystems
- Erhöhung der Abgasenergie, die gegebenenfalls durch Nachschaltprozesse genutzt werden kann

Es hat sich jedoch gezeigt, dass die erwarteten Vorteile nicht entsprechend umgesetzt werden konnten. Der Arbeitsprozess verschob sich insgesamt auf ein höheres Temperaturniveau, was zu einem Absinken der Zylinderfüllung und damit der Motorleistung führte.

Im Zuge der zunehmend geforderten Verringerung der Emission von Stickoxiden sind heutzutage überdies Verfahren mit hohen Arbeitsgastemperaturen nicht akzeptabel. Für den theoretischen Fall einer gänzlichen Vermeidung des Wärmeübergangs ist zudem zu beachten, dass die gewonnene Wandwärme nur entsprechend ihrem Gleichraumgrad zu einer Verbesserung des Wirkungsgrads beitragen kann.

Für den idealisierten Fall des adiabaten Arbeitsprozesses könnten Steigerungen des Wirkungsgrads in der Größenordnung von 15 % erwartet werden. Unter Berücksichtigung des Umstands, dass auch bei einem nach außen vollständig isolierten Motor immer noch ein Wärmeaustausch mit Zwischenspeicherung zwischen Gas und Wand stattfinden müsste, verringert sich das Potential auf etwa 5 %.

In der Praxis lassen sich allerdings durch Isolierung kaum Verbrauchsvorteile erreichen. Mit der Anhebung des Temperaturniveaus des Arbeitsprozesses wurde sogar eine Vergrößerung des Wärmeübergangs beobachtet. Dies kann darauf zurückgeführt werden, dass bei höheren Wandtemperaturen die Flamme näher an die Wand heranbrennen kann, das wandnahe Strömungsfeld intensiviert und damit den Wärmeübergangskoeffizienten erhöht.

Die in Verbrennungsmotoren eingesetzten Werkstoffe – vornehmlich Stahl, Gusseisen, Bronze, Leichtmetalle, Kunststoffe – vertragen nicht unbegrenzt hohe Temperaturen. Es müssen Temperaturen, bei denen die Festigkeit der verwendeten Werkstoffe merkbar nachlässt, vermieden werden. Daher ist eine Kühlung erforderlich, d. h. die durch die Verbrennung entstehende Wärme im Brennraum ist durch entsprechende Auslegungen abzuführen. Die Kenntnis des Wärmestroms und seiner Einflussparameter ist wichtig

- zur Abschätzung der thermischen Beanspruchung der Bauteile
- zur Untersuchung des Wirkungsgradverhaltens
- zur Auslegung des Kühlsystems

Die mit hoher Geschwindigkeit ablaufende Verbrennung verursacht einen Wärmefluss, der, abhängig von Betriebszustand und Motorkonstruktion, örtlich und zeitlich sehr verschieden ist. Grundsätzlich gibt es drei Hauptarten der Wärmeübertragung, die auch im Verbrennungsmotor auftreten:

- Konvektion
- Wärmeleitung
- Strahlung

Wärmeübertragung durch Konvektion findet in bewegten flüssigen oder gasförmigen Medien statt. Der Wärmetransport durch Konvektion im Verbrennungsmotor erfolgt durch Wärmeübertragung zwischen dem Verbrennungsgas bzw. dem Kühlwasser und den angrenzenden Wänden

(Brennraumwände, Kühlwasserkanalwände). Die Geschwindigkeit und der Turbulenzgrad des strömenden Mediums beeinflussen im wesentlichen den Wärmeübergang.

Wärmeleitung tritt in ruhenden (festen) Stoffen mit örtlich unterschiedlichen Temperaturen auf. Die Wärme strömt von Bereichen mit höherer Temperatur zu Bereichen mit niedriger Temperatur. Maßgeblich ist die Wärmeleitfähigkeit. In den Brennraumwänden erfolgt der Wärmestrom durch Wärmeleitung.

Bei der Wärmestrahlung wird die Wärmeenergie durch elektromagnetische Wellen verschiedener Wellenlängen transportiert. Treffen diese von den einzelnen Molekülen ausgesandten Wellen auf andere Moleküle, so können sie teilweise reflektiert, teilweise absorbiert oder auch durchgelassen werden. Die absorbierte Strahlung wird in Wärme umgewandelt und erhöht die Temperatur. Die Energie der Strahlung ist proportional der 4. Potenz der absoluten Temperatur.

Der Anteil der Strahlungswärme am gasseitigen Wärmeübergang ist vor allem bei Ottomotoren infolge der dort vorherrschenden selektiven Gasstrahlung nur von untergeordneter Bedeutung. Bei Dieselmotoren ist der Strahlungsanteil durch die auftretende Rußstrahlung größer.

Die Berücksichtigung des Wärmeübergangs durch Strahlung kann gemäß dem Stefan-Boltzmann'schen Strahlungsgesetz durch folgenden Ansatz geschehen:

$$\dot{Q}_{Str}(\varphi) = A_{Str} \cdot \dot{q}_{Str}(\varphi) = A_{Str} \cdot \varepsilon_G \cdot C_S \cdot \left[\left(\frac{T_G(\varphi)}{100} \right)^4 - \left(\frac{T_{WG}}{1000} \right)^4 \right] \qquad (4.3.97)$$

Darin sind $\dot{Q}_{Str}$ der Wärmestrom durch Strahlung, $\dot{q}_{Str}$ die Wärmestromdichte durch Strahlung, A_{Str} die Oberfläche für Wärmeübergang durch Strahlung, ε_G das Emissionsverhältnis, c_s die Strahlungskonstante des schwarzen Körpers, T_G die örtlich gemittelte Temperatur des Arbeitsgases und T_{WG} die gasseitige Wandoberflächentemperatur.

Wärmeübertragung durch Strahlung ist im Verbrennungsmotor nur im Brennraum und nur während des kurzen Zeitabschnitts hoher Verbrennungstemperaturen und nach der Verbrennung relevant.

Der Wärmeübertragung im Arbeitsraum

Der brennraumseitige Wärmeübergang entsteht im Wesentlichen durch Konvektion zwischen Verbrennungsgas und Brennraumwand. Haupteinflussgrößen sind Motorbetriebsparameter, wie Drehzahl und Last, sowie die Konstruktion von Brennraum und Einlasskanal.

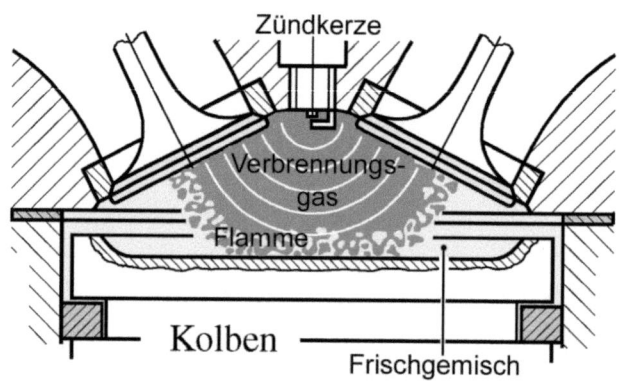

Bild 4.3-24 Die Aufteilung des Brennraums (Ottomotor)

4.3 Thermodynamik des Verbrennungsmotors

Sie beeinflussen den Verbrennungsablauf (Flammenausbreitung). Als zeitlich und räumlich veränderlicher Vorgang ergeben sich dadurch unterschiedliche Wärmeübergangsverhältnisse für die verschiedenen Bauteile (Kolben, Zylinder, Zylinderkopf, Ventile). Zur Vereinfachung werden in der Regel mittlere Zustandsgrößen (z. B. Temperaturen, Wärmeübergangskoeffizient, Wärmestromdichten) in Abhängigkeit von der Zeit (Kurbelwinkel) angenommen.

Für die innerhalb eines Zeitintervalls dt an der Wand übergehende Wärme dQ_W gilt die Newtonsche Beziehung:

$$dQ_W = \alpha_{W,\alpha} \cdot A_{W,\alpha} \cdot (T_{G,\alpha} - T_W) \cdot d\alpha(dt) \tag{4.3.98}$$

mit $\alpha_{W,\alpha}$ = Wärmeübergangszahl [W/m²K]
$A_{W,\alpha}$ = Brennraumoberfläche [m²]
$T_{G,\alpha}$ = mittlere Gastemperatur [K]
T_W = mittlere Temperatur der Brennraumwand [K]
$d\alpha$, dt = Zeitdifferenzial [°KW, s]

Die Wärmeübergangszahl $\alpha_{W,\alpha}$ hängt von mehreren Größen wie Druck, Temperatur, Geschwindigkeit und Brennraumgeometrie ab. Diese Größen sind zum Teil nur schwer einer Rechnung oder Messung zugänglich.

Abschätzbar ist der mittlere Wärmeübergangskoeffizient. Er ergibt sich beim Verbrennungsmotor als Funktion der Zeit bzw. des Kurbelwinkels aus der Wärmestromdichte φ_α. Die Wärmestromdichte ist der auf eine Fläche (Brennraumwand) bezogene Wärmestrom.

$$\varphi_\alpha = \frac{\dot{Q}_{W,\alpha}}{A_{W,\alpha}} \quad \left[\frac{J}{m^2}\right] \tag{4.3.99}$$

Danach ergibt sich:

$$\varphi_{\alpha W} = \alpha_{W,\alpha} \cdot (T_{G,\alpha} - T_W) \tag{4.3.100}$$

Die massengemittelte Temperatur $T_{G,\alpha}$ ergibt sich aus den Temperaturen des Frischgemisches und des Verbrennungsgases. Ihr Verlauf ist im Bild 4.3-25 für einen Otto- und Dieselmotor dargestellt.

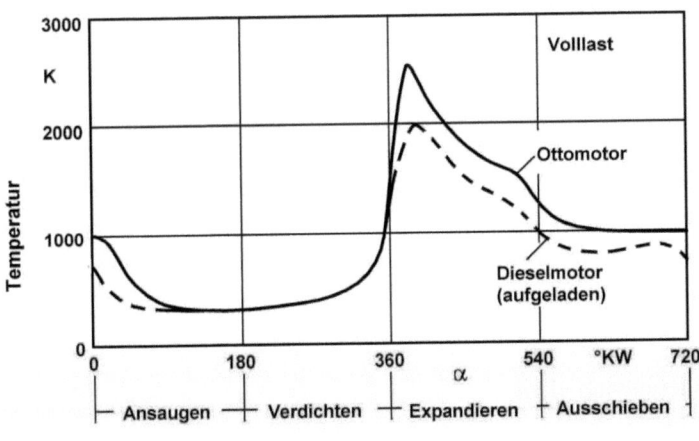

Bild 4.3-25 Mittlere Gastemperatur für Otto- und Dieselmotor [4.3-2]

Die Wandtemperatur T_W verändert sich ebenfalls während des Arbeitsprozesses. Die Schwankungen sind aber nur sehr gering, so dass in der Regel mit einer mittleren Wandtemperatur für das gesamte Arbeitsspiel gerechnet werden kann.

Die gesamte während eines Arbeitsspiels über die Brennraumwand abgeführte Wärme ergibt sich zu:

$$Q_W = \int_{ASP} \alpha_{W,\alpha} \cdot A_{W,\alpha} \cdot (T_{G,\alpha} - T_W) \cdot d\alpha (dt) \qquad (4.3.101)$$

bzw. $\quad Q_W = \int_{ASP} \varphi_\alpha \cdot A_{W,\alpha} \cdot d\alpha (dt) \qquad (4.3.102)$

Zur Ermittlung des kurbelwinkelabhängigen Wärmeübergangskoeffizienten $\alpha_{W,\alpha}$ gibt es verschiedene Ansätze. Auf der Basis von Strömungsvorgängen wurden erste Untersuchungen zum Wärmeübergang in Verbrennungsmotoren von Nußelt (1923) durchgeführt. Dabei fand Nußelt folgende Beziehung:

$$\alpha_{W,\alpha} = 1{,}166 \cdot \sqrt[3]{p_\alpha^2 \cdot T_{G,\alpha} \cdot (1 + 1{,}24 \cdot c_m)} \qquad (4.3.103)$$

mit $\quad p_a$ = Verbrennungsdruck $\qquad$ [bar]
$\quad\quad\; c_m$ = mittlere Kolbengeschwindigkeit $\quad$ [m/s]

Der Ausdruck in der Klammer berücksichtigt die Gasbewegung durch den Kolben und wurde mit Hilfe von Experimenten ermittelt.

Durch mehrere Messungen an einem langsam laufenden Großmotor gelangte Eichelberg (1939) zu einer ähnlichen Abhängigkeit:

$$\alpha_{W,\alpha} = 2{,}47 \cdot \sqrt[3]{c_m} \cdot \sqrt{p_\alpha \cdot T_{G,\alpha}} \qquad (4.3.104)$$

Von Pflaum wurde diese Beziehung 1960 durch Funktionen für die Kolbengeschwindigkeit, den Aufladedruck und die Motorgröße (Zylinderdurchmesser) erweitert.

Andere Untersuchungen hatten das Ziel, das Problem des Wärmeübergangs unter Miteinbeziehung der Ähnlichkeitstheorie zu lösen. Nach dieser gilt allgemein:

Die Nußelt-Zahl ist eine dimensionslose Kenngröße für den örtlich und zeitlich gemittelten Wärmeübergang.

$Nu = f(Re, Pr); \; Nu =$ Nußelt-Zahl

$$Nu = \frac{\alpha \cdot D}{\lambda} \qquad (4.3.105)$$

mit $\quad D$ = charakteristische Länge
$\quad\quad\; \lambda$ = Wärmeleitfähigkeit

Die Reynolds-Zahl charakterisiert den Strömungszustand: Re = Reynolds-Zahl

$$Re = \frac{w \cdot D}{\nu} = \frac{\rho \cdot w \cdot D}{\eta} \qquad (4.3.106)$$

mit $\quad w$ = charakteristische Geschwindigkeit
$\quad\quad\; \nu$ = kinematische Zähigkeit
$\quad\quad\; \eta$ = dynamische Viskosität
$\quad\quad\; \rho$ = Dichte

4.3 Thermodynamik des Verbrennungsmotors

Die Prandtl-Zahl ist ein dimensionsloser Stoffwert, der in Wärmeübergangsberechnungen auftritt. Pr = Prandtl-Zahl

$$\text{Pr} = \frac{v}{a} = \frac{\eta \cdot cp}{\lambda} \qquad (4.3.107)$$

mit a = Temperaturleitfähigkeit
c_p = spezifische Wärmekapazität

Für Luft z. B. ist die Prandtl-Zahl: $Pr_L \approx 0,74$ und nahezu unabhängig von der Temperatur.

Bei Verbrennungsmotoren werden in der Regel der Kolbendurchmesser d_K als charakteristische Länge und die mittlere Kolbengeschwindigkeit c_m als charakteristische Geschwindigkeit gewählt.

Für einfache Wandformen (Platte, Rohr, Zylinder, usw.) gilt die Beziehung:

$$Nu = \text{Re}^m \cdot \text{Pr}^n = f(\text{Re}, \text{Pr}) \qquad (4.3.108)$$

mit den Exponenten:

$m \approx 0,80$
$n \approx 0,33$

Mit dieser Gleichung und unter Berücksichtigung der charakteristischen Werte ergibt sich für die mittlere örtliche Wärmeübergangszahl $\alpha_{W,\alpha}$:

$$\alpha_{W,\alpha} = C \cdot d_K^{-(1-m)} \cdot p_\alpha^m \cdot T_{G,\alpha}^{-n} \cdot c_m^m \; ; \quad C = \text{Konstante} \qquad (4.3.109)$$

Diese Gleichung beschreibt den Wärmeübergang im Motor nicht exakt, da einige Randbedingungen wie die Verbrennung und die damit zusammenhängende Strahlung und Turbulenzgenerierung nicht berücksichtigt sind.

In umfangreichen Motorversuchen konnte ausgehend von dieser Gleichung nachgewiesen werden, dass durch geeignete Wahl der Konstante C und der Exponenten und durch die Einführung eines die Verbrennung berücksichtigenden Gliedes der Wärmeübergang im Verbrennungsmotor gut wiedergegeben wird. Beispiele sind die von Woschni halbempirisch gefundenen Gleichungen für den örtlich gemittelten Wärmeübergangskoeffizienten auf der Wandinnenseite:

$$\alpha_{W,\alpha} = 0,013 \cdot d_K^{-0,2} \cdot p_\alpha^{0,8} \cdot T_{G,\alpha}^{-0,53} \cdot (C_1 \cdot v)^{0,8} \qquad (4.3.110)$$

mit v = effektive wirksame Geschwindigkeit   [m/s]
d_K = Kolbendurchmesser   [m]
p_α = Verbrennungsdruck   [N/m²]
$T_{G,\alpha}$ = mittlere Gastemperatur   [K]
$\alpha_{W,\alpha}$ = mittlerer Wärmeübergangskoeffizient   [W/m²K]

Für die Konstante C_1 gilt:

$$C_1 = 6,18 + 0,417 \cdot \frac{c_u}{c_m} \quad \text{für den Ladungswechsel} \qquad (4.3.111)$$

$$C_1 = 2,28 + 0,308 \cdot \frac{c_u}{c_m} \quad \text{für die Phasen Verdichtung, Verbrennung, Expansion} \qquad (4.3.112)$$

mit Einlassdrallzahl $\dfrac{cu}{cm} = \dfrac{\text{Umfangsströmungsgeschwindigkeit}}{\text{mittlere Kolbengeschwindigkeit}}$

Als Ansatz für die effektiv wirksame Geschwindigkeit gilt bei Otto- und Kammerdieselmotoren:

$$v = cm + \frac{C2}{C1} \cdot \Delta p \qquad (4.3.113)$$

Für die Konstante C_2 gilt nunmehr:

$$C2 = 3{,}24 \cdot 10^{-3} \, \frac{m}{s \cdot K} \quad \text{für DI - Motoren} \qquad (4.3.114)$$

$$C2 = 6{,}22 \cdot 10^{-3} \, \frac{m}{s \cdot K} \quad \text{für Vorkammermotoren} \qquad (4.3.115)$$

Die Druckdifferenz Δp (Druckverlaufsdifferenz zwischen befeuertem und unbefeuerte Betrieb) ergibt sich aus:

$$\Delta p = \frac{Vh \cdot TEs}{pEs \cdot VEs} \cdot (p\alpha - p0) \qquad (4.3.116)$$

mit
T_{Es} = Temperatur bei Verdichtungsbeginn (Einlassventil schließt) [K]
p_{Es} = Druck bei Verdichtungsbeginn (Einlassventil schließt) [N/m²]
V_{Es} = Volumen bei Verdichtungsbeginn (Einlassventil schließt) [m³]
V_h = Hubvolumen [m³]
p_0 = Druck ohne Verbrennung [N/m²]

Durch Einsetzen des Geschwindigkeitsterms erhält man für die Wärmeübergangszahl:

$$\alpha W, \alpha = 0{,}013 \cdot d_K^{-0{,}2} \cdot p_\alpha^{0{,}8} \cdot T_{G,\alpha}^{-0{,}53} \cdot \left[C1 \cdot cm + C2 \cdot \frac{Vh \cdot TEs}{pEs \cdot VEs} \cdot (p\alpha - p0) \right]^{0{,}8} \qquad (4.3.117)$$

Untersuchungen an Dieselmotoren mit Direkteinspritzung zeigten, dass diese Gleichung für den Betrieb bei mittleren und höheren Lasten gilt. Dagegen liefert dieser Ansatz bei niedrigen Lasten und im geschleppten Motorbetrieb besonders im Bereich des oberen Totpunktes zu geringe Wärmeübergangskoeffizienten. Für diesen Fall wurde ein vom Kurbelwinkel abhängiger Geschwindigkeitsterm gefunden:

$$V = cm + 2 \cdot cm \cdot \left(\frac{Vc}{V\alpha} \right)^2 \cdot p_{mi}^{-0{,}2} \qquad (4.3.118)$$

mit
V_c = Kompressionsvolumen [m³]
V_α = Brennraumvolumen = f(α) [m³]
p_{mi} = innerer Mitteldruck [N/m²]

Zusätzlich muss die Konstante C_2 bei höheren Wandtemperaturen angepasst werden:

$$C2 = 3{,}24 \cdot 10^{-3} \qquad \left[\frac{m}{s \cdot K} \right] \quad \text{für:} \ TW < 600K \qquad (4.3.119)$$

$$C2 = 5{,}0 \cdot 10^{-3} + 2{,}3 \cdot 10^{-5} \cdot (TW - 600) \quad \left[\frac{m}{s \cdot K} \right] \quad \text{für:} \ TW > 600K \qquad (4.3.120)$$

4.3 Thermodynamik des Verbrennungsmotors

Bild 4.3-26 a zeigt beispielhaft für einen 4-Takt-Ottomotor den Verlauf des örtlich mittleren Wärmeübergangskoeffizienten $\alpha_{W,\alpha}$ an der Wandinnenseite, berechnet nach der Formel von Woschni (bei heutigen Berechnungen und Betrachtungen üblich). Zusätzlich eingetragen ist der mittlere Gesamtwärmeübergangskoeffizient $\alpha_{W,m}$.

Aus Wärmeübergangskoeffizient, Massenmitteltemperatur und Wandinnentemperatur kann der Verlauf der Wärmestromdichte bestimmt werden (Bild 4.3-26 b). Ähnlich wie beim Wärmeübergangskoeffizient zeigt sich ein deutliches Maximum im Bereich der Verbrennung. Beim Ansaugen und zu Beginn der Verdichtung ist die Wärmestromdichte negativ, da dann die Wandtemperatur höher ist als die Gastemperatur.

Mit Hilfe der Wärmestromdichte lässt sich die thermische Belastung eines Bauteils abschätzen. Hohe zeitlich gemittelte Wärmestromdichten bedeuten, dass Wandbereiche ständig dem heißen Verbrennungsgas ausgesetzt sind.

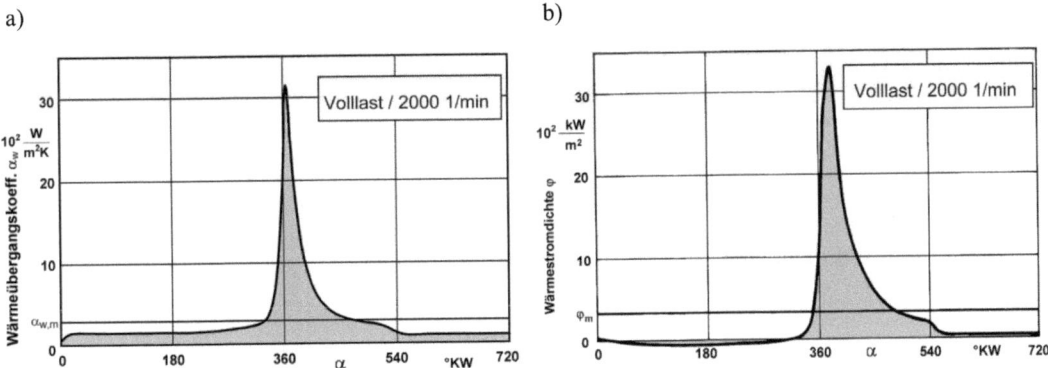

Bild 4.3-26 Wärmeübergangskoeffizient und Wärmestromdichte eines 4-Takt-Ottomotors [4.3-2]

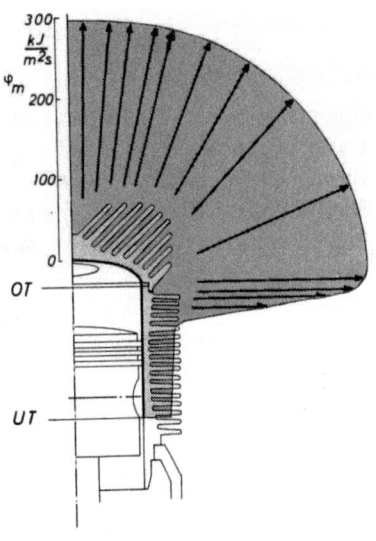

Bild 4.3-27 zeigt die räumliche Verteilung der zeitlich mittleren Wärmestromdichte am Zylinderkopf und Zylinderrohr. Im Kopfbereich und im oberen Teil des Zylinderrohres treten die höchsten Werte auf, im anschließenden Bereich des Zylinderrohres macht sich die Abschirmung durch den Kolben bemerkbar. Hier muss auch der Wärmeübergang vom Kolben und von den Kolbenringen berücksichtigt werden.

Bild 4.3-27 Räumliche Verteilung der zeitlich mittleren Wärmestromdichte

Weitere Berechnungsformeln für die Wärmeübergangszahl wurden in den letzten Jahren von Hohenberg [4.3-4] und Kleinschmidt [4.4-5] aufgestellt. Während der Ansatz von Hohenberg auf den gleichen Grundlagen wie die Formel nach Woschni aufgebaut ist, berücksichtigt Kleinschmidt aufgrund neuerer Untersuchungen zusätzlich den Einfluss der instationären Abläufe (zeitlich sich ändernde Vorgänge).

Die Bauteiltemperaturen und Wärmdurchgang

Mit Hilfe der mittleren Prozessgrößen kann man den quasistationären Wärmestrom durch die Wand vom Verbrennungsgas bis zum Kühlwasser berechnen. Für den Wärmestrom durch eine ebene Wand der Dicke δ, einer Wandinnentemperatur T_{Wi} und einer Wandaußentemperatur T_{wa} gilt:

$$\varphi_W = \frac{\lambda}{\delta} \cdot (T_{Wi} - T_{Wa}) \tag{4.3.121}$$

mit $\quad \lambda =$ Wärmeleitfähigkeit in $\left[\dfrac{W}{m \cdot K}\right]$

Zur Überprüfung thermischer Spannungen in den Brennraumwänden müssen die Wandinnentemperatur T_{Wi} und Wandaußentemperatur T_{wa} ermittelt werden. Bei gegebenem Prozess $(T_{G,\alpha}, \alpha_{W,\alpha})$, gegebener Konstruktion (δ, λ) und gegebener Kühlung $(T_K, \alpha_{W,K})$ ist dies durch die Formulierung des Wärmeübergangs an der Brennrauminnenwand, der Wärmeleitung durch die Wand und den Wärmeübergang auf der Kühlmittelseite möglich.

$$\begin{aligned}\varphi_\alpha &= \alpha_{W,\alpha} \cdot (T_{G,\alpha} - T_{Wi}) \\ \varphi_W &= \frac{\lambda}{\delta} \cdot (T_{Wi} - T_{Wa}) \\ \varphi_K &= \alpha_{W,K} \cdot (T_{Wa} - T_K)\end{aligned} \tag{4.3.122}$$

Für die Wärmestromdichten gilt:

$$\varphi_\alpha = \varphi_W = \varphi_K = \varphi = \dot{q}$$

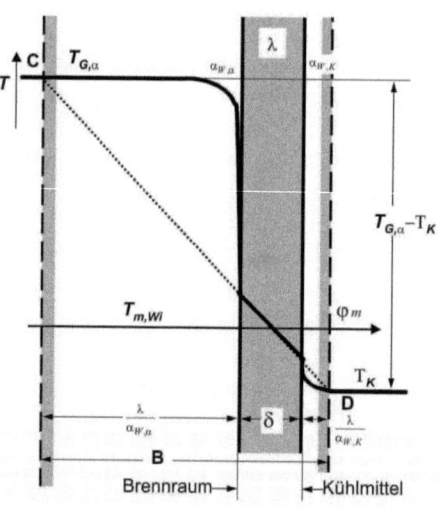

Man erhält damit 3 Gleichungen mit den 3 Unbekannten φ, T_{wi} und T_{wa}. Damit sind Wärmestromdichte und Bauteiltemperaturen eindeutig berechenbar. Es ist zu beachten, dass Zylinderrohr, Zylinderkopf und Kolben verschiedenen Geometrien und unterschiedlichen Randbedingungen ausgesetzt sind, so dass die Verhältnisse und damit auch die Temperaturen dieser Bauteile entsprechend unterschiedlich sind. Bild 4.3-28 zeigt die Zusammenhänge des Wärmeübergangs in den Brennraumwänden.

Bild 4.3-28 Wärmedurchgang durch eine ebene Wand

4.3 Thermodynamik des Verbrennungsmotors

Wärmespannungen

Ohne Verrippung und Einspannung würde infolge der Temperaturunterschiede ($T_{Wi} > T_{Wa}$) eine Durchbiegung bzw. Krümmung der Bauteile (z. B. des Zylinderkopfbodens) hervorgerufen. Durch die Behinderung der Durchbiegung treten thermische Spannungen auf. Dabei herrscht auf der Wandinnenseite Druck, auf der Wandaußenseite Zug und in der mittleren Faser Spannungslosigkeit (Bild 4.3-29). Für die thermischen Spannungen σ_{th} in der ebenen, krümmungsbehinderten Wand gilt an den Oberflächen:

$$\sigma_{th,a(i)} = \pm \frac{E \cdot \alpha_L}{1-\nu} \cdot \frac{\Delta T_W}{2} \tag{4.3.123}$$

mit E = Elastizitätsmodul
α_L = Längenausdehnungskoeffizient
ν = Querdehnungszahl
ΔT_W = Temperaturdifferenz = $T_{Wi} - T_{Wa}$

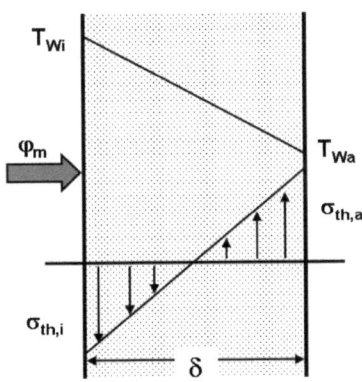

Bild 4.3-29 Wandwärmespannungen

Die thermische Spannung ist somit der Temperaturdifferenz proportional. Da die Temperaturdifferenz proportional der Wandstärke ist, nämlich

$$\varphi = \varphi_W = \frac{\lambda}{\delta} \cdot \Delta T_W \quad \text{bzw.} \quad \Delta T_W = \frac{\delta}{\lambda} \cdot \varphi_W \tag{4.3.124}$$

ist bei vorgegebener Wärmestromdichte die thermische Spannung proportional der Wandstärke:

$$\sigma_{th} = \frac{E \cdot \alpha_L}{2 \cdot (1-\nu)} \cdot \frac{\delta}{\lambda} \cdot \varphi_W \tag{4.3.125}$$

Für die Sicherheit gegen Bruch durch thermische Spannungen gilt:

$$\frac{\sigma_B}{\sigma_{th}} = \frac{2 \cdot (1-\nu)}{E \cdot \alpha_L} \cdot \frac{\lambda \cdot \sigma_B}{\varphi_W \cdot \delta} \tag{4.3.126}$$

Als thermischen Spannungsfaktor (Funktion der Stoffeigenschaften) definiert man den Ausdruck:

$$f_{th} = \frac{\lambda \cdot \sigma_B}{E \cdot \alpha_L} \tag{4.3.127}$$

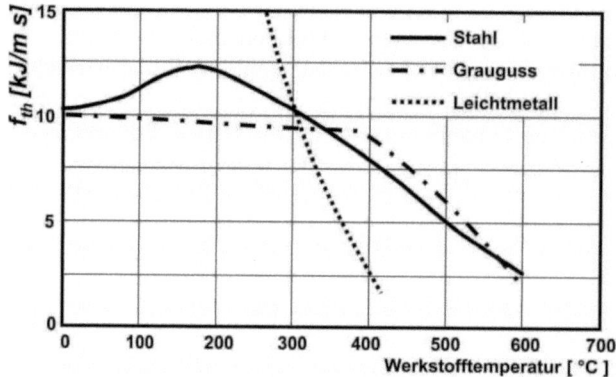

f_{th} soll möglichst groß sein. Bild 4.3-30 zeigt f_{th} als Funktion der Temperatur für einige Werkstoffe.

Bild 4.3-30 Thermischer Spannungsfaktor

Aus diesem Bild ist ersichtlich, dass bei Verwendung von Stahl und Grauguss aus Gründen der thermischen Festigkeit eine Temperatur von 400 °C keinesfalls überschritten werden sollte, da dann f_{th} stark abfällt. Leichtmetall ist ein nahezu idealer Werkstoff bei Temperaturen unter 250 °C. Der Wärmefluss und die Verteilung der Spannung bei komplizierten Bauteilen (z. B. Kolben, aufwendige Zylinderkopf- und Zylinderrohrkonstruktionen) können nur mit großem Aufwand durch Anwendung der Methode der Finiten Elemente und dem Einsatz größerer Rechneranlagen berechnet werden.

- **Beispielaufgabe: Berechnen des Wärmeübergangsbeiwerts**

Berechnen Sie den momentanen Wärmeübergangskoeffizient an der Brennrauminnenfläche eines direkteinspritzenden Versuchsdieselmotors (4-Takt, 1-Zylinder) nach dem Wärmeübergangsansatz von Woschni.

Motordaten:

Zylinderdurchmesser	$d_K = 130$ mm
Hub	$s = 140$ mm
Pleuellänge	$l_{Pl} = 260$ mm
Verdichtungsverhältnis	$\varepsilon = 18$
Ventilsteuerzeit Einlaß schließt	54 °KW n. UT

Betriebspunktdaten:

Drehzahl	$n = 1200$ 1/min
Drallzahl	$c_u/c_m = 1{,}8$
Brennstoffmasse pro Arbeitsspiel	$m_{Br} = 20{,}0$ mg
Gastemperatur im Zünd-OT	$T_{GZOT} = 1000$ K
Gasdruck im Zünd-OT	$p_{GZOT} = 55$ bar
innerer Wirkungsgrad	$\eta_i = 0{,}55$
Umgebungstemperatur	$T_U = 298$ K
Umgebungsdruck	$p_U = 1$ bar

a) Berechnen Sie den indizierten Mitteldruck p_{mi}
b) Berechnen Sie das Brennkammervolumen V_1 bei Verdichtungsbeginn
c) Bestimmen Sie nach dem Wärmeübergangsgesetz von Woschni den momentanen Wärmeübergangskoeffizienten im „Zünd -OT"

4.3 Thermodynamik des Verbrennungsmotors

Annahmen:
- Bei „Einlass schließt" liegt im Brennraum Umgebungsdruck und -temperatur vor.
- Temperaturschwankungen an der Wandinnenseite sind vernachlässigbar.
- Die Verdichtung im ungefeuerten Betrieb erfolgt polytrop mit $n = 1,38$.

a) Der indizierte Mitteldruck p_{mi}:

$$p_{mi} = \frac{W_i}{V_h} = \frac{\eta_i \cdot m_B \cdot h_u}{V_h} = \frac{\eta_i \cdot m_B \cdot h_u}{\frac{\pi \cdot d_K^2}{4} \cdot s} = \frac{0,55 \cdot 20 \cdot 10^{-6} kg \cdot 42,7 \cdot 10^6 \frac{J}{kg}}{\frac{\pi \cdot 0,13^2 m^2}{4} \cdot 0,14\, m} = 2,527 \cdot 10^5 \frac{N}{m^2}$$

b) Brennkammervolumen bei Verdichtungsbeginn V_{ES}:

$$A_K = \frac{\pi \cdot d_K^2}{4} = 0,01327\, m^2 \;\Rightarrow\; V_h = A_K \cdot s = 0,001858\, m^3$$

$$\varepsilon = \frac{V_h + V_c}{V_c} \;\Rightarrow\; V_c = \frac{V_h}{\varepsilon - 1} = 0,10931 \cdot 10^{-3}\, m^3$$

Der Hub bei „Einlass-Schließt":

$$s(\alpha) = r \cdot (1 - \cos\alpha) + \frac{r}{4} \cdot \lambda_{Pl} \cdot (1 - \cos 2\alpha) \quad \text{mit}\quad r = \frac{s}{2} \quad \text{und}\quad \lambda_{Pl} = \frac{r}{l_{Pl}}$$

Ventilsteuerzeitpunkt ES = 54° KW n. UT = 234° KW

$$\Rightarrow s(234\,°KW) = 0,11733\, m$$

$$V(234\,°KW) = A_K \cdot s(234\,°KW) + V_C = 0,01327\, m^2 \cdot 0,11733\, m + 0,10931 \cdot 10^{-3}\, m^3 = 1,666 \cdot 10^{-3}\, m^3$$

c) Wärmeübergangskoeffizient nach dem Ansatz von Woschni.
Nach Gl. (4.3.117) gilt für niedig belastete DE-Dieselmotoren:

$$\alpha_{W,\alpha} = 0,013 \cdot d_K^{-0,2} \cdot p_\alpha^{0,8} \cdot T_{G,\alpha}^{-0,53} \cdot \left[C_1 \cdot c_m + C_2 \cdot \frac{V_h \cdot T_{Es}}{p_{Es} \cdot V_{Es}} \cdot (p_\alpha - p_0) \right]^{0,8}$$

mit Gl. (4.3.112):

$$C_1 = 2,28 + 0,308 \cdot \frac{c_u}{c_m} \quad \text{für die Phasen Verdichtung, Verbrennung, Expansion}$$

und Gl. (4.3.114): $\quad C_2 = 3,24 \cdot 10^{-3}\, \frac{m}{s \cdot K} \quad$ für DI - Motoren

Als einzige unbekannte in den drei Gleichungen bleibt p_0 zu berechnen. Die stellt den Druckwert ohne Verbrennung (hier im OT) dar. Als Verdichtungsmodus wird eine Polytrope mit dem Exponent $n = 1,38$ angenommen.

$$\frac{p_{OT}}{p_{ES}} = \left(\frac{V_{ES}}{V_C}\right)^n \;\Rightarrow\; p_{OT} = p_{ES} \cdot \left(\frac{V_{ES}}{V_C}\right)^n = 1\, bar \cdot \left(\frac{1,666 \cdot 10^{-3}\, m^3}{0,10931 \cdot 10^{-3}\, m^3}\right)^{1,38} = 42,9\, bar$$

$C_1 = 2{,}28 + 0{,}308 \cdot 1{,}8 = 2{,}8344$

$c_m = 2 \cdot s \cdot n = 2 \cdot 0{,}14 \text{ m} \cdot \dfrac{1200}{60} \dfrac{U}{s} = 5{,}6 \text{ m}/\text{s}$

$\alpha_{W,\alpha} = 0{,}013 \cdot (0{,}13 \text{ m})^{-0{,}2} \cdot \left(55 \cdot 10^5 \dfrac{\text{N}}{\text{m}^2}\right)^{0{,}8} \cdot (1000 \text{ K})^{-0{,}53} \cdot$

$\left[\dfrac{2{,}8344 \cdot 5{,}6 \text{ m}/\text{s} + 3{,}24 \cdot 10^{-3} \dfrac{\text{m}}{\text{s} \cdot \text{K}} \cdot \dfrac{1{,}858 \cdot 10^{-3} \text{m}^3 \cdot 298 \text{ K}}{1 \cdot 10^5 \dfrac{\text{N}}{\text{m}^2} \cdot 1{,}666 \cdot 10^{-3} \text{m}^3}}{\left(55 \cdot 10^5 \dfrac{\text{N}}{\text{m}^2} - 42{,}9 \cdot 10^5 \dfrac{\text{N}}{\text{m}^2}\right)} \right]^{0{,}8} = 1828{,}8 \dfrac{\text{W}}{\text{m}^2 \cdot \text{K}}$

4.3.7 Energiebilanz und -umwandlung

Im stationären Betrieb kann der Prozess im Verbrennungsmotor hinsichtlich seiner Wechselwirkung mit seiner Umgebung auch als stationärer Fließprozess angesehen werden, der technische Arbeit leistet. Hierzu denkt man sich den Motor durch eine Systemgrenze eingeschlossen.

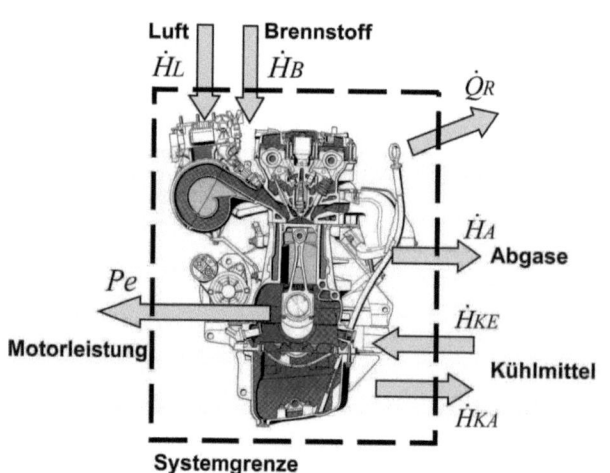

Bild 4.3-31 Systemgrenzen des Verbrennungsmotors

Über die Systemgrenzen fließen folgende Energieströme:

- $\dot{H}_B$ = Energiestrom des zugeführten Brennstoffes
- $\dot{H}_L$ = Energiestrom der zugeführten Luft
- P_e = mechanische Leistung
- $\dot{H}_A$ = Energiestrom des abgeführten Abgases (Verlust)
- $\dot{H}_{KE}$ = Energiestrom des eintretenden Kühlmittels
- $\dot{H}_{KA}$ = Energiestrom des austretenden Kühlmittels
- $\dot{Q}_R$ = unmittelbarer Wärmestrom an die Umgebung (Wärmestrahlung, Wärmeleitung und Konvektion)

4.3 Thermodynamik des Verbrennungsmotors

Nach dem 1. Hauptsatz für stationäre Fließprozesse gilt:

$$\dot{H}_B + \dot{H}_L = P_e + \dot{H}_A + \Delta\dot{H}_K + \dot{Q}_R \qquad (4.3.128)$$

mit: $\quad \Delta\dot{H}_K = \dot{H}_{KA} - \dot{H}_{KE} \qquad (4.3.129)$

Für die Heizwertbestimmung im Kalorimeter gilt:

$$\dot{H}_B + \dot{H}_L - \dot{H}_{AH} = \dot{m}_K \cdot H_u \qquad (4.3.130)$$

Hierbei ist $\dot{H}_{AH}$ der Enthalpiestrom im Abgas bei vollständiger Verbrennung und nach Abkühlung auf die Eintrittstemperatur von Luft und Brennstoff. $\Delta\dot{H}_A$ bezeichnet den Überschuss des Abgasenergiestroms gegenüber dem Betrag, der sich bei vollständiger Verbrennung und Abkühlung der Abgase auf Eintrittstemperatur ergeben würde.

$$\Delta\dot{H}_A = \dot{H}_A - \dot{H}_{AH} \qquad (4.3.131)$$

Bei Motorabnahmeversuchen sind die Nutzleistung P_e und die für den Prozess als Verlust zu wertenden Energieströme $\Delta\dot{H}_A, \Delta\dot{H}_K$ und $\dot{Q}_R$ zu ermitteln und dem Energiestrom $\dot{m}_K \cdot H_u$ (= Energiestrom des Brennstoffes) gegenüberzustellen.

$\dot{m}_K \cdot H_u, \Delta\dot{H}_A$ und $\Delta\dot{H}_K$ ermittelt man aus geeigneten am Motor aufgenommenen Messgrößen, $\dot{Q}_R$ ist dann Restglied! Als grobe Abschätzung gilt für Volllast, dass $P_e, \Delta\dot{H}_A$ und $\Delta\dot{H}_K$ jeweils ca. 30 % von $\dot{m}_K \cdot H_u$ betragen.

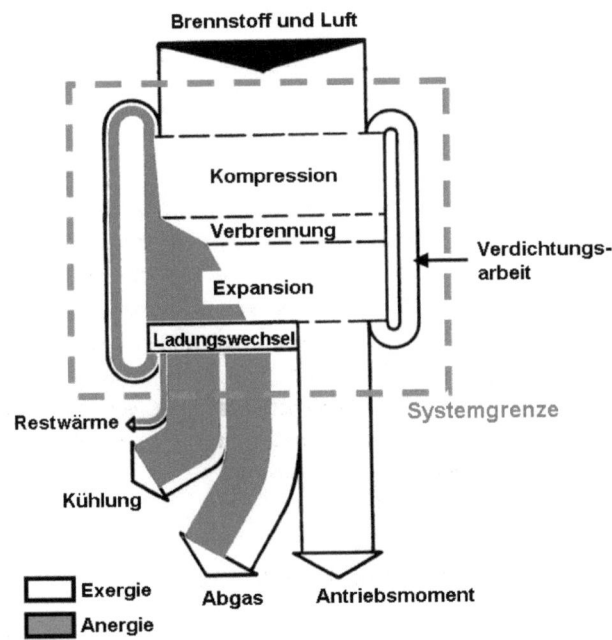

Bild 4.3-32 Energiebilanz am Ottomotor (Sankey-Diagramm)

■ Beispielaufgabe zu den Energiebilanzen:

Für die Energiebilanz eines Ottomotors (4-Takt) wurde am Motorenprüfstand ermittelt:

Drehmoment an der Leistungsbremse	$M_d = 100$ Nm
Drehzahl	$n = 100$ s^{-1}
Brennstoffmassenstrom	$\dot{m}_B = 4{,}5$ g/s
Massenstrom der Luft	$\dot{m}_L = 70{,}00$ g/s
Abgastemperatur	$T_A = 1000$ K
Volumenstrom des Kühlwassers	$\dot{V}_K = 1{,}90$ dm^3/s
Kühlwassereintrittstemperatur	$T_{KE} = 80\ °C$
Kühlwasseraustrittstemperatur	$T_{KA} = 88\ °C$
spez. Wärmekapazität des Wassers	$c_w = 4{,}2$ kJ/kg K
Umgebungsdruck	$p_u = 1{,}013$ bar
Umgebungstemperatur	$T_u = 298$ K
Heizwert des Brennstoffes	$h_u = 43\ 700$ kJ/kg
Stoffmengenanteile im Abgas:	$\psi_{CO_2} = 0{,}125$
	$\psi_{H_2O} = 0{,}141$
	$\psi_{N_2} = 0{,}734$
Dichte des Kühlmittels	$\rho_{KW} = 1000$ kg/m^3

Erstellen Sie die Energiebilanz.

$$1 = \eta_e + \Delta\eta_A + \Delta\eta_{KW} + \Delta\eta_R = \frac{P_e}{\dot{m}_B \cdot h_u} + \frac{\Delta\dot{H}_A}{\dot{m}_B \cdot h_u} + \frac{\Delta\dot{H}_K}{\dot{m}_B \cdot h_u} + \frac{\dot{Q}_R}{\dot{m}_B \cdot h_u}$$

a) Effektiver Wirkungsgrad

$$P_e = M_d \cdot 2\pi \cdot n = 100\ \text{Nm} \cdot 2 \cdot 3{,}1415 \cdot 100\frac{1}{s} = 62{,}83\ \text{KW}$$

$$\dot{m}_B \cdot h_u = 4{,}5 \cdot 10^{-3}\ \frac{\text{kg}}{\text{s}} \cdot 43700\ \frac{\text{kJ}}{\text{kg}} = 196{,}65\ \text{kW}$$

$$\eta_e = \frac{P_e}{\dot{m}_B \cdot h_u} = \frac{62{,}831\ \text{kW}}{196{,}65\ \text{kW}} = 0{,}319 = 31{,}9\ \%$$

b) Bestimmung des Abgasverlustes $\Delta\dot{H}_A$ und Abgasverlustwirkungsgrads:

$$\Delta\dot{H}_A = \dot{m}_A \cdot c_{pA} \cdot (T_A - T_u)$$

$$\dot{m}_A = \dot{m}_L + \dot{m}_B = 70 \cdot 10^{-3}\ \text{kg/s} + 4{,}5 \cdot 10^{-3}\ \text{kg/s} = 74{,}5 \cdot 10^{-3}\ \text{kg/s}$$

Bestimmung der mittleren spezifischen Wärmekapazität über die Stoffmengenanteile. Berechnung der molaren Stoffwerte aus den Tabellen im Anhang für die Temperatur T_A:

$$cmp, A = \psi_{CO_2} \cdot cmp, CO_2(1000\ \text{K}) + \psi_{H_2O} \cdot cmp, H_2O(1000\ \text{K}) + \psi_{N_2} \cdot cmp, N_2(1000\ \text{K})$$

4.3 Thermodynamik des Verbrennungsmotors

$$c_{mp,A} = 0{,}125 \cdot 46{,}94 \frac{kJ}{kmol \cdot K} + 0{,}141 \cdot 36{,}74 \frac{kJ}{kmol \cdot K} + 0{,}734 \cdot 30{,}44 \frac{kJ}{kmol \cdot K} = 33{,}39 \frac{kJ}{kmol \cdot K}$$

$$M_A = 0{,}125 \cdot M_{CO2} \frac{kJ}{kmol \cdot K} + 0{,}141 \cdot M_{H2O} \frac{kg}{kmol} + 0{,}734 \cdot M_{N2} \frac{kg}{kmol} = 28{,}59 \frac{kg}{kmol}$$

$$c_{p,A} = \frac{c_{mp,A}}{M_A} = \frac{33{,}39 \frac{kJ}{kmol \cdot K}}{28{,}59 \frac{kg}{kmol}} = 1{,}1679 \frac{kJ}{kg \cdot K}$$

$$\Delta \dot{H}_A = \dot{m}_A \cdot c_{pA} \cdot (T_A - T_u) = 74{,}5 \cdot 10^{-3} \frac{kg}{s} \cdot 1{,}1679 \frac{kJ}{kg \cdot K} \cdot (1000 - 298) K = 61{,}08 \text{ KW}$$

$$\eta_A = \frac{\Delta \dot{H}_A}{\dot{m}_B \cdot h_u} = \frac{61{,}08 \text{ kW}}{196{,}65 \text{ kW}} = 0{,}31 = 31\%$$

c) Bestimmung des Kühlwasserverlustes:

$$\Delta \dot{H}_{KW} = \dot{m}_{KW} \cdot c_W \cdot (T_{KA} - T_{KE}) = \rho_{KW} \cdot \dot{V}_{KW} \cdot c_W \cdot (T_{KA} - T_{KE})$$

$$\Delta \dot{H}_{KW} = 1000 \frac{kg}{m^3} \cdot 1{,}9 \cdot 10^{-3} \frac{m^3}{s} \cdot 4{,}2 \frac{kJ}{kg \cdot K} \cdot (88 - 80) K = 63{,}84 \text{ kW}$$

$$\eta_{KW} = \frac{\Delta \dot{H}_{KW}}{\dot{m}_B \cdot h_u} = \frac{63{,}84 \text{ kW}}{196{,}65 \text{ kW}} = 0{,}3246 \approx 32\%$$

d) Bestimmung des Restenergieverlustes (z. B. durch Konvektion und Strahlung des Motors an die Umgebungsluft)

$$1 - \eta_e - \Delta \eta_A - \Delta \eta_{KW} = \Delta \eta_R = 1 - 0{,}319 - 0{,}31 - 0{,}3246 = 0{,}0464 \approx 0{,}46\%$$

Literatur

[4.3-1] Merker, G., Schwarz, C., Stiesch, G., Otto, F. – Verbrennungsmotoren, 2. Auflage, Teubner 2004

[4.3-2] Pischinger, R., Klell, M., Sams, T. – Thermodynamik der Verbrennungskraftmaschine, 2., überarbeitete Auflage, Reihe: Der Fahrzeugantrieb

[4.3-3] Pischinger, S. – Verbrennungsmotoren, 2. Bd., 21. Auflage. Vorlesungsumdruck, Lehrstuhl für Angewandte Thermodynamik, RWTH Aachen, Aachen 2003

[4.3-4] Hohenberg, G.: Experimentelle Erfassung der Wandwärme von Kolbenmotoren, Habilitationsschrift, TU-Graz, 1983

[4.3-5] Kleinschmidt, W.: Zur Theorie und Berechnung der instationären Wandwärmeübertragung in Verbrennungsmotoren. 4. Tagung „Der Arbeitsprozess des Verbrennungsmotors", Graz 1993

4.4 Motor- und Betriebskenngrößen

Für den Konstrukteur, Entwickler und Benutzer von Verbrennungsmotoren sind Motor- und Betriebskenngrößen wichtige Hilfsmittel. Sie dienen zur Auslegung der Grundabmessungen von Motoren, zur Leistungs- und Verbrauchsbetrachtung sowie zur Beurteilung und zum Vergleich verschiedener Motoren. Motorkenngrößen sind beispielsweise Kolbenhub, Zylinderbohrung, Hubvolumen und Verdichtungsverhältnis. Zu den wichtigsten Betriebskenngrößen zählen Leistung, Drehmoment, Mitteldruck, Liefergrad (Füllung) und spezifischer Verbrauch.

4.4.1 Hubvolumen und Verdichtungsverhältnis

Das Hubvolumen V_h eines Motorzylinders ist der Raum, der vom Kolben während eines Kolbenhubes von der unteren Umkehrlage (unterer Totpunkt UT) bis zur oberen Umkehrlage (oberer Totpunkt OT) durchlaufen wird (Bild 4.4-1)

$$V_h = A_K \cdot s = \frac{\pi \cdot d_K^2}{4} \cdot s \qquad (4.4.1)$$

mit s = Kolbenhub
d_K = Kolben- bzw. Zylinderdurchmesser
A_K = Kolben- bzw. Zylinderquerschnitt
V_h = Hubvolumen für einen Zylinder

Besteht der Motor aus mehreren Zylindern (z = Anzahl der Zylinder), so ergibt sich für das Gesamthubvolumen V_H des Motors:

$$V_H = V_h \cdot z = \frac{\pi \cdot d_K^2}{4} \cdot s \cdot z \qquad (4.4.2)$$

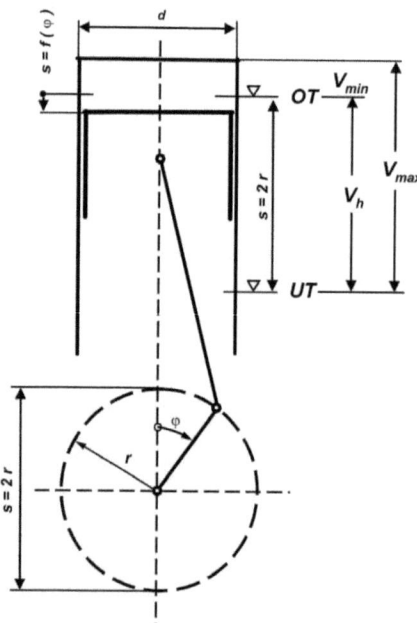

Bild 4.4-1 Kurbeltrieb eines Hubkolbenmotors

4.4 Motor- und Betriebskenngrößen

Das Verdichtungsverhältnis ε ist als Quotient aus maximalem und minimalem Zylindervolumen definiert (V_{max} bei Kolben im UT, V_{min} bei Kolben im OT):

$$\varepsilon = \frac{V_{max}}{V_{min}} = \frac{V_h + V_c}{V_c} \tag{4.4.3}$$

mit $\quad V_c = V_{min}$ = Kompressionsvolumen

Diese Definition des Verdichtungsverhältnisses gilt für 4-Takt-Motoren mit Tellerventilsteuerung. Bei 2-Takt-Motoren, in welchen in der Regel der Ladungswechsel durch Ein- und Auslassschlitze erfolgt, unterscheidet man zwischen dem geometrischen Verdichtungsverhältnis ε und dem effektiven Verdichtungsverhältnis ε':

$$\varepsilon' = \frac{V_h' + V_c}{V_c} \quad \text{mit:} \quad V_h' = \frac{\pi \cdot d_K^2}{4} \cdot s' \tag{4.4.4}$$

mit $\quad V_h'$ = Restvolumen oberhalb der Schlitze
$\quad\quad s'$ = Resthub oberhalb der Schlitze

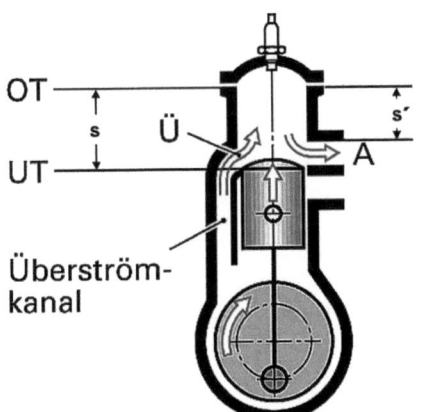

Bild 4.4-2 Zum Verdichtungsverhältnis beim 2-Takt-Motor

Die thermodynamischen Vergleichsprozesse für Verbrennungsmotoren sind der Gleichraumprozess beim Ottomotoren sowie der Seiligerprozess beim Dieselmotor. Der thermische Wirkungsgrad dieser Prozesse steigt mit höheren Verdichtungsverhältnissen. Daher sind hohe Verdichtungsverhältnisse im Allgemeinen erwünscht. Begrenzender Faktor bei Ottomotoren ist die Neigung zur unkontrollierten Selbstzündung des Kraftstoff-Luft-Gemisches (Klopfen), welche mit steigenden Verdichtungsendtemperaturen (und somit mit dem Verdichtungsverhältnis) zunimmt.

In Dieselmotoren, welche verfahrensmäßig auf Selbstzündung ausgelegt sind, werden weitaus höhere Verdichtungsverhältnisse realisiert, um die Selbstzündungstemperatur des Kraftstoffes zu erreichen.

Die Verdichtungsverhältnisse ε von modernen 4-Takt-Motoren liegen heute bei:

Ottomotor (2-Ventiler):	8 bis 10
Ottomotor (4-Ventiler):	9 bis 12
Ottomotor (Direkteinspritzer):	10 bis 13,0
Dieselmotor (Direkteinspritzer):	16 bis 20
Dieselmotor (Kammerverfahren):	18 bis 24

Eine weitere limitierende Größe für ε ist dabei die Bauteilfestigkeit, weshalb auch bei Dieselmotoren eine Steigerung des Verdichtungsverhältnisses nur bis zu bestimmten Grenzwerten sinnvoll erscheint. Des Weiteren erreicht der Wirkungsgrad in der Praxis mit steigendem Verdichtungsverhältnis ein Maximum und fällt danach bei weiterer Erhöhung auf Grund von zunehmenden Wandwärmeverlusten und ansteigenden Pump- und Reibungsverlusten wieder ab.

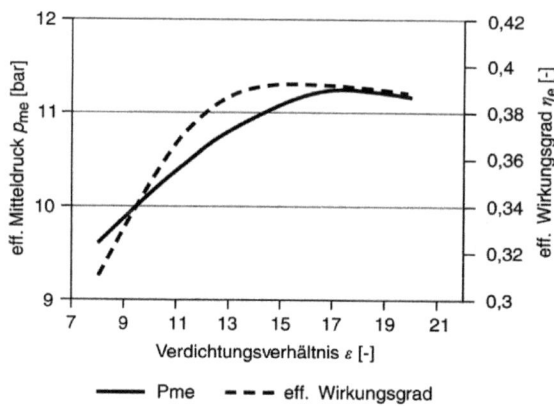

Bild 4.4-3 Einfluss des Verdichtungsverhältnisses auf den Mitteldruck und effektiven Wirkungsgrad eines Hubkolbenmotors

4.4.2 Die mittlere Kolbengeschwindigkeit

Die Drehzahl eines Verbrennungsmotors lässt sich nicht beliebig steigern. Gründe dafür sind:
- zunehmende Massenkräfte
- zunehmende Reibungsleistung
- stärkere Geräuschentwicklung
- intensiver Verschleiß
- größerer Strömungswiderstand beim Ansaugen (Füllungsreduzierung)

Maßgebend ist dabei die Kolbengeschwindigkeit. Als Kenngröße dient hierfür die mittlere Kolbengeschwindigkeit c_m, welche sich als Mittelwert der Geschwindigkeiten während eines Kolbenhubes ergibt:

$$c_m = 2 \cdot s \cdot n \qquad (4.4.5)$$

n = Motordrehzahl [s^{-1}]
s = Kolbenhub [m]

Die mittlere Kolbengeschwindigkeiten heutiger Motoren liegen bei folgenden Werten:

Rennmotoren (ohne Aufladung)		bis	25,2 m/s
Rennmotoren (mit Aufladung)		bis	21,7 m/s
PKW-Ottomotoren	9,5	bis	19,8 m/s
LKW-Dieselmotoren	9,5	bis	14,0 m/s
größere Dieselschnellläufer	7,0	bis	12,0 m/s
Mittelschnellläufer (Diesel)	5,3	bis	9,5 m/s
Kreuzkopfmotoren (2-Takt-Diesel)	5,7	bis	7,0 m/s

4.4.3 Effektive Leistung und Drehmoment

Bei Verbrennungsmotoren unterscheidet man zwischen der inneren und der effektiven Leistung, je nachdem an welcher Stelle im Motor die Leistung ermittelt wird.

Die Nutzleistung oder effektive Leistung P_e steht an der Motorkupplung zur Verfügung. Sie wird mit einer Leistungsbremse (heute meistens Wirbelstrombremse oder elektrischer Generator) auf indirektem Wege ermittelt, wobei das von der Kurbelwelle abgegebene Drehmoment M_d und die Kurbelwellendrehzahl n (Motordrehzahl) erfasst werden. Die Leistung ergibt sich dann zu:

$$P_e = M_d \cdot \omega \tag{4.4.6}$$

mit der Winkelgeschwindigkeit:

$$\omega\ [s^{-1}] = 2 \cdot \pi \cdot n\ [s^{-1}] \tag{4.4.7}$$

In Bild 4.4-4 sind beispielhaft die Kurvenverläufe von Drehmoment und Motorleistung eines Ottomotors mit Direkteinspritzung aufgetragen.

Bezieht man die effektive Leistung P_e auf das Hubvolumen V_H, so spricht man von der Literleistung P_l:

$$P_l = \frac{P_e}{V_H} \tag{4.4.8}$$

Das auf die effektive Leistung bezogene Motorgewicht m_M bezeichnet man auch als Leistungsgewicht m_G:

$$m_G = \frac{m_M}{P_e} \tag{4.4.9}$$

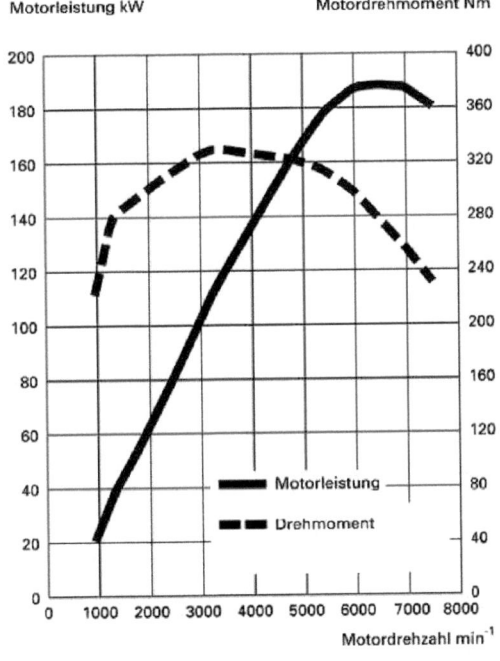

Bild 4.4-4 Drehmoment- und Leistungskurve

Literleistung und Leistungsgewicht sind Kenngrößen für Motorbelastung und Bauvolumen. Hohe Literleistung bedeutet eine hohe Motorbelastung bei verhältnismäßig kleinem Motor. Bei einem hohen Leistungsgewicht ist das spezifische Bauvolumen eines Motors groß, wodurch er einer geringeren Motorbelastung ausgesetzt wird. Dementsprechend bedeutet ein niedriges Leistungsgewicht eine höhere Motorbelastung bei kleinem Motorbauvolumen.

Als Erfahrungswerte für die Literleistung gelten heute:

Langsamlaufender 2-Takt-Großdieselmotor	(n ≈ 100 min^{-1})	1,5 bis	3,0	kW/l
Mittelschnelllaufender Dieselmotor	(n ≈ 500 min^{-1})	4,5 bis	7,5	kW/l
Schnelllaufender Dieselmotor	(n ≈ 1000 min^{-1})	9,5 bis	15,0	kW/l
Nutzfahrzeugdieselmotor	(n ≈ 3000 min^{-1})	13,0 bis	20,0	kW/l
PKW-Dieselmotor	(n ≈ 5000 min^{-1})	20,0 bis	45,0	kW/l
PKW-Ottomotor	(n ≈ 6500 min^{-1})	25,0 bis	60,0	kW/l
Formel-1-Motor	(n ≈ 19000 min^{-1})	bis etwa	190,0	kW/l

Beim Leistungsgewicht geht man von folgendem Entwicklungsstand aus:

Großdieselmotor		40,0 bis	55,0	kg/kW
Mittelschnelllaufender Dieselmotor		1,0 bis	19,0	kg/kW
Schnelllaufender Dieselmotor		5,5 bis	11,0	kg/kW
Nutzfahrzeugdieselmotor		4,0 bis	5,5	kg/kW
PKW-Dieselmotor		3,0 bis	4,0	kg/kW
PKW-Ottomotor		1,5 bis	2,0	kg/kW
Formel-1-Motor		bis etwa	0,15	kg/kW

Ein für die Hersteller von Motorkolben wichtige Kenngröße stellt die Kolbenflächenbelastung dar. Sie ist definiert als:

$$\frac{P_e}{A_{K,z} \cdot z \cdot \sqrt{s/d_K}} = \frac{p_{me} \cdot c_m}{2 \cdot i \cdot \sqrt{s/d_K}} = \frac{P_e}{V_H \cdot \sqrt{s/d_K}} \cdot s \qquad (4.4.10)$$

$A_{K,z}$ ist die Kolbenfläche eines Zylinders, z die Zylinderzahl und s/d das Hub-/Bohrungsverhältnis (bei Fahrzeugmotoren wird der Korrekturterm, der üblicherweise nicht so wesentlich von eins abweicht, oft vernachlässigt). Die Kolbenflächenbelastung ist hiernach vom Mitteldruck p_{me}, der mittleren Kolbengeschwindigkeit c_m und dem Arbeitsverfahren (2-Takt, 4-Takt) abhängig. Dabei erhöht sich mit p_{me} die thermische und mechanische Belastung des Motors, während mit c_m die Strömungsverluste und der Verschleiß ansteigen. Die auf die Kolbenfläche bezogene Leistung wird hauptsächlich bei Großmotoren als Vergleichsgröße herangezogen. Anhaltswerte sind 1,0 bis 20 W/mm² für Industrie- bzw. aufgeladene Rennmotoren.

4.4.4 Innere Leistung und Mitteldruck

Die durch den Arbeitsprozess erzielte Leistung ist die innere Leistung P_i (auch indizierte Leistung). Sie wird vom Arbeitsgas auf den Kolben übertragen. Für die während eines Arbeitsspiels am Kolben übertragene Arbeit der Gaskraft gilt:

$$dW_{KA} = p \cdot A_K \cdot ds\alpha \qquad (4.4.11)$$

p = Verbrennungsdruck bzw. Zylinderdruck
A_K = Kolbenfläche
s = Kolbenweg = f(Kurbelwinkel φ)
W_{KA} = Gasarbeit am Kolben pro Arbeitsspiel

Die Integration über ein vollständiges Arbeitsspiel ergibt die Gasarbeit am Kolben:

$$W_{KA} = \oint p \cdot dV\varphi \qquad (4.4.12)$$

mit $\quad dV\varphi$ = Volumenänderung = f(Kurbelwinkel φ)

4.4 Motor- und Betriebskenngrößen

Die innere Leistung P_{iZ} eines Zylinders ergibt sich zu:

$$P_{iZ} = n_A \cdot W_{KA} \qquad (4.4.13)$$

mit $\quad n_A$ = Arbeitsspiele pro Zeiteinheit

Man erhält damit für die Zylinderleistung:

$$P_{iZ} = i \cdot n \cdot W_{KA} \qquad (4.4.14)$$

mit $\quad n$ = Kurbelwellenumdrehungen pro Zeiteinheit
$\quad\quad i$ = Arbeitsspiele pro Umdrehung

Für 4-Takt-Motoren gilt: $i = 0,5$, für 2-Takt-Motoren ist $i = 1$. Die auf das Hubvolumen V_h bezogene Gasarbeit W_{KA} je Arbeitsspiel wird als innerer Mitteldruck p_{mi} bezeichnet:

$$p_{mi} = \frac{W_{KA}}{V_h} \qquad (4.4.15)$$

Somit lässt sich die Zylinderleistung auch durch die Beziehung

$$P_{iZ} = i \cdot n \cdot p_{mi} \cdot V_h \qquad (4.4.16)$$

ausdrücken. Diese Gleichung gilt für einen einzelnen Zylinder. Ein Motor mit mehreren Zylindern (z = Zylinderzahl) hat die innere Leistung P_i:

$$P_i = i \cdot n \cdot p_{mi} \cdot V_h \cdot z \quad \text{bzw.} \quad P_i = i \cdot n \cdot p_{mi} \cdot V_H \qquad (4.4.17)$$

Zur Ermittlung des inneren Mitteldruckes p_{mi} wird das p-V-Diagramm (Indikatordiagramm) planimetriert, d. h. einer Flächenbestimmung unterzogen.

Bild 4.4-5 zeigt die Vorgehensweise bei der Ermittlung des inneren Mitteldruckes für den 4-Takt- und den 2-Takt-Motor. Beim 4-Takt-Motor ist zu beachten, dass die gegen den Uhrzeigersinn umlaufene Fläche, die zur Ladungsverdichtung dem System zuzuführende Arbeit darstellt. Laut Vorzeichenkonvention bei Kraftmaschinen erhält diese Ladungswechselarbeit ein negatives Vorzeichen.

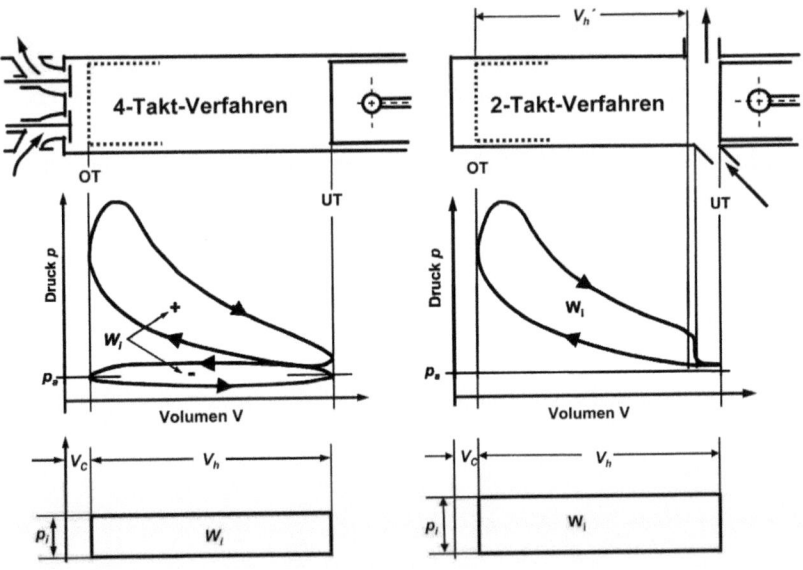

Bild 4.4-5 Bestimmung des indizierten Mitteldruckes (4-Takt- und 2-Takt-Verfahren)

Die Bestimmung des p-V-Diagramms erfolgt mittels Zylinderdruckindizierung und Kurbelwinkelmessung. Die Messeinrichtung zur Ermittlung des Druckes $p(\varphi)$ besteht aus einem Druckaufnehmer (liefert ein dem Druck $p(\varphi)$ proportionales Signal) sowie einem Ladungsverstärker (liefert ein elektrisches Spannungssignal). Zur Messung des Volumens bzw. des Kurbelwinkels α wird ein Kurbelwinkelmarkengeber eingesetzt. Beide Signale werden in ein Aufnahmegerät geleitet, welches z. B. ein mit der entsprechenden Software ausgestatteter Rechner sein kann (Bild 4.4-6).

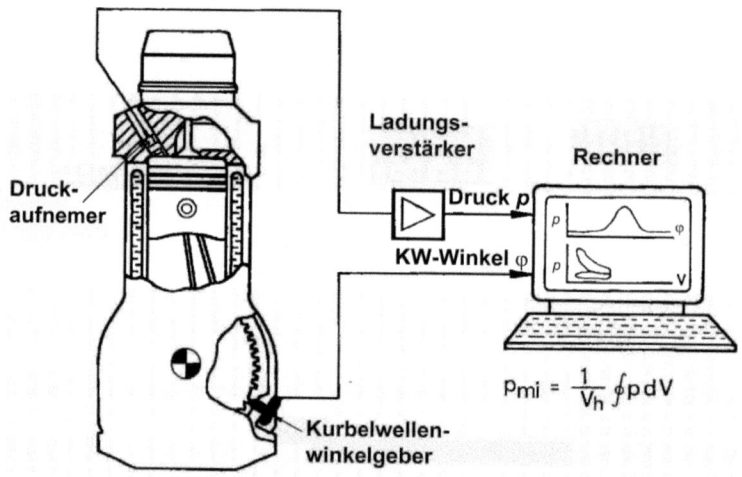

Bild 4.4-6 Zylinderdruckindizierung und Kurbelwinkelmessung

Die effektiv nutzbare Leistung an der Kurbelwelle P_e ist auf Grund von Reibungsverlusten geringer als die durch die Gasarbeit erzeugte innere Leistung P_i. Reibungsverluste entstehen durch die Oszillation der Kolben, die Kurbelwellendrehung sowie die Pleuelbewegung. Die Summe der einzelnen Reibungsverluste (z. B. Kolbenringreibung, Kolbenreibung, Kolbenbolzen- und Pleuellagerreibung, Kurbelwellenlagerreibung) wird als Reibleistung oder Reibungsleistung P_r zusammengefasst.

Neben den Reibungsverlusten im Motor ist auch der Leistungsbedarf für erforderliche Nebenaggregate (z. B. Kühlwasserpumpe, Ölpumpe, Generator, Kühlgebläse, Servopumpen etc.) in der Reibungsleistung P_r enthalten.

Somit berechnet sich die effektive Leistung zu:

$$Pe = Pi - Pr \qquad (4.4.18)$$

Analog zum inneren Mitteldruck p_{mi} definiert man den effektiven Mitteldruck p_{me} sowie den Reibmitteldruck p_{mr} und erhält somit für die effektive Leistung und die Reibungsleistung die folgenden Gleichungen:

$$Pe = i \cdot n \cdot pme \cdot VH \qquad (4.4.19)$$

$$Pr = i \cdot n \cdot pmr \cdot VH = i \cdot n \cdot (pmi - pe) \cdot VH \qquad (4.4.20)$$

$$pmr = pmi - pme \qquad (4.4.21)$$

4.4 Motor- und Betriebskenngrößen

Für die Berechnung der effektiven Leistung mit den für Verbrennungsmotoren üblichen Einheiten erhält man die Größengleichung:

$$Pe\ [\mathrm{KW}] = \frac{i}{10} \cdot n\ [s^{-1}] \cdot p_{me}\ [\mathrm{bar}] \cdot V_H\ [\mathrm{dm}^3] \qquad (4.4.22)$$

4.4.5 Wirkungsgrade und Kraftstoffverbrauch

Der in Form von Kraftstoff zugeführte Energiestrom ergibt sich zu:

$$\dot{E}_K = \dot{m}_K \cdot H_u \qquad (4.4.23)$$

$\dot{m}_K$ = zugeführte Kraftstoffmasse pro Zeiteinheit
H_u = Heizwert des Kraftstoffes

Betrachtet man die Motorleistung P als Nutzen des Motorprozesses und den zugeführten Kraftstoffenergiestrom $\dot{E}_K$ als Aufwand, so lässt sich der Wirkungsgrad η formulieren:

$$\eta = \frac{Nutzen}{Aufwand} = \frac{P}{\dot{E}_K} = \frac{P}{\dot{m}_K \cdot H_u} \qquad (4.4.24)$$

Diese Beziehung ist von allgemeiner Art und wird noch weiter differenziert:

$$\eta_i = \frac{P_i}{\dot{m}_K \cdot H_u} \quad \text{innerer Wirkungsgrad} \qquad (4.4.25)$$

$$\eta_e = \frac{P_e}{\dot{m}_K \cdot H_u} \quad \text{effektiver Wirkungsgrad} \qquad (4.4.26)$$

Das Verhältnis von effektivem Wirkungsgrad zu innerem Wirkungsgrad, also die Kenngröße für den Verlust an effektiv nutzbarer Leistung auf Grund von Reibung und Antrieb von Hilfsaggregaten, wird durch den mechanischen Wirkungsgrad beschrieben:

$$\eta_m = \frac{\eta_e}{\eta_i} = \frac{P_e}{P_i} \quad \text{mechanischer Wirkungsgrad} \qquad 4.4.27)$$

In der Praxis ist der spezifische Kraftstoffverbrauch von besonderem Interesse. Er wird für Vergleichsbetrachtungen auf die Motorleistung bezogen:

$$b = \frac{\dot{m}_K}{P} = \frac{1}{\eta \cdot H_u} \quad \text{in} \left[\frac{g}{kWh}\right] \text{ oder } \left[\frac{kg}{kWh}\right] \qquad (4.4.28)$$

Auch beim spezifischen Kraftstoffverbrauch wird sowohl auf die innere Leistung als auch auf die effektive Leistung bezogen:

$$b_i = \frac{\dot{m}_K}{P_i} = \frac{1}{\eta_i \cdot H_u} \quad \text{innerer spezifischer Kraftstoffverbrauch} \qquad (4.4.29)$$

$$b_e = \frac{\dot{m}_K}{P_e} = \frac{1}{\eta_e \cdot H_u} \quad \text{effektiver spezifischer Kraftstoffverbrauch} \qquad (4.4.30)$$

Für die Berechnung des effektiven spezifischen Kraftstoffverbrauches mit den heute für Verbrennungsmotoren üblichen Einheiten ergibt sich folgende Größengleichung:

$$b_e \left[\frac{g}{kWh}\right] = \frac{3,6 \cdot 10^6}{\eta_e} \cdot \frac{1}{H_u [kJ/kg]} \qquad (4.4.31)$$

Neben der o. g. Definition für den spezifischen Kraftstoffverbrauch werden auch der stündliche Kraftstoffverbrauch [kg/h; l/h] oder der auf eine bestimmte Fahrstrecke bezogene Kraftstoffverbrauch [kg/km; l/km] sowie der in gesetzlich vorgegebenen Fahrzyklen benötigte Kraftstoffverbrauch [l/Testzyklus] benutzt.

In Tabelle 4.4.1 sind Anhaltswerte für die spezifischen Kenngrößen von modernen Hubkolbenmotoren dargestellt.

Tabelle 4.4.1 Anhaltswerte für spezifische Kenngrößen von Verbrennungsmotoren

		Drehzahl in min^{-1}	Verdichtungsverhältnis ε	Hubverhältnis s/D	Kolbengeschwindigkeit c_m in m/s	effektiver Druck p_{me} in bar	spezifischer Kraftstoffverbrauch b_e in g/kWh	Masse pro Leistungseinheit m/P_e in kg/kW
Ottomotoren								
Zweitakt	Kraftrad	5000 -	5,5 - 10	0,9 - 1,15	10 - 12	8 - 10	400 - 500	2,0 - 4,0
Viertakt	Kraftrad	6000 -	7 - 11	0,8 - 1,25	9,5 - 22	7,6 - 12	280 - 340	2,6 - 5,0
	Personenwagen	5000 - 7000	8 - 12,5	0,8 - 1,2	10 - 19,8	8,0 - 14	230 - 350	2,0 - 3,0
	Flugzeug	2600 - 3300	6,5 - 8,0	1,0 - 1,2	14 - 18	14 - 19	270 - 330	0,5 - 0,8
	Rennmotoren	9000 -	8 - 12	0,6 - 1,0	19 - 27	12 - 16,6	300 - 500	03 - 0,6
Dieselmotoren (mit Aufladung)								
Zweitakt	Lokomotiven	1000 - 2000	14 - 18	1,2 - 1,3	8,0 - 10	13 - 25	200 - 340	4,5 - 5,0
	Schiffe	100 - 300	12 - 14	1,6 - 1,9	6,0 - 12	15 - 20	180 - 220	14 - 40
Viertakt	Personenwagen	3000 - 5000	16 - 21	0,95 - 1,2	11 - 14	12 - 23,5	200 - 380	3 - 4
	Lastwagen	2000 - 4000	15 - 20	0,9 - 1,35	7 - 12	11 - 23,5	190 - 340	4 - 6
	Schiffe	180 - 600	12 - 17	1,2 - 1,5	5,5 - 6,4	15 - 25	200 - 230	14 - 40

4.4.6 Die Zylinderfüllung – Kenngrößen des Ladungswechsels

Die Leistung eines Motors ist in hohem Maße von der Zylinderfüllung abhängig. Zur Beurteilung und Kennzeichnung der Füllung dienen der Luftaufwand λ_a sowie der Liefergrad λ_l. Beide Größen sind in der DIN 1940 definiert.

Der Luftaufwand

Der Luftaufwand λ_a ist ein Maß für die dem Motor zugeführte Frischladung. Dabei wird angenommen, dass diese gasförmig vorliegt. Für den Luftaufwand ergibt sich die Beziehung:

$$\lambda_a = \frac{m_G}{m_{th}} = \frac{m_G}{V_h \cdot \rho_{th}} \quad \text{bzw.} \quad \lambda_a = \frac{m_{G,ges}}{V_H \cdot \rho_{th}} \qquad (4.4.32)$$

m_G = zugeführte Frischladungsmasse je Arbeitsspiel und Zylinder
$m_{G,ges}$ = gesamte dem Motor zugeführte Frischladungsmasse je Arbeitsspiel
m_{th} = theoretische Ladungsmasse je Arbeitsspiel (Zylinder bzw. gesamter Motor)
ρ_{th} = theoretische Ladungsdichte

4.4 Motor- und Betriebskenngrößen

Die zugeführte Frischladung beim Ottomotor mit äußerer Gemischbildung (Saugrohreinspritzung) besteht aus Kraftstoff und Luft:

$$m_{G,Otto} = m_K + m_L \quad \text{bzw.} \quad m_{G,ges,Otto} = m_{K,ges} + m_{L,ges} \quad (4.4.33)$$

Bei Dieselmotoren wird ausschließlich Luft angesaugt:

$$m_{G,Diesel} = m_L \quad \text{bzw.} \quad m_{G,ges,Diesel} = m_{L,ges} \quad (4.4.34)$$

Die theoretische Frischladungsmasse wird für Saugmotoren bei Umgebungszustand sowie für aufgeladene Motoren beim thermodynamischen Zustand hinter dem Verdichter bzw. Ladeluftkühler ermittelt.

Mit der thermodynamischen Zustandsgleichung für ideale Gase ergibt sich:

$$p_u \cdot V_h = m_{th} \cdot R \cdot T_u \quad \text{bzw.} \quad p_u \cdot V_H = m_{th,ges} \cdot R \cdot T_u \quad (4.4.35)$$

Für die Gaskonstante R gilt

- beim Ottomotor: $\quad R = R_G$ (Gaskonstante des Gemisches)
- beim Dieselmotor: $\quad R = R_L$ (Gaskonstante von Luft)

Setzt man die Dichte des angesaugten Gemisches bzw. der angesaugten Luft gleich der theoretischen Ladungsdichte ρ_{th}, lässt sich der Luftaufwand auch durch volumetrische Größen ermitteln:

$$m_G = V_G \cdot \rho_G \quad \text{bzw.} \quad m_{G,ges} = V_{G,ges} \cdot \rho_G \quad (4.4.36)$$

V_G = volumetrischer Ladungseinsatz je Arbeitsspiel eines Zylinders
$V_{G,ges}$ = volumetrischer Ladungseinsatz je Arbeitsspiel des Motors

und wiederum für den Luftaufwand:

Ottomotor:

$$\lambda a = \frac{V_G}{V_h} \quad \text{bzw.} \quad \lambda a = \frac{V_{G,ges}}{V_H} \quad (4.4.37)$$

Dieselmotor:

$$\lambda a = \frac{V_L}{V_h} \quad \text{bzw.} \quad \lambda a = \frac{V_{L,ges}}{V_H} \quad (4.4.38)$$

Um den Luftaufwand zu bestimmen, wird im Motorbetrieb das durchgesetzte Luftvolumen mit einem Luftmassenmesser erfasst (z. B. Heißfilmluftmassenmesser, Drehkolbengaszähler). Zusätzlich müssen Druck und Temperatur der Luft sowie der Umgebungszustand erfasst werden. Beim Ottomotor ist noch eine Kraftstoffmessung vorzunehmen.

Neben der konstruktiven Ausführung des Motors, speziell der Strömungswege, beeinflussen Betriebszustand und Kraftstoff den Luftaufwand. Für einen Viertakt-Saugmotor mit voll geöffneter Drosselklappe gibt Bild 4.4-7 Anhaltswerte für den Luftaufwand λa über der mittleren Kolbengeschwindigkeit unter Berücksichtigung folgender Einflüsse: Dampfdruck des Kraftstoffs, Wärmeübergang im Einlass und Zylinderbereich, Strömungsverluste in Drosselstellen, Erreichen der Schallgeschwindigkeit, Rückschieben von Ladung in den Einlass im niederen Drehzahlbereich bei nicht variablen Steuerzeiten, gasdynamische Abstimmung von Saug- wie Auspuffsystem.

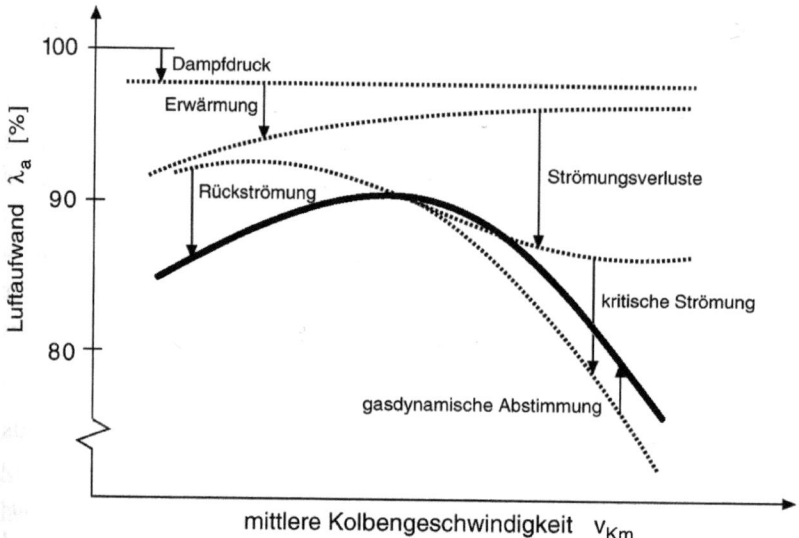

Bild 4.4-7 Luftaufwand λa eines Saugrohr einspritzenden Ottomotors – Einflussgrößen [4.4-1]

Der Luftaufwand für Ottomotoren mit Direkteinspritzung stellt in diesem Zusammenhang einen Sonderfall dar und muss abhängig von der Betriebsweise differenziert betrachtet werden. Im Homogenbetrieb bei Volllast wird dem Brennraum während der Ansaugphase sowohl Luft als auch Kraftstoff zugeführt. Durch die Kraftstoffeinspritzung in den Brennraum wird dabei u. a. die Zylindermasse abgekühlt, was seinerseits Auswirkungen auf die Füllung hat. Für den Homogenbetrieb muss daher der Luftaufwand wie beim Ottomotor mit externer Kraftstoffeinspritzung bestimmt werden. Im Schichtladebetrieb jedoch, welcher in vielen Ottomotoren mit Direkteinspritzung in der Teillast realisiert wird, wird während der Ansaugphase ausschließlich Luft zugemessen, weil die Kraftstoffeinspritzung erst im Verdichtungshub erfolgt. Hierbei verhält sich der direkt einspritzende Ottomotor hinsichtlich des Luftaufwandes wie ein Dieselmotor, d. h., dass der Luftaufwand bei Ladungsschichtung über die angesaugte Luftmasse bestimmt wird.

Der Liefergrad

Der Liefergrad ist ebenfalls ein Maß für die Zylinderfüllung. Im Unterschied zum Luftaufwand wird hierbei allerdings nicht die gesamte zugeführte Frischladung berücksichtigt, sondern nur der Anteil, der nach Abschluss des Ladungswechsels im Zylinder verbleibt. Diese verbleibende Frischladung wird, ähnlich wie beim Luftaufwand, auf die theoretische Ladungsdichte bezogen.

$$\lambda l = \frac{mZ}{mth} = \frac{mZ}{Vh \cdot \rho th} \quad \text{bzw.} \quad \lambda l = \frac{mZ,ges}{V_H \cdot \rho th} \tag{4.4.39}$$

Für die Zylinderfrischladung m_Z bzw. $m_{Z,ges}$ gilt:

Beim konventionellen Ottomotor:

$$mZ = mZ,L + mZ,K \quad \text{bzw.} \quad mZ,ges = mZ,L,ges + mZ,K,ges \tag{4.4.40}$$

4.4 Motor- und Betriebskenngrößen

Beim Dieselmotor:

$$mZ = mZ,L \quad \text{bzw.} \quad mZ,ges = mZ,L,ges \tag{4.4.41}$$

$m_{Z,L}$ = Luftmasse in einem Zylinder
$m_{Z,L,ges}$ = Luftmasse in allen Motorzylindern
$m_{Z,K}$ = Kraftstoffmasse in einem Zylinder
$m_{Z,K,ges}$ = Kraftstoffmasse in allen Zylindern

Für die Erfassung der im Zylinder verbleibenden Ladungsmasse wird näherungsweise folgende Vorgehensweise gewählt:

Zur Druckbestimmung erfolgt eine Zylinderdruckindizierung. Mit der stark vereinfachenden Annahme, dass die Zylinderladungstemperatur zum Zeitpunkt „Einlassventil schließt" näherungsweise gleich der Temperatur im Einlasskanal vor dem Einlassventil ist (Messung dieser Temperatur mit Thermoelement), erhält man einen Wert für $T_{Z,ES}$. Die im Zylinder verbleibende Masse m_Z erhält man dann aus der Zustandsgleichung zum Zeitpunkt „Einlassventil schließt":

$$pZ,Es \cdot VEs = mZ \cdot R \cdot Tz,Es \tag{4.4.42}$$

Für die Gaskonstante R wird wiederum R_G bzw. R_L eingesetzt.

Bei 4-Takt-Otto-Motoren ist der Kurbelwinkelbereich der Ventilüberschneidung (Zeitbereich, in dem sowohl Einlassventil als auch Auslassventil beim Ladungswechsel gleichzeitig geöffnet sind) relativ klein. Für den Fall der kleinen Ventilüberschneidung kann in guter Näherung λ_a und $\lambda_l = 1$ gesetzt werden.

Bei Motoren ohne Aufladung sind λ_a und λ_l immer kleiner als 1, da Strömungswiderstände beim Ansaugen und beim Ausschieben ein vollständiges Ausspülen des geometrischen Hubvolumens verhindern. Motoren mit Aufladung haben Betriebszustände, bei denen λ_a und λ_l größer als 1 sind.

Dieselmotoren, insbesondere solche mit Aufladung haben große Ventilüberschneidungen, um eine Innenkühlung und eine bessere Ausspülung des Brennraumes von Restgasen zu erreichen. Hier kann $\lambda_a \gg 1$ werden.

Bei schlitzgesteuerten 2-Takt Motoren existiert ein erheblicher Unterschied zwischen Luftaufwand und Liefergrad. Dies ist bedingt durch die Überströmverluste. Der Quotient aus Liefergrad und Luftaufwand gibt den Fanggrad λ_F, welcher ein Maß für die im Zylinder verbleibende Frischladung ist.

$$\lambda_F = \lambda_l / \lambda_a \tag{4.4.43}$$

Der Luftaufwand steht auch in einer Beziehung zu Mitteldruck, Wirkungsgrad und Gemischheizwert. Zur Herleitung dieses Zusammenhangs wird für die Gasarbeit je Arbeitsspiel im konventionellen Ottomotor folgende Formulierung verwendet:

$$W_{KA} = pmi \cdot V_h = \frac{P_i}{i \cdot n} = \eta_i \cdot \frac{\dot{m}_K}{i \cdot n} \cdot H_u \tag{4.4.44}$$

$$pmi \cdot V_h = \eta_i \cdot m_K \cdot H_u = \eta_i \cdot V_G \cdot H_G \tag{4.4.45}$$

Damit ergibt sich für den inneren Mitteldruck:

$$pmi = \eta_i \cdot \frac{V_G}{V_h} \cdot H_G \tag{4.4.46}$$

Mit dem Luftaufwand: $\lambda_a = \dfrac{V_G}{V_h}$ ergibt sich die Beziehung:

$$p_{mi} = \eta_i \cdot \lambda_a \cdot H_G \tag{4.4.47}$$

mit H_G = Gemischheizwert bei äußerer Gemischbildung

Dabei sind Luftaufwand und Gemischheizwert auf den gleichen Zustand zu beziehen (Umgebungszustand oder Zustand unmittelbar vor dem Zylinder).

Für den Dieselmotor gilt entsprechend:

$$W_{KA} = p_{mi} \cdot V_h = \eta_i \cdot m_K \cdot H_u = \eta_i \cdot V_L \cdot \overline{H}_G \tag{4.4.48}$$

mit $\overline{H}_G$ = Gemischheizwert bei innerer Gemischbildung

Analog gilt für den effektiven Mitteldruck:

$$p_{me} = \eta_e \cdot \lambda_a \cdot H_G \quad \text{für äußere Gemischbildung} \tag{4.4.49}$$

$$p_{me} = \eta_e \cdot \lambda_a \cdot \overline{H}_G \quad \text{für innere Gemischbildung} \tag{4.4.50}$$

Heutige Motoren weisen in etwa folgende p_{me} Werte auf:

Motorradmotoren (4-Takt)	bis 12 bar
Rennmotoren (ohne Aufladung)	bis 19 bar
Rennmotoren (mit Aufladung)	bis 37 bar
PKW-Ottomotoren (ohne Aufladung)	bis 13 bar
LKW-Dieselmotoren (mit Aufladung)	15 bis 20 bar
größere Dieselschnellläufer	6 bis 29 bar
Mittelschnellläufer (Diesel)	15 bis 25 bar
Kreuzkopfmotoren (2-Takt-Diesel)	9 bis 15 bar

4.4.7 Die Motorenkennfelder

Das Betriebsverhalten von Verbrennungsmotoren in Abhängigkeit von Drehmoment und Drehzahl wird in Kennfeldern angegeben. Meist wird der Zusammenhang zwischen den Kenngrößen effektiver Mitteldruck p_{me}, effektive Leistung P_e, spezifischer Kraftstoffverbrauch b_e, Drehmoment M_d und Motordrehzahl n dargestellt.

Zur Aufnahme eines Motorkennfeldes werden am Prüfstand das Drehmoment M_d, die Motordrehzahl n und der Kraftstoffmassenstrom gemessen. Die übrigen Kenngrößen werden anschließend aus diesen Messwerten berechnet:

Leistung:

$$P_e = M_d \cdot \omega = M_d \cdot 2 \cdot \pi \cdot n \tag{4.4.51}$$

Mitteldruck:

$$p_{me} = \frac{2 \cdot \pi}{i} \cdot \frac{M_d}{V_H} \tag{4.4.52}$$

Spezifischer Kraftstoffverbrauch:

$$b_e = \frac{\dot{m}_K}{P_e} \tag{4.4.53}$$

4.4 Motor- und Betriebskenngrößen

Bild 4.4-8 zeigt beispielhaft gemessene Teillastverbrauchskurven bei konstanter Drehzahl für einen Ottomotor und einen Dieselmotor. Im Teillastbereich steigt der spezifische Kraftstoffverbrauch bei konstanter Drehzahl und sinkender Last (abnehmender Mitteldruck p_{me}) deutlich an. Dies ist vor allem auf den Einfluss der Reibungsleistung zurückzuführen, welche näherungsweise von der Drehzahl abhängt. Bei konstanter Drehzahl und mit sinkender Last nimmt dann der prozentuale Anteil der Reibungsleistung zu.

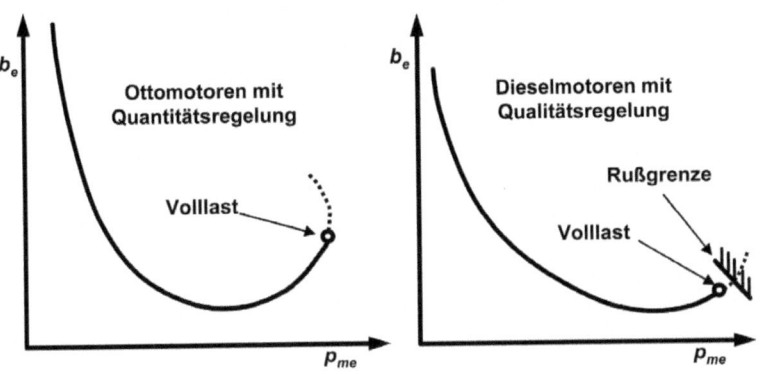

Bild 4.4-8 Teillastverbrauchskurve von Otto- und Dieselmotoren (n = konst.)

Der maximal erreichbare Mitteldruck (Volllastpunkt) ist beim Ottomotor durch die größte Zylinderfüllung bei voll geöffneter Drosselklappe und das zugehörige Luftverhältnis gegeben. Teilweise ist der Volllastmitteldruck infolge des Auftretens klopfender Verbrennung nicht voll ausschöpfbar. In solchen Fällen müssen die Zündzeitpunkte angepasst werden, so dass Klopfen sicher vermieden wird.

Beim Dieselmotor ist der maximale Mitteldruck durch die zulässige Kraftstoffmasse gegeben. Dabei muss das Kraftstoff-Luft-Verhältnis mit einem Sicherheitsabstand zur Rußgrenze eingestellt werden.

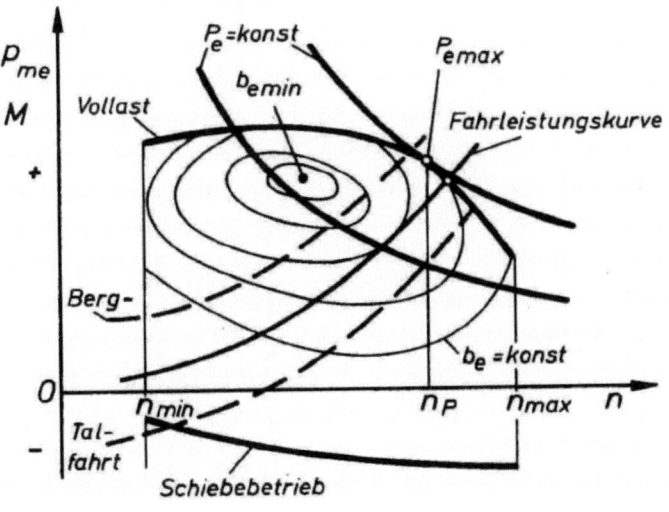

Bild 4.4-9 Motorkennfeld – be, Pe, Fahraufwand $= f(p_{me}, n)$

Aus Teillastverbrauchskurven bei verschiedenen Drehzahlen lässt sich das Verbrauchskennfeld ermitteln (Linien b_e = konstant). Diese Linien konstanten Kraftstoffverbrauches werden wegen ihres Aussehens auch „Muschelkurven" genannt. Nach oben hin wird das Motorkennfeld durch die Volllastlinie begrenzt.

Mit den Linien konstanter Leistung (P_e = konstant) lässt sich für eine geforderte Motorleistung der verbrauchsgünstigste Betriebspunkt ermitteln. Die Fahrleistungskurven geben die jeweils erforderlichen Leistungsanforderungen des Fahrzeugs an (abhängig von den Randbedingungen: Bergfahrt, Talfahrt, Schiebebetrieb usw.).

Die maximale Drehzahl n_{max} wird beim Ottomotor, wenn erforderlich, z. B. durch Einspritzausblendung, Zündungsspätverstellung (Wirkungsgrad!) oder durch eine elektronisch gesteuerte Drosselklappe begrenzt. Beim Dieselmotor erfolgt die Drehzahlbegrenzung meist durch eine Abregelvorrichtung für den Kraftstoff.

In den Bildern 4.4-10 und 4.4-11 ist zu erkennen, dass das Optimum des leistungsspezifischen Kraftstoffverbrauches in Bereichen niederer bis mittlerer Drehzahl sowie hoher Motorauslastung liegt. Dies führt dazu, dass der Kraftstoffverbrauch stark von der Fahrweise abhängt. Beispielsweise liegt der Verbrauch im Stadtverkehr auf Grund häufiger Teillast deutlich über dem Verbrauchswert von Landstraßenfahrten.

Darüber hinaus macht ein Vergleich zwischen Bild 4.4-11 und Bild 4.4-12 deutlich, dass es zwischen den Motorkenngrößen zu Zielkonflikten kommen kann.

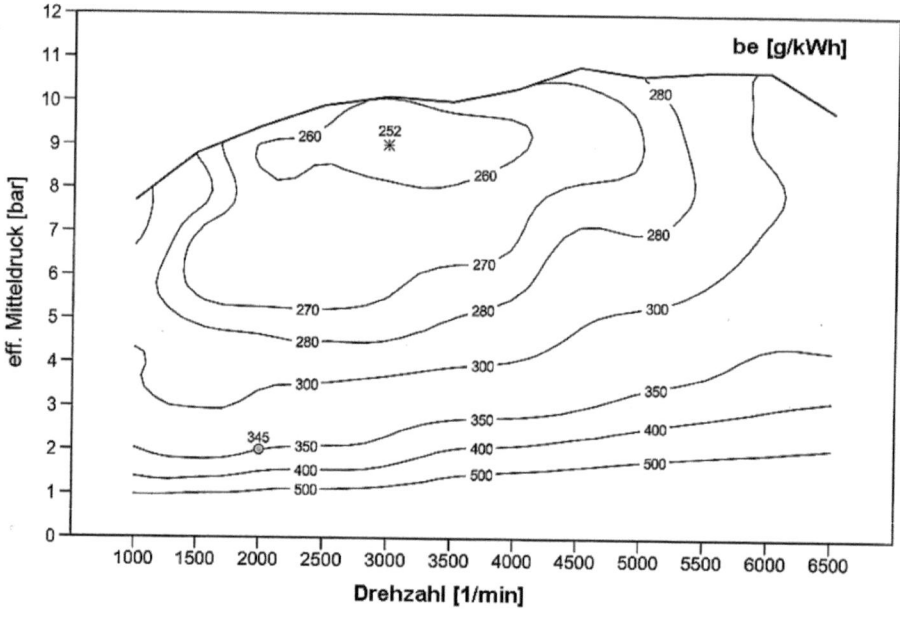

Bild 4.4-10 Verbrauchskennfeld eines Ottomotors

4.4 Motor- und Betriebskenngrößen

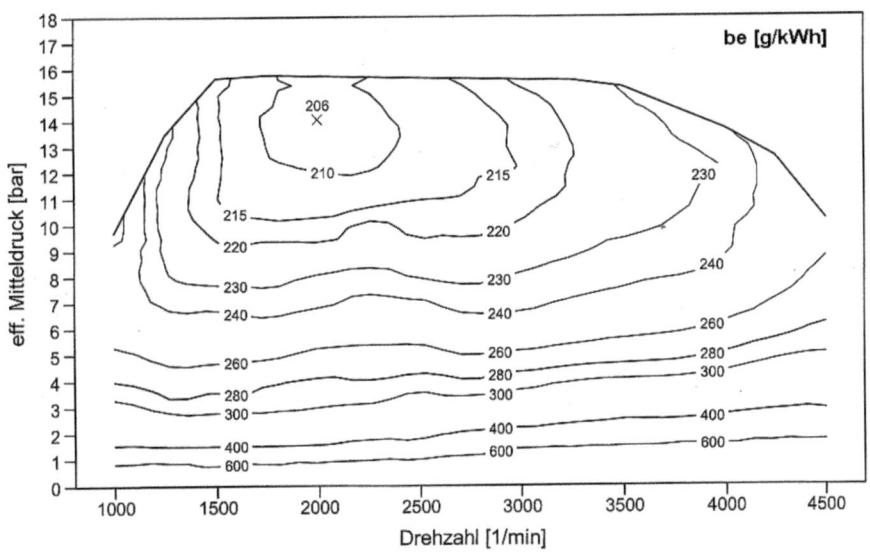

Bild 4.4-11 Verbrauchskennfeld eines Dieselmotors

Im nachfolgenden Bild ist das Kennfeld für Stickoxid-Emissionen eines aufgeladenen Dieselmotors mit Direkteinspritzung wiedergegeben. Man erkennt, dass für den Betriebspunkt mit dem besten Kraftstoffverbrauch – bei hoher Last und mittlerer Drehzahl – die NO_x-Emissionen am höchsten sind. Dies ist darauf zurück zu führen, dass bei diesem Betriebspunkt auf Grund der hohen Brennraumtemperaturen sowie einer ausreichenden Zeitspanne die Entstehung von Stickoxiden begünstigt wird. Die Herausforderung in der Motorenentwicklung liegt daher vor allem in der Beherrschbarkeit solcher gegenläufiger Effekte.

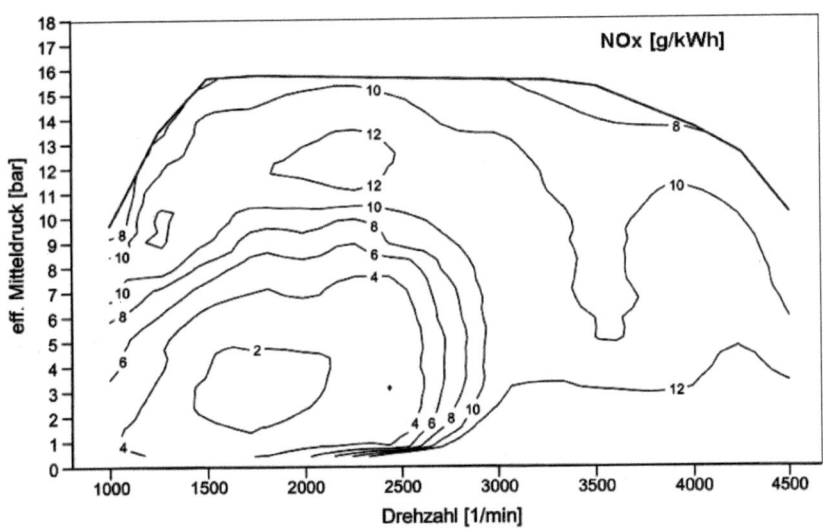

Bild 4.4-12 NO_x-Emissionskennfeld eines Dieselmotors

■ Übungsaufgabe zu den Motorkennwerten

Es soll ein abgasturboaufgeladener Vierzylinder-Viertakt-Dieselmotor mit folgenden technischen Daten betrachtet werden:

Zylinderzahl	$z = 4$
Kolbendurchmesser	$d_K = 80$ mm
Hub	$s = 80$ mm
Verdichtungsverhältnis	$\varepsilon = 18{,}5$
Nenndrehzahl	$n_N = 4500$ 1/min

Weiterhin seien die nachfolgenden Randbedingungen (Betriebsgrößen bei 4200 1/min und Volllast) vorgegeben und es gelte die Annahme eines idealen Gases für die Zylinderfüllung mit Frischluft:

Druck in Punkt 1	$p_1 = 2{,}1$ bar
Temperatur in Punkt 1	$T_1 = 438$ K
Verbrennungsluftverhältnis λ_V	$\lambda_V = \dfrac{m_{LZ}}{m_{KZ} \cdot l/\min} = 1{,}42$
Mindestluftmenge	$l_{min} = 14{,}6$
Umsetzungsgrad	$\eta_u = 1{,}0$
Wirkungsgrad des Vergleichsprozesses	$\eta_V = 0{,}47$
Gütegrad	$\eta_g = 0{,}8$
Fanggrad	$\lambda_F = 1{,}0$
Reibmitteldruck	$p_{mr} = 2{,}2$ bar
Dichte Kraftstoff	$\rho_k = 0{,}83$ kg/dm^3

Gesucht sind nachfolgende Kenngrößen:

1) Luftdurchsatz und Kraftstoffverbrauch pro Stunde [kg/h]
2) Innenwirkungsgrad η_i, Innenleistung P_i, Innenmitteldruck p_{mi}
3) Nutzwirkungsgrad η_e, Nutzleistung P_e, Nutzmitteldruck p_{me}, spez. Kraftstoffverbrauch b_e
4) Eingespritztes Kraftstoffvolumen pro Arbeitsspiel und Zylinder
5) Drehmoment M_d und mittlere Kolbengeschwindigkeit c_m

Lösung Teil 1:

$$V_h = \frac{\pi}{4} \cdot d_K^2 \cdot s = 0{,}402 \cdot 10^{-3} \text{m}^3 \Rightarrow V_H = 4 \cdot V_h = 1{,}6 \cdot 10^{-3} \text{m}^3 = 1{,}6 \text{ Liter}$$

$$\dot{V}_{LZ} = V_h \cdot \frac{n}{a} = 0{,}015 \frac{\text{m}^3}{\text{s}} = 54{,}27 \frac{\text{m}^3}{\text{h}}$$

$$\rho_{FL} = \frac{p_1}{R \cdot T_1} = 1{,}67 \frac{\text{kg}}{\text{m}^3}$$

$$\dot{m}_{LZ} = \dot{V}_{LZ} \cdot \rho_{FL} = 0{,}02505 \frac{\text{kg}}{\text{s}} = 1{,}5 \frac{\text{kg}}{\text{h}}$$

$$\Rightarrow \dot{m}_L = z \cdot \dot{m}_{lZ} = 4 \cdot 0{,}02505 \frac{\text{kg}}{\text{s}} = 0{,}1002 \frac{\text{kg}}{\text{s}} = 360{,}72 \frac{\text{kg}}{\text{h}}$$

$$\lambda_V = \frac{\dot{m}_L}{\dot{m}_K \cdot l_{min}} \Rightarrow \dot{m}_{KZ} = \frac{\dot{m}_L}{\lambda_V \cdot l_{min}} = \frac{0{,}1002 \frac{\text{kg}}{\text{s}}}{1{,}42 \cdot 14{,}6} = 4{,}833 \cdot 10^{-3} \frac{\text{kg}}{\text{s}} = 17{,}4 \frac{\text{kg}}{\text{h}}$$

4.4 Motor- und Betriebskenngrößen

Lösung Teil 2:
Der Innenwirkungsgrad ist das Produkt der einzelnen Wirkungsgrade:

$$\Rightarrow \eta_i = \eta_z \cdot \eta_u \cdot \eta_v \cdot \eta_g = 0{,}376$$

$$\eta_i = \frac{P_i}{\dot{m}_K \cdot H_u} \Rightarrow P_i = \eta_i \cdot \dot{m}_K \cdot H_u = 0{,}367 \cdot 4{,}833 \cdot 10^{-3} \frac{\text{kg}}{\text{s}} \cdot 42{,}7 \cdot 10^6 \frac{\text{J}}{\text{kg}} = 75{,}74 \text{ kW}$$

$$p_{mi} = \frac{W_{iZ}}{V_h} = \frac{W_i}{z \cdot V_h} = \frac{P_i}{\frac{n}{a} \cdot z \cdot V_h} \Rightarrow p_{mi} = \frac{75740 \text{ W}}{\frac{4500}{2 \cdot 60 \text{ s}} \cdot 4 \cdot 0{,}402 \cdot 10^{-3} \text{ m}^3} \cdot 10^5 = 12{,}56 \text{ bar}$$

Lösung Teil 3:

$$\eta_m = \frac{\eta_e}{\eta_i} = \frac{\frac{P_e}{\dot{m}_K \cdot H_u}}{\frac{P_i}{\dot{m}_K \cdot H_u}} = \frac{P_e}{P_i} = \frac{P_i - P_r}{P_i} = 1 - \frac{P_r}{P_i} = 1 - \frac{p_{mr}}{p_{mi}} = 1 - \frac{2{,}2}{12{,}56} = 0{,}825$$

$$\eta_e = \eta_i \cdot \eta_m = 0{,}367 \cdot 0{,}825 = 0{,}303$$

$$P_e = \eta_e \cdot \dot{m}_K \cdot H_u = 0{,}303 \cdot 4{,}833 \cdot 10^{-3} \text{ kg} \cdot 42{,}7 \cdot 10^6 \frac{\text{J}}{\text{kg}} = 62{,}53 \text{ kW}$$

$$p_{me} = \frac{P_e}{\frac{n}{a} \cdot V_H} = \frac{62530 \text{ W}}{\frac{4500}{2 \cdot 60 \text{s}} \cdot 1{,}6 \cdot 10^{-3}} = 10{,}42 \text{ bar}$$

$$b_e = \frac{1}{\eta_e \cdot H_u} = \frac{\dot{m}_K}{P_e} = \frac{1}{0{,}303 \cdot 42{,}7 \cdot 10^6 \frac{\text{J}}{\text{kg}}} = 0{,}0773 \cdot 10^{-6} \frac{\text{kg}}{\text{J}} = 278{,}2 \frac{\text{g}}{\text{kWh}}$$

Lösung Teil 4:

$$\dot{V}_{KZ} = \dot{m}_{KZ} \cdot \frac{1}{\rho_K} = \frac{4{,}833 \cdot 10^{-3} \frac{\text{kg}}{\text{s}}}{4} \cdot \frac{1}{0{,}83 \cdot 10^3 \frac{\text{kg}}{\text{m}^3}} = 1{,}456 \frac{\text{cm}^3}{\text{s}}$$

$$\dot{V}_{KZ,ASP} = \dot{V}_{KZ} \cdot \frac{a}{n} = 1{,}456 \cdot 10^{-6} \frac{\text{m}^3}{\text{s}} \cdot \frac{2 \cdot 60 \text{ s}}{4500} = 0{,}0388 \text{ cm}^3$$

Lösung Teil 5:

$$P_e = 2 \cdot \pi \cdot n \cdot M_d \Rightarrow M_d = \frac{62530 \text{ W}}{2 \cdot \pi \cdot \frac{4500}{60 \text{ s}}} = 132{,}7 \text{ Nm}$$

$$c_m = 2 \cdot s \cdot n = 2 \cdot 80 \cdot 10^{-3} \text{ m} \cdot \frac{4500}{60 \text{ s}} = 12{,}0 \frac{\text{m}}{\text{s}}$$

Literatur

[4.4-1] Pischinger, R., Klell, M., Sams, T. – Thermodynamik der Verbrennungskraftmaschine – 2. Auflage – Springer 2003

4.5 Ladungswechsel

4.5.1 Allgemeines

Bei Verbrennungsmotoren mit innerer Verbrennung muss nach jeder Arbeitsphase das Abgas aus dem Brennraum entfernt und durch Frischgas ersetzt werden. Diesen Vorgang, der in der Regel die Kolbenbewegung erwirkt wird, nennt man Ladungswechsel. Großen Einfluss auf den Ladungswechsel haben die im Zylinderkopf befindlichen Steuerorgane und das daran gekoppelte Ansaug- und Abgassystem. Faktoren, die sich auf den Ladungswechsel auswirken, sind:

- Ventilsteuerzeiten und Ventilerhebungskurven
- Gestaltung des Ansaug- und Abgassystems
- Strömungsverluste
- Wandtemperaturen im Brennraum und den Kanälen
- Umgebungstemperatur und -druck

Die Güte des Ladungswechsels wird durch den Liefergrad λ_l beschrieben und hat Einfluss auf:

Leistung P_e

$$P_e = i \cdot n \cdot p_{me} \cdot V_H \quad \text{mit} \quad p_{me} = \eta_e \cdot \lambda_l \cdot H_G$$

$$P_e = n \cdot \eta_e \cdot \lambda_l \cdot i \cdot H_G \cdot V_H \tag{4.5.1}$$

$n, \eta_e, \lambda_l = f$ (Ladungswechsel)

Der Gemischheizwert für konventionellen Ottokraftstoff beträgt $H_{G,1}$ = 3670 kJ/m³ = 36,7 bar. Effektive Mitteldrücke von p_{me} = 36,7 bar werden nicht erreicht, weil $\lambda_l < 1$ (Saugmotoren) und $\eta_e < 1$ (Thermodynamik). Drossel- und Spülverluste wirken sich auf λ_l und Arbeitsverluste beim Ladungswechsel auf η_e aus. Eine gute Füllung ergibt bei hoher Drehzahl eine hohe Nennleistung.

Drehmoment M_d

$$M_d = \frac{i}{2 \cdot \pi} \cdot p_{me} \cdot V_H = \eta_e \cdot \lambda_l \cdot \frac{i}{2 \cdot \pi} \cdot H_G \cdot V_H \tag{4.5.2}$$

$\eta_e, \lambda_l = f$ (Ladungswechsel)

Für maximales Moment muss hier das Produkt aus η_e und λ_l maximal sein. Eine gute Füllung bei niedriger Drehzahl ergibt ein elastisches Motorverhalten. Neben der Nennleistung ist der Drehmomentverlauf ein ebenso wichtiges Beurteilungskriterium eines Motors.

Abgasqualität

Eine zunehmende Restgasmenge im Brennraum senkt die Prozesstemperatur und somit die NO_X-Anteile im Abgas. Der HC-Anteil des Restgases ist höher als der HC-Anteil des ausgeschobenen Abgases. Durch Nachverbrennung verringern sich somit auch die HC-Emissionen. Die dafür verantwortliche interne Abgasrückführung lässt sich durch den Ladungswechsel

4.5 Ladungswechsel

steuern. Eine zu hohe Restgasmenge im Brennraum führt jedoch zu ungleichmäßigem Motorlauf bis hin zu Zündaussetzern.

Durch Spülverluste (2-Takt-Motor) bzw. unpassende Ventilüberschneidung (4-Takt-Motor) kann Frischgemisch schon beim Ladungswechsel in den Abgastrakt kommen, wodurch die HC-Emissionen stark ansteigen.

Spezifischer Kraftstoffverbrauch b_e

$$b_e = \frac{1}{\eta_e \cdot H_U} \tag{4.5.3}$$

Ladungswechselverluste, d. h. die für den Ladungswechsel aufgewendete Arbeit, haben negativen Einfluss auf η_e und somit auf b_e. Es ist ein Kompromiss zwischen der Güte des Ladungswechsels und der erforderlichen Ladungswechselarbeit zu finden.

Aus diesen Abhängigkeiten lassen sich folgende Anforderungen an den Ladungswechsel stellen:

- gute Zylinderfüllung mit Frischgemisch (Nennleistung, Volllast) bei allen Drehzahlen
- geringe Arbeitsverluste
- geringe Spülverluste
- verbesserte Abgasqualität
- Restgasmenge so einstellen, dass Emissionen minimal sind
- passende Ladungsbewegung für den jeweiligen Betriebszustand bereitstellen

4.5.2 4-Takt-Hubkolbenmotor

Beim 4-Takt-Verfahren sind Ausschieben und Ansaugen die Ladungswechseltakte. Diese Takte erfolgen im Wesentlichen durch die Verdrängerwirkung des Kolbens und werden durch Steuerorgane (in der Regel Hubventile) geregelt. Diese Steuerorgane öffnen bzw. schließen periodisch die Steueröffnungen (Ein- und Auslasskanäle) des Brennraums. An die Steuerorgane sind folgende Anforderungen zu stellen:

- große Öffnungsquerschnitte
- kleiner Zeitbedarf für Öffnungs- und Schließvorgänge
- strömungsgünstige Ausführung
- hohe Dichtwirkung und Standfestigkeit

Als Steuerorgane kommen grundsätzlich Hubventile und Drehschieber in Frage, die in Bild 4.5-1 dargestellt sind.

Hubventile sind durch einfache und sichere Dichtung gekennzeichnet, wobei die Dichtwirkung durch den Zylinderdruck verstärkt wird. Die hohen Beschleunigungen während der Öffnungs- und Schließvorgänge führen zu hohen Massenkräften, wodurch der Ventiltrieb hohen Belastungen ausgesetzt ist und bei sehr hohen Drehzahlen der Kraftschluss verloren gehen kann. Kurze Öffnungs- und Schließzeiten sowie große Querschnitte und nicht vorhandene Massenkräfte sind die großen Vorteile des Drehschiebers. Aber aufgrund der hohen Betriebsunsicherheit durch die Gefahr des Klemmens und Fressens durch thermische Dehnung werden bei modernen Verbrennungsmotoren praktisch nur noch Hubventile eingesetzt.

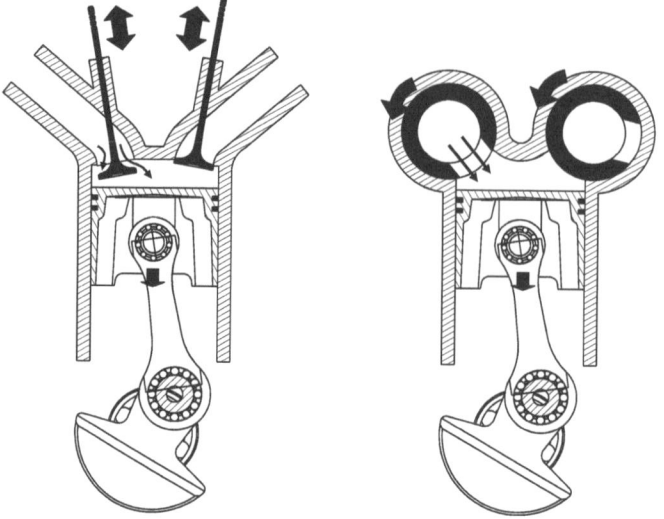

Bild 4.5-1 Hubventil- und Drehschiebersteuerung

Ventilsteuerzeiten

Das Öffnen (Beginn) und Schließen (Ende) der Ventile bei genau definiertem Ventilspiel kennzeichnet die Steuerzeiten (Bild 4.5-2). Diese sind immer ein Kompromiss, da der Motor in breiten Drehzahl- und Lastbereichen betrieben wird. Eine gleichzeitige Optimierung des Ladungswechsels für maximales Drehmoment und maximale Nennleistung ist ohne weitere Maßnahmen wie Nockenwellenverstellsystem, Schaltnockensystem oder Schaltsaugrohr nicht möglich. Die Bezeichnungen „früh" bzw. „spät" beziehen sich auf die relative Lage zu den Basissteuerzeiten und relativ zum näheren Totpunkt und werden in der Einheit °KW angegeben.

Übliche Steuerzeiten heutiger PKW-Motoren (Otto- und Dieselmotoren) sind in Tabelle 4.5.1 aufgeführt.

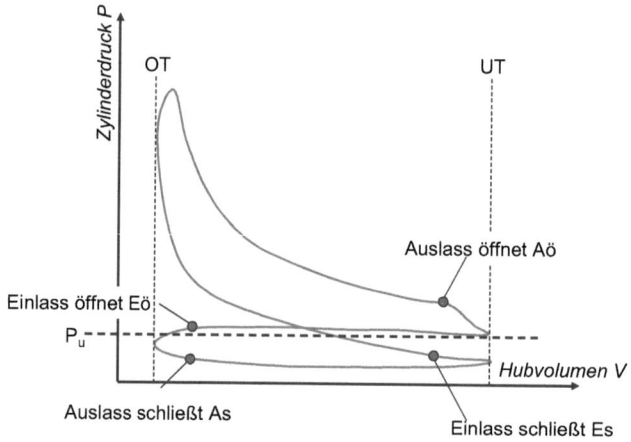

Bild 4.5-2 Ventilsteuerzeiten

Tabelle 4.5.1 Steuerzeiten

Ottomotor

Aö	50 – 40	°KW v. UT
As	4 – 30	°KW n. OT
Eö	30 – 5	°KW v. OT
Es	40 – 60	°KW n. UT

Dieselmotor

Aö	50 – 40	°KW v. UT
As	5 – 30	°KW n. OT
Eö	25 – 0	°KW v. OT
Es	30 – 40	°KW n. UT

4.5 Ladungswechsel

Für den Einfluss der Steuerzeiten auf den Motorprozess gilt:

Auslass öffnet (Aö)

Diese Steuerzeit ist ein Kompromiss zwischen dem Gewinn an Expansionsarbeit und der Höhe der Ausschiebearbeit. Wird diese Steuerzeit in Richtung spät (früh) verschoben, kann mehr (weniger) Expansionsarbeit gewonnen werden, der thermische Wirkungsgrad steigt (sinkt), HC-Emissionen werden reduziert (erhöht) und die Abgastemperatur sinkt (steigt). Bei höheren Drehzahlen und Lasten erhöht (verringert) sich aber die Ausschiebearbeit am Anfang des Ausschiebetaktes; somit hat spätes Aö bei niedrigen Drehzahlen und Lasten eine größere Bedeutung. Die thermische Belastung des Auslassventils bei frühem Aö stellt hohe Anforderungen an den Werkstoff des Auslassventils.

Auslass schließt (As)

Diese Steuerzeit regelt gemeinsam mit der Steuerzeit Eö die Dauer der Ventilüberschneidungsphase. Bei niedrigen Drehzahlen und Lasten kann mit dieser Steuerzeit die während der Ansaugphase vom Abgassystem zurückgezogene und bei hohen Drehzahlen und Lasten die vom Zylinder ausgeschobene Abgasmenge reguliert werden. Bei Volllast kann der Zylinder durch spätes As besser ausgespült und somit ein besserer Füllungsgrad erreicht werden (wird z. B. bei Sportmotoren für höhere Leistung angewandt).

Einlass öffnet (Eö)

Kennzeichnet den Beginn der Ventilüberschneidungsphase und ist somit wie As für die Regulierung der im Frischgas befindlichen Restgasmenge bei Teillast und für das Ausspülen der Restgase bei Volllast verantwortlich.

Einlass schließt (Es)

Durch den Schließzeitpunkt des Einlassventils wird die Füllungs- und damit Drehmomentcharakteristik eines Motors erheblich stärker beeinflusst als durch alle anderen Steuerzeiten. Ein frühes Schließen des Einlassventils ist günstig für ein hohes Drehmoment im unteren Drehzahlbereich.

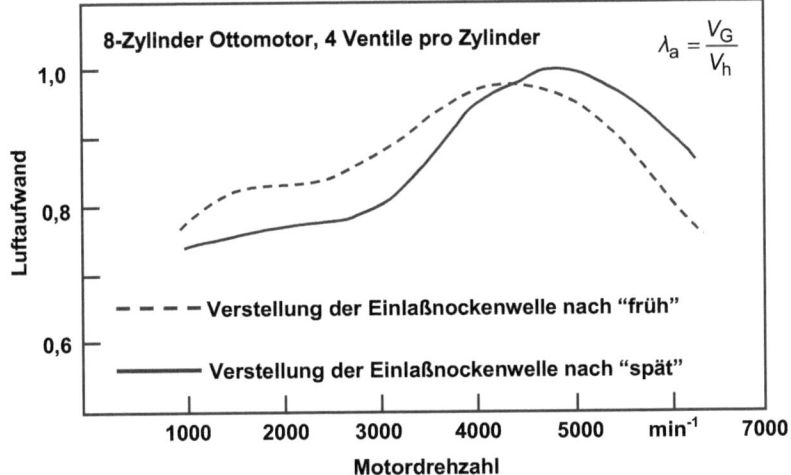

Bild 4.5-3 Luftaufwand / Es (8-Zylinder-Ottomotor, 4 Ventile pro Zylinder)

Bei Nenndrehzahl ergeben sich jedoch Füllungsverluste. Spätes Schließen des Einlassventils ergibt eine hohe Nennleistung, jedoch Füllungsverluste bei niedrigen Drehzahlen (Rückströmen in das Saugrohr). Sportmotoren sind durch spätes Schließen des Einlassventils gekennzeichnet. Den Einfluss der Steuerzeit Es auf den Luftaufwand bei Volllast zeigt Bild 4.5-3. Durch Verstellen der Einlassnockenwelle um 20 °KW nach spät ergibt sich im unteren Drehzahlbereich eine deutliche Reduzierung des Luftaufwands. Bei Nenndrehzahl dagegen ist eine Steigerung des Luftaufwands um ca. 8 % festzustellen.

Ventilüberschneidung

Bei großer Ventilüberschneidung (frühes Öffnen des Einlassventils; spätes Schließen des Auslassventils) kann ein Teil der angesaugten Ladung (Gemisch, Luft) durch den Zylinder in den Auspuff strömen, ohne an der Verbrennung teilzunehmen (Spülverluste). Bei gemischansaugenden Motoren wird dadurch der effektive Wirkungsgrad schlechter ($\lambda_L < \lambda_a$) und die Emissionen steigen an. Vorteile einer großen Ventilüberschneidung sind eine bessere Restgasausspülung sowie eine größere Füllung und somit höhere Leistung.

Ladungswechselarbeitsverluste

Der Ladungswechsel lässt sich nicht ohne Arbeitsverluste realisieren. Zur Ermittlung der Verluste wird der reale Prozess ab „Auslass öffnet" (Aö) bis „Einlass schließt" (Es) einem idealen Vergleichsprozess ohne Arbeitsverluste durch Ladungswechsel, jedoch mit gleicher Füllung und gleichem Kompressionsdruckverlauf, gegenübergestellt (Bild 4.5-4). Die Ladungswechselarbeitsverluste sind jeweils durch die schraffierte Fläche (Bild 4.5-4 links) bzw. die schraffierten und gepunkteten Flächen (Bild 4.5-4 rechts) dargestellt. Vom Zeitpunkt „Aö" bis UT ergibt sich ein Verlust von Expansionsarbeit. Das Ausschieben des Abgases ergibt Verluste durch Ausschiebearbeit. Beim Ansaugen der Frischladung treten an mehreren Stellen im Einlasssystem Druckverluste auf (aufgrund von Wandrauhigkeiten und Krümmungen der Einlassleitungen, Druckverlust im Luftfilter, an den Ventilen und insbesondere an der Drosselklappe), wodurch Ansaugarbeit aufzubringen ist. Bestenfalls sind dabei die im rechten Bild von Bild 4.5-4 links der Kompressionslinie abgebildeten Verluste (schraffierte Fläche) durch gesteuertes Ansaugen ohne Drosselung vermeidbar (z. B. durch voll variablen Ventiltrieb – VVS).

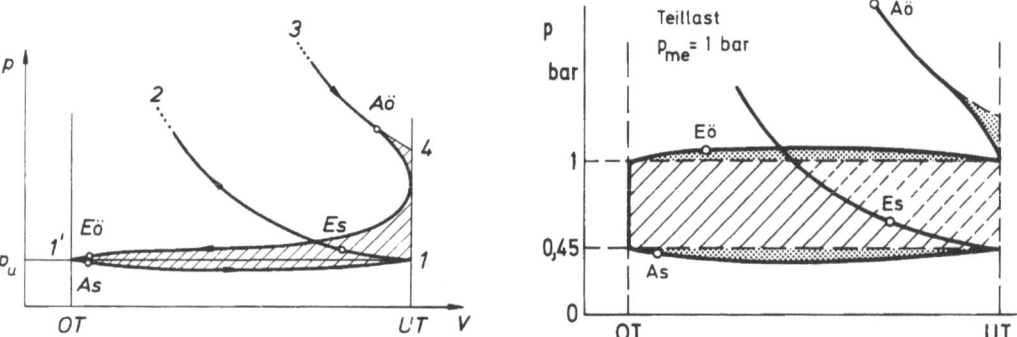

Bild 4.5-4 Ladungswechselarbeitsverluste ohne Drosselung (Ottomotor bei Vollast; Dieselmotor immer) links; Ladungswechselarbeitsverluste mit Drosselung (nur bei Ottomotor) rechts

4.5 Ladungswechsel

Der gesamte Druckverlust gegen den Umgebungsdruck kann unter Annahme quasistationärer Strömung im Ansaugsystem durch die Summe der einzelnen Verlustanteile der Komponenten beschieben werden:

$$\Delta p = \sum_i \Delta p_i = \sum_i \xi_i \cdot \rho \cdot v_i^2 = \rho \cdot \overline{v}_k^2 \cdot \sum_i \xi_i \cdot \left(\frac{A_k}{A_i}\right)^2 \tag{4.5.4}$$

mit ξ_i = Verlustkoeffizient
v_i = lokale Strömungsgeschwindigkeit und
A_i = kleinste Strömungsquerschnitt des jeweiligen Bauteils

Es ist ersichtlich, dass für geringe Pumparbeit (Ausschiebe- und Ansaugarbeit) große Strömungsquerschnitte vorteilhaft sind und eine Drehzahlabhängigkeit vorliegt (mit steigender Motordrehzahl nehmen die Druckverluste zu).

Die Verringerung der Ladungswechselverluste stellt eines der größten Verbesserungspotentiale zur Verbrauchsreduzierung drosselgesteuerter Motoren dar. Aus diesem Grund werden seit ca. 20 Jahren variable Ventilsteuerungen mit unterschiedlichen Konzepten entwickelt. Erste Systeme gehen bereits in den Markt. Unter einer variablen Ventilsteuerung versteht man ein System, das eine Variation eines oder mehrerer die Ventilerhebungskurve beeinflussenden Parameter ermöglicht. Es lassen sich folgende Variationen der Ventilerhebungskurve unterscheiden:

- Variation der Phasenlage (Bild 4.5-5),
- Variation der Ventilhubhöhe (Bild 4.5-6),
- Variation der Ventilöffnungsdauer (Bild 4.5-7).

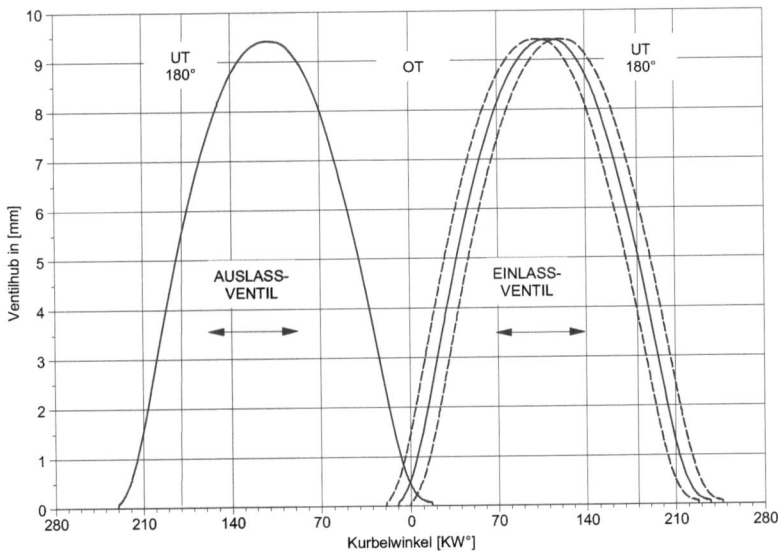

Bild 4.5-5 Variation der Phasenlage

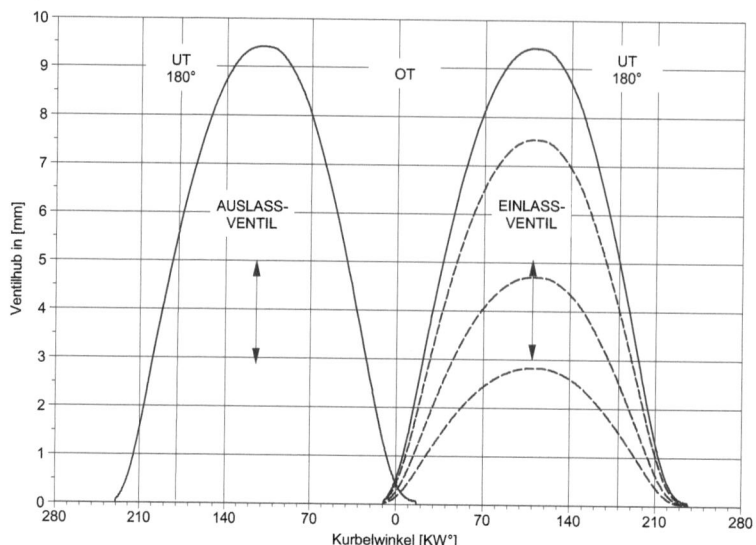

Bild 4.5-6 Variation der Ventilhubhöhe

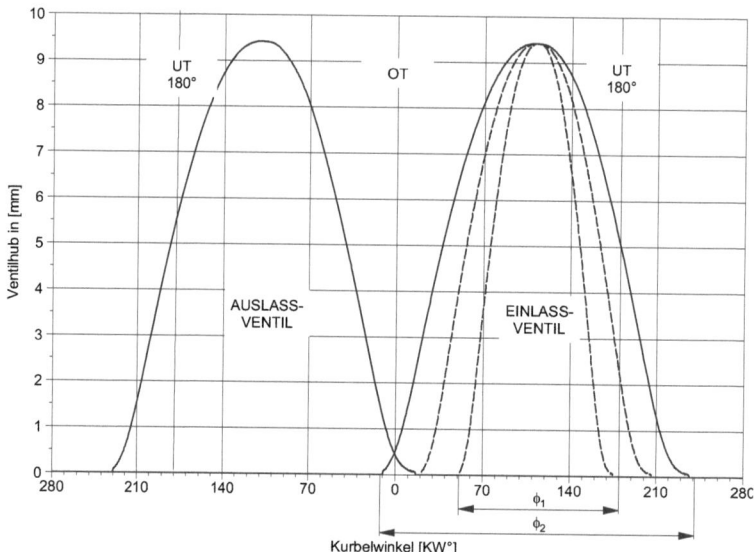

Bild 4.5-7 Variation der Ventilöffnungsdauer

Der Nutzen der drosselfreien Laststeuerung lässt sich besonders gut mit einem p/V-Diagramm für die Ladungswechselarbeit erklären. Grundsätzlich gibt es verschiedene Möglichkeiten der Prozessführung, um den gewünschten Effekt der Leistungsregelung verlustfrei durchzuführen (Bild 4.5-8).

Der konventionelle Ottomotor arbeitet im Teillastbereich und im Leerlauf mit hohen Ladungswechselverlusten. Dies lässt sich mit dem durch die Kolbenbewegung im Saughub verursachten Unterdruck im Saugrohr begründen. Je weiter der Druck im Saugrohr fällt, umso mehr

4.5 Ladungswechsel

Arbeit muss der Kolben für den Saughub aufwenden. Der Unterdruck im Saugrohr wird üblicherweise mit der Drosselklappe reguliert und hängt von der Last ab. Die im p/V-Diagramm von der Ladungswechselschleife eingeschlossene Fläche stellt die Ladungswechselarbeit dar. Die Drosselverluste hängen demnach direkt von der Last ab. Der Leerlaufbetrieb verursacht größere Drosselverluste als eine mittlere Last.

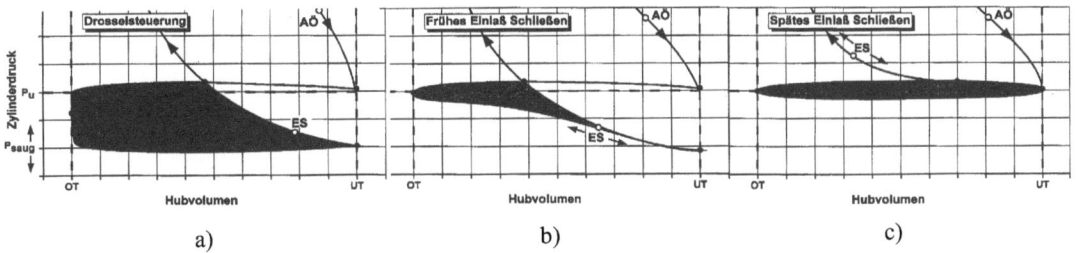

Bild 4.5-8 Darstellung der Drosselverluste: a) konventioneller Ventiltrieb; b) mechanisch und c) elektromechanisch vollvariabler Ventiltrieb

Durchströmverhalten der Steuerorgane

Um hohe Liefergrade und geringe Arbeitsverluste beim Ladungswechsel zu erzielen, sind große Öffnungsquerschnitte an den Ventilen erforderlich. Der Verlauf der Öffnungsquerschnitte von Ein- und Auslassventil entspricht den entsprechenden Ventilerhebungskurven (Bild 4.5-9).

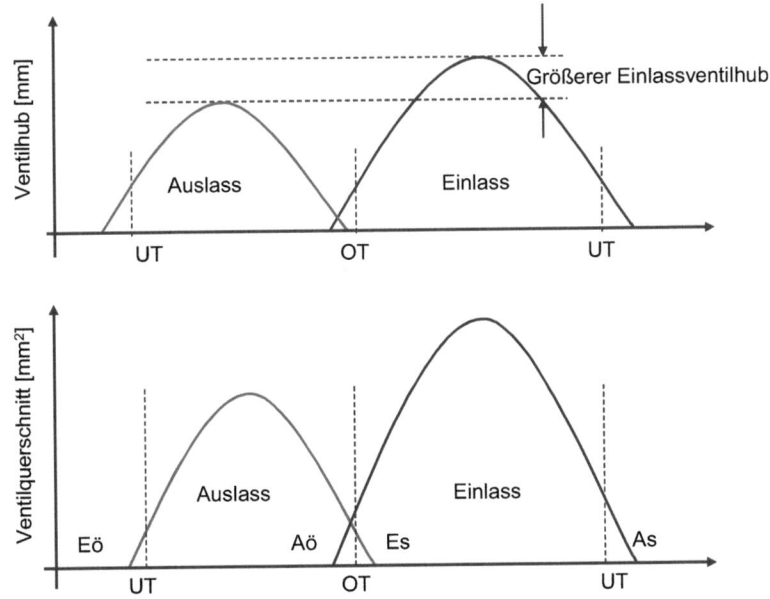

Bild 4.5-9 Ventilerhebungskurven und Ventilquerschnitte

Der Ventilhub und der Öffnungsquerschnitt sind für das Einlassventil größer als für das Auslassventil. Der Unterschied beim Öffnungsquerschnitt wird durch den größeren Ventildurchmesser des Einlassventils zusätzlich verstärkt.

Um den Strömungsquerschnitt zu erhöhen und den verfügbaren Bauraum im Zylinderkopf besser ausnutzen zu können, hat sich die Verwendung von je 2 Einlass- und Auslassventilen bewährt. Der Einfluss der Ventilanzahl auf die Einlassventilfläche (Kreisfläche der Ventilöffnungen pro Zylinder) und die Einlassventilöffnungsfläche (Mantelfläche bei geöffneten Ventilen) ist in Bild 4.5-10 dargestellt.

Es ist zu erkennen, dass die Fünfventilanordnung (gleicher Zylinderdurchmesser vorausgesetzt) die größte Einlassventilöffnungsfläche und somit bei gleichem Druckverhältnis die höchste Durchflussrate aufweist. Da der Aufwand dieser Anordnung (Ventilführung, mechanische Komponenten, räumliche Enge) in Relation zur erzielbaren Verbesserung bei den meisten Anwendungen zu hoch ist, hat sich bei modernen Motoren allgemein die Vierventiltechnik durchgesetzt.

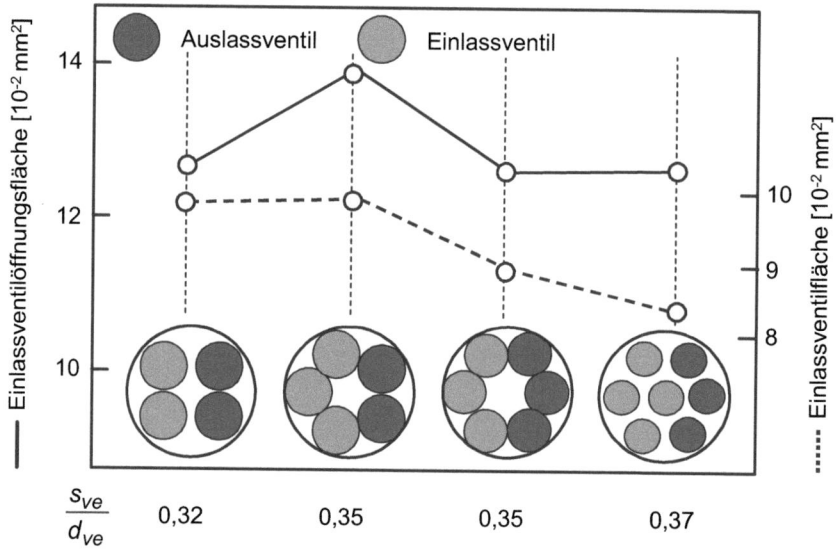

Bild 4.5-10 Einfluss der Anzahl der Ventile auf die Öffnungsfläche [4.5-1]

Wichtig für den Ladungswechsel ist der Strömungsquerschnitt am Ventil. Dieser ist kleiner als der geometrische Querschnitt, was durch hydrodynamische Vorgänge (Strahlungseinschnürung, Strömungsablösung) hervorgerufen wird (siehe Bild 4.5-11).

Sowohl der geometrische Öffnungsquerschnitt als auch der Strömungsquerschnitt sind Ringflächen (gestrichelte Linien im Bild), die entsprechend dem Ventilsitzwinkel α um die Ventilachse angeordnet sind. Der Ventilhub h ist der senkrechte Abstand des Ventiltellers zum Ventilsitz, d ist der mittlere Ventilsitzdurchmesser (siehe Bild 4.5-11).

4.5 Ladungswechsel

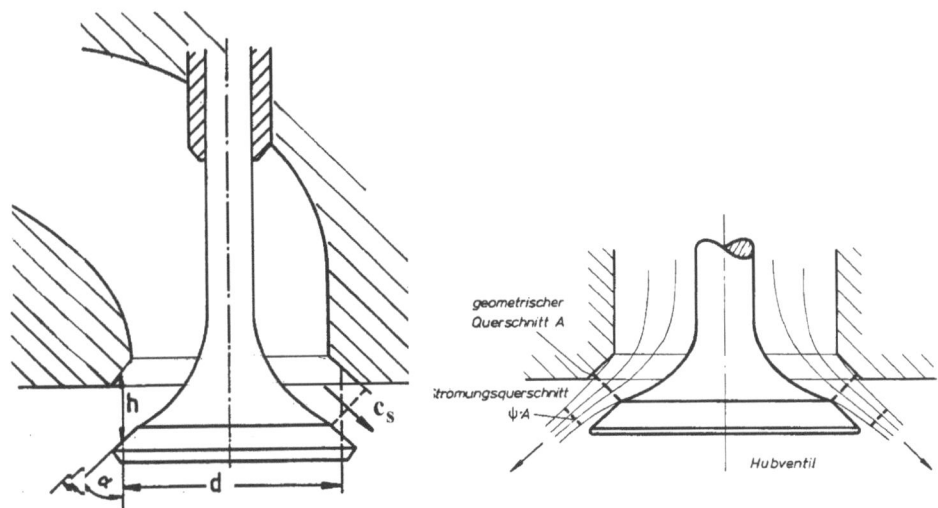

Bild 4.5-11 Strömungsquerschnitte und Ventilhub

Für den geometrischen Öffnungsquerschnitt (Ringfläche) gilt:

$$A = \pi \cdot d \cdot h \cdot \sin \alpha \tag{4.5.5}$$

Unter der Voraussetzung isentroper Strömung am Ventilsitz ergibt sich im Strömungsquerschnitt A_S die theoretische Geschwindigkeit c_{is}. Die wirkliche Geschwindigkeit c_s ist wegen Reibungseinflüssen kleiner als c_{is}. Für den Massenstrom am Ventil gilt:

$$\dot{m} = \dot{V} \cdot \rho = A_S \cdot c_S \cdot \rho = \psi \cdot A \cdot \phi \cdot c_{iS} \cdot \rho \tag{4.5.6}$$

mit ρ = Dichte im Strömungsquerschnitt
 ψ = Strahlkontraktion (Einschnürungsziffer)
 φ = Reibungsbeiwert

Für den isentropen Strömungsquerschnitt A_{iS} gilt:

$$A_{iS} = \psi \cdot \phi \cdot \frac{\rho}{\rho_{iS}} \cdot A \tag{4.5.7}$$

mit ρ_{iS} = Dichte bei isentroper Strömung im Strömungsquerschnitt

Damit erhält man für den Massenstrom:

$$\dot{m} = A_{iS} \cdot c_{iS} \cdot \rho_{iS} \tag{4.5.8}$$

Die Ermittlung des isentropen Strömungsquerschnittes A_{iS} eines Ventils in Abhängigkeit vom Ventilhub erfolgt in einem stationären Strömungsversuch. Dabei wird der Zylinderkopf oder ein entsprechendes Modell durchströmt und folgende Messgrößen bei unterschiedlichen Ventilhüben aufgenommen:

 T_1, p_1 = thermischer Zustand vor der Messanordnung, z. B. in einem Sammelbehälter
 p_2 = Druck im Zylinder
 $\dot{m}$ = Massenstrom, z. B. mittels Blendenmessung

Eine Messanordnung zur Durchflussbestimmung zeigt Bild 4.5-12.

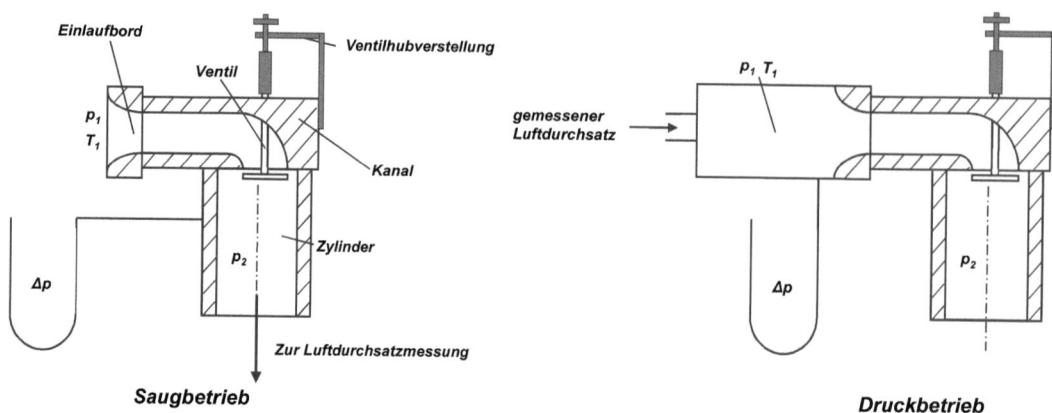

Bild 4.5-12 Messanordnung für Durchflussbestimmung

Die Messung kann sowohl im Saugbetrieb als auch im Druckbetrieb erfolgen. Mit den aufgenommenen Messwerten lässt sich der isentrope Strömungsquerschnitt A_{iS} berechnen. Dabei gilt:

$$c_{iS} = \sqrt{\frac{2 \cdot \kappa}{\kappa - 1} \cdot R_L \cdot T_1 \cdot \left[1 - \left(\frac{p_2}{p_1}\right)^{\frac{\kappa-1}{\kappa}}\right]} \quad \text{und} \tag{4.5.9}$$

$$\rho_{iS} = \rho_1 \cdot \left(\frac{p_2}{p_1}\right)^{\frac{\kappa-1}{\kappa}} \tag{4.5.10}$$

mit $\kappa = 1{,}4$ für Luft

Näherungsweise ist A_{iS} unabhängig vom im stationären Durchströmversuch eingestellten Druckverhältnis p_2/p_1. Außerdem lässt sich A_{iS} auf den realen Motor übertragen, obwohl dieser im Betrieb instationär durchströmt wird, da bei in Strömungsrichtung kurzen Drosselstellen eine quasistationäre Rechnung zulässig ist.

Ein Maß für die Durchströmung durch die Ventilöffnungen bei gegebenem Motor und damit für den Ladungswechsel ist die Durchströmzahl α_K.

$$\alpha_K = \frac{A_{iS}}{A_K} \tag{4.5.11}$$

mit A_K = Kolbenfläche

α_K eignet sich gut bei Vergleichsbetrachtungen ähnlicher Motoren mit gleicher mittlerer Kolbengeschwindigkeit. Tabelle 4.5.2 zeigt Anhaltswerte für die einlassseitige Durchströmzahl des Motors bei maximalem Ventilhub $h_{V,\max}$. Bild 4.5-13 zeigt die Durchströmzahlen über dem Ventilhub für einen 2- und 4-Ventilmotor.

Auslegung und Abstimmung des Ladungswechselvorgangs (Steuerzeiten) ist experimentell sehr aufwendig. Daher werden in der Regel zunächst Berechnungen zur Ermittlung der Vorgänge beim Ladungswechsel durchgeführt.

4.5 Ladungswechsel

Tabelle 4.5.2 Anhaltswerte für die Durchströmzahl

Ottomotor	2-Ventil:	$\alpha_K = 0{,}09 - 0{,}13$
	4-Ventil:	$\alpha_K = 0{,}13 - 0{,}17$
Dieselmotor	2-Ventil:	$\alpha_K = 0{,}075 - 0{,}09$
	4-Ventil:	$\alpha_K = 0{,}09 - 0{,}13$

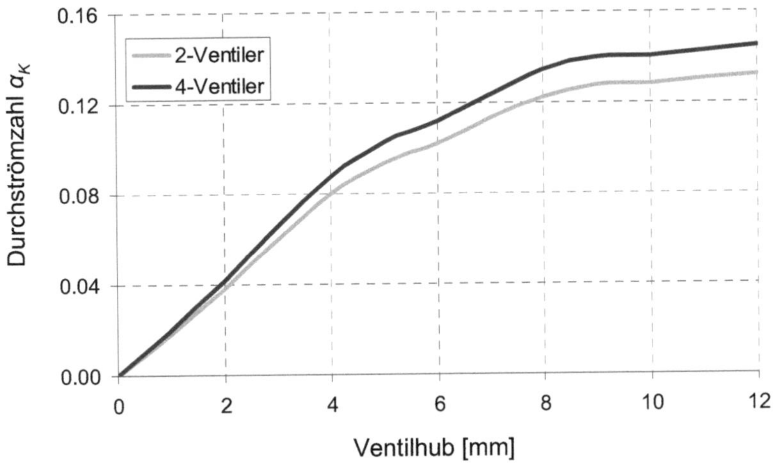

Bild 4.5-13 Durchströmzahlen – Aufgetragen über dem Ventilhub für einen 2- und 4-Ventilmotor

Ladungswechselberechnung

Der Aufwand bei der theoretischen Betrachtung des Ladungswechsels ist aufgrund der Komplexität des Ladungswechsels ebenfalls erheblich. Entsprechend der jeweiligen Fragestellung müssen daher Vereinfachungen getroffen werden. Es wird zwischen rein thermodynamischen, sog. nulldimensionalen Modellen, die den geringsten Rechenaufwand aufweisen, eindimensionalen Modellen, die die nulldimensionale Betrachtung mit der Gasdynamik in der Saug- und Abgasanlage koppeln, und dreidimensionalen Modellen (CFD, **C**omputational **F**luid **D**ynamics), die mit Abstand den höchsten Rechenaufwand benötigen, unterschieden. Die eindimensionale Betrachtung bietet die Möglichkeit, den Motor vom Luftfilter bis zum Ende des Abgastraktes zu modellieren. Das Gesamtsystem „Motor" wird hierbei in einzelne, auf Vereinfachungen beruhende Elemente wie Zylinder, Luftfilter, Blenden und Rohre unterteilt.

Der einfachste Weg zur Beschreibung des Ladungswechsels am realen Motor ist die Füll- und Entleermethode. Sie zählt zu den nulldimensionalen Berechnungsmethoden, d. h. räumliche Gradienten der Zustandsgrößen werden nicht berücksichtigt. Die Saugleitung, die Abgasleitung und der Zylinder werden als Behälter angesehen, deren Inhalt durch die stoffliche Zusammensetzung gekennzeichnet ist (Bild 4.5-14). Angewendet auf die Abgasleitung eines aufgeladenen Motors z. B. wird das gesamte Leitungssystem als ein Behälter aufgefasst, der durch die einzelnen Zylinder intermittierend aufgefüllt wird und sich durch eine Öffnung konstanten Querschnitts, den Abgasturbolader, kontinuierlich entleert.

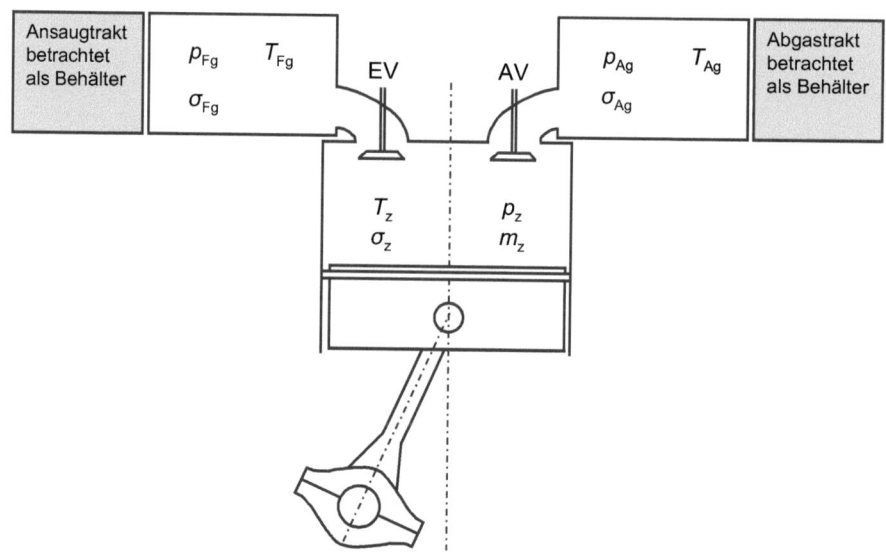

Bild 4.5-14 Modell der Füll- und Entleermethode

Ziel der Rechnung ist es, die Verläufe von Druck, Temperatur, Masse, Zusammensetzung der Zylinderladung sowie den Verlauf der Massenänderung, bedingt durch die Ventile über dem Verlauf des Kurbelwinkels, während der Ladungswechselphase zu ermitteln. Die Anfangswerte von Druck, Temperatur, Masse und Zusammensetzung bei „Auslass öffnet" werden durch Messung oder Schätzung bestimmt und deren differentielle Änderung bei diesem Anfangspunkt aus thermodynamischen Grundgleichungen errechnet. Davon ausgehend werden nun mittels eines geeigneten Integrationsverfahrens (z. B. nach Runge-Kutta) alle Werte bis zum Zeitpunkt „Einlass schließt" bestimmt.

Als Randbedingungen gehen in die Berechnung ein:

- Geometrie des Motors
- thermodynamischer Zustand im Saugrohr
- Betriebszustand des Motors (Drehzahl, Last)
- Steuerzeiten und Durchströmverhalten an den Ventilen ($A_{iS} = f(\alpha)$ oder $\alpha_K = f(\alpha)$)
- Wärmeübergangsverhältnisse zwischen Arbeitsmedium und Systemwänden (Zylinder, Zylinderkopf, Kolben, Kanäle) entsprechend geeigneter Ansätze (z. B. nach Woschni)

Zur Aufstellung der Berechnungsgleichungen werden Gleichungen der Änderung der Masse, der Temperatur, der spezifischen Stoffmengen, der Arbeit, der Wärme und des Druckes verwendet:

Änderung der Masse (nach der Durchflussgleichung für ideale Gase mit Strömungsrichtung $1 \rightarrow 2$):

$$\frac{dm}{d\alpha} = \frac{\alpha_K \cdot A_K}{360 \cdot n} \cdot \frac{p_1}{\sqrt{R \cdot T_1}} \cdot \sqrt{\frac{2 \cdot \kappa}{\kappa - 1} \left[\left(\frac{p_2}{p_1}\right)^{\frac{2}{\kappa}} - \left(\frac{p_2}{p_1}\right)^{\frac{\kappa+1}{\kappa}} \right]} \qquad (4.5.12)$$

4.5 Ladungswechsel

Änderung der Temperatur (aus dem ersten HS der Thermodynamik):

$$\frac{dW}{d\alpha} + \frac{dQ}{d\alpha} + \frac{dm}{d\alpha} \cdot h = \frac{dU}{d\alpha} \qquad (4.5.13)$$

mit $\quad \dfrac{dm}{d\alpha} \cdot h = \dfrac{dm_E}{d\alpha} \cdot h_E + \dfrac{dm_A}{d\alpha} \cdot h_A \qquad (4.5.14)$

Für die innere Energie des Zylindergemisches aus idealen Gasen gilt:

$$U = \sum_i u_i \cdot m_i = m_Z \cdot \sum_i \left(\sigma_i \cdot U^0_{m,i} \right) \qquad \text{mit} \quad U^0_{m,i} = f(T_Z) \qquad (4.5.15)$$

Änderung der spezifischen Stoffmenge σ_i der Komponente i (die Zusammensetzung des Gemisches im Zylinder wird durch die spezifische Stoffmenge angegeben):

$$\sigma_{i,Z,\alpha} = \frac{n_{i,Z,\alpha}}{m_{Z,\alpha}} = \frac{m_{i,Z,\alpha}}{m_{Z,\alpha} \cdot M_i} = \xi_{i,Z,\alpha} \cdot \frac{1}{M_i} \qquad (4.5.16)$$

$$\frac{d\sigma_{i,Z,\alpha}}{d\alpha} = \frac{1}{m_{Z,\alpha}} \cdot \left(\frac{dn_{i,Z}}{d\alpha} - \sigma_{i,Z,\alpha} \cdot \frac{dm_Z}{d\alpha} \right) \qquad (4.5.17)$$

Änderung der Arbeit:

$$\frac{dW}{d\alpha} = -p_{Z,\alpha} \cdot \frac{dV(\alpha)}{d\alpha} \qquad (4.5.18)$$

Änderung der Wärme (Newton'sche Ansatz für eine ebene Wand, mit $\alpha_{W,\alpha}$ z. B. nach Woschni und T_W z. B. nach Müller und Bertling

$$\frac{dQ}{d\alpha} = \frac{1}{360 \cdot n} \cdot \alpha_{W,\alpha} \cdot A_{W,\alpha} \cdot (T_W - T_Z) \qquad (4.5.19)$$

Änderung des Druckes (aus dem vollständigen Differential der idealen Gasgleichung)

$$p_{Z,\alpha} \cdot V_\alpha = m_{Z,\alpha} \cdot R_{Z,\alpha} \cdot T_{Z,\alpha} \qquad (4.5.20)$$

Aus diesen Grundgleichungen wird nun folgendes Differentialgleichungssystem erhalten, dass durch ein geeignetes Integrationsverfahren (z. B. nach Runge-Kutta) gelöst wird:

Massenänderung:

$$\frac{dm_{AV}}{d\alpha} = \frac{\alpha_{K,AV,\alpha} \cdot A_K}{360 \cdot n} \cdot \frac{p_{AG,\alpha}}{\sqrt{R_{AG} \cdot T_{Z,\alpha}}} \cdot \sqrt{\frac{2 \cdot \kappa_{AG}}{\kappa_{AG} - 1} \left[\left(\frac{p_{Z,\alpha}}{p_{AG,\alpha}} \right)^{\frac{2}{\kappa_{AG}}} - \left(\frac{p_{Z,\alpha}}{p_{AG,\alpha}} \right)^{\frac{\kappa_{AG}+1}{\kappa_{AG}}} \right]}$$

$$\frac{dm_{EV}}{d\alpha} = \frac{\alpha_{K,EV,\alpha} \cdot A_K}{360 \cdot n} \cdot \frac{p_{FG,\alpha}}{\sqrt{R_{FG} \cdot T_E}} \cdot \sqrt{\frac{2 \cdot \kappa_{FG}}{\kappa_{FG} - 1} \left[\left(\frac{p_{Z,\alpha}}{p_{FG,\alpha}} \right)^{\frac{2}{\kappa_{FG}}} - \left(\frac{p_{Z,\alpha}}{p_{FG,\alpha}} \right)^{\frac{\kappa_{FG}+1}{\kappa_{FG}}} \right]}$$

$$\frac{dm_Z}{d\alpha} = \frac{dm_{EV}}{d\alpha} + \frac{dm_{AV}}{d\alpha}$$

Änderung der Stoffmenge:

$$\frac{d\sigma_{FG,Z}}{d\alpha} = \frac{1}{m_{Z,\alpha}} \cdot \left[\sigma_{FG,EV} \cdot \frac{dm_{EV}}{d\alpha} + \sigma_{FG,AV} \cdot \frac{dm_{AV}}{d\alpha} - \sigma_{FG,Z,\alpha} \cdot \left(\frac{dm_{EV}}{d\alpha} + \frac{dm_{AV}}{d\alpha} \right) \right]$$

$$\frac{d\sigma_{AG,Z}}{d\alpha} = \frac{1}{m_{Z,\alpha}} \cdot \left[\sigma_{AG,AV} \cdot \frac{dm_{AV}}{d\alpha} + \sigma_{AG,EV} \cdot \frac{dm_{EV}}{d\alpha} - \sigma_{AG,Z,\alpha} \cdot \left(\frac{dm_{EV}}{d\alpha} + \frac{dm_{AV}}{d\alpha} \right) \right]$$

Änderung der Temperatur:

$$\frac{dT_Z}{d\alpha} = \frac{\frac{dQ}{d\alpha} + \frac{dW}{d\alpha} + \frac{dm_Z}{d\alpha} \cdot h - \frac{dm_Z}{d\alpha} \cdot \sum_i u_i - m_Z \cdot \sum_i \left(U^0_{m,i} \cdot \frac{d\sigma_{Z,i}}{d\alpha} \right)}{m_Z \cdot \sum_i \left(\sigma_{i,Z} \cdot c^0_{mv,i} \right)}$$

Änderung des Drucks:

$$\frac{dp_{Z,\alpha}}{d\alpha} = \frac{R_m}{V_\alpha} \cdot \left[\frac{dm_{Z,\alpha}}{d\alpha} \sum_i \sigma_{i,Z,\alpha} \cdot T_{Z,\alpha} + \sum_i \frac{d\sigma_{i,Z,\alpha}}{d\alpha} \cdot m_{Z,\alpha} \cdot T_{Z,\alpha} + \frac{dT_{Z,\alpha}}{d\alpha} \cdot m_Z \sum_i \sigma_{i,Z,\alpha} \right] - \frac{dV_\alpha}{d\alpha} \cdot \frac{p_{Z,\alpha}}{V_{Z,\alpha}}$$

In Bild 4.5-15 bis Bild 4.5-17 sind beispielhaft die berechneten ein- und austretenden Massenströme, die berechneten Drücke und die berechneten Temperaturen im Ein- und Auslasskanal aus einer Ladungswechselanalyse (LWA) dargestellt. Bild 4.5-18 zeigt beispielhaft den mit Hilfe einer Ladungswechselrechung ermittelten Brennverlauf und die Brennfunktion.

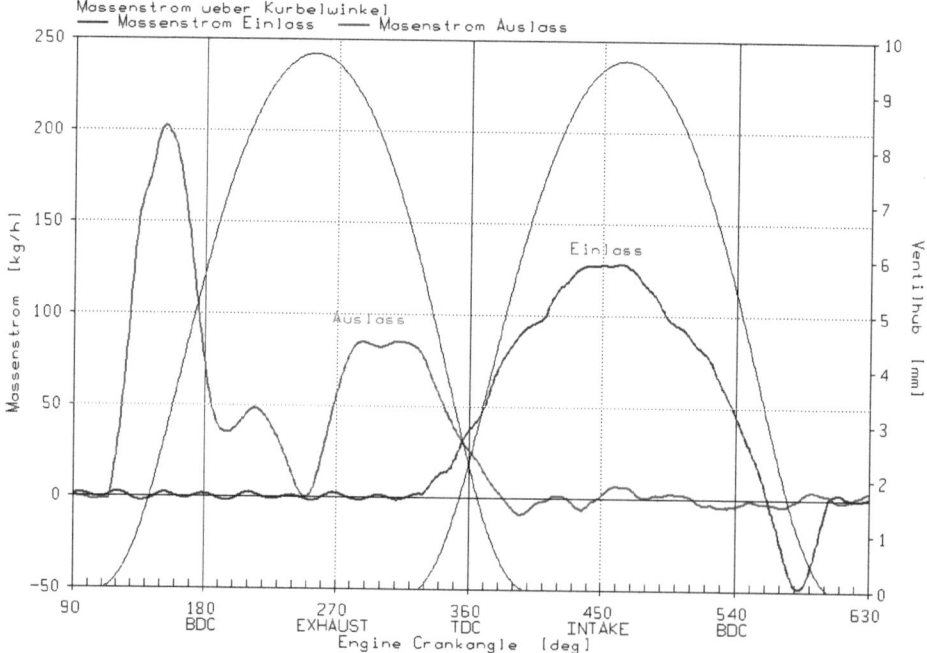

Bild 4.5-15 Massenstromverlauf im Ein- und Auslasskanal ($n = 2000$ min^{-1}, $p_{me} = 2$ bar)

4.5 Ladungswechsel

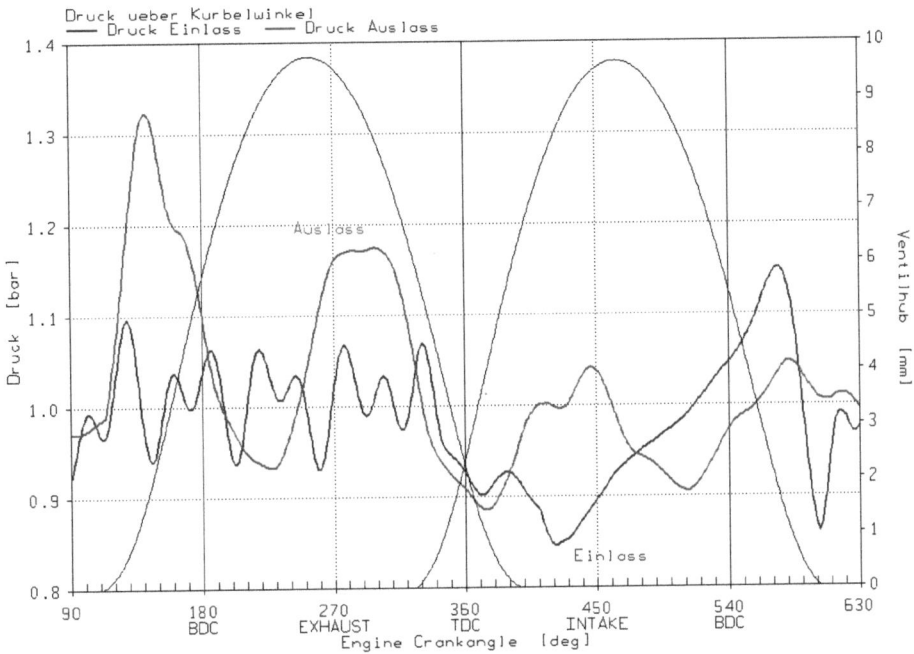

Bild 4.5-16 Druckverlauf im Ein- und Auslasskanal ($n = 2000$ min^{-1}, $p_{me} = 2$ bar)

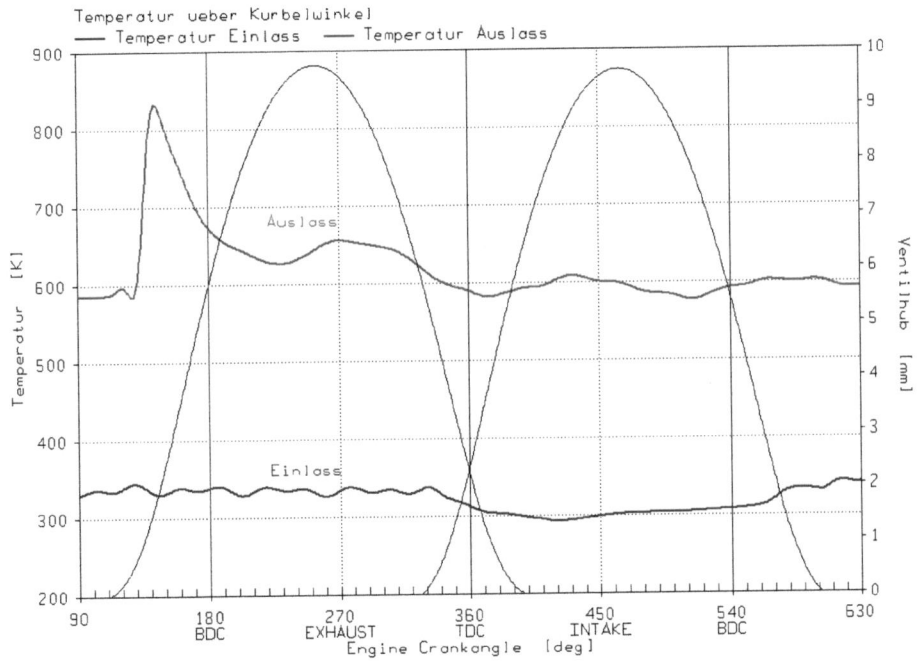

Bild 4.5-17 Temperaturverlauf im Ein- und Auslasskanal ($n = 2000$ min^{-1}, $p_{me} = 2$ bar)

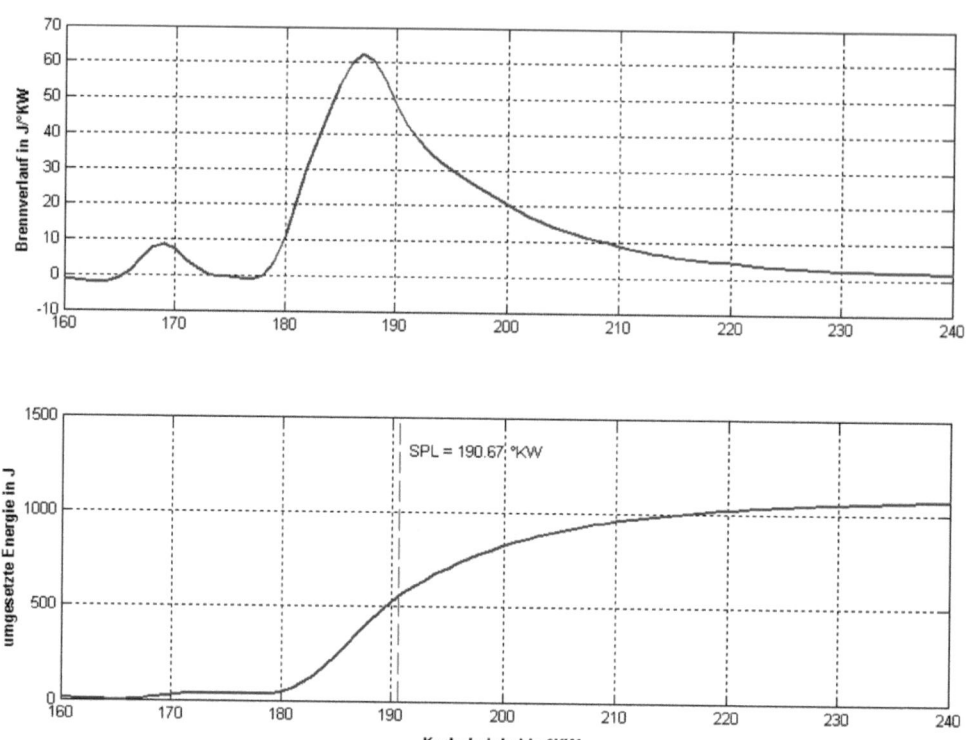

Bild 4.5-18 Brennverlauf und Brennfunktion aus den Ergebnissen einer Ladungswechselrechnung ($n = 1500$ min^{-1}, $p_{me} = 8$ bar)

4.5.3 2-Takt-Hubkolbenmotor

Beim 2-Takt-Motor erfolgt der Ladungswechsel innerhalb der beiden Arbeitstakte. Das Ein- und Ausströmen der Ladungsmasse erfolgt in der Regel über Spülschlitze (Schlitzsteuerung). Dabei befinden sich ein oder mehrere, durch Stege voneinander getrennte Ein- und Auslassschlitze im unteren Teil der Zylinderwand. Diese werden vom Kolben überstrichen und je nach Kolbenbewegung geöffnet oder geschlossen. Charakteristisch für eine Schlitzsteuerung sind:

- keine zusätzlich bewegten Bauteile
- kurzzeitige, großflächige Öffnungsverläufe
- zum unteren Totpunkt (UT) symmetrische Steuerzeiten

Das Öffnen des Auslassschlitzes (Aö) muss beim 2-Takt-Motor so früh gelegt werden, dass beim anschließenden Öffnen des Einlassschlitzes (Eö) der Zylinderdruck unter den Ansaugdruck (Spüldruck, gegebenenfalls durch ein Spülgebläse angehoben) p_s gesunken ist, damit ein Expandieren des Abgases in den Einlasskanal vermieden wird. Dies führt zwangsläufig zu einem Verlust an Expansionsarbeit (Bild 4.5-19). Die Ladungswechselverluste ergeben sich als Differenz der Flächen des realen Motorprozesses und des idealen Vergleichsprozesses ohne Ladungswechselverluste (Fläche 3, 4, 1, 2 in der Abbildung).

4.5 Ladungswechsel

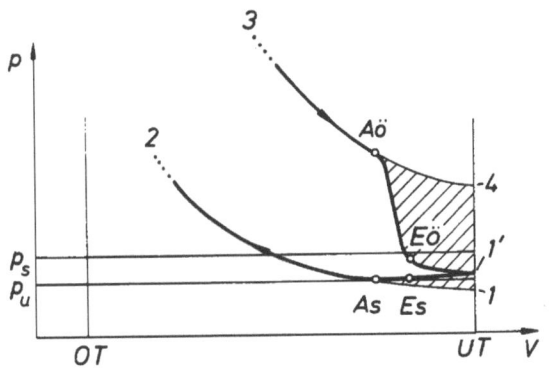

Bild 4.5-19 Ladungswechselverluste 2-Takt

Zusätzlich zu den prozessbedingten Ladungswechselverlusten muss beim 2-Takt-Motor noch die Arbeit zum Antrieb des Spülgebläses berücksichtigt werden. Diese hängt vom Spüldruck p_s und dem geförderten Gasmassenstrom ab.

Bild 4.5-20 zeigt die Steuerzeiten und Öffnungsquerschnitte bei einem typischen 2-Takt-Motor mit Schlitzsteuerung. Von Aö bis Eö erfolgt der so genannte Vorauspuff. Die Spülung des Brennraums (Austausch von Abgas durch Frischgemisch) erfolgt von Eö bis Es. Von Es bis Aö kann ein Nachausströmen von Abgas und Frischgemisch auftreten.

Für die Ladungswechselvorgänge bestimmend sind nicht die geometrischen Öffnungsquerschnitte, sondern wiederum die Strömungsquerschnitte (Bild 4.5-21; Einlassschlitz). Durch die einströmenden Frischgase erfolgt der eigentliche Ladungswechsel. Wichtig für die Spülwirkung sind das Volumen der einströmenden Frischgase sowie die Strömungsverhältnisse im Zylinder. Diese werden durch die Anordnung der Schlitze (Lage und Form) und durch Kolben- und Brennraumform beeinflusst.

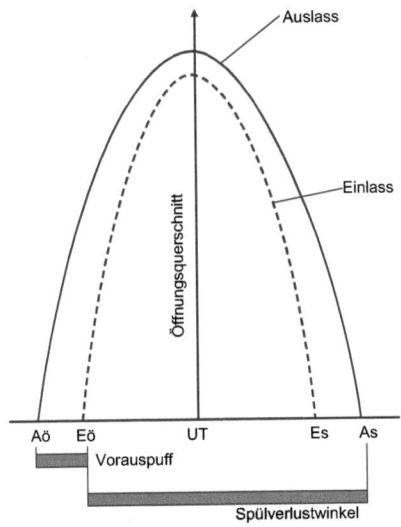

Bild 4.5-20 Steuerzeiten und Öffnungsquerschnitte

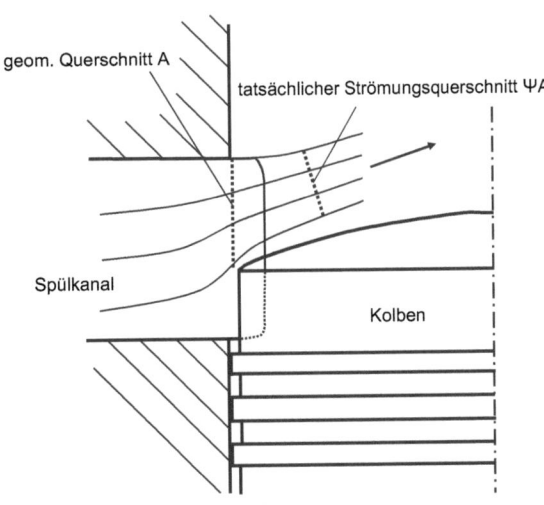

Bild 4.5-21 Öffnungs- und Strömungsquerschnitte bei 2-Takt-Hubkolbenmotoren

Bei 2-Takt-Motoren ist neben den Kenngrößen Luftaufwand und Liefergrad der Spülgrad λ_S eine wichtige Kennzahl für den Ladungswechsel.

$$\lambda_S = \frac{m_F}{m_F + m_R}$$

mit m_F = Frischladung im Zylinder
m_R = Restgasmasse im Zylinder nach Schließen der Spülschlitze bzw. evtl. der Ventile

Wegen der Bedeutung der Gasvolumina für den Spülvorgang wird häufig der volumetrische Spülgrad Λ_S betrachtet

$$\Lambda_S = \frac{V_F}{V_{Zyl}} \tag{4.5.21}$$

mit V_{Zyl} = Zylindervolumen bei Einlassschluss
V_F = Volumen der Frischladung im Zylinderrohr = m_F/ρ_{FS} mit ρ_{FS} = Dichte der Frischladung beim Spülvorgang (gemittelt)

Sowohl die messtechnische Bestimmung des Spülgrades als auch die Berechnung ist schwierig. Grenzfälle für den Spülvorgang sind (Bild 4.5-22):

a) Verdrängungsspülung
b) Verdünnungsspülung
c) Kurzschlussspülung

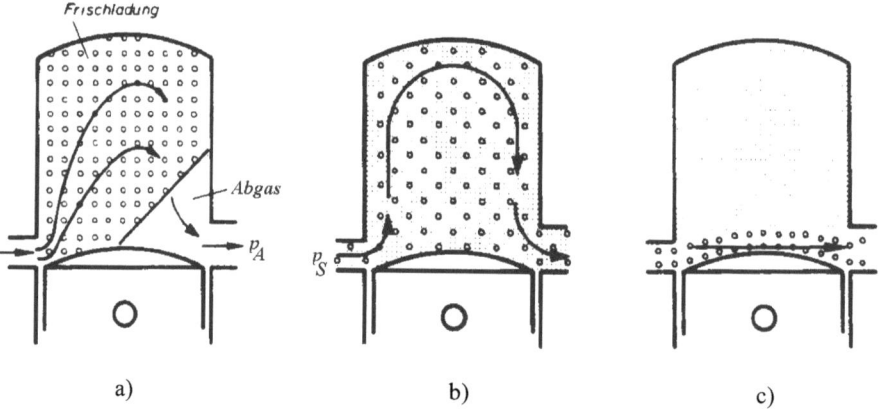

Bild 4.5-22 Grenzfälle des Spülvorgangs

Bei der Verdrängungsspülung schiebt das Frischgas das Abgas aus; es findet keine Vermischung statt. Die Spülung ist maximal. Bei der Verdünnungsspülung ergibt sich zu jedem Moment eine vollständige Vermischung von Frischgas und Abgas. Mit fortschreitendem Spülvorgang wird Gasvolumen mit zunehmendem Frischgasgehalt ausgeschoben. Ein Teil des Frischgases ist somit für den Prozess verloren. Die Kurzschlussspülung ist dadurch gekennzeichnet, dass das Frischgas direkt vom Einlassschlitz zum Auslassschlitz strömt. Eine Spülwirkung findet nicht statt.

4.5 Ladungswechsel

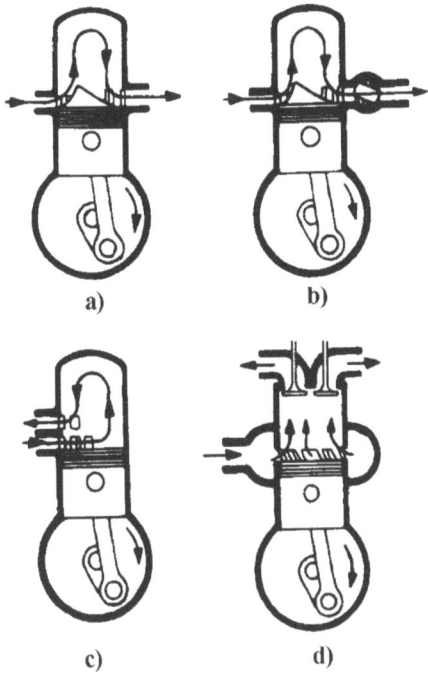

Im realen Fall findet eine Mischung dieser drei Grenzfälle statt. Durch geschickte Anordnung gelingt es, eine Kombination aus Verdrängungsspülung und Verdünnungsspülung zu realisieren. Spülverfahren, die praktisch realisiert wurden, sind (Bild 4.5-23):

a) Querspülung ohne Schieber
b) Querspülung mit Schieber
c) Umkehrspülung
d) Längsspülung

Bei der Querspülung liegen Einlass- und Auslassschlitze einander gegenüber. Die Steuerzeiten sind symmetrisch. Eine Kolbennase dient zur Verbesserung der Strömungsführung und damit der Spülwirkung. Für den Ladungswechsel günstige unsymmetrische Steuerzeiten lassen sich durch einen zusätzlichen Schieber im Auslasskanal realisieren (hoher Bauaufwand).

Bild 4.5-23 Spülverfahren beim 2-Takt-Motor

Die Umkehrspülung (nach Schnürle) ist das bei Kleinmotoren am häufigsten angewandte Verfahren. Einlass- und Auslassschlitze befinden sich auf einer Zylinderseite. Es besteht dadurch keine Gefahr der Kurzschlussspülung.

Die beste Spülwirkung aller Spülverfahren wird mit der Längsspülung erzielt. Das Frischgas tritt durch über den Umfang des Zylinders angeordnete Einlassschlitze in den Zylinder ein und schiebt das Abgas über im Zylinderkopf angeordnete Ventile aus. Durch eine tangentiale Anordnung der Spülkanäle lässt sich verhältnismäßig einfach eine Drallströmung erzeugen. Dies wird häufig bei Dieselbrennverfahren zur Unterstützung der Gemischbildung genutzt. Der technische Aufwand der Längsspülung ist durch die zusätzlichen Hubventile hoch. Sie findet vor allem bei langsamlaufenden Großdieselmotoren intensive Anwendung.

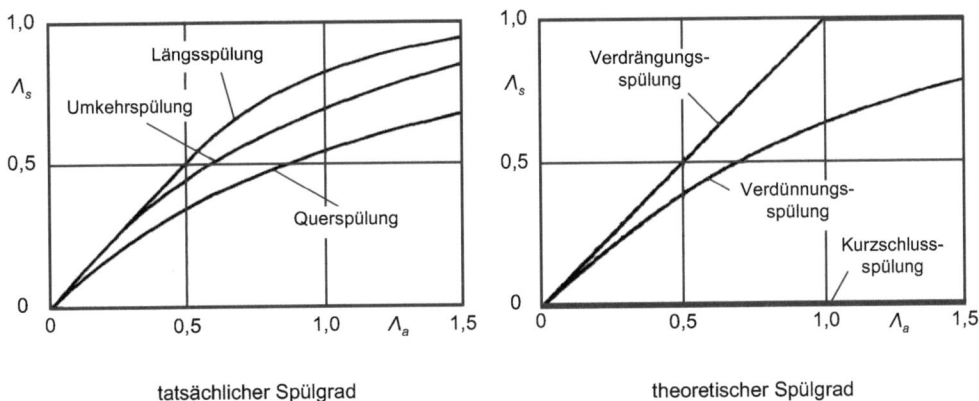

Bild 4.5-24 Tatsächlicher und theoretischer Spülgrad

Die bei den drei Spülverfahren erzielbaren Spülgrade in Abhängigkeit vom Luftaufwand sowie die theoretischen Spülgrade für die drei Grenzfälle sind in Bild 4.5-24 dargestellt.

Zur Erzielung einer guten Spülung werden häufig zusätzliche Spülgebläse eingesetzt. Dabei kommen folgende Bauarten in Frage:
- Hubkolbengebläse
- Drehkolbengebläse (z. B. Rootsgebläse)
- Kreiselgebläse

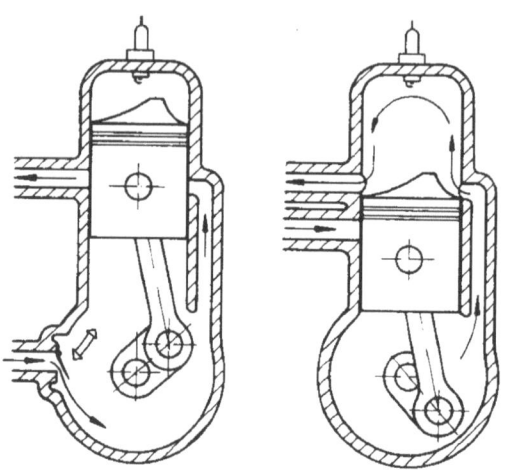

Bei Verwendung der Kolbenunterseite als Spülpumpe (für Ottomotoren) ist der Bauaufwand gering (Bild 4.5-25).

Dabei steuert die Kolbenunterkante den Eintritt der Frischgase. Als Nachteil ergeben sich ein sehr geringer volumetrischer Luftaufwand und Schwierigkeiten bei der Schmierung des Triebwerks.

Bild 4.5-25 Kurbelgehäuse – Spülpumpe

Meistens wird bei 2-Takt-Ottomotoren eine Kurbelgehäusespülpumpe verwendet. Mit dieser lässt sich ein Luftaufwand von etwa 0,7 bei Volllast erzielen. Bei Teillast ist der Luftaufwand geringer, da die Lastregelung durch Drosselung im Einlass des Kurbelgehäuses erfolgt. Dadurch sinkt der Spülgrad, und mit abnehmender Last bleibt mehr Restgas im Zylinder. Daher liegt der Restgasgehalt bei schlitzgesteuerten 2-Takt-Motoren deutlich über denen von 4-Takt-Motoren (Bild 4.5-26).

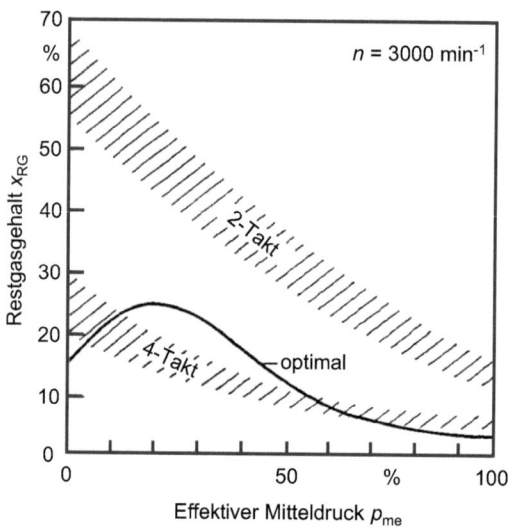

Bei sehr niedriger Last können sogar aufgrund des hohen Restgasgehaltes Verbrennungsaussetzer auftreten. Dies kann dazu führen, dass eine Verbrennung nur bei jedem zweiten Arbeitsspiel stattfindet („Viertakten" des 2-Takt-Motors). Außerdem steigt die Temperatur der Zylinderladung durch das Abgas an. Daher neigen 2-Takt-Motoren zum Nachlaufen (Glühzündung nach Abstellen der Zündung).

Bild 4.5-26 Restgasgehalt über Last beim Ottomotor

4.5 Ladungswechsel

4.5.4 Übungsaufgaben

Aufgabe 1:
1. Welche besondere Bedeutung hat die Steuerzeit „Einlass schließt (ES)"?
2. Wie sollte die sollte der Verlauf der Ventilerhebung aussehen, um eine konstante Strömungsgeschwindigkeit im Ventilspalt zu erzeugen?
3. Wie groß sollte die maximale Ventilerhebung h_{max} sein?
4. Mit welcher Frequenz werden die Ventile bei dem 2-Takt-Verfahren mit Längsspülung angesteuert?

Aufgabe 2:
Um zukünftige Abgasgrenzwerte einhalten zu können, plant ein Motorenhersteller eine Baureihe seiner kleinen, umkehrgespülten 2-Takt-Motoren durch einen 4-Takt-Motor zu ersetzen. Es soll geprüft werden, ob sich dadurch Verbesserungen ergeben. Folgende Versuchsdaten sind bekannt:

		2-Takt	4-Takt
Zylinderzahl	z [–]	1	1
Zylinderbohrung	d [mm]	32	39
Hub	h [mm]	26	26
eff. Mitteldruck bei Nenndrehzahl	p_{me} [bar]	4	5
max. Drehmoment	$M_{d,\,max}$ [Nm]	1,0	1,25
minimaler Kraftstoffverbrauch	$b_{e,\,min}$ [g/kWh]	670	340
Nenndrehzahl	n_{nenn} [min^{-1}]	9000	7000
Leistung bei max. Drehmoment	$P_{e,\,M_d,\,max}$ [kW]	0,4	0,6
Eingesetzter Kraftstoff		Benzin	Benzin

Zu bestimmen sind:
1. maximale Leistung $P_{e,\,max}$ [kW]
2. Drehzahl bei $M_d = M_{d,\,max}$
3. Wirkungsgradunterschied

Lösung Aufgabe 1:
1. Die Ventilsteuerzeit ES hat maßgeblichen Einfluss auf die Drehmoment- und Leistungscharakteristik eines Motors, da sie die Füllung des Zylinders beim Ladungswechsel viel stärker als die übrigen Steuerzeiten bestimmt. Eine Verschiebung von ES in Richtung spät bewirkt bei Vollast durch die Ausnutzung gasdynamischer Effekte (Nachladeeffekt) einen erhöhten Luftaufwand und Füllungsgrad bei hohen Drehzahlen. Dabei wird durch das späte Schließen des Einlassventils die Überdruckwelle im Zylinder eingefangen. Bei niedrigen Drehzahlen und Vollast hat die Späterverstellung einen negativen Einfluss auf Drehmoment und Leistung, da ein Teil der Frischladung durch den Kolben wieder in das Saugrohr zurückgeschoben wird bevor das Ventil schließt. Umgekehrt verhält es sich bei frühem ES. Bei Vollast und hoher Drehzahl ergibt sich ein geringerer Füllungsgrad und es wird eine geringere Nennleistung erreicht. Da bei niedrigen Drehzahlen aber weniger Ladung in das Ansaugrohr zurückgeschoben wird, erhöht sich der Liefergrad und das Drehmoment gegenüber spätem ES.
2. Mit der Kolbengeschwindigkeit c_K, der Kolbenfläche A_K, der Strömungsgeschwindigkeit c_S im Ventilspalt, dem geometrischen Öffnungsquerschnitt A und der Strahlkontraktion ψ folgt aus der Kontinuität:

$$c_K \cdot A_K = c_S \cdot \psi \cdot A$$
$$= c_S \cdot \psi \cdot \pi \cdot d \cdot h \cdot \sin\alpha$$

$$c_S = \frac{A_K}{\psi \cdot \pi \cdot d \cdot \sin\alpha} \frac{c_K}{h}$$

Somit gilt: $c_S = $ konst., wenn $h \propto c_K$.

3. Wird der Öffnungsquerschnitt des Ventilspalts größer als die Querschnittsfläche des Ansaugkanals und die Drosselstelle wandert in den Ansaugkanal. Deshalb muss gelten:

$$A \leq A_{\text{Kanal}}$$

$$\pi \cdot d \cdot h \cdot \sin\alpha \leq \frac{\pi \cdot d_{\text{Kanal}}^2}{4}$$

Mit $d \approx d_{\text{Kanal}}$ gilt für den maximalen Ventilhub $h_{\max}$: $h_{\max} \leq \dfrac{d}{4 \cdot \sin\alpha}$.

4. Da bei einem 2-Takt-Verfahren bei jeder Kurbelwellenumdrehung ein Ladungswechsel stattfindet, werden die Ventile bei der Längsspülung mir Kurbelwellendrehfrequenz angesteuert. Im Gegensatz dazu werden bei einem 4-Takt-Verfahren die Ventile mit halber Kurbelwellendrehfrequenz angesteuert.

Lösung zu Aufgabe 2:

1. Maximale Leistung:

$$P_{e,\max} = z \cdot V_h \cdot p_{me} \cdot n_{nenn} \cdot i$$

$$P_{e,\max,2-Takt} = 1 \cdot \frac{\pi}{4} \cdot (0{,}031\,\text{m})^2 \cdot 0{,}026\,\text{m} \cdot 4 \cdot 10^5 \frac{\text{N}}{\text{m}^2} \cdot 150 \frac{1}{\text{s}} \cdot 1 = 1{,}25\,\text{kW}$$

$$P_{e,\max,4-Takt} = 1 \cdot \frac{\pi}{4} \cdot (0{,}039\,\text{m})^2 \cdot 0{,}026\,\text{m} \cdot 5 \cdot 10^5 \frac{\text{N}}{\text{m}^2} \cdot \frac{700}{6} \frac{1}{\text{s}} \cdot 0{,}5 = 0{,}90\,\text{kW}$$

2. Maximales Drehmoment:

$$n(M_d = M_{d,\max}) = \frac{P_e(M_d = M_{d,\max})}{M_{d,\max} \cdot 2\pi}$$

$$n(M_d = M_{d,\max})_{2-Takt} = \frac{400 \cdot 60}{1 \cdot 2\pi} \frac{1}{\min} = 3820 \frac{1}{\min}$$

$$n(M_d = M_{d,\max})_{4-Takt} = \frac{600 \cdot 60}{1{,}25 \cdot 2\pi} \frac{1}{\min} = 4584 \frac{1}{\min}$$

3. Unterschied der Wirkungsgrade

$$\eta_{e,\text{Bestpunkt}} = \frac{1}{H_u \cdot b_{e,\min}} \qquad x = \frac{\eta_{e,\text{Bestpunkt, 4-Takt}}}{\eta_{e,\text{Bestpunkt, 2-Takt}}} = \frac{670}{340} = 1{,}97$$

Literatur

[4.5-1] Aoi, K.; Nomura, K.; Matsuzaka, H.: Optimization of Multi-Valve, Four Cycle Engine Design: The Benefit of Five-Valve Technology. SAE Technical Paper 860032

4.6 Der Prozessverlauf im Ottomotor

Ottomotoren werden nach dem Viertaktprinzip oder dem Zweitaktprinzip betrieben (Bild 4.6-1). Sie bestehen aus einer Anzahl unterschiedlicher Systeme, die für die einwandfreie Funktion des Motors gut auf einander abgestimmt sein müssen.

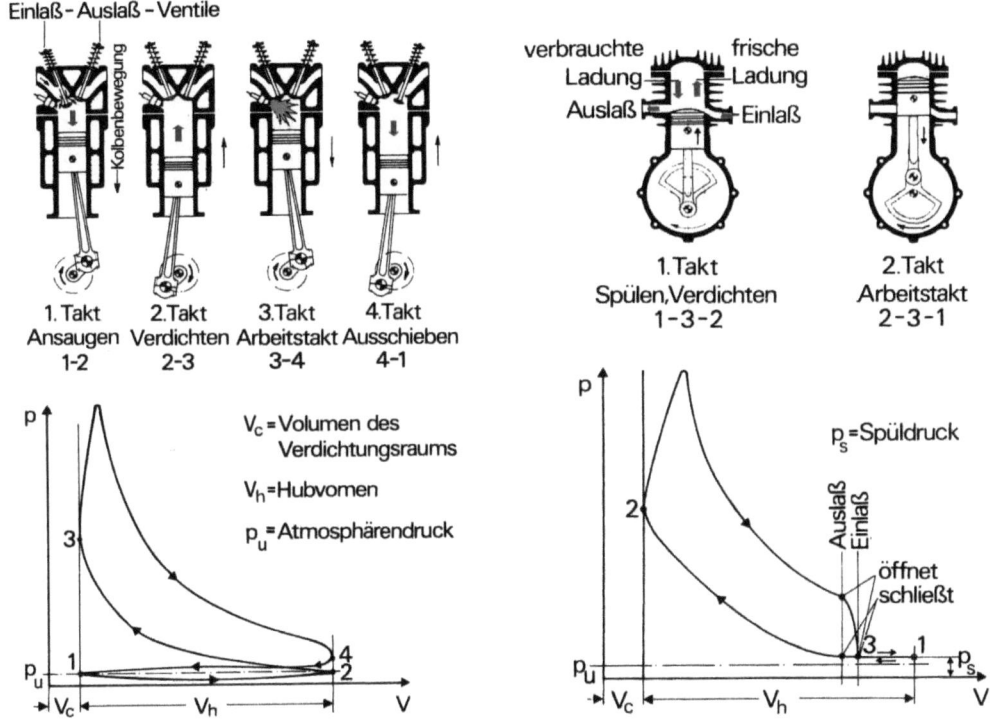

Bild 4.6-1 Prozessverlauf beim Ottomotor mit Viertakt- und Zweitaktverfahren [4.6-1]

Zylinder, Kolben, Pleuelstange und Kurbelwelle sind die Hauptbestandteile des mechanischen Systems eines Verbrennungsmotors. Außerdem sind verschiedene Zusatzsysteme erforderlich, wie z. B. das Gemischbildungssystem, das Zündsystem, das Kühlsystem, das Schmierungssystem, das Ventilsteuerungssystem und das Abgassystem.

Nebenaggregate wie Anlasser, Batterie und Generator sorgen dafür, dass der Motor in Betrieb gesetzt werden kann. Neben dem mechanischen System findet man im Motor hydraulische, pneumatische und elektrische Systeme.

Der PKW-Ottomotor ist aus folgenden Bauteilen aufgebaut:
- Triebwerk (Kolben, Pleuel, Kurbelwelle, Lager)
- Kraftstoffversorgungs- und Gemischbildungssystem
- Zündsystem (Zündungssteuerung, Zündspule, Zündkerzen)
- Ein- und Auslasskanäle
- Ventiltriebssystem (Ventil, Ventilfeder, Nockenwelle)

- Kühlungssystem (Kühlmittelvorrat, Pumpe, Thermostat, Wärmetauscher)
- Schmierungssystem (Ölvorrat, Filter, Pumpe)

Das Kühlsystem soll eine Überhitzung von Bauteilen des Motors infolge der Verbrennungstemperatur verhindern. Heutige Verbrennungsmotoren werden praktisch nur noch mit Flüssigkeitskühlung ausgerüstet. Lediglich bei kleineren Motoren, vorwiegend bei handgeführten Arbeitsgeräten und kleineren Zweirädern, findet die Luftkühlung Anwendung.

Die Schmierung der bewegten Bauteile des Motors erfolgt durch das Schmiersystem. Eine Förderpumpe versorgt die zu schmierenden Stellen im Motor mit Öl, welches aus der Ölwanne entnommen wird.

Die Gemischbildung (Verdampfung und Vermischung von Luft und Kraftstoff), Zündung, Entflammung, Flammenausbreitung und vollständige Verbrennung sind sehr komplexe Einzelvorgänge und in ihrem Zusammenhang äußerst schwierig darstellbar. In den nachfolgenden Absätzen werden ottomotorischen Einzelvorgänge näher betrachtet.

4.6.1 Grundlagen der Gemischbildung

Beim konventionellen Ottomotor erfolgt die Gemischbildung außerhalb der Zylinder (Saugrohreinspritzung; äußere Gemischbildung). Die Verdampfung des Kraftstoffes und die Vermischung von Kraftstoffdampf und Luft kann bis zum Einsatz der Verbrennung innerhalb der Brennräume großteils vervollständigt werden. Es steht ausreichend Zeit für die Bereitstellung eines weitestgehend homogenen Luft-Kraftstoff-Gemisches zur Verfügung. Die Einstellung der Leistung erfolgt durch Veränderung der Frischluft- und Kraftstoffmenge entsprechend der Drosselklappenstellung (Gaspedalstellung; Mengen- bzw. Quantitätsregelung), wobei das Verhältnis zwischen Luft- und Kraftstoffmasse nahezu konstant ist. Das zündfähige, homogene Luft-Kraftstoff-Gemisch wird gegen Ende der Verdichtung über eine Zündkerze gezündet (Fremdzündung). Ausgehend vom Zündort bildet sich eine Flamme aus, durch die das restliche Luft-Kraftstoff-Gemisch weitgehend verbrannt wird.

Die Gemischbildung findet beim Ottomotor mit Direkteinspritzung (BDE) innerhalb des Brennraumes statt (innere Gemischbildung). Bei hoher Drehzahl und Last (ungedrosselter Betrieb) wird auch hier ein homogenes Gemisch im Saughub in den Brennraum eingebracht, da keine Schichtung notwendig ist.

Bei niedrigen Lasten und Drehzahlen erfolgt die Kraftstoffeinbringung im Kompressionshub, um lediglich im Bereich der Zündkerze ein zündfähiges Gemisch bereitzustellen. Diese Ladungsschichtung ermöglicht, auch in diesem Bereich den Motor ungedrosselt zu betreiben. Die kurze Zeitspanne, die für die Gemischbildung zur Verfügung steht, stellt hohe Anforderungen an die Einspritzventile und Strömungsführung im Brennraum.

Durch die Variation der eingespritzten Kraftstoffmenge wird beim BDE-Verfahren die Leistung des Motors geregelt. Wie bei einem Ottomotor mit äußerer Gemischbildung wird das Luft-Kraftstoff-Gemisch auch hier mittels einer Zündkerze gezündet.

Der Verbrennungsvorgang ist wegen der Vielzahl einzelner Komponenten im fossilen Kraftstoff sehr komplex. Es finden eine große Anzahl verschiedener chemischer Reaktionen statt. Am Ende des Verbrennungsvorgangs befinden sich, unabhängig vom Brennverfahren (äußere oder innere Gemischbildung), im Abgas eine kleine Menge (<1 %) an Schadstoffen. Als Schadstoffe werden diejenigen Komponenten im Abgas bezeichnet, die die natürliche Zusammensetzung der Umgebungsluft verändern.

4.6 Der Prozessverlauf im Ottomotor

Um geltende Abgasvorschriften einzuhalten, werden heutige Ottomotoren mit Abgasnachbehandlungssystemen ausgerüstet. Diese müssen, je nach Bauart des Katalysators, mit stöchiometrischem Luft-Kraftstoffverhältnis ($\lambda \approx 1{,}0$) oder zum Bauteileschutz zeitweise mit Kraftstoffüberschuss betrieben werden. Neben der Verbrennung selbst stellt also auch das Abgasnachbehandlungssystem Anforderungen an die Gemischbildung.

Gemischbildungssysteme haben die Aufgabe, ein zündfähiges Gemisch bereitzustellen, das möglichst vollständig verbrannt wird. Bei der Gemischbildung ist Folgendes zu erfüllen:

- Bildung eines gasförmigen Luft-Kraftstoff-Gemisches
- genaue Dosierung des Kraftstoffes für das gewünschte Luft-Kraftstoffverhältnis
- Zumessung der Gemischmenge durch Drosselorgane zur Einstellung der Leistung (nur bei äußerer Gemischbildung)
- Führung von Gemisch, Luft und Abgas in der Weise, dass sich die Verbrennung nur in einem Teil des Brennraumes abspielt (nur Otto-BDE im Schichtladebetrieb)

Drei Hauptvorgänge sind bei der Bildung eines gasförmigen Luft-Kraftstoff-Gemisches von Bedeutung:

1. Gemischaufbereitung (Zerstäubung; Verdampfung; Vermischung)
2. Gemischdosierung (Einstellung der gewünschten Gemischqualität)
3. Gemischtransport

Die Gemischaufbereitung hat wie die Gemischdosierung großen Einfluss auf die nachfolgende Verbrennung. Bei der Einspritzung in das Saugrohr tritt der Kraftstoff größtenteils tropfenförmig aus der Einspritzdüse aus. Auf dem Weg von der Einspritzdüse zur Saugrohrwand bzw. zum Einlassventil verdampft ein Teil des eingespritzten Kraftstoffes (Bild 4.6-2).

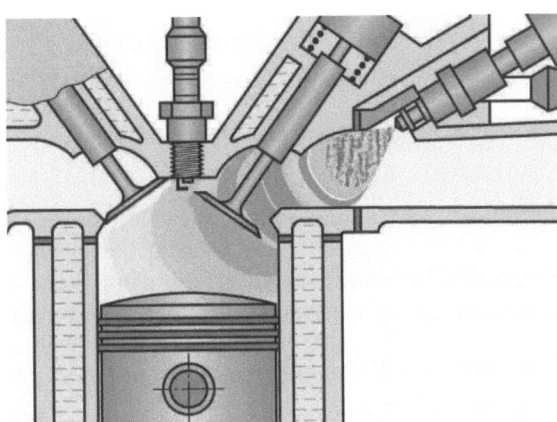

Bild 4.6-2 Gemischbildung im Saugrohr eines Ottomotors mit konventioneller Einspritzung

Abhängig vom Größenspektrum der Kraftstofftropfen, der Lage des Gemischbildners, der Saugrohrgeometrie sowie der zeitlichen Zuordnung der Kraftstoffeinbringung zum Einströmvorgang in den Zylinder, wird ein mehr oder weniger großer Anteil der Kraftstofftropfen filmförmig an der Saugrohrwand bzw. am Einlassventilteller angelagert und verdampft dort aufgrund der hohen Oberflächentemperaturen bei betriebswarmem Motor. Bei kaltem Motorbetrieb (Kaltstart und Warmlaufphase) findet diese Verdampfung nicht statt. Der Kraftstoff bleibt als Wandfilm erhalten.

Ein weiterer Teil der Kraftstofftropfen verdampft in der Luftströmung oder aber gelangt tropfenförmig in den Brennraum. Durch Abreißen des Wandfilms im Einlassventilspalt ergibt sich ein weiterer, tropfenförmiger Kraftstoffanteil im Brennraum. Die Ladungsbewegung im Brennraum, sowie die anschließend folgende Kompressionsphase führen dazu, Luft und Kraftstoff homogen zu verteilen und den Kraftstoff bis zum Zündzeitpunkt vollständig zu verdampfen. Insgesamt gesehen, steht im Vergleich zu direkter Kraftstoffeinspritzung relativ viel Zeit für die Gemischbildung zur Verfügung.

Bei der geschichteten Benzin-Direkteinspritzung fehlt diese unterstützende Wirkung. An das Spray der Einspritzdüse ergeben sich deshalb höhere Anforderungen. In wesentlich kürzerer Zeit muss die richtige Kraftstoffmenge in einem begrenzten Bereich des Brennraums gleichmäßig verteilt und verdampft werden. Dabei ist in jedem Fall sicherzustellen, dass an der Zündstelle stöchiometrisches Gemisch ($\lambda \approx 1{,}0$) vorliegt.

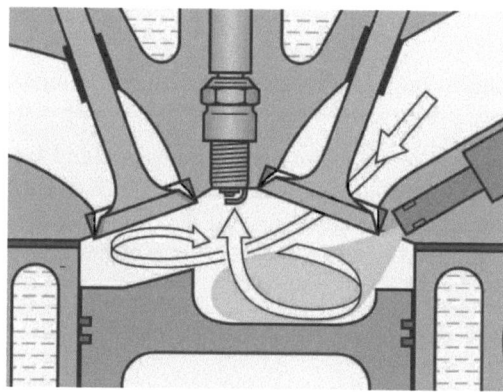

Bild 4.6-3 Kraftstoffeinspritzstrahl bei der Otto-Benzin-Direkteinspritzung mit Wandauftrag

Entscheidend für den Zerfall bzw. die Verdampfung eines Kraftstofftropfens sind die am Tropfen wirkenden Strömungs- und Trägheitskräfte, die Oberflächenspannung sowie die Viskosität des Kraftstoffes. Die Zerstäubung des Kraftstoffes erfolgt dann, wenn durch innere Turbulenz die Trägheitskräfte größer sind als die Oberflächenkräfte. Als Kennzahl für den Zerfall einer wenig zähen Flüssigkeit, wie z. B. Kraftstoff (Benzin), dient die Weber-Zahl *We*, die das Verhältnis vom Staudruck zum Innendruck (Oberflächenspannung) wiedergibt:

$$We = \frac{\rho_L \cdot c_L^2 \cdot r_T}{\sigma} \qquad (4.6.1)$$

mit ρ_L = Dichte der Luft   [kg/m³]
      c_L = Relativgeschwindigkeit der Luft   [m/s]
      r_T = Tropfenradius   [m]
      σ = Oberflächenspannung der Flüssigkeit   [N/m²]

4.6 Der Prozessverlauf im Ottomotor

Erfolgt der Zerfall von Kraftstofftropfen primär unter dem Einfluss der Luftströmung, so ist das Zerfallskriterium durch das Überschreiten eines kritischen Wertes für die Weber-Zahl gegeben. In der Praxis stellt sich die kritische Weber-Zahl bei $We \approx 10\text{-}12$ ein. Für den maximalen Tropfenradius folgt daraus:

$$r_{T,\max} \approx \frac{10 \cdot \sigma}{\rho_L \cdot c_L^2} \tag{4.6.2}$$

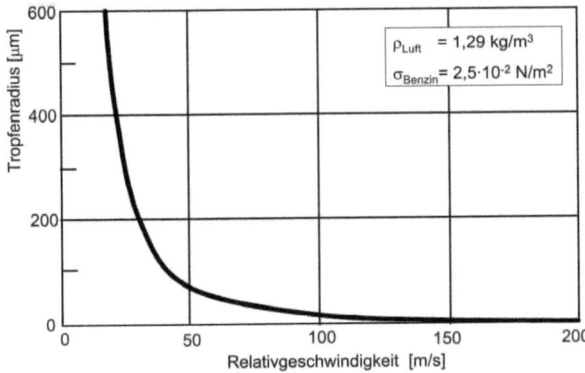

Bild 4.6-4 Maximaler Tropfenradius in Abhängigkeit von der Relativgeschwindigkeit

Die Verdampfungsgeschwindigkeit ist im wesentlichen gegeben durch:
- das so genannte Verdampfungspotential $t - t_T$ (mit t_T = Tautemperatur in °C)
- die Kraftstoffoberfläche (Zerstäubung)
- den Stoffaustausch (Strömung)

Je höher die als Verdampfungspotenzial bezeichnete Differenz zwischen Temperatur des Gemisches und Tautemperatur des Kraftstoffes ist, um so schneller erfolgt die Verdampfung. Die Höhe der Tautemperatur hängt vom Kraftstoff und vom Luft-Kraftstoffverhältnis ab. Für Benzin liegt die Tautemperatur bei $\lambda = 1$ in der Größenordnung von 10 °C.

Neben der Temperatur von Luft und Kraftstoff sind eine gute Zerstäubung des Kraftstoffes (große Kraftstoffoberfläche) sowie eine hohe Relativgeschwindigkeit zwischen Tropfen und Gas entscheidend für die Verdampfungsgeschwindigkeit.

4.6.2 Gemischbildungsverfahren

Als Systeme der Gemischaufbereitung (Gemischbildner) wurden früher fast ausschließlich Vergaser benutzt. Bis Anfang der achtziger Jahre des letzten Jahrhunderts war der Vergaser immer noch die gebräuchlichste Art der Gemischaufbereitung. Bereits zum Ende der sechziger Jahre kamen allerdings erste Anlagen zum Einsatz, die den Kraftstoff ins Saugrohr einspritzten. Als Gemischbildner wurden neue Einspritzventile verwendet. Ihre Steuerung erfolgte zunächst rein mechanisch.

Durch die gestiegenen Anforderungen im Hinblick auf genaue Kraftstoffzumessung zur angesaugten Luftmenge wurden mehr und mehr Anlagen mit Einspritzung in das Saugrohr eingesetzt. Seit Ende der 90er Jahre kommen zunehmend auch Systeme mit direkter Einspritzung des Kraftstoffes in den Brennraum auf den Markt. Heute werden praktisch alle größeren Motoren nur noch mit elektronisch gesteuerten Einspritzanlagen ausgerüstet. Vergaser sind nur noch bei kleinen Motoren (z. B. im Hausgerätebereich oder bei Kleinkrafträder) vorhanden und selbst in dieser Kategorie ist ein Übergang zur elektronisch gesteuerter Einspritzung zu beobachten.

Motoren, die gasförmige Kraftstoffe einsetzen, mischen das Gas i. d. R. im Saugrohr zu. Hierzu werden ein zentraler Gasmischer oder entsprechend angepasste Einspritzdüsen jeweils vor dem Einlassventil verwendet.

Der Vergaser

Der Grundaufbau eines Vergasers ist in Bild 4.6-5 dargestellt.

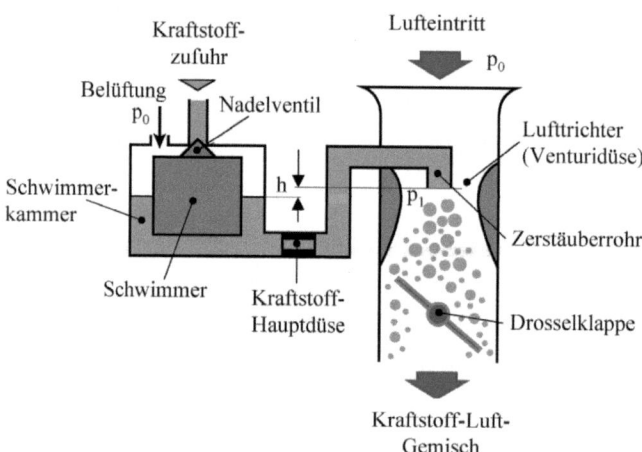

Bild 4.6-5 Grundaufbau eines Vergasers

Der Kraftstoff gelangt vom Tank in die Schwimmerkammer, die mit Umgebungsdruck beaufschlagt ist (Belüftung). Das Ventil des Schwimmers hält den Kraftstoff auf einer konstanten Spiegelhöhe. Von der Schwimmerkammer wird der Kraftstoff über die Hauptdüse in das Zerstäuberrohr weitergeleitet. Die Austrittsbohrungen des Zerstäuberrohres sind an der engsten Stelle des als Venturidüse ausgebildeten Lufttrichters angeordnet. Saugt der Motor Luft an, bewirkt der im Lufttrichter entstehende Unterdruck einen Ausfluss des Kraftstoffes, der dann aufgrund der hohen Strömungsgeschwindigkeit der Luft zerstäubt wird.

Um bei Schräglagen im Motorstillstand einen Kraftstoffüberlauf zu verhindern, liegen die Austrittsöffnungen des Zerstäuberrohres um den Sicherheitsabstand h oberhalb des Kraftstoffspiegels in der Schwimmerkammer. Der durchgesetzte Luftmassenstrom im Lufttrichter errechnet sich aus:

$$\dot{m}_L = A_L \cdot c_L \cdot \rho_L \cdot \mu \tag{4.6.3}$$

mit A_L = engster Lufttrichterquerschnitt
 c_L = Luftgeschwindigkeit im Lufttrichter (engster Querschnitt)
 ρ_L = Luftdichte im Lufttrichter (engster Querschnitt)
 μ = Kontraktionszahl = Verhältnis des effektiven Durchflussquerschnitts zum geometrischen Querschnitt

4.6 Der Prozessverlauf im Ottomotor

Unter der vereinfachenden Annahme inkompressibler Strömung ergibt sich nach Bernoulli die Geschwindigkeit im engsten Lufttrichterquerschnitt zu:

$$c_L = \varphi_L \cdot \sqrt{2 \cdot \frac{\Delta p_L}{\rho_L}} \qquad (4.6.4)$$

mit φ_L = Geschwindigkeitsziffer; berücksichtigt ungleiche Geschwindigkeitsverteilung und Strömungsreibung

p_L = Druckdifferenz zwischen Umgebungsdruck p_u und Druck im engsten Lufttrichterquerschnitt

$\Delta p_L = p_u - p_1$

Eingesetzt in Gleichung für den Luftmassendurchsatz ergibt sich:

$$\dot{m}_L = A_L \cdot \varphi_L \cdot \mu \cdot \sqrt{2 \cdot \Delta p_L \cdot \rho_L} = A_L \cdot \alpha_L \cdot \sqrt{2 \cdot \Delta p_L \cdot \rho_L} \qquad (4.6.5)$$

Das Produkt $\varphi_L \cdot \mu$ wird als Durchflusszahl α_L bezeichnet. Berücksichtigt man die Kompressibilität der Luft durch die Expansionszahl ε, ergibt sich:

$$\dot{m}_L = A_L \cdot \alpha_L \cdot \varepsilon \cdot \sqrt{2 \cdot \Delta p_L \cdot \rho_{Lu}} \qquad (4.6.6)$$

mit ρ_{Lu} = Luftdichte bei Umgebungszustand (die Expansionszahl ε gilt ebenso für den Umgebungszustand)

Analog gilt für den Kraftstoffmassenstrom:

$$\dot{m}_K = A_K \cdot \alpha_K \cdot \sqrt{2 \cdot \Delta p_K \cdot \rho_K} \qquad (4.6.7)$$

mit A_K = Öffnungsquerschnitt der Kraftstoff-Hauptdüse
α_K = Durchflusszahl der Kraftstoff-Hauptdüse
Δp_K = Druckdifferenz an der Kraftstoff-Hauptdüse
ρ_K = Kraftstoffdichte

Es gilt: $\varepsilon = 1$, da der Kraftstoff als inkompressibel angenommen werden kann.

Bei Vorgabe der Strömungsquerschnitte (Kraftstoff-Hauptdüse und engster Lufttrichterquerschnitt) kann das Luft-Kraftstoffverhältnis ermittelt werden:

$$\lambda = \frac{\dot{m}_L}{\dot{m}_K \cdot L_{St}} = \frac{1}{L_{St}} \cdot \frac{A_L}{A_K} \cdot \frac{\alpha_L}{\alpha_K} \cdot \varepsilon \cdot \sqrt{\frac{\Delta p_L}{\Delta p_K}} \cdot \sqrt{\frac{\rho_{Lu}}{\rho_K}} \qquad (4.6.8)$$

Diese Gleichung bezeichnet man als die „Vergasergleichung".

Unter der vereinfachenden, aber eigentlich nicht zulässigen Annahme, dass α_L, α_K und ε konstant sind, ist das Luft-Kraftstoffverhältnis λ unabhängig vom Luftmassenstrom. Tatsächlich sinkt jedoch die Expansionszahl ε mit steigender Druckdifferenz Δp_L. Die Durchflusszahlen hängen hauptsächlich von der Reynolds-Zahl und damit von den Strömungsgeschwindigkeiten ab (Bild 4.6-6).

Bei großen Reynolds-Zahlen, wie sie im Lufttrichter auftreten ($10^4 < R_e < 1,8 \cdot 10^5$), ist die Durchflusszahl der Luft nahezu unabhängig von der Reynolds-Zahl ($\alpha_L \approx$ konstant). Bei üblichen Kraftstoffdüsen nimmt α_K mit steigender Reynolds-Zahl (steigendem Kraftstoffdurchsatz) zu. Das Gemisch wird folglich bei zunehmendem Luftstrom (steigender Last) durch beide Einflüsse (ε und α_K) fetter (Bild 4.6-6).

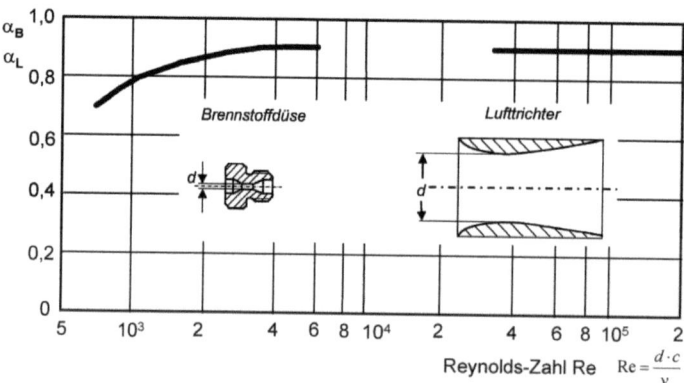

Bild 4.6-6 Durchflusszahlen üblicher Kraftstoffdüsen und Lufttrichter

Weil sich beide Einflüsse (ε und α_K) auf das Luft-Kraftstoffverhältnis auswirken und bei steigendem Luftdurchsatz zu einer Anfettung des Grundgemisches führen, ist ein Motor in einem größeren Last- und Drehzahlbereich mit dem Prinzipvergaser ohne zusätzliche Korrekturen nicht zu betreiben.

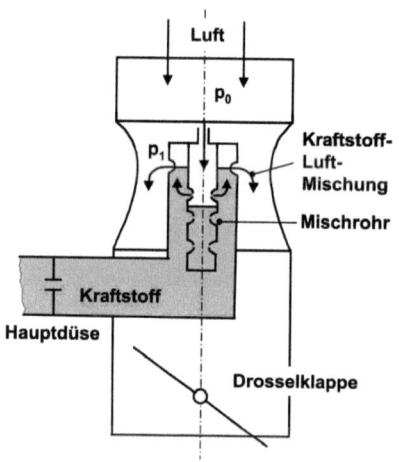

Um eine Überfettung des Gemischs zu vermeiden, wird mit Hilfe einer Luftkorrekturdüse das Luft-Kraftstoffverhältnis angepasst (Bild 4.6-7).

Bild 4.6-7 Luftkorrektursystem eines Vergasers

Die Korrekturluft gelangt durch Wandbohrungen des Mischrohres, wenn bei ansteigendem Lufttrichter-Unterdruck (Geschwindigkeitszunahme) der Flüssigkeitsspiegel im Mischrohr absinkt und dadurch immer mehr Zumischbohrungen freigegeben werden, in den Kraftstoff.

Anstelle von reinem Kraftstoff strömt dann ein Luft-Kraftstoff-Gemisch in den Lufttrichter ein, dessen Luftgehalt mit dem Unterdruck zunimmt. Hierdurch kann auch die anschließende Kraftstoffzerstäubung im Lufttrichter verbessert werden. Bei kleineren Differenzdrücken Δp_L arbeitet das System zunächst ohne Korrektur.

Bei nahezu geschlossener Drosselklappe und geringer Motordrehzahl sinkt die Luftgeschwindigkeit im Lufttrichter unter 6 m/s, weil der Luftmassenstrom nur 2 bis 5 % der Volllastwerte erreicht. Dabei wird der Differenzdruck Δp_K so gering, dass kein Kraftstoff durch die Hauptdüse austreten kann. Das Luft-Kraftstoffverhältnis steigt extrem an (Abmagerung). Deshalb muss für den Leerlauf und für den leerlaufnahen Bereich ein Zusatzsystem (Leerlaufsystem) vorgesehen werden (Bild 4.6-8).

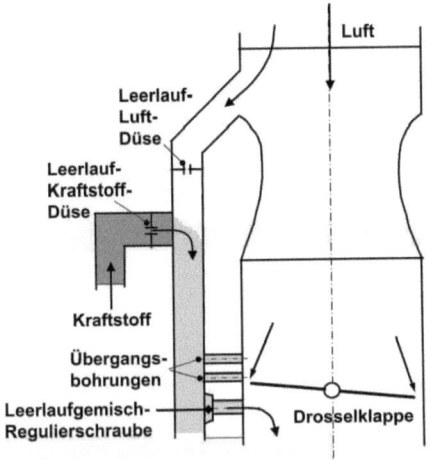

Bild 4.6-8 Leerlaufsystem eines Vergasers

Hinter der im Leerlauf wenig geöffneten Drosselklappe herrscht ein hoher Unterdruck, der über ein getrenntes Leerlaufsystem Gemisch ansaugt. Die Gemischgrundeinstellung erfolgt über getrennte Düsen für Luft und Kraftstoff. Dieses Gemisch ist sehr fett und wird durch die Zumischung der an der Drosselklappe vorbeiströmenden Luftmenge erst zündfähig gemacht. Die optimale Gemischzusammensetzung kann mit der Leerlaufgemischschraube eingestellt werden, während die Leerlaufdrehzahl durch die veränderliche Endposition der Drosselklappe vorgegeben wird. Bei weiterer Öffnung der Drosselklappe (Lastzunahme) treten zunächst noch Übergangsbohrungen in Aktion, bis schließlich das Hauptsystem seine Arbeit aufnimmt. Ab einer bestimmten Drosselklappenstellung ist das Leerlaufsystem dann außer Funktion, da der Unterdruck an den Bypassbohrungen zur Förderung von Kraftstoff nicht mehr ausreicht.

Bei Volllast wird über ein zusätzliches Anreicherungsrohr mit kalibrierter Kraftstoffdüse die zur Erzielung der höchsten Leistung notwendige Anfettung vorgenommen (Volllastanreicherung). Der Eintritt in das Saugrohr ist dabei so angeordnet, dass erst bei großen Luftdurchsätzen durch den Unterdruck zusätzlicher Kraftstoff gefördert wird.

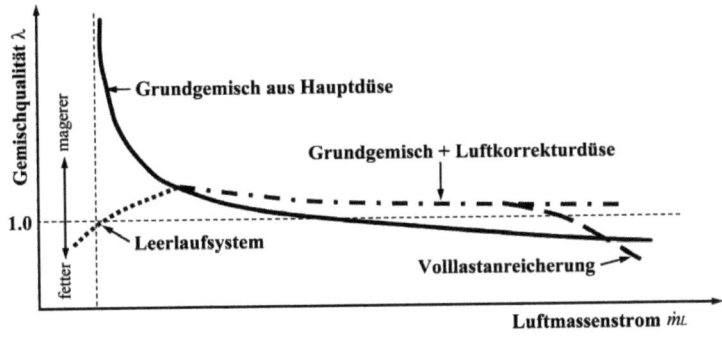

Bild 4.6-9 Luft-Kraftstoffverhältnis in Abhängigkeit vom Luftdurchsatz

Bei niedrigen Temperaturen ist für den Kaltstart eines Motors eine zusätzliche Starteinrichtung erforderlich, da in diesem Fall besondere Anforderungen vorliegen:

- Die Starterdrehzahl ist niedriger als die Leerlaufdrehzahl. Der Unterdruck ist deshalb so klein, dass das Leerlaufsystem noch nicht anspricht.
- Die Reibleistung bei kaltem Motor ist größer als bei warmem Motor. Für das Erreichen der Leerlaufdrehzahl muss also eine größere Ladungsmenge (Quantitätsregelung) bereitgestellt werden als beim betriebswarmen Motor.
- Ein großer Teil des Kraftstoffs kondensiert an den kalten Saugrohr- und Zylinderwänden aus, das Gemisch wird zu mager. Um dies zu kompensieren, wird das Gemisch stark angefettet.

Als Kaltstarthilfe wird im allgemeinen eine automatisch betätigte Starterklappe eingesetzt (Choke). Sie wird beim Kaltstart durch eine über das Kühlwasser temperaturgesteuerte Bimetallfeder geschlossen.

Im Zusammenhang mit den Bemühungen um eine weitere Verbesserung des Kraftstoffverbrauchs und des Schadstoffemissionsverhaltens der Ottomotoren wurden die Steuerungstechniken des Vergasers immer umfangreicher. Im Laufe der Zeit sind eine Fülle von Vergasertypen bis hin zum elektronisch gesteuerten Vergaser entwickelt worden. Der Aufwand eines derart komplexen Vergasers war beträchtlich größer geworden, als der eines einfachen Saugrohreinspritzsystems.

Die Kraftstoff-Einspritzung

Die Einspritzung von Kraftstoff in das Saugrohr hat sich gegenüber dem Vergaser seit ca. Mitte der 80-er Jahre in Verbindung mit der Katalysatortechnik zur Abgasnachbehandlung durchgesetzt. Hervorgerufen wurde dieser Trend durch die Vorteile, die die Einspritzung in das Saugrohr in Bezug auf Wirtschaftlichkeit, Leistungsfähigkeit und Schadstoffemission besitzt. Die Einspritzung in das Saugrohr ermöglicht eine sehr genaue Zumessung des Kraftstoffes in Abhängigkeit vom Betriebs- und Lastzustand des Motors. Durch den Wegfall des Vergasers können die Saugrohre optimal ausgelegt werden, wodurch eine bessere Füllung, verbunden mit besserem Drehmomentverlauf, erreicht wird.

Bei der Einspritzung in das Saugrohr wird der Kraftstoff durch eine zentrale Pumpe in ein Leitungssystem gefördert und einzeln vor jedem Zylinder (Einzeleinspritzung) oder zentral im Bereich größter Luftgeschwindigkeit (Zentraleinspritzung) eingespritzt (Bild 4.6-10).

Die Einspritzung in das Saugrohr erfolgt entweder kontinuierlich während des gesamten Arbeitsspiels oder diskontinuierlich in kleineren Zeitintervallen innerhalb eines Arbeitsspiels. Kontinuierlich einspritzende Systeme sind mechanische Systeme, die über eine Variation des Druckes an der Einspritzdüse die eingespritzte Kraftstoffmenge verändern. Zur diskontinuierlichen Einspritzung werden Elektromagnetventile eingesetzt, die von einem elektronischen Steuergerät angesteuert werden. Am Einspritzventil liegt in diesem Fall praktisch immer der gleiche Kraftstoffvordruck an, nur die Öffnungsdauer der Einspritzdüse entscheidet über die zugeführte Kraftstoffmenge.

4.6 Der Prozessverlauf im Ottomotor

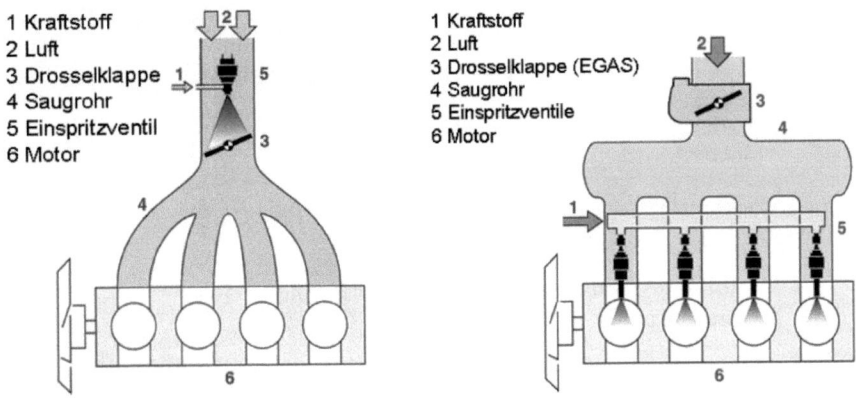

Bild 4.6-10 Zentraleinspritzung, Einzeleinspritzung BDE [4.6-2]

Der Kraftstoffdurchfluss einer Einspritzdüse ergibt sich entsprechend den in Bild 4.6-11 dargestellten Bedingungen zu:

$$\dot{m}K = \alpha K \cdot AK \cdot \sqrt{2 \cdot \Delta pK \cdot \rho K} \qquad (4.6.9)$$

mit α_K = Durchflusszahl an der Einspritzdüse
A_K = Fläche der Austrittsöffnung an der Düse
Δp_K = Druckdifferenz am Einspritzventil
ρ_K = Kraftstoffdichte

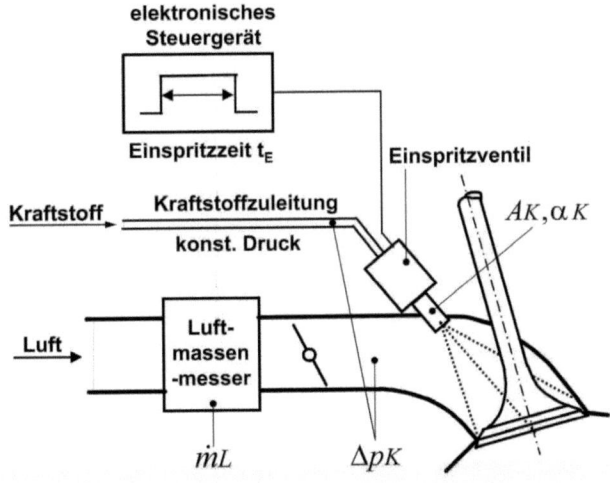

Bild 4.6-11 Prinzip einer elektronischen Einspritzung in das Saugrohr

Bei diskontinuierlicher Einspritzung wird das Einspritzventil über das Steuergerät mit der Ansteuerdauer t_E (Einspritzdauer) angesteuert. Der zeitliche Mittelwert des Kraftstoffmassenstroms pro Arbeitsspiel bei diskontinuierlicher Einspritzung ergibt sich zu:

$$\dot{m}_{K,m} = \dot{m}_K \cdot \frac{t_E}{t_{ASP}} \qquad (4.6.10)$$

mit t_E = Einspritzdauer des Einspritzventils
t_{Asp} = Zeitdauer eines Arbeitsspiels = $1/{i \cdot n}$
i = Anzahl der Arbeitsspiele pro Umdrehung = 0,5 (4-Takt)
n = Motordrehzahl [s^{-1}]

Bei Einzeleinspritzung ist der pro Einspritzdüse eingespritzte Kraftstoff mit der Zylinderzahl z zu multiplizieren:

$$\dot{m}_{K,M} = \dot{m}_{K,m} \cdot z \qquad (4.6.11)$$

Damit errechnet sich die gesamte Einspritzmenge für einen Motor mit z Zylindern zu:

$$\dot{m}_{K,M} = \alpha_K \cdot A_K \cdot \frac{t_E}{t_{ASP}} \cdot z \cdot \sqrt{2 \cdot \Delta p_K \cdot \rho_K} \qquad (4.6.12)$$

bzw.

$$\dot{m}_{K,M} = \alpha_K \cdot A_K \cdot t_E \cdot i \cdot n \cdot z \cdot \sqrt{2 \cdot \Delta p_K \cdot \rho_K} \qquad (4.6.13)$$

Der Luftmassenstrom wird bei Einspritzanlagen häufig mit Hilfe eines Luftmassenmessers ermittelt. Somit ergibt sich für das Luft-Kraftstoffverhältnis die Beziehung (Einspritzgleichung):

$$\lambda = \frac{\dot{m}_L}{L_{St} \cdot \dot{m}_{K,M}} = \frac{\dot{m}_L}{L_{St} \cdot \alpha_K \cdot A_K \cdot t_E \cdot i \cdot n \cdot z \cdot \sqrt{2 \cdot \Delta p_K \cdot \rho_K}} \qquad (4.6.14)$$

Mechanische Einspritzsysteme arbeiten ohne elektronische Steuerung und benötigen als Energiezufuhr lediglich eine Kraftstoffpumpe (Produktname z. B. Bosch: K-Jetronic). Als Kriterium für die Kraftstoffzuteilung (Gemischaufbereitung) dient die vom Motor angesaugte Luftmenge. Diese wird vom Luftmengenmesser (Lufttrichter mit Stauscheibe), der nach dem Schwebekörperprinzip arbeitet, gemessen.

Eine Weiterentwicklung bestand anschließend in der elektronischen Aufschaltung einiger Zusatzfunktionen, durch die mit relativ geringem Aufwand intelligente Funktionen erfüllt wurden (Produktname z. B. Bosch: KE-Jetronic). Dies sind u. a.:

- Startsteuerung (Kaltstartanreicherung)
- Warmlaufanreicherung (Anpassung)
- Beschleunigungsanreicherung
- Vollastkorrektur (Anfettung)
- λ-Regelung
- Leerlauffüllungsregelung (Anreicherung)
- Höhenkorrektur
- Schubabschaltung (Kraftstoffabschaltung)

4.6 Der Prozessverlauf im Ottomotor

Die Elektronik ist bei diesem mechanischen Einspritzsystem mit elektronischer Aufschaltung nur ergänzend, die Basisfunktionen bleiben auch bei Ausfall der Elektronik voll erhalten, d. h. der Motorlauf bleibt auch im Störungsfall gewährleistet.

Ein besonderes Merkmal ist die Schubabschaltung, d. h. vollständiges Unterbrechen der Kraftstoffzufuhr zum Motor bei Schiebebetrieb. Dadurch lässt sich der Kraftstoffverbrauch bei Bergabfahrten, beim Bremsen und beim Ausrollen deutlich reduzieren. Da kein Kraftstoff zugeführt und somit verbrannt wird, entstehen auch nahezu keine schädlichen Abgase. Im Stadtbetrieb werden ca. 7 % bis 12 % Kraftstoffersparnis erreicht. Bild 4.6-12 zeigt die Schaltschwellen, nach der die Schubabschaltung wirksam wird.

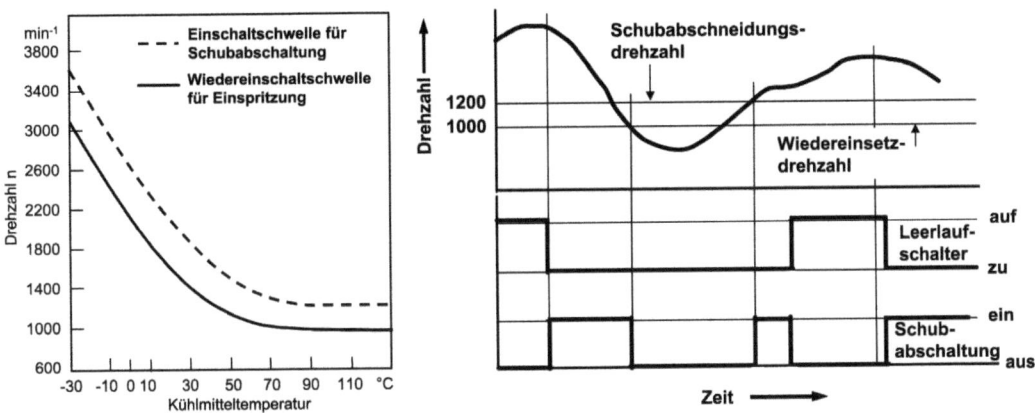

Bild 4.6-12 Schaltschwellen der Schubabschaltung

Die Schaltpunkte sind abhängig von der Kühlmitteltemperatur, also vom Motorbetriebszustand. Aus Sicherheitsgründen kann die Schubabschaltung im Schiebebetrieb erst ab einer bestimmten Motordrehzahl wirksam werden, damit der Motor beim plötzlichen Auskuppeln nicht zum Stehen kommt. Um ein ständiges Ein- und Ausschalten bei einer bestimmten Drehzahl zu vermeiden (Ruckeln!), werden die Schaltpunkte für Abschalten und Wiedereinschalten der Einspritzung unterschiedlich festgelegt (Schalthysterese).

Im Zuge der Verschärfung der Abgasgrenzwerte werden immer höhere Anforderungen an die Genauigkeit der Einspritzsysteme gestellt. Daher führte der Weg von den mechanischen Einspritzsystemen hin zur intermittierend arbeitenden elektronisch gesteuerten Einspritzung. Bild 4.6-13 zeigt das Anlagenschema der L-Jetronic (elektronische Einspritzung) mit intermittierender Kraftstoffeinspritzung in das Saugrohr.

Das Prinzip dieser Anlage besteht darin, dass die vom Motor angesaugte Luftmenge (Volumen) mit dem Luftmengenmesser gemessen wird. Im Ansaugrohr des Motors befindet sich eine rechteckige Stauklappe, die von der Luftströmung gegen die Rückstellkraft einer Spiralfeder in einer bestimmten Winkelstellung gehalten wird. Die Stellung dieser Stauklappe, deren Dämpfung durch eine Kompensationsklappe erfolgt, entspricht je nach Größe des freien Querschnitts einer bestimmten Luftmenge (Bild 4.6-14) und wird über ein Potentiometer in das Steuergerät eingegeben. Die Klappenstellung ist hier allerdings nicht direkt proportional dem Volumenstrom, sondern muss im Steuergerät umgerechnet werden. Durch zusätzliche Temperaturmessung kann dabei im zweiten Schritt von Volumen- auf Massenstrom umgerechnet werden.

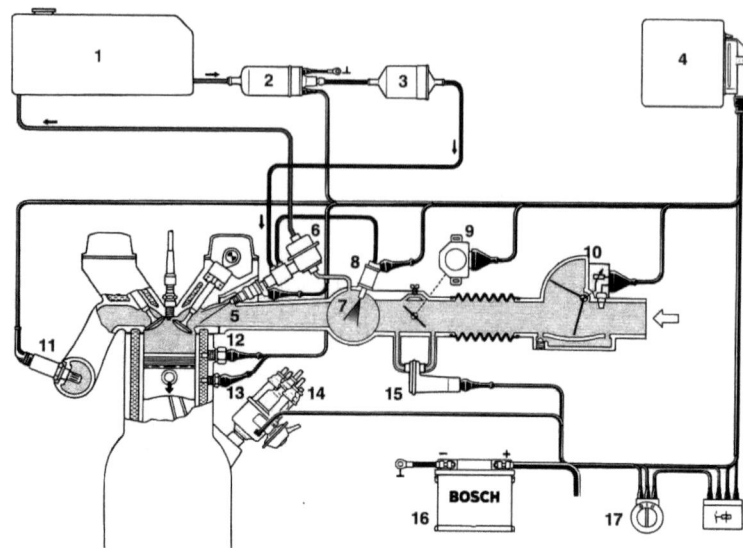

Bild 4.6-13 Anlagenschema Bosch L-Jetronic [4.6-2]: 1 Kraftstoffbehälter, 2 Elektrokraftstoffpumpe, 3 Kraftstofffilter, 4 Steuergerät, 5 Einspritzventil, 6 Verteilerrohr und Druckregler, 7 Sammelsaugrohr, 8 Kaltstartventil, 9 Drosselklappenschalter, 10 Luftmengenmesser, 11 Lambda-Sonde, 12 Thermozeitschalter, 13 Motortemperatursensor, 14 Zündverteiler, 15 Zusatzluftschieber, 16 Batterie, 17 Zünd-Start-Schalter

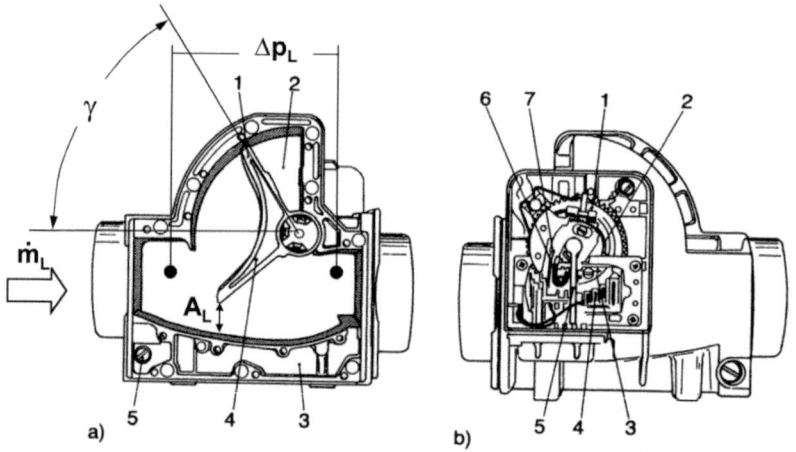

Bild 4.6-14 Schema der Luftmengemessung mit der L-Jetronic: a) Luftseite: 1 Kompensationsklappe, 2 Dämpfungsvolumen, 3 Bypass, 4 Stauklappe, 5 Leerlaufgemisch-Einstellschraube (Bypass) ; b) Anschlussseite: 1 Zahnkranz für die Federvorspannung, 2 Rückholfeder, 3 Schleiferbahn, 4 Keramikplatte mit Widerständen und Leitungszügen, 5 Schleiferabgriff, 6 Schleifer, 7 Pumpenkontakt

4.6 Der Prozessverlauf im Ottomotor

$$\dot{m}L = AL \cdot \alpha L \cdot \varepsilon \cdot \sqrt{2 \cdot \Delta pL} \cdot \sqrt{\rho L, u} \qquad (4.6.15)$$

$\dot{m}L$ = Luftmassenstrom
A_L = Öffnungsquerschnitt = f(γ)
α_L = Durchflusszahl = f(γ)
ε = Expansionszahl = f(γ)
$\sqrt{2 \cdot \Delta pL}$ ≈ Kräftegleichgewicht an der Klappe Δp_L ≈ konst.
$\sqrt{\rho L, u}$ ≈ Temperatur und Druck der Ansaugluft

In späteren Einspritzsystemen wurden anstatt der Stauklappe so genannte Hitzdraht-Luftmassen-Messer (Bild 4.6-15) zur Bestimmung der Luftmasse eingesetzt. Diese bestehen aus zwei Widerstandsdrähten (Sensoren), die in einem Bypass der Venturi-Düse von der angesaugten Luft umströmt werden. Das Heißdrahtsensorelement wird auf eine Temperatur von 200°C oberhalb der vom kalten Sensor-Element gemessenen Umgebungstemperatur beheizt. Das heiße Sensor-Element wird von der vorbeistreichenden Luft abgekühlt. Der Strom, der benötigt wird, um die Temperatur des heißen Sensor-Elements auf 200 Grad Celsius zu halten, ist proportional der Masse der umströmenden Luftmenge. Der Hitzdraht-Luftmassen-Messer sendet ein analoges Spannungssignal an die Motorsteuerung, proportional der angesaugten Luftmasse.

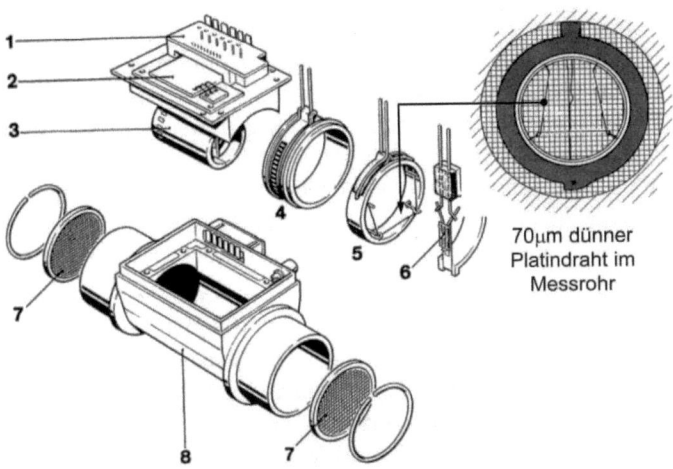

Bild 4.6-15 Hitzdraht-Luftmengenmesser [4.6-2]: 1 Leiterplatte, 2 Hybridschaltung (Sie enthält neben den Widerständen der Brückenschaltung noch die Regelschaltung für das Konstanthalten der Temperatur, und die Reinigungs- (Freibrenn-)Schaltung, 3 Innenrohr, 4 Präzisionsmesswiderstand, 5 Hitzdrahtelement, 6 Temperaturkompensationswiderstand, 7 Schutzgitter, 8 Gehäuse

Heute werden fast ausschließlich Heißfilm-Luftmassenmesser (HLM) eingesetzt. Bei diesem Prinzip gibt ein erhitzter Körper Energie an die umgebende Luft ab. Diese abgegebene Wärmemenge ist vom Luftstrom abhängig und kann als Messgröße verwendet werden.

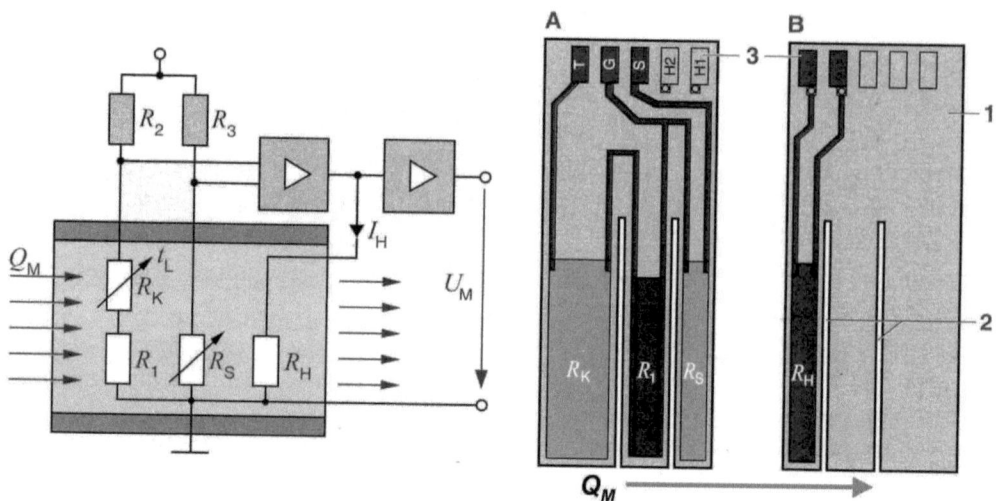

Bild 4.6-16 Messprinzip und Sensorelement des Heißfilm-Luftmassenmessers (BOSCH HFM2) [4.6-2]:
R_K Temperatur-Kompensationssensor, R_H Heizwiderstand, R_S Sensorwiderstand, R_1, R_2, R_3 Brückenwiderstände, U_M Messspannung, I_H Heizstrom, t_L Lufttemperatur, Q_M Luftmassenstrom
A Vorderseite, B Rückseite, 1 Keramiksubstrat, 2 zwei Sägeschnitte, 3 Kontakte, R_K Temperatur-Kompensationssensor, R_H Heizwiderstand, R_s Sensorwiderstand, R_1 Brückenwiderstand

Der Sensor des HLM wird direkt im Luftstrom platziert. Im Innern des Sensors befinden sich auf einem Glassubstrat-Plättchen zwei temperaturabhängige Metallfilm-Widerstände, die mit zwei weiteren Widerständen zu einer Brückenschaltung geschaltet sind. Der vorbeistreichende Luftstrom kühlt R_S ab, eine Elektronik regelt den Heizstrom in R_S so, dass die Temperaturdifferenz zwischen R_S und R_H konstant bleibt. An R_2 wird dieser Heizstrom in ein Spannungssignal umgewandelt. Die Widerstände R_S und R_H sind so aufeinander abgestimmt, dass die Kennlinie unabhängig von der Lufttemperatur ist. Eine geeignete Materialauswahl machen den Sensor unempfindlich gegen Druck und Verschmutzungen.

Im elektronischen Steuergerät werden alle von den verschiedenen Messfühlern gelieferten Signale ausgewertet und daraus die entsprechenden Steuerimpulse für die Einspritzventile gebildet. Die Einspritzventile spritzen den Kraftstoff zeitlich getaktet (intermittierend) in die Einzelsaugrohre vor die Einlassventile des Motors. Das Verteilerrohr (Rail) gewährleistet einen gleichen Kraftstoffdruck an allen Einspritzventilen. In der Regel wird während eines Arbeitsspiels zwei Mal Kraftstoff eingespritzt. Dieses hat den Vorteil, dass ein Teil des Kraftstoffes vor das Einspritzventil vorgelagert wird, was die Gemischbildung verbessert. Durch die Aufteilung in zwei kleinere Kraftstoffmengen wird zudem die Zerstäubung verbessert und die Wandanlagerung verringert. Die eingespritzte Kraftstoffmenge ist der Öffnungszeit des Ventils t_E direkt proportional.

Die Leistungsfähigkeit der heute zur Verfügung stehenden Mikro-Computer macht es seit einigen Jahren möglich, die Funktionen „Benzineinspritzung" und „Zündung" miteinander zu verbinden. Darüber hinaus können fast alle Sensorsignale sowohl für die Kraftstoffeinspritzung als auch für die Zündung verwendet werden. Ein integriertes System zur elektronischen Steuerung von Einspritzung und Zündung ist die Motronic (Bild 4.6-17).

4.6 Der Prozessverlauf im Ottomotor

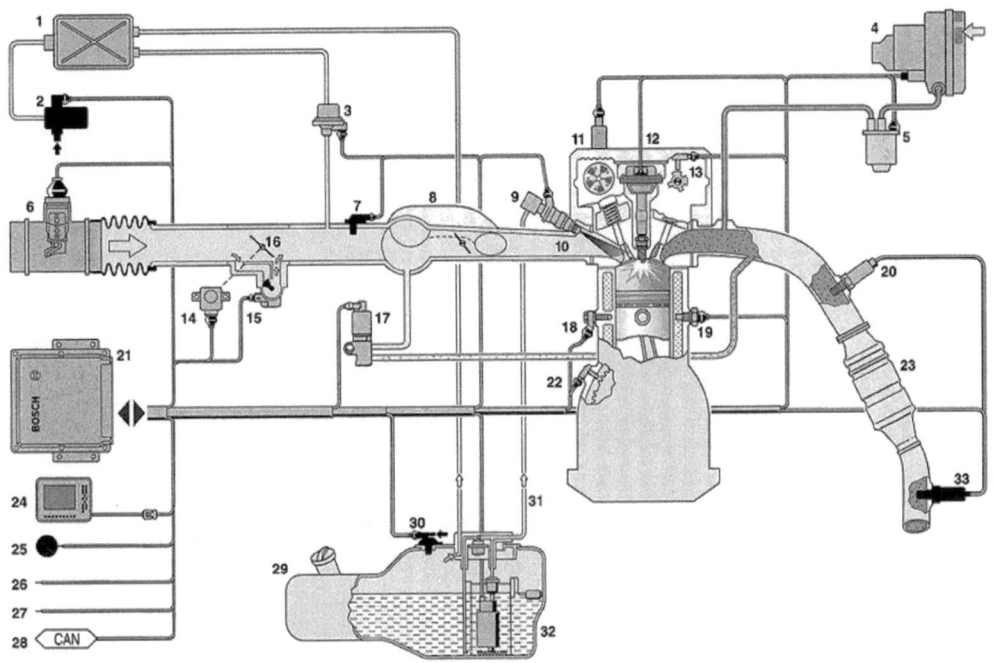

Bild 4.6-17 Bosch Motronic M – Systembild [4.6-2]: 1 Aktivkohlebehälter, 2 Diagnosemodul Tankleckage, 3 Regenerierventil, 4 Sekundärluftpumpe, 5 Sekundärluftventil, 6 Luftmassensensor mit integriertem Temperatursensor, 7 Saugrohrdrucksensor, 8 Variable Saugrohrgeometrie mit umschaltbaren Klappen, 9 Kraftstoffverteilerstück, 10 Einspritzventil, 11 Aktoren und Sensoren für variable Nockenwellensteuerung, 12 Zündspule mit aufgesteckter Zündkerze, 13 Nockenwellen-Phasensensor, 4 Drosselklappenwinkelsensor, 15 Leerlaufsteller, 16 Drosselklappe, 17 Abgasrückführventil, 18 Klopfsensor, 19 Motortemperatursensor, 20 Lambda-Sonde vor Katalysator, 21 Motorsteuergerät, 22 Drehzahlsensor, 23 Dreiwegekatalysator (ggf. separate Vor- und Hauptkatalysatoren), 24 Diagnoseschnittstelle, 25 Fehlerlampe , 26 Schnittstelle zum Immobilizer Steuergerät (Wegfahrsperre), 27 Schnittstelle zum Getriebesteuergerät, 28 CAN-Schnittstelle, 29 Kraftstoffbehälter, 30 Tankdrucksensor, 31 Kraftstoffleitung, 32 Tankeinbaueinheit mit Elektrokraftstoffpumpe, Kraftstofffilter und Kraftstoffdruckregler, 33 Lambda-Sonde hinter Katalysator

Einspritzung und Zündung werden anhand einer Vielzahl von Kennfeldern berechnet, mit denen die verschiedenen Messgrößen Einfluss auf Einspritzbeginn, Einspritzdauer und Zündzeitpunkt nehmen können. Ein Beispiel für ein Korrekturkennfeld zeigt die (Bild 4.6-18).

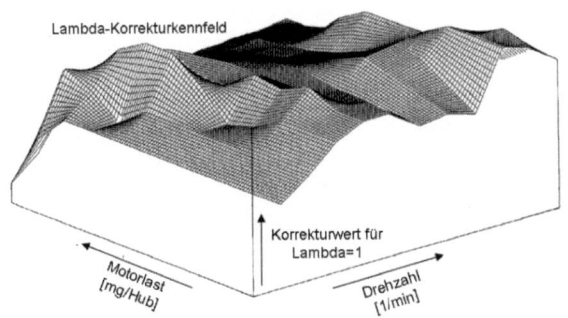

Bild 4.6-18 Gemischkorrekturkennfeld

Ein solches Kennfeld wird durch umfangreiche Versuche auf dem Motorenprüfstand ermittelt und anschließend im Fahrzeug nach den vorgegebenen Kriterien Verbrauch, Abgas und Fahrverhalten appliziert.

Weitere wichtige Funktionen wie Kaltstartanreicherung, Klopfregelung, Beschleunigungsanreicherung, Schubabschaltung, usw. können mit Hilfe weiterer Kennfelder berücksichtigt werden.

Darüber hinaus lässt sich bei den intermittierend einspritzenden, elektronischen Einspritzsystemen der Zeitpunkt der Kraftstoffeinspritzung unterschiedlich einstellen. Der Einspritzzeitpunkt kann dabei wie folgt gewählt werden:

- die Einspritzung erfolgt für alle Zylinder oder für Gruppen von Zylindern gleichzeitig, so genannte Simultan- oder Gruppeneinspritzung
- in einem bestimmten Verhältnis zum Öffnungszeitpunkt des Einlassventils, so genannte sequentielle Einspritzung; es wird z. B. dann eingespritzt, wenn das Einlassventil gerade öffnet
- die komplexere und für den gesamten Prozess günstigste Einspritzung ist die sequentielle Einspritzung in Form der Mehrfacheinspritzung, z. B. zweimalige sequentielle Einspritzung

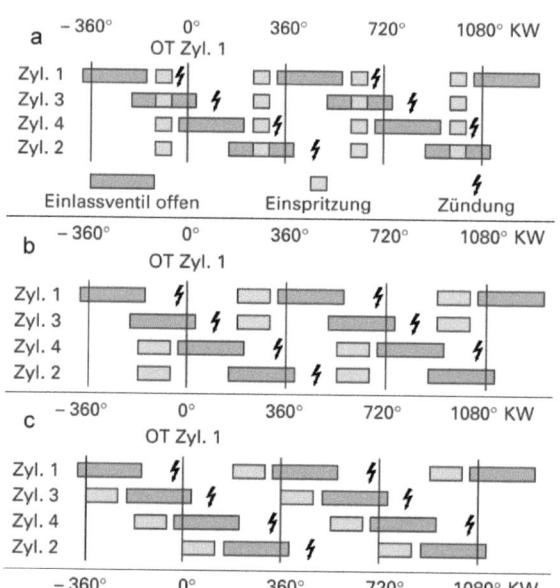

Bild 4.6-19 Einspritzsysteme: a-simultane, b-Gruppen-, c-sequentielle Einspritzung [4.6-2]

Die sequentielle Einspritzung führt zu gleichen Gemischbildungsbedingungen für alle Zylinder und ermöglicht so eine bessere Anpassung des Einspritzzeitpunktes an die motorischen Erfordernisse. Sie erfordert aber einen größeren Aufwand bei Abstimmung sowie komplexere Steuerfunktionen.

4.6 Der Prozessverlauf im Ottomotor

Innere Gemischbildung (Direkteinspritzung)

Beim Ottomotor mit Direkteinspritzung (Bild 4.6-10) ist die Erzeugung eines zündfähigen Gemisches an der Zündkerze, insbesondere bei Schichtbetrieb im Teillastbereich, erheblich schwieriger als beim Ottomotor mit äußerer Gemischbildung. Zudem muss die Gemischgüte in allen Betriebsbereichen des Motors ausreichend gut sein, damit die Zündung sicher eingeleitet werden kann.

Bei der Benzin-Direkteinspritzung unterscheidet man im Wesentlichen zwei Wege der Kraftstoffeinleitung:
- Niederdruck-Einspritzung mit Luftunterstützung (Bild 4.6-20)
- Hochdruck-Flüssigkeitseinspritzung

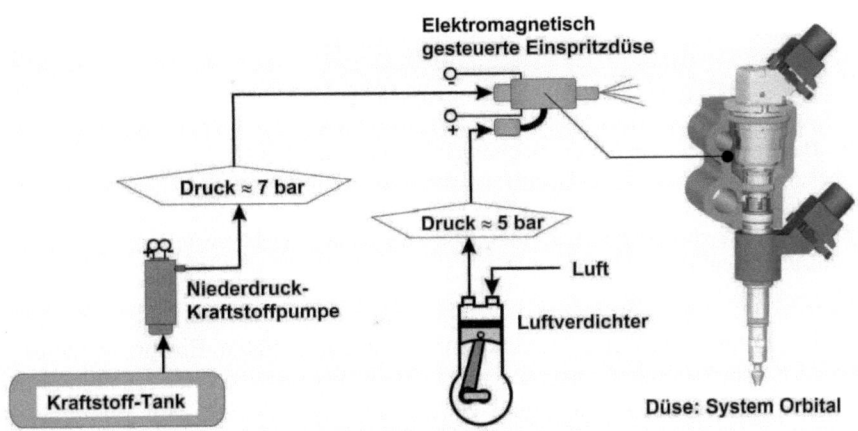

Bild 4.6-20 Systeme für Niederdruck-Benzin-Direkteinspritzung [4.6-3]

Bei der Niederdruck-Einspritzung mit Luftunterstützung werden Kraftstoff (Kraftstoffdruck je nach System bis zu 8 bar) und Luft (Druck der Luft um 5 bar) in einer Vorkammer des Injektors vermischt. Auf diese Weise wird bereits teilweise zündfähiges Gemisch in den Brennraum eingespritzt. Die zur Gemischbildung erforderliche Luftverdichtung wird mit einem Kompressor erzeugt. Aufgrund sehr kleiner Durchmesser der Kraftstofftropfen ergibt sich bei diesem Einspritzverfahren eine nur geringe Eindringtiefe des Strahls in den Brennraum, wodurch eine gute Ladungsschichtung möglich ist. Ein entscheidender Nachteil dieses Verfahrens ist das geringe Potential bezüglich Druckdifferenz zwischen Einblasedruck und Zylinderdruck, insbesondere bei späten Einspritzzeitpunkten. Dadurch ist i. d. R. die bei niedrigen Lasten erwünschte Schichtladung kaum zu realisieren. Dieses System der Direkteinspritzung hat sich nicht durchgesetzt.

Bei der Hochdruck-Flüssigkeitseinspritzung wird der Kraftstoff unter hohem Druck (heute zwischen 100 und 200 bar) in den Brennraum eingespritzt. Der Zerfall des Kraftstoffstrahls in kleine Tropfen mit anschließender Verdampfung wird durch die Turbulenz und die Massenträgheitseffekte im Kraftstoffstrahl erzeugt. Eine hohe Eindringtiefe in den Brennraum tritt so lange auf, bis der Kraftstoffstrahl in kleine Tropfen zerfallen und verdampft ist. Durch einen späten Einspritzzeitpunkt kann im Teillastbetrieb eine gute Schichtung erreicht werden.

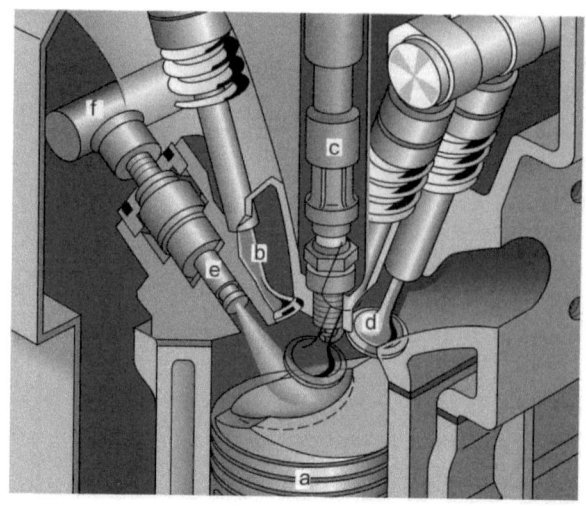 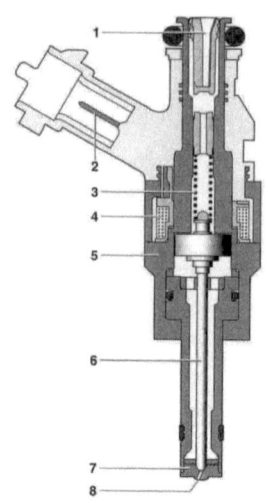

Bild 4.6-21 Benzin-Direkteinspritzung, Hochdruck-Einspritzdüse [4.6-2]:
a Motorkolben, b Einlassventil, c Zündspule mit Zündkerze, d Auslassventil, e Hochdruckeinspritzventil, f Kraftstoffverteilerrohr (Rail)
1 Zulauf mit Feinsieb, 2 elektrischer Anschluss, 3 Feder, 4 Spule, 5 Gehäuse, 6 Düsennadel mit Magnetanker, 7 Ventilsitz, 8 Ventilauslassbohrung

Alle heute bei Ottomotoren mit Direkteinspritzung eingesetzten Einspritzsysteme sind als Common-Rail-Einspritzsysteme ausgeführt. Das Speichereinspritzsystem „Common Rail" bietet eine hohe Flexibilität zur Anpassung der Einspritzung an den Motorbetriebspunkt. Bei diesem System sind Druckerzeugung und Einspritzung entkoppelt. Der Einspritzdruck wird unabhängig von der Motordrehzahl und der Einspritzmenge erzeugt.

Das Steuergerät erfasst mit Hilfe von Sensoren (Luftmassenmesser, Drehzahlsensor, Temperatursensoren, Fahrpedalsensor, ...) den Fahrerwunsch und die aktuellen Betriebsrandbedingungen von Motor und Fahrzeug. Es verarbeitet diese Signale und steuert dann die Kraftstoffeinspritzung entsprechend einem im Steuergerät abgelegten Kennfeld. Dabei werden der Kraftstoffdruck im Rail, der Einspritzzeitpunkt, die Einspritzmenge und gegebenenfalls der Einspritzverlauf so angepasst, dass ein verbrauchsgünstiger und schadstoffarmer Betrieb gewährleistet ist.

Das Kraftstoffsystem der Einspritzanlage besteht aus einem Niederdruckteil (Vorförderpumpe im Kraftstofftank) für die Niederdruckförderung des Kraftstoffes und dem Hochdruckteil mit der Hochdruckpumpe zur Hochdruckförderung. In der Hochdruckpumpe wird der Kraftstoff auf einen Druck von ca. 100 bis 200 bar verdichtet. Der verdichtete Kraftstoff wird dann über eine Hochdruckleitung in einen rohrähnlichen Kraftstoff-Hochdruckspeicher, das so genannte Rail (Bild 4.6-22), gefördert. Einspritzsysteme, die höhere Drücke (bis über 300 bar) erlauben, sind bereits in der Entwicklung.

Im Hochdruckspeicher wird der Kraftstoff nach der Hochdruckpumpe gespeichert. Dabei sollen Druckschwingungen durch das Speichervolumen gedämpft werden, die durch die nicht pulsationsfreie Förderung der Pumpen und die Volumenentnahme durch Einspritzvorgänge entstehen. Das im Rail vorhandene Volumen ist ständig mit Kraftstoff, der unter hohem Druck steht, gefüllt. Der Raildrucksensor liefert eine Information über den aktuellen Druck an das

Steuergerät. Von hier aus wird zum einen der Druck geregelt, in dem entweder das Druckbegrenzungsventil entsprechend angesteuert wird oder das Fördervolumen der Hochdruckpumpe verstellt wird (sofern eine Verstellpumpe vorhanden ist). Zum anderen benötigt das Steuergerät die Information über den aktuellen Raildruck, um die richtige Öffnungsdauer der Einspritzventile (Injektoren) für die erforderliche Kraftstoffmenge berechnen zu können.

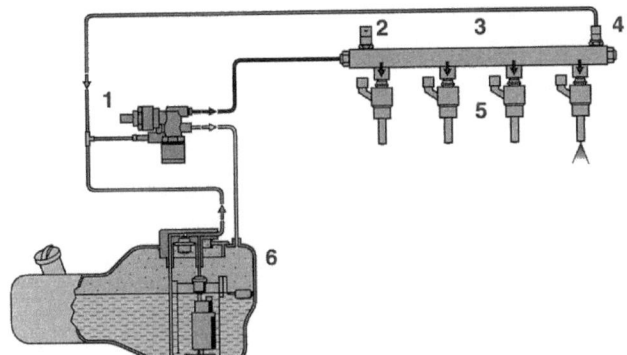

Bild 4.6-22 Kraftstoffversorgungssystem für Hochdruckeinspritzung – bedarfsgeregelt [4.6-2]:
1 Hochdruckpumpe HDP2,
2 Hochdrucksensor,
3 Kraftstoffverteilerrohr (Rail),
4 Druckbegrenzungsventil,
5 Hochdruck-Einspritzventile,
6 Kraftstoffbehälter mit Fördermodul einschließlich Vorförderpumpe

Ein Durchflussbegrenzer hat die Aufgabe, im Fall eines Defektes, Dauereinspritzungen eines Injektors zu verhindern. Bei Überschreiten einer maximal möglichen und zulässigen Entnahmemenge aus der Rail verschließt dieser den Zulauf zu dem entsprechenden Injektor.

Spritzbeginn und Einspritzmenge werden vom Injektor geregelt. Im Gegensatz zu Diesel-Injektoren wird bei den Otto-DE-Injektoren die Ventilnadel direkt von einem Aktor bewegt. Neben Elektromagneten kommen zunehmend auch Piezoaktoren zum Einsatz, die wesentlich kürzere Ansprechzeiten aufweisen. Dadurch wird eine besonders exakte Kraftstoffdosierung möglich.

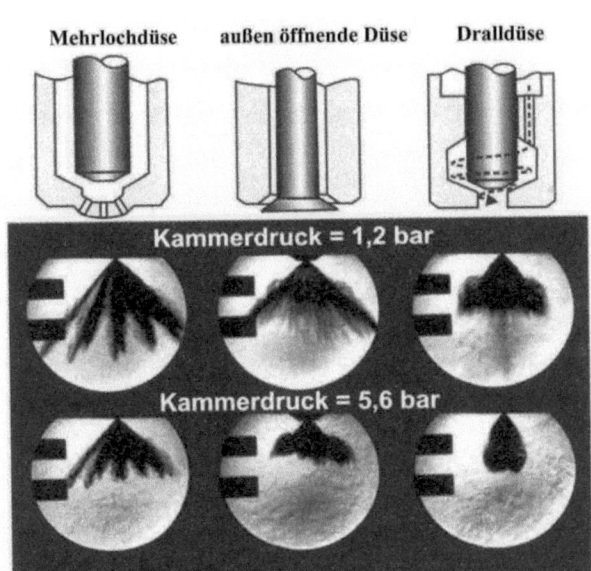

Bild 4.6-23 Düsentypen bei Direkteinspritzung [4.6-4]

Für den Düsenteil der Injektoren finden in Forschung und Entwicklung derzeit drei verschiedene Strahlbildungsverfahren Anwendung, von denen sich bisher noch keines als grundsätzlich überlegen herausgestellt hat.

Mehrlochdüsen sind wie Einspritzdüsen von Dieselmotoren mit Direkteinspritzung aufgebaut. Sie haben zwischen vier und zwölf zylindrische Spritzlöcher, deren Strahlen der Brennraumform angepasst werden können. Die Vorteile liegen in der grundsätzlich bekannten Fertigungstechnologie, die Hauptproblempunkte in der Beherrschung der Verkokungsneigung. Mehrlochdüsen kommen auch bei strahlgeführten Brennverfahren zum Einsatz.

Die Dralldüse erzeugt durch eine kegelförmige Spritzlochöffnung, in die der Kraftstoff tangential eintritt, einen weit aufgefächerten, kegelförmigen Einspritzstrahl. Die Zerstäubung des Kraftstoffes ist schon bei niedrigem Einspritzdruck zufriedenstellend, die Strahlformbarkeit ist aber begrenzt. Die Strahlqualität variiert stark zwischen großen und kleinen Einspritzmengen. Dralldüsen werden bevorzugt bei wand- und luftgeführten Brennverfahren eingesetzt.

Außen öffnende Düsen sind die neuste Entwicklung von Einspritzdüsen für Ottomotoren mit Direkteinspritzung. Ihre kegelförmige Dichtfläche ist gleichzeitig mit der nach außen öffnenden Düsennadel für die Strahlbildung zuständig. Sie erzeugt einen kegelmantelförmigen Einspritzstrahl. Ihr großer Vorteil ist, dass der gesamte Einspritzdruck zur Strahlbildung zur Verfügung steht (es gibt keine nennenswerte Drosselverluste im Zulauf). Anspruchsvoll ist hier die Beherrschung der Verkokungsneigung und der thermischen Belastung der außenliegenden Düsennadel.

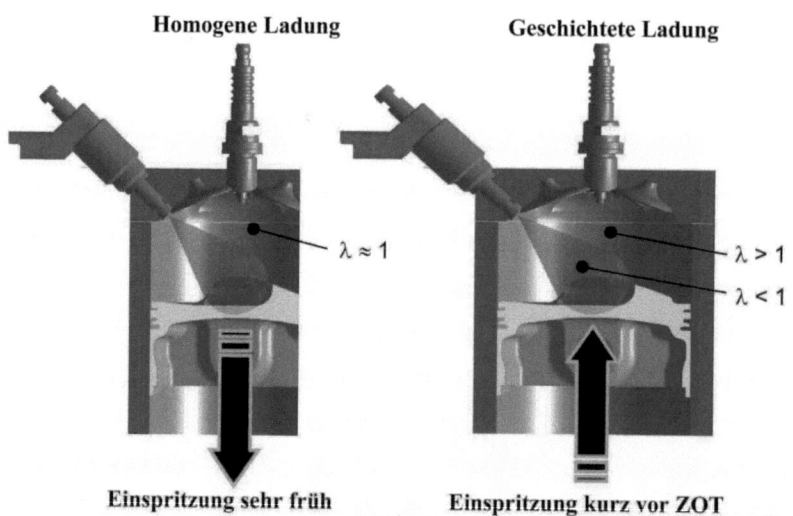

Bild 4.6-24 BDE-Gemischbildung homogen und geschichtet

Die Entwicklungsziele bei Ottomotoren mit Direkteinspritzung sind einerseits die Reduzierung des Kraftstoffverbrauchs, insbesondere bei Teillast, sowie vergleichbare Leistung wie bei konventioneller Saugrohreinspritzung. Aus diesem Grund müssen für Teillast und Volllast verschiedene Einspritzstrategien verfolgt werden. Zum Erreichen eines hohen Prozesswirkungsgrades (geringer Kraftstoffverbrauch) bei Teillast ist ein ungedrosselter Magerbetrieb mit Ladungsschichtung erforderlich. Dadurch lassen sich die beim Drosselbetrieb auftretenden hohen

4.6 Der Prozessverlauf im Ottomotor

Ladungswechselverluste (Quantitätsregelung) deutlich reduzieren. Die Einspritzung erfolgt im Kompressionshub. Bei höherer Last bzw. Volllast ist ein homogenes Gemisch im Brennraum erforderlich. Hier wird der Kraftstoff während des Saughubs eingespritzt.

Zur Realisierung der Ladungsschichtung bei der Benzin-Direkteinspritzung werden hauptsächlich zwei Verfahren eingesetzt: das wandgeführte Verfahren und das strahlgeführte Verfahren.

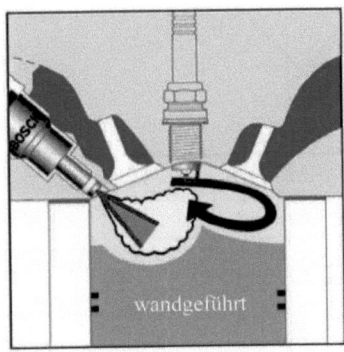 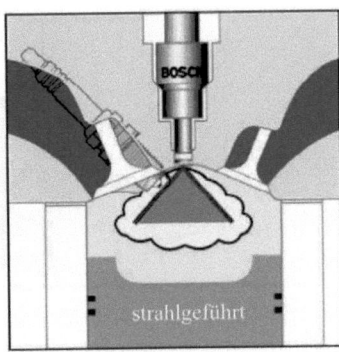

Bild 4.6-25 Verfahren zur Ladungsschichtung: wand- und strahlgeführtes Verfahren [Quelle: Bosch]

Wandgeführte Verfahren

Diese sind die derzeit am weitesten verbreiteten Verfahren bei der Benzin-Direkteinspritzung. Merkmal ist hierbei ein großer Abstand von der Einspritzdüse zur Zündkerze. Der Gemischbildungsprozess und der Transport des Gemisches erfolgt über eine Einspritzstrahl-Wand-Wechselwirkung, d. h. der Kraftstoffstrahl wird an einem Teil der Brennraumwand in Richtung Zündkerze geführt. Als Brennraumwand wird im allgemeinen die Kolbenoberfläche benutzt. Der eingespritzte Kraftstoff wird beim Auftreffen auf die Brennraumwand zerstäubt und durch die hohen Wandtemperaturen verdampft. Diese wird entweder als Drall- oder als Tumbleströmung ausgelegt. Die ausgeprägte Ladungsbewegung ist dabei so zu dosieren, dass neben der notwendigen Durchmischung von verdampftem Kraftstoff und Luft die erforderliche Ladungsschichtung bei jeder Drehzahl und Motorlast erhalten bleibt. Die Herausforderung in der Entwicklung eines wandgeführten Brennverfahrens liegt in der exakten Abstimmung der geometrischen Verhältnisse (Position der Einspritzdüse, Kolbenform, Position der Zündkerze), der Kolbenbewegung (Kolbengeschwindigkeit als Funktion der Drehzahl), der Einlassströmung und des zeitlichen Verhaltens des Einspritzstrahls (Einspritzdauer, Einspritzdruck, Tropfengeschwindigkeit und Tropfenzerfall) im gesamten Motorkennfeld.

Strahlgeführte Verfahren

Diese sind durch eine enge räumliche Zuordnung von Kraftstoffinjektor und Zündkerze gekennzeichnet. Auf diese Weise wird in einem zeitlich engen Rahmen in der Nähe der Zündkerze eine sehr kompakte Gemischwolke erzeugt. Der eingespritzte Kraftstoffstrahl wird durch aerodynamische Effekte mit der angesaugten Luft vermischt. Die sich einstellenden Schichtungsgradienten sind sehr steil, d. h. im Strahlkern liegt ein sehr fettes Gemisch vor und zum Strahlrand hin nimmt der Luftüberschuss stark zu. Zwischen diesen beiden Zonen existiert ein Bereich mit zündfähigem Gemisch.

Die Zündkerze muss so angeordnet werden, dass bei allen Betriebszuständen die Zone mit zündfähigem Gemisch im Bereich der Zündkerzenelektroden vorliegt. Da während der ersten Phase der Verbrennung (Entflammungsphase bis ca. 10 % Massenumsatz) noch extrem fette Gemischbereiche vorliegen können, ist die Gefahr der Rußemission besonders hoch.

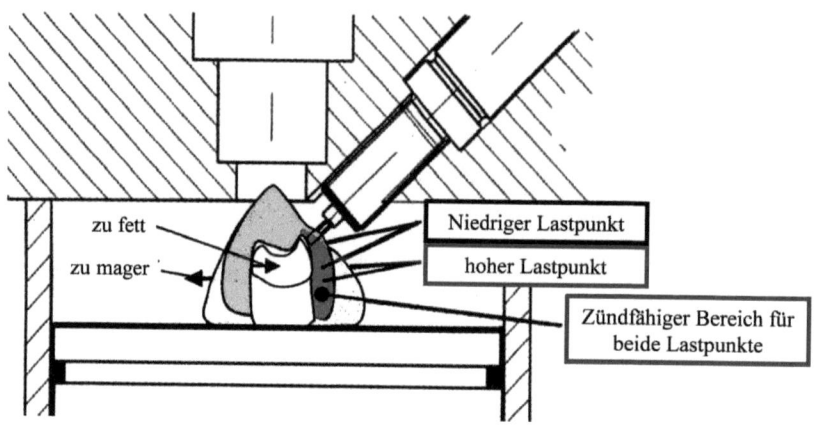

Bild 4.6-26 Zündfähiger Bereich beim strahlgeführten Verfahren [4.6-4]

4.6.3 Zündung

Zur Einleitung der Verbrennung wird das Kraftstoff-Luftgemisch im Brennraum durch einen elektrischen Zündfunken örtlich auf 3000 bis 6000 K erhitzt. Die Zündung erfolgt durch eine Zündkerze (Fremdzündung).

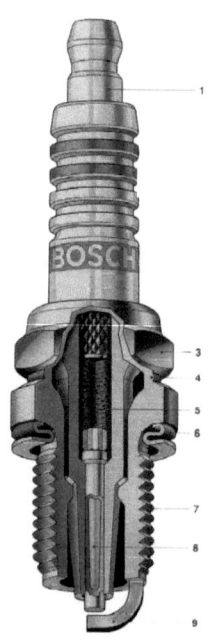

An der Zündstelle muss zündfähiges Gemisch vorhanden sein, damit die vom Zündfunken eingeleitete Reaktion der Entflammung eine Flammenausbreitung mit Umsatz der gesamten Zylinderladung (Kraftstoff-Luftgemisch) bewirkt. Die zur Zündung notwendige Energie wird durch eine Zündanlage bereitgestellt und zum jeweils erforderlichen Zündzeitpunkt der Zündkerze des entsprechenden Zylinders zugeleitet. Der prinzipielle Aufbau einer Zündkerze ist Bild 4.6-27 dargestellt.

Bild 4.6-27 Aufbau einer Zündkerze:
1 Anschlussbolzen mit Anschlussmutter,
2 Isolator aus Al_2O_3 Keramik,
3 Gehäuse,
4 Warmschrumpfzone,
5 leitendes Glas,
6 Dichtring (Dichtsitz),
7 Gewinde,
8 Verbundmittelelektrode (Ni/Cu),
9 Masseelektrode(hier als Verbundelektrode Ni/Cu)

4.6 Der Prozessverlauf im Ottomotor

Die Zündung erfolgt durch kurzzeitige Lichtbogenentladung zwischen den Elektroden der Zündkerze. Wegen der hohen Gastemperaturen im Zylinder (Verbrennungstemperaturen bis zu Spitzenwerten um 2800 K) ist die Zündkerze thermisch hoch belastet. Außerdem muss sie den Brennraum gasdicht gegenüber der Umgebung (bis über 100 bar) abschließen. In das Kerzengehäuse ist der aus keramischen Werkstoffen bestehende Isolator gasdicht eingesetzt.

Je nach Ausführung des Isolatorfußes kann mehr oder weniger Wärme aufgenommen werden. Eine hohe Wärmeaufnahme bei großer Isolatorfußfläche bewirkt eine geringe Wärmeableitung, die Zündkerze erreicht schnell eine hohe Temperatur („heiße Kerze"). Bei kleiner Isolatorfußfläche nimmt die Kerze wenig Wärme auf. Durch den kurzen Wärmeleitweg liegt eine gute Wärmeableitung vor, die Kerze bleibt verhältnismäßig kalt („kalte Kerze"). Bild 4.6-28 zeigt den unteren Teil einer Zündkerze in drei verschiedenen Wärmewert-Ausführungen.

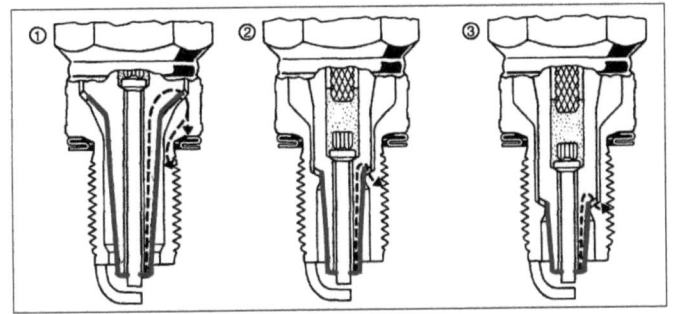

Bild 4.6-28 Zündkerzen mit unterschiedlichen Wärmewert-Kennzahlen [4.6-5]:
1 – hoher Wärmewert,
2 – mittlerer Wärmewert,
3 – niedriger Wärmewert

Wegen der Gefahr einer Glühzündung bei zu hoher thermischer Belastung darf die Temperatur an der Zündkerze (Isolatorfuß als heißeste Stelle) 850 °C bis 880 °C nicht überschreiten. Andererseits soll die Temperatur aber schnell auf Werte oberhalb von 400 °C bis 450 °C steigen, damit keine Verschmutzungen bzw. Ablagerungen durch Kraftstoff- und Schmierölverkokungen an der Kerze auftreten. Bei „heißen Kerzen" werden diese Werte schnell und sicher erreicht, die Gefahr der Glühzündung kann bei hohen Lasten aber kritisch werden. „Kalte Kerzen" neigen zu Verschmutzungen bei Leerlaufbetrieb oder niedriger Teillast. Das Temperaturverhalten von Zündkerzen mit unterschiedlichen Wärmewerten ist in Bild 4.6-29 dargestellt.

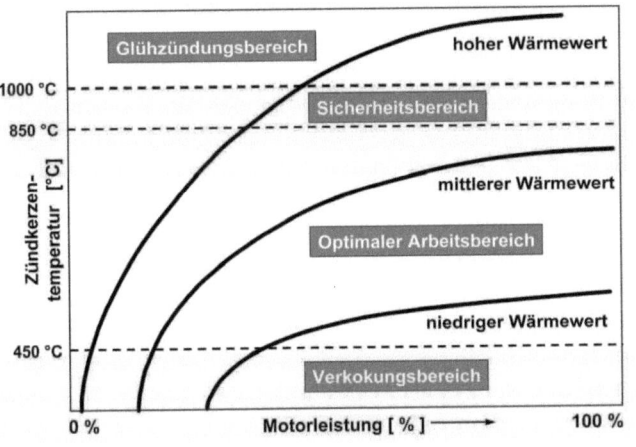

Bild 4.6-29 Betriebskennfeld von Zündkerzen

Form, Abstand und Material der Zündkerzen-Elektroden bestimmen bei gegebenen Motorbetriebsbedingungen die Höhe der Überschlagspannung (Zündspannung) und den Abbrand der Elektroden. Die Masseelektrode ist meist mit dem Kerzengehäuse verbunden (verschweißt) und besteht i. d. R. aus Nickel-Chrom-Stählen oder Nickel-Legierungen. Die heiße Mittelelektrode wird aus dem gleichen Werkstoff oder auch aus Silber bzw. Kupfer ausgeführt. Bei besonderen Anforderungen hinsichtlich Korrosion, Abbrandbeständigkeit und Elektrodenabmessungen bestehen beide Elektrodenspitzen auch aus Platin.

Der übliche Elektrodenabstand beträgt 0,6 bis 0,9 mm. Ein größerer Elektrodenabstand bewirkt eine bessere Entflammung, erfordert aber eine höhere Zündspannung. Kleiner Elektrodenabstand ist günstig bei hoher Verdichtung, es besteht aber die Gefahr von Zündaussetzern durch zu kleines aktiviertes Gemischvolumen.

Die zur Zündung notwendige Energie wird durch die Zündanlage bereitgestellt und zum Zündzeitpunkt der Zündkerze des jeweiligen Zylinders zugeleitet. Übliche Anforderungen an die Zündanlage sind:

- Zündspannung: 15 kV (Normalbetrieb) bis 25 kV (Kaltstart)
- Zündenergie: 30 bis 150 mJ (theoretisch genügen bei $\lambda = 1$, guter Gemischaufbereitung und warmem Motor 0,1 mJ bis 1 mJ)
- Funkendauer: 0,3 bis 1 ms (bei magerem Gemisch bis zu 2 ms)

Die Höhe der erforderlichen Zündspannung ist abhängig von der geometrischen Form der Elektroden, von der Zusammensetzung und dem Zustand des Gemisches und vom Elektrodenabstand. Es gilt die Beziehung:

$$U_Z = k \cdot \rho \cdot s \tag{4.6.16}$$

mit k = Konstante für Elektrodenform und Gasart
  ρ = Dichte des Gemisches zwischen den Elektroden
  s = Elektrodenabstand

Die Zündspannung wird erst zum Zündzeitpunkt erzeugt, wobei die notwendige elektrische Energie einem Zwischenspeicher entnommen wird. Nach Art dieser Zwischenspeicherung wird zwischen Spulenzündung (kontaktgesteuert oder Transistor-Zündung) und Hochspannungskondensatorzündung (heute praktisch nicht mehr eingesetzt) unterschieden.

Bild 4.6-30 zeigt den prinzipiellen Aufbau einer einfachen Spulenzündung.

Sie besteht aus einer Batterie, der die elektrische Energie entnommen wird, dem Zünd-Start-Schalter, der Zündspule als Energiespeicher, dem Zündverteiler, dem Zündkondensator, dem Unterbrecher und den Zündkerzen. Bei geschlossenem Zünd-Start-Schalter und Kontaktschluss des Unterbrechers wird der Primärkreis der Zündspule (wenige Windungen dicken Drahtes) von einem nach einer Exponential-Funktion stetig wachsenden Strom I (Endwert = 5 A) durchflossen. In der Primärwicklung mit der Induktivität L (≈ 10 mH) wird dann ein magnetisches Feld mit der Energie W erzeugt:

$$W = \frac{1}{2} \cdot L \cdot I^2 \tag{4.6.17}$$

Wird der Primärstrom durch Öffnen der Unterbrecherkontakte unterbrochen, dann bricht das Magnetfeld in der Primärspule zusammen. Dadurch werden sowohl in der Primärwicklung als auch in der Sekundärwicklung (dünner Draht mit vielen Windungen) hohe Spannungen induziert. Die Spannung an der Sekundärwicklung beträgt, je nach Wicklungsverhältnis, bis zu

25 kV. Diese Sekundärspannung, die über eine Schleifkohle dem umlaufenden Verteilerfinger zugeführt wird, gelangt von dort über Kontaktstellen entsprechend der Zündfolge des Motors zu den einzelnen Zündkerzen. Der Kondensator dient zur Löschung des beim Öffnen des Unterbrechers entstehenden Lichtbogens, der einen Teil der magnetischen Energie verbraucht und die Unterbrecherkontakte schädigt.

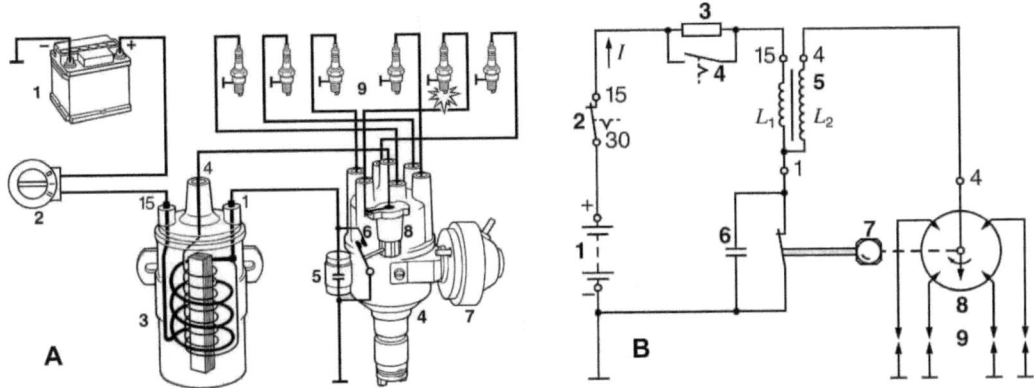

Bild 4.6-30 Einfache Spulenzündung:
A 1 Batterie, 2 Zünd-Start-Schalter, 3 Zündspule, 4 Zündverteiler, 5 Zündkondensator, 6 Unterbrecher, 7 Unterdruckzündversteller, 8 Verteilerfinger, 9 Zündkerze, 1, 4, 15 Klemmenbezeichnungen
B Schaltplan der konventionellen Spulenzündung SZ: 1 Batterie, 2 Zünd-Start-Schalter, 3 Vorwiderstand, 4 Schalter zur Startanhebung, 5 Zündspule mit Primärwicklung L1 und Sekundärwicklung L2, 6 Zündkondensator, 7 Unterbrecher, 8 Zündverteiler, 9 Zündkerzen, 1, 4, 15, 30 Klemmenbezeichnungen

In Bild 4.6-31 ist eine kontaktgesteuerte Transistorzündung dargestellt. Die Vorteile gegenüber einer kontaktgesteuerten Spulenzündung sind zum Einen die Steigerung des Primärstromes und zum Anderen die wesentlich längere Standzeit des Kontaktes durch die Entlastung des Zündunterbrechers von den hohen Strömen.

Dieser kontaktlose Transistor wird von einem ebenfalls kontaktlosen Sensor, z. B einem Hall-Geber (Bild 4.6-31 b) angesteuert. Wenn sich die Zündverteilerwelle dreht, so laufen die Blenden des Rotors berührungslos durch den Luftspalt der Magnetschranke. Ist der Luftspalt frei, so wird der eingebaute IC und mit ihm die Hall-Schicht vom Magnetfeld durchsetzt. An der Hall-Schicht ist die magnetische Flussdichte B so hoch, dass die Hallspannung U_H ein Maximum erreicht. Der Hall-IC ist dadurch eingeschaltet. Sobald eine der Blenden in den Luftspalt eintaucht, verläuft der Magnetfluss größtenteils im Blendenbereich und der IC ist somit ausgeschaltet. In einigen Fällen wird statt des Hall-Gebers auch ein induktiver Geber eingesetzt (Bild 4.6-31 c).

Die Zahl der Öffnungen des Unterbrechers bzw. des Transistors entspricht der Anzahl der Zylinder. Der Verteiler wird beim 4-Takt-Motor mit halber Kurbelwellendrehzahl angetrieben, beim 2-Takt-Motor mit Kurbelwellendrehzahl.

Heutige Zündanlagen berechnen den Zündzeitpunkt in der Motorsteuerung, die mittels einer induktiv abgetasteten Segmentscheibe über die Kurbelwellenstellung informiert wird. Der Zündtransistor befindet sich im Steuergerät, oder bei modernen Anlagen direkt an der Zündspule. Der Trend geht zur Zündanlage, die für jeden Zylinder eine separate Zündspule besitzt, die in den Zündkerzenstecker integriert ist (Einzelfunkenzündspule). Der störanfällige (Feuchtigkeit) und verschleißbehaftete Zündverteiler sowie die Hochspannungskabel können dadurch entfallen. Gleichzeitig kann mehr Zündenergie je Zylinder bereitgestellt werden.

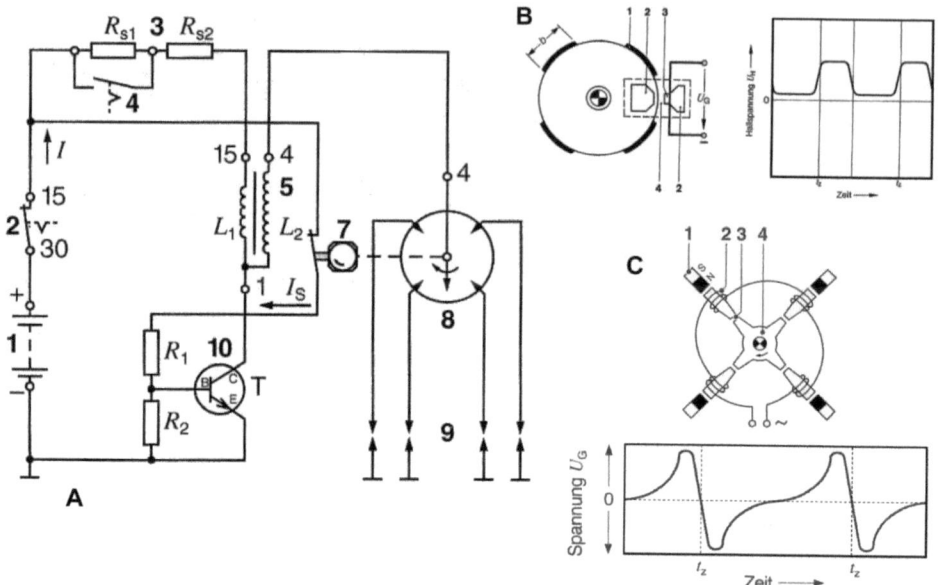

Bild 4.6-31 Kontakgesteuerte Transistor-Zündanlage mit Hall-Geber (B) oder induktivem Geber (C):
A Schaltplan der kontaktgesteuerten Transistorzündung TZ-K: 1 Batterie, 2 Zünd-Start-Schalter, 3 Vorwiderstand, 4 Schalter zur Startanhebung, 5 Zündspule mit Primärwicklung L_1 und Sekundärwicklung L_2, 6 Zündkondensator, 7 Unterbrecher, 8 Zündverteiler, 9 Zündkerzen, 10 Elektronik mit Widerständen des Spannungsteilers R_1, R_2 und Transistor T, 1, 4, 15, 30 Klemmenbezeichnungen

B 1 Blende mit Breite b, 2 weichmagnetische Leitstücke, 3 Hall-IC, 4 Luftspalt

C Prinzipieller Aufbau des Induktionsgebers mit Verlauf der Induktionsspannung: 1 Dauermagnet, 2 Induktionswicklung mit Kern, 3 veränderlicher Luftspalt, 4 Rotor, tz Zündzeitpunkt

Der Zeitpunkt des Funkenüberschlags an den Zündkerzenelektroden (Zündzeitpunkt) beeinflusst die Motorleistung, den Kraftstoffverbrauch und die Abgasemissionen. Darüber hinaus stellt der Zündzeitpunkt eine wichtige Größe zur Steuerung der ottomotorischen Verbrennung dar. Durchschnittlich vergehen etwa 2 ms vom Augenblick der Entflammung des Kraftstoff-Luftgemisches bis hin zu seiner maximalen Verbrennungsgeschwindigkeit. Der Zündzeitpunkt ist daher in Abhängigkeit der Betriebsparameter Drehzahl, Last und Luft-Kraftstoffverhältnis so einzustellen, dass der Verbrennungsdruck kurz hinter dem oberen Totpunkt (OT) des Kolbens seinen Höchstwert erreicht (zur Annäherung an die Gleichraumverbrennung) (Bild 4.6-32).

Es ist üblich, den Zündzeitpunkt auf die Stellung der Kurbelwelle zum OT zu beziehen und ihn als Winkel in °KW vor OT anzugeben. Diesen Winkel nennt man Zündwinkel (auch Vorzündwinkel). Ein Verstellen des Zündzeitpunktes in Richtung OT bezeichnet man als „Spätverstellung", ein Verstellen in entgegengesetzter Richtung eine „Frühverstellung".

4.6 Der Prozessverlauf im Ottomotor

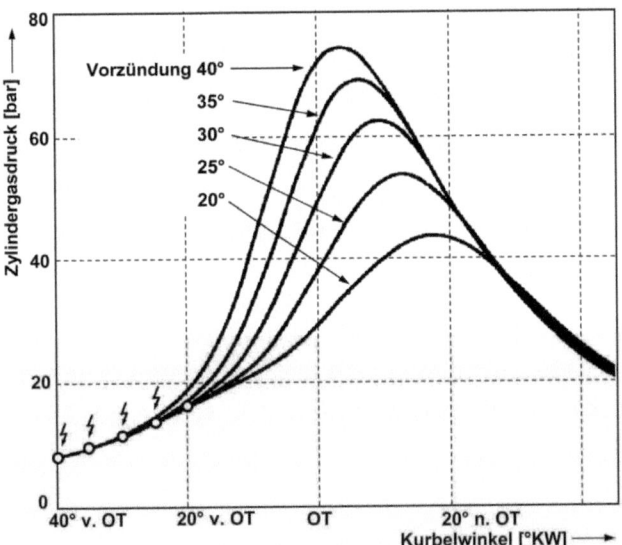

Bild 4.6-32 Einfluss des Zündwinkels auf den mittleren Druckverlauf

Für die Anpassung des Zündzeitpunktes an die Motordrehzahl stehen unterschiedliche Verstellungssysteme zur Verfügung. Lange Zeit war es nur mittels Fliehkraftversteller und Unterdruckversteller möglich, eine drehzahl- und lastabhängige Zündverstelllinie zu erzeugen. Die Verstellung des Zündwinkels mit Fliehkraftversteller genügt heute nicht mehr den gestiegenen Anforderungen an den Motorbetrieb. Mit dem Einsatz elektronischer Zündanlagen wurde die Realisierung unterschiedlicher und den verschiedensten Randbedingungen optimal angepasster Zündwinkel möglich. Mit der „Motronic" werden Zündwinkel bei den heutigen Motoren in so genannten Kennfeldern (Zündkennfelder) gesteuert. Bild 4.6-33 zeigt den prinzipiellen Aufbau eines elektronisch gesteuerten Zündsystems.

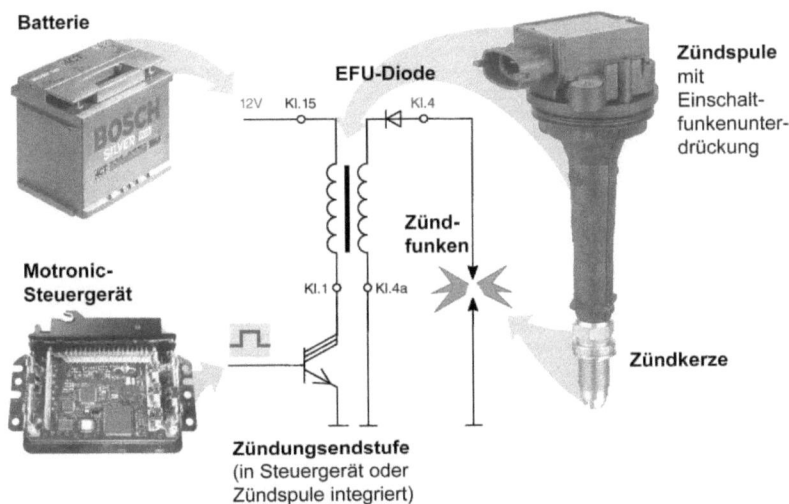

Bild 4.6-33 Moderne induktive Zündanlage mit ruhender Spannungsverteilung und Einzelfunken-Zündspule [4.6-2]

Während der Primärstromflusszeit ist die Zündspule über die Endstufe des Steuergerätes mit dem Pluspol der Batterie und mit Masse verbunden. Die Endstufe (Ersatz für Unterbrecher) unterbricht zum Zündzeitpunkt den Primärstromkreis, sodass die Zündspannung in der Sekundärwicklung induziert wird. Ein Hochspannungsverteiler verteilt die Hochspannung von der Zündspule auf die einzelnen Zündkerzen. An die Stelle eines mechanischen Fliehkraft- und Unterdruckverstellers tritt ein im Steuergerät abgespeichertes Zündkennfeld. Mit Hilfe der verschiedenen Eingangsgrößen ordnet das Steuergerät jedem Betriebspunkt den jeweils optimalen Zündzeitpunkt zu. Bild 4.6-34 zeigt vergleichend ein mechanisch gesteuertes und ein elektronisch gesteuertes Zündkennfeld.

Je nach Anforderung kann ein elektronisch gesteuertes Zündkennfeld mehr oder weniger komplex sein. Mit Hilfe von Sensoren können die verschiedensten Randbedingungen erfasst werden, so dass eine entsprechende Berücksichtigung weiterer Kenngrößen neben dem Last-/Drehzahl-Kennfeld möglich ist (z. B. die Klopfregelung).

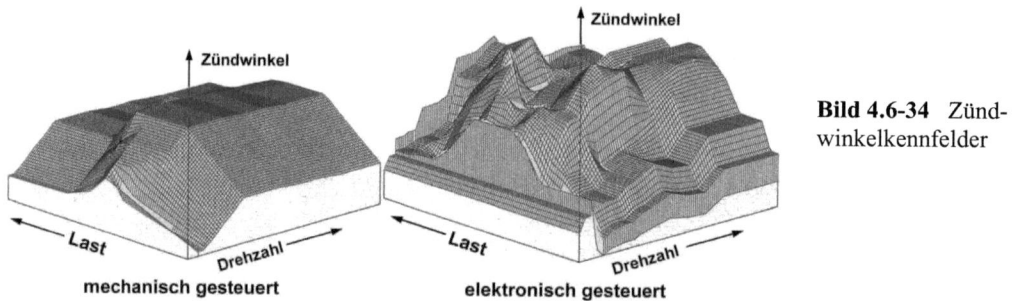

Bild 4.6-34 Zündwinkelkennfelder

4.6.4 Verbrennung

Nach Einleitung der Zündung breitet sich die Verbrennungszone im Gemisch durch Wärme- und Stoffaustauschvorgänge weiter aus. Es kommt zu einer Flammenausbreitung. Voraussetzungen dafür, dass eine Flammenausbreitung normal abläuft, sind

- Luft-Kraftstoffverhältnis innerhalb der Zündgrenzen
- keine Selbst- oder Glühzündungen

Normale Verbrennung

Die Ausbreitung der Flammenfront (Brennzone) erfolgt mit einer definierten Flammengeschwindigkeit. Ohne Begrenzung durch Brennraumwände (Kolben, Zylinder, Zylinderkopf) und gerichteter Einlassströmung würde sich die Flammenfront etwa in Form einer Kugelschale ausbreiten. Durch den meist abgeflachten Brennraum und durch die turbulente Strömung wird die Flammenfront jedoch verzerrt.

Bild 4.6-35 A zeigt schematisch und beispielhaft die Flammenausbreitung als Vertikalschnitt durch den Brennraum eines 4-Ventil-Motors. Die Zündung erfolgt bei 25 °KW vor OT. Zum Zeitpunkt OT erreicht die Flammenfront (dargestellt als Isolinien) die Bereiche der Auslassventile, bei 20 °KW nach OT hat sie den größten Teil des Brennraumes erfasst.

4.6 Der Prozessverlauf im Ottomotor

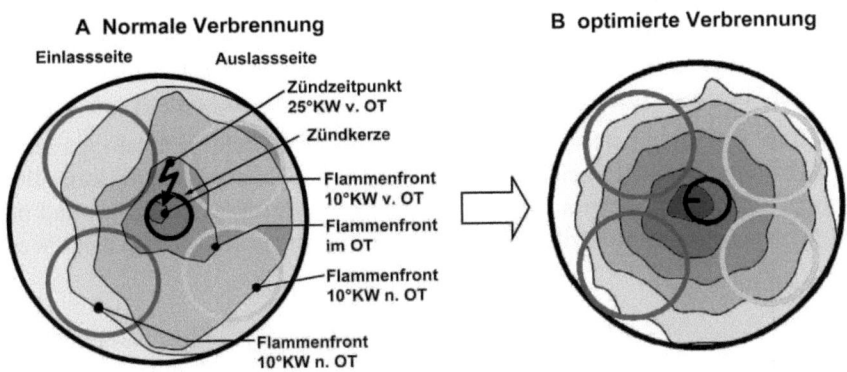

Bild 4.6-35 Flammenausbreitung bei normaler Verbrennung (A) und optimierter Verbrennung (B)

Durch Variationen der Brennraumströmung, konstruktive Veränderungen von Kolbenboden und Brennraumwand oder Verlagerung der Zündkerzenposition kann die Verbrennung so optimiert werden, dass sich eine gleichförmige und annähernd sphärische Verbrennung, wie in Bild 4.6-35 B dargestellt, ergibt.

In der Flammenfront erfolgt die Umsetzung der im Kraftstoff gebundenen chemischen Energie in Wärme. Es laufen eine Vielzahl von chemischen Reaktionen ab, die in ihrer Komplexität schwierig darstellbar sind. Vereinfachend kann der Umsetzungsvorgang wie in Bild 4.6-36 dargestellt werden. Die Konzentration der Ausgangsstoffe (Sauerstoff der Luft und Kraftstoffdampf) nimmt in der von links nach rechts fortschreitenden Brennzone laufend ab und die der Endprodukte (Kohlendioxid, Wasserdampf) entsprechend zu.

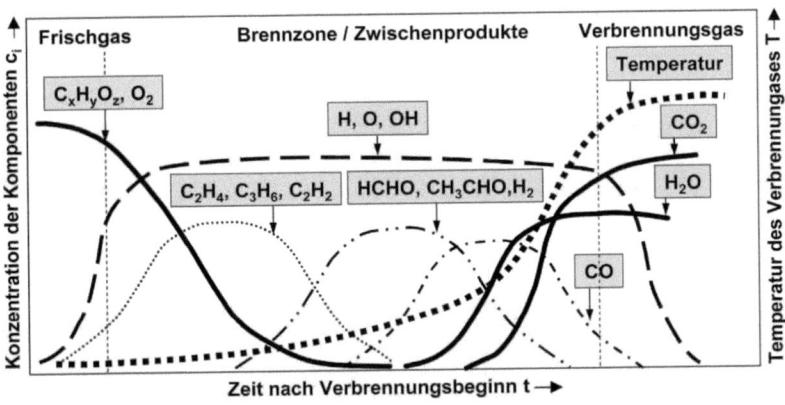

Bild 4.6-36 Vorgänge in der Brennzone, Konzentrationsverläufe und Zwischenprodukte [4.6-6]

Die Konzentration der bei der Verbrennung gebildeten aktiven Zwischenprodukte (Radikale, z. B. CH, OH usw.) erreicht etwa in der Mitte der Brennzone das Maximum und nimmt anschließend wieder ab. Durch Wärmeleitung und Strahlung erhöht sich die Temperatur bereits vor der Flammenfront und steigt in ihr etwa in dem Maße an, wie die Konzentration der Endprodukte zunimmt. Schadstoffemissionen entstehen durch unvollständig ablaufende Vorgänge im Brennraum und/oder durch den Ablauf besonderer chemischer Reaktionen. Die Transportvorgänge in der Brennzone werden in besonderem Maße von der Turbulenz im Brennraum beeinflusst. Die Flammenfront wird dadurch zerklüftet und makroskopisch gesehen dicker.

Die Ausbreitung der Flammenfront erfolgt mit der Flammengeschwindigkeit – auch als Flammenfrontgeschwindigkeit $\vec{w}_F$ bezeichnet. Diese Geschwindigkeit kann als vektorielle Addition der Transportgeschwindigkeit (Strömungsgeschwindigkeit) $\vec{w}_T$ des Frischgases und der Brenngeschwindigkeit (Flammengeschwindigkeit relativ zum Frischgas) $\vec{w}_B$ angesehen werden.

$$\vec{w}_F = \vec{w}_T + \vec{w}_B \qquad (4.6.18)$$

Die Geschwindigkeitswerte sind i. d. R. je nach Ort im Brennraum und Zeitablauf der Verbrennung unterschiedlich. Die Transportgeschwindigkeit ist im wesentlichen durch die Kolbenbewegung (Quetschströmung) und der vom Einlassvorgang beeinflussten Bewegung der Ladung (Drall, Tumble) abhängig. Außerdem bewirkt die Ausdehnung der Flammenfront eine Gemischbewegung. Die Gemischbewegung ist von der Brennraumform und der Kolbengeschwindigkeit abhängig. Das Luft-Kraftstoffverhältnis beeinflusst die Brenngeschwindigkeit, die aber auch durch die Turbulenz im Brennraum und damit auch durch die Brennraumform und die Kolbengeschwindigkeit beeinflusst wird.

Da alle diese Größen im Brennraum starken örtlichen und zeitlichen Schwankungen unterworfen sind, führt man zweckmäßigerweise für die Flammengeschwindigkeiten die mittlere Flammengeschwindigkeit $\bar{w}_F$ ein. Sie ist definiert als Quotient aus Entfernung und Laufzeit zwischen zwei Punkten im Brennraum. Diese mittlere Flammengeschwindigkeit $\bar{w}_F$ hängt somit von der Brennraumform, der Kolbengeschwindigkeit bzw. Motordrehzahl, dem Luft-Kraftstoffverhältnis, der Kolbenstellung bzw. dem Kurbelwinkel und schließlich von der Lage der betrachteten Stelle im Brennraum ab.

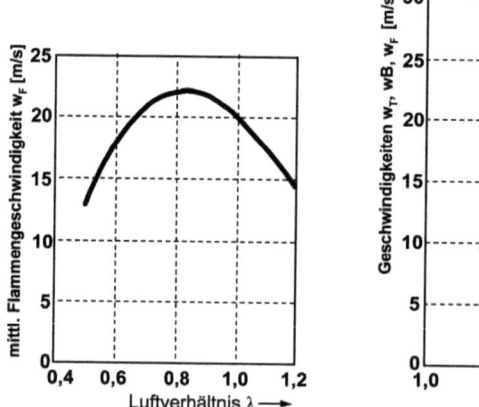 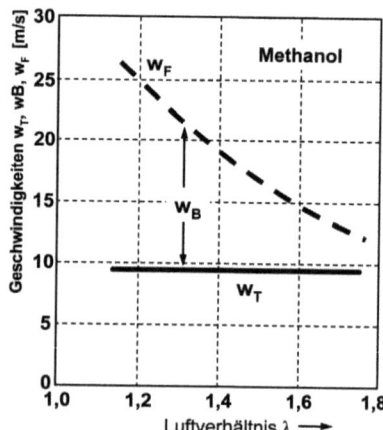

Bild 4.6-37 Mittlere Flammengeschwindigkeit ($\bar{w}_F$) im Ottomotor und deren Abhängigkeit von der Transportgeschwindigkeit (w_T) und Brenngeschwindigkeit (w_B)

Bild 4.6-37 zeigt die mittlere Flammengeschwindigkeit in einem Ottomotor in Abhängigkeit vom Luft-Kraftstoffverhältnis sowie die Abhängigkeit der Flammenfrontgeschwindigkeit (in tangentialer Richtung gemessen) von der Transportgeschwindigkeit und der Brenngeschwin-

4.6 Der Prozessverlauf im Ottomotor

digkeit an einem Messort im Brennraum eines Ottomotors. Die Brenngeschwindigkeit ist dabei die Relativgeschwindigkeit zwischen der Flammenfrontgeschwindigkeit und der Transport- bzw. der Strömungsgeschwindigkeit der unverbrannten Ladung. Bei sehr starker Abmagerung des Gemisches nähert sich die Brenngeschwindigkeit dem Wert Null.

Die Flammengeschwindigkeit hat maßgeblichen Einfluss auf die Brenndauer und damit auf die Temperatur- und Druckentwicklung im Brennraum. Bei hoher Flammengeschwindigkeit verkürzt sich der Verbrennungsvorgang, so dass sich der Verbrennungsprozess der Gleichraumverbrennung annähert. Die Wege, die die Flammenfront zurücklegen muss, werden durch die Lage der Zündkerze und die Brennraumform bestimmt. Kompakte Brennräume mit zentral angeordneter Zündkerze ergeben kurze und in allen Richtungen etwa gleich lange Flammenwege mit kurzer Brenndauer und damit eine gute Annäherung an die Gleichraumverbrennung.

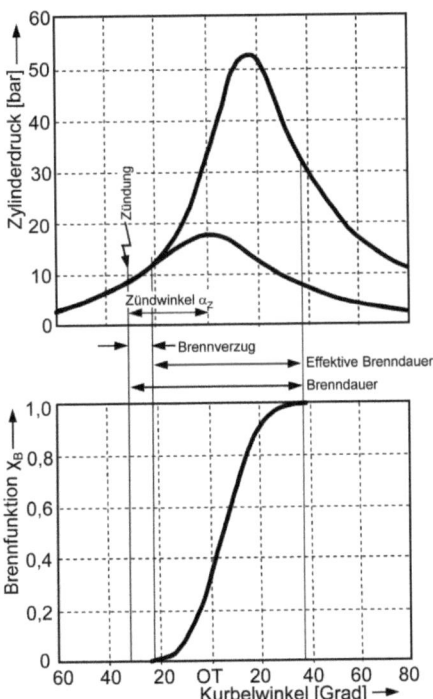

Entsprechend der Flammenausbreitung und dem mit dem Kolbenhub veränderlichen Brennraumvolumen ergibt sich im Zylinder ein zeitlicher Druckverlauf $p(\alpha)$ (Bild 4.6-38). Ohne Verbrennung ist der Brennraumdruck symmetrisch zum oberen Totpunkt (angenähert isentrope Kompression und Expansion).

Bild 4.6-38 Druckverlauf $p(\alpha)$ und Brennfunktion χ_B beim Ottomotor

Folgende Definitionen werden benutzt:

Zündwinkel α_Z: Zeitpunkt des elektrischen Funkenüberschlages an der Zündkerze in °KW vor oder nach dem oberen Totpunkt

Brennverzug: Zeit zwischen Zündung und erstem gerade messbaren Druckanstieg gegenüber der Kompression in °KW oder ms (Entflammungsphase)

Brenndauer: Zeit zwischen Zündung und Ende der Verbrennung in °KW oder ms

effektive Brenndauer Zeit zwischen erstem gerade messbaren Druckanstieg gegenüber der Kompression und dem Ende der Verbrennung in °KW oder ms

Vom Zeitpunkt der Zündung bis zum messbaren Druckanstieg durch die Entflammung vergeht eine gewisse Zeit, während der die im Gemischvolumen zwischen den Zündkerzenelektroden ablaufenden Reaktionen zur Ausbildung einer stabilen Flammenfront führen. Die freigesetzte Wärme und die erzeugten reaktiven Teilchen müssen dabei ausreichen, um Gemischteile zu entflammen, sodass die Verbrennung aufrecht erhalten wird.

Das Verhältnis der zeitlich umgesetzten Kraftstoffmasse zur insgesamt eingebrachten Kraftstoffmasse wird als Brennfunktion x_B bezeichnet:

$$xB = \frac{m_{Kv}}{m_K} \quad (4.6.19)$$

mit m_{Kv} = umgesetzte Kraftstoffmasse (verbrannt)
m_K = gesamte Kraftstoffmasse

Die Brennfunktion beschreibt somit den Ablauf der Kraftstoffumsetzung während des Verbrennungsprozesses und wird häufig zur Beurteilung des „Brennverhaltens" von Motoren und entsprechenden Vergleichsbetrachtungen herangezogen. Sie lässt sich mit Hilfe einer thermodynamischen Prozessberechnung ermitteln. Hierzu wird der Brennraum während der Verbrennung in zwei durch die Flammenfront getrennte Bereiche Verbrennungsgas und Frischgemisch aufgeteilt. Mit Hilfe des gemessenen Druckverlaufes, Berücksichtigung des Wärmeüberganges an die Brennraumwände (z. B. nach der Beziehung von Woschni), einem Ansatz für die thermodynamische Zustandsgleichung für das Gemisch im Brennraum und einem entsprechenden Ansatz für den 1. Hauptsatz der Thermodynamik (Energiegleichung) lässt sich die Brennfunktion iterativ bestimmen.

Die Brennfunktion χ_B lässt sich durch einen mathematischen Ansatz beschreiben. Häufig wird dazu der so genannte Vibe-Ansatz benutzt:

$$\chi B = 1 - e^{-a \cdot y^{m+1}} = 1 - e^{-a \cdot \left(\frac{\Delta\alpha}{\alpha_{BD}}\right)^{m+1}} \quad (4.6.20)$$

mit $\Delta\alpha$ = Kurbelwinkel ab Zündzeitpunkt
α_{BD} = gesamte Brenndauer
m = Formparameter
a = ein den Umsetzungsgrad kennzeichnender Faktor

Mit Hilfe dieser Funktion lassen sich durch Variation von m oder α_{BD} Verläufe der Brennfunktion im Hinblick auf besseres oder schlechteres Brennverhalten abschätzen. Dabei wird aus der Funktion χ_B der Druckverlauf zurückgerechnet und der Wirkungsgrad ermittelt.

Die Ableitung der Brennfunktion $d\chi_B/d\alpha$ wird im allgemeinen als Brennverlauf bezeichnet.

Der maximale Brennverlaufswert ist i. d. R. ein Näherungsmaß für die Schnelligkeit und damit für die Güte des Verbrennungsprozesses.

Vorgänge bei der Zündung, Unterschiede in der Gemischzusammensetzung und Strömungsturbulenzen verursachen statistische Schwankungen bei aufeinanderfolgenden Arbeitsspielen. Diese Unterschiede, die im wesentlichen auf Unregelmäßigkeiten in der ersten Phase des Verbrennungsablaufs (Entflammungsphase) zurückzuführen sind, bewirken in den Druckverläufen der einzelnen Verbrennungsprozesse charakteristische Unterschiede, die sich sowohl in den Spitzendruckwerten, der zeitlichen Lage ihrer Maxima sowie in den inneren Mitteldrücken zeigen (Bild 4.6-39).

4.6 Der Prozessverlauf im Ottomotor

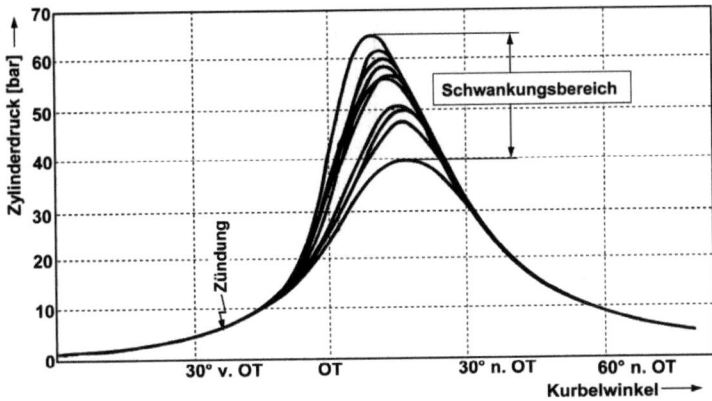

Bild 4.6-39 Zyklische Schwankungen beim Verbrennungsdruck des Ottomotors

Schwankungen dieser Größen können je nach Betriebspunkt (Last, Motordrehzahl, Luft-Kraftstoffverhältnis) 20 % und mehr betragen. Dieses führt dann zu einer Laufunruhe der Kurbelwelle (Schwankungen im Drehmoment und damit in der Drehbewegung), was sich wiederum in einem unruhigen Motorlauf äußert.

Bei Luft-Kraftstoffverhältnissen von 0,8 bis 0,85 sind die zyklischen Schwankungen wegen der hohen Brenngeschwindigkeiten und den damit verbundenen Flammengeschwindigkeiten am geringsten. Bei der Annäherung an die Zündgrenze nehmen sie jedoch stark zu. Wegen dieser Schwankungen können einzelne Arbeitsspiele nicht miteinander verglichen werden. Die thermodynamische Analyse der Verbrennung, z. B. die Ermittlung des Brennverlaufs, erfordert aus diesem Grund eine Betrachtung mehrerer aufeinanderfolgender Arbeitsspiele (etwa 200 bis 300), bei denen durch eine Mittelwertbildung die Schwankungen der einzelnen Arbeitsspiele geglättet werden. Erst dann können Aussagen über Einflüsse von Betriebsgrößen u.Ä. gemacht werden.

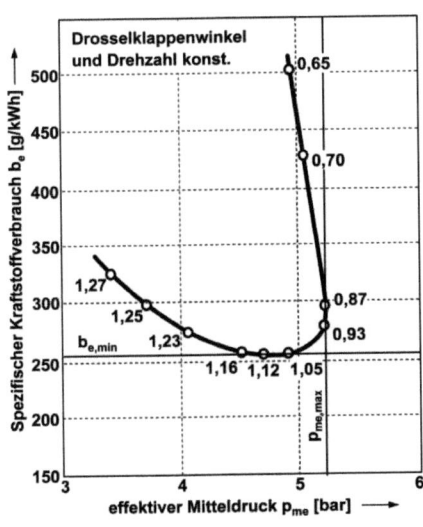

Das Luft-Kraftstoffverhältnis beeinflusst über den Verbrennungsablauf den Wirkungsgrad und den Mitteldruck ebenfalls sehr stark. In Bild 4.6-40 ist der Zusammenhang zwischen dem effektiven Mitteldruck p_{me} dem spezifischen Kraftstoffverbrauch be und dem Luft-Kraftstoffverhältnis λ, dargestellt. Für ein derartiges Experiment werden Drosselklappenstellung und Motordrehzahl konstant gehalten. Lediglich das Luft-Kraftstoffverhältnis wird als Parameter variiert, wobei der Zündzeitpunkt α_z dem jeweiligen Luft-Kraftstoffverhältnis derart angepasst ist, dass Maximales Drehmoment abgegeben wird ($M_d = f(\alpha_z)$; α_z für $M_{d,max}$).

Bild 4.6-40 Fischhakenkurve für einen homogen betriebenen Ottomotor

Die Kurve wird wegen ihrer typischen Form „Fischhakenkurve" genannt. Sie zeigt, dass für maximales Drehmoment $p_{me,max}$ und für minimalen Kraftstoffverbrauch $b_{e,min}$ unterschiedliche Luft-Kraftstoffverhältnisse gewählt werden müssen. Beide sind von der stöchiometrischen Verbrennung ($\lambda = 1$) entfernt.

Für den dargestellten Motor ist im Hinblick auf Verbrauch und Leistung nur der λ-Bereich, der durch $b_{e,min}$ und $p_{me,max}$ begrenzt wird, sinnvoll. Bei Volllast (voll geöffnete Drosselklappe) kann die größte Leistung des Motors erzielt werden, in dem dieser bei $\lambda \approx 0{,}87$ betrieben wird. Für Teillast dagegen ist ein Betrieb mit $\lambda \approx 1{,}12$ mit günstigem spezifischen Verbrauch anzustreben.

Zusätzlich sind bei der Festlegung des Luft-Kraftstoffverhältnisses immer auch die Schadstoffemissionen zu beachten. So erreichen z. B. die Stickoxidemissionen im Bereich um $\lambda = 1{,}1$ (günstigster Teillastbereich) ihr Maximum. Motoren mit 3-Wege Katalysator werden unter fast allen Betriebsbedingungen mit $\lambda = 1{,}0$ betrieben, damit der Dreiwege-Katalysator die Schadstoffe optimal konvertieren kann.

Klopfende Verbrennung

Moderne Ottomotoren haben im Hinblick auf guten Teillastverbrauch ein hohes Verdichtungsverhältnis. Bei Volllast können sich dadurch kritische Zustände im Brennraum ergeben, verbunden mit dem Auftreten von „Klopfen". Im Gegensatz zur normalen Verbrennung tritt bei klopfender Verbrennung im noch unverbrannten Gemisch gegen Ende der Verdichtung an einem oder mehreren Orten Selbstzündung auf (Bild 4.6-41).

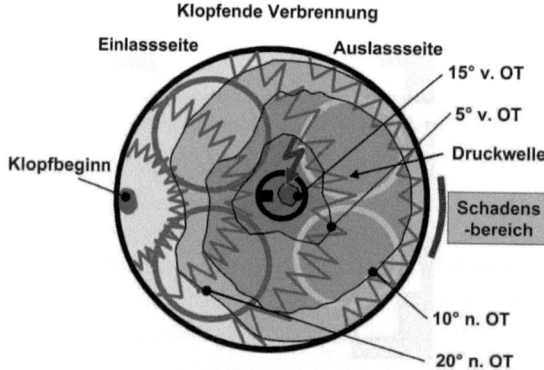

Bild 4.6-41 Flammenausbreitung beim Klopfen

Wie aus den Flammenkonturen zu erkennen ist, breitet sich die normale Flamme, ausgehend von der Zündkerze durch den Brennraum mit normaler Flammengeschwindigkeit aus. Gegen Ende der Verbrennung entzündet sich im noch unverbrannten Gemisch (Endgasbereich) aufgrund kritischer Zustände (Druck, Temperatur, Vorreaktionen) eine Flamme von selbst. Ausgehend von dieser Selbstzündung ergibt sich eine extrem schnelle Umsetzung, verbunden mit einer starken Druckwelle. Diese Druckwellen können besonders an Stellen, wo sie im Brennraum reflektiert werden, Materialschäden hervorrufen (z. B. im Feuerstegbereich des Kolbens). Darüber hinaus führt Klopfen auch zu einer thermischen Überbeanspruchung und kann dadurch wiederum Glühzündungen verursachen.

4.6 Der Prozessverlauf im Ottomotor

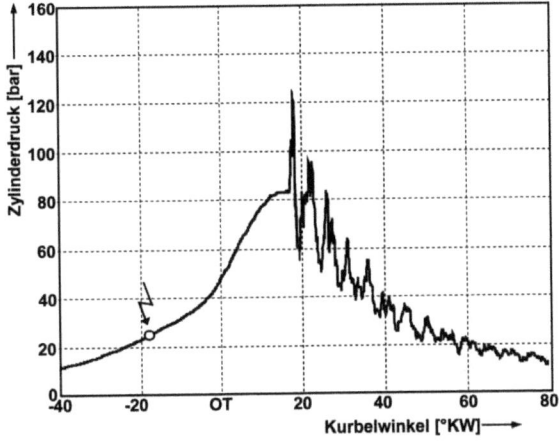

Bild 4.6-42 Druckverlauf bei klopfender Verbrennung

Im Druckverlauf ist Klopfen gegen Verbrennungsende erkennbar (Bild 4.6-42). Dann überlagern sich, beginnend mit einem steilen Druckanstieg infolge der schnellen Umsetzung des Endgases, dem normalen Druckverlauf hochfrequente Schwingungen. Diese werden durch die Gasschwingungen im Brennraum (örtliche Druckunterschiede) verursacht. Sie übertragen sich auch auf die Bauteile des Motors und sind verantwortlich für das Klopfgeräusch, welches auch als „Klingeln" bezeichnet wird. Bei länger andauerndem klopfenden Motorbetrieb treten i. d. R. Motorschäden auf. Daher ist Klopfen stets zu vermeiden.

Bei älteren Motoren ohne Klopfregelung wurden die Zündzeitpunkte im höheren Lastbereich immer mit einem Sicherheitsabstand zur Klopfgrenze (erstes Auftreten klopfender Arbeitsspiele) eingestellt. Dadurch ergeben sich Verluste im Wirkungsgrad. In der Regel wird die Zündung um ca. 5 °KW nach spät verstellt, die Wirkungsgradverluste betragen dann ca. 2 bis 3 %. Bei Motoren mit Klopfregelung wird während des Betriebs jeweils die Klopfgrenze erfasst und der Zündwinkel auf diese geregelt. Bei Auftreten von Klopfen (erfasst durch einen Körperschallsensor) wird die Zündung um einen bestimmten Betrag (ca. 3 °KW) nach spät verstellt. Nach einer vorgegebenen Zeit wird die Zündung schrittweise wieder in Richtung früh verstellt bis erneut Klopfen festgestellt wird oder bis das Leistungsoptimum erreicht ist.

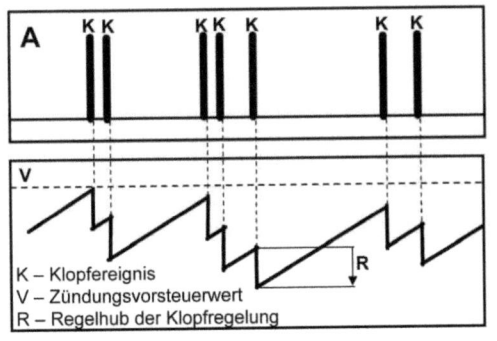
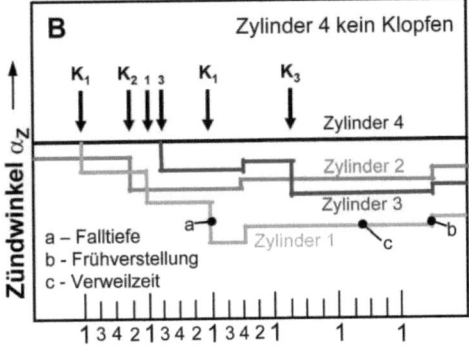

Bild 4.6-43 Prinzip der Klopfregelung und Regelalgorithmus bei 4 Zylindern

Heutige Ottomotoren zeigen vermutlich aufgrund ihrer starken Systemausreizung in der Volllast bei hohen Drehzahlen ein spezielles Klopfverhalten, das als „Extremklopfen" oder „Megaklopfen" bezeichnet wird. Dieses Phänomen ist sich durch stochastisch extrem klopfende Arbeitsspiele mit schadensrelevanten Druckamplituden charakterisiert. Dabei zeigt sich bei der

Anti-Klopf-Regelung (AKR) nahe der Klopfgrenze mit Vorverstellung der Zündung keine kontinuierlich zunehmende Klopfintensität mit überlagerten hochfrequenten Druckamplituden. Vielmehr zeigen sich bereits an der Klopfgrenze vereinzelt auftretende „Extremklopfer" (Bild 4.6-44) mit Amplituden, die um ein Vielfaches höher liegen als die Druckamplituden bei normal klopfender Verbrennung. Dieses Verhalten einzelner Arbeitsspiele kündigt sich in keiner Weise in den vorhergehenden Arbeitsspielen an, unabhängig davon, ob der Motor mit konstantem Zündwinkel oder mit AKR betrieben wird. Des weiteren tritt dieses Phänomen unabhängig vom Gemischbildungsverfahren sowohl bei Saugmotoren und aufgeladenen Motoren als auch bei Motoren mit Direkteinspritzung.

Die heute allgemein verwendeten ereignisgesteuerte Klopfregelungssysteme können erst nach Auftreten klopfender Verbrennung mit einer Spätverstellung des Zündwinkels reagieren. Da sich die Extremklopfer bereits in einem engen Zündwinkelband an der Klopfgrenze zeigen und heutige Klopfregelsysteme nahe an der Klopfgrenze ausgelegt werden, kann eine leistungs- und verbrauchsoptimale Auslegung ohne Gefahr der plötzlichen Motorzerstörung durch die Extremklopfer nicht länger erfolgen.

Um die Effizienz heutiger und zukünftiger Motorengenerationen weiter steigern zu können, ist es daher notwendig, Ansätze zur Vermeidung dieser Extremklopfer zu erarbeiten.

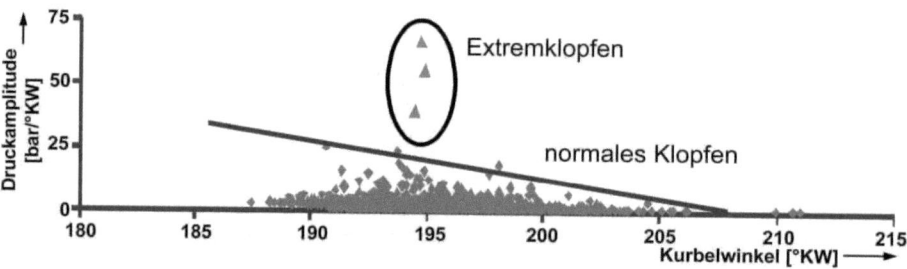

Bild 4.6-44 Extremklopfen bei hochverdichtenden Ottomotoren

Auf das Klopfen haben die Betriebsbedingungen, der Kraftstoff und die Brennraumform wesentlichen Einfluss. Grundsätzlich nimmt die Klopfneigung eines Motors bei folgenden Randbedingungen zu:
- hoher Druck und hohe Temperatur im unverbrannten Gemischrest (Endgas)
- Annäherung an das stöchiometrische Luft-Kraftstoffverhältnis ($\lambda = 1$)
- langsamer Prozessablauf (Vorreaktionszeiten sind lang)
- niedrige Oktanzahl des Kraftstoffes
- hohe Verdichtung durch hohes Verdichtungsverhältnis und/oder Auflandung des angesaugten Gemisches

Für den motorischen Betrieb folgt daraus: die Klopfneigung eines Ottomotors nimmt zu bei Vergrößerung des Verdichtungsverhältnisses ε, des Zündwinkels α_z (Frühverstellung), der Gemischtemperatur, der Motortemperatur, des Mitteldruckes und der Motorabmessungen (Zylinderbohrung). Höhere Motordrehzahlen vermindern im allgemeinen die Klopfneigung, weil sich die Brenndauer verkürzt.

4.6 Der Prozessverlauf im Ottomotor

Je nach Motorbetriebszustand unterscheidet man zwei Arten von Klopfen:
- Beschleunigungsklopfen tritt auf bei Volllastbeschleunigung aus niedrigen Drehzahlen. Es ist als deutliches „Klingeln" hörbar und führt selten zu Schäden.
- Hochdrehzahlklopfen tritt auf bei hohen Motordrehzahlen im oberen Lastbereich. Es ist wegen Fahrgeräuschen selten hörbar, führt fast immer zu schweren Motorschäden.

Anhaltend klopfender Motorbetrieb muss unbedingt vermieden werden, da es sonst zu erheblichen irreparablen Klopfschäden (meistens am Kolben im Bereich des Feuerstegs: Bild 4.6-45) kommt.

Bild 4.6-45 Klopfschäden an einem Kolben

Durch die Brennraumgestaltung kann die Verbrennung und das Klopfen erheblich beeinflusst werden. Brennräume mit geringer Klopfneigung (klopffeste Brennräume) müssen folgende Grundforderungen erfüllen:

1. kurze Flammenwege: kompakter Brennraum, zentrale Lage der Zündkerze
2. Vermeidung heißer Stellen am Ende des Flammenweges: Zündkerzen in Nähe des Auslassventils
3. hohe Strömungsgeschwindigkeiten: Tumble und/oder Drallbewegung und/oder Quetschströmung

Grundsätzlich sind Brennräume mit starker Zusammenballung der Ladung in der Nähe der Zündkerze vorteilhafter als lang auseinandergezogene Brennräume. Motoren mit großen Zylinderabmessungen neigen wegen langer Flammenwege eher zum Klopfen als Motoren mit kleinen Zylinderabmessungen. Heutige Brennraumformen versuchen diesen Randbedingungen in ihren Grundformen zumindest teilweise Rechnung zu tragen. Die Forderung nach geringen Emissionen darf aber nicht vernachlässigt werden.

Bild 4.6-46 zeigt Brennraumformen von Ottomotoren. Der Halbkugelbrennraum (oder Dachbrennraum), der sich durch sehr kurze Flammenwege auszeichnet hat sich fast ausnahmslos bei modernen Motoren mit äußerer Gemischbildung durchgesetzt.

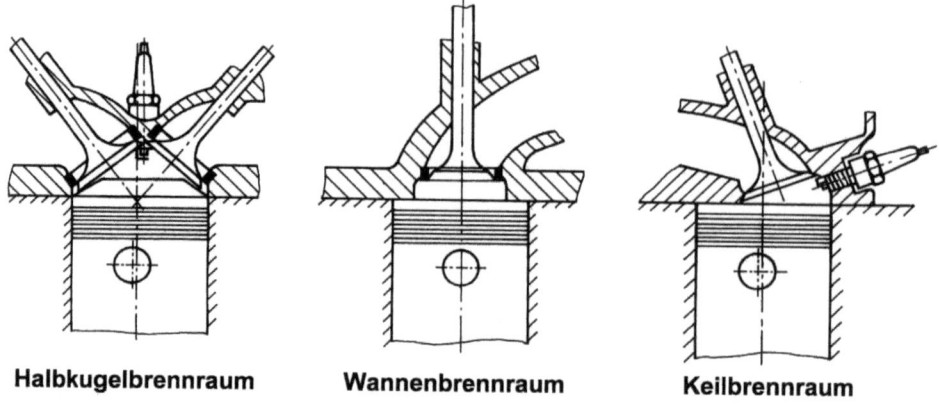

| Halbkugelbrennraum | Wannenbrennraum | Keilbrennraum |

Bild 4.6-46 Brennraumformen von Ottomotoren [4.6-7]

Diese Brennraumform eignet sich sehr gut für Motoren mit 4 Ventilen. Die Zündkerze lässt sich dann zentral in der Zylindermitte anordnen.Grundforderung 1 ist dadurch sehr gut erfüllt, Forderungen 2 und 3 werden gut erfüllt, wenn durch Einlasskanäle hohe Strömungsturbulenzen vorgegeben sind (Tumblebewegung mit Wirbelzerfall). Durch eine starke Volumenkonzentration an der Zündkerze und sorgfältig ausgeführten Quetschspalten kann ein sehr gutes Verhalten bezüglich Klopfen erzielt werden, verbunden mit geringen HC-Emissionen.

Glühzündungen

Ausgehend von klopfender Verbrennung kann es nach verhältnismäßig kurzer Zeit infolge überhöhten Wärmeübergangs an Motorbauteilen zu klopfend beginnenden Glühzündungen oder im Extremfall – ohne vorheriges Klopfen – zu reinen Glühzündungen kommen. Bei der Glühzündung wird das Gemisch durch glühende Teile im Brennraum (z. B. zu heiße Zündkerze, Auslassventil, glühende Ablagerungen) entweder im noch nicht von der Flamme erfassten Bereich (klopfend beginnende Glühzündung) oder bereits vor der elektrischen Zündung gezündet (reine Glühzündung). Bild 4.6-47 zeigt die Flammenausbreitung bei einer Glühzündung.

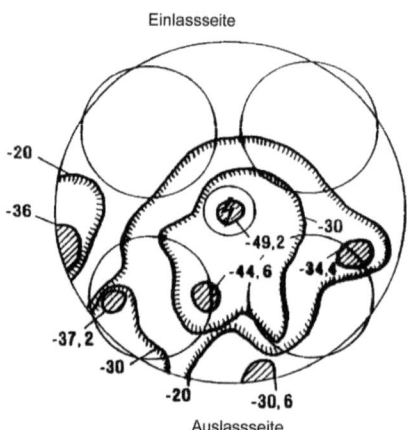

In dem dargestellten Beispiel erfolgt die Glühzündung an der zu heißen Zündkerze bereits vor Einsetzen der eigentlichen Zündung. Weitere Selbstzündorte zeigen sich an den Auslassventilen. Zum Zeitpunkt der einsetzenden Zündung an der Zündkerze ist bereits ein großer Bereich des Brennraums von der Flamme ausgefüllt, es ist schon ein großer Anteil an Kraftstoff umgesetzt.

Bild 4.6-47 Glühzündungen (Zündzeitpunkt in Volllast bei 32 Grd vor Z-OT)

Glühzündungen verursachen keine typischen Klopfmerkmale. Da die ausgelöste Verbrennungsphase meist zeitlich gegenüber einer regulären Verbrennung verschoben ist, werden die Druckamplituden von den heute in der Serie eingesetzten Sensoren und dem nachgeschalteten Signalverarbeitungssystem nicht erfasst. Da eine Glühzündung jedoch mit einer starken Drucksteigung in der Kompressionsphase mit stark überhöhten Verbrennungstemperaturen verbunden ist (Bild 4.6-48), führt ein solcher anormaler Verbrennungsablauf nach sehr kurzer Zeit zu einem Motorschaden durch Überhitzung (i. d. R. gekennzeichnet durch ein Durchbrennen des Kolbenbodens).

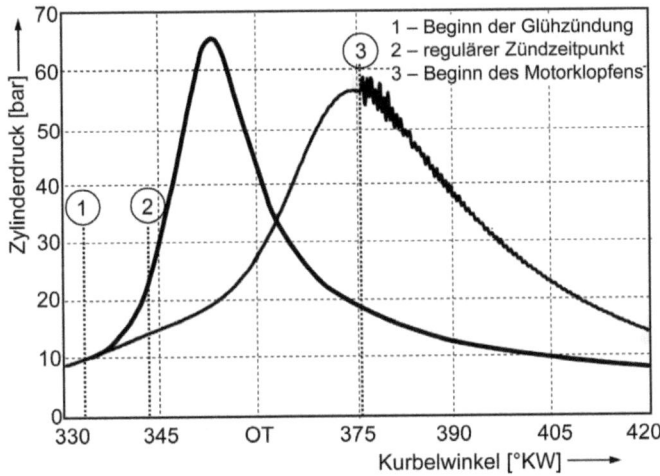

Bild 4.6-48 Glühzündungen

Literatur

[4.6-1] Grohe, Heinz: Otto- und Dieselmotoren: 10. Auflage – 1992, Vogel-Verlag Würzburg, 1992 (Kamprath-Reihe)

[4.6-2] Bosch: Ottomotor-Management – Systeme und Komponenten, Bosch Kraftfahrzeugtechnik, Vieweg Verlag

[4.6-3] Stan, Cornel: Alternative Antriebe für Automobile, Springer-Verlag 2005

[4.6-4] Van Basshuysen (Hrsg.): Ottomotor mit Direkteinspritzung, Vieweg Verlag 2007

[4.6-5] Van Basshuysen (Hrsg.): Lexikon Motorentechnik, Vieweg Verlag

[4.6-6] Merker, Schwarz, Siesch, Otto: Verbrennungsmotoren, Teubner Verlag

[4.6-7] Küntscher, V.: Kraftfahrzeugmotoren

4.7 Dieselmotor

Der Dieselmotor ist schon lange die Hauptantriebseinheit für LKWs und alle off-road Anwendungen (Schiffe, Baummaschinen etc.). Gründe hierfür sind der gute Wirkungsgrad und die Robustheit großer Dieselmotoren. In PKWs war der Diesel lange Zeit aufgrund der hohen Geräuschkulisse und Trägheit unbeliebt. Durch den Einsatz der Hochdruck-Direkteinspritzung in Kombination mit aktuellen Aufladekonzepten hat sich der Diesel als hochmoderne Antriebsquelle für Fahrzeuge aller Art etabliert. Hohe Leistung und ein enormes Drehmoment in Verbindung mit niedrigem Kraftstoffverbrauch sowie befriedigendem Verbrennungsgeräusch haben die Akzeptanz der Dieselmotoren selbst in der Luxusklasse bewirkt. Bild 4.7-1 zeigt einen modernen PKW-Dieselmotor.

4.7.1 Grundlagen

Der Prozess des Dieselmotors ist durch Luftansaugung und -verdichtung, Kraftstoffeinspritzung in den Zylinder und Selbstzündung gekennzeichnet. Es ist dadurch eine wesentlich höhere Verdichtung als beim klopfempfindlichen Ottomotor mit homogenem Luft-Kraftstoffgemisch zu realisieren. Der Dieselmotor ist die Kraftmaschine mit dem höchsten Wirkungsgrad (bei sehr großen langsamlaufenden Aggregaten bis über 50 %). Dieselmotoren können sowohl nach dem 2-Takt- als auch nach dem 4-Takt-Verfahren arbeiten. Im Kraftfahrzeug (PKW und LKW) kommen heute fast ausschließlich 4-Takt-Motoren zum Einsatz (schnelllaufende Dieselmotoren). Für die Einspritzung des Kraftstoffes in den Zylinder, die Gemischbildung, Zündung und Verbrennung steht nur eine kurze Zeitspanne von wenigen Millisekunden zur Verfügung.

Bild 4.7-1 Moderner PKW-Dieselmotor [Quelle: BMW]

Der Dieselmotor unterscheidet sich vom Ottomotor hauptsächlich dadurch, dass sich der eingespritzte Dieselkraftstoff an der durch Verdichtung hocherhitzten Luft (500 – 1200 °C) selbst entzündet. Im Gegensatz zu konventionellen Benzinmotoren besitzen Diesel keine Drossel-

4.7 Dieselmotor

klappe. Die Last wird über die eingespritzte Kraftstoffmenge (Qualitätsregelung) und nicht über die angesaugte Gemischmenge (Quantitätsregelung) geregelt. In Bild 4.7-2 ist die Arbeitsweise eines Viertakt-Dieselmotors dargestellt.

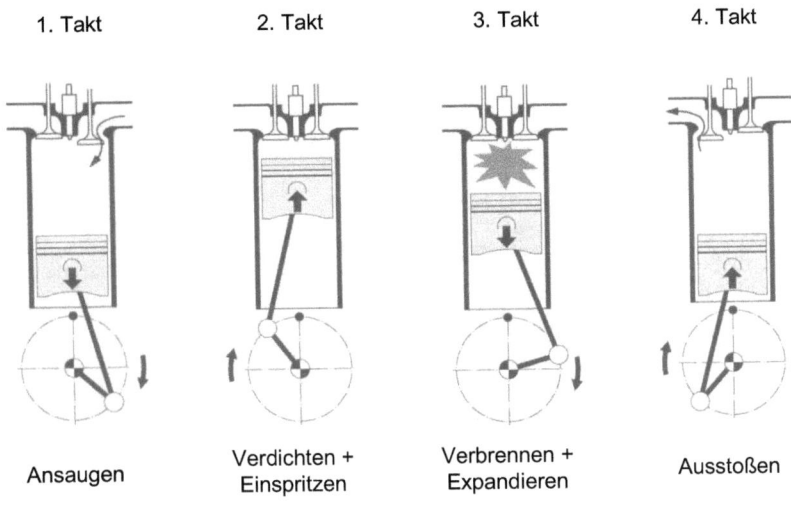

Bild 4.7-2 Viertakt Dieselmotor

Ansaugtakt

In einer Kolbenabwärtsbewegung saugt der Motor während des ersten Taktes, dem so genannten Ansaugtakt, die Luft ungedrosselt durch das geöffnete Einlassventil an.

Verdichtungstakt

Während des zweiten Takes, dem Verdichtungstakt, wird die angesaugte Luft entsprechend dem ausgeführten Verdichtungsverhältnis (14:1 bis 24:1) durch eine Aufwärtsbewegung des Kolbens komprimiert. Sie erwärmt sich dabei auf Temperaturen bis zu 1200 °C. Gegen Ende des Verdichtungsvorgangs spritzt die Einspritzdüse den Kraftstoff unter hohem Druck (bis zu 2000 bar) in die erhitzte Luft ein.

Arbeitstakt

Nach Verstreichen des Zündverzugs verbrennt der fein zustäubte Kraftstoff zu Beginn des dritten Taktes, dem Arbeitstakt, durch Selbstzündung nahezu vollständig. Dadurch erhitzt sich die Zylinderladung weiter und der Druck im Zylinder steigt nochmals an. Die durch die Verbrennung freigewordene Energie wird auf den Kolben übertragen. Dadurch bewegt sich dieser wieder abwärts und die Verbrennungsenergie wird in mechanische Arbeit umgesetzt.

Ausstoßtakt

Im Verlauf des vierten Taktes, dem Ausstoßtakt, wird die verbrannte Zylinderladung mit dem sich aufwärtsbewegenden Kolben durch das geöffnete Auslassventil ausgestoßen. Mit dem Ende dieses Taktes ist ein Arbeitsspiel abgeschlossen, es folgt der nächste Ansaugtakt.

4.7.2 Einspritzverfahren

Brennraumform und Lage der Einspritzstrahlen bestimmen das Gemischbildungs- bzw. Brennverfahren. Man unterscheidet:

1. Kammerverfahren
   - Vorkammer
   - Wirbelkammer
2. direkte Einspritzung

Bei den Kammerverfahren ist der Brennraum in mindestens zwei Bereiche unterteilt, die durch Überströmkanäle verbunden sind. Die Gasströmung zwischen den Kammern unterstützt die Gemischbildung.

Bei direkter Einspritzung ist der Brennraum i. d. R. nicht unterteilt, meistens besteht er aus Mulden im Kolben oder Zylinderkopf. Die Gemischbildung wird dabei oft weitgehend der Einspritzdüse übertragen. Luftbewegungen, die durch die Einlassströmung induziert werden, unterstützen die Gemischbildung.

1. Kammerverfahren

Vorkammerverfahren

Beim Vorkammerverfahren (Bild 4.7-3 links) wird der Kraftstoff in eine heiße Vorkammer eingespritzt. Die hohen Wandtemperaturen sorgen für einen reduzierten Zündverzug, das Überströmen in den Hauptbrennraum unterstützt wirksam die Gemischaufbereitung.

Das Einspritzen des Kraftstoffs erfolgt mit einer Drosselzapfendüse unter relativ niedrigem Druck (bis 300 bar). Oft wird eine speziell gestaltete Prallfläche (Kugelstift) in der Kammermitte verwendet, die den hier auftreffenden Strahl zerteilt damit sich der Kraftstoff intensiv mit der Luft vermischt. Ein oder mehrere Überströmkanäle verbinden die Vorkammer mit dem Hauptbrennraum. Die Verbrennung in der Vorkammer findet unter Luftmangel statt. Sie treibt das teilverbrannte Luft-Kraftstoffgemisch durch die Überströmkanäle unter weiterer Erwärmung in den Hauptbrennraum, wo es sich mit der Luft vermischt. Das Volumen der Vorkammer kann 25 % bis 40 % des Kompressionsvolumens betragen. Die hohen Ausblasgeschwindigkeiten ergeben eine wirkungsvolle, schnelle Mischung des teilverbrannten Kraftstoffs mit der Luft im Hauptbrennraum. Kurzer Zündverzug und gesteuerte Energiefreisetzung bei insgesamt niedrigem Druckniveau im Hauptbrennraum führen zu einer Verbrennung mit niedriger Geräuschentwicklung und Triebwerksbelastung. Eine optimale Auslegung der Kammer (Geometrie, Anordnung der Überströmkanäle, Lage der Einspritzdüse) ermöglicht eine sehr schadstoffarme Verbrennung. Zur erforderlichen Aufheizung Vorkammer bei Kaltstart dient zusätzlich ein Glühstift (Vorheizen), der vor und während des Starts elektrisch beheizt wird. Dieser Glühstift ist außerhalb des Einspritzstrahls angeordnet, damit die Verbrennung nicht gestört wird.

Wirbelkammerverfahren

Beim Wirbelkammerverfahren ist der Nebenbrennraum als kugel- oder walzenförmige Kammer ausgebildet (Bild 4.7-3 rechts). Ein tangential einmündender Kanal (Schusskanal) verbindet die Wirbelkammer mit dem Hauptbrennraum.

4.7 Dieselmotor

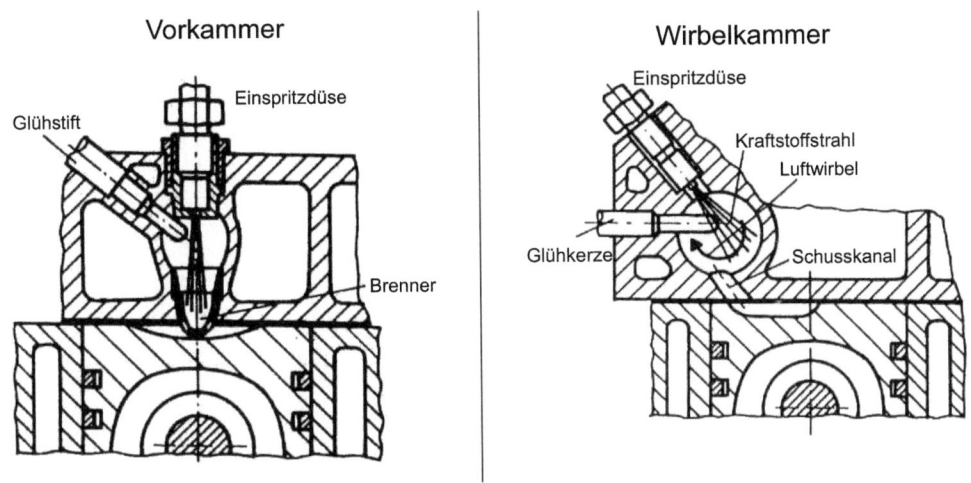

Bild 4.7-3 Vorkammer und Wirbelkammerverfahren

Während der Verdichtung wird die über den Schusskanal eintretende Luft in eine Drehbewegung gebracht und der Kraftstoff in diesen Wirbel eingespritzt. Die Einspritzung des Kraftstoffes erfolgt tangential in Richtung der Luftbewegung. Durch den Zentrifugaleffekt entsteht eine Gemischschichtung in der Wirbelkammer mit fettem Gemisch am Umfang.

Mit Beginn der Verbrennung wird das Luft-Kraftstoffgemisch durch den Schusskanal in den Hauptbrennraum gedrückt und mit der dort vorhandenen restlichen Verbrennungsluft vermischt. Auch beim Wirbelkammerverfahren ist die Verbrennung innerhalb der Kammer von Luftmangel geprägt und dient vor allem dazu, durch den Ausströmvorgang in den Hauptbrennraum eine gute Gemischbildung zu erzeugen. Im Hauptbrennraum können geeignete Gasführungen (z. B. Kolbenmulden) für eine zusätzliche Verbesserung der Gemischbildung sorgen. Hier wird die Verbrennung unter Luftüberschuss zu Ende geführt.

Gegenüber dem Vorkammerverfahren sind die Strömungsverluste zwischen Wirbelkammer und Hauptbrennraum geringer, da der Überströmquerschnitt größer ist. Dies führt zu geringeren Überströmverlusten mit entsprechendem Vorteil für den inneren Wirkungsgrad und den Kraftstoffverbrauch. Gestaltung der Wirbelkammer, Anordnung und Gestalt des Düsenstrahls und auch die Lage des Glühstiftes müssen sorgfältig auf den Motor abgestimmt werden, um bei allen Betriebsbedingungen eine gute Gemischbildung zu erzielen. Durch schnelles Aufheizen der Wirbelkammer nach dem Kaltstart kann der Zündverzug reduziert werden. Dadurch vermeidet man beim Warmlauf das Entstehen unverbrannter Kohlenwasserstoffe.

2. Direkteinspritzverfahren

Beim Direkteinspritzverfahren wird der Kraftstoff direkt in den hier nicht unterteilten Verbrennungsraum (Hauptbrennraum) eingespritzt (Bild 4.7-4). Die Vorgänge Kraftstoffzerstäubung und -verdampfung sowie die Vermischung mit der Luft müssen daher in einer sehr kurzen zeitlichen Abfolge stehen. Die Gemischbildung beruht hier nur auf der Luftbewegung und der Gestalt des Einspritzstrahls, die Verbrennung selbst hat, anders als bei den Kammerverfahren, keinen Einfluss. Dabei werden sowohl an die Art der Kraftstoffeinspritzung als auch an die Luftzuführung beim Ansaugen hohe Anforderungen gestellt. Durch eine besondere Form des

Einlasskanals im Zylinderkopf wird im Brennraum oft ein Luftdrall erzeugt, der die Mischungsvorgänge begünstigt. Auch die Gestaltung des Kolbenbodens mit eingearbeitetem Brennraum (Kolbenmulde) trägt zur Intensivierung der Luftbewegung am Ende der Verdichtung, d. h. zu Beginn der Einspritzung, bei.

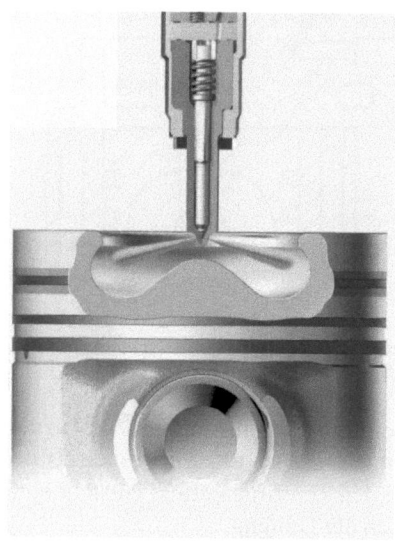

Bild 4.7-4 Direkteinspritzverfahren
[Quelle: Bosch]

Heute finden die zylindrische Kolbenmulde und die ω-Kolbenmulde eine breite Verwendung. Um den Kraftstoff räumlich möglichst gleichmäßig (homogen) und schnell zu verteilen, werden hier Mehrlochdüsen mit meistens 4 bis 8 Einspritzstrahlen verwendet. Die Strahllagen sowie die Strahlanzahl müssen in genauer Abstimmung mit der Brennraumauslegung und der Einlasskanalgeometrie optimiert sein.

Verschiedene Beispiele für Muldenformen und Düsenanordnungen, wie sie bei der Direkteinspritzung realisiert wurden, sind in Bild 4.7-5 dargestellt.

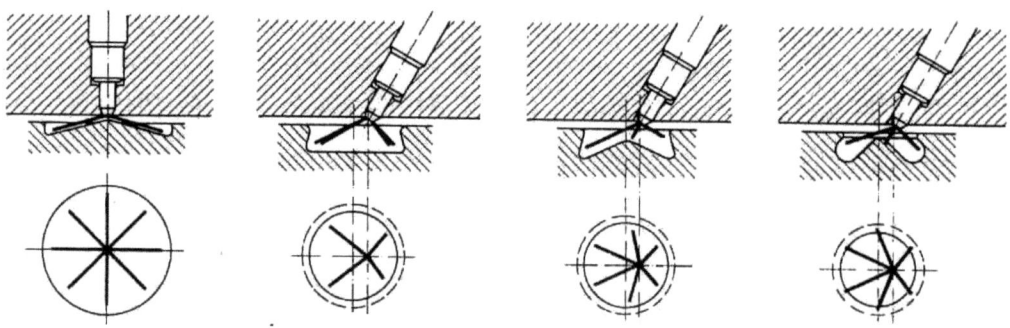

Bild 4.7-5 Verschiedene Muldenformen und Düsenanordnungen der Direkteinspritzung [4.7-2]

4.7 Dieselmotor

In der Praxis lassen sich bei der Direkteinspritzung folgende Verfahren unterscheiden:

- Gemischaufbereitung durch intensive Luftbewegung (luftverteilende Verfahren, enge Kolbenmulden, stark gewundene Einlasskanäle)
- Beeinflussung der Gemischaufbereitung primär durch Kraftstoffeinspritzung ohne gezielte Luftbewegung (geringer Gaswechselverlust mit besserer Füllung; weit geöffnete fast flache Kolbenmulde; kleine Spritzlochdurchmesser, größere Anzahl von Einspritzstrahlen, Hochdruckeinspritzung)

4.7.3 Einspritzsysteme

Der Kraftstoff wird beim Dieselmotor gegen Ende der Verdichtung durch eine Einspritzdüse in die Kammer oder direkt in den Brennraum eingespritzt. Mit der eingespritzten Kraftstoffmenge wird die Last des Motors geregelt (Qualitätsregelung). Die Kraftstoffförderung übernimmt die Einspritzpumpe, die den für die Einspritzung benötigten Druck von 200 bis 2000 bar erzeugt.

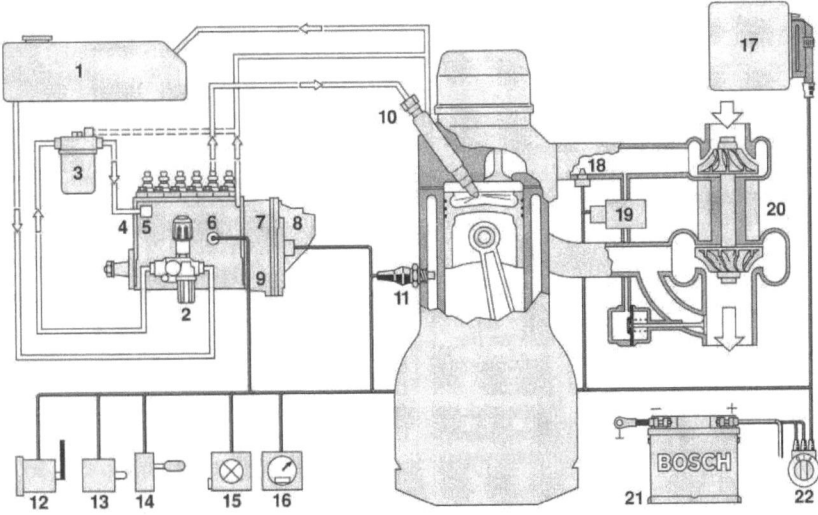

1	Kraftstoffbehälter	12	Fahrpedalsensor
2	Förderpumpe	13	Schalter für Kupplung, Bremse, Motorbremse
3	Kraftstofffilter	14	Bedienteil
4	Reiheneinspritzpumpe	15	Warnlampe und Diagnoseanschluss
5	Elektrische Abstellvorrichtung (ELAB)	16	Tachograph oder Fahrgeschwindigkeitssensor
6	Kraftstoff-Temperatursensor	17	Steuergerät
7	Regelwegsensor	18	Lufttemperatursensor
8	Stellwerk mit Linearmagnet	19	Ladedrucksensor
9	Drehzahlsensor	20	Turbolader
10	Einspritzdüse	21	Batterie
11	Kühlmittel-Temperatursensor	22	Glüh-Start-Schalter

Bild 4.7-6 Konventionelles Einspritzsystem für einen Dieselmotor [Quelle Bosch]

Zur Dieseleinspritzanlage gehören neben der Einspritzpumpe der Kraftstoffbehälter, der Kraftstofffilter, die Kraftstoffvorförderpumpe, die Einspritzleitungen und die Einspritzdüsen. Weiterhin ist die Einspritzanlage mit Sensoren und Stellgliedern ausgestattet, die die Einspritzung hinsichtlich zeitlicher Lage, Menge und Druck den jeweiligen Betriebsbedingungen des Motors anpassen (Bild 4.7-6).

Für die unterschiedlichsten Anwendungen im Bereich der Dieseleinspritzung wurden immer weiter verbesserte Einspritzpumpen entwickelt. Grundsätzlich lässt sich eine Unterscheidung in nockengesteuerte Systeme und Systeme mit Druckspeicher vornehmen.

Für die nockengesteuerten Systeme werden Kolbenpumpen verwendet, bei deren einfachstem System jedem Zylinder des Motors ein Pumpenelement, bestehend aus Pumpenzylinder und Pumpenkolben, zugeordnet ist. Bild 4.7-7 zeigt schematisch eine solche Anordnung einer Einspritzanlage. Dabei handelt es sich um eine Einspritzpumpe mit Schrägkantensteuerung, deren federbelasteter Kolben durch eine Nockenwelle betätigt wird. Diese Nockenwelle kann entweder ein Bauteil der Einspritzpumpe sein oder die Nockenwelle des Motors, die auch die Ventile betätigt, trägt spezielle Einspritznocken. Letzteres ist vorwiegend bei großen Motoren zu finden.

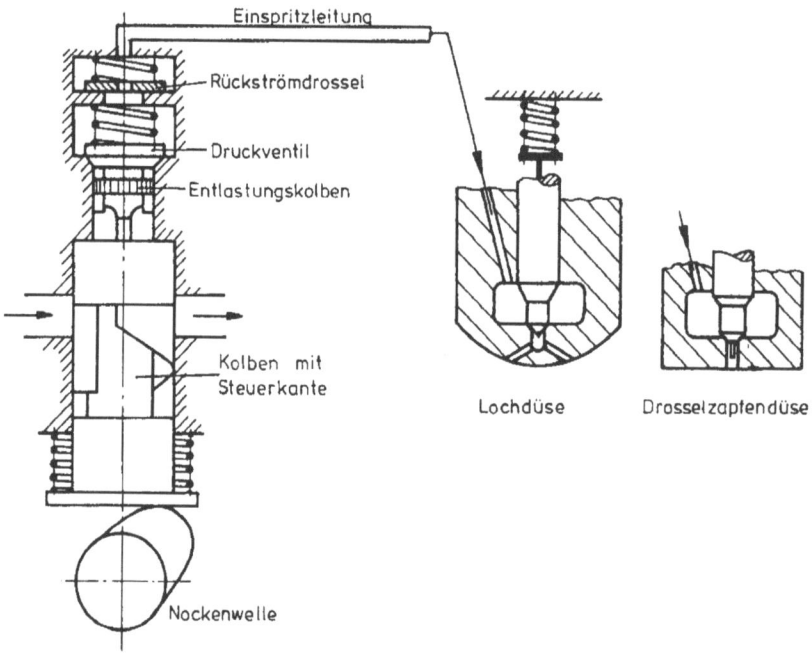

Bild 4.7-7 Schema einer nockengesteuerten Einspritzanlage

Die Kraftstoffförderung über das federbelastete Druckventil in die Einspritzleitung beginnt, sobald die Oberkante des Kolbens die Zu- und Abströmbohrungen verschlossen hat und die durch den Druck erzeugte Kraft größer ist als die Federkraft. Die Kraftstoffförderung dauert so lange, bis die schräge Unterkante des Kolbens die Bohrungen wieder freigibt und somit der Druck im Arbeitsraum entweichen kann. Der Kraftstoff wird über die Einspritzleitung der Einspritzdüse zugeführt und in den Brennraum eingespritzt. Bild 4.7-9 zeigt zusammengefasst noch einmal die einzelnen Bewegungsphasen.

4.7 Dieselmotor

Bild 4.7-8 Bosch Reihenpumpe [Quelle: Bosch]

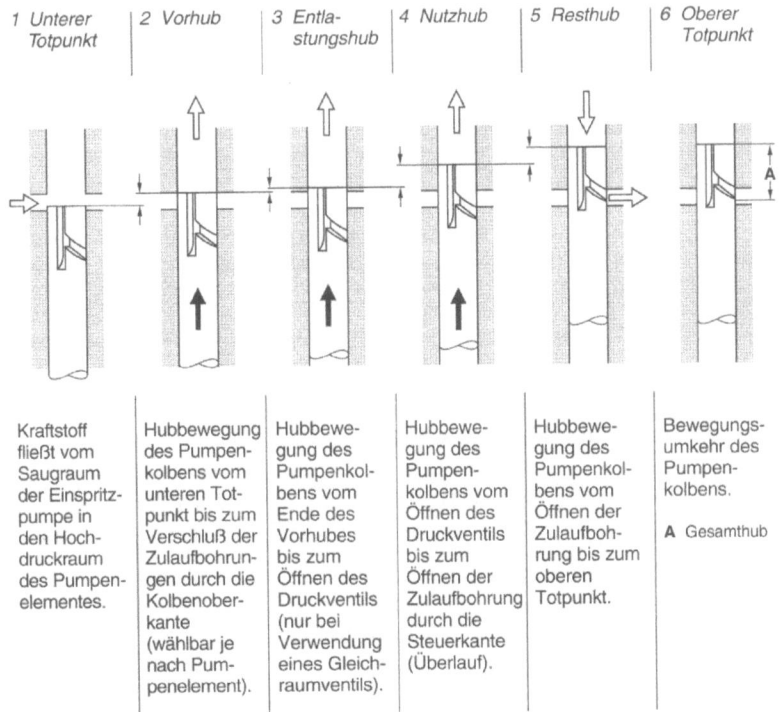

Bild 4.7-9 Kolbenhubphasen einer Einspritzpumpe mit Schrägkantensteuerung

Bei Verdrehung des Pumpenkolbens durch die Regelstange wird die Fördermenge der entsprechenden Motorlast angepasst. Der Zeitpunkt des Förderendes verändert sich dabei je nach Verdrehung des Kolbens entsprechend der schräg verlaufenden Steuerkante (Bild 4.7-10).

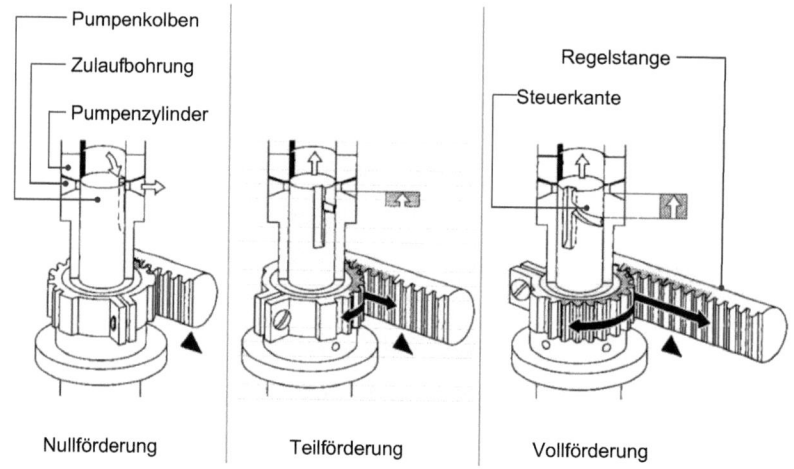

Bild 4.7-10 Fördermengenregelung

Bei Vollförderung wird erst bei Erreichen des maximalen Nutzhubes (Steuerkante öffnet Ablaufbohrung erst am Ende) abgesteuert, also erst mit Erreichen der größtmöglichen Fördermenge. Für die Teilförderung wird je nach Stellung des Pumpenkolbens früher abgesteuert. Bei der Endstellung für die Nullförderung befindet sich die Längsnut direkt vor der Ablaufbohrung. Dadurch ist der Druckraum während des gesamten Hubes über dem Pumpenkolben mit dem Saugraum verbunden. Es wird also kein Kraftstoff gefördert. Der Motor stellt ab.

Die gleichmäßige Verstellung aller Pumpenelemente einer Einspritzpumpe erfolgt durch Verschiebung einer Regelstange, die über ein Zahnstangenelement in das Zahnritzel der Verdrehhülsen eingreift und damit alle Kolben gleichmäßig verdreht. Die Regelstange ist mit dem Gaspedal verbunden. Mit der Einstellschraube unterhalb des Pumpenkolbens kann der Vorhub und damit die gleichmäßige Förderung aller Pumpenelemente eingestellt werden.

Der von der Einspritzpumpe geförderte Kraftstoff wird mit der Einspritzdüse (Bild 4.7-7) unter hohem Druck in den Brennraum gespritzt. Die gebräuchlichste Düsenausführung besitzt eine federbelastete Ventilnadel, die durch den Kraftstoffdruck von dem Nadelsitz abgehoben wird und die Düsenbohrungen freigibt (Bild 4.7-11). Solange keine Einspritzung stattfindet, verhindert die geschlossene Düsennadel ein Auslaufen des Kraftstoffs aus der Einspritzleitung in den Brennraum und das Eintreten von Verbrennungsgas in das Einspritzsystem.

Den Öffnungsdruck bestimmen die zwischen den Durchmessern d_1 und d_2 liegende Ringfläche und die Federkraft. Bei geöffneter Ventilnadel wirkt der Kraftstoffdruck auf die gesamte Kreisfläche mit dem Durchmesser d_1, so dass der Schließdruck p_s stets kleiner als der Öffnungsdruck $p_ö$ ist.

Unter der Annahme konstanter Federkraft F gilt für das Verhältnis von Schließ- zu Öffnungsdruck:

$$\frac{p_s}{p_ö} = 1 - \left(\frac{d_2}{d_1}\right)^2 \qquad (4.7.1)$$

Einspritzdüsen sind mechanisch und thermisch besonders hoch beansprucht und werden aus gehärtetem Stahl hergestellt. Das Einbauspiel der Düsennadel beträgt lediglich 1 bis 2 µm. Die

4.7 Dieselmotor

Düse wird vom Brennraum aus beheizt und durch den Kraftstoff selbst gekühlt. An den Düsenspitzen sollen die Temperaturen möglichst nicht größer als 220 °C sein, um Verkokungen und Härteminderungen des Materials im Nadelsitz zu vermeiden. Bei Großmotoren ist die

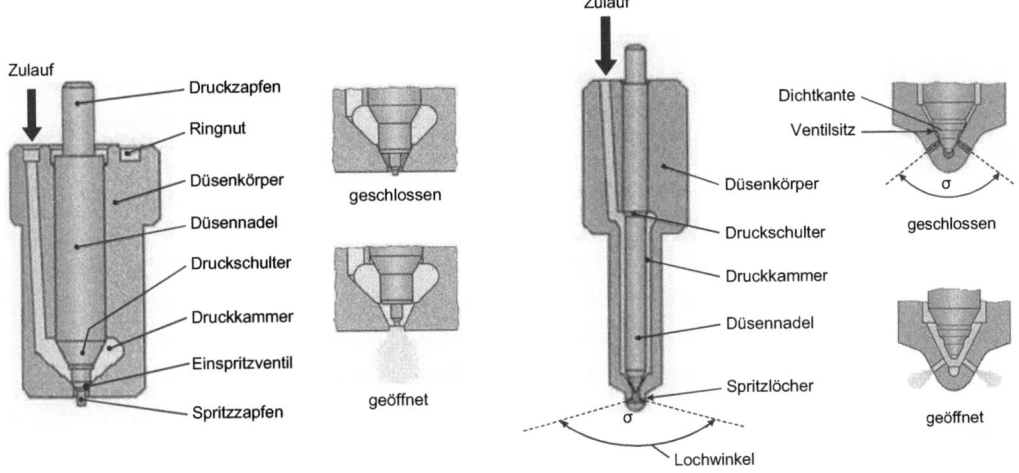

Bild 4.7-11 Einspritzdüsen (Drosselzapfendüse links, Mehrlochdüse rechts)

Die Ausbildung der Düsenöffnung und der Spitze der Ventilnadel hat großen Einfluss auf den Einspritzstrahl sowie die Durchflusscharakteristik der Düse. Mehrlochdüsen kommen bei Motoren mit Direkteinspritzung zur Anwendung. Je nach Motorengröße, Lochzahl und Brennverfahren liegen die Durchmesser der Düsenbohrungen zwischen 0,15 und 2 mm. Diese Bohrungen und deren Einlaufverrundung haben einen großen Einfluss auf die Gemischbildung und die Schadstoffemission.

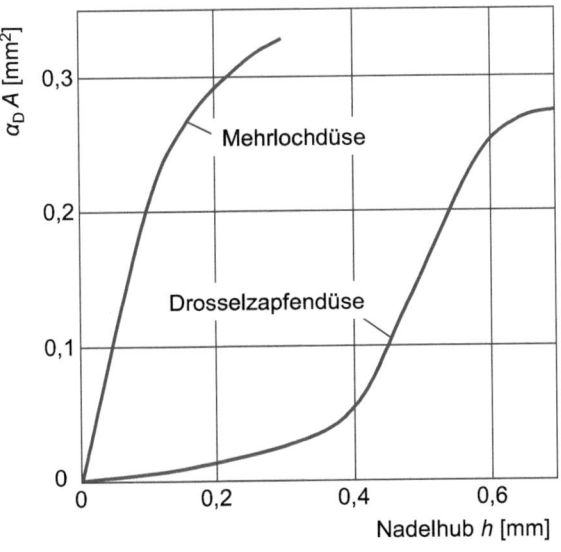

Bild 4.7-12 Effektive Durchflussquerschnitte

Die Drosselzapfendüse besitzt nur eine Düsenöffnung. Bei angehobener Düsennadel wird ein Ringquerschnitt zwischen der Düsenbohrung und dem an der Düsennadel befindlichen Zapfen geöffnet. Die Stufe am Zapfen (Drosselzapfen) bewirkt, dass zu Beginn des Nadelhubes der Düsenöffnungsquerschnitt klein ist und sich erst bei größerem Nadelhub schnell vergrößert. Bild 4.7-12 zeigt dieses Verhalten, in dem der wirksame Durchflussquerschnitt (a_D = Durchflusskoeffizient, A = Düsenöffnungsfläche) in Abhängigkeit des Nadelhubs h für Mehrloch- und Drosselzapfendüsen dargestellt ist. Drosselzapfendüsen werden für Motoren mit unterteiltem Brennraum (Wirbelkammer-, Vorkammermotoren) verwendet.

Düse zusätzlich gekühlt. Die Bewegungs- und Druckverhältnisse in einer Einspritzanlage zeigt Bild 4.7-13.

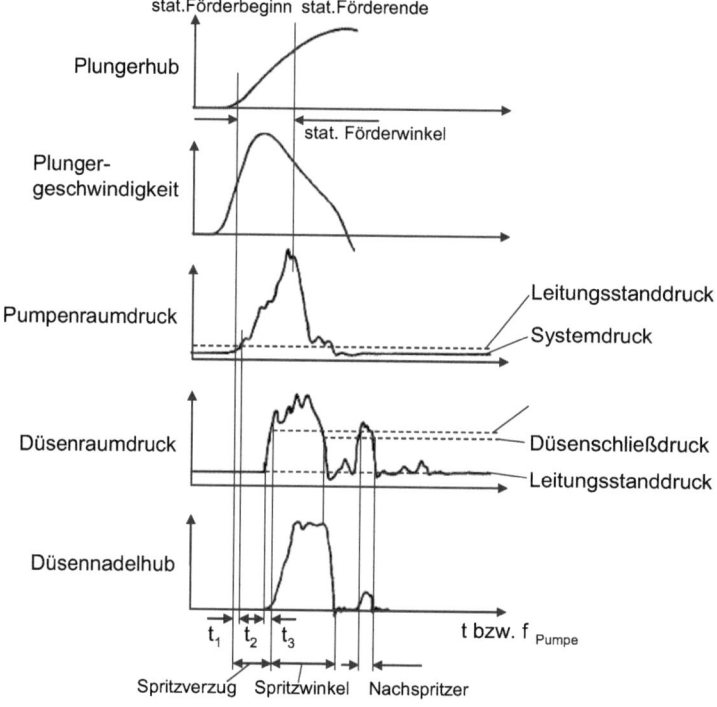

Bild 4.7-13 Bewegungs- und Druckverhältnisse in einer nockengesteuerten Einspritzanlage

Wenn der Druck im Pumpenraum nach der Zeit t_1 die Druckventilschließkraft (Leitungsstanddruck) überwunden hat, läuft eine Druckwelle in die Einspritzleitung hinein. Sie erreicht nach der Zeit t_2 die Düse, deren Nadel dann nach der Öffnungszeit t_3 abhebt. (Druck entspricht dem Düsenöffnungsdruck). Die Einspritzung beginnt. Wegen der Reflektionsvorgänge an den Leitungsenden und der Überlagerung vor- und rücklaufender Druckwellen in der Einspritzleitung sind Druck im Pumpenraum und Druck im Düsenraum im Verlauf unterschiedlich.

Nach Abschluss der Pumpenförderung (Absteuerkante freigegeben) wirkt sich der Pumpendruckabfall zeitlich verzögert auch an der Düse aus, die bei Unterschreiten des Schließdrucks geschlossen wird (ebenfalls mit einer gewissen zeitlichen Verzögerung). Die in der Leitung verbleibenden und nur allmählich gedämpften Druckwellen können unerwünschte Nachöff-

4.7 Dieselmotor

nung (Nachspritzen) des Ventils bewirken. Dieses Nachspritzen muss unbedingt vermieden werden, weil es zu erhöhtem Russausstoß führt. Ein wirksames Mittel ist der Einbau eines Entlastungsventils, durch das der Druck in der Einspritzleitung zügig auf einen definierten Wert herabgesetzt wird (Bild 4.7-7).

Die Einspritzdüse ist in einem Düsenhalter integriert, der als Baugruppe in den Zylinder eingeschraubt wird. In Bild 4.7-14 sind zwei Düsenhalter dargestellt, links im Bild ein Standarddüsenhalter und rechts im Bild ein Zweifeder-Düsenhalter. Beim letztgenannten werden zwei Federn mit unterschiedlicher Federkonstante eingesetzt. Die schwächere Feder lässt bei Einspritzbeginn nur einen eingeschränkten Nadelhub und damit eine begrenzte Förderrate zu. Erst wenn der Einspritzdruck auch die Federkraft der zweiten Feder überschreitet, wird der volle Nadelhub und damit die maximale Einspritzrate ermöglicht. Durch die so erzeugte stufenweise Öffnung der Einspritzdüse dient der Formung des Einspritzverlaufs und somit einer Optimierung der Wärmefreisetzung hinsichtlich gutem Wirkungsgrad und niedrigen Emissionen.

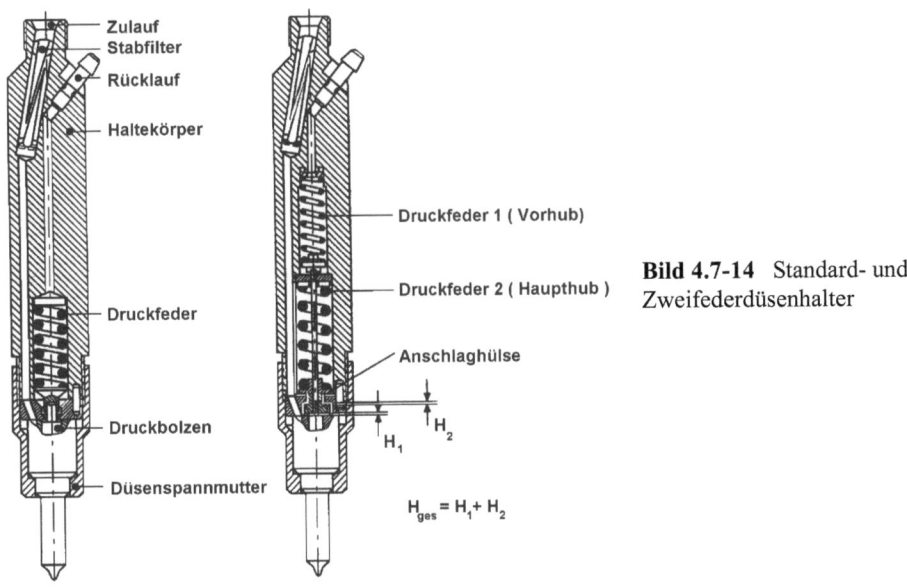

Bild 4.7-14 Standard- und Zweifederdüsenhalter

Bei Dieselmotoren ist die Haupteinflussgröße für eine Prozessoptimierung der Einspritzvorgang. Die Erhöhung des Einspritzdrucks bei Dieselmotoren sowie eine an die jeweiligen Betriebsbedingungen angepasste Einspritzung ermöglicht sowohl eine Verbesserung des Gemischbildungs- und Verbrennungsprozesses als auch eine Reduzierung der Schadstoff-Rohemissionen. Hier wird heute i. d. R. der Common-Rail-Einspritzung mit elektronischer Regelung das größte Potential zugeschrieben. Bild 4.7-15 zeigt die dem heutigen Stand der Technik entsprechenden Einspritzsysteme.

Das Speichereinspritzsystem „Common-Rail" für Motoren mit Direkteinspritzung bietet eine deutlich höhere Flexibilität zur Anpassung der Einspritzung an den Motorbetrieb als konventionelle nockengetriebene Systeme. Bei diesem System sind Druckerzeugung und Einspritzung entkoppelt. Der Einspritzdruck wird unabhängig von der Motordrehzahl und der Einspritzmenge erzeugt. Bild 4.7-16 zeigt als Beispiel eine Diesel-Einspritzanlage mit dem Speichereinspritzsystem „Common-Rail" an einem Vierzylinder-Dieselmotor mit den verschiedenen Komponenten des Systems.

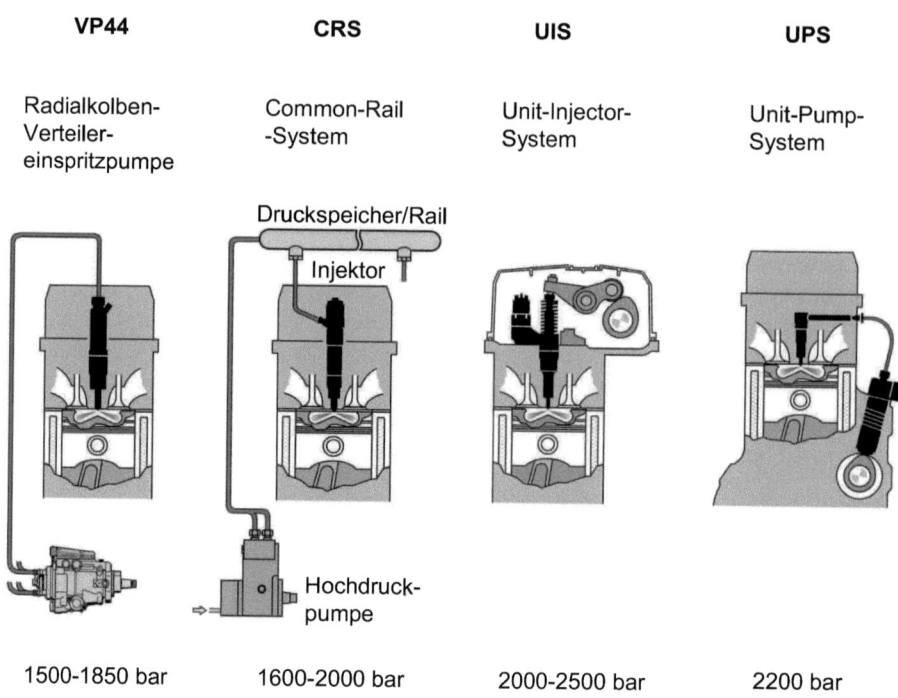

Bild 4.7-15 Derzeit aktuelle Diesel-Einspritzsysteme [Quelle: Bosch]

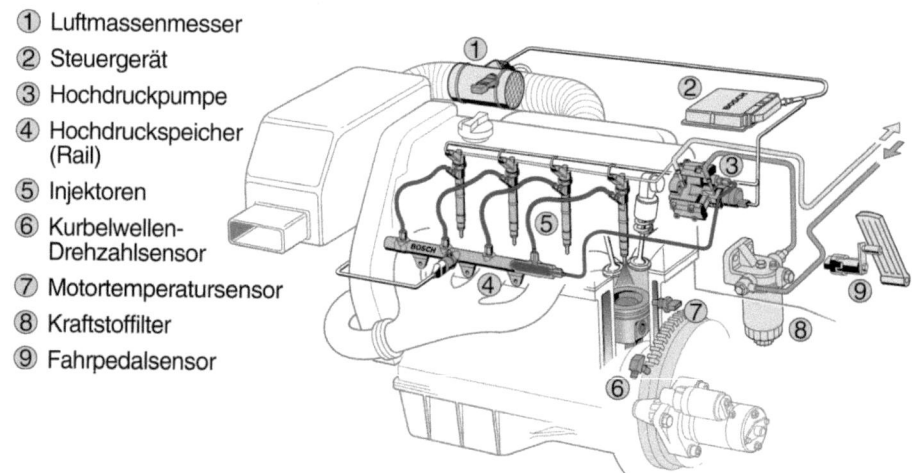

Bild 4.7-16 Aufbau eines Speichereinspritzsystem Common Rail an einem Vierzylinder-Dieselmotor

Das Kraftstoffsystem der Common-Rail-Anlage besteht aus einem Niederdruckteil (Vorförderpumpe im Kraftstofftank) für die Niederdruckförderung des Kraftstoffes und dem Hochdruckteil mit der Hochdruckpumpe zur Hochdruckförderung. In der Hochdruckpumpe wird der

4.7 Dieselmotor

Kraftstoff auf einen Druck von maximal 1350 bar bis über 2000 bar in der Pkw-Anwendung verdichtet. Der verdichtete Kraftstoff wird über eine Hochdruckleitung in einen rohrähnlichen Kraftstoff-Hochdruckspeicher gefördert. Der Hochdruckspeicher hat die Aufgabe, den Kraftstoff bei hohem Druck zu speichern. Dabei sollen Druckschwingungen, die durch die Pumpenförderung und die Einspritzung entstehen, durch das Speichervolumen gedämpft werden. Das Druckbegrenzungsventil begrenzt den Druck in der Rail, indem bei zu hohem Druck eine Ablaufbohrung freigegeben wird.

Die eigentliche Einspritzung in den Brennraum wird über elektromagnetische Ventile gesteuert, die gemeinsam mit der Einspritzdüse eine Einheit bilden, die als Injektor bezeichnet wird. Kurze Stichleitungen verbinden das Rail mit den Injektoren. Der Durchflussbegrenzer in dieser Leitung hat die Aufgabe, im Störungsfall die Dauereinspritzungen eines Injektors zu verhindern. Bei Überschreiten einer maximal möglichen und zulässigen Entnahmemenge aus der Rail verschließt dieser den Zulauf zu dem entsprechenden Injektor.

Die Einspritzmenge wird vom Fahrer durch das Gaspedal vorgegeben. Das Steuergerät erfasst dann mit Hilfe von Sensoren (Luftmassenmesser, Drehzahlsensor, Temperatursensoren, Fahrpedalsensor) den Fahrerwunsch und die aktuellen Betriebsrandbedingungen von Motor und Fahrzeug. Es verarbeitet diese Signale und steuert die Kraftstoffeinspritzung entsprechend einem im Steuergerät abgelegten Kennfeld. Dabei werden der Kraftstoffdruck im Rail, der Einspritzzeitpunkt, die Einspritzmenge und gegebenenfalls der Einspritzverlauf, z. B. mit oder ohne Voreinspritzung bzw. Nacheinspritzung so angepasst, dass ein verbrauchsgünstiger und schadstoffarmer Betrieb gewährleistet ist.

Moderne Common-Rail Injektoren werden mit Magnet- oder Piezoaktoren versehen. Durch die Piezo-Technik wird eine Erhöhung der Flexibilität bezüglich der Einspritzmenge und -dauer erreicht (sehr kleine Voreinspritzmengen möglich, beliebige Wahl von Spritzbeginn und -pausen, kompakte Bauform). In Bild 4.7-17 ist der Aufbau eines Piezo-Injektors detailliert dargestellt.

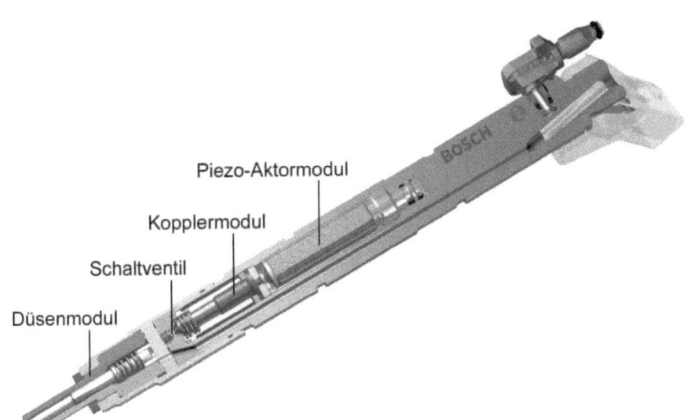

Bild 4.7-17 Piezo-Injektor [Quelle: Bosch]

Das Hauptelement eines weiteren, modernen Einspritzsystems ist in Bild 4.7-18 dargestellt. Hierbei handelt es sich um ein Pumpe-Düse-Einspritzsystem. Es befindet sich ein kombiniertes Pumpen- und Düseelement im Zylinderkopf. Ein Kolben wird über einen Kipphebel und die Nockenwelle betätigt und erzeugt den Einspritzdruck. Die Steuerung der Einspritzung erfolgt wiederum über eine elektromagnetische Betätigung. Der Vorteil dieses Systems gegenüber einem Common-Rail-System liegt darin, dass aufgrund der räumlichen Nähe von Pumpe und Düse keine Leitungen notwendig sind und damit noch höhere Einspritzdrücke bis über 2000 bar erreicht werden können. Dies bringt weitere Vorteile bei der Zerstäubung und der Gemischbildung. Nachteilig dagegen ist der erhöhte Platzbedarf des Systems im Zylinderkopf.

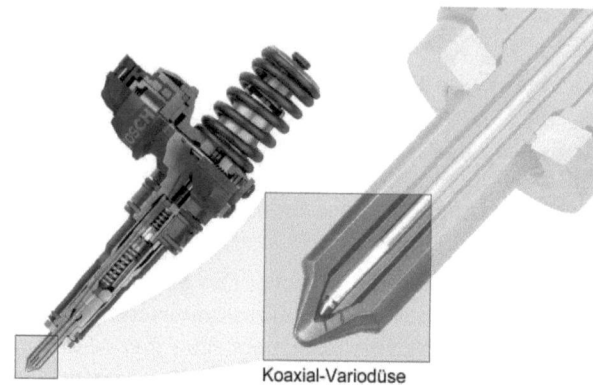

Bild 4.7-18 Pumpe-Düse-Einheit (Variodüse nicht Serienstand) [Quelle: Bosch]

Bei konventionellen Einspritzsystemen wie bei Verteiler- oder Reiheneinspritzpumpen sind Druckerzeugung und Einspritzmenge an die Nockenkontur, den Förderkolben und den Strömungswiderstand der Einspritzdüse gekoppelt (Bild 4.7-19, links). Während einer Einspritzung steigt der Einspritzdruck an, fällt aber bis Einspritzende wieder auf den Düsenschließdruck ab. Die Folgen hiervon sind, dass kleine Einspritzmengen mit geringen Drücken eingespritzt werden als große Mengen und der Spitzendruck mehr als das Doppelte des mittleren Einspritzdrucks beträgt. Ähnlich verhält es sich mit der Drehzahl. Der Spitzendruck ist also von der Drehzahl und von der Einspritzmenge abhängig. Der Einspritzverlauf ist nahezu dreieckförmig, wie es für eine günstige Verbrennung gefordert wird.

An ein ideales Einspritzverhalten werden zusätzlich die Anforderungen gestellt, dass Einspritzdruck und Einspritzmenge für jeden Betriebspunkt unabhängig voneinander festgelegt werden können. Eine möglichst geringe Einspritzmenge zu Beginn der Einspritzung (Voreinspritzung oder Piloteinspritzung: Bild 4.7-19, rechts) begünstigt das Verbrennungsverhalten bezüglich Kraftstoffverbrauch, Schadstoffemission und Verbrennungsgeräusch.

Bei der Voreinspritzung wird eine kleine Menge von Kraftstoff in den Zylinder eingebracht, die eine so genannte „Vorkonditionierung" des Brennraums bewirkt. Dabei wird der Kompressionsdruck durch eine Vorreaktion bzw. teilweise Verbrennung leicht angehoben und chemische Vorreaktionen finden bereits statt, wodurch der Zündverzug der Haupteinspritzung auf ein Minimum verkürzt wird. Der Verbrennungsdruckanstieg und die Verbrennungsdruckspitzen verringern sich deutlich (weichere, geräuscharme Verbrennung), außerdem verringern sich Kraftstoffverbrauch und in vielen Fällen die Emissionen.

Zusätzlich kann mit der Common-Rail-Einspritzung auch eine Nacheinspritzung realisiert werden. Diese kann zur Reduktionsmitteldosierung (Kraftstoffbeimischung) für eine bestimmte Variante des Stickoxidkatalysators eingesetzt werden. Sie folgt der Haupteinspritzung während des Expansions- oder Ausstoßtaktes und bringt unverbrannten Kraftstoff in das Abgas ein.

4.7 Dieselmotor

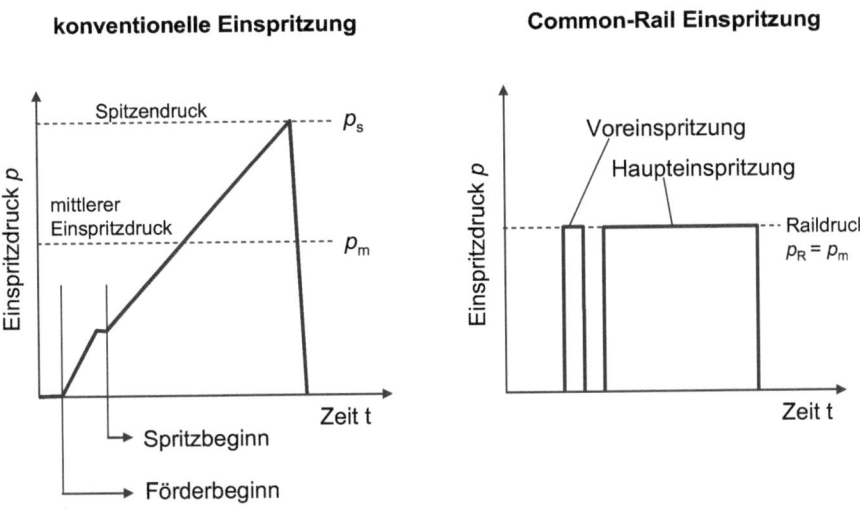

Bild 4.7-19 Einspritzverläufe (konventionell – Common Rail) im Vergleich

4.7.4 Strahlausbreitung und Gemischbildung

Bild 4.7-20 zeigt die schematische Darstellung eines Vollkegel-Einspritzstrahls zu einem bestimmten Zeitpunkt nach Einspritzbeginn. Bei heutigen Einspritzsystemen beträgt der Kraftstoffdruck in dem Injektor ca. 2000 bar. Durch die Querschnittsverengung beim Übergang vom Sackloch ins Spritzloch wird der Kraftstoff beschleunigt und die Druckenergie in kinetische Energie umgewandelt. Der Kraftstoffstrahl tritt mit Geschwindigkeiten von bis 500 m/s in den Brennraum ein. Unmittelbar nach dem Austritt aus der Düse bricht der zusammenhängende Kraftstoffstrahl in Tropfen und Ligamente auf.

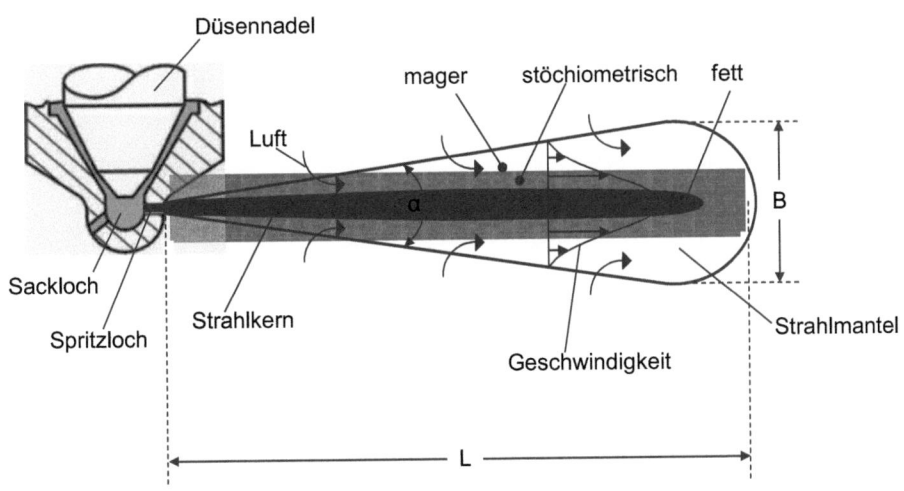

Bild 4.7-20 Einspritzstrahl (schematisch)

Dieser Vorgang wird als Primärzerfall bezeichnet. Der anschließende Zerfall bestehender Tropfen in kleinere wird Sekundärzerfall genannt. Die Tropfen, die sich and der Strahlspitze befinden, erfahren den größten aerodynamischen Luftwiderstand und werden stärker als die sich dahinter befindenden Tropfen abgebremst. Aus diesem Grund werden die Tropfen an der Strahlspitze kontinuierlich nach außen gedrängt und durch nachfolgende ersetzt. Insgesamt bildet sich ein keulenförmiger Strahl bestehend aus einem Strahlkern und einem Strahlmantel. Im Kern befinden sich größere Tropfen mit höherer Geschwindigkeit und umgebende Mantel besteht aus kleinen Tropfen mit höherem Luftanteil und entsprechend abnehmender Geschwindigkeit. Die Strahlbreite B nimmt mit zunehmender Eindringtiefe L zu, wobei die Geschwindigkeit der Strahlspitze abnimmt.

Durch die hohe Verdichtungstemperatur im Brennraum verdampfen die kleinen Tropfen sehr schnell. Es ergibt sich ein stark inhomogenes Gemisch, welches im äußersten Strahlmantel sehr mager und im Strahlkern sehr fett mit Tropfen durchsetzt ist. Es liegt eine Gemischschichtung vor. Im Strahlmantel existiert wegen dieser Schichtung immer eine Zone mit einem optimalen (stöchiometrischen) Mischungsverhältnis, an dem die Entzündung stattfindet.

Die Tropfengrößen im zerstäubten und noch nicht verdampften Strahl liegen zwischen 2 und 50 µm und besitzen eine für jeden Einspritzstrahl typische statistische Verteilung. Kleinere Tropfengrößen, die günstig für die Verdampfung und die Gemischbildung sind, ergeben sich bei:

- großer Austrittsgeschwindigkeit (hoher Einspritzdruck)
- großer Luftdichte (hohes ε)
- geringer Viskosität des Kraftstoffes
- niedriger Oberflächenspannung des Kraftstoffes

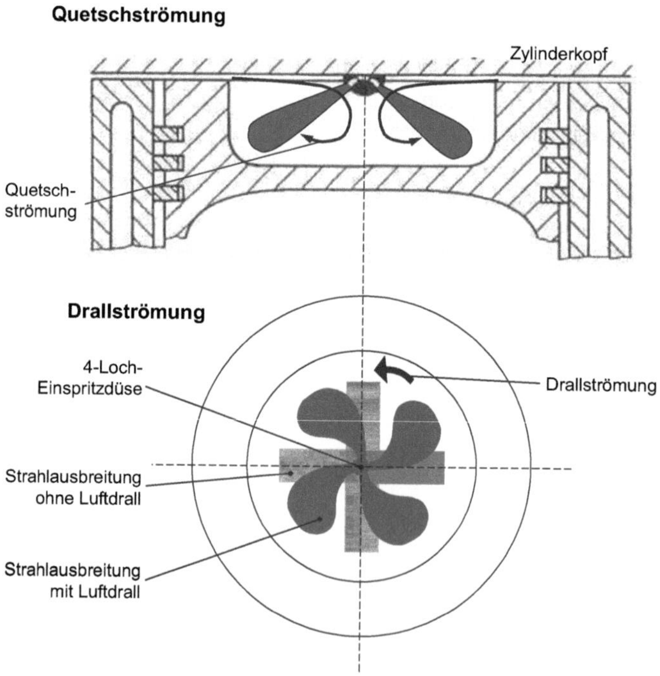

Bild 4.7-21 Zusammenspiel von Einspritzung und Luftbewegung bei Quetsch- und Drallströmung [4.7-2]

4.7 Dieselmotor

Zusätzliche Luftbewegungen im Brennraum können durch Erhöhung der Relativgeschwindigkeit zum Einspritzstrahl die Güte der Zerstäubung verbessern. In Bild 4.7-21 ist das Zusammenspiel von Einspritzstrahl und Luftbewegung bei einer Quetsch- und einer Drallströmung gezeigt. Auch durch die Optimierung der Einspritzdüse kann eine verbesserte Zerstäubung und damit Gemischaufbereitung erreicht werden.

Für eine gute Ausnutzung des Luftangebotes müssen Einspritzstrahlen und die Luftbewegung aufeinander angepasst werden. Die Schwierigkeit hierbei ist, dass die Bewegung der Luft stark von der Drehzahl des Motors abhängig ist.

4.7.5 Zündung und Verbrennung

Der Ablauf von Zündung und Verbrennung des inhomogenen Gemisches im Dieselmotor ist sehr komplex. Bei direkteinspritzenden Dieselmotoren wird der Kraftstoff in die heiße, komprimierte Luft des Zylinders eingespritzt. Aufgrund der steigenden Temperatur während der Kompression wird die Verbrennung durch Selbstzündung initiiert. Zwischen Einspritzbeginn und dem Beginn der Verbrennung verstreicht eine bestimmte Zeit, die Zündverzug genannt wird (Bild 4.7-22). Die Zündung erfolgt immer im verdampften Gemisch. Nach der Zündung wird das übrige Gemisch schnell von der Verbrennung erfasst. Mischungsvorgänge im Brennraum dauern während der Verbrennungsphase weiter an und beeinflussen den Verbrennungsablauf, vor allem die Schadstoffentstehung, entscheidend.

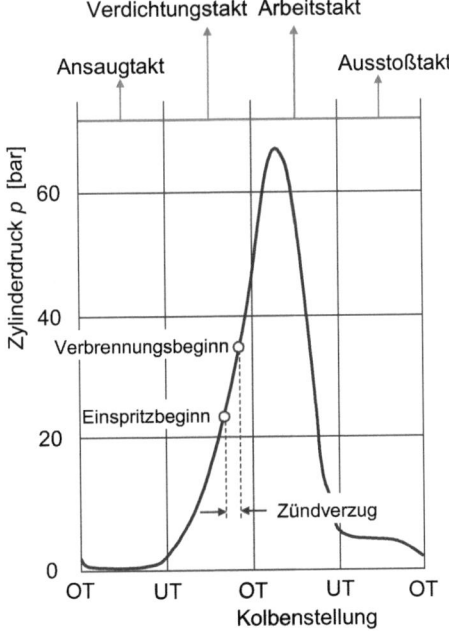

Bild 4.7-22 Definition des Zündverzuges im Dieselmotor

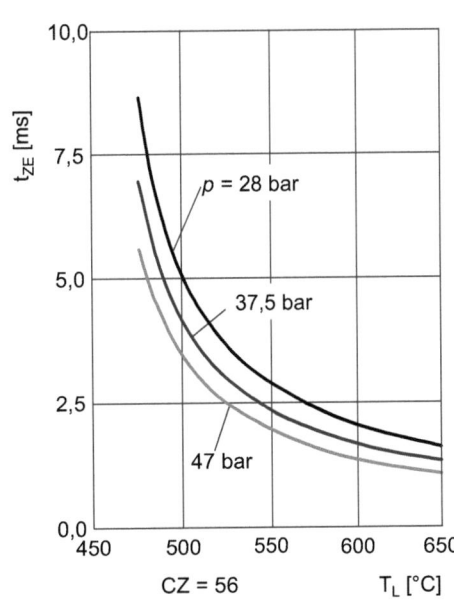

Bild 4.7-23 Zündverzug in Abhängigkeit von Brennraumtemperatur und -druck

In der Praxis der Motorenforschung ist der Zündverzug die Zeit, die zwischen dem Einspritzbeginn und dem ersten, durch die Verbrennung bedingten, messbaren Druckanstieg liegt (Bild 4.7-22). Der Zeitpunkt der Zündung und damit der Zündverzug wird durch die Gemischzone bestimmt, in der die Gemischaufbereitung zuerst abgeschlossen ist. Bild 4.7-23 zeigt den Zündverzug in Abhängigkeit von Verdichtungsdruck und -temperatur für eine bestimmte Einspritz- und Brennraumanordnung.

Der Zündverzug t_{ZE} setzt sich aus einer Zeit für die Mischung (Mischungszeit t_M = physikalischer Zündverzug) und der Verzugszeit für die Zündung (Zündverzugszeit t_Z = chemischer Zündverzug) zusammen.

$$t_{ZE} = t_M + t_Z$$

Die chemische Zündverzugszeit t_Z hängt besonders stark von Temperatur und Druck ab, so dass der Zündverzug t_{ZE} ebenfalls in erster Linie von der Lufttemperatur und dem Druck im Brennraum beeinflusst wird. Weitere Einflussgrößen sind die Cetanzahl CZ, die Temperatur der Brennraumwände und die Art des Mischungsvorganges. Das Gesamtluftverhältnis hat nur einen untergeordneten Einfluss auf den Zündverzug, da es die örtlichen Zündvorgänge nur über Änderungen im Mischungsvorgang beeinflussen kann.

Der Begriff „Einspritzverlauf" kennzeichnet den Verlauf der in den Brennraum gespritzten Kraftstoffmenge in Abhängigkeit vom Kurbelwinkel.

$$\frac{dm_K}{d\phi} = \dot{m}_K = f(\phi)$$

Ein Maß für die thermische Qualität (Gütegrad) und das akustische Verhalten sowie den Zünddruck p_Z im Zylinder (maximaler Druck) ist der Brennverlauf. Er ist definiert als

$$\frac{dm_{K,\text{verbrannt}}}{d\phi} = \dot{q} = f(\phi) \tag{4.7.2}$$

mit $m_{K,\text{verbrannt}}$ = umgesetzte bzw. verbrannte Kraftstoffmasse

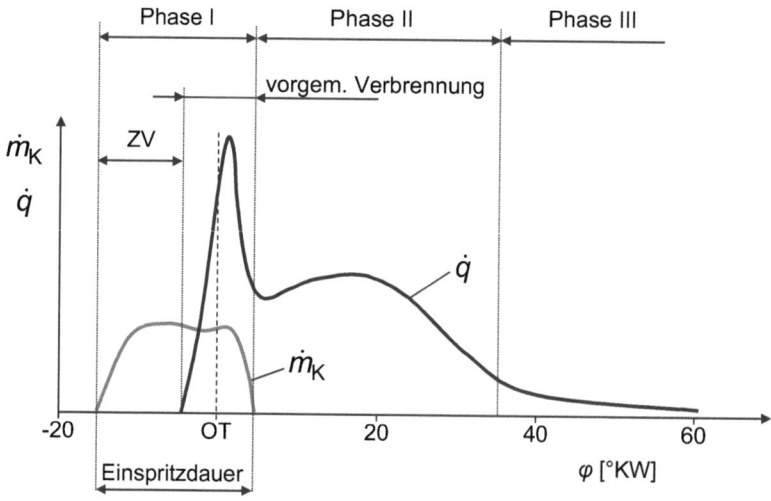

Bild 4.7-24 Einspritz- und Brennverlauf sowie Phasen der dieselmotorischen Verbrennung [4.7-1]

4.7 Dieselmotor

Der Brennverlauf kann aus dem Druckverlauf im Zylinder unter Anwendung des 1. Hauptsatzes der Thermodynamik und einem empirischen Wärmeübergangsansatz näherungsweise berechnet werden. Die Ladung wird dabei als homogen verteilt angenommen (so genanntes 1-Zonen-Modell). Der Beginn des Brennverlaufs ist gegenüber dem Einspritzbeginn um den Zündverzug verzögert. In Bild 4.7-24 ist der Brennverlauf zusammen mit dem Einspritzverlauf und den Phasen der dieselmotorischen Verbrennung dargestellt.

In Bild 4.7-25 ist der Einspritzstrahl und die Flamme während der zweiten Phase der Verbrennung gezeigt. Dabei sind die Bereiche der einzelnen Gemischbildungs- und Verbrennungsvorgänge markiert.

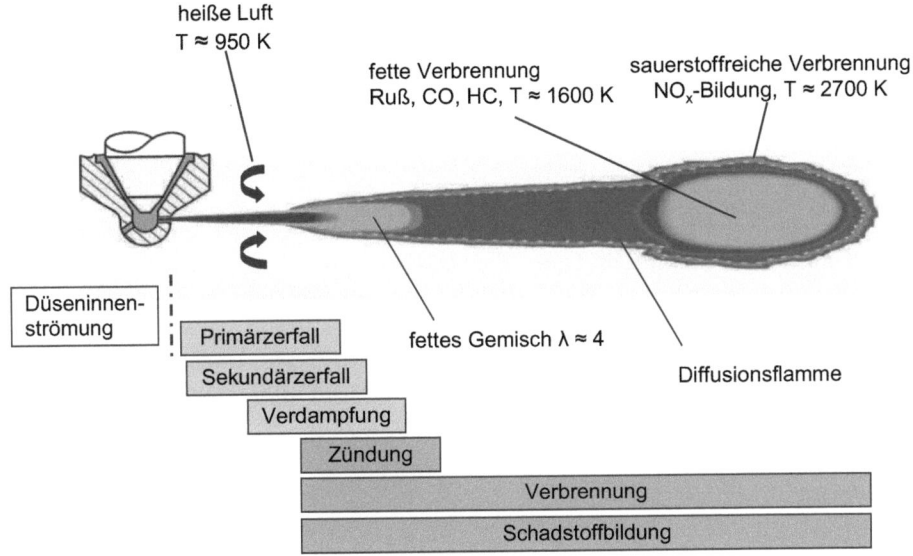

Bild 4.7-25 Verbrennung im Einspritzstrahl, NO_x- und Rußbildung, nach [4.7-5]

Die drei Phasen der dieselmotorischen Verbrennung sind im Folgenden beschrieben:

Phase I:

Die erste Phase setzt sich aus der Zündverzugszeit und der vorgemischten Verbrennung zusammen. Einspritzbeginn ist i. d. R. vor dem oberen Totpunkt. Der in den Zylinder eingespritzte Kraftstoff vermischt sich mit der heißen Luft und beginnt zu verdampfen. Um den Einspritzstrahl bildet sich ein Gemischmantel aus. In diesem Bereich setzt die Selbstzündung ein. Die nun folgende schlagartige Umsetzung des während der Zündverzugszeit gebildeten Luft–Kraftstoff-Gemischs wird als vorgemischte (pre-mixed) Verbrennung bezeichnet. Diese plötzliche Umsetzung führt zu einem starken Druckgradienten (Dieselschlag), dem so genannten „pre-mixed peak".

Phase II:

Im Sprayinnern herrscht ein Luftmangelgebiet, sodass eine unvollständige Verbrennung des verdampften Kraftstoffs stattfindet. Die teilweise verbrannten Produkte im Spraykern diffundieren zu den äußeren Bereichen, wo sie mit der Umgebungsluft in einer dünnen Reaktionszone am Rand des Sprays verbrennen. Diese Art der Verbrennung wird als Diffusionsverbrennung oder mischungskontrollierte Verbrennung bezeichnet und ist charakteristisch für Phase II und III der Verbrennung (Bild 4.7-25). Die in der zweiten Phase eingespritzten Kraftstofftropfen verdampfen und oxidieren teilweise in dem Luftmangelgebiet im Sprayinnern. Die Temperaturen in der inneren Zone betragen ca. 1600 K. Unter diesen Bedingungen entsteht neben Kohlenmonoxid und unverbrannten Kohlenwasserstoffen auch viel Ruß. Im Bereich der Diffusionsflamme liegen nahezu stöchiometrische Verhältnisse vor und die Temperaturen liegen im Bereich von 2700 K. Am äußeren Rand der heißen Flamme liegt genug Sauerstoff für die Bildung von Stickoxiden vor. Nach dem Ende der Einspritzung wird der teilverbrannte Bereich im Strahlkern nicht weiter mit Kraftstoffdampf versorgt und nimmt an der Diffusionsverbrennung teil.

Phase III:

In Phase III findet die abschließende Verbrennung der teilweise verbrannten Produkte sowie ein Grossteil der Rußoxidation statt. Durch die sinkende Temperatur im Brennraum werden die chemischen Reaktionen langsamer. Dieser Teil der Verbrennung wird als kinetisch kontrollierte Verbrennung bezeichnet. Eine signifikante Reduzierung der Russkonzentration findet nur bei Temperaturen über 1500 K statt. Die Rußkonzentration nach dem Ende der Verbrennung beträgt nur ein Bruchteil der anfänglichen. In Bild 4.7-26 ist die Rußkonzentration über den Kurbelwinkel dargestellt.

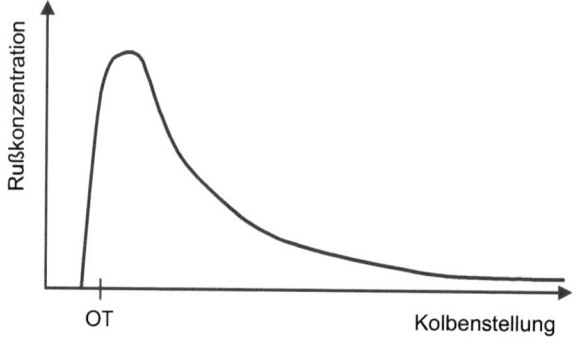

Bild 4.7-26 Rußkonzentration während der Verbrennung

Eine Optimierung des Brennverlaufs in Hinblick auf hohen Wirkungsgrad, geringes Geräusch und niedrige Schadstoffemissionen lässt sich besonders durch die Verbesserung der Gemischqualität erreichen. Mehrere Größen der Einspritzanlage beeinflussen die Gemischbildung und den Ablauf der Verbrennung:

- Einspritzbeginn
- Einspritzdauer und -verlauf
- Einspritzdruck
- Einspritzrichtung und Anzahl der Einspritzstrahlen
- Luftüberschuss bzw. Einspritzmenge

4.7 Dieselmotor

Ein kurzer Zündverzug ist wünschenswert zur Verminderung des harten Dieselschlags. Bei einem langen Zündverzug bildet sich mehr reaktionsfreudiges Gemisch, welches bei der vorgemischten Verbrennung schlagartig umsetzt. In Kammermotoren ist der Zündverzug durch die heißen Wände in der Vor- bzw. Wirbelkammer sehr kurz, was die höhere Laufruhe dieser Einspritzverfahren bewirkt. Bei Dieselmotoren mit Direkteinspritzung ermöglicht die Abstimmung der Einspritzung eine gewisse Beeinflussung. So lässt sich der Zündverzug bei vorgegebenem ε durch die Wahl des Einspritzbeginns beeinflussen (Bild 4.7-27). Eine späte Einspritzung bedeutet höherer Druck und höhere Temperatur im Brennraum. Dadurch ergibt sich ein kürzerer Zündverzug, verbunden mit einer Abnahme des Druckgradienten ($dp/d\varphi$) und der Umsatzspitze in der I. Phase der Verbrennung. An die Gemischbildung in der II. Phase sind dann höhere Ansprüche zu stellen, da die Gefahr erhöhter Russbildung besteht (weniger Russoxidation am Verbrennungsende). Eine weitere Möglichkeit zur Reduzierung der Zündverzugszeit ist eine Voreinspritzung.

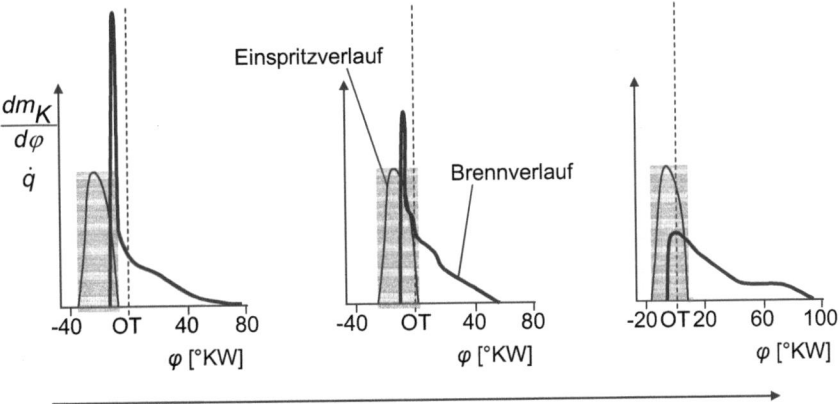

Bild 4.7-27 Einfluss des Einspritzbeginns auf Brennverlauf

In Bild 4.7-28 sind die Drückverläufe der drei Einspritzverfahren Direkteinspritzung, Vorkammer- und Wirbelkammerverfahren dargestellt. Die Kammerverfahren haben durch den kurzen Zündverzug „sanfte" Druckanstiege während der Verbrennung und damit im Gegensatz zur Direkteinspritzung ein geringes Verbrennungsgeräusch. Trotz höherer Verdichtung sind die Spitzendrücke niedriger als bei direkter Einspritzung. Nachteilig bei den Kammerverfahren sind die Verluste durch das Überströmen zwischen den Brennraumteilen. Außerdem erhöhen die großen Strömungsgeschwindigkeiten und das schlechte Oberfläche zu Volumen Verhältnis die Wandwärmeverluste. Insgesamt ist der Kraftstoffverbrauch um ca. 5 bis 10 % höher ist als bei vergleichbaren Motoren mit Direkteinspritzung. In Tabelle 4.7.1 sind die Verfahren gegenübergestellt und hinsichtlich Wirkungsgrad, Leistung, Verbrennungsgeräusch und Schadstoffemission bewertet. Die erreichbare effektive Leistung ist bei Kammermotoren trotz der größeren Verluste höher, da sich Direkteinspritzer aufgrund der höheren Rußenstehung magerer betrieben werden müssen.

Der Ablauf von Zündung und Verbrennung des inhomogenen Gemisches im Dieselmotor ist sehr komplex. Um einen verbesserten Einblick in diese Vorgänge zu erlangen, werden optische Untersuchungsmethoden (Hochgeschwindigkeitsfilme, Lichtleittechnik, Laser-Lichtschnitt-Messverfahren) sowie thermodynamische Analysen des Druckverlaufes im Zylinder angewandt.

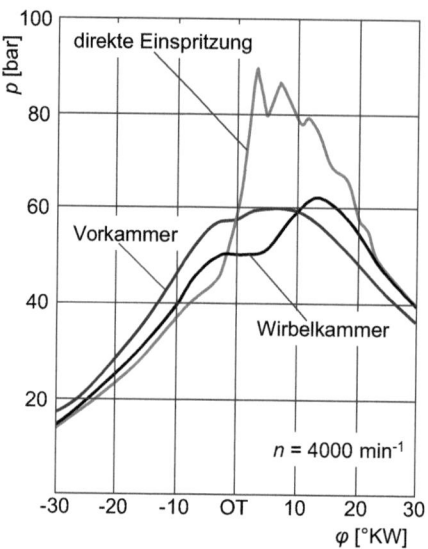

Tabelle 4.7.1 Bewertung der Einspritzverfahren

	η_e	P_e	$dp/d\varphi$	CO, Ruß	NO_x
DE	1	3	3	3	3
WK	2	1	2	2	2
VK	3	2	1	1	1

Bild 4.7-28 Zylinderdruckverlauf bei verschiedenen Diesel-Brennverfahren

Eine besondere Methode der Feststellung von Zündverzug und Zündort ist die optische Beobachtung der Verbrennung. Bild 4.7-29 zeigt die Zündung und die erste Phase der Verbrennung in einem Dieselmotor mit Direkteinspritzung.

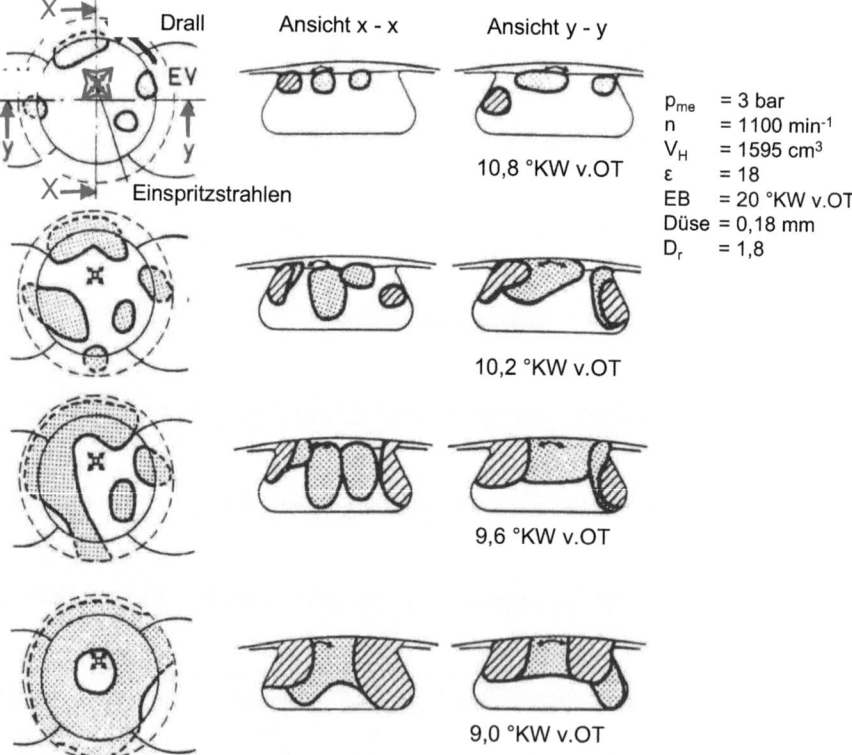

Bild 4.7-29 Zündorte und Verbrennungsbeginn bei Direkteinspritzung

4.7 Dieselmotor

Die Einspritzdüse ist mit 4 Spritzlöchern versehen, so dass vier voneinander getrennte Einspritzstrahlen im Brennraum vorliegen. Durch Drallbewegung über die Einlasskanalgeometrie und Quetschströmung in die Kolbenmulde hinein soll eine gute Gemischbildung realisiert werden. Zu erkennen ist das typische Verhalten, dass in jedem einzelnen Einspritzstrahl eine Zündung (örtlich und zeitlich unterschiedlich) erfolgt. Ausgehend von diesen Zündungen (Zündorten) breiten sich die einzelnen Verbrennungen aus, die nach kurzer Zeit zusammenlaufen. Danach findet eine weitere Ausbreitung sowie als Abschluss der Verbrennung das Auslöschen der Flammen statt.

4.7.6 Schadstoffentstehung

Einspritzbeginn, Einspritzverlauf und Zerstäubung des Kraftstoffes beeinflussen neben Gemischbildung und Verbrennung auch die Schadstoffemission. Darüber hinaus wird die Schadstoffemission wie beim Ottomotor maßgeblich von den jeweils eingestellten Betriebsparametern beeinflusst. Neben den CO-, HC- und NO_x-Emissionen ist beim Dieselmotor zusätzlich Ruß als Schadstoffkomponente zu berücksichtigen.

Ruß tritt bei der Verbrennung unter extremen Luftmangel auf und ist aufgrund des örtlich sehr inhomogenen Gemisches typisch für die Verbrennung im Dieselmotor. Die Rußbildung wird hauptsächlich von der vorherrschenden Temperatur und dem Luftverhältnis bestimmt (Bild 4.7-30). Der Rußertrag (Rußmasse/Gesamtkohlenstoffmasse) hat einen Maximalwert bei Temperaturen von ca. 1600 K und lokalen Luftverhältnissen < 0,5. Für eine wirkungsvolle Oxidation des entstanden Rußes sind in den mageren Bereichen Gastemperaturen von über 1600 K erforderlich.

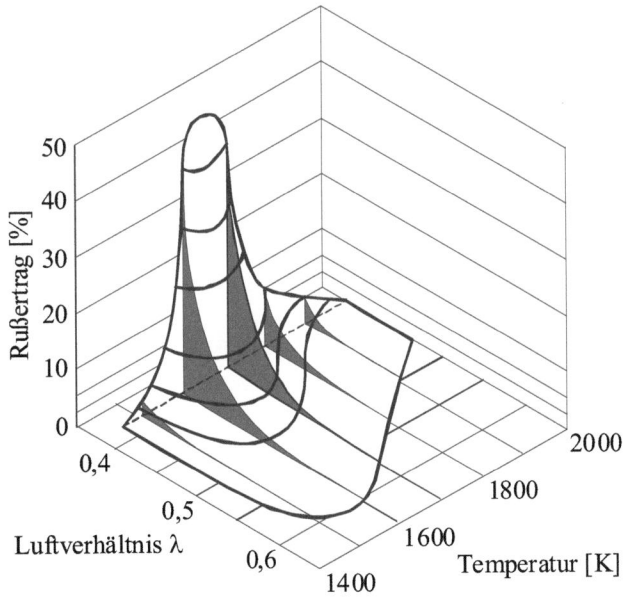

Bild 4.7-30 Rußertrag in Abhängigkeit von Temperatur und Luftverhältnis [4.7-3]

NO$_x$ entsteht bei Verbrennung mit Luftüberschuss. Um die Dreifachbindung des N$_2$-Moleküls aufzubrechen und die NO$_x$-Bildung zu ermöglichen, müssen Gastemperaturen über ca. 2000 K vorliegen. Sobald jedoch diese Temperatur erreicht ist, steigt die NO$_x$-Bildung exponentiell mit der Temperatur. Bei Luftverhältnissen um $\lambda = 1{,}1$ ergeben sich die höchsten Stickoxid-Bildungsraten.

Eine Hürde bei der Reduzierung der Rohemissionen von Dieselmotoren ist die so genannte Ruß-NO$_x$-Schere (Bild 4.7-31). Problematisch dabei ist, dass beide Schadstoffe gegensätzliche Verhaltensweisen aufweisen. Bedingungen, bei den weniger Stickoxide gebildet werden, haben eine erhöhte Rußemission zur Folge. Um die NO$_x$-Bildung möglichst gering zu halten, sollte die Temperatur während der Verbrennung nicht über 2000–2200 K steigen. Dies ist z. B. durch einen späteren Einspritzbeginn zu erreichen. Dadurch vermindert sich aber die Rußoxidation wegen der niedrigeren Temperaturen bei der Expansion am Ende der Einspritzung. Außerdem sinkt der thermische Wirkungsgrad des Prozesses durch die späte Verbrennung und es kommt zu erhöhten HC-Emissionen aufgrund unvollständiger Verbrennung (Bild 4.7-32). Ein zeitlich vorverlegter Einspritzbeginn, verbunden mit einer längeren Gemischbildungszeit und früherem Brennbeginn, erhöht die Temperatur im Brennraum und damit die Stickoxid-emission.

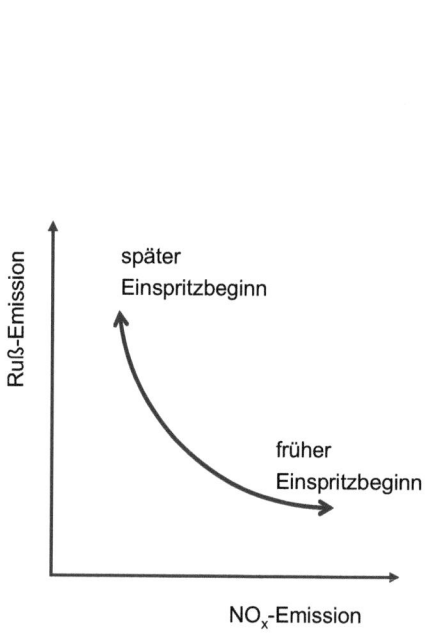

Bild 4.7-31 Schematische Darstellung der Ruß-NO$_x$-Schere

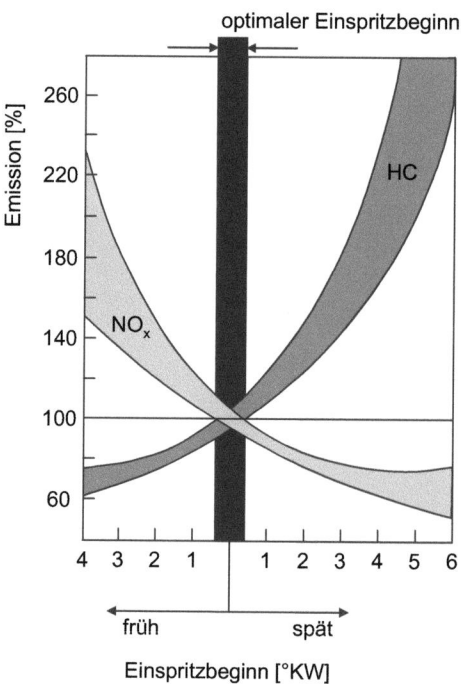

Bild 4.7-32 NO$_x$- und HC-Emission in Abhängigkeit vom Einspritzbeginn

Bild 4.7-33 zeigt die Bereiche der Ruß- und NO$_x$-Bildung bei der dieselmotorischen Verbrennung über Temperatur und lokalem Kraftstoff Luftverhältnis. Die schwarzen Punkte zeigen beispielhaft die thermodynamischen Zustände, die während einer Verbrennung in der Flamme vorkommen. Im Augenblick der Zündung kommen im Brennraum alle Luft-Kraftstoff-Verhält-

4.7 Dieselmotor

nisse vor. Daher führt die erste Phase der Verbrennung das fette Gemisch in den Rußbildungsbereich und das näherungsweise stöchiometrische Gemisch zur NO_x-Bildung. In der zweiten Phase der Verbrennung mischt sich Kraftstoff direkt mit Verbrennungsgasen und führt im ungünstigen Fall zu starker Rußbildung. Die Herausforderung bei der Entwicklung moderner Dieselmotoren ist es, die Verbrennung durch geschickte Wahl von Einspritzdüsendesign, Einspritzdruck, -verlauf und -form so zu steuern, dass die NO_x- und Rußbildungsbereiche in Bild 4.7-33 möglichst gemieden werden.

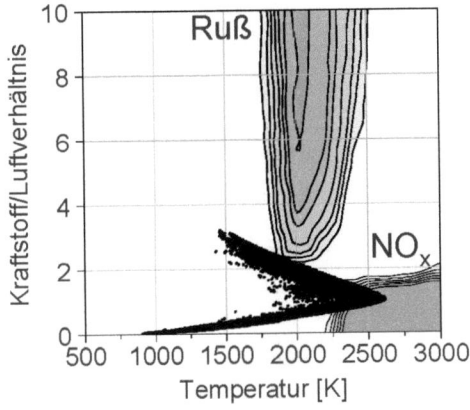

Bild 4.7-33 Ruß- und NO_x-Bildung bei der dieselmotorischen Verbrennung [4.7-4]

Bild 4.7-34 zeigt die Abhängigkeit der Schadstoffkonzentrationen im Abgas vom Luft-Kraftstoff-Verhältnis λ für einen Dieselmotor mit Direkteinspritzung. Die Kohlenmonoxidanteile im Abgas von Dieselmotoren sind insgesamt sehr niedrig (Luftüberschussbetrieb) und steigen lediglich bei Annäherung an die Rußgrenze stärker an. Wieweit örtlich hohe CO-Konzentrationen (Bereiche fetten Gemisches) während der Expansion durch Nachoxidieren abgebaut werden, hängt vom Gesamt-Luft-Kraftstoff-Verhältnis und vom Brennverfahren ab.

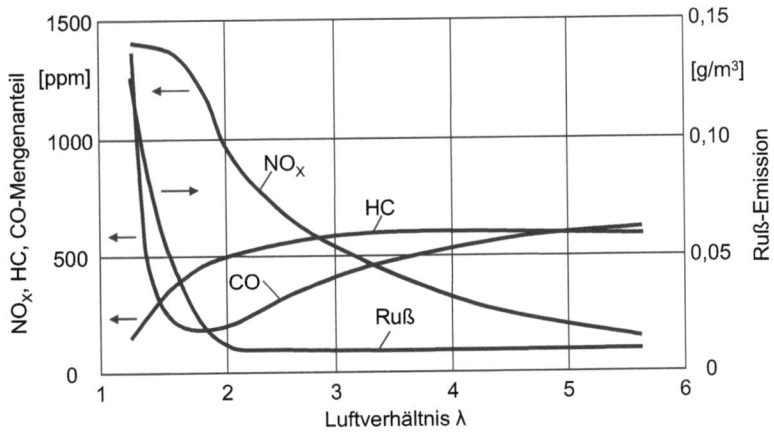

Bild 4.7-34 Schadstoffanteile für Dieselmotoren mit Direkteinspritzung

Kammermotoren weisen aufgrund der stark intensivierten Mischung während der Verbrennung niedrigere CO-Emissionen auf als Motoren mit Direkteinspritzung (Bild 4.7-35). Die Emissionen unverbrannter Kohlenwasserstoffe (HC) können durch stark abgemagerte Bereiche verursacht werden, die bei niedrigen Temperaturen (Teillast) nicht rechzeitig reagieren. Insgesamt sind die HC-Emissionen von Dieselmotoren sehr niedrig, wobei Kammermotoren etwas niedrigere HC-Werte aufweisen als Motoren mit Direkteinspritzung.

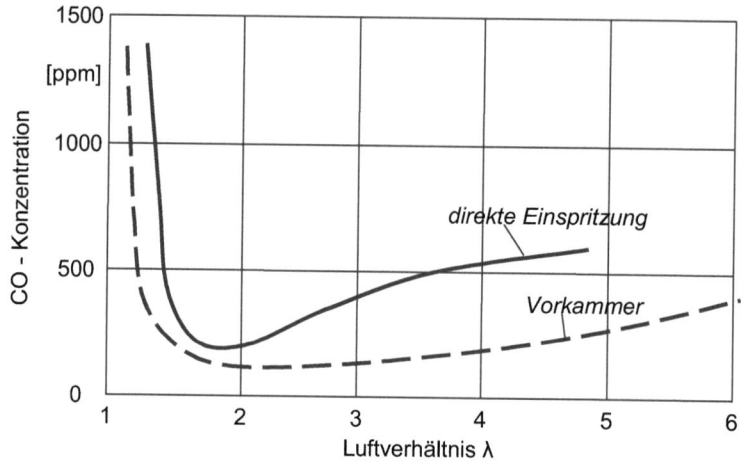

Bild 4.7-35 CO-Konzentration beim Dieselmotor

Das NO_x-Maximum ist bei Dieselmotoren niedriger als bei Ottomotoren und zu größeren Luft-Kraftstoff-Verhältnissen hin verschoben. NO_2 ist deutlich messbar im NO_x enthalten (5 bis 15 %). Bei Kammermotoren ist die NO_x-Emission insgesamt geringer, da die Verbrennung in der Nebenkammer unter Luftmangel und im Hauptbrennraum mit Luftüberschuss abläuft (Bild 4.7-36).

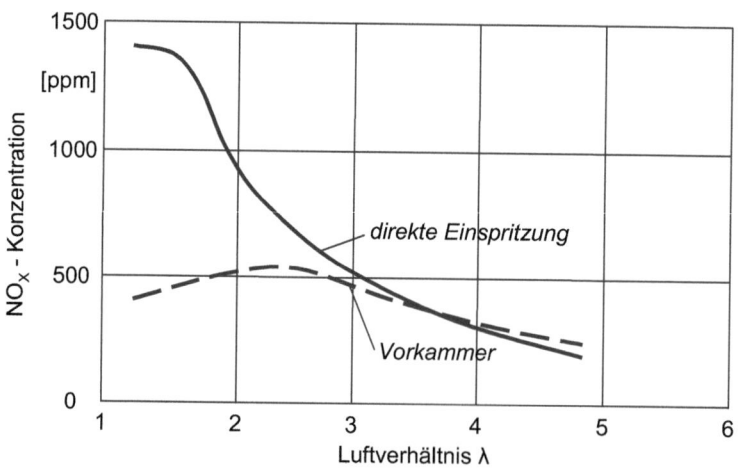

Bild 4.7-36 NO_x-Konzentration beim Dieselmotor

4.7 Dieselmotor

Als Partikel im Abgas werden die Stoffe bezeichnet, die nach Abkühlung und Verdünnung von einem Filter erfasst werden. Diese Partikel setzen sich zu 95 % aus organischen (PAK, Ruß) und zu 5 % aus anorganischen (Öladditive, Rost, Metallspäne,..) Bestandteilen zusammen. Die Partikelentstehung ist noch nicht eindeutig geklärt. Nach dem heutigen Verständnis geht man davon aus, dass eine Reduktion der Brennstoffmoleküle zu kleinen Kohlenwasserstoffmolekülen stattfindet, die dann zu Benzolringen kombinieren. Im weiteren Verlauf werden durch Polymerisation und Dehydrierung polyzyklische aromatische Kohlenwasserstoffe (PAK) gebildet, aus denen sich bei anschließender Kondensation Rußkerne mit einem Durchmesser von 1 bis 2 nm formen. Diese Rußkerne schließen sich zusammen und lagern verschiedene Substanzen auf der Oberfläche an. Im weiteren Verlauf erfolgt ein Zusammenschluss dieser Primärteilchen zu langen kettenförmigen Strukturen, die unter günstigen Bedingungen durch Oxidation wieder abgebaut werden können.

4.7.7 Übungsaufgaben

Aufgabe 1:

1. Welche Brennverfahren bei Dieselmotoren gibt es?
2. Warum hat ein direkteinspritzender Dieselmotor eine geringere Leistung als ein Kammermotor?
3. Erklären Sie den Wirkungsgradvorteil des Diesels gegenüber dem Ottomotor!
4. Wie groß die Temperatur der Luft im Brennraum beim Dieselmotor am Ende der Verdichtung (isentrope Verdichtung, $\varepsilon = 16$, $\kappa_{Luft} = 1{,}4$, $T_1 = 27°C$)?

Aufgabe 2:

Von einem 2-Takt-Großdieselmotor der Firma DMV des Typs L90MC sind folgende Daten bekannt:

Kolbendurchmesser	D_K	900	[mm]
Kolbenhub	h	2916	[mm]
Zylinderzahl	z	12	[–]
Drehzahl bei maximaler Leistung	n	82	[1/min]
Effektiver Mitteldruck bei max. Leistung	p_{me}	17	[bar]

Zu bestimmen sind das Gesamthubvolumen des Motors, die mittlere Kolbengeschwindigkeit, die maximale effektive Leistung und das Drehmoment bei maximaler effektiver Leistung.

Lösung Aufgabe 1:

1. Vorkammerverfahren, Wirbelkammerverfahren, Direkteinspritzverfahren
2. Ein Dieselmotor mit Direkteinspritzung lässt sich aufgrund der erhöhten Ruß-Emission bei Betrieb mit nur geringem Luftüberschuss nicht so stark anfetten wie ein Kammermotor. Daher ist auch die erzielbare Leistung geringer.

3. Ein Dieselmotor ist im Gegensatz zu einem konventionellen Ottomotor mit Saugrohreinspritzung in jedem Betriebspunkt qualitätsgeregelt. Der Ottomotor ist Quantitätsgeregelt und somit gezwungen bei Teillast anzudrosseln. Dies erhöht die Ladungswechselarbeit. Des Weiteren lässt sich ein Ottomotor nicht so hoch verdichten, da es sonst zu Klopferscheinungen kommt. Eine hohe Verdichtung ist aber wesentlich für einen guten Wirkungsgrad. Außerdem wird bei Dieselmotoren Luft angesaugt und verdichtet, was thermodynamisch vorteilhaft ist, da die Wärmekapazität des Kraftstoffs bei der Verdichtung wegfällt.

4. Isentropengleichung:

$$p \cdot V^\kappa = \text{konst.}$$

$$p_2 = p_1 \cdot \left(\frac{V_1}{V_2}\right)^\kappa = p_1 \cdot \varepsilon^\kappa$$

Mit der idealen Gasgleichung ergibt sich:

$$T_2 = T_1 \cdot \varepsilon^{\kappa-1}$$

$$T_2 = 300\,\text{K} \cdot 16^{0,4} = 909\,\text{K} = 636\,°\text{C}$$

Lösung Aufgabe 2:

Hubvolumen: $\quad V_H = \frac{\pi}{4} \cdot D_K^2 \cdot h \cdot z = 22{,}26\,\text{m}^3$

mittlere Kolbengeschwindigkeit: $\quad c_m = 2 \cdot h \cdot n = 7{,}97\,\frac{\text{m}}{\text{s}}$

maximale effektive Leistung: $\quad P_e = i \cdot n \cdot p_{me} \cdot V_H = 51717{,}4\,\text{kW}$

$i = 1$ für 2-Takt-Motor

Drehmoment: $\quad M_d = \frac{P_e}{\omega} = \frac{P_e}{2 \cdot \pi \cdot n} = 6{,}02 \cdot 10^6\,\text{Nm}$

Literatur

[4.7-1] Baumgarten, C.: Mixture formation in internal combustion engines. Berlin, New York: Springer Verlag, 2006

[4.7-2] v. Basshuysen, R.; Schäfer, F.: Handbuch Verbrennungsmotor. Braunschweig, Wiesbaden: Vieweg Verlag, 2002

[4.7-3] Pischinger, F.; Schulte, H.; Jansen, J.: Grundlagen und Entwicklungslinien der dieselmotorischen Brennverfahren, VDI Berichte Nr. 14, VDI Verlag Düsseldorf, 1988

[4.7-4] Eckert, P.; Velji, A.; Spicher, U.: Numerical Investigations of Fuel-Water Emulsion Combustion in DI-Diesel Engines. In: 25 CIMAC Word Congress, Vienna, 2007

[4.7-5] Flynn, P.; Durret, R.; Hunter, G.; zur Loye, A.; Akinyemi, O.; Dec, J.; Westbrook, C.: Diesel Combustion: An Integrated View Combining Laser Diagnostics, Chemical Kinetics, And Empirical Validaton. SAE Technical Paper 1999-01-0509

4.8 Entwicklungsschwerpunkte

Die Entwicklung zukünftiger Verbrennungsmotoren wird durch zwei Hauptziele geprägt: Zum einen eine weitere Verbrauchsreduzierung und zum anderen die Erfüllung der gesetzlichen Emissionsanforderungen. Gerade bei der Abgasgesetzgebung stehen weltweit erhebliche Verschärfungen an und zur Erfüllung dieser Standards sind beträchtliche Anstrengungen notwendig. Dieses Kapitel stellt die aktuellen Entwicklungsschwerpunkte bei Verbrennungsmotoren vor.

4.8.1 Variabler Ventiltrieb (VVT)

Die Verringerung der Ladungswechselverluste stellt eines der größten Verbesserungs-potentiale zur Verbrauchsreduzierung drosselgesteuerter Motoren dar. Aus diesem Grund werden seit ca. 20 Jahren variable Ventilsteuerungen mit unterschiedlichen Konzepten entwickelt. Erste Systeme sind bereits auf dem Markt. Unter einer variablen Ventilsteuerung versteht man ein System, das eine Variation eines oder mehrerer die Ventilerhebungskurve beeinflussenden Parameter ermöglicht. Die Ventilöffnung kann dadurch dem Luft- bzw. Gemischbedarf des Motors angepasst werden. Es lassen sich folgende Variationen der Ventilerhebungskurve unterscheiden:

- Variation der Phasenlage
- Variation der Ventilhubhöhe
- Variation der Ventilöffnungsdauer

Systeme, die eine Variation der Phasenlage ermöglichen, haben sich schon länger auf dem Markt etabliert und lassen sich im Vergleich zu den anderen Variationsmöglichkeiten einfach realisieren. Verändert wird bei diesen Systemen die Position der Nockenwelle relativ zur Position der Kurbelwelle; der Ventilhubverlauf und der Maximalhub bleiben erhalten. Bild 4.8-1 zeigt das BMW-VANOS System zur Variation der Phasenlage.

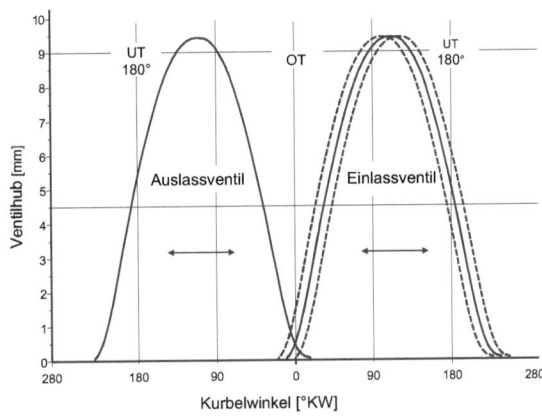

Bild 4.8-1 BMW-VANOS: Variation der Phasenlage beim Einlassventilhub

Eine Variation der Ventilhubhöhe (Bild 4.8-2) ist wesentlich schwieriger zu realisieren, da von der konventionellen Ventilsteuerung stärker abgewichen werden muss. Dabei werden auch die Ventilsteuerzeiten geringfügig je nach Ventilhubverlauf verändert.

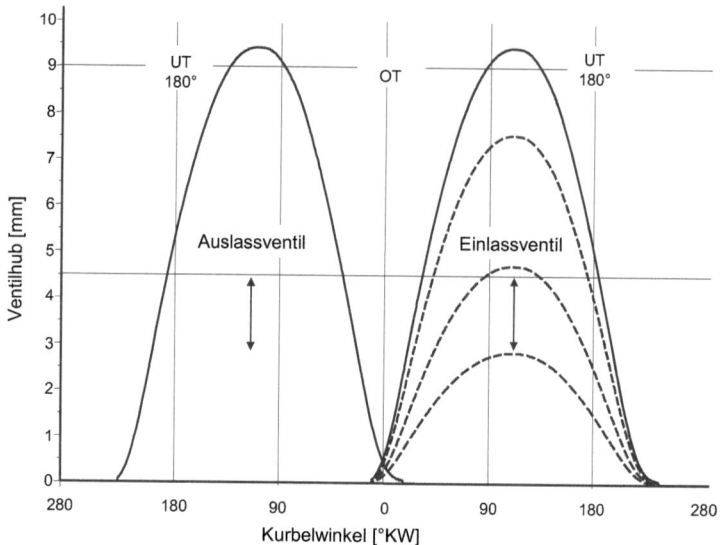

Bild 4.8-2 Variation der Ventilhubhöhe

Ein bekanntes System zur Ventilhubumschaltung ist VarioCam Plus von Porsche (Bild 4.8-3). Hierbei kann über schaltbare Tassenstößel der Einlassventilhub zwischen 11 mm und 3,6 mm umgeschaltet werden. Zusätzlich besitzt das System eine kontinuierliche Einlassnockenwellen-Verstellung zur Variation der Phasenlage. Bei Teillast sollen sich mit diesem System Verbrauchsvorteile von ca. 4 % realisieren lassen.

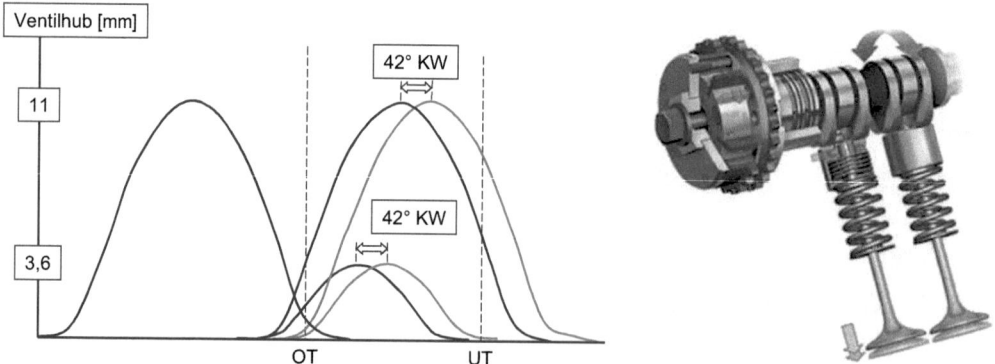

Bild 4.8-3 VarioCam Plus von Porsche [Quelle: Porsche]

4.8 Entwicklungsschwerpunkte

Die Veränderung der Öffnungsdauer (Bild 4.8-4) wird auch als Variable Event Timing (VET) bezeichnet und ist ebenfalls schwieriger zu realisieren als eine Variation der Phasenlage.

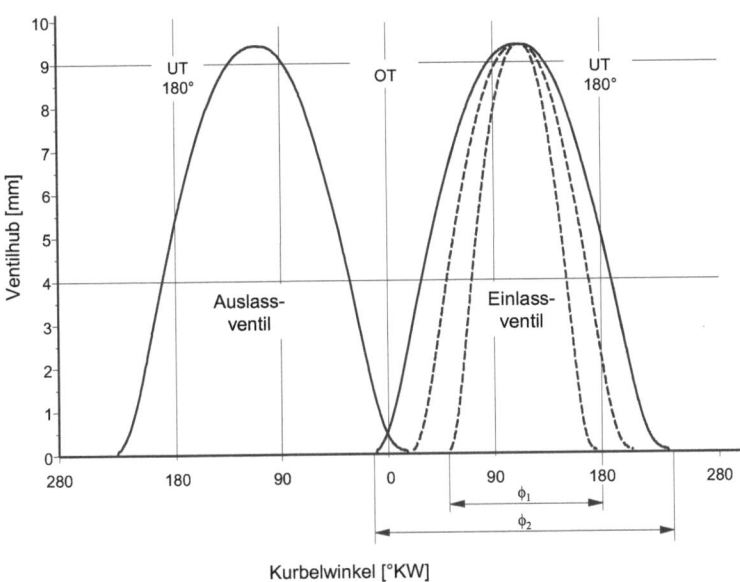

Bild 4.8-4 Variation der Ventilöffnungsdauer bei mechanisch variablem Ventiltrieb

Die größte Flexibilität erreicht man mit einem vollvariablen Ventilsteuerungssystem, bei dem Öffnungsdauer, Phasenlage und Ventilhub variiert werden können. Mit vollvariablen Systemen können theoretisch für jeden Betriebspunkt die optimalen Ventilsteuerzeiten eingestellt und somit drosselfreie Laststeuerungen ermöglicht werden. Diese können mechanisch oder elektromechanisch (EMV – elektromechanischer Ventiltrieb ohne Nockenwelle) ausgeführt sein. Bei der EMV wird das Ventil quasi direkt auf maximalen Ventilhub geöffnet bzw. vom maximalen Ventilhub ausgehend geschlossen. Die Mengenregelung erfolgt durch entsprechend angepasste Dauer der Ventilöffnung.

Herzstück des elektromechanischen Ventiltriebs sind die EMVT-Aktuatoren. Zur Realisierung der erforderlichen Ventilhübe bei gleichzeitig kurzer Schaltzeit hat sich das Prinzip des Feder-Masse-Schwingers bewährt. Hier findet beim Öffnen und Schließen des Ventils ein Energieaustausch zwischen Aktuator und Ventilfeder statt (Bild 4.8-5). Aufgrund der Anordnung der zwei Elektromagnete, lässt sich die Ankerplatte – welche zwischen den beiden Magneten angeordnet ist – und damit das Ventil in vollständig geöffneter und vollständig geschlossener Stellung halten. Im Gegensatz zum mechanischen Ventiltrieb muss der Kurbelwinkelbezug durch ein Ventilsteuergerät unter Auswertung eines Kurbelwinkelgebersignals hergestellt werden.

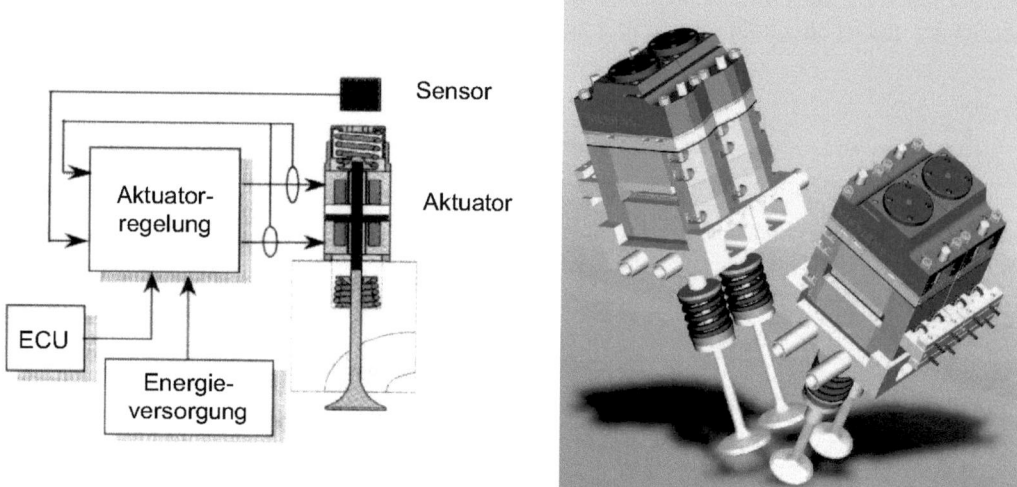

Bild 4.8-5 Links: EMVT-Gesamtsystem; rechts: Anordnung der Ventilpakete im 4V-Motor

Der Nutzen der drosselfreien Laststeuerung lässt sich besonders gut mit einem p-V-Diagramm für die Ladungswechselarbeit erklären. Grundsätzlich gibt es verschiedene Möglichkeiten der Prozessführung, um den gewünschten Effekt der Leistungsregelung verlustfrei durchzuführen (Bild 4.8-6)

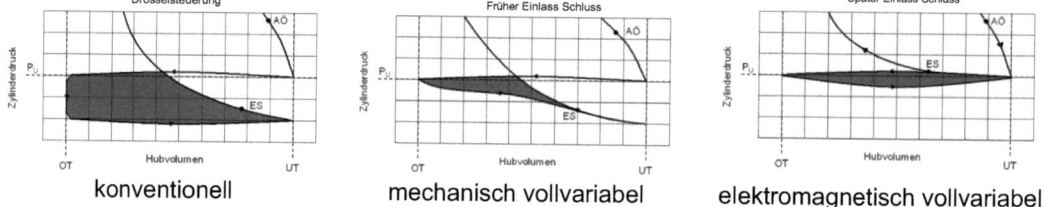

Bild 4.8-6 Darstellung der Drosselverluste im p-V-Diagramm beim konventionellen Ventiltrieb sowie beim mechanisch und elektromechanisch vollvariablen Ventiltrieb

Der konventionelle Ottomotor arbeitet im Teillastbereich und im Leerlauf mit hohen Ladungswechselverlusten. Dies lässt sich mit dem durch die Kolbenbewegung im Saughub verursachten Unterdruck im Saugrohr begründen. Je niedriger der Druck im Saugrohr ist, umso mehr Arbeit muss der Kolben für den Saughub aufwenden. Der Unterdruck im Saugrohr wird üblicherweise mit der Drosselklappe reguliert und hängt von der Last ab. Die im p-V-Diagramm von der Ladungswechselschleife eingeschlossene Fläche stellt die Ladungswechselarbeit dar. Die Drosselverluste hängen demnach direkt von der Last ab. Der Leerlaufbetrieb verursacht größere Drosselverluste als eine mittlere Last.

Ziel einer vollvariablen Ventilsteuerung ist es, unter Verzicht auf die Drosselklappe die Frischluft- bzw. Gemischmasse durch den Ventilhub einzustellen. Dies wird durch kleinere Ventilhübe und ein frühes Schließen der Einlassventile oder durch eine verkürzte Öffnungsdauer der Einlassventile ermöglicht. Schließen die Ventile genau dann, wenn die gewünschte Zylinderladung erreicht ist, so wird zunächst die Zylinderladung nahezu ungedrosselt angesaugt und nach dem Schließen der Einlassventile expandiert, was zu einer Abkühlung der Ladung führt. Die Fläche, die im „quasi ungedrosselten" Fall von der Ladungswechselschleife umschlossen wird, ist sichtbar kleiner als im „gedrosselten" Fall.

Eine weitere mögliche „drosselfreie" Steuerungsstrategie für vollvariable Ventiltriebe mit elektromechanischer Betätigung ist das späte Schließen der Einlassventile, wobei das Gemisch bei voll geöffnetem Ventil ungedrosselt angesaugt wird. Nach dem UT wird die für die notwendige Zylinderfüllung zu viel angesaugte Ladungsmenge wieder in das Saugrohr zurückgeschoben. Bei dieser Steuerungsstrategie wird die Zylinderladung nicht expandiert.

Ein Beispiel für die mechanisch variable Ventilsteuerung ist die „Valvetronic" von BMW. Hier kann neben der Variation der Phasenlage durch einen Phasensteller (VANOS, Doppel-VANOS) der Ventilhub variiert werden. Der variable Ventilhub wird hierbei durch einen mit einer hochkomplexen Freiformfläche versehenen Zwischenhebel ermöglicht, der sich zwischen Rollenschlepphebel und Nockenwelle befindet. Die Verstellung des Zwischenhebels erfolgt durch eine elektromotorisch drehbare Exzenterwelle. (Bild 4.8-7).

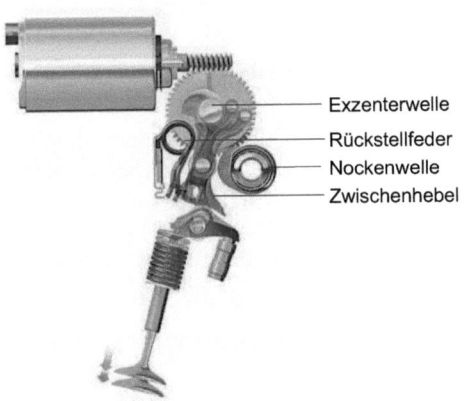

Bild 4.8-7 Aufbau der Valvetronic von BMW

Bild 4.8-8 zeigt den Verlauf des Ventilhubes bei verschieden Teillastpunkten und Volllast. Die Lastregelung des Motors erfolgt durch verschieben von ES. Bild 4.8-9 zeigt Ladungswechselverluste bei Teillast im p,V-Diagramm für einen konventionellen Ventiltrieb und die Valvetronic.

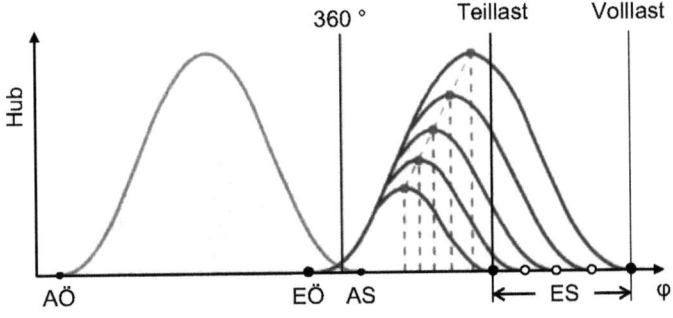

Bild 4.8-8 BMW Valvetronic: Ventilhubkurven bei Volllast und verschiedenen Teillastpunkten [4.8-5]

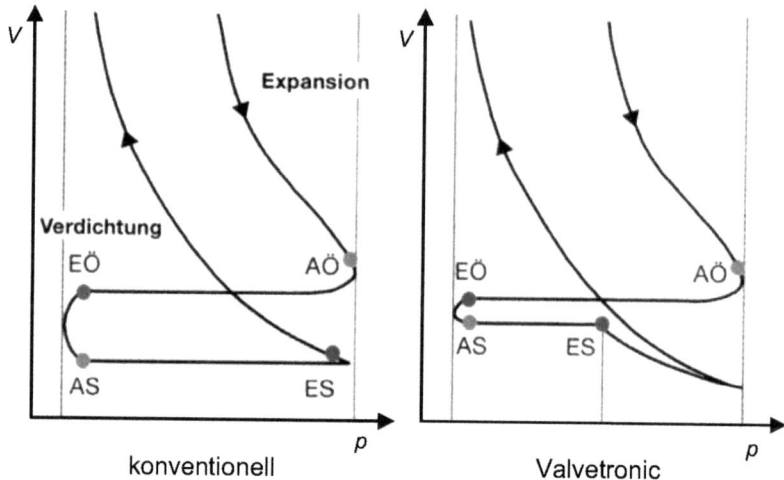

Bild 4.8-9 BMW Valvetronic: Reduzierung der Ladungswechselverluste [4.8-5]

Neben der Verminderung der Ladungswechselverluste wird durch die kleinen Ventilhübe zusätzlich die Gemischbildung verbessert. Durch den engen Ventilspalt am Einlassventil ergeben sich sehr hohe Einströmgeschwindigkeiten, die sich vorteilhaft auf die Zerstäubung des Kraftstoffs und damit auf die Gemischbildung und Verbrennung auswirken. Die Verbrauchseinsparung durch dieses System im unteren Kennfeldbereich ist in Bild 4.8-10 dargestellt. Es wird deutlich, dass im leerlaufnahen Bereich eine Verbrauchsreduktion von bis zu 18 % erzielt werden kann, der erzielte Einspareffekt jedoch mit steigender Last und Drehzahl abnimmt. Im oben rechts dargestellten mittleren Drehzahl und Lastbereich beträgt die Einsparung noch maximal 6 %.

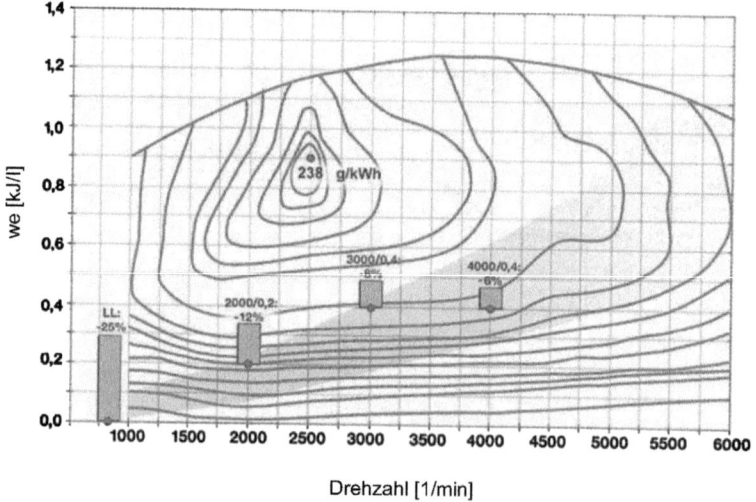

Bild 4.8-10 Verbrauchsvorteile einer mechanisch vollvariablen Ventilsteuerung im Kennfeld [4.8-6]

4.8 Entwicklungsschwerpunkte

In Bild 4.8-11 sind die Einsparpotentiale der bisher bekanntesten mechanischen und elektromechanischen variablen Ventilsteuerungen verschiedener Hersteller im NEFZ-Test bzw. in test-relevanten Teillastbetriebspunkten im Vergleich dargestellt. Vergleichsbasis ist wiederum der heutige Ottomotor mit Drosselregelung und Vierventiltechnik.

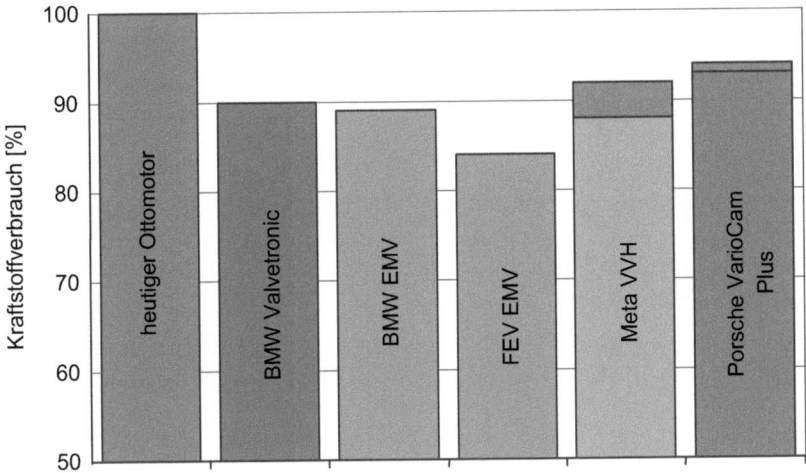

Bild 4.8-11 Verbrauchseinsparung durch variable Ventilsteuerungen im Vergleich

Einen Überblick über die Verbrauchsvorteile, die mit variablen Ventilsteuerungen im Motorkennfeld aus heutiger Sicht maximal erzielt werden können, zeigt Bild 4.8-12.

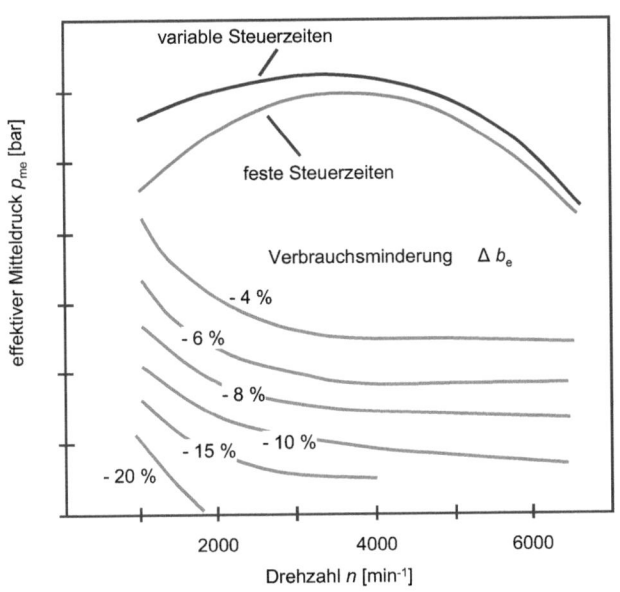

Bild 4.8-12 Einsparpotential einer variablen Ventilsteuerung

Insbesondere im unteren Teillastbereich ist ein erhebliches Potential bezüglich Verbrauchseinsparung zu verzeichnen, welches ca. 20 % im Leerlauf und bei niedriger Last betragen kann.

Auch bei Volllast lässt sich, insbesondere im niedrigen Drehzahlbereich, durch geschickte Anpassung und Optimierung der Ventilsteuerzeiten zusätzlich ein deutlicher Leistungsvorteil von bis zu 5 % erzielen.

4.8.2 Benzin-Direkteinspritzung (BDE)

Während bei Dieselmotoren die Direkteinspritzung schon seit Anfang der neunziger Jahre zum Stand der Technik gehört, werden die meisten Ottomotoren heutzutage mit konventioneller Saugrohreinspritzung und Drosselklappe betrieben. Damit verbunden sind deutliche Wirkungsgradverluste und hoher spezifischer Kraftstoffverbrauch im Teillastbereich. Die Reduzierung der Drosselverluste bei Ottomotoren bietet somit ein erhebliches Potential zur Verbrauchsreduzierung. Neben Ansätzen zur Reduzierung der Ladungswechselverluste mittels variabler Ventilsteuerungen gibt es das Konzept, den Ottomotor durch direkte Kraftstoffeinspritzung in den Brennraum drosselfrei zu betreiben. Dabei soll die Lasteinstellung wie beim Dieselmotor mit einer Qualitätsregelung erfolgen.

Für Ottomotoren mit Direkteinspritzung existieren zwei verschieden Betriebsarten. Bei Leerlauf und unterer Teillast wird die Ladung geschichtet (Schichtbetrieb). Der Kraftstoff wird während dem Kompressionshub in den Brennraum gespritzt. Dabei wird versucht, im Bereich der Zündkerze zum Zündzeitpunkt einen möglichst kleinen Bereich zündfähigen Gemisches zu erhalten. Nach der Zündung und der einsetzenden Verbrennung entzünden sich durch starke Druck- und Temperaturerhöhung auch die restlichen Gemischzonen im Brennraum mit Luft/Kraftstoff-Verhältnissen deutlich größer 1.

Bei höherer Teillast und bei Volllast wird der Kraftstoff während des Saughubes in den Brennraum eingespritzt (Saughubeinspritzung), was dem Prinzip der konventionellen Saugrohreinspritzung sehr nahe kommt. Dabei verteilt sich der Kraftstoff mit der angesaugten Frischluft, wobei hohe Einströmgeschwindigkeiten der Luft die Vermischung begünstigen und so für eine gleichmäßige Gemischverteilung (Homogenisierung) sorgen. Im gesamten Brennraum herrscht im Idealfall ein homogenes Luft/Kraftstoff-Verhältnis mit $\lambda = 1$ (Homogenbetrieb). Bild 4.8-13 zeigt die unterschiedlichen Betriebsarten bei Direkteinspritzung.

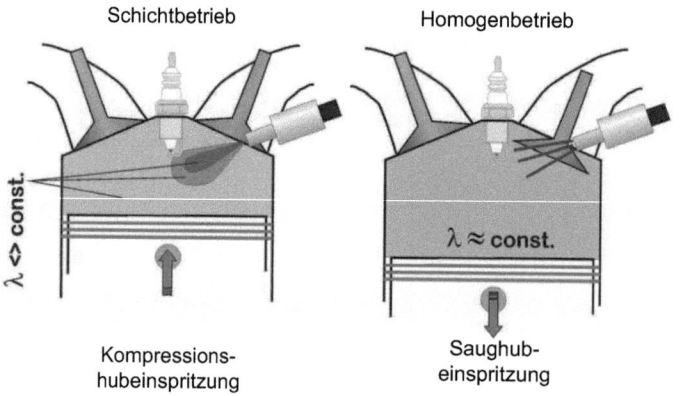

Bild 4.8-13 Gemischzusammensetzung und Betriebsarten im Ottomotor mit Direkteinspritzung

4.8 Entwicklungsschwerpunkte

In Bild 4.8-14 zeigt die Aufteilung der Betriebsstrategien Schichtbetrieb und Homogenbetrieb auf das komplette Motorkennfeld.

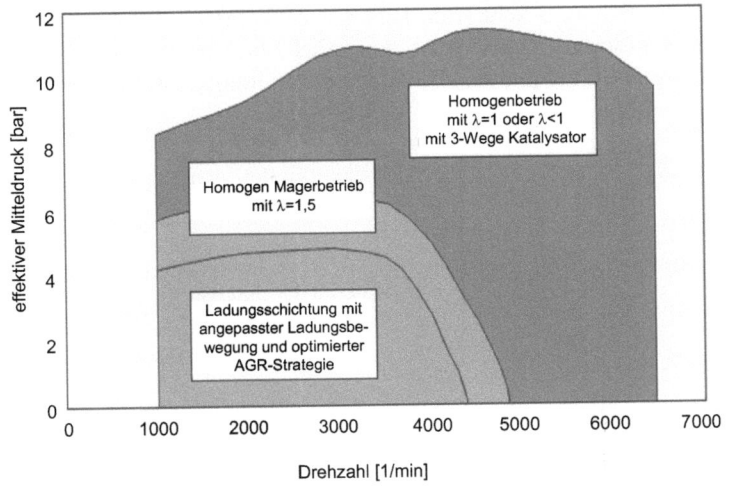

Bild 4.8-14 Betriebsstrategien im Kennfeld

Wesentliche Grundvoraussetzung für eine sichere und gute Verbrennung mit hohem Wirkungsgrad und geringen Schadstoffemissionen ist eine im gesamten Betriebsbereich abgestimmte Gemischbildung. Dies gilt sowohl für den Betrieb mit homogenem Gemisch als auch für den Betrieb mit Schichtladung. Die Einflüsse auf den Gemischbildungsprozess sind dabei äußerst vielfältig. Ebenso hängt ein gutes Laufverhalten über einem breiten Drehzahlband unmittelbar von einer stabilen Gemischbildung ab.

Grundlage für eine gute Gemischbildung ist die Zerstäubung und Verdampfung des Kraftstoffes. Kleine Tropfengrößen, die sich günstig auf die Verdampfung auswirken, ergeben sich bei:

- kleinen Düsenlochdurchsätzen
- großer Austrittsgeschwindigkeit (hohem Einspritzdruck)
- großer Luftdichte (hohes Verdichtungsverhältnis oder Aufladung)
- geringer Zähigkeit des Kraftstoffes
- geringer Oberflächenspannung des Kraftstoffes

Zusätzliche Luftbewegungen im Brennraum zur Erhöhung der Relativgeschwindigkeit gegenüber dem Einspritzstrahl (Drall-, Tumble- oder Quetschströmung) können die Güte der Zerstäubung verbessern.

Für die ottomotorische Verbrennung bei Direkteinspritzung ist es besonders wichtig, dass unabhängig von Motorlast und Motordrehzahl am Zündort zum Zündzeitpunkt ein zündfähiges Gemisch vorliegt. Daher sind besondere Anforderungen an eine Reihe von Einflussparametern zu stellen. Insbesondere sind die Einlassströmung, die Brennraumform (Zylinderkopf- und Kolbenform), das Verdichtungsverhältnis, die Einspritzdüsen- und Zündkerzenlage sowie die Einspritzparameter (Zeitpunkt, Dauer, Druck, Strahlgeometrie) zu beachten. Die Klärung der jeweils ablaufenden Vorgänge bei der Benzin-Direkteinspritzung und die damit verbundene genaue Abstimmung des Brennverfahrens erfordern daher einen enormen Untersuchungsaufwand. Aus heutiger Sicht steht man damit erst am Anfang der Entwicklung von serientauglichen Motoren mit Benzin-Direkteinspritzung.

4.8.2.1 Direkteinspritzung mit homogenem Gemisch

Da die Darstellung eines stabilen Schichtladungsbetriebs im Teillastbereich äußerst schwierig ist, wird aktuell intensiv an der Benzindirekteinspritzung mit homogener Gemischbildung entwickelt. Dabei wird der Kraftstoff bereits sehr früh, Bild 4.8-15, während des Ansaugvorgangs direkt in den Brennraum eingespritzt. Dadurch ist es möglich, auch bei hohen Drehzahlen ausreichend Zeit für die Gemischbildung und Gemischhomogenisierung zu nutzen.

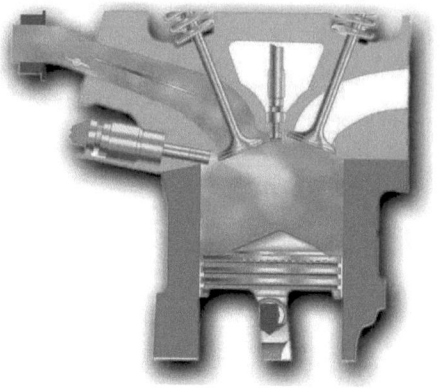

Bild 4.8-15 Kraftstoffeinspritzung in den Saughub [Quelle: VW]

Das Konzept der homogenen Direkteinspritzung wird zunehmend auch mit Aufladung kombiniert, um einerseits die Vorteile der Benzin-Direkteinspritzung im hohen Lastbereich gegenüber der Saugrohreinspritzung zu nutzen und andererseits die spezifische Leistung durch die Aufladung bei gleichzeitiger Verkleinerung der Motoren (Downsizing) zu erhöhen. Dies hat den Vorteil, dass dadurch Reibleistung reduziert wird, wodurch sich der Kraftstoffverbrauch um bis zu 10 % gegenüber einem Vergleichsmotor mit Saugrohreinspritzung ohne Aufladung und gleicher Leistung reduzieren lässt.

In der Regel sind Ottomotoren mit Direkteinspritzung aufgrund der Innenkühlung des direkt in den Brennraum eingespritzten Kraftstoffs weniger klopfempfindlich als Motoren mit Saugrohreinspritzung. Nutzt man das verbesserte Klopfverhalten für eine Verdichtungserhöhung, so kann von einer Steigerung um $\Delta\varepsilon = 1{,}5$ bis 2 ausgegangen werden. Dadurch kann entsprechend einer theoretischen Analyse nach dem vollkommenen Motorprozess ca. 5 % Vorteil im Kraftstoffverbrauch erzielt werden. Die Erhöhung des Verdichtungsverhältnisses wird i. d. R. durch die geometrische Verkleinerung des Kompressionsvolumens gegenüber dem Hubvolumen realisiert. Dies ist jedoch mit einer Zunahme des Verhältnisses von Brennraumwandfläche zu Brennraumvolumen, dem so genannten Oberflächen-Volumenverhältnis (O/V-Verhältnis), verbunden, was wegen dem zunehmenden Wandeinfluss zu einer Erhöhung der Emissionen an unverbrannten Kohlenwasserstoffen (HC-Emissionen) führt. Durch Aufladung ist der positive Effekt der Verdichtungserhöhung ebenfalls nutzbar, indem entweder bei gleich großem Motor entsprechend der Aufladung und der damit verbundenen verbesserten Füllung mehr Leistung erzielt wird oder wie erwähnt bei gleich bleibender Motorleistung eine Verkleinerung des Motors, also Downsizing, möglich ist, was wiederum eine Verringerung der Reibleistung und damit eine Reduktion des Kraftstoffverbrauchs bedeutet. Beide Effekte werden heute bei der Entwicklung von Motoren mit Benzin-Direkteinspritzung und homogener Gemischbildung verfolgt.

4.8 Entwicklungsschwerpunkte

Bei Volllast liegen bezüglich des Liefergrades bei Saugrohreinspritzung (Drosselklappe voll geöffnet) und bei Direkteinspritzung (drosselfreier Betrieb) nahezu identische Randbedingungen vor. Dennoch weisen Ottomotoren mit Direkteinspritzung eine verbesserte Füllung durch höhere Liefergrade auf. Diese sind auf den Wärmeentzug aus dem Brennraum durch die Verdampfung des Kraftstoffs im Brennraum zurückzuführen, was auch für das bessere Klopfverhalten bei Direkteinspritzung verantwortlich ist. Eine grobe Abschätzung bei Normzustand und Volllast (stöchiometrischer Betrieb) bestätigt, dass ein um 9 % höherer theoretischer Liefergrad erreicht werden kann. Dabei ist jedoch zu berücksichtigen, dass auch bei Saugrohreinspritzung eine Gemischabkühlung im Saugrohr durch die Kraftstoffverdampfung hervorgerufen wird, was ebenfalls zu einer Füllungszunahme führt. Die dennoch höheren Liefergrade lassen sich nach [4.8-1] wie folgt begründen:

- Bei Saugrohreinspritzung ergibt sich aufgrund niedriger bis mittlerer Relativgeschwindigkeiten zwischen Kraftstoff und Luft eine Mischung aus Druck- und Druckluftzerstäubung. Bei Direkteinspritzung erfolgt aufgrund hoher Relativgeschwindigkeiten ausschließlich Druckluftzerstäubung. Bei hohen Relativgeschwindigkeiten entstehen erheblich geringere Kraftstofftropfendurchmesser als bei niedrigen Relativgeschwindigkeiten. Dadurch ergibt sich eine deutliche Zunahme der Anzahl der Kraftstofftropfen, wodurch sich auch die Gesamtkraftstoffoberfläche aller Tropfen vergrößert. Dies führt dann auch zu einem verbesserten Austausch von Wärme zwischen den Kraftstofftropfen und der umgebenden Luft, was zu einer schnelleren Gemischbildung führt.

- Bei der sich der Zerstäubung anschließenden Verdampfung wird dem Kraftstoff die notwendige Verdampfungsenthalpie aus der Umgebung zugeführt. Hierbei wirken sich bei der Direkteinspritzung zwei Aspekte positiv auf die Kraftstoffverdampfung aus. Zum einen steht aufgrund heißer Brennraumwände und damit höheren Temperaturen ein deutlich höheres Verdampfungspotential zur Verfügung als im Saugrohr. Zum anderen benötigen kleine Kraftstofftropfen (Direkteinspritzung) eine geringere Verdampfungsenthalpie als größere Tropfen (Saugrohreinspritzung). Beides zusammen führt zu einer erheblich schnelleren Verdampfung des Kraftstoffs und damit zu einer Gemischabkühlung bei größtenteils geöffnetem Einlassventil. Bei Saugrohreinspritzung dagegen gelangt ein Teil des Kraftstoffes auf die relativ kalten Saugrohrwände (Saugrohrfilm) und nimmt nicht an der Verdampfung teil. Insbesondere beim Öffnen und Schließen des Einlassventils kommt es zum Abreißen des Saugrohrwandfilms. Diese Abrisse und die bei Saugrohreinspritzung vorliegenden größeren Kraftstofftropfen benötigen erheblich mehr Zeit zur Verdampfung. Diese findet dann zum Teil erst in der Kompressionsphase nach Schließen des Einlassventils statt. Die Gemischabkühlung infolge der Kraftstoffverdampfung ist geringer als bei der Direkteinspritzung und verursacht somit eine geringere Füllungserhöhung als die direkte Einbringung von Kraftstoff in den Brennraum.

- Kraftstoff, der bei Saugrohreinspritzung noch im Saugrohr verdampft, bewirkt dort eine Temperatur- und Druckabsenkung. Im Vergleich zur Direkteinspritzung führt dies zu einem bezüglich Füllung nachteiligen niedrigeren Differenzdruck am Einlassventil.

- Das Volumen des flüssig eingespritzten Kraftstoffs ist wesentlich kleiner (Faktor ca. 700) als das Volumen des gasförmigen Kraftstoffs. Aufgrund dieser Überlegungen ist anzunehmen, dass bei Direkteinspritzung im Saughub gegenüber der Saugrohreinspritzung eine Füllungserhöhung und damit Leistungssteigerung zwischen 5 % und 8 %, je nach vorliegenden Randbedingungen (Strömungsverhältnisse, Einspritzparameter) realistisch ist.

4.8.2.2 Direkteinspritzung mit geschichtetem Gemisch

Wie in den Grundlagen zur Gemischbildung dargestellt, ist es für die Verbesserung des Prozesswirkungsgrades sinnvoll, den Ottomotor mit Direkteinspritzung in der Teillast mit geschichtetem Gemisch zu betreiben. Dabei wird der Kraftstoff während oder erst gegen Ende der Kompressionsphase eingespritzt. Dadurch ergibt sich die Möglichkeit, eine Schichtung der Ladung im Brennraum zu erzielen, wobei im Bereich der Zündkerze zum Zeitpunkt der Zündung ein zündfähiges Gemisch vorliegen muss, während im weiter entfernten Bereich von der Zündkerze entweder ein abgemagertes, aber noch brennbares Gemisch oder reine Luft bzw. reines Abgas durch eine gezielte Abgasrückführung vorliegen sollte.

Während dabei also im Bereich der Zündkerze ein verhältnismäßig fettes Gemisch vorliegt ($\lambda \approx 1{,}0$), befindet sich im Wandbereich des Brennraums ein sehr mageres Gemisch. Im mittleren Luft-Kraftstoffverhältnis ergeben sich bei idealer Schichtladung im Bereich testrelevanter niedriger Teillast λ-Werte im Bereich von 3,0 bis 5,0. Nimmt man für einen typischen Teillastpunkt ein realistisches Luft-Kraftstoffverhältnis $\lambda = 4{,}0$ an, so ergeben sich gegenüber einem Betrieb mit stöchiometrischem Luft-Kraftstoffverhältnis und Drosselregelung deutliche Wirkungsgradvorteile, die sich durch eine Kreisprozessbetrachtung für den Ottomotor (Gleichraumprozess) darstellen lassen, Bild 4.8-16. Ausgehend von den Zustandsbedingungen beim Motor mit Saugrohreinspritzung ($\lambda = 1$) mit gedrosseltem Betrieb in der Teillast ergeben sich die im Bild durchgezogen dargestellten Zustandsverläufe. Für den ungedrosselten Betrieb mit Direkteinspritzung ($\lambda \approx 1$) ergeben sich im gleichen Lastpunkt die gestrichelt dargestellten Zustandsverläufe mit steiler verlaufenden Kompressions- und Expansionslinien. Aus dem Vergleich der abgeführten Wärmemengen im T-s-Diagramm ist zu erkennen, dass die abgeführte Wärme im Fall der Saugrohreinspritzung deutlich größer ist als im Fall der Direkteinspritzung bei gleicher zugeführter Wärmemenge (Größen der schraffiert dargestellten Flächen im T-s-Diagramm). Dies zeigt, dass der Wirkungsgrad bei Direkteinspritzung durch die Abmagerung des Gemisches theoretisch betrachtet deutlich größer sein muss als bei Saugrohreinspritzung.

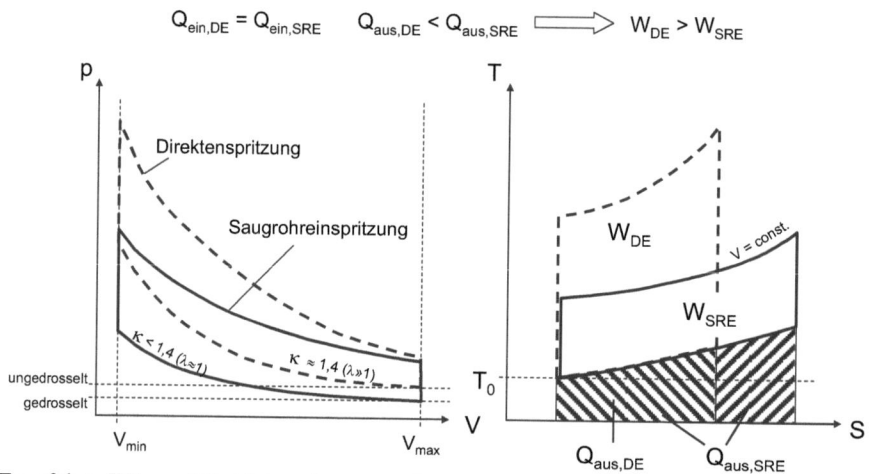

$Q_{ein,DE}$: Zugeführte Wärme, Direkteinspritzung
$Q_{aus,DE}$: Abgeführte Wärme, Direkteinspritzung
WDE: Abgegebene Arbeit, Direkteinspritzung

$Q_{ein,SRE}$: Zugeführte Wärme, Saugrohreinspritzung
$Q_{aus,SRE}$: Abgeführte Wärme, Saugrohreinspritzung
WDE: Abgegebene Arbeit, Saugrohreinspritzung

Bild 4.8-16 Wirkungsgraderhöhung durch Direkteinspritzung (Gleichraumprozess)

4.8 Entwicklungsschwerpunkte

Die Ladungswechselverluste können durch den in idealer Weise ungedrosselten Ansaugvorgang stark verringert werden. Bild 4.8-17 zeigt deutlich die Verringerung der Ladungswechselschleife im p-V-Diagramm bei einem Vergleich zwischen einem konventionellen Ottomotor und einem Ottomotor mit Direkteinspritzung [4.8-3]. Zusätzlich lassen sich die Wandwärmeverluste im Schichtbetrieb durch die isolierende Schicht von Inertgas, unabhängig davon ob es sich um Restgas, zurückgeführtes Abgas oder Luft handelt, verringern.

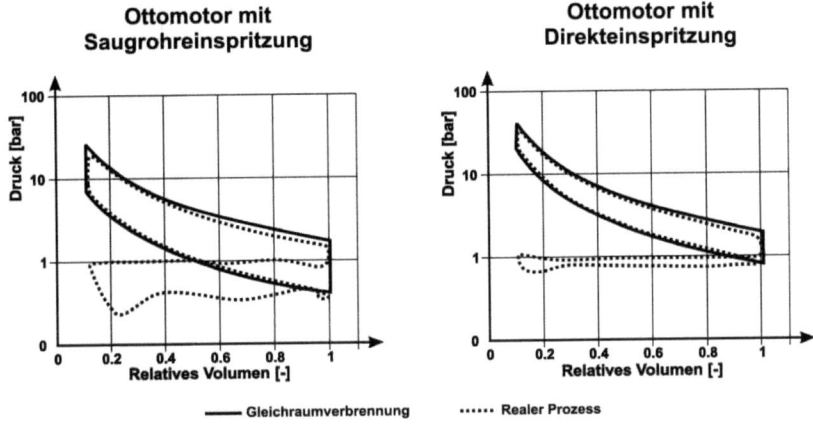

Bild 4.8-17 Brennverfahrensvergleich des realen Motorprozesses zwischen äußerer und innerer Gemischbildung nach [4.8-3]

Den positiven Eigenschaften gegenüber stehen die Erhöhung der mechanischen Verluste durch den zusätzlichen Antrieb einer Hochdruckpumpe sowie die gestiegene Kolbenringreibung, resultierend aus der erhöhten Füllung im ungedrosselten Betrieb und den damit verbundenen höheren Zylinderdrücken. Hinzu kommt außerdem eine sehr viel komplexere Abgasnachbehandlungsstrategie, da aufgrund des permanenten Luftüberschusses im Schichtbetrieb herkömmliche 3-Wege-Katalysatoren ihre Wirkung verlieren. Besonders der zuletzt genannte Punkt erschwert die Übertragung der thermodynamischen Vorteile in die Praxis.

Um die Betriebsart Ladungsschichtung in einem Ottomotor mit Direkteinspritzung zu realisieren, gibt es verschiedene Möglichkeiten der Kraftstoffeinbringung und der damit verbundenen Gemischbildung. Aus der Betrachtung der verschiedenen Konzepte ergeben sich somit in ihren Eigenschaften der Kraftstoffführung von der Einspritzdüse zur Zündkerze grundsätzlich drei Gemischbildungsverfahren, Bild 4.8-18.

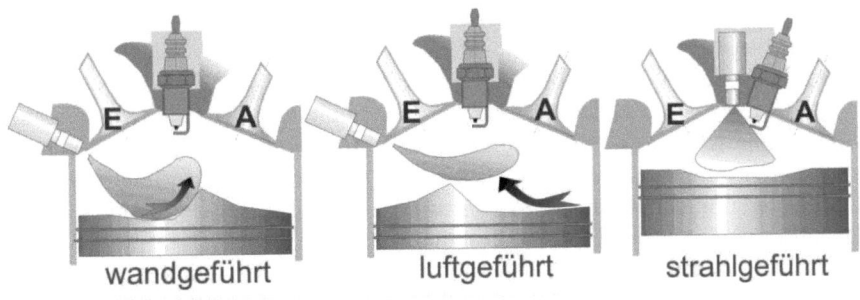

Bild 4.8-18 Einteilung der Brennverfahren für Ottomotoren mit Direkteinspritzung [4.8-4]

Wandgeführte Brennverfahren

Die meisten der aktuell auf dem Markt befindlichen Schichtlademotoren der ersten Generation arbeiten nach dem wandgeführten Brennverfahren. Gekennzeichnet sind diese Verfahren durch einen relativ großen räumlichen Abstand zwischen Zündkerze und Einspritzventil. Der Gemischbildungsprozess und der Gemischtransport zur Zündkerze erfolgen über eine Wechselwirkung von Einspritzstrahl und Brennraumwand. Meist wird das Kraftstoffspray durch gezielte Ausformung der Kolbenoberfläche, unterstützt von einer Drall- oder Tumbleströmung, an die Zündkerze geführt. Da der Einspritzstrahl direkt auf den Kolben gerichtet wird, sind bei diesem Brennverfahren erhöhte Kraftstoff-Anlagerungen und erhöhte Emissionen an unverbrannten Kohlenwasserstoffen die Folge [4.8-7].

Darüber hinaus sind die Einspritzzeitpunkte unmittelbar mit der Kolbenbewegung und damit der Drehzahl verknüpft. Der Transport der Gemischwolke über den relativ langen Weg vom Einspritzventil zur Zündkerze erfordert zur Stabilisierung der Kraftstoffwolke eine gezielte und stabile Ladungsbewegung bei jeder Drehzahl und eine genaue Abstimmung von Einspritz- und Zündzeitpunkt. Die bisher umgesetzten wandgeführten Verfahren konnten das theoretische Verbrauchseinsparungspotenzial der Direkteinspritzung jedoch noch nicht voll ausschöpfen. Bei wandgeführten Verfahren werden die im vorangegangenen Unterkapitel erläuterten thermodynamischen Vorteile nicht konsequent genutzt. Dies hat verschiedene Ursachen:

- Zum Transport der Gemischwolke von der Einspritzdüse zur Zündkerze ist eine ausgeprägte Einlassströmung erforderlich.

- Die direkte Anlagerung von Kraftstoff auf dem Kolben führt zu einer fetten Verbrennung im Bereich des Kolbenbodens. Aufgrund unvollständiger Verbrennung kommt es zur Rußbildung und Ablagerungen auf dem Kolben, die infolge der sich bei Teillast ergebenden niedrigen Verbrennungstemperaturen nicht vollständig verbrannt werden. Außerdem besteht die Gefahr, dass bei früher Einspritzung der Kraftstoff über den Muldenraum hinaus in die Quetschspalte eindringt. Die Folge davon ist eine erhöhte Emission unverbrannter Kohlenwasserstoffe.

- Durch das gezielte Führen des Kraftstoffes entlang der Zylinderwand kann es nicht nur bei Kaltstart und in der Warmlaufphase zu einem ausgeprägten Wandfilm kommen, der nur teilweise verdampft und an der Verbrennung teilnimmt. Es kann daher zu einem erhöhten Ausstoß unverbrannter Kohlenwasserstoffe kommen.

Beispiele für heute im Markt befindliche wandgeführte Brennverfahren sind das Mitsubishi GDI, das PSA HPI- und das Volkswagen FSI-Verfahren.

Die für das FSI-Brennverfahren relevanten Komponenten sind in Bild 4.8-19 links dargestellt. Hierzu gehört insbesondere der Muldenkolben, der einlassseitig eine so genannte „Kraftstoffmulde" und auslassseitig eine „Strömungsmulde" (im Schnitt nicht sichtbar) aufweist. Der Einlasskanal ist in seiner Basisgeometrie ein Füllungskanal mit Tumble-Eigenschaften und wird durch ein eingegossenes Blech in eine obere und untere Hälfte unterteilt. Die untere Hälfte kann durch eine Klappe in Abhängigkeit vom Betriebspunkt verschlossen werden. Durch den Verschluss der unteren Kanalhälfte werden z. B. im Schichtladebetrieb höhere Strömungsgeschwindigkeiten und damit eine Intensivierung der Tumblesströmung erreicht. Da der Kraftstoffstrahl teilweise durch die Tumblesströmung, teilweise aber auch durch die Kolbenmulde transportiert bzw. stabilisiert wird, spricht Volkswagen von einen kombinierten wand-/luftgeführten Verfahren. Die Auswirkung der Einzelmaßnahmen auf den Kraftstoffverbrauch

4.8 Entwicklungsschwerpunkte

im Vergleich zum Basismotor mit Saugrohreinspritzung ist in Bild 4.8-19 rechts für den Betriebspunkt 2000 min^{-1} und 2 bar effektiver Mitteldruck dargestellt. Die Summe aller Maßnahmen ergibt in diesem Betriebspunkt eine Verbrauchseinsparung von 21 %.

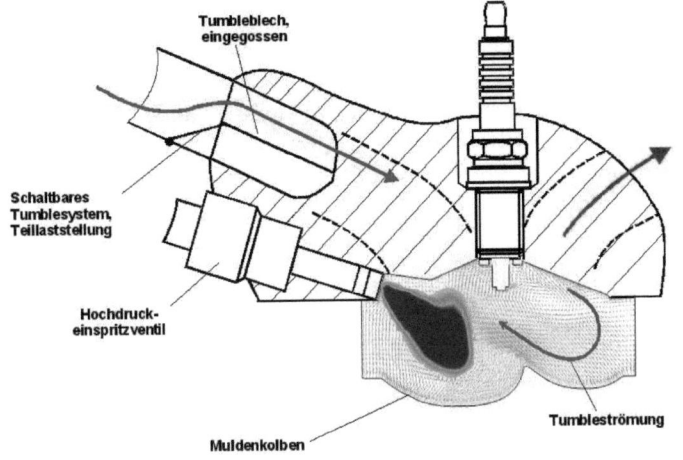

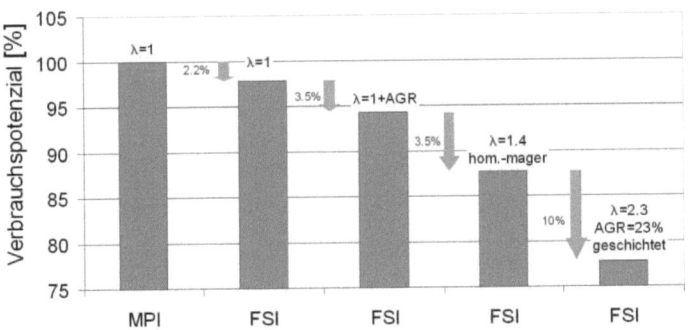

Bild 4.8-19 Prinzipbild VW-FSI-Brennverfahren und Verbrauchseinsparung bei $n = 2000$ min^{-1}, $p_{me} = 2$ bar
[Quelle: VW]

Luftgeführte Brennverfahren

Bei luftgeführten Verfahren erfolgt der Transport des Kraftstoffs zur Zündkerze alleine durch die einlassseitig generierte Ladungsbewegung, wobei gleichzeitig Luft in den Spray eingemischt wird. Unterstützt wird dabei die Ladungsbewegung noch durch entsprechend geformte Kolbenaufsätze. Im Gegensatz zu wandgeführten Brennverfahren soll ein Kontakt des Kraftstoffs mit den Brennraumwänden vermieden werden. Es kommt im Idealfall daher zu keiner Anlagerung des Kraftstoffes an einer Brennraumwand. Gleichzeitig zum Ladungstransport wird eine gute Durchmischung von Kraftstoff und Ansaugluft angestrebt. Die erfolgreiche Umsetzung dieses Verfahrens ist damit abhängig von der Ausrichtung des Einspritzstrahls und der Erzeugung einer gezielten Ladungsbewegung. Wichtig ist in diesem Zusammenhang vor allem, dass die gerichtete Ladungsbewegung bis weit in die Kompressionsphase hinein erhalten bleiben muss. Durch die notwendige Drall- bzw. Tumbleströmung ergeben sich Einbußen im Liefergrad und damit Nachteile im Leistungsverhalten. Die Abstimmung des luftgeführten Verfahrens ist besonders schwierig, da durch die notwendige Abstimmung von Einspritzstrahl und Luftführung Probleme sowohl der strahl- als auch der wandgeführten Verfahren teilweise gleichzeitig zu lösen sind. Allerdings nutzen die am Markt eingeführten wandgeführten Verfahren mehr oder weniger stark ausgeprägte Luftströmungen zur Gemischführung und sind somit als eine Mischform, den so genannten wand-luftgeführten-Verfahren, zu bezeichnen.

Eine Art Kompromisslösung bilden luftgeführte Verfahren, wie sie in neueren Arbeiten bei einzelnen Forschungsstellen verfolgt werden. Auch hier befinden sich Einspritzdüse und Zündkerze in weiter Lage. Es wird versucht, nur mit Hilfe einer gerichteten Einlassströmung den eingespritzten Kraftstoff der Zündkerze zuzuleiten. Im Gegensatz zu den wandgeführten Verfahren kommt es im Idealfall daher zu keiner Anlagerung des Kraftstoffes an einer Brennraumwand. Gleichzeitig zum Ladungstransport wird eine gute Durchmischung von Kraftstoff und Ansaugluft angestrebt.

Strahlgeführte Brennverfahren

Strahlgeführte Brennverfahren sind durch die räumliche Nähe von Zündkerze und Einspritzventil gekennzeichnet. Bei diesen Verfahren stellt der Fokus, das Einspritzventil und die Zündkerze im Zylinderkopf zwischen den Ein- und Auslassventilen so eng zueinander anzuordnen, dass ein strahlgeführtes Gemischbildungsverfahren gegeben ist, eine zentrale Herausforderung dar [4.8-8]. Das strahlgeführte Brennverfahren gilt als einziges Verfahren, welches in der Lage ist das Potential des geschichteten Betriebes auszuschöpfen. Aus diesem Grund werden diese Verfahren auch „Direkteinspritzung der zweiten Generation" genannt, obwohl dieses Prinzip in der Forschung der Benzin-Direkteinspritzung bereits seit mehr als 30 Jahren verfolgt wird. Bei strahlgeführten Brennverfahren vermischt sich der eingespritzte Kraftstoffstrahl durch aerodynamische Effekte mit der umgebenden Luft. Die Schichtungsgradienten sind dadurch sehr groß, d. h. im Strahlkern existiert ein sehr fettes Gemisch und zum Strahlrand hin nimmt der Luftüberschuss stark zu. Zwischen diesen Zonen liegt eine Zone mit zündfähigem Gemisch. Die Zündkerze muss, dem Grundsatz der Direkteinspritzung bei Ottomotoren folgend, daher so angeordnet sein, dass in allen Betriebspunkten zum Zündzeitpunkt zündfähiges Gemisch im Bereich der Zündelektroden vorliegt. Das Verfahren ist stark von der Strahlcharakteristik des jeweils verwendeten Einspritzventils abhängig und reagiert diesbezüglich sehr empfindlich auf Störungen oder Schwankungen. Die für die strahlgeführten Verfahren bekannten Probleme sind:

- Aufgrund der niedrigen Verbrennungstemperaturen bei Teillast und Leerlauf können sich Verkokungen an der Einspritzdüse bilden, die dann die Strahlbildung erheblich beeinflussen.

- Fertigungstoleranzen und Betriebszustände wirken sich bei bestimmten Einspritzventilen sehr stark auf das Strahlbild und damit auch auf das Brennverhalten des Motors aus.

- Auch an der Zündkerze können die niedrigen Verbrennungstemperaturen bei Teillast und Leerlauf Verkokungen führen entstehen. Unmittelbare Folge davon sind Zündaussetzer.

- Hohe thermische Belastung der Zündkerze, da bei der Einspritzung flüssiger Kraftstoff in direkten Kontakt mit der heißen Zündkerze kommt, die dann schlagartig abkühlt (Thermoschockbeständigkeit).

- Einspritzung und Zündung sind bei diesem Verfahren zeitlich sehr stark aneinander gekoppelt und liegen nur wenige °KW auseinander. Für die Gemischbildung verbleibt daher nur sehr wenig Zeit und es kann zu einer unzureichenden Gemischbildung kommen.

4.8 Entwicklungsschwerpunkte

- Bei niedrigen Drehzahlen kann es zu einer geringen Relativgeschwindigkeit zwischen Einlassströmung und Einspritzstrahl kommen. Die Kraftstofftropfen sind größer und verdampfen dadurch schlechter.
- Bei höheren Drehzahlen nimmt die Geschwindigkeit der Einlassströmung und damit die Relativgeschwindigkeit zwischen Frischladung und Kraftstoffstrahl zu. Die Kraftstofftropfen werden kleiner und damit leichter. In Verbindung mit der höheren Strömungsgeschwindigkeit der Frischladung kann unter Umständen keine stabile Schichtung im Bereich der Zündkerze erreicht werden (Verwehungseffekt).

Aus den genannten Problemen und den thermodynamischen Grundlagen heraus folgen deswegen unmittelbar die Anforderungen an ein künftiges geschichtetes Brennverfahren im Hinblick auf die optimale Ausnutzung der theoretisch möglichen Wirkungsgradpotenziale [4.8-9]:

- Hohe und stabil reproduzierbare Sprayqualität des Einspritzventils in einem großen Drehzahl- und Lastbereich, um eine vollständige CO- und HC-arme Verbrennung realisieren zu können. Der zu realisierende Schichtbereich muss sich vollständig mit dem kundenrelevanten Kennfeldbereich überdecken.
- Bei der Gestaltung des Brennraums muss eine möglichst geringe Benetzung der Brennraumoberfläche mit Kraftstoff im Fokus der Entwicklung liegen.
- Hohe Stabilität des Brennverfahrens mit geeigneter Gemischqualität auch bei späten Einspritzzeitpunkten, um den Verbrennungsschwerpunkt in die thermodynamisch günstigste Lage verschieben zu können.
- Hohe Flexibilität des verwendeten Einspritzsystems hinsichtlich der Einspritzzeiten und der Möglichkeit der Mehrfacheinspritzung. Dies ist notwendig, um die Gemischzusammensetzung an der Zündkerze gezielt beeinflussen zu können.
- Verwendung möglichst hoher Einspritzdrücke, um die Gemischbildungsdauer bei später Einspritzung so gering wie möglich zu halten. Nur durch den Einsatz erhöhter Einspritzdrücke verbunden mit der Mehrfacheinspritzung sind thermodynamisch optimale Verbrennungsschwerpunktlagen möglich. Darüber hinaus kann durch die schnellere Verdampfung der kleineren Kraftstofftropfen eine Absenkung der Partikelemissionen erreicht werden.
- Applikation eines leistungsfähigen, robusten und variablen Zündsystems, das den besonderen Anforderungen eines strahlgeführten Verfahrens gerecht wird. Die Zündkerze sollte thermoschockresistent ausgeführt werden.

Einige der oben genannten Anforderungen sind schon bei der Wahl der konstruktiven Anordnung von Zündkerze und Einspritzventil zu beachten. Moderne Ottomotoren sind zur Vermeidung von Strömungsverlusten und zur Erhöhung der Füllung bei hohen Lasten meist als Vier-Ventil-Motoren ausgeführt. Daraus ergeben sich gewisse Zwänge für die Anordnung von Zündkerze und Einspritzventil. Dabei sollte eine Konstruktion gefunden werden, welche einen guten Kompromiss bezüglich der thermischen Belastung von Zündkerze und Injektor und weder Einlass- noch Auslasskanal einschränkt.

Wesentlich für die erfolgreiche Umsetzung eines strahlgeführten Brennverfahrens ist es, zum Zündzeitpunkt eine möglichst kompakte und zündfähige Gemischwolke im Bereich der Zündelektroden zu realisieren, Bild 4.8-20. Dieses Verfahren ist jedoch sehr stark von der Strahlcharakteristik abhängig und reagiert sehr empfindlich auf Störungen, die sich in Form von Zündaussetzern äußern können. Der räumlichen An- und Zuordnung von Einspritzdüse und Zündkerze sowie der Einspritzstrahlausbreitung kommen daher eine enorme Bedeutung zu.

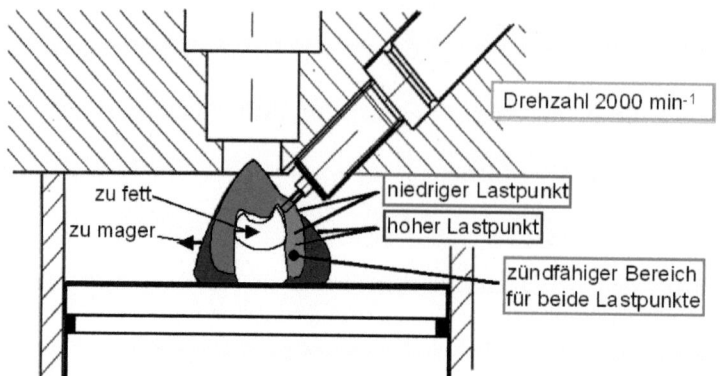

Bild 4.8-20 Strahlgeführtes Verfahren: zündfähiger Bereich

Für den Betriebspunkt 2000 min^{-1} und 2 bar effektiven Mitteldruck zeigt Bild 4.8-21 einen Vergleich zwischen Saugrohreinspritzung und strahlgeführter Benzin-Direkteinspritzung im Schichtladungsbetrieb. Der Kraftstoffverbrauch und die NO$_x$-Emissionen sind bei der Direkteinspritzung um ca. 23 % bzw. ca. 40 % besser als beim Betrieb mit Saugrohreinspritzung. Die HC-Emissionen dagegen liegen um bis zu 65 % über den Werten des Motors mit Saugrohreinspritzung.

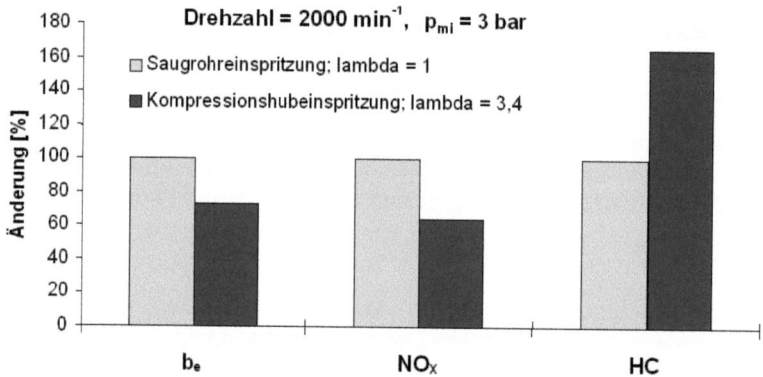

Bild 4.8-21 Vergleich zwischen DE-Verfahren und Saugrohreinspritzung [4.8-1]

Als zukünftiges Brennverfahren mit Direkteinspritzung wird sich zunehmend das strahlgeführte Verfahren durchsetzen. Bild 4.8-22 zeigt den bei einem strahlgeführten Verfahren durch Indizierung aufgenommenen Zylinderdruckverlauf im p,V-Diagramm bei direktem Vergleich von Saugrohr- und Direkteinspritzung sowie deren Brennverläufe bei einer Drehzahl $n = 2000$ min^{-1} und einem indizierten Mitteldruck $p_{mi} = 3$ bar. Aufgrund der höheren Luftmasse (drosselfreier Betrieb) erreicht der Ottomotor mit Direkteinspritzung gegenüber der Saugrohreinspritzung deutlich höhere Spitzendrücke. Nur andeutungsweise erkennbar sind in diesem Bild die geringeren Ladungswechselverluste bei Direkteinspritzung. Während der Brennverlauf bei Saugrohreinspritzung ein charakteristisches Verhalten mit einem wirkungsgradoptimalen 50 %-Umsatzpunkt bei ca. 8 °KW n. OT. aufweist, zeigt sich bei Direkteinspritzung ein ganz anderes Verhalten. Ausgehend von der langsamen Kraftstoffumsetzung gegen Ende der

4.8 Entwicklungsschwerpunkte

Verbrennung (hervorgerufen durch die bei Schichtladung mageren Zonen im Endgasbereich) muss der Zündzeitpunkt gegenüber der Saugrohreinspritzung trotz eines deutlich kürzeren Brennverzugs (hervorgerufen durch die bei Schichtladung fetten Zonen im Bereich der Zündkerze) nach früh eingestellt werden. Dadurch verschiebt sich auch der 50 %-Umsatzpunkt zu einer bezüglich dem Wirkungsgrad ungünstigen Lage.

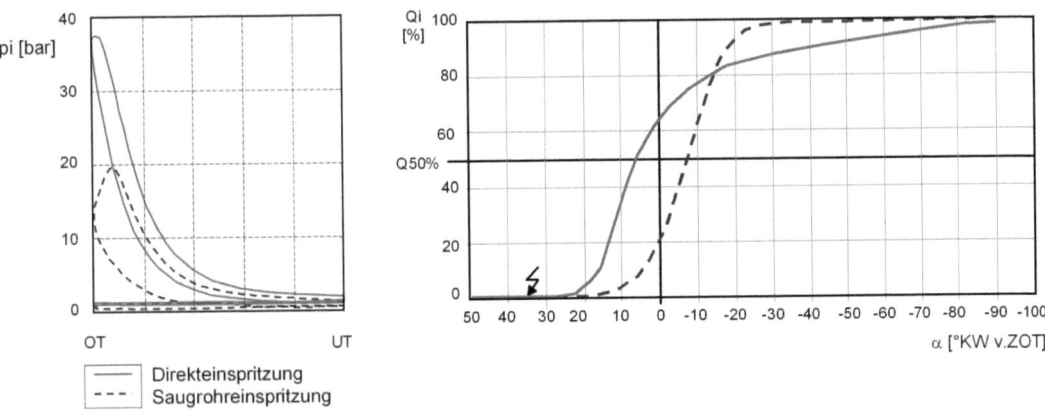

Bild 4.8-22 Vergleich von Saugrohr- und Direkteinspritzung – Teillastverhalten [4.8-1]

Die für zukünftige DE-Konzepte möglichen Verbrauchseinsparungen im Vergleich zur Saugrohreinspritzung sind wegen der im Motorkennfeld erforderlichen unterschiedlichen Betriebsstrategien (Schichtladung, Homogenisierung) last- und drehzahlabhängig. Bild 4.8-23 zeigt im Kennfeld die Höhe der Kraftstoffverbrauchsreduzierung bei optimaler Nutzung der Möglichkeiten durch die Direkteinspritzung bei Ottomotoren, die mit einem optimierten strahlgeführten bzw. mit einem optimierten wandgeführten Verfahren (Werte in Klammern) im Vergleich zu einem konventionellen saugrohreinspritzenden Motor erzielt werden kann.

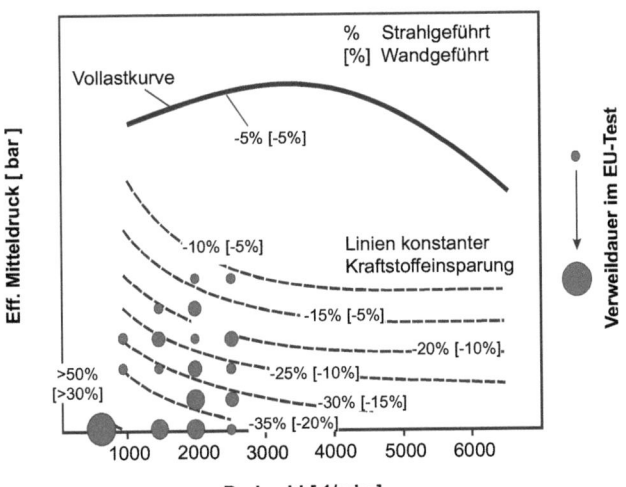

Bild 4.8-23 Kraftstoffeinsparung durch Benzin-Direkteinspritzung

Während des Volllastbetriebes ist eine Einsparung von bis zu 5 % möglich. Dies liegt insbesondere an der Füllungserhöhung durch Innenverdampfung. Im Leerlaufbetrieb kann die Kraftstoffersparnis bei extremer Ladungsschichtung, beispielsweise realisiert durch das strahlgeführte Verfahren, mehr als 50 % betragen. Nach Abschätzungen bzw. Vergleichsbetrachtungen an Motoren mit Saugrohreinspritzung wird diese Einsparung im Wesentlichen durch die Reduzierung der Ladungswechselverluste infolge des ungedrosselten Betriebs und des hohen Luftüberschusses erzielt. Im mittleren Drehzahlbereich erscheint je nach Wahl des Brennverfahrens eine Kraftstoffeinsparung von 10 bis 25 % realistisch.

Emissionen

Deutliche Nachteile der Direkteinspritzung zeigen sich in den HC- und NO_x-Emission und den sehr niedrigen Abgastemperaturen im ungedrosselten Schichtladebetrieb, die im Hinblick auf die Abgasnachbehandlung noch erhebliche Probleme mit sich bringen (Ansprechdauer, -temperatur und Konvertierungsrate des Katalysators). Im leerlaufnahen Bereich liegen die Abgastemperaturen unter der Anspringtemperatur für Oxidationskatalysatoren. Durch Reduzierung des Frischgasmassenstroms durch Teildrosselung, wodurch jedoch die Ladungswechselverluste wieder vergrößert werden, lässt sich die Abgastemperatur wieder anheben. Die Abgastemperatur lässt sich auch durch Sekundärlufteinblasung oder Abgasrückführung anheben. Eine Abgasrückführung bietet darüber hinaus den Vorteil, dass im Magerbetrieb die NO_x-Emissionen reduziert werden können.

Generell reichen bei der Direkteinspritzung konstruktive (Brennraumgestaltung, Hubvolumen, Hub/Bohrungs-Verhältnis, Verdichtungsverhältnis) und operative (Zündzeitpunkt, Steuerzeiten, Luft-Kraftstoffverhältnis, Abgasrückführung, Schubabschaltung) Maßnahmen alleine nicht aus, um die heute und in Zukunft vorgeschriebenen Abgasemissionswerte einzuhalten. Eine zusätzliche Schadstoffnachbehandlung, insbesondere für die Reduzierung unverbrannter Kohlenwasserstoffe und Stickoxide, ist daher unbedingt erforderlich. Darüber hinaus ist auf die Rußemission zu achten. Da Ottomotoren mit Direkteinspritzung bei Ladungsschichtung mit globalem Luft-Kraftstoffverhältnis deutlich größer 1 (bis zu $\lambda > 8$) betrieben werden, können die Stickoxide nicht mit herkömmlichem Dreiwegekatalysator reduziert werden. Dagegen sind bei homogenem Betrieb ($\lambda = 1$) sind herkömmliche Dreiwegekatalysatoren auch bei direkteinspritzenden Ottomotoren eine wirksame Maßnahme zur Reduzierung der Schadstoffe.

Zur Anhebung der Abgastemperatur scheint es denkbar, durch entsprechend hohe Abgasrückführraten mit einer teilweisen Schichtung des rückgeführten Abgases (Bild 4.8-24) im Außenbereich des Brennraums einerseits eine Isolierwirkung zu erzielen und andererseits durch den Ersatz der nicht zur Verbrennung benötigten Luft durch rückgeführtes Abgas einen Motorbetrieb mit niedrigeren Luftverhältnissen und damit höheren Verbrennungs- und Abgastemperaturen zu erzielen.

Von den Einspritzverfahren bietet die Hochdruckeinspritzung mit strahlgeführtem Verfahren das Potential für den niedrigsten Kraftstoffverbrauch. Im Vergleich zum wandgeführten Verfahren liegt wegen der einfacheren Kolbenform und dem dadurch geringeren Kolbengewicht eine niedrigere Reibung vor. Durch den kleinen Abstand zwischen Injektor und Kerze lassen sich geringe zeitliche Abstände zwischen Einspritzung und Zündung realisieren.

Die Schwierigkeit bei der Entwicklung dieses Verfahrens besteht jedoch darin, bei der engen Lage zwischen Einspritzdüse und Zündkerze und der damit verbundenen extrem kurzen Zeitspanne zwischen Einspritzung und Zündung eine stabile und gute Gemischbildung zu erreichen. Gelingt dies nicht optimal, insbesondere auch unter dem Aspekt, dass für die stabile

Schichtung des Gemisches erst sehr spät in der Kompression gegen einen hohen Brennraumdruck einzuspritzen ist, kann es zu Verbrennungsaussetzern und zu einer erhöhten Rußbildung kommen. Hohe Einspritzdrücke, die eine sehr gute Kraftstoffzerstäubung und damit eine extrem schnelle Verdampfung des Kraftstoffes erlauben, sind hierzu erforderlich. Die maximal möglichen Einspritzdrücke bei serientauglichen Einspritzsystemen beträgt 200 bar.

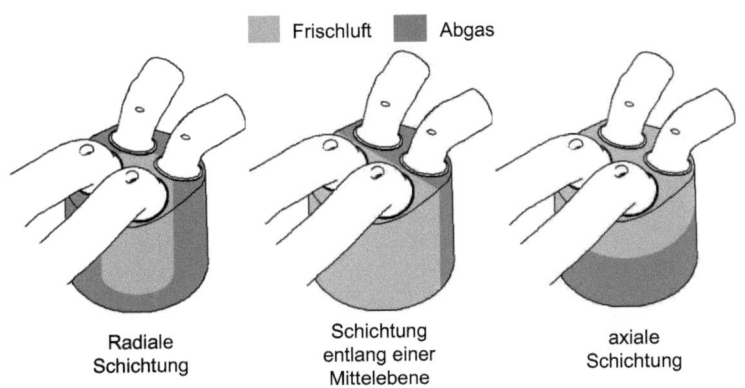

Radiale Schichtung   Schichtung entlang einer Mittelebene   axiale Schichtung

Bild 4.8-24 Ideale Abgasschichtungskonzepte [4.8-10]

4.8.2.3 Serienkonzepte

Bereits 1952 wurde bei Daimler-Benz mit der mit der Entwicklung einer Benzin-Direkteinspritzung für einen 3,0-Liter Pkw-Motor begonnen. Bereits Ende 1952 lagen so positive Ergebnisse vor, dass mit der Fahrzeugerprobung dieses Motorkonzepts gestartet werden konnte. Nach erfolgreicher Serienentwicklung wurde der mit dem 3,0-Liter Einspritzmotor (W198) ausgerüstete Daimler-Benz 300 SL Sportwagen ab dem Sommer 1954 in Serie produziert. In diesem Kapitel sollen einige Beispiele für aktuelle Benzinmotoren mit Direkteinspritzung vorgestellt werden.

Konzepte mit homogenem Gemisch

Konzepte mit homogener Direkteinspritzung, d. h. stöchiometrischem Gemisch ($\lambda = 1$), nutzen schon einen Teil der Vorteile, die die direkte Einbringung des Kraftstoffes in den Brennraum mitbringt, können jedoch nicht das volle Potenzial zur Verbrauchsreduzierung der Benzindirekteinspritzung umsetzten. Großer Vorteil ist, dass die Verwendung eines Dreiwege-Katalysators möglich ist.

Von Opel erfolgte im Mai 2003 die Einführung eines 2,2 Liter Motors mit Direkteinspritzung (Bild 4.8-25) im Modell Signum. Bei dem Aggregat mit der Bezeichnung „DIRECT ECOTEC" handelt es sich um ein homogenes Konzept mit seitlicher Düsen- und mittiger Zündkerzenlage und flachem Kolben. Bei Opel wurde auch ein Motor mit Ladungsschichtung mit Kolbenmulde und Drallströmung entwickelt. Eine Vergleichsstudie ergab allerdings, dass die höheren Systemkosten und der höhere Kraftstoffpreis des erforderlichen Super-Plus-Kraftstoffes der geschichteten Variante durch den im Kundenbetrieb erreichten Kraftstoffverbrauchsvorteil gegenüber der homogen-stöchiometrischen Variante nicht kompensiert werden können.

Technische Daten:

Anzahl Zylinder:	4 in Reihe
Hubraum:	2198 cm³
Ventile/Zylinder:	4
Bohrung x Hub:	86,0 mm x 94,6 mm
Verdichtungsverhältnis:	12,0:1
max. Leistung:	114 kW (155 PS) bei 5600 1/min
max. Drehmoment:	220 Nm bei 3800 1/min
Kraftstoff:	Super (ROZ 95)
Schadstoffnorm:	Euro 4

Bild 4.8-25 Opel 2.2 DIRECT ECOTEC

Im Januar 2003 hat auch BMW mit der Serienproduktion eines Ottomotors mit Direkteinspritzung begonnen. In den Modellen 760i und 760Li sind die 12-Zylinder-Motoren mit homogener Direkteinspritzung erhältlich. Der Kraftstoff wird mittels eines Einlochinjektors eingespritzt, der unterhalb der Einlasskanäle eingebaut ist. Der Kolben besitzt einlassseitig eine leichte Mulde, die die Luftbewegung und damit die Gemischbildung unterstützt. Die Einlasskanäle wurden auf optimale Leistung ausgelegt. Durch den Einsatz der variablen Ventilsteuerung Valvetronic konnte bei einer um 3 % höheren Leistung und einem 5 % höheren Drehmoment der Kraftstoffverbrauch um 10 % gegenüber konventionellen Vierventilmotoren abgesenkt werden.

Technische Daten:

Zylinderzahl:	V12
Ventile pro Zylinder:	4
Hubraum:	5972 cm3
Hub x Bohrung:	80 mm x 89 mm
Leistung:	327 kW (445 PS) bei 6000 1/min
Max. Drehmoment:	600 Nm bei 3950 1/min

Alle bisher auf dem Markt befindlichen Motoren mit Benzindirekteinspritzung und Aufladung besitzen Konzepte mit homogener Gemischbildung. So z. B. die Turbo-FSI-Motoren von VW und Audi. Bei VW ist der 2,0 TFSI beispielsweise im Golf, bei Audi im A4 erhältlich. Der Reihen-4-Zylinder-Motor besitzt einen Turbolader mit Ladeluftkühlung. Die vier Ventile pro Zylinder werden von zwei obenliegenden Nockenwellen gesteuert.

4.8 Entwicklungsschwerpunkte

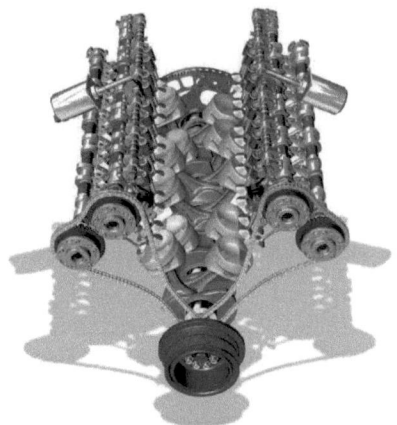

Bild 4.8-26 BMW V12 mit Direkteinspritzung und VALVETRONIC

Eine Hochleistungsvariante des 2,0 TFSI wird im Audi S3 eingesetzt. Im Vergleich zur Basisvariante des 2,0 TFSI wurde die Leistung von 147 auf 195 kW angehoben. Um dies zu ermöglichen wurden umfangreiche Überarbeitungen am Grundmotor durchgeführt. Dazu gehören Optimierung der Ladergeometrie, Versteifungsmaßnahmen am Kurbelgehäuse, verstärkte Pleuel mit neuen Lagern, modifizierte Kolben und eine neue hochwarmfeste Zylinderkopf-Aluminiumlegierung. Die Brennraumgestaltung wurde optimiert, um Probleme wie Vorentflammung oder Extremklopfer zu unterbinden. Immerhin treten Spitzendrücke bis zu 110 bar und Mitteldrücke bis zu 22 bar auf. Bild Bild 4.8-27 zeigt eine Abbildung des Motors.

Technische Daten:

Motor:	4-Zylinder in Reihe
Hubraum:	1984 cm3
Bohrung x Hub:	82,5 mm x 92,8 mm
Max. Leistung:	195 kW (265 PS) bei 6000 1/min
Max. Drehmoment:	350 Nm bei 2500 – 5000 1/min
Verdichtung:	9,8:1
Emissionsklasse:	Euro 4

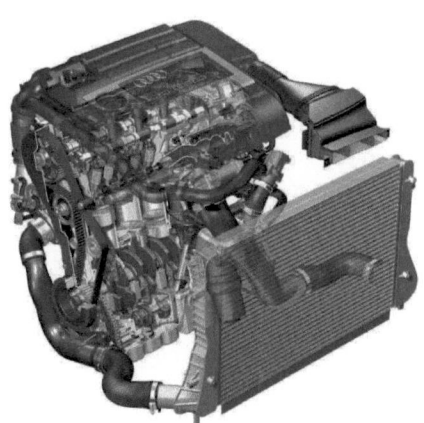

Bild 4.8-27 Audi 2,0 TFSI 196 kW Variante

Konzepte mit Schichtladung

Die ersten Motoren mit Schichtladung wurden mit einem luft- oder wandgeführten Brennverfahren betrieben. Beispiele hierfür sind der Mitsubishi GDI-Motor von 1995 oder die VW FSI-Motoren mit 1,4 l, 1,6 l und 2,0 l Hubraum, die ab 2000 in den Modellen Lupo, Golf und Passat eingeführt wurden. Alle diese Motoren konnte die erhofften Verbrauchsvorteile in die Praxis nicht umsetzten konnten. Erst die Einführung der nächsten Generation von Motoren mit Benzin-Direkteinspritzung mit strahlgeführten Brennverfahren verspricht ein deutlich größeres Potenzial zur Kraftstoffverbrauchseinsparung.

Als erster Hersteller brachte DaimlerChrysler im Jahre 2006 einen Motor der zweiten Generation der Benzin-Direkteinspritzung mit strahlgeführter Direkteinspritzung auf den Markt. Der Motor mit der Kennung M272 DE 35 ist im Fahrzeug CLS 350 CGI erhältlich. Es handelt sich um einen 3,5 Liter V6-Motor mit zentral im Vierventil-Zylinderkopf angeordnetem Piezoinjektor mit nach außen öffnender Düse, einer so genannten A-Düse. Die Zündkerze wurde von ihrer zentralen Lage in Richtung der Auslassventile verschoben und leicht geneigt, so dass ihre Elektroden im Randbereich des Einspritzstrahls positioniert sind. Der Kraftstoff wird mit bis zu 200 bar und drei Einzeleinspritzungen in den Brennraum eingebracht. Für die Druckerzeugung kommt eine mengengeregelte Drei-Stempel-Hochdruckpumpe zum Einsatz. Durch die höheren Schichtungsraten bei der strahlgeführten Direkteinspritzung wird eine größere Kraftstoffeinsparung erzielt als beim Vorgänger der ersten Generation.

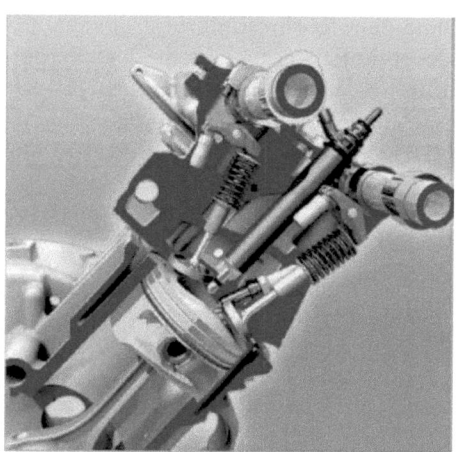

Bild 4.8-28 DaimlerChrysler M272 DE [4.8-11]

Zur Reduzierung der Abgasemissionen kommt eine zweiflutige externe Abgasrückführung zum Einsatz. Zwei motornahe Dreiwege-Katalysatoren sorgen in der komplett zweiflutig ausgeführten Abgasanlage für ein schnelles Erreichen der Light-off-Temperatur im Kaltstart. Die nachfolgenden NO_x-Speicherkatalysatoren sind zum Schutz vor zu hohen Temperaturen am Unterboden montiert. Sie besitzen ein aktives Temperaturfenster von 250 bis 500 °C. Zur präzisen Regelung der NO_x-Katalysatoren sind davor je ein Temperatursensor und danach je ein NO_x-Sensor eingebaut. Letztere dienen auch zur Absicherung der NOx-Grenzwerteinhaltung über die gesamte Lebensdauer des Fahrzeugs.

Mit dem strahlgeführten Brennverfahren ist es gelungen, den Kennfeldbereich in dem eine Ladungsschichtung möglich ist, gegenüber den Brennverfahren der ersten Generation deutlich auszuweiten. Geschwindigkeiten bis über 120 km/h können damit im Fahrzeug CLS 350 CGI

4.8 Entwicklungsschwerpunkte

im Schichtmodus gefahren werden [4.8-11]. Das Verbrauchspotenzial des Motors im Vergleich zur Variante mit Saugrohreinspritzung ist in Bild 4.8-29 dargestellt. In großen Teilen des Kennfeldes können zweistellige Verbrauchseinsparungen realisiert werden. Verglichen mit der Variante mit Saugrohreinspritzung erreicht der Motor mit Direkteinspritzung im NEFZ einen Verbrauchsvorteil von 10 %. Darüber hinaus hat er eine um 15 kW höhere Leistung und ein 15 Nm höheres Drehmoment.

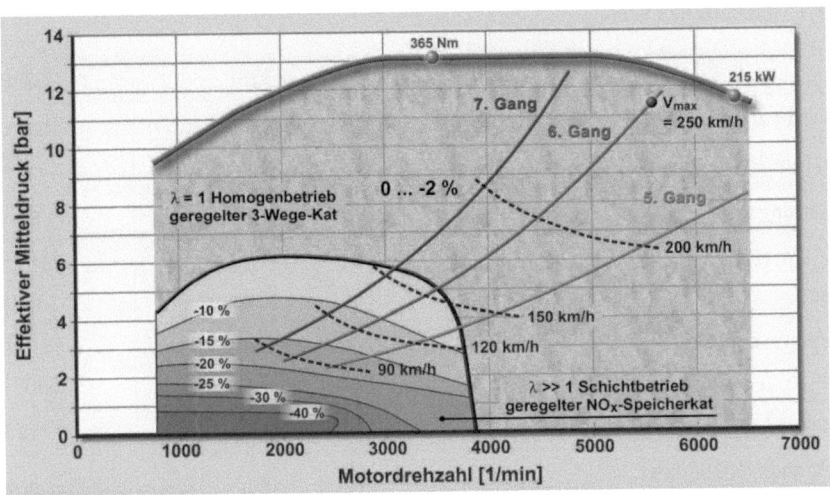

Bild 4.8-29 Schichtbereich und Verbrauchspotenzial im Kennfeld, Direkteinspritzung im Schichtbetrieb gegenüber Saugrohreinspritzung und $\lambda = 1$-Betrieb [4.8-11]

Technische Daten:

Zylinder-Anordnung/-Zahl:	V6
V-Winkel:	90°
Hub x Bohrung:	86 mm x 92,9 mm
Hubvolumen:	3498 cm3
Ventile pro Zylinder:	4
Verdichtung:	12,2:1
Leistung:	215 kW (292 PS) bei 6400 1/min
Drehmoment:	365 Nm bei 3000 bis 5100 1/min
Spez. Verbrauch im Bestpunkt:	240 g/kWh
Verbrauch bei 2000 1/min, 2 bar:	290 g/kWh (Saugrohreinspritzung: 360 g/kWh)

In der ersten Jahreshälfte 2007 hat BMW neue Reihen-Sechszylindermotoren mit Benzin-Direkteinspritzung eingeführt. Neben einem Motor mit Turbo-Aufladung und homogener Direkteinspritzung werden zwei Saugvarianten mit der Benzin-Direkteinspritzung High Precision Injection (HPI) und Schichtbetrieb angeboten. Gleichzeitig ist ein Zweiliter-Vierzylinder ebenfalls mit Benzindirekteinspritzung und Schichtbetrieb angekündigt. Die Motoren zeichnen sich durch eine zentrale Injektorlage und einer in unmittelbarer Nähe dazu angeordneten Zündkerze aus. Als Injektor kommt ein nach außen öffnender Piezo-Injektor mit ölgedämpftem Thermokompensator zum Einsatz [4.8-12]. Die bekannten Vorteile dieser Technik sind die geringe Verkokungsneigung und die sehr geringen Schaltzeiten von 200 μs des Injektors, wodurch neben Mehrfacheinspritzungen auch Voll- und Teilhübe möglich sind. Eine Dreizylinder-

Axialkolbenpumpe mit integriertem Mengensteuerventil für eine kombinierte Druck- und Mengenregelung verdichtet den Kraftstoff auf maximal 200 bar. Über eine gemeinsame Rail mit Drucksensor gelangt der Kraftstoff über kurze Einzelleitungen zu den Injektoren.

Die wichtigsten technischen Daten der neuen Motoren mit Direkteinspritzung und Schichtbetrieb sind in Tabelle 4.8.1 zusammengefasst.

Tabelle 4.8.1 Technische Daten

Typ	320i	325i	330i
Motorbauart / Zylinderzahl	Reihe / 4	Reihe / 6	Reihe / 6
Hubraum [cm³]	1995	2996	2979
Hub x Bohrung	90,0 x 84,0	88,0 x 85,0	89,6 x 84,0
Leistung [kW (PS)] bei [1/min]	125 (170) 6700	160 (218) 6100	200 (272) 6700
max. Drehmoment [Nm] bei [1/min]	210 4250	270 2400–4200	320 2750–3000
Verdichtung : 1	12,0	12,0	12,0
ECE-Verbrauch [L/100 km] gesamt	6,6	7,9	8,1

Bild 4.8-30 zeigt den Schichtbereich des Motors mit Benzin-Direkteinspritzung und strahlgeführtem Brennverfahren. In einem großen Last- und Drehzahlbereich kann der Motor verbrauchsgünstig mit magerem Gemisch betrieben werden. Im Bestpunkt wird ein effektiver spezifischer Verbrauch von ca. 240 g/kWh angegeben.

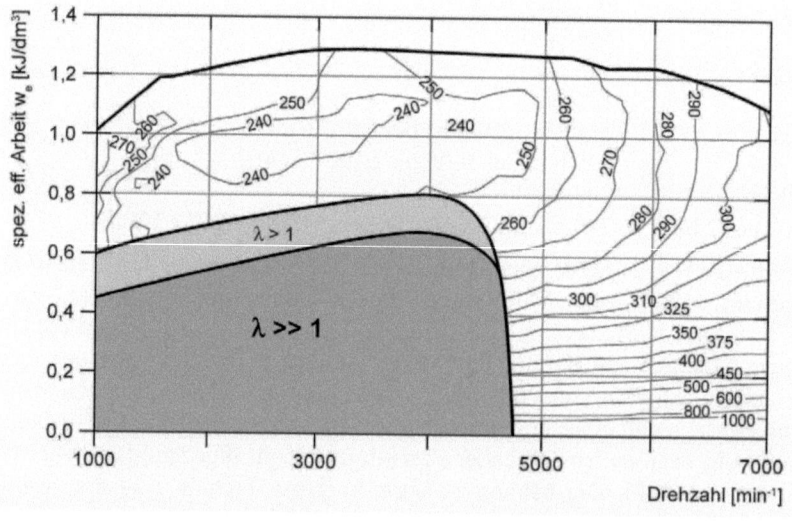

Bild 4.8-30 Schichtbereich des BMW Brennverfahrens im Kennfeld [4.8-13]

4.8.3 Aufladung

Ein Saugmotor saugt die Verbrennungsluft während des Ansaugtaktes über ein Luftfilter aus der Umgebung an. Im Gegensatz dazu, wird bei einem aufgeladenen Motor die Verbrennungsluft vor dem Eintritt in den Motor durch ein Aufladeaggregat verdichtet. Der gegenüber dem Saugmotor hubraumgleiche aufgeladene Motor saugt das gleiche Luftvolumen an, aber durch den höheren Druck des Arbeitsmediums gelangt eine größere Luftmasse in den Brennraum. Dadurch ergibt sich aus Sicht der Motorenentwicklung ein zusätzlicher Freiheitsgrad. Es kann mehr Kraftstoff verbrannt werden, so dass die Leistung des Motors bei gleicher Drehzahl und gleichem Hubvolumen ansteigt. Eine weitere Möglichkeit ist, den Verbrennungsluftanteil zu erhöhen, so dass der Motor die gleiche Leistung abgibt, die Verbrennung aber bei anderen Luftverhältnissen abläuft, was in enger Abstimmung mit Maßnahmen zur Abgasnachbehandlung eine geringere Schadstoffemission ermöglicht. Aufgeladene Motoren sind überall dort zu finden, wo hohe Leistung bei guter Wirtschaftlichkeit gefordert ist. Gegenüber gleich starken Saugmotoren hat der aufgeladene Motor einen geringeren Verbrauch, da er kleiner gebaut werden kann, verbunden mit geringeren Reibungs- und Wärmeverlusten. Der Drehmomentverlauf eines aufgeladenen Motors kann günstiger gestaltet werden. Durch die Aufladung von Motoren können mit kleineren Aggregaten die gleichen Leistungen erzielt werden wie mit vergleichbar größeren Aggregaten ohne Aufladung. Dies hat auf der einen Seite eine Verringerung der Reibungsverluste im Motor zur Folge, da kleinere Motoren meist mit weniger und zudem kleineren Lagerstellen auskommen, auf der anderen Seite werden die Ladungswechselverluste durch die Aufladung verringert. Hinzu kommt die Tatsache, dass ein kleiner Motor spezifisch höher belastet wird. Dies führt dazu, dass der Betriebspunkt des Motors in den meisten Fahrsituationen zu einem verbrauchs-günstigeren Bereich des Motorkennfeldes verschoben wird (Prinzip des Downsizing). Diese Zusammenhänge werden im Kapitel Downsizing und Downspeeding detailliert erläutert.

Durch die Vorverdichtung bei Aufladung erwärmt sich die Ladeluft um bis zu 180 K. Kühlt man diese Luft in einem Ladeluftkühler bevor sie in den Brennraum gelangt, so kann die Luftdichte und damit die Leistung weiter gesteigert werden. Die Ladeluftkühlung ist eine der wenigen Maßnahmen am Verbrennungsmotor, die sich sowohl auf Leistung und Verbrauch als auch auf die Schadstoffemissionen positiv auswirkt. Das Potential der Aufladung lässt sich bei Ottomotoren durch die Direkteinspritzung zusätzlich erhöhen. Aufgrund der geringeren Klopfempfindlichkeit bei DI-Ottomotoren kann auch bei aufgeladenen Motoren ein ungewöhnlich hohes Verdichtungsverhältnis gewählt werden. Zudem wirkt der aus der Entdrosselung resultierende höhere Luftmassendurchsatz bei Turbomotoren dem „Turboloch" im unteren Drehzahlbereich entgegen. In Downsizingkonzepten in Verbindung mit Direkteinspritzung sehen viele Hersteller großes Kraftstoffeinsparpotenzial.

Bild 4.8-31 zeigt die *p-V*-Diagramme eines Saugmotors und eines aufgeladenen Motors. Es ist daraus ersichtlich, dass der Kolben des aufgeladenen Motors bereits beim Füllen des Zylinders Arbeit verrichtet. Dabei wird die Energie, die das Gebläse auf die Frischladung überträgt, zurückgewonnen. Bei „Auslaß öffnet" ist der Druck im Zylinder des aufgeladenen Motors höher als beim nicht aufgeladenen, und daher geht mit dem Abgas Energie verloren.

Grundsätzlich wird bei der Aufladung zwischen mechanisch aufgeladenen Motoren und abgasturboaufgeladenen Motoren unterschieden.

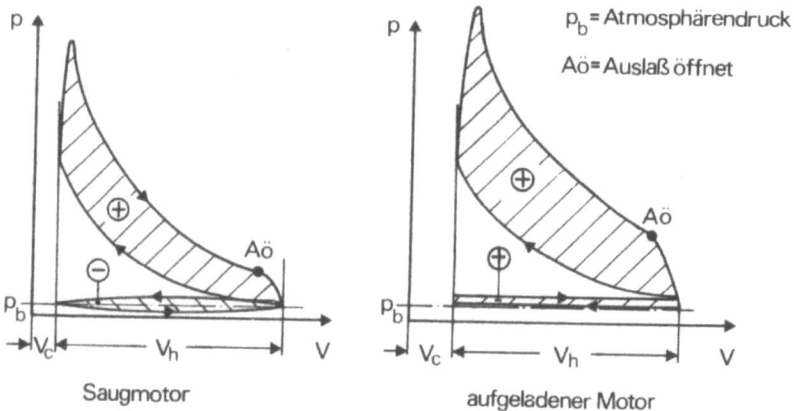

Bild 4.8-31 *p-V*-Diagramm Saugmotor/aufgeladener Motor

4.8.3.1 Mechanische Aufladung

Bei der mechanischen Aufladung wird die Verbrennungsluft durch einen Verdrängerlader zum Motor geleitet. Dieser wird vom Motor selbst angetrieben (Bild 4.8-32). Die erreichte Leistungssteigerung wird dabei zum Teil durch die für den Verdrängerlader erforderliche Antriebsleistung wieder aufgezehrt (je nach Motorgröße beim PKW zwischen 10 und 15 kW), womit auch der größte Nachteil dieser Auflademethode genannt sei.

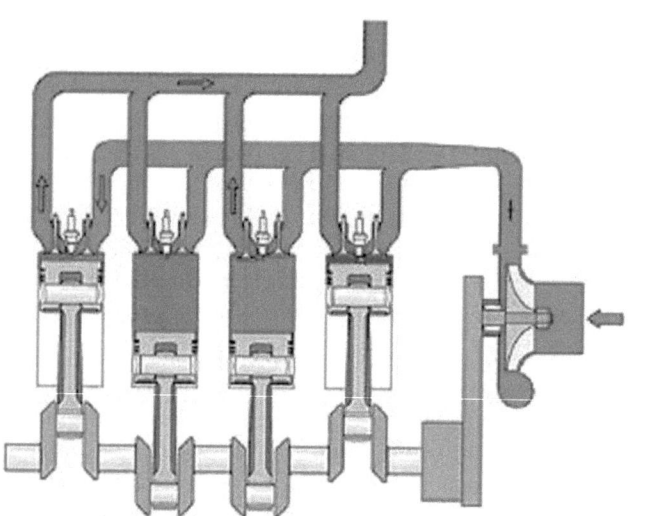

Bild 4.8-32 Prinzip der mechanischen Aufladung [4.8-14]

Besonders bei Ottomotoren ergeben sich Vorteile der mechanischen Aufladung gegenüber dem Abgasturbolader. Durch die mechanische Koppelung bietet sich die Möglichkeit zur schnellen Ladedruckerhöhung schon bei geringen Motordrehzahlen, Verbesserung der Fahrdynamik, Erhöhung des Drehmoments und Verbesserung des Ansprechverhaltens speziell beim Ottomotor. Darüber hinaus müssen die abgasführenden Teile bei einer mechanischen Auflading nicht aus hochwarmfesten und kostenintensiven Material hergestellt werden. Die luftführenden Teile können in genügend großem Abstand zu den heißen Teilen angebracht werden. Bei der Abgasturboaufladung hingegen besteht keine mechanische Koppelung mit dem Motor. Dadurch erfolgt der Aufbau des Ladedrucks in Abhängigkeit des Abgasmassenstroms und somit des Lastzustandes („Turboloch"). Durch eine entsprechende Abgasmenge muss zunächst die Turbine auf Drehzahl gebracht werden, bis der Verdichter Ladedruck bereitstellt. Die Abgasturbine bei der Abgasturboaufladung muss aus Wirkungsgradgründen möglichst nahe am Auspuffkrümmer angebracht werden. Das verursacht thermische Probleme für die übrigen angrenzten Motorteile und stellt große Anforderung an die Abgasabdichtungen. Die Abgasführung des Kompressormotors hingegen kann strömungs- und kostengünstig gestaltet und der Katalysator an einer optimal geeigneten Stelle angebracht werden.

Der gebräuchlichste Name für mechanische Aufladeaggregate im deutschsprachigen Raum ist Kompressor oder mechanischer Lader. Im englischen Sprachraum wird primär der Begriff Supercharger oder Blower verwendet. Je nach Bauart werden unterschieden: Schraubenlader, Verdrängerlader, Strömungsverdichterlader, Drehkolbenlader und Flügellader.

Für die mechanische Aufladung von Verbrennungsmotoren werden überwiegend Drehkolbenmaschinen (Verdrängerlader) in einwelliger und zweiwelliger Ausführung verwendet. Man unterscheidet zwischen außenachsigen und innenachsigen Ausführungen. In der einfachsten Form besteht der Rotor aus einem Kreiszylinder, das Gehäuse aus einem kreiszylindrischen Rohr, und das Trennelement zwischen Saugraum und Druckraum aus einem federbelasteten Flach-Schieber. Die einwellige Bauart lässt sich gut und kompakt in den Verbrennungsmotor einbauen. Der Antrieb kann auch ohne Riemen oder Zahnräder erfolgen, wenn man den Rotor direkt mit dem Kurbelwellenende antreibt. Es ist aber die zweiwellige, außenachsige, verschraubte Bauart nach Roots, die derzeit am häufigsten in Serie eingesetzt wird. Zunehmend werden auch Schraubenverdichter eingesetzt. Im Aftermarketbereich wird zusätzlich der mechanisch und elektrisch getriebene Radialverdichter und der Schraubenverdichter eingesetzt. Eine weitere Möglichkeit zur schnellen Ladedruckerhöhung schon bei geringen Motordrehzahlen, Verbesserung der Fahrdynamik, Erhöhung des Drehmoments und Verbesserung des Ansprechverhaltens speziell beim Ottomotor und Downsizing ist ein elektrisch angetriebener (Zusatz-)Verdichter.

Drehkolbenlader

Diese nach dem Erfinder des Konstruktionsprinzips als Roots-Gebläse benannten Lader haben zwei gegenläufige Rotoren, deren zwei oder drei keulenförmige „Flügel" wechselweise ineinander greifen. Dabei wird die Luft ähnlich wie bei einer Zahnradpumpe auf der einen Seite angesaugt, von den „Flügeln" an der inneren Wandung des ovalen Gehäuses entlanggeschoben und auf der Gegenseite herausgedrückt (vgl. Bild 4.8-33). Die Wellen der beiden Drehkolben sind außerhalb des Gehäuses über Zahnräder verbunden. Die Kolben laufen zueinander und zum Gehäuse vollkommen berührungsfrei. Rootslader arbeiten ohne innere Verdichtung. Auf Grund ihrer Wirkungsweise arbeiten sie erst ab einer größeren Luftmenge effektiv und sind daher relativ groß und schwer. Außerdem sind sie wegen der niedrigeren Drehzahl, der geringeren thermischen und Druckbelastung und wegen des berührungsfreien Laufs wesentlich langlebiger und wirtschaftlicher in der Herstellung. Rootslader werden heute bei den Mercedes-Benz Kompressor-Modellen verwendet.

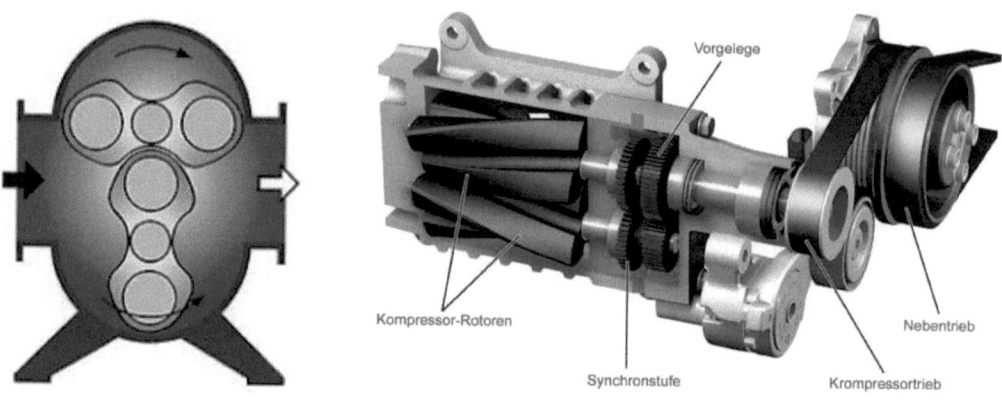

Bild 4.8-33 Prinzip des Drehkolbenladers (links) und ausgeführtes Aufladeaggregat (rechts) [4.8-1]

Schraubenverdichter

Der so genannte Rotationsverdichter gehört zu den rotierenden, zweiwelligen Verdrängerverdichtern mit innerer Verdichtung. Er zeichnet sich durch einfachen Aufbau, kleine Abmessungen, geringe Masse, gleichmäßige, pulsationsfreie Förderung, ruhigen Lauf und das Fehlen von oszillierenden Massen und Steuerorganen aus. Die Schraubenverdichter sind zweiwellige Drehkolbenmaschinen, die nach dem Verdrängungsprinzip mit innerer Verdichtung arbeiten. Das Fördergas wird während des Transportes vom Saugstutzen (oben am Gehäuse angebracht) zum Druckstutzen (unten am Gehäuse angebracht) in sich stetig verkleinernden Kammern komprimiert und gefördert.

Der Verdichtungsvorgang selbst wird in den Bildern 1 bis 4 in Bild 4.8-34 gezeigt.

1. Gas strömt über eine Ansaugöffnung in den Zahnlückenraum.

2. Nach Erreichen des maximalen Zahnlückenvolumens überstreichen die Zahnköpfe der Rotoren die Einlasssteuerkante. Dadurch wird der Arbeitsraum abgeschlossen, die Verdichtung beginnt.

3. Der Verdichtungsprozess dauert an, bis die Zahnköpfe die Auslassöffnungen passieren.

4. Durch das Weiterdrehen wird das Medium unter Druck ausgeschoben.

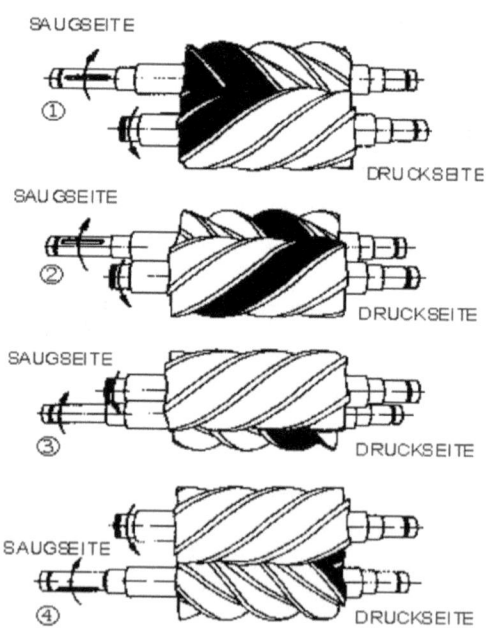

Bild 4.8-34 Verdichtungsvorgang bei einem Schraubenlader

Compressors for a Lifetime

Zuverlässige Kompressoren von Burckhardt Compression

Burckhardt Compression

Burckhardt Compression AG · CH-8404 Winterthur, Schweiz
Tel. +41 (0)52 262 55 00 · Fax +41 (0)52 262 00 51
info@burckhardtcompression.com · www.burckhardtcompression.com

4.8 Entwicklungsschwerpunkte

Flügelzellenlader

Sie arbeiten nach dem Prinzip der gleichnamigen Flüssigkeitspumpen bzw. umgekehrt wie die so genannten Luftmotoren in vielen Druckluftwerkzeugen. In einem Gehäuse mit kreisförmigem Querschnitt läuft ein exzentrisch dazu gelagerter Rotor (Bild 4.8-35). In den Rotor (2) sind ein oder mehrere, meist radial angeordnete Führungen eingearbeitet.

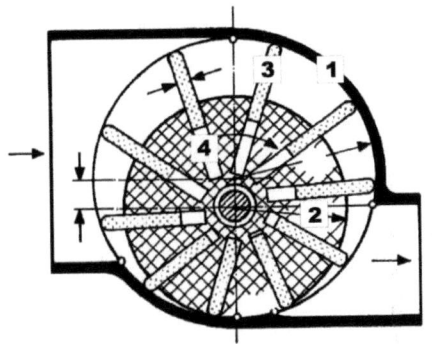

Bild 4.8-35 Funktionsprinzip des Flügelzellenladers [4.8-1]

In diesen Führungen sitzen die Drehschieber (3). Diese Schieber unterteilen den Raum zwischen Stator und Rotor in mehrere Kammern. Um die Abstandsänderung zwischen Rotor (2) und Stator (1) während eines Umlaufes auszugleichen, können sich die Drehschieber in den Führungen bewegen. Sie werden meist durch eine im Grund des Schlitzes angebrachte Feder (4) gegen die Innenwand des Stators gedrückt. Im Betriebszustand werden die Drehschieber (Flügel) durch die Federkraft oder Fliehkraft, mit ihren Außenkanten an die innere Gehäusewandung gedrückt und gleiten auf deren Oberfläche. Dadurch bilden sich zwischen benachbarten Flügeln abgeschlossene Räume, auch Zellen genannt, in denen die Luft befördert wird. Das Gehäuse besitzt je eine Eintritts- und eine Austrittsöffnung. Durch die exzentrische Lagerung werden die Zellen während der Rotation auf der Saugseite zunächst vergrößert, wodurch ein leichter Unterdruck entsteht. In Richtung der Druckseite verkleinern sie sich kontinuierlich wieder bis zur Austrittsöffnung. Dadurch wird die Luft vorkomprimiert und beschleunigt in den Ansaugtrakt des Motors geleitet. Durch einfach realisierbare Verstelleinrichtungen kann die Exzentrizität verändert und die Aufladung problemlos angepasst werden. Flügelzellenlader haben eine kleinere Leistung als Turbo- und Rootslader. Die mögliche Drehzahl ist höher als beim Rootslader, aber durch die Fliehkräfte und Reibung begrenzt. Sie sind klein, leicht und verhältnismäßig günstig zu fertigen. Da sie aber durch die Reibung der Zellenflügel einem erhöhten Verschleiß unterliegen, ist ihre Lebensdauer recht begrenzt. Aufgrund dieser Eigenschaften eignen sie sich vor allem für kleine Ottomotoren in Sportwagen.

Spirallader

Das Prinzip dieser Gruppe der Verdrängungslader wurde bereits Anfang des 20. Jahrhunderts in den USA patentiert. Die praktische Anwendung in nennenswerten Stückzahlen scheiterte jedoch an der komplizierten Fertigung und den Materialanforderungen. In den achtziger Jahren brachte Volkswagen den Spirallader mit vielen Detailveränderungen als G-Lader in den Modellen Polo G40 und Golf, Passat und Corrado G60 auf den Markt. Die Bezeichnung bezieht sich auf die Konstruktion (Bild 4.8-36).

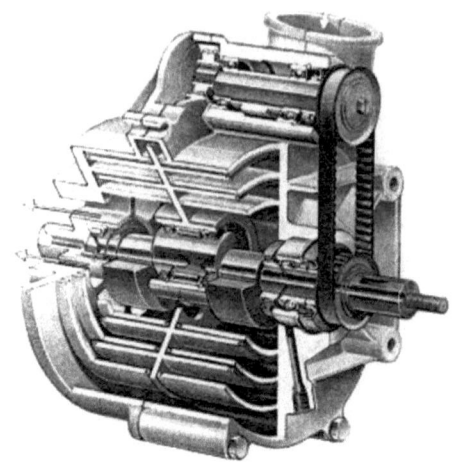

Bild 4.8-36 Spirallader in der Ausführung des G-Laders

Das im Querschnitt runde Gehäuse besteht aus zwei Hälften, in die jeweils zwei spiralförmige Stege eingegossen sind, die, wie der ebenfalls spiralförmige Verdränger, an den Großbuchstaben G erinnern. Die Zahlen 40 bzw. 60 geben die Höhe/Breite des Gehäuses in Millimetern wieder. Der Verdränger wird durch die Kurbelwelle über Riementrieb von einer Hauptwelle angetrieben und eine mit dieser über Riemen gekoppelten Nebenwelle geführt. Beide Wellen besitzen Exzenter, so dass der Verdränger nicht rotiert, sondern lediglich schnelle Schwingbewegungen ausführt. Die Luft strömt tangential ins Gehäuse, wird dort zwischen den Spiralstegen von Gehäuse und Verdränger eingeschlossen und in Richtung Gehäusemitte befördert, von wo sie zum Ansaugtrakt gelangt. Durch die Oszillationsbewegung entstehen sich ständig verkleinernde Volumina zwischen den Stegen. Die Luft wird so verdichtet und beschleunigt. G-Lader haben aufgrund der erheblichen Reibung der aufwändigen Dichtelemente und Federn, die zwischen den Stirnseiten von Verdränger und Gehäuse angeordnet sind, eine geringe Lebensdauer, wenn die betreffenden Verschleißteile nicht turnusmäßig kontrolliert und getauscht werden. Aus wirtschaftlichen Erwägungen bezüglich der hohen Fertigungs-, Reparatur- und Austauschkosten stelle VW die Fertigung der G-Lader Anfang der Neunziger Jahre ein.

4.8.3.2 Abgasturboaufladung

Bei der Abgasturboaufladung wird ein Teil der sonst verlorenen Abgasenergie zum Antrieb des Aufladeaggregates genutzt (Bild 4.8-37). Der Abgasturbolader besteht aus zwei Strömungsmaschinen, einer Turbine und einem Verdichter, die durch eine gemeinsame Welle miteinander verbunden sind. Der Verdichter saugt die Verbrennungsluft an und führt sie dem Motor verdichtet zu. Die Turbine setzt einen Teil der Energie aus den Motorabgasen in mechanische Energie zum Antrieb des Verdichters um. Die Abgase werden durch den Strömungsquerschnitt der Turbine aufgestaut, sodass sich zwischen Eintritt und Austritt ein Druck- und Temperaturgefälle einstellt. Im Laufrad des Verdichters wird die dem Abgas entzogene Energie an die angesaugte Verbrennungsluft übertragen und teilweise in Druckenergie umgewandelt. Somit besteht eine rein thermodynamische und keine mechanische Kopplung zwischen Motor und Turbolader. Dadurch erfolgt der Aufbau des Ladedrucks in Abhängigkeit des Abgasmassenstroms und somit des Lastzustandes („Turboloch"). Durch eine entsprechende Abgasmenge muss zunächst die Turbine auf Drehzahl gebracht werden, bis der Verdichter Ladedruck bereit-

4.8 Entwicklungsschwerpunkte

stellt. Um diese Verzögerung zu Verringern und das Ansprechverhalten des Turboladers zu verbessern, werden heute Abgasturbolader mit variabler Turbinengeometrie (so genannte VTG-Lader) eingesetzt und durch Wahl spezieller Werkstoffe und konstruktive Maßnahmen die rotierenden Massen der Turbolader verringert.

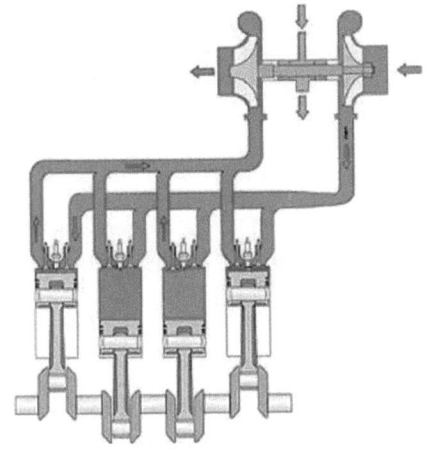

Bild 4.8-37 Prinzip der Abgasturboaufladung [4.8-14]

Aufbau des Abgasturboladers

Bei den Turbinen eines Turboladers unterscheidet man Axialturbinen und Radialturbinen. Bei Axialturbinen wird das Rad ausschließlich axial durchströmt. Bei Radialturbinen erfolgt die Anströmung zentripetal, d. h. in radialer Richtung von außen nach innen, und das Ausströmen in axialer Richtung (Bild 4.8-38).

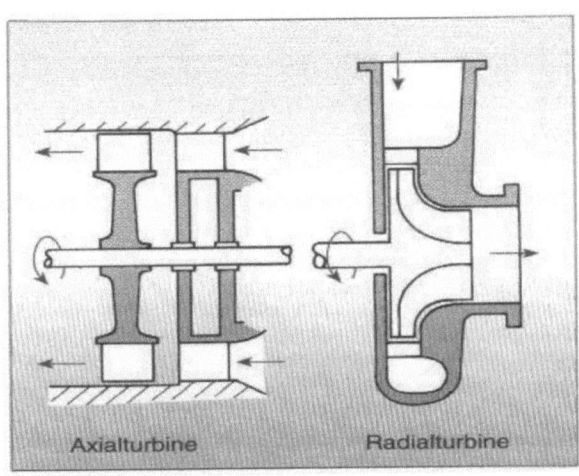

Bild 4.8-38 Schema einer Axial- und einer Radialturbine

Bis zu einem Raddurchmesser von ca. 160 mm werden ausschließlich Radialturbinen verwendet. Das entspricht in etwa einer Motorleistung von 1000 kW je Turbolader. Kleine Radialturbinen haben im Vergleich zu gleich großen Axialturbinen einen höheren Wirkungsgrad. In Pkw- sowie in Nutzfahrzeug- und Industriemotoren sind daher fast ausschließlich Radialturbinen zu finden. Im Folgenden wird wegen ihrer weiten Verbreitung nur noch auf die Funktionsweise der Radialturbine eingegangen.

Eine solche Radial- oder auch Zentripetalturbine eines Turboladers besteht i. d. R. aus dem Turbinenrad, dem Leitapparat und dem Spiralgehäuse. Die Turbine staut durch den Strömungswiderstand das Abgas des Motors auf. Im Spiralgehäuse und im Leitapparat wird ein Teil des aufgestauten Abgasdruckes in kinetische Energie umgewandelt, d. h. die Strömung wird beschleunigt und dem Turbinenrad zugeführt. Dieses konvertiert einen Teil des heißen Abgases in mechanische Energie, die über eine Welle den Verdichter antreibt. Die Turbinenleistung steigt mit zunehmendem Druckgefälle über die Turbine an. Auch bei steigender Abgastemperatur nimmt die Turbinenleistung wegen des höheren Energieinhaltes des Abgases zu.

Das Betriebsverhalten von Verdichtern wird häufig durch Kennfelder beschrieben, bei denen das Druckverhältnis über dem durchgesetzten Volumen- und Massenstrom des Verdichters dargestellt ist. Der Volumen- und der Massenstrom des Verdichters werden wegen der Vergleichbarkeit auf einen bestimmten Normzustand am Verdichtereintritt bezogen.

Regelung

Die Nenndrehzahl eines Pkw-Dieselmotors kann bis zu 5000 Umdrehungen pro Minute betragen, die eines Ottomotors bis über 7000 min^{-1}. Eine Turbine, die den gesamten Abgasstrom bei Nenndrehzahl schlucken würde, wäre so groß, dass der Turbolader bei niedrigen Drehzahlen nur sehr stark verzögert ansprechen würde. Bei Fahrzeugmotoren wird, wegen des besseren Fahrverhaltens, die Turbine so klein gewählt, dass genügend Ladedruck bei niedrigen Drehzahlen zur Verfügung steht und der Turbolader beim Beschleunigen schnell genug anspricht. Bei einem ungeregelten Lader wäre jetzt der Ladedruck im Nennleistungspunkt zu hoch und würde den Motor auf Dauer zerstören, oder der Lader würde mit einer unzulässig hohen Drehzahl betrieben. Deshalb wird nach dem Erreichen eines bestimmten Ladedruckes ein Teil der Abgasmenge durch einen Bypass um die Turbine geleitet und der Ladedruck steigt nicht weiter an.

Variable Turbinengeometrie

Die variable Turbinengeometrie (VTG) ermöglicht es, den Strömungsquerschnitt der Turbine oder die Richtung der Anströmung in Abhängigkeit des Motorbetriebspunktes zu verstellen. Dadurch wird die gesamte Abgasenergie genutzt, und der Strömungsquerschnitt der Turbine kann für jeden Betriebspunkt optimal eingestellt werden. Während bei Dieselmotoren der so genannte VTG-Turbolader als Standardaufladeaggregat etabliert ist, stellt diese Technik bei Ottomotoren wegen der hohen Abgastemperaturen eine große Herausforderung dar.

Durch drehbar gelagerte Leitschaufeln zwischen dem Spiralgehäuse und dem Turbinenrad wird das Aufstauverhalten und damit die Leistung der Turbine beeinflusst. Bei niedrigen Motordrehzahlen wird durch das Schließen der Leitschaufeln der Strömungsquerschnitt verkleinert. Der Ladedruck und somit auch das Motordrehmoment steigen an. Bei hohen Motordrehzahlen wird durch das zunehmende Öffnen der Leitschaufeln der Strömungsquerschnitt vergrößert. Es stellt sich gegenüber dem ungeregelten Turbinengehäuse ein niedrigerer Ladedruck ein.

Bild 4.8-39 Schnitt durch einen Turbolader mit variabler Turbinenschaufelgeometrie in geschlossener und geöffneter Position

Abgasturbolader mit elektrischem Antrieb

Da die Förderleistung des ATL vom Abgasgegendruck abhängt, sind höhere Mitteldrücke erst bei steigender Drehzahl zu erwarten, die Motoren haben das gefürchtete „Turboloch". Die Entwicklung eines ATL mit verstellbarer Turbinengeometrie (VTG), führte zu einem wesentlich kleineren Turboloch. Ganz beseitigen kann man es damit jedoch nicht. Um das Turboloch völlig zu füllen, bedarf es eines motorunabhängigen Laders, der bei Leistungsanforderung durch den Fahrer innerhalb von Millisekunden zusätzlich Luft in den Motor bläst. Im Straßenfahrzeug ist nur das elektrische Bordnetz in der Lage, dafür sofort Energie zur Verfügung zu stellen.

Durch Integration eines geeigneten Elektromotors auf der Welle des Abgasturboladers, lässt sich die Auflading elektrisch unterstützen. Die Leistung dieser Elektromotoren liegt im Bereich von 1,5 bis 2 kW. Eine technische Herausforderung dabei ist die ausreichende Abschirmung der Leistungselektronik gegen hohe Temperaturen und Schwingungen. Trotz der Erhöhung des Massenträgheitsmomentes des Laufzeugs durch die Integration des Elektromotors hat der elektrisch unterstütze Turbolader ein verbessertes transiente Verhalten in Betriebspunkten, bei den nur ein geringer Abgasstrom zu Verfügung steht. Ladedruck und Mitteldruck werden mit Hilfe des Elektromotors sehr schnell aufgebaut.

4.8.4 Downsizing und Downspeeding

Downsizing und Downspeeding sind wirkungsvolle Maßnahmen zur Verbrauchsreduzierung und können bei geeigneter Ausführung Verbrauchseinsparungen von bis zu 10 % erzielen. Dazu werden beide Maßnahmen in ausgeführten Fahrzeugen meist kombiniert eingesetzt, um das Potenzial voll auszuschöpfen. In diesem Abschnitt werden die Begriffe Downsizing und Downspeeding getrennt betrachtet, um die prinzipiellen Aspekte von Downsizing und Downspeeding zu erläutern.

4.8.4.1 Downsizing

Das Prinzip des Downsizings ist ein Ansatz zur Verbrauchsminderung. Im Allgemeinen versteht man unter Downsizing eine Reduzierung des Hubraums eines Motors [4.8-15]. Dabei wird der Betriebspunkt des Motors im Kennfeld in Richtung höherer Mitteldrücke verschoben, um die gewünschte Leistung zu erzielen.

Durch die Aufladung von Motoren können mit kleineren Aggregaten die gleichen Leistungen erzielt werden wie mit vergleichbaren größeren Aggregaten ohne Aufladung. Dies hat auf der einen Seite eine Verringerung der Reibungsverluste im Motor zur Folge, da kleinere Motoren meist mit weniger und zudem kleineren Lagerstellen auskommen, auf der anderen Seite werden die Ladungswechselverluste durch die Aufladung verringert. Hinzu kommt die Tatsache, dass ein kleiner Motor spezifisch höher belastet wird. Durch eine Laststeigerung bei konstanter Drehzahl kommt es i. d. R. zu einer Steigerung des effektiven Wirkungsgrades, da sich die Verluste aus Reibung und Arbeitsverfahren verringern. Dies führt dazu, dass der Betriebspunkt des Motors in den meisten Fahrsituationen zu einem verbrauchsgünstigeren Bereich des Motorkennfeldes verschoben wird. Bild 4.8-40 zeigt diesen Effekt der Verschiebung zu einer höheren spezifischen Belastung bzw. zu einem höheren effektiven Mitteldruck p_{me} am Vergleich zwischen einem konventionellen 3l-Saugmotor und einem 2l-Motor mit Abgasturboaufladung.

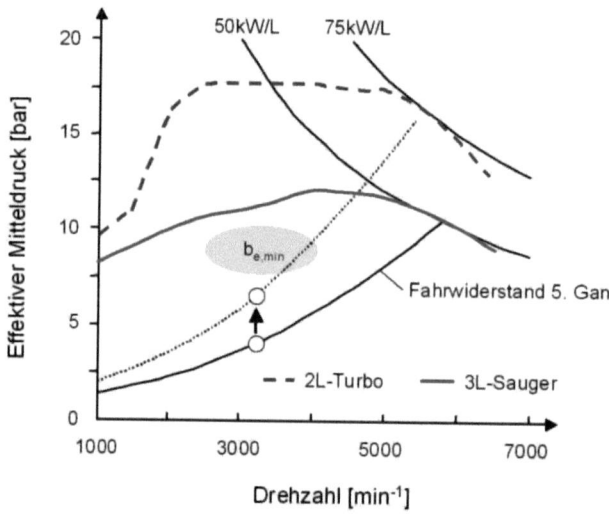

Bild 4.8-40 Erhöhung der spezifischen Leistung durch Downsizing

Die Betriebspunktverlagerung führt dazu, dass die Verluste durch Wandwärmeübergang, Ladungswechsel und mechanische Verluste verringert werden. Die Verluste durch reale Verbrennung können hingegen aufgrund der längeren Brenndauer oder spätere Zündwinkel ansteigen. Insgesamt ergeben sich gerade im Verbrauchszyklus klare Verbrauchsvorteile durch Downsizing [4.8-16].

In Bild 4.8-41 und Bild 4.8-42 sind zwei Downsizing-Konzepte dargestellt. Das erste Konzept basiert auf der Verkleinerung des Hubraums bei gleich bleibender Zylinderanzahl. Obwohl sich das Oberflächen-Volumen-Verhältnis vergrößert, ist mit Aufladung eine Verbrauchseinsparung von 4 % möglich, um die vorgegebene Leistung von 10 kW zu erreichen. Das zweite Konzept

4.8 Entwicklungsschwerpunkte

sieht eine Vergrößerung des Hubvolumens der einzelnen Zylinder, bei einer Verringerung der Zylinderanzahl vor. Mit Auflage ist mit diesem Konzept eine Verbrauchseinsparung von 9 % möglich, um die vorgegebene Leistung von 10 kW zu erreichen.

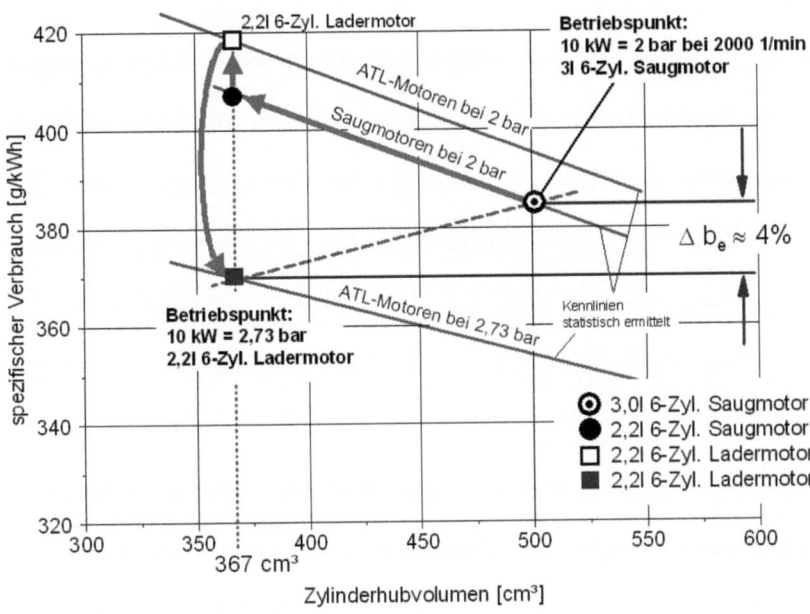

Bild 4.8-41 Downsizing-Konzept bei gleich bleibender Zylinderanzahl [4.8-17]

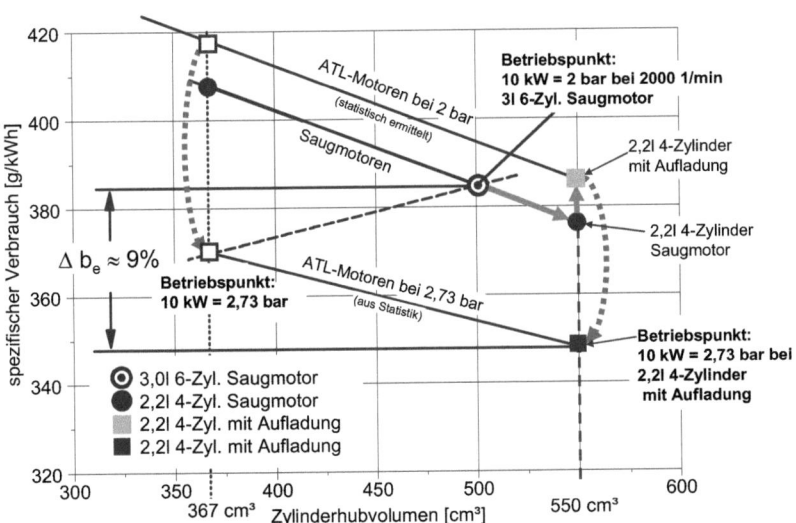

Bild 4.8-42 Downsizing-Konzept bei verringerter Zylinderanzahl [4.8-17]

Durch die Vorverdichtung bei Aufladung erwärmt sich die Ladeluft um bis zu 180 K. Kühlt man diese Luft in einem Ladeluftkühler, so kann die Luftdichte und damit die Leistung weiter gesteigert werden. Die Ladeluftkühlung ist eine der wenigen Maßnahmen am Verbrennungsmotor, die sich sowohl auf Leistung und Verbrauch als auch auf die Schadstoffemissionen positiv auswirkt. Die höhere Luftdichte vermindert beim Ottomotor die Neigung zu klopfender Verbrennung. Untersuchungen von BMW zu einem Downsizing-Konzept mit Hubraumreduktion, Direkteinspritzung, Abgasturbolader mit erhöhter Turbineneintrittstemperatur und geometrischer Variation der Verdichtung versprechen laut Hersteller eine Verbrauchsabsenkung von bis zu 25 % im NEFZ bei gleichzeitiger Verbesserung des Leistungsverhaltens. Die Mehrkosten liegen aufgrund des kleineren Motors laut BMW noch unterhalb derer für ein reines Konzeptes der Direkteinspritzung.

Durch die Direkteinspritzung beim Ottomotor wird das Potential der Turboaufladung erhöht. Aufgrund der geringeren Klopfempfindlichkeit bei DI-Ottomotoren kann auch bei Turbomotoren ein ungewöhnlich hohes Verdichtungsverhältnis gewählt werden. Zudem wirkt der aus der Entdrosselung resultierende höhere Luftmassendurchsatz dem „Turboloch" im unteren Drehzahlbereich entgegen. Mit Direkteinspritzung sind zudem größere Ventilüberschneidungen möglich, wodurch eine bessere Restgasausspülung und ein hoher Luftaufwand realisiert werden können. Eine gezielte variable Ladungsbewegung kann darüber hinaus Gemischhomogenisierung und Restgasverträglichkeit verbessern.

In Downsizing-Konzepten in Verbindung mit Direkteinspritzung sehen viele Hersteller großes Kraftstoffeinsparpotenzial. Mittelfristig bietet sich ein stöchiometrischer Betrieb für Downsizing-Konzepte an, da diese die Verwendung eines Drei-Wege-Katalysators erlauben und trotzdem das Potenzial der Direkteinspritzung nutzen. Das volle Potenzial der Kombination Downsizing und Direkteinspritzung wird erst durch strahlgeführte Brennverfahren ausgeschöpft werden können. Allerdings ist die Darstellung einer Ladungsschichtung bei aufgeladenen Motoren schwierig zu realisieren [4.8-16].

Zur Verbrauchseinsparung stellt das Downsizing eine entscheidende Technologie für Ottomotoren dar. Hierbei ist es allerdings wichtig, dass der gesamte Antriebstrang betrachtet wird, damit die Charakteristik des Gesamtfahrzeugs hinsichtlich Fahrbarkeit, Ansprechverhalten, Komfort und Akustik den Kundenwünschen entspricht und damit eine entsprechende Kundenakzeptanz erreicht werden kann.

Beispiele für Downsizing-Motoren mit Benzin-Direkteinspritzung in der Serienproduktion sind beispielsweise der VW 1.4 TSI und der Mercedes C180 CGI. Beide erreichen Leistungswerte die mit denen hubraumgrößerer Motoren vergleichbar sind. Beim VW Motor werden mechanische Aufladung und Abgasturbolader kombiniert. Trotz des kleinen Hubraums kann ein schneller Ladedruckaufbau aus niedrigen Drehzahlen über den mechanischen Lader realisiert werden. Der Vierzylinder-Motor des Mercedes entspricht in seinen Leistungsdaten etwa dem Sechszylinderaggregat.

4.8.4.2 Downspeeding

Als Downspeeding wird allgemein die Absenkung der Motordrehzahl durch eine geänderte Gesamtübersetzung des Fahrzeuges bezeichnet. Durch eine verbrauchsoptimierte Antriebsübersetzung können dabei ähnliche Verbrauchsverbesserungen erreicht werden wie durch eine Hubraumreduzierung [4.8-18]. Durch das höhere Leistungs- und Mitteldruckniveau von aufgeladenen Motoren lässt sich eine Verlagerung des Betriebspunktes hin zu niedrigeren Drehzah-

4.8 Entwicklungsschwerpunkte

len und höheren Lasten realisieren. Dies bedeutet, dass der Motor in einem verbrauchsgünstigeren Kennfeldbereich betrieben werden kann. Downspeeding-Konzepte sind i. d. R. mit einem Downsizing-Konzept verbunden, wobei sich diese Kombination besonders gut für Ottomotoren mit Direkteinspritzung und Aufladung eignen.

In Bild 4.8-43 ist der Zusammenhang zwischen Hubraumreduzierung, Drehzahlabsenkung und Verbrauchspotenzial dargestellt. Eine Verbrauchseinsparung von 15 % kann beispielsweise über eine Reduzierung des Hubraums von 2,0 auf 1,4 Liter und einer Drehzahlabsenkung um ca. 400 min^{-1} erzielt werden. Die gleiche Verbrauchsreduzierung kann auch alleine über eine Reduzierung der Drehzahl um ca. 650 min^{-1} erreicht werden. Wird die Reduzierung des Verbrauchs zum größten Teil nur über die Absenkung der Drehzahl realisiert, so wird oft auch von einer „Verdieselung" des Fahrzeugs gesprochen.

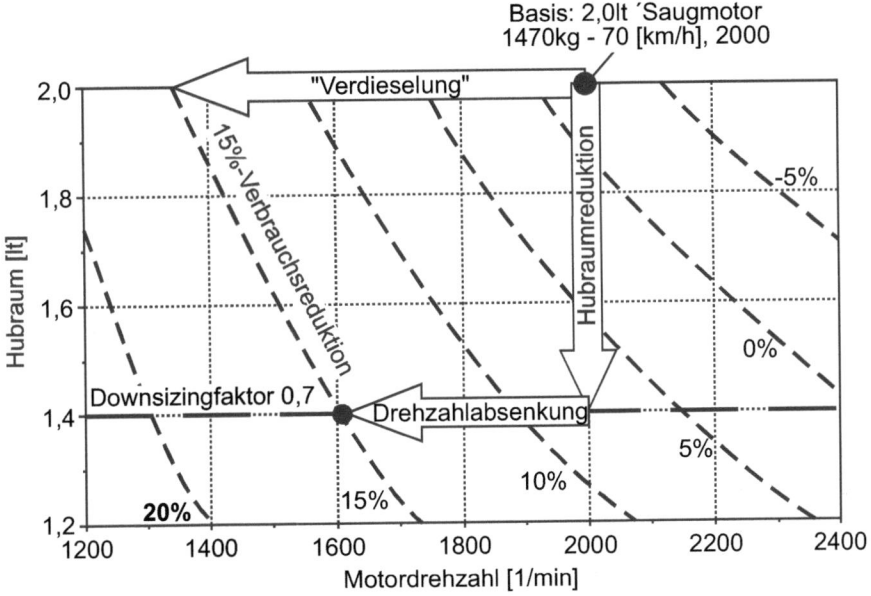

Bild 4.8-43 Downsizing/Downspeeding – Hubraumreduktion und Drehzahlabsenkung [4.8-18]

Ein Vergleich zwischen einem Ottomotor mit Direkteinspritzung und Downsizingkonzept (Hochlast-Turboaufladung), einem konventionellen Motor mit Saugrohreinspritzung und einem Motor mit Hochdrehzahlkonzept und Saugrohreinspritzung ist in Bild 4.8-44 dargestellt. Es ist deutlich zu erkennen, dass das Downsizingkonzept durch die Lastpunktverschiebung hinzu höheren Drehmomenten und niedrigeren Drehzahlen eine erhebliche Verbrauchseinsparung im gesamten Kennfeld erzielt.

Ein wichtiger Punkt um die Akzeptanz solcher Konzepte beim Kunden sicher zu stellen, ist die Realisierung eines guten Ansprechverhaltens. Daher muss die Auslegung des Turboladers in Richtung Anfahr- und Dynamikverhalten erfolgen. Darüber hinaus ist bei der Auslegung solcher Konzepte auch die komfortrelevante Minimaldrehzahlen zu beachten. In der Praxis lässt sich bei optimaler Auslegung eines Motors mit Downspeeding eine Verbrauchsreduzierung von ca. 10 % erzielen.

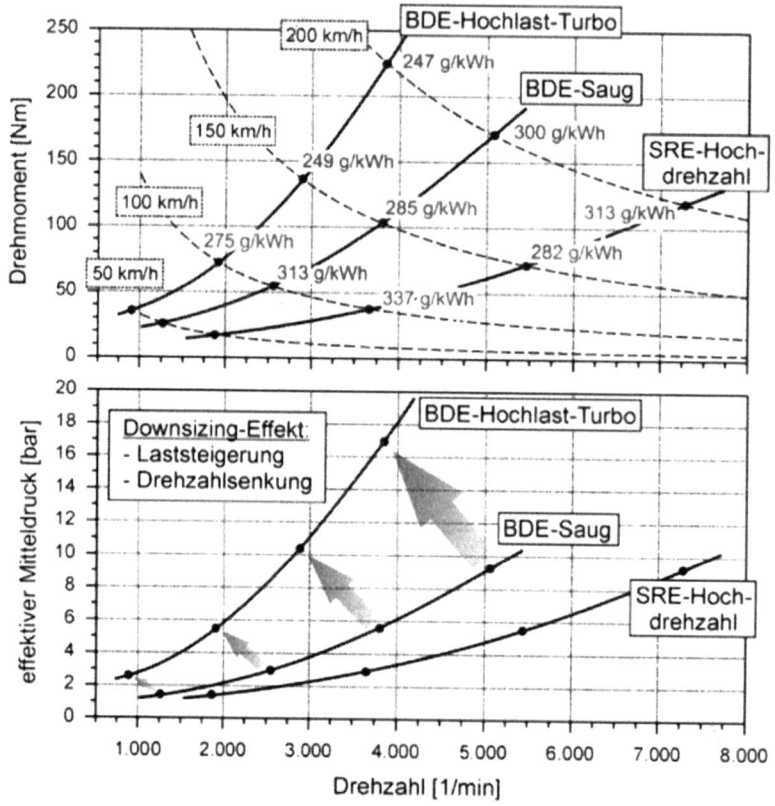

Bild 4.8-44 Vergleich zwischen Downsizing-Motor, Saugrohreinspritzer und Hochdrehzahlkonzept [4.8-15]

4.8.5 Moderne Konzepte bei Dieselmotoren

Direkteinspritzende Dieselmotoren haben den höchsten thermischen Wirkungsgrad aller Verbrennungskraftmaschinen überhaupt. Allerdings besitzen sie einen relativ hohen Schadstoffausstoß, besonders von Partikeln und Stickoxiden. Ziel der Optimierung des dieselmotorischen Prozesses muss neben dem Schutz der Umwelt auch ein sparsamer Umgang mit den immer knapper werdenden Ressourcen sein.

So sind die aktuellen Entwicklungsschwerpunkte bei Dieselmotoren hauptsächlich durch zwei wichtige Ziele geprägt:

- Einhaltung zukünftiger Emissionsvorschriften
- Weitere Verbrauchsreduzierung

Gerade bei der Abgasgesetzgebung stehen weltweit erhebliche Verschärfungen an. Um Emissionen und Verbrauch gleichzeitig zu reduzieren, ist neben einer wirkungsvollen Abgasnachbehandlung auch eine Optimierung des Dieselbrennverfahrens nötig. Außerdem werden noch weitere vielfältige Anforderungen an zukünftige Dieselmotoren gestellt (Bild 4.8-45).

4.8 Entwicklungsschwerpunkte

Bild 4.8-45 Anforderungen an zukünftige Dieselmotoren

Zur Einhaltung zukünftiger Abgasemissionsgrenzwerte ist es erforderlich, die NO_x- und Partikelemissionen zu senken, ohne die Wirtschaftlichkeit und Vorteile des Dieselmotors zu gefährden. Eine besondere Herausforderung bei der Reduzierung der Emissionen ist das gegensätzliche Verhalten von Ruß- und Stickoxidemissionen, die so genannte Ruß-NO_x-Schere (Bild 4.8-46). Eine Reduzierung der einen Schadstoffkomponente im Abgas führt i. d. R. zu einer Erhöhung der anderen. Des Weiteren geht eine Verringerung des Stickoxidausstoßes meist mit einer Verschlechterung des Wirkungsgrades einher. Ziel ist eine Verschiebung der Ruß-NO_x-Schere in Richtung des Ursprungs, d. h. eine gleichzeitige Verringerung der NO_x- und Partikelrohemissionen bei möglichst gleich bleibendem Wirkungsgrad. Hierfür sind weitere Optimierungen in der Gemischbildung und der Verbrennung nötig, die unter anderem durch höhere Einspritzdrücke sowie präzisere und flexiblere Einspritztechnik erreicht werden können (Bild 4.8-46).

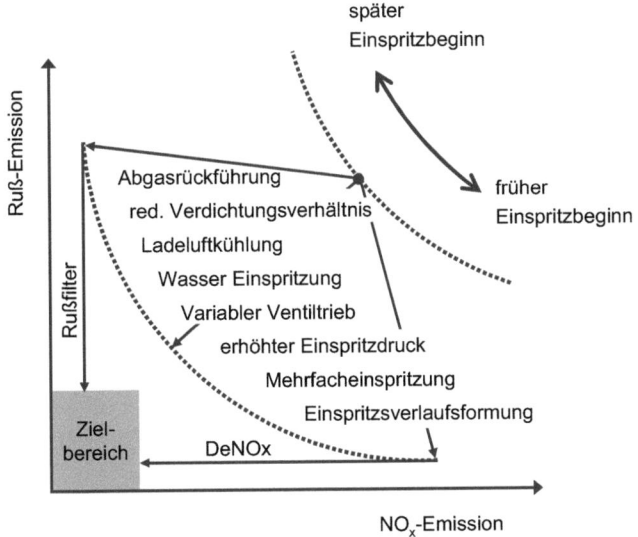

Bild 4.8-46 Ruß-NO_x-Schere – Maßnahmen zur Reduzierung der Ruß- und NO_x-Emissionen [4.8-19]

Einer der wichtigsten Einflussfaktoren ist die Kraftstoffeinspritzung. So muss das Einspritzdüsendesign (Lochzahl- und Durchmesser, Spraywinkel und Richtung, Spritzlochform und Kavitationseigenschaft), Einspritzdruck, Einspritzbeginn und –dauer aufeinander abgestimmt werden. Weitere Möglichkeiten zur Reduzierung der Rohemissionen sind kennfeldgesteuerte Abgasrückführung (gekühlt), Wassereinspirtzung (bei Schiffsdieseln) oder frühes schließen des Einlassventils (Miller-Cycle). Beim Miller-Cycle wird die Zylinderladung durch die Expansion nach dem frühen ES abgekühlt und die Verdichtung beginnt auf einem niedrigeren Temperaturniveau. Um eine identische Zylinderfüllung wie mit konventionellen Ventilsteuerzeiten zu erhalten, ist eine Erhöhung des Ladedrucks notwendig.

Da innermotorische Maßnahmen nicht ausreichen, um die gesetzlichen Anforderungen einzuhalten, ist eine wirkungsvolle Abgasnachbehandlung notwendig. Hierzu zählen Partikelfilter und NO_x-Speicherkataylsatoren bzw. SCR-Systeme (selektive katalytische Reduktion). Bei einem SCR Katalysator werden die Stickoxide mit aus Harnstoff gewonnenem Ammoniak (NH_3) reduziert.

Um beides, Ruß- und NO_x-Emissionen, gleichzeitig zu reduzieren, ist eine geschickte Kombination verschiedener Maßnahmen notwendig. Der bedeutendste Einflussfaktor ist gleichwohl die Kraftstoffeinspritzung. Moderne und flexible Einspritzsysteme bieten das Potential einer gleichzeitigen Reduktion der Ruß- und Stickoxidrohemissionen.

4.8.5.1 Mehrfacheinspritzung und Einspritzverlaufsformung

Moderne Einspritzsysteme bieten eine große Zahl an Freiheitsgraden bei der Kraftstoffeinspritzung. So wird heutzutage häufig eine Mehrfacheinspritzstrategie angewandt, die aus Vor-, Haupt-, und Nacheinspritzung bestehen kann (Bild 4.8-47).

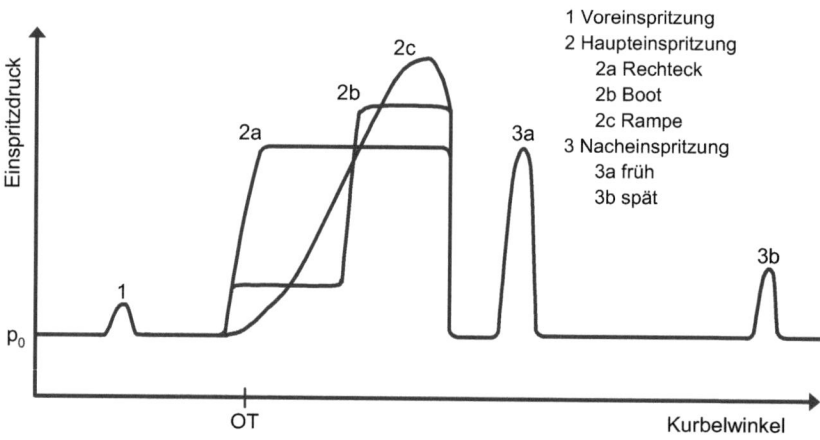

Bild 4.8-47 Mehrfacheinspritzung [4.8-19]

Voreinspritzung

Die Menge an eingespritztem Kraftstoff während der Zündverzugszeit bestimmt die Intensität des Dieselschlages. Je mehr Diesel während der vorgemischten Verbrennung umgesetzt wird, desto höher ist der anfängliche Temperaturanstieg im Brennraum sowie die Stickoxidbildung in der frühen Phase der Verbrennung. Durch eine Vorkonditionierung des Brennraums mittels einer kleinen Kraftstoffmenge, die vor der eigentlichen Haupteinspritzung eingespritzt wird, lässt sich der Zündverzug des in der Haupteinspritzung eingebrachten Kraftstoffs reduzieren. Dadurch kommt es zu einem verminderten Druckgradienten und die NO_x-Bildung bleibt während der vorgemischten Verbrennung gering. Auf diese Weise kann sogar ein wirkungsgradoptimaler früherer Beginn der Haupteinspritzung und Verbrennung realisiert werden. Durch die Voreinspritzung steigt i. d. R. die Rußenstehung besonders bei Teillast leicht an, was aber durch eine Nacheinspritzung kompensierbar ist. Durch eine doppelte Voreinspritzung lässt sich der ungewünschte Dieselschlag besonders stark reduzieren.

Haupteinspritzung

Die in den Brennraum während der Haupteinspritzung eingebrachte Kraftstoffmasse bestimmt das vom Dieselmotor abgegebene Drehmoment. Die benötigte Kraftstoffmenge hängt vom Betriebspunkt des Motors ab. Die Variation der Einspritzrate über der Zeit wird Einspritzverlaufsformung genannt. In Bild 4.8-47 sind drei Beispiele für den Verlauf der Haupteinspritzung gezeigt. Durch die Rampe oder das Boot-Profil wird die während der frühen Phase der Verbrennung eingespritzte Kraftstoffmenge gering gehalten. Die so verringerte Wärmefreisetzung reduziert die NO_x-Bildung am Anfang der Verbrennung. Durch die hohen Einspritzdrücke und die daraus resultierende verbesserte Gemischbildung am Ende der Verbrennung wird die Oxidation des gebildeten Rußes unterstützt. Somit ist eine gleichzeitige Verringerung der NO_x- und Partikelemissionen möglich. Durch eine Verlagerung der Verbrennung nach spät sinkt jedoch der thermische Wirkungsgrad des Prozesses.

Besonders viele Freiheitsgrade für die Einspritzverlaufsformung ergeben sich bei niedriger Drehzahl und Last, da hier genug Zeit für die Einspritzung zur Verfügung steht. Bei hohen Lasten ist meist ein mehr „rechteckiger" Einspritzverlauf nötig, um die geforderte Kraftstoffmenge in dem zur Verfügung stehenden Zeitfenster einspritzen zu können. Ein solcher Verlauf ist typisch für ein Common-Rail-Einspritzsystem.

Nacheinspritzung

Es wird zwischen einer frühen und einer späten Nacheinspritzung unterschieden. Bei der späten Nacheinspritzung wird im Gegensatz zur Vor- und Haupteinspritzung der Kraftstoff nicht verbrannt, sondern durch Restwärme im Zylinder verdampft. Der Kraftstoff im Abgas dient als Reduktionsmittel für die Stickoxide in geeigneten NO_x-Katalysatoren. Die frühe Nacheinspritzung folgt direkt auf die Haupteinspritzung und ist eine Methode zur Reduzierung der Ruß-Emissionen. Durch die kurze Unterbrechung der Einspritzung können sich die teilweise verbrannten Zonen in Düsennähe mit Luft mischen. Durch eine kurze Nacheinspritzung einer kleinen Kraftstoffmenge mit hohem Druck wird eine gute Gemischbildung und eine Erhöhung der Temperatur in der späten Verbrennungsphase erreicht. Auf diese Weise wird eine effektive Oxidation des entstandenen Rußes realisiert, ohne dass es durch einen zu hohen Temperaturanstieg zu vermehrter Stickoxidbildung kommt.

Bild 4.8-48 zeigt mögliche Anwendungen von Mehrfacheinspritzungen im Motorkennfeld. Bei hoher Drehzahl und Last wird nur einmal eingespritzt, da die für die Gemischbildung zur Verfügung stehende Zeit zu gering für mehrere Einspritzungen ist.

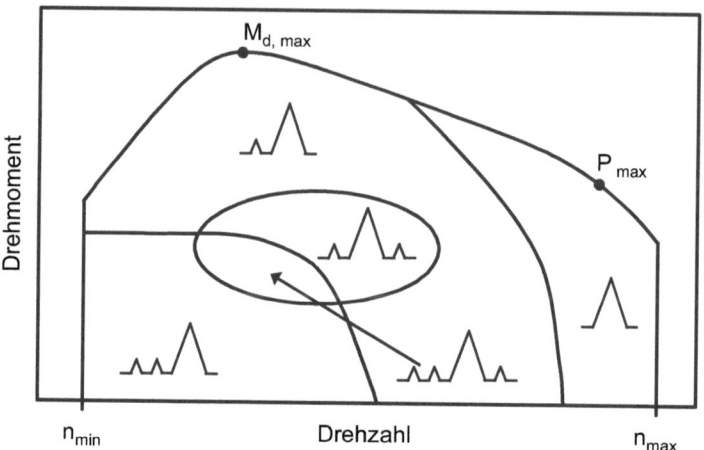

Bild 4.8-48 Kennfeld einer möglichen Anwendung von Mehrfacheinspritzungen

4.8.5.2 Piezo-Injektor und variable Einspritzdüsen

Zur Realisierung niedriger Rohemissionen bei Dieselmotoren werden hohe Anforderungen an das Einspritzsystem gestellt. Es muss in der Lage sein, neben Mehrfacheinspritzungen auch variabel Einspritzdrücke sowie extrem geringe Einspritzmengen darzustellen. Moderne Common-Rail Injektoren werden zunehmend mit Piezoaktoren statt mit Magnetaktoren versehen. Piezo-Elemente sind wesentlich leichter und reagieren viel schneller als konventionelle Magnetventile. Dadurch lässt sich das Einspritzventil schneller öffnen und schließen sowie Einspritzmenge und -verlauf wesentlich exakter steuern. Piezo-Injektoren (Bild 4.8-49) nutzen die Eigenschaft von Piezo-Kristallen, dass sich unter elektrischer Spannung das Kristallgitter anders ausrichtet und sich dadurch die Ausdehnung verändert. Dieser Effekt wird longitudinaler Piezoeffekt genannt. Durch die Proportionalität zwischen Ausdehnung und angelegter Spannung lässt sich jede beliebige Ausdehnung zwischen null und maximaler Ausdehnung einstellen. In einem Injektor sind mehrere Piezo-Kristalle in Reihe geschaltet (Piezo-Stack), um den benötigten Nadelhub zu erreichen.

Bei konventionellen Injektoren hängt die Größe der Düsenlöcher von deren Anzahl und dem bei Volllast benötigten maximalem Kraftstoffmassenstrom ab. Bei Teillast jedoch, wenn eine geringere Kraftstoffmasse eingespritzt werden muss, wären kleinere Düsenlöcher zur Verbesserung der Gemischbildung sinnvoll. Bei besonders niedriger Teillast darf die Düsennadel nur teilweise angehoben werden um nicht mehr als die benötigte Kraftstoffmenge einzuspritzen. Es kommt zu Drosseleffekten am Nadelsitz und die Strahleindringtiefe nimmt ab.

4.8 Entwicklungsschwerpunkte

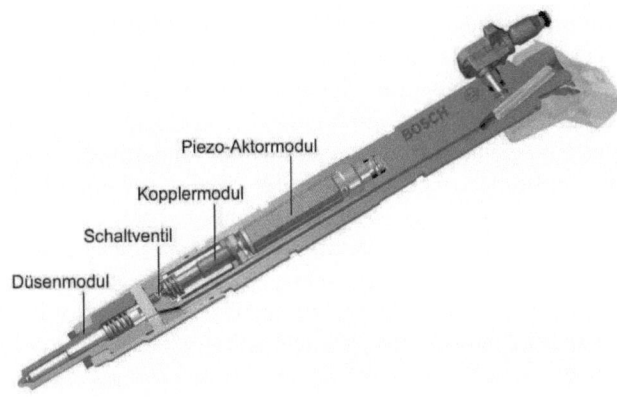

Bild 4.8-49 Piezo-Injektor
[Quelle: Bosch]

Diese Nachteile können mit einem variablen Düsenlöcherquerschnitt umgangen werden. Bild 4.8-50 zeigt den Prototyp einer Koaxial-Variodüse von Bosch, bei der zwei koaxiale Düsennadeln unabhängig voneinander geöffnet und geschlossen werden können. Die äußere Nadel gibt beim Öffnen kleine Düsenlöcher frei, durch die geringe Kraftstoffmengen eingespritzt werden können. Über die äußere Nadel werden große Löcher freigegeben, durch die größere Kraftstoffmassenströme fließen können. So lässt sich durch Öffnen der äußeren Nadel die Voreinspritzung realisiert und im Anschluss wird durch sequentielles Öffnen beider Nadeln ein gewünschter Verlauf der Haupteinspritzung geformt.

Bild 4.8-50 Koaxial-Variodüse
[Quelle: Bosch]

4.8.6 Homogeneous Charged Compression Ignition (HCCI)

Eine weitere Möglichkeit zur Verringerung des Schadstoffausstoßes und des Kraftstoffverbrauches im unteren Teillastbereich erhofft man sich aus der Nutzung der Selbstzündung von homogen vorgemischten Zylinderladungen (HCCI-Verfahren – Homogeneous Charge Compression Ignition = Homogene Kompressionszündung oder auch CAI – Controlled Auto Ignition).

Die Hauptvorteile der homogenen Verbrennung liegen in der Möglichkeit der Ausdehnung des Luftverhältnisses zündfähiger, homogener Gemische bis weit über die bisherigen Magergrenzen hinaus, sowie in der niedrigen Verbrennungstemperatur, die aus der mageren Verbrennung resultiert und zu sehr geringen NO_x-Rohemissionen führt. So wurden bei Versuchsmotoren um bis zu 98 % verringerte NO_x-Emissionen gegenüber der konventionellen Dieselverbrennung gemessen. Aufgrund des schnellen Reaktionsumsatzes nähert sich der Prozess der homogenen Verbrennung dem Idealfall der Gleichraumverbrennung, so dass gleichzeitig sehr gute Wirkungsgrade erzielbar sind, die mindestens im Bereich konventioneller Kammerdieselmotoren liegen. Bei einzelnen Forschungsaggregaten wurden sogar bereits effektive Wirkungsgrade von deutlich über 40 % im Bestpunkt erzielt. Dies gibt Anlass zu der Hoffnung, dass mit der homogenen Verbrennung der mit den bisher bekannten motorischen Brennverfahren nur unzureichend auflösbare Zielkonflikt zwischen Schadstoffreduzierung und Wirkungsgradsteigerung überwunden werden kann.

Eine Vergleichsmessung zwischen fremd- und kompressionsgezündeten Ottomotoren zeigte bei der Kompressionszündung eine Reduktion der Stickoxidemission um 87 %, HC um 34 % und CO um 81 %. In einigen Studien wurden sogar NO_x-Emissionsverminderungen von bis zu 99 % erreicht. Weiterhin reduziert sich der Partikelausstoß deutlich, der sich beim Übergang von der indirekten zur direkten Einspritzung bei fremdgezündeten Motoren vermehrt bildet. Die Gemischbildung bei HCCI-Verfahren kann prinzipiell ebenfalls auf verschiedenen Wegen erfolgen (Bild 4.8-51 links). Die unterschiedlichen Betriebsstrategien sind in Bild 4.8-51 rechts dargestellt.

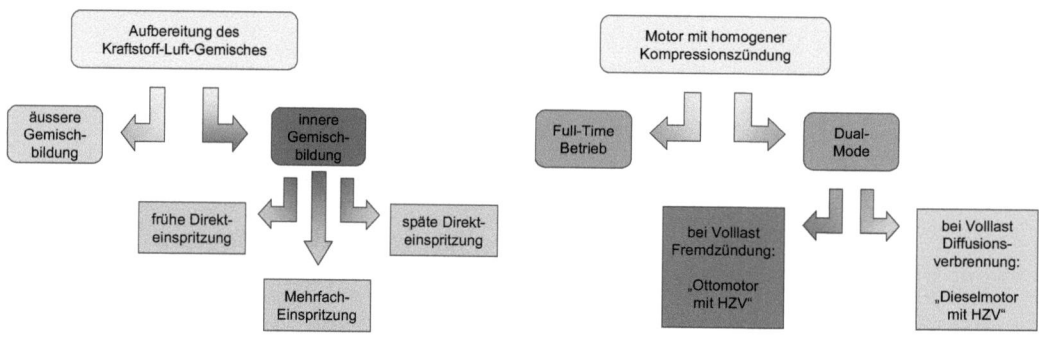

Bild 4.8-51 Links: Möglichkeiten zur Gemischaufbereitung; rechts: Betriebskonzepte für HCCI-Motoren

Für die Anwendung im Kfz scheint zunächst der so genannte Dual-Mode als realistische Betriebsart. Hier kommt HCCI nur bei Teillast zum Einsatz, bei höheren Lasten und Volllast hingegen konventionelle Otto- oder Dieselverbrennung. Solche Konzepte sind jedoch gegenüber den konventionellen Brennverfahren nur attraktiv für Anwendungen mit hohem Teillastanteil im praktischen Betrieb. Ein großer Schritt bei der Realisierung des HCCI-Verfahrens wäre die Ausweitung des HCCI-Betriebs bis 75 % der Volllastlinie, was jedoch aus heutiger Sicht schwierig zu erreichen sein wird. Derartige Dual-Mode-Motoren wären vor allem für Anwendungen mit hohem Teillastanteil von Vorteil und bieten sich deshalb insbesondere für die klassischen Fahrzeugantriebe an.

4.8 Entwicklungsschwerpunkte

Eine nockenlose, vollvariable Ventilsteuerung könnte zu einer Ausweitung des HCCI-Betriebsbereiches beitragen Die obere Betriebsgrenze der Selbstzündung ergibt sich vorwiegend aus Gründen der maximal zulässigen mechanischen Belastung der Bauteile, d. h. dem maximalen Druckanstieg während der Verbrennung (ca. 3bar/°KW).

Eine vergleichende Betrachtung des Verbrennungsablaufes bei Flammenfrontverbrennung und bei homogener kompressionsgezündeter Verbrennung lässt die charakteristischen Unterschiede der beiden Verbrennungsarten deutlich werden (Bild 4.8-52). Während im ersten Fall eine eindeutig wahrnehmbare Flammenausbreitung ausgehend von der auf der linken Seite (außerhalb des Betrachtungsbereiches) liegenden Zündkerze erfolgt, die den Brennraum erst nach und nach erfasst, ist bei homogener kompressionsgezündeter Verbrennung keine Flammenausbreitung sichtbar. Stattdessen kann eine über den ganzen Betrachtungsbereich verteilte, innerhalb eines sehr kurzen Zeitintervalls ablaufende Entflammung festgestellt werden.

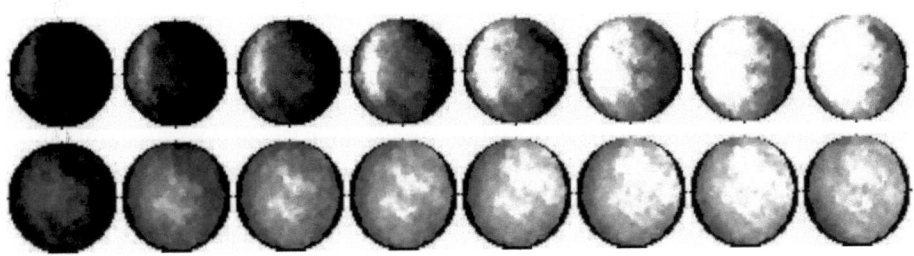

Bild 4.8-52 Vergleich Flammenfrontverbrennung (oben) – HCCI-Verbrennung (unten)

Die größte Herausforderung bei der homogenen Kompressionszündung stellt die Kontrolle des Zeitpunktes der Selbstzündung und damit der Verbrennungslage dar (Bild 4.8-53).

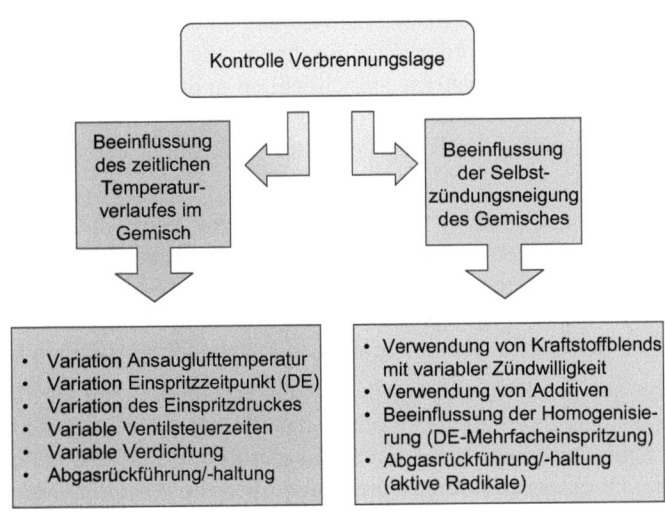

Bild 4.8-53 Möglichkeiten zur Kontrolle der Verbrennungslage beim HCCI-Verfahren

Eine Beeinflussung der Verbrennungslage und damit Regelung des Verbrennungsbeginns ist nicht unmittelbar möglich, da ein triggerbares Ereignis wie die Zündung durch die Zündkerze oder der Einspritzbeginn beim Dieselmotor fehlt. Der Verbrennungsbeginn wird durch die Selbstzündungseigenschaften des Kraftstoff-Luft-Gemisches beeinflusst. Die Haupteinflussgrößen sind dabei die Gemischeigenschaften und der zeitliche Temperaturverlauf vor der Zündung. Die Verbrennungslage wird durch die folgenden Parameter bestimmt:

- Selbstzündungseigenschaften des Kraftstoffes
- Kraftstoffkonzentration
- Restgasanteil und Reaktivität des Restgases
- Gemischhomogenität
- Verdichtungsverhältnis
- Einlasstemperatur, latente Verdampfungswärme des Kraftstoffes, Motortemperatur
- Weitere motorspezifische Eigenschaften

Ein Ansatz zur Beeinflussung der Verbrennungslage besteht in der Beeinflussung des zeitlichen Temperaturverlaufes des Gemisches, z. B. durch Variation von Ansauglufttemperatur und/oder des Einspritzzeitpunktes, durch Wassereinspritzung, Variation des Einspritzdruckes oder durch variable Steuerzeiten bzw. variable Verdichtung sowie Abgasrückführung. Eine weitere variierbare Einflussgröße ist die Neigung des Gemisches zur Selbstzündung. Diese lässt sich z. B. durch Verwendung von Kraftstoffblends oder Additiven sowie durch Preconditioning von Kraftstoffen, oder ebenfalls durch Abgasrückführung beeinflussen. Letztere kann auch zur Beeinflussung der Gemischtemperatur eingesetzt werden.

Bei Direkteinspritzung kann der Einspritzzeitpunkt zur Beeinflussung der Verbrennungslage eingesetzt werden. Gleichzeitig wird jedoch ein starker Einfluss auf den zeitlichen Temperaturverlauf genommen, so dass eine solche Regelung schwer abzustimmen ist. Auch der Einsatz einer Wassereinspritzung zur Verzögerung der Reaktion erwies sich als unzweckmäßig.

Der Einsatz einer Maschine mit variabler Verdichtung und/oder variablen Steuerzeiten erscheint vielversprechend; für die praktische Anwendung sind hydraulische oder elektromagnetische Ventiltriebe nötig um die erforderlichen Freiheitsgrade bei der Ventilsteuerung zu erhalten. Derzeit befinden sich solche Systeme ausschließlich in den Labors an Forschungsmotoren und sind wegen ihrer Größe noch nicht serientauglich. Sie bieten deutlich bessere Eingriffsmöglichkeiten zur Beeinflussung des Restgasgehaltes im Zylinder und damit zur Regelung der HCCI-Verbrennung.

Daneben kann nur mit dem Blending von Kraftstoffen eine Verbrennungsbeeinflussung über weite Bereiche des Kennfeldes ermöglicht werden – die praktische Umsetzbarkeit dieses Regelungsmechanismus ist aber äußerst fraglich. Insgesamt hat sich bisher keine einzelne Methode zur Beeinflussung der Verbrennungslage als eindeutige Lösung des Problems erwiesen, so dass mit großer Wahrscheinlichkeit nur Kombinationen zur Anwendung kommen können.

Die Hauptprobleme bei der Realisierung des HCCI-Verfahrens sind die Realisierung bzw. Optimierung des transienten Verhaltens (Wechsel der Betriebsmodi) und die Beherrschung der präzisen, direkten Kraftstoffeinspritzung um eine kontrollierte Selbstzündung sicher einzuleiten mit der durch die Direkteinspritzung erreichbaren Flexibilität bei der Gemischbildung.

4.8.7 Übungsfragen

Aufgabe:

1. Wie lassen sich bei Ottomotoren die Drosselverluste reduzieren?
2. Wann gibt es beim Benzindirekteinspritzer eine Saughubeinspritzung, wann wird erst während des Kompressionshubs eingespritzt?
3. Das folgende Bild zeigt ein p-V-Diagramm eines realen Ottomotorprozesses bei Volllast. Entscheiden Sie, ob es sich hierbei um einen aufgeladenen Motor oder einen Saugmotor handelt. Begründen Sie Ihre Entscheidung. (p_u = Umgebungsdruck).

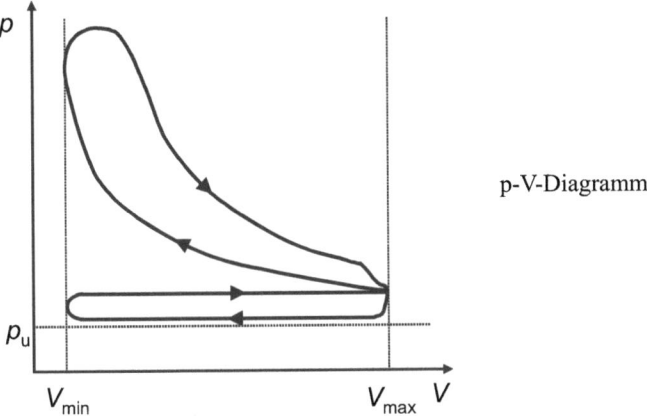

p-V-Diagramm

Lösung:

1. Drosselverluste beim Ladungswechsel lassen sich durch eine variable Ventilsteuerung oder Benzindirekteinspritzung mit Schichtbetrieb verringern. Ziel einer vollvariablen Ventilsteuerung ist es, unter Verzicht auf die Drosselklappe die. Gemischmasse durch den Ventilhub einzustellen. Dies wird durch frühes oder durch sehr spätes Schließen der Einlassventile erreicht. Schließen die Ventile genau dann, wenn die gewünschte Zylinderladung erreicht ist, so wird zunächst die Zylinderladung nahezu ungedrosselt angesaugt und nach dem Schließen der Einlassventile expandiert. Bei sehr spätem Schließen der Einlassventile wird das Gemisch bei voll geöffnetem Ventil ungedrosselt angesaugt wird und nach dem UT wird die für die notwendige Zylinderfüllung zu viel angesaugte Ladungsmenge wieder in das Saugrohr zurückgeschoben. Bei der Benzindirekteinspritzung mit geschichtetem Betrieb wird der Ottomotor mit einer Qualitätsregelung betrieben, d. h. es wird immer die maximale Menge Luft (Drosselklappe voll offen) angesaugt und die Last über die Menge an eingespritzten Kraftstoff geregelt.
2. Bei Benzindirekteinspritzern mit homogener Gemischbildung wird in jedem Betriebspunkt während des Saughubs eingespritzt. Bei Motoren mit Schichtbetrieb wird bei höherer Teillast sowie bei Volllast in den Saughub eingespritzt. Drall- und Tumbleströmungen bewirken ein gleichmäßige Gemischverteilung und Homogeniesierung. Das globale Luftverhältnis λ ist eins. Bei Benzindirekteinspritzern mit Schichtbetrieb wird bei Teillast in den Kompressionshub eingespritzt. Es findet eine Ladungsschichtung statt, wobei sich im Bereich der Zündkerze ein zündfähiges Gemisch befinden muss. Die Randbereiche im Brennraum sind sehr mager, das globale Luftverhältnis λ ist deutlich größer als eins.

3. Es handelt sich um einen aufgeladenen Motor, da der Druck während des Ansaughubes über Umgebungsdruck und oberhalb des Ausschiebedrucks liegt. Die Ladungswechselschleife bei aufgeladenen Motoren ist positiv, d. h. es wird Arbeit gewonnen.

Literatur

[4.7-1] v. Basshuysen, R.; Spicher, U.: Ottomotor mit Direkteinspritzung. Wiesbaden: Vieweg Verlag, 2007

[4.7-2] Krämer, S.: Untersuchung zur Gemsichbildung, Entflammung und Verbrennung beim Ottomotor mit Direkteinspritzung. Dissertation, Universität Karlsruhe (TH), 1998

[4.7-3] Herden, W.; Vogel, M.: Vision idealer strahlgeführter BDE-Brennverfahren. In: Diesel- und Benzindirekteinspritzung. Essen: Expert-Verlag, 2002

[4.7-4] Kemmler, R.; Frommelt, A.; Kaiser, T.; Schaupp, U.; Schommers, J.; Waltner, A.: Thermodynamischer Vergleich ottomotorischer Brennverfahren unter dem Fokus minimalen Kraftstoffverbrauchs. In: 11. Aachener Kolloquium Fahrzeug- und Motorentechnik, 2002

[4.7-5] Liebl, J.; Klüting, M.; Achilles, D.; Munk, F.: Der neue BMW Achtzylindermotor mit VALVETRONIC Teil 2: Funktionale Eigenschaften. In: MTZ 10/2001

[4.7-6] Liebl, J.; Klüting, M.; Poggel, J.; Missy, S.: Der neue BMW Vierzylinder- Ottomotor mit Valvetronic Teil 2: Thermodynamik und funktionale Eigenschaften. In: MTZ 07/2001

[4.7-7] Pischinger, R.; Graßnig, G.; Taucar, G.; Sams, T.: Thermodynamik der Verbrennungskraftmaschine. Berlin, New York: Springer Verlag, 1997

[4.7-8] Spicher, U.; Heidenreich, Th.; Nauwerk, A.: Stand der Technik strahlgeführter Verbrennungssysteme. In: Strahlgeführte Verbrennungssysteme. Essen: Expert-Verlag, 2004

[4.7-9] Lückert, P.; Raus, E.; Schaupp, U.; Vent, G.; Waltner, A.: Weiterentwicklung der Benzindirekteinspritzung bei Mercedes-Benz. DaimlerChrysler-Sonderdruck zum 13. Aachener Kolloquium Fahrzeug- und Motorentechnik, 2004

[4.7-10] Bosch: Ottomotor-Management, 3. Auflage. Wiesbaden: Vieweg Verlag, 2005

[4.7-11] Waltner, A.; Lückert, P.; Schaupp, U.; Rau, E.; Kemmler, R.; Weller, R.: Die Zukunftstechnologie des Ottomotors: strahlgeführte Direkteinspritzung mit Piezo-Injektor. 27. Internationales Wiener Motorensymposium, Fortschrittberichte VDI, Reihe 12, Nr. 622. Düsseldorf: VDI Verlag, 2006

[4.7-12] Welter, A; Unger, H.; Hoyer, U.; Brüner, Th.; Kiefer, W.: Der neue aufgeladene BMW Reihensechszylinder Ottomotor. 15. Aachener Kolloquium Fahrzeug- und Motorentechnik. Aachen, 2006

[4.7-13] Klüting, M.: Ottomotorische Konzepte zur Steigerung der „Effizienten Dynamik". Tagung: „Entwicklungstendenzen bei Ottomotoren"

[4.7-14] Mayer, M.: Abgasturbolader: Sinnvolle Nutzung der Abgasenergie. Landsberg. Verlag Moderne Industrie, 2001

[4.7-15] Gollloch, R.: Downsizing bei Verbrennungsmotoren. Springer-Verlag, 2005

[4.7-16] Golloch, R.; Merker, G.P.: Downsizing bei Verbrennungsmotoren – Grundlagen, Stand der Technik und zukünftige Konzepte. In: MTZ 66 (2005), Nr. 2, S. 126-131

[4.7-17] Heil, B.; Weining, H.; Karl, G.; Panten, D.; Wunderlich, K.: Verbrauch und Emissionen – Reduzierungskonzepte beim Ottomotor. In: MTZ 62 (2001), Nr. 11, S. 900-915

[4.7-18] Prevedel, K.; Piock, W.F.: Aufladung beim Direkteinspritz-Ottomotor. VDI-Tagung Innovative Fahrzeugantriebe, Dresden, 2004

[4.7-19] Baumgarten, C.: Mixture formation in internal combustion engines. Berlin, New York: Springer Verlag, 2006

4.9 Sonderverfahren

4.9.1 Wankelmotor

Neben den Hubkolbenmotoren wurde in der Vergangenheit immer wieder der Versuch unternommen, geeignete Kreiskolbenmotoren zu entwickeln. Diese haben den Vorteil, dass keine oszillierenden Massenkräfte im Triebwerk vorliegen, da die bewegten Teile des Triebwerks Drehbewegungen ausführen. Der bekannteste Kreiskolbenmotor ist der „Wankel-Motor", der von Felix Wankel im Jahre 1954 erfunden und entwickelt wurde.

Dieser Motor ist der einzige zur Serienreife entwickelte Rotationskolbenmotor. Der prinzipielle Aufbau ist in Bild 4.9-1 dargestellt.

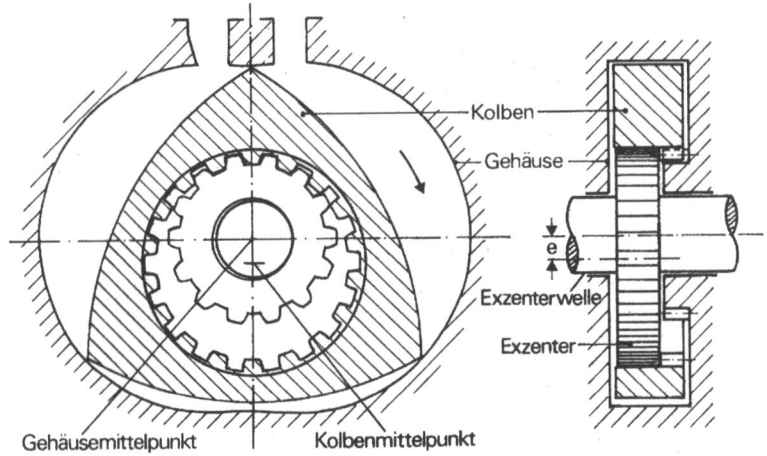

Bild 4.9-1 Wankel-Kreiskolbenmotor

Das Triebwerk wird von Kolben und Exzenterwelle gebildet. Der Kolben wird von dem Exzenter und den beiden Zahnrädern auf seiner Bahnkurve geführt. Auf die drei Kolbenstirnflächen wirken die Gaskräfte. Diese drücken auf den Exzenter und bewirken ein Drehmoment an der Exzenterwelle. Totpunkte gibt es bei der Kreiskolbenmaschine nicht, da die Bewegung nicht zum Stillstand kommt.

Das Arbeitsverfahren beim Wankel-Motor entspricht dem 4-Takt-Verfahren beim Hubkolbenmotor und läuft, um jeweils um 360° Exzenterwinkel versetzt, in den drei Kammern des Motors ab. Auf jede volle Umdrehung des Kolbens, d. h. auf drei Umdrehungen der Exzenterwelle, kommen somit drei vollständige Arbeitsspiele (Bild 4.9-2).

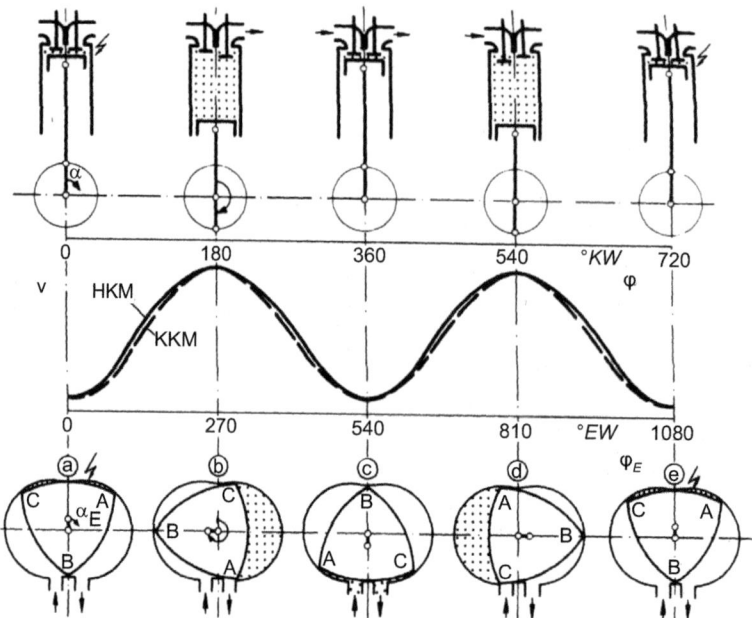

Bild 4.9-2 Arbeitsverfahren: Wankelmotor / Hubkolbenmotor

Betrachtet man die Kammer mit den Eckpunkten A und C, erfolgt die Zündung in Stellung a des verdichteten Gemisches. Anschließend erfolgt die Verbrennung und Expansion, die in Stellung b abgeschlossen sind. Kante A gibt den Auslasskanal frei, das Abgas wird ausgeschoben. In Stellung c ist der Ausschiebevorgang nahezu abgeschlossen, gleichzeitig hat das Ansaugen von Frischgemisch begonnnen. In Stellung d hat die Kante C den Einlasskanal passiert und ihn gegen die Brennkammer verschlossen. Das angesaugte Gemisch wird verdichtet, bis in Stellung e erneut gezündet wird.

Das auf die Exzenterwelle wirkende Drehmoment ergibt sich aus der Beziehung

$$M_d = (F_{G,1} + F_{G,2} + F_{G,3}) \cdot e \tag{4.9.1}$$

mit

$F_{G,1}, F_{G,2}, F_{G,3}$ = Tangentialkräfte in den einzelnen Kammern
e = Exzenterverhältnis

Die Gaskräfte sind hierbei mit ihrem richtigen Vorzeichen zu berücksichtigen. Wirken die Kräfte der Drehbewegung der Exzenterwelle entgegen, ist das Vorzeichen negativ.

Für die Leistungsberechnung beim Wankel-Motor gilt:

$$P_e = n_e \cdot p_{me} \cdot V_h \tag{4.9.2}$$

mit

n_e = Exzenterdrehzahl
V_h = Kammervolumen

4.9 Sonderverfahren

Das Hubvolumen eines Wankelmotors ergibt sich aus:

$$V_h = V_{max} - V_{min} = 3 \cdot \sqrt{3r \cdot e \cdot b} \qquad (4.9.3)$$

mit

    r = erzeugender Radius
    e = Exzenterverhältnis
    b = Läuferbreite

Entsprechend der Kolbengeschwindigkeit beim Hubkolbenmotor ist beim Wankel-Motor die Leistengeschwindigkeit die maßgebliche Kenngröße für mechanische Belastung. Für die mittlere Leistengeschwindigkeit gilt:

$$c_m = \frac{c_{max} + c_{min}}{2} = \frac{2}{3} \pi \cdot n_e \cdot R \qquad (4.9.4)$$

mit

    R = Abstand der Eckpunkte des Kolbens (Punkte A, B, C) zur Kolbenmittelachse

Als Richtwert gilt:

    $c_{m, max} \approx 20 - 27$ m/s

Das Hauptproblem bei allen Kreiskolbenmotoren ist die einwandfreie Abdichtung zwischen den einzelnen Arbeitsräumen und zu den umgebenden Gehäuseteilen. Durch die Dreiecksform des Kolbens beim Wankelmotor sind Abdichtungen an jeder Kolbenkante erforderlich. Die dazu eingesetzten Dichtleisten haben nur eine Linienberührung mit dem Trochoidenmantel (Bild 4.9-3).

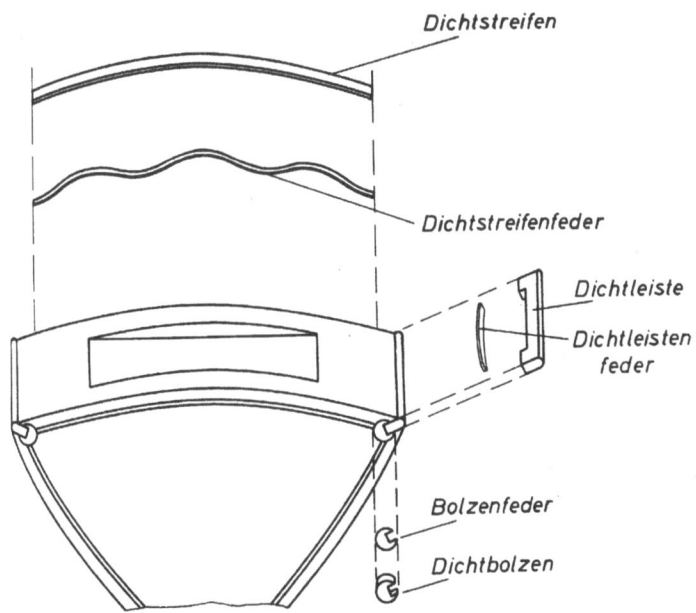

Bild 4.9-3 Dichtelemente beim Wankel-Motor

Die Geschwindigkeit der Dichtleisten während der höchsten Drücke im Arbeitsraum ist hoch, eine Hintereinanderschaltung mehrerer Dichtleisten wie beim Hubkolbenmotor (Kolbenringe) ist nicht möglich.

Bild 4.9-4 zeigt den Wankel-Motor des NSU RO80 mit folgenden Grunddaten:

$P_e = 84{,}5$ kW (115 PS) bei $n = 5500$ min^{-1}
$R = 100$ mm
$e = 14$ mm
$s = 42$ mm   (s = Kolbenweg)
$z = 2$ (z = Scheibenzahl)

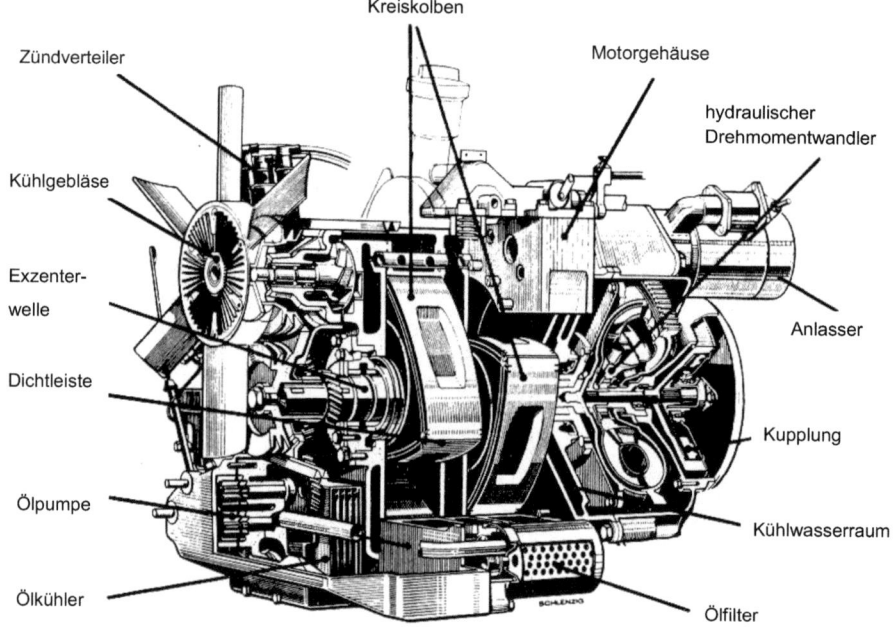

Bild 4.9-4 Wankel-Motor

4.9.2 Stirling-Motor

Der Stirling-Motor, der von dem Schotten Robert Stirling im Jahre 1816 erfunden wurde, ist ein Motor mit geschlossenem, regenerativem Wärmekraftprozess und äußerer, kontinuierlicher Verbrennung. Er ist somit weder ein Ottomotor noch ein Dieselmotor, er ist ein Heißgasmotor. Im Jahre 1938 griff Philips in Holland die Idee des Stirling-Motors auf und entwickelte den Philips-Stirling-Motor.

Der ideale Kreisprozess des Motors besteht aus zwei isothermen und zwei isochoren Zustandsänderungen (Bild 4.9-5). Für den Zustandspunkt 1 im Arbeitsdiagramm gilt das Teilbild I. Das Arbeitsmedium befindet sich entspannt im kalten Raum. Der Arbeitskolben steht im unteren Totpunkt (UT) und der Verdrängerkolben im oberen Totpunkt (OT).

4.9 Sonderverfahren

Von 1 nach 2 erfolgt die isotherme Verdichtung. Der Verdrängerkolben bleibt im OT stehen, während sich der Arbeitskolben nach OT bewegt und das Arbeitsmedium verdichtet. Teilbild II kennzeichnet den Zustand im Punkt 2. Dabei stehen beide Kolben in OT und das Arbeitsmedium befindet sich verdichtet im kalten Raum.

Von 2 nach 3 erfolgt die isochore Wärmezufuhr im Regenerator. Dabei bewegt sich der Verdrängerkolben in Richtung UT und schiebt das Arbeitsmedium bei konstantem Volumen durch den Regenerator in den heißen Raum. Im Zustandspunkt 3 befindet sich das Arbeitsmedium verdichtet im heißen Raum (Teilbild III). Der Arbeitskolben steht in OT und der Verdrängerkolben zwischen OT und UT.

Während der isothermen Entspannung von 3 nach 4 bewegen sich beide Kolben nach UT. Das Arbeitsmedium entspannt sich. Damit die Temperatur des Arbeitsmediums während der Expansion konstant bleibt, wird im Erhitzer Wärme zugeführt (äußere Verbrennung). Im Zustandspunkt 4 befindet sich das Arbeitsmedium entspannt im heißen Raum (Teilbild IV). Beide Kolben befinden sich im UT.

Von 4 nach 1 erfolgt anschließend im Regenerator die isochore Wärmeabfuhr. Dabei bewegt sich der Verdrängerkolben nach OT. Der Arbeitskolben bleibt in UT. Das Arbeitsmedium gibt bei konstantem Volumen im Regenerator Wärme ab.

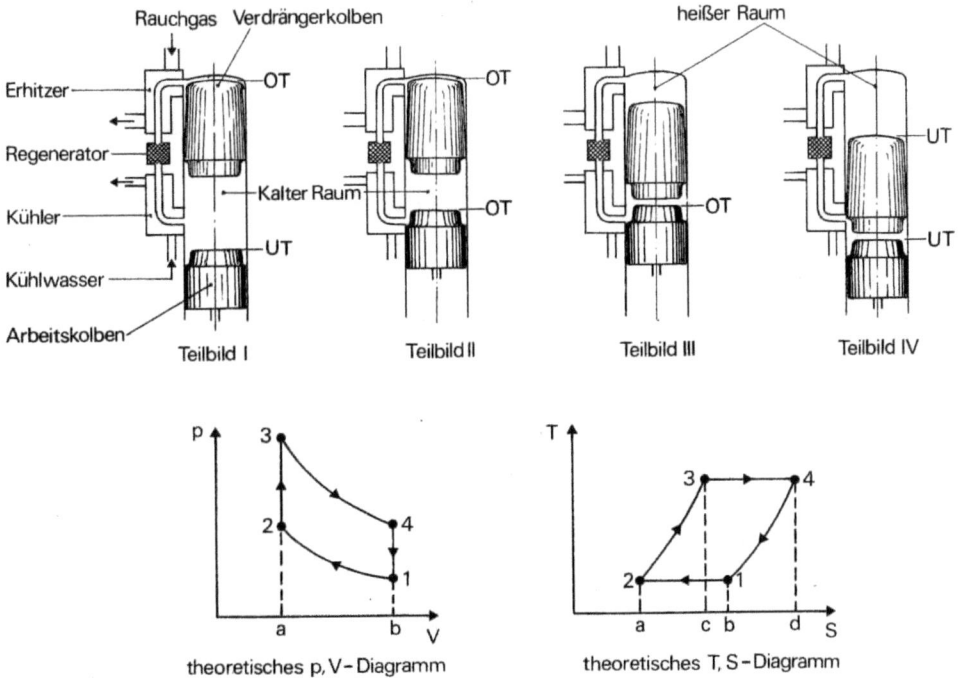

Bild 4.9-5 Arbeitsweise des Stirling-Motors

Die im Regenerator zu- und abgeführten Wärmen Q_{23} und Q_{41} sind gleich groß. Während der isothermen Kompression wird die Wärme Q_A abgeführt und während der isothermen Expansion wird die Wärme Q_B zugeführt. Die Differenz $Q_B - Q_A$ ist die Nutzarbeit (Fläche im p,V-Diagramm bzw. T,s-Diagramm). Für den Wirkungsgrad des Stirling-Motors gilt:

$$\eta_{th,St} = \frac{Q_B - Q_A}{Q_B} = 1 - \frac{Q_A}{Q_B} = 1 - \frac{(s_1 - s_2) \cdot T_1}{(s_4 - s_3) \cdot T_3} \qquad (4.9.5)$$

Für ideales Gas gilt:

$$s_1 - s_2 = s_4 - s_3 = \Delta s ,$$

so dass sich der Wirkungsgrad zu

$$\eta_{th,St} = 1 - \frac{T_1}{T_3} \qquad (4.9.6)$$

ergibt. Damit ist der Wirkungsgrad des Stirling-Motors gleich dem Wirkungsgrad des Carnot-Prozesses.

Gegenüber dem idealen Stirling-Prozess ergeben sich prinzipielle Verluste, die im realen p,V-Diagramm (Bild 4.9-6) erkennbar sind. Dabei ergeben sich die Abrundungen durch die kontinuierliche Bewegungen der Kolben und die im Kühler, Regenerator und Erhitzer stets verbleibenden Volumina sowie durch Drosselverluste beim Überschieben vom Kompressionsraum in den Expansionsraum.

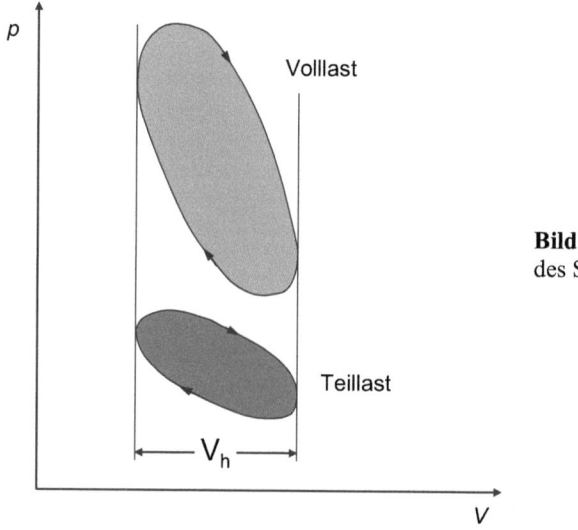

Bild 4.9-6 Reales p,V-Diagramm des Stirling-Motors

Die Lasteinstellung erfolgt durch Verminderung der Wärmezufuhr im Erhitzer und durch Ablassen bzw. Einspeisen von Arbeitsgas. Die maximalen Arbeitsdrücke können bis zu 300 bar betragen, wobei effektive Mitteldrücke bis zu 25 bar erreicht werden.

Unter günstigen Laborbedingungen können mit dem Stirling-Motor Wirkungsgrade erzielt werden, die den Wirkungsgraden bei guten Dieselmotoren entsprechen. Für Fahrzeugantriebe ergeben sich jedoch Wirkungsgradeinbußen, da hier die Rückkühlergröße für das Kühlmittel begrenzt ist. Auch ist der Stirling-Motor bislang in der Bauweise erheblich schwerer und aufwendiger als ein konventioneller Hubkolbenmotor. Er bedarf daher noch einer erheblichen Weiterentwicklung bis zu einer möglichen praktischen Anwendung.

4.9.3 Dampfmotor

Ein erster Dampfmotor wurde bereits 1769 in Paris von dem Franzosen Nicolas Joseph Cugnot gebaut. Mitte des vorigen Jahrhunderts und um die Jahrhundertwende wurden verstärkt Dampfmotoren für Dampfomnibusse und Personenwagen gebaut. In neuerer Zeit versucht man sich wieder mehr mit Dampfmotoren zu beschäftigen. Dampfmotoren arbeiten wie der Stirling-Motor mit äußerer Verbrennung nach dem Rankine-Prozess (Bild 4.9-7).

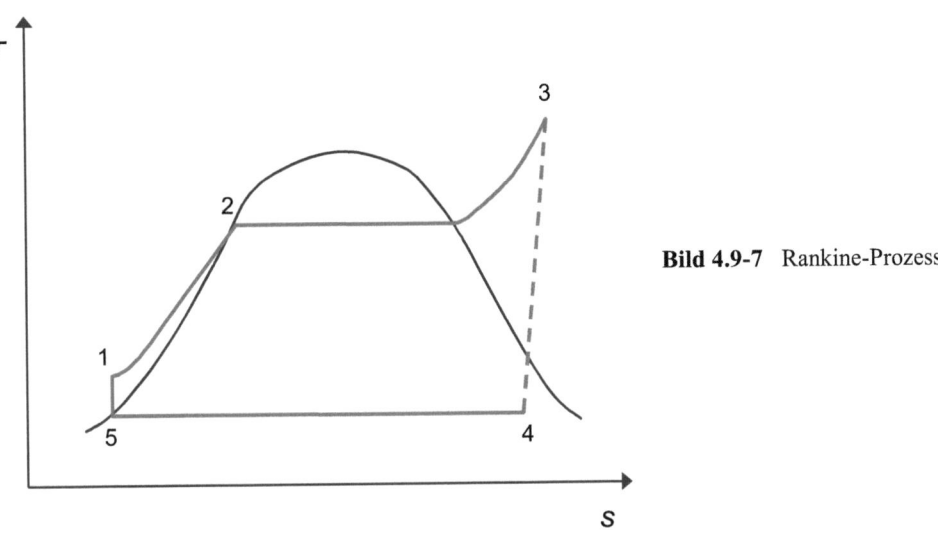

Bild 4.9-7 Rankine-Prozess

Dabei werden folgende Zustandsänderungen durchlaufen (entspricht Prozess bei Dampfturbine):

1 nach 2: Speisewasservorwärmung
2 nach 3: Verdampfen und Überhitzen im Kessel
3 nach 4: Expansion im Zylinder
4 nach 5: vollständige Kondensation
5 nach 1: Verdichtung in Flüssigkeitspumpe

Gegenüber diesem theoretischen Vergleichsprozess der Dampfmaschine treten beim Realprozess Verluste im Verdampfer (Kesselverluste), Strömungsverluste, Verluste durch nichtisentrope Expansion und Kondensatorverluste auf. Gegenüber heutigen Hubkolbenmotoren ergeben sich insgesamt geringere Wirkungsgrade sowie ein höherer Bauaufwand.

Bild 4.9-8 zeigt schematisch einen für Versuche ausgeführten Dampfmotor. Im wesentlichen besteht der Motor aus einem kraftstoffbeheizten Kessel zur Verdampfung des flüssigen Arbeitsmediums, einer Kolbenmaschine zur Expansion des Dampfes, einem Regenerator zur Übertragung der Wärme vom Abdampf an die dem Kessel zugeführte Flüssigkeit, einem luftgekühlten Kondensator zur Verflüssigung des Dampfes und einer Speisewasserpumpe zur Druckerhöhung des flüssigen Arbeitsmediums. Als Arbeitsmedium werden meist Mischungen aus Alkoholen und Wasser verwendet, wobei Arbeitsdrücke bis zu 50 bar erzielt werden.

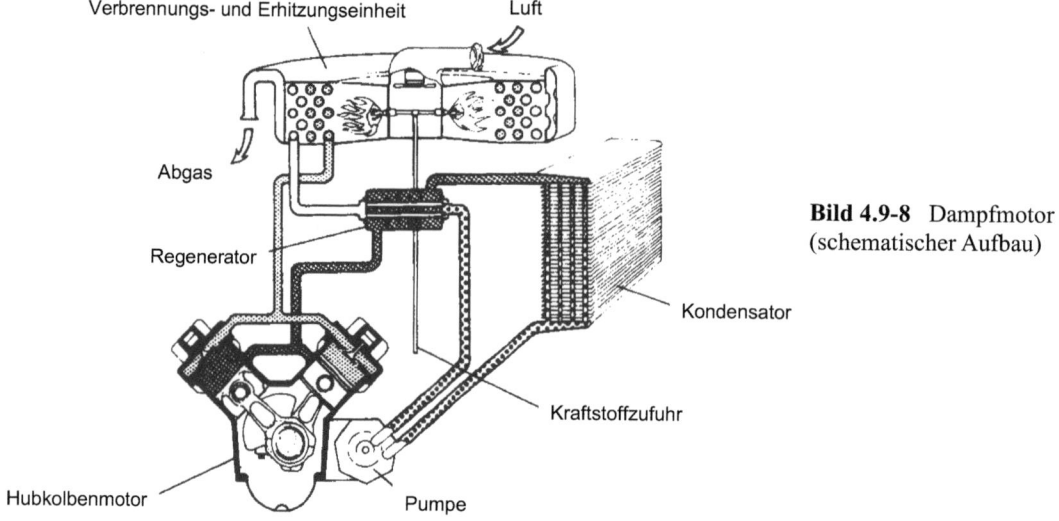

Bild 4.9-8 Dampfmotor (schematischer Aufbau)

4.9.4 Gasmotor

Historisches und Allgemeines

Gasmotoren waren die ersten Verbrennungskraftmaschinen überhaupt. Entscheidende Impulse für deren Durchbruch gaben Ende des 19. Jahrhunderts die beiden Motorenbauer Nikolaus August Otto und Carl Benz. Die ersten Motorenbrennstoffe waren, wegen der leichten Gemischaufbereitung, Stadt-, Leucht- und Generatorgase. Durch die Entwicklung der mit flüssigen Brennstoffen betreibbaren Otto- und Dieselmotoren verlor der Gasmotor im Laufe der Zeit an Bedeutung.

In Energiemangelzeiten wie z. B. in den Jahren vor, während und kurz nach dem zweiten Weltkrieg und insbesondere während der Ölkrise 1982 erlebte der Gasmotor jedoch immer wieder eine Belebung.

Während des zweiten Weltkrieges kam es in Deutschland, aber auch in anderen europäischen Ländern verstärkt zu Umstellungen von Dieselmotoren auf Gasbetrieb. Die mangelnde Verfügbarkeit von Destillatkraftstoffen und ihre Substitution durch heimische Brenngase waren die eigentlichen Gründe zu dieser Entwicklung. Zum Einsatz kamen vor allem Generatorgas aus Anthrazit, Koks oder Holz, daneben noch Flüssiggas, Leuchtgas, Erdgas und Klärgas.

Als Anfang der fünfziger Jahre kein Mangel an billigen Kraftstoffen auf Erdölbasis mehr bestand, büßten die Gasmotoren an Bedeutung ein. Erst mit der Verteuerung des Erdöles, verstärkt durch den Energieschock des Winters 1973/74, wurden Gasmotorenanlagen im Bereich der dezentralen Energieversorgung mit Kraftwärmekopplung auch in der Bundesrepublik Deutschland wirtschaftlich wieder interessant, zumal hier ein gut ausgebautes Erdgasversorgungsnetz vorhanden ist.

Die Bedeutung des Gasmotors als Stationärantrieb unterlag in den letzten Jahrzehnten deutlichen Veränderungen. Neue Aufgaben und Anforderungen haben den Gasmotor heute zur eigenständigen Maschine mit wachsender Verbreitung gemacht. In der allgemeinen Energieversorgung, z. B. in Blockheizkraftwerksanlagen und unter dem besonderen Aspekt des Umweltschutzes hat er eine führende Rolle übernommen

Vorteil dieser meist aus Nutzfahrzeug- oder Schiffsdieselmotoren hergeleiteten Gasmotoren gegenüber konventionellen Dieselaggregaten ist die geringere Geräusch- und günstigere Abgasemission und in vielen Fällen auch ein kostengünstigerer Kraftstoff. Neben dem Erdgas werden heute verstärkt Klär-, Bio-, Deponie- und Kokereigase verwendet um Gasmotorenanlagen zu betreiben.

Mit Verabschiedung der TA-Luft im Frühjahr 1986 sind erstmals in der Bundesrepublik Deutschland strenge Grenzwerte für die Abgasemission von stationären Verbrennungsmotorenanlagen in Kraft getreten. Damit ist ein günstiges Schadstoffverhalten bei wirtschaftlichem Motorbetrieb zu einem der wichtigsten Entwicklungsziele der Motorenforschung und -entwicklung geworden.

Arbeitsverfahren des Gasmotors

Grundsätzlich ist der Gasbetrieb eines Motors sowohl nach dem Otto- als auch nach dem Dieselverfahren möglich. Bei beiden Varianten wird das brennbare Gas-Luft-Gemisch angesaugt und kurz vor Ende der Verdichtung gezündet.

Man unterscheidet grundsätzlich drei Verfahren:

1. Otto-Gasmotor: Fremdzündung der Gas-Luftladung im Zylinder durch elektrischen Funken an einer Zündkerze
2. Diesel-Gasmotor (Zündstrahlverfahren): Selbstzündung eines Zündstrahls aus Dieselkraftstoff der nachfolgend die Gas-Luftladung im Zylinder entzündet
3. Gas-Dieselmotor: Selbstzündung der unter Hochdruck zum Zündzeitpunkt in die Luftladung eingeblasenen Gasmenge

Allgemein kann man sagen, dass beim Gasmotor der größte Teil oder aber der gesamte flüssige Kraftstoff durch brennbares Gas ersetzt wird.

Beim Zündstrahlverfahren werden bis zu 99 % des Dieselkraftstoffes durch Gas ersetzt, was lediglich bedeutet, dass mit dem restlichen eingespritzten Kraftstoff lediglich das Gemisch gezündet wird. Je nach Bedarf kann mit Hilfe einer separaten Einspritzdüse jederzeit auf reinen Dieselbetrieb umgeschaltet werden.

Beim Zweistoffbetrieb wird der Dieselkraftstoff nur teilweise ersetzt, d. h. bei Vollast ca. 30 % Gasanteil. Dieses Verfahren ist besonders geeignet an Orten mit schwankender Gasqualität. Im reinen Gasbetrieb erfolgt eine völlige Ersetzung des flüssigen Kraftstoffes durch das Brenngas. Um den Gasbetrieb zu realisieren sind eine Reihe von Umbaumaßnahmen im Gegensatz zum Dieselmotor notwendig. Es erfordert den Anbau einer Gasmischanlage, eine Veränderung der Kolbenform und des Verdichtungsverhältnisses, eine Änderung der Ventilsteuerzeiten, den Anbau von Steuer- und Regeleinrichtungen und evtl. einer Zündanlage.

Aufladung

Zur Leistungssteigerung und zur Wirkungsgradverbesserung werden Gasmotoren im Allgemeinen mit Abgasturboladern ausgerüstet. Aktuelle Entwicklungen gehen vermehrt in die Richtung der so genannten Gemischaufladung, bei der der Lader nicht wie beim Dieselmotor üblich, reine Luft verdichtet, sondern das Brenngas-Luft-Gemisch. Das Gas wird mittels eines Gasmischers vor dem Lader in den Ansaugtrakt eingebracht. Durch dieses Verfahren wird die Mischung ideal verwirbelt und homogenisiert.

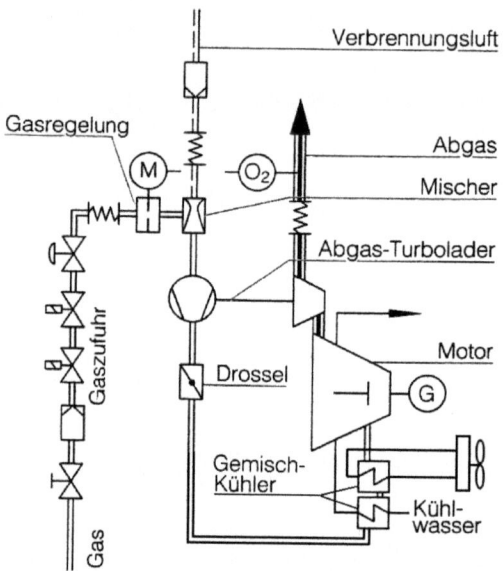

Bild 4.9-9 Gas-Luft-Gemischaufbereitung

Magerbetrieb

Viele Gasmotorenhersteller betreiben heute ihre Motoren im Magerbetrieb. Betriebserfahrungen mit Lambda 1 Konzepten und 3-Wege-Katalysatoren führten zu der Erkenntnis, dass in einigen Fällen Gasmotoren mit diesem System nicht oder nur bedingt betreibbar sind. Die Katalysatoren litten beispielsweise unter Überhitzung durch Zündaussetzer und aggressiven Gasbegleitstoffen wie Schwefel-, Chlor- und Fluorverbindungen bei Betrieb mit minderwertigen Gasen. Eine alternative Möglichkeit der Abgasschadstoffabsenkung bot die Magerverbrennung, d. h. Verbrennung von Gas-Luft-Gemischen mit Luftverhältnissen $\lambda > 1{,}6$. Dadurch konnten niedrige Abgasemissionen mit innermotorischen Maßnahmen erreicht werden. Der durch das höhere Lambda resultierende Leistungsverlust wurde mit Hilfe der Abgasturboaufladung kompensiert.

Mit ansteigendem Luftverhältnis werden magere Gas-Luft-Gemische immer schwerer zündbar und die Verbrennungsgeschwindigkeit geht zurück. Dies führt zu Wirkungsgradeinbußen. Herausforderung der Entwicklung ist dabei, das Gemisch so einzustellen, dass die Abgasemissionen niedrig sind und trotzdem eine schnelle und sichere Zündung erfolgt. Verbesserungen der Zündung können durch folgende Maßnahmen erreicht werden:

4.9 Sonderverfahren

- Spezialzündkerzen
- Vorkammerzündkerzen
- Vorkammerzündkerzen mit gasgespültem Kammervolumen
- Diesel-Piloteinspritzung

Vorkammerzündkerzen

Die Anforderungen an Zündkerzen für Gasmotoren sind wesentlich höher als an konventionelle Zündkerzen, wie sie z. B. in PKW-Motoren eingesetzt werden. Sie müssen auch extrem magere Gemische noch sicher entflammen können und trotz hoher Mitteldrücke lange Standzeiten (> 5000 Betriebsstunden Volllast) erreichen. Als Alternative zu der bekannten Hakenkerze hat sich die sogenannte Vorkammerzündkerze etabliert. Bei diesem Bauprinzip sind die Zündelektroden innerhalb einer (Vor-)Kammer angeordnet und somit nicht von außen offen zugänglich. Damit sind sie den Strömungseinflüssen aus dem Hauptbrennraum weniger stark ausgesetzt als es bei der konventionellen Kerze der Fall ist (Bild 4.9-10). Die Gestaltung der Kammer ermöglicht eine definierte Beeinflussung der Strömungsverhältnisse an der Funkenstrecke.

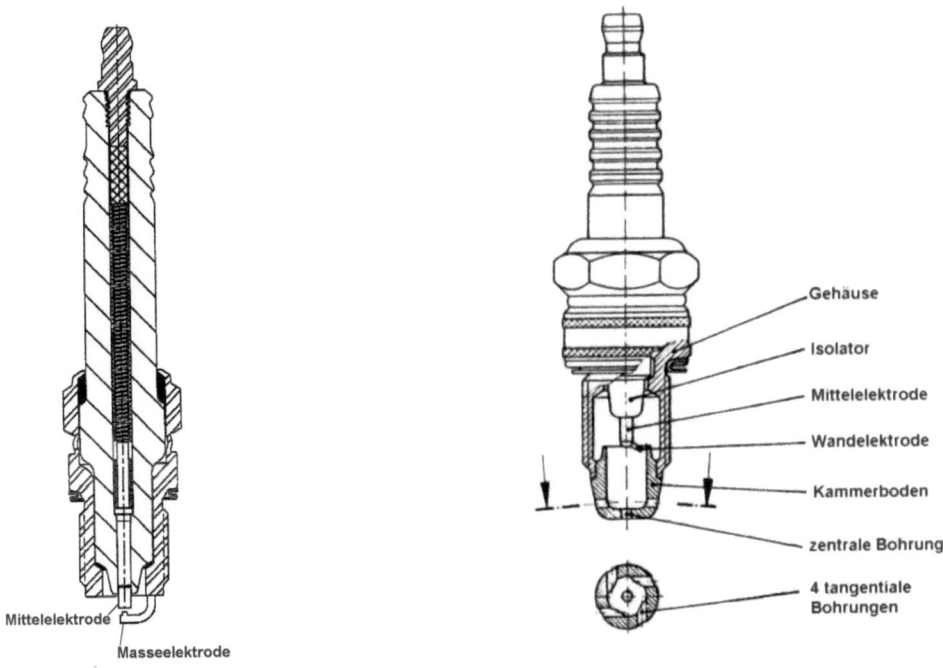

Bild 4.9-10 Hakenzündkerze (links) und Kammerzündkerze (rechts)

Die Verbindung zwischen Kammer und Hauptbrennraum wird durch mehrere Bohrungen in der Kammerwand hergestellt. Mit dieser Abtrennung des Wirkungsraumes der Zündelektroden vom Hauptbrennraum wird es möglich, bessere Bedingungen für die Entflammung des Gas-Luft-Gemisches in der Kammer zu schaffen.

Während des Kompressionstaktes strömt das Gas-Luft-Gemisch mit starkem Drall in die Kammer ein. Der elektrische Zündfunke führt zu einer sehr schnellen Verbrennung der drallbehafteten Kammerladung. Die Verbrennungsprodukte treten mit hohem Impuls durch die Kammerbohrungen in den Hauptbrennraum ein. Durch diese Fackelstrahlen wird die Verbrennung im Hauptbrennraum eingeleitet. Es erfolgt eine Trennung von Zündungs- und Verbrennungsprozess.

Die Vorteile dieser Kerzenbauart sind:

- schnelle Durchzündung magerer Gemische in großen Brennräumen
- niedrige NO_x-Emissionen durch Gemisch-Abmagerung ohne Einbußen der Zündsicherheit
- bessere Laufqualität durch reduzierte Verbrennungsdruckschwankungen aufgrund besserer Zündbedingungen durch
    - mehrere Masseelektroden in der Kammer
    - erhöhte Gemischtemperatur
    - definierte Drallverhältnisse
- reduzierter Zündspannungsbedarf durch verringerte Störeinflüsse bei der Funkenbildung in der Kammer
- verbesserter Motorwirkungsgrad durch beschleunigten Verbrennungsablauf

Bild 4.9-11 zeigt eine Vorkammerzündkerze und die aus der Vorkammer austretenden Zündstrahlen.

Bild 4.9-11 Multitorch Vorkammerzündkerze, Vorkammer mit austretenden Fackelstrahlen

Kraftstoffe für Gasmotoren

Um einen Gasmotor zu betreiben, kommen mehrere gasförmige Kraftstoffe in Betracht, die sich als Gemische aus mehreren Gasen zusammensetzen. Zu den brennbaren Komponenten gehören reiner Wasserstoff (H_2), die Kohlenwasserstoffe (C_nH_m) und Kohlenmonoxid CO. Aus den Heizwerten der Einzelkomponenten und deren Massenanteilen kann der Gesamtheizwert des Brenngases ermittelt werden.

Als typische Vertreter für Motorengase sind Erdgas und Flüssiggas zu nennen, wobei Erdgas aufgrund der fortschreitenden Erschließung und Versorgung vor allem für stationäre Anlagen eine besondere Bedeutung hat. Aber auch Gase die als ‚Abfallprodukte' bei Produktions- und Verarbeitungsverfahren, bzw. aufgrund von Fäulnisprozessen entstehen, können als Brennstoffe für Gasmotoren genutzt werden und somit die Wirtschaftlichkeit dieser Prozesse erhöhen bzw. einer nutzbringenden Entsorgung der Abfälle dienen. Hier wären als typische Vertreter Klärgas, Deponiegas, Biogas, Kokereigas, Erdölbegleitgase und selten Holzgas zu nennen.

4.9 Sonderverfahren

Erdgas besteht hauptsächlich aus Methan (CH_4), enthält aber auch geringe Anteile anderer Kohlenwasserstoffe wie Ethan (C_2H_6) und Propan (C_3H_8). Des Weiteren sind kleine Mengen inerter Gase enthalten wie Kohlendioxid (CO_2) und Stickstoff (N_2), die einerseits heizwertmindernd sind, andererseits aber auch durch die Erhöhung der Methanzahl die Klopffestigkeit des Erdgases verbessern.

Klär-, Bio- und Deponiegase enthalten hauptsächlich Methan und Kohlendioxid, in geringen Mengen auch Stickstoff und Sauerstoff. Diese Gase besitzen aufgrund des hohen Anteils an CO_2 Methanzahlen zwischen 120 und 150 und sind somit sehr klopffest. Allerdings wird entsprechend der Heizwert des Gasgemisches im Gegensatz zum Erdgas drastisch gesenkt. Er beträgt nur ungefähr 4–6 kWh/m³ im Gegensatz zu 9,5–10 kWh/m³ beim Erdgas. Probleme bereiten bei Klärgasen der Schwefel, bei Deponiegasen oft Chlor- und Fluorverbindungen, die überwiegend aus Kältemitteln und Sprühdosen herrühren, und Siloxane, die aus Siliziumverbindungen bestehen und Ablagerungen im Brennraum verursachen. Kokereigase beispielsweise beinhalten einen hohen Wasserstoffanteil, der besondere Maßnahmen bei der Motorabstimmung erfordert.

Die Klopffestigkeit von Brenngasen wird durch die Methanzahl beschrieben, die das Pendant zur Oktanzahl bei flüssigen Kraftstoffen ist. Zur Bestimmung der Methanzahl eines Gases geht man von den fest definierten Werten für Methan (MZ=100, klopffest) und Wasserstoff (MZ=0, klopffreudig) aus. Bei Gasgemischen werden Diagramme und iterative Berechnungsverfahren zur Bestimmung der Methanzahl verwendet.

Bild 4.9-12 zeigt die wichtigsten Brenngase, deren Zusammensetzung und Heizwerte.

Brennstoff	Bestandteile/ Bezeichnung	Dichte R_g in [kg/m$_n^3$]	unterer Heizwert H_u in [kJ/kg]	unterer Heizwert H_u in [kJ/m$_n^3$]	Methanzahl MZ
Wasserstoff	H_2	0,089	119.970	10677	0
Methan	CH_4	0,717	50.000	35850	100
Propan	C_3H_8	2,02	46.000	92920	33
Erdgas	CH_4=88,5% C_2H_6=4,7% C_3H_8=1,6% C_4H_{10}=0,2% N_2=5%	0,8	45.000	36000	80-90
Klärgas	CH_4=65% CO_2=35%	1,158	20.000	23160	134
Deponiegas	CH_4=57% CO_2=40% N_2=3%	1,24	16.500	20460	136
Biogas	CH_4=56% CO_2=37% N_2=1% O_2=1,2%	1,14	14.500	16530	---

Bild 4.9-12 Daten der wichtigsten Brenngase

Anwendung für Gasmotoren

Gasmotoren werden hauptsächlich als stationäre Aggregate aufgebaut mit dem Ziel, Elektrizität und oftmals auch Wärme zu erzeugen. Dazu werden hauptsächlich Erdgas und Abfallgase benutzt, je nach Anwendungsfall. Ein Gasmotor, der in einer Notstromanlage sicher und zuverlässig im Ernstfall anspringen und laufen muss, wird meistens mit Erdgas versorgt, damit der Betrieb immer gesichert ist.

Die Energie in Abfallgasen aus biologischen und technischen Prozessen kann in Gasmotoren relativ einfach nutzbar gemacht werden, und muss somit nicht nutzlos abgeblasen oder abgefackelt werden.

Die Kraft-Wärme-Kopplung ist also der Hauptanwendungsfall von Gasmotoren. Darüber hinaus gibt es die Nutzung als Antrieb von Fahrzeugen, was in neuerer Zeit immer mehr an Bedeutung gewinnt. (Bi-Fuel Antriebe für PKW, LKW und Stadtomnibusse, Antrieb von Arbeitsmaschinen, Schiffsantriebe durch Verdunstung).

Bild 4.9-13 gibt eine Übersicht über die Einsatzfelder von Gasmotoren.

Anwendung	Gasart
Kraft-Wärme-Kopplung (Kraft-Wärme-Erzeugung)	Erdgas
Spitzenlastabdeckung	Erdgas (meistens)
Ersatz-/Notstrom	Erdgas (meistens)
Fahrzeugantrieb	Erdgas (CNG: compressed natural gas) LPG (Liquefied Petrol Gas) Wasserstoff
Nutzung biologisch erzeugter Gase (aus organischen Prozessen)	Klärgas Deponiegas Biogas (Umsetzung von Mist und Gülle)
Nutzung synthetisch erzeugter Gase (aus künstlichen bzw. technischen Prozessen)	Kokereigas Holzgas Generatorgas Pyrolysegas
Reichgase (hohe Heizwerte)	Propan Butan LPG Erdöl(begleit)gas

Bild 4.9-13 Einsatzfelder von Gasmotoren

4.9.5 Wasserstoffantrieb

Verbesserungen der Abgasemissionen haben das Automobil im Vergleich zu früher erheblich umweltfreundlicher gemacht, jedoch müssen vor allem die Kohlendioxid-Emissionen weiter reduziert werden. Aus diesem Grund wird nach alternativen Kraftstoffen gesucht, die möglichst wenig Kohlenstoff enthalten. Hier kommen fossile Kraftstoffe wie Erdgas ebenso in Frage wie Methanol oder Ethanol. Jeder dieser Kraftstoffe besitzt spezifische Vor- und Nachteile, gemeinsam ist jedoch, dass bei ihrer Nutzung stets Kohlendioxid freigesetzt wird.

4.9 Sonderverfahren

Der einzige völlig kohlenstofffreie Energieträger ist Wasserstoff (H_2). Verbrennt man diesen in einem Verbrennungsmotor oder nutzt ihn in einer Brennstoffzelle, so entsteht als Endprodukt Wasser (H_2O). Der Verbrennungsmotor bietet den Vorteil, bivalent – sowohl mit Benzin als auch mit Wasserstoff – betrieben werden zu können. Für den H_2-Verbrennungsmotor sprechen des weiteren ein gutes Leistungsgewicht, bekannte Produktionsverfahren, wettbewerbsfähige Kosten, vertraute Eigenschaften wie Dynamik und Ansprechverhalten, CO_2-freie Emissionen und noch immer nicht ausgeschöpfte Leistungspotentiale.

Herstellung von Wasserstoff

Wasserstoff kommt in der Natur nicht ungebunden vor und muss also immer unter Energieeinsatz hergestellt werden. Die Gewinnung von Wasserstoff erfolgt heutzutage entweder mittels Dampfreformierung aus Erdgas oder über die elektrische Spaltung (Elektrolyse) von Wasser. Die bei der Produktion von Wasserstoff anfallenden Kohlendioxid-Emissionen sind jedoch nur dann geringer als bei heutigen Kraftstoffen, wenn der für die Produktion benötigte elektrische Strom nicht aus der Nutzung fossiler Energieträger wie Eröl, Erdgas oder Kohle bereitgestellt wird, sondern erneuerbare Energien wie Wasserkraft, Sonne, Wind oder Kernkraft genutzt werden.

Elektrolyse mit regenerativ erzeugtem Strom ist der ökologisch sinnvollste Weg zur Gewinnung von H_2. Bei der Elektrolyse wird Wasser in seine Bestandteile Wasserstoff und Sauerstoff zerlegt:

$$H_2O + \text{Energie} \rightarrow 2\,H_2 + O_2$$

Bei der Verbrennung von Wasserstoff mit dem Luftsauerstoff im Motor entsteht wiederum Wasser, das in den Kreislauf zurückgelangt. Dieser Vorgang kann theoretisch völlig schadstofffrei gestaltet werden. Bild 4.9-14 zeigt den Wasserstoffkreislauf:

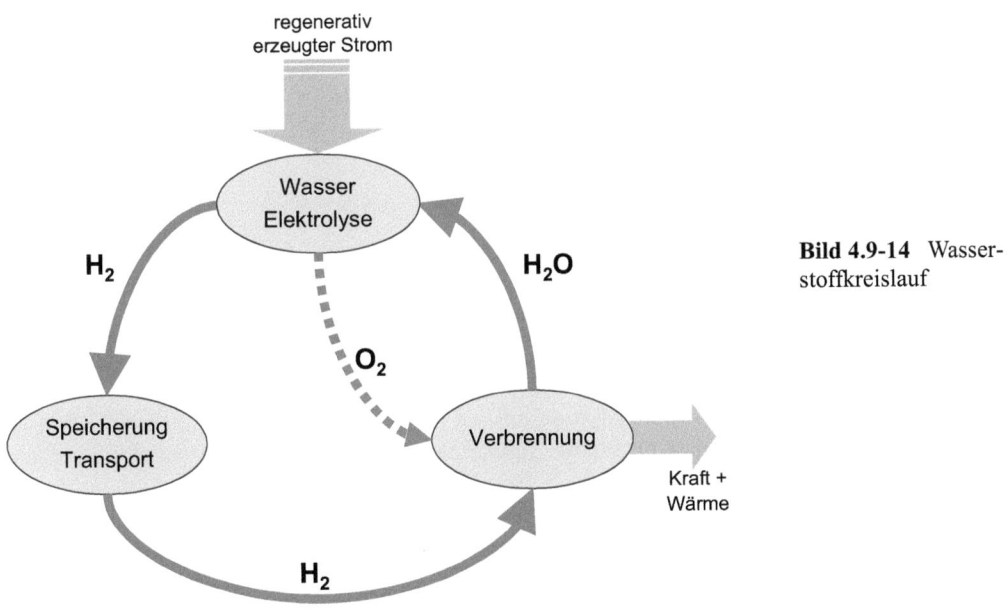

Bild 4.9-14 Wasserstoffkreislauf

Speicherung im PKW

Gasförmiger Wasserstoff hat volumenbezogen nur einen sehr geringen Energiegehalt. Dadurch ergeben sich Nachteile für die Reichweite und die Tankgröße bei einem Einsatz im Fahrzeug. Der Heizwert von gasförmigem Wasserstoff beträgt etwa ein Viertel dessen von Benzin. Um dies zu kompensieren, kommt für den Fahrzeugbetrieb nur hoch verdichteter oder – mit zusätzlichem Energieaufwand – verflüssigter Wasserstoff in Frage. Flüssiger Wasserstoff hat massenbezogen einen etwa dreifachen Energiegehalt (unterer Heizwert) im Vergleich zu Kohlenwasserstoff-Kraftstoffen. Außerdem besitzt Wasserstoff deutlich weitere Zündgrenzen in der Luft. Der Gemischheizwert eines stöchiometrischen Wasserstoff-Luft-Gemischs ist dagegen geringfügig niederer als derjenige von Kohlenwasserstoff-Kraftstoffen. Flüssiger Wasserstoff stellt jedoch aufgrund des Drucks und der extrem tiefen Temperatur von minus 253 Grad Celsius komplexe Anforderungen an die Betankungstechnik und den Fahrzeugbau. Die Speicherung tiefkalt verflüssigten Wasserstoffes LH_2 (Liquid Hydrogen Bild 4.9-15) wird durch den Einsatz einer Technik analog des Thermoskannenprinzips gelöst: So genannte „Kryospeicher" sind doppelwandig isoliert, im Vakuum zwischen Außen- und Innenwand befinden sich bis zu 70 Lagen Aluminiumfolie im Wechsel mit Glasfibermatten. Drei Zentimeter einer solchen Isolierung weisen den gleichen Wärmeleitwiderstand wie eine ca. 17 Meter dicke Styroporschicht auf. Unvermeidlicher Wärmeeintrag in den Tank – beispielsweise bei längerem Stillstand des Fahrzeugs – führt zu einem langsamen Druckanstieg. Aus Sicherheitsgründen muss dieser Druck ab etwa 5 bar über ein Ablassventil begrenzt und flüssiger Wasserstoff an die Umgebung abgegeben werden. Aktuell sind Standzeiten bis zu diesem „Boil-off" von bis zu zehn Tagen möglich.

Bild 4.9-15 Wasserstofftank im PKW (LH_2-Tank) [Quelle: BMW]

Wird ein Tank mit flüssigem Wasserstoff beschädigt, so tritt das Gas nicht schlagartig aus, sondern es verdunstet rasch, sobald es mit der warmen Umgebungsluft in Berührung kommt. Wegen seiner Leichtigkeit verflüchtigt sich ausgetretener Wasserstoff wesentlich schneller als Benzin und verdünnt sich dadurch schon nach kurzer Zeit so weit, dass er nicht mehr brennbar vorliegt und keine Explosionsgefahr mehr besteht.

Mit einem zylinderförmigen 170 Liter Kryo-Tank ist momentan etwa eine Reichweite von ca. 250 km möglich. Ein sogenannter Formtank (momentan in der Entwicklung) wird die bessere Anpassung an das Platzangebot im Fahrzeug bei gleichzeitiger Steigerung des Tankvolumens ermöglichen. Um Versorgungslücken für Wasserstoff überbrücken zu können, werden PKWs mit bivalentem Antrieb ausgerüstet. Bei einem solchen Fahrzeug (BMW Hydrogen 7 Bild 4.9-16) ist der Motor sowohl für den Betrieb mit Ottokraftstoff als auch mit Wasserstoff ausgelegt.

4.9 Sonderverfahren

Bild 4.9-16 BMW Hydrogen 7 mit bivalentem Antrieb [Quelle: BMW]

Technische Daten BMW Hydrogen 7:

12-Zylinder-V-Motor
Hubraum: 5972 ccm
Leistung: 191 kW
Max. Drehmoment: 390 Nm
Benzintank: ca. 74 l
LH$_2$-Tank: 8 kg, ca. 170 l

Motor

Bei der Entwicklung eines bivalenten Motors müssen die unterschiedlichen physikalischen Eigenschaften von Benzin und Wasserstoff berücksichtigt werden. So sind Benzin-Einspritzsysteme ungeeignet, um gasförmigen Wasserstoff in den Motor einzublasen. Dosierventile, denen ein elektronischer Druckregler vorgeschaltet ist, blasen je nach Betriebszustand des Motors Wasserstoff mit dem passenden Einblasedruck in den Ansaugtrakt ein. Auf die Kraftstoffpumpe kann verzichtet werden, da im Tank immer ein leichter Überdruck herrscht. Bei der Saugrohreinblasung von gasförmigem Wasserstoff besteht die Gefahr von Rückzündungen durch heißes Restgas in den Einlasskanal. Das Einblaseventil muss so positioniert sein, dass beim Öffnen des Einlassventils kein brennbares Gemisch am Ventil anliegt.

Die Adaption der wasserstoffspezifischen Umfänge erfolgt bei bivalenten Motoren meist unter der Voraussetzung, am Grundmotor nur Änderungen vorzunehmen, die dessen Eigenschaften und Betriebs- sowie Emissionsverhalten im Benzinbetrieb nicht beeinflussen. Ladungswechsel und Verdichtungsverhältnis des Motors werden nicht auf die spezifischen Anforderungen der Wasserstoffverbrennung angepasst, da solche Veränderungen am Motor gravierende Einflüsse auf die Abstimmung des Aggregates im Benzinbetrieb haben.

Bei Volllast wird der Wasserstoffmotor zur Erreichung hoher Leitungen mit stöchiometrischem Gemisch betrieben. Durch die Saugrohreinblasung des gasförmigen Wasserstoffs kommt es jedoch zu einem Füllungsverlust, da ca. 30 % der angesaugten Luft durch H$_2$ verdrängt wird. Die Brenngeschwindigkeit und der Druckgradient sind bei der Wasserstoffverbrennung mit $\lambda \approx 1$ deutlich höher als bei einem benzingetriebenen Motor. Durch einen leicht überstöchiometrischen Betrieb lassen sich die bei Volllast durch die sehr hohen Prozesstemperaturen entstehenden Stickoxide (Bild 4.9-17) im Drei-Wege-Katalysator reduzieren.

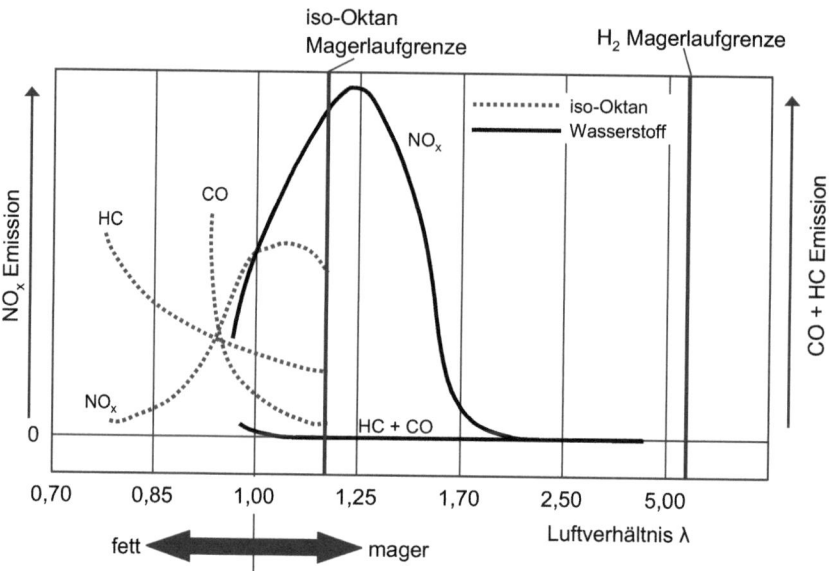

Bild 4.9-17 Magerlaufgrenze bei Wasserstoff [Quelle: BMW]

Kohlenstoffhaltige Abgaskomponenten (HC, CO und CO_2) treten wegen des Fehlens von Kohlenstoff im Kraftstoff bei Wasserstoffmotoren praktisch nicht auf. Lediglich durch die Verbrennung von Schmieröl können sehr geringe HC- und CO_2-Emissionen entstehen. Hinsichtlich der NO_x-Emissionen ist die Verbrennung im deutlich mageren Bereich ($\lambda > 1{,}8$) optimal (Bild 4.9-18). Die spezifischen Eigenschaften der Zündung und Verbrennung von Wasserstoff-Luft-Gemischen bieten im Vergleich zu konventionellen Kraftstoffen wesentlich mehr Freiheitsgrade, um durch eine entsprechende Verbrennungsführung die für NO_x-Bildung kritischen Prozessbereiche zu umgehen. Der hohe Homogenisierungsgrad eines Wasserstoff-Luftgemisches und die weiten Zündgrenzen erlauben, den Motor in weiten Bereichen mit sehr mageren, homogenen Gemisch ($\lambda \geq 3$) zu betreiben. So können Wasserstoffmotoren bei Teillast drosselfrei betrieben werden, d. h. die Laststeuerung erfolgt mit einer Qualitätsregelung. Durch den hohen Luftüberschuss sind die Verbrennungstemperaturen niedrig, was die NO_x-Emission drastisch reduziert und eine Abgasnachbehandlung in diesem Betriebszustand überflüssig macht. Allerdings gehen die Brenngeschwindigkeit und somit der thermodynamische Wirkungsgrad mit magerer werdendem Gemisch stark zurück.

Bei Auslegung des Motors auf einen reinen Wasserstoffbetrieb lassen sich die Nachteile des bivalenten Konzepts beheben. Die Direkteinspritzung in den Zylinder sowie die Aufladung wird in monovalenten Forschungsmotoren auf dem Prüfstand bereits erfolgreich erprobt. Die hierbei erzielte Leistung liegt über der, die von heutigen Benzinmotoren mit Saugrohreinspritzung erreicht wird. Optimierungen der Motorsteuerung und die optimale Einstellung von Motorparametern auf den Brennstoff Wasserstoff lassen weitere Wirkungsgradverbesserungen erwarten. Bild 4.9-18 zeigt das Potential der verschieden Konzepte des Verbrennungsmotors aus heutiger Sicht.

4.9 Sonderverfahren

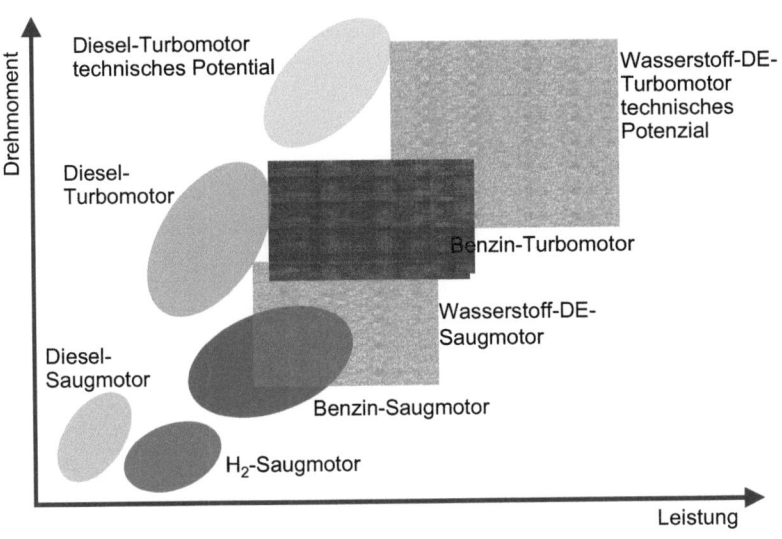

Bild 4.9-18 Potential des Verbrennungsmotors (Angaben bezogen auf gleichen Hubraum)

Infrastruktur

Der Wasserstoff-Verbrennungsmotor wird sich als Alternative oder gar als Nachfolge des mit Benzin oder Diesel-Kraftstoff betriebenen Motors nur mit einem gut ausgebauten Tankstellennetz etablieren können. Dabei darf das Betankungssystem nicht komplizierter sein als das heutige und Wasserstoff muss sich ebenso rasch tanken lassen wie Benzin oder Diesel.

Es gibt Entwicklungen, die das manuelle Betanken mittels einer kälte- und druckdichten Kupplung anstelle einer Zapfpistole erlauben. Zum Tanken wird die Kupplung am Tankstutzen angesetzt und mit einem Hebel verriegelt. Ein vollautomatischer Betankungsvorgang hingegen wird von einem Roboter erledigt und dauert etwa drei Minuten. Der Tankroboter öffnet selbstständig den Tankdeckel, setzt den Füllarm auf und verbindet ihn druckdicht mit dem Einfüllstutzen. Der Fahrer des Wagens braucht dazu sein Fahrzeug nicht verlassen, der Tankvorgang wird mittels Tankkarte oder einer elektronischen Fernbedienung gestartet. Allerdings ist eine solche Tankanlage selbstverständlich deutlich teurer als die mit manueller Betankung.

In Deutschland existieren derzeit achtzehn öffentliche Wasserstofftankstellen.

4.9.6 Atkinson-Zyklus und Miller-Verfahren

Der von James Atkinson im Jahre 1882 erfundene und nach ihm benannte Atkinson-Zyklus stellt eine Betriebsstrategie für den Verbrennungsmotor dar, mit dessen speziellen Eigenschaften der thermische Wirkungsgrad des Verbrennungsmotors gesteigert werden kann. Ursprünglich beruhte dieses Verfahren auf der Realisierung der vier Takte bei einer Kurbelwellenumdrehung durch einen entsprechend gestalteten Kurbeltrieb. Dieser ist geometrisch so ausgelegt, dass ein Expansionsverhältnis erreicht wird, welches größer als das Kompressionsverhältnis ist. Der Kolben legt also bei der Expansion und dem Ausschieben einen größeren Weg zurück als beim Ansaugen und der Kompression. Dadurch wird ein großer Anteil der ansonsten nicht verwendeten Expansionsarbeit in Nutzarbeit umgewandelt (Bild 4.9-19).

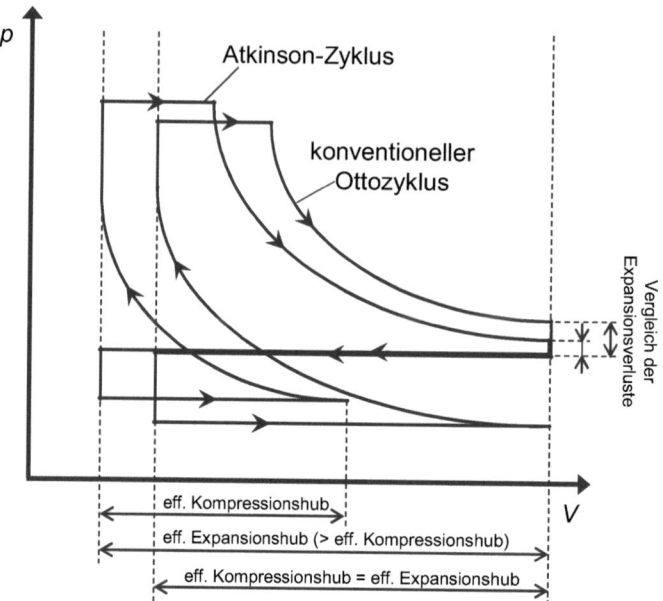

Bild 4.9-19 Atkison-Verfahren

Bild 4.9-20 zeigt den Einfluss des Expansionsverhältnisses auf den Wirkungsgrad. Das Expansionsverhältnis ist der Quotient aus dem Maximaldruck im Zylinder und dem Druck, der bei öffnen des Auslassventils im Brennraum vorliegt. Wirkungsgradoptimal ist ein expandieren der Zylinderladung bis auf Umgebungsdruck.

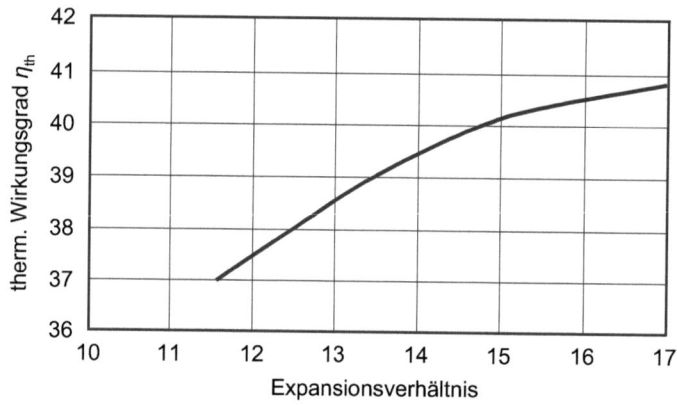

Bild 4.9-20 Einfluss des Expansionsverhältnisses auf η_{th}

4.9 Sonderverfahren

Die Realisierung des Atkinson-Zykluses ist aufgrund der außerordentlich komplexen Geometrie des Kurbeltriebs sehr schwierig. Eine praktische Umsetzung des Atkinson-Zykluses stellt das von Ralph Miller im Jahre 1940 patentierte und nach ihm benannte Miller-Verfahren dar. Die Realisierung des geringeren effektiven Kompressionshubes erfolgt hier durch ein frühes oder spätes Schließen des Einlassventils (Bild 4.9-21). Die Hauptvorteile eines nach dem Miller-Verfahren betriebenen Verbrennungsmotors sind:

- geringere Motorgröße aufgrund des kleineren Hubraums (geringere Reibleistung)
- Expansionsverhältnis > Kompressionsverhältnis
- geringere Ladungstemperatur
- verbesserte Verbrennung

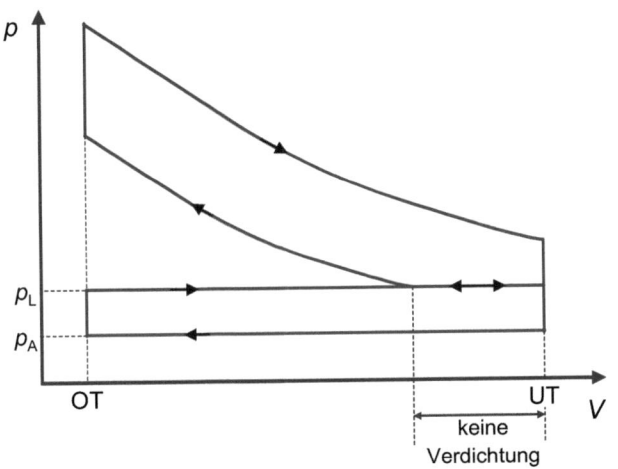

Bild 4.9-21 Miller-Verfahren mit spätem ES

Da ein großer Teil der Frischladung bei spätem Einlass schließt zurückgeschoben wird, bzw. bei frühem Einlass schließt erst gar nicht in den Brennraum gelangt, ist bei der Realisierung des Miller-Verfahrens die Aufladung aufgrund den daraus resultierenden Füllungsproblemen ein existentieller Bestandteil. Der Wirkungsgradnachteil beispielsweise bei der Verringerung des effektiven Verdichtungsverhältnisses von 10:1 auf 8:1 liegt bei ca. 6 %. Mit Hilfe einer Ladeluftkühlung wird die Frischluftdichte weiter erhöht, wodurch die Füllungsprobleme weitgehend umgangen und der oben erwähnte Wirkungsgradnachteil größtenteils kompensiert wird. Insbesondere bei aufgeladenen Ottomotoren muss häufig zur Verringerung der Klopfneigung das Kompressionsverhältnis reduziert werden. Durch die Realisierung des Miller-Verfahrens kann das Expansionsverhältnis trotz der Reduzierung des Kompressionsverhältnisses wirkungsgradoptimal konstant gehalten werden und bietet somit die Möglichkeit, verbrauchsreduzierende und somit zukunftsweisende Maßnahmen wie z. B. das Downsizing-Konzept zu optimieren oder z. B. die variable Kompression zu realisieren. Um einen Verbrennungsmotor effektiv nach dem Miller-Verfahren zu betreiben, ist mindestens eine Phasenverstellung der Nockenwelle erforderlich. Mit vollvariablen Ventiltrieben, die auch eine Variation der Ventilöffnungszeiten gewähren, würde eine drosselfreie Lastregelung den Wirkungsgrad erheblich steigern.

Anhang: Stoffwerte zur Thermodynamik

	Atomanzahl	Dichte ρ [kg/m^3]	molare Masse M [kg/kmol]	Gaskonstante R [J/kg K]	molare Wärmekapazität c_{mp} [kJ/kmol K]	c_{mV} [kJ/kmol K]	$\kappa = c_{mp}/c_{mV}$ [-]
Wasserstoff H_2	2	0,0898	2,0158	4124,5	28,7212	20,4069	1,4074
Stickstoff N_2	2	1,2505	28,0134	296,8	29,1726	20,8583	1,3986
Sauerstoff O_2	2	1,4289	31,999	259,8	29,2497	20,9354	1,3971
Luft	-	1,2928	28,953	287,2	29,1124	20,7981	1,3997
Kohlenmonoxid CO	2	1,2500	28,0104	296,8	29,1797	20,8654	1,3984
Stickstoffmonoxid NO	2	1,3402	30,0061	277,1	29,9309	21,6166	1,3846
Kohlendioxid CO_2	3	1,9768	44,0098	188,9	35,9541	27,6398	1,3008
Distickstoffmonoxid N_2O	3	1,9878	44,0128	188,9	37,4326	29,1183	1,2855
Schwefeldioxid SO_2	3	2,9265	64,0588	129,8	38,9666	30,6523	1,2712
Wasserdampf H_2O	3	-	18,0152	461,5	33,4377	25,1234	1,3309
Methan CH_4	5	0,7168	16,0427	518,3	34,6120	26,2977	1,3161
Ethan C_2H_6	8	1,3560	30,0696	276,5	51,9556	43,6413	1,1905

Stoffwerte für einige ideale Gase (bei 0 Grad C und kleinem Druck) [Auszug aus [4.3-2]]

Standardwerte der Entropie und mittleren Wärmekapazität

für: O_2, N_2, CO, CO_2, H_2, H_2O, CH_4, NH_3, NO, NO_2, O, H, OH, N, C_8H_{18}, CH_3OH

a) Standardzustand für:

    Gase: Zustand des idealen Gases bei Standarddruck $p°$

    Flüssigkeiten: Zustand der reinen kondensierten Phase bei Standarddruck $p°$

Die Tabellen für die angegebenen Stoffe beziehen sich auf den Standardzustand von Gasen.

b) Mittlere Wärmekapazität

Die mittlere Wärmekapazität am Temperaturpunkt T_i bezieht sich jeweils auf die Temperaturdifferenz zwischen der vorherigen Temperatur T_{i-1} und der nachfolgenden Temperatur T_{i+1}.

c) Herkunftsquellen der Daten:

Die Tabelle für CH_4. C_8H_{18} und CH_3OH wurden für die unten angegebene Allgemeine Gaskonstante aus /1/. für alle anderen Stoffe aus /2/ berechnet.

    /1/ NASA Contractor Report NASA CR-2178, Approximate Thermal Chemical Tables for Some C-H and C-H-O Species

    /2/ JANAF Thermochemical Tables

Weitere Vereinbarungen und Konstanten:

Standarddruck: $p° = 100$ kPa $= 100000$ N/mm^2

Vereinfachte Zusammensetzung von trockener Luft: $\psi_{O2} = 21\%$. $\psi_{N2} = 79\%$

Allgemeine Gaskonstante: $Rm = 8.31451$ kJ/(kmol K)

Loschmidt-/Avogadrozahl: $N_A = L = 6.0221367 * 10^{26}$ 1/kmol

T [K]	O$_2$ S°m(T) [kJ/kmol K]	O$_2$ cmp°(T) [kJ/kmol K]	N$_2$ S°m(T) [kJ/kmol K]	N$_2$ cmp°(T) [kJ/kmol K]	CO S°m(T) [kJ/kmol K]	CO cmp°(T) [kJ/kmol K]	T [K]
0	0	0	0	0	0	0	0
298	205044	29,2	191503	29,2	197543	29,2	298
300	205226	29,2	191683	29,2	197723	29,2	300
400	213771	30,1	200075	29,2	206129	29,3	400
500	220595	31,1	206636	29,6	212721	29,8	500
600	226352	32,1	212073	30,1	216208	30,5	600
700	231367	33,0	216760	30,8	222956	31,2	700
800	235822	33,7	220911	31,4	227166	31,9	800
900	239833	34,3	224653	32,1	230963	32,6	900
1000	243477	34,8	228067	32,7	234427	33,2	1000
1100	246816	35,3	231210	33,2	237614	33,7	1100
1200	249898	35,6	234124	33,7	240566	34,2	1200
1300	252762	36,0	236840	34,1	243316	34,6	1300
1400	255439	36,3	239384	34,5	245890	34,9	1400
1500	257952	36,6	241776	34,8	248309	35,2	1500
1600	260321	36,8	244035	35,1	250591	35,5	1600
1700	262563	37,1	246173	35,4	252749	35,7	1700
1800	264691	37,4	248202	35,6	254797	35,9	1800
1900	266717	37,6	250133	35,8	256744	36,1	1900
2000	268651	37,8	251975	36,0	258601	36,3	2000
2100	270502	38,1	253736	36,2	260374	36,4	2100
2200	272277	38,3	255421	36,3	262070	36,5	2200
2300	273982	38,5	257037	36,4	263697	36,6	2300
2400	275624	38,7	258589	36,5	265258	36,7	2400
2500	277208	38,9	260083	36,6	266760	36,8	2500
2600	278738	39,1	261522	36,7	268207	36,9	2600
2700	280218	39,3	262910	36,8	269601	37,0	2700
2800	281651	39,5	264250	36,9	270948	37,1	2800
2900	283042	39,7	265546	37,0	272250	37,1	2900
3000	284392	39,9	266801	37,0	273510	37,2	3000
3100	285704	40,1	268016	37,1	274731	37,3	3100
3200	286981	40,3	269195	37,2	275915	37,3	3200
3300	288225	40,5	270340	37,2	277065	37,4	3300
3400	289437	40,7	271453	37,3	278182	37,4	3400
3500	290619	40,9	272535	37,4	279268	37,5	3500
3600	291773	41,0	273588	37,4	280325	37,6	3600
3700	292900	41,2	274613	37,5	281355	37,6	3700
3800	294001	41,4	275613	37,5	282359	37,7	3800
3900	295077	41,5	276588	37,6	283338	37,7	3900
4000	296130	41,6	277540	37,6	284293	37,7	4000

T [K]	CO₂ S°m(T) [kJ/kmol K]	CO₂ cmp°(T) [kJ/kmol K]	H₂ S°m(T) [kJ/kmol K]	H₂ cmp°(T) [kJ/kmol K]	H₂O S°m(T) [kJ/kmol K]	H₂O cmp°(T) [kJ/kmol K]	T [K]
0	0	0	0	0	0	0	0
298	213710	37,1	130574	29,0	188724	33,5	298
300	213940	37,2	130752	29,0	188931	33,5	300
400	225228	41,3	139115	29,2	198677	34,3	400
500	234817	44,6	145638	29,2	206420	35,2	500
600	243201	47,3	150975	29,3	212933	36,3	600
700	250669	49,6	155504	29,5	218616	37,5	700
800	257413	51,4	159450	29,6	223698	38,7	800
900	263565	53,0	162954	29,9	228327	40,0	900
1000	269214	54,2	166121	30,2	232607	41,3	1000
1100	274436	55,3	169021	30,6	228327	42,6	1100
1200	279290	56,3	171702	31,0	240362	43,8	1200
1300	283827	57,1	174201	31,4	243912	44,9	1300
1400	288083	57,8	176546	31,8	247280	46,0	1400
1500	292091	58,4	178757	32,3	250488	47,0	1500
1600	295877	58,9	180853	32,7	253548	47,9	1600
1700	299463	59,4	182846	33,1	256479	48,8	1700
1800	302869	59,8	184748	33,5.	259291	49,6	1800
1900	306110	60,1	186569	33,9	261993	50,3	1900
2000	309201	60,4	188316	34,2	264593	51,0	2000
2100	312154	60,7	169996	34,6	257100	51,7	2100
2200	314982	60,9	191613	34,9	269519	52,3	2200
2300	317693	61,1	193174	35,3	271857	52,9	2300
2400	320298	61,3	194682	35,6	274117	53,4	2400
2500	322803	61,5	196141	35,9	276306	53,9	2500
2600	325216	61,6	197554	36,2	278426	54,3	2600
2700	327544	61,8	198924	36,4	280831	54,7	2700
2800	329793	61,9	200253	36,7	2824781	55,1	2800
2900	331968	62,0	201544	36,9	284416	55,4	2900
3000	334074	62,2	202799	37,1	286299	55,7	3000
3100	336115	62,3	204020	37,3	288130	56,0	3100
3200	338095	62,4	205208	37,5	289912	56,2	3200
3300	340019	62,6	208366	37,7	291647	56,5	3300
3400	341889	62,7	207495	37,9	293337	56,7	3400
3500	343708	62,8	208597	38,1	294984	56,9	3500
3600	345480	62,9	209672	38,3	296591	57,1	3600
3700	347206	63,1	210723	38,4	298159	57,3	3700
3800	348889	63,2	211750	38,6	299690	57,5	3800
3900	350532	63,3	212754	38,8	301186	57,7	3900
4000	352135	63,4	213738	39,0	302649	57,9	4000

T [K]	CH₄ S°m(T) [kJ/kmol K]	CH₄ cmp°(T) [kJ/kmol K]	NH₃ S°m(T) [kJ/kmol K]	NH₃ cmp°(T) [kJ/kmol K]	NO S°m(T) [kJ/kmol K]	NO cmp°(T) [kJ/kmol K]	T [K]
0	0	0	0	0	0	0	0
298	186144	35,3	192607	34,4	210659	29,8	298
300	1863641	35,4	192828	35,5	210844	29,8	300
400	197257	40,6	203487	38,7	219430	29,9	400
500	206914	46,4	212471	42,0	226165	30,5	500
600	215885	52,2	220414	45,2	231788	31,3	600
700	224361	57,8	227618	48,3	236663	32,0	700
800	232419	62,9	234254	51,2	240989	32,8	800
900	240105	67,6	240436	53,9	244887	33,4	900
1000	247451	71,8	246250	56,5	248438	34,0	1000
1100	254470	75,5	251745	58,8	251698	34,4	1100
1200	261181	78,8	256956	60,9	254712	34,9	1200
1300	267603	81,7	261911	62,9	257516	35,2	1300
1400	273752	84,2	266634	64,6	260136	35,5	1400
1500	279844	86,5	271145	66,2	262596	35,8	1500
1600	2852941	88,5	275462	67,6	264913	36,0	1600
1700	290716	90,3	279600	68,9	267103	36,2	1700
1800	295924	91,9	283572	70,1	269178	36,4	1800
1900	3009291	93,3	287391	71,2	271149	36,5	1900
2000	305744	94,5	291068	72,2	273149	36,7	2000
2100	310380	95,6	294612	73,1	274619	36,8	2100
2200	3148481	96,5	298032	73,9	276553	36,9	2200
2300	3191561	97,3	301337	74,8	278175	37,0	2300
2400	323315	98,1!	304535	75,5	279750	37,1	2400
2500	327334	98,8	307631	76,2	281265	37,1	2500
2600	331220	99,4	310633	76,9	282723	37,2	2600
2700	334982	99,9	313547	77,5	284128	37,3	2700
2800	338625	100,4	316377	78,1	285485	37,3	2800
2900	3421581	100,9	319129	78,7	286796	37,4	2900
3000	345.586'	101,3	321808	79,3	288064	37,5	3000
3100	348915	101,7	324417	79,8	289293	37,5	3100
3200	352151	102,1	326960	80,4	290485	37,6	3200
3300	355298	102,5	329442	80,9	291642	37,6	3300
3400	358 362	102,8	331865	81,4	292765	37,7	3400
3500	361346	103,1	334233	81,9	293858	37,7	3500
3600	364254	103,4	336548	82,4	294921	37,8	3600
3700	367091	103,7	338813	81,9	295957	37,8	3700
3800	359858	103,9	341031	83,4	296966	37,9	3800
3900	372561	104,2	343203	83,8	297950	37,9	3900
4000	375201	104,3	345332	84,4	298911	37,9	4000

T [K]	NO$_2$ S°m (T) [kJ/kmol K]	NO$_2$ cmp°(T) [kJ/kmol K]	O S°m (T) [kJ/kmol K]	O cmp°(T) [kJ/kmol K]	H S°m (T) [kJ/kmol K]	H cmp°(T) [kJ/kmol K]	T [K]
0	0	0	0	0	0	0	0
298	239930	36,6	160958	21,8	114613	20,8	298
300	240158	36,7	151093	21,8	114741	20,8	300
400	251239	40,2	167330	21,5	120721	20,8	400
500	260535	43,3	172097	21,3	125360	20,8	500
600	268652	45,9	175961	21,1	129149	20,8	600
700	275986	48,0	179211	21,0	132354	20,8	700
800	282410	49,7	182016	21,0	135129	20,8	800
900	288348	51,0	184486	20,9	137578	20,8	900
1000	293781	52,1	186691	20,9	139768	20,8	1000
1100	298784	53,0	188685	20,9	141749	20,8	1100
1200	303421	53,7	190503	20,9	143558	20,8	1200
1300	307741	54,3	192174	20,9	145221	20,8	1300
1400	311782	54,8	193720	20,9	146762	20,8	1400
1500	315577	55,2	195159	20,8	148196	20,8	1500
1600	319153	55,6	196504	20,8	149538	20,8	1600
1700	-322532	55,9	197767	20,8	150798	20,8	1700
1800	325734	56,1	198957	20,8	151986	20,8	1800
1900	328775	56,4	200083	20,8	153110	20,8	1900
2000	331669	56,5	201151	20,8	154176	20,8	2000
2100	334430	56,7	202167	20,8	155190	20,8	2100
2200	337068	56,8	203136	20,8	156157	20,8	2200
2300	339594	56,9	204062	20,8	157081	20,8	2300
2400	342016	56,9	204949	20,8	157966	20,8	2400
2500	344342	57,0	205800	20,9	158814	20,8	2500
2600	346580	57,1	206618	20,9	159630	20,8	2600
2700	348736	57,1	207406	20,9	160414	20,8	2700
2800	350816	57,2	208165	20,9	161170	20,8	2800
2900	352825	57,3	208899	20,9	161899	20,8	2900
3000	354768	57,4	209609	20,9	162604	20,8	3000
3100	356649	57,4	210296	21,0	163286	20,8	3100
3200	358473	57,5	210 962	21,0	163946	20,8	3200
3300	360242	57,5	211609	21,0	164585	20,8	3300
3400	361961	57,6	212237	21,1	165206	20,8	3400
3500	363631	57,6	212847	21,1	165808	20,8	3500
3600	365256	57,7	213442	21,1	166394	20,8	3600
3700	366838	57,8	214021	21,2	166964	20,8	3700
3800	368379	57,8	214586	21,2	167518	20,8	3800
3900	369881	57,9	215138	21,2	168058	20,8	3900
4000	371347	57,9	215676	21,3	168584	20,8	4000

Anhang: Stoffwerte zur Thermodynamik

T [K]	OH S°m(T) [kJ/kmol K]	OH cmp°(T) [kJ/kmol K]	N S°m(T) [kJ/kmol K]	N cmp°(T) [kJ/kmol K]	C_8H_{18} S°m(T) [kJ/kmol K]	C_8H_{18} cmp°(T) [kJ/kmol K]	T [K]
0	0	0	0	0	0	0	0
298	183.601	29,5	153198	20,8	430878	219,7	298
300	183.786	29,5	153327	20,8	432245	221,2	300
400	192.358	29,5	159307	20,8	500014	251,5	400
500	198.957	29,5	163945	20,8	560178	290,1	500
600	204.339	29,5	167735	20,8	616184	328,7	600
700	208.899	29,7	170939	20,8	669381	363,7	700
800	212.875	29,9	173715	20,8	720153	393,6	800
900	216.419	30,3	176163	20,8	768373	418,4	900
1000	219.633	30,7	178354	20,8	813458	438,8	1000
1100	222.585	31,2	180335	20,8	855949	455,6	1100
1200	225.319	31,6	182144	20,8	896112	469,7	1200
1300	227.869	32,1	183808	20,8	934163	481,8	1300
1400	230.262	32,5	185349	20,8	970278	492,2	1400
1500	232.518	32,9	186783	20,8	1004606	501,4	1500
1600	234.654	33,3	188125	20,8	1037276	509,4	1600
1700	236.682	33,7	189385	20,8	1068400	516,2	1700
1800	236.616	34,0	190573	20,8	1098080	521,8	1800
1900	240.463	34,3	191697	20,8	1126407	526,2	1900
2000	242.231	34,6	192763	20,8	1151463	529,5	2000
2100	243.928	34,9	193777	20,8	1179324	531,6	2100
2200	245.559	35,2	194745	20,8	1204063	532,7	2200
2300	247.129	35,4	195669	20,8	1227744	533,0	2300
2400	248.643	35,7	196555	20,8	1250430	532,8	2400
2500	250.104	35,9	197404	20,8	1272180	532,1	2500
2600	251.516	36,1	198222	20,8	1293047	531,1	2600
2700	252.882	36,3	199009	20,9	1313086	530,0	2700
2800	254.205	36,5	199768	20,9	1332345	528,7	2800
2900	255.487	36,6	200502	20,9	1350872	527,3	2900
3000	256.731	36,8	201212	21,0	1368711	525,7	3000
3100	257.939	36,9	201901	21,0	1385905	523,9	3100
3200	259.112	37,0	202569	21,1	1402494	521,9	3200
3300	250.253	37,1	201218	21,1	1418518	519,8	3300
3400	261.364	37,3	203850	21,2	1434013	517,8	3400
3500	262.445	37,4	204466	21,3	1449013	516,1	3500
3600	263.498	37,5	205066	21,4	1463551	515,1	3600
3700	264.526	37,5	205653	21,5	1477659	514,7	3700
3800	255.528	37,6	206226	21,6	1491355	514,7	3800
3900	266.506	37,7	206788	21,7	1504698	513,5	3900
4000	267.462	37,9	207338	21,8	1517681	508,1	4000

T [K]	CH$_3$OH S°m(T) [kJ/kmol K]	CH$_3$OH cmp°(T) [kJ/kmol K]	O$_2$ S°m(T) [kJ/kmol K]	O$_2$ cmp°(T) [kJ/kmol K]	N$_2$ S°m(T) [kJ/kmol K]	N$_2$ cmp°(T) [kJ/kmol K]	T [K]
0	0	0	0	0	0	0	0
298	242488	43,5	205044	292	191503	29,2	298
300	242761	43,7	205226	29,2	191683	29,2	300
400	256484	51,7	213771	301	200075	29,2	400
500	268839	59,6	220595	31,1	206636	29,6	500
600	280336	66,9	226352	32,1	212073	30,1	600
700	291161	73,6	231367	33	216760	30,8	700
800	301396	79,5	235822	33,7	220911	31,4	800
900	311088	84,7	239833	34,3	224653	32,1	900
1000	320253	89,4	243477	34,8	228067	32,7	1000
1100	328964	93,7	246816	35,3	231210	33,2	1100
1200	337276	97,6	249898	35,6	234124	33,7	1200
1300	345235	101,3	252762	36	236840	34,1	1300
1400	352879	104,9	255439	36,3	239384	34,5	1400
1500	350241	108,4	257952	36,6	241776	34,8	1500
1600	367350	111,8	260321	36,8	244035	35,1	1600
1700	374232	115,1	262563	37,1	246173	35,4	1700
1800	380907	118,4	264691	37,4	248202	35,6	1800
1900	387395	121,6	266717	37,6	250133	35,8	1900
2000	393713	124,8	268651	37,8	251975	36,0	2000
2100	399975	127,9	270502	38,1	253736	36,2	2100
2200	405891	131,0	272277	38,3	255421	36,3	2200
2300	411781	134,0	273982	38,5	257037	36,4	2300
2400	417546	137,0	275624	38,7	258589	36,5	2400
2500	423198	139,9	277208	38,9	260083	36,6	2500
2600	428743	142,8	278738	39,1	261522	36,7	2600
2700	434188	145,7	280218	39,3	262910	36,8	2700
2800	439538	148,5	281651	39,5	264250	36,9	2800
2900	444797	151,3	283042	39,7	265546	37,0	2900
3000	449970	154,0	284392	39,9	266801	37,0	3000
3100	455060	156,6	285704	40,1	268016	37,1	3100
3200	460069	159,1	286981	40,3	269195	37,2	3200
3300	465002	161,5	288225	40,5	270340	37,2	3300
3400	469859	163,9	289437	40,7	271453	37,3	3400
3500	474643	166,2	290619	40,9	272535	37,4	3500
3600	479357	168,4	291773	41,0	273588	37,4	3600
3700	484003	170,7	292900	41,2	274613	37,5	3700
3800	488583	172,9	294001	41,4	275613	37,5	3800
3900	493101	175,1	295077	41,5	276588	37,6	3900
4000	497560	176,8	296130	41,6	277540	37,6	4000

Sachwortverzeichnis

A

Abbrennhilfen 263
Abgasenergiestrom 331
Abgasschichtungskonzept, ideales 465
Abgasturboaufladung 476
Abscheidegrad 197
Abscheider 153, 194
Adsorptionstrockner 198
Ähnlichkeitstheorie 322
Aktoren 83
Aldehyde 250
Alkohole 250
Alkoholkraftstoffe 276
Alkylieren 249
Alternativkraftstoffe siehe Kraftstoffe, alternative 271
Ansaugen 152
Ansaugzustand
– Änderung 203
Antiklopfmittel 259
Anti-Klopf-Regelung (AKR) 412
Antriebsleistung 64 f., 82
Antriebsmotor 147
Aräometer 256
Arbeit
– massespezifische 11
– physikalische 11
– spezifische 17
– spezifische, innere 157
Arbeitsfähigkeit eines Fluids 1
Arbeitsfrequenz, zulässige 163
Arbeitsmaschinen 1, 10, 147
Arbeitsraumgrößen 174
Arbeitsspiele 408
– idealisierte 10
Arbeitsstoff 1
Aromaten 250
Asynchronmotor 50
– Exlposionsschutz 50
– Robustheit 50
Atkinson-Zyklus 513
Atkison-Verfahren 514
Aufheizung 152
Aufheizungsgrad 155
Aufladung 471
– mechanische 472
Ausflussfunktion 19

Ausgleichsmasse, rotierende 37
Ausgleichsvorgänge 9
Ausgleichswellen 37
Auslasssteuerorgan 7
Ausnutzungsgrad 155, 161 f., 217, 222
Auspuffen 15
Ausschieben 151
Austrittstemperatur 161
– zulässige 162
Axialkolbenmaschinen 8
Axialturbine 477

B

Bauform 163
Baugruppen, Konstruktion und Berechnung 175
Baukastensystem 165
Bauteilfestigkeit 336
Bauteilhärte 76
Bauteiltemperatur 326
Bauweise
– halbhermetische 165
– vollhermetische 165
Behälter, zusätzliche 199
Behältergröße, erforderliche 207
Benzin-Direkteinspritzung (BDE) 452
Benzinsynthese 273
Bernoulli 381
Beschleunigungsanreicherung 386
Betriebskenngrößen 334
Betriebspunkt 348
– Verlagerung 480, 482
Biodiesel 278 f.
Biogas 507
Biomass-to-Liquid (BTL) 280
Bioverfahrenstechnik 96
Blasenspeicher 125
Blaslöcher 224
Blenden 123, 126 f.
Blow-by 235, 314
Blower 473
BMW Hydrogen 7 511
BMW-VANOS 445
Bolzenaugen 232
Bolzennaben 232
Boxermaschinen 9, 168
Boxerverdichter 165

Brenndauer 407
Brennfunktion 408
Brenngeschwindigkeit, laminare 267
Brennrauminnenwand 326
Brennraumwand 314
Brennstoffmassenstrom 255
Brennstoffzelle 281
Brennverfahren
– luftgeführtes 459
– strahlgeführtes 460
– wandgeführtes 458
Brennverlauf 434 f.
Brennverzug 407
Brennwert 255
Brennzone 405

C
CAI 489
Carnot-Prozess 286, 500
Cetanzahl (CZ) 260
Choke 384
Closed-Deck 239, 240
CNG (Compressed Natural Gas) 274
CO-Emission 442
CO_2-Kreislauf 271
CO_2-Trächtigkeit 271
Common-Rail 427
– -Anlage 428
– -Einspritzsystem 394
– -System 428
Controlled Auto Ignition 489
Cracken 266

D
Dampfblasenbildung 252
Dampfdruck 103, 118, 120, 129
Dampfmaschine 5
Dämpfmethoden 80
Dampfmotor 501 f.
Dämpfung 125 f.
– Einbauort, falscher 127
Dämpfungsbehälter 147
Dämpfungsmaßnahmen
– für Pulsationen, primäre 198
– für Pulsationen, sekundäre 198
Dämpfungsplatten 198
Deckeltotlage 7
Deponiegas 507
Desachsierung 233
Detergentien 263

Diagnose 212
Diagnosesystem 214
Dichte 256
Dichtelemente 187
Diesel-Gasmotor 503
Dieselmotor 416 ff.
Dieselprozess 16
Dieselschlag 435
Diffusionsprinzip 197
Diffusionsverbrennung 436
Diffusionswiderstand 106
Dimethylether (DME) 274
Direkteinspritzung 376, 393
– mit geschichtetem Gemisch 456
– mit homogenem Gemisch 454
Direkteinspritzverfahren 419
Dissoziation 297, 309
Dissoziationseffekte 309
DME-Synthese 275
Doppelrohrkühler 195
Dosierung 58, 70, 90, 377
Downsizing 479 ff.
Downspeeding 479, 482 ff.
Dralldüse 396
Drallströmung 397, 432
Drehkolben 221
Drehkolbenlader 473
Drehkolbenmaschine 3
– einwellige 218
– zweiwellige 220
Drehkolbenverdichter 147, 216 ff.
– ein- und mehrwelliger 216
– spezifische Arbeit 217
– zweiwelliger 223
Drehmoment 337, 352
Drehmomentausgleich 43
Drehschiebersteuerung 354
Drehstrommotor 53
Drehzahl 149, 163
– allgemeine, spezifische 3
Drehzahlabsenkung 483
Drosselorgane 377
Drosselverlust 18, 151
Drosselzapfendüse 425 f.
Druckamplitude 122, 124, 412
Druck-Ausgleichsvorgänge 20
Druckbegrenzungsventil 102, 115
Druckfaktor 155
Druckgradient 437
Druckpulsationen 122, 128
Druckschalter 105

Sachwortverzeichnis

Druckschwankung 199
- zulässige 198
Druckventile 176
Druckventil-Lamellen 181
Druckverhältnis 16, 287, 294
- innere Verdichtung 216
- kritisches 19
Druckverlauf 407
Druckverlust 182
Druckverlustverlauf 117
Druckwellenabsorption 126
Durchblasverlust 314
Durchflussbegrenzer 395
Durchflussbestimmung 362
Durchflussmesser 83, 132, 134
Durchflusszahl 19, 381
Durchströmzahl 362 f.
Düsenfläche, äquivalente 182
Düsenhalter 427

E

Eindringtiefe 432
Einlasssteuerorgan 7
Einlassventilspalt 378
Einspritzanlage, nockengesteuerte 422
Einspritzbeginn 437
Einspritzdüse 377, 425
Einspritzstrahl 431
Einspritzsystem 421
Einspritzung
- direkte 418
- sequentielle 392
Einspritzverhältnis 289, 294
Einspritzverlauf 434
Einspritzverlaufsformung 486 f.
Einstellmöglichkeiten 80
Eintrittdruckverlust 118
Einzylinderprüfmotor 257
Elastizitätsfaktor 67
Elastizitätsgrad 65
Elastomere 76, 85, 100
Elektrodenabstand 400
Elektrolyse 280
Elektromagnetventil 384
Elektromechanischer Ventiltrieb (EMV) 447
Elementaranalyse 264
Elsbett 278
Emission 464
Emissionsverhältnis 320
Endgasbereich 410
Energie, innere 298

Energiebilanz 330
Energieträger 271
Energieübertragung 2
Entflammungsphase 408
Entleermethode 364
Entlüftungsventil 103
Entropiefunktion 299
Entropiewert 299
Entspannung, unvollständige 15
Entspannungsmaschinen 14
Entwicklung, historische 4
Erdgas 273
Erdgasverdichter 169
Erregerfrequenzen 126
Ethanol 276 f.
Ether 250
exotherm 272
Expansionsmaschinen 5
Expansionszahl 381
Extremklopfen 411
Exzenterradius 63
Exzenterwelle 166, 495 f.

F

Fächerbauweise 165
Fahrerwunsch 394
Fahrleistungskurve 348
Fänger 181
Faserfilter 197
Feder-Nocken-Antrieb 62, 64, 81, 92
Fehlerfortpflanzungsgesetz 70
Fehlerfrüherkennung 214
Feuchte, absolute 153, 196
Feuchtigkeitsgrad 156
Feuersteg 232
Fischer-Tropsch-Synthese 273
Fischhakenkurve 410
Flachdichtungen 177
Flammenausbreitung 404
Flammenfront 404, 406
Flammengeschwindigkeit 406
Flammenkonturen 410
Flammpunkt 256
Flügelzellenlader 475
Fluidenergiemaschine 1
Fluidleistung 1
Flüssigspeicher 281
Förderarbeit 149
- spezifische 158
Förderdruck 149
Fördergenauigkeit 58, 80, 101

Fördermengenregelung 424
Förderparameter 148
Förderstoff 149
Förderstrom 60, 78, 148, 155
Förderstromreduzierung 167, 169
Förderverhalten 200
Formparameter 408
Fraktionsabscheidegrad 198
Fremdzündung 256, 376, 398
Führungsringe 187
Füllmethode 364
Funkendauer 400
Funkenüberschlag 402
Funktion, thermodynamische 9

G
Gas, kalorisch idealer 287
Gasarbeit 338
Gas-Dieselmotor 503
Gaskonstante 299
Gaskraft 27, 162, 174
– maximale 163
Gasmischer 380
Gasmotor 274, 502
Gasolhol 276
Gastangentialkraft 28
Gegengewicht 34, 36 f.
Gemischaufbereitung 377
Gemischbildung 376, 431
– innere 393
Gemischbildungssysteme 377
Gemischbildungsverfahren 379
Gemischdosierung 377
Gemischheizwert 264, 267, 346
Gemischhomogenisierung 454
Gemischmenge, Zumessung 377
Gemischtransport 377
Gemischwolke 397
Geradführung 187
Geradschubkurbeltrieb 62 f., 87, 88
Geradstromventil 182
Gesamtabscheidegrad 197
Gleichdruckprozess 289
Gleichdruckverbrennung 291
Gleichgewicht
– chemisches 297, 309
– thermodynamisches 9
Gleichraumprozess 292
Gleichraumverbrennung 292
Gleitbahnkraft 27 f., 232
Gleitlager 88

Glühstift 418
Glühzündung 399, 414
Grenzdrehzahl 70
Grenzhublänge 70
Grenztropfendurchmesser 197 f.
Grundabmessungen von Motoren 334
Gruppeneinspritzung 392
GtL-Kraftstoff 275
Gütegrad 65, 111, 317

H
H/C-Atomverhältnis 271
Haftregime 72, 111, 121
Hakenzündkerze 505
Hartstoffe 97, 113
Hasteloy 106
Hauptabmessungen 174
Haupteinspritzung 487
Hauptparameter 163
Hauptsatz, erster 154
HCCI 489
Heißfilm-Luftmassenmesser 389
Heizwert 254, 266
Heizwertbestimmung 331
Henry-Gesetz 102
Hermetikverdichter 149
H-Gas 261
Hitzdraht-Luftmassen-Messer 389
Hochdruck-Flüssigkeitseinspritzung 393
Hochdruck-Kolben 190
Hochdruckpumpe 394
Hochdruckspeicher 281, 394
Hochdruckzylinder 177
Hochspannungskondensatorzündung 400
Höchstdruck, zulässiger 288
Höchstdruckverdichter 171, 177
Homogenbetrieb 452
Homogeneous Charged Compression Ignition
  (HCCI) 489
Hub 164
Hubfänger 178
Hubfrequenz 64, 69, 88, 123
Hubkolbenmaschinen 2
– Kenngrößen 6
Hubkolbenverdichter 147
Hubstellantrieb 81
Hubventil 354
Hubverstellmechanismus 66, 89
Hubverstellung 62 f., 80, 134
Hubvolumen 7, 155, 334
Hubvolumenstrom 7

Sachwortverzeichnis

Hubzapfen 238
Hydraulikmotor 5
hydraulische Maschine 1
hydraulischer Linearantrieb 86
Hydrieren 249
– von Kohle 272
Hydrofinierung 249

I
Idealgas 158
Idealgasverhalten 12
Indikatordiagramm 18, 62, 83, 132, 150, 339
Injektoren 395
Innenarbeit 157
Innenleistung 157
Interferenz 123, 127
Isentrope 287
Isentropenexponent 289
Isolierung 319
Isomerisieren 249
Iso-Oktan 257

J
Joukowsky-Stoß 62, 119, 124

K
Kalorimeter 331
Kältemittelverdichter 165
– halbhermetische 165
– Schmierung 166
Kältetrockner 198
Kaltstart 384
Kaltstartverhalten 252
Kammerverfahren 418
Kammerzündkerze 505
Kavitation 71, 73
Kavitationsrückbildung 122
Kegelventil 72, 112
Kenngrößen
– Betriebs- 334
– Motor- 334
Kenngrößen von Hubkolbenmaschinen 6
Kennlinien 200
Kernenergie 271
Ketone 250
Kettenlänge 256
Kettentrieb 243
Kinematik des Nockens 244
Kippmoment 29
Klärgas 507
Klingeln 411

Klopfen 411
Klopfintensität 257
Klopfregelung 404
Klopfstärke 259
Kohle, Hydrierung 272
Kohlebasis 271
Kohlenstoffgehalt 256
Kohlevergasung 272
Kolben 6, 22, 187, 231
– Abdichtung 95, 187
– Beschleunigung 25 f.
Kolbenboden 232
Kolbendruck, mittlerer 15
Kolbenfläche, wirksame 7
Kolbenflächenbelastung 338
Kolbengeschwindigkeit 25 f., 174
– mittlere 7, 163, 168
Kolbenhub 7
Kolbenmaschinen 1
– mehrstufige 14
– triebwerklose 8
Kolbenmulde 420
Kolbenpumpen 4, 60
Kolbenringe 187, 235
Kolbenringpaket 235
Kolbenringzone 232
Kolbenschaft 232
Kolbenstangen 168
– -Packungen 189
Kolbenverdichter 4, 147
– Änderung des Gegendrucks 201
– Anlage 169
– Arbeitsspiel 150
– Aussetzregelung 206
– Bestandteile 147
– Betriebspunkt 206
– Drehzahl 201
– Einsatzbedingungen 147
– einstufiger, Betriebsverhalten 204
– fördereinstufiger, Förderverhalten 201
– Förderparameter 147
– mehrstufiger, Förderverhalten 202
– mehrstufiger, Konzeption 172
– trocken laufender 169
– zeitweiliges Stillsetzen 206, 210
Kolbenverdichteranlagen 194
– Betrieb 200
Kolbenweg 23 ff.
Kompensationsklappe 387
Kompressibilität 65, 69
Kompressionshub 376

Kompressionsraum 7
Kompressionsvolumen 335
Kompressionszündung, homogene 491
Kompressor 473
Kondensat 153
Kondensatabscheidung 153
Kondensationswärme 298
Kontinuitätsgleichung 73
– für den Arbeitsraum 19
Konvektion 319 f.
Korrosionsinhibitoren 263
Kracken 249
Kraftmaschinen 1, 14
Kraftstoffadditive 262
Kraftstoffe 248
– alternative 269, 271
– Einspritzung 384
– Hauptdüse 381
– Klopfstärke 259
– Zündwilligkeit 257, 260
– Zusatzverfahren 248
Kraftstoffpumpen 90
Kraftstofftropfen 379
Kraftstoffverbrauch 341
– spezifischer 353
Kreiselpumpen 69
Kreiskolbenmaschine 495
Kreisnockengetriebe 64
Kreisprozesse 285
Kreuzkopf 88, 168
Kreuzkopfmaschine 8, 164
Kreuzschleife 8
Kühler 147, 169, 194
Kühlmittelseite 326
Kühlungssystem 376
Kühlwassersystem 148
Kupplungsleistung 157
Kurbelgehäuse 239
Kurbelkröpfung 237 f.
Kurbelstangenverhältnis 63
Kurbeltotlage 7
Kurbeltrieb 22 f., 334
Kurbelwange 238
Kurbelwelle 237
Kurbelwellenlager 237
Kurbelwinkel 23
Kurbelzapfen 238
Kurzschlussspülung 370

L
Labyrinthdichtung 187
Labyrinth-Kolbenverdichter 170
Ladungsschichtung 376
Ladungswechsel 10, 17, 167, 216, 352
– Arbeitsverluste 356
– Berechnung 363
– Steuerung 169, 178
– Verlust 314, 369
Lambda 264
Lamellenventile 167, 181
Längsspülung 371
Lärm 85
Laterne 169, 177
Laufbuchse 176, 239
– nasse 177
Laufunruhe 409
Lebensmitteltechnik 97
Lebenszykluskosten 131
Leckageverluste 297
Leckergänzungsventile 101
Leckströmung 18
Leckstromverlust 67
Leerlauffüllungsregelung 386
Leerlaufgemischschraube 383
Leerlaufsystem 383
Leistung 352
– effektive 337
– innere 338
Leistungsausgleich 165
Leistungsbedarf 149, 157, 217
Leistungsgewicht 337
Leistungsoptimum 411
Leistungszahl 53
Leitsystem, umfassendes 213
L-Gas 261
Liefergrad 344, 352
Literleistung 337
Lochplatte 102
LPG (Liquid Petroleum Gas) 274
Lubricity-Improver 263
Luftaufwand 342
Luftbedarf 264
Luftdichte 432
Luftkorrekturdüse 382
Luftmangel 265
Luftmassenmesser 386
Luftmengenmesser 387
Lufttrichter 380
Luftüberschuss 265
Luftunterstützung 393

Sachwortverzeichnis

M
Magerbetrieb 504
Magnetantrieb 51, 83
Maschine
– doppeltwirkende 7
– einfachwirkende 7
– thermische 147
– vollkommene 9 f.
Maschinenleistung 1
Maschinenzustand 132
Masse
– geförderte 11
– oszillierende 175
Masseänderungen 18
Massefaktor, Dichtheitsgrad 156
Massenanteile 264, 299
Massenausgleich 34 ff., 165, 190
Massenbasis 300
Massenkraft 29
– Ausgleich 168
– oszillierende 30, 32, 163
– oszillierende, 1. Ordnung 32
– oszillierende, 2. Ordnung 32
– rotierende 30, 32
Massenmomente 37 f.
Massenstrom 65
Massenträgheitsmomente 54
Maximaltemperatur 287
Mehrfacheinspritzung 486
Mehrlochdüse 396, 425
Membranbruchanzeige 132
Membranelastizität 66
Membranlagensteuerung 103
Membranpumpen 60
Membranventile 87
Membranwerkstoffe 100
Metalldichtungen 177
Metallhydridspeicher 281
Metallmembran 114
Methangehalt 261
Methanol 276 f.
Methanolsynthese 273
Methanol to Gasoline (MTG) 273
Methanzahl (MZ) 261
Mikroprozessortechnik 84
Mikrosystemtechnik 99
Miller-Cycle 486
Miller-Verfahren 513, 515
Minimaldrehzahl 88
Mitsubishi GDI 458
Mitteldruck 287, 338

Modell, nulldimensionales 18
Molmasse 264
Motor, bivalenter 511
Motorabnahmeversuch 331
Motorbetrieb, klopfender 411
Motorenkennfelder 346
Motorkenngrößen 334
Motor-Oktanzahl (MOZ) 258
Motorölverdünnung 253
Motorprozess 317
– realer 311
Motorwirkungsgrad 317
Muschelkurven 348

N
Nacheinspritzung 487
Naphtene 250
Nebenaggregate 375
Neukonzeption 163
Niederdruck-Einspritzung 393
Niederdruckförderung 394
Niederdruck-Kolben 190
Nocken, ruckfreier 244
nockengesteuertes System 422
Nockenhub 243
Nockenkontur 243
Nockenwelle 241
Norm für Verdichter 167
Normalkraft 187
NO_x 440
NO_x-Bildung 440
NO_x-Emission 442
NPIPR 118
NPSH 118
Nußelt 322
Nusseltzahl 19, 322
Nutzarbeit 316
Nutzleistung 337

O
Oberflächenspannung 378
– des Kraftstoffes 432
Oktanzahl (OZ) 257
Oktanzahlverbesserer 262
Olefine 250
Ölkleben 184
Ölkonzentration 196
Ölsystem 148
Open-Deck 239 f.
Otto-Gasmotor 503
Ottoprozess 16

P

p,V-Diagramm 10, 150, 159
Packung 176
panhandle-Diagramm 204
Paraffine 250
Parallelschaltung 77
Partialdruck 300
Partikel 443
Partikelhärte 76
Pflanzenöle 278
Pflanzenöl-Methylester 279
Phasenanschnitt 92, 122
Phasenlage 357
Piezoaktoren 395
Piezo-Injektor 429, 488
Plattenventile 112, 169, 178 f.
Platzbedarf 85
Pleuel 236
Pleuelauge 236
Pleuelbuchse 236
Pleueldeckel 236
Pleuelfuß 236
Pleuelkraft 27 f.
Pleuelschaft 236
Pleuelschwenkwinkel 23
Pleuelverhältnis 23
Pleuelwinkel 23
Pneumatikmotor 5
Polymerisation 266
Polymerisieren 249
Polytetrafluorethylen 106, 114
Polytropenexponent 151
Poppetventil 182
Prandtl-Zahl 20, 323
pre-mixed peak 435
Primärzerfall 432
Profil, asymmetrisches 223
Prozessführung, isochore 291
Prozessgasverdichter 167
Prozesspumpen 80
Prozessverlauf 375
Pulsation 198
Pulsationsdämpfer 167
Pumpe-Düse-Einspritzsystem 429
Pumpenanzahl 77

Q

Qualitätsregelung 421
Quantitätsregelung 376
Querspülung 371
Quetschströmung 432

R

Radialkolbenmaschine 8
Radialkolben-Verteilereinspritzpumpe 428
Radialkraft 28
Radialturbine 477
Radikale 405
Rankine-Prozess 501
Rapsöl 278
Reaktionsenthalpie 255
Reaktionsgleichung 264
Realgasfaktor 158
Realgasverhalten 159, 205
Reformieren 249
Regelungen 206
Reibmitteldruck 315
Reibungsleistung 340
Reibungsverlust 315, 336, 340
Reihenmaschine 8, 168
Reihenpumpe 423
Reihenschaltung 77
Reihenverdichter 165
Reinigungsadditive 263
Research-Oktanzahl (ROZ) 258
Resonatoren 123, 199
Restgasanteil 312
Restpulsation 78
Reynolds-Zahl 20, 322
Ringventile 178
Ringverschleiß 187, 189
Rohrbündel-Wärmeübertrager 195 f.
Rohrleitungen 147
Rohrregisterkühler, luftgekühlter 194
Rootsgebläse 220
– Betriebsverhalten 222
– Profilkonstruktion 221
Rootslader 473
Rotorprofile, asymmetrische 223
Rückexpansion 151, 155
Rückstandsbildung 252 f.
Ruß 266, 439
Rußbildung 439
Rußbildungsneigung 266
Rußertrag 439
Rußgrenze 347
Rußkonzentration 436
Ruß-NO_x-Schere 440, 485
Rußstrahlung 320

Sachwortverzeichnis

S

Sackloch 431
Sauerstoffmangel 266
Sauggaskühlung 165
Saughub 376
Saugleitung, Drosseln in der 211
Saugrohreinspritzung 376
Saugsystem 118
Saugventile 176
– hydraulische Beeinflussung 209
– Offenhalten 207, 211
Saugventil-Lamellen 181
Schadraum 7, 155
– Optimierung 95
– Vergrößerung 209, 211
Schadraumverhältnis 7, 67, 155
Schadstoffemission 439
Schadstoffentstehung 439
Schallemission 220
Schallgeschwindigkeit 123
Schaumverhinderer 263
Schichtbetrieb 452
Schichtladebetrieb 458
Schichtladeverfahren 265
Schichtladung 456
Schichtung 376, 456
Schieberprinzip 216
Schlangenrohrkühler 195
Schließkörper 74, 76, 111
Schließverspätung 183
Schlitzsteuerung 369
Schmierungssystem 376
Schraubenverdichter 223, 474
– -Kompaktanlage 227
– ölüberfluteter 149, 225
Schrittmotor 89
Schubabschaltung 386
Schubkurbel 8
Schubstangenverhältnis 23 f.
Schusskanal 418 f.
Schwankungen
– statistische 408
– zyklische 409
Schwimmerkammer 380
Schwingungsanalyse 124
Schwingungserreger 80
Schwungrad 46
Schwungscheibe 46
Scrollverdichter 219
Seiliger-Prozess 16, 293
Sekundärzerfall 432

Selbstzündung 335, 410
Selbstzündungstemperatur 335
Sensitivität 259
Sensoren 83
Sensortechnik 133
Sicherheitsventile 115
Siedeende 253
Siedetemperatur 252
Siedeverhalten 252
Simulation 20
– des Betriebsverhaltens 215
– nulldimensionale 22
Sitzfläche 178
Sonderkonstruktionen 115
Sonnenenergie 271
Spaltdichtungen 67, 109
Spaltfläche 179
Spaltrohrmotor 51
Spaltverlust 67
Spannungen, thermische 327
Spannungsfaktor, thermischer 327
Spirallader 475
Spritzloch 431
Spülgebläse 372
Spülgrad 370
– volumetrischer 370
Spülpumpe 372
Standardreaktionsenthalpie 272
Starteinrichtung 384
Starterklappe 384
Startsteuerung 386
Stauklappe 387
Stelleingriffe 206
Stellparameter 69
Sterilschnittstelle 110
Steuerkolbenpumpe 60
Steuerorgane 353
Stickoxid-Emissionen 349
Stirling-Motor 498
Stoffaustausch 379
Stopfbuchspackungen 67, 109
Störungsfrüherkennungssystem 83
Strahlausbreitung 431
Strahlbreite 432
strahlgeführte Verfahren 397
Strahlqualität 396
Strahlung 314, 319
Strahlungskonstante 320
Strahlungswärme 320
Strömungsführung 376
Strömungsprinzip 2

Strömungsquerschnitte 361
Stufendruckverhältnis 203
– inneres 154
– nutzbares 154
Stufenzahl 14, 161, 172
– energetisch optimale 162
SunFuel 280
Supercharger 473
Suspension 76
Synchronisation 82
SynFuel 275
Systemeigenfrequenzen 198

T
T,s-Diagramm 150
Tangentialkraft 28
Tangentialkraftverlauf 33
Tauchkolben 108
Tauchkolbenmaschine 8, 164
Tauchschmierung 88
Tautemperatur 379
Temperaturabsenkung 254
Temperatur-Ausgleichsvorgänge 20
Temperaturfaktor 155
Temperaturmessung im Arbeitsraum 18
Testkraftstoff mit Referenzkraftstoffen 259
thermische Maschine 1
Thermodynamik 285 ff.
Totlage 6
– obere 7
– untere 7
Trägheitskraft 378
Trägheitsprinzip 196
Transistorzündung 400 f.
Tribosystem 112
Triebwerk 6, 168
Triebwerkbaureihe 164
Trochoidenmantel 497
Trockenlaufverdichter 149
Trockner 194
Tropfenabscheider 147, 196
Tropfengröße 197
Tumbleströmung 397
Turbinengeometrie, variable 478
Turboloch 473, 476
Turbomaschine 1
Turbulenz 406

U
Übergangsverhalten 253
Überwachung 212
Überwachungssystem 213
Umkehrspülung 371
Umlaufkolbenmaschine 216
Umlaufvolumen 217 f., 225
Umsetzungsgrad 310, 408
Umwandlungswirkungsgrad 270
Undichtheit
– verlust 18, 152
– Zustandsverlauf 21
Undichtigkeit 314
Ungleichförmigkeitsgrad 43, 45 f.
Unit-Injector-System 428
Unit-Pump-System 428

V
Valvetronic 449
– von BMW 449
Variabler Ventiltrieb (VVT) 445
Variation
– Phasenlage 445 f.
– Ventilhubhöhe 445
– Ventilöffnungsdauer 445
VarioCam Plus 446
– von Porsche 446
Ventilauslegung 72, 184
Ventildynamik 183
Ventile 71, 175
– Einbau 180
– Öffnungsverhältnis 180
Ventileffizienz (VE) 182
Ventilflattern 183
Ventilhub 361
– maximaler 179
Ventilhubhöhe 357
Ventilhubkurven 183
Ventilnachrechnung, dynamische 186
Ventilnester 176
Ventilöffnungsdauer 357
Ventilplatte, Kräftegleichgewicht 184
Ventilsitz 111, 178
Ventilsteuerungssystem, vollvariables 447
Ventilsteuerzeiten 354
Ventiltrieb 241
– elektromechanischer (EMV) 447
– variabler (VVT) 445
Ventilüberschneidung 356
Venturidüse 380

Verbrennung 433
– dieselmotorische 435
– kinetisch kontrollierte 436
– klopfende 410
– mischungskontrollierte 436
– nicht ideale 313
– normale 404
– unvollkommene 310
– unvollständige 297, 309
– verschleppte 313
– vollständige 309
– vorgemischte 435
Verbrennung 404 ff.
Verbrennungsberechnung 309
Verbrennungsmotor 5, 16
Verbrennungsmulde 232
Verbrennungswasser 255
Verdampfungsenthalpie 253
Verdampfungsgeschwindigkeit 379
Verdampfungspotential 379
Verdampfungswärme 253
Verdichter
– reale 151
– trocken laufende 187
Verdichteraggregat 147
Verdichteranlage 147
Verdichterstufe 152
Verdichtung 151
– innere 216
– isentrope 12
– isotherme 12
– mehrstufige 13
– mit Zwischenkühlung, mehrstufige 147
Verdichtungsaufgabe 161
Verdichtungserhöhung 454
Verdichtungsverhältnis 7, 16, 291, 334 f.
Verdränger 147
– mit Steigung 216
– ohne Steigung 216
Verdrängermaschine, oszillierende
Verdrängerpumpe, rotierende 69
Verdrängungsspülung 370
Verdünnungsspülung 370
Vereisungsschutz 263
Vergaser 380
Vergasergleichung 381
Vergleichsprozess, offener 296
Verlustarbeit 22
verlustbehaftete, irreversible Vorgänge 151
Verlustdruckverhältnis 153

Verluste 17
– mechanische 315
Verlustleistung, mechanische 157
Verlustteilung 311
Verschleiß, Dicht- und Führungsringe, trocken laufende 190
Verschleißbeständigkeit 76
Verschleißfaktor 188
Verschleißschutzadditive 263
Verschleißzustand 212
Verzahnungsgesetz 221, 223
Vibe-Ansatz 408
4-Takt-Motor 33
Viertaktprozess 17
Viskosität 67, 378
– des Kraftstoffes 432
Volkswagen FSI 458
Volldruckverhältnis 289
vollkommener Motor 296
Volllastanreicherung 383
Volumenänderungsarbeit 286
Volumenfaktor 155
Volumenverhältnis 17, 216
volumetrisches Prinzip 2
Voreinspritzung 487
Vorförderpumpe 394
Vorkammer 418
Vorkammerverfahren 418
Vorkammerzündkerze 505

W
Wandfilm 378
wandgeführte Verfahren 397
Wandoberflächentemperatur 320
Wandverluste 18, 151
Wandwärme 319
Wandwärmeverlust 457
Wankel-Kreiskolbenmotor 495
Wankelmotor 495
Wärmdurchgang 326
Wärmeabfuhr 17, 285
Wärmekapazität, spezifische 289
Wärmeleitung 319, 326
Wärmeleitweg 399
Wärmeschaubild 150
Wärmespannung 327
Wärmestrahlung 320
Wärmestrom 298, 318
Wärmestromdichte 320 f.
Wärmeübergang 196, 314, 326
Wärmeübergangskoeffizient 19, 321

Wärmeübergangszahl 321
Wärmeübertrager, Kühler 153
Wärmeübertragung 320
– Zustandsverlauf 21
Wärmeverlust 314
Wärmewert-Ausführung 399
Wärmezufuhr 16, 285, 289
Warmlaufanreicherung 386
Wasserstoff 280
Wasserstoffantrieb 508
Wasserstoffkreislauf 509
Wasserstoffmotor 511
Wasserstofftank 510
Weber-Zahl 378
Wellendrehmoment 29
Winkelverdichter 165
Wirbelkammer 418
Wirbelkammerverfahren 418
Wirkungsgrad 17, 158, 161, 217, 341
– effektiver 341
– innerer 341
– isentroper 158
– isothermer 158
– mechanischer 341
– thermischer 17, 270, 288
Woschni 323

Z

Zahnriementrieb 243
Zellenverdichter 218
– innere Verdichtung 218
Zerfallskriterium 379
Zumischbohrung 382
Zündenergie 400
Zündfolge 39
Zündfunke 398
Zündgrenzen 267
Zündkerze 398
Zündort 376
Zündspannung 400
Zündstrahlverfahren 503
Zündung 398, 433
Zündverzug 260, 433
– chemischer 434
– physikalischer 434
Zündverzugszeit 434
Zündwilligkeit 257, 260
Zündwinkel 407
Zustandsänderung
– irreversible 17
– isochore 290
– reversible, umkehrbare 9
– verlustbehaftete 17
– verlustbehaftete, Berechnung 18
Zweitaktprinzip 375
Zweitakt-Prozess 17
Zwischenstufensystem 152, 175, 198
Zwischenstufensysteme 147
Zyklon 196
Zylinder 6, 175, 239
– doppelt wirkender 168
– in Schrumpfbauweise 178
– mit Wasserkühlung 168
– wassergekühlter 176
– Werkstoffe 177
Zylinderdeckel 177
Zylinderfrischladung 344
Zylinderfüllung 342
Zylinderkopf 240
Zylinderleistung 339
Zylinderschmierung 178

If you have any concerns about our products,
you can contact us on
ProductSafety@springernature.com

In case Publisher is established outside the EU,
the EU authorized representative is:
Springer Nature Customer Service Center GmbH
Europaplatz 3, 69115 Heidelberg, Germany

Printed by Libri Plureos GmbH
in Hamburg, Germany